PHYSICS GUIDE BOOK

# 물리학 길라잡이

소광섭 남철주 신학수 조봉제 홍경희 김덕헌 정현민 공저

청범출판사
Always in my heart

# 머리말

현대문명은 자연에 대한 이해를 그 바탕에 두고 있다. 물리학은 자연현상의 원리를 설명하는 가장 강력한 방법이다. 따라서 물리에 대한 이해는 자연현상의 기본 원리를 근간으로 하는 인류가 구축한 문명의 기본 원리를 이해하는 것이다.

자라나는 후세들에게 어려운 물리를 공부하게 하는 까닭은 현대문명에 대한 이해를 통해 다가올 미래 사회를 보다 발전된 방향으로 개척하게 하기 위함이다.

대부분의 학생들이 『물리』 하면 먼저 수학만큼 '어렵다 재미없다'라는 생각을 떠올리는 것이 보통이다. 이것은 물리가 다른 과목보다 더 어렵거나 재미가 없기 때문이라기보다는 학교에서 가르치는 방식과 학생들의 학습 방법, 딱딱하게 쓰여진 교과서 등에 기인하는 경우가 많다고 본다.

물리 공부를 제대로 하려면 수학과 같은 공식을 많이 써야만 한다는 것이 통념이지만, 사실은 수학으로 이해한 물리는 껍데기요 형식에 불과하다. 제대로 물리를 이해하려면 개념들을 확고하고 명료하게 정리할 수 있어야 한다.

개념이 명확해지면 수학은 저절로 따라오거나 필요 없게 된다. 대부분의 학생들은 개념을 익히지 않은 채 물리공식을 외워서 문제들에 먼저 손을 대기 때문에 물리 공부가 싫어지고 어렵게 느끼게 된다고 생각한다.

이 책은 먼저 내용을 전개하면서 수학 공식을 거의 쓰지 않고 개념 설명을 했으며 수식이 필요한 경우는 더 알아보기 코너를 만들어서 계산적인 이해를 돕도록 만들었다. 이 책에서는 개념을 확실히 이해하도록 그림과 사진 등 시각 자료가 많이 실려 있으며 그림이나 사진, 만화, 그래프만 자세히 보아도 주제의 중심을 거의 이해할 수 있도록 되어 있다.

이외에도 다루는 소재들이 흥미롭고 유머가 있으며 역학에서 현대물리에 이르기까지 우리의 관심을 끌 만한 내용들이 풍부하게 다루어지고 있다.

많은 학생들이 이 책을 통하여 물리의 깊은 맛을 느끼며 자연을 이해하는 통찰력을 기를 수 있게 되기를 바란다.

**저 자**

# 차 례

## 제19장 소 리 • 389



## 제20장 빛(Ⅰ) • 407



## 제21장 빛(Ⅱ) • 429



## 제22장 빛과 물질의 이중성 • 455

# Chapter 1

# 운 동

가만히 주변에서 일어나는 일들을 생각해보자. 이 세계에서 운동하지 않고 정지해 있는 어떤 것이 있을까? 우리가 아는 한, 땅, 건물, 태양, 행성, 은하수, … 어떤 것도 절대적으로 정지해 있다고 볼 수 없다. 어쩌면 세상 그것 자체가 운동의 결합체라고 볼 수도 있을 것이다.

대체로 운동이란 시간에 따라 물체의 위치가 변하는 현상을 일컫는다. 이러한 풀이를 분석적으로 이해하기 위해서는 물체, 시간, 위치, 변화와 같은 어휘에 대한 물리학적인 설명이 필요하다. 물리를 처음 배우는 학생들은 이러한 개념들에 대하여 처음부터 늘 있는 것으로 생각하여 당연히 받아들이는 경향이 있다. 하지만 현재 물리학의 최전선에 있는 학자들이 집요하게 추구하는 자연의 본질을 개념적으로 표현한다면 물체(물질), 시공간, 그에 대한 이해방식에 관한 것인데, 여전히 그 개념들은 최고의 물리학자들에게도 중요한 문제인 것이다.

이 단원에서는 운동의 기준에 대한 몇 가지 생각과 운동을 나타내는 기본량인 속력, 속도, 가속도 등을 변화율이란 관점에서 설명하고자 한다.

운동은 관찰하기는 쉽지만 그것을 기술하기는 매우 어렵다. 2000년 전 고대 그리스의 과학자들도 현재 우리가 공부하고 있는 물리학의 개념들을 충분히 이해하고 있었지만, 운동을 기술하는 데 많은 어려움을 느꼈다. 그 어려움은 변화율(rate)의 개념을 이해하지 못한 데에서 비롯되었다. 변화율이란 주어진 시간 동안에 얼마나 많이 변했는가, 즉, 어떤 양이 얼마나 빠르게 변했는가를 나타내는 것이다. 이 단원에서는 운동을 속력, 속도, 가속도와 같은 변화율로 설명하려고 한다.

## 1.1 운동을 나타내기 위한 기준

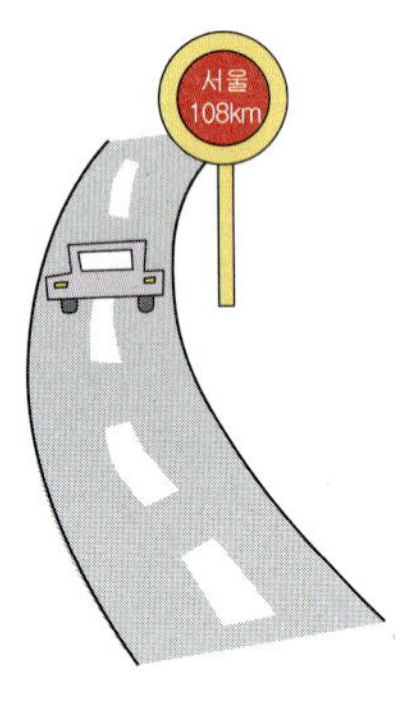


고속도로에서 거리를 나타내는 표지판을 생각해보자. 서울 108km라는 표지판은 표지판으로부터 서울 톨게이트까지의 거리가 108km라는 것이다. 그러면 그 거리의 기준은 어디인가? 톨게이트일 수도 있고, 표지판이 서 있는 그 자리일 수도 있지만, 통상적으로 도로의 거리 표지판은 톨게이트를 기준으로 정한다.

운동이란 시간에 따라 위치가 변하는 현상이다. 따라서 물체의 위치를 나타내기 위해서는 기준이 필요하며, 물리학에서는 이것을 기준계라고 한다.

이제 이러한 기준계에 대하여 구체적으로 알아보자. 우리가 물체를 볼 때 정지해 있는 것처럼 보이는 물체들조차도 사실은 태양이나 다른 별에서 본다면 운동을 하고 있는 것으로 보일 것이다. 예를 들어 책상에 대해 정지해 있는 책은 태양에 대해서는 초속 약 30km로 운동을 한다. 또한 은하계의 중심에 대해서는 더욱 빠르게 운동을 한다. 우리가 한 물체의 운동에 대해 말할 때, 어떤 다른 물체를 기준으로 그 물체의 상대적인 운동을 말하는 것이다. 인공 위성이 초속 8km로 발사되었다고 말할 때 그 운동은 지면에 대한 운동을 의미한다. 또한 '자동차 경기장에서 경주용 자동차가 시속 300km로 운동한다'라고 말할 때 그 운동은 경주용 트랙에 대한 운동을 의미한다. 보통 우리가 경험하고 있는 생활 환경에서 물체들의 속력은 지표면에 대한 속력을 의미한다.

이와 같이 운동을 나타내는데 있어서 다양한 기준이 가능하다. 물리학을 정립한 뉴턴은 이 세계에 존재하는 모든 운동에 대하여 절대적으로 정지해 있는 공간이 있다고 믿었다. 또한 절대공간과 절대시간으로 구성된 기준계를 절대기준계라고 하였다.

이러한 생각은 약 200년 후 아인슈타인에 의하여 부정되었다. 아인슈타인은 절대기준계 만큼 다른 기준계보다 우월한 지위를 갖는 기준계는 없다고 보았다. 대신에 사물의 운동에 있어서 절대적인 기준은 빛의 속도라고 생각했다.

이와 같이 운동의 기준에 대한 탐구는 물리학의 기초를 이루는 것이다.

**Example 1** 그림은 지면에 서 있는 홍이에 대해 100km/h로 달리는 자동차 안의 탁이를 나타낸 것이다.

이 상황에서 차의 바닥에 정지해 있는 어떤 물체의 운동을 나타내는데 홍이와 탁이가 사용할 수 있는 기준계를 제시하고 설명하시오.

풀이 ① 홍이의 기준계 : 지면, 100km/h
② 탁이의 기준계 : 차안, 정지

**Example 2** 날아가는 비행기의 운동기준

비행기로 한국에서 미국을 가는데 걸리는 시간과 미국에서 한국으로 오는데 걸리는 시간이 다르다. 그 까닭을 설명해 보자.

풀이 비행기의 운동기준은 공기이다(공기에 대해 얼마의 속력을 갖느냐에 따라 양력의 크기가 달라진다). 비행기가 날아가는 높이에서 우리나라 부근의 기류는 서에서 동쪽방향이다. 만일 비행기가 기류에 대하여 800km/h로 날아간다면 지면에서 볼 때 비행기의 속력은 미국으로 갈 때와 한국으로 돌아올 때 차이가 날 수 밖에 없다. 기류의 속력을 $V$라고 하면 미국으로 가는 동안 걸리는 시간은 $t_1 = \dfrac{L}{800+V}$이고, 한국으로 돌아올 때 걸리는 시간은 $t_2 = \dfrac{L}{800-V}$가 된다. 여기서 $L$은 두 지점간의 거리이다. 따라서 한국에서 미국으로 가는데 걸리는 시간이 더 짧다.

## 1.2 속력

운동은 물체의 위치가 시간에 따라 변하는 것을 의미한다. 물체의 이동거리가 시간에 따라 얼마나 빠르게 변하는가를 나타내는 양을 속력이라 한다. 즉 속력이란 어떤 정해진 시간동안 물체가 이동한 거리이다. 이것을 식으로 나타내면

$$\text{속력} = \frac{\text{이동 거리}}{\text{걸린 시간}}$$

이다. 위 식에 따르면 속력은 어떤 시간에 대해 물체가 얼마나 이동했는지를 나타내는 비율이다. 따라서 속력은 이동 거리의 시간적인 변화율로 볼 수 있다. 또한 일상생활에서 속력의 미세한 변화가 크게 중요하지

그림 1.1
자동차의 속력계가 가리키는 눈금은 순간 속력을 의미하며 보통 km/h로 나타낸다.

않고, 실제로 작은 시간이나 거리를 재는데 있어서 곤란한 점이 많기 때문에 사용하기에 편리한 평균적인 빠르기를 이용한다.

속력의 단위는 주로 m/s를 사용한다. 하지만 속력의 단위는 사용이 편리하고 유용하다면 거리와 시간으로 표현되는 어떤 경우의 조합도 가능하다. 예를 들어 자동차의 속력을 나타낼 때는 킬로미터 매 시간(km/h, kilometer per hour)으로, 보다 느린 속력을 나타낼 때는 센티미터 매 초(cm/s, centimeter per second)를 사용한다. 기호 (/)는 매(per)로 읽는다.

자동차는 항상 일정한 속력으로 달리는 것은 아니다. 예를 들어 도로에서 50km/h의 속력으로 달리던 자동차는, 빨간 신호등에서는 정지해야 하며, 교통이 복잡한 도로에서는 30km/h 정도의 속력으로만 달려야 하는 경우가 있다. 이와같이 운전자는 도로 여건에 따라 수시로 엑셀러레이터와 브레이크를 조작하여 속력을 바꾸게 되는데, 이 때 자동차의 속력계가 나타내는 값을 순간 속력으로 볼 수 있다.

한편 자동차 여행을 계획할 때, 목적지에 도달하는 데 걸리는 예상 시간이 얼마나 되는가를 계산할 때 대체로 평균 속력을 이용한다. 왜냐하면 여행하는 동안 자동차의 속력을 일정하게 유지할 수 없기 때문이다.

속력의 환산

| m/s | km/h |
|---|---|
| 10 | 36 |
| 20 | 72 |
| 30 | 108 |
| 40 | 144 |
| 50 | 180 |
| ⋮ | |
| 100 | 360 |
| 200 | 720 |

$$\text{평균 속력} = \frac{\text{총 이동 거리}}{\text{걸린 시간}}$$

평균 속력은 전체 이동 거리를 걸린 시간으로 나눈 것이기 때문에 여행하는 동안 일어날 수 있는 속력의 변화를 나타내지는 않는다. 실제로 우리는 대부분의 여행에서 다양한 속력으로 여행하게 된다. 따라서 평균 속력은 순간 속력과는 전혀 다르다. 그러나 평균 속력이나 순간 속력 모두 이동한 거리의 시간에 따른 변화율로 나타낸다.

**Example 1** 빛은 진공을 기준으로 약 $3\times10^8$m/s의 속력으로 운동한다. 여기서 "진공을 기준으로"라는 구절의 의미를 생각해 보자.

풀이 진공은 물질이 없는 텅빈 공간이다. 진공에서 등속도로 운동하는 모든 기준계에서는 기준계의 속력에 관계없이 빛의 속력은 동일하다. 빛의 속력은 빛이 물질과 상호작용하거나 중력에 의하여 휘어진 시공간을 운동하는 경우에 달라진다. 진공에는 물질이 없으므로 빛과 물질의 상호작용이 없다. 따라서 진공 속에서 빛의 속력은 일정하다.

**Example 2** 다음 현상에서 운동기준을 설정하시오.
(1) 사람이 달린다.
(2) 소리의 속도

풀이 (1) 일반적으로 지면이 운동기준이다. 하지만 기준계를 선택하는 것은 운동을 측정하는 사람의 선택에 달려있다.
(2) 보통 소리의 운동기준은 지면이 아니라 공기이다. 원칙적으로 이 경우도 소리의 운동을 측정하는 사람의 선택에 달려있다.

## 1.3 속도

일상생활에서는 속력과 속도를 서로 구분하지 않고 같은 용어로 사용한다. 그러나 물리학에서 두 물리량은 서로 다른 양으로 구별하는데, 차이점을 간단히 말하면 속도는 방향이 주어진 속력이라 할 수 있다. 자동차가 60km/h로 운동한다고 말할 때 이는 자동차의 속력을 말하는 것이며, 자동차가 북쪽으로 60km/h로 운동한다고 말할 때 이는 자동차의 속도를 말하는 것이다. 속력은 단지 빠르기를 나타내고 속도는 어느 방향으로 얼마의 빠르기로 운동하는가를 나타낸다.

속도의 정의에 의하면 일정한 속도로 운동한다는 것은 일정한 속력과 일정한 방향을 가지고 운동하는 것을 말한다. 즉, 일정한 속력은 더 빨라지지도 더 느려지지도 않는 똑같은 속력을 의미하며, 일정한 방향은 운동이 곡선 위가 아닌 직선 위에서 일어나고 있다는 것을 의미한다. 다시 말하면 일정한 속도로 운동하는 것은 일정한 속력으로 직선 위에서 운동하는 것이다.

물체의 속력

| | |
|---|---|
| 인간의 최고 속력 | : 10m/s |
| 야구공(직구) | : 40m/s |
| 소리(공기중) | : 340m/s |
| 비행기(여객기) | : 230m/s |
| 총알(소총) | : 1000m/s |
| 지구탈출 속력 | : 11,200m/s |
| 지구의 공전속력 | : 30,000m/s |
| 빛(진공) | : $3\times10^{8}$m/s |

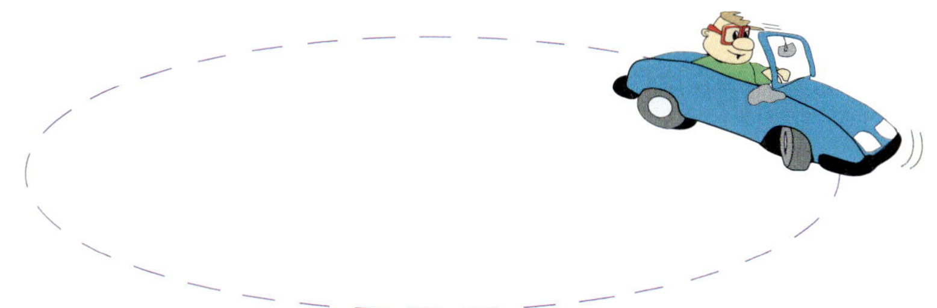

그림 1-2
원형트랙에서 자동차는 일정한 속력으로 운동할 수 있지만 일정한 속도로 운동할 수 없다. 그 이유는 매 순간마다 운동 방향이 변하기 때문이다.

속력의 크기나 운동 방향이 변하고 있다면 속도가 변하고 있는 것이다. 일정한 속력과 일정한 속도는 서로 다른 의미를 갖고 있다. 예를 들어 물체가 일정한 속력으로 곡선 위를 운동할 수 있지만, 일정한 속도로는 곡선 위를 운동할 수 없다. 이는 매 순간마다 방향이 계속 변하기 때문이다.

이제 지금까지 공부한 평균속도(력)와 순간속도(력)를 일정한 속력으로 원운동하는 물체의 운동을 통해 다시 정리해 보자

그림은 평면상에서 질량 $m$인 물체가 반지름 $r$인 원주상을 일정한 속력으로 돌고 있는 것이다.

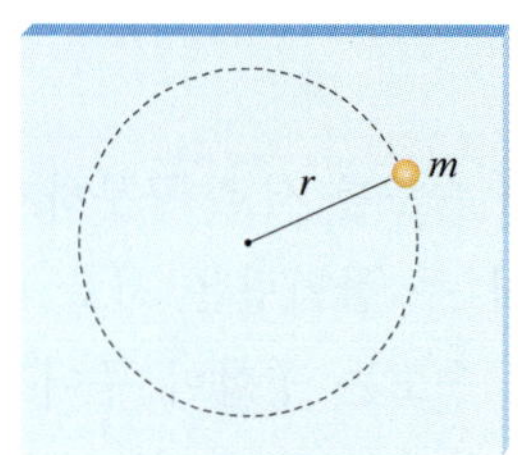


물체가 원주를 한 바퀴 도는데 걸리는 시간(주기)이 $T$라면, 한 바퀴 도는 동안 평균속력은

$$\bar{v} = \frac{2\pi r}{T}$$

이다.

이제 평균을 계산하는 시간 간격을 $\Delta t$로 줄여보자.

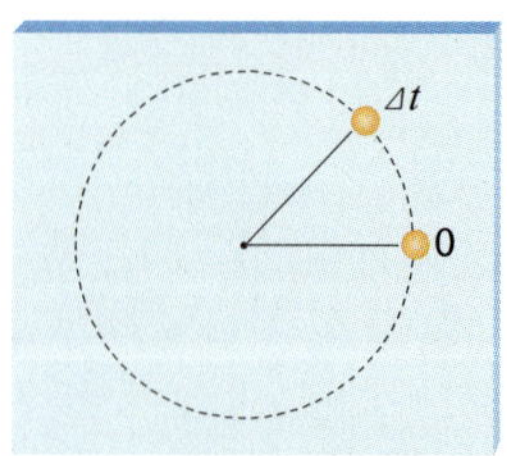


이 경우 물체의 이동거리는 간단한 비례식으로 구할 수 있는 데,

$$T : 2\pi r = \Delta t : \Delta s$$

이고, $\Delta s = \frac{2\pi r}{T}\Delta t$ 이다. 여기서 $\Delta s$는 $\Delta t$ 동안 원주상을 이동한 거리이다.

따라서 $\Delta t$ 시간 동안의 평균속력은

$$\bar{v} = \frac{\Delta s}{\Delta t} = \frac{2\pi r}{T}$$

인데, $\Delta t$를 아무리 짧게 잡아도 $\Delta s \propto \Delta t$ 이므로, 평균속력은 $\frac{2\pi r}{T}$로 일정하다.

이와 같이 매우 짧은 시간 $\Delta t$동안의 평균속력을 순간속력이라고 한다. 따라서 이 물체의 순간속력은 $v = \frac{2\pi r}{T}$이다.

그러면 등속원운동에서 평균속도와 순간속도를 생각해보자.

그림과 같이 시간 $\Delta t$동안 $\theta$만큼 회전한 경우,

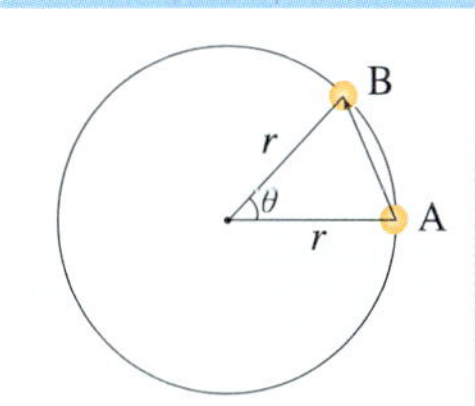


평균속도의 크기는 A에서 B로 가는 직선의 길이를 걸린 시간 $\Delta t$로 나눈 것이다. 여기서 $\Delta t$를 각도 $\theta$로 나타낼 수 있는데, 비례식을 이용하면 $\frac{\theta}{\Delta t} = \frac{2\pi}{T}$에서 $\Delta t = \frac{\theta}{2\pi}T$임을 알 수 있다.

변위의 크기인 직선의 길이[1)]는 $2r\sin\frac{\theta}{2}$이다.

따라서 $\Delta t$ 시간 동안의 평균속도의 크기는

$$|\vec{v}| = \frac{2r\sin\frac{\theta}{2}}{\frac{\theta}{2\pi}T} = \frac{2\pi r}{T} \cdot \frac{\sin\frac{\theta}{2}}{\left(\frac{\theta}{2}\right)}$$

이다. 순간속도의 크기를 구하기 위해 $\Delta t \rightarrow 0$인 극한을 생각해보자.

1) 직선의 길이

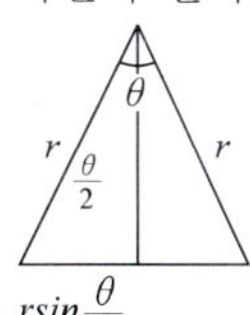

그 경우 $\theta \to 0$ 이어서 $\dfrac{\sin\left(\dfrac{\theta}{2}\right)}{\left(\dfrac{\theta}{2}\right)} \to 1$[2)]이 된다.

따라서 순간 속도의 크기 $|\vec{v}| = \dfrac{2\pi r}{T}$ 이다.

순간 속도의 방향을 알아보기 위해 선분 AB와 중심을 잇는 직선이 이루는 각도를 조사해 보자.

선분과 중심방향의 직선이 이루는 각은 $\dfrac{\pi}{2} - \dfrac{\theta}{2}$ 인데, $t \to 0$인 극한에서 $\theta \to 0$이므로 $\dfrac{\pi}{2} - \dfrac{\theta}{2} \to \dfrac{\pi}{2}$이다. 따라서 순간속도의 방향은 원주에 접하는 접선 방향이다.

---

**Example** 북쪽으로 달리는 한 자동차의 속력계의 눈금이 60km/h를 가리키고 있다. 다른 자동차는 남쪽으로 60km/h로 달리고 있다. 두 자동차의 속력이 같은가? 아니면 두 자동차의 속도가 같은가?

풀이 두 자동차는 같은 속력으로 운동하고 있지만, 방향이 서로 반대이므로 두 자동차의 속도는 다르다.

---

## 1.4 가속도

도로에서 다른 자동차를 추월할 때 운전자는 가능한 한 짧은 시간 동안에 속도를 증가시킨다. 여기서 시간에 따라 속도가 어떻게 변화하는가를 나타내는 척도가 가속도이다. 즉, 가속도는 시간에 따른 속도의 변화율을 말한다.

$$\text{가속도} = \frac{\text{속도의 변화량}}{\text{걸린 시간}}$$

평소에 흔히 경험할 수 있는 직선도로에서 운동하는 자동차의 가속도에 대해 알아보자. 보통 엑셀러레이터라 부르는 가속 페달을 밟으면 자동차의

---

2) $\theta \to 0$이면 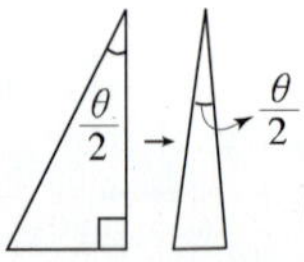

$\sin\frac{\theta}{2} \sim \frac{\theta}{2}$이고, 따라서 $\dfrac{\sin\left(\dfrac{\theta}{2}\right)}{\left(\dfrac{\theta}{2}\right)} \to 1$이다.

속력이 빨라진다. 이때 차 안에 타고 있는 승객들은 좌석의 등받이 쪽으로 밀리게 되어 자동차의 운동 상태가 변하는 것을 느끼게 된다. 즉 가속도 효과를 느끼게 된다.

가속도의 개념은 속력이 증가하는 경우뿐만 아니라 속력이 감소하는 경우에도 적용된다. 버스나 자동차의 운전자가 브레이크를 갑자기 밟으면 차안에 있는 승객들은 차의 진행 방향으로 밀리게 되는 가속도 효과를 경험하게 된다.

그림 1.3
(a) 차가 급히 출발할 때는 뒤로 밀린다.
(b) 차가 급히 멈출 때는 앞으로 밀린다.

속력이 증가하는 경우와 감소하는 경우 가속도 효과가 정반대인 것으로부터 가속도가 방향이 있는 물리량임을 알 수 있다.

이와 같이 직선상에서 운동하는 물체의 가속도를 구하는 관계식은 비교적 단순한데,

$$\text{가속도} = \frac{\text{속도의 변화량}}{\text{걸린 시간}}$$

이다. 이 때 속도는 (+), (−)로 방향을 나타낼 수 있는 양이다.

---

**Example** 직선상에서 운동하는 물체의 가속도가 (+)이면 항상 속력이 증가하는가?

풀이 감소하는 경우도 있다. (−) 방향으로 운동하는 경우 속력이 감소할 때 가속도는 (+)이다.

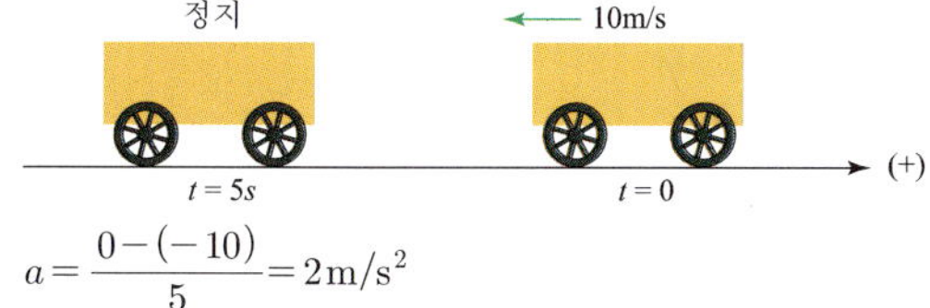


$$a = \frac{0-(-10)}{5} = 2\text{m/s}^2$$

---

그림 1.4
커브길에서는 바깥쪽으로 밀린다.

가속도는 속력의 변화뿐만 아니라 방향의 변화가 일어나는 경우에도 나타난다. 자동차가 일정한 속력으로 곡선 위를 운동할 때 차안에 있는 사람은 바깥쪽으로 밀리게 되는 가속 효과를 느끼게 된다. 이와 같이 일정한 속력으로 곡선 위를 운동할 때 방향이 계속 변하므로, 속도도 계속 변하게 된다.

이제 속력이 일정하고 방향이 계속 달라지는 원운동의 경우에서 물체의 가속도를 구해보자. 질량 $m$인 물체가 회전반경 $R$인 원주를 일정한 속력 $v$로 운동할 때 한바퀴 회전하는데 걸리는 시간은 $T$이다.

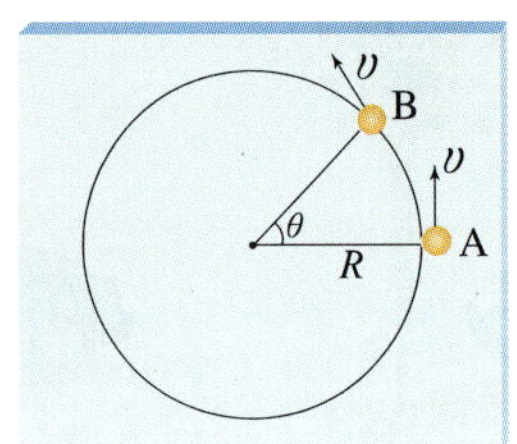


물체가 A에서 B까지 이동하는데 걸리는 시간은 $\Delta t = \dfrac{\theta}{2\pi}T$이고, AB 사이의 속도의 변화량은 그림과 같이 구할 수 있다.

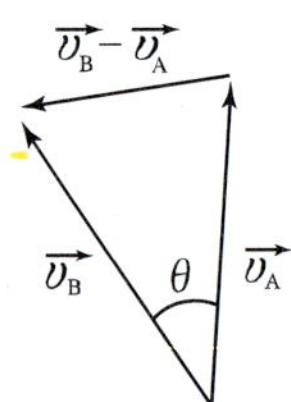


가속도의 크기를 구하려면 속도의 변화량 즉, $\vec{v}_B - \vec{v}_A$의 크기를 구해야 하는데 이등변삼각형의 밑변에 해당하므로 $|\vec{v}_B - \vec{v}_A| = 2v\sin\dfrac{\theta}{2}$이다.

따라서 평균 가속도의 크기는

$$\bar{a} = \frac{2v\sin\dfrac{\theta}{2}}{\dfrac{\theta}{2\pi}T} = \frac{2\pi}{T}\frac{v\sin\dfrac{\theta}{2}}{\left(\dfrac{\theta}{2}\right)}$$

이다.

여기서 $\Delta t \to 0$인 경우를 생각하자.

$\Delta t \to 0$이면 $\theta \to 0$이고 따라서 $\dfrac{\sin\left(\frac{\theta}{2}\right)}{\left(\frac{\theta}{2}\right)} \to 1$이다.

순간 가속도의 크기 $a = v\dfrac{2\pi}{T} = vw$이고, 가속도의 방향은 속도의 변화량을 나타내는 화살표와 속도방향이 $\dfrac{\pi}{2} - \dfrac{\theta}{2}$의 각을 이루고 있으므로 그러한 극한에서 $\dfrac{\pi}{2}$가 된다. 즉, 가속도는 속도와 직각 관계에 있고 중심을 향한다. 이 가속도를 구심가속도라고 한다.

---

**Example 1** 자동차가 직선 위에서 35km/h의 속력으로 운동하고 있다. 1초가 지날 때마다 자동차의 속력이 35km/h에서 40km/h로, 40km/h에서 45km/h로 일정하게 증가하고 있다면 자동차의 가속도는?

풀이 1초 동안에 속력이 5km/h씩 증가하고 있으므로 가속도는 5km/(h · s)(약 $1.4\text{m/s}^2$)이다.

**Example 2** 직선 위에서 50km/h로 운동하는 승용차와 정지해 있는 트럭이 있다. 승용차의 속력은 5초 동안에 50km/h에서 65km/h로 증가했고 트럭은 같은 시간 동안에 0에서 15km/h로 증가했을 때, 각각의 가속도를 구하고 그 크기를 비교하라.

풀이 승용차와 트럭 둘 다 같은 시간 동안에 속력이 15km/h만큼 증가했으므로 가속도는 같다. 이 때 가속도를 계산하면 다음과 같다.

$$\text{가속도} = \frac{\text{속도의 변화량}}{\text{걸린시간}} = \frac{15\text{km/h}}{5\text{s}} = 3\text{km/(h} \cdot \text{s)} \fallingdotseq 0.8\text{m/s}^2$$

이처럼 승용차와 트럭의 속력은 다를지라도 속력의 변화율은 같다. 따라서 둘의 가속도는 같다.

---

## 1.5 자유낙하

사과가 나무로부터 떨어지는 동안 사과의 속력은 점점 증가한다. 사과가 떨어지는 동안 속력이 증가한다는 것은 가속되고 있다는 사실을 의미한다.

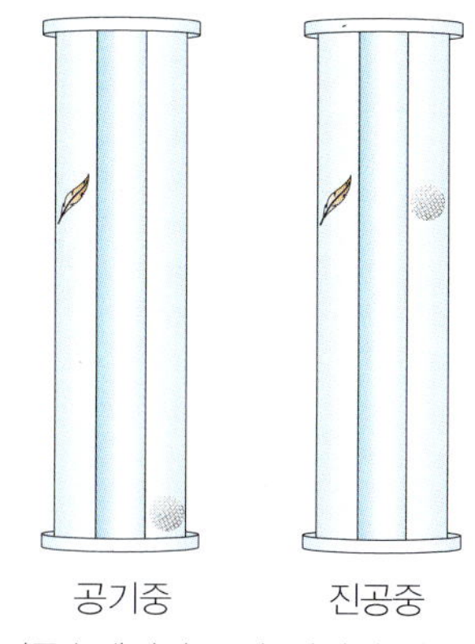

진공속에서의 공과 깃털의 낙하

사과가 아래로 가속되는 것은 중력이 작용하기 때문이다. 실제로는 공기의 저항이 떨어지는 물체의 가속도에 영향을 준다. 만일 공기의 저항을 무시할 수 있는 이상적인 상황에서(진공) 이러한 중력만의 작용에 의하여 나타나는 물체의 운동을 자유낙하라고 한다. 떨어지는 물체에

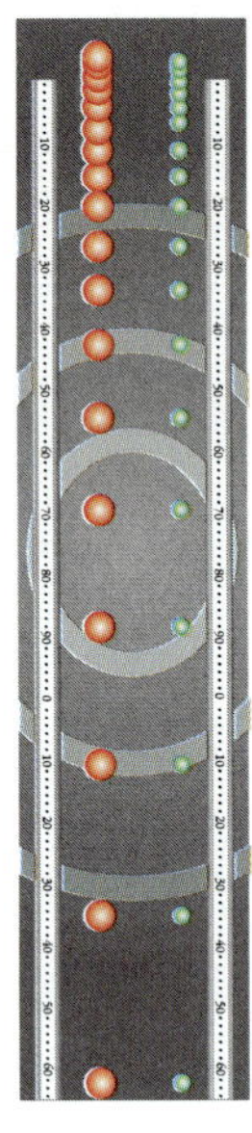

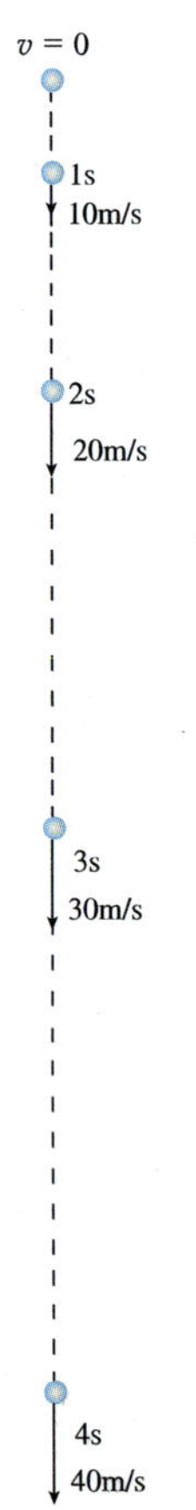


그림 1.5
정지 상태에서 자유낙하하기 시작한 물체의 속력은 매초당 10m/s씩 증가

는 중력만이 작용한다. 그림 1.5는 정지상태에서 자유낙하하기 시작한 물체의 속력을 매초마다 나타낸 것이다.

공기 저항이 무시되는 상황에서 자유낙하하는 물체의 가속도는 약 10m/s$^2$이다. 자유낙하하는 물체의 가속도는 중력만에 의해 생기는 것이기 때문에 일반적으로 $g$라는 문자를 사용하여 나타낸다. $g$의 값은 지구상에서의 위치에 따라 다르지만 평균값은 약 10m/s$^2$이고, 좀 더 정확히 나타내면 9.8m/s$^2$이다.

가속도와 시간의 곱이 속도의 변화량을 나타내므로 정지 상태에서 자유낙하하여 시간 $t$가 지났을 때 물체의 속도 $v$는 다음과 같은 식으로 쓸 수 있다.

$$v = gt$$

이번엔 자유낙하운동의 하나인 연직 위 방향으로 던져진 물체의 운동에 대해서 알아보자. 연직 위 방향으로 던져진 물체는 얼마 동안 위쪽으로 운동하다가 다시 내려오게 된다. 최고점에서 운동 방향이 위쪽에서 아래쪽으로 변하게 되는데 이때의 순간 속력은 0이다.

연직 위 방향으로 던져진 물체의 경우, 위로 올라가는 동안 물체의 속도가 0이 될 때까지 느려지게 된다. 그러면 물체의 속력은 매초 얼마나 감소하겠는가? 속도 변화의 원인이 중력이므로 속력이 증가하는 비율 – 매초당 10m/s과 같은 비율로 감소해야만 한다. 그림 1.6에서 알 수 있듯이 운동 경로상의 같은 높이에서는 물체가 올라가는 경우나 내려오는 경우 물체의 속력은 같다. 물론 운동 방향이 서로 반대이므로 속도는 다르다. 여기서 매초마다 물체의 속력이나 속도는 10m/s만큼 변한다. 따라서 물체가 위로 또는 아래로, 어느 방향으로 운동하더라도 가속도는 10m/s$^2$이다.

처음 속도가 0인 상태에서 자유낙하하는 물체의 경우 낙하를 시작한 지 1초가 지났을 때 순간 속력은 10m/s이다. 그렇다면 물체가 처음 1초 동안 운동한 거리는 10m일까? 그렇지 않다. 이는 순간 속력과 평균 속력의 차이점에 대해 생각해 보면 쉽게 알 수 있다. 1초 동안 10m의 거리를 운동했다면 1초 동안의 평균 속력이 10m/s가 되어야 한다. 그러나 물체의 속력은 처음에는 0이었고, 10m/s가 되는 데는 꼭 1초가 걸렸다. 따라서 평균 속력은 0과 10m/s 사이의 값을 갖게 된다. 직선 위에서 속력이 일정하게 증가하는 경우 평균 속력은 처음 속력과 나중 속력을 더한 다음 2로 나누면 된다. 처음 속력이 0, 나중 속력이 10m/s이므로 1초 동안의 평균 속력은 5m/s이다. 그러므로 처음 1초 동안 물체가 운동한 거리는 5m라는 것을 알 수 있다.

자유낙하한지 $t$초가 지났을 때, 물체가 낙하한 거리를 식으로 나타내보자. 자유낙하한 거리는 평균 속력과 걸린 시간의 곱이므로 다음과 같이 쓸 수 있다.

$$\text{거리} = \frac{\text{처음 속력} + \text{나중 속력}}{2} \times \text{걸린 시간} = \frac{0 + gt}{2} \times t$$

$$s = \frac{1}{2}gt^2$$

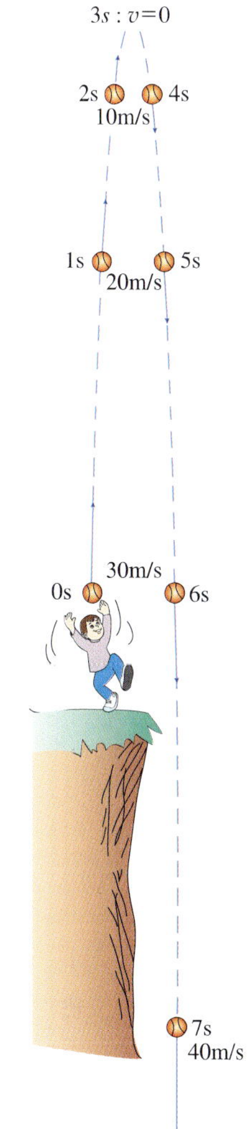


그림 1.6
물체가 연직 위로 올라갈 때나 내려올 때 매초당 속력의 변화율은 같다.

---

**Example 1** 정지 상태에서 자유낙하한지 4.5초가 지났을 때 물체의 속력은 얼마인가? 낙하 후 8초가 지났을 때와 15초가 지났을 때는 얼마인가? 단 $g = 10\text{m/s}^2$이다.

풀이 45m/s, 80m/s, 150m/s($v = gt$의 식을 이용한다.)

**Example 2** 사과가 나무에서 떨어져 1초만에 지면과 충돌하였다. 사과가 지면에 부딪힐 때 사과의 속력은 얼마인가? 1초 동안의 평균 속력은 얼마인가? 사과가 나무에 달려 있을 때 사과의 높이는 지면으로부터 얼마나 되는가? 단, $g = 10\text{m/s}^2$이다.

풀이 속력은 $v = gt = (10\text{m/s}^2)(1\text{s}) = 10\text{m/s}$,

평균 속력은

$$\bar{v} = \frac{\text{처음 속력} + \text{나중 속력}}{2} = \frac{0\text{m/s} + 10\text{m/s}}{2} = 5\text{m/s} \text{ 이다.}$$

사과의 높이는 1초 동안 사과가 낙하한 거리와 같으므로

$s = \text{평균속력} \times \text{걸린 시간} = (5\text{m/s})(1\text{s}) = 5\text{m}$,

또는

$$s = \frac{1}{2}gt^2 = \left(\frac{1}{2}\right)(10\text{m/s}^2)(1\text{s})^2 = 5\text{m} \text{ 이다.}$$

낙하 거리를 구할 때 위의 두 가지 중 어느 방법을 이용해도 무방하다.

**Example 3** 한 스카이다이버가 헬리콥터에서 점프를 하고, 몇 초 후에 또 다른 스카이다이버가 점프를 한다. 공기 저항을 무시하면 그들 사이의 거리는 항상 일정한가?

풀이 점프를 했던 시각이 다르기 때문에, 같은 시간에 스카이다이버들의 속도는 항상 다르다. 첫 번째 뛰어 내린 사람의 속도는 두 번째 뛰어 내린 사람의 속도보다 항상 더 크다. 따라서 같은 시간 동안에 첫 번째 뛰어 내린 사람이 이동한 거리는 두 번째로 뛰어내린 사람이 이동한 거리보다 더 크므로 이들 사이의 거리는 점점 증가한다.

---

## 1.6 운동과 그래프

단원의 중간 부분에서 설명했듯이, 속도와 가속도같은 물리량들의 관계는 수식뿐만 아니라 그래프를 이용해서도 나타낼 수 있다. 이제 자유낙하 운동에 관한 그래프를 자세히 분석해 보자. 그림 1.7은 표 1.1의 자료를 이용하여 자유낙하하는 물체의 속력과 시간의 관계를 나타낸 그래프이다. 속력 $v$는 세로축으로, 시간 $t$는 가로축으로 나타냈다. 이 경우 각 점들을 연결할 때 직선이 그려지는 것은 속력과 시간의 관계가 비례 관계임을 의미한다. 따라서 일정한 시간마다 속력이 같은 양만큼 증가한다. 즉 매초마다 10m/s씩 증가한다.

표 1.1
자유낙하하는 물체의 속력

| 경과시간(s) | (순간)속력(m/s) |
|---|---|
| 0 | 0 |
| 1 | 10 |
| 2 | 20 |
| 3 | 30 |
| 4 | 40 |
| 5 | 50 |
| ⋮ | |
| $t$ | $10t$ |

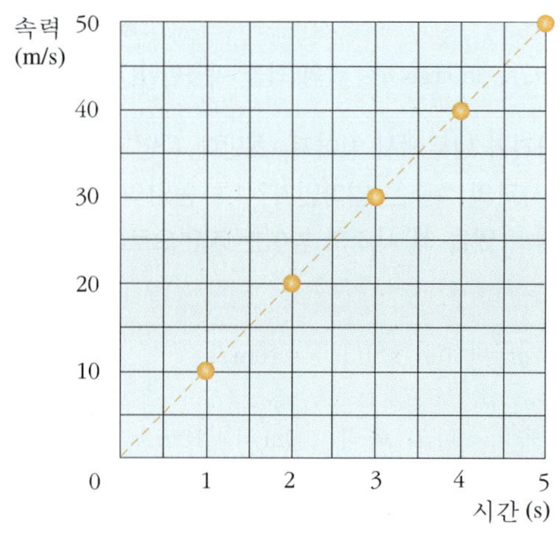


그림 1.7
자유낙하하는 물체의 속력－시간의 그래프

그래프가 직선이면 일련의 계단처럼 그 기울기는 일정하다. 기울기는 직선의 일부분에 대해 수직 방향의 변화량을 수평 방향의 변화량으로 나눈 값이다. 수평 방향으로 시간이 1초 변할 때 수직 방향으로 속도가 10m/s만큼 변하는 것으로부터 그래프의 기울기가 $10\text{m/s}^2$임을 알 수 있다. 그래프에서 직선은 가속도가 일정하다는 것을 보여 주며, 그래프의 기울기가 더 증가하면 물체의 가속도도 더욱 증가한다.

그림 1.8은 표 1.2를 이용하여 자유낙하하는 물체의 이동 거리와 시간의 관계를 나타낸 그래프이다. 거리 $s$는 세로축으로, 시간 $t$는 가로축으로 나타냈다. 그 결과는 곡선으로 그려지며, 이동 거리와 시간의 관계가 포물선의 형태로 나타나는 것을 알 수 있다. 그림 1.9는 이동거리가 $(\text{시간})^2$에 정확히 비례하고 있음을 보여준다.

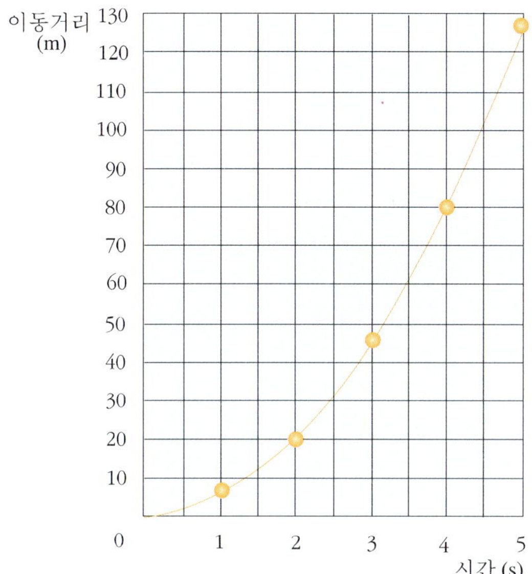


그림 1.8
자유낙하하는 물체의 이동거리-시간의 그래프

표 1.2
자유낙하하는 물체의 낙하거리

| 경과시간 (s) | (경과시간)$^2$ | 이동거리 (m) |
|---|---|---|
| 0 | 0 | 0 |
| 1 | 1 | 5 |
| 2 | 4 | 20 |
| 3 | 9 | 45 |
| 4 | 16 | 80 |
| 5 | 25 | 125 |
| ⋮ | | |
| $t$ | $t^2$ | $\frac{1}{2}gt^2$ |

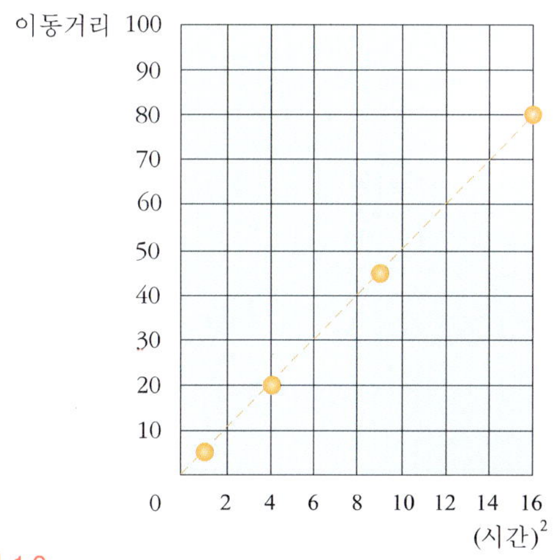


그림 1.9
자유낙하하는 물체의 이동거리는 시간의 제곱에 비례한다.

곡선 역시 기울기를 갖고 있다. 그림 1.8의 그래프 상의 모든 점은 그 점에 접하는 접선의 기울기를 갖고 있다. 곡선상의 한 점에서 다른 한 점으로 이동할 때 접선의 기울기가 변한다. 거리와 시간의 그래프에서 접선의 기울기는 매우 중요하다. 왜냐하면 기울기는 거리의 시간에 따른 변화율인 속력을 나타내기 때문이다. 위 그래프에서 기울기는 시간이 지남에 따라 점점 커진다. 이는 시간에 따라 속력이 증가하고 있는 것을 나타낸다. 사실 그래프에서 기울기를 정확하게 측정한다면 기울기(속력)는 매초당 10m/s씩 증가하고 있는 것을 알 수 있다.

**Example** 거리와 시간의 그래프에서 기울기는 무엇을 나타내는가?

풀이 속력

**더 알아보기** 등가속도 직선 운동

직선상에서 속력이 일정하게 빨라지거나 느려지는 운동을 등가속도 직선 운동이라고 한다. 즉 등가속도 직선 운동은 가속도가 일정한 운동이다.

초속도를 $v_0$, 임의의 시각 $t$ 에서의 속도를 $v$ 라 할 때, 가속도의 정의에 따라 가속도를 나타내는 식은 다음과 같다.

$$a = \frac{v - v_0}{t} \tag{1}$$

(1)식을 다시 쓰면

$$v = v_0 + at \tag{2}$$

로서 속도 - 시간 그래프를 나타내는 식이 된다. 즉, 시간 $t = 0$일 때 속도가 $v_0$, 기울기가 $a$인 그래프가 된다. 물체가 일정한 가속도로 운동할 때, 속도는 시간에 따라 일정하게 증가하므로 임의의 시간 동안의 평균 속도 $\bar{v}$는 초속도 $v_0$와 나중 속도 $v$의 산술평균으로 표현할 수 있다. 즉,

$$\bar{v} = \frac{v_0 + v}{2} \tag{3}$$

이다. (2)식과 (3)식을 이용하여 물체가 이동한 거리를 시간의 함수로 나타내 보자. $t = 0$일 때, 물체가 기준점에 있었다면, 시간 $t$동안 물체가 이동한 거리는 다음과 같다.

$$s = \bar{v}t = \left(\frac{v_0 + v}{2}\right)t \tag{4}$$

(2)식을 (4)식에 대입하면 이동 거리에 대한 또 다른 유용한 식을 얻을 수 있다. 즉

$$s = \left(\frac{v_0 + v_0 + at}{2}\right)t = v_0 t + \frac{1}{2}at^2$$

이다.

마지막으로 (2)식에서 $t$를 구하고 이것을 (4)식에 대입하면 시간을 포함하지 않는 식을 얻을 수 있다. 즉

$$s = \left(\frac{v_0 + v}{2}\right)t = \left(\frac{v_0 + v}{2}\right)\left(\frac{v - v_0}{a}\right) = \frac{v^2 - v_0^2}{2a}$$

$$2as = v^2 - v_0^2$$

이다.

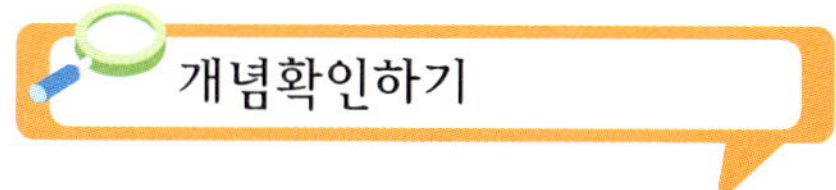


1 순간 속력과 평균 속력의 차이점은 무엇인가?

2 자동차의 속력계는 순간 속력을 나타내는가? 아니면 평균 속력을 나타내는가?

3 속력과 속도의 차이점은 무엇인가?

4 자동차의 속력계가 일정한 속력 40km/h를 가리키고 있다면 자동차의 속도가 일정하다고 말할 수 있는가?

5 가속도는 어떤 물리량의 시간적 변화율인가?

6 100km/h의 일정한 속력으로 직선 운동을 하는 자동차의 가속도는 얼마인가?

7 가속도의 단위에서 시간의 단위가 '제곱'의 형태로 나오는 이유는?

8 일정한 속력으로 운동하는 물체는 가속 운동 중일 수 있지만 일정한 속도로 운동하는 물체는 가속 운동 중일 수 없는 이유는?

9 자유낙하란 어떤 운동인가?

10 지표면 근처에서 어떤 물체가 정지 상태에서 자유낙하하였다. 5초 후의 물체의 가속도는? 6초 후 물체의 가속도는?

11 위로 던진 공이 올라가는 동안 매초당 속력의 변화량은? 또 공이 내려오는 동안에는 매초당 속력의 변화량은?

12 공을 연직으로 던졌을 때 올라갈 때와 내려올 때 걸린 시간을 비교하라.

13 공을 연직 위 방향으로 던졌다. 최고점에 도달한 공의 순간 속력은 얼마인가? 최고점에서 공의 가속도는 얼마인가?

14 속도와 시간과의 그래프에서 기울기는 무엇을 나타내는가?

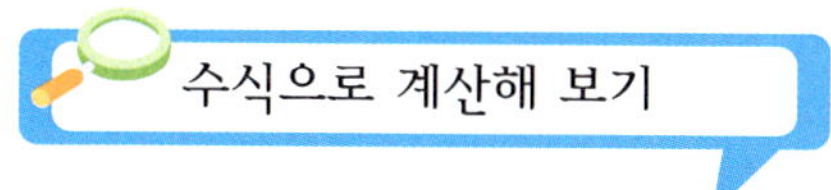


1 5초 동안 140m를 달리는 치타의 평균 속력은 얼마인가?

2 정지 상태에서 10초만에 속력이 100km/h로 증가한 자동차가 있다. 이 자동차의 평균 가속도는 얼마인가?

3 정지 상태에서 $2m/s^2$의 일정한 가속도로 달리는 자동차가 있다. 10초가 지났을 때 자동차의 순간 속력은 얼마인가?

4 어떤 물체가 정지 상태에서 자유낙하하였다. 물체의 속력이 10m/s가 될 때까지 낙하한 거리는?

5 자유낙하하는 물체가 5초 동안 낙하한 거리는? 또 6초 동안 낙하한 거리는?

6 어떤 물체가 정지 상태에서 자유낙하하였다. 5초 후의 물체의 순간 속력은? 6초 후 물체의 순간 속력은? 단, 중력가속도는 $10m/s^2$으로 한다.

7 자유낙하하는 사과가 $10m/s^2$으로 가속되고 있다. 6초 후의 순간 속력, 평균 속력, 낙하 거리는 각각 얼마인가?

**8** a. 연직 위 방향으로 던진 공이 6초만에 되돌아오기 위한 공의 속력은? 단 공기의 저항은 무시한다. 단, 중력가속도는 $10m/s^2$으로 한다.
b. 공이 올라간 최고 높이는?

**9** 연직 방향으로 0.75m 점프할 수 있는 육상선수가 있다. 이 선수의 체공 시간은? 단, 중력가속도는 $10m/s^2$으로 한다.

**10** 연어가 물 표면에서 튀어 오르는 속력이 5m/s 라면 연어가 물 표면 위로 점프할 수 있는 높이는 얼마인가? 단, 중력가속도는 $10m/s^2$으로 한다.

**11** 어느 건물의 옥상에서 물체를 위 방향으로 10m/s의 속도로 던졌더니 5초 후에 땅에 떨어졌다. 단, 중력가속도는 $10m/s^2$이다.
a. 최고점까지 올라가는데 걸린 시간은 몇 초인가?
b. 최고점에서 떨어진 곳까지의 높이는 몇 m인가?
c. 이 건물의 높이는 몇 m인가?

**12** 연직 위로 던진 물체가 올라간 최고점의 높이는 20m이었다. 이 물체가 높이 15m를 지날 때의 속력은 몇 m/s인가? 단, 중력가속도는 $10m/s^2$으로 한다.

**13** 자유낙하하는 질량 2kg인 물체가 3초가 경과하는 동안 물체의 매초당 속도와 낙하 거리, 가속도의 비는 각각 얼마인가? 단, 중력가속도는 $10m/s^2$으로 한다.

**14** 연직 아래로 초속 10m/s의 속도로 던져진 물체 A가 있다. 1, 2, 3초가 지났을 때 물체의 속도와 낙하 거리는 각각 얼마인가? 자유낙하하는 물체 B의 속도, 낙하거리와 비교하여 그래프로 그려보자. 단, 중력가속도는 $10m/s^2$이다.

**15** 자유낙하하고 있는 물체가 점 A, B를 통과할 때의 속도가 각각 30m/s, 70m/s이었다. 중력 가속도가 $10m/s^2$일 때, 두 점 A, B사이의 거리는 몇 m인가?

**16** 같은 시각에 같은 높이에서 한 물체는 자유낙하시키고, 다른 물체는 연직 상방으로 10m/s로 던져 올렸다. 4초 후 두 물체 사이의 거리는 몇 m인가? 단, 중력가속도는 $10m/s^2$으로 한다.

**17** 사람의 반응 시간을 간단하게 측정하기 위하여 다음과 같은 실험을 생각해 보자. 두 손가락 사이에 자를 놓고 다른 사람이 수직으로 세운 자를 놓는 순간 자를 붙잡는다. 그 사이에 자가 낙하한 거리를 자의 눈금을 이용하여 측정한다. 이 때 사람이 물체의 낙하를 보고 반응하기까지 걸린 시간은 어떻게 측정하는가?(단, 자의 낙하 거리를 $d$, 중력 가속도를 $g$라고 한다.)

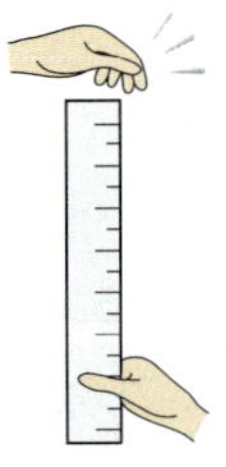

**18** 다음 그림은 시속 72km/h의 속력으로 자동차를 운전하던 사람이 전방의 장애물을 발견하고 브레이크를 밟아 정지하는 동안 자동차의 운동을 나타내는 그래프이다.

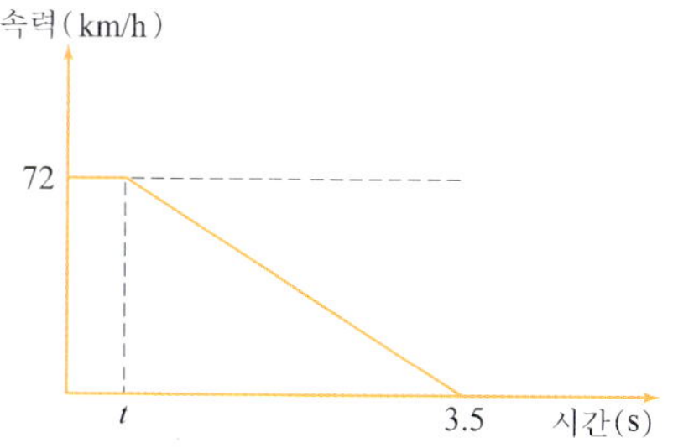


장애물을 발견한 시각부터 자동차가 정지할 때까지 걸린 시간은 3.5초이고, 그 동안 이동한 거리는 40m이다. 운전자의 반응 시간은 얼마인가?

**19** 오른쪽 그림과 같이 분수탑에서 물이 두 개의 물줄기를 이루면서 떨어지고 있다. 왼쪽의 물줄기는 바닥으로 그대로 떨어지고, 오른쪽 물줄기는 일정한 간격으로 뻗어 있는 나뭇가지에 부딪치면서 떨어진다. 이 때 나뭇가지에 부딪치면서 떨어지는 물은 나뭇가지에 부딪칠 때마다 순간적으로 정지한 상태가 되었다가 다시 떨어진다고 한다. 나무의 키가 분수대의 높이 $H$와 같고, 그 사이에 $n$개의 나뭇가지가 일정한 간격으로 있다고 할 때 처음 두 물줄기가 지면에 떨어지는 시간 차이는 얼마인가? (단, 중력가속도는 $g$이다. 분수대와 첫 번째 나뭇가지 사이의 거리, 마지막 나뭇가지와 바닥 사이의 거리는 둘다 나뭇가지 사이의 간격과 같다.)

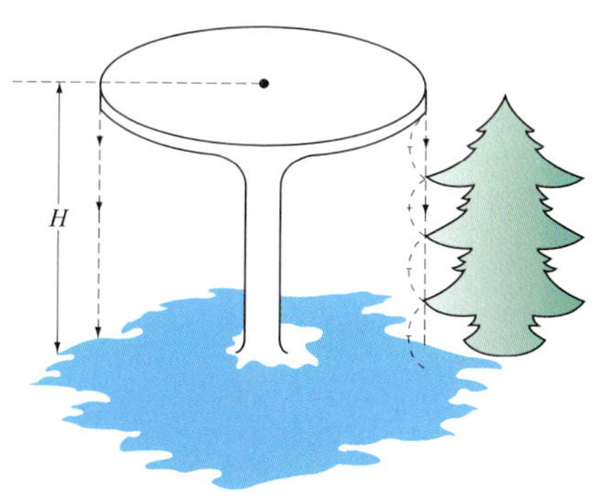


**20** 정지한 물에 대한 배의 속도가 4m/s인 배로 강물의 속도가 3m/s인 강을 건너려고 한다.

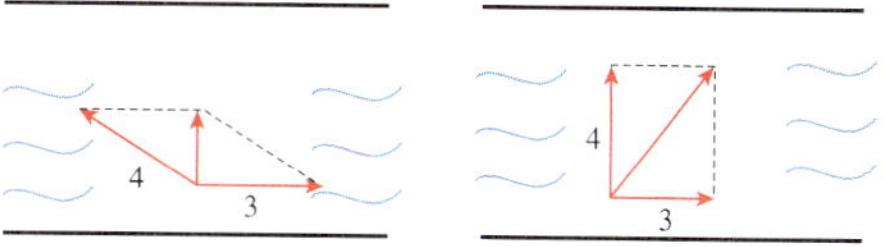


a. 배가 최단 거리로 건너갈 때 강둑에서 본 배의 속도는 얼마인가?

b. 배가 최단 시간으로 건너갈 때 강둑에서 본 배의 속도는 얼마인가?

**21** 평면 위에서 곡선을 따라 운동하는 물체가 있다. 그림과 같이 A점에서 20m/s의 속력으로 출발할 물체가 4초 후 B점을 지날 때 처음과 다른 방향으로 20m/s의 속력으로 운동하고 있었다. 두 점 A, B 사이의 평균 가속도의 크기는 얼마인가?

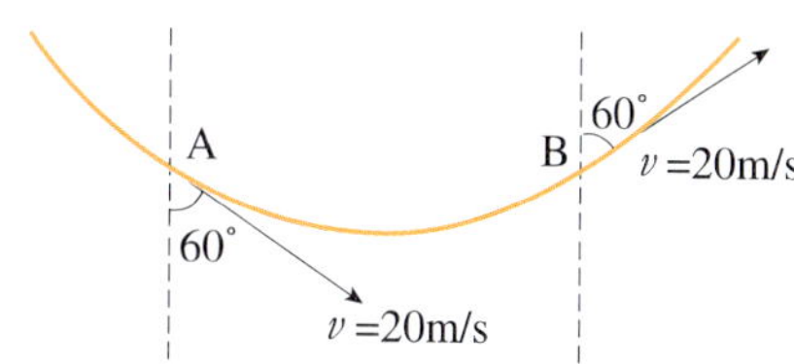


**22** 아래 그림은 초속도가 0인 어떤 물체의 가속도와 시간과의 관계를 나타낸 것이다.

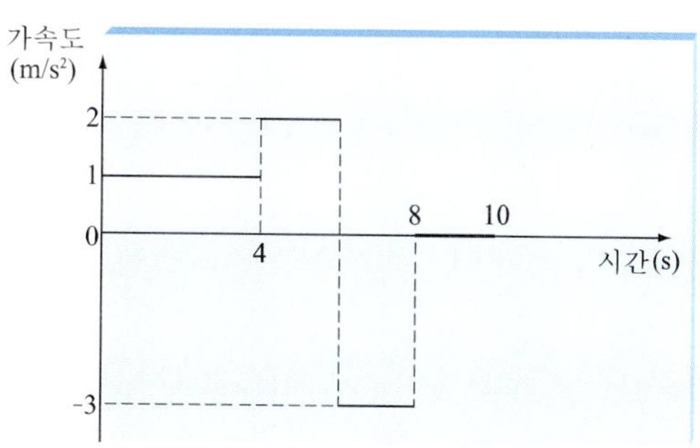

a. 이 물체의 속도와 시간 관계의 그래프를 그려라.

b. 이 물체의 거리와 시간 관계의 그래프를 그려라.

**23** 그림과 같이 한 소년이 줄에 연결된 질량 $m$ 인 물체를 수평 방향으로 $v_0$의 일정한 속력으로 끌어당기고 있다. 물체로부터 수평거리가 $x$일 때 물체의 속도와 가속도를 구하라.

## 한 걸음 더

1. 홍이는 우주발사기지에서 10km/s로 발사된 로켓의 최고점의 높이를 중력 법칙을 이용하여 다음과 같이 계산하였다.

$$H = \frac{v_0^2}{2g} = \frac{(10000)^2}{2\times10} = 5\times10^6\,\text{m} = 5000\text{km}$$

홍이의 계산 결과가 타당한 지에 대하여 논의하시오.

2. 어떤 물체가 일정한 거리 $s$ 사이를 왕복운동할 때 물체의 가속도 $a$와 시간 $t$의 관계가 그래프와 같았다. 이 물체의 최대 속력은 얼마인가?

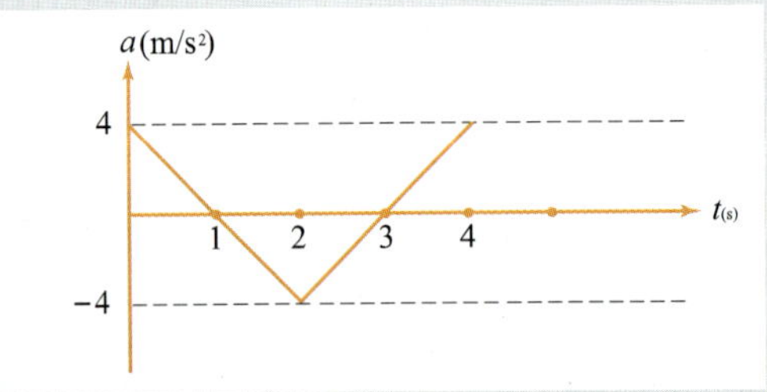


3. 어떤 물체의 가속도 $a$와 시간 $t$ 의 관계가 다음과 같다.

$$a = -t$$

직선상에서 처음 속도가 10m/s인 물체가 정지하였다면, 이때 물체가 운동한 거리는 얼마인가?

Chapter 2

# 포물선 운동

곡선 운동을 하는 공의 운동을 분석하기 위해서는 공의 운동을 지면에 수평한 방향과 수직인 방향으로 나누어 볼 필요가 있다.

대체로 공기의 저항이 없거나 무시할 수 있는 경우, 공은 수평방향으로는 등속도 운동, 수직방향으로는 등가속도 운동을 한다. 이러한 운동의 궤도를 평면상에 그려보면 포물선이 되는데, 이를 포물선 운동(포사체 운동)이라 부른다.

평면상의 어떤 점은 기준점으로부터 거리와 기준선으로부터의 각도로 나타낼 수 있다. 이와같이 크기와 방향을 갖는 양을 벡터라고 한다. 포물선 운동은 평면상의 운동이므로 운동을 분석하기 위해서는 벡터의 사용이 필수적이다.

이 단원에서 다루고자 하는 포물선 운동은 수평방향의 등속도 운동과 수직방향의 등가속도 운동이 결합된 곡선운동이다.

앞에서 공부한 속도와 가속도의 개념을 적용하여 각 성분의 운동을 분석하고, 그 성분들의 결합에 의해 나타나는 현상을 탐구할 필요가 있다.

## 2.1 벡터량과 스칼라량

크기와 방향을 모두 나타내야 완전하게 설명되는 물리량을 벡터량이라고 한다. 앞 단원에서 속도는 방향을 포함하고 있다는 점에서 속력과 다르다는 것을 배웠다. 속도는 가속도와 마찬가지로 벡터량이며 힘 역시 벡터량이다.

한편, 단지 크기만으로도 나타낼 수 있는 물리량을 스칼라량이라고 한다. 질량, 부피, 시간과 같은 물리량들이 여기에 속한다. 스칼라량은 보통의 수와 같이 사칙 연산이 적용된다.

**Example** 속력은 스칼라량으로, 속도는 벡터량으로 분류되는 이유는?

풀이 속력은 방향을 포함하지 않으나 속도는 방향을 포함한다.

벡터량은 화살표로 나타낼 수 있는데 화살표가 가리키는 방향은 벡터의 방향이고, 화살표의 길이는 벡터의 크기에 해당한다. 벡터를 문자로 표현하는 가장 쉬운 방법은 문자 위에 화살표를 얹는 방법이다.

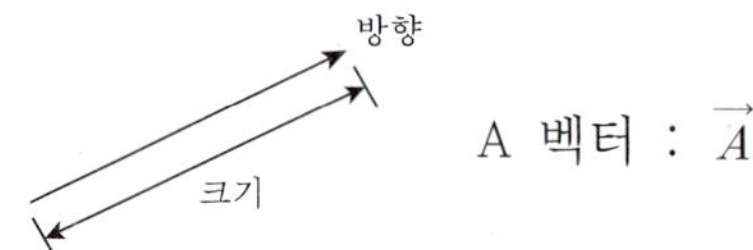


A 벡터 : $\vec{A}$

한편, 벡터는 성분으로 분해될 수 있는 성질이 있는데, 그 성질을 다음과 같이 나타낼 수 있다.

A 벡터 : $A_i$ , $i$ : 성분을 나타내는 양

**Example** 공기 압력은 벡터량인가?

풀이 아니다.
한 점에 작용하는 대기압의 방향은 모든 방향을 향하므로 한 방향이어야 하는 벡터의 성질을 만족하지 못한다.

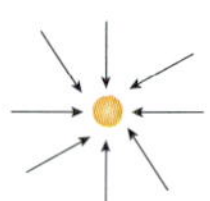

## 2.2 벡터량으로서의 속도

그림 2.1
20km/h를 1cm로 나타낼 때 이 벡터는 오른쪽 방향으로 60km/h인 속도 벡터이다.

벡터량의 크기와 방향은 화살표를 이용하여 나타낸다. 일정한 비율로 축소 또는 확대되어 그려진 화살표의 길이는 벡터량의 크기를 나타내며, 화살표의 방향은 벡터량의 방향을 나타낸다. 그림 2.1에서 1cm의 화살표가 20km/h를 의미할 때, 오른쪽 방향을 가리키는 3cm의 화살표는 오른쪽 방향으로 1시간에 60km를 운동하는(동쪽으로 60km/h인) 속도 벡터를 나타낸다.

하나의 속도 벡터는 둘 이상의 다른 속도 벡터들이 합쳐진 벡터일 수도 있다. 예를 들어 비행기의 속도는 공기에 대한 비행기의 속도와 지면에 대한 공기의 속도(또는 바람의 속도)가 합쳐진 것이다. 주위의 공기에 대해 100km/h의 속도로 북쪽으로 날아가고 있는 비행기를 생각해 보자. 이때 비행기의 뒤쪽에서 바람이 20km/h의 속도로 북쪽을 향해 불어온다

고 하자. 그림 2.2는 비행기와 바람의 속도 벡터를 나타낸 것이다. 여기서 1cm의 길이는 20km/h를 의미한다. 벡터를 사용하거나 또는 벡터를 사용하지 않더라도 두 속도의 합이 120km/h가 되는 것을 알 수 있다. 바람이 불지 않는다면 비행기는 지면에 대해 1시간에 100km의 거리를 날아가지만, 바람이 분다면 비행기는 한 시간에 120km의 거리를 날아갈 것이다.

이번에는 바람이 비행기가 날아가는 방향과 반대 방향으로 불어오는 경우를 생각해 보자. 비행기와 바람의 속도 벡터는 서로 반대 방향이다. 결과적으로 비행기의 속도는 100km/h－20km/h＝80km/h이다. 즉, 비행기는 속도가 20km/h인 바람에 거슬러 비행하므로, 지면에 대해 1시간에 단지 80km만을 날아가게 된다.

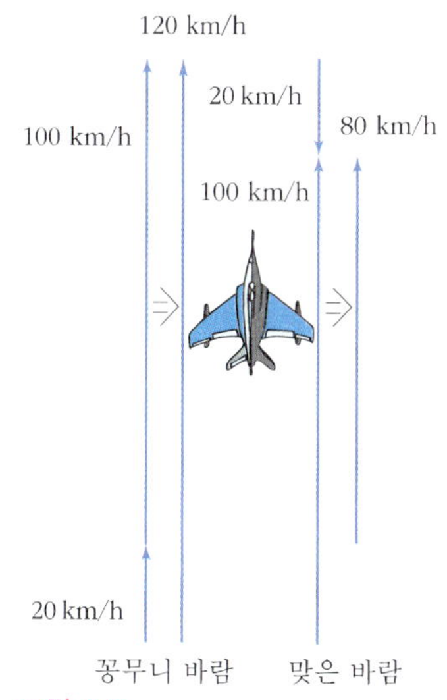

그림 2.2
지면에 대한 비행기의 속도는 공기에 대한 비행기의 속도와 바람의 속도에 달려 있다.

위의 경우와 같이 바람의 방향과 비행기의 방향이 나란할 때는 굳이 벡터를 사용하여 지면에 대한 비행기의 속도를 구할 필요는 없다. 그러나 나란하지 않은(평행하지 않은) 속도 벡터를 합성할 때는 벡터적인 계산이 유용하다.

공기에 대해 북쪽으로 80km/h로 날아가던 비행기가 60km/h로 부는 강한 서풍을 만난 경우에 대해서 알아보자. 그림 2.3은 비행기와 바람의 속도 벡터를 나타낸 것이다. 두 벡터를 더한 합벡터는 두 벡터가 만드는 직사각형의 대각선이 된다. 속도 벡터 1cm는 20km/h을 나타내므로, 직사각형의 대각선의 길이 5cm는 100km/h를 나타낸다. 따라서 비행기는 지면에 대해 북동쪽[1]으로 100km/h로 비행한다.

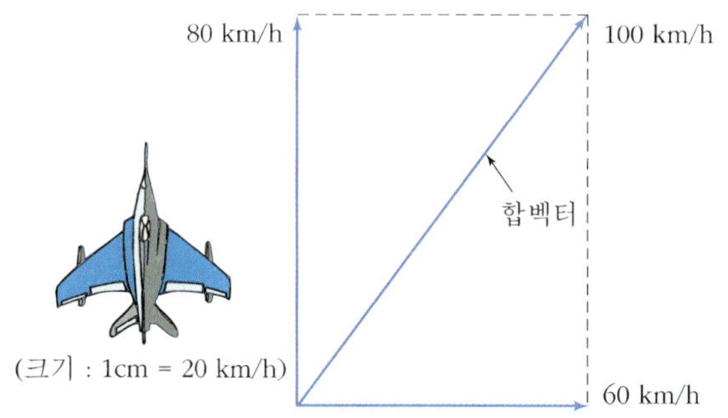

그림 2.3
80km/h로 날아가는 비행기가 60km/h로 부는 강한 옆바람을 만나면 지면에 대한 비행기의 속력은 100km/h이다.

1) 한 쌍의 두 벡터가 서로 수직이면 합벡터는 피라고라스 정리 – 직각 삼각형의 빗변의 제곱은 다른 두 변을 각각 제곱한 것을 더한 것과 같다. –를 이용하여 구한다.

더 알아보기 **벡터의 합성**

두 벡터가 서로 수직을 이루지 않는 일반적인 경우에는 평행사변형[2)]을 만들어 합벡터를 구한다. 즉 두 벡터를 두 변으로 하는 평행사변형을 그리면, 평행사변형의 대각선이 합벡터가 된다. 직사각형은 평행사변형의 특별한 경우이다. 또는 두 벡터 중 한 벡터의 끝점에 다른 벡터의 시작점이 일치하도록 평행 이동시킨 후, 처음 벡터의 시작점에서 나중 벡터의 끝점까지 연결하면 두 벡터의 합벡터가 된다[3)].

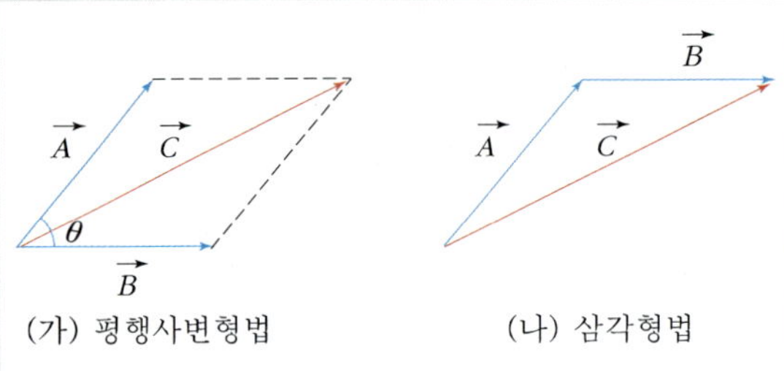


벡터의 합성 방법

경우에 따라서는 두 벡터의 차(뺄셈)를 구할 필요가 있다. 두 벡터의 차를 구할 때는 빼고자 하는 벡터와 크기는 같고 방향이 반대인 벡터를 합하여 구한다.[4)]

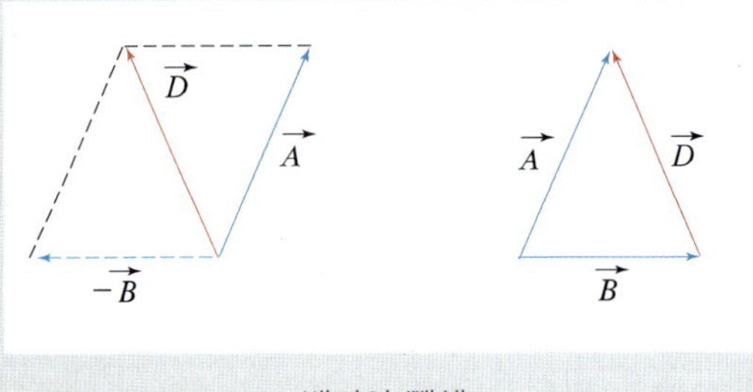


벡터의 뺄셈

**Example 1** 공기에 의해 80km/h의 속도로 날아가는 비행기가 있다. 이때 바람이 비행기가 날아가는 방향에 수직으로 불어온다고 하자. 지상에서 볼 때, 비행기는 80km/h보다 빠르겠는가, 느리겠는가?

풀이 비행기가 날아가는 방향에 수직으로 부는 바람은 비행기의 속력을 증가시키고, 원래의 진행 방향과 다른 방향으로 날아가게 한다.

---

2) 두 개의 벡터 $\vec{A}$, $\vec{B}$를 더할 때에는 두 벡터를 이웃한 두 변으로 하는, 평행 사변형을 그리면 이 평행 사변형의 대각선 벡터 $\vec{C}$가 두 벡터의 합을 나타낸다.

3) 벡터 $\vec{A}$의 끝점(화살표의 머리)에 벡터 $\vec{B}$의 시작점(화살표의 꼬리)이 일치하도록 평행 이동시킨 다음, 벡터 $\vec{A}$의 시작점에서 벡터 $\vec{B}$의 끝점까지 이으면 두 벡터의 합인 벡터 $\vec{C}$가 된다.

4) 벡터 $\vec{A}$에서 벡터 $\vec{B}$를 뺄 때는 $\vec{B}$와 크기는 같고 방향이 반대인 $-\vec{B}$를 그린 다음, $\vec{A}$와 합성한다.(벡터의 덧셈과 같은 방법으로 한다.)

**Example 2** 벡터를 더하거나 뺄 때 왜 평행사변형을 이용하는가?

풀이 평면상의 위치를 나타내는 위치벡터를 생각해 보자. 원점을 (0,0)으로 잡고 P점의 좌표를 (1, 2), Q점의 좌표를 (2, 1)이라고 하자, P점과 Q점을 나타내는 좌표값은 원점에서의 거리와 방향을 나타내므로 각각이 하나의 벡터이다. 이러한 위치를 나타내는 벡터를 위치벡터라고 한다. 이제 P점과 Q점의 좌표값을 더하면 (1, 2)+(2, 1)=(3, 3)이고, (3, 3)점을 R이라고 하자. O, P, Q, R을 연결하는 도형을 그리면

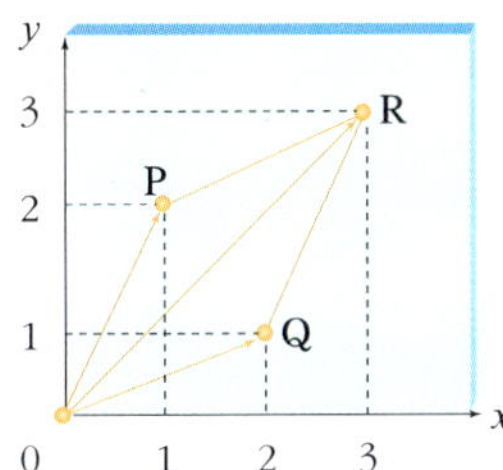


이다. 즉, 평형사변형법은 좌표값 더하기를 그림으로 나타낸 것이다.

## 2.3 벡터의 성분

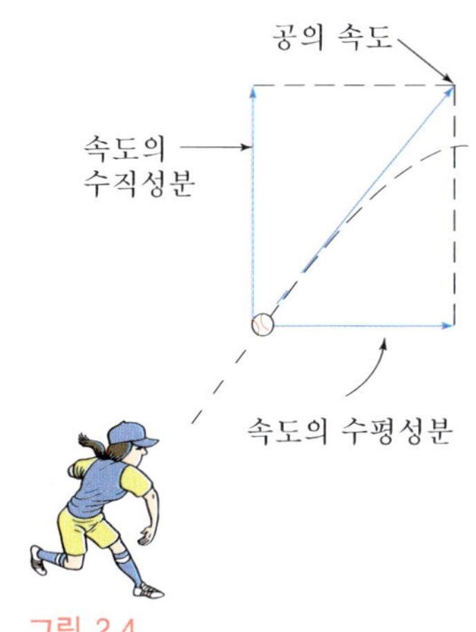


그림 2.4
공의 속도의 수평 성분과 수직 성분

평면상의 벡터는 2개의 벡터로 분해할 수 있다. 분해된 2개의 벡터를 원래 벡터의 성분 벡터라고 하며, 한 벡터의 성분 벡터를 구하는 과정을 벡터의 분해라 한다. 벡터를 분해하는데 가장 많이 쓰이는 방법은 벡터를 수직인 성분들로 분해하는 것이다.

그림 2.5는 벡터를 분해하는 방법을 나타낸 것이다. 먼저 벡터 $\vec{V}$의 꼬리에서 수직선과 수평선을 그린 다음, 벡터 $\vec{V}$가 직사각형의 대각선이 되도록 그린다. 그러면 직사각형의 두 변에 해당하는 2개의 성분 벡터 $\vec{V_x}$, $\vec{V_y}$로 분해할 수 있게 된다.

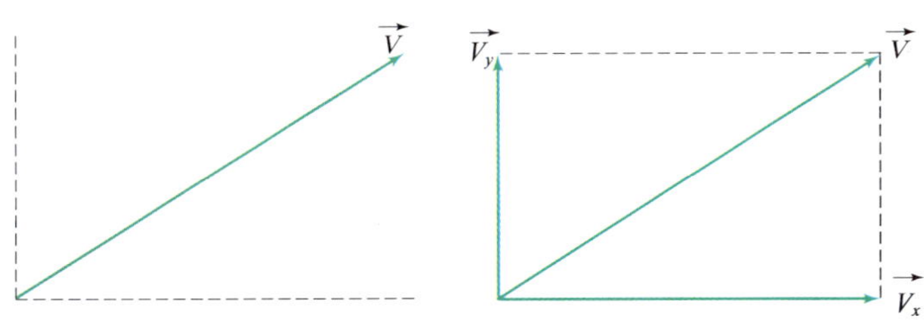


그림 2.5
평면상에서 한 벡터를 수직 성분과 수평 성분으로 나누는 법

스포츠와 물리학

**서핑(파도타기)**

서핑은 벡터의 분해와 벡터의 합성을 잘 설명해 주는 예이다.

(1) 파도의 진행 방향과 같은 방향으로 서핑을 할 때의 사람의 속도는 파도의 속도인 $v$와 같다.

(2) 더 빠르게 진행하려면 파면을 따라 비스듬하게 서핑해야 한다. 이 때 사람은 파면에 수직인 속도 $v$ 뿐만 아니라 파면에 평행한 성분의 속도 $V$도 갖게 된다. 파도의 속도인 $v$는 변함이 없지만 $V$는 변할 수 있다. 두 성분을 더하면 서핑하는 사람의 속도 $V'$는 $v$보다 빠르다는 것을 알 수 있다.

(3) 서핑하는 사람이 파면과 이루는 각이 작을수록 서핑하는 사람의 속도는 더욱 증가한다.

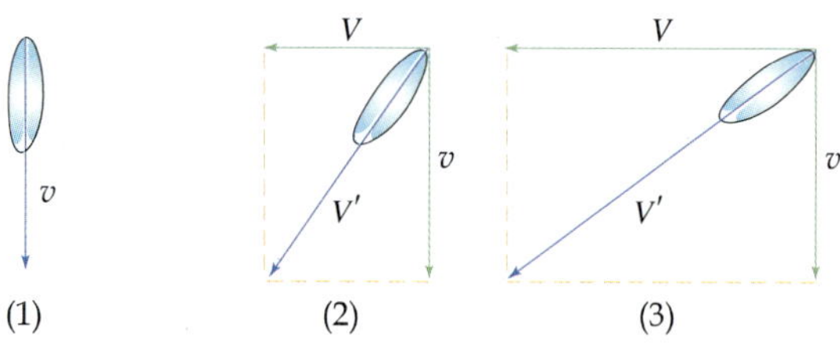


힘도 속도와 같은 벡터량이므로 크기와 방향을 갖는다. 그림 2.6의 (가)에서 두 용수철 저울이 각각 연직선과 60°의 각을 이루도록 하고 10N의 물체를 연직으로 매달아 놓으면, 두 저울의 눈금(용수철의 장력)은 각각 10N을 나타낸다. 이 때 두 용수철에 나타난 두 장력 벡터의 합은 아래로 작용하는 10N의 무게와 같다. 즉, 그림에 나타난 평행사변형의 대각선처럼 벡터의 합은 연직 위로 향하는 10N이 된다. 만약 각이 60°보다 더 커지면 저울의 눈금은 어떻게 될까?

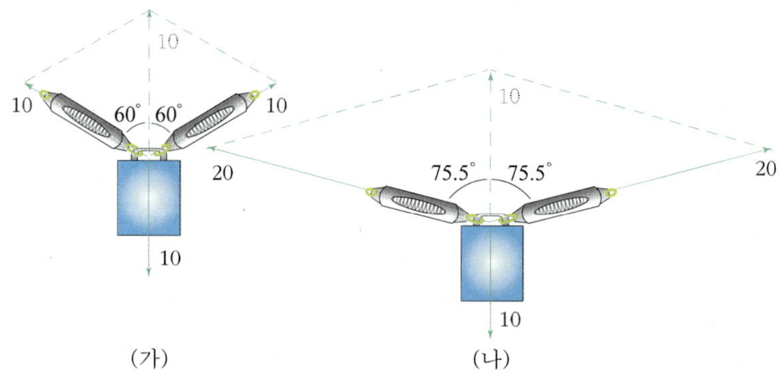


**그림 2.6**
용수철 저울 사이의 각이 증가하더라도 두 저울이 작용하는 힘의 합력이 위로 10N이어야 하므로 각 저울의 눈금은 증가한다. 점선으로 그려진 벡터와 같이 두 저울의 합력 10N은 10N의 물체를 지지하는 데 필요한 힘이다.

그림 2.6의 (나)에서와 같이 연직선과 이루는 각을 75.5°까지 증가시키는 경우에, 두 저울의 합력이 여전히 위로 10N이 되어 물체의 무게 10N과 같아지려면 각각 저울의 눈금은 20N이 되어야 한다. 즉, 저울 사이의 각이 증가할 때 두 저울의 장력 벡터의 합이 위로 10N인 상태를 유지하려면, 각 저울의 장력 벡터가 증가해야 한다. 평행사변형의 관점에서 보면 저울이 연직선과 이루는 각이 증가할 때 대각선은 길이를 그대로 유지하려면 두 변의 길이(장력의 크기)가 증가해야 한다.

이제 연직으로 매단 빨랫줄은 한 사람의 몸무게를 지탱할 수 있지만 수평으로 매단 빨랫줄은 한 사람의 몸무게를 지탱할 수 없는 이유를 알 수 있을 것이다. 그림 2.7과 같이 거의 수평인 빨랫줄의 장력은 연직인 빨랫줄의 장력보다 훨씬 크므로 빨랫줄이 끊어지게 된다.

그림 2.7
수직으로 걸린 빨랫줄에는 안전하게 매달릴 수 있지만 수평으로 걸린 빨랫줄에 매달리면 빨랫줄이 끊어질 것이다.

---

**Example 1** 그림과 같이 무게가 같은 두 아이가 그네를 타고 있다. 어느 그네의 줄이 끊어지기 쉬운가?

풀이 줄을 잡아당기는 힘 또는 장력은 연직선과 이루는 각이 커질수록 증가한다. 따라서 오른쪽 그네의 줄이 끊어지기 쉽다.

**Example 2** 수평으로 팽팽하게 조여진 기타줄의 중간에 10N의 물체를 매달면 어떤 일이 일어나는지 생각해 보자. 물체가 매달린 곳의 기타줄이 아래로 처지지 않고 수평 상태를 유지하는 것이 가능한가?

풀이 불가능하다. 10N의 물체가 평형 상태에 놓이려면 위쪽으로 지탱하는 10N의 힘이 있어야 한다. 즉 물체를 중심으로 양쪽 기타줄의 장력이 위쪽으로 10N이 되도록 평행사변형을 만들어야 한다. 물체가 약간 처진 경우에 평행사변형의 두 변은 매우 길어지므로 장력 역시 매우 커진다. 이 때 아래로 처지는 정도가 점점 작아지면 장력은 거의 무한대가 된다. 바꾸어 말하면 팽팽하게 조여진 줄의 한쪽을 약간만 잡아당겨도 줄의 장력은 엄청나게 커진다. 이런 이유 때문에 아주 강한 기타줄이라도 약간만 비스듬히 힘을 작용하면 쉽게 끊을 수 있다.

## 2.4 수평 방향으로 던진 물체의 운동

이제 포물선 운동을 분석해 보자. 대포에서 발사된 포탄, 공중으로 던져지는 공, 책상의 한 끝에서 굴러 떨어지는 공 등은 모두 포물선 운동을 하는 물체들이다. 지표면 근처에서 포물선 운동을 하는 물체들은 수평 성분과 연직 성분으로 분해하여 살펴보면 매우 단순한 운동임을 알 수 있다.

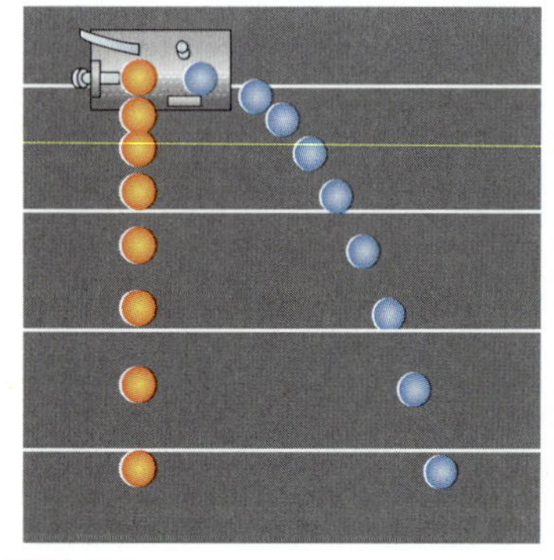
그림 2.8
한 공은 수평 방향으로 발사하고 동시에 다른 한 공은 자유 낙하시키는 역학 장치를 작동시킨 후 찍은 다중 섬광 사진이다. 같은 시간 동안 두 공이 연직으로 낙하한 거리는 같다.

그림 2.8은 두 물체의 운동을 다중 섬광 장치를 이용하여 찍은 사진이다. 두 공 중의 하나가 자유낙하하는 순간, 동시에 다른 공을 수평 방향으로 던진 것이다. 곡선 경로를 따라 진행하는 공의 운동을 수평 성분과 연직 성분으로 나누어 분석해 보자. 주목해야 할 두 가지 중요한 사실 중 하나는 운동의 수평 성분이 일정하다는 것이다. 이것은 공에 작용하는 수평 방향의 힘이 없으므로 수평 방향의 가속도가 없기 때문이다. 즉 일정한 시각 간격(각 섬광 사이)마다 이동한 수평 거리가 같은 등속도 운동을 한다. 다른 하나는 일정한 시간 동안 낙하한 거리는 같은 시간 동안 자유낙하하는 공의 이동 거리와 같다는 것이다. 따라서 수평 방향으로 던져진 공의 연직 방향의 운동은 자유낙하한 공의 운동과 똑같다는 것을 알 수 있다. 이는 중력이 연직 아래 방향으로만 작용하기 때문에 수평 방향으로 던져진 물체는 자유낙하하는 공처럼 아래 방향으로만 가속된다. 따라서 연직 성분의 속도는 점점 증가하며, 일정한 시간 간격마다 운동한 거리는 일정한 비율로 커진다.

여기서 가장 중요한 것은 포물선 운동의 수평 성분과 연직 성분이 완전히 독립적이라는 사실이다. 각 성분의 운동이 합쳐진 결과 운동 경로가 포물선이 되는 것이다. 즉 수평 방향으로는 등속도 운동을 하고 연직 방향으로는 가속도 운동을 하는 물체의 운동 경로가 포물선이다.

이것을 식으로 정리하기 위해 수평방향을 $x$ 축, 수직방향을 $y$ 축으로 하여 임의의 시간 $t$일 때 물체의 위치를 구해보자.

운동을 시작한 지 $t$ 초 후

$$x = v_o t$$
$$y = -\frac{1}{2}gt^2$$

이다. 두 식에서 $t$를 소거하면

$$y = -\frac{g}{2v_o^2}x^2$$

이 된다.

즉, $(x,\ y)$ 평면상에서 2차 함수, 즉 포물선이 된다.

---

**Example** 수평 방향으로 겨눈 총에서 총알이 발사되는 순간 총과 같은 높이에서 다른 총알을 자유낙하시켰다.

1) 어느 총알이 먼저 지면에 도달하겠는가?
2) 총을 위로 비스듬히 겨눈 상태에서는 두 총알 중 어느 쪽이 먼저 지면에 도달하겠는가?
3) 총을 아래로 비스듬히 겨눈 상태에서는 어느 쪽이 먼저 지면에 도달하겠는가?

풀이 1) 두 총알이 지면에 동시에 도달한다.
2) 자유낙하시킨 총알이 먼저 지면에 도달한다.
3) 아래로 비스듬히 발사된 총알이 먼저 지면에 도달한다. 즉 총을 위로 겨누면 자유낙하시킨 총알이, 총을 아래로 겨누면 발사된 총알이 먼저 지면에 도달한다. 따라서 두 총알이 지면에 동시에 도달하려면 총알은 수평방향으로 발사되어야 한다.

---

## 2.5 비스듬히 위로 던진 물체의 운동

비스듬히 위로 발사된 포탄은 중력 때문에 곡선 경로를 따라 운동하다가 마침내 지면과 충돌하게 된다. 중력이 없다고 가정했을 때, 포탄은 그림 2.9의 점선과 같은 가상의 직선 경로를 따라 운동하게 된다. 그러나 실제로 포탄은 지면과 충돌할 때까지 가상의 직선에서 아래쪽으로 계속 떨어진다. 점선상의 한 점에서 아래 방향으로 떨어진 수직 거리는 같은 시간 동안 포탄이 자유낙하했을 때의 이동 거리와 같다. 따라서 점선 아래로 떨어진 수직거리는 $\frac{1}{2}gt^2$이다.

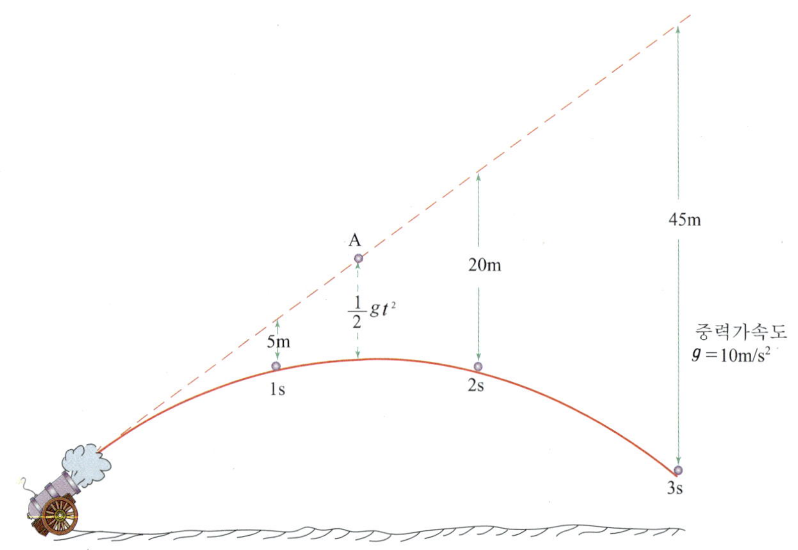


그림 2.9
중력이 없다면 포탄은 직선 경로(점선)를 따라 운동한다. 그러나 포탄은 중력 때문에 직선 경로 아래로 떨어지는데 이 거리는 포탄을 자유낙하시켰을 때의 이동 거리와 같다.

A점은 중력이 작용하지 않는 경우 물체가 발사된지 $t$초 후에 통과하는 지점이다. 만일 중력이 작용한다면 포탄은 가상의 직선에서 아래쪽으로 $\frac{1}{2}gt^2$만큼 떨어진 위치를 통과한 것이다.

그림 2.9에서 포탄이 매초마다 똑같은 수평 거리를 이동한다는 사실에 주목하자. 그것은 수평 방향의 가속도가 없기 때문이다. 포탄이 갖는 가속도는 오로지 중력 방향인 연직 아래 방향뿐이다.

그림 2.10은 포물선 경로를 따라 운동하는 물체의 속도를 수평 성분과 연직 성분으로 분해한 것이다. 그림에서 속도 벡터의 수평 성분은 물체의 위치에 상관없이 항상 같고, 연직 성분만 변하는 것을 알 수 있다.

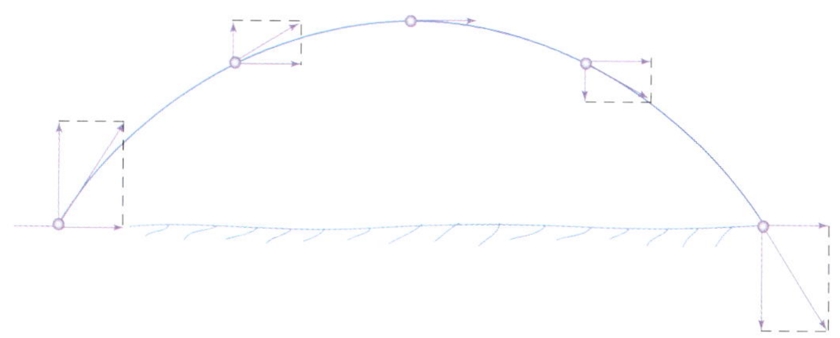

이 두 성분에 의해 만들어지는 직사각형의 대각선이 실제 속도 벡터이다. 경로 상의 최고점에서 연직 성분의 속도는 0이다. 따라서 최고점에서의 속도는 경로 상의 모든 점에서의 수평 성분의 속도와 같다. 또 최고점 이외의 모든 점에서의 속력은 최고점보다 항상 크다.

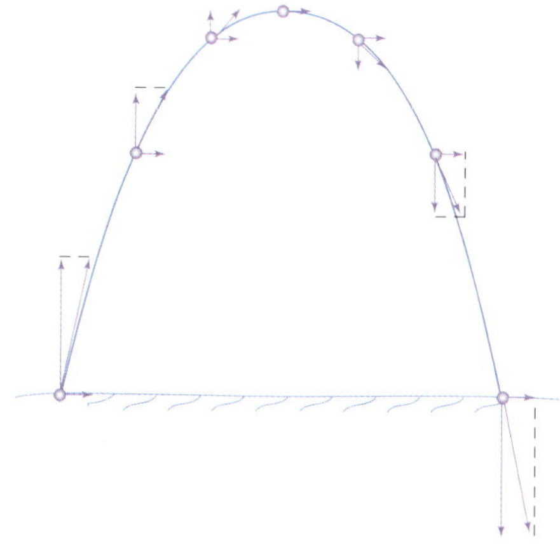

그림 2.11
발사각을 더 크게 했을 때의 운동 경로

그림 2.11은 발사 속력은 같지만 발사각이 더 큰 포물체의 운동 경로를 나타낸 것이다. 이 때 처음 속도 벡터의 연직 성분은 발사각이 작은 경우의 연직 성분보다 더 크기 때문에, 물체는 더 높은 궤도를 따라 운동하게 된다. 그러나 수평 성분의 속도는 더 작기 때문에 수평 도달 거리는 더 짧게 된다.

그림 2.12는 처음 속력은 같지만 발사각이 다른 여러 포물체들의 운동 경로를 나타낸 것이다. 공기 저항을 무시한 것이므로 그림의 운동 경로는 모두 완전한 포물선이다. 각 포물체들의 최고점의 높이는 모두 다르다. 또한 이동한 수평 거리도 다르다.

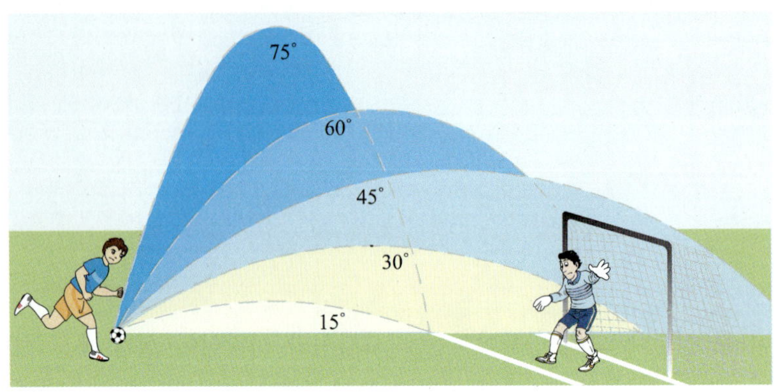


그림 2.12
처음 속력은 같지만 발사각이 다른 여러 경우의 포물체들의 운동 경로. 이 경로는 공기 저항을 무시한 것이다.

그러나 그림 2.12에서 발사각이 다르더라도 두 발사각을 더해서 90°가 되는 경우에는 수평 도달 거리가 같은 것을 알 수 있다. 예를 들어 지면과 60°의 각도로 던진 물체의 수평 도달 거리는 같은 속력으로 지면과 30°의 각도로 던진 물체의 수평 도달 거리와 같다. 물론 각도가 작은 경우는 체공 시간이 더 짧다.

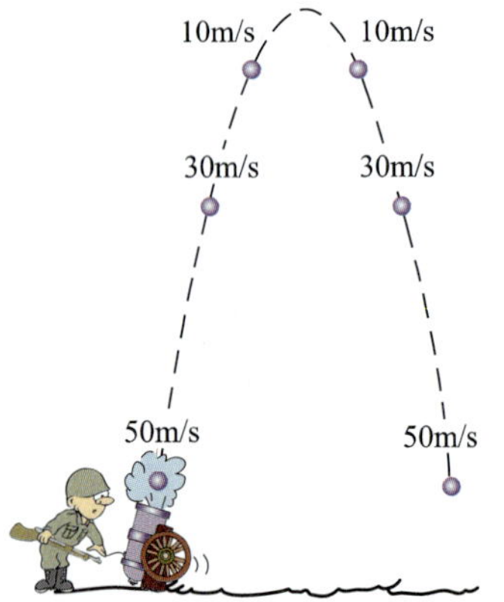


그림 2.13
공기 저항이 없을 때 포탄이 위로 올라가는 동안 잃은 속력은 내려오는 동안 얻은 속력과 같다. 따라서 올라가는 데 걸린 시간과 내려오는데 걸린 시간은 같다.

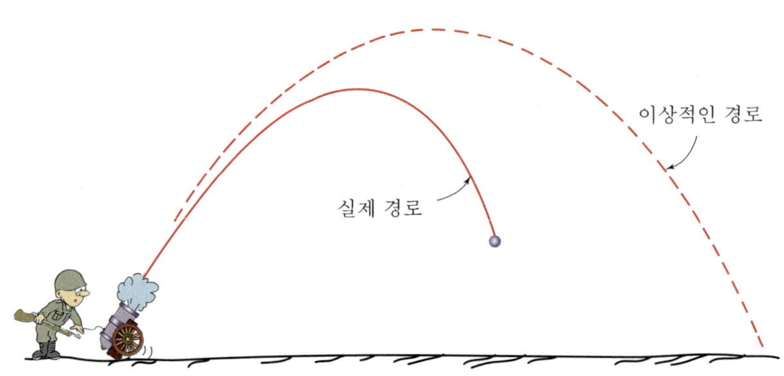


그림 2.14
공기 저항이 있을 때 빠른 속력으로 발사된 포물체는 이상적인 포물선보다 아래쪽으로 떨어진다.

공기 저항을 무시한다면 포물선 운동을 하는 물체가 최고점에 도달하는 데 걸린 시간은 최고점에서 다시 지면에 도달하는 데 걸린 시간과 같다. 이것은 물체에 작용하는 중력이 일정하기 때문이다. 즉 물체가 올라가는 동안 중력에 의한 감속 효과와 물체가 내려오는 동안의 중력에 의한 가속 효과가 같기 때문이다. 따라서 물체는 올라가는 동안 속력을 잃게 되고, 내려오는 동안 올라갈 때 잃은 양만큼 속력을 얻게 되는 것이다. 결국 물체는 발사되는 순간의 처음 속력과 같은 속력으로 지면과 충돌하게 된다.

그러나 실제로 공기의 저항 때문에 비스듬히 위로 던진 물체의 수평 도달 거리는 더 짧아지며 그 경로도 본래의 포물선과 달라진다.

---

**Example 1** 공중으로 비스듬히 발사된 포물체가 있다. 공기 저항을 무시할 때 연직 방향의 가속도는? 수평 방향의 가속도는?

풀이 중력이 아래 방향으로 작용하므로 포물체의 연직 방향의 가속도는 $g$이다. 그러나 수평 방향으로 작용하는 힘이 없으므로 수평 방향의 가속도는 0이다.

**Example 2** 포물체의 속력이 최소인 곳의 위치는?

풀이 최고점이다. 물체가 비스듬히 위로 발사될 때 최고점에서 연직성분의 속도는 0이며 이때 오로지 수평성분의 속도만 갖게 된다. 따라서 최고점에서의 속도는 경로상의 모든 점에서의 수평성분의 속도와 같다.

**Example 3** 한 소년이 다음과 같이 5m 높이의 탑 위에서 수평 거리 20m 떨어진 곳으로 공을 수평방향으로 던지려고 한다. 얼마의 속력으로 공을 던져야 하는가? 단, 공기의 저항은 무시하고 중력가속도는 10m/s$^2$이다.

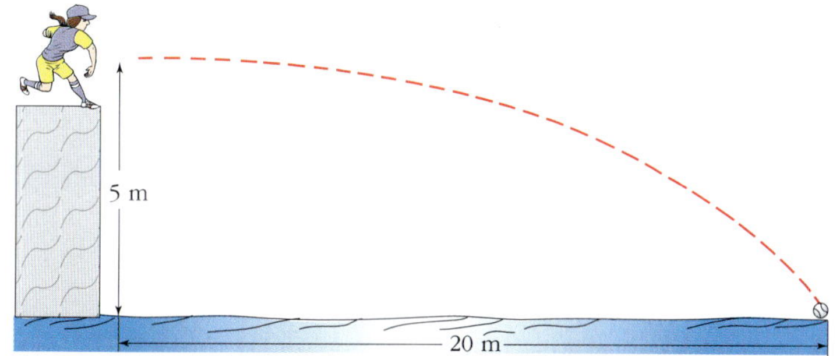


풀이 공을 수평 방향으로 던졌으므로 공의 수평 속력은 수평 거리를 걸린 시간으로 나눈 것과 같다. 즉 $v = \dfrac{d}{t}$이다. 이 식에서 수평 거리 20m는 알고 있지만 걸린 시간은 알 수 없다. 그러나 이때 걸린 시간은 공이 중력에 의해 5m 낙하하는 시간과 같다는 사실로부터 1초라는 것을 알 수 있다. 이는 수평 도달 거리 20m를 운동하는 데 걸린 시간이 1초라는 것을 의미한다. 그러므로 공을 던지는 순간 공의 수평 성분의 속력은 20m/s이다.

---

**더 알아보기** **포물선 운동**

포물선 운동에 관한 식을 알아보자. 중력장에서 던져진 물체의 운동은 중력의 방향인 연직 성분과 그와 독립적인 수평 방향으로 분해하여 해석하면 편리하므로, 등가속도 직선 운동에 대한 식을 수평 방향을 $x$, 연직 방향을 $y$로 표시하여 두 개의 독립된 성분으로 나타내 보자.

$$v = v_0 + at \qquad \begin{cases} v_x = v_{0x} + a_x t \\ v_y = v_{0y} + a_y t \end{cases} \tag{1}$$

$$s = v_0 t + \frac{1}{2}at^2 \qquad \begin{cases} x = v_{0x}t + \frac{1}{2}a_x t^2 \\ y = v_{0y}t + \frac{1}{2}a_y t^2 \end{cases} \tag{2}$$

다음 그림에서와 같이 물체가 수평 방향과 $\theta$의 각도를 이루며 속도 $v_0$로 비스듬히 던져졌다면, 초속도의 수평 성분 $v_{0x}$과 연직 성분 $v_{0y}$는 다음과 같다.5)

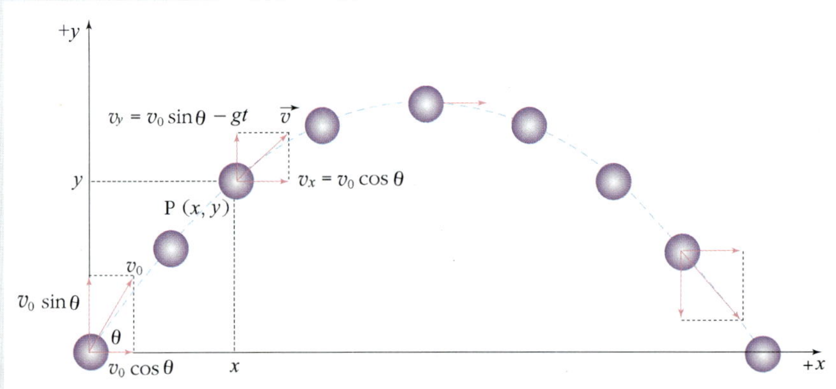


$$v_{0x} = v_0\cos\theta, \qquad v_{0y} = v_0\sin\theta$$

또 지면에서 위쪽을 양(+)의 $y$방향으로 정하면 연직 방향의 가속도 성분 $a_y = -g$이고 수평 방향의 가속도 $a_x = 0$이므로, 임의의 시각 $t$에서의 포물선 운동을 하는 물체의 속도 성분 $v_x$, $v_y$는 (1)식을 이용하여 나타내면

$$v_x = v_{0x} = v_0\cos\theta = \text{일정} \tag{3}$$

$$v_y = v_{0y} - gt = v_0\sin\theta - gt \tag{4}$$

가 된다.

또 이 때의 물체의 위치($x$, $y$)는 (2)식을 이용하면

$$x = v_{0x}t = (v_0\cos\theta)t \tag{5}$$

$$y = v_{0y}t - \frac{1}{2}gt^2 = (v_0\sin\theta)t - \frac{1}{2}gt^2 \tag{6}$$

---

5) 삼각 함수의 정의를 이용한다.

$$\cos\theta = \frac{v_{0x}}{v_0}, \quad \sin\theta = \frac{v_{0y}}{v_0}$$

이 된다. 위 두 식에서 시간 $t$를 소거하면

$$y = x\tan\theta - \frac{g}{2v_0^2\cos^2\theta}x^2$$

가 되어 물체의 운동 경로는 포물선이라는 것을 알 수 있다.

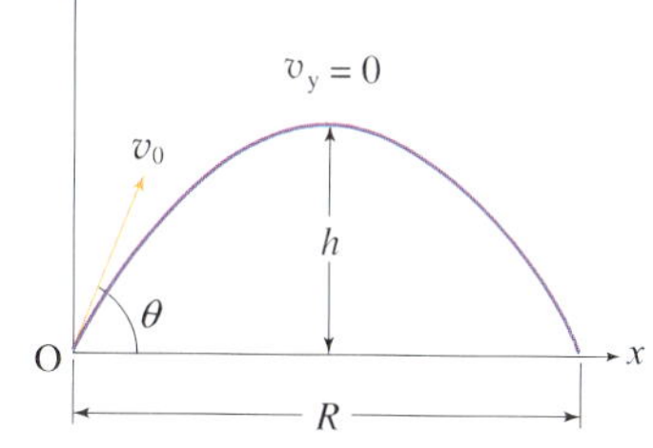


이번에는 최고점의 높이 $h$와 수평도달 거리 $R$을 구해보자. 먼저, 최고점의 높이 $h$는 최고점에서 $v_y = 0$인 사실로부터 구할 수 있다. 즉 최고점에 도달하는데 걸리는 시간 $t'$은 (4)의 식으로부터

$$t' = \frac{v_0\sin\theta}{g}$$

가 되는 것을 알 수 있고, (6)식의 시간 $t$에 $t'$을 대입하고 $y$를 $h$로 대체하면

$$h = (v_0\sin\theta)\frac{v_0\sin\theta}{g} - \frac{1}{2}g\left(\frac{v_0\sin\theta}{g}\right)^2$$

$$h = \frac{v_0^2\sin^2\theta}{2g}$$

가 된다. 또 수평 도달 거리 $R$은 최고점에 도달하는데 걸리는 시간 $t'$의 두 배만큼의 시간 즉, $2t'$ 동안 수평으로 움직인 거리이다. 그러므로 식 (5)의 $t$에 $2t'$을 대입하고 $x = R$이라 놓으면

$$R = (v_0\cos\theta)2t' = (v_0\cos\theta)\frac{2v_0\sin\theta}{g} = \frac{2v_0^2\sin\theta\cos\theta}{g}$$

가 된다. $\sin2\theta = 2\sin\theta\cos\theta$이므로,

$$R = \frac{v_0^2\sin2\theta}{g} \tag{7}$$

가 얻어진다. (7)식에서 $R$의 최대값은 $R_{max} = \dfrac{v_0^2}{g}$ 임을 알 수 있는데, 이 경우는 $\sin2\theta = 1$일 때이므로 $2\theta = 90°$일 때이다. 따라서 공기의 저항이 없는 경우에 예상할 수 있듯이 $\theta = 45°$일 때, 수평 도달 거리 $R$은 최대가 된다.

스포츠와 물리학

**체공시간타기**

점프하는 동안 공중에 떠 있는 체공 시간은 수평 속도와 무관하다. 왜냐하면 운동의 수평 성분과 수직 성분이 서로 독립적이기 때문이다. 점프하는 것과 포물선 운동은 똑같은 원리가 적용된다. 발이 지면에서 떨어지는 순간 공기 저항을 무시한다면 점퍼에게 작용하는 유일한 힘은 중력 뿐이다. 체공 시간은 오로지 점프할 때 수직성분의 속도와 관계 있다. 점프력은 달려가면서(러닝) 점프할 때 다소 증가한다는 것이 증명되고 있다. 따라서 러닝 점프를 하면 정지한 상태에서 점프했을 때보다 체공 시간은 길어진다. 그러나 발이 지면으로부터 떨어지는 순간, 체공 시간은 유일하게 점프 속도의 수직성분에 의해 결정된다.

**Example** 인간의 한계

현재 100m 달리기 최고기록은 9.8초이다. 따라서 최고속력은 약 12m/s이다. 육상대회에서 100m 달리기 선수는 멀리뛰기 선수를 겸하는 경우가 많다. 인간의 멀리뛰기 기록의 이론적 한계는 얼마인가?

풀이 45°로 뛸때 최고기록이 나온다. 따라서

$$R=\frac{v_0^2}{g}=\frac{(12)^2}{9.8}=14.7\text{m}$$

인데 실제 올림픽 세계기록은 9m 이하이다.

이와 같은 차이는 공기의 저항과 도움닫기하는 순간 초속도가 줄어들기 때문이다.

## 개념확인하기

1 수평면과 45°의 각을 이루고 있는 벡터의 수평 성분과 연직 성분은 원래 벡터보다 큰가, 작은가? 또 크기는 얼마인가?

2 공기의 저항을 무시할 때 포사체의 수평 성분은 일정하지만 연직 성분은 변하는 이유는?

3 포사체의 연직 성분의 운동과 초속도 0인 낙하 운동은 어떤 차이점이 있는가?

4 하나의 공은 수평 방향으로 던지고 동시에 다른 공을 같은 높이에서 자유낙하시켰다. 어느 공이 먼저 지면에 도달하는가?

5 a. 포사체는 1초가 지나면 가상의 직선 아래로 얼마나 떨어지는가?($g=10\text{m/s}^2$)
b. 위 문제의 답이 포사체의 발사 각도 또는 발사 속도와 관계가 있는가?

6 새총을 쏠 때 어떤 각도로 쏘아야 가장 높은 곳에 도달하겠는가? 또한 가장 멀리 도달하기 위한 각도는?

7 철수는 보슨 체어(밧줄에 판자를 매단 작업용 의자)에 앉아 벽을 칠하는 페인트공이다. 그의 몸무게는 500N이고 밧줄은 300N까지 견딜 수 있다. 왼쪽 그림과 같이 밧줄에 매달려 작업할 때 밧줄이 끊어지지 않는 이유를 설명하라. 하루는 깃대 가까이에서 작업하게 되었다. 변화를 주기 위해 오른쪽 그림과 같이 밧줄의 한 끝을 의자 대신 깃대에 묶었다. 철수는 더 이상 휴가를 즐기지 못했다. 그 이유는?

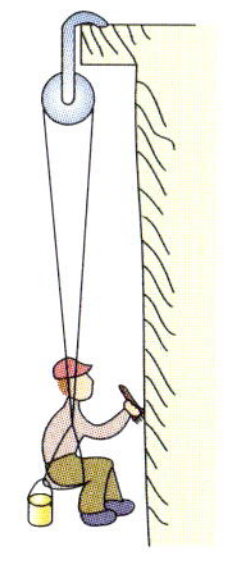

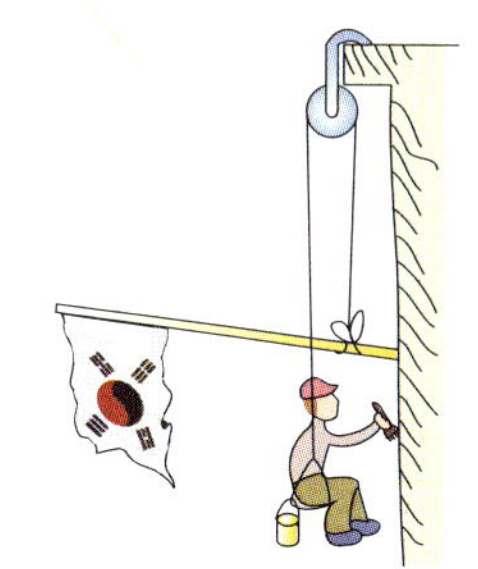

8 다음 중 역도 선수의 팔에 작용하는 힘이 가장 작은 경우는? 가장 큰 경우는?

9 그림과 같이 아주 힘 센 사람이 쇠사슬을 일직선이 되도록 끌어당기려고 한다. 이렇게 하지 못하는 이유는?

10 강을 가로질러 수영을 할 때 강물의 흐름 때문에 강의 하류쪽으로 흘러가 있게 된다. 이때 강물이 흐르지 않을 경우보다 더 빨리 수영할 수 있는가?

11 지상 10m 높이인 지점에 떨어지고 있는 빗방울과 지면에 충돌하는 빗방울의 속력은 같다고 한다. 이러한 빗방울의 속력을 무엇이라 부르는가? 또한 빗방울이 공기 저항을 받고 있는지에 대해 설명하라.

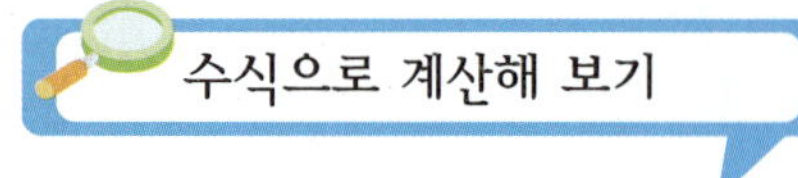


1 크기가 4와 5인 두 벡터가 있다 합벡터의 최대값은? 최소값은?

2 크기가 4인 수직 방향의 벡터와 크기가 3인 수평 방향의 벡터의 합벡터를 구하라. 합벡터의 크기는 두변의 크기가 3과 4인 직각 삼각형의 빗변의 크기와 같은가?

3 바람이 없는 날 수직으로 내리는 비는 정지해 있는 자동차의 창문에 수직의 줄무늬를 만들 것이다. 그러나 자동차가 달리면 줄무늬는 경사지게 된다. 달리는 자동차의 창문에 45°경사진 줄무늬를 만들었을 때 자동차의 속력과 빗방울의 속력을 비교하라.

4 그림과 같이 6km/h로 흐르는 강물에 배가 수직으로 8km/h로 나아가고 있다.

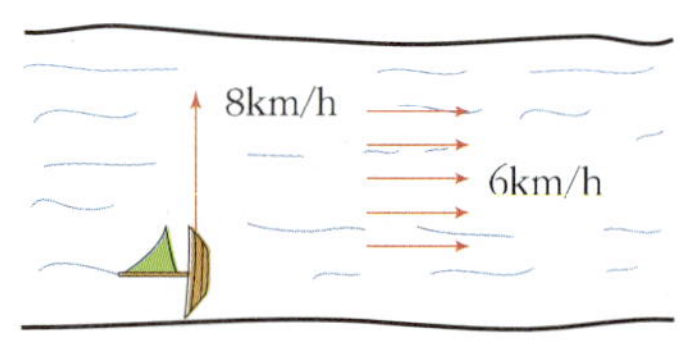


a. 강가에서 보면 배는 어떻게 운동하는가?
b. 정확히 강을 가로질러 건너 가려면 강물을 기준으로 한 배의 방향과 강가에서 본 배의 속력은?

5 수평면과 45°의 각을 이루며 141m/s의 속력으로 발사된 물체가 있다. 최고점에서의 속력은?

6 수평면과 53°의 각을 이루며 초속도 20m/s로 발사된 포물체가 있다. 초속도의 연직 성분과 수평 성분은 얼마인가? 공기 저항을 무시할 때 두 성분 중에서 포물체가 운동하는 동안 변하지 않은 성분은 무엇인가? 또한 포물체의 체공 시간을 결정해 주는 성분은 무엇인가?
단, 세 변의 크기가 3, 4, 5인 직각삼각형의 세 각의 크기는 37°, 53°, 90°이다.

7 한곽이와 설곽이는 빌딩의 발코니에서 빌딩으로부터 15m 떨어진 풀장을 바라보고 있다. 발코니의 높이가 45m라면 그들이 풀장으로 무사히 점프하기 위한 수평 방향의 속력은 얼마인가? 단, 중력가속도는 $10\text{m/s}^2$이다.

8 한 아이가 고무총을 쏘았을 때 0.5초의 시간이 걸리는 곳에 목표물이 있다 목표물을 향해 수평으로 똑바로 겨누고 고무총을 쏘았다면 총알은 목표물의 아래쪽으로 얼마나 떨어진 곳에 맞겠는가? 이 아이는 어느 방향으로 고무총을 쏘아야 목표물을 맞출 수 있겠는가? 단, 중력가속도는 $10\text{m/s}^2$이다.

9 그림과 같이 탑 위의 소년이 수평 거리 60m 떨어진 곳으로 수평으로 공을 던지려고 한다. 얼마의 속력으로 던져야 하는가? 단, 중력가속도는 $10\text{m/s}^2$이다.

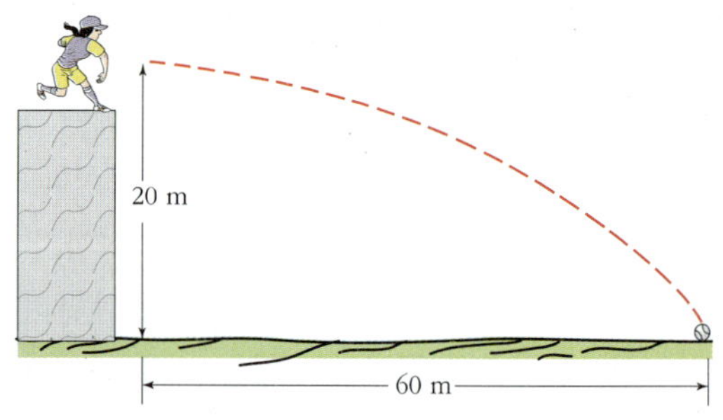


10 자동차 판매 대리점에 신형 스포츠카가 진열되어 있다. 바로 위에 수평 방향으로 50m/s의 속력으로 화물 수송기가 날아가고 있다. 그 순간 스포츠카로부터 125m 높이에 있는

이 수송기에서 실수로 화물을 떨어뜨리고 말았다. 화물은 자동차로부터 얼마나 먼 곳에 떨어지겠는가? 단, 중력가속도는 $10\text{m/s}^2$이다.(공기저항무시)

**11** 수평면과 $\theta$의 각을 이루며 물체를 던져 올렸다. 이 때, 던져진 물체와 지면이 이루는 각 $\theta$를 크게 할수록 물체가 공중에 머무는 시간, 최고 높이, 수평 도달 거리는 어떻게 변하는가?

**12** 그림과 같이 120m/s의 속력으로 수평하게 날고 있는 비행기에서 떨어뜨린 폭탄이 9초만에 땅에 떨어져 폭발하였다.(단, 중력 가속도는 $10\text{m/s}^2$으로 하고, 공기의 저항은 무시한다.

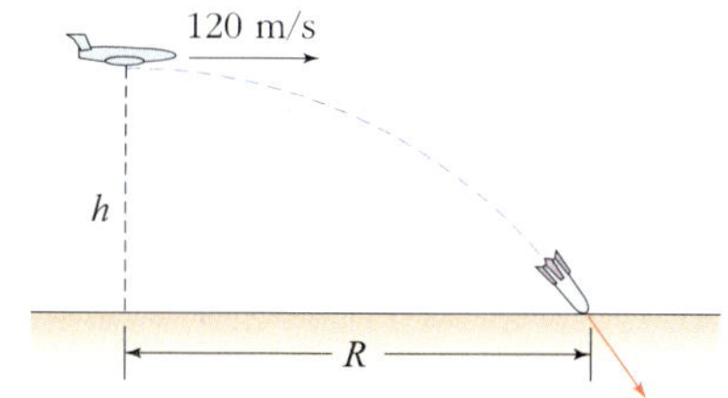


a. 폭탄이 투하된 곳으로부터 땅에 도달할 때까지의 수평 도달 거리 $R$은 몇 m인가?
b. 폭탄이 바닥에 충돌할 때의 속력 $v$는 몇 m/s인가?

**13** 수평면과 30°의 각을 이루면서 40m/s의 초속도로 던져 올린 물체가 있다.(단, 중력 가속도는 $10\text{m/s}^2$으로 하고, 공기의 저항은 무시한다).
a. 최고점에 도달하는 데 걸리는 시간과 최고점에서 물체의 속도를 구하라.
b. 물체가 도달하는 최고점의 높이는 몇 m인가?
c. 물체가 땅에 닿을 때까지 수평 도달 거리는 몇 m인가?
d. 물체가 다시 바닥에 부딪칠 때의 속력은 몇 m/s인가?

**14** 다음 그림과 같이 수평면에서 높이 30m의 빌딩 옥상의 점 O에서 30°의 각으로 공을 던졌더니 4초 후 지면의 점 B에 낙하하였다.(단, 중력 가속도는$10\text{m/s}^2$, $\sqrt{3}=1.7$으로 계산한다.(공기저항 무시)

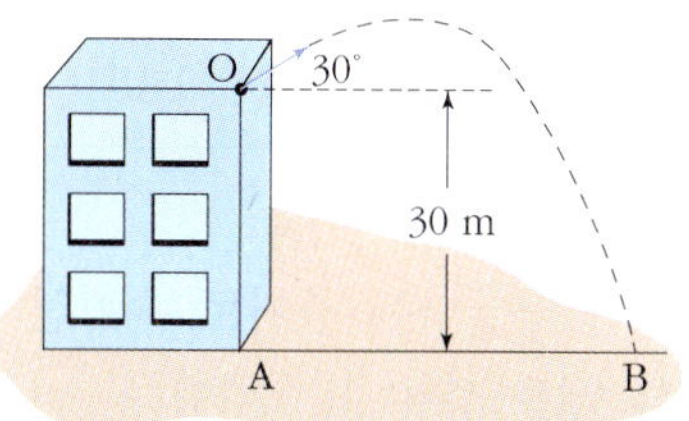


a. 점 O에서 공을 던질 때의 초속도는 몇 m/s인가?
b. AB사이의 거리는 몇 m인가?
c. 공이 최고점에 도달하는 데 걸리는 시간은 공을 던진 후 몇 초인가?

**15** 수평면 상의 점 A로부터 거리 $s$, 높이 $h$만큼 떨어진 점 B에서 물체를 자유낙하시킴과 동시에 점 A에서 낙하하는 물체를 겨누어 수평면과 $\theta$의 각으로 물체를 발사하였다.(공기 저항 무시)
a. 점 B에서 자유낙하한 물체가 지면에서 떨어지기 전에 두 물체가 충돌하려면 점 A에서 쏘는 물체의 속도는 얼마 이상이어야 하는가?
b. 위의 a의 조건 내에서 물체의 발사 속도에 관계없이 항상 두 물체가 충돌함을 증명하라.

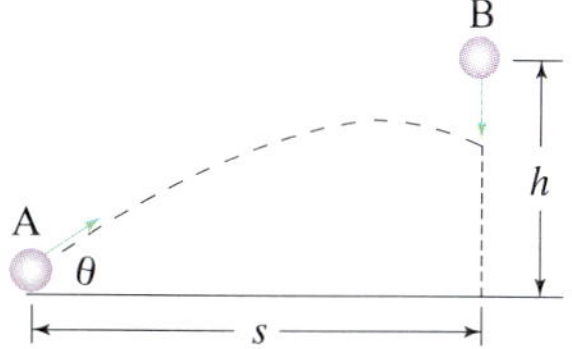

**16** 처음 속력 $V_o$, 각도 $\theta$로 쏜 물체가 수평도달거리($R$)의 $\frac{1}{4}$인 P점을 통과하는 순간, 속도, 높이를 수평도달거리 $R$로 나타내시오.

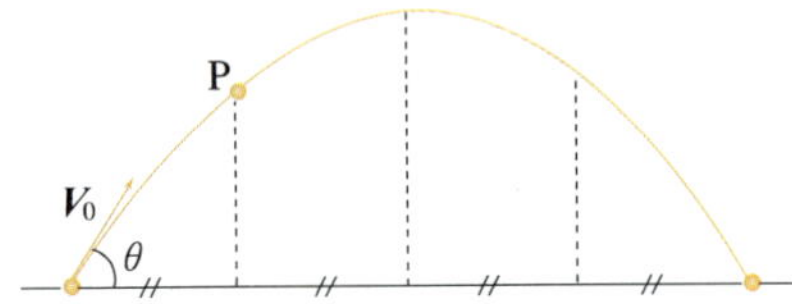


**17** 지구가 둥글다는 증거로 수평선 너머로 사라지는 배를 종종 볼 수 있다. 지구 표면은 매 8km마다 5m 휘어져 있다고 한다. 다음 물음에 답하라. 단 공기의 저항은 무시한다.

a. 지상 5m 높이에서 물체를 수평방향으로 8km/s의 속력으로 던진다면 물체는 어떤 운동을 하겠는가?

b. 비행기가 인천을 떠나 하와이로 향하고 있다. 순항 고도에 올라간 후 4시간 동안 비행기의 속도계가 지상 속력으로 시속 700km를 가리키고 있고, 비행기의 기수를 바꾸지 않았다면 비행기의 속도는 일정한 것인가?

c. 수평면과 $\theta$의 각을 이루면서 초속도 $v$로 던져 올려진 물체가 있다. 속도의 방향과 가속도의 방향이 서로 나란한 경우와 서로 수직인 경우가 있는가, 있다면 그 위치를 말하라.

d. 같은 속력으로 멀리뛰기를 할 때 얼마나 높이 뛰는가와 관계가 있는가? 멀리뛰기 한 거리는 어떤 물리량에 의해 결정되는가?

e. 비스듬히 위로 던진 물체의 운동에 대해 철수는 '물체의 가속도의 방향이 아래일 때 물체는 떨어진다.' 영희는'물체의 속도의 방향이 아래일 때 물체는 떨어진다.'라고 말하였다. 물체가 지면에 도달할 때까지 두 학생의 의견이 일치하는 부분과 일치하지 않는 부분에 대해 설명하라.

**18** $t=0$(s)인 시각에 수평면에서 비스듬히 던진 공이 그림과 같이 $t=1$(s)인 시각에 수평 방향으로 10m 떨어진 곳에 있는 막대의 위끝을 스치고 지나갔고, $t=4$(s)인 시각에 지면에 도달했다. 다음 물음에 답하여라(단, 중력 가속도는 10m/s$^2$이다).

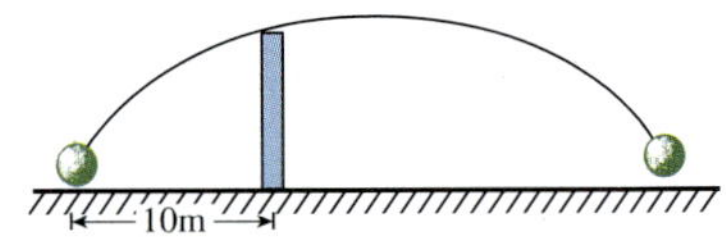


a. 공이 수평 방향으로 이동한 거리는 얼마인가?

b. 막대의 높이는 얼마인가?

**19** 철수는 질량 3kg인 가방을 그림과 같이 자동차 위의 앞쪽에 올려놓았다. 차 위에 가방이 있다는 것을 깜박 잊고 자동차를 가속시켰더니 가방은 미끄러지기 시작했다. 다음 물음에 답하여라.
(단, 가방과 자동차의 윗면 사이의 운동 마찰계수는 0.1, 중력 가속도는 10m/s$^2$이다.)

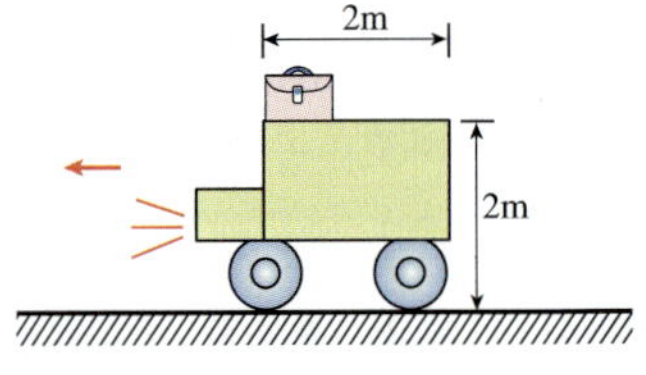


a. 가방이 차 위에서 미끄러지는 동안 가방에 작용하고 있는 힘들을 그림으로 나타내어라.

b. 지면에 대한 가방의 가속도를 구하여라.

c. 자동차의 가속도가 $5\mathrm{m/s^2}$일 때 가방이 자동차에서 떨어질 때까지 걸리는 시간은?

d. 자동차가 직선 도로를 따라 운동하며 가방이 회전하지 않는다고 가정할 때, 가방이 지면에 닿는 순간 가방은 원래 있던 위치로부터 수평 방향으로 얼마만큼 떨어진 곳에 도달하겠는가?(오른쪽이면 −, 왼쪽이면 +로 나타내어라.)

**20** 영희로부터 수평 거리 $L$만큼 떨어진 나뭇가지에 질량 $M$의 원숭이(점P)가 매달려 있다. 영희(점O)는 그림과 같이 원숭이에게 질량 $m$의 바나나를 던졌더니 바나나가 도달한 최고점(점Q)의 높이는 원숭이와 같고 최고점에 도달할 때까지 바나나가 이동한 수평 거리는 영희로부터 $D(D < L < 2D)$만큼 떨어진 곳이었다. 원숭이는 적당한 기회를 노려 자유 낙하하여 공중에서 바나나를 잡아 바나나와 함께 땅에 떨어졌다. 중력 가속도는 $g$이고 바나나를 던진 시각을 $t = 0$으로 한다. 다음 물음에 답하여라.

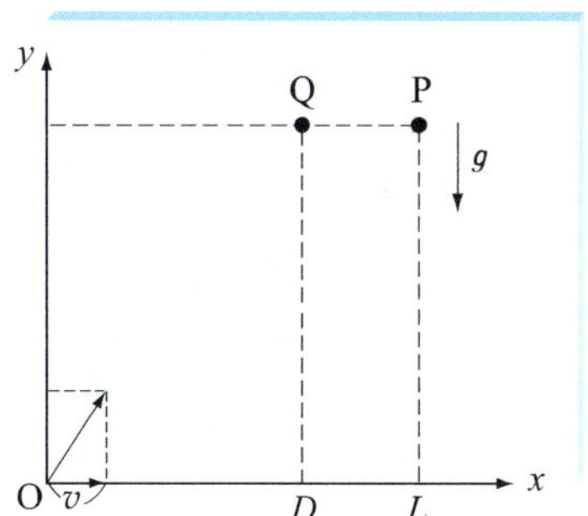


a. 수평 방향의 초속도가 $v$라면 최고점에 도달할 때의 시각은?

b. 연직 방향의 초속도와 점 Q의 높이를 구하여라.

c. 원숭이가 바나나를 잡은 지점의 높이를 구하여라.

d. 원숭이가 바나나를 잡은 후의 속도의 각 성분을 구하여라.

e. 원숭이와 바나나가 땅에 도달하는 순간의 시각과 수평 도달 거리는?

한걸음 더

1. 탄성이 좋은 작은 공을 각도 $\alpha$인 긴 경사면 위 $H$인 높이에서 자유낙하시킬 때 공은 경사면과 계속 충돌하면서 경사면 아래쪽으로 운동하게 된다. 공과 바닥이 완전탄성충돌한다고 가정할 때, $n$ 번 충돌하는 순간까지 공의 운동시간과 빗면을 따라 이동한 거리를 계산하시오.

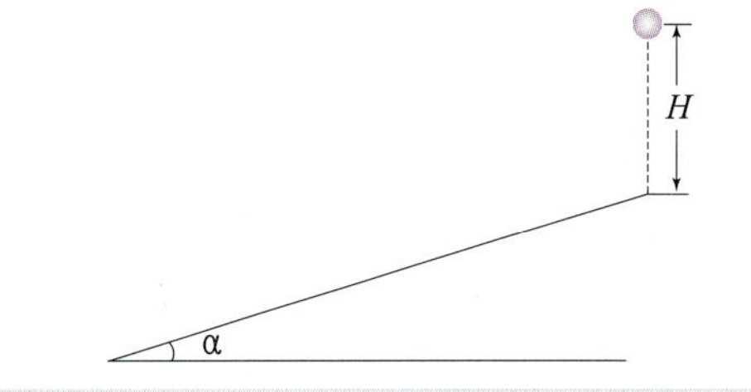


2. 다음 그림은 전압 $V_0$가 걸려 균일한 전기장이 형성된 두 개의 평행한 금속판 A, B 사이에 방사능 물질로부터 방출된 알파($\alpha$)입자가 구멍 S를 통하여 $v_o = 6\times10^6$m/s 의 속력으로 금속판 B와 각도 $\theta = 45^\circ$ 를 이루며 입사되고 있을 때의 운동경로를 나타낸 것이다. 금속판 사이 공간에서 $\alpha$ 입자는 일정한 가속도로 운동한다. 가속도의 크기는 $4\times10^{13}$m/s$^2$ 이고, B에 수직으로 들어가는 방향을 갖는다.

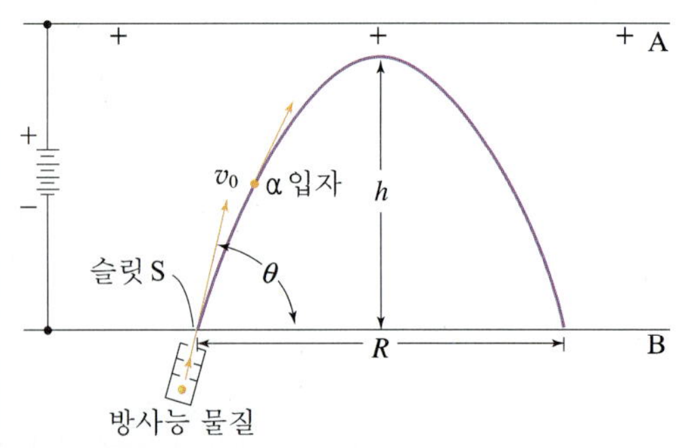


a. $\alpha$입자가 금속판 A에 가장 가까이 접근하는데 걸린 시간 $t_1$ 을 구하시오.
b. $\alpha$입자가 금속판 A에 가장 가까이 접근하는 순간 금속판 B로부터 거리 $h$ 를 구하시오.
c. $\alpha$입자가 금속판 B로 돌아와 충돌한 지점은 구멍 S로부터 얼마나 떨어져 있는가?

Chapter 3

# 뉴턴의 운동법칙

일반적으로 물체의 운동은 속도로 나타낸다. 또한 운동의 변화는 가속도라는 물리량을 써서 나타낸다. 그러면 물체의 속도가 변하는 원인은 무엇일까? 그러한 운동변화의 원인이 속도나 가속도와 어떤 관계가 있을까? 본 단원에서는 바로 그러한 물음에 대한 뉴턴의 답을 설명하고자 한다. 그 답은 이른바 운동법칙이다.

## 3.1 운동관

운동의 원인이 힘이라고 생각하게 된 것은 과학적 사고가 발달하기 시작한 B.C 4세기경의 그리스 시대였다. 당시 가장 유명한 과학자는 아리스토텔레스였으며 그는 운동을 자연적인 운동과 강제적인 운동으로 구분하였다.

아리스토텔레스는 지구상에서 일어나는 자연적인 운동이란 땅으로 떨어지는 돌멩이의 운동이나 공중으로 피어오르는 담배 연기의 운동과 같이 수직으로 올라가거나 내려가는 운동이라 하였고, 이것은 물체들이 그들 고유의 위치를 찾아가는 것이라고 하였다. 하늘에서 일어나는 자연적인 운동은 원운동이며, 지구를 중심으로 원운동하는 행성과 별들의 운동들은 자연적인 것이기 때문에 운동의 근원이 되는 힘은 필요없다고 생각했다.

반면에 강제적인 운동은 외부의 원인 즉 밀거나 끄는 힘에 의해 이루어진다고 하였다. 마차가 움직이는 것은 말이 끌어당기는 힘 때문이고, 줄다리기에서 이긴 것은 한쪽에서 더욱 세게 줄을 잡아 당겼기 때문이며, 배가 움직이는 것은 풍력 때문이다. 이와 같이 외적인 원인이 물체들에 전달되어 강제적인 운동이 일어난다는 것이다.

물체들이 강제적인 운동을 하는 것은 어떤 종류의 힘에 의해서만 일어날 수 있다는 이러한 생각은 거의 2000년 가까이 지배적이었다. 물체들은 밀거나 끄는 힘이 없다면 또는 고유의 위치를 향해 운동하고 있지 않다면, 그들 본래의 상태인 정지 상태에 있게 된다고 하였다. 16세기에 이를 때까지 대부분의 사상가들은 지구는 지구 본래의 위치에 정지해 있다고 생각했고, 지구를 움직일 만한 거대한 힘은 상상할 수도 없었다. 따라서 그들에게는 지구가 움직이지 않는다는 것이 너무도 명백한 일이었다.

아리스토텔레스의 운동관이 지배적이었던 시기에 천문학자인 니콜라스 코페르니쿠스(1473～1543)는 움직이는 지구에 관한 자신의 이론을 체계화시켰다. 그는 천문학적인 관측을 통해 지구가 태양 주위를 돌고 있다는 사실을 합리적으로 제시하였다. 이와 같은 생각은 당시 지구가 우주의 중심이라고 믿고 있었기 때문에 엄청난 논쟁의 대상이 되었다. 그래서 그는 종교적인 박해를 피하기 위해 비밀리에 자신의 연구를 계속하였다. 그가 죽기 며칠 전, 그는 친한 친구의 권유로 자신의 연구를 출판업자에게 보냈다. 「천구의 회전에 대하여(De Revolutionibus)」라는 이 책의 초판은 1543년 5월 임종직전 받아볼 수 있었으나 책의 내용이 다른 사람에 의하여 약간 수정된 사실은 알지 못했다.

코페르니쿠스의 지동설을 태양중심설로 확장한 사람은 이탈리아인 부루노였다. 하지만 부루노의 주장은 너무 시대를 앞서 나간 것이였고, 부루노는 마녀로 몰려 화형당하였다.

실제로 코페르니쿠스의 지동설을 근거있게 설명한 사람은 갈릴레이이다. 갈릴레이는 다양한 근거로 지동설의 정당함을 주장했는데, 당시 교회는 이러한 갈릴레이 주장의 위험성을 깨닫고 갈릴레이를 가택연금시킨다. 근대 물리학의 시작은 바로 이때부터이다. 갈릴레이가 물리학에 기여한 가장 위대한 것 중의 하나는 당시의 '물체의 운동 상태를 유지시키려면 힘이 필요하다'라는 생각을 완전히 뒤집어 놓은 것이다.

아리스토텔레스 이래로 힘이 운동의 원인이라는 생각에 반대한 갈릴레이는 힘은 운동 상태 변화의 원인이라는 것을 보이고 싶어 했다. 그러나 실제로 실험을 구성하다보면 마찰의 존재 때문에 힘의 작용을 완전히 없앨 수 없었다. 따라서 갈릴레이는 이상적인 실험을 위하여 이상적인 상황이 가능한 사고실험이라는 독창적인 탐구방법을 개발했다. 갈릴레이는 힘이 운동의 원인이 아니라는 사실을 곡면에서의 물체의 운동으로 설명했다.

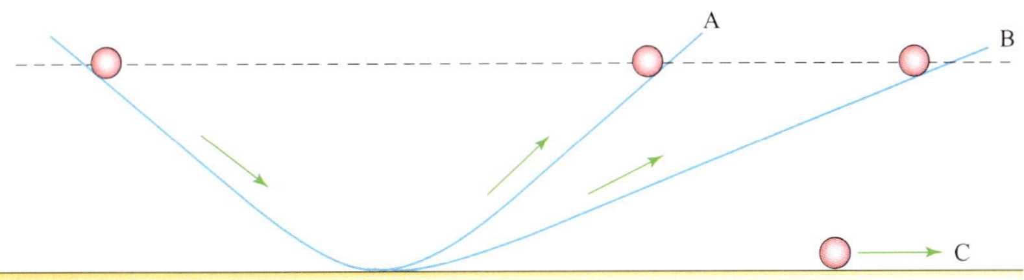


그림 3.1
갈릴레이의 사고 실험
(공은 수평면을 따라 얼마나 멀리 굴러가겠는가?)
(공은 같은 높이가 될 때까지 굴러간다.)

빗면을 따라 내려온 물체는 건너편 빗면 A로 같은 높이까지 올라간다. 물체의 속도는 빗면을 내려오는 동안 빨라지고 반대로 올라가는 동안은 느려지다가 최고점에서 속도가 0이 된다. 이제 B와 같이 건너편 빗면의 기울기를 작게 하면 같은 높이까지 올라가기 위하여 물체는 더 먼 거리까지 운동해야 한다. 곡면 C에서처럼 한쪽면을 수평면으로 만들면 빗면을 내려온 물체는 같은 높이까지 올라가기 위하여 수평면을 따라 무한한 거리를 계속 운동해야 한다. 그런데 수평면은 경사가 0이므로 속도의 변화가 있을 수 없고, 따라서 물체는 등속도로 영원히 운동하게 된다.

갈릴레이는 물체의 운동을 변화시키는 원인은 빗면의 기울기(힘)임을 보였고, 같은 높이까지 올라가려는 성질로 인해 수평면에서 힘을 받지 않아도 처음 속도로 물체가 계속 운동한다는 사실을 강조하였다. 이와 같이 물체가 지닌 처음 속도를 유지하려는 성질을 '관성'이라고 하였다.

갈릴레이의 관심은 물체들이 왜 운동하게 되는가가 아니라 어떻게 운동하게 되는가에 있었다. 그는 논리가 아닌 실험이 가장 좋은 검증법이라는 것을 보여 주었다. 운동에 관한 갈릴레이의 발견과 관성의 개념은 아리스토텔레스의 운동관을 완전히 불신하도록 만들었다. 또한 뉴턴이 우주에 대해 새로운 통찰을 할 수 있는 길을 열어 주었다.

---

**Example** 운동에 대한 아리스토텔레스와 갈릴레이의 차이에 대하여 설명하시오.

풀이 아리스토텔레스 : 힘은 운동의 원인이다.
갈릴레이 : 힘은 운동변화의 원인이다.

---

## 3.2 뉴턴의 운동 제 1법칙 – 관성의 법칙

갈릴레이가 죽던 해의 크리스마스 날에 태어난 뉴턴은 24살의 나이에 유명한 운동의 법칙들을 완성시켰다. 이 법칙들은 거의 2000년 가까이 사람들의 생각을 지배해왔던 아리스토텔레스의 운동관과 자리바꿈을 하였다. 일반적으로 관성의 법칙이라 불리는 뉴턴의 운동 제 1법칙은 갈릴레이의 생각을 정리한 것이다.

그림 3.3
정지해 있는 물체는 계속 정지한 상태로 있으려고 한다.

>> 외력이 작용하지 않는다면 정지해 있는 물체는 계속 정지해 있고 운동하는 물체는 등속 직선 운동을 계속한다.

간단히 말하자면 물체는 정지 또는 원래의 운동 상태를 계속 유지하려고 한다는 것이다. 예를 들어 테이블 위에 접시들이 놓여 있을 때, 테이블보를 갑자기 잡아당기면 접시들은 정지 상태로 거의 그대로 있다. 이와 같이 정지해 있는 물체는 계속 정지해 있으려고 한다. 또 운동하는 물체는 작용하는 힘이 없다면 직선을 따라 계속해서 운동하게 된다. 마찰이 거의 없는 에어 테이블(무마찰 실험 장치) 위에서 물체를 미끄러지게 하면 거의 일정한 속도로 운동하게 된다. 진공 상태의 우주 먼 곳에 위치한 우주 정거장에서 물체를 던지면 물체는 영원히 운동을 계속할 것이다. 즉, 물체가 갖고 있는 관성에 의해 계속 운동할 것이다.

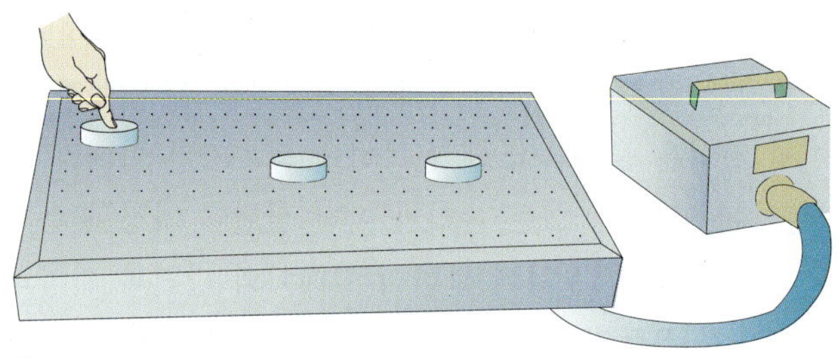

그림 3.4
에어 테이블 : 테이블 위의 무수히 많은 작은 구멍을 통해 공기를 분사시켜 마찰이 거의 없는 표면을 만든다.

관성의 법칙은 완전히 다른 방식으로 운동을 바라보게 한다. 갈릴레이 이전 사람들은 운동을 계속 유지시키려면 지속적으로 힘이 필요하다고 생각했지만, 오늘날에는 힘은 물체의 운동(속도)을 변화시키는 원인으로 생각한다. 즉 힘은 마찰을 이겨내면서 운동하거나 처음에 물체를 운동시킬 때 필요한 것이며, 마찰과 같은 힘이 작용하지 않는 공간에서 운동하고 있는 물체는 그 운동 상태를 계속 유지시키는데 힘이 필요하지 않다.

**Example 1** 수평면을 따라 굴러가는 공의 속력은 정지할 때까지 계속 느려진다. 아리스토텔레스는 이 운동을 어떻게 설명하겠는가? 갈릴레이는 어떻게 설명하겠는가?

풀이 아리스토텔레스는 공은 본래의 상태를 찾아가는 것이므로 정지하게 된다고 말할 것이다. 갈릴레이는 공과 수평면 사이의 마찰은 공이 계속 운동하려는 본래의 성질 – 관성 – 을 방해하므로 공은 정지하게 된다고 말한다.

**Example 2** 태양과 행성들 사이에 작용하는 만유인력이 갑자기 사라진다면 행성들은 어떤 경로를 따라 운동하겠는가?

풀이 행성들은 등속으로 직선 운동할 것이다.

**Example 3** 물체의 관성에 대한 뉴턴의 견해는 무엇인가?

풀이 운동상태(속도)의 변화에 저항하는 요소, 혹은 운동 상태(속도)를 유지하려는 성질

참고

1970년대 후반에 발사된 우주선 파이어니어호와 보이저호는 토성과 천왕성을 지나 아직도 계속 날고 있다. 처음에는 추진력이 로켓에 의해 공급되었다. 그러나 우주 먼 곳에서 더 이상 추진력은 공급되지 않는다. 우주에서 별들과 행성들의 중력을 무시할 때 우주선은 아무런 변화없이 계속 운동을 할 것이다.

## 3.3 질량 – 관성의 크기

모래가 가득 들어 있는 깡통을 발로 차면 빈깡통보다 덜 날아간다. 못이 가득 들어 있는 깡통을 차면 발을 다칠 수도 있다. 못이 가득 들어 있는 깡통은 모래가 가득 들어 있는 깡통보다 관성이 크며, 모래가 가득 들어 있는 깡통은 빈깡통보다 관성이 크다. 물체가 갖는 관성의 크기는 물체의 질량 – 대략적으로 물체 내부에 존재하는 물질의 양 – 과 관계가 있다. 물체의 질량이 크면 클수록 관성은 더욱 커지며, 그 물체의 운동 상태를 변화시키기 위해서는 더 큰 힘을 필요로 한다. 즉, 질량은 물체가 갖는 관성의 크기이다.

그림 3.3
깡통을 차면 그 안에 얼마나 많은 물질이 들어 있는지 알 수 있다.

일반인들은 질량과 무게를 혼동하여 사용한다. 그러한 혼동의 원인은 물체를 구성하는 물질의 양을 결정하려는데 있어서 무게의 개념을 사용하기 때문이다.

그러나 질량은 무게와 전혀 다른 물리량이다. 질량은 물체를 구성하는 물질의 양을 측정하는 척도이며, 물체를 구성하는 원자의 종류와 수에만 관계된다. 반면에 무게는 물체에 작용하는 중력의 척도이며 물체의 위치에 관계된다.

어떤 돌이 갖는 물질의 양은 지구나 달, 또는 우주 먼 곳 어디에서나 같다. 그래서 이 돌의 질량은 이들 어느 곳에서나 같다. 정말 질량이

그림 3.6
큰 돌멩이를 좌우로 흔드는 것이 어렵기는 지상에서나 무중력 상태의 우주 공간에서나 매한가지다.

같은지는 이들 세 곳에서 돌을 앞뒤로 흔들어 봄으로써 증명할 수 있다. 돌의 질량이 같다면 돌이 지구에 있건, 달에 있건, 힘이 작용하지 않는 우주 먼 곳에 있건 같은 주기로 돌을 흔들 때 똑같은 힘을 필요로 할 것이다. 이와 같이 돌의 관성이나 질량은 돌이 갖는 고유의 성질이며 위치에 따라 변하는 것이 아니다.

그러나 돌의 무게는 지구와 달, 우주 먼 곳에서 모두 다르다. 달 표면에서 돌의 무게는 단지 지구 표면에서의 $\frac{1}{6}$밖에 되지 않는다. 이것은 달의 중력이 지구 중력의 $\frac{1}{6}$이기 때문이다. 돌이 중력이 작용하지 않는 우주 공간에 있다면 돌의 무게는 0이다. 그러나 돌의 질량은 0이 아니다. 질량과 무게는 다른 물리량이다. 그러므로 질량과 무게를 다음과 같이 정의할 수 있다.

>> 질량은 물체를 구성하는 물질의 양이다. 더 정확히 말하면 질량은 물체를 움직이게 하거나 멈추게 하는, 또는 물체의 운동 상태를 변화시키려는 외력에 대해 물체가 나타내는 관성 또는 저항의 크기다.

>> 무게는 물체에 작용하는 중력이다.

질량과 무게는 같은 물리량이 아니지만 일정한 장소에서는 서로 비례하는 물리량이다. 그러므로 질량이 큰 물체는 무게도 크고 질량이 작은 물체는 무게도 작다.

대부분의 국가에서는 물질의 양을 질량으로 나타낸다. 질량의 SI[1] 단위는 킬로그램이며 기호는 kg이다.

힘의 SI단위는 뉴턴이다. 뉴턴을 나타내는 기호는 N이며 사람의 이름을 따서 명명한 것이므로 대문자로 쓴다. 질량 1kg인 물체의 무게는 SI단위로 9.8N과 같다. 지구로부터 멀어지게 되면 중력은 작아지며 따라서 무게도 작아진다.

어떤 물체의 질량을 kg의 단위로 알고 있을 때, 지표면에서 그 물체의 무게를 뉴턴의 단위로 나타내려면 질량에 9.8을 곱하면 된다. 또한 물체의 무게를 뉴턴의 단위로 알고 있을 때. 그 물체의 질량을 kg으로 나타내려면 9.8로 나누면 된다. 무게와 질량은 서로 비례하는 물리량이다. 즉 '무게 = 질량 × 중력가속도' 또는 '$W = mg$'이다.

1) 미터 단위계는 1790년대에 프랑스에서 처음 만들었다. 국제 단위계(약어로 SI, 불어로는 Le Systè lnternational d'Unités)는 미터 단위계를 수정한 것이다.

**Example 1** 2kg의 쇠공은 1kg의 쇠공보다 2배나 큰 관성을 갖는가? 같은 장소에서 측정한 무게는 2배인가? 부피는 2배인가?

풀이 그렇다. 2kg의 쇠공은 2배 많은 철 원자를 갖고 있다. 따라서 물질의 양, 질량, 무게가 모두 2배이다. 또한 같은 물질로 이루어져 있으므로 부피도 2배이다.

**Example 2** 2kg의 바나나는 1kg의 빵조각보다 2배나 큰 관성을 갖는가? 같은 장소에서 측정한 무게는 2배인가? 부피는 2배인가?

풀이 2kg의 물체는 모두 1kg의 물체보다 2배의 관성과 질량을 갖고 있다. 같은 장소에서 질량과 무게는 서로 비례하는 물리량이므로 무게도 2배이다. 그러나 같은 물질인 경우에만(밀도가 같은 물질의 경우에만) 부피와 질량은 서로 비례한다. 바나나는 빵보다는 밀도가 훨씬 크므로 바나나 2kg의 부피는 빵 1kg의 부피의 2배보다 작다.

**Example 3** 못 1kg의 무게가 지구 표면에서 9.8N이면, 물 1kg의 무게도 지구 표면에서 9.8N인가?

풀이 그렇다. 지구 표면에서 질량 1kg인 모든 물체의 무게는 9.8N이다.

## 3.4 알짜힘과 평형

물체의 속도를 변화시키는 것은 힘이다. 그러므로 작용하는 힘이 없을 때 정지한 물체는 계속 정지해 있고, 운동하는 물체는 계속 등속 직선 운동한다. 바꾸어 말하면 물체에 작용하는 알짜힘이 없을 때 물체의 속도는 변하지 않는다.

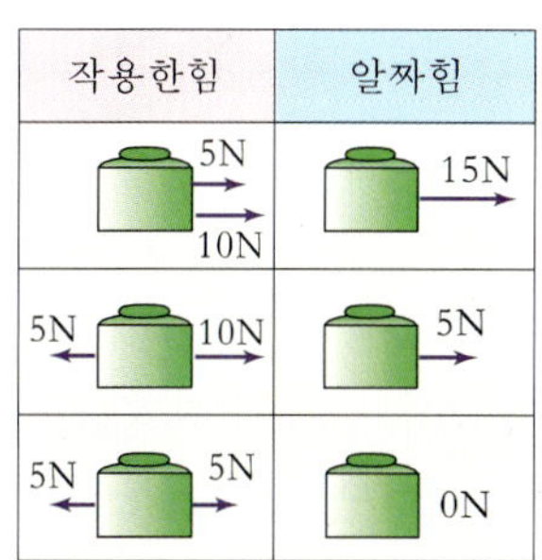


그림 3.7
물체에 여러 힘이 작용할 때 알짜힘은 이 힘들의 합이다. 같은 방향으로 두 힘이 작용하면 두 힘의 합이 알짜힘이다. 반대 방향으로 두 힘이 작용하면 두 힘의 차가 알짜힘이다.

알짜힘이란 물체에 작용하는 모든 힘들의 합을 말한다. 예를 들어 정지해 있는 물체에 크기가 같고 방향이 반대인 두 힘이 작용하더라도 물체는 그대로 정지해 있을 것이다. 두 힘은 서로 상쇄되어 알짜힘이 없기 때문이다.

책상 위에 놓여있는 책에 어떤 힘들이 작용하고 있을까? 책에 작용하는 힘이 중력 뿐이라면 책은 자유 낙하할 것이다. 책이 정지 상태에 있는 것은 또 다른 힘이 책에 작용하고 있기 때문이다. 이 힘은 책상이 책을 위로 떠받치는 힘으로 수직 항력이라고 부른다. 이 수직 항력이 책의 무게와 평형을 이루어 알짜힘이 0이 되게 한다.

**Example** 어떤 물체에 10N의 힘과 20N의 두 힘이 같은 방향으로 작용할 때, 알짜힘은 얼마인가? 또 반대 방향으로 작용할 때 알짜힘은 얼마인가?

풀이 같은 방향 $10\mathrm{N}+20\mathrm{N}=30\mathrm{N}$(두 힘의 방향으로)
반대 방향 $20\mathrm{N}-10\mathrm{N}=10\mathrm{N}$(큰 힘인 20N의 방향으로)

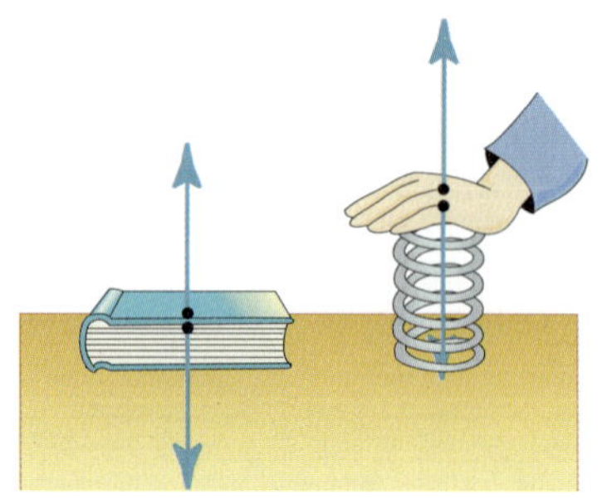

그림 3.8
(왼쪽) 책상은 책의 무게와 같은 크기의 힘으로 책을 위로 민다.
(오른쪽) 용수철은 손이 용수철을 누르는 힘과 같은 크기의 힘으로 손을 위로 민다.

## 3.5 뉴턴의 운동 제 2법칙 – 힘과 가속도

자연계에 존재하는 일반적인 운동은 속도가 변하는 가속도 운동이다. 자동차의 운동을 예로 들어보자. 시동을 켜고 엑셀러레이터를 밟으면 자동차의 속력이 점점 빨라진다. 적색 신호등에서 정지하기 위해 브레이크를 밟으면 속력이 느려지다가 정지한다. 또한 운전대를 돌려서 좌회전이나 우회전을 한다. 이와 같이 속도가 변하는 것은 항상 알짜힘이 물체에 작용하기 때문이다. 즉 알짜힘이 가속도의 원인이 된다.

물체에 여러 힘들이 작용할 때는 작용하는 힘들의 합인 알짜힘이 가속도와 관계가 있다. 물체의 가속도를 증가시키려면 물체에 작용하는 알짜힘을 증가시켜야 한다. 물체에 작용하는 알짜힘의 크기를 2배로 증가시키면 가속도는 2배가 된다. 또한 알짜힘의 크기를 3배로 증가시키면 가속도는 3배가 된다. 따라서 물체의 가속도는 작용한 알짜힘에 비례한다.

$$\text{가속도} \propto \text{알짜힘}$$

이제 질량과 가속도의 관계를 생각해보자. 같은 힘으로 빈수레와 짐이 가득 실린 수레를 밀 때, 짐이 가득 실린 수레의 속도가 달라지는 정도는 빈 수레의 속도가 달라지는 것보다 훨씬 작다. 이는 가속도가 질량에 따라 다르기 때문이다. 같은 힘을 질량이 2배인 물체에 작용하면 가속도는 $\frac{1}{2}$로 줄어든다. 다시 말해서 작용하는 힘이 같을 때 가속도는 질량에 반비례한다.

$$\text{가속도} \propto \frac{1}{\text{질량}}$$

뉴턴은 운동하는 물체의 가속도가 힘뿐만 아니라 물체의 질량과도 관계있다는 사실을 깨달은 최초의 과학자였다. 이제까지 만들어진 자연의 가장 중요한 법칙들 중의 하나인 뉴턴의 운동 제 2법칙은 다음과 같다.

>> 물체의 가속도는 물체에 작용하는 알짜힘의 크기에 비례하며 물체의 질량에 반비례한다. 또 가속도의 방향은 알짜힘의 방향과 같다.

식의 형태로 나타내면

$$\text{가속도} \propto \frac{\text{알짜힘}}{\text{질량}}$$

이 된다.

힘의 단위로 N[2], 질량의 단위로 kg, 가속도의 단위로 $m/s^2$을 사용하여 위 식의 비례상수를 1로 만들면, 앞의 비례 관계는 다음과 같은 완전한 식의 형태로 쓸 수 있다.

가속도는 작용하는 힘에 비례한다.

$$\text{가속도} = \frac{\text{알짜힘}}{\text{질량}}$$

위 식을 기호로 나타내면 다음과 같다.

$$a = \frac{F}{m}$$(여기서 $a$는 가속도, $F$는 힘, $m$은 질량이다.)

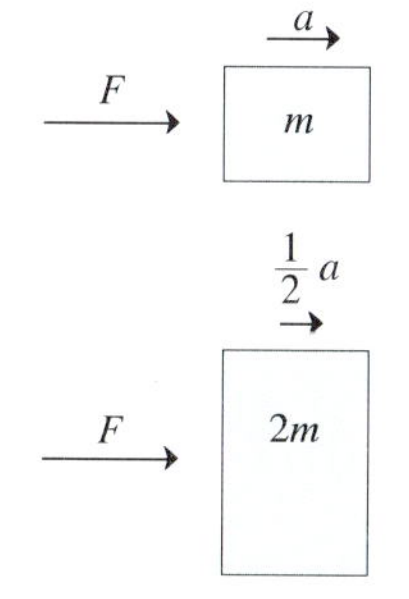

가속도는 물체의 질량에 반비례한다.

**Example 1** $2m/s^2$으로 가속할 수 있는 자동차가 있다. 이 자동차가 같은 질량의 다른 자동차를 견인할 때 얻을 수 있는 가속도는?

풀이 질량이 2배인 물체에 같은 힘이 작용하면 가속도는 $\frac{1}{2}$배인 $1m/s^2$이다.

**Example 2** 한 물체에 일정한 힘을 계속 가한다면 이 물체는 어떤 종류의 운동을 하는가?

풀이 뉴턴의 운동 제 2법칙에 따라 작용하는 힘이 일정하면 가속도가 일정한(등가속도) 운동을 하게 된다.

## 3.6 자유낙하와 피사의 사탑(기울어진 탑)

갈릴레이는 낙하하는 물체들의 가속도는 물체의 질량과 관계없이 일정하다는 것을 보여 주었는데, 이는 물체가 자유낙하할 때 공기 저항이 없다면 확실히 맞는 사실이다. 예를 들어 10kg의 포탄과 1kg의 돌멩이

2) 1N(뉴턴)의 힘은 1kg의 물체에 $1m/s^2$의 가속도를 생기게 하는 데 필요한 힘의 크기이다.

를 같은 높이에서 동시에 떨어뜨리면 실제로 두 물체는 거의 동시에 지면과 충돌한다.

갈릴레이가 피사의 사탑에서 행했다고 하는 이 실험(실제로 갈릴레이가 실험을 했다는 명확한 증거는 없음)은 어떤 물체보다 10배 더 무거운 물체가 10배 더 빨리 떨어진다는 아리스토텔레스의 이론을 완전히 뒤집어 놓았다. 갈릴레이의 실험과 같은 결과가 나온 그 밖의 많은 실험들에서 이러한 사실을 확인할 수 있었다. 갈릴레이는 가속도가 왜 같은지 설명할 수 없었다. 그러나 뉴턴의 운동 제 2법칙을 적용하면 쉽게 설명된다.

그림 3.9
갈릴레이의 유명한 실험

물질의 양인 질량과 중력의 크기인 무게가 서로 비례하는 물리량이라는 것을 생각해 보자. 2kg의 쇳조각은 1kg의 쇳조각보다 2배 무겁다. 따라서 10kg의 포탄은 1kg의 돌멩이보다 10배 더 무겁다. 아리스토텔레스의 이론을 따르는 사람들은 포탄이 10배 큰 가속도로 운동한다고 믿었다. 그 이유는 단지 포탄이 돌멩이보다 10배 더 무겁다는 것만 생각했기 때문이다. 그러나 뉴턴의 운동 제 2법칙은 무게뿐만 아니라 질량까지 고려하고 있다. 조금만 생각하면 질량이 큰 물체에 큰 힘이 작용할 때와 질량이 작은 물체에 작은 힘이 작용할 때 둘 다 가속도가 같다는 사실을 알게 될 것이다. 이를 기호로 나타내면 다음과 같다.

$$\frac{\mathbf{F}}{\mathbf{m}} = \frac{F}{m}$$

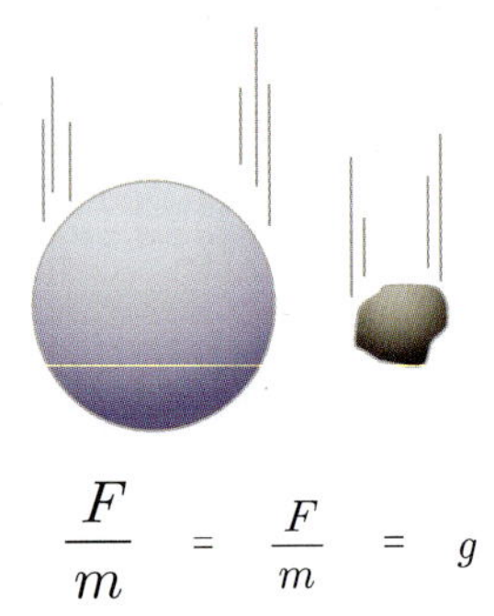

$$\frac{\mathbf{F}}{\mathbf{m}} = \frac{F}{m} = g$$

그림 3.10
10kg의 포탄과 1kg의 돌멩이의 질량에 대한 무게의 비는 둘 다 같다.

$\mathbf{F}$와 $\mathbf{m}$은 각각 포탄의 무게와 질량이며 $F$와 $m$은 각각 돌멩이의 무게와 질량이다. 여기서 무게는 자유낙하하는 물체에 작용하는 알짜 힘인 중력이며, 어느 물체이든지 질량에 대한 무게의 비가 같기 때문에, 같은 장소에서 자유낙하하는 모든 물체는 같은 가속도로 떨어진다. 이때의 가속도를 중력가속도 $g$라 한다.

---

**Example 1** 달에서 망치와 깃털을 같은 높이에서 동시에 떨어뜨렸을 때 두 물체는 동시에 달 표면과 충돌하겠는가?

풀이 1971년 우주 비행사 David Scott가 질문의 실험을 달에서 했다. 달에서는 공기저항이 없으며 망치와 깃털의 무게가 지구에서의 $\frac{1}{6}$이다. 두 물체 모두 질량에 대한 달에서의 무게의 비는 $\frac{1}{6}g$이다. 따라서 두 물체는 각각 크기가 $\frac{1}{6}g$인 가속도 운동을 한다.

---

# 3.7 마찰과 공기 저항

마찰은 운동에 영향을 주는 힘의 한 종류이다. 마찰은 서로 접촉하고 있는 물체 사이에 작용하며 운동 방향과 반대 방향으로 작용한다. 고체인 두 물체가 접촉하고 있을 때 마찰은 주로 두 표면의 불규칙성 때문에 발생한다. 외력이 작용하더라도 마찰이 존재한다면 물체는 등속도로 운동할 수 있다. 이 경우에 마찰력과 외력은 평형을 이룬다. 즉 알짜힘이 0이다. 따라서 가속도는 0이다. 예를 들면 그림 3.11과 같이 미는 힘이 마찰력과 평형을 이룰 때 상자는 등속도 운동을 한다.

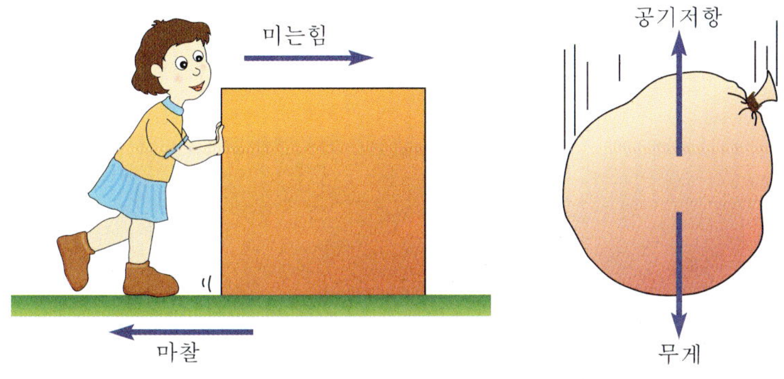


그림 3.11
마찰력의 방향은 물체의 운동 방향과 항상 반대이다.
(왼쪽) 상자를 오른쪽으로 밀면 마찰은 왼쪽으로 작용한다.
(오른쪽) 자루가 아래로 떨어지면 공기 저항은 위로 작용한다.

마찰은 미끄러지거나 미끄러지려는 물체(고체)에만 국한된 것이 아니고 유체라 불리는 액체나 기체의 경우에도 생긴다. 유체의 마찰은 유체 속을 통과하는 물체가 유체를 옆으로 밀어낼 때 생긴다. 허리 깊이의 물 속에서 100m 달리기를 해 볼 때 알 수 있듯이, 액체의 마찰은 느린 속력에서도 쉽게 느낄 수 있다. 공기 저항은 공기 속을 운동하는 물체에 작용하는 마찰을 말한다. 그림 3.11의 오른쪽 그림과 같이 낙하하는 물체의 무게와 공기 저항이 평형을 이룬다면 물체는 등속도로 떨어질 것이다.

동전과 깃털은 진공 중에서 같은 가속도로 운동하며 동시에 바닥에 떨어진다. 그러나 유리관에 공기를 넣고 다시 거꾸로 세우면 동전은 빠르게 떨어지지만 깃털은 나부끼면서 바닥에 떨어지므로 더 늦게 떨어진다. 이는 공기 저항이 물체의 운동방향과 반대 방향으로 작용하여 물체에 작용하는 알짜힘을 감소시키기 때문인데, 동전의 경우에는 약간 감소시키지만 깃털의 경우에는 크게 감소시키기 때문이다. 깃털은 잠깐 동안만 아래 방향으로 가속도 운동을 하는데 이는 깃털이 떨어지는 순간 공기 저항이 작용하여 깃털의 무게(아주 작다)와 곧 상쇄되기 때문이다. 이와 같이 깃털에 작용하는 공기 저항이 깃털의 무게와 같아질 때 알짜힘은 0이며 깃털은 더 이상 가속도 운동을 하지 않는다. 이 때의 속도를 종단 속도라고 한다.

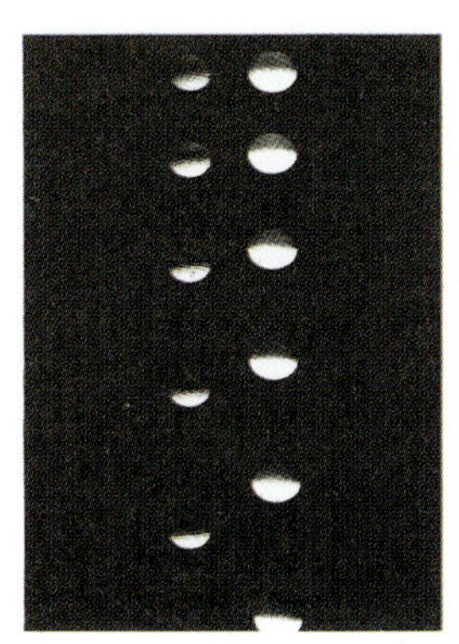

그림 3.13
공기 저항이 있을 때의 낙하운동

한편 동전의 경우는 공기 저항이 많은 영향을 미치지 않는다. 동전이 느린 속력으로 운동할 때 공기 저항력은 동전의 무게에 비해 아주 작다. 따라서 가속도는 중력 가속도 $g$보다 약간 작을 뿐이다. 동전이 받는 공기 저항력과 동전의 무게가 같아지려면 동전은 수백 초 동안 낙하해야 하며, 그 이후에 더 이상 속력이 증가하지 않는 종단 속력에 도달한다.

그림 3.12
공기 저항이 무게와 같다면 스카이다이버는 종단 속력에 도달한 것이다.

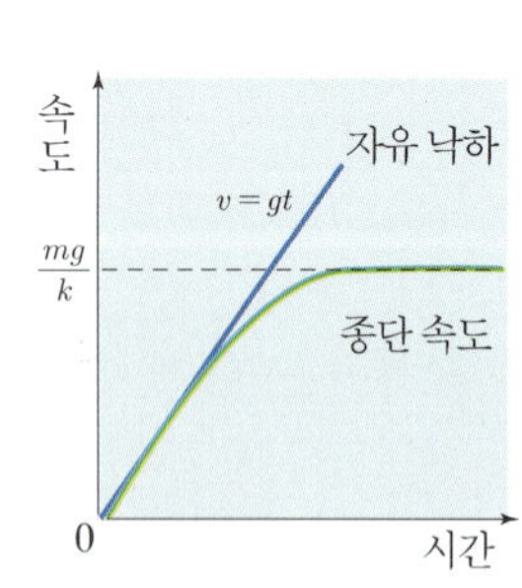


그림 3.14
자유낙하와 종단속도

야구공과 테니스공을 양 손에 들고 있다가 동시에 떨어뜨리면 두 공이 동시에 바닥에 충돌한다. 이처럼 느린 속력에서는 대개 공기 저항이 무시된다. 그러나 높은 빌딩의 꼭대기에서 떨어뜨리면 어떻게 될까? 야구공과 테니스 공을 높은 빌딩의 꼭대기에서 떨어뜨리면 무거운 야구공이 종단 속도가 더 커서 먼저 지면과 충돌한다. 다시 말하면 공기 저항은 빠른 속도로 운동할 때 무거운 야구공보다는 가벼운 테니스공에 더 큰 영향을 미친다.

전하는 바에 따르면 갈릴레오가 피사의 사탑에서 무게가 다른 두 공을 떨어뜨렸을 때 무거운 공이 먼저 지면에 도달했다고 한다. 그러나 시간차는 아리스토텔레스의 이론을 따르는 사람들이 생각했던 시간차보다 훨씬 작은 것이었다. 뉴턴의 운동 제 2법칙이 발표된 후에야 비로소 낙하하는 물체들의 운동 현상을 이해할 수 있었다.

**더 알아보기** **종단 속도**

빠른 속력에서는 공기 저항이 큰 영향을 미치는데, 이를 자세히 알아보자. 만일 물체에 작용하는 공기의 저항력이 속도에 비례한다면, 공기의 저항력은 다음과 같이 나타낼 수 있다.

$$f = kv$$

물체의 무게와 저항력이 같게 될 때 물체에 작용하는 알짜힘이 0이 되므로 물체는 등속운동을 하게 되는데, 이 때의 종단 속도(terminal velocity) $v_t$는 다음과 같다.

$$mg = kv_t$$

$$v_t = \frac{mg}{k}$$

위 식에서 무게가 클수록 종단 속도가 더 크다는 것을 알 수 있다. 여기서 비례상수 $k$는 물체의 크기와 모양 등에 따라 변하는 값으로 단면적이 작을수록 작다. 모양이 같다면 $k$값이 동일하므로 무게가 클수록 크다는 것을 알 수 있다.

여러 물체의 종단속도

| 물체 | $v_t$(m/s) | 물체 | $v_t$(m/s) |
|---|---|---|---|
| 스카이다이버 | 85 | | |
| 수직하강 | 55 | 골프공 | 30 |
| 팔을 편 상태 | 6.5 | 쇠공(2cm반경) | 80 |
| 탁구공 | 9 | 돌(1cm반경) | 30 |
| 야구공 | 40 | 빗방울 | 7 |

**Example 1** 책상 위에 놓여 있는 책에 두 힘이 작용하고 있다. 하나는 무게, 다른 하나는 수직 항력이다. 마찰력도 작용하는가?

풀이 아니다. 책이 책상 위를 미끄러지는 경향이 없거나, 미끄러지고 있지 않다면 마찰력은 작용하지 않는다. 마찰력은 미끄러지고 있거나 미끄러지려고 할 때만 생긴다.

**Example 2** 고도가 높은 곳에서 일정한 추진력 80,000N으로 날고 있는 제트기가 있다. 이 때 제트기가 등속도 운동을 하고 있다면 제트기의 가속도는 얼마인가? 제트기에 작용하는 공기 저항력은 얼마인가?

풀이 속도가 변하지 않으므로 가속도는 0이다. 가속도가 0이므로, $a = \frac{F}{m}$에서 알짜힘은 0이다. 이는 공기의 저항력과 추진력이 평형을 이루고 있기 때문이다. 공기의 저항력은 추진력과 반대 방향으로 작용하며, 그 크기는 80,000N이다.

**Example 3** 무거운 사람과 가벼운 사람이 같은 높이에서 크기가 똑같은 낙하산을 동시에 폈다. 누가 먼저 지면에 도착하겠는가?

풀이 무거운 사람이 먼저 도착한다. 깃털의 경우와 같이 가벼운 사람은 먼저 종단 속도에 도달한다. 반면에 무거운 사람은 종단 속도에 도달할 때까지 계속 가속도 운동을 한다. 그러므로 무거운 사람이 가벼운 사람보다 앞서서 떨어진다. 또한 떨어지는 동안 두 사람 사이의 거리는 계속 증가한다.

**Example 4** 낙하하는 야구공과 테니스공에 작용하는 공기 저항이 같다면 어느 공의 가속도가 더 큰가?

풀이 가속도가 같다고 해서는 안 된다. 두 공 각각에 작용하는 공기 저항이 같더라도 두 공 각각에 작용하는 알짜힘이 다르다. 공기 저항의 상한선을 고려하여 이를 이해하도록 해보자. 테니스공에 작용하는 공기 저항의 상한선은 테니스공의 무게가 된다. 이 때 테니스공의 가속도는 얼마가 되겠는가? 0이 될 것이다. 그러나 같은 크기의 공기 저항이 더 무거운 야구공에 작용할 때도 야구공은 계속 가속된다. 공기 저항이 테니스공의 무게보다 작을 때에도 야구공의 가속도는 테니스공의 가속도보다 더 크다.

## 3.8 뉴턴의 운동 제 3법칙 – 작용과 반작용

힘의 가장 단순한 의미는 밀고 당기는 것이다. 그러나 뉴턴은 힘이란 물체가 갖고 있는 그 어떤 것이 아니라 두 물체 사이에서 일어나는 상호 작용이라는 것을 알았다. 예를 들어 못을 판자에 박을 때 망치가 못에 힘을 작용한다. 그러나 이 힘은 망치와 못 사이의 상호 작용에서 생기는 두 힘 중의 하나일 뿐이다. 또 다른 힘은 망치를 멈추게 하는 힘인데, 이 힘은 못이 망치에 작용하는 것이다. 이와 같이 뉴턴은 망치가 못에 힘을 작용하는 동안에 못도 망치에 힘을 작용한다고 생각했다. 즉 망치와 못 사이의 상호 작용에는 한 쌍의 힘, 즉 못에 작용하는 힘과 망치에 작용하는 힘이 있는 것이다. 뉴턴이 이러한 관찰을 통해서 이끌어낸 뉴턴의 운동 제 3법칙은 다음과 같다.

그림 3.15
여러분이 벽을 밀면 벽도 여러분을 민다.

>> 한 물체가 다른 물체에 힘을 작용하면, 다른 물체도 힘을 작용한 물체에 크기가 같고 방향이 반대인 힘을 작용한다.

여기서 두 힘 중의 한 힘을 작용, 또 하나의 힘을 반작용이라 한다. 뉴턴의 운동 제 3법칙의 또 다른 표현은 '모든 작용에는 반드시 크기가 같고 방향이 반대인 반작용이 존재한다.' 이다. 즉 모든 상호 작용에서 힘들이 쌍으로 존재한다. 예를 들어 마루 위를 걸어갈 때 발은 마루와 상호 작용한다. 발이 마루를 밀면 동시에 마루도 발을 민다.[3] 마찬가지로 자동차의 바퀴와 도로면 사이에서의 상호 작용이 자동차를 움직이게 한다. 바퀴가 도로면을 밀면 동시에 도로면도 자동차의 바퀴를 민다. 수영할 때도 물을 뒤로 밀면 물이 사람을 앞으로 민다. 이와 같이 각각의 상호 작용에는 한 쌍의 힘이 존재하고 있는 것이다.

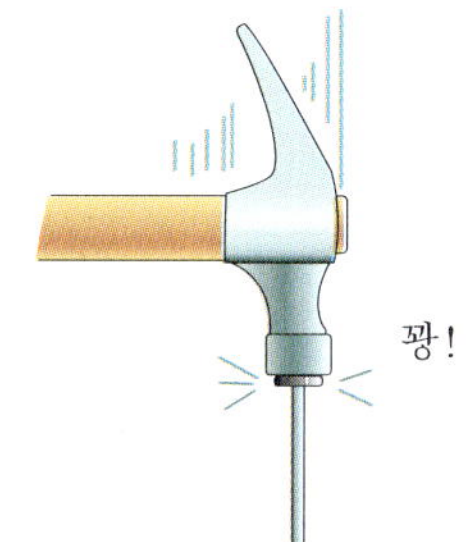

그림 3.16
못을 박히게 하는 상호 작용은 망치를 멈추게 하는 상호 작용과 같은 크기로 쌍을 이룬다.

**Example 1** 막대형 다이너마이트는 힘을 갖고 있는가?

풀이 아니다. 힘이란 물체가 갖고 있는 어떤 것이 아니고 두 물체 사이의 상호 작용이다. 한 물체가 다른 물체에 힘을 작용할 수 있는 능력을 갖고 있다고 할 수는 있다. 그러나 물체 그 자체가 힘을 가질 수는 없다. 나중에 막대형 다이너마이트와 같은 물체는 에너지를 갖고 있다는 사실을 알게 될 것이다.

**Example 2** 도로 위를 달리는 자동차의 속력이 점점 빨라지고 있다. 엄밀히 말해서 자동차를 움직이게 하는 힘은 무엇인가?

풀이 도로가 자동차를 민다. 공기 저항을 제외하고는 도로만이 자동차에 수평 방향으로 힘을 작용한다. 회전하는 바퀴가 도로를 뒤로 밀면(작용), 동시에 도로는 바퀴를 앞쪽으로 민다(반작용). 이제부터는 자동차를 타고 갈 때 친구들에게 도로가 자동차를 민다고 해보자. 처음에는 믿지 않을 지라도 그들에게 물리의 세계에는 일상적인 관찰에 의해 우리 눈에 보이는 것보다 더 많은 것이 있다는 것을 확신시키자. 그들을 물리의 세계로 들어오게 하자.

## 3.9 작용 반작용의 구별

떨어지는 돌멩이의 경우와 같이 작용 반작용의 두 힘을 찾기 어려울 때가 있다. 돌멩이에 작용하는 중력을 '작용'이라면 반작용의 힘은 무엇일까? 작용 반작용의 두 힘을 알아내기 위한 한 가지 간단한 방법이 있다. A라는 한 물체가 B라는 다른 물체와 상호 작용한다고 할 때, 작용 반작용의 두 힘은 다음과 같이 나타낼 수 있다.

3) '민다와 끌어당긴다'는 보통 생물체가 힘을 작용하여 일어나는 것으로 생각한다. 따라서 엄밀하게 말하면 '벽이 여러분을 민다'는 '벽이 여러분을 미는 것처럼 힘을 작용한다'로 표현해야 한다. 상호 작용에 관한 한 벽과 여러분 사이의 두 힘 즉 여러분(생물체)이 작용하는 힘과 벽(무생물체)이 작용하는 힘 사이에는 별다른 차이점이 없다.

작　용 : 물체 A가 물체 B에 가하는 힘
반작용 : 물체 B가 물체 A에 가하는 힘

작용 : 타이어가 도로를 민다.　반작용 : 도로가 타이어를 민다.

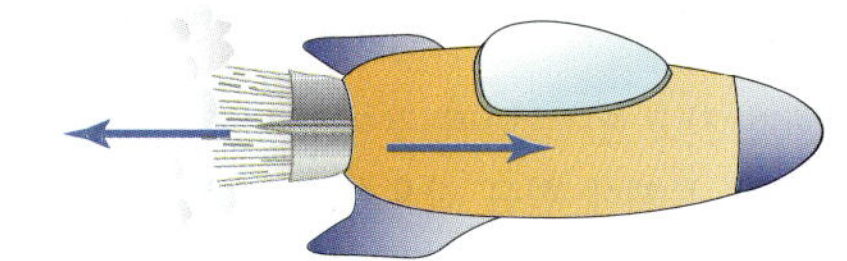

작용 : 로켓이 가스를 민다.　반작용 : 가스가 로켓을 민다.

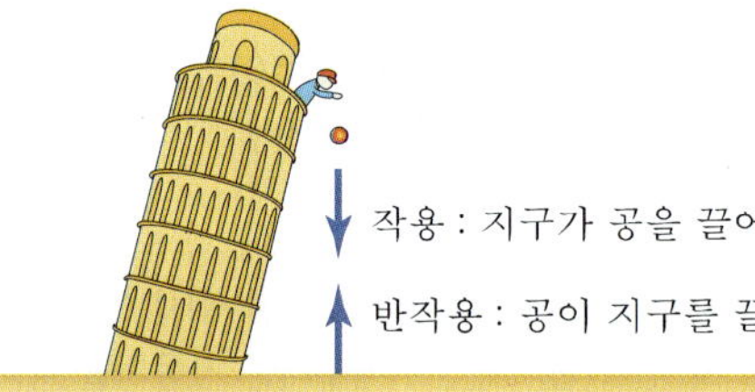


그림 3.17
두 물체 사이에 작용하는 한 쌍의 힘. 물체 A가 물체 B에 가하는 힘이 작용이라면 물체 B가 물체 A에 가하는 힘은 반작용이다.

즉 상호 작용하는 두 물체 A, B사이에서 A가 B에 가한 힘이 작용이라면 반작용은 단순히 B가 A에 가한 힘이다. 따라서 떨어지는 돌멩이의 경우, 떨어지는 동안 돌멩이와 지구와의 상호 작용은 바로 만유인력이다. 지구가 돌멩이에 가하는 힘을 작용이라 하면 반작용은 이와 동시에 돌멩이가 지구에 가하는 힘이다.

**Example** 지구는 달을 끌어당기고 있다. 달 역시 지구를 끌어당기고 있는가? 어느 쪽이 더 강하게 끌어당기고 있는가?

풀이 그렇다. 지구와 달과의 상호 작용에서 지구와 달은 서로를 동시에 끌어당긴다. 즉 달이 지구를 끌어 당기는 동안 지구도 달을 끌어당긴다. 서로 끌어당기는 두 힘은 크기가 같고 방향이 반대인 작용 반작용의 한 쌍을 이룬다.

## 3.10 질량이 다른 물체 사이의 작용과 반작용

돌멩이와 지구 사이의 상호 작용에서 돌멩이는 지구가 돌멩이를 아래로 끌어당기는 것과 똑같은 힘으로 지구를 위로 끌어당긴다. 돌멩이가 지구를 향해 떨어질 때, 지구도 돌멩이를 향해 떨어진다고 할 수 있을까? 그렇다. 하지만 지구가 이동한 거리는 돌멩이보다 훨씬 짧다. 뉴턴의 운동 제 2법칙에 의하면 가속도는 알짜힘에 비례하고 질량에 반비례한다. 그러므로 돌멩이와 지구 사이에 작용하는 두 힘은 같지만 지구의 질량은 돌멩이에 비해 엄청나게 크기 때문에, 지구의 가속도는 매우 작다. 그러나 엄밀하게 말하면 지구의 가속도가 매우 작더라도, 지구도 떨어지는 돌멩이를 향해 위로 올라간다. 이와 마찬가지로 여러분이 인도에서 차도로 발을 내디디면 실제로 차도는 여러분을 향해 아주 조금 위로 올라온다.

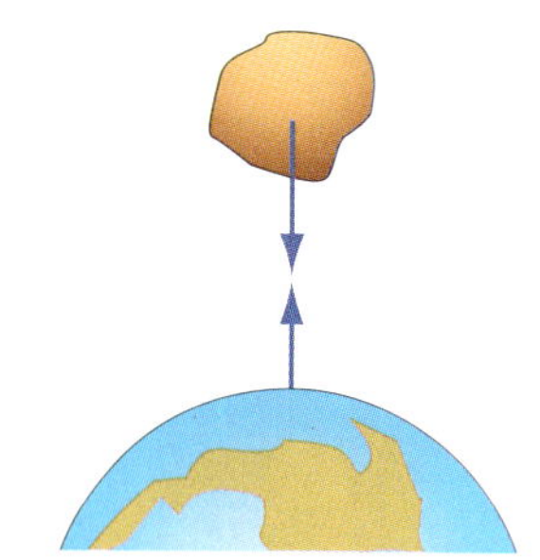

그림 3.18
지구가 돌멩이를 아래로 끌어당기는 힘과 같은 크기의 힘으로 돌멩이도 지구를 위로 끌어당기고 있다.

총에서 총알이 발사될 때 총알은 총이 총알에 작용하는 힘과 크기가 같고 방향이 반대인 힘을 총에 작용한다. 총과 총알에 같은 크기의 두 힘이 각각 작용함에도 불구하고 총알이 총에 비해 엄청나게 빠른 속도로 발사되는 이유는 무엇인가? 뉴턴의 운동 제 2법칙을 적용하면서 질량을 고려하면 쉽게 알 수 있다.

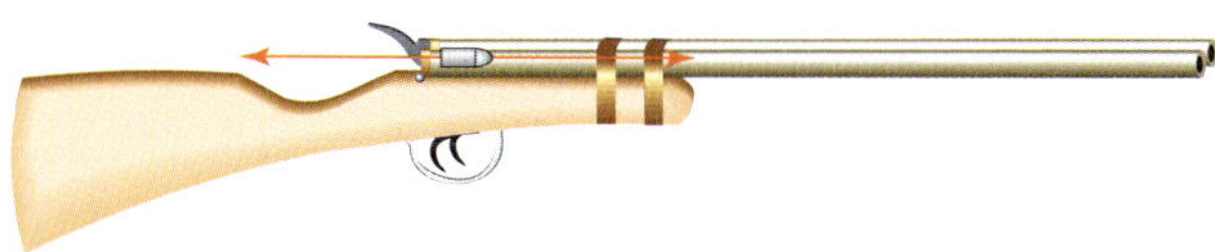

그림 3.19
반동으로 되튀는 총에 작용하는 힘은 총열을 따라 발사되는 총알에 작용하는 힘과 크기가 같다. 그렇다면 총알이 총보다 더 큰 가속도로 운동하는 이유는 무엇일까?

크기가 같은 작용·반작용의 두 힘을 모두 $F$, 총의 질량을 $\Large{m}$, 총알의 질량을 $m$이라 할 때,(여기서 기호의 크기는 질량과 가속도의 상대적 크기를 나타낸다.) 총과 총알의 가속도는 다음과 같다.

$$총알 : \frac{F}{m} = \Large{a} \qquad 총 : \frac{F}{\Large{m}} = a$$

로켓의 추진 원리에 대해서도 알아보자. 먼저 그림 3.20과 같이 총알이 발사될 때마다 반동으로 되튀는 기관총의 경우를 생각해 보자. 이

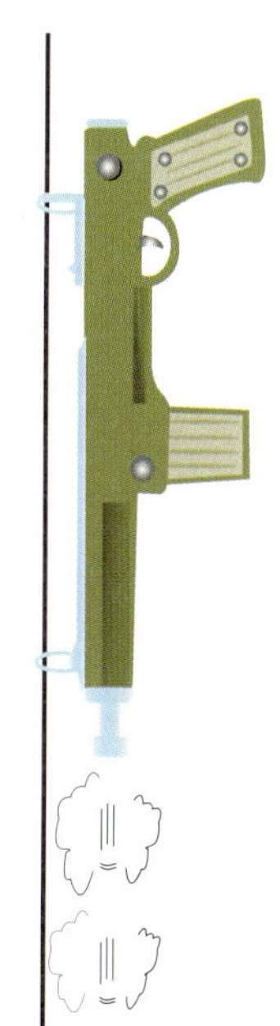

그림 3.20
총알이 발사될 때마다 기관총은 반동으로 되튀어 위쪽으로 올라간다.

기관총은 수직인 줄에 매달려 자유로이 움직일 수 있으므로, 총알이 아래로 발사될 때 총은 위로 가속될 것이다. 로켓도 이와 같은 방법으로 가속된다. 즉 로켓의 엔진에서 분사된 배기 가스에 의해 로켓이 반복적으로 반동하는 것이다. 배기 가스의 각 분자들은 로켓에서 아래쪽으로 발사되는 작은 분자 총알과 같다.

그림 3.21
로켓은 "분자 총알"이 발사될 때마다 반동으로 되튀어 위쪽으로 올라간다.

**Example 1** 진공 상태의 우주 공간에서 한 물체가 낙하하고 있다. 이 물체에 대해 작용 반작용의 두 힘을 구별할 수 있는가?

풀이 어떤 경우라도 작용 반작용의 두 힘을 구별하려면 우선 상호 작용하는 두 물체를 확인하여야 한다. 이 경우의 상호 작용은 낙하하는 물체와 다른 물체(멀리 있는 행성) 사이의 만유인력이다. 따라서 행성은 물체를 아래로 끌어당기고(작용), 물체는 행성을 위로 끌어 당긴다(반작용).

**Example 2** 한 친구가 뉴턴의 운동 제 3법칙을 이용하여 '네가 공을 찰 때 공을 차는 힘과 크기가 같고 방향이 반대인 반작용의 힘이 발에 작용하기 때문에 공을 움직이게 할 수 없다. 또한 알짜힘이 0이므로 네가 아무리 큰 힘으로 공을 차더라도 공을 움직이지 않는다.'라고 말한다면 여러분은 어떻게 생각하는가?

풀이 공을 차면 공은 가속된다. 공의 가속 운동이 뉴턴의 운동 제 3법칙에 위배되지 않는다. 공을 찰 때 차는 힘외에 다른 어떤 힘도 작용하지 않으므로, 공에 작용하는 알짜힘은 0이 아니며 공은 가속된다. 그렇다면 반작용의 힘은 무엇인가? 반작용의 힘은 발에 작용하는 힘이며, 그 힘은 공에 작용하지 않는다. 이 반작용의 힘은 공과 접촉하고 있을 때 발을 감속시킨다. 따라서 공에 작용한 힘과 발에 작용한 힘은 서로 상쇄되지 않는다.

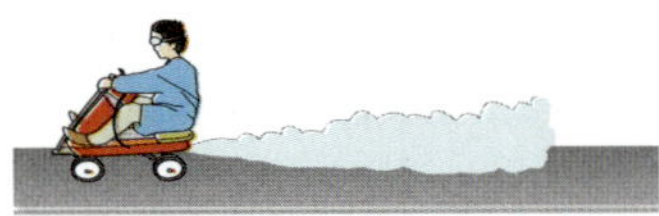

소화기 분사로 달리는 자동차

**Example 3** 그림에서 마차에 작용하는 알짜힘은 얼마인가? 말과 지면에 작용하는 알짜힘은 각각 얼마인가?

- 말과 마차가 서로 끄는 힘 $P$
- 말과 지면이 서로 미는 힘 $F$
- 마차바퀴와 지면사이의 마찰력 $f$

풀이 마차에 작용하는 알짜힘은 $P-f$, 말에 작용하는 알짜힘은 $F-P$, 지면에 작용하는 알짜힘은 $F-f$ 이다.

**Example 4** 마차가 어느 정도의 속력에 도달한 후에도 말을 그 속력을 계속 유지하기 마차에 계속 힘을 가해야 하는가?

풀이 그렇다. 바퀴의 마찰과 공기 저항을 이겨낼 만한 힘을 가해야 한다.

## 개념확인하기

1 관성의 법칙에 의하면 운동 상태를 유지시키는 데는 힘이 필요없다고 한다. 그런데 자전거를 타고 갈 때 운동 상태를 유지하려면 계속 페달을 밟아야 하는 이유는?

2 관성의 법칙은 운동하는 물체에 적용되는가, 정지한 물체에 적용되는가, 아니면 둘다 적용되는가?

3 우주선에서 외력이 작용하지 않는 공간으로 대포를 발사했다. 포탄이 계속 운동하려면 얼마만한 힘을 작용해야 하는가?

4 무중력 공간에서 코끼리와 쥐의 무게는 0이다. 그들이 같은 속력으로 운동하다가 여러분과 충돌했을 때 그들이 여러분에게 가한 충격의 세기는 같은가?

5 정지하고 있는 버스 안에서 동전을 위로 던지면 잠시 후에 동전은 여러분의 발 밑에 떨어질 것이다. 만일 버스가 직선 위를 일정한 속력으로 달릴 때 동전을 던지면 어느 곳에 떨어지겠는가?

6 600km/h로 날아가는 비행기 안에서 머리 위의 선반에 있던 베개가 여러분의 무릎 위로 떨어졌다. 비행기의 속력은 600km/h이므로 매우 빠르다. 베개가 비행기의 뒤쪽에 떨어지지 않는 이유는? 지면에 대한 베개의 속력은 얼마인가? 비행기 안에서 여러분에 대한 베개의 속력은 얼마인가?

7 가속도의 정의와 가속도의 원인을 구별하여 설명하라.

8 마차가 어떤 알짜힘에 의해 운동하고 있다. 알짜힘이 2배가 되면 마차의 가속도는 몇 배가 되는가? 또 마차에 짐을 실어 마차의 질량이 2배가 되면 가속도는 몇 배가 되는가?

9 운동하는 물체에 100N의 마찰력이 작용한다면 이 물체가 등속도 운동을 하기 위해 필요한 힘은 얼마인가? 또 등속도로 운동할 때 물체에 작용하는 알짜힘은 얼마인가? 가속도는 얼마인가?

10 2kg의 돌멩이에 작용하는 중력은 1kg의 돌멩이에 작용하는 중력보다 2배 더 크다. 그러나 2kg의 돌멩이가 2배의 가속도로 낙하하지 않는 이유는?

11 100N의 물체가 종단속력으로 낙하하고 있다. 물체에 작용하는 공기 저항은 얼마인가?

12 무거운 스카이다이버가 가벼운 스카이다이버보다 더 큰 종단속력을 갖는 이유는? 어떻게 하면 종단 속력을 같게 할 수 있을까?

13 25N의 물체가 자유낙하할 때 물체에 작용하는 알짜힘은? 만약 15N의 공기저항이 작용한다면 알짜힘은? 25N의 공기저항이 작용할 만큼 빠른 속력으로 낙하할 때 물체에 작용하는 알짜힘은?

14 마루를 걸을 때 여러분을 미는 것은 무엇인가?

15 물위에 있는 통나무 위를 걸어가면 통나무는 뒤로 움직인다. 그 이유는?

16 여러분이 점프를 하면 실제로 지구는 아래 방향으로 움직인다. 지구의 운동을 관찰할 수 없는 이유는?

17 총을 쏠 때 총이 총알에 작용하는 힘의 크기와 총알이 총에 작용하는 힘의 크기를 비교하라. 또 총과 총알의 가속도를 비교하고, 그렇게 답한 이유를 설명하라.

18 여러분이 공중에 떠 있는 깃털에 200N의 힘을 가할 수 없는 이유는?

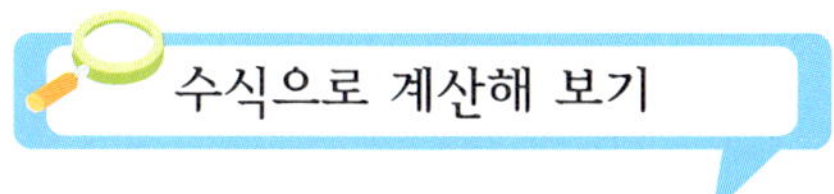


1 질량 50kg인 학생이 있다. 이 학생의 무게를 N의 단위로 계산하라. 단, 중력가속도는 $9.8m/s^2$이다.

2 짐차의 가운데 부분에 공을 놓고 짐차를 앞쪽으로 가속시킨다고 하자. 공은 지면에 대해 어떤 운동을 하는가? 공은 짐차에 대해 어떤 운동을 하는가?

3 그림과 같이 무거운 공이 실에 매달려 있다.

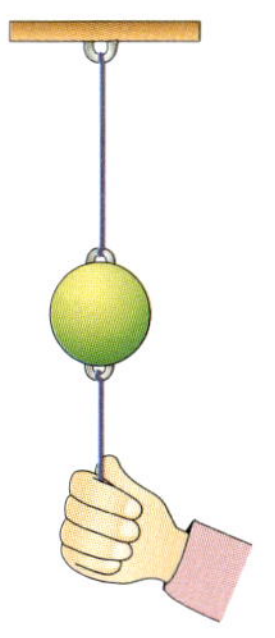

a. 공에 매달린 또 하나의 실을 천천히 잡아당길 때, 공의 위쪽과 아래쪽 중에서 어느 실의 장력이 더 큰가? 어느 실이 먼저 끊어지겠는가? 여기에서는 질량과 무게 중 어느 것이 물리적으로 중요한가?

b. 실을 갑자기 아래로 잡아당기면 어느 실이 먼저 끊어지겠는가? 이번에는 질량과 무게 중 어느 것이 중요한가?

4 머리 부분이 헐거운 망치가 있다. 망치를 바닥에 탕 쳐서 머리 부분을 조이려고 한다. 이때 그림과 같이 머리 부분을 붙잡는 것보다 자루의 아래 부분을 붙잡는 것이 더 효과적인 이유는?

5 지상에서 500N인 사람이 있다. 중력 가속도가 $26m/s^2$인 목성에서의 무게는?

6 질량이 2000kg, 엔진의 추진력이 500N인 비행기가 있다. 이 비행기가 출발할 때의 가속도는 얼마인가?

7 a. 마찰이 없는 수평면 위에 질량 2kg의 물체가 놓여 있다. 이 물체를 수평 방향으로 20N의 힘으로 민다면 가속도는 얼마인가?

b. 마찰력이 4N이라면 가속도는 얼마인가?

8 수직으로 던져 올린 물체가 최고점에 도달했을 때 이 물체의 가속도는 얼마인가? 0이 아닌 이유를 뉴턴의 운동 제 2법칙을 이용하여 설명하라.

9 로켓 발사대에서 쏘아 올린 로켓이 있다. 로켓의 속력이 빨라질 뿐만 아니라 가속도도 계속 증가하고 있다. 그 이유는?(힌트: 로켓이 발사되기 전에는 질량의 90%가 연료이다.)

**10** 스카이다이버는 종단 속력에 도달할 때까지 점점 빠르게 낙하하게 된다. 이 때 스카이다이버에 작용하는 알짜힘은 증가하는가, 감소하는가. 아니면 변함이 없는가? 가속도는 증가하는가, 감소하는가. 아니면 변함이 없는가?

**11** 스카이다이버가 점프를 한 후 10초만에 종단 속력에 도달하였다. 처음 1초 동안의 속력의 증가량과 8초와 9초 사이의 속력의 증가량을 비교하라. 낙하 거리는 또 어떠한가?

**12** 무마찰 실험 장치 위에 있는 10kg의 물체가 그림과 같이 도르래를 통해 같은 질량의 다른 물체와 줄로 연결되어 움직이고 있다. 매달려 있는 10kg의 물체에 작용하는 중력은 얼마인가? 두 물체의 가속도는 얼마인가?

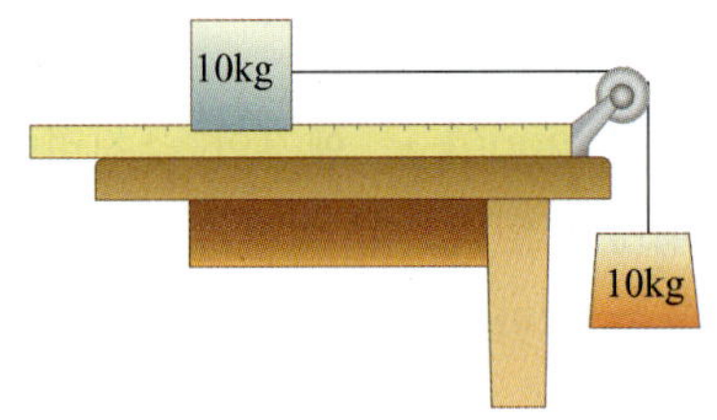


**13** 12번 문제에서 두 물체의 질량이 각각 1kg, 100kg이라고 하자. 1kg의 물체를 매달았을 때와 100kg의 물체를 매달았을 때의 가속도를 비교하라. 이를 이용하여 위와 같은 실험 장치에서 물체가 얻을 수 있는 최대 가속도를 예측해보라.

**14** 5N의 힘을 물체 A에 작용하면 $8\mathrm{m/s^2}$의 가속도가 생기고, 물체 B에 작용하면 $24\mathrm{m/s^2}$의 가속도가 생긴다. 이 두 물체를 한데 묶어 같은 힘을 가할 때의 가속도는 몇 $\mathrm{m/s^2}$인가?

**15** 수평면 위에 놓인 질량 4kg의 물체에 28N의 힘을 면과 평행한 방향으로 가하였다. 이 때 물체가 지면으로부터 받는 마찰력이 8N이라고 한다. 이 물체의 가속도는 몇 $\mathrm{m/s^2}$인가?

**16** 질량 $m$인 물체에 힘을 가하였더니 중력 가속도 $g$인 크기로 연직 위로 상승하고 있다. 이 때 이 물체에 가한 힘의 크기는 얼마인가?

**17** 그림과 같이 세면대 옆에서 몸무게를 측정한다고 가정하자. 세면대 위를 누르면 몸무게가 더 작아지고 세면대를 위로 밀면 몸무게가 더 커지는 이유를 작용 반작용의 법칙을 이용하여 설명하라.

**18** 무게가 50N인 2개의 추가 그림과 같이 용수철과 연결되어 있다. 용수철 저울의 눈금은 0인가, 50N인가 아니면 100N인가?

**힌트** 한쪽의 50N의 추 대신 손으로 줄을 잡고 있다면 용수철 저울의 눈금이 달라지겠는가?

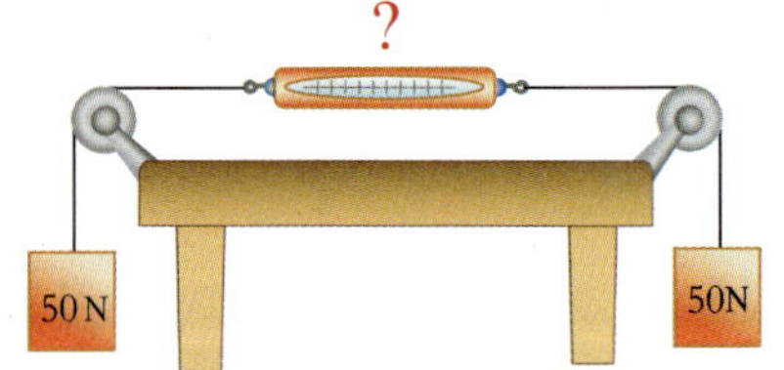


**19** 한 장사는 맨 위의 그림과 같이 말 두 마리가 반대 방향으로 잡아당기는 줄의 장력을 이겨낼 수 있다고 한다. 가운데 그림과 같이 줄을 나무에 묶고 말 한 마리가 줄을 잡아 당기면 줄의 장력은 어떻게 되겠는가? 맨 아래 그림과 같이 말 두 마리가 오른쪽으로 줄을 잡아 당기면 왼쪽 줄의 장력은 어떻게 되겠는가?

20 질량이 각각 6kg, 4kg인 두 물체 A, B를 그림과 같이 마찰을 무시할 수 있는 평면 위에 접촉시켜 놓고 20N의 힘을 가할 때, 물체 A와 B 사이에 작용하는 힘은 몇 N인가?

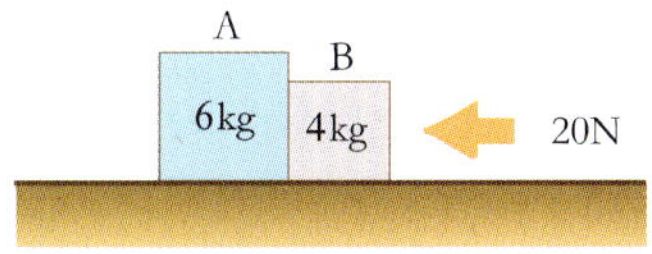


21 그림과 같이 정지해 있던 두 물체 A, B가 있다. 물체 A는 마찰이 없는 빗면을 따라서 미끄러지고, 물체 B는 자유낙하시켰다. 두 물체가 지면에 도달하는 데 걸리는 시간 $t_A$, $t_B$과 그 때의 속도 $v_A$, $v_B$를 비교하면?

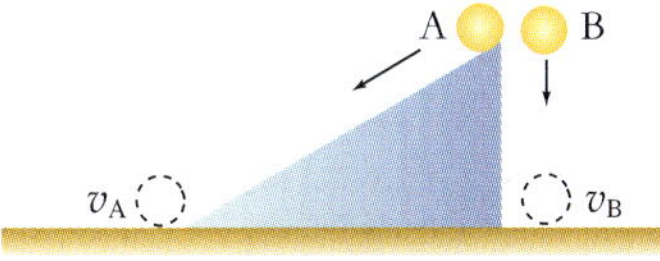


22 무게가 각각 4N, 5N, 10N인 세 나무 도막 A, B, C가 다음 그림과 같이 테이블 위에 놓여 있다. 나무 도막 B가 받는 힘은 몇 N인가? 또 나무 도막 C가 나무 도막 B에 가하는 힘은 몇 N인가?

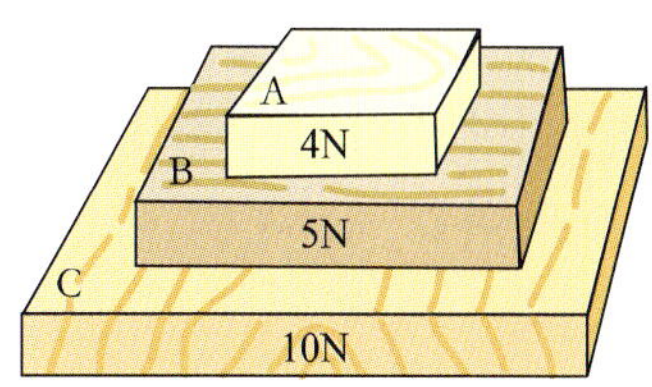


23 그림과 같이 질량이 각각 2kg. 3kg인 두 물체 A, B가 매달려 있다. 두 물체 A, B를 잡고 있다가 손을 놓으면 두 물체의 가속도는 몇 $m/s^2$인가? (단, 중력가속도는 $10m/s^2$이고 마찰은 무시한다.)

24 그림과 같이 수평면과 $\theta$의 각을 이루고 있는 빗면 위에서 질량 $m$인 물체가 일정한 가속도 $a$로 미끄러져 내려오고 있다. 중력가속도를 $g$라 할 때, 물체에 작용한 마찰력의 크기는?

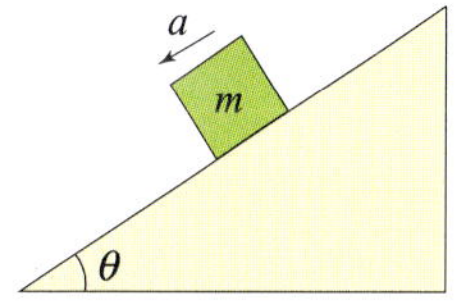


25 그림과 같이 마찰이 없는 수평면 위에 질량이 각각 2kg, 3kg인 두 물체 A, B를 탄성 계수 100N/m인 용수철로 연결하여 놓았다. 물체 B에 10N의 일정한 힘을 가하면서 운동시키고 있을 때 용수철의 늘어난 길이는 얼마인가? 단, 용수철의 질량은 무시한다.

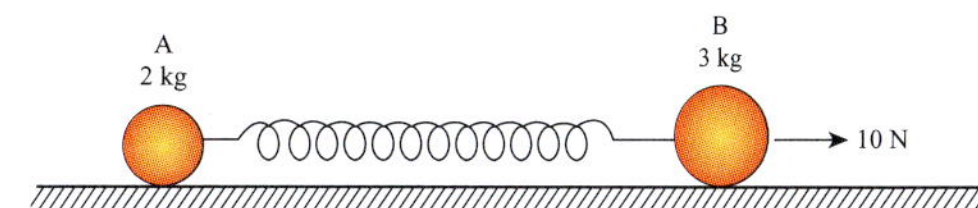

**26** 무게 14N인 블록을 그림과 같은 도르래 장치를 이용하여 $P$의 힘으로 정지해 있도록 하였다. 제일 위쪽 도르래를 지탱하는 줄에 걸리는 장력의 크기 $T$는 몇 N인가? (단, 도르래의 무게는 무시한다.)

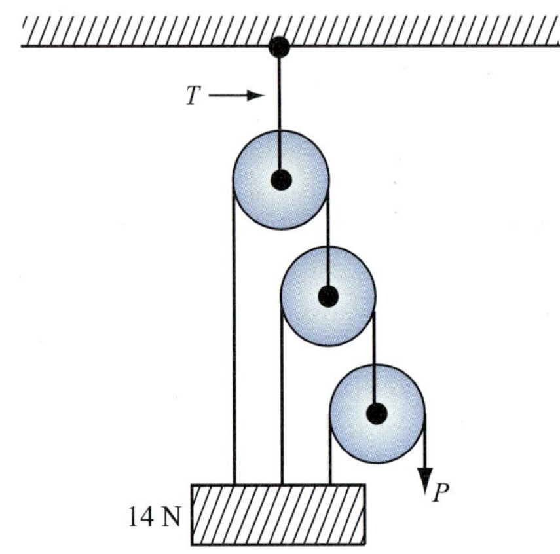


**27** 수평면 위에 질량 $M$인 물체가 놓여 있다. 크기가 $F$인 힘을 그림과 같이 수평면과 $\theta$의 각으로 비스듬히 작용했을 때 다음 물음에 답하여라.(단, 물체와 면 사이의 정지 마찰 계수는 $\mu$, 중력 가속도는 $g$ 이다.)

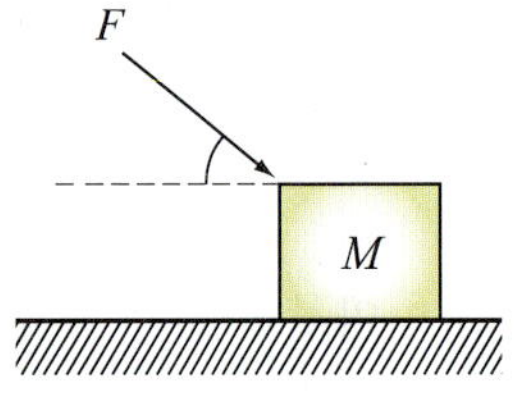


a. 물체를 움직이는 데 필요한 최소의 힘 $F$는 얼마인가?

b. 각 $\theta$를 증가시켜 아무리 큰 힘을 가해도 물체가 움직이지 않는 경우가 있다. 이 때의 각 $\theta$를 구하여라.

**28** 질량이 10kg인 물체 $m_1$과 질량이 2kg인 물체 $m_2$가 그림과 같이 수평면을 따라 오른쪽으로 운동하고 있다. 두 물체가 접촉한 채로 운동할 만큼 충분한 힘이 질량이 $m_1$인 물체에 작용하고 있을 때 다음 물음에 답하여라.(질량이 $m_1$인 물체와 수평면 사이의 운동 마찰 계수가 0.3, 두 물체 사이의 정지 마찰 계수가 0.5, 중력 가속도는 $10\text{m/s}^2$이다.)

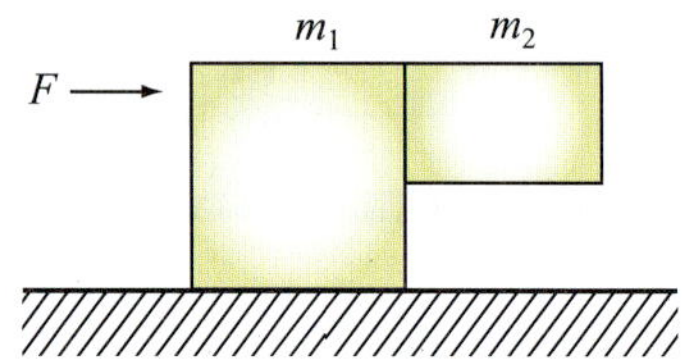


a. $m_2$가 미끄러져 내려오지 않을 때 작용하고 있을 힘 $F$가 360N이라면 두 물체의 운동 가속도는?

b. a에서 질량이 $m_1$인 물체가 질량이 $m_2$인 물체에 수평 방향으로 작용하는 힘의 크기는?

c. 질량이 $m_2$인 물체가 미끄러져 내려오지 않기 위한 최소의 힘은?

**29** 용수철 저울을 천정에 매달고 질량이 각각 5kg과 1kg인 두 물체를 가벼운 줄로 연결하여 그림과 같이 줄을 저울의 고리에 걸쳐 놓았다.

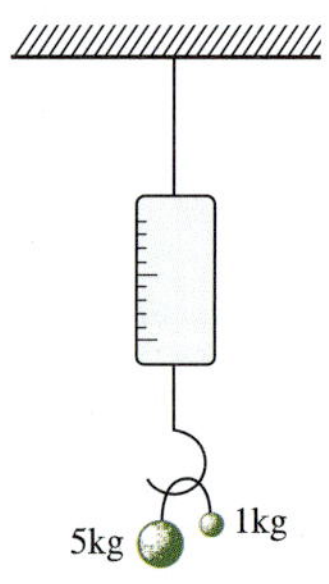


a. 두 물체가 무거운 쪽으로 떨어지고 있을 때 저울에 나타난 무게는 몇 N인가?(단, 중력 가속도는 $10\text{m/s}^2$, 고리와 줄의 마찰은 무시한다.)

b. 같은 실험을 가속 운동을 하는 엘리베이터 안에서 했을 때 용수철 저울이 60N의 무게를 가리켰다. 이 엘리베이터의 운동 상태를 기술하여라.

**30** 길이 $L$인 유연한 쇠사슬이 그림과 같이 마찰이 없는 탁자의 가장자리에서 미끄러져 떨어진다. 탁자의 가장자리에서 쇠사슬의 처음 길이는 $y_o$이다.

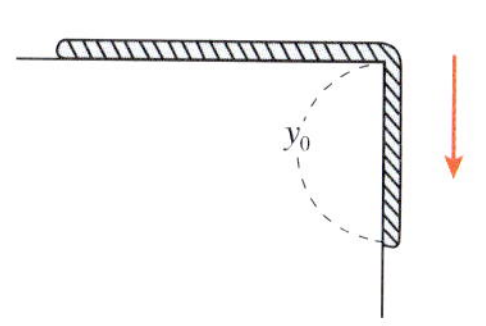


a. 쇠사슬의 가속도를 $y$의 함수로 나타내라.

b. 쇠사슬이 모두 연직선상에 놓일 때 쇠사슬의 순간 속력은 얼마인가?

한걸음더

1. 질량 $m_1 = 10\,\mathrm{kg}$ 인 벽돌이 수평면과 30°의 각을 이루는 빗면에 정지해 있다. 벽돌 1에 연결된 가볍고 유연한 줄이 마찰이 없는 이상적인 도르래를 거쳐 지면 위 $h = 1\,\mathrm{m}$ 위에 자유롭게 매달려 있는 질량 $m_2 = 20\,\mathrm{kg}$ 의 다른 벽돌 2에 연결되어 있다. 빗면과 벽돌1 사이의 운동마찰계수는 0.2이다.

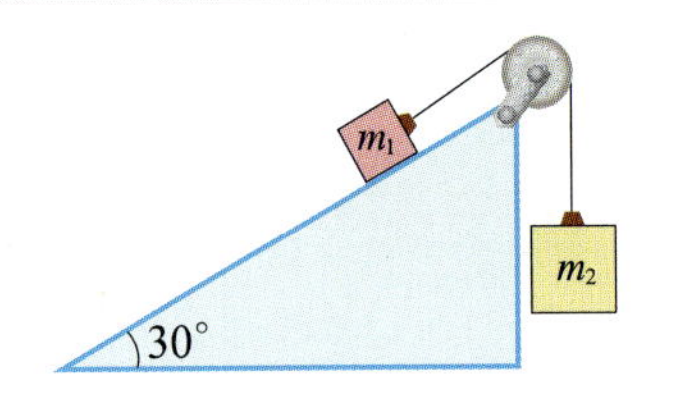


   a. 벽돌의 가속도를 구하시오. (단, 줄은 늘어나지 않으며 질량은 무시한다.)
   b. 만일 벽돌이 처음에 정지해 있었다면 벽돌2가 지면에 닿을 때까지 걸리는 시간은 얼마인가?

2. 질량이 각각 1kg, 2kg, 3kg인 세 물체 A, B, C를 오른쪽 그림과 같이 질량을 무시할 수 있는 도르래를 통하여 가는 실로 매달아 놓았다(단, 중력 가속도는 $9.9\mathrm{m/s^2}$으로 하고, 모든 마찰은 무시한다).

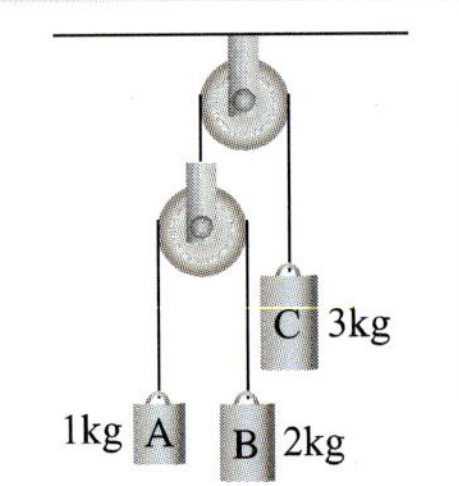


   a. 물체 C의 가속도는 얼마인가?
   b. A와 B를 매단 줄의 장력은 얼마인가?

3. 다음 그림과 같이 질량이 $M$이고 경사각 $\theta$인 매끄러운 빗면위에 질량이 $m$ 인 물체 A가 미끄러지지 않도록 빗면을 수평 방향으로 밀었다(단, 중력 가속도는 $g$ 이다).

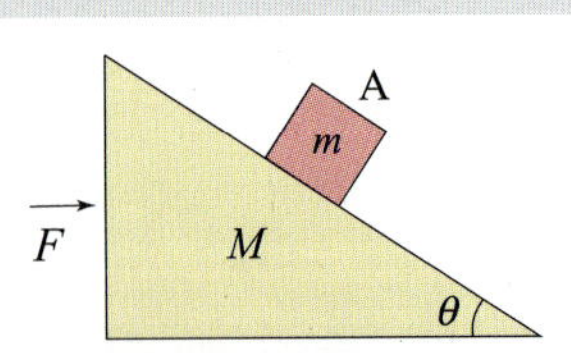


   a. 빗면을 민 힘 $F$를 구하시오.
   b. 물체의 가속도를 구하시오.

Chapter 4

# 운동량

태권도 선수가 겹겹이 쌓은 시멘트 벽돌을 어떻게 격파할 수 있는지, 나무로 된 바닥에 넘어졌을 때보다 시멘트 바닥에 넘어졌을 때 왜 더 큰 상처를 입게 되는지 그 이유를 생각해 본적이 있는가? 이들을 이해하려면 관성의 개념을 상기해 볼 필요가 있다. 관성의 개념을 정지한 물체와 운동하는 물체에 대해 적용시킬 수 있는데, 이 단원에서는 운동하는 물체의 관성 – 운동량 – 에 내해서 알아보도록 하사.

## 4.1 운동량

큰 트럭과 작은 자동차가 같은 속력으로 운동할 때 큰 트럭을 정지시키기가 더 힘들다. 이것은 트럭의 운동량이 자동차의 운동량보다 더 크기 때문이다. 운동량이란 운동하는 물체의 관성이며, 물체의 질량과 속도의 곱으로 나타낸다.

$$\text{운동량} = (\text{질량}) \times (\text{속도})$$

운동량의 식을 기호로 나타내면 다음과 같다.

$$p = mv$$

운동 방향을 고려할 필요가 없을 때는 '운동량=(질량) × (속력)'으로 나타낼 수 있다.

운동량의 정의로부터 운동하는 물체의 질량과 속도 중에서 어느 하나가 크거나 또는 둘다 크다면, 물체는 더 큰 운동량을 가지는 것을 알 수 있다. 예를 들어 트럭과 자동차가 같은 속력으로 달리고 있을 때, 트럭의 질량이 더 크므로 트럭의 운동량은 자동차의 운동량보다 더 크다. 그러나 속력이 빠른 자동차의 운동량은 속력이 느린 트럭의 운동량보다 더 클 수도 있다. 또 정지해 있는 트럭의 경우 운동량은 0이다.

그림 4.1
언덕을 내려오는 트럭의 운동량은 같은 속력으로 내려오는 스케이트 보드보다 훨씬 더 크다. 왜냐하면 트럭의 질량이 스케이트 보드보다 훨씬 더 크기 때문이다. 그러나 트럭은 정지해 있고 스케이트 보드는 운동한다면 스케이트 보드의 운동량이 트럭보다 더 크다. 그 이유는 단지 스케이트 보드의 속력이 0이 아니기 때문이다.

**Example** 그림 4.1에서 트럭과 스케이트 보드가 같은 운동량을 갖게 되는 경우는?

풀이 스케이트 보드의 속력이 엄청나게 빠르다면 스케이트 보드와 트럭의 운동량이 같을 수 있다. 그 속력이 얼마나 되어야 하는가? 트럭의 질량이 스케이트 보드의 질량보다 큰 만큼 스케이트 보드의 속력은 트럭보다 빨라야 한다. 예를 들어 1000kg의 트럭이 후진할 때 트럭의 속력이 0.01m/s라면 1kg의 스케이트 보드의 속력은 10m/s여야만 트럭과 스케이트보드의 운동량이 같다. 이 때의 운동량은 10kg · m/s이다.

## 4.2 충격량은 운동량의 변화량이다.

물체의 운동량이 변하는 경우는 질량과 속도 중 어느 하나가 변하거나 또는 둘 다 변할 때이다. 그러나 보통 운동량이 변하는 대부분의 경우는 질량이 그대로이면서 속도가 변하는 경우이다. 즉, 가속도 운동을 하는 경우인데, 물체가 가속도 운동을 하는 원인은 힘이 작용하기 때문이다. 물체에 작용하는 힘이 클수록 속도가 크게 변하므로, 작용하는 힘이 클수록 물체의 운동량도 크게 변한다.

힘이 작용한 시간 역시 중요하다. 같은 힘이 작용하더라도 작용 시간이 길수록 속도가 크게 변하므로, 운동량 역시 더 크게 변한다. 결국 운동량을 변화시킬 때 작용하는 힘의 크기와 작용 시간 모두 중요하다.

작용한 힘과 힘을 작용한 시간의 곱을 충격량($I$)이라 한다. 간단히 기호로 나타내면 다음과 같다.

$$I = Ft$$

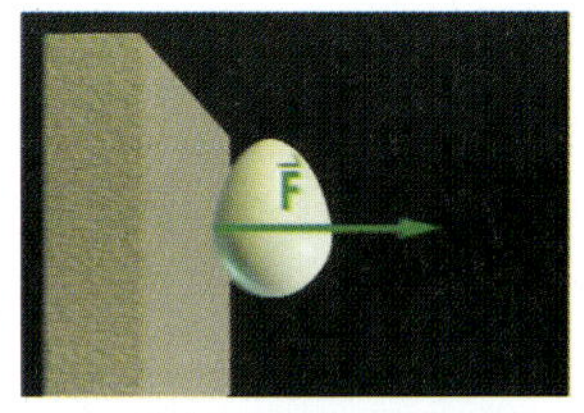


(a) 콘크리트 벽

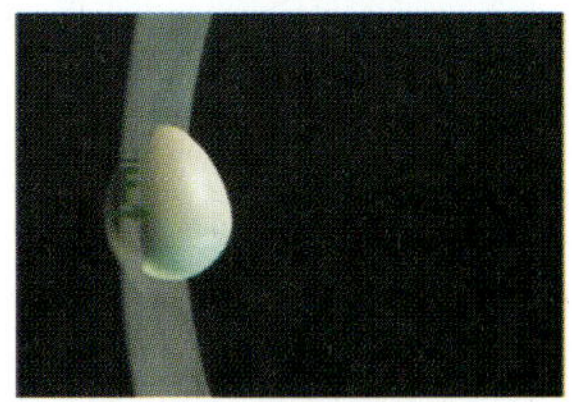

(b) 커튼
같은 크기의 운동량으로 날아오던 달걀이 벽에 의해 충격을 받을 때, 접촉 시간이 짧은 경우(a)와 긴 경우(b)는 각각 충격력의 크기가 다르게 작용하게 된다.

물체에 작용한 충격량이 클수록 운동량은 크게 변하므로, 충격량과 운동량과의 관계는 다음과 같다.

$$\text{충격량} = \text{운동량의 변화량}$$

또는[1)]

1) 이 관계는 뉴턴의 운동 제 2법칙에서 시간이 나타나도록 식을 써서 유도할 수 있다. $F=ma$에서 $a=\dfrac{F}{m}$이고, 가속도의 정의에서 $a=\dfrac{\Delta v}{\Delta t}$이므로 $\dfrac{F}{m}=\dfrac{\Delta v}{\Delta t}$가 된다. 여기에서 $F\Delta t=\Delta(mv)$가 유도되며 $\Delta t$를 간단히 $t$로 나타내면, $Ft=\Delta(mv)$가 된다.

$$Ft = \Delta p = \Delta(mv)$$

충격량과 운동량과의 관계는 운동량이 변하는 여러 경우를 분석하는 데 도움이 된다. 다음과 같이 운동량이 증가하거나 감소하는 경우의 충격량을 생각해 보자.

### [경우 1] 증가하는 운동량

물체의 운동량을 증가시키기 위해서 최대의 힘을 가능한 한 오랫동안 작용해야 한다. 티샷을 하는 골퍼와 홈런을 치려고 하는 야구 선수는 가능한 한 스윙을 힘차게 하면서 폴로 스루를 한다.
물체에 충격을 줄 때 일반적으로 충격력의 크기는 매순간 변한다. 예를 들어 골프 클럽으로 골프공을 칠 때 골프 클럽과 골프공이 접촉하는 순간 골프공이 받는 힘은 순식간에 증가하면서 골프공은 찌그러진다.(그림 4.2). 그런 다음에 공의 속력이 증가하면서 공의 모양은 원래대로 되돌아온다. 이때 골프공이 받는 힘은 감소한다. 따라서 이 단원에서 사용하는 충격력은 충격을 가하는 동안의 평균적인 힘을 의미한다.(충격력과 충격량을 혼동하지 말 것 : 충격력은 힘을 나타내며 단위는 N이고, 충격량은 충격력과 시간의 곱이며 단위는 N·s이다)

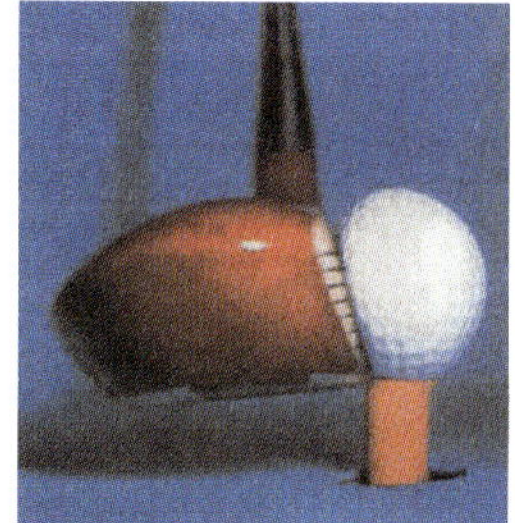

그림 4.2
골프공에 가해지는 충격력은 시간에 따라 변한다.

### [경우 2] 감소하는 운동량

달리던 자동차가 갑자기 고장이 나서 콘크리트 벽과 종이상자 벽 중에서 어느 쪽과 충돌해야 할지를 선택해야 할 때, 일반적인 상식으로 종이상자 벽을 선택하게 된다. 자동차가 콘크리트 벽이나 종이상자 벽에 충돌하는 각각의 경우에, 자동차의 운동량은 똑같은 충격량을 받아 감소한다. 똑같은 충격량이란 같은 힘이나 같은 시간을 의미하는 것이 아니라 힘과 시간의 곱이 같은 것을 의미한다. 벽 대신 종이상자와 충돌하면 충돌 시간 – 자동차의 운동량이 0이 될 때까지 걸린 시간 – 이 길어진다. 긴 충돌 시간은 힘(충격력)을 작게 하여 자동차의 속력은 서서히 감소하게 된다.

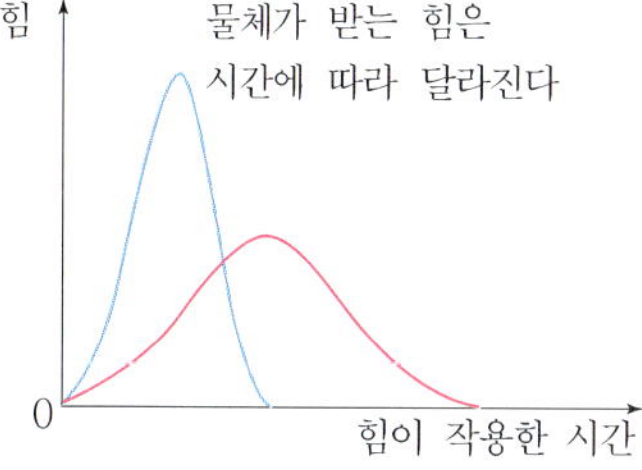


그림 4.3
같은 충격량을 받을 때 힘이 작용한 시간이 길어지면 충격력(힘)은 작아진다. 그래프의 면적은 그 시간 동안 물체에 작용한 충격량이다.

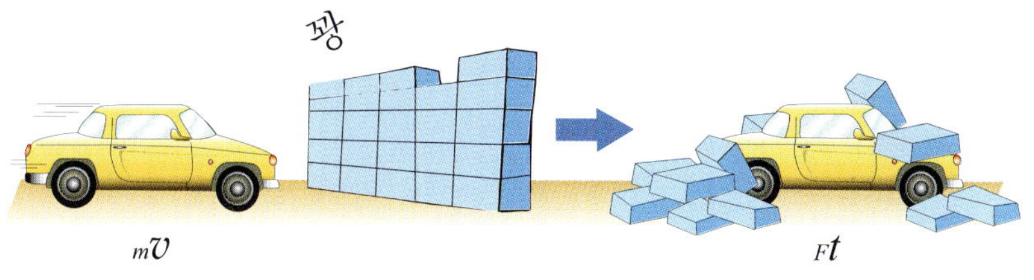


그림 4.4
운동량의 변화가 긴 시간 동안에 일어나면 충격력은 작아진다.

예를 들어 충돌 시간이 100배 길어지면 충격력은 100배 작아진다. 그러므로 충격력을 작게 하려면 충돌 시간을 길게 하면 된다. 자동차 안의 금속으로 된 계기판에 충격 방지용 덮개를 씌우는 것이 더 안전하며 에어백까지 설치하면 생명도 구할 수 있는 것은 충돌 시간을 길게 하여 충격력을 줄일 수 있기 때문이다. 또한 빠른 속력으로 날아오는 공을 맨손으로 잡을 때, 손을 앞으로 쭉 뻗어서 공이 손에 닿는 순간 손을 다시 뒤쪽으로 빼면서 잡으면, 공이 손에 주는 힘을 줄일 수 있다. 다시 말해 충돌 시간을 길게 하면 충격력은 작아진다.

그림 4.5
운동량의 변화가 짧은 시간 동안에 일어나면 충격력은 커진다.

높은 곳에서 뛰어내릴 때 다리를 곧게 펴서 착지하면 어떻게 될까? 보통은 발이 지면에 닿는 순간 다리를 구부린다. 착지하는 순간 다리를 구부리면, 다리를 곧게 펴서 착지할 때보다 운동량을 감소시키는 시간이 10배 내지 20배 정도 길어진다. 따라서 다리의 뼈에 가하는 충격력은 $\frac{1}{10}$배 내지 $\frac{1}{20}$배 정도로 작아진다. 레슬링 선수는 바닥에 넘어질 때 어깨, 옆구리, 엉덩이, 무릎, 발 등을 연속적으로 바닥에 충돌시켜 충격을 분산시키고, 근육을 이완시켜 바닥과의 충돌 시간을 길게 한다. 물론 매트도 충돌 시간을 증가시키므로 딱딱한 바닥보다는 매트에 떨어지는 경우 충격력을 작게 받는다.

유리 접시는 콘크리트 바닥에 떨어졌을 때보다 카펫 위에 떨어졌을 때 잘 깨지지 않는다. 카펫이나 콘크리트 바닥은 떨어지는 접시(또는 떨어져 깨진 접시 조각)에 충격량을 가하여 정지시킨다. 이 때 충격량은 충격력과 충돌 시간이라는 두 물리량의 곱이므로, 충돌 시간이 긴 카펫의 경우 접시가 더 작은 충격력을 받아 깨지지 않는다. 반면에 콘크리트 바닥에서는 충돌 시간이 짧기 때문에 접시가 더 큰 충격력을 받아 깨진다.

그림 4.6
두 경우 모두 상대 선수의 펀치에 의해 턱에 가해지는 충격량은 같다.
(왼쪽) 뒤로 물러서면서 펀치를 맞으면 충격 시간이 길어져서 충격력은 작아지게 된다.
(오른쪽) 상대 선수를 향해 움직이면서 펀치를 맞으면 충격 시간이 짧아져서 충격력은 커지게 된다.

스포츠와 물리학

**번지점프**

충격량과 운동량과의 관계는 번지 점프에서도 알 수 있다. 고무줄이 점퍼의 운동량과 같은 크기의 충격량을 가하여 점퍼의 낙하를 정지시킬 때, 고무줄이 늘어나는 것은 어떤 영향을 줄까?
여기서 $F\Delta t = \Delta(mv)$의 식이 어떻게 적용되는지 알아보자. 변화시키고자 하는 운동량 $mv$는 고무줄이 늘어나기 시작하기 전까지 점퍼가 얻은 것이다. $Ft$는 그 운동량을 0으로 감소시키기 위해 고무줄이 작용해야 할 충격량이다. 고무줄이 오랜 시간 동안 늘어나므로 $t$ 가 커져 점퍼에게 평균적으로 작은 힘을 작용하게 된다.
고무줄은 일반적으로 점퍼가 낙하하는 동안 원래 길이의 2배정도 늘어난다.

표면의 반발을 느낄 수 없을 때도 충돌 시간의 차이는 아주 중요하다. 예를 들어 나무로 된 바닥과 콘크리트로 된 바닥은 둘다 딱딱해 보일지 모르지만 나무 바닥은 콘크리트 바닥보다 반발 계수가 크다. 따라서 이 두 바닥과 충돌하는 물체가 받는 힘의 크기는 상당한 차이가 있다.

**Example 1** 접시가 딱딱한 바닥에 떨어질 때보다 같은 높이에서 카펫 위에 떨어질 때 더 작은 충격량을 받는가?

풀이 아니다. 두 경우 모두 운동량의 변화량이 같으므로 충격량도 같다. 카펫의 경우 운동량이 변하는 시간이 길기 때문에 작은 충격력을 가하게 된다.

**Example 2** 그림 4.6의 권투 선수가 상대방의 펀치를 맞는 순간 충돌 시간을 5배 길게 할 수 있다면 충격력은 얼마나 작아지겠는가?

풀이 충돌 시간이 5배 증가했으므로 충격력은 $\frac{1}{5}$로 감소한다.

그림 4.7
태권도 선수가 가하는 일격은 짧은 시간 동안 이루어지는가, 긴 시간 동안 이루어지는가? 손이 충격으로 되튄다면 운동량의 변화량은 더 커지는가? 충격량은 더 커지는가?

가끔 선반에 있던 화분이 머리에 떨어져 상처를 입게 되는 일이 있다. 그런데 화분이 머리에 부딪쳐 되튀면 더 큰 부상을 입게 된다. 왜 그럴까? 그 이유는 물체가 되튈 때 충격량이 더 크기 때문이다. 운동하던 물체를 정지시킨 후 다시 던지는 데 필요한 충격량은 단지 물체를 정지시키는데 필요한 충격량보다 더 크다. 예를 들어 떨어지는 화분을 손으로 받는다고 하자. 화분을 정지시키려면 화분에 충격량을 주어야 한다. 만일 화분을 정지시킨 후 다시 위로 던지려면 더 큰 충격량을 주어야 한다. 단지 화분을 잡는 것보다는 화분을 잡은 후 다시 위로 던지는 데 더 큰 충격량을 필요로 한다. 마찬가지로 화분이 머리에 부딪쳐 되튄다면 머리는 그만큼 더 큰 충격량을 받게 된다.

## 4.3 운동량 보존

뉴턴의 운동 제 2법칙으로부터 물체를 가속시키려면 물체에 알짜힘을 작용해야 한다는 사실을 알 수 있다. 즉 물체의 운동량을 변화시키려면 물체에 충격량을 작용해야 한다.

그림 4.8과 같이 총에서 총알이 발사되는 경우를 생각해 보자. 총열 내부에서 총알에 작용하는 힘은 총이 반동하게 되는 힘과 크기가 같고 방향이 반대이다. 작용 반작용에 대한 뉴턴의 운동 제 3법칙을 상기해 보자. 이 힘들은 총과 총알이 이루는 계의 내부 힘이다. 내부 힘들은

그림 4.8
총알이 발사되기 전의 운동량은 0이다. 발사된 후에도 총의 운동량과 총알의 운동량은 크기가 같고 방향이 반대이므로 여전히 알짜 운동량은 0이다.

총과 총알이 이루는 계의 운동량을 변화시키지 않는다. 총알이 발사되기 전에 이 계는 운동량이 0인 정지 상태로 있었으므로 총알이 발사된 후에도 알짜 운동량 또는 총운동량은 0인 상태로 있게 된다. 즉 총운동량은 변하지 않는다. 운동량을 변화시키려면 외부의 힘이 작용해야 한다. 외력이 작용하지 않는다면 운동량은 변하지 않는다.

속도나 힘처럼 운동량 역시 크기와 방향을 갖고 있으므로 벡터량이다. 속도나 힘처럼 운동량도 상쇄될 수 있다. 따라서 앞의 예에서 총알이 발사될 때 총알은 운동량을 얻고, 반동으로 되튀는 총도 이와 방향이 반대인 운동량을 얻지만 총과 총알이 이루는 계가 얻은 운동량은 없다. 그 이유는 총과 총알의 운동량은 크기가 같고 방향이 반대이기 때문이다. 따라서 계 전체를 볼 때 이들 두 운동량은 서로 상쇄된다. 총알이 발사되기 전이나 발사되는 동안 계에 작용하는 외력은 없으므로, 계에 가하는 충격량도 없으며 계의 운동량의 변화는 일어나지 않는다.

질량이 $M$인 총이 $m$인 총알에 가하는 힘을 $F$라고 하자. 뉴턴의 운동 제 3법칙에 의하면 총알도 총에 똑같은 크기의 힘을 반대 방향으로 작용한다. 이 때 총과 총알에 힘을 작용하는 시간도 같으므로, 총과 총알이 받은 충격량의 크기도 같다. 따라서 총과 총알의 운동량의 변화량의 크기도 같다. 그러나 작용하는 힘의 방향이 반대이므로 부호는 반대이다. 즉

$$M\Delta v_{총} = -m\Delta v_{총알}$$

$$M\Delta v_{총} + m\Delta v_{총알} = 0$$

이다. 총과 총알의 상호 작용 결과 총운동량의 변화량이 0이라는 것은, 어떤 경우에도 계에 작용하는 외력이 없다면 계의 운동량은 변하지 않는다는 것을 뜻한다. 즉 물체 내부에서 상호 작용이 일어나면 상호 작용이 일어나기 전이나 일어난 후의 물체의 운동량은 같다. 이처럼 물리

적 과정이 있더라도 어떤 양이 변하지 않을 때 그 양이 보존된다고 말한다. 외력이 작용하지 않을 때 운동량이 보존되는 것을 바로 역학의 중요한 법칙 중의 하나인 운동량 보존 법칙이라고 한다.

〉〉 외력이 작용하지 않으면 계의 운동량은 변하지 않는다.

계 안에서 방사성 원소의 자연 붕괴, 자동차들의 충돌, 별들의 폭발 등과 같은 상호작용이 일어나더라도 작용하는 힘들이 모두 내부 힘이면, 상호 작용 전이나 후의 계의 운동량은 같다.

---

**Example 1** 그림과 같이 홍이는 중력장에서 아래쪽으로 $a$로 가속운동하는 엘리베이터 내부에 에어트랙을 설치하여 충돌 실험을 하고 있다.

탁이는 엘리베이터 밖에서 엘리베이터 내부에서 일어나는 일을 모니터로 보고 있다. 운동량 보존 법칙에 대한 홍이와 탁이의 해석을 각각 들어보자.

풀이
- 홍이의 입장 : 에어트랙 위의 물체에 작용하는 외력이 없으므로 운동량은 보존된다.
- 탁이의 입장 : 수평방향으로는 외력이 작용하지 않으므로 수평방향의 운동량은 보존되지만 수직방향으로는 외력이 작용하므로 수직방향의 운동량은 증가한다.

**Example 2** 뉴턴의 운동 제 2법칙에 의하면 물체에 외력이 작용하지 않으면 물체는 가속되지 않는다. 그러면 운동량도 변하지 않는가?

풀이 그렇다. 가속되지 않는다는 것은 속도나 운동량의 변화가 일어나지 않는다는 것을 의미한다. 알짜힘이 없다면 알짜 충격량과 운동량의 변화도 없다.

**Example 3** 뉴턴의 운동 제 3법칙에 의하면 총에서 총알이 발사될 때 총이 총알에 작용하는 힘은 총알이 총에 작용하는 힘과 크기가 같고 방향이 반대이다. 그러면 충격량도 크기가 같고 방향이 반대인가?

풀이 그렇다. 총이 총알에 힘을 작용하는 시간과 총알이 총에 반작용하는 시간도 같으며 작용하는 힘의 크기가 같고 방향이 반대이므로, 힘과 시간의 곱인 충격량 역시 크기가 같고 방향이 반대이다. 충격량은 벡터량이므로 상쇄될 수 있다.

---

**더 알아보기** **운동량 보존 법칙**

질량이 $m_1$, 속도가 $\vec{v_1}$인 물체 A와 질량 $m_2$, 속도가 $\vec{v_2}$인 물체 B가 충돌하여 짧은 시간 후에 A는 $\vec{v_1}'$ B는 $\vec{v_2}'$로 되었다고 하자. 이때 접촉하였다가 떨어질 때까지의 시간을 $\Delta t$, 이 동안 A가 B에 가하는 평균 힘을 $\vec{F}$라고 하면 작용, 반작용 법칙에 의해 B가 A에 가하는 힘은 $-\vec{F}$가 된다.

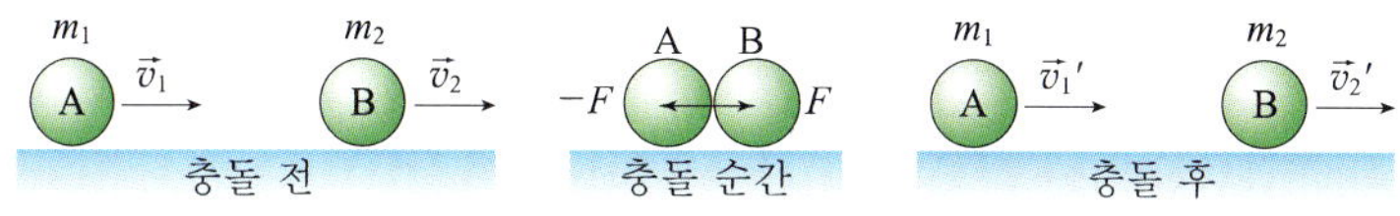


물체 B가 받은 충격량을 $\vec{F}\cdot\Delta t$ 라 하면 물체 A가 받은 충격량은 $-\vec{F}\cdot\Delta t$ 가 되고 다음의 식으로 나타낼 수 있다.

$$\text{A} : m\vec{v_1}' - m\vec{v_1} = -\vec{F}\cdot\Delta t$$

$$\text{B} : m\vec{v_2}' - m\vec{v_2} = \vec{F}\cdot\Delta t$$

두 식을 좌변은 좌변끼리 우변은 우변끼리 더해서 정리하면 다음과 같다.

$$m\vec{v_1} + m\vec{v_2} = m\vec{v_1}' + m\vec{v_2}'$$

위 식은 충돌 전 두 물체의 운동량의 합과 충돌 후 두 물체의 운동량의 합이 같다는 것을 보여준다.

**스케이트보드와 운동량**

스케이트 보드 위에 가만히 서 있는 상태에서 물체를 앞으로 또는 뒤로 던져 보자. 그러면 몸이 반대 방향으로 움직이게 된다(반동). 반동 현상이 일어나는 것은 물체를 던지기 전에 운동량이 0이었으므로 던진 후에도 운동량이 0이 되어야 하기 때문이다. 몸이 반동할 때 몸의 운동량은 던진 공의 운동량과 크기가 같고 방향이 반대이다. 이것으로부터 운동량이 보존된다는 사실을 관찰할 수 있다. 이번에는 같은 물체를 던지는 동작만 취해 보자. 몸이 반대 방향으로 반동하는가? 설명해 보자.

## 4.4 충돌

물체들의 충돌은 운동량의 보존을 명확하게 알 수 있는 현상이다. 물체들이 충돌할 때, 외력이 없다면 충돌 전의 총운동량은 충돌 후의 총운동량과 같다.

충돌 전의 총운동량(알짜 운동량)=충돌 후의 총운동량(알짜 운동량)

## (완전) 탄성 충돌

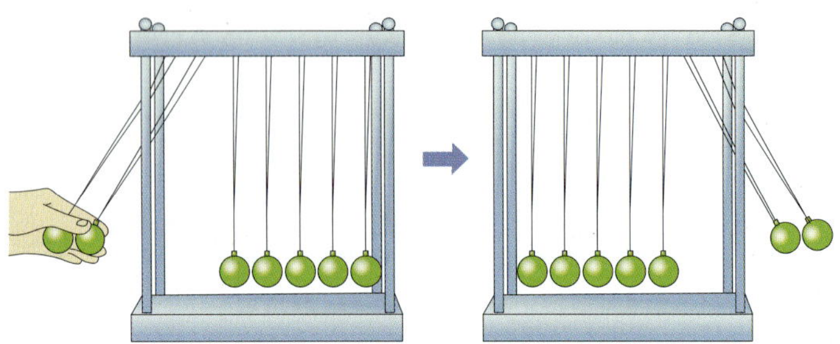

그림 4.9
완전 탄성 충돌하는 쇠구슬 2개를 들어올린 후 놓으면 반대편의 쇠구슬 2개가 튀어나간다

운동하던 당구공(입사구)이 정지해 있는 당구공(표적구)과 정면 충돌하면, 운동하던 공은 정지하고, 정지해 있던 공은 운동하던 공과 같은 속도로 운동하게 된다. 이와 같은 충돌을 완전 탄성 충돌이라 한다. 완전 탄성 충돌에서는 충돌할 때 물체들의 형태가 전혀 변하지 않고 열도 발생하지 않는다. 그러므로 충돌 전후의 운동에너지도 보존된다.

그림 4.10과 같이 같은 질량의 두 물체가 완전 탄성 충돌하면 두 물체의 운동량은 완전히 뒤바뀐다. 따라서 충돌 전과 충돌 후에 운동량 벡터들의 총합은 항상 같고, 역학적 에너지도 보존된다.

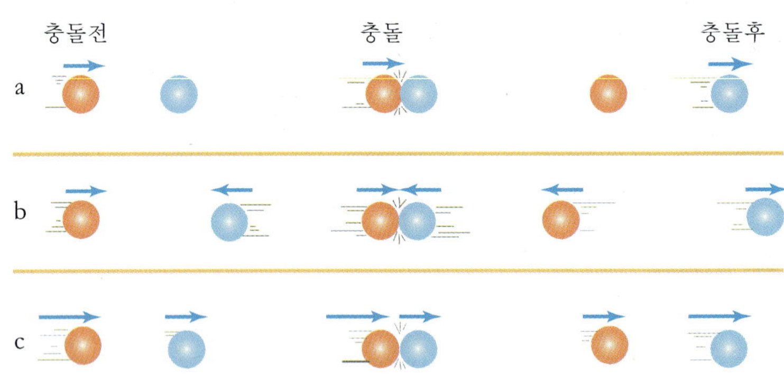


그림 4.10
완전 탄성 충돌.
(a) 운동하던 공과 정지해 있는 공의 충돌
(b) 서로 반대방향으로 운동하던 두 공의 충돌
(c) 같은 방향으로 운동하던 두 공의 충돌. 모든 경우에 운동량은 손실이나 이득이 없이 단순히 전달된다.

## 비탄성 충돌

대부분의 충돌은 모두 이 경우에 속한다. 비탄성 충돌 과정에서는 열과 소리가 발생하기 때문에 그만큼 운동에너지가 감소한다.[2] 그러나 이 경우에도 운동량은 보존된다.

## 완전 비탄성 충돌

물체들이 충돌 후에 한 덩어리가 되어 운동할 때의 충돌을 완전 비탄성 충돌이라 한다. 완전 비탄성 충돌에서는 충돌하는 물체들의 형태가 변하거나 충돌하는 동안 열이 발생하므로 운동에너지가 최대로 감소한다. 그러나 운동량은 역시 보존된다. 그림 4.11과 같은 화물차의 충돌은 완전 비탄성 충돌의 한 예이다. 두 화물차의 질량은 둘 다 $m$이고, 4m/s으로 운동하던 화물차가 정지해 있는 화물차와 충돌한다. 충돌 후 한 덩어리가 되었을 때 두 화물차의 속도를 구해보자. 운동량 보존으로부터

$$(\text{총운동량})_{\text{충돌 전}} = (\text{총운동량})_{\text{충돌 후}}$$

또는 수식으로

$$(\text{총 } mv)_{\text{충돌 전}} = (\text{총 } mv)_{\text{충돌 후}}$$

$$(m)(4\text{m/s}) + (m)(0\text{m/s}) = (2m)v_{\text{충돌 후}}$$

가 된다.

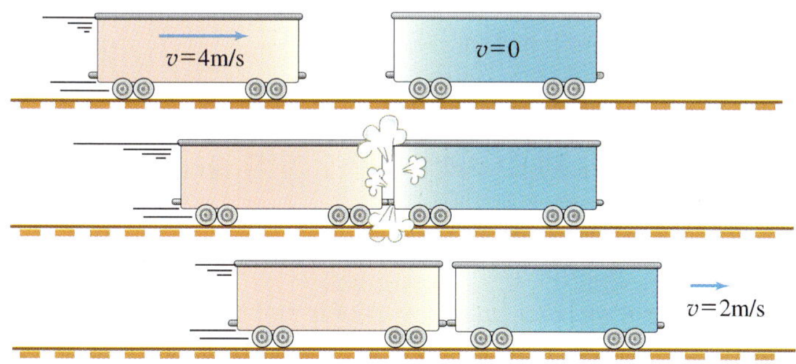


그림 4.11
완전 비탄성 충돌. 오른쪽에 있는 화물차가 왼쪽에 있는 화물차의 운동량을 공유한다.

---

2) 운동량은 모든 경우에서 보존되지만, 운동에너지는 완전 탄성 충돌에서만 보존된다.

충돌 후 질량이 2배가 되었으므로 $v_{충돌후}$는 4m/s의 절반이 된다는 것을 알 수 있다. 즉 충돌 후 속도는 충돌 전 속도와 같은 방향으로 2m/s이다. 따라서 처음의 운동량은 얻거나 잃은 것이 없이 두 화물차에 분배되므로 운동량은 보존된다.

그림 4.12
에어트랙을 이용하면 운동량이 보존되는 것을 명확히 볼 수 있다. 트랙 위의 무수히 많은 작은 구멍을 통해 공기가 분사되어 글라이더는 마찰이 거의 없는 상태로 미끄러지게 된다.

---

**Example 1** 그림 4.12의 무마찰 실험 장치(에어트랙) 위에 있는 글라이더에 관한 문제이다.

1) 질량이 같은 두 글라이더가 같은 속력으로 서로 반대 방향으로 운동하다가 탄성 충돌을 한다고 가정하자. 충돌 후 두 글라이더는 어떤 운동을 하는가?

풀이 탄성 충돌이므로 충돌 후 두 글라이더는 처음 속력과 같은 속력으로 서로 반대 방향으로 운동하면서 멀어진다.

2) 질량은 같은 두 글라이더가 같은 속력으로 서로 반대 방향으로 운동하다가, 충돌 후 한 덩어리가 된다고 가정하자. 충돌 후 두 글라이더는 어떤 운동을 하는가?

풀이 충돌 전에 두 글라이더의 속력이 같고 방향이 반대이므로, 운동량 역시 크기가 같고 방향이 반대이다. 따라서 충돌 전의 계의 총 운동량은 0이다. 운동량은 보존되므로 충돌 후 한 덩어리가 된 두 글라이더의 운동량도 0이 되어야 한다. 따라서 두 글라이더는 충돌 후 멈추게 된다.

3) 운동하고 있는 글라이더에 비해 질량이 3배 큰 정지 상태의 글라이더가 있다. 충돌 후 두 글라이더가 한 덩어리가 된다고 가정하자. 충돌 후 두 글러이더는 어떤 운동을 하는가?

풀이 충돌 전의 총운동량은 운동하고 있는 글라이더의 운동량과 같다. 충돌 후 총운동량 역시 충돌 전 총운동량과 같지만 두 글라이더는 한 덩어리가 되어 운동한다. 한 덩어리가 된 두 글라이더들의 질량은 운동하던 글라이더의 4배이다. 따라서 충돌 후 두 글라이더들의 속도는 충돌 전에 운동하던 글라이더의 속도의 $\frac{1}{4}$배이다. 운동량은 크기뿐만 아니라 방향도 보존되므로 충돌 후 두 글라이더들의 속도의 방향은 충돌 전 속도의 방향과 같다.

**Example 2** 일반적으로 충돌이 일어날 때 대부분 외력이 작용한다. 예를 들어 당구공들이 운동하면서 테이블 위의 마찰과 공기 저항에 의해 방해를 받는다면 당구공들이 원래 갖고 있던 운동량은 어떻게 될까? 또 한 덩어리가 된 두 화물차가 도로 위에서 미끄러질 때 마찰을 받는다면 어떻게 될까?

풀이 당구공들은 처음의 운동량을 가지고 무한히 계속해서 운동하지 못한다. 두 화물차들이 충돌할 때 도로면과의 마찰은 두 화물차의 운동량을 감소시키는 충력량을 준다.

## 문제풀이와 물리개념익히기

6kg의 큰 물고기가 정지해 있는 2kg의 작은 물고기를 향해 다가가는 경우를 생각해 보자. 큰 물고기가 1m/s의 속도로 다가가서 작은 물고기를 삼켰다면 이 때 큰 물고기의 속도는 얼마인가?
작은 물고기를 삼키기 바로 전부터 삼킨 직후까지 운동량은 보존된다(작은 물고기를 삼키는 시간은 아주 짧기 때문에 물의 저항이 큰 물고기의 운동량을 변화시키지 않는다). 따라서 다음과 같이 쓸 수 있다.

$$(\text{총운동량})_{\text{삼키기 전}} = (\text{총 운동량})_{\text{삼킨 후}}$$

$$(\text{총}mv)_{\text{전}} = (\text{총}mv)_{\text{후}}$$

$$(6\text{kg})(1\text{m/s})+(2\text{kg})(0\text{m/s}) = (6\text{kg}+2\text{kg})(v_{\text{후}})$$

$$6\text{kg}\cdot\text{m/s} = (8\text{kg})(v_{\text{후}})$$

$$v_{\text{후}} = \frac{6\text{kg}\cdot\text{m/s}}{8\text{kg}}$$

$$v_{\text{후}} = \frac{3}{4}\text{m/s}$$

작은 물고기의 속도는 0이므로 삼키기 전의 운동량은 0이다. 위와 같이 간단한 수식을 사용하여 계산하면 작은 물고기를 삼킨 큰 물고기의 질량은 8kg이며 속력은 $\frac{3}{4}$m/s이고 방향은 삼키기 전의 큰 물고기의 운동 방향이다.
작은 물고기가 정지해 있는 것이 아니라 큰 물고기를 향해서 2m/s의 속력으로 다가서고 있다고 가정하자. 작은 물고기와 큰 물고기는 서로 반대 방향으로 운동하고 있으므로, 큰 물고기가 운동하는 방향을 양의 방향으로 하면, 작은 물고기의 속도는 −2m/s이다.

$$(\text{총}mv)_{\text{전}} = (\text{총}mv)_{\text{후}}$$

$$(6\text{kg})(1\text{m/s})+(2\text{kg})(-2\text{m/s}) = (6\text{kg}+2\text{kg})(v_{\text{후}})$$

$$6\text{kg}\cdot\text{m/s} + (-4\text{kg}\cdot\text{m/s}) = (8\text{kg})(v_{\text{후}})$$

$$v_{후} = \frac{2\text{kg} \cdot \text{m/s}}{8\text{kg}}$$

$$v_{후} = \frac{1}{4}\text{m/s}$$

작은 물고기가 갖는 음의 운동량은 큰 물고기의 속력을 느리게 한다. 작은 물고기가 −3m/s의 속도로 운동한다면 두 물고기의 운동량은 서로 크기가 같고 방향이 반대이다. 작은 물고기를 삼키기 전의 총운동량은 0이며, 삼킨 후의 총 운동량도 0이다. 따라서 두 물고기는 멈추게 될 것이다. 더욱 흥미로운 것은 작은 물고기의 속도가 − 4m/s라면

$$(총mv)_{전} = (총mv)_{후}$$

$$(6\text{kg})(1\text{m/s}) + (2\text{kg})(-4\text{m/s}) = (6\text{kg}+2\text{kg})(v_{후})$$

$$6\text{kg} \cdot \text{m/s} + (-8\text{kg} \cdot \text{m/s}) = (8\text{kg})(v_{후})$$

$$v_{후} = \frac{-2\text{kg} \cdot \text{m/s}}{8\text{kg}}$$

$$v_{후} = -\frac{1}{4}\text{m/s}$$

음의 부호는 작은 물고기를 삼킨 큰 물고기의 운동 방향이 삼키기 전의 운동방향과 반대임을 나타낸다.

---

## 더 알아보기 반발 계수

충돌에 의해 역학적에너지가 얼마나 남아있는지를 나타내는 지표를 반발 계수라고 한다. 반발 계수는 충돌 후 두 물체의 상대 속도의 크기(멀어지는 속도)를 충돌 전 상대 속도의 크기(접근하는 속도)로 나눈 것이다. 따라서 충돌 전 속도가 각각 $v_1, v_2$이던 것이 충돌 후 $v_1', v_2'$ 으로 되었다면, 두 물체의 반발 계수 $e$는 다음과 같다.

$$e = \frac{\text{충돌 후 서로 멀어지는 속도}}{\text{충돌 전 서로 접근하는 속도}} = \left|\frac{v_1' - v_2'}{v_1 - v_2}\right| = -\frac{v_1' - v_2'}{v_1 - v_2}$$

반발 계수 $e$는 두 물체의 처음 상대 속도나 질량에 관계없고 물체를 구성하는 물질의 종류에 따라 달라지는데, 이 값의 범위는 $0 \le e \le 1$이다.

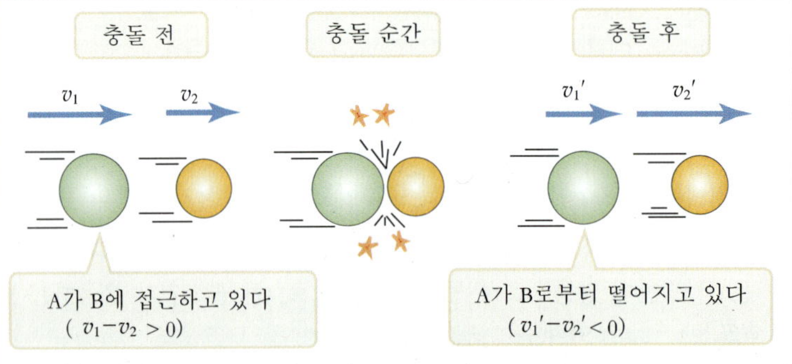


완전 탄성 충돌의 경우 반발계수 $e = 1$이다. 비탄성 충돌의 경우 반발 계수는 $0 < e < 1$ 의 값을 갖는다. 즉 두 물체가 충돌하기 전에 서로 접근하는 속도 $v_1 - v_2$보다 $v_1' - v_2'$의 크기가 더 작다. 또 완전 비탄성 충돌의 경우, 충돌 후 두 물체의 상대 속도가 0이므로, 반발 계수 $e = 0$이다.

## 4.5 운동량 벡터

물체들이 직선상에서 충돌하지 않고 평면상에서 충돌할 때에도 운동량은 보존된다. 임의의 방향을 가진 운동량을 분석할 때는 앞에서 배웠던 벡터적 방법을 사용한다. 다음의 두 가지 예를 통해서 방향까지 고려한 운동량 보존에 대해 알아보기로 하자.

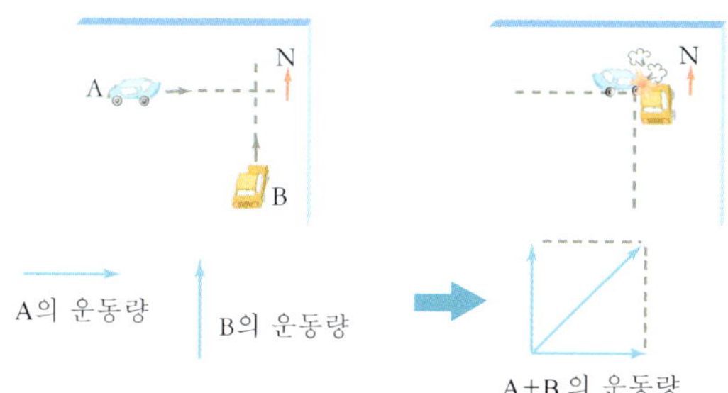


그림 4.13
운동량은 벡터량이다. 충돌 후 두 자동차의 운동량은 충돌 전 두 자동차의 운동량의 벡터적 합과 같다.

그림 4.13에서 자동차 A의 운동량은 동쪽을 향하고 있고 자동차 B의 운동량은 북쪽을 향하고 있다. 두 자동차의 운동량의 크기가 같다면 충돌 후 한 덩어리가 된 두 자동차의 운동량은 충돌 전 자동차의 운동량의 $\sqrt{2}$ 배가 되며 방향은 북동쪽이다(정사각형의 대각선의 길이가 한 변의 길이의 $\sqrt{2}$ 배인 것처럼). 그림 4.14는 폭죽이 낙하하다가 폭발하여 두 조각으로 나뉘어지는 것을 보여 준다. 두 조각의 운동량을 벡터적으로 합성하면 낙하하던 폭죽의 운동량과 같다.

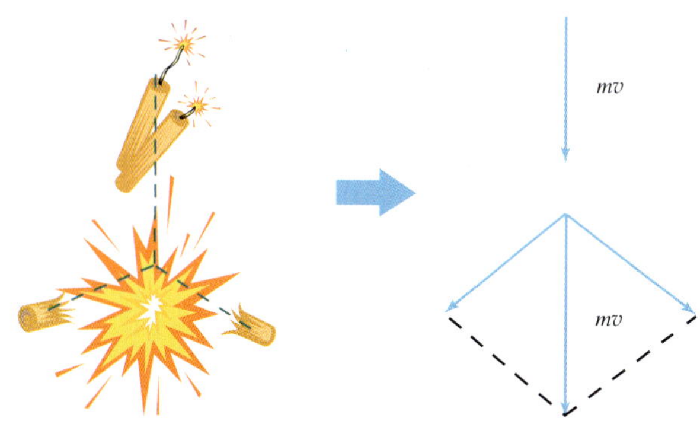


그림 4.14
폭죽이 폭발할 때 파편들의 운동량의 벡터적 합은 폭죽이 폭발하기 전의 운동량과 같다

**더 알아보기** **2차원 충돌**

2차원 충돌에 대해서 자세히 알아보자. 평면 상에서 두 물체가 충돌하는 경우 운동량 보존 법칙은 각 성분의 운동량이 일정함을 뜻한다. 즉 질량이 $m_1$, 속도가 $\vec{v_1}$인 물체와 질량이 $m_2$, 속도가 $\vec{v_2}$인 두 물체가 평면 상에서 충돌한 후 속도가 각각 $\vec{v_1}'$ $\vec{v_2}'$이 되었다면, 두 성분으로 분해된 운동량 보존의 식을 얻을 수 있다.

$$m_1v_{1x} + m_2v_{2x} = m_1v_{1x}' + m_2v_{2x}'$$

$$m_1v_{1y} + m_2v_{2y} = m_1v_{1y}' + m_2v_{2y}'$$

그림에서와 같이 질량 $m_1$의 입자가 정지해 있던 질량 $m_2$의 입자와 충돌하는 경우를 생각해 보자. 충돌 후 $m_1$은 수평선에 대하여 각도 $\theta$로 운동하고, $m_2$는 수평선에 대하여 각도 $\phi$로 운동한다.

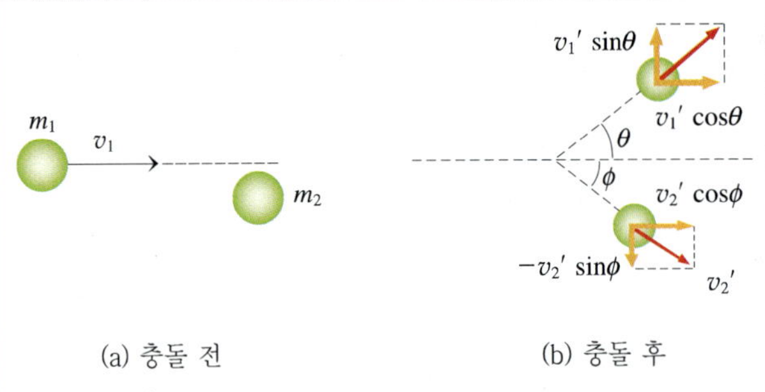

(a) 충돌 전 (b) 충돌 후

운동량의 총 $y$성분이 0임을 감안하면 다음과 같이 식을 세울 수 있다.

$$m_1v_1 + 0 = m_1v_1'\cos\theta + m_2v_2'\cos\phi$$

$$0 + 0 = m_1v_1'\sin\theta - m_2v_2'\sin\phi$$

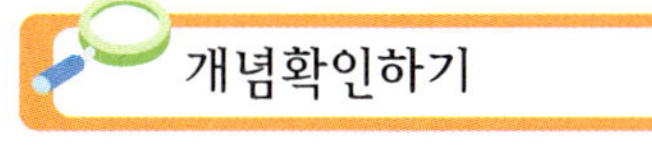

## 개념확인하기

1 질량과 운동량을 구별하여 설명해 보자. 어느 것이 물체의 관성인가? 어느 것이 운동하는 물체의 관성인가?

2 a. 정지해 있는 무거운 트럭과 굴러가는 스케이트 보드 중에서 어느 쪽의 질량이 더 큰가?
b. 어느 쪽의 운동량이 더 큰가?

3 충격력과 충격량을 구별해서 설명해 보자. 어느 것이 힘을 나타내는가? 어느 것이 힘과 시간의 곱인가?

4 물체에 힘을 작용하는 시간이 길어지면 충격량은 증가하는가, 감소하는가?

5 충격량은 운동량과 같은가, 아니면 운동량의 변화량과 같은가?

6 일정한 힘을 작용할 때 힘을 작용한 시간이 2배 길어졌다고 가정하자.
a. 충격량은 몇 배 증가하는가?
b. 운동량의 변화량은 몇 배 커지는가?

7 자동차가 충돌할 때 충돌이 일어나는 시간을 길게 하면 운전자나 자동차 안의 승객에게 어떤 점이 이로운가?

8 스케이트보드 위에 서 있을 때
a. 공을 던지면 충격량을 경험할 수 있는가?
b. 날아오는 공을 잡을 때 충격량을 경험할 수 있는가?
c. 날아오는 공을 잡았다가 다시 던질 때 충격량을 경험할 수 있는가?
d. 위에서 충격량이 가장 큰 경우는?

9 물체가 충돌하면서 되튀는 경우, 되튀지 않을 때보다 더 큰 충격량이 전달되는 이유는?

10 운동량 보존의 관점에서 볼 때 총알이 발사될 때 총이 반동으로 되튀는 이유는?

11 탄성 충돌과 비탄성 충돌을 구별해서 설명하라.

12 지구 궤도를 돌고 있는 우주왕복선 가까이에서 여러분이 둥둥 떠다닌다고 상상하라. 여러분과 질량이 같은 한 친구가 우주 왕복선에 대해 4km/h의 속력으로 여러분과 충돌한다. 충돌하면서 여러분을 붙잡을 때 충돌 후 우주왕복선에 대한 두 사람의 속력은 얼마인가?

13 물체들이 비스듬히 충돌할 때도 운동량은 보존되는가?

14 충격량과 운동량의 관점에서 볼 때 에어백이 유용한 이유는?

15 같은 총으로 실탄을 쏠 때와 공포탄을 쏠 때 어느 경우에 총이 더 많이 반동하는가?

16 장난을 좋아하는 낙하산 동아리가 있다. 그들은 공을 가득 채운 배낭을 메고 자유낙하하면서 원을 형성하고 있다. 그들 모두가 동시에 맞은 편 사람에게 공을 던진다면 어떤 일이 벌어지겠는가?

17 가속기를 빠져나온 고속의 양성자가 전자와 충돌한다. 이 때 전자는 양성자가 운동하는 방향과 같은 방향으로 양성자보다 더 빠른 속력으로 튀어나온다. 여러분은 양성자에 대한 전자의 상대적 질량에 대해 어떤 결론을 내릴 수 있는가?

## 수식으로 계산해 보기

1 a. 8kg의 볼링공이 2m/s의 속력으로 구르고 있다. 볼링공의 운동량은 얼마인가?
b. 이 볼링공이 베개와 충돌하여 0.5초만에 정지했다. 볼링공이 베개에 작용한 평균적인 힘은 얼마인가?
c. 베개가 볼링공에 작용한 평균적인 힘은 얼마인가?

2 a. 얼음판 위에서 4m/s로 운동하고 있는 50kg의 상자가 있다. 이 상자의 운동량은 얼마인가?
b. 이 상자가 매끄럽지 못한 면 위로 미끄러지다가 3초만에 정지했다. 상자와 면 사이의 마찰력은 얼마인가?

3 a. 상자에 10N의 힘을 2.5초 동안 가했다면 상자가 받은 충격량은 얼마인가?
b. 상자의 운동량의 변화량은 얼마인가?
c. 상자의 질량이 2kg이고 처음에 정지해 있었다면 상자의 나중 속력은 얼마인가?

4 정지해 있는 2kg의 퍼티(접합제의 일종)에 3m/s로 운동하던 2kg의 퍼티가 달라붙어 한 덩어리가 되었다.
a. 한덩어리가 된 순간의 퍼티의 속력은 몇 m/s인가?
b. 정지해 있는 퍼티가 4kg일 때 한 덩어리가 된 퍼티의 속력은 몇 m/s인가?

5 볼링공이 굴러가다가 베개와 충돌한 후 멈춘다고 하자. 또 볼링공이 용수철에 충돌하여 원래의 운동량과 크기가 같고 방향이 반대인 운동량을 갖고 다시 튀어나온다고 하자.
a. 베개와 용수철 중에서 볼링공이 더 큰 충격량을 받는 것은?
b. 볼링공이 베개와 충돌하여 멈추는 데 걸린 시간과 용수철과 접촉해 있는 시간이 같다면 볼링공에 작용한 평균적인 힘의 크기는 어떠한가?

6 여러분이 나무 위에서 떨어진다면 여러분은 지면에 도달할 때까지 계속 운동량을 얻게 된다. 이것은 운동량 보존 법칙에 위배되는가? 그 이유를 설명하라.

7 파리가 고속으로 달리는 버스의 창문에 부딪친다. 다음 설명들이 옳은 것인지 잘못된 것인지를 판단하라.
a. 파리와 버스 각각에 작용하는 충력력은 같다.
b. 파리와 버스 각각에 작용하는 충격량은 같다.
c. 파리와 버스 각각의 속력의 변화량은 같다.
d. 파리와 버스 각각의 운동량의 변화량은 같다.

8 1000kg의 자동차가 20m/s로 운동하다가 빌딩벽에 충돌한 후 정지하였다. 아래의 두 질문 중에서 답을 할 수 없는 질문은 어느 것인가? 그 이유를 설명하라.
a. 자동차에 작용한 충격량은 얼마인가?
b. 자동차에 작용한 충격력은 얼마인가?

9 질량 1000kg의 자동차가 20m/s로 운동하고 있다. 자동차를 10초 만에 정지시킬 때 브레이크에 작용해야 하는 힘은 얼마인가?

10 디젤 기관차는 화물차보다 4배 정도 무겁다. 디젤 기관차가 정지해 있는 화물차를 향해 5km/h의 속력으로 움직이고 있다. 그들이 하나로 연결되었을 때의 속력은 얼마인가?

**11** 5kg의 큰 물고기가 1m/s로 운동하다가 정지해 있는 1kg의 얼빠진 물고기를 삼켰다. 이때 큰 물고기의 속력은 얼마인가? 만일 얼빠진 물고기가 4m/s의 속력으로 다가오고 있었다면 얼빠진 물고기를 삼킨 큰 물고기의 속력은 얼마인가?

**12** 연재 만화에 나오는 슈퍼맨이 우주 공간에서 소행성을 100m/s로 집어던지고 있다. 소행성의 질량은 슈퍼맨보다 1000배 더 크다. 만화에는 슈퍼맨이 소행성을 던진 후에도 정지 상태로 있었다. 물리적으로 슈퍼맨은 얼마의 속력으로 반동하겠는가?

**13** 40m/s로 날아오는 질량 150g의 공을 방망이로 쳐서 30m/s의 속도로 반대 방향으로 날려 보냈다.

a. 공에 가해진 충격량의 크기는?

b. 방망이와 공의 접촉 시간이 0.1초라면 공이 받은 평균 힘은 몇 N인가?

**14** 다음 그림과 같이 질량 $m$인 공이 $v$의 속도로 벽에 충돌하여 120° 방향으로 같은 속력으로 튕겨 나왔다. 공의 운동량의 변화량의 크기는 얼마인가?

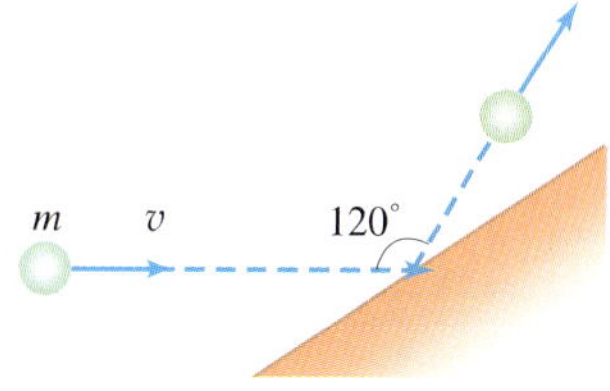


**15** 그림과 같이 수평 방향의 속력이 5m/s로 날아가던 질량 4kg인 물체가 질량이 같은 두 개의 파편으로 분열하여 파편 A는 그 위치에서 자유낙하하였다.(단, 공기저항은 없다고 가정한다.)

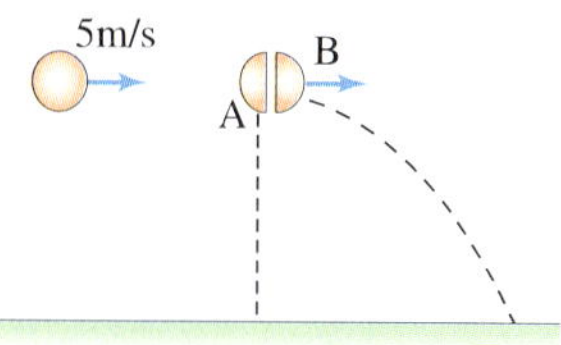


a. 분열하기 전 물체의 운동량은?

b. 분열한 순간 파편 A의 운동량은?

c. 분열한 순간 파편 B의 속도는 몇 m/s인가?

**16** 매끄러운 수평면에서 $v$의 속력으로 운동하던 질량 $2m$인 물체가 질량 $m$의 2개의 파편 A, B로 분열하여 A는 최초의 진행 방향과 60°의 각을 이루며 $v$의 속력으로 운동하였다. 분열 후 파편 B의 운동량을 구하라.

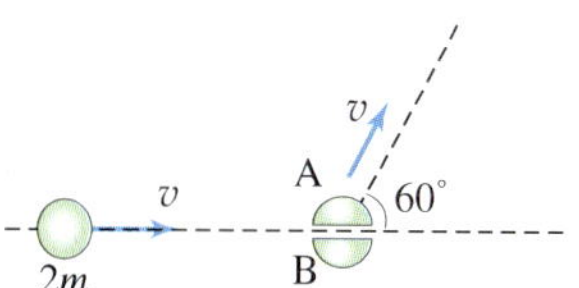


**17** 그림과 같이 일직선상에서 질량이 각각 0.3kg, 0.5kg인 공 A, B가 충돌하였다. 충돌 후 속도 $v_A$, $v_B$를 다음 각각의 경우에 대하여 구하라.(단, 마찰은 무시한다.)

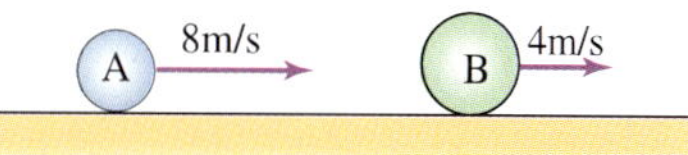


a. 반발 계수 $e = 0$인 경우

b. 반발 계수 $e = 0.6$인 경우

c. 반발 계수 $e = 1$인 경우

**18** 마찰이 없는 수평면 위에 정지해 있던 질량 5kg의 물체에 그림과 같이 시간에 따라 크기가 변하는 힘이 4초 동안 작용하였다. 다음 물음에 답하라.

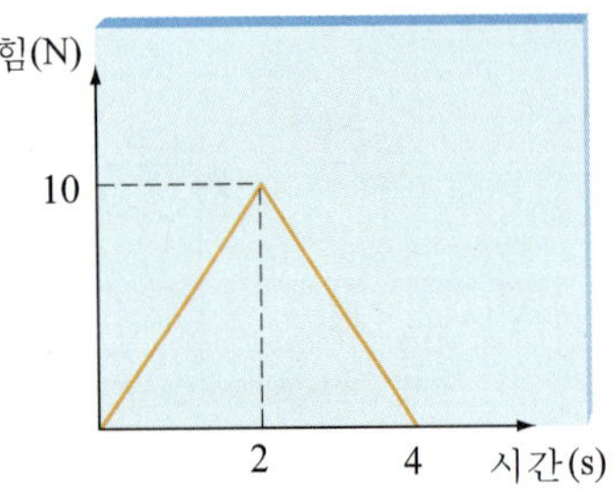


a. 4초 동안 물체가 받은 충격량은 얼마인가?
b. 4초 후 물체의 속력은 얼마인가?

**19** 질량수가 4인 헬륨 원자핵이 $v$의 속도로 운동하다가 그림과 같이 중성자와 질량수가 3인 원자핵으로 분열하였다. 분열 후 중성자는 $3v$의 속도로 직각 방향으로 운동할 때 질량수가 3인 헬륨 원자핵의 속도는 얼마인가?

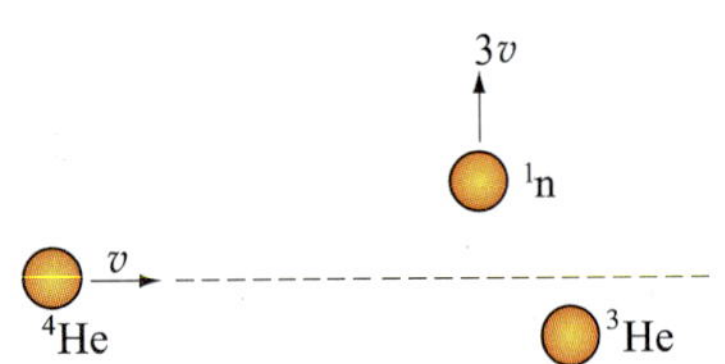


**20** 질량 $m$인 화살이 $v_0$의 속도로 날아가다가 그림과 같이 매끄러운 수평면에 놓인 질량 $M$인 나무 토막의 면에 수직하게 꽂힌다. 화살이 나무 토막 안에서 일정한 힘 $f$를 받아 정지했을 때 다음 물음에 답하여라.

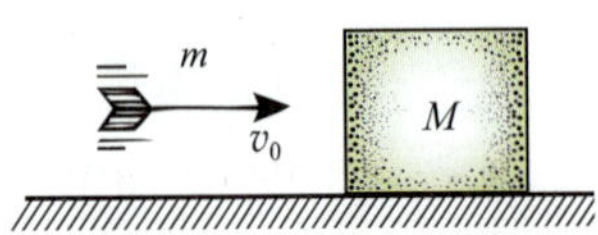


a. 화살이 나무 토막 안에서 정지했을 때 나무 토막의 속력은 얼마인가?
b. 화살이 나무 토막에 꽂힌 순간부터 정지할 때까지 나무 토막이 받은 충격량은 얼마인가?

**21** 질량이 각각 $m$, $M$인 두 물체 A, B를 각각 길이 $l$인 실로 연결하여 그림과 같이 물체 A를 높이 $l$만큼 들어올렸다가 가만히 놓아 물체 B와 충돌시켰다. 충돌 직전 물체 A의 속도가 $v$, 반발 계수가 $e$, 중력 가속도는 $g$일 때 다음 물음에 답하여라.

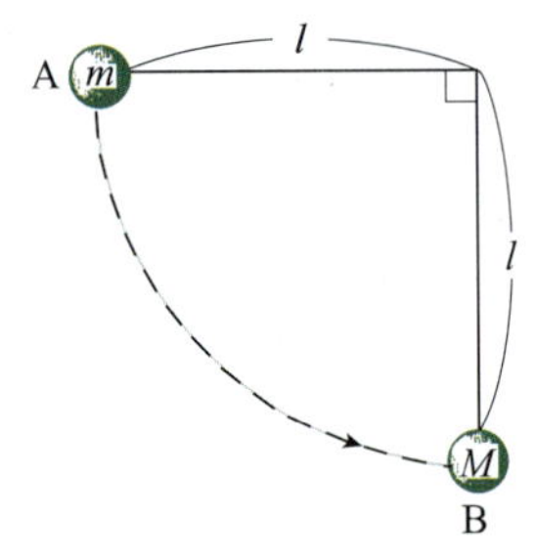


a. 충돌 후 두 물체 A, B의 속도를 구하여라.
b. 물체 A가 충돌 후 진행 방향과 반대 방향으로 되돌아 갈 조건을 구하여라.
c. 물체 A가 충돌하는 동안 받은 충격량을 구하여라.

**22** 그림과 같이 질량 $m$인 작은 구슬이 질량 $M$인 큰 구슬 위에 놓인 상태로 지면으로부터 높이 $h$인 곳에서 자유 낙하한다. 지면과 구슬들 사이의 충돌이 완전 탄성 충돌일 때 다음 물음에 답하여라.(단, 구슬의 크기는 무시하고 중력 가속도는 $g$이다.)

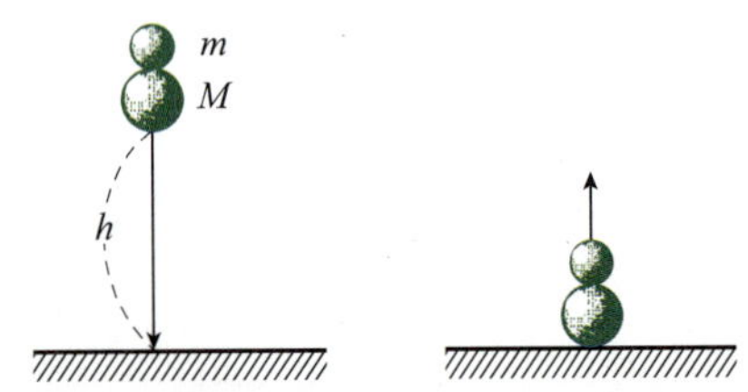

a. 큰 구슬의 질량 $M$이 $3m$이라면 충돌 직후 두 구슬이 올라갈 수 있는 최대 높이를 각각 구하여라.

b. 큰 구슬의 질량 $M$이 작은 구슬의 질량보다 매우 크다고 가정할 때($M \gg m$) 작은 구슬이 올라갈 수 있는 최대 높이는?

## 한 걸음 더

1. 질량 $m_1$, $m_2$를 갖는 두 개의 공을 연작방향으로 약간 틈을 두어 맞대어서 떨어뜨렸다.

a. 바닥과 충돌한 다음 위쪽 공이 총 에너지 중에서 가장 높은 비율의 에너지를 얻을 수 있는 $m_1/m_2$의 비는?
b. 위쪽의 공이 가능한 한 가장 높이 튈 수 있는 $m_1/m_2$의 비와 $m_1$이 올라 갈 수 있는 높이는?
c. 그림과 같이 $n$개의 공을 놓고 떨어뜨렸다. $n$번째 공이 튀어서 올라갈 때 속력과 높이는?(단, 공의 충돌은 탄성충돌이고, $m_i \ll m_{i+1}$이다.)

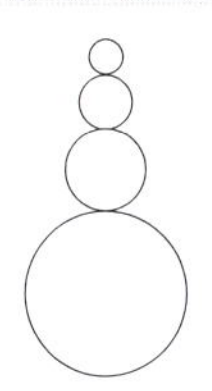

2. 마찰이 없는 수평면에 질량 $M$, 길이 $l$인 직육면체 상자가 있다. 오른쪽 그림과 같이 상자의 한쪽 면은 열려 있어서 질량이 $m$인 공이 속력 $v_0$로 상자의 벽에 충돌한 다음 튀어 나온다. 이 때 반발계수를 $e$라고 하자.
a. 공이 상자의 입구로 들어가서 입구로 다시 나오는데 걸리는 시간은 얼마인가?
b. 이 동안 상자의 움직인 거리는 얼마인가?

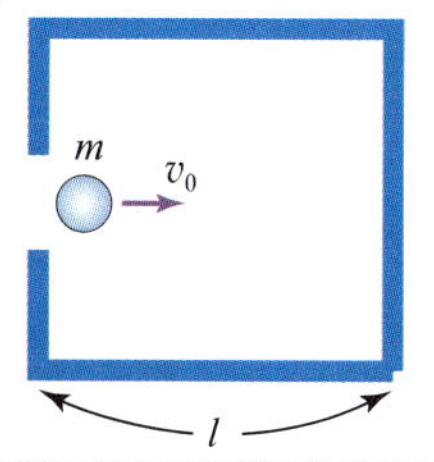


3. 그림과 같이 질량이 각각 3kg, 1kg, 3kg인 세 개의 공 A, B, C가 일직선 위에 놓여 있다. A를 속도 6m/s로 B에 정면충돌시키면 B는 C에 정면충돌한다. (단, 세 공은 완전 탄성충돌한다.)

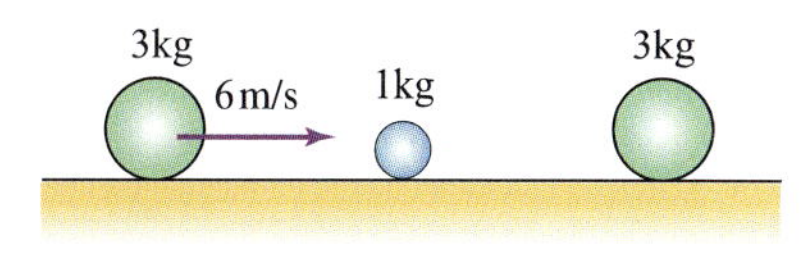


a. B와 충돌한 후 C의 속도는 얼마인가?
b. A와 B가 두 번 충돌한 후 B의 속도는 얼마인가?

Chapter 5

# 원운동과 단진동

회전목마에서 회전원판의 안쪽에 있는 말과 바깥쪽에 있는 말 중 어느 말이 더 빨리 움직이는가? 줄의 한 끝에 깡통을 매달아 원운동시키다가 갑자기 줄을 놓는다면, 깡통은 원의 바깥쪽을 향해 날아가는가, 아니면 접선 방향으로 직선 운동을 하게 되는가? 궤도 비행을 하는 우주 왕복선 안의 우주 비행사는 무중력 상태에서 둥둥 떠 있지만, 미래의 우주 정류장에서 생활하는 우주비행사는 정상적으로 중력을 경험할 수 있다고 한다. 어떻게 그것이 가능할까?

## 5.1 각속력(회전 속력)

그림 5.1과 같이 회전원판이 돌아갈 때, 원판의 바깥쪽과 안쪽 중 어느 쪽이 더 빨리 움직이는가에 관한 질문을 하게 되면 두 가지 서로 다른 대답을 할 수 있는데, 하나는 선속력과 관련된 것이고 다른 하나는 각속력(회전 속력)과 관련된 것이다.

단원 1에서 단순히 속력이라 불렀던 선속력은 단위 시간 동안 이동한 거리를 말한다. 회전 목마나 회전원판의 경우에 1번 회전하는 동안 원판의 바깥쪽이 안쪽보다 이동 거리가 더 크다. 따라서 회전(자전)하는 물체의 경우 바깥쪽이 안쪽보다 선속력이 더 크다.

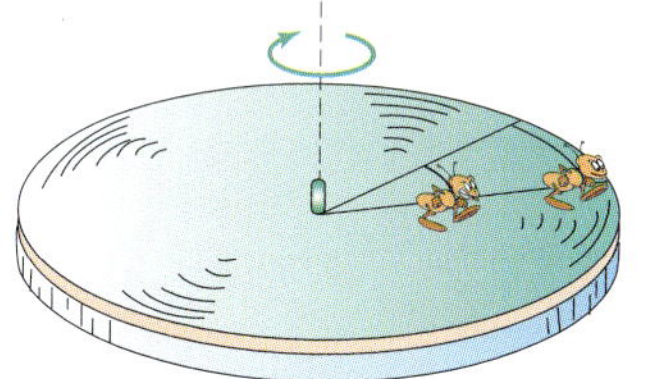

그림 5.1
회전원판의 중심에 가까이 있는 개미나 멀리 있는 개미 모두 같은 시간 동안 같은 각도 만큼 회전한다. 즉 각속력이 같다.

각속력(회전 속력)은 단위 시간 동안 이동한 각을 말한다. 회전 목마나 회전원판의 경우 회전원판의 모든 부분은 같은 시간 동안 같은 각도만큼 회전한다. 즉 모든 부분은 단위 시간 동안의 회전수가 같다고 할 수 있다. 일반적으로 회전 속력을 RPM(분당 회전수)으로 나타내기도 하지만, 물리에서는 단위 시간 동안 이동한 각도를 나타내는 rad/s의 단위를 사용한다.

선속력은 각속력(회전 속력)과 관계가 있다. 놀이 동산에서 커다란 회전 관람차를 타 본 적이 있다면, 회전 관람차의 각속력(회전 속력)이 빨라질 때 선속력도 더욱 빨라진다는 것을 경험적으로 알 수 있다.

또 각속력(회전 속력)이 같을 때, 회전 원판의 중심 즉 회전축에서 멀어질수록 선속력은 증가한다. 회전축으로부터 거리가 2배, 3배로 커지면 선속력도 2배, 3배로 커진다. 아이스링크에서 스케이트 선수들이 서로 팔짱을 끼고 회전할 때, 맨 바깥쪽에 서 있는 사람은 다른 사람보다 더 큰 속력으로 운동하는 것을 볼 수 있다.

따라서 선속력은 각속력(회전 속력)과 회전축으로부터의 거리에 정비례하므로 다음과 같이 쓸 수 있다.

$$\text{선속력} = \text{회전축으로부터의 거리} \times \text{각속력(회전 속력)}$$

$$v = r\omega$$

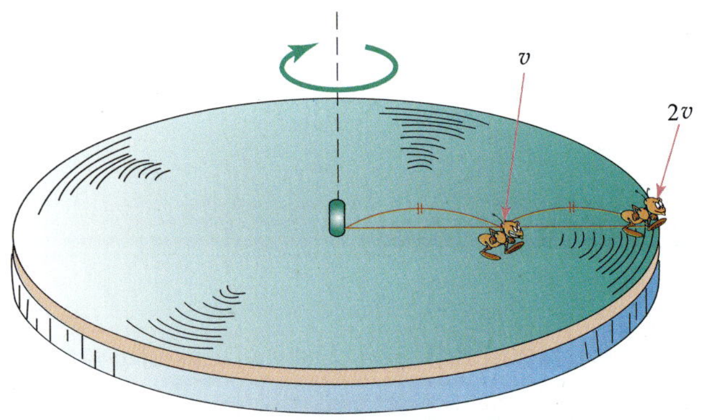


그림 5.2
회전원판의 모든 부분은 같은 각속력으로 회전한다. 그러나 회전축으로부터의 거리에 따라 개미의 선속력은 달라진다. 2배 먼 곳에 있는 개미의 선속력은 2배 빠르다.

>> 고정된 회전계에서는 모든 부분의 각속력(회전 속력)이 같지만 선속력은 다르다. 선속력은 각속력(회전 속력)과 회전축으로부터의 거리와 관계가 있다.

---

**Example 1** 지표면에서 지구 자전축에 대해 각속력(회전 속력)이 가장 큰 곳은? 선속력이 가장 큰 곳은?

풀이 회전하는 원판과 같이 지표면의 어느 부분이나 각속력(회전 속력)은 모두 같다. 하지만 적도 지방은 자전축으로부터 가장 먼 곳에 있으므로 선속력이 가장 크다.

**Example 2** 어떤 회전 목마의 바깥쪽에 위치한 말이 안쪽에 위치한 말보다 회전축으로부터 3배 먼 곳에 있다고 한다. 안쪽에 위치한 말에 탄 소년의 회전 속력이 4RPM이고 선속력이 2m/s라면 바깥쪽에 위치한 말에 탄 소녀의 회전 속력과 선속력은 얼마인가?

풀이 바깥쪽에 위치한 말에 탄 소녀의 회전 속력 역시 4RPM이지만 선속력은 6m/s이다. 즉 회전 목마는 고정된 회전계이므로 모든 말의 회전 속력은 같다. 그러나 바깥쪽에 위치한 말은 안쪽에 위치한 말보다. 회전축으로부터 3배 먼 곳에 있으므로 선속력은 3배가 된다.

## 5.2 구심력

줄의 한 끝에 깡통을 매달고 회전시키려면, 그림 5.3처럼 줄을 안쪽으로 계속해서 끌어당겨야 한다. 이처럼 물체가 원운동을 계속하려면 어떤 힘이 가해져야 하는데, 이 힘을 구심력이라 한다. 구심력은 물체를 원운동하게 하는 힘이며, 이 때 구심의 뜻은 '중심을 찾는' 또는 '중심을 향하는'이다.

구심력이란 새로운 종류의 힘이 아니다. 물체의 운동 방향과 수직인 방향으로 작용하여 원운동을 하게 하는 모든 힘에 붙여진 이름이다. 달이 거의 원에 가까운 궤도를 돌면서 지구 주위를 원운동하는 것은 지구의 중심을 향하는 중력이 구심력으로 작용하기 때문이다. 또 전자가 원자핵 주위를 원운동하는 것도 원자핵 쪽을 향하고 있는 전기력이 구심력으로 작용하기 때문이다.

그림 5.3
회전하는 깡통에 작용하는 유일한 힘(중력을 무시할 때)은 원궤도의 중심을 향한다. 이 힘을 구심력이라 부른다. 깡통에 원의 중심으로부터 바깥쪽으로 향하는 힘은 작용하지 않는다.

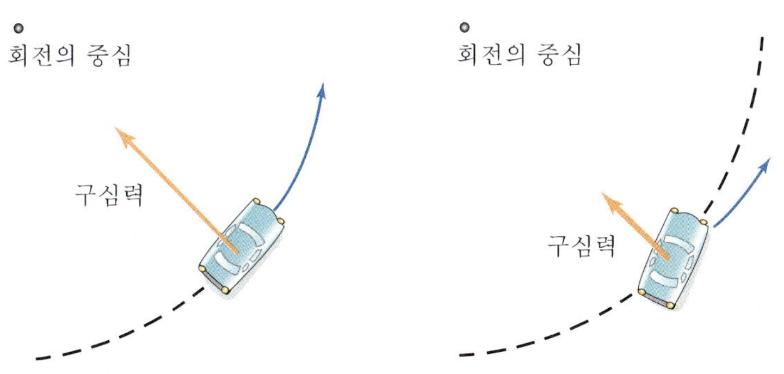


그림 5.4
(왼쪽) 커브를 돌아가는 자동차의 경우 구심력이 되는 충분한 마찰력이 있어야만 한다.
(오른쪽) 마찰력이 크지 않다면 자동차는 미끄러지고 만다.

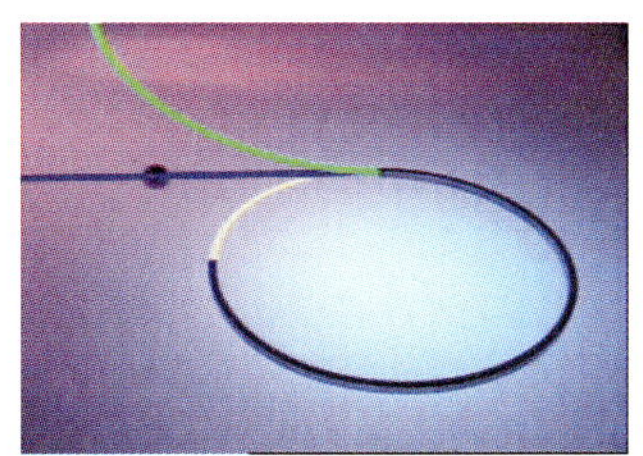

원형의 트랙을 따라 운동하던 쇠구슬이 트랙을 벗어나면 접선방향의 직선운동을 한다.

자동차가 커브길을 돌 때, 바퀴와 도로면 사이에서 바퀴의 측면으로 작용하는 마찰력이 자동차가 곡선 경로를 따라 운동하게 하는 구심력 역할을 한다(그림 5.4). 이때 마찰력이 충분히 크지 않다면 자동차는 곡선 경로를 따라 운동하지 못하고 바퀴가 옆으로 미끄러지면서 자동차가 곡선 경로에서 벗어나게 된다.

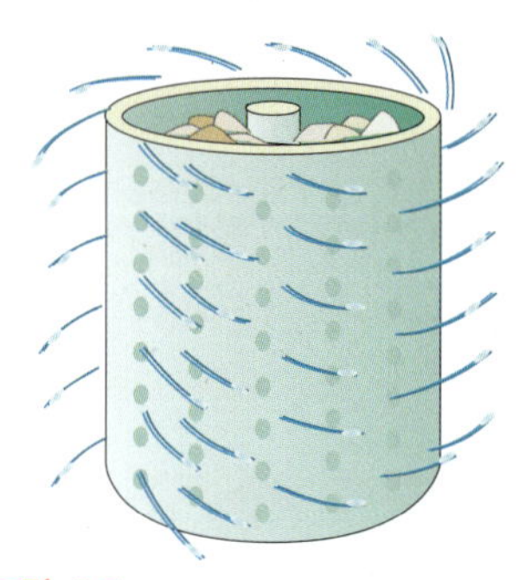

그림 5.5
세탁물은 원궤도를 따라 운동하도록 힘을 받지만 물은 힘을 받지 못한다.

구심력은 원심 분리기에서 중요한 역할을 한다. 좋은 예로 세탁기 안의 회전 원통을 들 수 있다. 세탁물이 탈수되는 동안 회전 원통은 상당히 빠른 속력으로 회전한다. 이 때 원통 내부의 벽은 세탁물에 구심력을 가하여 세탁물이 원운동하도록 하지만, 원통에 있는 구멍 때문에 물에 구심력을 가하지 못하여 물이 구멍을 통해 빠져나가게 된다. 여기서 세탁물에는 힘이 작용하지만 세탁물에 있는 물에는 힘이 작용하지 못한다는 것이 중요하다. 세탁물에 있는 물이 빠져나가는 것은 힘이 작용해서 빠져나가는 것이 아니고, 구심력과 같은 힘이 작용하지 않을 때 직선 경로를 따라 운동하려는 성질, 즉 관성(뉴턴의 운동 제1법칙) 때문에 빠져나간다는 것이다. 흥미롭게도 세탁물이 물로부터 분리되는 것이지 물이 세탁물로부터 분리되는 것이 아니다.

**Example** 세탁기의 탈수가 진행되는 동안 세탁물에 작용하는 힘의 방향은 안쪽인가, 바깥쪽인가?

풀이 안쪽

## 5.3 구심력과 원심력

원운동은 원의 중심을 향하는 힘(구심력)에 의한 운동이다. 그런데 원운동을 원의 바깥쪽으로 향하는 힘과 관련시켜 설명하는 경우가 종종 있다. 여기서 바깥쪽으로 향하는 힘을 원심력이라 한다[1]. 원심의 뜻은 '중심을 피하는' 또는 '중심으로부터 멀어지는' 이다. 깡통을 줄에 매달아 돌리는 경우에 원심력이 줄을 바깥쪽으로 끌어당긴다고 잘못 생각하

1) 원심력과 구심력은 둘 다 원운동하는 물체의 질량($m$), 선속력($v$), 반지름($r$)과 관계가 있다. 수식적으로 표현하면 다음과 같다.

구심력의 크기 = 원심력의 크기 = $F = \frac{mv^2}{r} = mr\omega^2$

는 사람들이 많이 있다. 흔히 깡통을 돌리고 있던 줄을 갑자기 끊었을 때, 원심력이 깡통을 원궤도로부터 이탈시킨다고 생각한다. 그러나 사실은 줄이 끊어지면 깡통에 작용하는 힘이 없기 때문에 깡통은 접선 방향의 직선 경로를 따라 원래의 선속력으로 날아가게 되는 것이다. 다른 예를 통하여 자세히 알아보자.

타고 있던 차가 갑자기 멈추는 경우를 생각해보자. 안전벨트를 착용하고 있지 않다면 차에 타고 있던 사람은 차의 앞쪽(계기판이 있는 쪽 또는 앞유리)에 부딪치게 된다. 이 상황은 어떤 힘이 사람에게 작용하여 사람이 차의 앞쪽에 부딪친 것이 아니다. 안전벨트를 착용하지 않았기 때문에, 즉 작용하는 힘(외력)이 없기 때문에 차의 앞쪽에 부딪친 것이다. 왼쪽으로 급회전하는 차에 타고 있는 경우, 오른쪽 창문에 부딪히는 이유는 무엇일까? 이는 바깥쪽으로 향하는 원심력 때문이 아니라, 타고 있는 사람을 원운동하도록 작용하는 구심력이 없기 때문이다. 즉, 원심력이 창문과 부딪치게 한다는 생각은 잘못된 것이다.

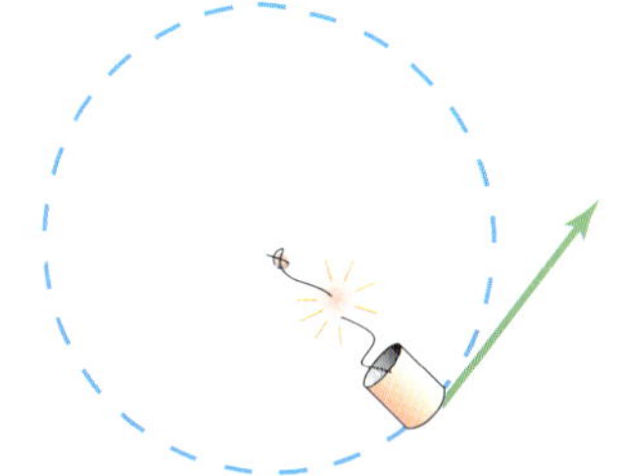

그림 5.6
회전하는 깡통은 줄이 끊어질 때 원궤도의 접선 방향으로 직선 운동을 한다.

다시 말해서 깡통을 원운동시킬 때 깡통을 바깥쪽으로 끌어당기는 힘은 없다. 줄을 통해 깡통을 안쪽으로 끌어당기는 힘(구심력)만이 깡통에 작용하는 유일한 힘이다.

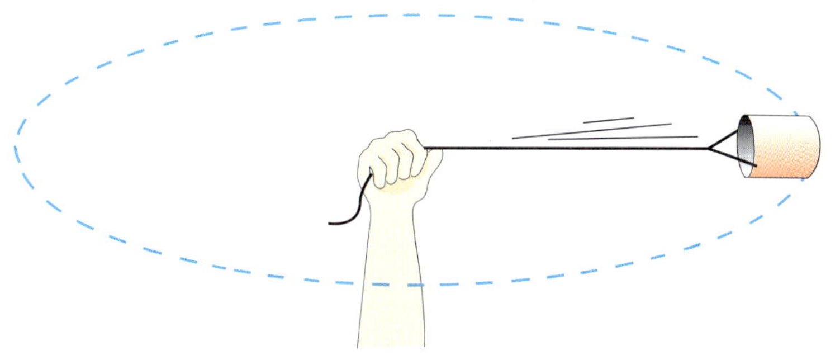

그림 5.7
회전하는 깡통에 작용하는 유일한 힘(중력을 무시할 때)은 원궤도의 중심을 향한다. 이 힘을 구심력이라 부른다. 깡통에 원의 중심으로부터 바깥쪽으로 향하는 힘은 작용하지 않는다.

이번에는 원운동하고 있는 깡통 안에 개미가 있다고 가정하자(그림 5.8). 깡통이 개미의 발에 작용하는 힘은 개미가 계속 원운동하도록 구심력 역할을 한다. 이 때 개미도 깡통의 바닥에 힘을 가하게 된다. 중력을 무시한다면 개미에 작용하는 유일한 힘은 깡통이 개미의 발에 작용하는 힘이다. 깡통의 회전을 관찰하고 있는 관찰자(정지기준계)가 볼 때는, 창문에 부딪치는 사람에게 원심력이 작용하지 않듯이 개미에게도 원심력이 작용하지 않는다. '원심력'은 실제적인 힘이 아니라 관성 − 운동하는 물체가 계속 직선 운동을 하려는 성질 − 때문에 나타나는 가상적인 힘이다. 이러한 힘을 관성력이라 한다.

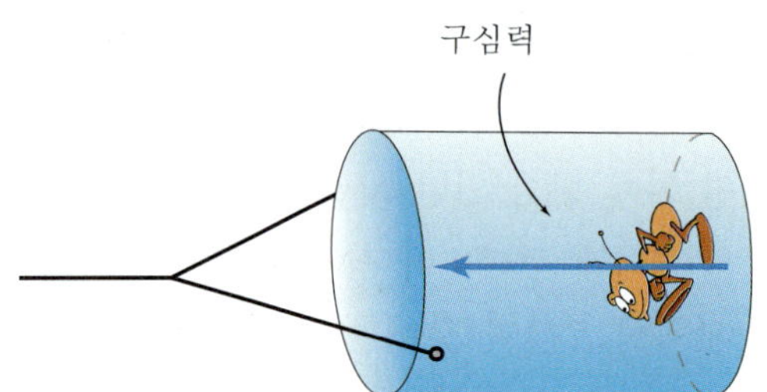


그림 5.8
깡통은 개미가 원운동하는 데 필요한 구심력을 가하고 있다.

---

**Example 1** 자동차가 회전할 때, 안전 벨트는 구심력 역할을 하는가, 원심력 역할을 하는가?

풀이 구심력

**Example 2** 깡통을 줄에 매달아 원운동시키다가 갑자기 줄을 끊었을 때, 깡통을 직선 운동하게 하는 원인은 구심력인가, 원심력인가, 힘이 작용하지 않기 때문인가? 어떤 법칙과 관계가 있는가?

풀이 힘이 작용하지 않기 때문, 뉴턴의 운동 제 1법칙

---

## 5.4 회전 기준계에서의 원심력

우리가 자연 현상을 바라보는 관점은 기준계에 따라 달라진다. 예를 들어 고속으로 달리는 기차 안의 물체는 기차의 기준계에서 보면 정지해 있는 것으로 보이지만, 기차 밖의 정지 기준계에서 보면 고속으로 운동하는 것으로 보인다. 즉 한 기준계에서는 운동하지만 다른 기준계에서는 정지해 있다. 힘의 작용도 이와 마찬가지이다. 깡통 안에 있던 개미를 다시 상기해 보자. 깡통 밖의 정지 기준계에서 보면 회전하는 깡통 안의 개미에는 깡통 바닥에 의한 구심력이 작용하여, 개미는 원운동하게 된다. 즉 깡통 밖의 정지 기준계에서 보면 개미에게 작용하는 유일한 힘은 깡통 바닥이 개미의 발에 작용하는 구심력뿐이다.

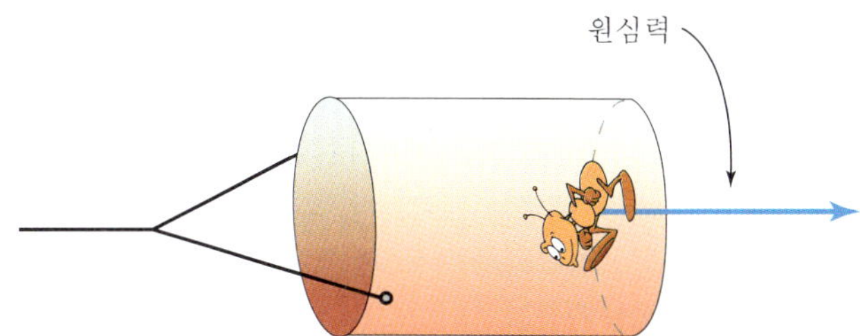


그림 5.9
회전하는 깡통 안의 개미의 기준계에서 보면 원운동의 중심으로부터 바깥쪽으로 향하는 힘 때문에 깡통의 바닥과 붙어있다. 개미는 이 힘을 원심력이라 부르며, 이 힘은 중력과 같이 실제로 작용한다.

그러나 깡통 안의 회전 기준계에서의 자연 현상은 정지 기준계에서의 현상과 다르다. 원운동하는 깡통의 회전 기준계에서는 개미에게 깡통 바닥에 의한 수직항력과 원심력이 평형을 이루고 있다. 따라서 개미는 가만히 제자리에 정지해 있다.

회전 기준계에서 원심력은 중력과 같이 실제로 작용하는 힘이다. 그러나 원심력은 중력과는 근본적으로 다르다. 중력은 항상 한 물체와 다른 물체 사이에서 일어나는 상호 작용이다. 즉 우리가 느끼는 중력은 물체와 지구 사이의 상호작용에 기인한 것이다. 그러나 회전 기준계에서 원심력은 질량을 가진 두 물체와 같은 상호 작용의 주체가 없다. 즉 상호 작용할 상대방이 없다. 원심력은 단지 회전 운동에 의해서만 나타나며 상호작용의 한 부분이 아니다. 따라서 실제 힘이 아니다. 이런 이유 때문에 물리학자들은 원심력을 중력, 전자기력과 핵력과는 다른 가상적인 힘으로 생각한다(이러한 힘을 관성력이라 한다). 그럼에도 불구하고 회전 기준계에 있는 관찰자에게는 원심력이 실제적인 힘으로 여겨진다. 중력이 지구 표면에서 항상 존재하고 있듯이 원심력도 회전 기준계에서 항상 존재한다.

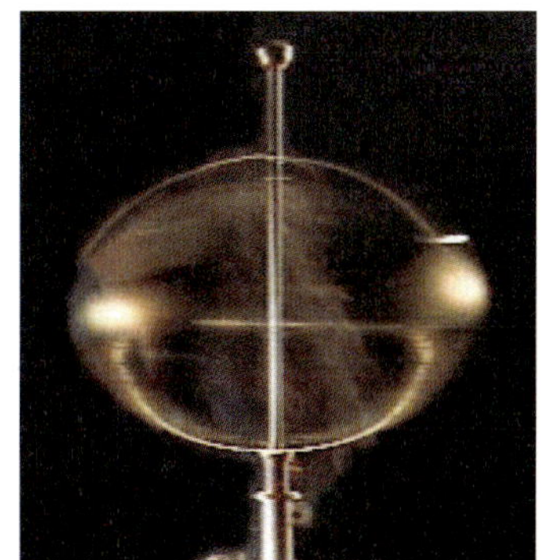

원형 루프에 끼워진 공을 회전시키면 원심력에 의하여 원형 루프가 타원으로 변한다.

**Example 1** 무거운 쇠공이 그림과 같이 회전하는 원판 위의 용수철에 매달려 있다. 한 사람은 회전 원판 위에서(회전 기준계), 다른 한 사람은 정지한 지면에서(정지 좌표계) 쇠공의 운동을 관찰한다. 쇠공이 용수철을 잡아당기면서 바깥쪽으로 끌리고 있다고 생각하는 관찰자는? 용수철이 쇠공을 끌어당겨 원운동하게 한다고 생각하는 관찰자는?

풀이 회전 기준계에 있는 관찰자는 원심력이 쇠공을 바깥쪽으로 끌어당긴다고 주장한다. 정지 기준계에 있는 관찰자는 늘어난 용수철이 구심력 역할을 하여 쇠공을 원운동하도록 끌어당긴다고 주장한다.(여기서 정지 기준계에 있는 관찰자만이 작용 반작용에 해당하는 한 쌍의 힘을 확인할 수 있다. 작용은 용수철이 쇠공에 작용하는 힘이고 반작용은 쇠공이 용수철에 작용하는 힘이다. 회전 기준계에 있는 관찰자는 원심력에 대응하는 반작용(상호작용하는 상대방)을 확인할 수 없다. 그 이유는 그 곳에는 원심력 이외에는 어떤 힘도 작용하지 않기 때문이다.)

**Example 2** 쇠공이 회전축과 회전 원판의 가장자리 사이의 중간에 있을 때 그림의 용수철은 10cm 늘어나 있었다. 쇠공과 회전축 사이의 거리가 2배가 되면 용수철의 늘어날 길이는 10cm와 같은가, 작은가, 큰가?

풀이 회전축으로부터의 거리가 2배가 되면 선속력도 2배가 된다. 선속력이 크면 구심력이나 원심력도 크다는 것을 의미한다. 용수철의 늘어난 길이는 작용하는 힘에 정비례하므로 용수철에 2배의 힘이 작용하면 늘어난 길이는 2배가 된다. 따라서 늘어난 길이는 20cm가 된다.

## 5.5 인공 중력

자전거 타이어 – 산악용 자전거에 사용되는 내부 공간이 넓은 고무풍선 형태 – 내부에 개미 집단이 서식하고 있다고 상상해 보자. 만일 바퀴를 공중으로 던져 올리거나, 하늘 높이 날고 있는 비행기에서 바퀴를 떨어뜨린다면 개미들은 무중력 상태에 있게 된다. 그들은 바퀴가 자유

낙하하는 동안 자신들이 자유롭게 둥둥 떠 있는 것처럼 생각할 것이다. 이제 자유 낙하하는 바퀴를 회전시켜 보자. 그러면 개미들은 타이어의 안쪽에서 바깥쪽으로 향하는 힘을 느끼게 된다. 따라서 바퀴가 적당한 속력으로 회전하게 되면 개미들은 자신들이 지상에서 익숙해져 있던 중력과 같은 인공 중력을 경험하게 된다. 즉 원심력에 의해서 중력이 인공적으로 만들어진 것이다. 개미가 느끼는 '아래' 방향의 인공 중력은 실제로 바깥쪽을 향하는 방향의 원심력이다.

앞으로 많은 사람들이 인공 중력 – 원심력에 의한 것임 – 이 만들어져 있는, 거대한 회전체인 우주 정류장(기지)에서 살게 될 날이 멀지 않았다. 인공 중력은 사람들이 정상적으로 기능을 발휘하며 생활할 수 있게 해줄 것이다.

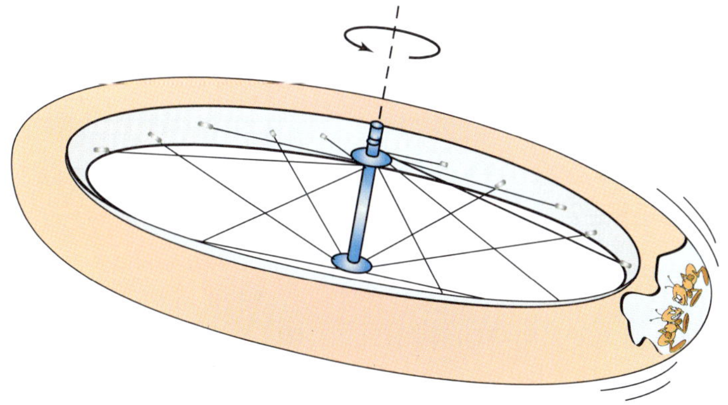

그림 5.10
바퀴가 자유낙하하면서 회전하면 바퀴 안의 개미는 바퀴가 적당한 속력으로 회전할 때 중력과 같은 원심력을 경험하게 된다. 개미에게 있어서 '위쪽'은 바퀴의 중심을 향하는 방향이며 '아래쪽'은 바퀴의 중심으로부터 바깥쪽을 향하는 방향이다.

오늘날 우주 왕복선 내의 우주 비행사들은 무중력 상태에 있는데, 이것은 그들을 받쳐주는 힘이 없기 때문이다. 그들에게 중력과 공전에 의한 원심력이 작용하여도 바닥은 두 힘이 평형을 이루어 그들을 떠받쳐주지 못하고 있는 것이다. 그러나 미래의 우주 비행사들은 무중력 상태를 걱정하지 않아도 될 것 같다. 아마 그들이 타고 있는 우주선은 개미가 서식하고 있는 자전거 바퀴처럼 회전을 통해 인공 중력을 만들어 그들을 떠받쳐주는 힘을 효과적으로 공급하게 될 것이기 때문이다.

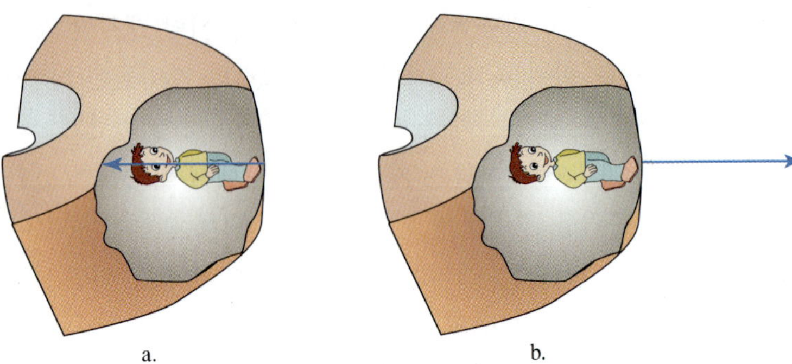


그림 5.11
a. 회전계 밖의 정지 상태에서 본 사람과 바닥 사이의 상호 작용. 바닥은 사람에게 힘을 가하고(작용) 사람도 바닥에 힘을 가한다(반작용). 사람에게 작용하는 유일한 힘은 바닥에 의한 것이다. 그 힘은 원의 중심을 향한 구심력이다.
b. 회전 기준계 안에서 보면 사람과 바닥 사이의 상호 작용외에 사람의 질량 중심에 작용하는 원심력이 있다. 그것은 중력과 같이 실제적인 힘처럼 보인다. 그러나 중력과는 다르게 상호 작용하는 상대방(반작용)이 없다. 원심력은 상호 작용의 한부분이 아니고 회전에 의해 나타난 것일 뿐이다. 그래서 이 힘을 가상적인 힘(관성력)이라 부른다.

---

**Example 1** 회전하는 우주 정류장 내의 한 곳에서 인공 중력의 크기와 각속력 사이의 관계는?

풀이 각속력의 제곱에 비례한다(인공중력=원심력($mr\omega^2$)).

**Example 2** 회전하는 우주 정류장의 각속력이 일정할 때 인공 중력과 회전 반지름과의 관계는?

풀이 인공중력은 회전 반지름에 비례한다.

---

**회전하는 우주 정거장**

우리가 편안한 상태로 지표면에서 경험하는 1$g$($g$ : 중력가속도) 는 중력에 의한 것이다. 회전하는 우주선 내에서 경험하게 되는 가속도는 회전에 의한 구심 또는 원심 – 둘 다 크기가 같다 – 가속도이다. 일정한 각속도로 회전하는 경우 중심으로부터의 거리가 커질수록 가속도도 비례하여 커진다.
반지름이 작은 회전체(우주 정류장) 안에 1$g$에 해당하는 인공 중력을 만들려면 매우 빠른 속력으로 회전해야 한다. 우리가 회전체 안에 있으면 귀 내부에 있는 섬세한 감각 기관이 이를 감지하게 된다. 회전체의 회전 속력이 1RPM (분당 1회전)정도일 때는 별 어려움이 없지만 2내지 3RPM이상이 되면 많은 사람들은 이 회전 속력에 적응하는 데 어려움을 느끼게 된다(어떤 사람들은 10RPM정도까지 쉽게 적응하기도 한다). 회전 속력이 1RPM이면서 지구 중력과 같은 인공 중력을 만들려면 회전체가 상당히 커야 한다(지름이 거의 2km 정도이다). 오늘날의 우주 왕복선의 크기와 비교할 때 이 회전체의 크기는 엄청나게 큰 것이다. 그러나 경제적인 측면을 고려할 때 최초의 우주 정류장은 그리 크지 않을 것이라 생각된다. 우주 정류장 역시 회전하지 않는다면 사람들은 무중력 상태의 환경에 적응해야만 한다. 좀 더 시간이 흐른 뒤에는 인공 중력을 만드는 회전체의 크기가 더욱 커질 것이다.
우주 정류장의 가장자리에 있는 사람들이 $1g$를 경험하도록 회전하고 있다면, 회전축과 가장자리의 중간에 있는 사람들은 $0.5g$를 경험하게 된다. 또한 회전축 상에 있는 사람들은 무중력 상태에 있게 된다. 즉 회전하는 우주 정류장의 내부는 위치에 따라 중력 가속도가 다르므로 매우 다른 환경이 만들어진다. $0.5g$의 중력 가속도가 만들어지는 곳에서는 발레 연기를, $0.2g$나 이보다 작은 중력 가속도가 만들어지는 곳에서는 재주넘기를 쉽게 할 수 있을 것이다. 또한 중력 가속도가 매우 작은 곳에서는 아직까지는 상상만 해 왔던 3차원 축구나 운동 경기도 할 수 있을 것이다. 이 곳에서는 사람들이 예전에는 할 수 없었던 일들을 할 수 있을 것이다. 지구라는 요람으로부터 미래의 요람으로의 변환기인 지금이야말로 우리가 살기에 신나는 시기 – 새로운 모험의 임무를 맡은 사람들에게는 특히 – 라고 생각된다.

---

## 더 알아보기 단진동

등속 원운동하는 작은 물체를 옆에서 보면 일직선 상에서 상하로 일정하게 반복 운동을 하는 것처럼 보인다. 이와 같이 일정한 시간마다 같은 운동을 반복하는 주기적인 운동을 단진동이라고 한다. 또 용수철에 매달린 물체의 진동이나 진자의 운동과 같이 물체가 끊임없이 공간의 두 점 사이를 진동하는 이러한 단진동과 같은 특별한 운동은 물체에 복원력이 작용할 때 생긴다. 복원력이란 물체에 작용하는 힘의 크기가 변위에 비례하며 항상 평형점 쪽으로 향하는 힘인데, 이 힘 때문에 물체는 평형점을 중심으로 주기적으로 반복하는 운동을 하게 되는 것이다.
자! 이제 등속 원운동하는 물체에 수평 방향으로 햇빛과 같은 평행 광선을 비추였을 때 벽에 나타나는 그림자의 운동을 관찰해 보자. 이 물체는 반지름 $A$인 원둘레 위를 각속도 $\omega$로 등속 원운동을 한다고 하자. 이때 벽에 나타나는 이 물체의 그림자는 평형점을 중심으로 일정하게 반복되는 운동을 한다.

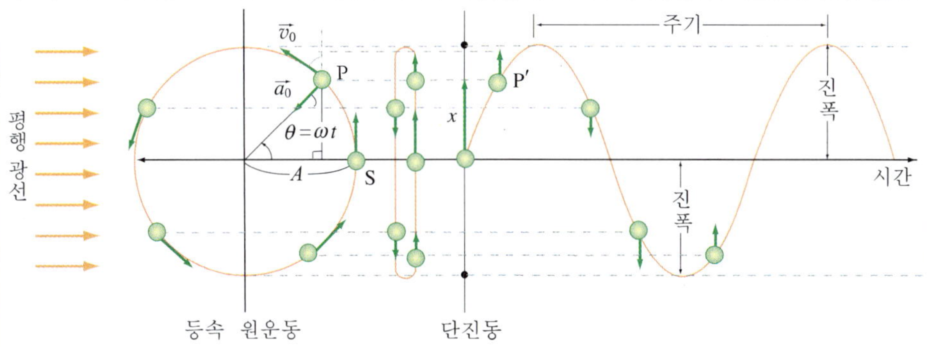


위 그림에서 물체가 점 S를 출발하여 각속도 $\omega$로 시간 $t$후에 각 $\theta$만큼 회전하여 P의 위치까지 왔을 때 변위 $x$를 나타내는 식은

$$x = A\sin\theta = A\sin\omega t \qquad (1)$$

이다.

어떤 물체의 변위가 시간에 따라 (1)식과 같이 변할 때, 단진동한다고 한다. 따라서 단진동하는 물체의 변위와 시간의 관계를 그래프로 그리면 사인 곡선이 된다. (1)식에서 $A$는 변위의 최대값이며 진폭이라고 한다. 단진동하는 물체가 1회 진동하는 데 걸리는 시간이 주기이다. 단진동하는 물체의 변위는 $\omega t$가 $2\pi$씩 증가할 때마다 같은 값을 가지므로, 주기 $T$는 다음과 같다.

$$\omega t + 2\pi = \omega(t+T)$$

$$2\pi = \omega T$$

$$T = \frac{2\pi}{\omega}$$

진동이 1초에 몇 번 일어나는가를 나타내는 양을 진동수라고 하며 진동수는 주기와 역수관계이다. 진동수의 기호는 흔히 $f$라고 쓰며, 단위는 Hz(헤르츠)를 사용한다. 1Hz는 1초에 1회 진동함을 뜻하며, 1/s과 같다. 진동수 $f$와 주기 $T$ 및 각속도 $\omega$의 관계는

$$f = \frac{1}{T} = \frac{\omega}{2\pi}$$

이다. 한편 단진동하는 물체의 속도는 시간에 따라 어떻게 변할까? 단진동하는 그림자의 속도 벡터는 원운동하는 물체의 속도 벡터를 그냥 벽에 투영하여 보면 된다.

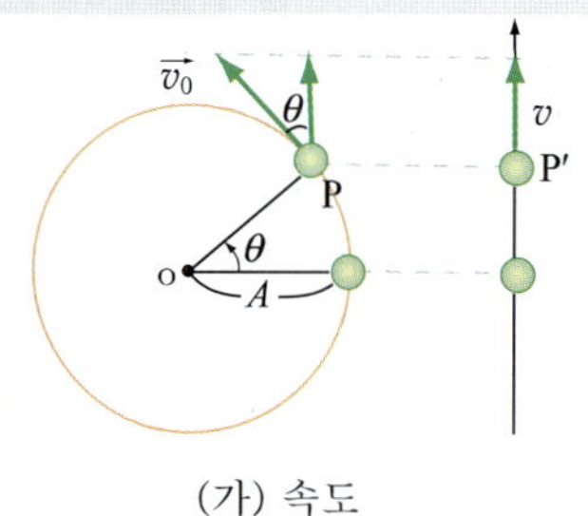

(가) 속도

위 그림을 보면 점 P′에서 단진동하는 물체의 속도 $v$는 점 P에서 원운동하는 물체의 속도 $v_0$의 $x$성분에 해당하는 것을 알 수 있다. 즉

$$v = v_0 \cos\theta \qquad (2)$$

이다. (2)식에서 $v_0$는 원운동하는 물체의 속도로서 항상 원의 접선 방향을 향하며 그 크기는 $v_0 = A\omega$이므로, 단진동하는 물체의 속도를 나타내는 식은

$$v = v_0 \cos\theta = A\omega \cos\omega t \qquad (3)$$

이다. 등속 원운동하는 물체의 속력은 일정하지만, 단진동하는 물체의 속력은 시간에 따라 계속 변하는 것을 알 수 있다. 즉 진동 중심을 지날 때 $A\omega$로 가장 빠르고, 양 끝으로 갈수록 느려져 양 끝에서는 0이 된다.
그러면 단진동하는 물체의 가속도는 어떻게 나타내는지 알아보자.

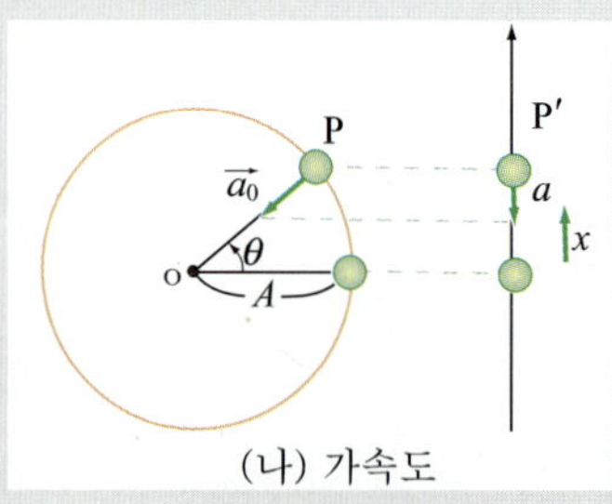

(나) 가속도

위 그림의 점 P′에서 단진동하는 물체의 가속도 $a$는 점 P에서 원운동하는 물체의 가속도 $a_0$의 $x$성분에 해당하고 방향은 $-x$방향이므로, 단진동하는 그림자의 가속도는 다음 식과 같이 나타낼 수 있다.

$$a = -a_0\sin\theta \qquad (4)$$

$a_0$는 원운동하는 물체의 가속도로 원의 중심 방향을 향하며 그 크기는 $a_0 = A\omega^2$이므로 (4)식을 고쳐쓰면

$$a = -a_0\sin\theta = -A\omega^2\sin\omega t = -\omega^2 x \qquad (5)$$

이다. 위 식에서 (−)부호의 의미는 단진동하는 물체의 가속도가 항상 물체의 변위와 반대 방향인 진동 중심을 향함을 뜻한다. 또 가속도의 크기는 변위의 크기에 비례하므로 양 끝에서 가장 크고 중심에서는 0이 된다.
이제 단진동하는 물체가 받는 힘에 대해 알아보자. 뉴턴의 운동 제 2법칙과 (5)식으로부터

$$F = ma = -m\omega^2 x$$

여기에서 $m\omega^2 = k$ 라 놓으면 $F = -kx$
이다. 따라서 단진동하는 물체가 받는 힘의 크기는 변위의 크기에 비례하고, 힘의 방향은 변위와 반대 방향, 즉 진동 중심 방향임을 알 수 있다. 이와같은 힘을 복원력이라고 한다. 복원력은 진동 중심을 향하고 진동 중심으로 멀어질수록 큰 힘이 작용한다. 따라서 변위가 최대일 때 복원력도 최대가 된다.
각속도 $\omega$를 복원력의 비례 상수 $k$로 나타내면,

$$m\omega^2 = k\text{에서} \qquad \omega = \sqrt{\frac{k}{m}} \text{ 이다.}$$

또 단진동의 주기 $T$를 비례 상수 $k$로 나타내면,

$$T = \frac{2\pi}{\omega} = 2\pi\sqrt{\frac{m}{k}} \text{ 이다.}$$

따라서 주기는 물체의 질량이 클수록 복원력의 비례 상수가 작을수록 커진다.

## 용수철 진자와 단진자

주변에서 쉽게 볼 수 있는 용수철 진자와 단진자를 예로 들어 단진동에 대해 살펴보자. 용수철에 추를 매달고 평형 위치에서 잡아당겼다가 놓으면 탄성력에 의해 추는 진동을 한다. 이러한 운동을 하는 진자를 용수철 진자라고 한다.

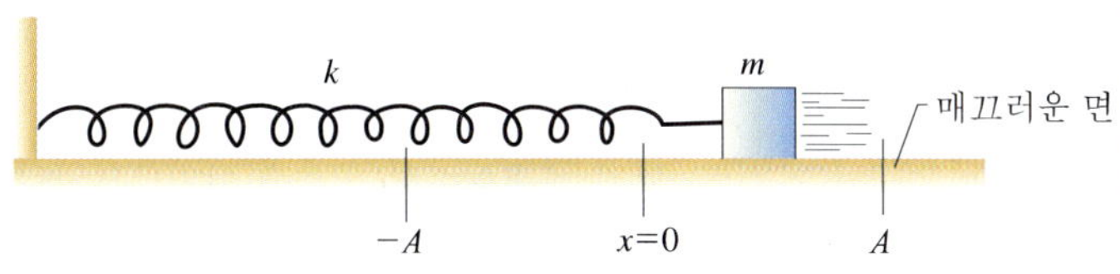


이와 같이 탄성을 가진 물체가 변형되면 원래의 상태로 되돌아가기 위해 작용하는 힘인 탄성력은 훅의 법칙에 따라 다음과 같이 주어진다.

$$F = -kx \, (k \text{ : 용수철 상수})$$

탄성력 $F$는 변위의 크기에 비례하고, (−)부호는 탄성력 $F$가 변위 $x$와 반대 방향으로 작용하여 원래 상태로 되돌아가려는 복원력을 의미한다. 그러므로 용수철에 매달린 추는 단진동을 한다는 것을 알 수 있다.

$F= ma= -kx$에서 $a= -\frac{k}{m}x$가 되며, 단진동하는 물체의 가속도의 식 $a= -\omega^2 x$에서 $\omega^2= \frac{k}{m}$이 된다. 따라서 용수철 진자의 주기 $T= \frac{2\pi}{\omega} = 2\pi\sqrt{\frac{m}{k}}$ 이다. 즉 용수철 진자의 주기는 진폭에 관계없이 진자의 질량이 클수록 용수철 상수가 작을수록 길어진다는 것을 알 수 있다.

변위에 비례하는 복원력을 받는 또 다른 예로 단진자가 있다. 단진자의 줄에 매달린 물체에 연직 아랫방향으로 중력 $m\vec{g}$와 장력 $\vec{T}$가 작용한다.

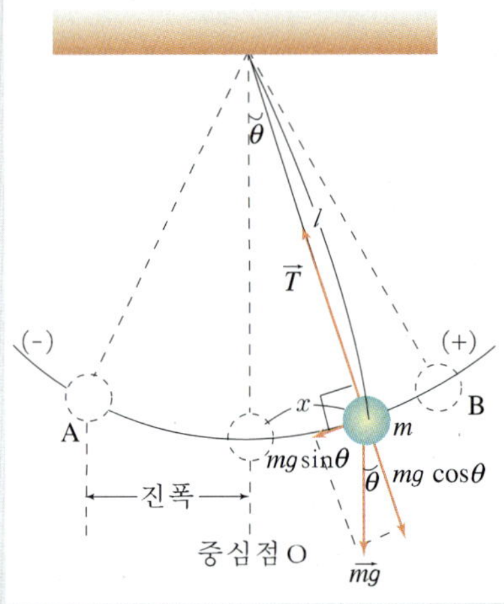


이 때 단진자의 속도를 변화시키는 힘은 중력의 접선 방향의 성분인 $mg\sin\theta$이며, 이 힘은 변위와 반대 방향인 $\theta=0$쪽으로 작용하므로

$$F= -mg\sin\theta$$

이다. $\theta$가 충분히 작으면 $\sin\theta \approx \theta$이므로 단진자에 작용하는 힘은

$$F= -mg\sin\theta \fallingdotseq -mg\theta = -mg\frac{x}{l} = -\frac{mg}{l}x = -kx$$

이다. 이로부터 단진자에 작용하는 힘은 중심 O로부터의 변위 $x$에 비례하고 변위와 방향이 반대인 복원력이므로 추는 단진동을 하게 된다. 위 식에서 복원력의 비례 상수 $k$는 $k= \frac{mg}{l}$이므로, 단진자의 주기 $T$는

$$T= 2\pi\sqrt{\frac{m}{k}} = 2\pi\sqrt{\frac{l}{g}}$$

이다. 단진자의 주기는 진자의 길이가 길수록, 중력 가속도가 작을수록 커진다는 것을 알 수 있다. 즉 단진자의 주기는 진자의 길이에만 관계되고 진폭이나 추의 질량과는 관계가 없다. 이것을 진자의 등시성이라고 한다.

## 개념확인하기

1 선속력과 각속력(회전 속력)을 구별해서 설명하라.

2 회전축과 일정한 거리를 유지하고 있는 어떤 곳의 각속력이 변하면 선속력은 어떻게 되는가?

3 각속력이 일정할 때 회전축으로부터의 거리를 변화시키면 선속력은 어떻게 되는가?

4 수평면에서 원통을 굴리면 원통은 직선 경로를 따라 운동한다. 한편 양쪽의 직경이 다른 원통을 굴리면, 이 원통은 원운동한다. 그 이유는?

5 줄의 한 끝에 깡통을 매달아 원운동시킬 때, 깡통에 작용하는 힘의 방향은?

6 회전하는 놀이 기구에 타고 있는 사람에게 작용하는 힘은 원의 중심쪽을 향하는가, 원의 중심으로부터 멀어지는 쪽을 향하는가?

7 세탁기가 작동하는 동안 세탁물에 작용하는 힘의 방향은 안쪽인가, 바깥쪽인가?

8 그림 5.8의 회전하는 깡통과 개미 사이의 상호작용에서 작용 반작용의 두 힘을 설명하라.

9 회전하는 깡통의 바닥에 있는 개미는 깡통의 바닥을 미는 원심력을 느끼고 있다. 이 힘의 외적인 근원이 있는가? 이 힘이 작용 반작용의 한 쌍의 힘 중 작용이라는 것을 확인할 수 있는가? 만약 확인할 수 있다면 반작용의 힘은 무엇인가?

10 자동차가 일정한 속력으로 회전할 때, 안쪽 두 바퀴가 더 큰 힘을 받겠는가? 바깥쪽 두 바퀴가 더 큰 힘을 받겠는가?

11 회전하는 우주 정류장 내의 한 곳에서 인공 중력의 크기와 각속력 사이의 관계는?

12 회전하는 우주 정류장의 각속력이 일정할 때 인공 중력과 회전 반지름과의 관계는?

13 인공 중력을 만드는 우주 정류장(구조물)의 크기를 더 크게 했을 때 좋은 점은?

14 엘리베이터가 위로 올라가면서 속력이 일정하게 증가하고 있다면, 이 엘리베이터 안의 추시계의 주기는 어떻게 변하는가? 또 엘리베이터가 아래로 내려가면서 속력이 일정하게 증가하고 있을 때는 어떻게 변하는가?

15 회전 기준계에서 개미가 느끼는 원심력을 가상적인 힘이라고 하는 이유는?

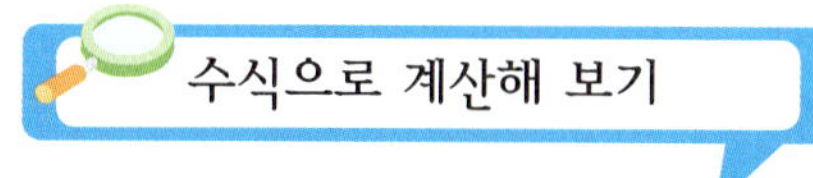

## 수식으로 계산해 보기

1 여러분이 회전하는 놀이 기구의 손잡이를 놓쳐 떨어진다면 여러분은 어느 방향으로 날아가겠는가?

2 개미가 회전축과 회전 원판의 가장자리 사이의 중간에 있다. 다음의 각 경우에 개미의 선속력은 어떻게 되겠는가?

a. 분당 회전수가 2배가 될 때

b. 개미가 회전 원판의 가장자리에 있을 때

c. a와 b가 동시에 이루어졌을 때

3 종이컵 2개를 그림과 같이 붙여 놓았다. 이것을 레일 위에 올려 놓고 약간 비스듬히 굴렸을 때 자동적으로 궤도를 수정하는가? 직접 실험해 보고 답하라.

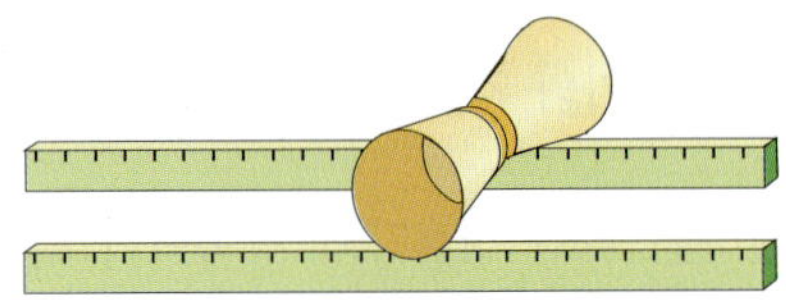

4 지구가 자전할 때 우리 나라에서 어느 곳의 선속력이 가장 크겠는가?

5 그림과 같이 오토바이가 사발 모양의 벽과 수직을 이루는 트랙을 따라 운동하고 있다. 오토바이에 구심력이 작용하는가, 원심력이 작용하는가?

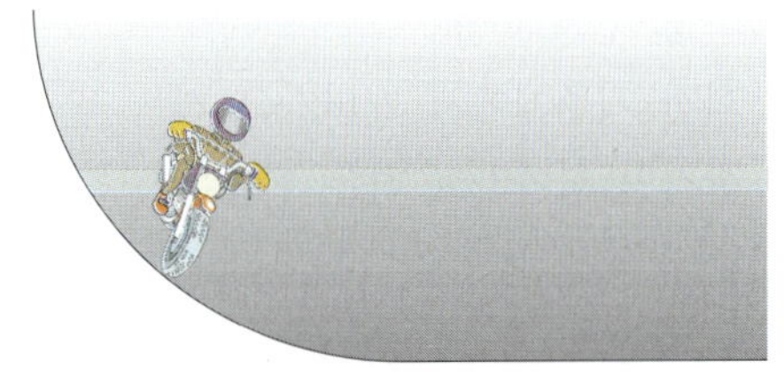

6 독수리가 비상하면서 회전할 때 독수리가 회전하도록 구심력 역할을 하는 힘은 무엇인가?

7 수평면에 정지해 있는 자동차는 두 종류의 힘을 받는다. 자동차의 무게(아래쪽으로)와 수직항력(위쪽으로). 수평면에서는 자동차가 회전하더라고 수직항력은 계속 위쪽으로 작용한다. 따라서 자동차가 수평면에서 커브 길을 돌 때 바퀴와 도로면 사이의 마찰이 유일한 구심력이다. 아래 그림과 같이 수직항력의 한 성분이 구심력 역할을 하도록 도로면이 경사져 있다고 하자.

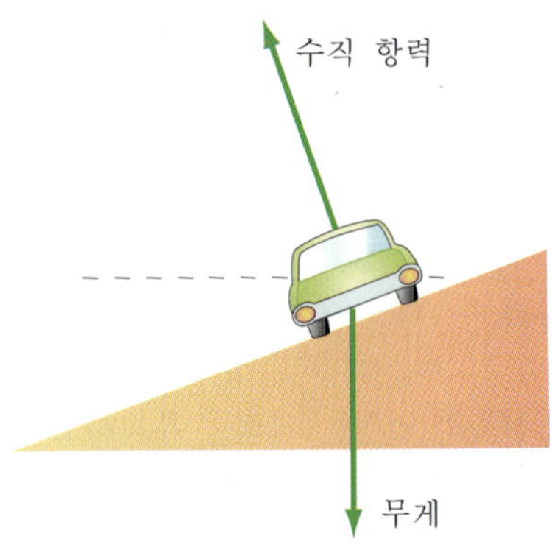


여러분은 바퀴와 도로면 사이의 마찰이 없더라도 자동차가 경사진 도로를 따라 회전할 수 있다고 생각하는가?

8 구심력은 회전하는 물체에 대해 일을 하는가?

9 지구에서 지구가 더 빨리 회전하면 사람의 몸무게는 더 작아지는데, 우주 정류장에서는 정류장이 더 빨리 회전하면 사람의 몸무게가 더 커지는 이유를 설명하라.

10 궤도 비행하는 우주 왕복선의 탑승자는 무중력 상태를 느낀다. 또 다른 우주 왕복선과 연결 케이블을 사용하여 지구에서와 같은 중력을 느끼려고 한다. 어떻게 하면 되겠는가?

11 질량 0.5kg인 물체가 진폭 10cm, 주기 0.2초인 단진동을 하고 있다. 속도의 최대값은 몇 m/s인가? 또 물체에 작용하는 복원력의 최대값은 몇 N인가?

12 화성과 태양 사이의 거리는 금성과 태양 사이의 거리의 약 2배이다. 또한 화성이 태양을 한 바퀴 도는 데 걸리는 시간은 금성의 약 3배이다.
a. 회전 속력이 더 큰 행성은?
b. 선속력이 더 큰 행성은?

**13** 매초당 10회전하는 회전 원판이 산꼭대기에 놓여 있다. 회전 원판 위에는 밝은 빛을 방출하는 레이저가 부착되어 있다. 회전 원판과 레이저가 회전할 때 레이저 광선 역시 회전하면서 하늘로 퍼져나간다. 어두운 밤에 이 광선은 10km떨어진 어떤 구름을 비추고 있다.

a. 레이저 광선이 이 구름을 스쳐 지나갈 때의 선속력은 얼마인가?

b. 레이저 광선이 20km떨어진 구름을 스쳐 지나갈 때의 속력은 얼마인가?

**14** 반지름이 4m인 아주 작은 우주 정류장을 생각해 보자. 키가 2m인 사람의 발에 작용하는 가속도의 크기는 $1g$이다. 머리의 가속도는 얼마인가? 우주 정류장이 커야 하는 이유를 설명하라.

**15** 우주 정류장 내에 서 있을 때 발의 선속력과 구심가속도는 머리보다 더 크다. 또한 머리부터 발까지 각기 다른 중력가속도를 갖게 된다. 이 때문에 우리 몸은 상당히 불안정한 상태에 놓이게 된다. 한 연구 논문에는 우리 몸이 받는 중력가속도의 차이가 $\left(\frac{1}{100}\right)g$ 정도일 때는 별로 불쾌감을 느끼지 못한다고 한다. 발과 머리의 중력가속도의 차가 $\left(\frac{1}{100}\right)g$라면, 키와 우주 정류장의 반지름의 비는 얼마인가?

**16** 반지름 2m인 원궤도를 어떤 물체가 일정한 각속도 3 rad/s로 돌고 있다.

a. 이 물체의 주기는 약 몇 초인가?

b. 이 물체의 구심 가속도는 몇 $m/s^2$인가?

**17** 원형 커브길에서 자동차가 달리고 있다. 차의 속력이 2배로 되었을 때, 이 자동차가 커브길에서 이탈되는 것을 막기 위한 구심력은 처음의 몇 배가 되어야 하는가? 또 구심력의 역할을 하는 힘은 무엇인지 설명해 보자.

**18** 길이가 49cm인 단진자가 8회 진동하는 동안 길이 16cm인 진자가 진동하는 횟수는 약 몇 회인가?

**19** 길이가 80cm인 용수철에 4kg의 추를 매달았더니 용수철의 길이가 120cm가 되었다.(단, 중력 가속도는 $10\,m/s^2$으로 한다.)

a. 이 용수철의 용수철 상수는 몇 N/m인가?

b. 추를 아래로 조금 당겼다 놓을 때, 추의 진동 주기는 몇 초인가?

**20** 다음 그림과 같이 추를 연직면과 $\theta$만큼 기울였다가 놓았다.

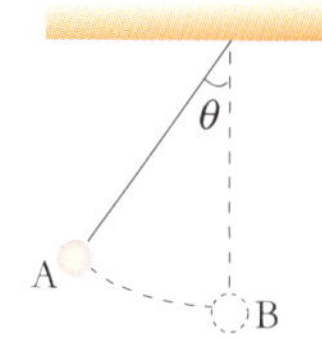


a. 점 A에서 B까지 가속도의 변화를 설명하라.

b. 추에 작용하는 복원력이 최대인 곳은?

**21** 어떤 소설 속에 등장하는 어린 왕자는 소행성에 살고 있다. 소행성의 밀도 $\rho$이고, 소행성은 회전하지 않는다고 가정한다. 어린 왕자가 소행성 표면을 따라 빠르게 걸으면 걸을수록 자신의 몸이 가벼워짐을 느꼈다. 걷는 속도가 2m/s가 되었을 때 무중력 상태가 되었다면 이 소행성의 반지름은 얼마가 되겠는가?(단, 만유인력 상수는 $G$이다.)

**22** 번지점프는 탄력 있고 튼튼한 밧줄의 한 끝을 다리나 건물의 일부분에 고정시키고 밧줄의 다른 끝은 번지점프 참가자의 몸에 맨 상태에서 스스로 낙하하여 연직 위 아래로 진동하는 것이다. 다음 물음에 답하라.

a. 몸무게가 가벼운 사람일수록 진동주기는 증가하는가, 감소하는가, 아니면 변함이 없는가?

b. 번지점프하는 사람이 최하점에 도달했을 때 밧줄의 늘어난 길이를 측정하는 방법을 제시하라.

c. 번지점프한 사람의 진폭이 $A$라면 이 사람이 한 주기 동안 이동한 거리는 얼마인가?

**23** 단진자가 자동차의 천장에 매달려 있다고 가정하자. 자동차가 비탈길을 따라 내려올 때 단진자의 주기를 구하려고 한다.

a. 자동차가 비탈길을 등가속도($= g\sin\theta$)로 내려오는 동안 단진자의 평형점을 설명하라.

b. 단진자의 주기는 자동차가 정지해 있을 때와 어떻게 다른지 설명하라.

c. 자동차가 정지해 있을 때 진자를 비교적 큰 폭으로 진동시켰다면 진자의 평형점(최하점)에서 진자의 가속도의 방향과 크기를 설명해 보라.

**24** 그림과 같이 $a = \frac{3}{4}g$의 등가속도로 하강하고 있는 상자의 천장에서 공을 자유 낙하시켰을 때 밑면에 도달하는 시간은 상자가 정지하고 있을 때 떨어지는 시간의 몇 배가 되겠는가? 단, 중력가속도는 $g$이다.

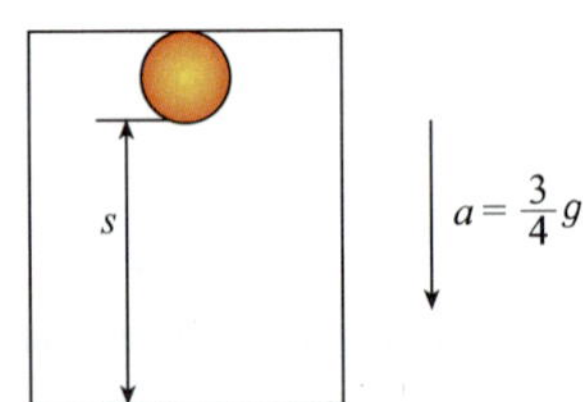


**25** 그림과 같이 버스가 수평면 위에서 등가속도 운동을 하고 있다. 가속도의 크기가 중력가속도와 같을 때 버스의 손잡이가 연직선과 이루는 각 $\theta$의 tan값은 얼마인가? 단, 중력가속도는 $g$이다.

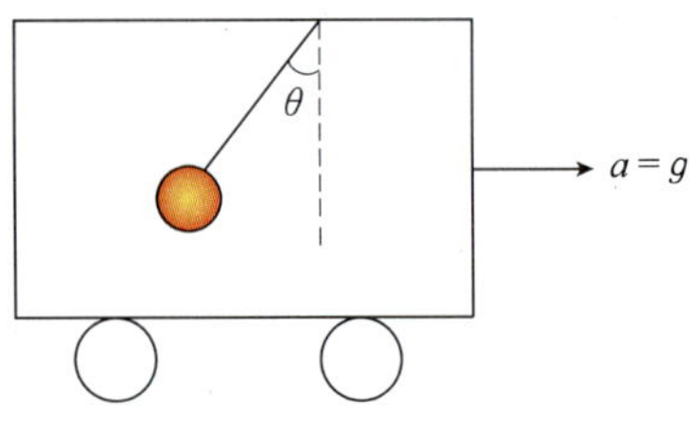


**26** 마찰이 없는 수평면 위에 용수철 상수가 $k$인 2개의 용수철에 질량 $m$인 물체를 그림과 같이 연결하고 오른쪽으로 길이 $A$만큼 잡아당겼다가 가만히 놓았다.

a. 물체가 진동하는 동안 물체의 최대 가속도는 얼마인가?

b. 물체의 진동 주기는 얼마인가?

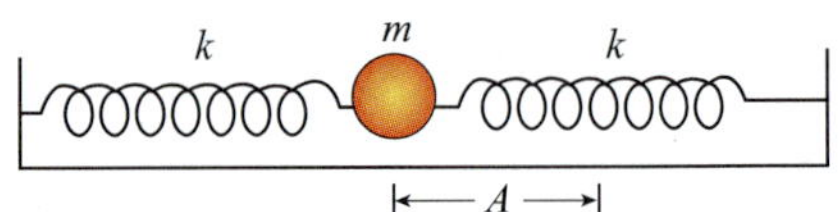


**27** 길이 $L$인 단진자가 그림과 같이 단진동하고 있다. 중력 가속도가 $g$일 때 이 단진자의 주기는 얼마인가?(단, 공기의 저항이나 마찰은 무시한다.)

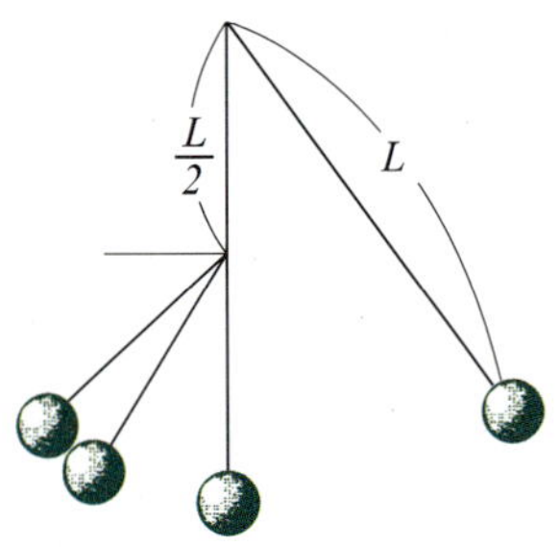


**28** 그림과 같이 길이 $l$인 실의 한쪽 끝을 고정하고 다른 쪽 끝에는 질량 $m$인 추를 매달아 수평면 내에서 등속 원운동시키고 있다. 실과 연직선이 이루는 각이 $\theta$일 때 다음 물음에 답

하여라.(단, 실의 질량은 무시하고 중력 가속도는 $g$이다.)

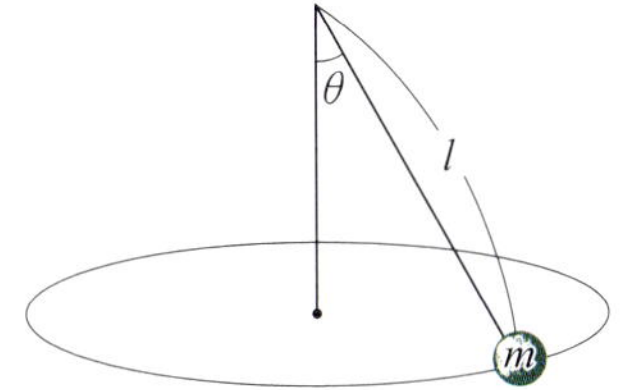


a. 실의 장력은 얼마인가?
b. 물체의 속력은 얼마인가?
c. 물체의 회전 주기는 얼마인가?

**29** 그림과 같이 엘리베이터 천정과 연결된 실에 질량 $m$인 물체가 매달려 있다. 물체는 바닥으로부터 높이 $h$인 곳에 있고 엘리베이터가 $a$의 가속도로 상승하고 있을 때 다음 물음에 답하여라.(단, 중력 가속도는 $g$이다.)

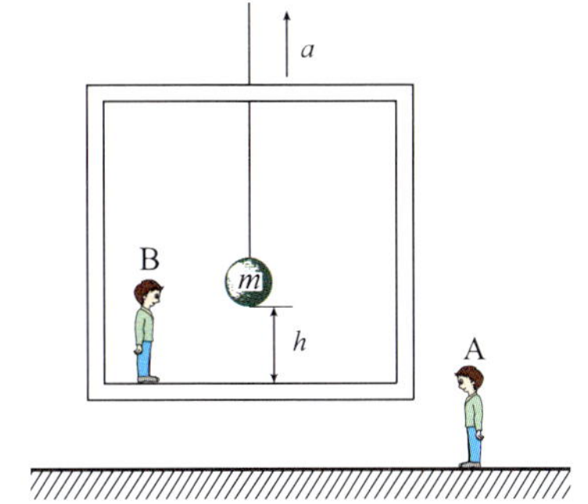


a. 엘리베이터 바깥에 있는 사람 A가 측정한 실의 장력을 구하여라.
b. 엘리베이터 안에 있는 사람 B가 측정한 실의 장력은?
c. 실을 갑자기 끊었을 때 물체가 바닥에 도달하는 데 걸리는 시간은?

**한걸음 더**

1. [수식으로 계산해보기] 20번 문제 계속
   a. 진자의 운동 방정식을 쓰시오.
   b. 진자가 B를 통과할 때 장력의 크기를 구하시오.
   c. B에서 진자의 가속도는?

2. 길이 $l$, 용수철 상수 $k$인 용수철의 한 쪽 끝에 질량 $M$인 물체를 매단 다음 다른 쪽 끝을 회전축으로 하여 수평면에서 등속 원운동시켰더니 용수철의 길이가 $2l$이 되었다.
   a. 물체의 각속도는 얼마인가?
   b. 물체의 선속도는 얼마인가?

Chapter 6

# 역학적 에너지

에너지는 과학에서 가장 보편적인 개념이다. 하지만 그 존재방식이 너무나 다양하여 '어떤 것'으로 정의내리기는 거의 불가능하다. 사물 자체뿐만 아니라 사물의 운동, 상태, 위치 등이 모두 에너지를 갖고 있다. 에너지가 한 곳에서 다른 곳으로 전달되거나 또는 한 형태에서 다른 형태로 전환될 때만 우리는 에너지의 효과를 관찰하게 된다. 이러한 에너지의 효과를 일(work)이라고 한다. 우리는 일을 통해서 에너지의 존재를 인식할 수 있다. 즉, 일은 에너지가 겉으로 드러난 모습(相)이라고 볼 수 있다.

본 장에서는 운동 혹은 운동의 변화에 관련되어 있는 역학적 에너지에 대하여 생각해보려고 한다.

## 6.1 일

물체를 중력의 반대 방향으로 들어 올릴 때 일을 하게 된다. 더 무거운 물체를 들어올리거나 더 높이 들어올릴수록 더 많은 일을 하게 된다. 이와 같이 일의 양은 작용한 힘이 클수록 이동 거리가 길수록 더 많다.

물체에 작용한 힘의 크기가 일정하고 물체가 힘의 방향으로 직선 운동하는 경우에, 물체에 한 일은 작용한 힘과 이동 거리의 곱으로 나타낸다.[1)]

$$일 = 힘 \times 거리$$

$$W = Fs$$

그림 6.1
역기를 들어올리려면 일을 해야 한다. 역도 선수가 역기를 2배 높이 들어올리려면 2배의 일을 해야 한다.

---

1) 일의 양을 좀 더 일반적으로 정의하면 운동 방향으로 작용하는 힘의 성분과 이동 거리의 곱이다.

$$W = Fs\cos\theta$$

역도 선수가 1000N의 역기를 들고 가만히 서 있는 경우에는 역기에 대해 한 일은 0이다. 역기를 들고 있는 동안 그는 힘들어서 지치게 되지만, 역기가 움직이지 않는다면 그는 일을 하지 않은 것이다. 근육이 이완 수축되면서 생물학적 관점에서 힘과 이동 거리의 곱에 해당하는 일을 한다고 볼 수는 있으나, 이 일은 역기에 대해 한 것이 아니다. 그렇지만 역기를 들어올리면 이야기는 달라진다. 역도 선수가 바닥으로부터 역기를 들어올리면 그는 역기에 대해 일을 한 것이다.

일반적으로 일은 2가지 종류로 나누어진다. 한 가지는 다른 힘에 대해 일을 하는 것이다. 궁수가 활을 잡아당길 때 궁수는 활시위의 탄성력에 대해 일을 한다. 말뚝을 박는 해머를 들어올리려면 중력에 대해 일을 해야 한다. 또한 엎드려서 팔굽혀펴기를 할 때 자신의 몸무게에 대해 일을 한다. 방해하는 힘 – 흔히 마찰력 – 을 이겨내면서 어떤 것을 움직이게 할 때 우리는 그 힘에 대해 일을 한다고 한다.

다른 한 가지는 물체의 속력을 변화시킬 때 하는 일이다. 물체의 속력을 증가시키거나 감소시킬 때 하는 일이 이런 종류에 속한다.

일의 측정 단위는 힘의 단위인 N과 거리의 단위인 m를 곱한 N·m를 쓰며, James Joule을 기념하여 줄(J)이라 부른다. 즉 1J은 1N의 힘으로 1m 이동시켰을 때의 일이며, 대략 사과 1개를 머리 위로 들어올리는데 필요한 일의 양이다. 그림 6.1의 역도 선수가 하는 일은 대략 수 kJ이다. 100km/h의 속력으로 달리는 트럭을 멈추는 데는 대략 수 MJ의 일이 필요하다.

---

**Example 1** 힘은 물체를 운동하게 한다. 힘과 작용 시간을 곱한 양을 충격량이라 하며, 이는 물체의 운동량을 변화시킨다. 힘과 이동 거리를 곱한 양을 무엇이라 하는가? 이것은 어떤 양을 변화시킬 수 있는가?

풀이 일, 물체의 에너지

**Example 2** 역기를 들어올리려면 일을 해야 한다. 역기를 3배 더 높은 곳으로 들어올리면 일을 몇 배 더 해야 하는가?

풀이 3배

---

# 6.2 일률

계단을 따라 짐을 들고 올라갈 때 걸어 올라가든 뛰어 올라가든 한 일의 양은 같다. 그런데 몇 분 동안 걸어서 올라갈 때보다 몇 초만에 뛰어서 올라갈 때 더 힘든 이유는 무엇일까? 이를 이해하기 위해서는 같은 양의 일을 하는 데 걸리는 시간, 또는 같은 시간 동안에 한 일의 양을 따져 볼 필요가 있다. 즉 어느 경우에 일을 더 빨리 하였는가를 비교하여야 하는데, 이는 한 일의 양을 걸린 시간으로 나누어 보면 쉽게 알 수 있다. 이와 같이 단위 시간 동안 한 일의 양을 일률이라고 하며, 일률은 한 일의 양을 걸린 시간으로 나눈 것과 같다.

$$\text{일률} = \frac{\text{한 일}}{\text{걸린 시간}}$$

고성능(일률이 큰) 엔진은 순식간에 일을 한다. 다른 자동차에 비해 일률이 2배인 자동차의 엔진은 같은 시간 동안에 2배의 일을 하거나 같은 양의 일을 하는 데 절반의 시간이 걸린다는 것을 의미한다. 강력한 엔진은 이보다 약한 엔진보다 더 짧은 시간에 주어진 속력까지 도달할 수 있다.

일률의 단위는 J/s이며 역시 18세기에 증기 기관을 발명한 James Watt를 기념하여 와트(W)라 부른다. 1W는 1초 동안 1J의 일을 했을 때의 일률이다.

**Example** 지금의 포크리프트(물체를 들어올리는 기계)를 일률이 2배인 새 포크리프트로 교체한다면 같은 시간 동안 얼마나 많은 짐을 들어올릴 수 있는가? 같은 짐을 들어올리는 데 얼마나 빠르게 일을 할 수 있는가?

풀이 일률이 2배인 포크리프트는 같은 시간 동안 2배의 짐을 들어올리거나, 절반의 시간 동안 같은 양의 짐을 들어 올린다.

그림 6.2
매 초당 3,400kg라는 엄청난 연료가 연소될 때 우주 왕복선의 3개의 주 엔진은 33,000MW의 출력을 낼 수 있다. 이것은 평균 크기의 풀장의 물을 20초 만에 비우는 것과 같다.

# 6.3 역학적 에너지

궁수가 활시위를 잡아당기면, 휘어진 활시위는 화살에 일을 할 수 있는 능력을 갖게 된다. 말뚝을 박는 무거운 해머를 들어올리면, 해머는 낙하하면서 해머와 충돌하는 물체에 일을 할 수 있는 능력을 갖게 된다. 태엽을 감는 일을 해주면, 태엽은 톱니바퀴에 일을 할 수 있는 능력을 갖게 되어 시계를 작동시키거나, 종을 울리거나, 경보 장치를 작동시키게 된다. 이런 경우에 활시위, 해머, 태엽 등은 다른 물체에 일을 할 수 있는 무언가를 갖게 된다. 그것은 물체를 구성하는 물질 내부의 원자들이 압축된 형태로 존재할 수도 있고, 인력이 작용하는 물체들 사이의 거리가 멀어진 형태로 존재할 수도 있으며, 또 물체의 분자 내부에서 전하들이 재배열된 형태로 존재할 수도 있다. 물체에 일을 할 수 있는 이 '무언가'가 바로 에너지이다.[2] 에너지도 일처럼 J의 단위로 측정된다. 에너지는 여러 가지 형태로 나타나는데, 그 중에 가장 일반적인 두 가지 형태의 역학적 에너지는 물체의 위치 또는 운동에 기인한 에너지이다. 즉 역학적 에너지는 위치 에너지나 운동에너지의 형태로 존재할 수 있다.

---

**Example** 역학적 에너지의 두 가지 형태는 무엇인가?

풀이 운동 에너지, 위치 에너지

---

## 6.4 위치 에너지

힘이 작용하는 공간에서 물체의 위치를 변화시켜 에너지를 저장할 수 있다. 이 에너지는 그 위치에서 일을 할 수 있는 능력을 나타내므로 위치 에너지(potential energy : $E_p$)라 부른다.

### 중력에 의한 위치 에너지

물체를 중력의 반대 방향으로 들어올릴 때 일을 해주어야 하며, 물체를 들어올릴 때 해 준 일은 물체의 위치 에너지로 전환된다. 이와 같이 높이에 따른 위치 에너지를 중력에 의한 위치 에너지라 한다. 예를 들어 높은 곳에 있는 물탱크 안의 물이나 높이 들어올린 해머는 중력에 의한 위치 에너지를 갖고 있다.

---

2) 엄밀히 말해서 물체가 갖고 있는 모든 에너지가 일로 전환될 수 없으므로 물체가 일을 할 수 있는 에너지를 이용가능한 에너지라 한다.

물체가 갖는 중력에 의한 위치 에너지의 양은 그 물체를 들어올릴 때 중력에 대해 한 일의 양과 같다. 이때 한 일의 양은 물체를 들어올리는 데 필요한 힘과 연직으로 이동한 거리의 곱이다($W = Fs$를 기억하자). 물체를 일정한 속도로 들어올리는 데 필요한 힘은 물체의 무게인 $mg$와 같으므로, 질량 $m$인 물체를 높이 $h$만큼 들어올리는 데 한 일의 양은 $mgh$이다.

$$\begin{aligned} \text{일} &= \text{힘(무게)} \times \text{거리(높이)} \\ &= mg \times h \end{aligned}$$

따라서 중력에 의한 위치 에너지는 $mgh$임을 알 수 있다.

$$\text{중력에 의한 위치 에너지} : E_p = mgh$$

높이란 지면이나 빌딩의 1층과 같이, 임의의 관측자가 선택한 기준면으로부터 연직 위로 이동한 거리를 말한다. 중력에 의한 위치 에너지 $mgh$는 그 기준면에 따라 달라지며, 그 양은 오직 무게와 높이에 따라 결정된다. 그림 6.3은 2m 높이에 있는 100N의 돌멩이가 갖는 위치 에너지는 돌멩이가 기준면으로부터 이동한 경로와 관계가 없다는 것을 나타낸 것이다.

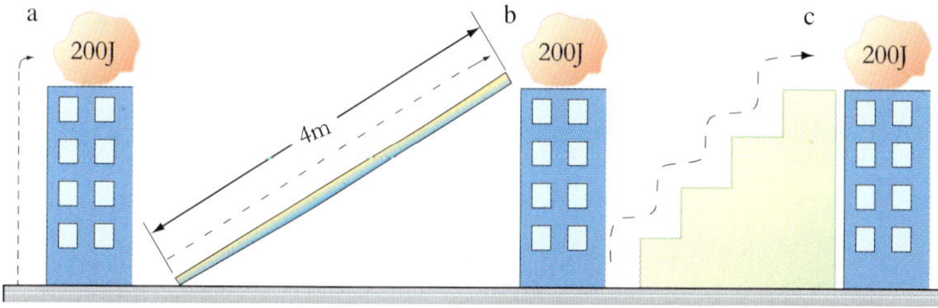


그림 6.3
세 경우 모두 높이 2m인 곳으로 이동했으므로 100N의 돌멩이는 지면에 대해 200J의 위치 에너지를 갖는다.
(a) 100N의 힘으로 들어올린다.
(b) 50N의 힘으로 경사면을 따라 밀어올린다.
(c) 100N의 힘으로 한계단의 높이가 0.5m인 계단을 이용하여 들어올린다. 마찰을 무시하면 수평 방향으로 돌멩이를 이동시키는 데 드는 일은 없다.

**Example 1** 100N의 물체를 미끄러운 수평면을 따라 10m 이동시켰다면 물체에 대해 한 일의 양은 얼마인가? 물체의 위치 에너지는 얼마나 변했는가?

풀이 물체의 운동 방향에 작용한 힘이 없으므로 수평면을 따라 움직이는 물체에 대해 한 일은 없다(물체를 움직이게 하거나 멈추게 할 때만 약간의 일을 필요로 할 뿐이다). 높이의 변화가 없으므로 위치 에너지의 변화도 없다.

**Example 2** a. 100N의 돌멩이를 1m 들어올렸다면 돌멩이에 한 일은 얼마인가?
b. 100N의 돌멩이를 1초만에 1m 들어올렸다면 이 때 일률은 얼마인가?
c. 돌멩이의 중력에 의한 위치 에너지는 얼마인가?

풀이 a. 돌멩이에 한 일은 $W = Fs = 100\text{N} \cdot 1\text{m} = 100\text{N} \cdot \text{m} = 100\text{J}$

b. 일률 $= \dfrac{100\text{J}}{1\text{s}} = 100\text{W}$

c. 기준면에 따라 다르다. 출발점을 기준면으로 잡으면 돌멩이의 위치 에너지는 100J이다. 다른 곳을 기준면으로 잡으면 위치 에너지는 달라진다.

## 더 알아보기 탄성력에 의한 위치 에너지

원래 상태보다 늘어나 있거나 압축되어 있는 용수철은 일을 할 수 있는 능력을 가진다. 예를 들어 활을 잡아당기면 활에 에너지가 저장되고 활은 화살에 일을 할 수 있다. 고무줄을 잡아당겨 늘이면 고무줄은 위치 변화 때문에 위치 에너지를 가지며 역시 일을 할 수 있는 능력을 갖는다. 이와 같은 위치 에너지를 탄성력에 의한 위치 에너지라고 한다.

용수철이 변형되었을 때 갖는 탄성력에 의한 위치 에너지는 용수철을 변형시키는 동안 한 일과 같다. 용수철을 늘이는데 필요한 힘은 다음 그래프에서와 같이 변형된 길이에 비례한다(훅의 법칙).

그림 6.4
잡아당겨진 활이 갖는 위치 에너지는 화살을 잡아당기는데 해 준 일의 양(평균적인 힘×거리)과 같다. 활시위를 놓는 순간 활의 위치 에너지는 화살의 운동에너지가 된다.

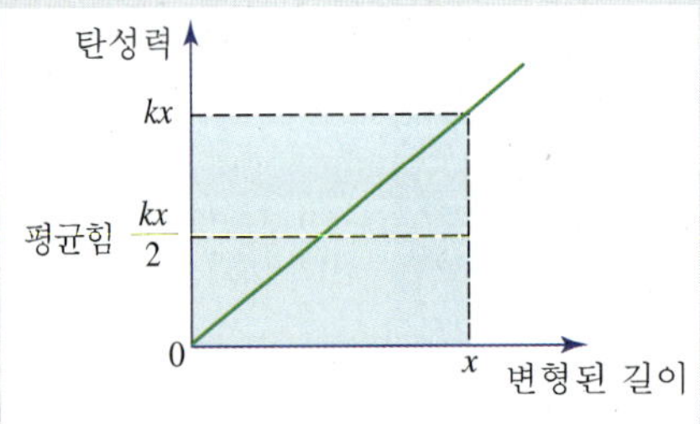


용수철을 $x$만큼 변형시키는 동안의 평균 힘의 크기는 $\frac{1}{2}kx$이므로 용수철을 변형시키는 동안 한 일을 계산해 보면, 다음과 같다.

$$\begin{aligned} \text{일} &= \text{힘(평균탄성력)} \times \text{거리(변위)} \\ &= \left(\frac{1}{2}kx\right) \times x = \frac{1}{2}kx^2 \end{aligned}$$

위 식으로부터 $x$만큼 변형된 용수철이 가지는 탄성력에 위한 위치 에너지는 $\frac{1}{2}kx^2$라는 것을 알 수 있다.

$$\text{탄성력에 의한 위치 에너지} : E_p = \frac{1}{2}kx^2$$

## 더 알아보기 만유 인력에 의한 위치 에너지

중력에 의한 위치 에너지 $mgh$는 물체에 작용하는 중력 $mg$가 일정하다는 가정하에 성립하는 것이다. 그러나 지구와 물체 사이의 거리가 멀어지면 중력이 변하므로 위치 에너지를 더 이상 $mgh$로 표현할 수가 없다. 지구 주위를 돌고 있는 인공 위성이 받는 중력은 지구와 인공 위성 사이에 작용하는 만유인력이다. 이 때 지구로부터 거리에 따른 만유인력의 크기를 나타내는 그래프를 그리면 다음과 같다.

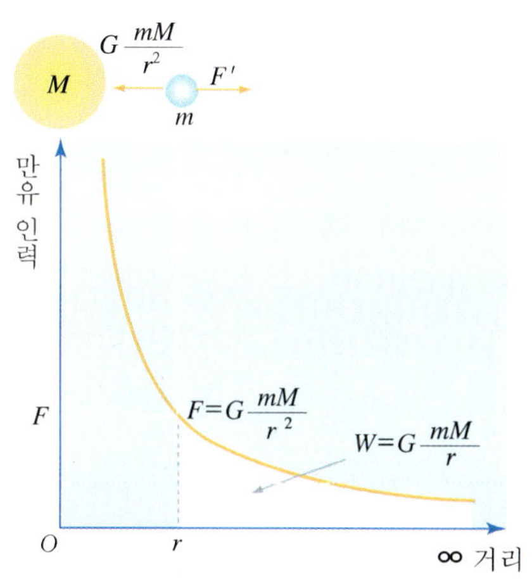


지구로부터 거리 $r$인 곳에 있는 인공위성이 가지는 만유 인력에 의한 위치 에너지는 얼마일까? 이는 지구로부터 무한대의 위치를 기준점으로 하였을 때 거리 $r$인 곳에 있는 물체를 무한대까지 이동하는 동안 물체에 한 일을 구해 봄으로써 알 수 있다.

질량 $m$인 인공 위성에 만유 인력 $F$와 크기가 같은 힘 $F'$를 반대 방향으로 작용하여 무한히 먼 곳으로 이동시킨다고 하자. 이 때 한 일은 그래프 아래 넓이와 같으며, 그 크기는 $W = G\dfrac{mM}{r}$[3]이다. 여기서 $G$는 만유 인력 상수이며 $M$은 지구의 질량이다. 이 일은 무한대에서의 위치 에너지와 거리 $r$에서의 위치 에너지의 차이와 같다. 즉, $E_p(\infty) - E_p(r) = G\dfrac{mM}{r}$이다. 무한대에서는 만유인력이 0이 되므로, 무한대의 위치를 만유 인력에 의한 위치 에너지의 기준점으로 삼으면 $E_p(\infty)$가 0이 된다. 따라서 거리 $r$인 곳에서 질량 $m$인 물체가 가지는 만유 인력에 의한 위치 에너지는 $E_p(r) = -G\dfrac{mM}{r}$이다.

만유 인력에 의한 위치 에너지 : $E_p = -G\dfrac{mM}{r}$[4]

3) $W = Fs = \int_r^{\infty} G\dfrac{mM}{r^2}dr = G\dfrac{mM}{r}$

4) 여기서 (−)부호는 물체가 중력장에 속박되어 있음을 의미한다. 이와 같이 물체를 중력장의 속박에서 풀어내는 데 필요한 에너지를 결합 에너지라고 한다.

## 6.5 운동 에너지

물체를 밀어서 일을 해주면 물체가 운동하도록 만들 수 있다. 운동하는 물체는 일을 할 수 있는 능력을 갖는데, 이 에너지를 운동 에너지(kinetic energy : $E_k$)라고 한다. 물체의 운동 에너지는 물체의 속력뿐만 아니라 질량과도 관계가 있다. 운동 에너지는 다음과 같이 표현된다.

$$\text{운동에너지} = \frac{1}{2} \times \text{질량} \times \text{속력}^2, \quad E_k = \frac{1}{2}mv^2$$

공을 던질 때, 공에 일을 해 주므로 공은 어떤 속력으로 날아가게 된다. 운동하는 공은 다른 물체와 충돌하여 물체를 밀 수 있다. 즉 충돌하는 물체에 일을 할 수 있다. 속력 $v$인 물체의 운동 에너지는 물체가 정지 상태에서 속력 $v$를 얻을 때까지 받은 일의 양과 같으며, 또는 속력 $v$인 물체가 정지할 때까지 할 수 있는 일의 양과 같다.

$$\text{알짜힘} \times \text{이동 거리} = \text{운동 에너지}$$

$$Fs = \frac{1}{2}mv^2$$

운동 에너지는 속력의 제곱과 관계가 있다. 따라서 물체의 속력이 2배가 되면 운동 에너지는 4배가 된다. 결과적으로 물체의 속력을 2배로 증가시키는 데는 4배의 일이 필요하다. 마찬가지로 2배의 속력으로 운동하는 물체는 정지할 때까지 4배의 일을 할 수 있다. 100km/h로 달리는 자동차는 50km/h로 달리는 자동차보다 4배의 운동 에너지를 갖는다. 그래서 100km/h로 달리는 자동차를 급제동했을 때 이 자동차가 미끄러지는 거리는 50km/h로 달리는 자동차가 미끄러지는 거리의 4배가 된다.

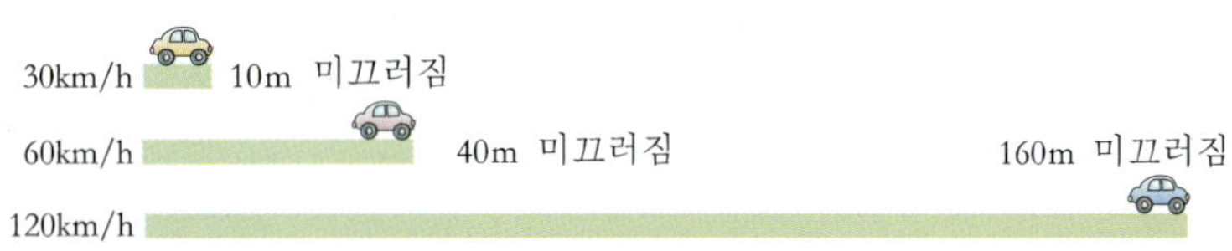


그림 6.5
속력에 따른 자동차의 전형적인 정지 거리. 자동차를 멈추는 데 해 준 일의 양은 (마찰력)×(미끄러진 거리)이다. 일은 속력의 제곱과 어떤 관계가 있는지 유의하라. 운전자의 반응 시간까지 고려한다면 이 거리는 더욱 커질 것이다.

**Example** 60km/h로 달리는 오토바이를 급제동하면 20km/h로 달리는 오토바이보다 얼마나 더 미끄러지겠는가?

풀이 9배 더 미끄러진다. 오토바이의 속력이 3배 더 빠르면 운동 에너지는 9배가 된다. 일반적으로 마찰력은 일정하다. 따라서 운동 에너지가 9배이면 9배의 일을 할 수 있으므로 미끄러지는 거리도 9배가 된다.

**더 알아보기** **일 – 에너지의 원리**

정지해 있는 물체에 일을 해 주면 물체는 에너지를 갖는다. 이 때 해 준 일이 모두 운동 에너지로 변하였다면, 물체의 운동 에너지는 해 준 일의 양과 같을 것이다. 그림과 같이 마찰이 없는 수평면 위에 정지해 있는 질량 $m$인 수레에 일정한 힘 $F$를 계속 작용하면 수레의 속도는 일정하게 증가한다.

수레의 속도가 $v$가 될 때까지 힘의 방향으로 이동한 거리를 $s$라고 할 때, 가속도와 이동거리와의 관계식으로부터 수레의 가속도를 구하면 다음과 같다.

$$v^2 - v_0^2 = 2as$$

$$a = \frac{v^2}{2s}$$

수레에 작용한 힘을 뉴턴의 운동 제 2법칙에 의해 구하면

$$F = ma = \frac{mv^2}{2s}$$

이다. 이 수레가 거리 $s$만큼 이동하는 동안 이 수레에 한 일의 양을 구하면 $W = Fs = \frac{mv^2}{2s} \cdot s = \frac{1}{2}mv^2$이다. 이 때 한 일이 모두 운동 에너지로 변하였다면 수레가 갖는 운동에너지는 해 준 일의 양과 같으므로, 수레의 운동에너지는 $\frac{1}{2}mv^2$ 이다.

$$E_k = \frac{1}{2}mv^2$$

정리하면 속력 $v$로 운동하는 질량 $m$인 물체의 운동 에너지 $\frac{1}{2}mv^2$은 물체가 정지 상태에서 속력 $v$를 얻을 때까지 받은 일의 양과 같으며, 또는 속력 $v$인 물체가 정지할 때까지 할 수 있는 일의 양과 같다.

# 6.6 에너지 보존

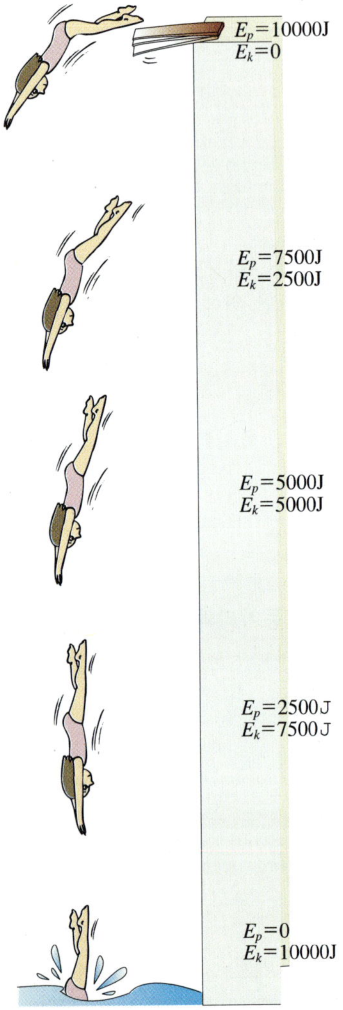

$E_p=10000\text{J}$
$E_k=0$

$E_p=7500\text{J}$
$E_k=2500\text{J}$

$E_p=5000\text{J}$
$E_k=5000\text{J}$

$E_p=2500\text{J}$
$E_k=7500\text{J}$

$E_p=0$
$E_k=10000\text{J}$

**그림 6.6**
다이빙선수가 멋있게 뛰어내릴 때 갖는 위치 에너지와 운동 에너지의 합은 수면으로부터의 높이가 변해도 항상 일정하다.

에너지가 무엇인가를 아는 것보다 에너지가 어떻게 전환되는가를 이해하는 것이 더 중요하다. 에너지가 한 형태에서 다른 형태로 어떻게 전환되는가를 분석하면 자연에서 일어나는 거의 모든 현상과 변화를 보다 쉽게 이해할 수 있다.

새총으로 나무 울타리의 기둥을 맞출 때를 생각해 보자. 새총의 고무줄에 돌멩이를 끼워 잡아당길 때, 고무줄을 늘이는 일을 하게 된다. 이때 늘어난 고무줄은 위치 에너지를 갖는다. 고무줄을 놓는 순간 돌멩이는 고무줄의 위치 에너지와 같은 양의 운동 에너지를 갖게 된다. 날아가는 돌멩이의 운동 에너지는 목표물인 나무 울타리 기둥에 전달된다. 그런데 나무 기둥이 조금 움직인 거리와 나무 기둥에 작용한 평균적인 충격력을 곱한 값은 돌멩이의 운동 에너지와 딱 들어맞지 않는다. 즉 두 값이 일치하지 않는다. 그러나 좀 더 자세히 살펴보면 돌멩이와 나무 기둥이 약간 따뜻해진 것을 알 수 있다. 얼마나 따뜻해졌을까? 두 값의 차이만큼 따뜻해진 것으로부터, 에너지는 손실이나 이득없이 한 형태에서 다른 형태로 변한다는 것을 알 수 있다.

여러 가지 형태의 에너지와 한 형태에서 다른 형태로의 에너지 전환에 대한 연구는 물리학의 가장 중요한 법칙 중의 하나인 에너지 보존 법칙을 이끌어냈다.

**>> 에너지는 창조되거나 소멸될 수 없다. 에너지는 한 형태에서 다른 형태로 전환될 수 있지만, 에너지의 총량은 결코 변하지 않는다.**

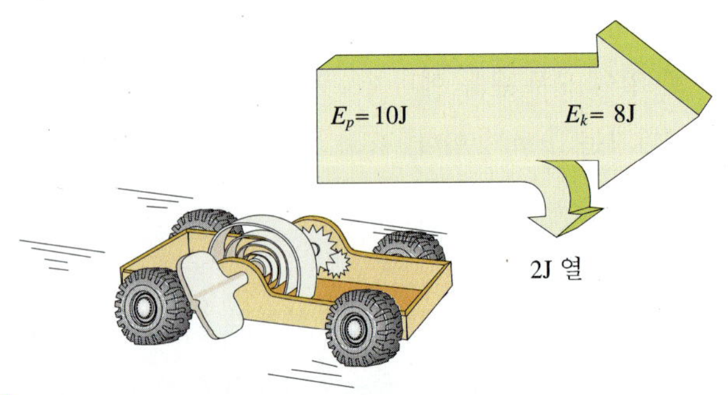


**그림 6.7**
감겨진 스프링의 위치 에너지의 일부가 운동 에너지로 전환된다. 또 일부는 마찰에 의해 열에너지로 바뀐다. 에너지는 소멸되지 않는다.

흔들리는 단진자와 같이 단순한 경우든, 폭발하는 은하계처럼 복잡한 경우든, 어떤 계를 전체적으로 볼 때 변하지 않는 물리량은 단 한 가지 에너지뿐이다. 에너지는 형태가 변할 수도 있고 한 곳에서 다른 곳으로 전달되기도 하지만, 에너지의 총량은 항상 같다.

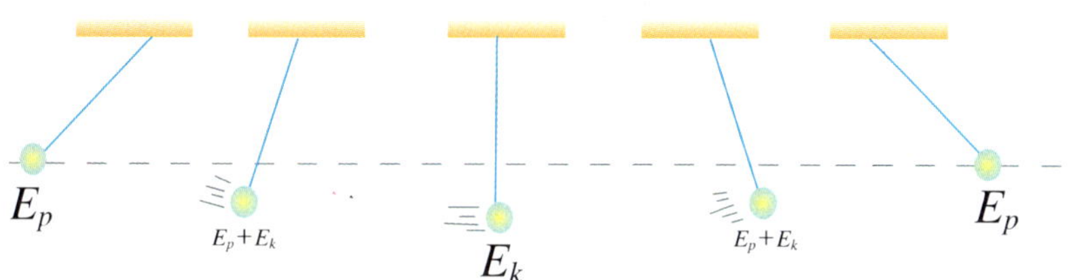


그림 6.8
단진자의 에너지 전환. 가장 높은 곳에서 진자가 갖는 위치 에너지는 가장 낮은 곳에서 진자가 갖는 운동 에너지와 같다. 경로 상의 어느 곳에서나 위치 에너지와 운동 에너지의 합은 같다. 그러나 마찰에 의해 일을 하기 때문에 결국 이 에너지는 모두 열로 전환된다.

**Example** 돌멩이가 지면에 대해 위치 에너지가 200J인 곳으로 들어올렸다가 그 곳에서 돌멩이를 다시 떨어뜨렸다. 돌멩이가 지면과 충돌하기 직전에 돌멩이의 운동 에너지는 얼마인가?

풀이 200J

**더 알아보기** **역학적 에너지 보존**

**→ 중력에 의한 역학적 에너지 보존**

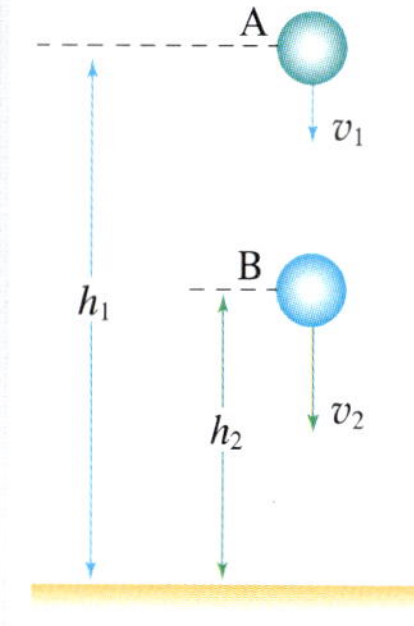


먼저 중력장에서의 역학적 에너지의 보존 관계를 알아보자. 그림과 같이 자유 낙하하는 질량 $m$인 물체가 지표면으로부터 높이 $h_1$인 지점을 지날 때의 속도를 $v_1$이라고 하고, 높이 $h_2$인 지점을 통과할 때의 속도를 $v_2$라고 하자. 이 물체가 $h_1$에서 $h_2$로 이동하는 동안 중력이 한 일은 물체의 운동에너지 증가량과 같다.

$$W = Fs = mg(h_1 - h_2) = \frac{1}{2}mv_2^2 - \frac{1}{2}mv_1^2$$

위 식을 정리하면

$$mgh_1 + \frac{1}{2}mv_1^2 = mgh_2 + \frac{1}{2}mv_2^2$$

위 식에서 왼쪽은 높이 $h_1$인 지점에서의 물체의 역학적 에너지이고, 오른쪽은 높이 $h_2$인 지점에서의 물체의 역학적 에너지이다. 따라서 두 지점에서 물체의 역학적 에너지는 같다. 즉 마찰이나 공기의 저항이 없다면, 중력을 받으며 운동하는 물체의 위치 에너지와 운동에너지의 합인 역학적 에너지는 항상 일정하게 보존된다. 이를 중력에 의한 역학적 에너지 보존 법칙이라고 한다.

### ⋯→ 탄성력에 의한 역학적 에너지 보존

용수철에 물체를 매달아 잡아당겼다가 놓으면 탄성력을 받아 늘어난 길이가 줄어들면서 물체의 속력이 빨라진다. 이와 같이 물체에 탄성력만 작용하는 경우에도 역학적 에너지가 보존되는지를 알아보자. 물체를 잡아당겼다가 놓았을 때, 물체가 원래 위치로부터 거리가 $x_1$인 지점을 지날 때의 속력을 $v_1$, $x_2$인 지점을 지날 때의 속력을 $v_2$라고 하자. 물체가 $x_1$에서 $x_2$로 이동하는 동안 탄성력이 작용하여 한 일의 양은 평균 힘과 거리의 곱으로 구할 수 있다. 이 일은 그래프 아래의 넓이와 같으며, 물체의 운동에너지의 증가량과 같다.

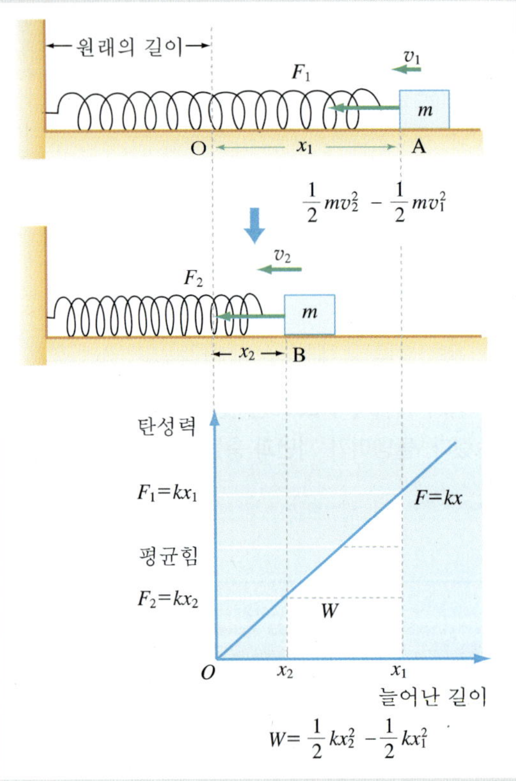


$$W= F_{평균}\cdot s=\left(\frac{kx_1+kx_2}{2}\right)\cdot(x_1-x_2)=\frac{1}{2}kx_1^2-\frac{1}{2}kx_2^2$$

$$W=\frac{1}{2}kx_1^2-\frac{1}{2}kx_2^2=\frac{1}{2}mv_2^2-\frac{1}{2}mv_1^2$$

위 식을 정리하면

$$\frac{1}{2}kx_1^2+\frac{1}{2}mv_1^2=\frac{1}{2}kx_2^2+\frac{1}{2}mv_2^2$$

이다. 즉 마찰이나 공기의 저항을 무시할 때, 탄성력을 받으며 운동하는 물체의 경우도 탄성력에 의한 위치에너지와 운동에너지의 합인 역학적 에너지는 항상 일정하게 보존된다.

$$E_k+E_p=일정$$

**→ 만유 인력에 의한 역학적 에너지 보존**

이번에는 만유 인력을 받는 물체의 역학적 에너지 보존에 대해서 알아보자. 그림과 같이 만유 인력을 받는 질량 $m$인 물체가 지구 중심으로부터 거리 $r_1$인 지점을 지날 때 속력은 $v_1$, 거리 $r_2$인 지점을 지날 때 속력은 $v_2$라고 하자. 이 때 만유 인력이 한 일은 물체의 운동 에너지의 변화량과 같다.

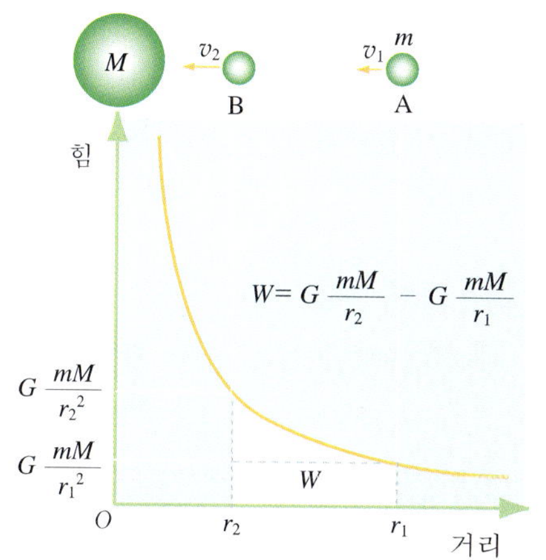


만유 인력이 한 일은 그래프 아래의 넓이와 같으며 이 일은 물체의 운동 에너지 증가량과 같다. 그래프 아래의 넓이를 구하면 $G\frac{mM}{r_2} - G\frac{mM}{r_1}$[5)]이므로 다음과 같이 쓸 수 있다.

$$W = G\frac{mM}{r_2} - G\frac{mM}{r_1} = \frac{1}{2}mv_2^2 - \frac{1}{2}mv_1^2$$

위 식을 정리하면

$$-G\frac{mM}{r_1} + \frac{1}{2}mv_1^2 = -G\frac{mM}{r_2} + \frac{1}{2}mv_2^2$$

이다. 따라서 물체가 마찰력이나 공기의 저항과 같은 힘이 없이 만유 인력만을 받는다면 물체의 역학적 에너지는 항상 보존된다는 것을 알 수 있다.

$$E_k + E_p = \frac{1}{2}mv^2 - G\frac{mM}{r} = \text{일정}$$

5) $W = Fs = \int_{r_2}^{r_1} G\frac{mM}{r^2}dr = G\frac{mM}{r_2} - G\frac{mM}{r_1}$

### 개념확인하기

1 10kg의 물체를 연직으로 2m 들어올리는 경우와 5kg의 물체를 4m 들어올리는 경우 중 더 많은 일을 해야 하는 경우는?

2 물체에 10N의 힘을 계속 작용하여 10m를 이동시킨다면 물체가 받은 일은 얼마인가?

3 물체에 0.5초 동안 100J의 일을 한다면 일률은 얼마인가? 같은 양의 일을 1초 동안 한다면 이 때 일률은 얼마인가?

4 고무줄을 평소보다 더 많이 잡아당겨 고무총을 쏠 때 발사된 돌멩이의 속력이 더 빨라지는 이유는?

5 쥐와 코끼리가 같은 운동 에너지를 가지고 달리고 있다면 어느 쪽이 더 빠른가?

6 대부분의 지구 위성은 원형 궤도보다는 타원 궤도를 돌고 있다. 위성이 지구로부터 멀어질 때는 위치 에너지가 증가한다. 에너지 보존 법칙에 따라 위성의 속력이 가장 빠를 때는 지구와 가장 가까운 곳에 있을 때인가, 아니면 가장 먼 곳에 있을 때인가?

7 운동량을 갖고 있는 물체는 항상 에너지를 갖고 있는가? 에너지를 갖고 있는 물체는 항상 운동량을 갖고 있는가?

8 우주 비행사가 지상에서 수직 사다리를 타고 우주선에 탑승한다. 나중에 달에서 똑같은 방법으로 우주선에 탑승한다. 어느 경우에 중력에 의한 위치 에너지의 변화량이 더 큰가?

9 모든 기계는 공급한 에너지보다 더 많은 에너지를 출력할 수 없다. 어떤 사람이 원자로는 공급한 에너지보다 더 많은 에너지를 출력한다고 말한다면 어떻게 설명해야 하는가?

10 어떤 자동차는 10초 만에 정지 상태에서 시속 100km로 달릴 수 있다. 엔진이 바퀴에 2배의 일률을 공급하면 몇 초만에 시속 100km로 달릴 수 있는가?

### 수식으로 계산해 보기

1 상자를 20N의 힘으로 3.5m 밀고 갔을 때 상자에 한 일을 계산하라.

2 500N의 역기를 바닥에서 2.2m 들어올리기 위해 한 일을 계산하라. 이 때 역기의 바닥에 대한 위치 에너지는 얼마인가? 또 역기를 들어올리는 데 2초가 걸렸을 때 소비한 일률을 계산하라.

3 90N의 얼음 덩어리를 연직으로 3m 들어올리는 데 필요한 일을 계산하라. 이 때 얼음 덩어리가 갖는 위치 에너지는 얼마인가? 또 같은 높이로 들어올리는 데 5m의 경사면을 이용하였더니 54N의 힘만 필요로 했다. 경사면을 따라 얼음 덩어리를 밀 때에 한 일을 계산하라. 이 때 얼음 덩어리가 갖는 위치 에너지는 얼마인가?

4 60km/h로 달리던 자동차를 급제동했더니 20m의 거리를 미끄러져 갔다. 120km/h로 달리다가 급제동한다면 이 자동차가 미끄러지는 거리는?

**5** 나이아가라 폭포에서 50m 아래로 떨어지고 있는 8백만kg의 물의 위치 에너지의 변화량은 얼마인가? 또 매초마다 8백만kg의 물이 폭포 아래로 떨어지고 있을 때 폭포 아래에서 이용할 수 있는 일률은? 단, 중력가속도는 $10m/s^2$이다.

**6** a. 4m/s로 운동하고 있는 3kg의 장난감 자동차의 운동 에너지는 얼마인가?
b. 이 장난감 자동차가 2배의 속력으로 운동할 때 운동 에너지는 얼마인가?

**7** 100J의 일을 하여 한 통의 물을 들어올렸다. 물통이 원래 있었던 곳에 대한 이 물의 중력에 의한 위치 에너시는 얼바인가? 또 이 물통을 2배 높은 곳으로 들어올린다면, 물통의 중력에 의한 위치 에너지는 얼마인가?

**8** 한 자동차가 2000J의 운동 에너지를 갖고 있다고 하자. 이 자동차의 속력이 2배가 되면 운동 에너지는 얼마가 되겠는가? 속력이 3배가 되면 운동 에너지는 얼마가 되겠는가?

**9** 활의 위치 에너지가 50J이라면 화살을 쏘았을 때 화살이 갖는 운동에너지는 얼마인가?

**10** 망치가 지붕에서 떨어질 때 망치는 일정량의 운동 에너지를 갖고 지면과 충돌하게 된다. 망치가 4배 더 높은 곳에서 떨어지면 충돌 직전의 운동 에너지는 몇 배가 되는가? 속력은 몇 배가 되는가?

**11** 한철이는 수평한 마루 바닥 위에서 수평 방향으로 물체에 20N의 힘을 계속 주면서 2m를 밀고 갔다. 이 때 마루 바닥이 물체에 작용한 마찰력은 5N이었다.
a. 한철이가 한 일은 몇 J인가?
b. 마찰력이 한 일은 몇 J인가?
c. 수직 항력이 한 일은 몇 J인가?

**12** 수평면 위에 놓여 있는 물체에 그림과 같이 크기가 변하는 힘이 작용하고 있다. 물체가 힘의 방향으로 8m 이동하는 동안 힘이 한 일은 몇 J인가?

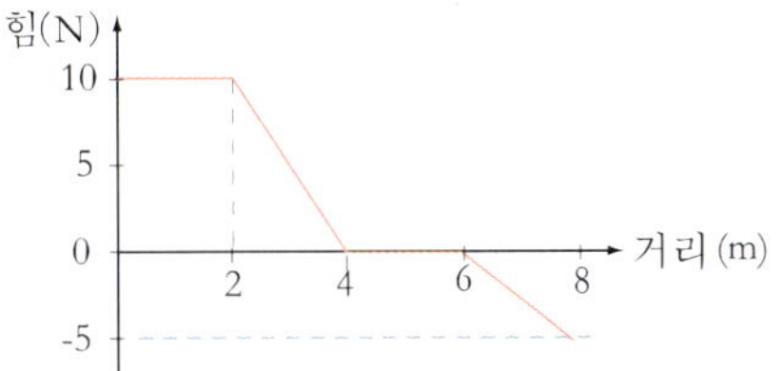


**13** 1분 동안에 30kg의 우물물을 퍼 올리는 양수기가 있다. 양수기의 일률은 몇 W인가?(단, 지면에서 우물의 수면까지의 거리는 5m이고, 중력 가속도는 $10m/s^2$이다.)

**14** 어떤 물체에 10N의 힘을 주어 5m 이동시켰다. 이 때 힘이 한 일이 25J이라면 힘의 방향과 물체의 이동 방향이 이루는 각도는?

**15** 매초 $1m^3$의 물이 1m의 높이의 폭포에서 낙하하면서 발전기를 돌린다면 이 때 얻어지는 전력은 몇 W인가? (단, 발전기의 효율은 50%이고, 중력 가속도는 $10m/s^2$이며, 물의 밀도는 $1g/cm^3$이다.)

**16** 질량이 2kg인 물체가 20m/s의 속력으로 등속 직선 운동을 하고 있다. 이 물체의 운동 방향으로 일정한 힘을 가했더니 이 물체의 속력은 30m/s가 되었다. 힘이 한 일은?

**17** 마찰이 없는 수평면 위에서 4m/s의 속력으로 운동하는 질량이 10kg인 물체가 있다. 이 물체를 운동 방향과 같은 방향으로 60N의 힘을 가하면서 7m를 이동시켰다.

a. 이 물체가 7m를 이동하는 동안에 증가한 운동 에너지는 몇 J인가?

b. 7m 지점을 통과하는 순간의 속력은 몇 m/s인가?

**18** 질량이 1kg인 물체를 매달면 2.5cm 늘어나는 용수철이 있다. 이 용수철을 5cm 잡아당겼을 때 용수철에 저장된 탄성력에 의한 위치 에너지는 몇 J인가?(단, 중력 가속도는 $10m/s^2$으로 한다.)

**19** 지표면에 있는 질량이 $m$인 물체를 지구 반지름 $R$과 같은 높이만큼 들어올리는 데 필요한 에너지는 얼마인가? (단, 지구의 질량은 $M$, 만유 인력 상수는 $G$이다.)

**20** 〈보기〉는 연직 위로 돌을 던져올렸을 때 돌이 움직인 거리와 에너지의 관계 그래프이다. 운동 에너지 $E_k$, 위치 에너지 $E_p$, 역학적 에너지 $E$를 나타내는 그래프를 고르시오.

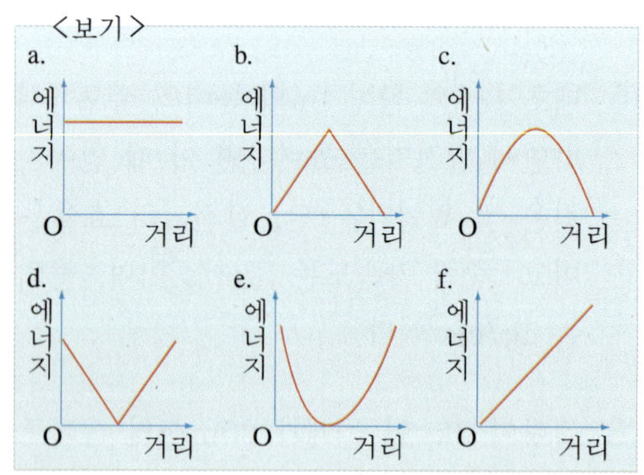


**21** 질량이 1kg인 물체가 다음 그림과 같이 반지름이 1m인 트랙을 따라 미끄러져 내려간다. 정지 상태에서 A점을 출발한 후 B점에 도달했을 때 속력이 3m/s였다. 이 때 마찰에 의한 에너지 손실은 몇 J인가? 단, 중력가속도는 $10m/s^2$이다.

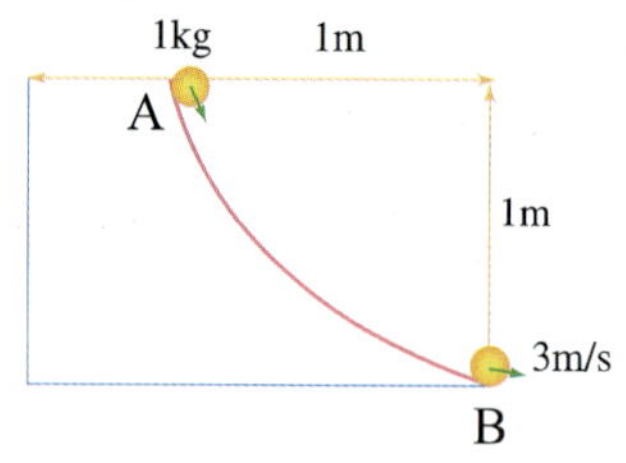


**22** 그림과 같이 마찰이 없는 경사면이 있다. A점에 정지해 있던 질량 1kg인 금속구가 미끄러지기 시작하였다.(단, 중력 가속도는 $10m/s^2$으로 한다.)

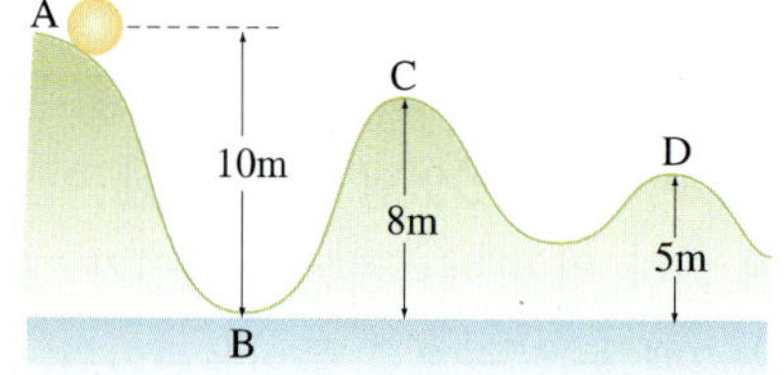


a. C점에 도달하는 순간의 운동 에너지는 몇 J인가?

b. D점에서 금속구의 속력은 몇 m/s인가?

**23** 질량이 1kg인 물체를 매달면 2cm 늘어나는 용수철이 있다. 이 용수철을 그림과 같이 마찰을 무시할 수 있는 수평면 위에 장치하고, 질량이 2kg인 물체를 접촉시켜 20cm를 압축시켰다가 놓았다. 물체가 빗면 위로 올라간 연직 높이는? (단, 중력 가속도는 $10m/s^2$으로 한다.)

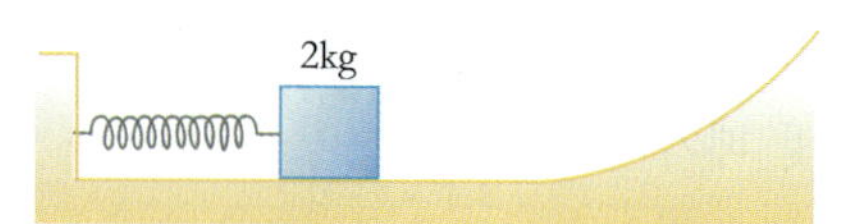

**24** 그림과 같이 질량 $m$인 물체가 궤도를 따라 미끄러져 내려오고 있다. 단, 모든 마찰은 무시하고 중력가속도는 $g$이다.

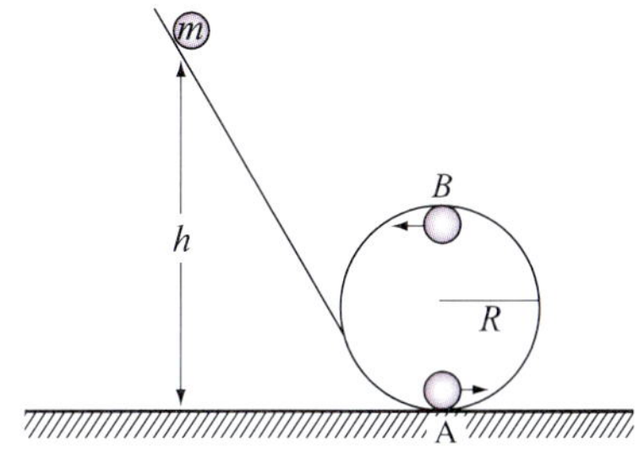


a. 반경 $R$인 원궤도를 이탈하지 않고 1회전 하기 위해서는 물체의 높이 $h$가 최소한 $R$의 몇 배 이상이 되어야 하는가?

b. 공이 궤도에서 미끄러져 내려오는 경우와 굴러 내려오는 경우, 점 A를 통과하는 공의 속력은 어느 쪽이 더 빠른가?

**25** 용수철 상수가 $k$인 용수철을 천정에 고정시키고 질량 $m$인 추를 매달았다. 다음 물음에 답하여라.(단, 중력 가속도는 $10\text{m/s}^2$으로 한다.)

a. 추가 완전히 정지할 때, 용수철의 늘어난 길이 $L$은 얼마인가?

b. 이 때, 용수철에 저장된 탄성 에너지는 얼마인가?

c. 용수철이 늘어나지 않은 상태에서 추를 붙잡고 있던 손을 갑자기 치우면 추의 최대 낙하 거리 $L'$은 얼마인가?

d. c)의 경우 추의 최대 속력은 얼마인가?

**26** 그림과 같이 질량이 $m$이고, 실의 길이가 $L$인 두 개의 진자 A, B가 접촉되어 있다. 진자 A의 높이를 $h$만큼 들어올렸다가 가만히 놓아 진자 B와 정면 충돌시켰더니, B가 $\frac{h}{2}$의 높이까지 올라갔다. 다음 물음에 답하여라.

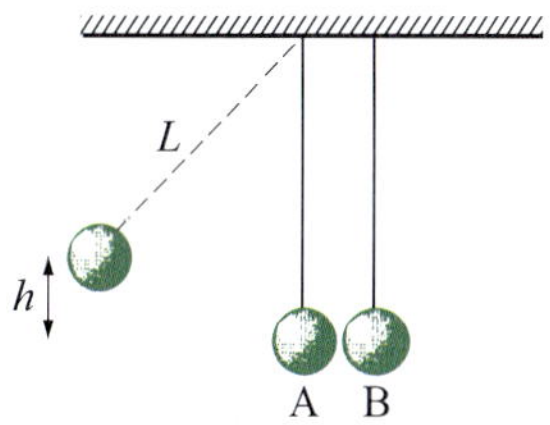


a. 진자 A가 올라가는 높이 $h_A$를 $h$로 나타내시오.

b. 이 충돌에 의하여 손실된 역학적 에너지는 얼마인가?

c. 두 진자 A, B가 두 번째 충돌하는 지점은 어디일까?

1. 질량 $m$인 물체를 길이 $l$인 실에 매달아 연직면에서 원운동시킬 때 최고점 A에서 실의 장력이 0이었다.
   a. 실이 지면과 수평을 이루는 B점에서 물체의 속력은 얼마인가?
   b. 최하점 C에서 실의 장력은 얼마인가?

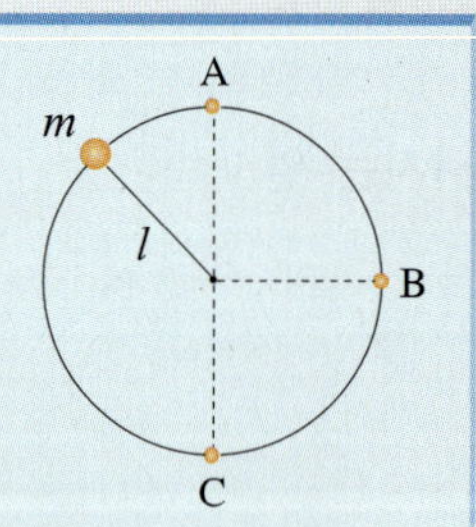


2. 마찰이 없는 수평면에서 용수철 상수 $k$인 가벼운 용수철의 양 끝에 질량이 각각 $m$, $M$인 물체 A, B를 매단 다음, 물체 A를 일정한 힘 F로 밀었다.

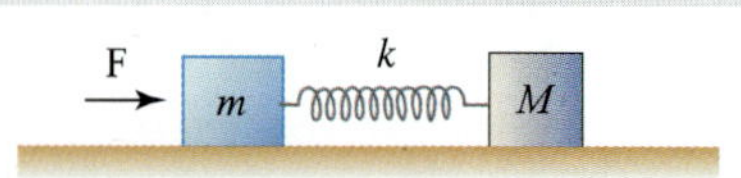


   a. 용수철이 압축되는 길이는 얼마인가?
   b. 용수철에 저장된 탄성에너지는 얼마인가?

Chapter 7

# 만유인력

지상에서 물체가 아래로 떨어지고, 달이 지구 주위를 공전하며, 태양을 중심으로 행성들이 공전하는 현상을 통일적인 체계로 설명한 이론이 만유인력의 법칙이다. 만유인력은 질량을 가진 물체들 사이에 서로 끌어당기는 힘이다. 이 힘은 코페르니쿠스의 지동설을 수학적으로 완성한 체계를 넘어서 우주의 삼라만상에 보편적으로 존재한다는 것이 그 핵심이다. 비록 아인슈타인의 일반상대성 이론의 출현으로 그 이론의 절대성은 부정되었지만, 이론의 직관성과 간결함으로 인해 지금도 대부분의 자연현상을 설명하는 중심이론이다.

중력을 어떻게 볼 것인가에 대한 의문은 물리학의 발전에 핵심적인 역할을 하고 있으며, 여전히 제대로 풀리지 않고 있는 난제이다.

## 7.1 떨어지는 달

뉴턴은 달이 사과와 같이 지구를 향해 떨어지고 있다고 생각할 수 있을 만큼 통찰력 있는 사람이었다. 그는 달이 떨어지는 것과 사과가 떨어지는 것은 동일한 현상으로 둘 다 지구 중력에 의해 끌리는 현상으로 생각했다. 지구의 인력 때문에 달은 직선 경로를 따라 운동하지 않고 곡선 경로를 그리면서 떨어진다. 달이 떨어진다는 것은, 달에 힘이 작용하지 않을 때 운동하게 될 직선 경로 아래로 떨어진다는 것을 의미한다. 그는 달이 중력(인력)에 의해 지구 주위를 원운동하는 단순한 포물체라고 가정했다.

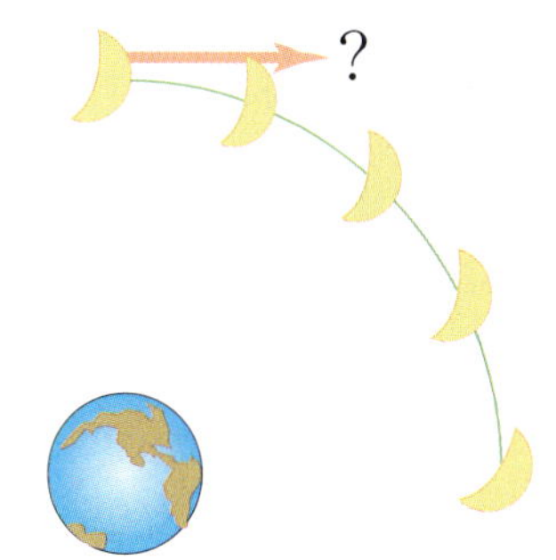

그림 7.1
달이 떨어지지 않는다면 달은 직선 경로를 따라 운동할 것이다. 지구의 인력 때문에 달은 곡선 경로를 그리면서 떨어진다.

이 개념을 그림 7.2와 같이 뉴턴이 당시에 직접 그린 그림을 통해 설명해 보자. 그는 달의 운동을 지상의 높은 산에서 발사한 포탄의 운동에 비유했다. 또한 그는 산꼭대기가 대기층 위에 있어서 공기 저항은 무시한다고 가정했다. 포탄의 수평 속력이 작다면 포탄은 포물선을 그리면서 지면과 충돌할 것이다. 그런데 이 포탄의 수평 속력이 점차 더 커진다면 점점 더 먼 곳의 지면과 충돌하게 될 것이다. 뉴턴은 만일 포탄이 충분히 빠른 속력으로 발사된다면 포탄의 경로는 원이 되며 포탄은 무한히 원운동을 계속하게 될 것이라고 생각했다. 즉 달도 지면에 수평한 성분의 속도를 가지고 있으며, 이 접선 방향의 속도는 충분히 커서 지구 주위의 원 궤도를 돌게 되는 것이다. 따라서 속력을 감소시키는 공기 저항이 없다면 포탄과 달은 지구로 계속 '떨어지면서' 지구 주위를 무한히 돌게 될 것이다.

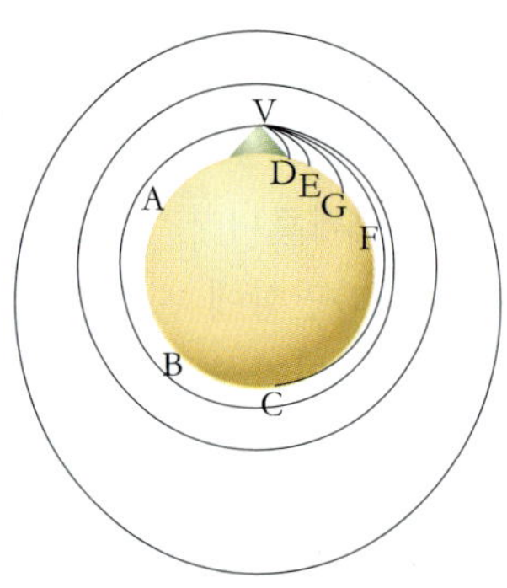


그림 7.2
충분히 빠른 속력으로 발사된 포물체가 어떻게 지구로 떨어지면서 원운동을 하는 지구 위성이 되는가를 보여주는 뉴턴의 그림 원본. 같은 방법으로 달도 지구 주위로 떨어지는 지구 위성이다.

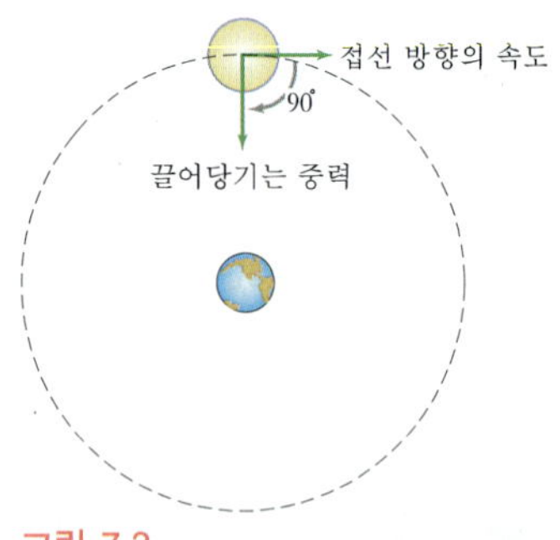


그림 7.3
접선 방향의 속도는 '옆으로 향한' 속도 – 끌어당기는 중력에 수직인 성분의 속도 – 이다.

뉴턴의 생각은 올바른 것처럼 보였다. 그러나 그의 생각이 가설로부터 과학적 이론으로 발전하려면 검증을 받아야만 했다. 뉴턴의 검증은 달이 직선 경로로부터 떨어지는 거리는 지표면의 사과나 다른 물체가 자유 낙하하며 떨어지는 거리에 정확하게 비례하는 것을 보여 주는 것이었다. 그는 지상에서 자유 낙하하는 물체의 가속도는 물체의 질량과 무관한 것처럼 달이 떨어지는 것도 달의 질량과는 무관해야 한다고 생각했다. 달의 낙하 거리와 지상에서의 사과의 낙하 거리가 정확히 비례한다면 지구 중력이 달까지 미치고 있다는 가설을 신중하게 받아들여야만 한다.

달은 지표면의 사과보다 지구 중심으로부터 60배만큼 더 멀리 있다는 것은 그 당시 이미 알려진 사실이었다. 사과가 처음 1초 동안 낙하한 거리는 5m이다 – 좀 더 정확히 말하면 4.9m이다. 뉴턴은 지구 중심으로부터의 거리가 멀면 멀수록 중력의 세기도 '약해질' 것이라고 생각했다. 따라서 달에 미치는 지구 중력의 세기는 지표면에서보다 $\left(\frac{1}{60}\right)^2$

만큼 약해지므로, 달이 떨어지는 거리는 4.9m의 $\left(\frac{1}{60}\right)^2$ 즉 1.4mm이어야 한다.

뉴턴은 기하학을 이용하여 원 궤도를 도는 달이 직선 경로로부터 1초 동안 떨어지는 거리가 얼마나 되는가를 계산했다(그림 7.4). 그가 계산한 값은 오늘날에도 사용하고 있는 약 1.4mm였다. 그러나 그는 달과 지구 사이의 거리를 달의 중심과 지구 중심 사이의 거리로 계산해야 하는지를 확신할 수 없었다. 당시 그는 지구 중력이, 구형인 지구와 달의 모든 중력이 마치 지구 중심에 집중되어 있는 것처럼 작용한다는 것을 수학적으로 증명하지 못했다. 그 후 뉴턴은 자신의 무게 중심의 가설을 증명하기 위한 수학적 도구인 미적분학을 창안해 낸 후, 비로소 인간 정신의 가장 위대한 업적 중의 하나 – 만유 인력의 법칙 – 를 출판하게 되었다. 뉴턴은 달에서 발견한 것을 모든 물체에 일반화시켰으며 우주에 있는 모든 물체는 서로 인력을 작용한다고 주장했다.

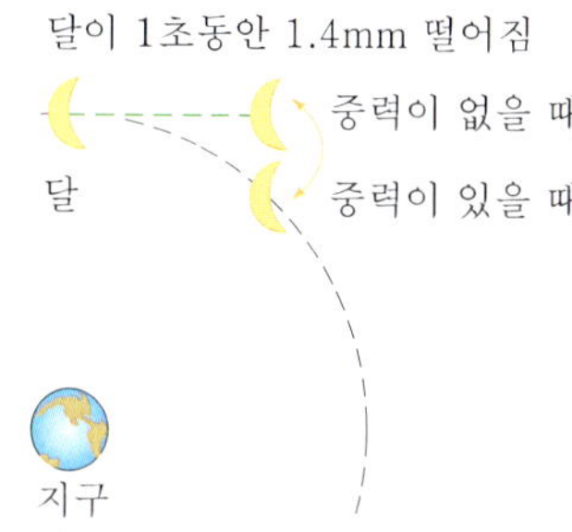


그림 7.4
사과를 나무에서 떨어지게 하는 힘과 같은 종류의 힘이 달에도 작용한다면, 달은 이 힘이 작용하지 않을 때 운동하게 될 직선 경로로부터 1초 동안 1.4mm 떨어지게 된다.

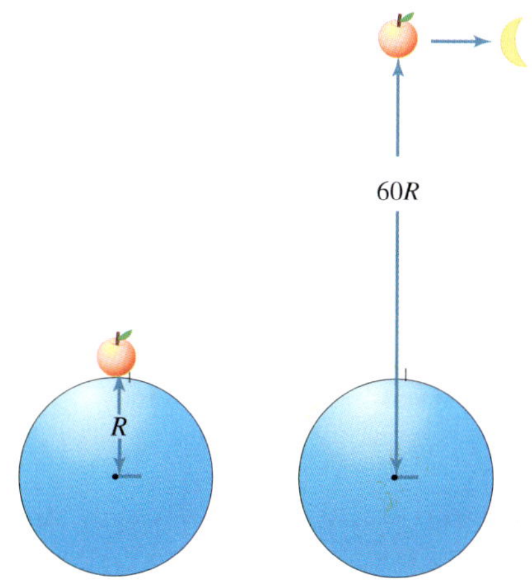


그림 7.5
지표면 근처에서 사과는 처음 1초 동안 4.9m 떨어진다. 뉴턴은 지구의 중심으로부터 60배 멀리 떨어진 달의 경우 같은 시간 동안 얼마나 떨어지겠는가를 계산해보았다. 그가 계산한 값은 1.4mm였다.

**Example** '달이 지구 주위로 떨어진다'는 말의 의미는 무엇인가?

풀이 달의 가속도가 지구중심 방향 즉, 속도의 변화가 지구중심이므로 달이 지구 주위로 떨어진다는 표현을 씀.

## 7.2 떨어지는 지구

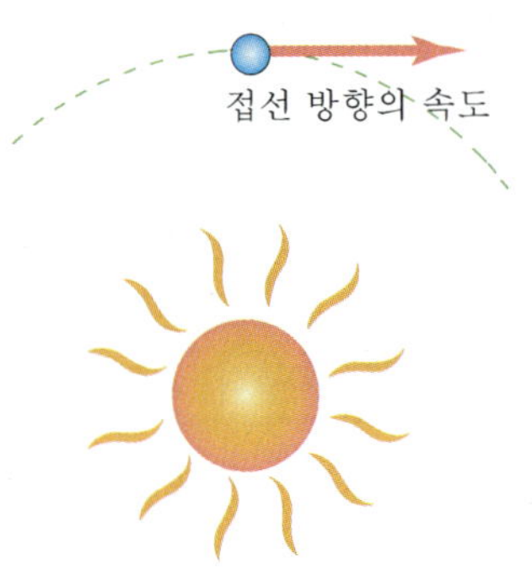


그림 7.6
태양에 대해 지구의 접선 방향의 속도는 태양을 향해 떨어지지 않고 태양 주위를 돌게 해 준다. 접선 방향의 속도가 0이 된다면 지구의 운명은 어떻게 되겠는가?

중력에 대한 뉴턴의 이론은 태양계에 대한 코페르니쿠스의 이론을 뒷받침해 주는 것이었다. 지구가 태양계의 중심도 아니고 우주의 중심도 아님을 수학적으로 보인 것이다. 태양계의 중심은 태양이며, 지구와 행성들도 달이 지구를 도는 것과 같은 방식으로 태양 주위를 돈다는 것이 분명해졌다. 행성들은 태양 주위를 돌면서 계속 '떨어지고' 있는 것이다. 행성들이 태양과 충돌하지 않는 이유는 무엇일까? 그것은 행성들이 접선 방향의 속도를 갖고 있기 때문이다. 행성들의 접선 방향의 속도가 0이 된다면 행성들은 어떻게 될까? 행성들은 태양을 향해 직선 운동을 하게 되며 마침내 태양과 충돌하게 될 것이다. 태양계에 있는 다른 모든 물체들도 접선 방향의 속도(접선 속도)가 충분히 크지 않다면 곧 태양과 충돌하게 될 것이다. 그렇다면 접선 속도가 있다는 것은 행성이 태양에 충돌하지 않을 충분한 조건이 되는가? 지표 근처의 물체의 낙하운동에서 볼 수 있듯이(뉴턴이 상상했던 포탄의 운동) 일정속도 이하에서는 행성이 접선속도를 갖더라도 태양으로 끌려갈 수 밖에 없다. 접선속도에 대한 규정은 케플러 제2법칙이다. 케플러 제2법칙은 행성이 태양에 끌려가지 않을 접선 속도에 대한 조건을 규정한 것이다.

## 7.3 뉴턴의 만유인력의 법칙

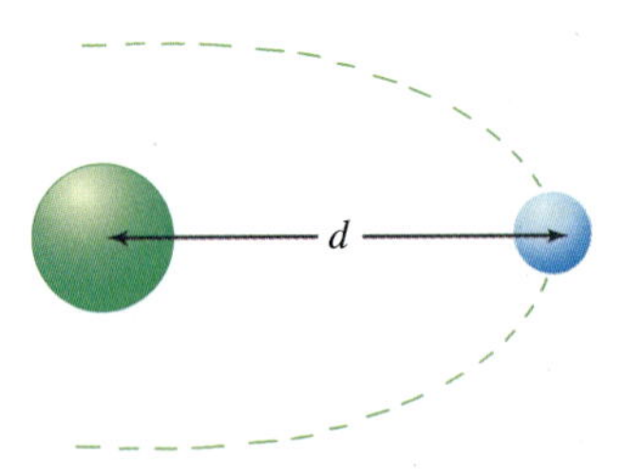


그림 7.7
물체들 사이에 작용하는 만유인력은 물체들의 중심 사이의 거리에 관계된다.

뉴턴은 사과를 나무에서 떨어지게 하는 힘, 달을 지구 주위의 궤도에서 돌게 하는 힘, 지구와 달 둘 다 태양 주위의 궤도에서 돌게 하는 힘들이 모두 같은 종류의 힘이라는 것을 발견했다. 즉 뉴턴은 중력이 보편적이라는 것을 발견했다. 뉴턴의 만유인력의 법칙은 모든 물체는 다른 물체에 인력을 작용하며, 이 힘의 크기는 각각의 질량의 곱에 비례하며 물체들의 질량 중심 사이의 거리의 제곱에 반비례한다는 것이다. 이 법칙을 기호로 나타내면 다음과 같다.

$$F \propto \frac{m_1 m_2}{d^2}$$

여기에서 $m_1$은 한 물체의 질량, $m_2$는 다른 물체의 질량, $d$는 두 물체들의 질량 중심 사이의 거리이다.

만유인력에 대한 비례식을 만유인력 상수라 불리는 비례 상수 $G$를 이용하여 완전한 식으로 나타내면 다음과 같다.

$$F = G\frac{m_1 m_2}{d^2}$$

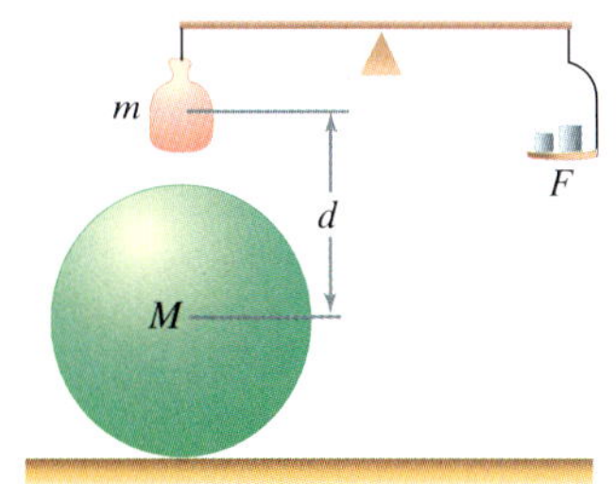

그림 7.8
두 물체 사이의 인력을 측정하는 Jolly의 방법

$G$의 값은 뉴턴이 만유인력을 발견한 지 150년이 지나서 영국의 물리학자인 캐번디시가 처음으로 측정하였다. 캐번디시는 아주 민감한 비틀림 저울을 이용하여 납덩어리 사이의 작은 힘을 측정함으로써 $G$의 값을 구하였다. 후에 졸리는 이보다 더 간단한 방법을 개발하였는데, 그는 민감한 저울의 한 끝에 수은을 넣은 구형의 플라스크를 매달아 저울이 평형 상태를 이루도록 한 다음, 납으로 된 6톤의 구를 플라스크 밑에 놓았다. 이 때 플라스크는 아래쪽으로 약간 끌렸으며, 플라스크와 납으로 된 구 사이의 만유인력은 저울이 평형을 이루도록 반대쪽에 올려놓은 분동의 무게와 같았다. 이미 알고 있는 $F$, $M$, $m$, $d$의 값으로부터 $G$의 값을 계산한 결과 다음과 같았다.

$$G = 6.67 \times 10^{-11}\text{N} \cdot \text{m}^2/\text{kg}^2$$

$G$의 값은 우리에게 만유인력이 아주 약하다는 것을 말해 준다. 만유인력은 현재 알려져 있는 네 종류의 기본적인 힘 중에서 가장 약하다(세 가지 다른 힘은 전자기력과 두 종류의 핵력이다). 지구와 같이 질량이 엄청나게 클 경우는 만유인력을 느낄 수 있다. 그러나 여러분과 여러분의 친구 사이의 인력은 너무 작아서 느낄 수 없다(그러나 분명히 인력이 작용하고 있다!). 그러나 여러분과 지구 사이의 인력은 쉽게 느낄 수 있다. 그것이 바로 여러분의 몸무게이다.

흥미롭게도 캐번디시는 $G$의 측정에 대해 처음에는 '지구의 무게를 재는' 실험이라 불렀다. 그 이유는 $G$의 값을 알기만 하면 지구의 질량이 쉽게 계산되기 때문이다. 지표면에서 지구가 1 kg의 물체에 작용하는 힘은 9.8N이다. 또한 1 kg의 물체와 지구 사이의 거리는 지구의 반지름인 $6.4 \times 10^6$m이다. 따라서 $F = (G\frac{m_1 m_2}{d^2})$로부터 지구의 질량 $m_1$을 계산하면

$$9.8\text{N} = 6.67 \times 10^{-11}\text{N} \cdot \text{m}^2/\text{kg}^2 \times \frac{1\text{kg} \times m_1}{(6.4 \times 10^6\text{m})^2}$$

에서 지구의 질량은 $m_1 = 6 \times 10^{24}$kg이다.

어떤 물리량이 그 원천으로부터 거리의 제곱에 반비례할 때 이 물리량은 역제곱의 법칙을 따른다고 말한다. 만유인력이 역제곱의 법칙을 따르므로 지구 중심으로부터 멀어질수록 물체의 무게는 작아진다. 그러나 거리가 아무리 멀어지더라도 지구의 중력은 0이 되지는 않는다. 여러분이 우주의 아주 먼 곳에 있더라도 지구 중력의 영향을 받을 것이다. 그 곳에서 가까이 있는 물체나 매우 큰 물체의 중력 때문에 지구 중력을 느끼지 못할 수도 있지만, 지구 중력은 그 곳까지 미치고 있다. 모든 물체는 – 아무리 작고 멀리 떨어져 있는 물체라도 – 전 우주 공간에 중력의 영향을 미친다.

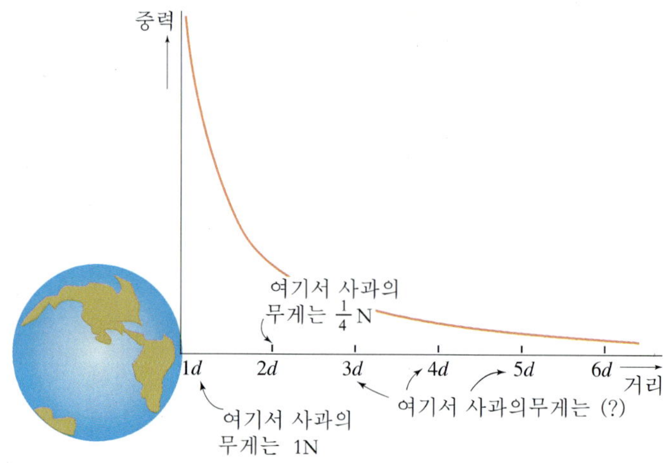


그림 7.9
지표면에서 무게 1N인 사과를 지구 중심으로부터 2배 먼 곳으로 가져가면 중력의 세기가 $\frac{1}{4}$로 줄어들기 때문에 사과의 무게는 $\frac{1}{4}$N이 된다. 3배 먼 곳으로 가져가면 $\frac{1}{9}$N이 된다. 4배 먼 곳으로 가져가면 사과의 무게는 얼마인가? 5배 먼 곳에서는?

---

**Example** 나무 꼭대기에 있는 사과가 1N의 지구 중력을 받고 있다고 하자. 나무의 높이가 2배가 된다면 사과는 $\frac{1}{4}$N의 지구 중력을 받게 되는가?

풀이 아니다. 사과나무의 높이가 2배가 된다고 해서 지구 중심으로부터의 거리가 2배가 되는 것이 아니다. 사과의 무게가 $\frac{1}{4}$ N이 되려면 지표면으로부터 사과나무의 높이가 지구 반지름(6370km)과 같아야 할 것이다. 물체의 무게가 1% 줄어들려면 지표면으로부터 32km 높은 곳에 위치해야만 한다 – 세계에서 가장 높은 산인 에베레스트 산의 높이의 4배 되는 곳이다. 따라서 실생활에 있어서 높이에 따른 중력의 변화는 무시한다.

# 7.4 중력장

만일 쇳가루와 자석을 갖고 실험해 본 적이 있다면 자기장을 이해하는데 어려움이 별로 없을 것이다. 자기장이란 자석을 둘러싸고 있는 힘마당(역장, force field)이다. 힘마당은 그 안에 있는 물체에 힘을 작용하므로, 자기장은 자성을 띤 물체에 자기력을 작용한다. 자석 주위에 쇳가루를 뿌리면 형성된 힘마당의 모양을 볼 수 있는데, 쇳가루가 만들어 낸 무늬는 자석 주위에 형성된 자기장의 세기와 방향을 나타낸다. 쇳가루가 가장 밀집되어 있는 곳이 자기장의 세기가 가장 큰 곳이다. 나중에 이와 유사하게 전하 주위에 형성되는 전기장에 대해서도 공부할 것이다. 그러나 이 단원에서는 물체 주위에 형성된 중력장이라는 힘마당에 대해 알아보자.

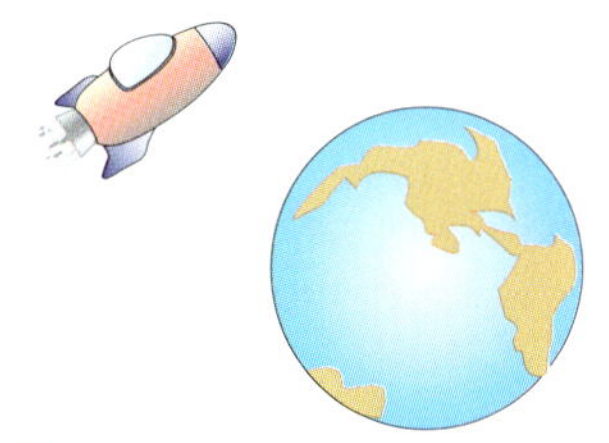

그림 7.10
로켓이 지구로 끌리고 있다. 또는 로켓이 지구의 중력장과 상호작용하고 있다고 말할 수 있다. 둘 다 맞는 얘기다.

지구의 중력장은 그림 7.11와 같이 가상의 역선(힘의 선, field lines)으로 나타낼 수 있다. 자석 주위의 쇳가루처럼 중력장이 더 큰 곳은 역선이 조밀하게 나타난다. 임의의 한 점에서 중력장의 방향은 그 점에서의 역선의 접선 방향과 같다. 화살표는 중력장의 방향을 보여 준다. 지구 주위에 있는 입자나 우주선, 또는 모든 물체는 그 곳에서 역선의 방향으로 가속될 것이다.

지구 중력장의 세기는 지구가 물체에 단위 질량당 작용하는 힘으로 정의한다. 식으로 나타내면 다음과 같다.

$$g^{1)} = \frac{F}{m}$$

그림 7.11
힘의 선들은 지구 주위의 중력장의 세기를 나타낸다. 힘의 선들이 서로 조밀한 곳은 중력장이 더 강한 곳이다. 지구로부터 멀어질수록 힘의 선들 사이의 거리가 멀어지며 중력장의 세기는 약해진다.

중력장의 세기는 물체가 중력에 의해서 낙하(자유 낙하)할 때의 가속도와 같기 때문에 중력 가속도와 동일한 기호를 사용한다. 지표면 근처의 중력장의 세기는

$$g = \frac{F}{m} = 9.8\text{N/kg} = 9.8\text{m/s}^2$$

$g$의 값을 확인해 보도록 하자. 지표면에서 물체에 작용하는 중력은 질량 $m$인 물체와 지구(질량을 $M$이라 놓는다) 사이의 만유인력이다. 이 때 물체와 지구 중심 사이의 거리는 지구 반지름 $R$이다. 만유인력의 식에 이 값들을 대입하고 ($m_1 = m, m_2 = M, d = R$), 이를 $m$으로 나누면 다음과 같다.

1) $g$는 크기와 방향을 가지고 있으므로 벡터량이다.

$$g = \frac{F}{m} = \frac{G\frac{mM}{R^2}}{m} = \frac{GM}{R^2}$$

계산기가 있다면 주어진 $G$, $M$, $R$의 값을 이용하여 $g$의 값을 계산해보자.

$$G = 6.67 \times 10^{-11}\mathrm{N{\cdot}m^2/kg^2}$$

$$M = 5.98 \times 10^{24}\mathrm{kg}$$

$$R = 6.37 \times 10^{6}\mathrm{m}$$

계산 결과는 9.8N/kg이 될 것이다. 1N은 1kg · m/$s^2$이므로 N/kg는 m/$s^2$과 같다.

결과적으로 지표면에서 $g$의 값은 지구의 질량과 반지름에 의해 결정된다는 것을 알 수 있다. 지구의 질량과 반지름이 달라진다면 지표면에서의 $g$의 값은 달라질 것이다. 어느 행성의 질량과 반지름을 안다면, 그 행성의 표면에서의 중력 가속도를 계산할 수 있다.

물체에 작용하는 중력과 같이 지구 바깥쪽에서의 중력장의 세기도 역제곱의 법칙을 따른다. 따라서 지구로부터의 거리가 멀어지면 중력장의 세기 $g$도 약해진다.

그림 7.12
물체의 무게는 물체와 지구 사이의 만유인력이다.

**Example 1** 자유 낙하하는 물체들의 가속도가 모두 같은 이유는?

풀이 뉴턴의 운동 제 2법칙의 $a = \frac{F}{m}$에서, 자유 낙하하는 물체의 경우 $a = \frac{F}{m}$(무게/질량)이 모두 같으므로 가속도도 같다. 이 단원에서는 $a = \frac{F}{m}$를 다른 관점으로 즉 중력장의 세기 $g$로 본다. 뉴턴의 운동 제 2법칙으로부터 지표면에서의 $a = \frac{F}{m}$가 9.8m/$s^2$과 같다는 것을 알 수 있다. 따라서 중력장의 세기 $g$가 같은 곳에서 자유 낙하하는 모든 물체들의 가속도는 $g$로 모두 같다.

**Example 2** 달 표면에서 물체의 가속도는 단지 9.8m/$s^2$의 $\frac{1}{6}$에 불과하다. 이러한 사실로부터 달의 질량이 지구 질량의 $\frac{1}{6}$이라고 말해도 되는가?

풀이 안 된다. 달과 지구의 반지름이 같을 때만 달의 질량이 지구 질량의 $\frac{1}{6}$이라는 결론에 도달할 수 있다. 실제로 달의 반지름($1.74 \times 10^6$m)은 지구 반지름의 $\frac{1}{3}$보다 작으며 달의 질량($7.36 \times 10^{22}$kg)은 지구 질량의 약 $\frac{1}{80}$이다.

**Example 3** 목성 표면에서 $g$의 값은 지표면의 몇 배인가? 자료 : 목성의 질량은 지구의 약 300배이고 목성의 반지름은 지구의 약 10배이다.

풀이 지구의 경우 $g_{지구} = \dfrac{GM}{R^2}$ 이다. 목성 표면에서는

$g_{목성} = \dfrac{G(300M)}{(10R)^2} = \dfrac{3GM}{R^2} = 3g_{지구}$ 이다. (좀 더 정확하게 목성의 반지름은 지구의 11배이므로 $g_{목성} = 2.44g_{지구}$ 이다.)

## 7.5 행성 내부의 중력장

지구의 중력장은 지구 외부와 마찬가지로 지구 내부에도 존재한다. 지구 내부의 중력장을 알아보기 위해 북극에서 남극으로 지구를 관통하는 긴 터널을 상상해 보자. 비현실적이기하지만 지구 내부의 용암이나 높은 온도는 무시하고 여러분이 터널 속으로 떨어질 때 경험하게 되는 운동만을 생각하기로 하자. 북극에서 떨어지기 시작한다면 여러분의 속력은 지구의 중심에 도달할 때까지는 속력이 계속 증가하고, 중심을 통과하는 순간부터는 속력이 계속 감소하게 된다. 즉 중심을 향하고 있을 때는 속력이 증가하고 중심에서 멀어질 때는 속력이 감소한다. 공기 저항이 없다면 터널을 통과하는 데 약 45분이 걸린다. 여러분이 남극의 가장자리를 붙잡지 않는다면, 다시 중심으로 떨어져 같은 시간 동안에 북극으로 되돌아오게 된다.

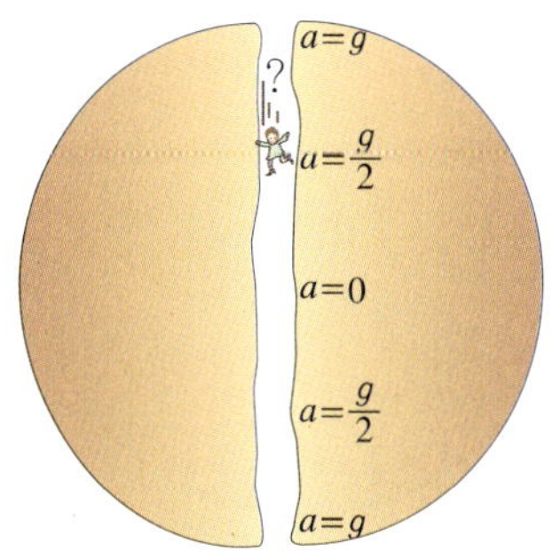


그림 7.13
지구를 관통하고 있는 구멍을 통해 떨어질 때 속력은 점점 빨라지지만 여러분 위쪽에 있는 질량의 인력이 여러분 아래쪽에 있는 질량의 인력을 부분적으로 상쇄시키므로 가속도는 감소한다. 지구의 중심에서 인력은 서로 상쇄되어 0이 되므로 가속도도 0이 된다. 운동량은 점점 증가하는 반대 방향의 가속도를 이겨내고, 여러분을 가속도가 $g$인 지구 반대편으로 이동하게 한다.

터널을 통과하는 동안 가속도를 측정할 수 있다고 가정하자. 북극에서 떨어지기 시작하는 순간에 중력장의 세기(중력가속도)는 $g$이지만 지구의 중심을 향할수록 이들이 점점 감소하고 있다는 것을 알 수 있다. 왜 그럴까?[2] 그 이유는 '아래쪽으로' 끄는 힘에 의해 지구 중심을 향해

2) 흥미롭게도 지표면의 밀도가 지구 중심의 밀도보다 매우 작기 때문에 지구 내부의 터널로 떨어질 때 처음 수 킬로미터 동안은 가속도가 증가한다. 이는 지구 내부로 향하는 처음 수 킬로 미터 동안은 여러분의 무게가 약간 증가한다는 것을 의미한다. 그러나 지구 내부로 더 깊이 들어갈수록 무게는 점점 줄어들게 되고 마침내 지구 중심에서 0이 된다. 좀더 정확하게 말하면, 지구 내부로 떨어질 때 여러분을 둘러싸고 있는 부분의 지구질량에서 중력의 상쇄가 일어난다. 즉 떨어지는 도중에 여러분을 둘러싸고 있는 부분의 지구질량이 여러분에게 작용하는 중력은 0이다. 따라서 여러분은 여러분이 있는 위치의 안쪽부분의 지구 질량에 의해서만 끌린다. 이 안쪽 부분의 질량에 의한 중력이 뉴턴의 식에 적용된다. 지구 중심에서는 지구 전체가 여러분을 둘러싸게 되며, 이 때 중력은 완전히 상쇄된다.

떨어질 때, 이미 통과한 지구의 '윗부분'이 '위쪽으로' 끌어당기기 때문이다. 여러분이 지구 중심에 도달하면 '아래쪽으로' 끄는 힘과 '위쪽으로' 끄는 힘이 균형을 이루게 된다. 즉 모든 방향으로 똑같이 끌리게 되므로 여러분이 받는 알짜힘은 0이다. 따라서 지구 중심을 통과하는 순간 속력은 최대이지만 가속도는 0이다. 또한 지구 중심에서 중력장의 세기도 0이다.

---

**Example 1** 북극에서 남극으로 완전히 뚫린 터널을 따라 운동할 때 북극과 남극의 가장자리를 붙잡지 않는다면 여러분은 어떤 종류의 운동을 경험하게 되는가?

풀이 여러분은 위아래로 단진동을 하게 된다. 1회 진동하는 데 걸리는 시간은 대략 90분이다. 흥미롭게도 지표면 가까이에서 돌고 있는 지구 위성의 주기 역시 90분이라는 것을 곧 배우게 될 것이다.

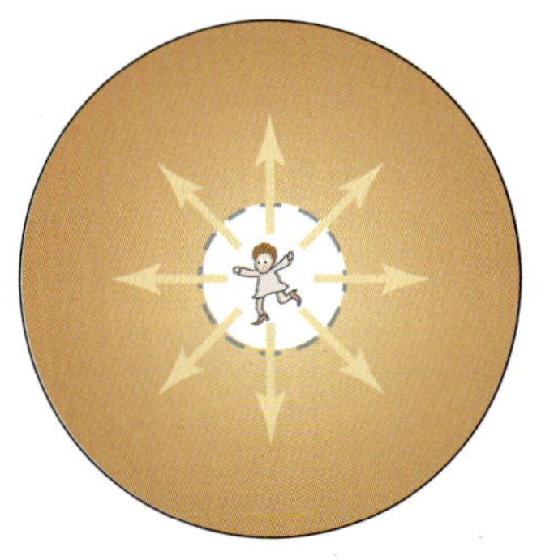

그림 7.14
지구 중심에 있는 공동(空洞)에서 여러분은 모든 방향으로 부분적인 중력을 똑같이 받기 때문에 여러분의 무게는 0이 될 것이다. 지구 중심에서 중력장의 세기는 0이다.

**Example 2** 지구 중심으로 떨어지는 도중에 여러분이 받는 중력(무게)은 지표면보다 더 큰가, 아니면 더 작은가?

풀이 더 작다. 여러분 위쪽에 있는 지구 질량의 일부가 아래쪽으로 끄는 힘을 방해하기 때문이다. 지구의 밀도가 균일하다면 정확히 지표면과 지구 중심 사이의 중간에 있을 때 여러분이 받는 중력은 지표면의 절반이 된다. 그러나 지구 핵의 밀도가 매우 크므로(지표면의 약 7배) 그 곳에서의 중력은 지표면의 절반보다는 약간 더 크다. 지구 내부의 중력이 얼마인가는 지구의 밀도가 깊이에 따라 어떻게 변하는가에 달려있으며 이에 대한 정보는 아직 알려져 있지 않다.

---

## 7.6 무중력 상태

물체가 중력을 받으면 서로를 향해 끌리면서 가속되지만(외부에서 가속 운동을 방해하지 않을 때), 우리는 거의 대부분 지표면과 접촉한 상태로 생활하고 있기 때문에, 중력은 우리를 가속시키기보다는 주로 지면을 향해 누른다. 지면을 누르는 것이 우리의 무게가 된다.

정지한 바닥에 놓인 체중계에 올라서 보면, 여러분과 지구 사이의 만유인력은 여러분을 바닥과 체중계를 향해 아래로 끌어당긴다. 뉴턴의 운동 제 3법칙에 따라 바닥과 체중계는 여러분을 위로 민다. 여러분과 바닥 사이에 체중계 안의 용수철이 위치하고 있는데, 용수철은 이 한 쌍의 힘으로 압축된다. 따라서 용수철이 압축되는 정도는 체중계에 나타난 몸무게와 관계된다.

만일 가속 운동하는 엘리베이터 내부에서 같은 방법으로 몸무게를 잰다면 체중계의 눈금이 변하는 것을 볼 수 있다. 엘리베이터가 위로 가속된다면 체중계와 바닥은 여러분의 발을 더욱 세게 밀게 된다. 그러면 체중계 내부의 용수철은 더욱 압축되며, 체중계의 눈금은 몸무게가 증가한 것을 나타낸다.

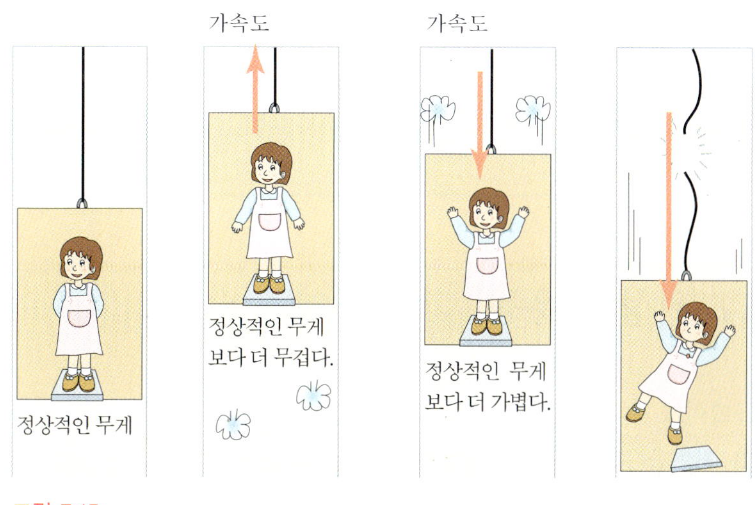


그림 7.15
무게에 대한 지각은 여러분이 바닥에 작용하는 힘과 같다. 바닥이 위로 가속되거나 아래로 가속될 때 여러분의 무게는 변하는 것처럼 보인다. 자유 낙하하는 상태에서 바닥은 여러분을 떠받쳐주지 못하므로 여러분은 무게를 0으로 느끼게 된다.

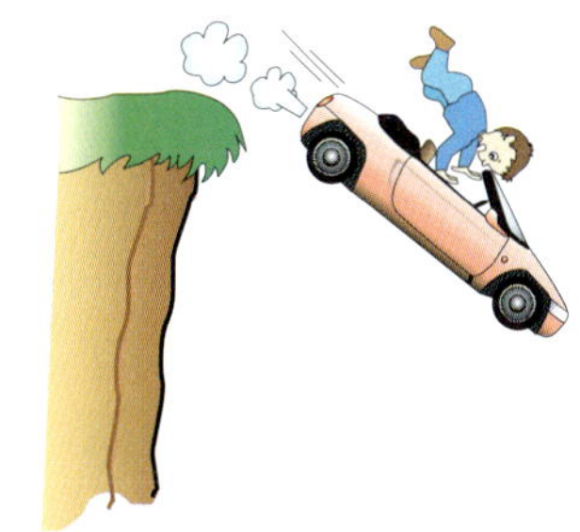

그림 7.16
둘 다 무중력 상태를 경험한다.

엘리베이터가 아래로 가속된다면 체중계의 눈금은 몸무게가 감소한 것을 나타낸다. 이때 바닥이 떠받쳐 주는 힘도 더 작아진다. 만일 엘리베이터에 연결된 케이블이 갑자기 끊어져 자유 낙하하게 된다면 체중계의 눈금은 0을 가리키게 된다. 체중계의 눈금이 0인 것은 무중력 상태에 있는 것을 뜻한다. 또 다리와 골반이 몸을 더 이상 떠받쳐주지 못하므로 무중력 상태를 느끼게 되며, 체내의 기관들이 중력이 없는 것처럼 반응하게 된다. 그러나 중력이 정말 없어서 무중력 상태로 느끼는 것일까? 이에 대한 답은 무게를 어떻게 정의하느냐에 달려 있다.

몸무게를 여러분에게 작용하는 중력의 크기로 정의하기보다는 여러분이 바닥면에 작용하는 힘의 크기로 정의하는 것이 보다 실제적이다. 이 정의에 따르면 여러분이 느끼는 힘이 바로 무게가 된다. 따라서 이때의 무중력 상태란 중력이 없는 상태가 아니라 바닥면이 떠받쳐주는 힘이 없는 상태를 말한다. 여러분이 차를 타고 가다가, 차가 빠른 속력으로 언덕을 넘어갈 때 순간적으로 도로와 분리되는 듯한 불안한 느낌도 중력이 없어서가 아니다. 바로 떠받쳐주는 힘이 없기 때문이다. 궤도 비행 중인 우주선 안의 우주 비행사 역시 떠받쳐주는 힘이 없기 때문에 계속적으로 무중력 상태에 있게 된다.

**Example** 불행하게도 자유 낙하하고 있는 엘리베이터 안에 있게 될 때, 여러분이 갖고 있던 물건들이 여러분 앞에서 둥둥 떠 있는 것을 볼 수 있다 – 외관상 무중력 상태에 있게 된다. 물건들이 떨어지고 있는 기준계와 물건들이 떨어지지 않는 기준계를 각각 지적하라.

풀이 지상의 기준계, 엘리베이터의 기준계

## 7.7 위성의 운동

돌멩이를 수평 방향으로 던지면, 돌멩이는 곡선 경로를 따라 운동하다가 지면을 향해 떨어질 것이다. 좀 더 빠르게 던지면 돌멩이는 훨씬 먼 곳에 떨어지게 되며 경로의 곡률(휘어진 정도)은 더 작아진다. 돌멩이의 운동 경로의 곡률이 지구의 곡률과 비슷하게 된다면 또 공기 저항이 없다면, 돌멩이는 지구의 위성이 될 것이다.

그림 7.17
돌을 수평 방향으로 더 빠르게 던질수록 돌멩이는 더 완만한 곡선을 그리며 떨어진다.

돌멩이를 지구를 중심으로 원운동하게 하려면, 수평 방향으로 얼마나 빠르게 던져야 할까? 이는 돌멩이가 시간에 따라 얼마만큼씩 낙하하는가와 지표면의 곡률(휘어진 정도)에 관계된다. 단원 1에서 자유 낙하하는 돌맹이는 가속도의 크기가 $10\text{m/s}^2$인 등가속도 운동을 하며, 처음 1초 동안 수직으로 낙하한 거리는 5m라는 것을 상기하자(좀 더 정확하게 두 수치를 나타내면 $9.8\text{m/s}^2$와 4.9m이다).

포물체가 처음 1초 동안에 수직으로 낙하하는 거리는 중력이 작용하지 않을 때 운동하게 되는 직선 경로의 아래쪽으로 5m이다.

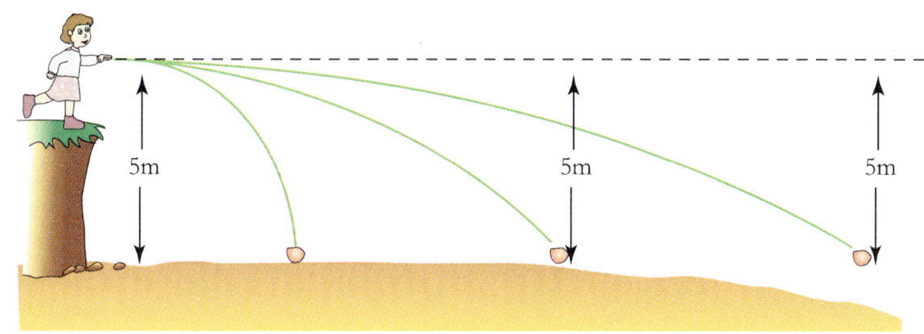


그림 7.18
수평 속력을 다르게 하여 돌멩이를 던져 보라. 1초 후에는 돌멩이에 중력이 작용하지 않을 때 운동하게 될 직선 경로의 아래쪽으로 5m 떨어질 것이다.

지구의 곡률을 기하학적으로 설명하자면 지표면의 한 지점에서 접선 방향으로 8,000 m의 거리에 있는 지점은 수직으로 거의 5 m정도 떨어져 있다. 따라서 5 m를 낙하하는 데 걸리는 시간(1초) 동안에 8000 m를 날아갈 만큼 빠른 속력으로 돌멩이를 던진다면, 돌멩이는 지구 곡률과 일치하는 경로를 따라 운동하게 된다. 이 때의 돌멩이의 속력은 8 km/s가 되어야 한다.

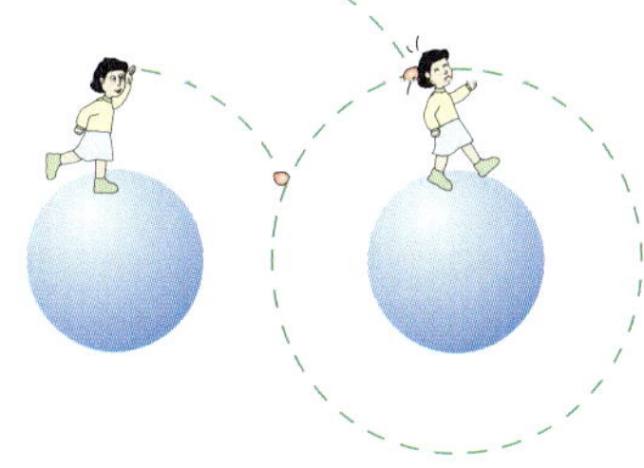

그림 7.19
돌멩이를 적당한 속력으로 던지면 돌멩이의 경로는 소행성의 표면 곡률과 같아질 것이다.

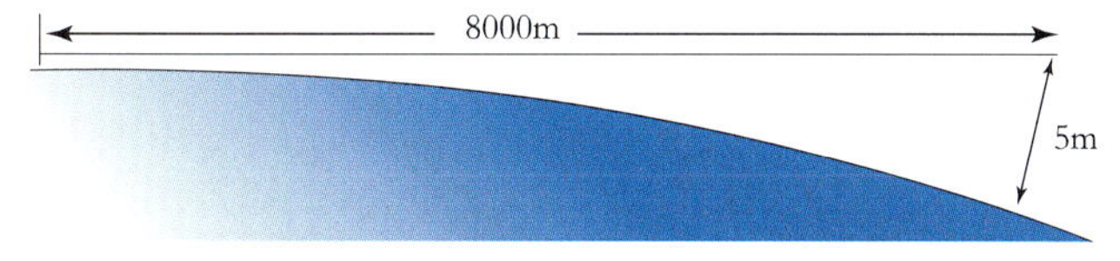


그림 7.20
지구의 곡률(정확한 축척으로 나타낸 것이 아니다).

이제 우리는 지표면 근처에서 궤도 운동하는 물체의 속력이 8 km/s라는 것을 알 수 있다. 이 속력이 아주 빠르게 느껴지지 않는다면 초속을 시속으로 바꾸어 보자. 그러면 29,000 km/h라는 엄청나게 빠른 속력이라는 것을 알 수 있다. 물체가 대기 중에서 이 정도의 속력으로 운동한다면 물체는 완전히 타 버리게 된다. 인공 위성이 지표면으로부터 150 km 이상의 높이에서 궤도 운동하는 것은 바로 이런 이유 때문이다. 즉 유성처럼 대기와 마찰에 의해 타버리는 것을 막는 것이다.

**Example** 8000m와 5m의 두 거리는 지표면의 접선과 어떤 관계가 있는가?

풀이 지표면의 접선 방향으로 매 8000m에 대해 수직으로 거의 5m 정도 떨어져 있다.

## 7.8 원 궤도

볼링공에 작용하는 중력이 볼링공의 속력을 변화시키지 않는 이유는 무엇인가? 이것은 중력이 공의 운동 방향에 수직인 연직아래 방향으로 공을 끌어당기고 있기 때문이다. 즉, 중력의 어느 성분도 볼링공의 운동 방향으로 작용하지 않는다. 원 궤도를 돌고 있는 인공 위성의 경우도 항상 중력에 수직인 방향으로 운동하고 있다. 만일 인공 위성이 중력의 방향으로 운동한다면 인공 위성의 속력은 증가하게 되며, 중력의 방향과 반대 방향으로 운동한다면 인공 위성의 속력은 감소하게 될 것이다. 그러나 중력이 인공 위성의 운동 방향과 정확히 수직이므로, 인공 위성의 속력은 변하지 않고 단지 방향만 변한다. 다시 말하면 지구 주위의 원 궤도 상에 있는 인공 위성은 항상 중력에 수직인 방향으로 운동하며, 지표면에 평행한 방향으로 일정한 속력으로 운동하고 있다.

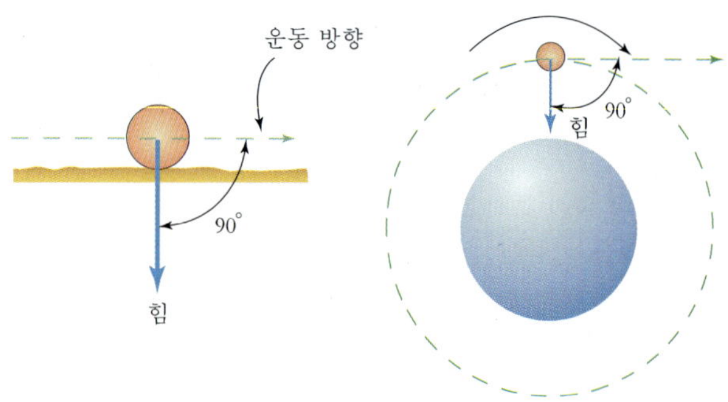


그림 7.21
(왼쪽) 볼링공에 작용하는 중력의 수평성분은 0이므로 공의 속력에 영향을 미치지 않는다.
(오른쪽) 원운동하는 위성의 경우에도 마찬가지이다.
두 경우 모두 중력이 운동 방향에 수직이다.

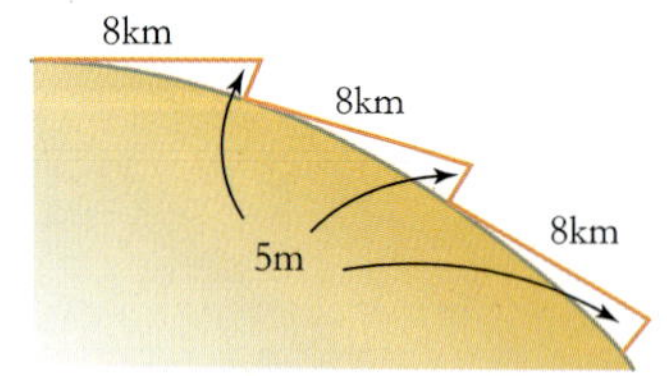


그림 7.22
지표면 근처에서 원운동하는 인공 위성의 접선 방향의 속력은 8km/s이다. 인공 위성은 매초마다 접선 방향으로 8km 진행할 때 5m씩 떨어진다.

지표면 근처에서 원운동하고 있는 인공 위성이 지구를 완전히 한 바퀴 도는 데 걸리는 시간(주기)은 약 90분이다. 고도가 높아질수록 인공 위성의 속력은 느려지고 주기는 길어진다.[3] 달은 지구로부터 아주 멀리 떨어져 있으므로 주기는 27.3일이나 된다. 통신 위성(정지 위성)의 경우 지구 중심으로부터 지구 반지름의 6.5배 되는 곳에 위치하고 있으며 주기는 24시간이다. 이 주기는 지구의 자전 주기와 같으므로 지구에서 볼 때 정지해 있는 것으로 보인다. 또한 통신 위성은 적도 평면상에 있는 궤도로 발사되므로 항상 적도 상의 같은 장소에 있게 된다.

**Example 1** 흔히 한 가지 현상을 놓고 다른 관점에서 설명하는 경우가 있다. 다음의 설명이 타당한가? 인공 위성이 궤도 상에 머물러 있는 것은 중력으로부터 벗어나 있기 때문이다.

풀이 절대로 타당하지 않다. 어떤 물체도 중력을 벗어날 수 없다. 어떤 물체가 중력을 벗어나 있다면 그 물체는 직선 경로를 따라 운동하게 되며 지구 주위로 곡선 운동하지 않을 것이다. 인공 위성이 궤도 상에 머물러 있는 것은 중력을 벗어나 있기 때문이 아니라 중력에 의해 수직으로 끌리고 있기 때문이다.

**Example 2** 지표면 근처의 인공 위성은 매 초마다 약 5m의 거리를 낙하한다. 그럼에도 불구하고 인공 위성이 지구와 더 가까워지지 않는 이유는 무엇인가?

풀이 매 초마다 수직으로 낙하하는 거리는 중력이 작용하지 않을 때 운동하게 되는 직선 경로의 아래쪽으로 약 5 m이다. 지구의 곡면은 접선 방향으로 매 8 km마다 5 m씩 아래로 휘어져 있다. 지표면 근처의 인공 위성의 속력이 8 km/s이기 때문에 인공 위성은 지구의 곡면과 일치하는(매 초마다 5 m씩 낙하하는) 곡선 운동을 하게 된다.

## 7.9 타원 궤도

대기권 밖에서 포물체의 속력이 8km/s보다 약간 더 커지면 원 궤도를 벗어나 타원 궤도를 따라 운동하게 된다.

타원은 초점이라 불리는 고정된 두 점으로부터의 거리의 합이 일정한 점들로 이루어지는 폐곡선이다. 행성 주위를 도는 위성의 경우, 한 초점은 행성의 중심에 있고 다른 초점은 행성의 내부 또는 외부에 있게 된다.

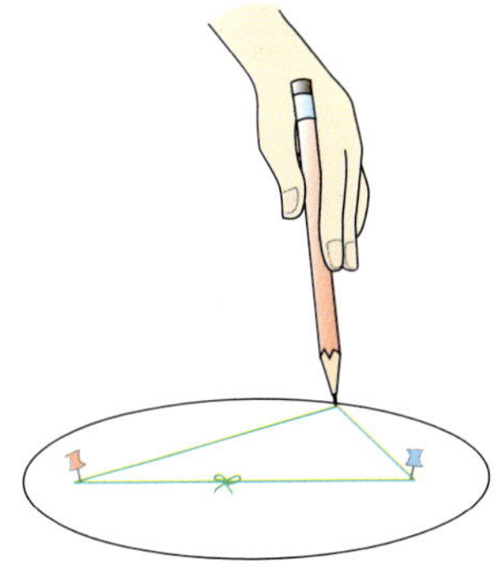

그림 7.23
타원은 2개의 압정과 줄, 연필을 이용하여 쉽게 그릴 수 있다.

3) 접선 방향의 속력은 $m\frac{v^2}{d}=G\frac{mM}{d^2}$에서 $v=\sqrt{\frac{GM}{d}}$, 주기는 $T=2\pi\sqrt{\frac{d^3}{GM}}$ 이다. 여기서 $G$, $M$, $d$는 각각 만유인력 상수, 지구의 질량, 지구 중심으로부터 인공 위성까지의 거리이다.

그림 7.24
공의 그림자는 모두 공과 테이블이 접촉하고 있는 점을 한 초점으로 하는 타원이다.

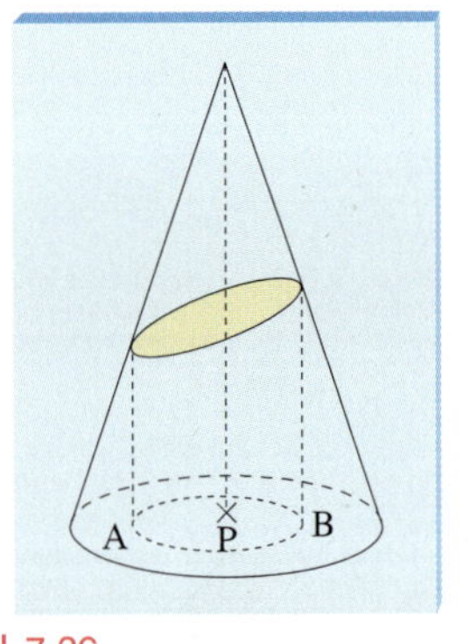


그림 7.26
원뿔을 비스듬히 잘라 절단면을 아래쪽에 정사영시키면 A는 원일점, B는 근일점, P는 초점이다.

인공 위성의 속력은 원 궤도에서는 일정하지만 타원 궤도에서는 일정하지 않다. 인공 위성의 처음 속력이 8km/s보다 클 때 인공 위성은 원 궤도를 벗어나 지구로부터 중력 반대 방향으로 멀어지면서 속력이 감소하게 된다.

공기 중으로 던진 돌멩이처럼 속력이 점점 느려지면서 최고점에 도달했다가 지구를 향해 떨어지기 시작한다. 이 때 지구로부터 멀어지면서 감소했던 속력만큼 다시 증가하게 되며, 인공 위성은 그림 7.25와 같이 원래의 위치에서 처음 속력과 같은 속력으로 운동하게 된다. 이 과정을 계속 되풀이하면서 타원 궤도를 그리게 된다.

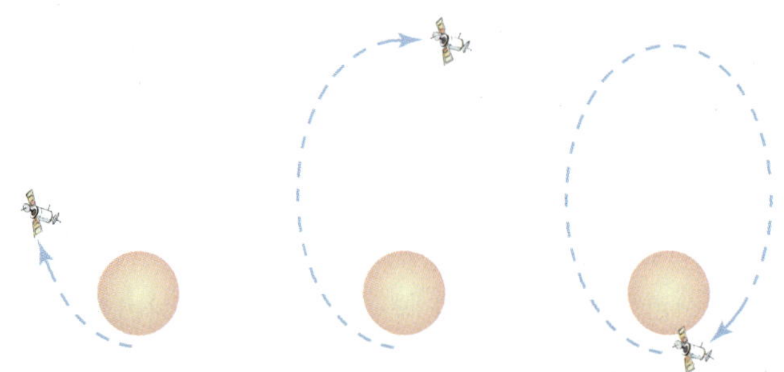

그림 7.25
타원 궤도.
지표면 근처에서 인공 위성의 속력이 8km/s보다 빨라지면 원궤도를 벗어나(왼쪽) 중력과 반대 방향으로 지구로부터 멀어진다. 최대로 멀어졌을 때(가운데) 중력때문에 인공 위성은 다시 지구를 향해 되돌아 온다. 되돌아올 때 멀어지면서 잃었던 속력을 다시 얻게 된다. 결국 인공 위성은 같은(타원) 운동을 반복하게 된다(오른쪽)

**더 알아보기** **케플러의 법칙**

케플러는 지동설을 주장했던 티코 브라헤가 20여년 동안 정밀하게 관측한 행성의 관측자료를 넘겨받아, 그 자료를 정리 분석하여 행성의 운동에 대하여 다음과 같은 세가지 법칙을 발표하였다.

제1법칙 : 모든 행성은 태양을 하나의 초점으로 하는 각각의 타원궤도를 따라 운동한다.(타원궤도의 법칙)

제2법칙 : 행성과 태양을 잇는 선분이 같은 시간 동안에 스치고 지나가는 면적은 행성의 위치에 관계없이 항상 일정하다.(면적 속도 일정의 법칙) $r_1 v_1 = r_2 v_2$

제3법칙 : 행성의 공전주기 $T$의 제곱은 행성과 태양의 평균거리(타원의 긴 반지름) $R$의 세제곱에 비례한다.(조화의 법칙) $T^2 = kR^3$

**Example** 그림은 인공 위성의 궤도를 나타낸 것이다. 인공 위성이 A점에서 D점으로 이동할 때 속력이 가장 빠른 점은? 또 속력이 가장 느린 점은?

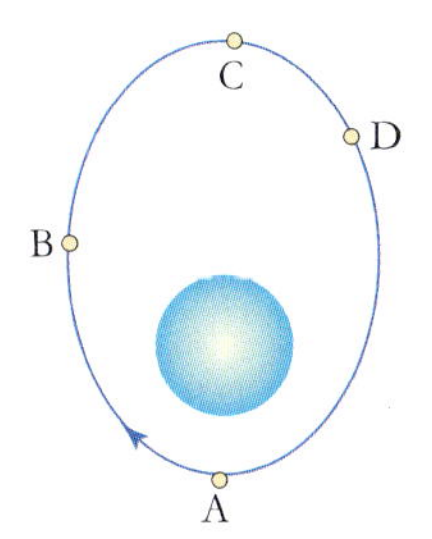


풀이 A점에서 속력이 가장 빠르고 C점에서 속력이 가장 느리다. C점을 지나 A점으로 되돌아오게 될 때 위성의 속력은 다시 빨라지며, 이 과정을 계속 되풀이 한다.

# 7.10 에너지 보존과 위성의 운동

운동하는 물체는 운동 에너지($E_k$)를 가지고 있고 지표면 위의 물체는 위치에 따른 위치 에너지($E_p$)를 가지고 있다. 그러므로 지구 주위를 돌고 있는 인공 위성은 궤도 위의 어느 곳에서나 운동 에너지와 위치 에너지를 모두 가지고 있고, 운동 에너지와 위치 에너지의 합은 일정하다.

인공 위성의 궤도가 원이라면 행성의 중심과 인공 위성의 중심 사이의 거리가 일정하므로, 위성의 위치 에너지는 궤도 위의 어느 곳에서나 같으며 에너지 보존 법칙에 따라 운동 에너지 역시 어느 곳에서나 일정하다. 따라서 원 궤도 위에서 인공 위성의 속력은 일정하다.

그러나 타원 궤도의 경우 속력과 거리가 모두 변한다. 인공 위성이 행성으로부터 가장 먼 곳(원일점)에 있을 때 위치 에너지가 최대이고 가장 가까운 곳(근일점)에 있을 때 최소이다. 궤도 위의 모든 점에서 운동 에너지와 위치 에너지의 합은 일정하므로, 위치 에너지가 최대일

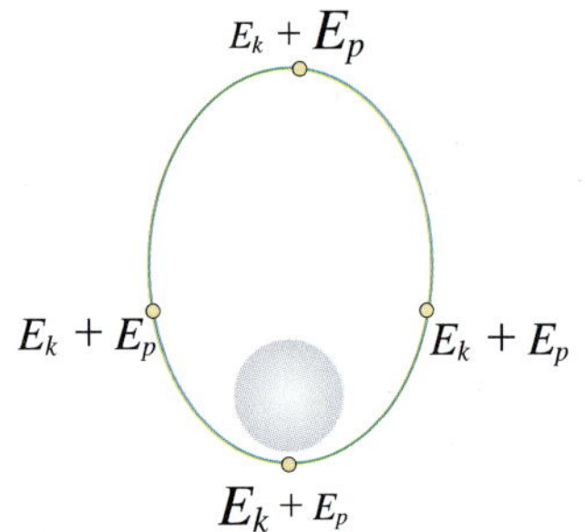


그림 7.27
위성의 운동 에너지와 위치 에너지의 합은 타원 궤도 상의 모든 점에서 일정하다.

때 운동 에너지는 최소가 되며, 위치 에너지가 최소일 때 운동 에너지는 최대가 된다.

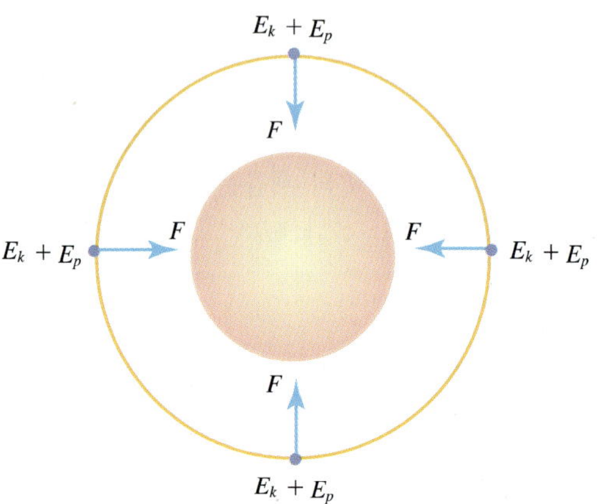


그림 7.28
위성에 작용하는 중력은 항상 지구의 중심 방향을 향하고 있다. 원운동하는 경우 위성의 운동 방향과 나란하게 작용하는 중력의 성분이 없다. 따라서 위성의 속력과 운동에너지는 변하지 않는다.

힘의 이 성분은 위성에 일을 한다.

F

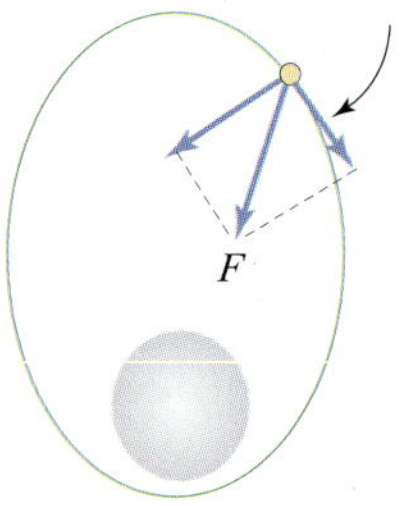

그림 7.29
타원 궤도에서 위성의 운동 방향으로 작용하는 힘의 성분이 있다. 이 성분이 위성의 속력과 운동 에너지를 변화시킨다(수직인 성분은 단지 운동 방향만을 변화시킨다).

원일점과 근일점을 제외한 궤도 위의 모든 점에서, 위성의 운동 방향에 나란한 방향으로 중력의 한 성분이 작용한다. 이 성분이 위성의 속력을 변화시킨다. 즉 위성의 운동 방향에 나란한 방향으로 작용하는 힘이 일을 하여 인공 위성의 운동 에너지를 변화시키는데, 그 크기는 다음과 같다.

(운동방향과 나란한 방향의 중력의 성분) × (이동한 거리)
= 운동 에너지의 변화

다른 관점에서 보면 위성이 행성으로부터 멀어질 때 이 성분의 힘이 반대 방향으로 작용하여 위성의 속력과 운동 에너지는 감소하게 된다. 이 감소는 위성이 원일점에 이를 때까지 계속된다. 원일점을 지나면 이 성분의 힘은 위성의 운동 방향과 같은 방향으로 작용하게 되어 위성의 속력과 운동 에너지는 증가하게 된다. 이 증가는 위성이 근일점에 이를 때까지 계속되며, 결국 위성은 타원 궤도 운동을 반복하게 되는 것이다.

**Example 1** 그림은 위성의 운동 궤도를 나타내고 있다. 위성이 A점에서 D점으로 이동할 때 위성의 운동 에너지가 최대인 점은? 또 위치 에너지가 최대인 점은? 총에너지가 최대인 점은?

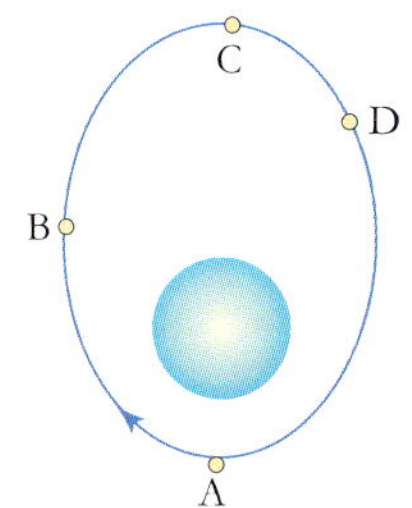


풀이 운동 에너지가 최대인 점은 A, 위치 에너지가 최대인 점은 C, 총에너지는 궤도 위의 모든 점에서 같다.

**Example 2** 중력은 타원 궤도를 돌고 있는 위성의 속력을 변화시키지만 원 궤도를 돌고 있는 위성의 속력은 변화시키지 않는다. 그 이유는?

풀이 궤도 위의 모든 점에서 위성의 운동 방향은 항상 궤도의 접선 방향이다. 중력의 한 성분이 접선 방향으로 작용하면 위성은 접선 방향으로 가속된다. 즉 위성의 선속력이 변한다. 그러나 원의 접선이 원의 반지름과 수직이므로, 원 궤도의 모든 점에서 중력은 위성의 운동 방향에 수직으로 작용한다. 따라서 원 궤도에서 접선 방향에 나란하게 작용하는 중력의 성분이 없으므로 위성의 속력은 변하지 않고 운동 방향만 변한다. 일 – 에너지 관점에서 보면 운동 방향에 나란하게 작용하는 힘만이 운동 에너지를 변화시킨다. 타원 궤도에서는 중력의 한 성분이 접선 방향으로 작용하므로 운동 에너지가 변한다.

## 7.11 탈출 속력

로켓이 지구 궤도로 올려질 때 로켓의 속력과 방향은 매우 중요하다. 예를 들어 로켓이 수직으로 8km/s의 속력으로 발사된다면 어떻게 될까? 로켓은 다시 지상으로 떨어져 8km/s의 속력으로 지면과 충돌하게 될 것이다. 로켓이 원궤도에 진입하려면 공기 저항을 무시할 때 수평 방향으로 8km/s의 속력으로 발사되어야만 한다.

그런데 올라간 물체가 지구를 탈출하여 되돌아오지 않게 될 수직 속력이 과연 존재할까? 그렇다. 공기 저항을 무시하면 11.2km/s 이상으로 발사된 물체는 어떤 것이든지 속력이 점점 느려지기는 하지만 결코 멈추지 않고 지구로부터 멀어지게 된다. 에너지 관점에서 이를 살펴보도록 하자.

로켓을 아주 먼('무한히 먼')곳으로 이동시키는 데 얼마만한 일이 필요할까? 거리가 무한하기 때문에 위치 에너지 역시 무한하다고 생각할 수도 있다. 그러나 역제곱의 법칙에 따라 거리가 증가하면 중력은 더욱 크게 감소한다. 중력은 지표면 근처에서만 강하게 작용한다. 예를 들어 로켓을 발사시키는 데 필요한 일의 대부분이 지표면 근처에서 사용된다. 지구로부터 무한히 멀리 떨어져 있는 1kg의 물체가 갖는 위치 에너지는 62MJ이다. 따라서 로켓을 무한히 먼 곳으로 이동시키는 데 1kg당 최소한 62MJ의 일을 필요로 한다. 여기서 이를 계산하지는 않겠지만 1kg당 62MJ의 운동 에너지는 11.2km/s의 속력에 해당한다. 이 값이 지표면으로부터의 탈출 속력이다. 지표면에서 로켓에 1kg당 62MJ보다 더 큰 에너지를 공급하거나 로켓을 11.2km/s보다 더 빠른 속력으로 운동시키면 공기 저항을 무시할 때 로켓은 지구를 탈출하여 영원히 돌아오지 않을 것이다. 로켓이 지구로부터 멀어짐에 따라 로켓의 위치 에너지는 증가하고 운동 에너지는 감소한다. 로켓의 속력은 계속 감소하지만 0이 되지는 않는다. 결국 로켓은 지구 중력을 이겨내고 지구를 탈출하게 된다.

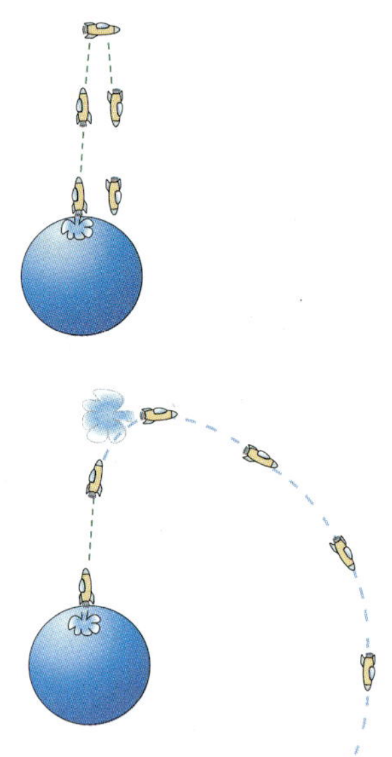

그림 7.30
로켓의 경우 초기 추진은 로켓을 수직으로 들어올린다. 또 다른 추진은 로켓을 수직 경로로부터 기울어지게 한다. 로켓이 수평 방향으로 운동할 때는 궤도 운동하는 데 필요한 속력을 얻은 것이다.

표 7.1은 태양계에 있는 여러 행성들에서의 탈출 속력을 나타낸 것이다. 태양 표면에서 태양을 탈출하기 위한 속력은 620km/s이다. 지구가 공전하고 있는 궤도에서 태양을 탈출하기 위한 속력은 42.2km/s이다. 표에 나와 있는 값들은 다른 행성들의 영향을 무시한 것이다. 예를 들어 지표면에서 11.2km/s의 속력으로 발사된 포물체는 지구를 탈출할 수는 있지만 태양은 탈출할 수 없다. 영원히 멀리 가지 못하고 태양 주위의 궤도를 돌 것이다.

표 7.1 각 행성에서의 탈출 속력

| 행성 | 질량 (지구질량을 1로 함) | 반지름 (지구반지름을 1로 함) | 탈출 속력 (km/s) |
|---|---|---|---|
| 태양 | 333,000 | 109 | 620 |
| 태양(지구궤도의 위치에서) | 23 | 500 | 42.2 |
| 목성 | 318 | 11 | 60.2 |
| 토성 | 95.2 | 9.2 | 36.0 |
| 천왕성 | 17.3 | 3.47 | 24.9 |
| 해왕성 | 14.5 | 3.7 | 22.3 |
| 지구 | 1.00 | 1.00 | 11.2 |
| 금성 | 0.82 | 0.95 | 10.4 |
| 화성 | 0.11 | 0.53 | 5.0 |
| 수성 | 0.055 | 0.38 | 4.0 |
| 달 | 0.0123 | 0.27 | 2.4 |

표에 제시된 각 행성에서의 탈출 속력은 각 행성의 표면에서 발사된 물체의 초기 속력이고, 발사된 후에는 물체의 운동을 유지시켜 주는 외력이 없다는 것을 알아야 한다. 그러나 0보다 큰 속력을 계속 유지할 수만 있다면 시간이 좀 오래 걸릴지라도 지구를 탈출할 수 있다. 로켓이 달을 향해 발사된다고 가정하자. 로켓의 엔진이 지구 가까이에서만 작동한다면 로켓의 속력은 최소한 11.2km/s가 되어야 할 것이다. 그러나 로켓의 엔진이 오랫동안 지속적으로 작동할 수 있다면 로켓의 속력이 꼭 11.2km/s가 아니더라도 로켓은 달에 도달할 수 있을 것이다.

---

**Example** 지표면으로부터의 탈출 속력은 11.2km/s이지만, 충분한 연료를 실은 로켓이 11.2km/s보다 작은 속력으로 지구를 탈출할 수 있는가?

풀이 추진력이 계속 작용한다면 탈출할 수 있다.

---

**더 알아보기 탈출 속력**

지구 중심으로부터 거리 $r$ 인 곳에서 속력 $v$로 운동하는 질량 $m$인 물체가 갖는 역학적 에너지는 위치에너지 $-G\frac{mM}{r}$와 운동에너지 $\frac{1}{2}mv^2$의 합이다. 한편 지구로부터 무한히 먼 곳($r \to \infty$)에 있는 물체의 위치에너지는 0이며, 물체의 운동에너지는 물체의 속력에 따라 최소한 0이거나 0보다 큰 값을 가지게 된다. 따라서 지구로부터 무한히 먼 곳에 있는 물체의 역학적 에너지는 0보다 크거나 같다. 그러면 지구 중력장을 탈출하여 무한히 먼 곳까지 갈 수 있는 물체의 역학적 에너지의 크기는 과연 얼마나 될까? 역학적 에너지 보존법칙에 따라 당연히 0보다 크거나 같아야 탈출하여 무한히 먼 곳에 갈 수 있다는 것을 알 수 있다. 이를 식으로 나타내면 다음과 같다.

$$-G\frac{mM}{r}+\frac{1}{2}mv^2 \geq 0$$

위 식으로부터 지구 중심으로부터 거리 $r$인 곳에서 지구를 탈출할 수 있는 속력 $v$을 구하면

$$v \geq \sqrt{\frac{2GM}{r}}$$

이다. 지표면($R=$ 지구 반지름)에서의 탈출 속도를 계산하기 위해

$$G=6.67\times 10^{-11}\mathrm{N\cdot m^2/kg^2},\ M=5.98\times 10^{24}\mathrm{kg},\ R=6.37\times 10^{6}\mathrm{m}$$

을 대입하여 계산하면 지표면에서의 탈출 속도는 약 11.2km/s[1)]이 됨을 알 수 있다.
여기서 또하나 알 수 있는 사실은 물체의 역학적 에너지가 0보다 작은 값, 즉 (−)이면 지구로부터 벗어날 수 없기 때문에 지구에 속박되어 있다는 것이다.

1) 흥미롭게도 이 값은 최대 낙하 속력이라고 불리기도 한다. 어떤 물체가 지구로부터 아무리 멀리 있더라도 지구 중력에 의해서만 자유 낙하한다면 지상에 도달한 그 물체의 속력은 11.2km/s를 넘지 못할 것이다. (물론 공기 저항 때문에 작아질 것이다.)

## 개념확인하기

1 뉴턴은 사과를 지면으로 끌어당기는 힘과 달이 궤도 운동을 하도록 유지시켜 주는 힘을 어떻게 생각했는가?

2 뉴턴은 지구와 달 사이에 인력이 작용하고 있다는 가설을 어떻게 확인했는가?

3 행성들이 태양의 인력에 의해 끌리고 있지만 태양과 충돌하지 않는 이유는?

4 만유인력 상수 $G$가 아주 작다는 것은 만유인력의 세기에 대해 무엇을 말해 주는가?

5 우리의 몸무게를 결정해 주는 두 질량과 거리는 무엇인가?

6 중력은 지구 중심으로부터의 거리에 따라 어떤 방식으로 감소하는가?

7 지구를 둥글게 만든 것은 무엇인가?

8 행성의 건드림 현상은 무엇 때문에 일어나는가?

9 여러분이 현재보다 지구 중심으로부터 5배 먼 곳에 있다면 여러분의 무게는 몇 배가 되겠는가? 10배 먼 곳에 있다면?

10 힘마당이란 물체가 가진 어떤 힘이 주위로 퍼지면서 다른 물체에 영향을 미치는 공간이라고 생각할 수 있다. 나중에 전기장은 전하에, 자기장은 자극에 영향을 미치게 됨을 보게 될 것이다. 중력장은 무엇에 영향을 미치는가?

11 멀리 떨어져 있는 로켓이 지구의 질량과 상호 작용한다고 말하는 것이 옳은가, 아니면 지구의 중력장과 상호 작용한다고 말하는 것이 옳은가?

12 지표면에서 중력장의 세기는 자유낙하하는 물체의 가속도의 몇 배인가?

13 지표면, 지구 내부, 지구 상공 중에서 무게가 가장 큰 곳은?

14 지구 중심에서 중력장의 세기는 얼마인가?

15 엘리베이터가 등속도로 운동하고 있을 때 여러분의 겉보기 무게는 변하는가? 가속도 운동을 하고 있을 때는 어떠한가?

16 행성들의 표면에서 중력 가속도는 어떤 물리량에 의해 결정되는가?

17 지구 중심으로부터 거리가 증가하면 지구 주위의 중력장은 어떻게 되는가?

18 여러분이 마루 위에 서 있을 때 마루가 여러분을 떠받치는 힘과 여러분의 무게를 비교하라.

19 정지 상태에서 공을 떨어뜨릴 때 처음 1초 동안 공이 수직으로 낙하한 거리는 얼마인가? 공을 수평 방향으로 던진다면 처음 1초 동안 수직으로 낙하한 거리는 얼마인가?

20 중력이 원 궤도를 도는 인공 위성의 속력을 변화시키지 않은 이유는?

21 인공 위성의 궤도 반지름이 커지면 인공 위성의 주기는 증가하는가, 감소하는가?

22 인공위성의 타원 궤도에서 위성의 속력이 최대인 곳은? 최소인 곳은?

23 중력이 원 궤도를 도는 인공 위성에 대해서는 일을 하지 않지만 타원 궤도를 도는 인공 위성에 대해서는 일을 하는 이유는?

24 중력이 타원 궤도를 도는 인공 위성의 속력을 변화시키는 이유는?

25 궤도 비행 중인 우주 왕복선 안의 우주 비행사가 지상으로 무언가를 떨어뜨리려고 한다. 어떻게 해야 하는가?

26 로켓을 발사하는 데 필요한 일의 대부분은 로켓이 지표면 가까이에 있을 때 소비된다. 그 이유는?

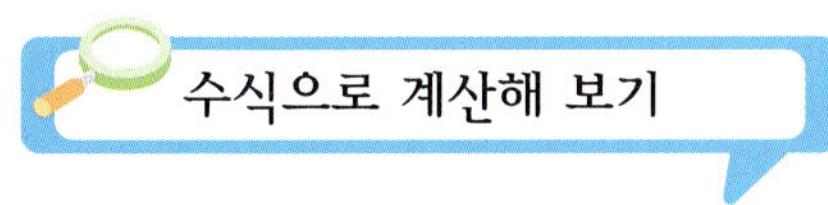


1 지표면에 있는 질량 1kg의 물체에 작용하는 중력을 계산하라. 지구의 질량은 $6 \times 10^{24}$kg, 지구의 반지름은 $6.4 \times 10^{6}$m이다.

2 지표면으로부터 지구 반지름의 높이에 있는 질량 1kg의 물체에 작용하는 중력을 계산하라.

3 지구와 달 사이에 작용하는 중력을 계산하라. 달의 질량은 $7.4 \times 10^{22}$kg, 달과 지구 사이의 평균 거리는 $3.8 \times 10^{8}$m이다.

4 지구와 달 사이에 작용하는 인력의 크기를 보다 쉽게 이해하기 위해 중력이 사라지고 대신 강철 케이블의 장력에 의해 끌린다고 가정하자. 이 케이블의 지름은 얼마인가? 이 케이블은 단위 면적당 $5 \times 10^{8}$N의 힘을 견딜 수 있다고 하자.

5 화성 표면에서 질량 1kg의 무게는 얼마인가? 화성의 질량은 지구 질량의 0.11배이고, 화성의 반지름은 지구의 0.53배이다.

6 많은 사람들은 궤도 비행을 하고 있는 우주 비행사는 중력을 벗어나고 있다고 잘못 생각하고 있다. 지표면으로부터 200km 떨어진 곳에서 궤도 비행하는 우주 왕복선에서 $g$를 계산하라. 지구의 질량은 $6 \times 10^{24}$kg이고 지구의 반지름은 $6.38 \times 10^{6}$m이다. 지표면의 중력가속도의 몇 %인가?

7 지구 주위를 돌고 있는 인공 위성의 속력은 인공 위성의 질량과 관계가 있는가? 지표면으로부터의 거리와 관계가 있는가? 지구의 질량과 관계가 있는가?

8 지구의 반지름은 변하지 않고 질량만 증가한다면 지구로부터의 탈출 속력은 11.2km/s보다 작은가, 큰가, 아니면 같은가? 그 이유는?

9 그림은 타원 궤도를 돌고 있는 인공 위성을 보여 주고 있다. A, B, C, D 중에서 다음 값이 최대가 되는 지점을 고르라.

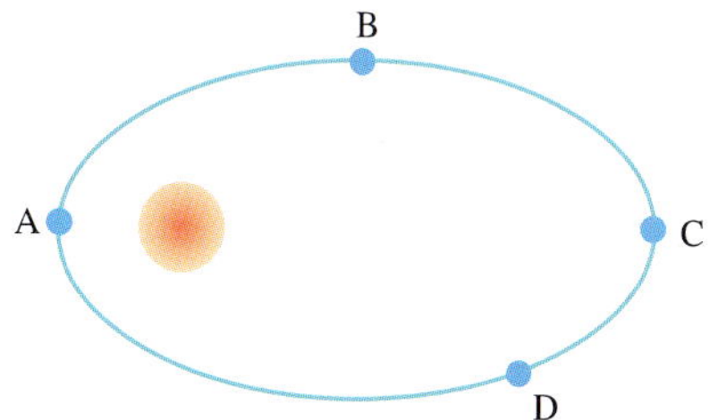


a. 중력
b. 속력
c. 속도

d. 운동량
e. 운동 에너지
f. 중력에 의한 위치 에너지
g. 총에너지
h. 가속도

**10** 지구와 태양 사이의 거리가 현재의 4배가 된다면 지구의 공전 주기는 몇 년이 되는가?

**11** a. 지표면으로부터 지구 반지름과 같은 높이에 있는 운석이 지구를 향하여 낙하하고 있다. 이 지점에서 운석의 낙하 가속도는 약 몇 $m/s^2$인가?

b. 달의 질량은 지구의 약 $\frac{1}{81}$이고, 달의 반지름은 지구 반지름의 약 $\frac{3}{11}$이다. 달 표면에서의 중력 가속도는 약 몇 $m/s^2$인가?

**12** 두 인공 위성 A, B의 공전 궤도 반경의 비가 1 : 4일 때 다음 물음에 답하라.

a. 두 인공 위성 A, B의 공전 속도의 비 $v_A : v_B$는?
b. 두 인공 위성 A, B의 공전 주기의 비 $T_A : T_B$는?

**13** 질량 100kg인 사람이 지표면으로부터 지구 반지름만큼 올라간 곳에서 몸무게는 약 몇 N인가?

**14** 지구에 비하여 반지름이 2배이고, 질량이 6배인 천체 표면에서의 중력가속도는 지표면의 중력 가속도의 몇 배인가?

**15** 다음 물리량들은 인공 위성의 궤도 반지름이 커질 때 증가하는가, 감소하는가?

a. 지구와의 중력
b. 인공 위성의 공전 속도
c. 인공 위성의 각속도
d. 인공 위성의 구심 가속도
e. 인공 위성의 공전 주기

**16** 그림과 같이 안쪽 반지름이 $r$ 이고 바깥쪽 반지름이 $R$ 인 속이 빈 질량 $M$ 인 구가 있다. 구의 중심 O로부터 거리 $d$ 만큼 떨어진 곳에 질량 $m$ 인 물체가 있다면 속이 빈 구와 물체 사이에 작용하는 만유 인력은 얼마인가?(단, $d > R$ 이다.)

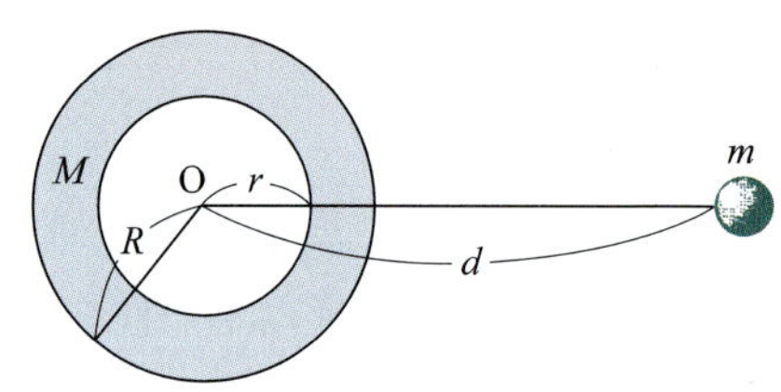


**17** 인공 위성이 지표면으로부터 일정한 높이에서 지구 주위를 공전하여 원에 가까운 궤도를 그린다. 만일 만유 인력 상수가 $\frac{1}{2}$배가 되고 지구의 질량이 2배가 된다면 인공 위성의 공전 주기는 몇 배가 되겠는가?(단, 공전 궤도 반지름은 변함이 없다.)

**18** 무한히 떨어져 있는 질량이 각각 $M$, $m$ 인 두 물체가 만유 인력에 의해 점점 가까워져 가고 있다. 두 물체 사이의 거리가 $d$ 일 때, 운동량과 역학적 에너지 보존의 개념을 사용하여 두 물체 사이의 상대 속도를 구하여라.(단, 만유 인력 상수는 $G$ 이다.)

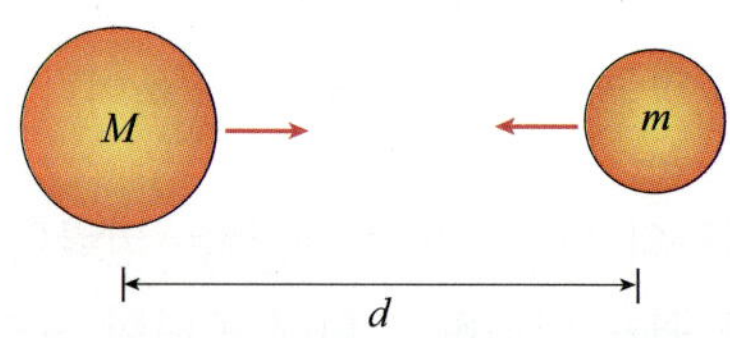

**19** 그림과 같이 질량이 $M$이고 반지름이 R인 원형 고리의 축으로부터 거리 $b$만큼 떨어진 점에 놓여진 질량 $m$인 입자에 미치는 중력을 계산하라.

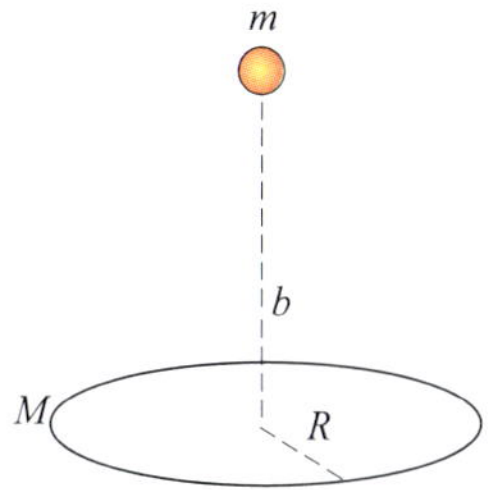

**한걸음 더**

1. 질량 $M$인 행성 주위를 질량 $m$인 물체가 공전하고 있다.

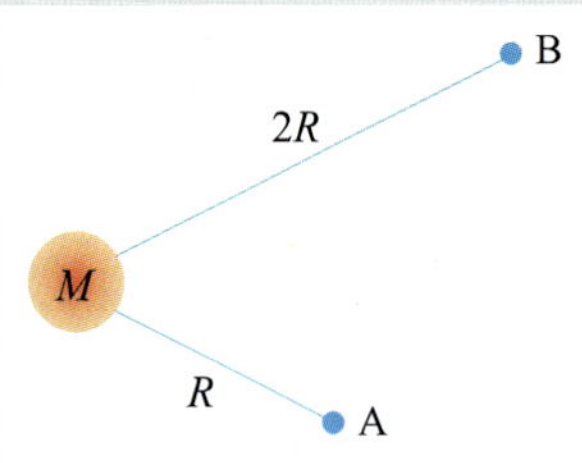


a. 물체가 A와 B를 통과하는 순간 갖게 되는 위치에너지는 각각 얼마인가?
b. A를 통과하는 순간 물체의 속력이 $v_0$라면 B를 통과하는 순간 물체의 속력은 얼마인가?

2. 질량 $m$인 인공위성이 반지름 R인 지구둘레를 지표면으로부터 높이 $h$ 인 궤도에서 등속원운동하고 있다. (단, 지표면에서의 중력가속도는 $g$ 이다.)

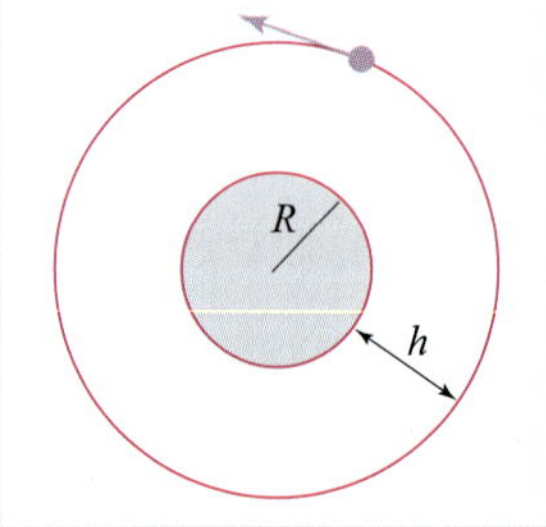


a. 이 인공위성이 역학적 에너지를 $R$, $h$, $G$, $M$, $m$을 이용하여 나타내시오.
b. 이 인공위성의 공전속력을 구하시오.

3. 우리 은하의 중심으로부터 약 30,000광년 떨어져 있는 태양의 공전주기는 약 200,000,000년이다. 그림은 우리 은하의 단면을 나타낸 것으로 우리 은하의 대부분의 질량은 중심부근의 공 모양의 구조에 몰려있고, 태양은 등속 원운동한다고 가정하자. 우리 은하의 질량이 얼마나 되는지를 계산하시오. (단, 1광년은 $9.5\times10^{15}$ m이고, 1년은 $3.15\times10^{7}$초 이며, 만유인력상수는 $G=6.67\times10^{-11}$ N· m$^2$/kg$^2$이다.)

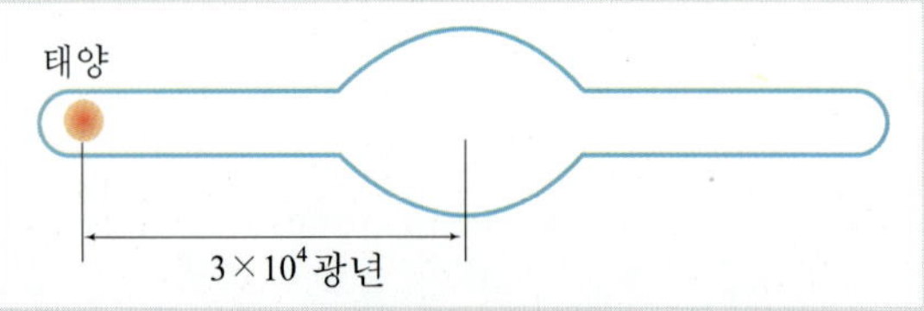

Chapter 8

# 무게 중심과 회전 역학

피사의 사탑이 쓰러지지 않는 이유는 무엇일까? 얼마나 더 기울어지면 쓰러지게 될까? 등을 벽에 대고 서 있는 상태에서 발끝을 만지려고 하면 반드시 앞으로 넘어지는 이유는 무엇인가? 이런 질문들에 답을 하려면 우선 무게 중심에 대해서 잘 알아야 한다.

## 8.1 무게 중심

야구공을 공중으로 던지면 포물선을 그리면서 날아간다. 그런데 야구 배트를 던지면 전체적으로 흔들거리면서 날아간다.

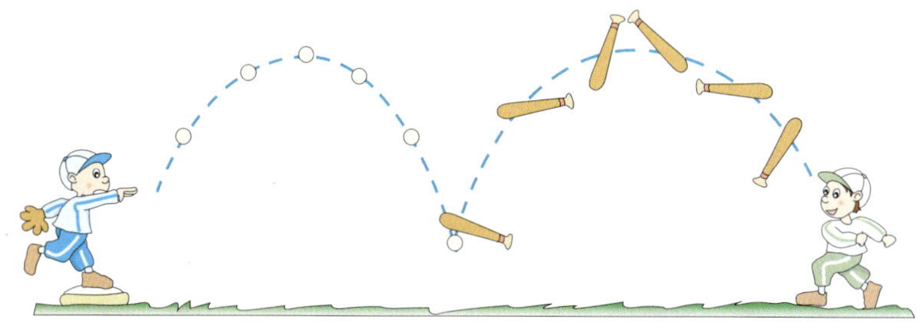

그림 8.1
야구공과 회전하는 야구 배트의 무게 중심은 각각 포물선을 그린다.

야구 배트의 운동을 자세히 살펴보면 그림 8.1에서와 같이 어느 한 점을 중심으로 회전하며 날아가며, 이 점을 연결하면 포물선이 된다. 즉 야구 배트의 운동은 두 종류의 운동이 합해진 것이다 : (1) 한 점을 중심으로 하는 회전 운동, (2) 야구 배트의 무게가 마치 한 점에 집중되어 있는 것처럼 날아가는 야구 배트의 운동. 이 점이 바로 배트의 무게 중심이다.

물체의 무게 중심은 물체의 모든 부분에 작용하는 중력을 더한 합력의 작용점이다. 야구공과 같이 대칭적인 물체는 물체의 기하하적 중심이 무게 중심이다. 그러나 야구 배트와 같이 불규칙적인 형태의 물체는 한끝이 다른 끝보다 더 무겁다. 따라서 야구 배트의 무게 중심은 무거운 쪽에 치우치게 된다. 삼각형 모양의 타일 조각의 무게 중심은 중심과 꼭지점을 통과하는 선 위에 있으며, 밀도가 균일한 원뿔의 무게 중심은 바닥면으로부터 전체 높이의 $\frac{1}{4}$ 되는 곳에 있다.

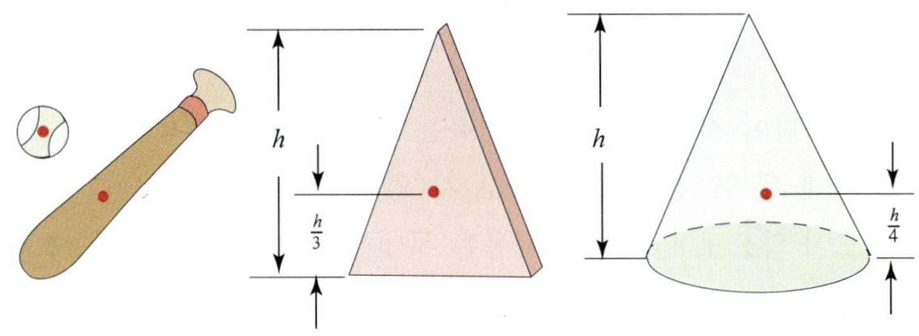


그림 8.2
동그란 점은 각 물체의 무게 중심을 나타낸다.

그림 8.3은 매끄러운 수평면에서 미끄러지는 렌치(wrench)의 운동을 위에서 찍은 다중 섬광 사진이다. 검은색 점은 렌치의 무게 중심이며, 무게 중심은 직선 운동을 하고 있는 것을 알 수 있다. 그런데 렌치의 다른 부분은 무게 중심 주위를 회전하며 운동을 한다. 또한 무게 중심은 일정한 시간 간격 동안 같은 거리를 운동한다(운동 방향으로 작용하는 알짜힘이 0이므로). 즉 렌치의 운동은 무게 중심의 직선 운동과 무게 중심 주위를 도는 회전 운동이 합해진 것이다.

그림 8.3
회전하는 렌치의 무게 중심은 직선 경로를 따라 운동한다.

렌치를 공중으로 던지면, 렌치가 어떻게 회전하던 간에 렌치의 무게 중심은 부드러운 포물선을 그리며 운동할 것이다. 이것은 그림 8.4의 불꽃놀이용 폭죽과 같이 폭발하는 포물체의 경우에도 똑같이 적용된다. 폭발할 때 내부의 힘은 포물체의 무게 중심을 변화시키지 않는다. 흥미롭게도 공기 저항을 무시한다면 흩어진 파편들의 무게 중심의 운동은 폭발이 일어나지 않았을 때의 무게 중심의 운동과 항상 같다.

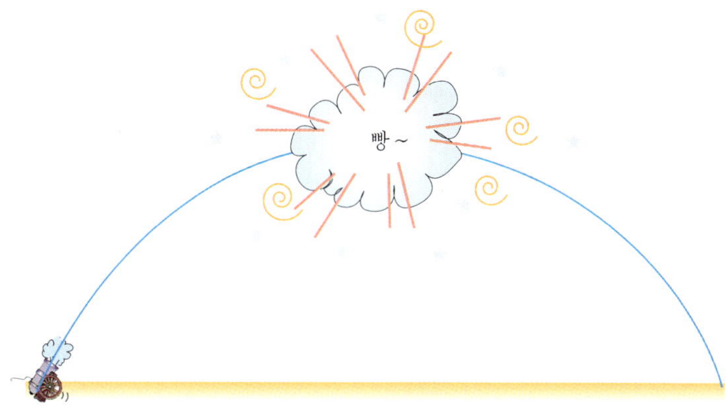


그림 8.4
불꽃놀이용 폭죽과 그 파편들의 무게 중심은 폭발하기 전이나 폭발한 후에도 같은 경로를 따라 운동한다.

---

**Example 1** 물체를 회전시키면서 공중으로 또는 매끄러운 수평면으로 운동시켰을 때, 물체의 어느 부분이 부드러운 곡선 경로를 그리면서 운동하게 되는가?

풀이 CG(무게중심 : Center of Gravity)

**Example 2** 공중에서 폭발한 포물체가 있다. 폭발 전과 폭발 후, 이 물체의 CG(무게중심)의 운동을 묘사하라.

풀이 변함없이 포물선을 그린다.

---

## 8.2 질량 중심

무게 중심을 흔히 질량 중심이라고도 한다. 질량 중심은 물체를 구성하는 질량을 가진 모든 입자들의 평균적인 위치이다. 지상이나 지표면 가까이에 있는 물체들의 경우에는 무게 중심과 질량 중심이 서로 일치한다. 물체가 엄청나게 커서 한 끝과 다른 끝에 작용하는 중력이 다를 때는 무게 중심과 질량 중심이 서로 다를 수 있다. 예를 들어 100층 정도되는 빌딩의 무게 중심은 질량 중심보다 약 1mm 아래쪽에 있다. 이는 낮은 층에 작용하는 중력이 높은 층에 작용하는 중력보다 더 크기 때문이다. 그러나 실제 물체들(큰 빌딩들을 포함해서!)의 경우에 무게 중심과 질량 중심이 일치한다고 해도 무방하다.

렌치를 회전시키면서 공중으로 던지는 경우에 렌치는 전체적으로 무게 중심에 대해 회전하며 날아가지만, 무게 중심 자체는 포물선을 그리면서 날아간다. 무게 중심이 한가운데가 아닌 공에 대해 생각해 보자. 이 공 역시 무게 중심에 대한 회전 운동 때문에 흔들거리며 날아간다. 태양도 이와 비슷한 이유 때문에 흔들거린다. 그림 8.5은 태양계의 질량 중심이 태양의 기하학적 중심이 아닌 태양 외부에 있는 것을 나타낸다. 그 이유는 태양계의 전체 질량이 행성들의 질량까지 포함하기 때문이다. 행성들이 각각 정해진 궤도를 돌고 있으므로, 태양계의 질량 중심이 변하게 되어 실제로 태양은 균형을 잃고 흔들거리게 된다. 천문학자들은 가까운 별들에서 이와 유사한 흔들거림을 찾고 있다 – 흔들리고 있다는 것은 그 별 가까이에 다른 별들이 존재하고 있다는 증거이기 때문이다.

그림 8.5
태양계의 질량 중심은 태양의 기하학적 중심이 아니다. 태양계의 행성들이 모두 태양의 한쪽에 일렬로 늘어서 있다면 태양계의 질량 중심은 태양의 중심으로부터 태양 반지름의 약 2배 되는 곳이 된다.

**Example 1** 물체의 무게 중심과 질량 중심이 같을 때는? 물체의 무게 중심과 질량 중심이 다를 때는?

풀이 물체 각 부분의 무게가 변하지 않을 때, 물체의 각 부분에 따라 무게가 변할 때

**Example 2** 균형을 잃고 흔들거리는 별이 암시하는 것은?

풀이 행성계의 CG가 변하는 것이므로, 가까이에 다른 별이 존재한다.

## 8.3 무게 중심의 위치 알아보기

미터자와 같은 물체는 기하학적 중심이 무게 중심(앞으로는 CG로 표현함)이다. CG는 평형점이므로, 그 한 점을 받치면 물체 전체를 떠받칠 수 있다. 그림 8.6에서 작은 벡터들은 미터자 각 부분에 작용하는 중력을 나타낸다. 이 벡터들의 합은 CG에 작용하는 하나의 힘으로 합칠 수 있다. 즉 미터자의 무게가 CG에 집중되어 있는 것과 같다. 그 이유는 CG의 위쪽 방향으로 하나의 힘을 작용하여 평형을 이룰 수 있기 때문이다.

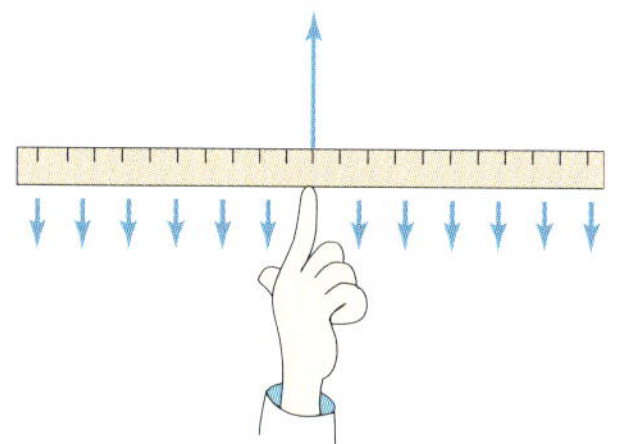

그림 8.6
미터자. 전체의 무게가 자의 중심에 집중되어 있는 것처럼 반응한다.

물체를 진자처럼 한 점에 매달아 놓으면 물체의 CG는 매달린 점의 바로 아래쪽에 있게 된다. 물체의 CG를 찾으려면 줄에 매달린 연직추를 이용해 매달린 점의 아래쪽으로 수직선을 긋는다. 이 때 CG는 수직선 상의 어느 한 점에 있게 된다. 그 다음 물체를 다른 점에 매달아 또 하나의 수직선을 그으면 이 두 수직선의 교차점이 바로 CG이다.

물체의 CG는 물체 내부가 아닌 외부에 존재할 수도 있다. 고리의 CG는 기하학적 중심인 고리 안쪽의 공간 상의 한 점이다. 농구공과 같이 속이 빈 구의 경우에도 마찬가지다. 반원의 고리나 속이 빈 반구의 경우에도 물체의 외부에 CG가 있다. 또한 컵이나 의자 또는 탁자의 경우에도 물체의 외부인 공간 상의 한 점에 CG가 있다.

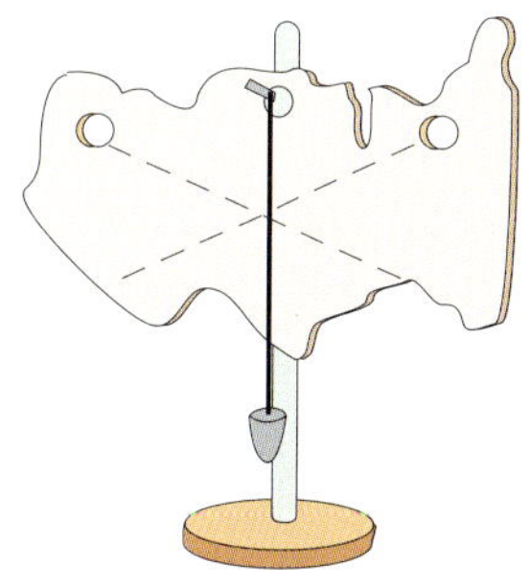

그림 8.7
연직추를 이용하여 불규칙한 모양을 한 물체의 CG찾기

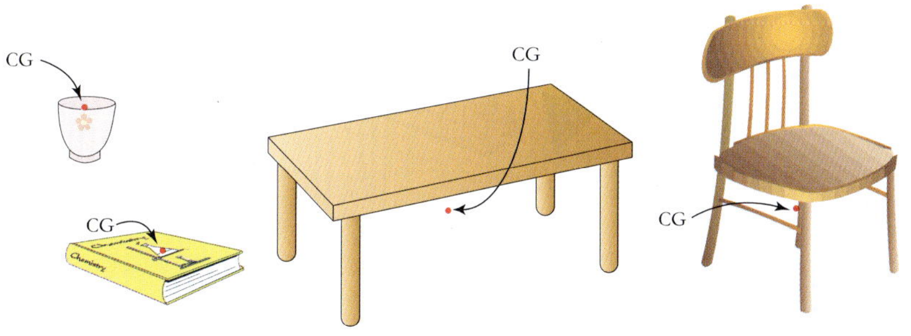


그림 8.8
CG가 물체 외부에 존재한다.

**Example 1** 도넛의 CG는 어디인가?

풀이 도넛 구멍의 중심에 있다.

**Example 2** 하나의 물체가 CG를 여러 개 가질 수 있는가?

풀이 딱딱한 물체(강체: 형태가 변하지 않는 물체)의 CG는 하나 뿐이다. 강체가 아닌 점토나 퍼티처럼 모양이 여러 형태로 변한다면, 모양에 따라 CG는 변할 수 있다. 그러나 이때도 주어진 모양에 대한 CG는 하나뿐이다.

## 8.4 토크(돌림힘)

자유롭게 움직일 수 있는 물체를 밀면 물체는 운동하게 된다. 이 때 어떤 물체는 회전하지 않고 이동만 하게 되며, 어떤 물체는 회전하면서 이동하기도 한다. 예를 들어 미식 축구공을 차면 공은 회전하면서 날아간다. 물체에 힘을 가했을 때 물체의 회전이 달라지는 요인은 무엇인지 알아보자.

문을 열 때, 수도 꼭지를 틀 때, 너트를 조일 때면 항상 회전하도록 힘을 가하게 된다. 회전속도가 변하도록 하는 효과를 토크라고 한다. 토크는 단순한 힘과는 다르다. 단순한 힘을 물체에 작용하면, 물체는 가속 운동하게 된다. 반면에 물체에 토크를 작용하면, 물체의 회전속도가 변한다.

그림 8.9
토크는 회전을 일으킨다.

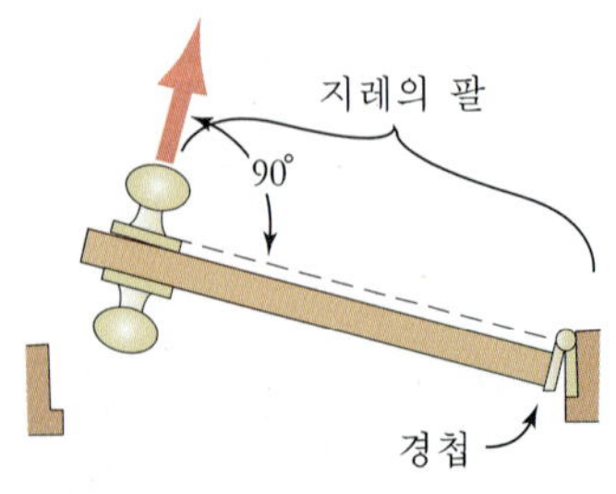


그림 8.10
수직인 힘이 작용할 때, 지레의 팔은 문의 손잡이와 경첩 사이의 거리이다.

토크는 힘이 "지레의 힘"처럼 가해질 때 생긴다. 다시 말하면 받침점으로부터 작용점까지의 방향에 수직인 힘이 작용할 때, 토크가 발생하며 물체가 회전하게 된다. 이 때 회전축으로부터 힘이 작용하는 점까지의 거리를 지레의 팔이라 한다.

장도리를 사용하여 나무에 박힌 못을 뺄 때도 지레의 힘을 이용한다. 이 때 장도리의 손잡이가 길면 길수록 지레의 힘은 더욱 커지고 작업은 더욱 쉬워진다. 문을 열 때도 토크를 이용한다. 문의 손잡이를 밀거나 당길 때 지레의 힘을 크게 하기 위해 손잡이는 경첩의 회전축으로부터 되도록 먼 곳에 설치한다. 여기서 힘의 방향도 중요하다. 만약 문을 열 때 손잡이를 옆으로 밀거나 당겨서 문을 회전시키려고 한다면, 회전이 잘 안 된다. 문을 쉽게 열려면, 문이 이루는 면에 수직인 방향으로 힘을 가해야 한다. 왜냐하면 회전속도의 변화는 지레의 팔에 수직인 방향으로 작용하는 힘이 있을 때만 생기기 때문이다.

짧은 손잡이의 렌치와 긴 손잡이의 렌치를 사용해 보면 긴 손잡이의 렌치가 힘이 적게 들고 지레 효과가 더 크다는 것을 알 수 있다. 힘이 지레의 팔에 수직 방향으로 작용하지 않을 때는 힘의 수직 성분만이 토크에 기여한다. 토크는 다음과 같이 정의된다[1)]

$$\text{토크} = \text{힘}_{\perp} \times \text{지레의 팔}$$

따라서 작용하는 힘은 클수록 지레의 팔이 길수록 더 큰 토크가 생긴다.

그림 8.11
이 문의 손잡이는 중심에 위치하고 있다. 물리를 아는 사람은 이 손잡이의 실용성에 대해 어떻게 말하겠는가?

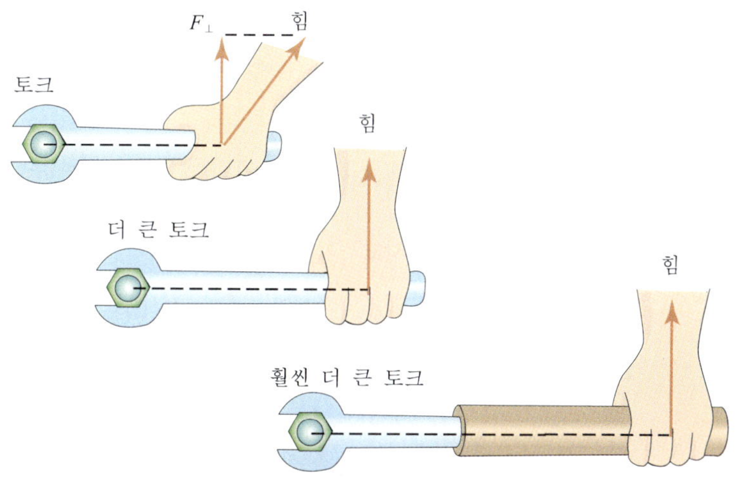


그림 8.12
각각의 경우에 가해진 힘이 같더라도 토크는 다르다. 지레의 팔에 수직인 성분의 힘만이 토크에 기여한다.

1) 토크의 단위는 N · m이다. 일의 단위 역시 N · m(이 경우 J과 같음)이다. 그러나 일과 토크는 다르다. 일에 기여하는 물리량은 운동 방향으로 작용하는 힘이며, 토크에 기여하는 물리량은 지레의 팔에 수직으로 작용하는 힘이다.

**Example 1** 손잡이가 문의 가장자리에 있지 않고 문의 중심에 있다고 하자. 문을 열 때 똑같은 토크를 작용하려면 얼마나 더 큰 힘을 가해야 하는가?

풀이 손잡이가 문의 중심에 있으면 지레의 팔이 절반이 되므로 가장자리에 있을 때보다 2배의 힘을 작용해야 한다. 수식으로 $2F \times \frac{d}{2}$, 여기서 $F$는 작용한 힘, $d$는 회전축으로부터 문의 가장자리에 있는 손잡이까지의 거리, $\frac{d}{2}$는 문의 중심까지의 거리이다.

**Example 2** 볼트를 회전시킬 때 그림과 같이 렌치의 손잡이에 줄을 연결하여 잡아당기면 더 큰 토크를 얻을 수 있는가?

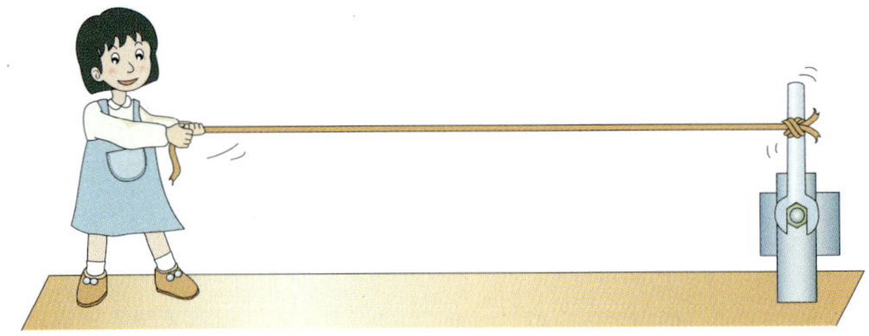

풀이 지레의 팔의 길이가 같으므로 토크는 같다. 지레의 팔을 증가시키려면 쇠파이프 같은 것을 손잡이 위로 연결하는 것이 좋다.

**Example 3** 빗면에서 공을 굴릴때 공이 빗면 아래로 굴러가는 경우 회전속력이 증가하고, 빗면 아래에서 위로 올라갈때는 회전속력이 느려진다. 그 이유를 물체의 작용하는 토크로 설명하시오.

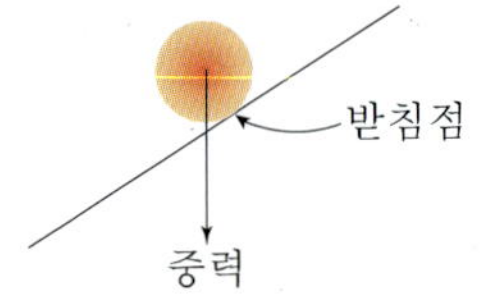


풀이 토크의 방향이 반시계 방향이므로 물체는 운동방향에 관계없이 반시계 방향으로 회전속도가 변한다. 따라서 내려갈때는 증가하고 올라갈때는 감소한다.

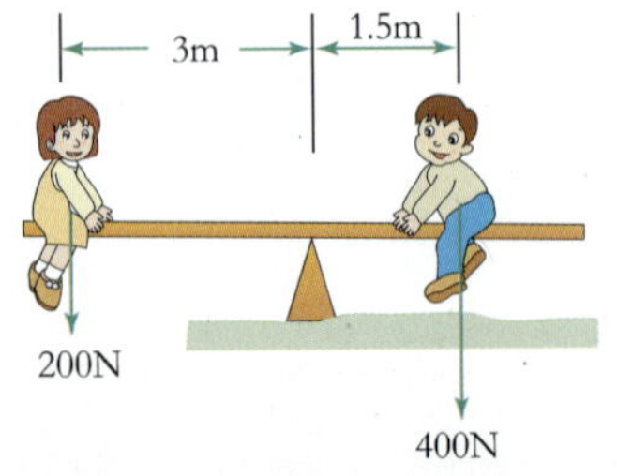

그림 8.13
한 쌍의 토크는 평형을 이룰 수 있다.

## 8.5 토크의 평형

시소를 타고 있는 아이들은 경험적으로 토크를 잘 이용한다. 아이들은 몸무게가 서로 다르더라도 균형을 잘 이룰 수 있다. 몸무게 자체가 회전을 일으키는 것이 아니고, 토크가 회전을 일으키기 때문이다. 아이들은 받침점(회전축)으로부터의 거리도 몸무게만큼 중요하다는 것을 알고 있다(그림 8.13). 무거운 소년은 받침점으로부터 가까운 곳에 앉고 가벼운 소녀는 받침점으로부터 먼 곳에 앉게 되면, 소년에 의해 시계 방향으로 회전하려는 토크가 소녀에 의해 반시계 방향으로 회전하려는 토크와 같아지며, 시소는 균형(토크의 평형)을 이루게 된다.

그림 8.14과 같이 조절용 분동의 위치를 달리하여 물체의 무게를 재는 저울도 토크의 평형을 이용한 것이다. 조절용 분동을 이용하여 반시계 방향의 토크가 시계 방향의 토크와 균형을 이루도록 하면, 저울의 팔은 수평을 이루게 된다.

그림 8.14
이 저울은 토크의 평형을 이용한다.

**Example** 길이 1m인 미터자의 중앙을 그림과 같이 천장과 연결하고 20N의 물체 A를 80cm되는 곳에 매달았다고 하자. 또 하나의 물체 B를 10cm되는 곳에 매달았더니 미터자는 균형을 이루게 되었다. 물체 B의 무게는 얼마인가?

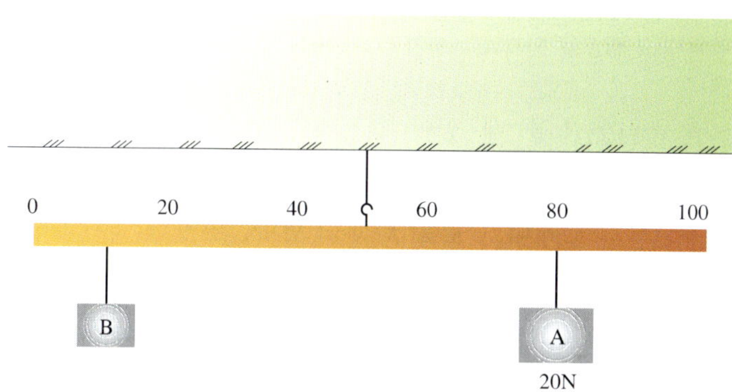


풀이 물체 B는 미터자를 반시계 방향으로 회전시키려고 하고 20N의 물체 A는 시계 방향으로 회전시키려고 한다. 두 토크의 크기가 같을 때 미터자는 균형을 이룬다. 반시계 방향의 토크 = 시계 방향의 토크

$$(F_{\perp}d)_{\text{반시계}} = (F_{\perp}d)_{\text{시계}}$$

주축이 50cm되는 곳에 있고 물체 B는 10cm 되는 곳에 있으므로 물체 B에 대한 지레의 팔은 40cm이다. 20N인 물체 A의 경우 주축으로부터 30cm 떨어져 있으므로 지레의 팔은 30cm이다. 이 값을 위 식에 대입하면 다음과 같은 결과를 얻는다.

$$F_{\perp\text{반시계}} = \frac{(20\text{N}) \times (30\text{cm})}{(40\text{cm})} = 15\text{N}$$

따라서 물체 B의 무게는 15N이다. 물체 B의 경우 지레의 팔이 물체 A의 지레의 팔보다 크므로 물체 B의 무게는 20N보다 작다고 말할 수 있다.

물체 B의 경우 지레의 팔은 물체 A의 지레의 팔의 $\frac{40\text{cm}}{30\text{cm}} = \frac{4}{3}$이다. 따라서 물체 B의 무게는 물체 A의 $\frac{3}{4}$이다.

## 8.6 토크와 무게 중심

등과 발뒤꿈치를 벽에 대고 몸을 기울여 발끝을 만지려고 할 때 곧 앞으로 넘어지는 것은 무게 중심이 받침면 위에서 벗어나기 때문이다. 즉, CG가 받침면이 되는 발의 면적 안에 없으면 토크가 생기고 넘어지게 된다.

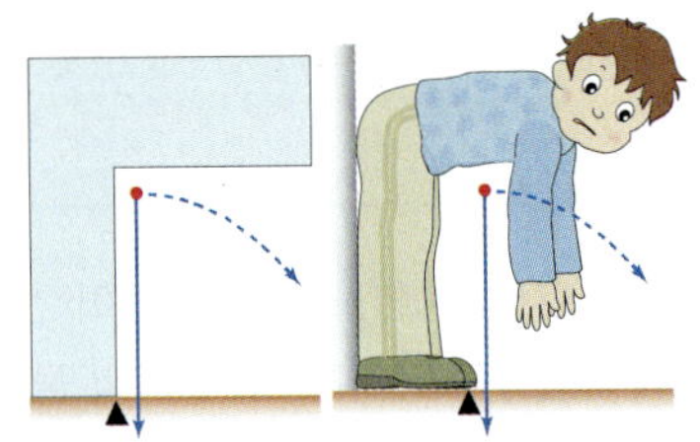

그림 8.15
그림과 같은 L자형의 받침대는 토크 때문에 넘어질 것이다. 마찬가지로 등과 발뒤꿈치를 벽에 대고 발끝을 만지려고 하면 CG가 발을 벗어나기 때문에 토크가 생긴다.

미식 축구공을 찼을 때 공이 회전하면서 날아가게 되는 요인들은 CG, 힘 그리고 토크다. 미식 축구공이건 프리스비(플라스틱 원반)이건 물체를 공중으로 던지려면 힘을 필요로 한다. 힘이 물체의 CG를 향해 가해지면 물체는 회전하지 않고 단순히 병진 운동(CG의 운동)만을 한다. 그러나 힘이 물체의 CG가 아닌 다른 곳에 가해지면 물체는 병진 운동 뿐만 아니라 CG를 중심으로 회전 운동까지 하게 된다.

그림 8.16
미식 축구공의 CG를 향해 차면 공은 회전하지 않고 병진 운동만 할 것이다. 미식 축구공의 CG의 위나 아래를 차면 병진운동 뿐만 아니라 회전 운동을 한다.

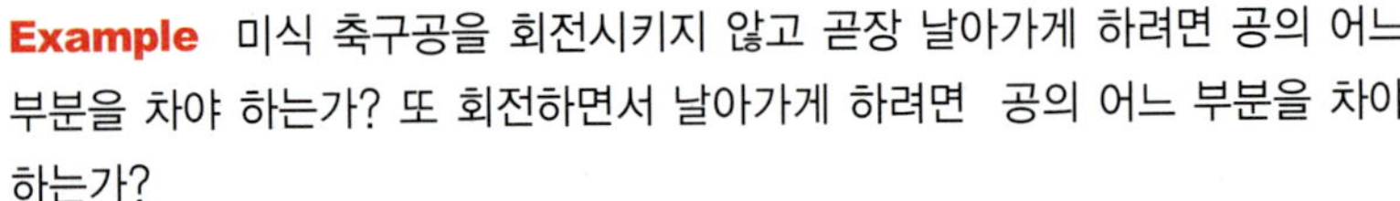

**Example** 미식 축구공을 회전시키지 않고 곧장 날아가게 하려면 공의 어느 부분을 차야 하는가? 또 회전하면서 날아가게 하려면 공의 어느 부분을 차야 하는가?

풀이 그림 8.16(위 그림)과 같이 CG인 공의 중심을 차면 된다. 그림 8.16(아래 그림)과 같이 CG가 아닌 축구공의 아래 부분을 차서 토크를 생기게 하면 된다.

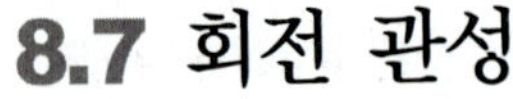

## 8.7 회전 관성

단원 3에서 배운 관성의 법칙은 정지해 있는 물체는 계속 정지해 있으려고 하며, 운동하는 물체는 직선을 따라 계속 등속도 운동을 하는 것을 말한다. 물체가 회전하는 경우에도 이와 유사한 법칙이 있다.

>> 어떤 축에 대해 회전하고 있는 물체는 그 축에 대해 계속 회전하려고 한다.

회전 상태가 변하는 것에 저항하려는 물체의 성질을 회전 관성2)이라 한다. 회전하는 물체는 계속 회전하려는 성질이 있으며, 반면에 회전하지 않는 물체는 계속 회전하지 않는 상태로 있으려고 한다.

물체의 운동 상태를 변화시키려면 힘이 필요하듯이 물체의 회전 상태를 변화시키려면 토크가 필요하다. 알짜 토크가 0이라면 회전하는 팽이는 계속 회전을 하며, 회전을 하고 있지 않은 팽이는 계속 회전하지 않는 상태로 있게 된다.

회전 관성도 관성처럼 질량과 관계가 있지만 질량의 분포와도 관계가 있다. 회전축으로부터 물체의 질량이 집중해 있는 곳까지의 거리가 클수록 회전 관성도 커진다.

긴 야구 배트의 손잡이 근처를 잡고 있을 때의 회전 관성은 짧은 야구 배트의 경우보다 더 크다. 긴 야구 배트를 일단 스윙하면 회전 운동하려는 성질은 더욱 커지지만, 처음에 배트를 스윙하기가 더 어렵다. 짧은 야구 배트는 긴 야구 배트보다 회전 관성이 작으므로 스윙하기가 더 쉽다. 야구 선수들은 간혹 질량이 더 많이 분포하고 있는 쪽과 가까운 부분을 잡는다. 이렇게 야구 배트를 짧게 쥐면 회전 관성이 줄어들게 되고 스윙하기가 더 쉬어진다. 야구 배트를 길게 잡으면 스윙하기가 어려워지는데, 이와 비슷한 현상은 사람들이나 다리를 가진 동물들에게서도 일어난다. 기린이나 말, 타조와 같이 다리가 긴 동물들은 보통 하마나 닥스훈트 종의 개, 쥐보다 천천히 걸어다닌다.

그림 8.17
회전 관성은 회전축으로부터 질량 분포에 달려 있다.

그림 8.18
긴 장대를 붙들고 있으면 곡예사의 회전 관성은 커진다. 따라서 회전하는 데 저항이 커지므로 곡예사는 CG를 조정할 수 있는 충분한 시간을 얻게 된다.

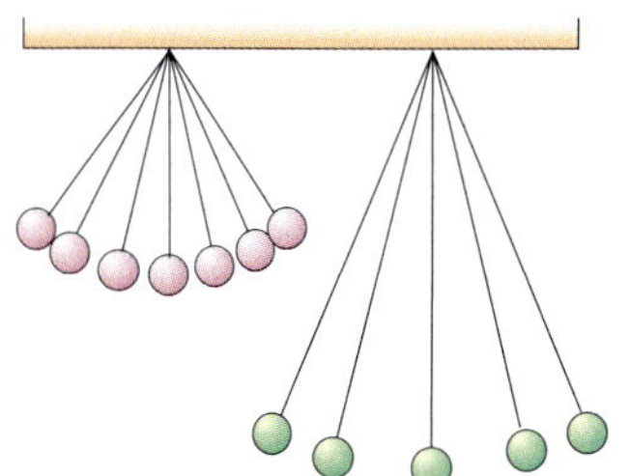

그림 8.19
길이가 짧은 단진자는 길이가 긴 단진자보다 더 자주 흔들린다.

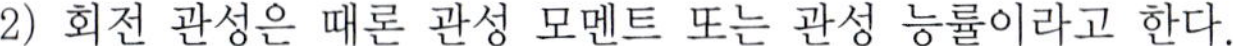

2) 회전 관성은 때론 관성 모멘트 또는 관성 능률이라고 한다.

## 구르는 물체

반지름과 질량이 같은 고리와 원판을 경사면을 따라 동시에 굴러 내려오게 할 때 어느 원통의 가속도가 더 크겠는가? 회전 관성이 작은 것이 더 큰 가속도로 내려오는데, 그 이유는 회전 관성이 더 큰 것이 경사면을 굴러 내려오는 데 더 많은 시간이 걸리기 때문이다. 관성이란 "저항하려는 성질"의 크기라는 것을 기억하라. 그러면 고리와 원판 중에서 회전 관성이 더 큰 것은 어느 것일까? 그것은 질량이 회전축으로부터 더 먼 곳에 분포한 고리이다. 따라서 고리는 같은 반지름과 같은 질량의 원판보다 회전 관성이 크며, 가속도의 크기는 원판보다 작다.

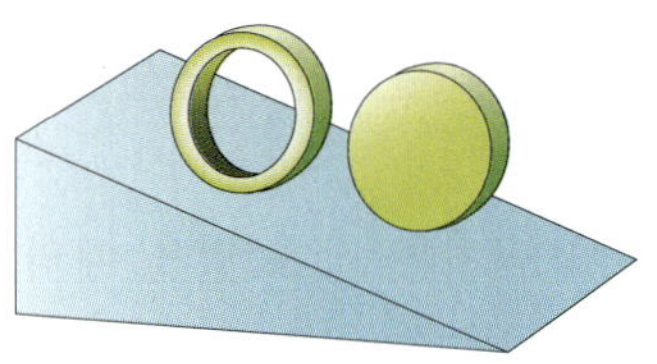

그림 8.20
질량과 지름이 다르더라도 속이 꽉 찬 고체 원통은 속이 빈 고체 원통보다 더 빠르게 경사면을 굴려 내려온다.

흥미롭게도 원판과 고리가 경사면을 굴러 내려올 때 모든 원판은 질량과 반지름에 관계없이 고리보다 더 큰 가속도를 갖는다. 고리의 "단위 질량당 저항"이 원판보다 더 크기 때문이다.

또 크기는 다르지만 모양이 같은 물체들은 경사면에서 같은 가속도로 굴러 내려온다. 공이나 원판 또는 굴렁쇠 중에 한 가지를 선택하여 크기가 큰 것과 작은 것을 경사면에서 굴리는 실험을 해보면, 크기가 작은 물체는 큰 물체보다 더 많은 회전을 하면서 경사면을 굴러 내려온다. 그러나 수평면에 도달하는 데 걸린 시간은 같다. 즉 가속도가 같다. 왜 그럴까? 모양이 같은 모든 물체는 "단위 질량당 저항"이 같기 때문이다. 마찬가지로 단원 3에서 "질량당 무게'가 같은 물체들이 자유 낙하할 때 가속도가 모두 같음을 상기하자.

---

**Example 1** 엉덩이를 축으로 하여 다리를 흔들 때, 다리를 구부리면 회전 관성이 작아지는 이유는?

풀이 물체의 질량이 회전축 가까이에 분포하면 회전 관성이 작아지므로 다리를 구부릴 때 회전 관성은 작아진다.

### 더 알아보기 여러 가지 물체들의 회전 관성

물체의 질량 $m$ 모두가 회전축으로부터 거리 $r$ 되는 곳에 집중되어 있을 때(가벼운 실에 매달려 진동하는 단진자나 중심에 대해 회전하는 얇은 바퀴와 같이) 회전 관성은 $I = mr^2$이다. 그러나 질량이 축으로부터 골고루 퍼져 있다면 회전 관성은 작아진다. 그림 8.21은 물체의 모양과 회전축에 따른 회전 관성의 크기를 나타낸다.

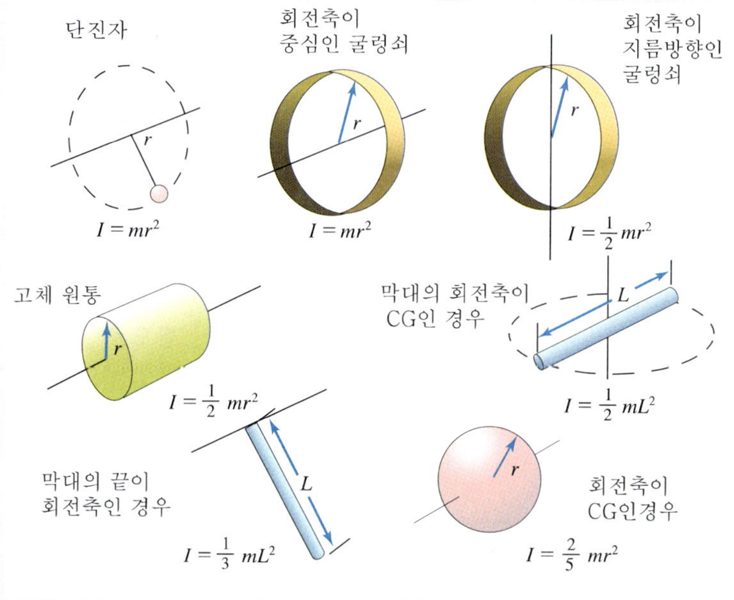


그림 8.21
질량 $m$인 여러 물체들의 주어진 회전축에 대한 관성

**Example 2** 모양이 같은 쇠로 된 무거운 원통과 나무로 된 가벼운 원통이 경사면을 따라 굴러 내려오고 있다. 어느 원통의 가속도가 더 큰가?

풀이 두 원통의 질량은 다르지만 단위 질량당 회전 관성은 같다. 따라서 같은 가속도로 경사면을 굴러 내려온다. 자유 낙하하는 물체의 가속도가 질량과 관계없듯이 두 원통의 회전 관성은 다르지만 가속도는 같다. 모양이 같은 물체는 모두 '단위 질량당 저항'이 같기 때문이다.

**Example 3** 체조 선수가 몸을 완전히 편 상태로 철봉에 매달려 회전할 때의 회전 관성은 단순히 몸을 완전히 편 상태로 공중 제비를 할 때보다 더 큰 이유는?

풀이 체조 선수가 철봉을 축으로 회전할 때 질량이 회전축으로부터 먼 곳에 분포하게 되므로 회전 관성은 더 커진다. 체조 선수가 마루 위에서와 같이 단순히 공중 제비를 할 때는 무게 중심이 회전축이 되므로 질량이 철봉의 경우보다 회전축과 더 가까운 곳에 분포한다.

그림 8.22
체조 선수가 몸을 곧게 편 상태로 철봉에 대해 회전할 때 회전 관성은 가장 크다.

## 8.8 각운동량

우주 정류장이나 경사면을 따라 구르는 원통, 또는 공중 제비를 하는 곡예사와 같이 회전하는 것은 모두 외부에서 강제로 정지시킬 때까지는 계속 회전하려고 한다. 즉 회전하는 물체는 '회전 상태의 관성'을 갖고 있다. 운동하는 물체는 모두 '운동 상태의 관성'인 운동량을 가지고 있으며 (단원 4를 기억하라), 이 운동량을 선운동량이라 한다. 반면에 회전하는 물체가 갖는 '회전 상태의 관성'을 각운동량이라고 한다.

그림 8.23
단위시간당 회전수가 많아지면 회전 원판의 각운동량은 더 커진다.

각운동량도 선운동량처럼 방향과 크기를 갖는 벡터량이다. 각속력(회전 속력)에 방향을 포함시킨 물리량을 각속도라 부른다. 즉 각속도는 크기가 각속력인 벡터량이다(관례적으로 각속도는 각운동량의 방향과 같으며 회전축에 나란한 방향이다).

각운동량은 회전 관성과 각속도의 곱으로 정의된다.

$$\text{각운동량} = \text{회전 관성} \times \text{각속도}$$

또는

$$\text{각운동량} = I\omega$$

이는 선운동량과 대응된다.

$$\text{선운동량} = \text{질량} \times \text{속도}$$

그림 8.24
자이로스코프. 회전 고리는 마찰이 작기 때문에 회전하는 자이로스코프에 토크를 주지 않고 모든 방향으로 자유로이 회전할 수 있다. 그 결과 자이로스코프는 같은 방향을 가리킨 상태로 머물러 있게 된다.

힘이 작용하면 선운동량이 변하듯이 토크가 작용하면 각운동량이 변한다. 그림 8.25의 회전하는 자전거 바퀴는 중력에 의한 토크가 바퀴의 각운동량의 방향(바퀴의 축과 같은 방향)을 변화시킬 때 어떤 일이 일어나는가를 보여준다. 바퀴를 쓰러지도록 끌어당기는 중력은 바퀴의 회전축의

그림 8.25
중력에 의한 토크가 회전축에 가해질 때 각운동량은 바퀴축이 거의 수평인 상태를 유지시켜 준다. 쓰러지는 대신 토크는 바퀴가 수직축에 대해 천천히 세차 운동을 하게 한다.

방향을 변화시켜서, 바퀴가 세차 운동[3]을 하게 한다. 즉 바퀴의 회전축의 방향이 수직축을 중심으로 원을 그리게 계속 움직인다.

긴 줄에 매달려 회전하는 깡통이나 태양 주위를 도는 행성처럼 물체의 크기가 회전 반지름에 비해 작은 경우에, 각운동량은 선운동량($mv$)과 반지름($r$)의 곱과 같다. 식으로 나타내면

$$\text{각운동량} = mvr$$

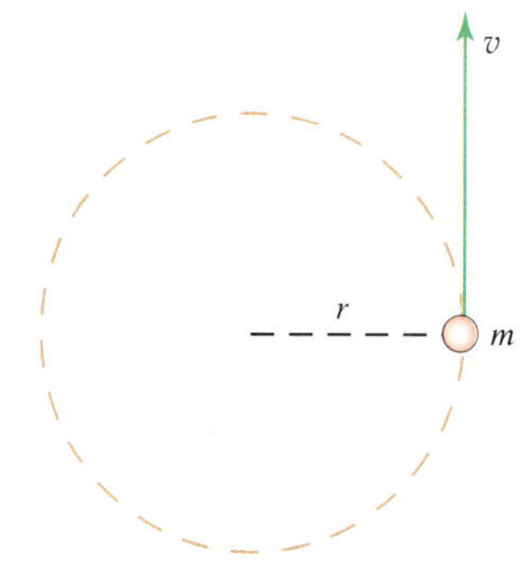


그림 8.26
질량 $m$인 물체가 반지름 $r$인 원궤도 위에서 $v$의 속력으로 회전할 때 각운동량은 $mvr$이다.

물체의 선운동량을 변화시키려면 물체에 외력(알짜힘)이 가해져야 하는 것처럼 물체의 각운동량을 변화시키려면 외부에서 토크(알짜 토크)가 가해져야 한다. 회전 운동에 있어서 뉴턴의 관성의 법칙에 해당하는 것은 각운동량 보존의 법칙이다.

>> 외부에서 토크가 작용하지 않는다면 물체나 물체들의 계의 각운동량은 보존된다.

정지해 있는 자전거보다 달리는 자전거의 균형을 잡는 것이 더 쉽다. 회전하고 있는 바퀴는 각운동량을 갖고 있기 때문이다. 무게 중심이 받침점 위에 없을 때 토크가 생기므로 바퀴가 정지해 있을 때 자전거는 곧 넘어진다. 그러나 자전거가 달리고 있을 때 바퀴는 각운동량을 갖고 있으며, 이때 각운동량의 방향을 변화시키려면 더 큰 토크가 필요하다. 따라서 달리고 있는 자전거의 경우 균형을 잡기가 더 쉽다.

그림 8.27
자전거는 달리고 있을 때(각운동량을 갖고 있을 때) 균형을 잡기가 더 쉽다

---

3) 세차(歲差, precession)운동이란 회전체의 회전축 방향이 변하는 운동을 말한다. 쉬운 예를 들자면 팽이가 제자리에서 고정된 축을 중심으로 회전하는 경우도 있지만 축의 방향이 변하면서 회전하는 경우도 있다. 이런 것이 세차운동과 같은 원리이다.

**Example** 그림 8.25와 같이 수직으로 회전하는 자전거 바퀴에 중력에 의한 토크가 가해지면 바퀴는 어떤 운동을 하게 되는가?

풀이 세차 운동

## 8.9 각운동량의 보존

계에 작용하는 알짜힘이 0이면 계의 선운동량이 보존되는 것처럼 회전하는 계에 작용하는 알짜토크가 0이면 회전하는 계의 각운동량도 보존된다. 각운동량 보존의 법칙은 다음과 같다.

>> 회전하는 계에 작용하는 알짜 토크가 0이면 그 계의 각운동량은 보존된다.

이는 알짜토크가 0이면 회전 관성과 각속도의 곱이 항상 같다는 것을 의미한다.

그림 8.28은 각운동량 보존에 대한 재미있는 예를 보여 준다. 한 남자가 바벨을 든 양팔을 벌리고 마찰이 아주 작은 회전판 위에 서 있다. 바벨을 든 양팔을 벌리고 있으므로 다른 자세에 비해 회전 관성이 상대적으로 크다. 서서히 회전할 때 그 사람은 회전 관성과 각속도(크기가 작다)를 곱한 각운동량을 갖게 된다. 회전하면서 바벨을 안쪽으로 끌어당기면 회전 관성은 상당히 감소한다. 어떻게 되겠는가? 각속도가 증가

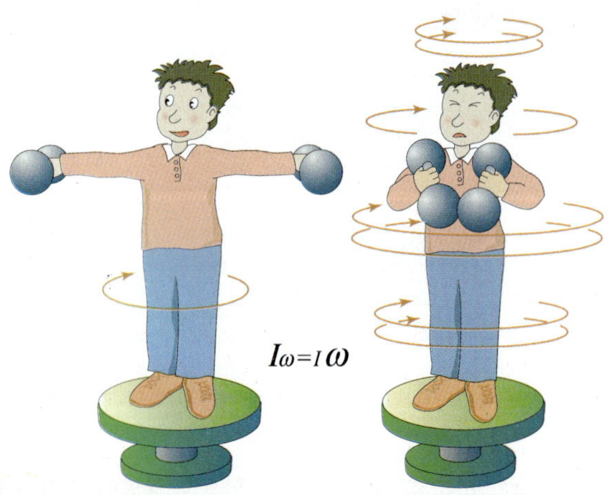


그림 8.28
각운동량의 보존. 바벨을 안쪽으로 끌어당기면 회전 관성은 작아지게 되고 회전 속력(각속력)은 커지게 된다.

한다! 회전하고 있는 사람은 이 각속도의 변화를 확실히 느끼면서도 신비스러운 것으로 생각할는지 모른다. 그러나 그것이 바로 물리학이다! 피겨스케이트 선수들의 회전 동작을 보면 팔을 완전히 벌린 상태에서, 아마 다리도 곧게 편 채 회전하기 시작하여 팔과 다리를 안쪽으로 끌어당기면서 큰 각속도를 얻는다. 회전체가 수축하면 각속도는 증가한다.

스포츠와 물리학

**회전 관성과 제목**

인체에 대해 생각해 보자. 인체는 3개의 회전축에 대해 자유로이 회전할 수 있다(그림 8.29). 이 3개의 회전축은 서로 직각을 이룬다. 각각의 축은 우리 몸의 대칭선이며 무게 중심을 지난다. 우리 몸의 회전 관성은 회전축에 따라 다르다.

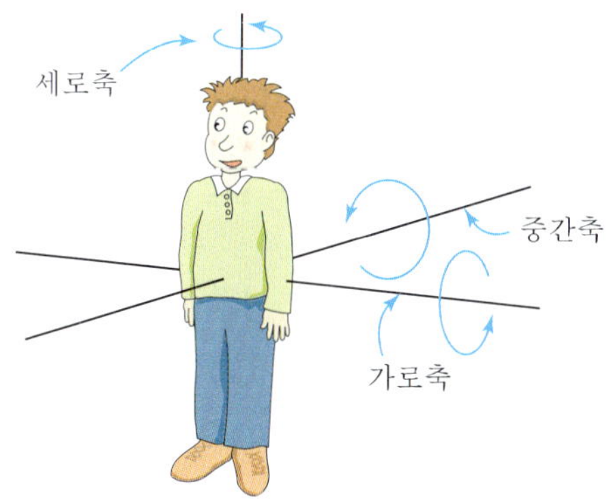


그림 8.29
우리 몸의 회전축

회전축이 머리와 발을 잇는 수직축인 세로축일 때 우리 몸의 회전 관성은 가장 작다. 그 이유는 우리 몸의 대부분의 질량이 세로축 주위에 집중되어 있기 때문이다. 그래서 세로축에 대해 회전하는 것이 가장 쉽다. 스케이트 선수들은 회전을 할 때 보통 이런 유형의 회전을 한다. 단순히 팔과 다리를 벌림으로써 회전 관성이 증가한다(그림 8.30). 양팔을 완전히 벌렸을 때의 회전 관성은 양팔을 완전히 오므렸을 때보다 3배 더 크다. 따라서 양팔을 완전히 벌린 상태에서 회전을 시작한다면 양팔을 완전히 오므렸을 때는 회전 속도가 3배가 될 것이다. 다리를 완전히 벌린 상태에서 같은 동작을 했을 때 회전 속도를 6배까지 변화시킬 수 있다.

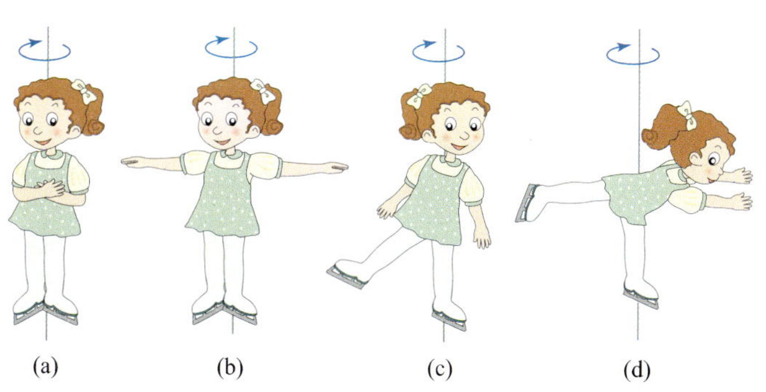


그림 8.30
세로축에 대한 회전.
(d)의 경우 회전 관성은 (a)보다 5내지 6배 크다. 따라서 (d)상태에서 (a)상태로 회전하면 회전 속력은 5내지 6배 빨라진다.

공중 제비나 공중 회전을 할 때는 가로축에 대해 회전한다. 다음 그림은 자세에 따라 회전 관성이 최소인 경우(팔과 다리를 둘 다 완전히 감아쥔 자세)로부터 최대인 경우(팔과 다리를 일직선으로 완전히 편 자세)를 보여 준다. 앞에서 설명한 상대적인 회전 관성의 크기는 회전축에 따라 달라진다.

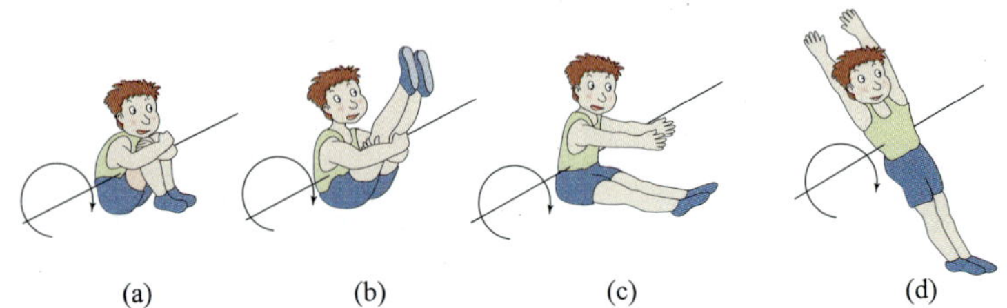


그림 8.31
가로축에 대한 회전.
(a)와 같이 몸을 감아쥔 경우 회전 관성이 가장 작다.
(b)의 회전 관성은 (a)의 약 1.5배이다.
(c)의 회전 관성은 (a)의 약 3배이다.
(d)의 회전 관성은 (a)의 5배이다.

마루 위에서 공중 제비를 하거나 철봉에서 몸을 곧게 편 상태로 회전하는 경우처럼 양손이 회전축이 되면 회전 관성은 더욱 커진다. 체조 선수가 몸을 완전히 편 상태로 철봉에 매달려 있을 때의 회전 관성은 철봉에서 내리면서 껴안기형의 회전을 할 때보다 20배 정도 크다. 이 과정에서 회전축은 철봉에서 체조 선수의 무게 중심을 지나는 선으로 바뀌며, 체조 선수의 회전 속도는 20배 정도 증가한다. 이 때문에 체조 선수는 바닥에 닿기 전에 두세 번의 공중 회전을 할 수 있게 된다.

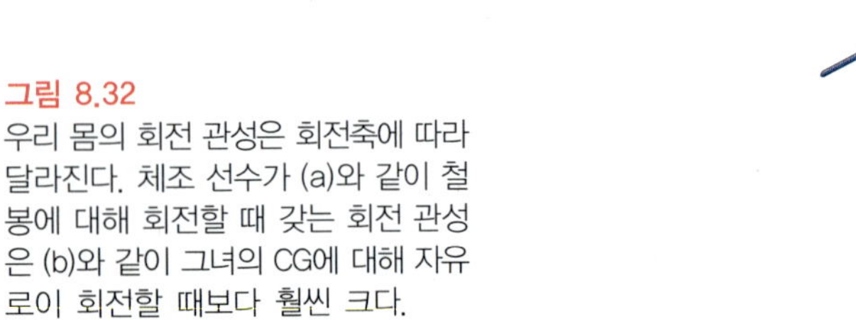

그림 8.32
우리 몸의 회전 관성은 회전축에 따라 달라진다. 체조 선수가 (a)와 같이 철봉에 대해 회전할 때 갖는 회전 관성은 (b)와 같이 그녀의 CG에 대해 자유로이 회전할 때보다 훨씬 크다.

우리 몸의 세 번째 회전축(중간축)은 앞에서 뒤(배에서 등)를 잇는 것이다. 일반적으로 잘 사용되지 않는 회전축이며 옆으로 회전할 때만 이용한다. 다른 축과 마찬가지로 몸의 자세에 따라 회전 관성은 달라진다.

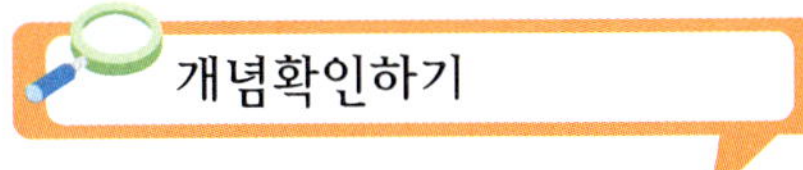

## 개념확인하기

1 야구 배트의 CG가 야구 배트의 중간 부분이 아닌 이유는?

2 물체를 회전시키면서 공중으로 또는 매끄러운 수평면으로 운동시켰을 때, 물체의 어느 부분이 부드러운 곡선 경로를 그리면서 운동하게 되는가?

3 공중에서 폭발한 포물체가 있다. 폭발 전과 폭발 후, 이 물체의 CG의 운동을 묘사하라.

4 피사의 사탑이 쓰러지지 않는 이유는?

5 물체에 힘과 토크를 작용했을 때 나타나는 결과를 비교해 보라.

6 어떤 힘의 지레의 팔이란 무엇인가?

7 어느 방향으로 힘을 작용할 때 토크가 최대가 되는가?

8 평형을 이루는 계에서 시계 방향의 토크와 반시계 방향의 토크의 크기를 비교하라.

9 회전에 관한 관성의 법칙은 무엇인가?

10 회전 관성과 관계있는 두 물리량은 무엇인가?

11 미식 축구공이 회전하지 않고 공중으로 날아가게 하려면 공의 어느 부분을 차야 하는가?

12 큰 공과 작은 공을 경사면에서 동시에 굴러 내려오게 했을 때 어느 공의 가속도가 더 큰가?

13 공과 원판을 경사면에서 동시에 굴러 내려오게 했을 때 어느 것의 가속도가 더 큰가?

14 선운동량과 각운동량을 구별하여 설명하라.

15 각운동량이 보존되는 경우는?

16 스케이트 선수가 회전 관성을 절반으로 줄이기 위해 팔을 오므려 감아쥔다면 각속력은 몇 배가 증가하는가?

17 체조 선수가 공중 제비를 하면서 자세를 바꿀 때 체조 선수의 각운동량은 어떻게 되는가? 각속력은 어떻게 되는가?

## 수식으로 계산해 보기

1 그림과 같이 길이 1m인 막대 자를 양손의 두 손가락 위에 올려놓는다. 2개의 손가락을 천천히 막대 자의 중심을 향해 움직인다. 두 손가락이 미터자의 CG에서 만날 때 어떤 일이 일어나는지 주목하라. 막대 자의 어느 부분에서 두 손가락이 만나는가? 두 손가락이 어느 지점에서 시작하든지 간에 두 손가락은 항상 같은 지점에서 만나는 이유를 설명할 수 있겠는가? 여기서 마찰력의 역할을 아는가? 한 손가락이 다른 손가락보다 앞서게 되면, 앞서 있는 손가락에 작용하는 무게는 증가하여 움직임에 방해를 받으며, 이에 반해 마찰력을 작게 받는 다른 손가락은 미끄러지면서 결국 같은 지점에서 만나게 되는 것을 알겠는가? 막대 자의 한 끝에 작은 물체를 올려 놓고 반복할 때에도 두 손가락은 물체와 막대 자가 이루는 계의 CG에서 만나겠는가?

**2** 깡통에 여러 물질(고체 또는 액체)을 넣고 경사면에서 굴려 보라. 어떤 물질을 넣었을 때 더 빨리 내려오는가?

**3** a. 길이가 0.2m인 렌치의 한 끝에 수직으로 50N의 힘을 가할 때 생기는 토크를 계산하라.
b. 렌치의 길이를 0.5m로 늘인 다음 같은 힘 50N을 가할 때 토크를 계산하라.

**4** a. 그림의 시소에서 소년과 소녀에 의한 토크를 계산하라. 알짜토크는 얼마인가?
b. 소년과 받침점 사이의 거리를 계산하라.

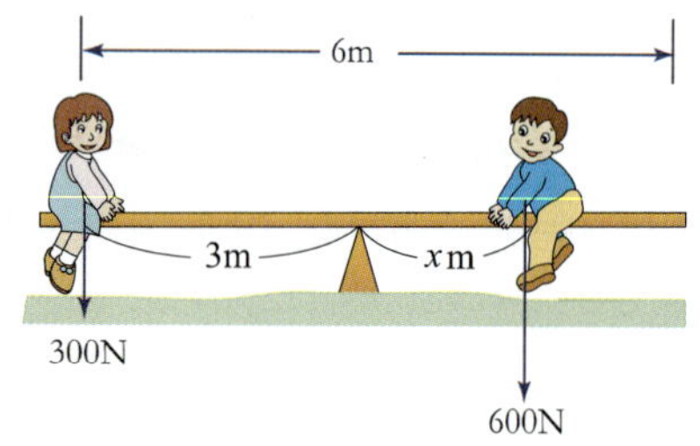


c. 소년의 무게가 400N일 때 소녀와 받침점 사이의 거리를 계산하라.

**5** 지레의 원리를 응용하여 달라붙어 있는 페인트통의 뚜껑을 열려고 한다. 손잡이가 굵은 드라이버와 손잡이가 긴 드라이버 중에서 어느 것이 더 좋은가? 또 녹이 나서 잘 안 빠지는 나사못을 돌리려고 할 때는 어느 것이 더 좋은가?

**6** 그림과 같이 실패를 오른쪽으로 끌어당기면 실패는 어느 방향으로 가속되는가? 실을 똑바로 위쪽으로 끌면 실패는 어느 방향으로 가속되는가? 실을 수평 방향에서 연직 방향으로 바꾸면서 천천히 끌어 당길 때 실패가 가속되지 않을 수도 있는가? 그림으로 그려 보라.

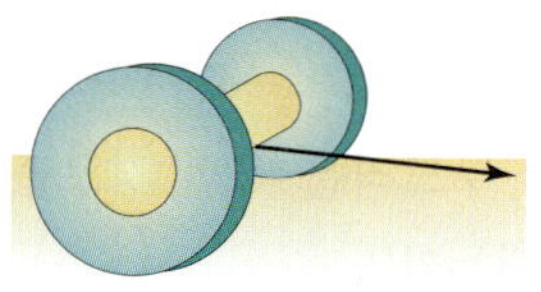

**7** 그림에서 미터자의 질량은 얼마인가?

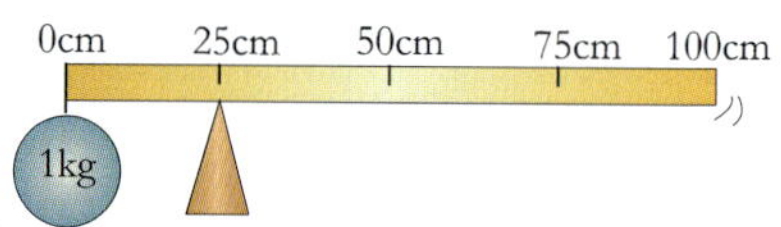


**8** 공중에서 1초에 2번 회전하는 그네 타는 곡예사가 있다. 이 곡예사가 자신의 회전 관성을 $\frac{1}{3}$로 감소시킨다면 1초에 몇 번 회전할 수 있는가?

**9** 그림과 같이 질량 1000kg의 똑같은 비행체 2개가 900m의 긴 케이블에 연결되어 있다. 그들은 회전하는 아령처럼 공통 중심에 대해 회전하고 있다. 회전 중심에 대한 한 쪽 비행체의 회전 관성을 계산하라. 회전 중심에 대해 두 비행체가 이루는 계의 회전 관성은 얼마인가?

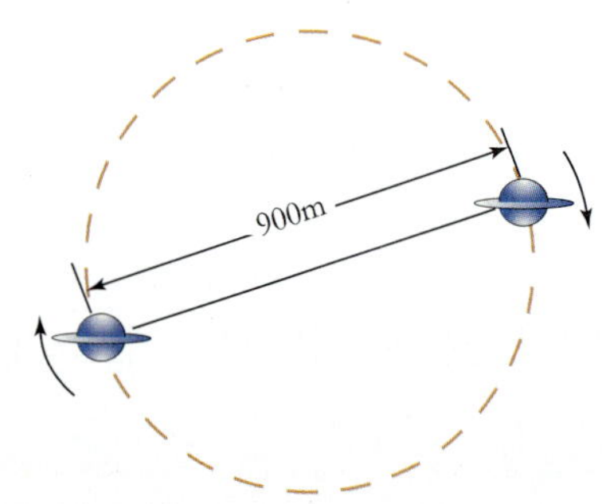

**10** 그림과 같이 질량 80g, 반지름 4cm의 퍽이 무마찰 실험 장치 위에서 1.5m/s의 속력으로 미끄러지다가 정지해 있는 질량 120g, 반지름 6cm의 다른 퍽과 충돌한다. 충돌 후 두 퍽은 서로 달라붙은 상태에서 회전하게 된다. 두 퍽의 질량 중심에 대한 각속도를 구하라.

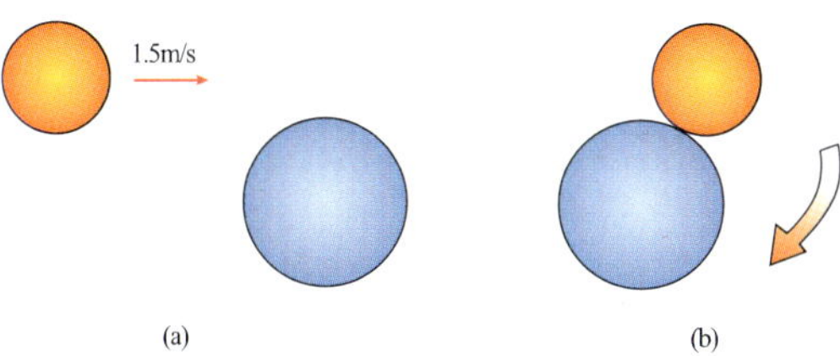


**11** 그림과 같이 밀도 균일한 구에 힘 $F$가 구의 접선 방향으로 작용하고 있다. 구와 모든 접촉면 사이의 마찰 계수는 0.5이다. 구가 회전하지 않고 작용할 수 있는 최대 힘 $F$를 구하라.

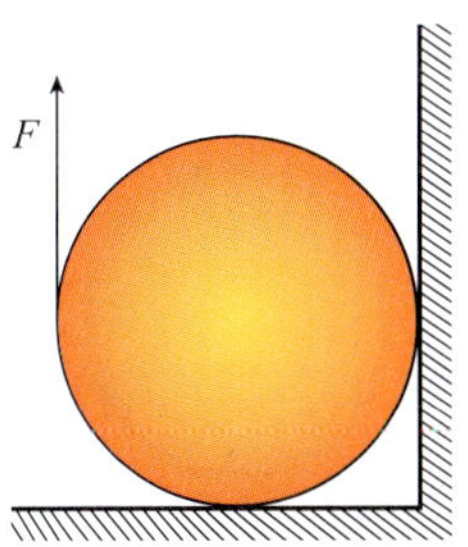


**12** 질량이 각각 $M$, $m$인 두 행성이 거리 $d$만큼 떨어진 상태로 질량 중심(CM)에 대해 회전하고 있다. 각 행성의 주기 $T$의 제곱이 거리 $d$의 세제곱에 비례함을 증명하라.

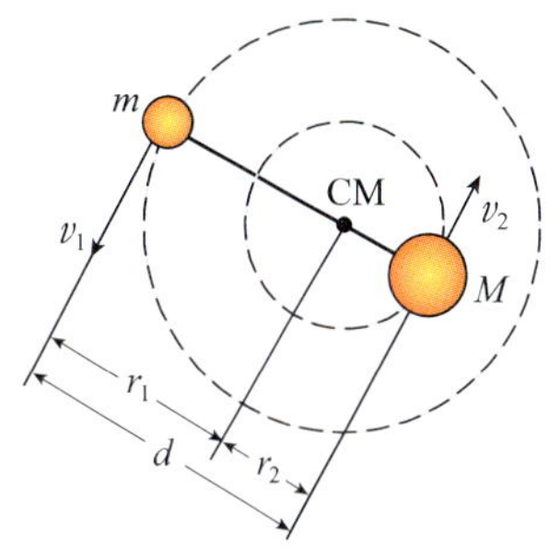


**13** 그림과 같이 길이 $L$, 질량 $M$인 단진자에 용수철 상수 $k$인 용수철이 연결되어 있다. 단진자의 주기를 구하라. 단, 줄은 강체이고 질량은 무시한다.

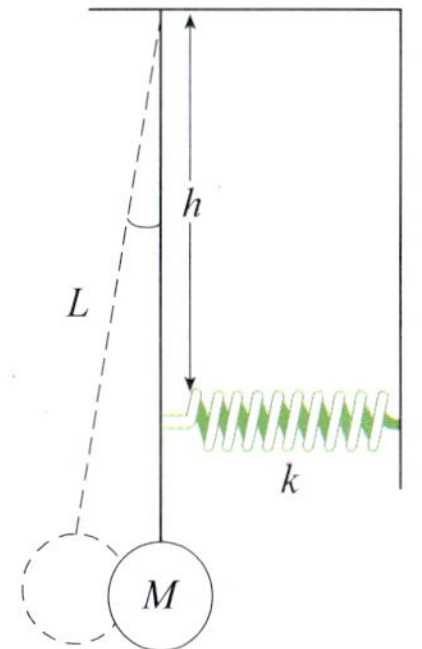

한 걸음 더

1. 그림과 같이 밀도가 균일하고 모양이 같은 두개의 나무도막을 탁자의 모서리 위에 쌓으려고 한다.

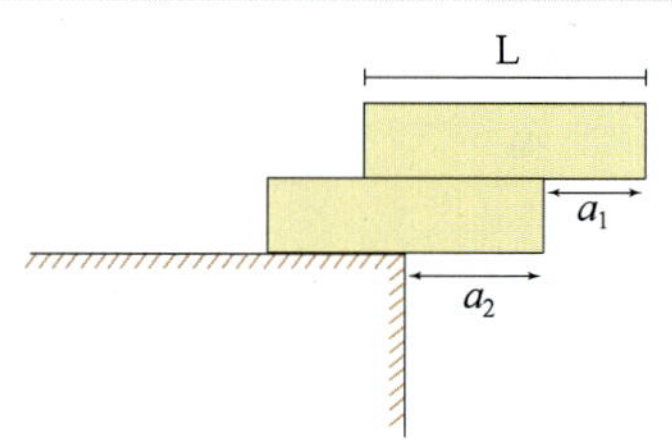


나무토막의 길이를 $L$ 이라고 할 때 두 나무토막이 무너지지 않고 평형을 이룰 수 있는 $a_1$, $a_2$의 최대값은?

2. 놀이터에는 반지름이 $R$이고 질량이 $M$인 회전목마가 있다. (회전목마는 균일한 원판이다.) 이 때 질량이 $\frac{M}{4}$인 어린이가 일정한 속도 $v$로 그림과 같이 뛰어나와 회전목마에 올라탔다. 이 때 회전목마의 각속도를 구하라.

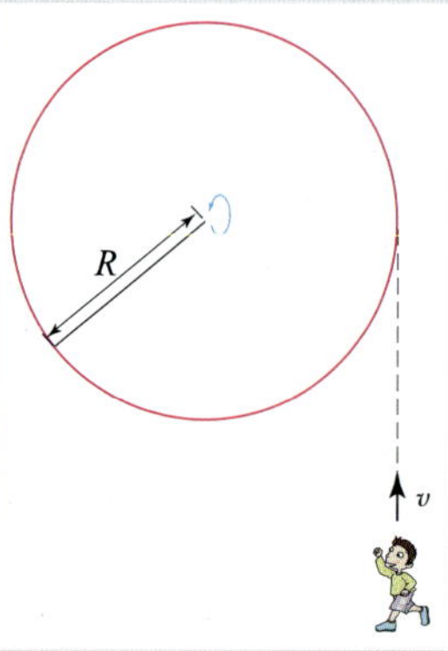


3. 반지름이 $R$이고 질량이 $M$인 속이 꽉찬 공이 그림과 같은 경사면의 꼭대기에서 미끄러짐없이 굴러 내려온다. 이 공이 바닥에 왔을 때의 속력을 역학적 에너지를 고려하여 구하시오.

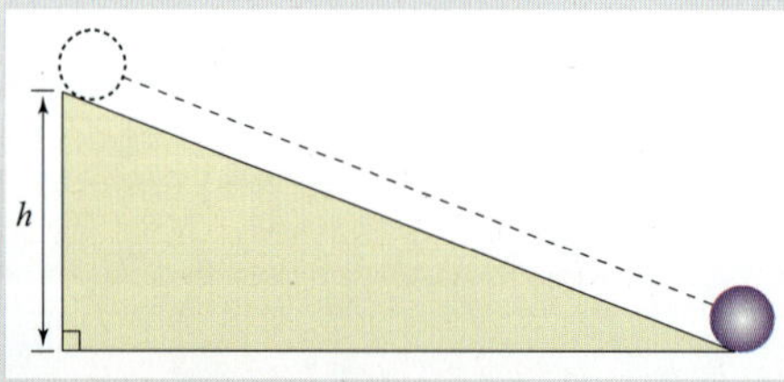

Chapter 9

# 온도와 열

중증급성호흡기증후군(사스)이 한창일 때 공항검색대에서는 입국자의 체온을 측정하여 사스의 감염여부를 검사하였다. 이런 경우 입국자 개개인의 체온을 온도계를 통해 측정하는 것은 매우 번거롭고 어려운 작업이다. 그러나 비접촉식 적외선 온도계는 이러한 불편없이 간단하게 입국자의 체온을 측정할 수 있다. 적외선 온도계의 원리는 물체가 방출하는 적외선의 파장과 세기를 적외선센서로 측정하여 온도를 알아내는 것이다. 이처럼 적외선 온도계는 온도계를 접촉시키지 않고 온도를 측정할 수 있어 매우 편리하다. 그럼 온도란 무엇일까? 또 열과 온도는 어떤 관계일까?

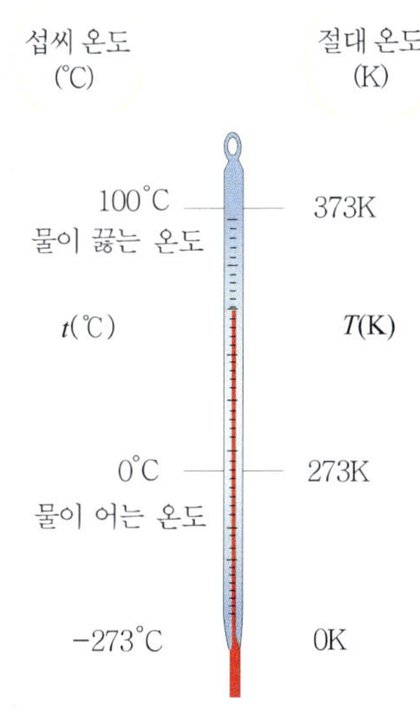


그림 9.1
섭씨 온도와 절대 온도

## 9.1 온도

모든 물질은 그 상태 − 고체, 액체, 기체 상태 − 가 어떠하든지 끊임없이 요동하는 원자나 분자로 구성되어 있다. 물질 속의 원자나 분자는 이렇게 무질서한 운동을 하고 있으므로 운동 에너지를 갖고 있다. 우리가 감지할 수 있는 따뜻하다거나 차다거나 하는 감각은 바로 이 입자들이 가지는 운동 에너지에 기인한다. 즉, 어떤 물체가 점점 따뜻해진다면 그 물체 안에 있는 원자나 분자들의 운동 에너지가 점점 증가하고 있는 것이다.

어떤 물체의 차고 더운 정도를 기준을 정해 수치로 나타낸 것을 온도라 한다. 대부분의 물질은 온도가 올라가면 팽창하고 내려가면 수축한다. 주로 사용되는 온도계는 눈금이 표시된 유리관 안에 들어있는 액체 − 주로 수은이나 빨갛게 염색된 알코올 − 의 팽창과 수축을 이용한 것이다.

국제적으로 가장 널리 사용되는 온도의 척도는 섭씨 온도로서, 표준 압력에서 물의 어는점을 0으로, 끓는점을 100으로 하고 그 사이를 100 등분하여 온도를 나타낸 것이다. 단위는 ℃이다. 과학 분야에서 사용되는 온도의 척도는 국제 단위계로, 켈빈 온도(절대온도)라 한다. 이 척도의 눈금 간격은 섭씨 온도와 같고, 단위는 '켈빈(K)'이라 부른다. 켈빈 온도에서는 가장 낮은 온도를 0으로 나타내고 절대 0도라 부른다. 절대 0도에서 물질의 운동 에너지는 최소값을 갖는다. 켈빈 온도의 절대 0도는 섭씨 온도로 −273℃이다.

물체의 온도를 측정하는 것이 물질 분자들이 갖고 있는 운동 에너지의 '전체량'을 측정하는 것은 아니다. 끓는 물 2L의 전체 분자 운동 에너지는 1L의 분자 운동 에너지의 2배이다. 그러나 두 경우 모두 온도는 같은데 그것은 분자의 '평균 운동 에너지'가 같기 때문이다.

---

**Example** 교실의 섭씨온도가 27℃일 때 절대온도는 몇 K인가?

풀이 절대온도 $T$(K) = 섭씨 온도 $t$(℃) + 273 = 300K이다.

---

## 9.2 열과 비열

뜨거운 난로에 손을 대면, 난로의 온도가 당신 손의 온도보다 높기 때문에 난로에서 손으로 에너지가 이동한다. 그러나 찬 얼음에 손을 대면 손에서 얼음으로 에너지가 이동한다. 에너지는 항상 온도가 높은 물체에서 낮은 물체로 이동한다. 물체의 온도차에 의해 한 물체에서 다른 물체로 이동하는 에너지를 열이라 한다.

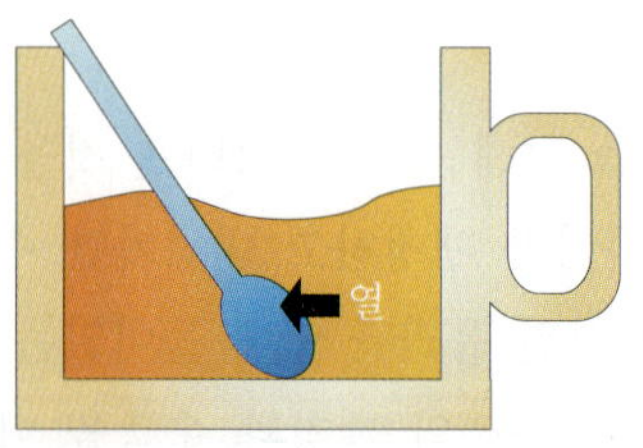


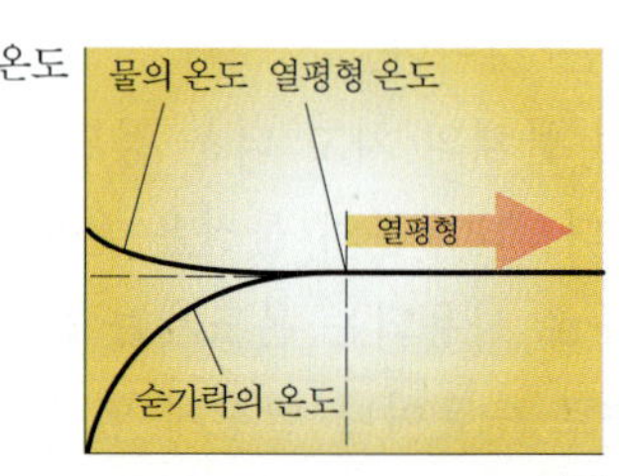


그림 9.2 열의 이동과 열평형
차가운 숟가락을 뜨거운 물 속에 넣으면 열이 물에서 숟가락을 이동하여 온도가 같아지는데, 이를 열평형이라고 한다.

한 물체에서 다른 물체로 열이 이동할 때 두 물체는 서로 열적 접촉을 하고 있다고 말한다. 열적 접촉의 경우, 고온체에서 저온체로 열이 이동한다. 열적 접촉을 하고 있던 물체들이 같은 온도에 도달하면 더 이상 열이 이동하지 않는다. 이러한 상태를 열평형 상태라고 한다.

물체가 열을 흡수하는 경우 이동하는 열의 양은 물체의 온도 변화를 측정함으로써 알 수 있다. 어떤 물질이 열을 흡수할 때 그 물질의 온도의 변화량은 물질의 질량과 종류에 따라 달라진다. 한 컵의 물을 끓일 수 있는 열량을 차가운 한 주전자의 물에 가한다면 주전자 속에 있는 물의 온도는 거의 변하지 않을 것이다. 또한 같은 열량으로 질량이 거의 같은 쇠막대를 가열한다면, 쇠막대의 온도는 빠르게 높아질 것이다.

열량의 단위는 표준이 되는 어떤 물질의 일정량의 온도를 특정한 양만큼 변화시키는 데 필요한 열로 정의된다. 가장 널리 사용되는 열량의 단위는 칼로리(cal)이다. 1cal는 물 1g의 온도를 1℃ 올리는 데 필요한 열량으로 정의한다. 칼로리는 에너지의 단위이다. 이 이름은, 열이란 '칼로릭'이라는 보이지 않는 유체(열소)가 한 물체에서 다른 물체로 이동하는 것이라는 과거의 학설에서 유래되었다. 국제 단위계(SI)에서는 모든 에너지의 공통 단위로 줄(J)을 사용하고 있는데, 1cal의 열량은 4.184 J에 해당한다. 음식물 안에 들어있는 에너지의 양은 음식물을 태웠을 때 방출하는 열량을 측정하여 알 수 있다. 음식물이나 다른 연료들은 일정한 질량을 태웠을 때 방출하는 에너지의 양으로 등급을 매긴다.

일을 열로 전환하기

사람들은 어떤 음식물은 다른 음식물보다 잘 식지 않는다는 것을 알고 있다. 오븐에서 막 구워 낸 애플파이의 경우 겉은 그렇지 않으나 파이의 속 부분이 목을 지날 때 목을 데는 것과 같이 뜨거움을 느낄 때도 있다. 오븐에서 갓나온 음식물의 알루미늄 덮개는 맨 손으로도 만질 수 있으나, 그 아래의 음식물은 매우 뜨거워 손을 델 수도 있다.

그림 9.3
오븐에서 갓나온 음식물의 알루미늄 덮개는 맨 손으로도 만질 수 있으나, 그 아래의 음식물은 매우 뜨거워 손을 델 수도 있다.

물질들은 내부 에너지를 축적하는 능력이 서로 다르다. 상온에서 난로 위에 한 주전자의 물을 올려놓고 끓일 때 약 15분이 걸린다면 같은 질량의 철을 같은 온도만큼 올리는 데는 2분 정도밖에 걸리지 않는다. 은으로 된 물질이라면 1분이 채 걸리지 않는다. 정해진 질량의 물질을 단위 온도만큼 높이는데 필요한 열량은 물질마다 다르다.

물질에 흡수된 에너지는 물질을 구성하는 분자들에게 여러 가지 방식으로 영향을 미친다. 흡수된 에너지가 분자의 병진 운동 에너지를 증가시키는 데 사용되면 물질의 온도가 올라간다. 또한, 흡수된 에너지는 분자의 회전 운동 에너지를 증가시키거나 분자 내의 원자들의 진동을 크게 할 수도 있으며 분자간 결합을 이완시켜 분자의 위치 에너지를 증가시킬 수도 있다. 온도는 오로지 분자의 평균 운동 에너지만을 나타내는 양이다. 일반적으로 흡수된 열량 전부가 물질의 온도를 올리는 데 사용되지는 않는다. 물 1g의 온도를 1℃ 올리는 데 1cal의 열량이 필요하다면 같은 양의 철을 1℃ 올리는 데는 ⅛ cal만 필요하다. 철의 원자들은 격자를 구성하는데, 격자 속의 철 원자들은 앞뒤로 진동만 한다. 이에 반해, 물 분자는 병진 운동뿐 아니라 회전 운동, 분자 내 원자의 진동, 결합의 이완 등에 필요한 많은 에너지를 흡수한다. 결국, 물과 철의 질량이 같을 때 같은 온도만큼 올리는 데 물은 철보다 많은 에너지를 흡수한다. 이때, 물의 비열이 철보다 크다고 표현한다.

비열의 크기는 물질마다 다른데, 물의 비열은 다른 물질에 비해 매우 크다. 즉, 물은 에너지를 축적하는 굉장한 능력을 가지고 있다. 적은 양의 물이라도 온도를 조금 올리려면 많은 양의 에너지가 필요하다. 이러한 성질 때문에 물은 물체를 식히는 데 유용하게 사용되며, 자동차나 다른 엔진의 냉각 체계에도 사용된다. 비열이 작은 액체를 냉각 체계에 사용한다면 열을 흡수할 때 냉각제의 온도도 올라갈 것이고 엔진의 온도도 같이 올라가서 냉각 체계에 이상이 생길 것이다. 물은 식는 시간도 오래 걸리는데, 조상들은 이러한 성질을 이용하여 추운 겨울 밤에 뜨거운 물주머니로 잠자리를 따뜻하게 만들곤 하였다.

**표 9.1** 물질의 비열(20℃) (단위 : kcal/kg · K)

| 물질 | 비열 | 물질 | 비열 |
|---|---|---|---|
| 알루미늄 | 0.22 | 물 | 1.00 |
| 구리 | 0.093 | 얼음 | 0.50 |
| 철 | 0.11 | 에탄올 | 0.58 |
| 납 | 0.031 | 공기 | 0.25 |
| 수은 | 0.33 | 수증기 | 0.48 |

**Example** 100g의 물을 20℃에서 100℃로 올리기 위해 필요한 열량은 몇 cal 인가 또 몇 J 인가?

풀이 $Q = cm\Delta t = 1 \times 100 \times 80 = 8{,}000\text{cal} = 33{,}600\text{J}$

**더 알아보기** **비열과 열용량**

**비열** : 어떤 물질 1kg의 온도를 1K 높이는데 필요한 열량을 그 물질의 비열이라고 한다. 질량 $m$(kg)인 물체의 온도를 $\Delta t$(K)만큼 올리는데 필요한 열량이 $Q$(kcal)일 때, 물체의 비열 $c$는 다음과 같다.

$$c = \frac{Q}{m\Delta t} \text{(단위 J/kg · K 또는 kcal/kg · K)}$$

**열용량** : 어떤 물질의 온도를 1K만큼 높이는 데 필요한 열량을 그 물질의 열용량이라 하며, 어떤 물질의 열용량은 비열과 질량의 곱과 같다.

열용량($C$)=비열($c$)×질량($m$)  단위 : J/K

물체의 열용량이 클수록 물체의 온도를 올리는데는 많은 열이 필요하다. 예를 들어 지구의 열용량은 매우 크므로 지구 전체의 온도를 단 1℃를 올리는데도 어마어마한 열이 필요하다.

## 9.3 열팽창

물질의 온도가 올라가면 분자들은 더 빨리 요동하고 서로 멀어지는 경향이 있다. 이 결과로 물질은 '열팽창'한다. 대부분의 물질 – 고체, 액체, 기체 상태 – 은 열을 받으면 팽창하고 식으면 수축한다. 일정한 압력에서 기체는 액체보다, 액체는 고체보다 더 많이 팽창하거나 수축한다.

그림 9.4
팽창 – 이음매(Expansion – joints)라 불리는 틈이 있기 때문에 다리는 팽창하거나 수축할 수 있다.

그림 9.5
여름철의 뜨거운 날씨는 철도레일을 휘게 한다.

만약, 콘크리트 보도나 고속 도로의 아스팔트가 끊어진 부분이 없고 하나의 덩어리라면, 여름과 겨울의 온도차에 의한 팽창과 수축 때문에 균열이 생길 것이다. 이것을 방지하기 위해 보도나 도로에 일정한 간격으로 틈을 만들고, 그 틈에는 타르 등의 물질을 넣는다. 뜨거운 여름날, 열팽창으로 인해 이 물질들이 결합 부분 밖으로 새어나올 때도 있다. 건축 구조물이나 모든 종류의 도구를 만들 때에도 물질의 열팽창을 고려해야 한다. 치과 의사는 치아나 치아 사이를 메울 때 치아와 열팽창률이 같은 물질을 사용한다. 자동차 엔진에 사용하는 알루미늄 피스톤의 지름은 철로 만든 실린더의 지름보다 약간 작은데 이는 알루미늄의 열팽창이 철보다 크기 때문이다. 물체의 열팽창의 정도는 열팽창율로 표현할 수 있다.

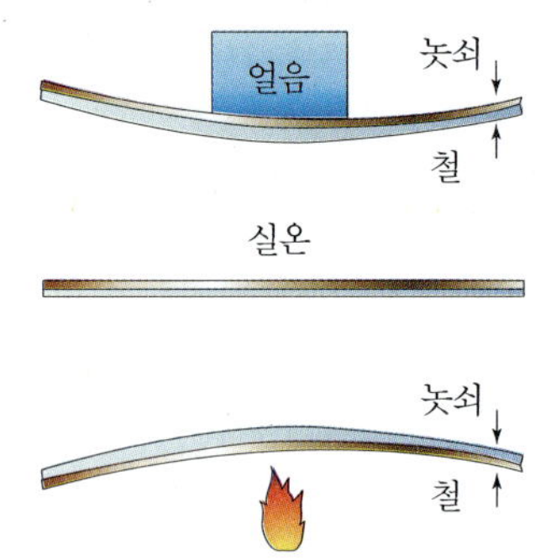


그림 9.6
바이메탈. 놋쇠는 철보다 더 많이 팽창하고 수축하며 바이메탈을 휘게 한다.

열팽창하는 비율은 물질마다 서로 다르다. 바이메탈은 두 종류의 금속 – 놋쇠와 철 – 을 가늘고 긴 띠모양으로 접합시켜 놓은 것이다(그림 9.6). 놋쇠와 철의 열팽창률이 서로 다르기 때문에 바이메탈이 가열될 때, 한 쪽은 다른 쪽보다 길어져서 바이메탈이 휘게 된다. 바이메탈의 이러한 성질은 스위치의 조작이나 밸브의 개폐를 조절할 때 사용된다. 서머스탯(자동온도 조절기)은 바이메탈을 실용적으로 이용한 열 조절 장치이다. 서머스탯의 바이메탈 코일은 앞뒤로 휘면서 전기 회로를 단속한다. 방 안이 너무 추워지면 코일이 놋쇠 쪽으로 휘어져 스위치가 켜지고, 더워지면 철 쪽으로 휘어져 스위치가 꺼진다. 냉장고에는 특수한 서머스탯을 장치해 냉장고 안이 너무 따뜻해지거나 차가워지는 것을 방지한다. 바이메탈은 이 외에 전기 토스터기, 자동차 카브레터의 자동 조절 장치나 그 밖의 기구에 사용된다. 물질이 열팽창한 양은 온도의 변화량에 달려있다. 얇은 유리컵의 경우, 한 쪽 부분이 인접한 다른 부분보다 더 빨리 뜨거워지거나 차가워지면 유리컵이 깨질 수도 있다. 이런 현상을 방지하기 위해 열 강화 유리는 온도가 올라가도 거의 팽창하지 않도록 특수하게 만들어져 있다.

액체의 열팽창은 육안으로도 쉽게 관찰할 수 있다. 주유소에서 휘발유를 탱크에 채울 때, 휘발유가 탱크 밖으로 넘쳐 나오는 경우가 있다. 이것은 지하에 있던 차가운 휘발유가 따뜻한 탱크에서 팽창하기 때문이다. 이와 비슷하게 자동차 라디에이터의 맨 위까지 찬 물을 넣으면 열을

**더 알아보기** **팽창계수**

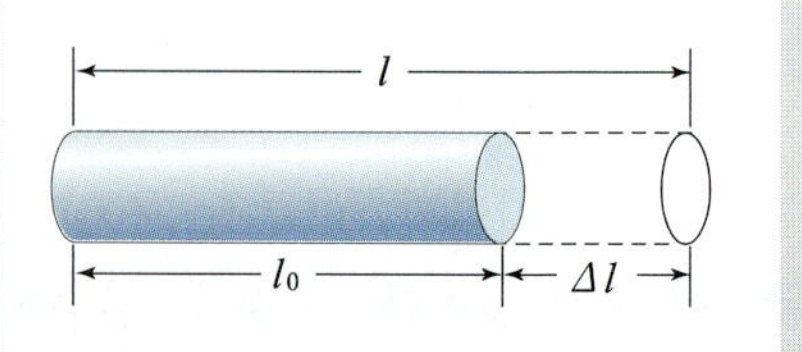


다음 그림과 같이 길이 $l$인 물체의 길이변화 $\Delta l$은 처음 길이 $l_0$에 비례하고 온도변화 $\Delta t$ 에 비례하므로 다음과 같이 나타낼 수 있는데, 이때의 비례상수를 선팽창 계수라고 한다.

$$\Delta l = \alpha l_0 \Delta t \quad (\alpha : \text{선팽창 계수})$$

또한 온도에 의한 물체의 부피 변화 $\Delta V$는 처음 부피와 온도변화 $\Delta t$에 비례하므로 다음과 같은 식으로 표현할 수 있으며, 이때의 비례상수를 부피팽창 계수라고 한다. 부피팽창 계수 $\beta$는 선팽창 계수 $\alpha$의 대략 세 배이다.

$$\Delta V = \beta V_0 \Delta t \quad (\beta : \text{부피팽창 계수})$$

받아 넘쳐 나오는 경우도 있다. 대부분의 경우, 액체의 팽창은 고체보다 크다. 자동차의 휘발유 탱크에서 휘발유가 넘쳐 흐르거나 물이 가득 찬 항아리에 열을 가하면 물이 넘치는 것 등이 그 증거이다. 또, 온도계의 액체 수은은 열을 받을 때 유리보다 더 많이 팽창하기 때문에 수은주가 올라간다.

대부분의 액체는 가열하면 팽창한다. 그러나, 얼음처럼 차가운 물은 그 반대 현상을 보인다. 얼음의 녹는점인 0℃ (32°F) 의 물은 온도가 상승함에 따라 수축한다. 이것은 보통의 다른 물체에서는 볼 수 없는 현상이다. 0℃의 물을 가열하면 온도가 올라감에 따라 4℃까지는 수축하고, 4℃부터 끓는점인 100℃까지는 팽창한다. 그림 9.7은 물의 이러한 이상한 행동을 나타낸 것이다.

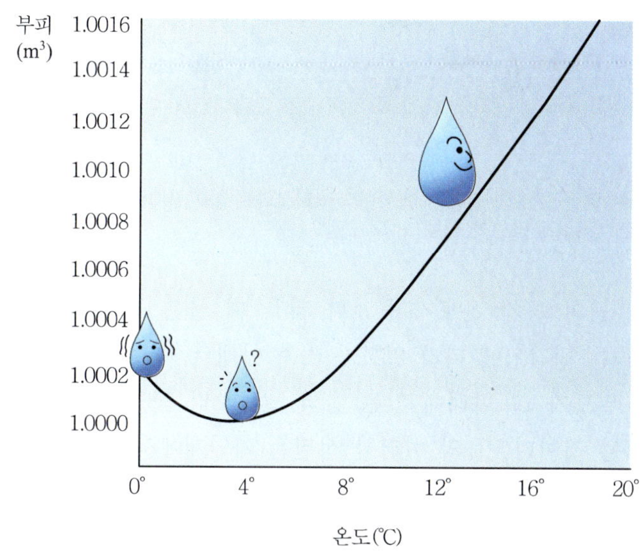


그림 9.7
온도 상승에 따른 물의 부피 변화

순수한 물은 4℃에서 부피가 최소(밀도는 최대)가 되고, 고체 상태인 얼음일 때 부피가 최대(밀도는 최소)가 된다(물의 온도에 관계없이 얼음은 항상 물에 뜬다. 즉, 물보다 밀도가 작다). 얼음의 부피는 그림 9.7에 나타내지 않았다. 만약, 얼음의 부피를 그래프에 나타낸다면 그래프의 윗부분보다 훨씬 먼 곳에 위치하게 될 것이다. 일단 물이 얼음이 되면 냉각시킬수록 부피가 줄어든다. 비정상적으로 보이는 물의 성질은 얼음의 특이한 결정 구조 때문이다. 대부분의 고체 결정은 액체 상태일 때보다는 고체 상태일 때 작은 부피를 차지하도록 구성되어 있다. 그러나, 얼음의 결정은 그림 9.8에서 볼 수 있는 바와 같이 열린 형태로 구성되어 있다. 이러한 결정 구조는, 물 분자가 각을 이룬 모양을 구성한다는 것과 물 분자들이 육각형 모양을 이룰 때 분자 사이의 결합력이 최대가 된다는 사실에 기인한다. 이와 같이 열린 형태로 구성된 물 분자는 액체 상태일 때보다 고체 상태일 때 더 큰 부피를 차지하고, 그 결과 얼음의 밀도는 물보다 작아진다.

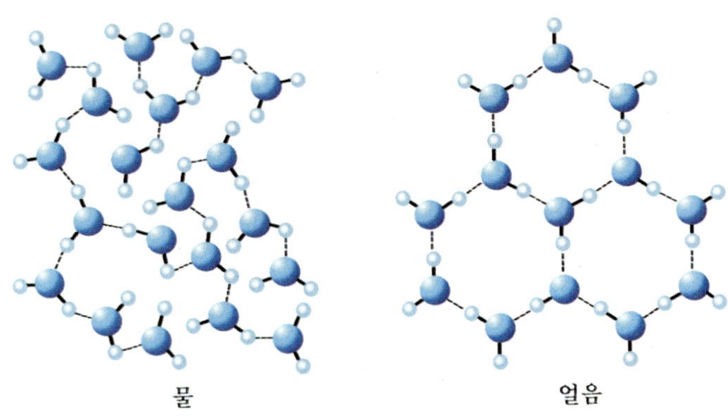


그림 9.8
물 분자는 열린 구조의 결정을 형성한다. 그 결과로 물이 얼어 얼음이 될 때 부피가 팽창하고, 얼음의 밀도가 물보다 작아진다.

수면 부근의 공기 온도가 물보다 낮을 때 물은 표면부터 냉각된다. 표면의 물은 냉각됨에 따라 밀도가 커져 아래로 가라앉는다. 표면에 있는 물의 밀도가 그 아래에 있는 물의 밀도보다 작을 때, 표면의 물은 '떠 있게'될 것이다. 물의 이러한 성질은 자연계에서 매우 중요한 역할을 한다. 만약, 다른 물질과 같이 물의 밀도가 0℃에서 최대가 된다고 가정하면, 가장 차가운 물이 아래로 내려가고 연못의 물은 바닥부터 얼기 시작하여, 결국 유기체와 같은 연못의 조직이 붕괴될 것이다. 다행스럽게도, 이런 일은 일어나지 않는다. 연못 바닥에 있는 밀도가 큰 물의 온도는 물의 어는점인 0℃보다 4℃ 높다. 0℃의 물은 4℃ 물보다 가벼우므로 윗 부분에 '떠 있고' 얼음은 위로부터 얼어 얼음 아래쪽은 액체 상태를 유지할 수 있다.

**Example** 유리컵에 뜨거운 물을 부으면 유리컵이 깨어지는 이유를 설명하시오.

풀이 유리컵에 뜨거운 물을 부으면 유리컵의 안쪽은 바깥쪽에 비해 온도가 많이 변하므로 많이 팽창한다. 이런 팽창의 정도 차이에 의해 유리컵이 깨어진다.

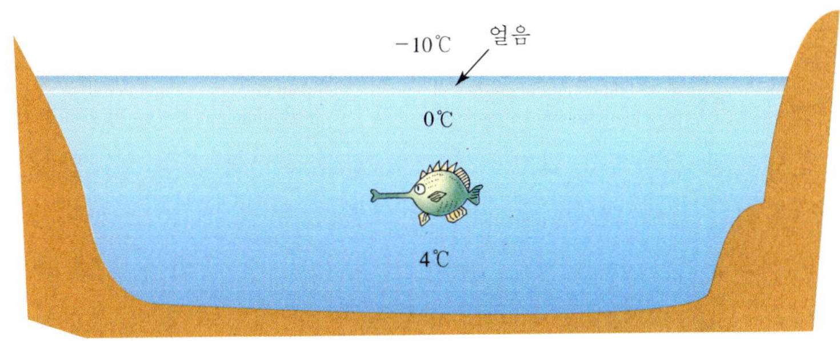


그림 9.9
수면의 물이 냉각되어 4℃가 되면 아래로 가라앉고, 이 과정은 되풀이된다. 물 전체의 온도가 4℃가 되면 표면의 물은 더이상 가라앉지 않고 0℃까지 냉각되어 얼음을 형성한다.

## 9.4 열의 전달

열은 항상 저절로 온도가 높은 물체에서 낮은 물체로 이동한다. 온도가 다른 물체들이 가까이 놓여 있을 때, 온도가 높은 물체의 온도는 낮아지고 온도가 낮은 물체의 온도는 높아져서 모두 같은 온도에 이르게 된다. 이렇게 온도가 같아지는 것은 전도, 대류, 복사라는 세 가지 열의 전달 방식에 의해 이루어진다.

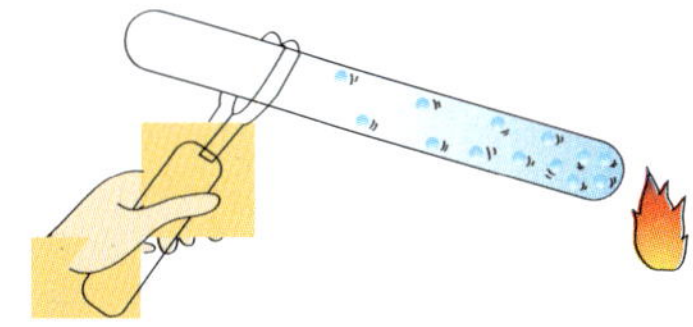

그림 9.10
불꽃으로부터 오는 열은 금속 막대 한 끝의 원자와 전자를 더 빠르게 운동시키며 서로 밀고 당기게 한다. 이것은 막대를 따라 차례로 전달되어 모든 원자들의 운동 에너지를 증가시킨다.

### 전 도

그림 9.10과 같이 금속 막대의 한 끝을 불에 대고 있으면 막대는 곧 뜨거워져 손으로 잡을 수 없게 될 것이다. 이와 같이 열이 금속을 통해 전달되는 것을 전도라 한다. 열의 전도는 물질 내부나 접촉하고 있는 다른 물체들 사이에서 일어날 수 있다. 열이 잘 전도되는 물체를 열의 양도체라 한다. 금속은 열을 가장 잘 전달(전도)하는 물질이다. 그 중에서도 열을 가장 잘 전달하는 금속은 은이며 구리, 알루미늄, 철의 순서로 열을 잘 전달한다. 전도는 원자나 분자들 사이의 충돌이나 핵에 약하게 구속된 전자들의 운동으로 설명할 수 있다. 금속 막대의 끝에 불꽃을 대면, 가열된 금속 막대의 끝에 있는 원자들은 더욱 빠르게 진동하게 된다. 이 원자들은 이웃한 원자들을 진동시키며, 이웃한 원자들 역시 연쇄적으로 그 이웃 원자들을 진동시킨다. 더욱 중요한 것은 금속 내부에서 자유로

금속의 종류에 따라 열전도도가 서로 달라 그 위의 촛농이 녹는 속력이 달라진다.

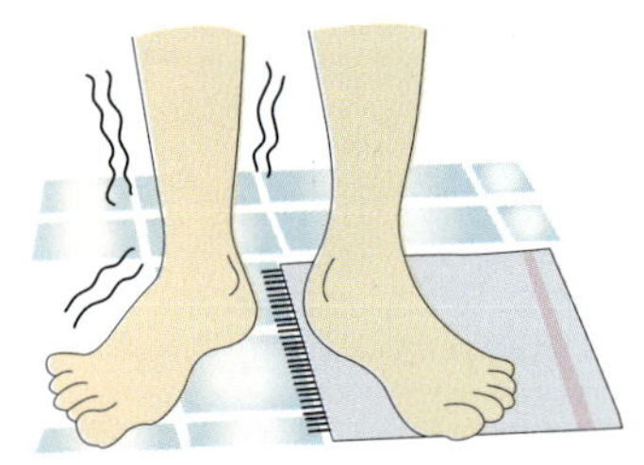

그림 9.11
맨발로 타일 바닥에 서면 차갑게 느껴진다. 반면에 같은 온도의 양탄자는 따뜻하게 느껴진다. 이것은 타일이 양탄자보다 더 좋은 열의 양도체이기 때문이다.

그림 9.12
'따뜻한' 담요는 우리에게 열을 공급해 주는 것이 아니라, 단지 우리 몸의 열이 바깥으로 빠져나가는 것을 지연시켜 줄 뿐이다.

이 운동할 수 있는 전자(자유 전자)들이 막대 속의 원자들이나 다른 자유 전자들과 충돌함으로써 에너지가 전달된다는 것이다. 열(전기)의 양도체는 약하게 구속된 전자들을 가진 원자로 구성된 물질이다. 금속은 매우 약하게 구속된 전자들을 갖고 있으므로 열과 전기를 가장 잘 전달한다.

주위에 있는 금속 조각이나 나무 조각을 만져 볼 때 어느 것이 더 차갑게 느껴지는가? 실제로 어느 것이 더 차가운가? 주위에 있는 물체들의 온도는 실내 온도와 같으므로 어느 것도 더 차갑지 않다. 그러나 금속은 열을 더 잘 전달하여 열이 따뜻한 손에서 차가운 금속으로 쉽게 이동하기 때문에 차갑게 느껴진다. 이에 반해 나무는 열을 잘 전달하지 못하므로 열은 손에서 나무로 거의 이동하지 않는다. 따라서 더 차가운 것을 만지고 있다는 것을 느끼지 못하게 된다. 나무, 털실, 짚, 종이, 코르크, 스티로폼과 같은 물질은 열을 잘 전달하지 못한다. 이와 같이 열을 잘 전달하지 못하는(열의 전달이 느린) 물질을 열적 절연체라 한다. 열을 잘 전달하지 못하는 물질을 단열재라 부르기도 한다.

그림 9.13과 같이 단면적이 $A$이고 길이가 $l$인 금속 막대의 양끝의 온도가 각각 $T_1$, $T_2$ $(T_1 > T_2)$일 때, $t$초 동안에 이 막대를 통해서 이동하는 열량 $Q$는 단면적 $A$와 온도차 $(T_1 - T_2)$, 그리고 시간 $t$에 비례하고 막대의 길이 $l$에 반비례한다.

$$Q = kA\frac{(T_1 - T_2)}{l}t$$

이때, 비례상수 $k$를 열전도율이라고 하며, 열전도율이 클수록 열전도가 잘 된다.

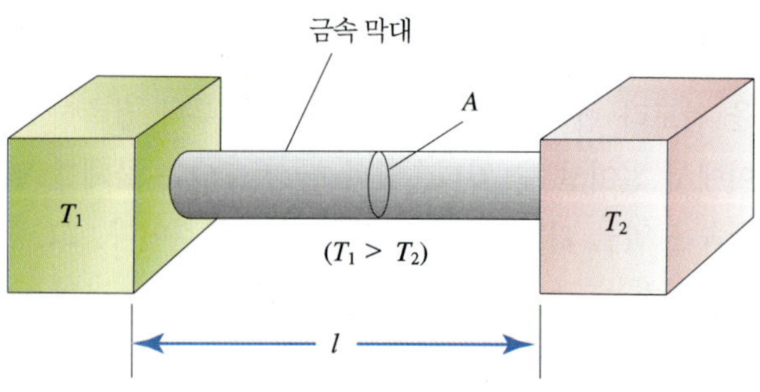


그림 9.13
열의 전도 : 열전도는 온도차가 클수록, 단면적이 클수록, 길이가 짧을수록 크다.

## 대 류

뜨거운 물질의 직접적인 이동에 의해 열이 전달되는 것을 대류라고 한다. 뜨거운 난로 근처의 공기가 가열된 후 상승하여 위쪽의 공기를 따뜻하게 해 준다던가, 지하실의 보일러에서 가열된 물이 위층으로 올라와 라디에이터를 따뜻하게 데워주는 것 등이 바로 그 예가 될 것이다. 난방이 유체의 직접적인 흐름에 의해 이루어지는 것은 바로 대류 현상 때문이다. 대류는 모든 유체(액체와 기체)에서 일어난다. 냄비의 물을 데우는 과정과 실내의 공기를 훈훈하게 하는 과정은 같다. 유체가 가열되면 팽창하고 밀도가 작아져서 상승하게 된다. 따뜻한 공기나 물은 나무토막이 물에 뜨고, 헬륨을 넣은 풍선이 공기 중에서 떠오르는 것과 똑같은 이유로 상승하는 것이다. 사실 대류는 아르키메데스 원리가 적용된 한 예라 할 수 있다. 왜냐 하면 따뜻한 유체는 밀도가 큰 유체에 의해 위쪽으로 부력을 받기 때문이다. 이때 차가운 유체는 아래쪽으로 이동하게 되고 이러한 과정은 열적인 평형을 이룰 때까지 계속 반복된다. 대류는 유체가 가열될 때 이러한 방식으로 유체를 휘젓게 된다. 이러한 대류는 대기를 교란시켜 바람을 만들어낸다. 지표면에 의한 태양열의 흡수는 지역에 따라 다르고, 이러한 열의 흡수가 지표면 위의 공기를 균일하지 않게 가열시켜 대류 현상이 일어나게 된다. 이러한 현상은 바닷가에서 뚜렷하게 나타난다. 낮 동안에는 육지쪽이 바다쪽보다 쉽게 가열되어 육지쪽에 상승 기류가 나타나게 되고 이를 채우기 위해 바다 위의 찬 공기가 이동해 오게 된다. 이를 해풍이라 부른다(그림 9.16). 밤에는 육지쪽이 쉽게 냉각되어 오히려 바다 위에 따뜻한 공기가 위치하게 된다. 따라서 낮과는 반대로 육지쪽에서 바람이 불어오게 되는데 이를 육풍이라 부른다. 해변에 불을 피우고 연기의 방향을 관찰해 보면 이를 잘 알 수 있을 것이다.

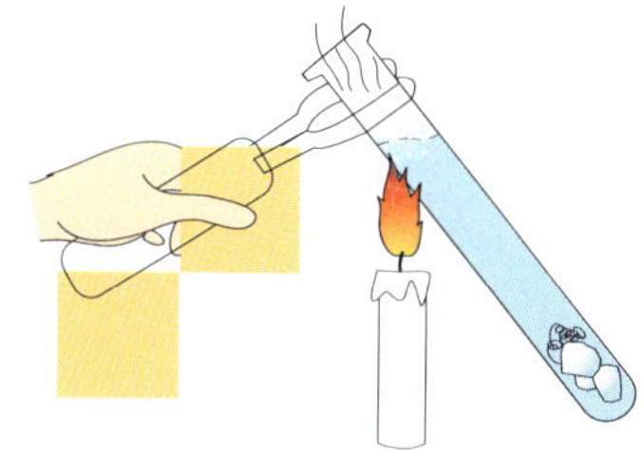

그림 9.14
시험관 위를 가열하면 대류가 일어날 수 없으므로 열은 전도에 의해서만 얼음에 도달할 수 있다. 물은 열의 양도체가 아니므로 아래쪽 얼음이 녹지 않은 상태에서 위쪽 물은 끓을 것이다.

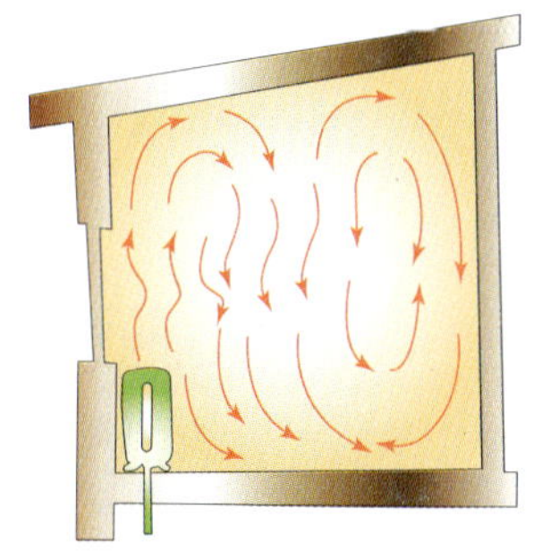

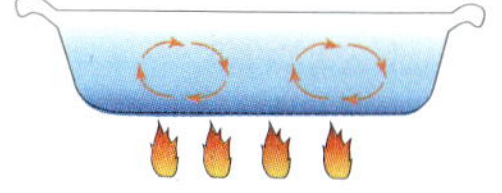

그림 9.15
(위) 공기 중의 대류
(아래) 액체 속의 대류

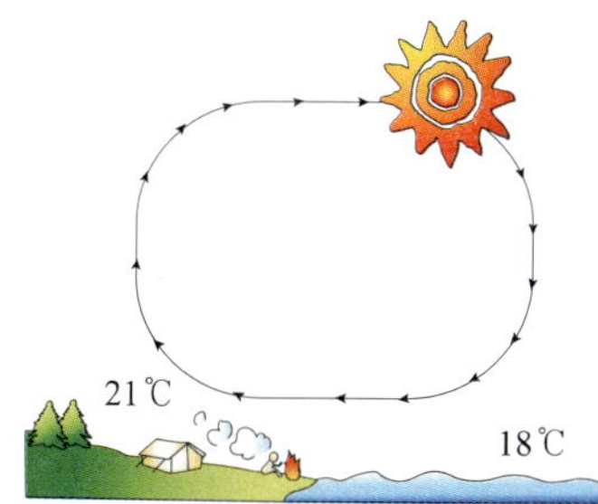


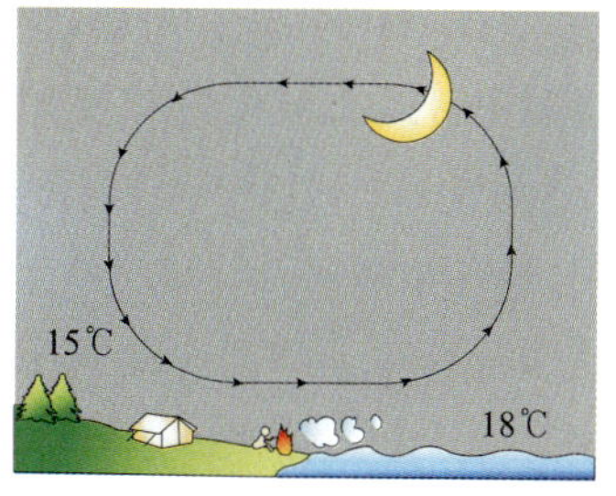


그림 9.16
대류는 불균일한 가열 때문에 생긴다. 육지는 바다보다 낮에는 따뜻하고 밤에는 차갑기 때문에 공기가 흐르는 방향이 밤낮으로 서로 반대가 된다.

## 복 사

태양열은 대기를 통과하여 지표면의 온도를 상승시킨다. 이 열은 전도에 의해 대기층을 통과하는 것이 아니다. 그 이유는 공기는 열전도율이 가장 낮은 열전도체이기 때문이다. 또 이 열은 대류에 의해서 전달되는 것도 아니다. 대류는 지표면이 가열된 다음에야 시작되기 때문이다. 우리는 태양과 대기 사이의 빈 공간에서 대류나 전도 현상에 의해 열이 전달되는 것이 아니라는 것을 알게 된다. 결국 태양열은 또 다른 과정에 의해 전달되는 것이다. 이와같이 열이 어떤 매질을 필요로 하지않고 직접 전달되는 것을 복사라 한다.

그림 9.17
복사 에너지의 종류(전자기파)

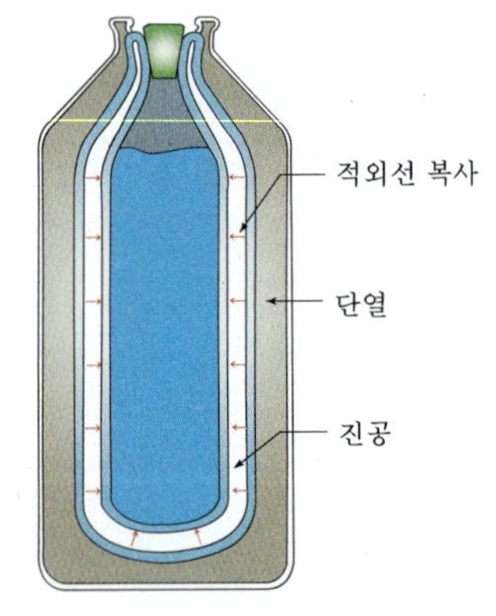


그림 9.18
진공병에서 은도금은 복사에 의한 열의 전달을 차단하는 역할을 한다.

열을 포함하여 복사에 의해 전달되는 모든 에너지를 복사 에너지라 부른다. 복사 에너지는 전자기파의 형태로 존재한다. 전자기파는 전파, 마이크로파, 적외선, 가시광선, 자외선, X선, 감마($\gamma$)선으로 나뉘어지는데 이 순서는 파장이 긴 쪽에서 짧은 쪽으로 나열된 것이다.

전도는 열이 전달되기 위한 매질이 있어야 하고 대류는 열과 같이 움직일 매질이 있어야 하지만 복사는 진공을 통해서도 일어난다. 열을 차단하는 것이 목적인 진공보온병의 내부에는 진공층이 있어 전도와 대류에 의한 열을 효과적으로 차단한다. 그러나 진공층에서도 복사에 의해 열이 전달된다. 이를 줄이기 위해 진공층의 양쪽 벽은 은도금이 되어 있다. 은색에서는 전자기파의 흡수보다 반사가 많으므로 보온병 내부와 외부 사이의 에너지의 흐름이 줄어든다. 같은 원리가 주택공사에 쓰이는 은박껍질의 단열재에도 적용된다. 벽 사이에 갇혀있는 공간에서 일부는 복사, 일부는 전도에 의해 열이 이동한다. 은박껍질을 단열재로 사용하면 복사에 의한 열흐름을 줄일 수 있다.

**Example** 촛불의 옆쪽에서 손으로 감싸쥘 수는 있지만 불꽃 바로 위쪽으로는 손을 가져갈 수 없다. 그 이유를 설명하시오.

풀이 공기는 열적 절연체이므로 촛불의 옆쪽으로는 거의 전달되지 않지만 열은 대류에 의해 위로 전달되므로 위쪽은 매우 뜨겁다.

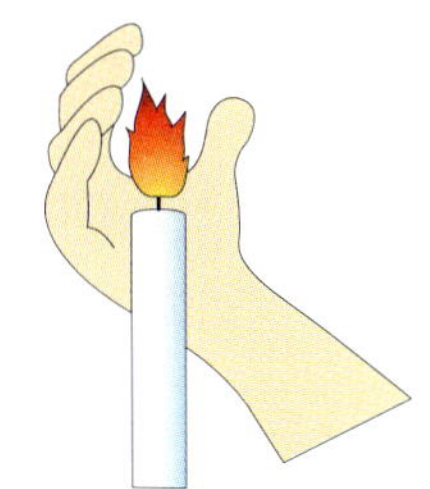

## 9.5 복사에너지의 흡수와 방출

흡수와 반사는 서로 상반되는 과정이다. 가시광선을 포함한 복사 에너지를 잘 흡수하는 물체는 아주 적은 양의 에너지만 반사시키게 된다. 따라서 좋은 흡수체는 어둡게 보인다. 완전한 흡수체는 복사 에너지를 전혀 반사시키지 않아 완전히 검은색으로 보인다. 예를 들어 우리 눈의 동공은 반사없이 복사 에너지를 그대로 통과시키기 때문에 완전히 검게 보인다.(플래시를 터뜨려 찍은 사진에서 동공이 붉게 나타나는 것은 눈 위의 망막에서 직접 반사된 빛 때문이다.) 쌓아 놓은 파이프들의 한쪽 끝에서 구멍들을 보면 검게 보인다. 또 낮이라 하더라도 멀리 떨어져 있는 집의 열려진 현관이나 창문들은 아주 어둡게 보인다. 구멍들이 어둡게 보이는 이유는 그 구멍으로 들어간 복사 에너지가 구멍 안쪽의 벽에서 여러번 반사되는 동안 대부분 흡수되고 바깥으로 다시 나오는 빛은 거의 없기 때문이다(그림 9.19).

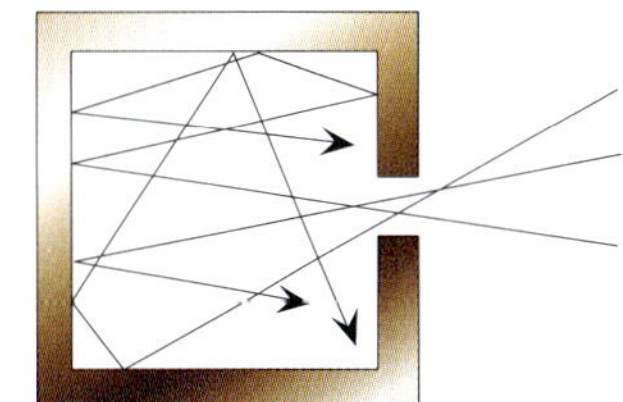

그림 9.19
입구로 들어오는 빛은 그 안에서 완전히 흡수되어 다시 바깥으로 나갈 기회가 거의 없다.

한편 반사를 잘 하는 물체는 흡수율이 아주 낮은 물체이다. 밝은 색의 물체는 어두운 색의 물체보다 더 많은 빛과 열을 반사한다. 그래서 여름철을 시원하게 보내려면 밝은 색의 옷을 입어야 한다. 흡수율이 좋은 물체는 방사율이 좋은 물체라 할 수 있고, 흡수율이 나쁜 물체는 방사율이 나쁜 물체라 할 수 있다. 즉 에너지를 많이 흡수하는 어두운 물체는 그만큼 에너지를 많이 방출하게 된다.

이를 확인해 보기 위해 같은 크기와 모양을 가진 두 개의 금속 용기를 준비하자. 이때 하나는 표면 색깔이 하얀색이거나 거울과 같이 표면이 매끄럽고, 다른 하나는 표면 색깔이 검은색이어야 한다(그림 9.20). 두 용기에 뜨거운 물을 붓고 온도계로 측정해 보면 검은색의 용기가 더 빨리 식는 것을 알게 될 것이다. 이는 검은색의 표면은 방사율이 높은 물체이기 때문이다. 뜨거운 커피나 차는 검은색 포트보다는 밝고 거울처럼 반짝이는 포트 속에서 더 오래 따뜻하게 유지될 것이다.

그림 9.20
용기에 뜨거운 물을 채웠을 때 검은색 용기가 더 빨리 식는다. 또 차가운 물을 채운 후 복사 에너지에 노출시켰을 때 검은색 용기가 더 빨리 데워진다. 왜 그럴까?

이제 우리는 같은 실험을 반대로 해 볼 수 있을 것이다. 각 용기에 얼음물을 넣고 그것들을 복사 에너지를 잘 공급해 주는 벽난로 앞이나, 스토브 근처, 혹은 맑은 날 야외에 놓아 보자. 그러면 검은색의 용기에 들어있는 물이 더 빨리 데워지는 것을 알 수 있을 것이다. 복사 에너지를 잘 방출하는 물체는 흡수도 잘 한다.

결국 어떤 표면이 에너지를 방출하는가, 또는 흡수하는가는 표면의 온도가 주위보다 높으냐, 낮으냐에 달려 있다. 즉 표면의 온도가 주위보다 높으면 순방사체가 되어 식게 되고, 주위보다 낮으면 순흡수체가 되어 따뜻해질 것이다. 따라서 방출하는 복사 에너지의 양보다 더 많이 흡수한다면 순흡수체가 되고, 흡수하는 복사 에너지의 양보다 더 많이 방출한다면 순방사체가 된다. 물체가 시간당 방출하는 복사에너지의 양은 물체 표면의 절대온도 $T$의 4제곱에 비례하는데, 이를 슈테판－볼츠만의 법칙이라고 한다.

$$E \propto T^4$$

맑은 날 낮에는 지표면은 순흡수체가 되고 밤에는 순방사체가 된다. 구름이 없는 밤에는 지표면 주위의 공간이 아주 썰렁하게 되어 냉각되는 속도는 구름이 낀 날 밤보다 더 빠르다. 기록적인 추위는 맑은 날 밤에 나타난다. 또한 전자기파를 잘 흡수하는 물질은 동시에 방출도 잘 한다. 검은 물질은 여름에는 태양에너지를 더 많이 흡수하고 겨울에는 더 많은 열을 잃는다. 이러한 이유로 검은색의 자동차는 여름에는 덥고 겨울에는 더 춥다. 여름에 서늘하고 겨울에 따뜻하게 유지하는데는 열은 색이 더 유리하다.

---

**Example** 난방용 라디에이터를 검은색과 은색 중 어느 것으로 칠하는 것이 효과적일까? 그 이유를 설명하시오.

풀이 난방 라디에이터에 의해 공급되는 열은 대류에 의한 것이므로 색깔은 그리 중요하지 않다. 다만 복사에 의한 효과를 증대시키기 위해서는 검은색으로 칠하는 것이 효과적이다.

---

# 9.6 증발과 응결

뚜껑이 없는 용기 속의 물은 증발하여 마침내 말라 없어질 것이다. 이렇게 증발되는 물은 공기 중의 수증기가 된다. 증발은 액체 표면에서 액체가 기체 상태로 변하는 것을 말한다.

어떤 물체의 온도는 그 물체를 이루는 분자들의 평균 운동 에너지와 관계가 있다. 액체 상태의 분자들은 무질서하게 돌아다니면서 속도가 다른 분자들과 충돌하게 된다. 이때 분자들은 운동 에너지를 얻기도 하고 잃기도 한다. 액체 표면의 분자들이 밑에서 치받는 분자들에 의해 운동 에너지를 충분히 공급받는 경우, 이 분자들은 액체로부터 떨어져 나와 액체 표면 위의 공간으로 자유로이 날아가게 된다. 이제 이 분자들은 수증기가 되어 기체 상태의 분자들이 된 것이다.

액체 표면에서 튀어나온 분자의 운동 에너지는 액체에 남아있는 분자들로부터 공급받은 것인데 이 과정은 '당구공에 관한 물리'로 설명될 수 있다.

당구공이 서로 부딪힐 때 한 공이 운동 에너지를 얻으면 또 다른 공은 같은 양의 운동 에너지를 잃게 된다. 이런 방식으로 액체 내에 남아 있는 분자들의 평균 운동 에너지는 작아지게 된다. 따라서 증발은 일종의 냉각 과정이라 할 수 있다.

그림 9.21
물통을 싼 헝겊 덮개를 물로 적시면 물통은 시원해진다.

물통을 물에 적신 헝겊으로 싸 놓으면 헝겊의 물이 증발하면서 물통을 시원하게 만든다. 운동 에너지를 얻어 빠르게 움직이게 된 물분자가 헝겊을 떠나면서 헝겊의 온도는 내려가게 된다. 냉각된 헝겊 덮개는 열의 전도에 의해 금속 물통을 시원하게 하며 이는 다시 물통 안에 있는 물을 시원하게 만드는 것이다(그림 9.21).

체온이 상승하면 땀샘에서 땀이 나오게 된다. 이 땀의 증발은 우리 몸을 식혀주고, 일정한 체온을 유지하도록 해 준다. 그러나 땀샘이 없는 동물들은 다른 방법을 이용하여 체온을 유지한다(그림 9.22).

그림 9.22
개들은 발가락 사이 말고는 땀샘이 없기 때문에 헐떡거림으로써 체온을 떨어뜨린다. 이렇게 헐떡거리는 동안에 입 안과 기관지 내에서 증발이 일어나는 것이다.

증발의 반대 과정은 응결(기체가 액체로 변하는 과정)이다. 음료수 캔의 바깥쪽에 생기는 물방울이 바로 그 예이다. 이는 수증기 분자들이 느리게 움직이는 캔 표면의 분자들과 충돌하는 경우 많은 양의 운동 에너지를 잃게 되어 기체 상태로는 존재할 수 없게 되는 것이다. 즉 응결하는 것이다.

응결은 기체 분자들이 액체 분자에 의해 붙잡히게 될 때에도 일어난다. 아무렇게나 운동하던 기체 분자들이 액체 표면과 충돌하면서 운동

에너지를 잃을 수 있는데, 이때 액체 분자들은 기체 분자들에 인력을 작용하여 기체 분자들을 액체 속에 붙잡아 놓을 수 있게 되는 것이다. 이제 기체 분자는 액체 분자가 된 것이다.

분자가 응결할 때 잃은 운동 에너지는 이들이 충돌한 표면의 온도를 상승시킬 수 있다. 뜨거운 수증기에 의한 화상은 같은 온도의 끓는 물에 의한 화상보다 훨씬 더 심할 수 있다. 이는 수증기가 살갗을 적시면서 응결할 때 에너지를 방출하기 때문이다.

그림 9.23
샤워실 밖으로 나왔을 때 추위(으시시함)를 느끼게 되면 다시 샤워실 안으로 들어가서 그 곳의 수증기가 응결될 때 방출하는 열로 여러분의 몸을 따뜻하게 하라.

샤워를 끝내고 밖으로 나오면 그 순간부터 증발이 빠르게 일어나기 때문에 우리는 추위(으시시함)를 느끼게 된다. 그러나 몸의 물기를 닦은 후라도 샤워장 안에 그대로 있으면 으시시함은 느끼지 못한다. 샤워실과 같이 습한 환경에 있을 때는 공기 중의 수증기가 피부에 응결하면서 몸을 따뜻하게 해주므로 증발 효과로 인한 추위를 느끼지 못하게 된다. 피부로부터 증발하는 수증기의 양과 피부에 응결하는 수증기의 양이 같다면, 우리 몸의 온도 변화가 없을 것이다. 샤워장 안에서 우리가 기분 좋게 몸을 타월로 닦아 낼 수 있는 것은 바로 이러한 이유 때문이다.

식탁 위에 물이 담긴 접시를 며칠 동안 놓아둔 후 접시에 담긴 물의 양을 살펴보자. 겉보기에 증발이 일어나지 않는 것처럼 보일 때 우리는 접시에 담긴 물에 아무 일도 일어나지 않았다고 생각할지 모른다. 그러나 이러한 생각은 잘못된 것이다. 분자 수준에서는 많은 움직임이 일어나고 있다. 물의 양에 아무런 변화가 없는 것은 증발과 응결이 계속해서 같은 비율로 일어나고 있기 때문이다. 즉 증발에 의해 액체 표면을 떠나는 분자수와 에너지의 양이 응결에 의해 되돌아오는 분자수와 에너지의 양과 같은 것이다. 증발과 응결이 서로 상쇄하는 효과를 가져올 때 액체는 균형을 이루는 상태 즉 평형 상태에 놓이게 되는 것이다.

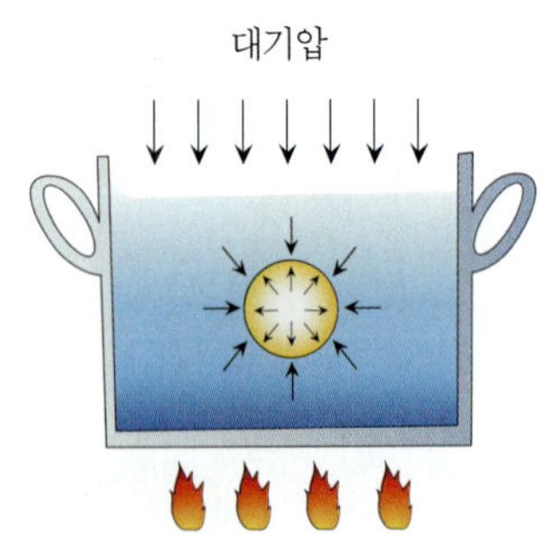


그림 9.24
기포(실제보다 아주 크게 확대시킴) 내부의 분자들의 운동은 기포에 가해지는 수압을 이겨내는 기체의 압력을 만들어 낸다.

증발과 응결은 보통 동시에 일어난다. 증발되는 양이 응결되는 양보다 많으면 액체는 냉각되고, 응결되는 양이 증발되는 양보다 많으면 액체는 가열된다. 열은 흔히 우리 주위를 이리저리 옮겨 다닌다. 따라서 우리는 증발과 응결 때문에 생기는 냉각과 가열을 알아차리지 못하게 되는 것이다.

증발은 액체의 표면에서 일어난다. 그러나 상황을 적절하게 만들어 주면 액체에서 기체로의 상태 변화는 액체 속에서도 일어날 수 있다. 액체 속에서 생긴 기체는 부글거리는 거품(기포)이 되어 표면으로 올라와 공기 중으로 빠져나간다. 이런 종류의 상태 변화를 비등이라 한다. 액체가 끓을 때 액체 속에 있는 기포 내부의 증기압은 매우 커서 기포를 누르는 물의 압력(수압)을 견딜 수 있다. 증기압이 충분히 크지 않다면 물의 압력이 액체 속에서 생겨나는 모든 기포를 터트려 버릴 것이다. 비등점보다 낮은 온도에서는 증기압이 충분히 크지 않기 때문에 액체가 끓기 전까지는 기포가 형성되지 못한다. 대기압이 증가할 때 액체 내의 기포가 증가한 대기압을 이겨내려면 기포 내부의 분자들은 더욱 빠르게 움직이면서 기포 내부의 압력을 증가시켜야만 한다. 따라서 액체 표면에 가해지는 압력이 커지면 액체의 비등점은 올라간다. 반대로 압력이 작아지면(고도가 높아지면) 비등점은 내려간다. 이와 같이 비등은 온도뿐만 아니라 압력과도 관계가 있다.

압력솥은 압력이 높아지면 비등점도 올라간다는 사실을 이용하는 요리 기구이다. 압력솥은 뚜껑이 꽉 조이도록 만들어져 있어서 정상적인 기압보다 더 큰 어떤 압력에 도달할 때까지는 수증기가 빠져나가지 못한다. 밀폐된 압력솥 안에 수증기가 계속 쌓여 이것이 액체의 표면을 누르면(압력이 높아지면) 물은 잘 끓지 않게 된다. 즉 비등점이 높아진다. 이것은 물의 온도를 100℃보다 높은 온도까지 도달하게 하므로 음식이 빨리 익게 된다.

높은 온도의 물이 음식을 익히는 것이지 끓는 과정이 음식을 익히는 것은 아니다. 고도가 높은 곳에서는 고도가 낮은 곳보다 낮은 온도에서 물이 끓게 된다. 예를 들어 산의 높이가 1,900m 정도 되는 지리산 정상에서는 물이 해수면에서처럼 100℃에서 끓지 않고 이보다 낮은 95℃ 정도에서 끓게 된다. 이 곳에서 물로 음식을 익히려면 해수면보다 더 오랫동안 끓여야만 한다. 지리산 정상에서는 계란을 끓는 물 속에서 3분 동안 삶아도 잘 익지 않는다. 끓는 물의 온도가 매우 낮을 때에는 음식물이 전혀 익지 않을 것이다.

비등은 증발과 마찬가지로 냉각 과정이다. 끓는 것을 가열과 연관지어 생각하는 사람들에게 이러한 사실은 놀라운 일일 것이다. 가열과 비등은 전혀 별개의 개념이다. 대기압에서 물이 100℃에서 끓고 있다면 이는 열적 평형 상태에 있는 것이다. 만일 물이 끓으면서 냉각되지 않는다면 용기에 담긴 물은 계속 열을 공급받아 물의 온도는 계속 높아지게 될 것이다. 압력솥은 비등에 의한 냉각을 억제하여 물이 더 높은 온도에 도달하도록 한다.

**Example** 둥근 플라스크에 90℃의 물을 넣고 마개를 단단히 막은 뒤 플라스크에 찬물을 부어주면 플라스크 속의 물이 끓는다. 100℃보다 낮은 물이 끓는 이유를 설명하여 보자.

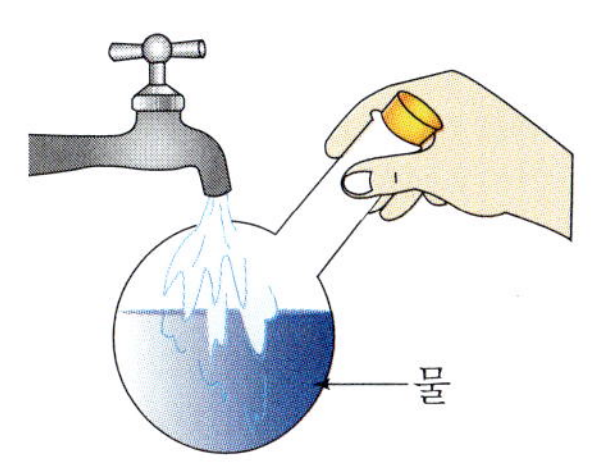


그림 9.25
90℃의 물이 담긴 플라스크에 찬 물을 부으면 물이 끓는다.

풀이 플라스크에 찬물을 부으면 플라스크 속의 수증기가 응결되면서 플라스크 내부의 압력이 낮아지므로 100℃보다 낮은 온도에서 물이 끓는다.

## 9.7 에너지와 상태변화

고체를 충분히 가열하면, 고체는 녹아서 액체가 된다. 또 액체를 가열하면, 액체는 증발하여 기체가 된다. 이와 같이 어떤 물질이 고체에서 액체, 액체에서 기체로 상태가 변하려면 물질에 에너지가 공급되어야만 한다. 역으로 기체에서 액체, 액체에서 고체로 상태가 변하려면 물질로부터 에너지를 뽑아 내야만 한다.

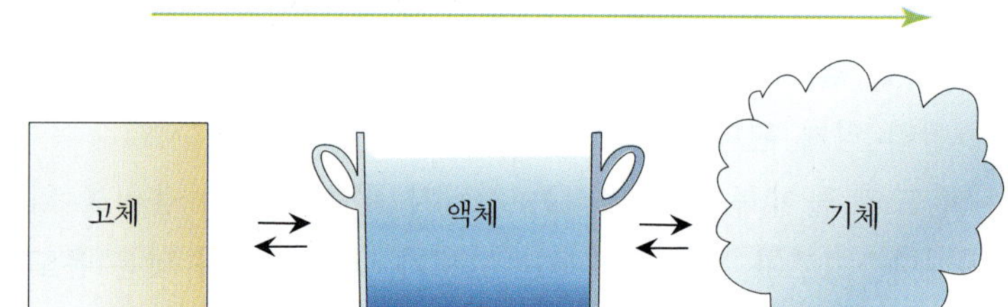


그림 9.26
상태가 변할 때 반드시 에너지를 교환한다.

$H_2O$의 상태 변화를 이용하면 많은 물질의 일반적인 성질을 잘 설명할 수 있다. 계산을 간단히 하기 위해 밀폐된 용기 속에 −50℃의 얼음이 1g 들어 있다고 하자. 그리고 이 용기를 난로 위에 올려놓고 가열시킨다고 하자. 용기 속의 얼음의 온도는 서서히 증가하여 마침내 0℃에 도달할 것이다(얼음의 온도를 1℃ 올리려면 약 0.5cal의 열량이 필요하다). 얼음의 온도가 0℃가 되었을 때 열은 계속 가해지고 있지만 온도는 더 이상 올라가지 않는다. 여기서 이 열은 얼음을 녹이게 된다.

얼음 1g을 완전히 녹이려면 80cal의 열량을 공급해야만 한다. 얼음이 다 녹은 후에야 비로소 온도는 다시 올라가기 시작한다. 물이 끓는 점인 100℃까지는 물 1g이 1℃ 올라가는 데 1cal의 열량이 필요하다. 100℃에서 온도는 다시 일정해지고, 이때 열이 가해지는 동안 물은 수증기로 변하게 된다. 끓는 물 1g이 완전히 수증기로 되려면 540cal의 열량이 필요하다. 마침내 물이 모두 100℃의 수증기가 되었을 때 온도는 다시 올라가기 시작한다. 열이 계속 가해지는 한 수증기의 온도는 계속 상승한다. 수증기의 경우에도 얼음과 마찬가지로 1℃ 올라가는 데 약 0.5cal의 열량이 필요하다. 이 과정을 그래프로 그리면 그림 9.27과 같다.

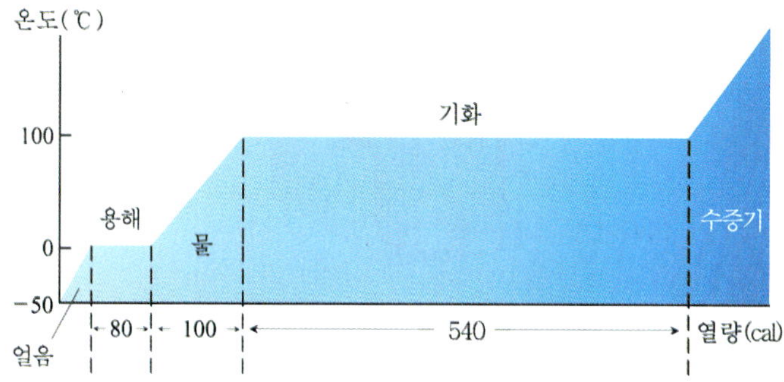


그림 9.27
이 그래프는 물 1g을 가열하여 상태가 변화할 때 필요한 에너지를 나타낸다 (cal 대신 J을 쓰기도 한다).

상태의 변화는 역으로도 일어날 수 있다. 100℃의 수증기 1g이 끓는 물로 변하는 경우 540cal의 열이 주변으로 방출된다. 100℃의 물이 0℃의 물로 냉각될 때는 100cal의 열이 방출된다. 또 0℃의 물 1g이 얼음 1g으로 변할 때는 80cal의 열이 방출된다.

끓는 물 1g이 기화되는 데 필요한 열에너지(540cal)는 0℃의 얼음 1g이 100℃의 물로 변하는 데 필요한 에너지보다 훨씬 크다. 100℃의 수증기와 끓는 물은 평균 운동 에너지가 서로 같지만 내부에너지는 수증기가 훨씬 크다. 이것은 수증기 분자들이 액체의 경우와 같이 속박되어 있지 않고 자유로운 상태로 있기 때문이다. 수증기는 물로 변할 때 방출할 수 있는 많은 양의 에너지를 갖고 있다.

그램당 540cal라는 큰 에너지 때문에 어떤 조건에서는 뜨거운 물이 이보다 덜 뜨거운 물보다 더 빨리 얼 수도 있다. 이런 현상은 보통 80℃이상의 뜨거운 물에서 일어난다. 이 현상은 증발이 빠르게 일어나 냉각되는 표면적이 물의 전체 양에 비해 큰 경우 뚜렷하게 나타난다. 예를 들어 추운 겨울날 뜨거운 물로 차를 닦는 경우나 실내 스케이트장에 뜨거운 물을 붓는 경우, 뜨거운 물은 거친 표면을 매끄럽게 해 주면서 빠르게 다시 언다. 뜨거운 물은 증발하면서 그램당 540cal의 열을 물로부터 빼앗아가기 때문에 증발에 의한 냉각 속도는 매우 빠르다. 이는 열전도에 의해 물 1g이 냉각되면서 빼앗아가는 1℃당 1cal보다 엄청나게 큰 값이다. 증발은 확실히 냉각 과정이다.

그림 9.28
추운 날 차를 닦을 때 뜨거운 물을 사용하면 미지근한 물을 사용하는 경우보다 더 빨리 얼게 된다. 이것은 물이 빠르게 증발하면서 많은 에너지가 빠르게 빼앗기기 때문이다.

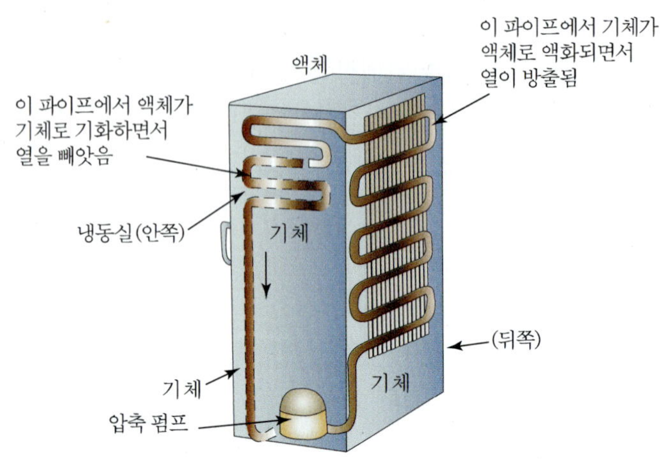


그림 9.29
보통 냉장고의 냉각 순환 계통

냉장고의 순환 계통은 냉동액의 상태가 변할 때 일어나는 에너지 교환을 이용한 좋은 예이다. 펌프가 냉동액을 냉각 장치로 보내 주면 냉동액은 작은 구멍을 통과하면서 기화되어 음식물이 들어있는 냉장실로부터 열을 빼앗는다. 기화된 기체는 냉각 장치 밖으로 흘러나와, 뒤쪽에 있는 코일을 지나게 된다. 기체가 코일 – 액화 코일이라 부르는 것이 적절함 –을 지나는 동안 액화되면서 냉장고 외부로 열을 방출하게 된다. 이렇게 액화된 냉동액은 다시 냉각 장치로 돌아와 순환이 계속되는 것이다. 이때 모터는 냉동액을 강제로 냉각 계통에 보내어 기화와 액화라는 순환 과정이 계속 일어나게 해 주는 역할을 한다. 언제 한 번 기회가 있을 때 냉장고의 뒤쪽이나 옆쪽에 있는 액화 코일 근처에 손을 대 보라. 그러면 냉장고 외부로 방출되는 열(냉각 장치에서 뽑아 낸 열)을 느낄 수 있을 것이다. 냉방 기구(에어컨)도 같은 원리를 이용하고 있다. 에어컨은 단지 냉각 장치의 한 쪽에서 다른 쪽으로 열을 공급해 줄 뿐이다. 기화와 액화의 역할을 반대로 해 주면 냉방 기구는 난방 기구가 된다. 이러한 난방 기구는 열펌프라 부르는 것이 적절할 것이다.

사람들은 다리미가 얼마나 뜨거운지 알려고 할 때 손가락을 얼른 댔다가 다시 뗀다. 이때 손가락에 물을 적신 후 갖다대면 손가락은 화상을 입지 않게 된다. 이는 손가락에 화상을 입히게 할 에너지가 손가락에 적셔진 물의 상태를 변화시키는 데 사용되기 때문이다. 물을 수증기로 변화시키는 에너지가 손가락과 다리미의 뜨거운 표면 사이에 단열층을 만들어 주는 셈이다. 여러분은 장작불에 의해 벌겋게 달구어진 석탄 위를 아무렇지도 않게 맨발로 걷는 사람들에 관한 뉴스나 이야기를 들은 적이 있을 것이다.(주의 : 절대로 따라 하지 말 것. 경험이 많은 '불 위를 걷는 사람' 들 조차도 가끔 심하게 화상을 입는다.) 이렇게 할 수 있는 첫 번째 요인은 석탄이나 나무의 열전도율이 작기 때문이다(벌겋게 달구어졌을 때도 마찬가지임). 석탄의 온도가 높더라도 비교적 적은 양의 열만이 발바닥으로 전달된다. 이것은 피자를 굽는 뜨거운 오븐 속에 손을 잠시 넣은 경우, 공기를 통해 전달되는 열의 양이 적은 것과 같다. 그러나 뜨거운 오븐의 금속을 만지면 화상을 입듯이 불 위를 걷는 사람도 뜨거운 금속이나 열전도율이 큰 물체 위를 걷게 되면 화상을 입게 된다. 두 번째 요인으로는 피부에 있는 습기 때문이다. 발바닥에 생기는 땀이 열전달을 감소시키기 때문이다. 발로 전해져야 할 열의 일부가 땀을 증발시키는 데 사용되는 것이다. 이는 젖은 손가락으로 뜨거운 다리미를 만질 때와 같다. 온도와 열의 이동은 다른 개념이다.

---

**Example** 100℃의 물 10g을 생각해 보자. 만일 10g 중 1g의 물이 빠르게 증발한다면 남아있는 9g의 물의 온도는 얼마인가?

풀이 증발에 필요한 모든 에너지가 남아있는 물로부터 공급된다면 물의 온도는 40℃가 된다. 1g의 물이 증발할 때 540cal의 열을 빼앗아가므로 남은 9g은 그램당 60cal를 빼앗기게 된다(540cal ÷ 9 = 60cal). 물 1g은 1cal의 열을 빼앗길 때 1℃ 냉각되므로 60cal는 물 1g의 온도를 60℃ 낮아지게 한다. 결국 남은 물 9g의 온도는 40℃가 된다(100℃ − 60℃ = 40℃)

---

## 개념확인하기

1 상온의 금속을 만졌을 때 종이나 나무 혹은 천보다 차게 느껴지는 까닭은?

2 나무, 모피, 깃털, 그리고 눈이 좋은 단열재가 될 수 있는 이유는 무엇인가?

3 금속 막대기를 눈더미 속에 찔러 놓고 있으면 곧 손으로 잡고 있는 쪽이 차가워진다. 이것은 눈에서 손으로 냉기가 흐르기 때문인가?

4 바닷가의 바람이 밤낮으로 방향이 바뀌는 이유는 무엇인가?

5 도미노들을 바로 인접해서 세워 놓았다. 하나가 넘어지면 계속해서 옆에 있는 도미노를 건들게 되어 결국에는 전체가 다 넘어질 때까지 이 과정이 진행된다. 열 전달의 세 가지 형태 중 어느 것이 이 현상과 가장 비슷한가?

6 복사에너지의 파장은 복사에너지원의 온도에 따라 어떻게 변하는가?

7 복사에너지를 잘 흡수하는 물체가 검게 보이는 이유는?

8 눈의 동공은 왜 검게 보이는가?

9 검은색 포트에 들어 있는 차와 은색 포트에 들어 있는 차 중 어느 것이 빨리 식겠는가?

10 약 2세기 전에 벤자민 프랑크린이 했던 것처럼 밝은 색 헝겊과 어두운 색의 헝겊을 눈 위에 놓아 보면 어두운 색의 헝겊 밑의 눈이 더 잘 녹는다. 그 이유는?

11 비닐봉지를 알콜램프로 가열하면 비닐은 타지만 물을 넣은 비닐봉지를 가열하면 비닐이 타지 않고 물이 끓는다. 물을 넣은 비닐봉지가 타지 않는 이유는?

12 나무는 좋지 않은 열전도체이다. 즉 나무가 아주 뜨거울 때도 열이 느리게 전달된다는 뜻이다. 불 속을 걷는 사람들은 빨갛게 달아 오른 석탄 위를 맨 발로 걸을 수는 있어도 빨갛게 달구어진 쇠 조각 위를 걷을 수는 없다. 그 이유는?

13 우주선이 궤도를 돌고 있을 때 선실 내부는 무중력 상태가 된다. 이때 선실 안에 켜 놓은 촛불이 곧 꺼져 버리는 이유는 무엇인가 ?

14 추운 날 따뜻한 집을 약 30분 정도 비우려고 한다. 이때 연료를 아끼기 위해서는 다음 중 어느 것을 택해야 하는가?

① 온도 조절기를 2~3도 정도 낮추는 방법
② 아주 낮은 온도로 내려놓는 방법
③ 현재의 방의 온도에 맞추는 방법

## 수식으로 계산해 보기

1 한 학생이 온도계를 만들어서 물의 어는점을 0°S, 그리고 물의 끓는점을 25°S로 하는 자신만의 온도척도를 고안하였다. 비이커에 든 물의 온도를 측정한 결과 15°S 가 되었다. 이 물의 섭씨온도와 절대온도는 각각 얼마인가?

2 비열이 0.2kcal/kg · K인 금속으로 만든 질량 1kg의 그릇이 20℃인 공기 중에 있다. 그릇에 100℃의 끓는물 0.2kg을 부었다. 공기

중으로 새어나가는 열을 무시할 때, 물의 온도는 몇 ℃가 될까?

3 −10℃의 얼음 2kg을 100℃의 수증기로 만드는데 필요한 열량은 얼마인가? 단, 얼음의 비열은 0.5kcal/kg・K, 물의 융해열과 기화열은 각각 80kcal/kg, 540kcal/kg이라고 한다.

4 창문을 통하여 외부로 빠져나가는 열의 손실을 줄이기 위하여 창문의 넓이를 반으로 줄이고 두께를 2배로 하였다. 창문으로 손실되는 열량은 처음의 몇 배가 될까?

5 반지름의 비가 2 : 1인 두 별 A, B 가 있다. 두 별의 표면의 절대온도가 각각 3000K, 6000K 일 때 두 별에서 방출되는 복사에너지의 비는?

6 유리로 만든 그릇에 어떤 액체를 채우고 가열하여 온도가 10℃ 올라가니 액체가 $5cm^3$ 넘쳐 흘렀다. 이 액체가 실제로 팽창한 양은?

7 선팽창 계수가 $\alpha$이고 길이가 $l_0$인 물체의 온도가 $\Delta t$만큼 변하면, 그 길이가 $\Delta l = \alpha l_0 \Delta t$ 만큼 변한다. 선팽창 계수가 서로 다른 유리 막대와 아연 막대의 한 쪽 끝을 그림과 같이 이음판으로 결합시켜 만든 구조물은 온도가 증가할 때 유리 막대는 오른쪽으로, 아연 막대는 왼쪽으로 늘어난다. 두 막대가 같은 길이만큼 변하도록 하여 벽으로부터 아연 막대까지의 간격 $D_0$가 상온 영역에서 변하지 않도록 하려고 한다. 유리 막대의 길이가 30cm 일 때 아연 막대의 길이는 얼마이어야 하는가? (단, 0℃와 100℃ 사이의 온도에서 유리와 아연의 선팽창 계수는 각각 $9\times10^{-5}$/K 와 $30\times10^{-5}$/K 이다.)

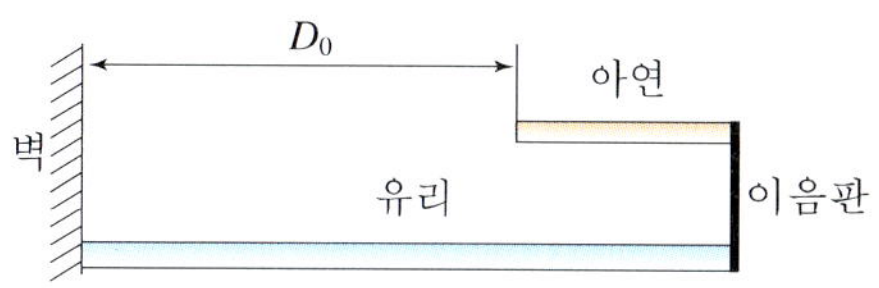


8 그림은 비열이 0.5kcal/kg·℃인 콩기름(A) 200g과 종류를 알 수 없는 어떤 액체(B) 500g을 동시에 같은 열량을 주어 가열한 후 시간에 대한 온도 변화를 측정한 그래프이다. 이 액체(B)의 비열은 몇 kcal/kg·℃인가?

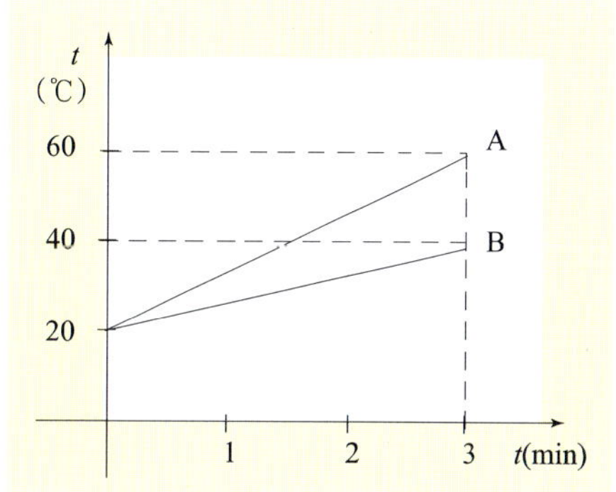


9 그림과 같이 단면의 가로, 세로가 각각 $L$, 길이가 $3L$ 인 알루미늄 막대가 있다. 이 막대에 열을 가하여 온도를 10℃에서 40℃로 변화시켰을 때 늘어난 부피를 구하여라. (단, 알루미늄의 선팽창 계수는 $\alpha$이다.)

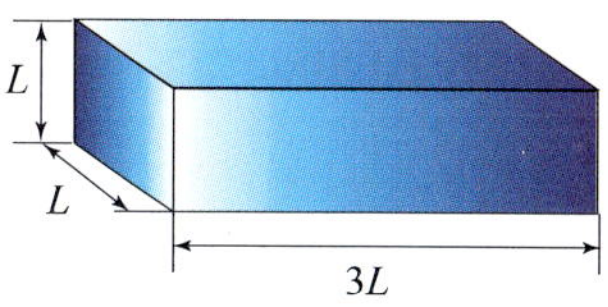


10 100m 높이에서 매초 $m$(kg)의 물을 떨어뜨려 수력 발전기를 돌린다. 이 발전기에서 얻는 전력으로 $m$(kg)의 물을 가열한다면, 물의 온도는 매초 몇 ℃ 올라가겠는가? (단, 중력 가속도는 $10m/s^2$이고, 열의 일당량은 1cal = 4J 이며 에너지 손실은 무시한다.)

**11** 온도가 다른 물체 A, B, C, D 가 있다. 이 중 두 물체를 골라 접촉시켰을 때 열의 이동 방향을 나타내면 A→B, A→C, B→D, D→C 이다. 물체의 처음 온도가 높은 것부터 차례대로 나열하여라.

**12** 두께가 32cm인 어떤 건물의 콘크리트 벽을 허물고 나무로 벽을 만들었는데도 벽을 통하여 전도되는 열량이 전과 같았다면 나무 벽의 두께는 몇 cm인가? (단, 콘크리트와 나무의 열전도율은 각각 0.8J/s · m · ℃, 0.13J/s · m · ℃이다.)

**13** 선팽창 계수 $\alpha$인 물질로 된 부피 $V_0$의 용기에 체적 팽창 계수 $\beta$ 인 액체가 가득 들어 있다. 전체의 온도를 $\Delta t$만큼 올렸을 때 넘친 액체의 부피는 얼마나 되겠는가?

**14** 열량계 속에 100℃의 물 1kg이 들어 있다. 이 속에 온도가 20℃, 질량이 500g인 쇠구슬을 넣으면 온도는 몇 ℃가 되는가? (단, 쇠구슬의 비열은 0.1cal/g℃이고, 열량계의 열용량 및 열손실은 무시한다.)

**15** 온도가 20℃이고 질량이 500g인 물 속에 온도가 100℃인 300g의 구리와 200g의 철을 같이 넣었을 때, 평형점의 온도는?
(단 물, 구리, 철의 비열은 각각 4,200J/g · ℃, 400J/g· ℃, 450J/g· ℃이다.)

**16** 질량이 같은 두 고체 A, B를 같은 열원으로 가열하여 아래의 그림과 같은 결과를 얻었다. 두 물체의 비열, 융해점, 융해열의 대소를 부등호를 이용하여 비교하시오.

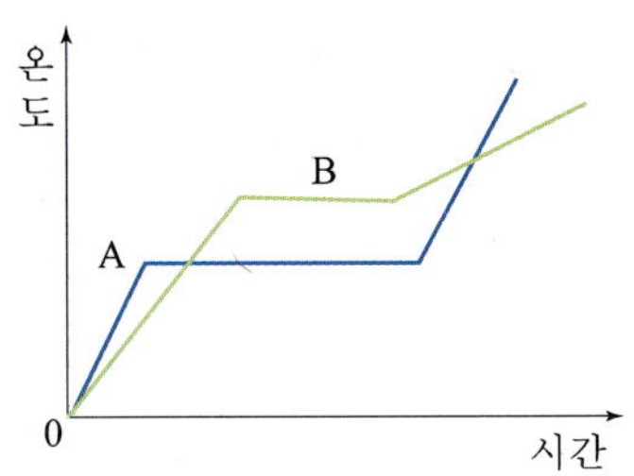


**17** 어떤 물질의 0℃ 때의 밀도를 $d_0$, $t$ ℃ 때의 밀도를 $d$ 라고 할 때, 이 물질의 선팽창 계수는?

**18** 다음 표는 몇 가지 물질의 비열을 나타낸 것이다.

| 물질 | 알루미늄 | 철 | 구리 | 납 |
|---|---|---|---|---|
| 비열(kcal/kg℃) | 0.22 | 0.11 | 0.09 | 0.03 |

이 표의 자료로부터 같은 열을 공급했을 때 온도변화가 큰 금속을 순서대로 쓰시오. 단, 금속의 질량은 같다.

**19** 아래 표를 보고 다음 물음에 답하여라.

| 물질 | 선팽창계수 ($\times10^{-6}K^{-1}$) | 체적팽창계수 ($\times10^{-6}K^{-1}$) |
|---|---|---|
| 다이아몬드 | 1.2 | 3.5 |
| 유리 | 9 | 27 |
| 구리 | 17 | 51 |
| 수은 | | 182 |
| 글리세린 | | 500 |
| 가솔린 | | 950 |

a. 0℃에서 10m 길이의 구리선이 50℃가 되면 몇 mm 늘어나겠는가?
b. 고체의 체적 팽창 계수가 선팽창 계수의 약 3배가 되는 이유를 설명하여라.
c. 고체, 액체, 기체를 열팽창 계수가 큰 순서대로 나열하여라.

**20** 아래 표를 참고하여 다음 물음에 답하여라.

| 물질 | 열전도율(J/m · s · ℃) |
|---|---|
| 구리 | 398 |
| 은 | 427 |
| 나무 | 0.12 |
| 유리 | 0.7~0.9 |
| 얼음 | 2.1 |
| 물 | 0.61 |
| 공기 | 0.026 |

a. 일반적으로 고체, 액체, 기체 중에서 고체의 열전도율이 가장 크고 기체의 열전도율이 가장 작은 이유를 설명하여라.

b. 고체의 경우 금속이 나무나 유리 같은 비금속보다 열을 잘 전도하는 이유를 설명하여라.

c. 온도가 20℃인 방의 한 쪽 벽이 두께가 5cm이고 면적이 $10m^2$인 나무로 되어 있다. 외부 온도가 −10℃일 때 매초 벽을 통해 외부로 전도되는 열량은 몇 J인가?

**21** 반지름의 비가 2:1인 두 별 A, B가 있다. 두 별의 표면의 절대 온도가 각각 3000K, 6000K일 때 아래 물음에 답하여라.

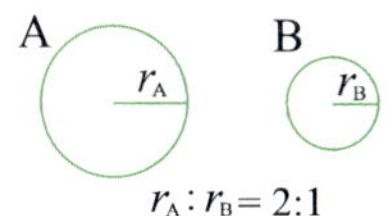


a. 두 별의 표면에서 방출되는 복사 에너지의 비는?

b. 두 별에서 가장 많이 복사되는 빛의 파장의 비는?

**22** 바이메탈은 종류가 다른 2개의 얇은 금속 조각을 붙여놓은 것이다. 바이메탈에 열을 가하면 그림과 같이 휘어지게 된다. 처음에 두 금속 조각의 길이가 $L$, 열팽창률이 각각 $\alpha_1$, $\alpha_2$이고 바이메탈의 온도를 $\Delta T$만큼 상승시킬 때 휘어진 각도 $\theta$를 결정하라.

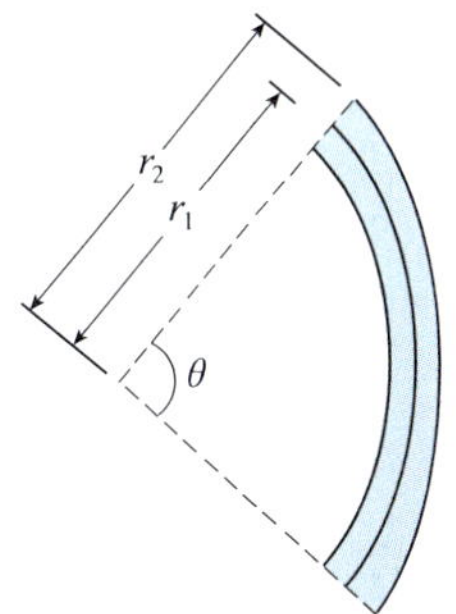


**23** 뜨거운 유체가 그림과 같이 길이가 $L$, 내경이 $a$, 외경이 $b$인 원통형 관을 통과한다. 관의 벽을 통해 단위 시간당 전도되는 열량을 구하라. 단, $T_a$,와 $T_b$는 각각 안쪽면과 바깥쪽면의 온도이고 열전도율은 $k$이다.

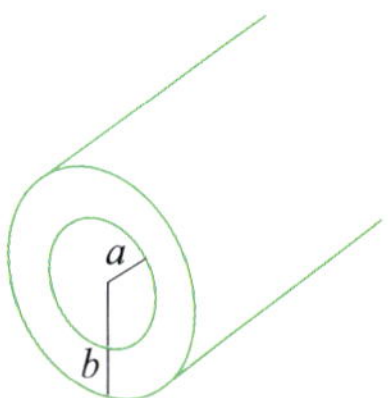


**24** 호수의 표면에 두께 $y$인 얼음층이 형성되었다. 공기는 일정한 온도 $-T$이고 얼음과 물의 경계면의 온도는 0℃이다. 두께의 증가변화율을 구하라. 단, 얼음의 열전도율은 $k$, 얼음의 융해열은 $L$, 얼음의 밀도는 $\rho$, 중력가속도는 $g$이다.

한걸음 더

1. −10℃인 추운 겨울 날, 선팽창율이 $1.17\times10^{-5}$/℃인 철선 1km를 팽팽하게 잡아당겨 나무에 묶었다. 한여름 30℃인 날씨일 때 철선은 그림과 같이 늘어졌다. 늘어진 철선이 이등변삼각형을 이룬다면 높이 $h$는 얼마인가?

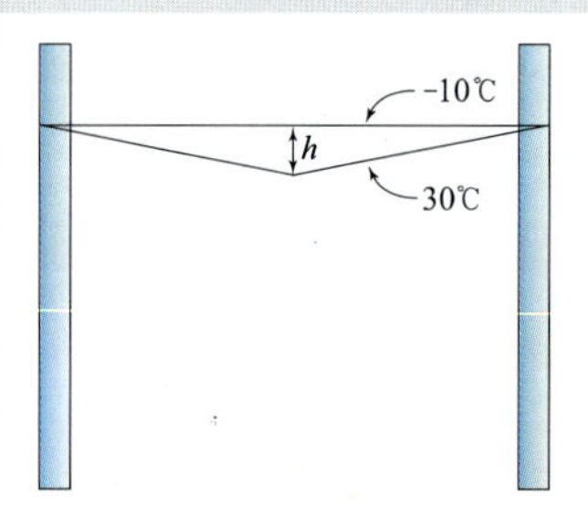


2. 물질을 냉각하여 −273.16℃(OK)로 만들 수 있는가? 있다면(없다면) 그 이유를 설명하시오.

3. 열전도율이 $K_1$, $K_2$이고 길이가 각각 $L_1$, $L_2$인 두 물체를 맞대어 놓고 그림과 같이 온도 $T_1$인 고온인 열원과 온도 $T_2$인 저온인 열원에 열접촉시켰다.

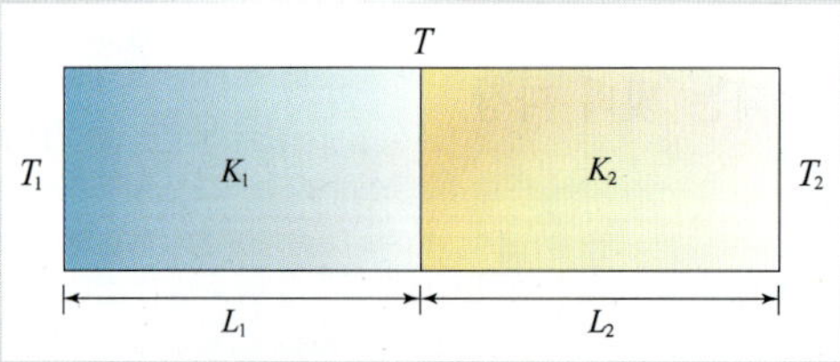


접촉면에서의 온도 $T$를 $K_1$, $K_2$, $L_1$, $L_2$로 나타내시오.

# Chapter 10

# 열역학의 법칙

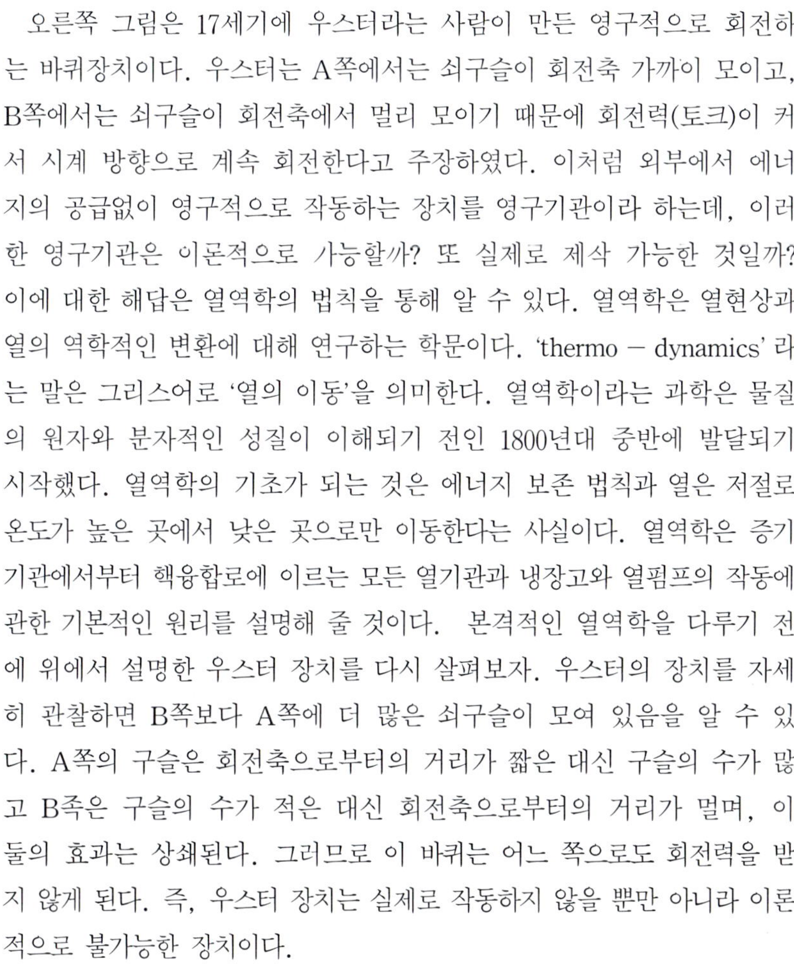

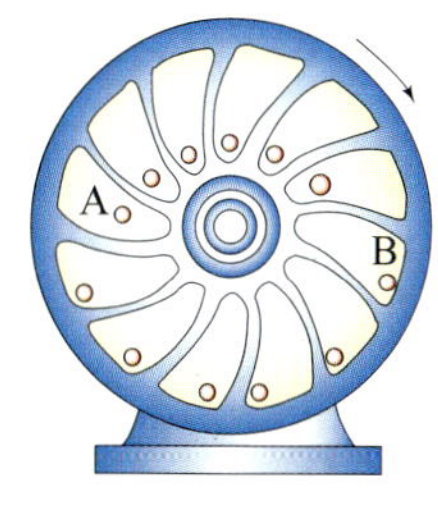


오른쪽 그림은 17세기에 우스터라는 사람이 만든 영구적으로 회전하는 바퀴장치이다. 우스터는 A쪽에서는 쇠구슬이 회전축 가까이 모이고, B쪽에서는 쇠구슬이 회전축에서 멀리 모이기 때문에 회전력(토크)이 커서 시계 방향으로 계속 회전한다고 주장하였다. 이처럼 외부에서 에너지의 공급없이 영구적으로 작동하는 장치를 영구기관이라 하는데, 이러한 영구기관은 이론적으로 가능할까? 또 실제로 제작 가능한 것일까? 이에 대한 해답은 열역학의 법칙을 통해 알 수 있다. 열역학은 열현상과 열의 역학적인 변환에 대해 연구하는 학문이다. 'thermo − dynamics' 라는 말은 그리스어로 '열의 이동'을 의미한다. 열역학이라는 과학은 물질의 원자와 분자적인 성질이 이해되기 전인 1800년대 중반에 발달되기 시작했다. 열역학의 기초가 되는 것은 에너지 보존 법칙과 열은 저절로 온도가 높은 곳에서 낮은 곳으로만 이동한다는 사실이다. 열역학은 증기기관에서부터 핵융합로에 이르는 모든 열기관과 냉장고와 열펌프의 작동에 관한 기본적인 원리를 설명해 줄 것이다. 본격적인 열역학을 다루기 전에 위에서 설명한 우스터 장치를 다시 살펴보자. 우스터의 장치를 자세히 관찰하면 B쪽보다 A쪽에 더 많은 쇠구슬이 모여 있음을 알 수 있다. A쪽의 구슬은 회전축으로부터의 거리가 짧은 대신 구슬의 수가 많고 B족은 구슬의 수가 적은 대신 회전축으로부터의 거리가 멀며, 이 둘의 효과는 상쇄된다. 그러므로 이 바퀴는 어느 쪽으로도 회전력을 받지 않게 된다. 즉, 우스터 장치는 실제로 작동하지 않을 뿐만 아니라 이론적으로 불가능한 장치이다.

# 10.1 기체 분자의 운동

물 속에서 생긴 공기방울은 기압이 낮은 수면으로 올라오면서 커지고, 자동차의 타이어는 온도가 높은 여름철에 더 팽팽해지는데, 이것은 기체의 부피가 온도와 압력에 따라 변하기 때문에 생기는 현상이다. 1662년 보일은 온도를 일정하게 유지하면서 기체의 압력을 2배, 3배, …로 증가시키면 기체의 부피는 $\frac{1}{2}$배, $\frac{1}{3}$배로 줄어든다는 사실을 발견하였다. 즉, 온도가 일정하게 유지될 때 기체의 부피는 압력에 반비례하는데, 이를 보일의 법칙이라고 한다. 기체의 온도가 $T$로 일정할 때 압력과 부피가 $P$, $V$에서 $P'$, $V'$로 변했을 때 보일의 법칙은 다음과 같이 표현된다.

$$PV = P'V' = k(\text{일정})$$

기체의 부피와 온도와의 관계는 1787년 샤를에 의해 밝혀졌다. 샤를은 압력이 일정할 때, 모든 기체는 온도가 1℃ 상승할 때마다 0℃때 부피의 $\frac{1}{273}$씩 증가함을 발견하였다.

즉, 기체의 부피는 압력이 일정할 때 절대 온도에 비례한다는 것을 의미하며, 0℃ 때의 부피를 $V_0$라고 하면 $t$℃ 때의 부피 $V$는 $V = V_0\left(1 + \frac{1}{273}t\right)$이다. 이때, 절대 온도 $T = (273 + t)\text{K}$, $T_0 = 273\text{K}$라고 하면 앞의 식은 다음과 같다.

$$\frac{V}{T} = \frac{V_0}{T_0} = \text{일정}$$

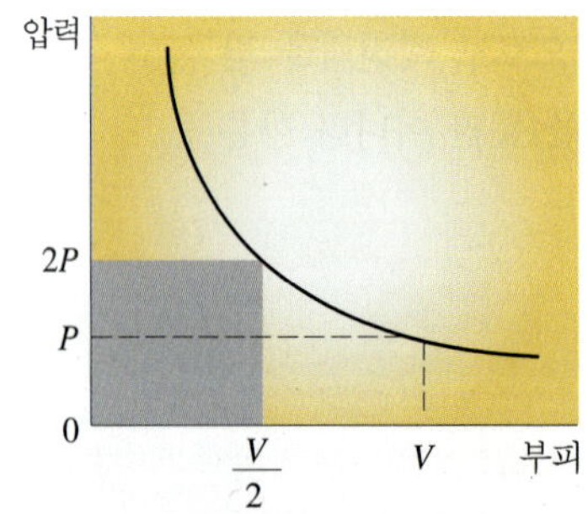


그림 10.1
보일의 법칙 : 온도가 일정할 때, 기체의 부피는 압력에 반비례한다.

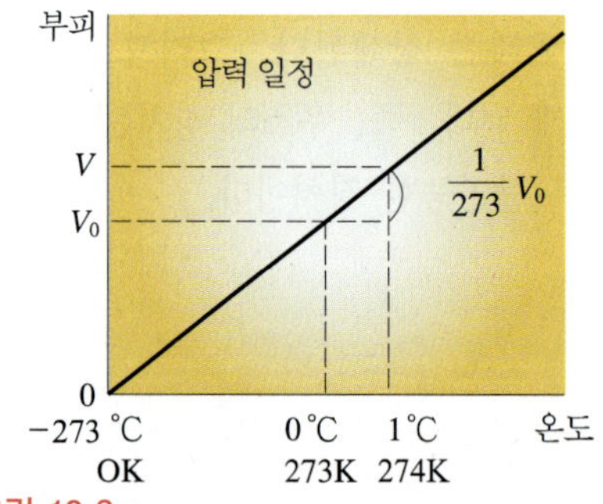


그림 10.2
샤를의 법칙 : 압력이 일정할 때, 기체의 부피는 절대 온도에 비례한다.

보일의 법칙과 샤를의 법칙을 종합하면 기체의 압력과 온도가 동시에 변할 때, 기체의 부피는 압력에 반비례하고 절대 온도에 비례한다는 결론을 얻을 수 있는데, 이를 보일 – 샤를의 법칙이라고 한다.

**더 알아보기 이상 기체의 상태 방정식**

압력과 부피, 온도가 각각 $P_0$, $V_0$, $T_0$인 기체의 압력, 부피, 온도가 각각 $P$, $V$, $T$로 변했을 때 보일 – 샤를의 법칙을 다음과 같이 나타낼 수 있다.

$$\frac{P_0V_0}{T_0} = \frac{PV}{T} = \text{일정}$$

즉, 일정량의 기체는 온도와 압력의 변화에 관계없이 $\frac{PV}{T}$ 값이 항상 일정하다는 것을 알 수 있는데, 이 값을 기체 상수라고 하며 $R$로 나타낸다($R = 8.31\text{J/mol}\cdot\text{K}$). $n$ mol의 기체일 경우 $\frac{PV}{T} = nR$이므로 $PV = nRT$로 나타낼 수 있는데, 이를 이상 기체의 상태 방정식이라고 한다.

질량이 $m$인 이상 기체 분자들의 열운동으로부터 이상 기체의 평균운동에너지를 기체의 상태를 나타내는 변수 $T$, $P$, $V$로 나타낼 수 있다. 모시리 길이가 $l$ 인 상자 속에 N개의 기체 분자들이 열운동한다. 이 때 상자 내부의 온도는 $T$이고, 압력은 $P$이다.

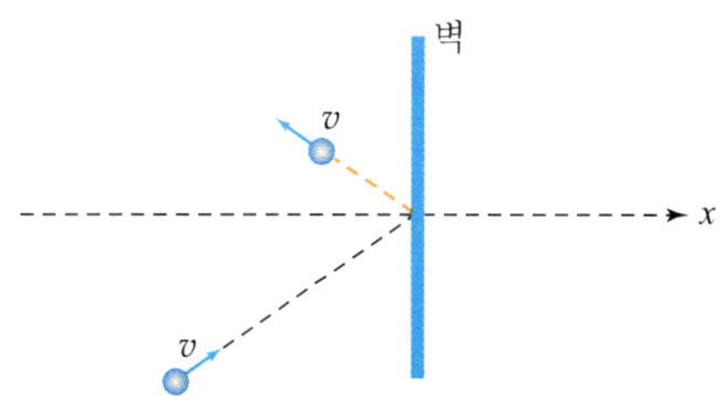


1회 충돌에 의한 운동량의 변화량은 $\Delta p_x = 2mv_x$이고, 벽에 충돌하는데 걸리는 시간을 $\Delta t$라고 하면, 한 번의 충돌에 의하여 벽이 받는 힘의 크기는 $F_{x1} = \frac{\Delta p_{x1}}{\Delta t} = \frac{2mv_{x1}}{\Delta t}$이다.

분자가 벽에 충돌하는데 걸리는 시간을 분자가 1회 충돌하기 위하여 벽 사이 운동하는데 걸리는 시간으로 계산하면 $\Delta t = \frac{2l}{v_{x1}}$이다. 따라서 $F_{x1} = \frac{mv_{x1}^2}{l}$이고, $N$개의 분자가 벽에 충돌해서 벽이 받는 힘의 크기는 $F_x = F_{x1} + F_{x2} + \cdots + F_{xN} = N\overline{F_x} = N\frac{m\overline{v_x^2}}{l}$으로 입자의 총수 $N$에 힘의 평균값을 곱한 것과 같다.

벽이 받는 압력의 크기는 $P = \frac{F_x}{l^2} = \frac{Nm\overline{v_x^2}}{l^3} = \frac{Nm\overline{v_x^2}}{V}$이다.

상자속의 기체분자는 무질서한 운동을 하므로 $\overline{v_x^2} = \overline{v_y^2} = \overline{v_z^2}$이다. 분자의 평균속력의 크기는 $\overline{v^2} = = \overline{v_x^2} + \overline{v_y^2} + \overline{v_z^2} = 3\overline{v_x^2}$이고, $\overline{v_x^2} = \frac{1}{3}\overline{v^2}$이다.

$$P = \frac{Nm\overline{v^2}}{3V} = \frac{2N\overline{E_k}}{3V}$$

위 식에 따르면 기체의 압력은 근원적으로 단위부피당 분자들의 운동에너지에 비례함을 알 수 있다. 이미 기체분자의 상태에 대한 실험식인 이상기체의 상태방정식

$$PV = nRT$$

와 비교하면 $\frac{2}{3}N\overline{E_k} = nRT$ 임을 알 수 있고, 한 분자의 평균 운동에너지는 $\overline{E_k} = \frac{3}{2}\frac{R}{N_0}T = \frac{3}{2}kT$ 이다. 여기서 $N_0$는 아보가드로수($6\times10^{23}$개)이고, $R$은 기체상수이며, $k$는 볼츠만 상수($1.38\times10^{-23}$J/K)이다. 따라서 상자 속에 있는 분자의 전체 운동에너지는

$$U = N\overline{E_k} = N\times\frac{3}{2}kT = \frac{3}{2}nRT$$

이다. 이상기체의 경우 기체분자들 간에 상호작용이 없으므로 위치에너지가 존재하지 않는다. 이상기체의 총에너지는 총운동에너지이고, 이것을 이상기체의 내부에너지(단원자 분자인 경우)라고 한다. 기체분자 한 개의 평균 운동에너지는 기체의 종류, 압력, 부피와 관계없이 오직 기체의 절대 온도에만 비례하고, 기체에 열을 가하여 온도가 올라가는 것은 기체 분자의 평균 운동에너지가 증가한다는 것을 알려준다. 따라서 열은 에너지의 한 형태라는 사실을 확인할 수 있다. 위 결과를 이용하면 기체분자의 평균속도에 대한 정보도 얻을 수 있다.

$E_k = \frac{1}{2}m\overline{v^2} = \frac{3}{2}kT$에서 기체 분자의 평균속도 $v$에 대해 정리하면 $\sqrt{\overline{v^2}} = \sqrt{\frac{3kT}{m}}$ 이므로 기체 분자의 평균속도는 분자의 질량 $m$의 제곱근에 반비례하고 절대 온도 $T$의 제곱근에 비례한다는 것을 알 수 있다. 만일 기체의 온도가 같은 경우 분자들의 평균 운동 에너지는 같으나 평균 속도는 기체 분자의 질량이 작을수록 크다.

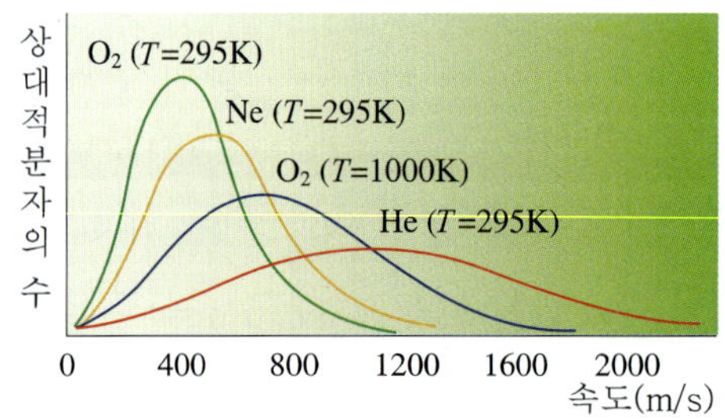


그림 10.3
기체 분자들의 속도 분포

표 10.1 표준상태에서의 기체분자의 평균속도

| 기체 | $\sqrt{\overline{v^2}}$ (m/s) | 분자량 |
|---|---|---|
| 산소 | 461 | 32 |
| 질소 | 493 | 28 |
| 공기 | 485 | 28.8 |
| 수소 | 1838 | 2.02 |
| 이산화탄소 | 393 | 14 |
| 수증기 | 631 | 18 |

**Example** 지구 대기권에는 왜 수소가 적고 산소와 질소가 많을까?

풀이 같은 온도에서 기체 분자의 평균속력은 분자량이 작을수록 크다. 분자량이 가장 작은 수소 분자는 큰 속력으로 운동하므로 우주 공간으로 빠져나간다. 그에 비해 분자량이 큰 질소와 산소는 운동 속력이 느리므로 지구 대기권에 많이 남아있는 것이다.

## 10.2 내부에너지

1827년 영국의 식물학자인 브라운은 현미경을 사용하여 물 위에 뜬 꽃가루들이 매우 활발하게 무질서한 운동하는 것을 관찰하였다. 이러한 운동을 브라운 운동이라고 하는데, 상자 속에 연기를 넣고 현미경으로 연기 입자들의 운동을 관찰해도 같은 현상을 볼 수 있다. 물이나 공기 분자들을 눈으로 볼 수는 없으나 꽃가루나 연기 입자들이 무질서한 운동을 하는 것은 물 분자나 공기 분자들과의 충돌에 의한 것으로 설명할 수 있다. 따라서 브라운 운동은 분자가 실제로 존재한다는 증거도 된다. 물의 온도가 높을수록 브라운 운동이 더욱 활발해지므로 액체나 기체 분자들은 온도가 높아질수록 더 활발한 운동을 한다는 것을 알 수 있다. 이러한 분자들의 무질서한 운동을 열운동이라 한다. 물 분자의 질량은 꽃가루의 질량보다 매우 작으므로 꽃가루를 움직이게 하려면 물 분자와 수만 번 이상의 충돌이 일어나야 한다. 실제로 공기 분자가 1m를 진행하면 $10^7$번 이상 다른 공기 분자들과 충돌한다.

일정한 용기에 기체를 담아두면 용기는 움직이지 않으므로 용기 전체로 보았을 때 운동 에너지는 0이다. 그러나 용기 내부의 기체 분자나 물체를 구성하는 물질 내부의 분자들은 끊임없이 열운동을 하고 있으므로 운동 에너지를 갖고 있다는 것을 알 수 있다. 고체 분자들은 평형점을 중심으로 진동만 하지만 액체나 기체 분자들은 병진 및 진동, 회전에 의한 운동 에너지를 모두 가질 수 있다. 또한 분자 상호 간에 분자력이 작용하는 경우라면 분자력에 의한 위치 에너지도 갖게 된다. 이와 같이 물체를 구성하는 분자들이 갖는 운동 에너지와 위치 에너지의 합을 내부에너지라 한다.

모든 물질에는 여러 종류의 많은 양의 에너지가 감추어져 있다. 예를 들어 이 책을 구성하는 종이에도 분자들의 운동에너지와 종이를 구성하는 분자들 사이의 상호 작용에 의한 위치에너지가 들어 있다. 또 종이를 태울 때 열이 발생하는 사실에서도 알 수 있듯이 화학 에너지도 저장되어 있으며 원자핵 속의 결합 에너지도 있다. 이러한 에너지의 총합을 내부에너지라고 한다. 그러나 어떤 계의 내부에너지를 계산하는 것은 매우 까다로울 수 있으므로 주로 운동에너지와 위치에너지에 관한 내부에너지의 변화량만을 다루도록 하겠다.

이상기체의 경우 분자 사이의 인력이 없으므로 분자 사이의 위치에너지는 0이다. 따라서 단원자 분자로 된 이상기체의 내부에너지는 기체 분자들의 운동에너지의 합으로 나타낼 수 있다.

분자수가 $N$인 기체의 절대 온도가 $T$일 때 이 기체의 내부에너지는 $U = N \times \frac{3}{2}kT = \frac{3}{2}nRT$로 나타낼 수 있으며 여기서 $n$은 몰수를 의미한다. 따라서 기체의 내부에너지는 기체의 분자수와 절대온도에 의해 결정된다는 것을 알 수 있다.

---

**Example** 단원자 분자로 된 이상기체가 있다. 압력은 2배, 부피는 $\frac{1}{2}$배로 되었을 때 기체의 내부에너지는 몇 배가 되겠는가?

풀이 기체의 경우 온도는 압력과 부피의 곱에 의해 결정된다. 압력은 2배, 부피는 $\frac{1}{2}$배가 되었으므로 압력과 부피의 곱은 변함이 없다. 따라서 온도가 일정하므로 내부에너지 역시 변함이 없다.

---

## 10.3 기체가 하는 일

기체가 팽창하거나 압축될 때 기체는 일을 하거나 일을 받게 된다. 그림과 같이 실린더에 기체가 들어있다고 하자. 피스톤이 현재의 상태로 유지되고 있는 것은 실린더 안과 밖의 압력이 같기 때문이다. 이제 기체가 외부 압력과 평형을 유지하면서 천천히 팽창하여 피스톤이 매우 작은 거리 $\Delta s$만큼 이동하였다고 하자. 피스톤에 작용하는 힘 $F = PA$이므로 이 때 기체가 한 일 $W$는 $W = F\Delta s$에서 $W = F\Delta s = PA\Delta s = P\Delta V$로 나타낼 수 있다. 여기서 $A$는 실린더의 단면적, $P$는 기체의 압력이다. 즉 기체가 한 일은 기체의 압력과 부피 변화량의 곱으로 나타낼 수 있다. 이때 기체의 부피가 늘어나면($\Delta V > 0$) 기체가 한 일은 (+)가 되고($W>0$), 기체의 부피가 줄어들게 되면($\Delta V<0$) 기체가 한 일은 (–)가 된다($W<0$). 만일 부피 변화가 없는 등적 변화일 경우 $\Delta V=0$이므로 $W=0$이다.

기체가 팽창할 때 하는 일

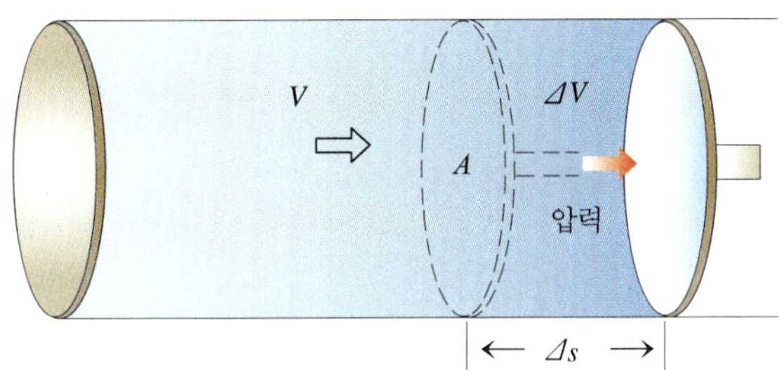


그림 10.4
기체의 부피가 팽창하면 $P\Delta V$ 만큼의 일을 외부에 한다.

그림 10.5 가)와 같이 압력이 일정하게 유지되면서 기체가 팽창한 경우, 그래프에서 빗금친 부분의 넓이는 $W=P\Delta V$가 되어 기체의 부피가 $V_1$에서 $V_2$로 팽창하는 동안 기체가 외부에 한 일을 의미한다. 그림 10.5 나)는 기체의 부피가 변하는 동안 압력이 일정하지 않은 경우를 나타낸 것이다. 이때에도 그래프에서 빗금친 부분의 넓이는 작은 직사각형들의 넓이의 합으로 나타낼 수 있으므로 기체의 부피가 변하는 동안 기체가 외부에 한 일을 나타낸다.

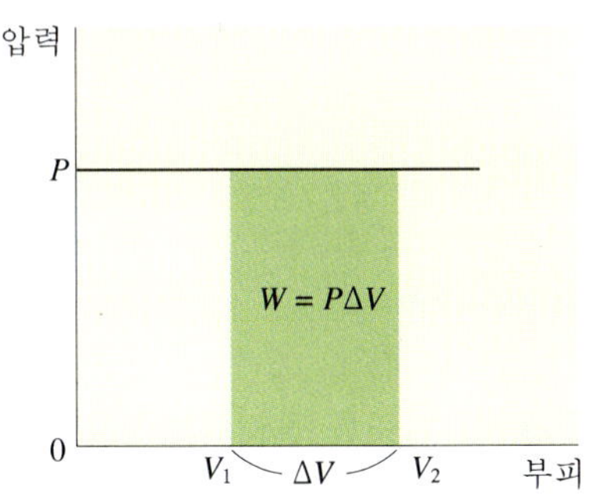


나) 압력이 변할 때

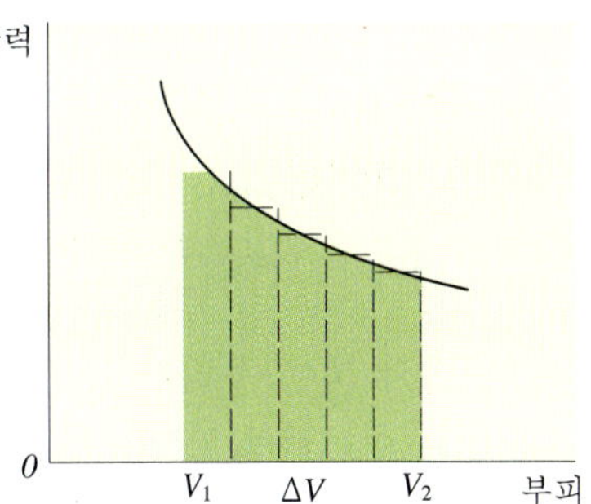


그림 10.5
$P-V$ 그래프에서의 일
기체의 부피가 변할 때 기체가 한 일은 그래프의 아래 면적과 같다.

**Example** 부피가 $0.02m^3$인 기체를 $3\times10^5 N/m^2$의 일정한 압력을 유지하면서 가열하였더니 부피가 $0.05m^3$로 되었다. 이 기체가 외부에 한 일은 얼마인가?

풀이 기체가 외부에 한 일은 압력과 부피 변화의 곱이므로
$W = P\Delta V = 3\times10^5\ N/m^2 \times 0.03\ m^3 = 9000 J$이다.

## 10.4 열역학 제1법칙

18세기 사람들은 열은 열소(caloric)라고 하는 눈에 보이지 않는 유동체로서, 그것은 뜨거운 물체에서 차가운 물체로 물처럼 흐르는 것이라고 생각하였다. 열소는 그들이 서로 상호 작용하는 동안에도 보존되었는데 이것은 에너지 보존 법칙으로 이어지게 되었다. 1840년대에 와서 열의 흐름은 단지 에너지 자체의 흐름이라는 것이 명백해졌다. 이로부터 열에 관한 열소 이론은 서서히 사라지게 되었다. 오늘날 우리는 열을 에너지의 한 형태로 보고 있다.

에너지는 창조될 수도 없고 소멸될 수도 없으므로 우주의 전체 에너지는 그 안의 모든 종류의 에너지들의 총합과 항상 같다. 전기에너지가 열에너지로 변한다거나 열에너지가 역학적 에너지로 변하는 등의 일들이 일어나도 전체 에너지는 항상 일정한 값을 유지하게 된다. 이와 같은 에너지 보존 법칙을 열적인 계에 적용시킨 것을 열역학 제 1 법칙이라 한다. 열역학 제 1법칙은 처음에 공급한 에너지보다 더 많은 에너지를 얻어낼 수 없다는 것이며 다음과 같이 나타낸다 :

〉〉 열역학 제1법칙 : 어떤 계에 열이 가해지면 그 열은 항상 같은 양의 일이나 다른 에너지로 전환된다.

여기서 계는 우리가 다루고자 하는 원자, 분자, 입자 혹은 물체들의 집합을 의미한다. 증기 기관 내의 수증기, 지구를 둘러싸고 있는 대기, 살아있는 생명체의 몸까지도 하나의 계가 될 수 있다. 계 안에 무엇이 있고, 계 밖에는 무엇이 있는가를 정의하는 것이 중요하다. 증기 기관 내의 수증기나 지구의 대기, 살아있는 생명체의 몸에 열에너지를 가했을 때, 이러한 계들은 계 외부에 일을 할 수 있는 능력을 갖게 된다. 즉 이 계는 다음의 두 가지 형태 중 한 가지 또는 두 가지 형태로 일을 하게 된다 : (1) 열에너지가 계 안에 남아 있으면 그 계의 내부 에너지

를 증가시킨다. (2) 열에너지가 계를 떠나면 외부에 대해 일을 하게 된다. 따라서 열역학 제1법칙을 좀더 구체적으로 표현하면 다음과 같다.

>> 가해진(공급된) 열에너지 = 내부 에너지의 증가 + 계가 외부에 한 일

$$Q = \Delta U + W = \Delta U + P\Delta V$$

공기가 꽉 찬 밀폐된 캔을 뜨거운 난로 위에 올려 놓고 가열한다고 하자(이와 같은 실험을 실제로 해서는 안 된다!). 캔은 부피가 일정한 상태로 정지해 있으므로 외부에 일을 하지 않는다. 따라서 캔에 공급되는 모든 열에너지는 캔에 들어있는 공기의 내부 에너지를 증가시켜 공기의 온도를 높여주게 된다. 이것은 당연하다. 왜냐 하면 어떤 계에 열에너지를 공급했으나 외부에 대해 일을 하지 않는다면 공급된 열에너지의 양은 그 계의 내부 에너지의 증가량과 같아야 하기 때문이다. 그러나 그 계가 외부에 일을 한다면 내부 에너지의 증가량은 작아질 것이다. 예를 들어 캔에 움직일 수 있는 피스톤을 장착한 다음 열에너지를 공급한다면, 열을 공급받은 공기는 팽창하면서 피스톤을 캔의 바깥쪽으로 밀어내게 된다. 즉 외부에 일을 하게 된다. 이 경우 캔 속에 밀폐된 공기의 온도는 계가 외부에 일을 하지 않는 경우보다 더 낮을 것이라는 것을 알 수 있을 것이다. 열역학 제 1법칙은 매우 이치에 맞는 법칙이다.

이제 증기 기관에 일정한 양의 열이 공급되는 경우를 생각해 보자. 공급된 열의 일부는 수증기의 내부 에너지를 증가시키고 나머지는 역학적인 일로 바뀌게 된다. 다시 말해서 공급된 열은 수증기의 내부 에너지 증가량과 수증기가 외부에 한 일과의 합과 같다. 열역학 제1법칙은 단순히 에너지 보존 법칙의 열역학적인 해석일 뿐이다. 한 계의 내부 에너지의 증가는 열을 공급해 줄 때만 일어나는 것은 아니다. 열이 공급되지 않는 상태에서 일어나는 내부 에너지의 변화는 계가 받은 일 또는 계가 외부에 한 일의 크기와 같다. 외부에서 어떤 계에 대해 일을 해 준다면 – 계를 압축시킨다면 – 계의 내부 에너지는 증가하게 될 것이다. 따라서 이 계에 대해 열을 공급하지 않고도 계의 온도를 상승시키는 결과를 가져온다. 이와 반대로 계가 외부에 일을 한다면 – 계가 팽창한다면 – 계는 열을 빼앗기지 않고도 냉각될 것이다. 자전거 공기 펌프를 생각해 보자. 우리가 펌프질을 하면 공기는 뜨거워진다. 그 이유는 우리가 계에 역학적인 일을 하여 계의 내부 에너지가 증가하기 때문이다. 펌프질을 빠르게 하여 공기가 압축되고 있는 동안 계로부터 외부로 열이 손실되지 않는다면, 공급해 준 일의 대부분이 내부 에너지 증가에 사용되어 계의 온도는 상당히 올라가게 될 것이다.

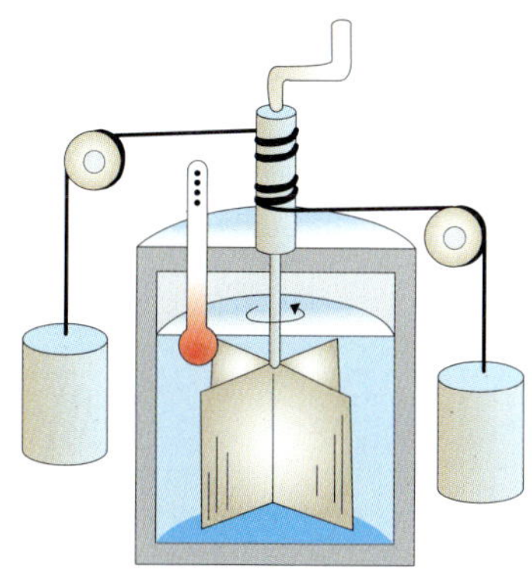

그림 10.6
열에너지(열)와 역학적 에너지(일)를 비교하기 위한 최초의 실험 장치. 추가 낙하함에 따라 위치 에너지는 감소하고, 감소한 위치 에너지는 물을 가열시킨다. 이러한 사실은 제임스 줄(James Joule)에 의해 처음 밝혀졌다. 에너지의 단위 줄(J)은 그의 이름을 따서 명명된 것이다.

**Example** 어떤 계에 10J의 에너지를 공급해 준 경우, 계가 외부에 4J의 일을 한다면 계의 내부 에너지는 얼마나 증가하겠는가?

풀이 6J, $10\text{J} = \Delta U + 4\text{J}$(열역학 제 1 법칙)

## 10.5 단열과정

그림 10.7
피스톤을 눌러 펌프에 일을 하면서 공기를 압축시켜 보자. 단열 압축에 의해 공기는 따뜻해 질 것이다.

열의 출입이 없이 기체를 압축시키거나 팽창시키는 과정을 단열(adiabatic, 그리스어로 '무감각하다'는 뜻을 가짐) 과정이라 한다. 단열 과정은 부피를 빠르게 변화시켜 열이 출입할 수 있는 시간을 거의 주지 않을 때 – 자전거 펌프처럼 – (즉 어떤 계를 스티로폼을 이용하여 열적으로 차단하는 것과 같은 효과를 얻을 때) 일어난다(그림 10.7).

단열 과정에 가까운 또 하나의 예는 자동차 엔진에 있는 실린더 내부에서 일어나는 기체의 압축과 팽창 과정이다(그림 10.8). 압축과 팽창이 백분의 몇 초 사이라는 매우 짧은 시간에 일어나기 때문에, 아주 적은 양의 열에너지도 연소실을 빠져나가지 못하게 된다. 디젤 엔진에서와 같이 매우 큰 압축이 일어날 때는 온도도 매우 높아져 점화 장치 없이도 연료에 불을 붙일 수 있게 된다. 실제로 디젤 엔진은 점화 플러그가 없다.

4행정 내연 기관의 주기 : (a) 피스톤이 아래로 내려가면서 연료와 공기의 혼합물이 실린더를 채움, (b) 피스톤이 위로 올라오면서 단열 압축시킴, (c) 점화 플러그가 혼합기체를 태워 온도를 높임, (d) 단열 팽창으로 피스톤이 아래로 내려감, (e) 연소된 기체가 배기 밸브 밖으로 나감. 이와 같은 순환 과정을 되풀이 한다.

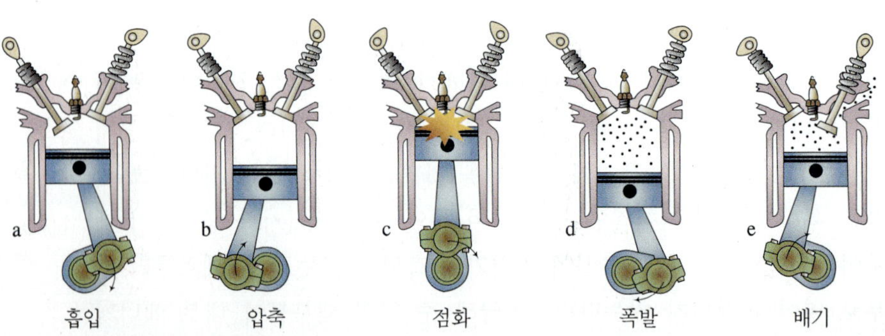


그림 10.8 4행정 내연기관

단열 압축을 통해서 기체에 일을 해 주면 기체의 내부 에너지는 증가하여 온도가 상승하게 된다. 반면에 단열 팽창을 통해서 기체가 외부에 일을 하면 기체의 내부 에너지는 감소하여 온도가 내려가게 된다. 예를 들어 입을 넓게 벌리고 입김을 불었을 때보다 입을 오므리고 불었을 때 온도가 더 낮다. 이는 오므린 경우에 입김이 입밖에서 갑자기 팽창하기 때문이다(그림 10.9). 공기의 온도는 열의 출입이나 압력의 변화 또는 이 두 가지 모두가 원인이 되어 변할 수 있다. 단열과정을 식으로 나타내면 다음과 같다.

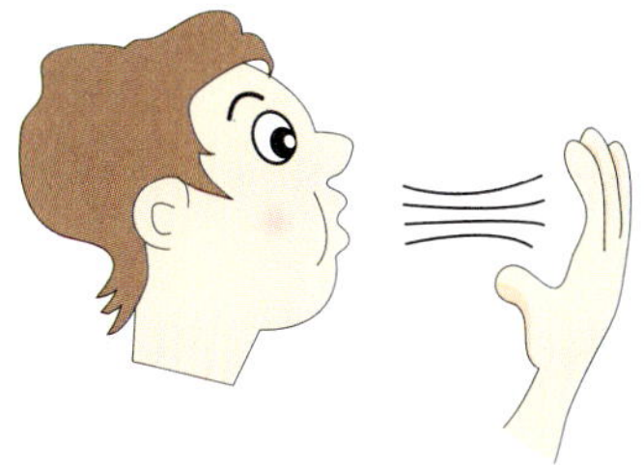

그림 10.9
입을 크게 벌리고 따뜻한 입김을 손바닥에 불어보라. 이번에는 입을 오므려서 입김을 훅 불어보라. 이때 입김은 단열 팽창에 의해 차가워진다.

>> 단열팽창 : $Q=0=\Delta U+P\Delta V$, $\Delta V>0$이므로 $\Delta U<0$ : 온도감소

>> 단열압축 : $Q=0=\Delta U+P\Delta V$, $\Delta V<0$이므로 $\Delta U>0$ : 온도증가

열은 태양의 복사, 지구의 장파 복사, 수분의 응결, 따뜻한 지면과의 접촉 등을 통해 공급받을 수 있다. 반면에 공중으로의 복사, 건조한 공기 사이로 내리는 비의 증발, 차가운 표면과의 접촉 등을 통해 열을 빼앗길 수도 있다. 보통 반나절 정도에 이루어지는 대기의 변화는 열의 출입이 아주 작기 때문에 거의 단열 과정으로 볼 수 있다. 이 경우 열역학 제 1법칙을 이용하면 다음과 같이 표현된다.

>> 대기의 온도 변화 ~ 압력 변화

대기 중의 단열 변화는 크기가 수 km나 되는 공기 덩어리에서 일어난다. 이러한 공기 덩어리는 크기가 너무 커서, 온도나 압력이 다른 공기와의 혼합은 오직 가장자리에서만 일어난다고 생각할 수 있기 때문에 전체적으로는 거의 성질이 변하지 않는다고 생각할 수 있다. 공기 덩어리는 아주 가벼운 여행용 양복 커버로 둘러싸인 것처럼 움직인다. 공기 덩어리가 산의 측면을 따라 올라가게 되면, 점차 압력이 감소하므로 공기 덩어리는 팽창하면서 온도가 내려가게 된다. 압력이 감소하면서 온도가 내려가는 것이다. 실제로 측정해 보면 건조한 공기는 1km 상승할 때마다 약 10℃씩 온도가 내려간다(고도 1km 상승에 따른 압력의 감소 때문)(그림 10.10). 높은 산을 따라 올라가는 공기나 뇌우 또는 태풍에서 생기는 상승기류는 수 km 정도나 고도가 변하게 된다. 지상에서 25℃인 건조한 공기 덩어리가 6km정도 상승하면 온도는 상당히 감소하여 −35℃가 된다. 반면에 6km 상공에 있던 −20℃의 공기가 지상까지 하강하면 온도는 매우 높아져 40℃나 된다.

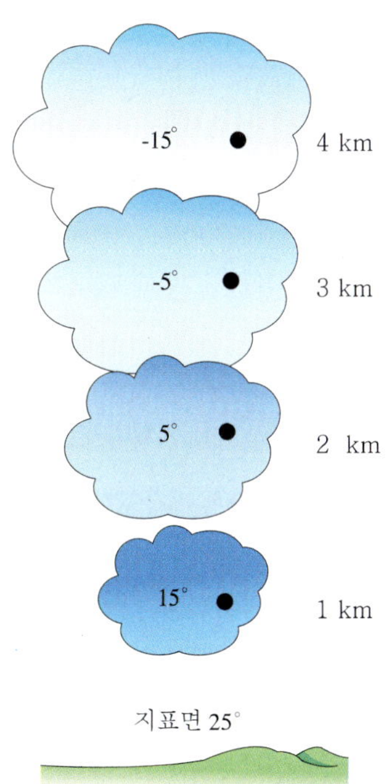


그림 10.10
건조한 공기는 고도가 1km 높아질 때마다 단열 팽창에 의해 온도가 약 10℃정도 낮아진다.

위와 같은 단열 압축에 의한 온도 상승의 극적인 예가 바로 태백 산맥을 넘어 서쪽으로 불어오는 높새 바람(푄현상)이다. 산의 경사를 따라 내려오는 차가운 공기는 대기압에 의해 부피가 작아지고 온도가 크게 상승한다. 높새바람이 지나가는 지역은 동해안 지역에 비해 상대적으로 높은 기온을 유지하게 된다. 기체의 팽창과 수축의 효과는 매우 인상적이다(그림 10.11).

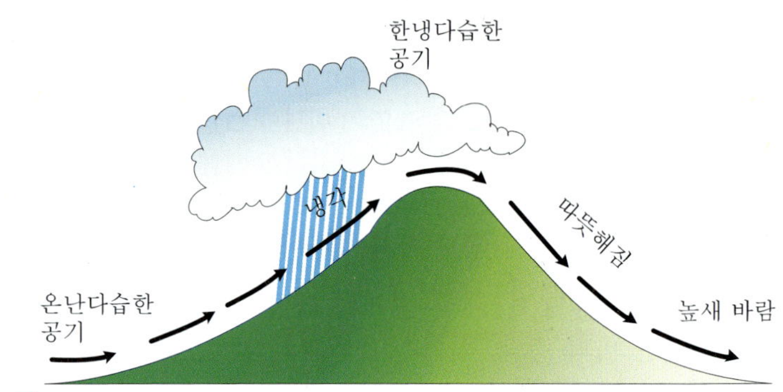


그림 10.11
높새바람은 높은 고도에 있던 차가운 공기가 하강하면서 단열 압축에 의해 따뜻해진 건조한 바람이다.

---

**Example** 0℃의 공기 덩어리가 높이 1km인 산의 능선을 타고 위쪽으로 상승하면서 단열 팽창한다면 이때 온도는 얼마인가? 또 5km 상승한다면 온도는 얼마인가?

풀이 100m 올라갈때마다 1℃씩 낮아지므로 각각 −10℃, −50℃이다.

---

**더 알아보기 기체의 변화 과정**

열역학적 계가 외부와 열이나 일을 주고 받으며 변하는 것을 열역학적 과정이라고 하는데, 열역학적 과정에는 단열과정, 정압과정, 정적과정, 등온과정이 있다.

[1] **단열과정** : 주위와 열의 출입없이 기체의 부피를 변화시키는 과정을 단열과정이라 한다. 기체를 갑자기 팽창시키거나 압축시키면 열이 들어오거나 나갈 시간적 여유가 없어 근사적으로 단열 과정이 된다. 단열 과정에서 $Q=0$이므로 열역학 제1법칙은 다음과 같다.

$$0 = \Delta U + P\Delta V \rightarrow \Delta U = -P\Delta V$$

* 단열팽창 : 열의 출입없이 팽창하는 것으로 $\Delta V > 0$이므로 $\Delta U = -P\Delta V < 0$, 따라서 외부에 한 일만큼 내부 에너지는 감소하여 온도는 낮아진다.
* 단열압축 : 열의 출입없이 압축시키는 것으로 $\Delta V < 0$이므로 $\Delta U = -P\Delta V > 0$, 따라서 외부에서 받은 일만큼 내부 에너지는 증가하여 온도가 높아진다.

[2] **정압과정** : 기체의 압력을 일정하게 유지하면서 변하는 과정으로 열을 공급하면 기체의 온도가 높아지면서 부피가 팽창한다.

$$Q = \Delta U + P\Delta V = \frac{3}{2}nR\Delta T + nR\Delta T \text{ (단원자 분자로 된 이상기체의 경우)}$$

즉, 공급한 열은 내부에너지의 증가와 외부에 한 일의 합과 같다.

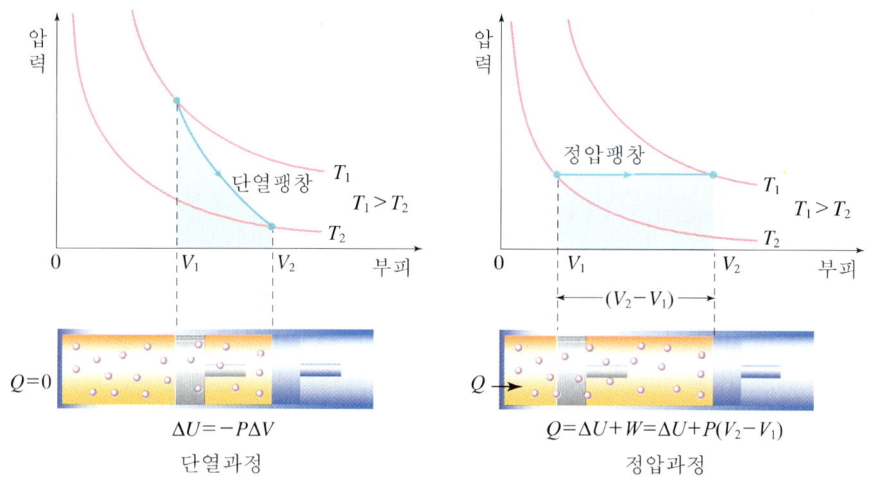

단열과정 정압과정

[3] **정적과정** : 기체의 부피를 일정하게 유지하면서 변하는 과정으로 $\Delta V = 0$이므로, $Q = \Delta U = \frac{3}{2}nR\Delta T$이다. 즉, 외부에 일을 하지 않으므로 흡수한 열량은 모두 내부 에너지의 증가로 쓰인다.

[4] **등온과정** : 기체의 온도를 일정하게 하면서 변하는 과정으로 보일의 법칙이 적용되며, $\Delta U = 0$이므로 $Q = P\Delta V = W$ 이다. 즉, 공급한 열만큼 외부에 일을 한다.

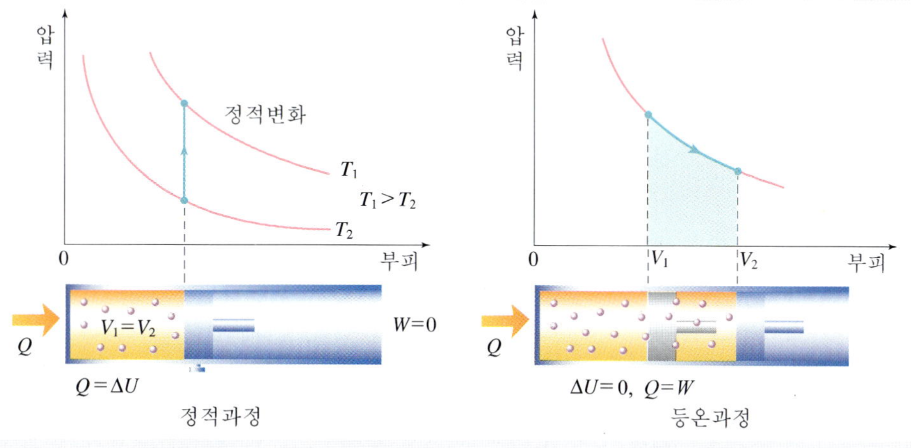

정적과정 등온과정

## 10.6 열역학 제 2법칙

뜨거운 벽돌을 차가운 벽돌에 접촉시켜 놓으면, 열이 뜨거운 벽돌에서 차가운 벽돌로 이동하면서 처음에 뜨거웠던 벽돌은 점차 식게 된다. 차가운 벽돌은 따뜻해지고 뜨거운 벽돌은 식어서 마침내 같은 온도가 된다(열평형). 열역학 제 1 법칙에 따르면 에너지는 새로 생기거나 소멸될 수 없다. 여기서 이런 가정을 해 보자. 뜨거운 벽돌이 차가운 벽돌로부터 열을 빼앗아 더욱 뜨거워진다고 하자. 이것이 열역학 제 1법칙에 위배되는가? 아니다. 차가운 벽돌이 열을 빼앗겨 더 차가워지더라도, 두 벽돌의 총에너지는 변하지 않으므로 위배되지 않는다. 그러나 열역학 제 2 법칙에는 위배된다. 열역학 제 2 법칙은 자연 현상에서 열이 이동하는 방향을 말해주고 있다. 열역학 제 2 법칙은 여러 형태로 표현할 수 있지만, 간단하게 다음과 같이 나타낼 수 있다.

〉〉 열역학 제2법칙 : 열은 절대로 차가운 물체에서(저온) 뜨거운 물체(고온)로 저절로 이동할 수 없다.

열은 온도가 높은 물체에서 낮은 물체로 즉 한쪽 방향으로만 저절로 이동한다. 겨울에는 따뜻한 방 안에서 차가운 공기가 있는 밖을 향해 열이 이동하게 된다. 여름에는 뜨거운 공기가 있는 밖으로부터 시원한 실내를 향해 열이 이동하게 된다. 열이 반대 방향으로 이동할 수는 있으나, 이 경우에는 외부에서 강제적으로 이동시켜야만 가능하다. 예를 들어 온풍기로 공기의 온도를 높여 주거나, 에어컨으로 온도를 낮추어 주는 경우는 강제적으로 열을 이동시키는 경우에 해당된다. 외부에서 강제적으로 열을 이동시키지 않는 경우를 제외하고는 열은 항상 고온에서 저온으로 흐른다. 바다에는 막대한 양의 내부 에너지가 있지만 인위적인 노력이 없다면 바다의 에너지로는 손전등 하나 켤 수가 없다. 그 이유는 바다의 에너지가 저온의 바다로부터 손전등에 있는 고온의 필라멘트로 저절로 이동하지 않기 때문이다.

일을 열로 완전히 바꾸는 것은 쉬운데－손바닥을 서로 세게 문질러 보면 손바닥에서 열이 나는 것을 느낄 수 있다. 이때 마찰을 일으키기 위해 손바닥에 해주는 일은 모두 열로 전환된다. 그러나 역으로 열을 일로 완전히 바꾸는 것은 불가능하다. 최선의 방법은 얼마나 많은 양의 열을 역학적인 일로 바꿀 수 있는가를 연구하는 것이다. 최초의 열기관은 증기 기관으로 1700년 경에 발명되었다. 열기관은 증기 기관이건 내연 기관이건 혹은 제트 기관이건 간에 열이 고온에서 저온으로 이동할 때에만 역학적인 일이 얻어진다는 것이다. 모든 열기관은 열의 일부만 일로 바꿀 수 있다. 이때 열기관의 효율은 다음과 같이 나타낼 수 있다.

$$\text{열효율}(e) = \frac{\text{외부에 대하여 한 일}}{\text{열기관이 외부로부터 흡수한 열에너지}} = \frac{W}{Q_1} = \frac{Q_1 - Q_2}{Q_1}$$

여기서, $W$는 외부에 대하여 한 일
$Q_1$은 흡수한 열에너지
$Q_2$는 방출한 열에너지이다.

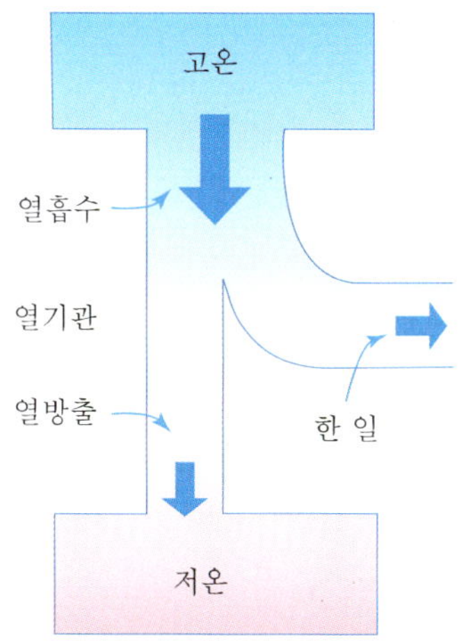


그림 10.12
모든 열기관은 고온에서 저온으로 열이 이동할 때, 이 열의 일부만을 일로 사용한다(이와 반대로 열기관에 일을 해 주면 열은 냉장고나 에어컨에서처럼 저온에서 고온으로 이동할 수도 있다).

열기관의 경우 열원(열의 저장소)의 개념을 도입하면 이해하기 쉽다. 열은 고온의 열원에서 저온의 열원으로 흘러간다. 모든 열기관은 (1) 고온의 열원에서 열을 흡수하여 내부 에너지를 증가시키고, (2) 내부 에너지의 일부를 역학적인 일로 바꾸며, (3) 남은 에너지를 저온의 열원으로 방출한다(그림 10.12). 예를 들어 가솔린 엔진에서는 (1) 연소실에서의 연소는 고온의 열원이고, (2) 피스톤에 대해 역학적인 일을 하고, (3) 남은 에너지는 배기 과정을 통해 방출된다. 열역학 제 2 법칙은 어떤 열기관이라도 흡수한 열을 모두 역학적인 일로 바꿀 수 없다는 것을 말해 준다. 열의 일부만이 일로 바뀌고, 나머지는 방출된다. 열기관에 대한 열역학 제 2 법칙은 다음과 같다.

고온($T_{고온}$)과 저온($T_{저온}$)사이에서 작동하는 열기관의 경우, 흡수된 열의 일부분만 일로 바꿀 수 있고 나머지는 저온으로 방출된다.

열기관에서는 항상 쓸모없는 열의 방출이 있기 마련인데, 이것은 바람직할 수도 있고 바람직하지 않을 수도 있다. 추운 겨울날 세탁소에서 나오는 뜨거운 증기는 매우 바람직하지만, 같은 증기가 더운 여름날 나온다면 별로 바람직하지 않다. 방출되는 열이 바람직하지 않을 때 우리는 이것을 열오염이라 부른다. 열역학 제 2 법칙이 알려지기 전에는 마찰이 아주 작은 열기관의 경우 흡수된 열의 대부분을 유용한 일로 바꿀 수 있으리라고 생각했었다. 하지만 1824년 프랑스의 기술자 카르노(Sadi Carnot)는 열기관에서 반복적으로 일어나는 압축과 팽창을 자세히 분석한 결과, 아주 중요한 발견을 하게 되었다. 그가 발견한 사실은 이상적인 조건에서조차도 유용한 일로 전환되는 비율은 단지 고열원의 온도와 저열원의 온도차에 의해서만 결정된다는 것이다. 그의 분석에 따르면 이상적인 열기관의 효율 즉 카르노 효율은 다음과 같다.

$$\text{효율} = \frac{T_{\text{고온}} - T_{\text{저온}}}{T_{\text{고온}}}$$

카르노 효율은 오로지 고열원의 온도($T_{\text{고온}}$)와 저열원의 온도($T_{\text{저온}}$) 차이에만 관계가 있다. 이때 사용되는 온도는 절대온도이다. 따라서 $T_{\text{고온}}$과 $T_{\text{저온}}$는 켈빈(K)으로 나타낸다. 예를 들어 증기 기관의 고열원의 온도가 400K(127℃)이고 저열원의 온도가 300K(27℃)라면 카르노 효율은 $\frac{400-300}{400}=\frac{1}{4}$이 된다. 이 값은 이상적인 조건에서 증기 기관에 공급된 열의 25%만이 일로 전환되고, 나머지 75%는 쓸모없이 방출되는 것을 의미한다. 이 때문에 증기 기관과 발전소에서는 수증기의 온도를 매우 높게 유지하여 효율을 높이게 된다. 모터나 터어빈 발전기를 돌려주는 수증기의 온도가 높으면 높을수록 전력 생산의 효율이 높아진다. (위 예에서 고온의 온도를 600K로 올려주면 효율은 $\frac{600-300}{600}=\frac{1}{2}$이 되고 이는 400K인 경우의 2배이다.)

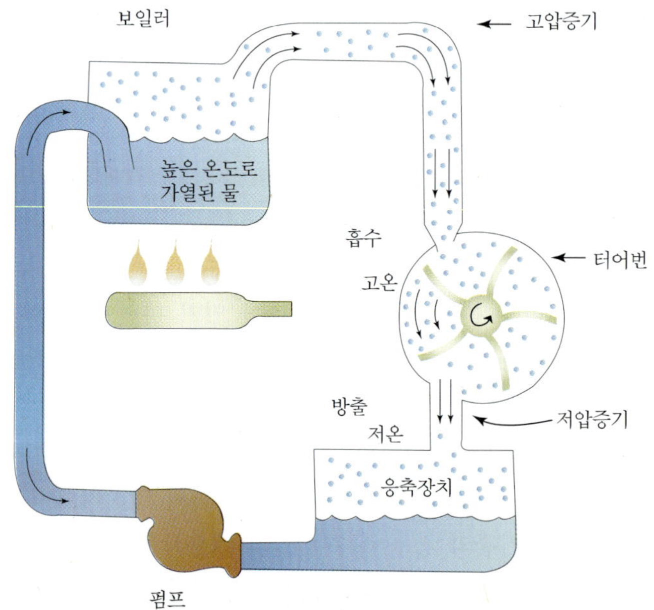


그림 10.13 증기 터어빈 기관의 간단한 모형
터어빈은 보일러에서 온 고온의 증기가 터어빈 날개의 앞쪽에 가해지는 압력은 터어빈 날개의 뒤쪽에 가해지는 저온의 증기에 의한 압력보다 더 크므로 터어빈은 돌게 된다. 압력차가 없으면 터어빈은 돌지 않고 외부의 부하(예를 들어 발전기)에 에너지를 전달하지 못할 것이다. 터어빈 날개 뒤쪽에 작용하는 증기압 때문에 마찰이 없는 이상적인 경우라도 열효율이 100%인 엔진은 있을 수 없다.

우리는 그림 10.13의 증기 터어빈 기관의 작동에서 고열원과 저열원 사이의 온도차가 어떤 역할을 하는지 알 수 있다. 보일러에서 오는 뜨거운 증기는 고온의 열원이고, 응축 장치는 터어빈을 통과한 증기가 배출되는 장소이다. 뜨거운 증기는 터어빈 날개의 앞쪽에 큰 압력을 가하여 일을 해 준다. 증기는 날개의 앞쪽뿐만 아니라 뒤쪽에도 압력을 가하게 된다.

그런데 날개의 뒤쪽에 가해지는 압력은 앞쪽보다 작아지게 되는데 이는 증기가 날개에 에너지를 전해 준 후 식기 때문이다. (실제로 압력은 터어빈 바깥에 있는 응축 장치에서 배출된 증기의 온도가 내려가면 더욱 작아진다.) 마찰이 없더라도 터어빈이 한 일의 양은 고온의 증기가 날개에 해 준 일에서 증기가 배출될 때 저온의 증기에 해주는 일을 뺀 값이 된다. 우리는 증기의 부피가 일정할 때 온도와 압력이 서로 비례한다는 사실을 알고 있다－온도가 증가하면 압력도 증가하고, 온도가 감소하면 압력도 감소한다. 따라서 열기관의 작동에 필요한 압력 차이는 고열원과 저열원 사이의 온도차와 직접적인 관계가 있다. 온도차가 클수록 열기관의 효율은 커진다.

카르노 효율을 나타내는 식은 모든 열기관의 최대 효율을 말해 준다. 보통의 자동차이건, 원자력을 이용한 선박이건, 제트 비행기이건 간에 열기관의 작동 온도 즉 고열원의 온도가 높으면 높을수록 효율은 커진다. 그러나 항상 카르노 효율보다는 작다. 보통 자동차 엔진의 이상적인 열효율은 50%가 조금 넘는다 그러나 실제는 약 25%정도이다. 저열원의 온도에 비해 고열원의 온도가 높을수록 효율은 커지지만, 엔진 재료 자체의 용융점 때문에 효율에는 한계가 있다. 효율이 더 좋은 엔진을 만들려면 더 높은 용융점을 가진 재료를 만들어야 한다. 그래서 대부분의 열기관의 경우 마찰이 유일한 비효율의 원인이라 하더라도 효율에 가장 큰 영향을 미치는 것은 열역학 제 2 법칙이다. 즉 마찰이 없더라도 공급된 열의 일부분만이 일로 바뀐다는 것이다.

**Example** 고열원의 온도가 400K이고, 저열원의 온도가 0K인 열기관이 있다. 이 기관의 이상적인 열효율은 얼마인가? 또 이런 기관은 가능한가?

풀이 $\frac{400-0}{400}=1$, 이와 같이 이상적인 경우에만 열효율이 100% 이다. 그러나 절대영도는 불가능하므로 열효율이 100%인 기관은 불가능하다.

## 10.7 엔트로피

열역학 제 1 법칙에 따르면 에너지는 새로 생겨날 수도 없고 소멸되지도 않는다. 또한 열역학 제 2 법칙에 따르면 에너지가 전환될 때마다 그 에너지의 일부는 쓸모없는 에너지로 변하게 된다. 쓸모없는 에너지는 사용할 수도 없고 잃어버리게 된다. 다시 말하면 에너지는 전환되면서 유용한 에너지가 쓸모없는 에너지로 변한다는 것이다. 가솔린이 갖고 있는 에너지는 유용한 에너지이다. 자동차 엔진 속에서 가솔린이 연소될 때 에너지의 일부가 피스톤에 대해 일을 함으로써 유용한 에너지로 사용되고, 일부는 엔진과 주변을 가열시키며 또 일부는 배기 가스로 나가게 된다. 유용한 에너지는 쓸모없는 에너지로 바뀌어 다른 자동차를 움직이게 하는 것과 같은 일에는 다시 사용할 수 없게 된다.

전기 형태의 유용한 에너지는 가정이나 사무실에서 전등과 같은 전기기구에 쓰인 후 쓸모없는 열에너지로 바뀐다. 그러나 이러한 열에너지는 63빌딩과 같은 오피스 빌딩들의 실내 온도를 조절하는 데 아주 유용하게 쓰인다. 전등에 공급되는 전기 에너지가 비록 짧은 시간 동안 빛에너지로 존재하더라도 잠시 후 열에너지로 바뀌게 된다(빌딩의 조명이 대부분 항상 켜져있는 것은 바로 이런 이유 때문이다). 이렇게 바뀐 열에너지는 더 이상 사용할 수 없다. 재사용을 위한 체계적인 노력이 없다면 빌딩 안에 있는 모든 열에너지 자체로는 단 한 개의 전등도 켤 수가 없다.

에너지의 전환이 일어날 때마다 에너지의 질이 떨어진다는 것을 알 수 있다. 유용한 형태의 에너지는 쓸모없는 형태의 에너지로 전환되려는 경향이 있다. 열역학 제 2 법칙을 좀더 넓은(포괄적인) 의미로 표현하면 다음과 같다.

그림 10.14
거친 바닥 위에 놓인 무거운 나무 상자를 밀 때 여러분이 한 모든 일은 바닥과 나무 상자를 가열시키는 데 사용될 것이다. 마찰로 소비된 일이 무질서한 에너지로 바뀌는 것이다.

>> 자연계는 더 무질서한 상태로 나아가려는 경향이 있다.

질서정연하게 늘어서 있는 분자 집단을 밀폐된 빈 병에 넣는다고 생각해 보자. 기체 분자들은 조화를 이루며 운동하면서 질서정연한 상태가 된다－이런 상태는 거의 불가능하다. 질서정연한 상태는 곧 무질서해진다. 즉 아무렇게나 운동하는 기체 분자들이 무질서한 상태를 만들게 된다－오히려 이런 상태가 될 가능성이 더 높다. 질서는 무질서로 향하려는 경향이 있다. 병마개를 열면 기체 분자들은 방 안으로 탈출하여 더욱 무질서한 상태가 될 것이다.

우리는 위에서 설명한 것과 반대 현상이 일어날 것이라고 생각하지는 않는다. 다시 말하면 기체 분자들이 저절로 정렬하여 무질서한 상태에서 질서정연한 상태가 된다든지, 병 밖으로 탈출했던 기체 분자들이 다시 병 속으로 들어가리라고는 생각지 않을 것이다. 그 이유는 기체 분자들이 무질서하게 운동하면서 그와 같은 상태로 되돌아갈 기회(확률)는 0이기 때문이다. 무질서에서 질서로 향하는 과정들은 결코 관찰되지 않는다.

그림 10.15
기체 분자들은 병 속에서 공기 중으로 나갈 뿐이지 이와 반대 현상은 일어나지 않는다.

쓸모없는 에너지(무질서한 에너지)는 외부에서 일을 해 주거나 또 다른 노력 없이는 유용한 에너지(질서있는 에너지)로 변환되지 않는다. 예를 들면 공기의 경우 압축기를 이용하면 좁은 지역 안에 모을 수가 있다. 즉 무질서한 상태를 질서정연한 상태로 바꿀 수가 있다. 열역학 제 2 법칙은 아주 넓은 의미로 '우주 공간에 있는 모든 것은 무질서한 상태로 가려는 경향이 있다'라고 말할 수 있다.

질서있는 에너지가 무질서한 에너지로 변하려는 경향은 엔트로피라는 개념으로 잘 설명될 수 있다. 엔트로피는 무질서의 정도를 나타내는 물리량이다. 무질서해지면 엔트로피는 증가한다. 열역학 제 2 법칙은 모든 자연 현상은 엔트로피가 항상 증가하는 방향으로 일어난다는 것을 말해주고 있다. 병 속을 빠져나오는 기체 분자들은 비교적 질서있는 상태에서 무질서한 상태로 이동하고 있는 것이다. 알맞게 정돈된 상태가 흐트러진 혼란 상태로 되는 것이다. 즉 질서있는 상태가 사라지는 것이다. 물리적인 한 계가 자유로이 에너지를 분배하게 될 때, 항상 계의 유용한 에너지 – 일을 할 수 있는 에너지 – 는 감소하고 엔트로피는 증가하게 된다. 엔트로피를 수식적으로 나타내면 다음과 같다. 이상적인 열역학적인 계에서 일어난 엔트로피의 증가($\Delta S$)는 그 계에 가해준 열량($\Delta Q$)을 온도($T$)로 나눈 것과 같다. 즉 $\Delta S = \dfrac{\Delta Q}{T}$.

그림 10.16
나무조각 더미에 폭탄을 던져 나무집을 짓는 것은 열역학 1법칙이나 뉴턴의 운동법칙에 어긋나지는 않지만 불가능하다. 자연에서 일어나는 변화가 무질서한 상태로 가려는 방향성을 갖고 있으며 이를 열역학 제2법칙이라고 한다.

일반적으로 물리적인 계에서 엔트로피는 증가한다. 그러나 살아있는 생물에서와 같이 일의 공급이 있으면 엔트로피는 감소한다. 박테리아에서 나무, 사람에 이르기까지 모든 생명체는 주변으로부터 에너지를 공급받아 그것을 자기 자신의 조직을 늘리는 데 사용한다. 생명체에서의 이러한 질서는 다른 곳의 엔트로피를 증가시킴으로써 유지된다. 따라서 생명체와 그들이 만들어낸 쓰레기까지 고려하면 결국 총엔트로피는 증가하게 된다.

열역학 제1법칙은 자연의 보편적인 법칙이고 예외가 없다. 그러나 열역학 제2법칙은 확률적 표현이다. 충분한 시간이 지나면, 가장 일어날 성 싶지 않은 상태들이 나타날지도 모른다. 즉 엔트로피가 스스로 줄어들 수도 있는 것이다. 예를 들어 공기 분자가 제멋대로 운동하다가 잠시라도 방의 구석에서 질서있게 머물러 있을 수도 있다는 것이다. 이것은 마치 많은 양의 동전을 바닥에 쏟았을 때 모든 동전의 앞쪽만 나오게 되는 경우와 같다. 이 상황은 힘들지만 가능한 상황이다. 그러나 실제로 일어날 가능성은 희박하다. 열역학 제2법칙은 가장 그럴듯한 사건의 추이에 대해 말하는 것이지 가능한 한 가지 경우만을 말하는 것이 아니다.

열역학 제2법칙은 가끔 이런 식으로 표현될 수 있다 : 돈을 딸 수도 없고(계에 공급된 에너지보다 더 많은 에너지를 얻을 수 없다), 본전치기도 못하고(공급해 준 에너지와 같은 양의 에너지조차 얻을 수 없다), 게임을 그만둘 수도 없다(우주의 엔트로피는 항상 증가한다).

---

**Example** 냉장고의 냉동실에 넣어 둔 물은 얼어서 덜 무질서한 상태로 변한다. 이것은 엔트로피의 법칙의 예외적인 경우인가, 아닌가? 설명하라.

풀이 아니다. 외부에서 일이 공급되었으므로 주위의 모든 것들을 포함한 엔트로피의 총합은 증가한다.

---

## 개념확인하기

1 어떤 계에 일을 해 주면, 계의 내부에너지는 증가하는가, 아니면 감소하는가? 또 계가 외부에 일을 해 주면 내부에너지는 증가하는가, 아니면 감소하는가?

2 자전거 펌프를 이용하여 타이어에 바람을 넣으면, 펌프의 실린더가 뜨거워진다. 뜨거워지는 두 가지 이유를 제시하라.

3 따뜻한 공기는 상승한다. 그래서 산아래보다는 산꼭대기에서의 온도가 더 높은 것처럼 보일지도 모른다. 그러나 사실은 반대인 경우가 대부분이다. 그 이유를 설명하라.

4 열기관에서 모든 마찰이 제거된다면, 그 기관의 열효율은 100%가 되겠는가?

5 어떤 사람이 방을 시원하게 하려고 방문과 창을 닫은 후 냉장고 문을 열어놓았다고 하자. 방 안의 온도는 어떻게 되는가? 또 그 이유는 무엇인가?

6 열역학 제2법칙과 엔트로피는 어떤 관계인가?

7 열역학 제1법칙과 열역학 제2법칙을 예외가 있을 수 있는가 없는가 하는 관점에서 설명하라.

8 800K에서 에너지를 흡수하여 300K의 열을 외부로 방출하는 열기관의 이상적 열효율을 계산하라.

9 계에 열에너지를 공급하지 않아도 계의 온도가 변할 수 있는가? 그 이유를 설명하라.

10 모든 열기관에 일어나는 세 가지 과정은 무엇인가?

11 일정한 양의 열을 역학적인 일로 완전히 바꿀 수 있는가? 또 일정한 양의 역학적인 에너지를 열로 완전히 바꿀 수 있는가? 예를 들어 설명하라.

12 매우 큰 용기에 들어있는 찬물의 총분자 운동에너지는 한 컵의 뜨거운 커피보다 클 것이다. 뜨거운 커피를 찬물에 넣었더니 10J의 에너지가 커피로 흡수되고, 찬물은 10J을 빼앗겨 더 차가워졌다고 가정하자. 이러한 에너지 이동은 열역학 제 1법칙에 위배되는가, 아니면 열역학 제2법칙에 위배되는가?

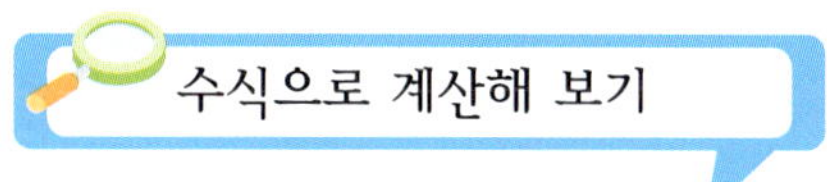


1 헬륨은 특별한 성질을 가지고 있어서 자신의 내부에너지가 절대온도에 정비례한다. 플라스크에 온도가 10℃인 헬륨을 넣고 가열하여 두 배의 내부에너지를 갖도록 했다면 이때 헬륨의 온도는?

2 어떤 열기관이 800K인 고열원으로부터 1000kJ의 에너지를 흡수하여 300K의 저열원으로 500kJ의 에너지를 방출한다고 하자. 이 열기관의 이상적 열효율과 실제 열효율은 각각 얼마인가?

3 다음 그림은 일정량의 이상기체의 압력($P$)과 부피($V$)가 A → B → C → D → A과정을 따라 변하는 것을 나타낸 그래프이다.

단, $4P_1V_1 = 2P_2V_1 = P_2V_2 = P_1V_3$이고 C→D 과정은 등온 과정이다.

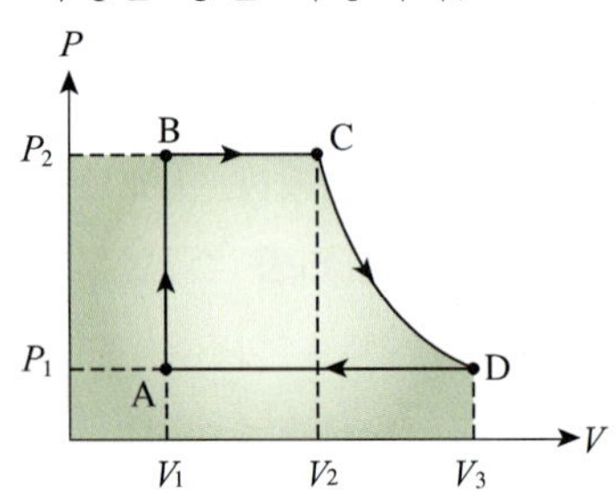


a. A점의 온도가 27℃라면 C점의 온도는 몇 ℃인가?
b. 내부에너지(기체 분자의 평균 운동에너지)가 증가하는 구간은?
c. 내부에너지가 감소하는 구간은?
d. 기체가 열에너지를 흡수하는 구간은?
e. 기체가 열에너지를 방출하는 구간은?
f 기체가 외부에 일을 하는 구간은?
g. 그래프에서 ABCDA의 넓이가 의미하는 것은 무엇인가?

**4** $n$몰의 단원자 분자로 된 이상기체가 일정한 압력을 받아 팽창하면서 온도가 1K 상승하였다. 이때 흡수한 열에너지 $Q$, 내부에너지의 증가량 $\Delta U$, 기체가 외부에 한 일 $W$의 비 $Q : \Delta U : W$는 얼마인가?

**5** 다음 그림과 같이 실린더 속에 30℃인 기체 $10^{-2}\text{m}^3$가 들어 있다. 기압 $P_0 = 10^5\text{N/m}^2$를 일정하게 유지하면서 이 기체의 온도를 100℃로 높일 때 기체가 외부에 한 일은 몇 J인가? 단, 피스톤의 마찰은 무시한다.

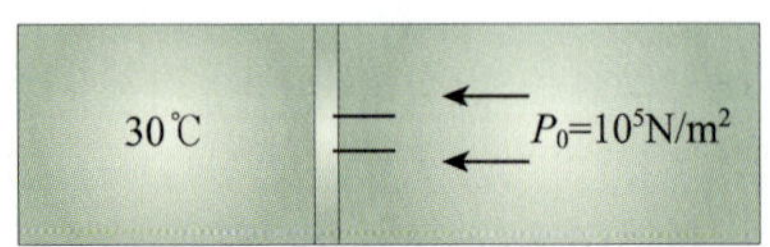


**6** 원통형으로 생긴 코르크의 일부는 물통 속에 있고 일부는 밖으로 나와 있고, 코르크는 자유롭게 회전할 수 있게 장치되었다고 한다. 코르크의 물 속에 있는 부분은 부력(뜨는 힘)을 받고, 바깥 부분은 중력을 받으므로 계속 회전할 수 있는 장치를 만들었다고 하자. 이 장치는 정말로 계속 회전할 수 있을까? 없다면 그 이유를 설명하여 보라.

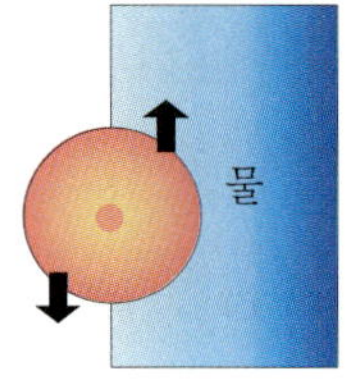

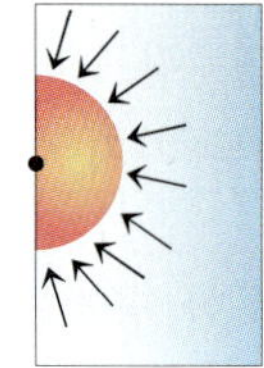

**7** 다음 그래프는 어떤 기체의 압력과 부피와의 관계를 나타낸 것이다. 기체가 A→B→C→D→A의 과정을 거쳐서 변한 것을 나타낸 것이다. A → B 과정에서 내부에너지의 증가는 얼마인가?

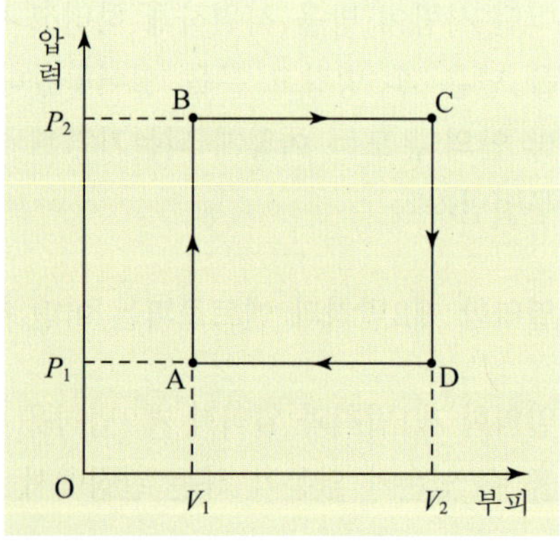


**8** 7번 문제에서 B→C 과정에서 기체가 흡수한 열에너지는 얼마인가?

**9** 200기압까지 견딜 수 있는 $1\text{m}^3$의 용기에 1기압의 공기를 얼마까지 넣을 수 있는가?

**10** 부피가 4L인 고무 튜브에 1기압의 공기가 들어 있다. 이 고무 튜브를 강물 속에 넣어 부피가 1L가 되게 하였다. 이 때 공기의 압력은 몇 기압인가?

**11** 어떤 통 속에 헬륨 기체 2mol이 들어 있다. 기체의 온도가 27℃라고 한다면 이 기체의 내부 에너지는 몇 J인가? 기체 상수는 8.3J/mol·K이다.

**12** 기체의 압력을 일정하게 유지한 채로 가열하여 절대 온도를 두 배가 되게 하였다. 이 기체의 밀도는 몇 배가 되겠는가?

**13** 부피가 같은 2개의 통 A, B에 헬륨 기체가 각각 2mol과 1mol이 들어 있으며, 통 A의 온도가 300K이고 통 B의 온도가 150K이었다.

a. 통 A에 들어 있는 기체 분자의 평균 운동 에너지는 통 B에 들어 있는 기체의 몇 배인가?

b. 통 A에서 기체의 압력은 통 B에서 기체의 압력의 몇 배인가?

**14** 단면적 $2 \times 10^{-3}m^2$인 실린더 속에 기체를 넣어 압력을 $10^5N/m^2$로 일정하게 유지시키면서 가열하여 420J의 열량을 주었더니 피스톤이 0.1m 밀려 나갔다.

a. 가열하는 동안 기체가 외부에 한 일은 몇 J인가?

b. 이 때 기체의 내부 에너지는 얼마나 증가하였는가?

**15** 증기 터빈으로 들어가는 수증기의 온도가 570℃이던 것이 나올 때에는 95℃이었다. 이 기관의 최대 열효율은 얼마인가?

**16** 다음 그림과 같이 실린더 속에 기체를 넣고, 10Ω의 저항에 100V의 전압을 가하여 6초 동안 전류가 흐르게 하였더니 기체가 팽창하여 피스톤이 0.5m 밀려났다. (단, 피스톤의 단면적은 $0.04m^2$이고, 피스톤 안쪽의 압력은 $10^5N/m^2$으로 일정하게 유지되었으며, 저항에서 발생한 열량의 손실은 없다.)

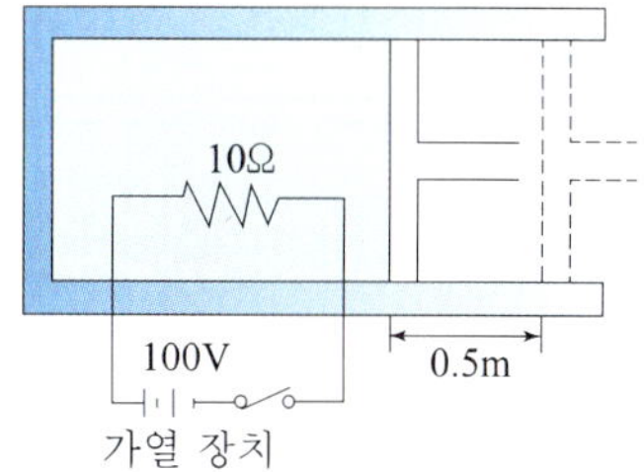


저항에서 발생한 열량과 기체의 내부에너지의 증가는 각각 얼마인가?

**17** 16번 문제에서 기체의 열효율은 대략 얼마인가?

(단, 기체의 열효율 = $\frac{\text{피스톤이 한 일}}{\text{발생한 열량}}$이다.)

**18** 이상 기체는 단원자 분자로 구성되며, 절대 온도 $T$인 이상 기체의 내부 에너지는 $U = \frac{3}{2}nRT$로 주어진다. 그림과 같이 아령 구조인 이원자 분자의 회전 운동을 고려할 때 $z$축을 중심으로 한 분자의 회전 운동 에너지는 무시할 수 있다. 따라서 진동에 의한 운동 에너지를 무시할 때 산소($O_2$), 질소($N_2$)와 같은 이원자 기체 분자의 내부 에너지는 얼마인가?

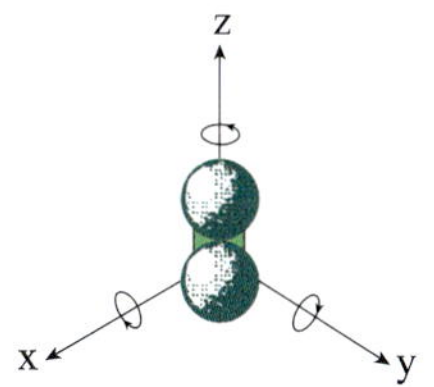

**19** 그림과 같이 단열 물질로 된 원통형 실린더와 피스톤으로 된 장치 내부에 정압 비열($c_P$)이 8J/mol·K인 이상 기체가 들어 있다. 실린더 내부에 있는 80Ω인 저항에 20V의 전원을 연결하였더니, 실린더 내부의 온도가 매초 0.5K씩 상승하면서 피스톤이 오른쪽으로 등속도로 움직였다. 실린더와 피스톤에 의한 열손실을 무시할 때, 이 기체의 일률은 몇 W인가?

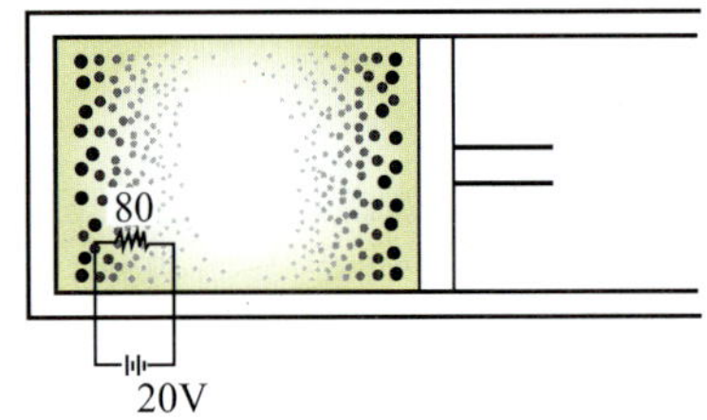


**20** 그림과 같은 실린더 내부에 0℃, 1기압인 기체가 들어 있다. 피스톤의 단면적이 $S(\text{m}^2)$, 기체의 처음 부피를 $V(\text{m}^3)$이라 할 때 다음 물음에 답하여라.

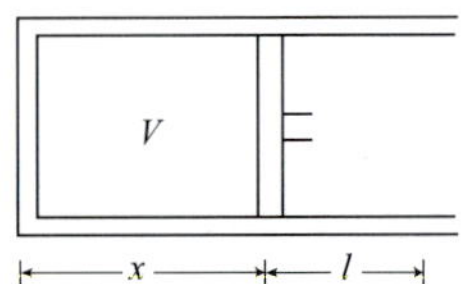


a. 그림에서 길이 $x$는 얼마인가?

b. 기체의 압력을 일정하게 유지하면서 열을 가하였다. 피스톤이 오른쪽으로 $l$만큼 이동하였을 때 기체의 온도는 몇 ℃인가?

c. 그 동안 기체가 얻은 열량은 몇 J인가? (단, 기체의 열용량은 $C$(J/K)이다.)

**21** 다음 그림과 같이 단면적 $S=300\text{cm}^2$의 피스톤으로 막혀 있는 실린더의 내부에 이상 기체가 들어 있다. 기체 상수 $R=8.3\text{J/mol}\cdot\text{K}$, 1cal=4.2J, 1기압=$1.0\times10^5\text{N/m}^2$라 하고 다음 물음에 답하여라.

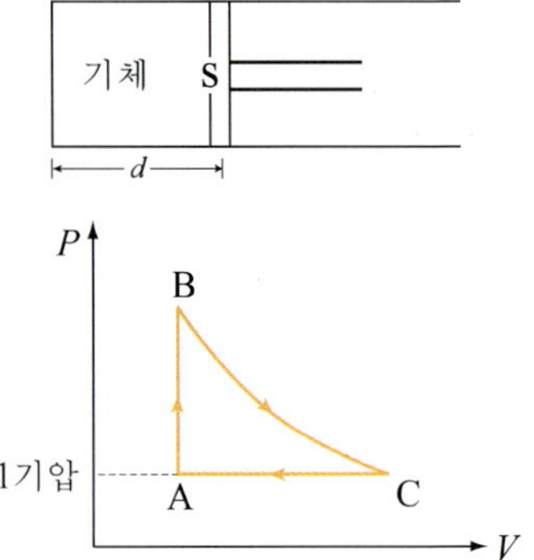


a. 기체의 온도가 0℃, 1기압에 $d=40$cm였다면 기체의 몰 수와 내부 에너지는?

b. 기체를 아래 설명과 같이 A→B→C→A의 과정으로 변화시켰다. (그래프 참조)

> • A → B : 피스톤의 위치를 고정시키고 기체에 50cal의 열을 가하였다.
> • B → C : 온도를 일정하게 유지하면서 피스톤을 천천히 조작하여 기체의 압력이 1기압이 되었다.
> • C → A : 1기압의 압력을 유지하면서 피스톤을 천천히 원래의 위치로 이동시켰다.

① A → B 과정의 결과, 기체의 절대 온도 $T'$과 압력 $P'$은 어떻게 되는가?

② B → C 과정의 결과, 피스톤의 위치 $d'$은? 또, 이 과정에서 기체는 열을(얻었다, 잃었다, 얻지도 잃지도 않았다).

③ C → A 과정의 결과, 기체의 온도 변화와 잃은 열량은?

④ A→B→C→A의 과정에서 기체가 한 일의 양을 그래프에 표시하여라.

22 열기관은 높은 온도를 가진 열원에서 열량 $Q$를 공급받아 $W$의 일을 하는 동시에 $Q-W$에 해당하는 열을 낮은 온도의 열원으로 내보내는 장치이며, 열기관의 효율은 $W/Q$로 정의된다. 반대로 냉동 기관은 일 $W'$의 공급을 받아 낮은 온도의 열원에서 열량 $Q'$을 흡수하여 높은 온도의 열원으로 $Q'+W'$을 내보내는 장치이며, 냉동 기관의 열효율은 $\frac{Q'}{W'}$으로 정의된다. 열역학 법칙들이 허용하는 범위 내에서, 열기관이 두 열원에서 가질 수 있는 최대 효율을 $e$라고 하면, 두 열원 사이에서 동작하는 냉동 기관이 가질 수 있는 최대 효율은 얼마인가?

**한 걸음 더**

1. 지구의 대기권에는 전 우주에서 가장 많은 비율을 차지하는 물질인 수소가 거의 남아 있지 않다. 지구 형성과정을 고려하여 그 이유를 설명하시오.
2. 카르노기관의 열효율이 $\frac{T_H-T_L}{T_H}$이 됨을 열효율의 정의 $e=\frac{W}{Q}$로부터 유도하시오.
3. 제2종 영구기관의 예를 들고 열역학 제2법칙에 위배됨을 설명하시오. (논술)

Chapter 11

# 정전기

세상엔 참으로 서로 상대적인 존재들이 많이 있다. 하늘과 땅, 태양과 달, 남자와 여자, 물과 불 등이 그것이다. 이들 중 어떤 것은 직접적인 관련이 있기도 하지만 어떤 것은 관련이 없는데도 이상하게도 사람들은 그것들을 한 짝으로 생각해 왔다.

과학에서 그러한 예를 찾는다면 N극과 S극, (+)전기와 (−)전기 정도일 것이다. 이들은 앞에서 분류한 막연한 상대적인 존재가 아닌 자연의 법칙에 의하여 상대적으로 규정된 실체이다. 그 중 (+)전기와 (−)전기는 이 세상의 물질을 이루고 있는 가장 기본적인 단위이며, 우리 주변에서 볼 수 있는 대부분의 자연 현상의 원인이기도 하다.

이러한 현상은 (+)전기와 (−)전기의 상호관계에 대한 이해가 없이는 설명하기 어렵다. 나아가 이러한 원리는 전등, 가전제품, 컴퓨터 등의 발명으로 이어져 인류문명의 새로운 개화기를 열게 하였다.

이제 전기가 없으면 세상이 암흑으로 변할 만큼 현대인의 생활에 없어서는 안되는 것이 되었다. 여기서는 이러한 전기 현상을 일으키는 원인과 중요한 전기현상에 대하여 알아보려고 한다.

그림 11.1
우리 몸에 있는 전하와 지구에 있는 전하들 사이에 작용하는 인력과 척력은 균형을 이루고 있다. 상대적으로 작은 힘인 중력은 인력만 작용하여 우리의 몸무게를 나타낸다. 전기력에 인력만 있다면 우리의 몸무게는 천억 kg이 넘을 것이다.

## 11.1 전하와 마찰 전기

우리는 중력에 익숙해져 있다. 중력은 우리를 지구로 끌어당기는데 그것을 무게라고 부른다. 그러나 전기력은 중력보다 수천억 배 더 큰 힘으로 우리를 당기거나 민다. 만약 전기력도 중력과 같이 인력만 있다면 우리는 종이짝처럼 납작해질 것이다. 그러나 전기력의 인력과 척력은 우리에게 동시에 작용하여 서로 균형을 이루어 눈에 띌만한 효과를 내지 못하는 것이다.

전기력은 원자 속에 있는 입자들로부터 생겨난다. 1900년 초에 러더

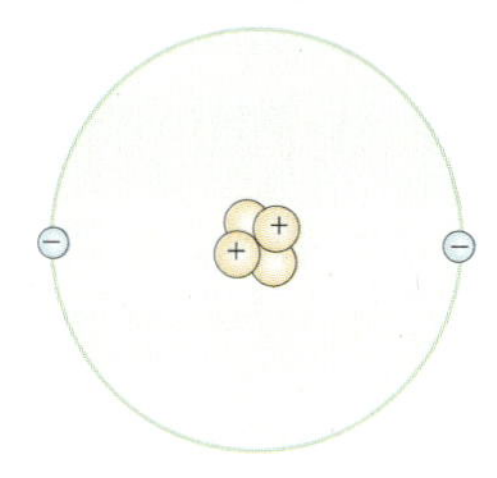


퍼드와 보어가 제안한 간단한 원자 모형에 따르면, (+)전기를 띤 원자핵이 전자로 둘러싸여 있다. 태양이 행성들을 궤도 운동하게 하는 것과 같이, 원자핵 속에 있는 양성자들은 전자들을 궤도 운동하게 한다. 양성자들은 전자들을 끌어당기지만, 전자들끼리는 서로 민다. 이렇게 밀고 당기는 것은 전하의 성질이다.[1)]

원자에 관한 몇 가지 중요한 사실은 다음과 같다.[2)]

1. 모든 원자는 양전기를 띤 원자핵과 그 주위를 둘러싼 같은 양의 음전기를 띤 전자들로 구성되어 있다.
2. 모든 전자들은 동일하다. 즉 같은 질량과 같은 전하량을 갖고 있다.
3. 원자핵은 양성자와 중성자로 되어 있다. 모든 양성자는 역시 동일하다. 이와 유사하게 모든 중성자도 동일하다. 양성자는 전자에 해 질량이 약 2000배 정도 무겁지만, 양성자의 전하량은 전자의 전하량과 같다. 중성자는 양성자보다 약간 더 무겁고 전기를 띠고 있지 않다.
4. 대개 원자는 양성자와 같은 수의 전자를 갖는다. 따라서 원자의 알짜 전하는 0이다.

지금까지 발견한 모든 전기 현상에 대한 기본적인 규칙은 다음과 같다.

>> 같은 종류의 전하는 서로 밀고, 반대 종류의 전하는 서로 당긴다.

반대 종류의 전하들끼리 서로 당긴다는 사실은, 옛날부터 마차를 타고 이곳 저곳을 다니며 대중을 상대로 강연을 했던 강사들이 전기에 대한 과학적 불가사의를 시범보이는 과정에서 일반인에게 알려졌다. 이런 시범의 중요한 부분은 공을 대전시키고 다시 방전시키는 것이었다. 이 공은 스티로폼처럼 가볍고 구멍이 많은 식물 조직으로 만들어졌으며, 그 위에 알루미늄을 입혔기 때문에 표면은 전기적으로 도체이다.

---

1) 전자는 음전기를 띠고 있고, 양성자는 양전기를 띠고 있다.

2) 왜 양성자들은 반대 전하인 전자들을 원자핵 속으로 끌어당기지 못할까? 이것은 전자의 원운동과 파동현상으로 설명한다. 양성자와 전자 사이에 작용하는 힘의 법칙은 양자 물리로 설명하고 있다. 양자 물리에 의하면, 전자는 파동처럼 행동하며, 그 파장에 해당하는 일정량 만큼의 공간을 차지한다. 이렇게 파동처럼 운동하는 전자는 끌려오지 않는다. 그렇다면 원자핵 속에 있는 양성자들이 척력을 작용하여 서로 밀어내지 않는 이유는 무엇인가? 무엇이 원자핵들을 묶어 놓고 있는가? 그 답은 원자핵 속에는 전기력 외에도 전기력과는 본질이 다른 훨씬 더 강력한 힘이 존재한다는 것이다. 그 힘을 핵력이라고 하는데, 이 핵력에 의하여 양성자들은 좁은 공간에 있을 수 있는 것이다.

명주실로 그런 공을 하나 매달아 놓은 다음, 털가죽으로 문지른 고무 막대를 그 공 근처에 가져가면 공은 끌려오고, 둘이 일단 접촉하고 난 후에는 다시 서로 밀게 된다. 그 다음에 공은 고무 막대에 의해서는 밀리지만 명주로 문지른 유리 막대에 의해서는 끌린다. 다른 방식으로 대전된 한 쌍의 공들이 밀고 당기는 힘을 작용하는 모습이 그림 11.2에 나와 있다. 당시의 과학자는 세상에 성(性)이 두 개이듯이 자연에는 두 종류의 전하가 있는 것이라고 설명하였다.

전기가 없을 때

전기가 있을 때

같은 전하들이 모인 비닐 테이프끼리 서로 미는 모습

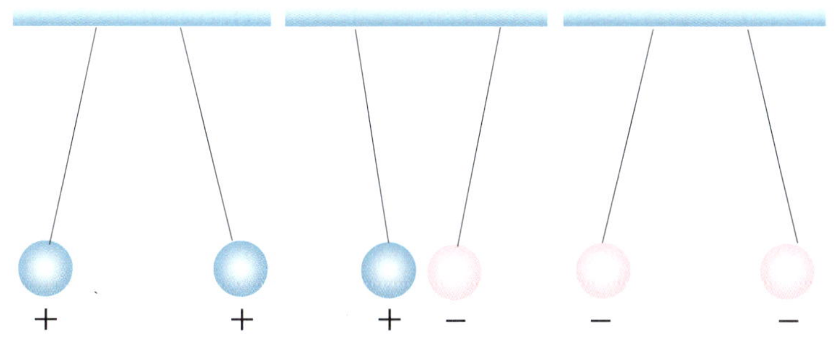


그림 11.2
같은 전하끼리는 밀고 다른 전하끼리는 당긴다.

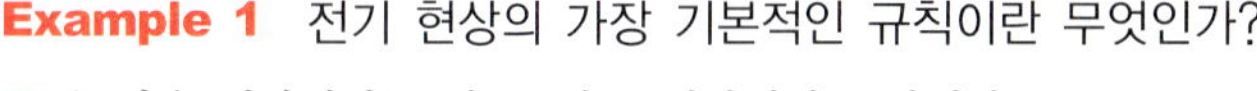

**Example 1** 전기 현상의 가장 기본적인 규칙이란 무엇인가?
풀이 같은 전하끼리는 밀고, 다른 전하끼리는 당긴다.

**Example 2** 전자의 전하는 양성자의 전하와 어떤 점이 같고 어떤 점이 다른가?
풀이 전하의 크기는 같고 부호는 반대이다.

## 11.2 전하의 보존

전자와 양성자는 전기를 띠고 있다. 중성인 원자는 그 안에 들어 있는 전자와 양성자의 수가 같아서 알짜 전하가 0이다. 전체 양전하는 전체 음전하와 정확히 균형을 이룬다. 만일 전자 한 개가 원자에서 떨어져 나가면, 원자는 더 이상 중성이 아니다. 이 원자는 전자(음전하)보다 양성자(양전하)가 하나 더 많아서 양으로 대전되었다고 말한다.

전기를 띤 원자를 이온이라고 한다. 양이온은 알짜 양전하를 가진 것으로 원자가 전자를 잃은 것이다. 음이온은 알짜 음전하를 가진 것으로 원자에서 양성자 수보다 전자수가 더 많은 상태이다.

그림 11.3
전자는 털에서 막대로 이동한다. 그러면 막대는 음으로 대전된다. 이때 털은 양으로 대전되는가, 음으로 대전되는가? *답: 양으로 대전된다.*

물체는 원자로 이루어지고, 원자는 전자와 양성자(그리고 중성자)로 이루어져 있다. 같은 수의 전자와 양성자를 가진 물체는 알짜 전하가 없다. 그러나 그 수의 균형이 깨어지면, 물체는 전기를 띠게 된다. 이와 같은 불균형은 전자들이 원자로부터 떨어져 나가거나 원자가 전자들을 얻으면서 생긴다.

원자의 가장 안쪽에 있는 전자들은 양전하를 띠고 있는 원자핵에 강하게 속박되어 있지만, 원자의 최외각 전자들은 약하게 결합되어 있어서 쉽게 떼어낼 수 있다. 원자로부터 전자를 떼어내는 데 필요한 에너지는 물질에 따라 다르다. 예를 들면 털가죽에 있는 전자들은 고무에 있는 전자들보다 약하게 속박되어 있다. 그러므로 고무 막대를 털가죽에 문지르면 전자들은 털가죽에서 고무 막대로 이동한다. 그러면 고무는 전자를 얻어서 음으로 대전된다. 한편, 털가죽은 전자를 잃어서 양으로 대전된다. 유리나 플라스틱 막대를 명주에 문지르면, 막대가 양으로 대전되는 것을 알게 될 것이다. 명주는 유리 막대나 플라스틱 막대보다 전자 친화력이 크다. 따라서 전자들이 유리 막대에서 명주로 이동한다.[3)]

>> 전자와 양성자의 수가 다른 물체는 대전된 것이다. 양성자보다 전자가 더 많으면 물체는 음으로 대전된 것이고, 양성자보다 전자가 더 적으면 양으로 대전된 것이다.

전자는 새로 생성되거나 소멸되는 것이 아니며, 단순히 한 물체에서 다른 물체로 이동하는 것임을 명심하라. 전하는 보존된다. 큰 규모건, 원자나 핵 수준의 작은 규모건 모든 전기적인 현상에서 전하 보존의 원리가 성립한다. 전하가 생성되거나 소멸되는 일은 한 번도 발견되지 않았다. 전하의 보존 원리는 물리의 기본적인 법칙으로서 에너지 보존의 법칙이나 운동량 보존의 법칙과 같은 지위를 차지하고 있다.

대전된 물체는 전체 전자의 수가 넘치거나 모자라는 것이며, 전자가 나누어져서 조각이 되는 경우는 없다. 이것은 물체가 띠는 전하량은 항상 전자의 전하량에 전체 전자의 수를 곱한 값과 같음을 뜻한다. 즉 물체의 전하량은 전자의 1.5배나 1000.5배가 될 수는 없다는 것이다.[4)]

---

3) 정전기의 방전과 산업
정전기의 방전에 의해 반도체 집적 회로의 부품이 파손될 수도 있다. 반도체 집적 회로를 설계하고 검사하는 과학자들은 이러한 방전을 막기 위하여 소매와 양말에 접지선이 달린 옷을 입는다. 화약을 다루는 기술자들은 방전에 의한 폭발 사고를 막기 위해 특히 주의해야 한다.

4) 지금까지 알려진 모든 대전체는 전자 1개의 전하량의 정수배에 해당하는 전하량을 가진다.

**Example** 융단 위를 걸어다니면서 발을 질질 끌고 다니면, 우리는 양으로 대전될까, 음으로 대전될까?

풀이 우리가 발을 질질 끌고 다니면 전자를 더 많이 모으게 되므로 음으로 대전된다(융단은 양으로 대전된다).

## 11.3 쿨롱의 법칙

뉴턴의 만유인력(중력) 법칙을 상기해 보면, 질량 $m_1, m_2$ 인 두 물체 사이에 작용하는 만유인력은 두 물체의 질량의 곱에 비례하고 두 물체 사이의 거리 $d$의 제곱에 반비례한다:

$$F = G\frac{m_1 m_2}{d^2} = 6.67\times10^{-11}\frac{m_1 m_2}{d^2}$$

여기서 $G$는 만유인력 상수이다.

두 물체 사이의 전기력 역시 거리의 역제곱의 법칙을 따른다. 이 관계는 18세기 프랑스 물리학자인 쿨롱에 의해 발견되었다. 쿨롱의 법칙에 의하면 서로 떨어진 거리에 비해 크기가 작은 대전 입자들의 경우 대전 입자 사이에 작용하는 힘은 전하량의 곱에 비례하고 거리의 제곱에 반비례한다. 전기 현상에서 전하의 역할은 중력 현상에서 질량의 역할과 매우 흡사하다. 쿨롱의 법칙은 다음과 같이 표현할 수 있다.

$$F = k\frac{q_1 q_2}{d^2}$$

여기서 $d$는 대전 입자 사이의 거리이고, $q_1$은 한 입자의 전하량이고 $q_2$는 다른 입자의 전하량이다. 그리고 $k$는 비례 상수이다.

전하의 SI 단위는 쿨롱이며 C로 나타낸다. 어떻게 보면 이것은 전자 하나의 전하량일 것 같지만 사실은 그렇지 않다. 1C은 $6.25\times10^{18}$ 개의 전자가 가지는 전하량이다. 이 숫자는 엄청나게 큰 것 같지만, 100W(와트) 전구를 1초 동안 통과하는 전하량에 불과하다.

쿨롱의 법칙에 나오는 비례 상수 $k$는 뉴턴의 만유인력 법칙에 나오는 $G$와 비슷하다. 그러나 $G$의 값은 매우 작은 값인데 비해, 비례 상수 $k$는 매우 크다는 점이 다르다. $k$의 값은 대략 다음과 같다.

질량이 각각 1kg 인 두 물체가 1m 떨어져 있을 때 작용하는 중력이 $6.67\times10^{11}$N이다. 중력은 이렇게 매우 작은 힘이다. 힘이 1N이 되려면 1m 떨어진 물체의 질량이 122,000kg이 되어야 한다! 보통 물체끼리의 중력은 너무 작아서 정교한 실험을 하지 않고는 알기 어렵다.

$$k = 9{,}000{,}000{,}000\mathrm{N \cdot m^2/C^2}$$

과학적 표기법으로는 $k = 9.0 \times 10^9 \mathrm{N \cdot m^2/C^2}$이다. $k$의 단위가 $\mathrm{N \cdot m^2/C^2}$이므로 방정식의 오른쪽 항의 단위가 힘의 단위인 뉴턴(N)이 된다. 이때 전하량의 단위는 쿨롱(C)이고, 거리의 단위는 미터(m)로 나타낸다. 각각 1C의 전하를 가진 두 물체가 1m 거리에 떨어져 있으면, 이들 사이에 작용하는 척력의 크기는 90억 뉴턴(N)이 된다는 사실에 주목하라.

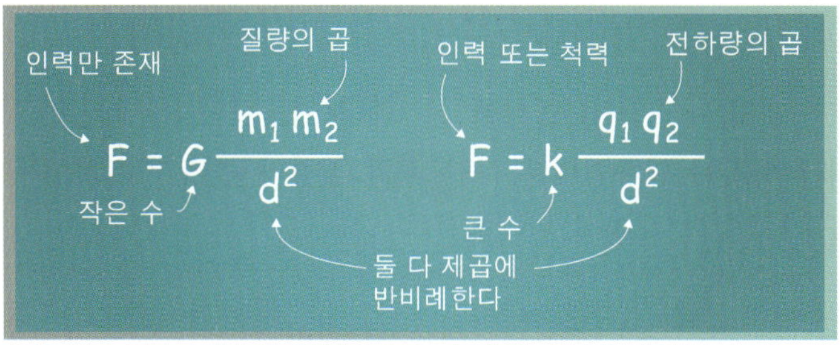

그림 11.4
뉴턴의 만유인력 법칙과 쿨롱 법칙의 비교

질량에 대한 뉴턴의 만유인력 법칙과 전하에 대한 쿨롱의 법칙은 비슷하다. 다만 1kg의 질량 사이에 작용하는 만유인력이 아주 작은데 비해, 1C의 전하 사이에 작용하는 전기력은 엄청나게 크다. 만유인력과 전기력 사이의 가장 큰 차이점은 만유인력이 인력만 있는데 비해, 전기력은 인력과 척력이 모두 있다는 것이다. 즉 만유인력은 서로 끌어당기기만 하지만, 전기력은 끌어당기기도 하고 밀기도 한다.[5)]

**Example 1** SI 단위로 나타낼 때 뉴턴의 만유인력 법칙의 $G$값은 작고, 쿨롱의 법칙의 $k$값은 매우 크다는 사실은 무엇을 의미하는가?

풀이 $G$가 작다는 것은 중력이 약한 힘이라는 것이고, $k$가 크다는 것은 상대적으로 전기력이 엄청나게 크다는 것을 의미한다.

5) 중력과 전기력, 이 두 힘 사이의 유사성 때문에 어떤 물리학자들은 이 두 힘은 동전의 양면과 같은 관계라고 생각하였다. 아인슈타인도 그 중의 하나인데, 그의 말년은 "통일장 이론"의 연구로 보냈지만 별 성과가 없었다. 최근에는 전기력을 약력과 통합시켰는데, 약력이란 방사성 붕괴에서 나타나는 힘이다. 물리학자들은 아직도 전기력과 중력을 통합시키는 방법을 찾고 있다.

**Example 2** a) 대전 입자로부터 일정한 거리 만큼 떨어져 있는 전자가 끌리는 힘을 받고 있다. 이들 사이의 거리가 2배가 되면 힘은 어떻게 될까?

b) 이 경우에 이 대전 입자의 전하는 음일까, 양일까?

풀이 a) 역제곱의 법칙에 따라 거리가 두 배이면 힘은 $\frac{1}{4}$배가 된다.

b) 끌리는 힘이 작용했으므로 전하는 양이다.

---

대부분의 물체 안에 들어 있는 전자와 양성자의 수가 정확히 같기 때문에 보통 전기력은 균형을 이루고 있다. 예를 들면 지구와 달 사이에는 측정할 만한 전기력이 나타나지 않는다. 따라서 끌어당기기만 하는 약한 중력이 지구와 달 사이의 운동에 가장 큰 영향을 끼친다.

비록 전기력이 천체나 보통의 물체에서는 균형을 이루지만, 원자 수준에서는 항상 그런 것은 아니다. 때때로 한 원자(A)의 전자들과 이웃 원자(B)의 전자들의 평균 위치 사이의 거리보다 A의 전자들과 B의 양성자 사이의 거리가 더 가까워지는 경우가 있다. 그렇게 되면 이 전하들 사이에는 인력이 반발력보다 크게 된다. 알짜 인력이 충분히 강하면, 원자들은 모여들어 분자를 이룬다. 원자를 모아서 분자를 만드는 화학 결합력은, 인력과 척력의 균형이 완전하지 못한 곳에 국소적으로 작용하는 전기력이다. 화학을 공부하려고 하는 사람이 전기에 대해 알아두면 많은 도움이 될 것이다.

## 더 알아보기 수소원자에서 중력과 전기력의 비교

수소 원자는 모든 원자 중에서 가장 간단한 구조를 가지고 있다. 그 핵은 양성자(질량 $1.7 \times 10^{-27}$kg) 하나이고 그 주위에는 한 개의 전자(질량 $9.1 \times 10^{-31}$kg)가 있으며, 그 둘 사이의 거리는 $5.3 \times 10^{-11}$m 이다. 수소 원자 속에 있는 양성자와 전자 사이의 전기력과 중력을 비교해 보자.

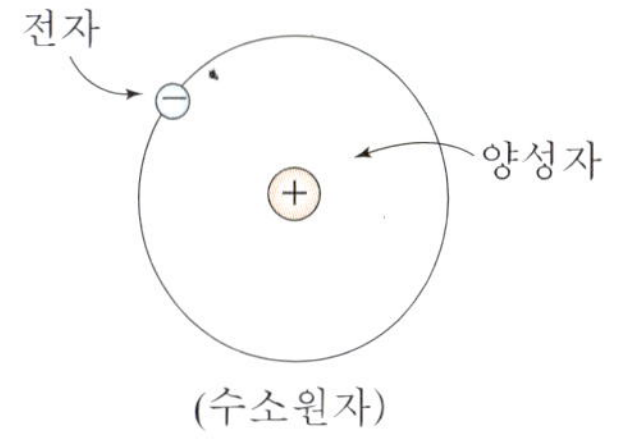

(수소원자)

전기력을 구하려면 쿨롱 법칙에 적당한 값을 대입하면 된다.

거리 $d = 5.3 \times 10^{-11}$m
양성자 전하량 $q_p = +1.6 \times 10^{-19}$C
전자 전하량 $q_e = -1.6 \times 10^{-19}$C
양성자 질량 $m_p = 1.7 \times 10^{-27}$kg
전자 질량 $m_e = 9.1 \times 10^{-31}$kg

전기력 $F_e$는

$$F_e = k\frac{q_e q_p}{d^2}$$
$$= (9.0\times 10^9\mathrm{N\cdot m^2/C^2})\frac{(1.6\times 10^{-19}\mathrm{C})^2}{(5.3\times 10^{-11}\mathrm{m})^2}$$
$$= 8.2\times 10^{-8}\mathrm{N}$$

만유인력 $F_g$는

$$F_g = G\frac{m_e m_p}{d^2}$$
$$= (6.7\times 10^{-11}\ \mathrm{N\cdot m^2/kg^2})\frac{(9.1\times 10^{-31}\mathrm{kg})(1.7\times 10^{-27}\ \mathrm{kg})}{(5.3\times 10^{-11}\mathrm{m})^2}$$
$$= 3.7\times 10^{-47}\ \mathrm{N}$$

두 힘의 비율을 구해보면,

$$\frac{F_e}{F_g} = \frac{8.2\times 10^{-8}\mathrm{N}}{3.7\times 10^{-47}\mathrm{N}} = 2.2\times 10^{39}$$

전기력은 중력보다 $10^{39}$ 배 크다. 원자 세계에서 작용하는 전기력은 중력보다 훨씬 더 커서 중력은 완전히 무시할 수 있다.

## 11.4 도체와 부도체(절연체)

전자들은 어떤 물질 안에서는 다른 물질 안에서보다 더 쉽게 움직인다. 금속 원자의 최외각 전자들은 어떤 특정한 원자의 원자핵에 속박되어 있지 않아서 물질 속을 이리저리 자유롭게 움직일 수 있다. 이와 같은 물질을 도체라고 한다. 금속은 전기를 잘 전달하는 도체이다. 같은 이유로 금속은 열의 양도체이다. 즉 금속의 전자들은 '느슨하게' 결합되어 있다.

고무나 유리와 같은 물질 속에 있는 전자들은 단단히 속박되어 있어서 특정한 원자 주변을 떠나지 못한다. 전자들은 자유롭지 못해서 물질 안의 다른 원자들 주위로 이리저리 돌아다니지 못한다. 이런 물질들은 전기를 잘 전하지 못하는 부도체인데, 같은 이유로 열도 잘 전달하지 못하는 것이 일반적이다. 이런 물질을 절연체라고 한다.

그림 11.5
전하는 길이가 몇 cm인 절연 물질보다 길이가 수백 km인 금속 도선을 통해 더 잘 이동한다.

모든 물질을 전기를 통할 수 있는 능력순으로 배열할 수 있다. 그 배열의 맨 앞쪽이 도체이고 가장 뒤쪽이 절연체이다. 배열의 양단 사이는 매우 멀다. 예를 들면 금속의 전도도는 유리와 같은 절연체의 전도도에 비해 1조의 백만 배만큼이나 크다. 송전선을 예로 들면, 전하는 송전탑과 전선을 분리시키는 데 사용되는 불과 몇 cm의 절연 물질보다는 수백 km 길이의 금속 도선을 통해 훨씬 더 잘 흐른다. 보통 전기 제품의 코드에서 전하는 얇은 두께의 고무 절연체를 직접 통과해서 한 쪽 전선에서 다른 쪽 전선으로 흐르기보다는 전선 속을 몇 미터 정도 흘러가서 전기 제품 내부의 회로를 통과한 후 다시 다른 전선 속으로 돌아온다.

어떤 물체가 도체인가 절연체인가는 그 물질의 전자가 원자에 얼마나 단단히 묶여있는가에 달려 있다. 게르마늄이나 실리콘 같은 물질은 순수한 결정 상태에서는 좋은 절연체이지만, 결정 구조를 이루고 있는 원자들 중의 천만분의 일이라도 전자 하나가 많거나, 모자란 불순물로 대체되면 전도도는 엄청나게 증가한다. 이런 물질은 어떤 때는 절연체처럼 행동하고 어떤 때는 도체처럼 행동하도록 만들 수 있다. 이런 물질을 반도체라고 한다. 반도체의 얇은 층이 샌드위치처럼 포개진 것이 트랜지스터인데 여러 가지 전기 제품에 사용된다.

절대 온도 0도에 가까워지면 어떤 금속들의 전도도는 무한히 커진다(전하 흐름에 대한 저항이 0이 된다). 이것을 초전도체라고 한다. 1987년까지도 고온(약 100K)에서의 초전도체 현상은 여러 가지 비금속 화합물에서 발견되었다. 일단 전류가 초전도체에서 흐르기 시작하면 무한히 흐르게 된다. 오늘날 이에 대한 연구가 활발하게 진행되고 있다.

## 11.5 마찰과 접촉에 의한 대전

우리는 마찰에 의해 생기는 전기 현상에 익숙하다. 고양이털을 문지르면 스파크 소리를 들을 수 있고, 어두운 방에서 머리를 빗을 때도 전기 스파크 소리를 들을 수 있을 뿐만 아니라 볼 수도 있다. 문 손잡이를 잡을 때 짜릿함을 느끼거나, 주차 중인 자동차 안에서 플라스틱 시트 위를 미끄러지듯 움직일 때도 같은 현상이 생긴다(그림 11.6). 이런 모든 현상은 한 물체가 다른 물체를 문지를 때 전자가 마찰에 의해 이동하기 때문에 일어나는 것이다.

그림 11.6
주차 중일 때 마찰과 접촉에 의해 대전된다.

단순히 접촉하기만 해도 한 물체에서 다른 물체로 전자가 이동할 수 있다. 대전체를 중성인 물체와 접촉시키면, 약간의 전하가 대전체에서 중성의 물체로 옮겨진다. 이렇게 대전시키는 방법을 접촉에 의한 대전이라고 한다. 만일 물체가 좋은 도체라면 대전체로부터 이동해 온 전하는 그 물체의 전 표면으로 흩어지는데 이것은 같은 전하끼리는 서로 반발하기 때문이다. 만일 좋지 못한 도체라면 막대(대전체)를 가지고 물체의 이곳저곳에 갖다 대야 어느 정도 전하를 고르게 분포시킬 수 있다.

## 11.6 정전기 유도에 의한 대전

대전체를 도체 표면 가까이 가져가면, 직접적인 접촉이 없더라도 전자들은 도체 표면으로 이동할 것이다. 그림 11.7에서 보는 것처럼 두 개의 절연된 금속구 A, B를 생각해 보자. (a)에서는, 대전되지 않은 두 개의 구가 서로 닿아 있으므로 사실상 대전되지 않은 한 개의 도체로 생각할 수 있다. (b)에서는, 음으로 대전된 막대를 금속구 A 근처로 가져간다. 금속 안에 있는 전자들은 음으로 대전된 막대에 의해 밀려서 금속구 B로 옮겨가므로 금속구 B는 음전하가 많은 상태가 되고, 금속구 A는 양전하가 많은 상태가 된다. 두 금속구의 전하는 재배치된다. 이와 같은 상태를 금속구에 전하가 유도되었다고 말한다. (c)에서는, 대전 막대를 그대로 둔 채 금속구 A와 B를 분리시킨다. (d)에서는, 대전 막대를 치운다. 앞의 과정을 거치고 난 후 두 금속구는 같은 크기, 반대 종류의 전하로 대전된다. 이것을 유도에 의한 대전이라고 한다. 이때 대전된 막대가 두 금속구에 닿지 않았기 때문에 막대는 원래의 대전된 상태를 그대로 유지한다.

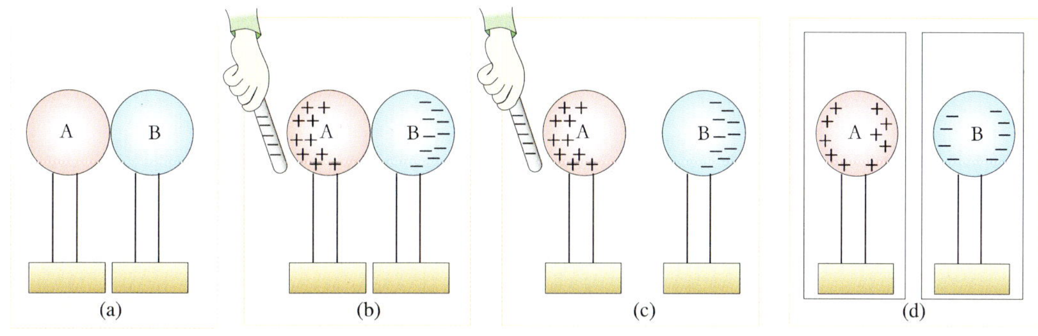


그림 11.7
유도에 의한 대전

한 개의 금속구도 유도에 의해 전하가 분리되었을 때 금속구를 만지면 대전될 수 있다. 그림 11.8처럼 절연체로 만들어진 실에 한 개의 금속구를 매달아 놓았다고 생각해 보자. 그림 (a)에서 금속구의 알짜 전하는 0이다. (b)에서 대전 막대를 가까이 가져가면 전하가 재분포된다. 이때 구 안의 알짜 전하는 여전히 0이다. (c)에서 구를 만지면 접촉에

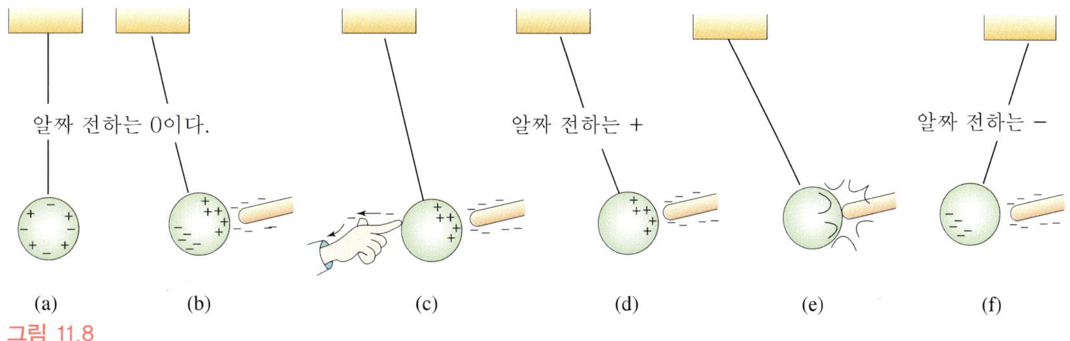


그림 11.8
접지에 의한 전하 유도

그림 11.9
음전기로 대전된 구름의 아래쪽은 지표면에 양전기를 유도시킨다.

의해 전자가 금속구 밖으로 이동한다. (d)에서는 구가 양으로 대전된다. (e)에서는 구가 음으로 대전된 막대에 끌리고, 결국 서로 닿는다. 이제 전자가 막대에서 구로 이동한다. 구는 접촉에 의해 음으로 대전되었다. (f)에서 음으로 대전된 구는 음으로 대전된 막대에 의해 밀려난다. (c)에서처럼 금속 표면에 손가락을 접촉시킬 때, 서로 미는 전하들이 전하의 거의 무한한 저장고인 지구로 이동할 수 있는 통로가 생기는 것이다. 접촉에 의해 전하가 도체로부터 빠져나가거나 도체로 들어올 수 있도록 해주는 것을 접지시킨다고 말한다. 단원 14에서 전류를 논의할 때 접지에 대해 다시 생각할 기회가 있다.

---

**Example 1** 그림 11.7에서 유도된 구 A, B의 전하는 정확히 같고 부호는 반대인가?

풀이 양쪽 구의 전하는 크기는 같고 부호는 반대이다. 그 이유는 구 A에 있는 양전하는 A에서 빠져나간 전자가 B로 옮겨가서 생긴 것이기 때문이다. 이것은 보도 블록에서 블록을 빼서 쌓아 놓는 것과 같다. 보도에서 블록을 뺀 자리에 생긴 구멍의 수는 빼낸 블록의 수와 같다. 구 B에 있는 여분의 전자 수는 정확히 구 A에 난 "구멍"(양전하)의 수와 같다. 전자가 빠져나가 양전하가 만들어진 것이라는 것을 기억해 두자.

**Example 2** 그림 11.8에서 대전될 때는 그렇지 않은데, 그림 11.7에서 음으로 대전된 막대는 왜 구가 대전되기 전과 후에 같은가?

풀이 그림 11.7의 대전 과정에서 음으로 대전된 막대와 구 사이에 접촉이 없었다. 그러나 그림 11.8에서 구가 양으로 대전되었을 때 막대를 갖다 대었다. 접촉에 의한 전하의 이동으로 막대가 음전하로 대전되었다.

---

유도에 의한 대전 현상은 번개가 칠 때도 일어난다. 구름의 바닥이 음으로 대전되면 그 아래 지표면에 양전기를 유도한다. 벤자민 프랭클린은 유명한 연 실험을 통해 번개가 전기 현상이라는 것을 처음으로 보여주었다.[6] 대부분의 번개는 서로 반대로 대전된 구름들 사이의 방전 현상이다. 가장 흔하게 일어나는 번개는 구름과 대전된 지면 사이에서 일어나는 방전이다.

---

6) 프랭클린은 아주 운이 좋아서 감전되지 않았지만 그 실험을 다시 해보고자 하였던 사람들은 감전되어 죽고 말았다. 위대한 정치가이자 제일의 과학자인 프랭클린은 전기를 설명하면서 양과 음이라는 표현을 사용하였음에도 불구하고 전류의 유체이론을 지지하였다. 그는 접지와 절연에 대해서는 많은 연구 업적을 남겼다.

또, 프랭클린은 전하의 흐름은 뾰족한 점에서 잘 이루어진다는 것을 발견하고 피뢰침을 고안하였다. 접지된 피뢰침을 건물 높은 곳에 올려 놓으면, 피뢰침은 공기 중으로부터 전자를 끌어들여서 건물이 유도에 의해 양전하를 많이 축적하지 못하게 한다. 이렇게 연속적으로 전하를 새게 하면 건물에 많은 전하가 축적되지 않는다. 그렇지 않으면 건물과 구름 사이에서 갑작스런 방전이 일어나게 된다. 피뢰침의 일차 목적은 번개 방전이 일어나지 못하게 하는 것이다. 그러나 만일 어떤 이유로 피뢰침에서 공기 중으로 전하가 충분히 새어 나가지 못하였더라도 번개가 쳤을 때 번개는 피뢰침에 끌리어 땅 속으로 흘러 들어가게 되므로 건물은 피해를 덜 입게 된다.

## 11.7 분극

유도에 의한 대전 현상은 도체에만 나타나는 것은 아니다. 대전[7]된 막대를 절연체 가까이에 가져갈 때는 절연체를 통해 옮겨갈 수 있는 자유전자는 없다. 그 대신에, 원자와 분자 안에서 전하의 위치가 재배열된다(그림 11.11 왼쪽). 원자나 분자의 한 쪽에는 반대쪽보다 약간 더 많은 양전하(또는 음전하)가 나타난다. 이것을 전기 분극이라고 한다. 만일 음으로 대전된 막대를 가져가면 원자나 분자의 양전하 쪽이 막대쪽을 향하고 원자나 분자의 음전하 쪽은 막대에서 먼 곳에 나타난다. 표면 근처의 원자나 분자는 모두 이런 식으로 정렬한다(그림 11.11 오른쪽).

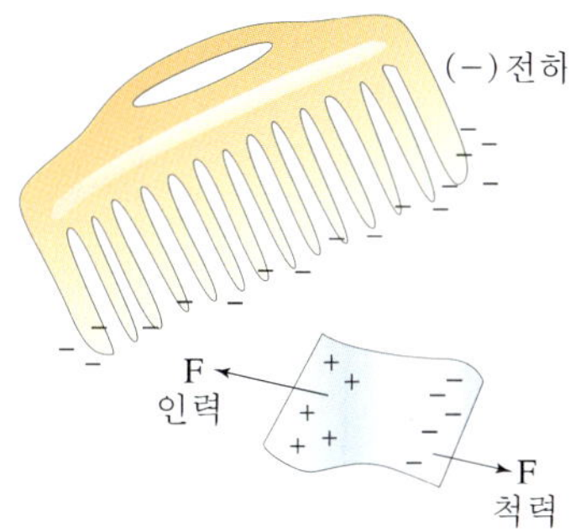


그림 11.10
대전된 빗이 대전되지 않은 종이 조각을 당기는 것은, 더 가까운 쪽 전하의 인력이 더 먼 쪽의 척력보다 강하기 때문이다. 가까운 쪽이 이겨서 알짜힘은 인력이 된다.

이것을 이용하면 전기적으로 중성인 종이가 대전된 물체에 달라붙는 이유를 설명할 수 있다. 종이 안의 분자들은 분극되고, 대전체와 반대 극성을 띤 부분이 막대쪽 가까이에 생긴다. 가까운 쪽의 전기력이 더 세므로 종이 조각은 알짜 인력을 받는다.

가끔 종이 조각이 대전체에 붙었다가 갑자기 날아가 버리는 경우가 있다. 이것은 접촉을 통한 대전이 일어났음을 보여준다. 종이가 대전체와 같은 부호의 전하를 얻어서 척력이 작용한 것이다.

---

7) 대전시키기 : 빗을 머리에 문질러서 대전시키자. 날씨가 건조하면 더 잘 된다. 이 빗을 종이 조각에 가져가 보자. 어떻게 되는가? 다음에, 대전된 빗을 수도꼭지에서 졸졸 흐르는 물줄기 근처에 대 보자. 물줄기와 빗 사이에 전기적인 상호 작용이 일어났는가? 물줄기는 대전되었다고 할 수 있는가? 그 이유를 설명해 보자.

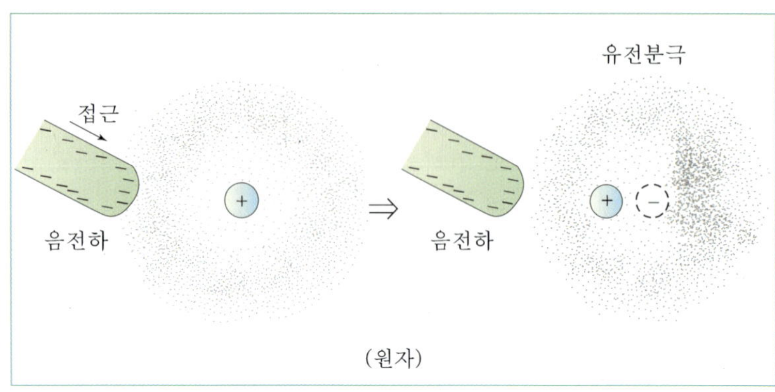


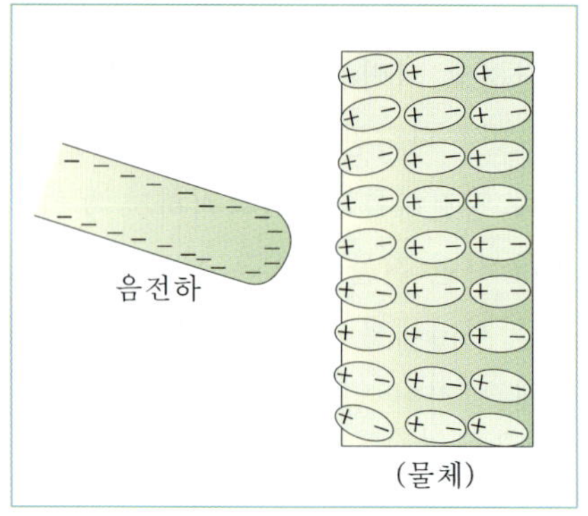


그림 11.11
(왼쪽) 음전하가 원자에 접근하면 접근하는 쪽은 양전하가 더 많은 상태로 된다.(유전분극)
(오른쪽) 음전하가 물체에 접근하면 물체의 원자나 분자는 유전 분극된다.

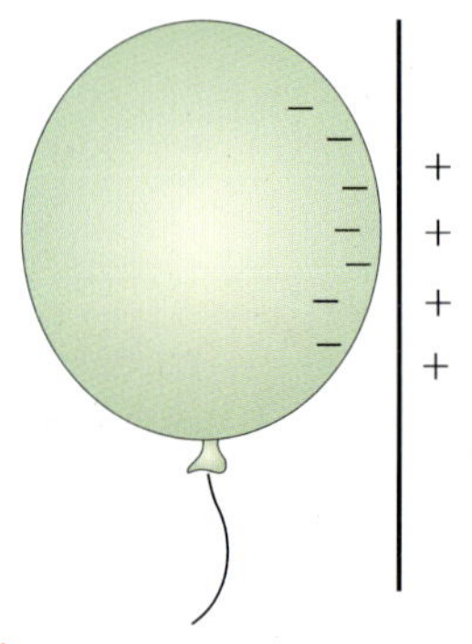

그림 11.12
음으로 대전된 풍선이 나무벽 속에 있는 분자들을 분극시켜서 양으로 대전된 표면을 만든다. 따라서 풍선이 벽에 붙는다.

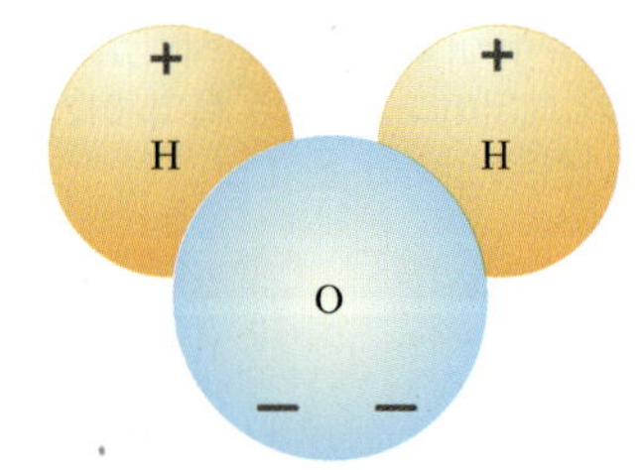


그림 11.13
$H_2O$분자는 전기 쌍극자이다.

둥근 풍선을 머리에 문지르면 대전된다. 풍선을 벽에 가져가면 벽에 달라붙는데, 그 이유는 풍선에 있는 전하가 벽에 반대 부호의 전하를 유도했기 때문이다. 풍선에 가까운 쪽 전하가 더 큰 전기력을 작용하므로 붙게 되는 것이다(그림 11.12).

물 분자($H_2O$)는 보통 상태에서도 전하의 분포가 고르지 않아서 분극되어 있다(그림 11.13). 이러한 분자를 전기 쌍극자라고 한다.

요약하면, 물체는 세 가지 방식으로 대전될 수 있다.

1. 마찰에 의해서, 마찰에 의해 전자가 한 물체에서 다른 물체로 옮겨간다.
2. 접촉에 의해서, 문지르지 않고 접촉만 시켜도 전자가 직접 한 물체에서 다른 물체로 옮겨간다. 대전된 막대를 대전되지 않은 금속에 접촉시키면 전하를 금속으로 옮길 수 있다.
3. 유도에 의해서, (물리적인 접촉이 없어도) 근처에 전하가 있으면 전자들은 모일 수도 있고 흩어질 수도 있다. 대전된 막대를 금속 표면 가까이에 가져가면 막대의 전하와 같은 극은 멀어지고 반대 극은 가까워진다. 그러면 알짜 전하는 변하지 않지만 물체의 전하가 재분포한다. 금속 표면이 접촉에 의해 방전되면 알짜 전하가 남게 된다.

물체가 절연체이면 전하가 이동하는 것이 아니라 전하가 재배열한다. 이것이 전하의 분극인데 대전체에 가까운 표면은 반대 부호의 전하가 배치된다. 이런 현상은 중성인 종이 조각이 대전된 물체에 붙을 때나 대전된 풍선이 벽에 붙을 때 일어난다.

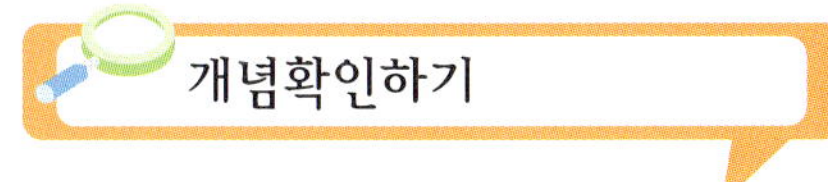


1 중력과 전기력 중에서 인력과 척력이 모두 작용하는 힘은 어떤 것인가?

2 중력은 질량에 의해 생긴다. 전기력은 무엇 때문에 생기는가?

3 양성자의 전하와 전자의 전하는 어떤 차이점이 있는가?

4 수소 원자에 있는 전자는 우라늄에 있는 전자와 같은가?

5 양성자와 전자는 어느 쪽이 더 무거운가?

6 보통의 원자에서 양성자의 수와 전자의 수는 같은가?

7 a. 같은 전하끼리는 어떤 힘이 작용하는가?
b. 다른 전하끼리는 어떤 힘이 작용하는가?

8 음이온은 양이온과 어떻게 다른가?

9 a. 고무 막대로 고양이털을 문지르면 털에서 전자가 떨어져 나오는데, 이때 막대는 양으로 대전되는가? 음으로 대전되는가?
b. 고양이털은 어떤가?

10 전하가 보존된다는 의미는 무엇인가?

11 a. 쿨롱 법칙이 중력 법칙과 비슷한 점이 무엇인가?
b. 두 법칙의 다른 점은 무엇인가?

12 질량의 SI 단위는 kg이다. 전하의 SI 단위는 무엇인가?

13 쿨롱 법칙에서 비례 상수 $k$는 보통 단위들에 비해 엄청나게 큰데 비해, 뉴턴의 중력 법칙에서의 비례 상수 G는 매우 작다. 이것은 두 힘의 상대적인 세기가 어떻다는 것인가?

14 왜 천체에 대해서는 약한 중력이 전기력보다 우세한가?

15 왜 전기력은 가까이 붙어 있는 원자들 사이에서 우세한가?

16 도체와 절연체의 차이는 무엇인가?

17 a. 왜 금속은 도체인가?
b. 왜 고무나 유리와 같은 물질은 절연체인가?

18 반도체란 무엇인가?

19 초전도체란 무엇인가?

20 a. 물체를 대전시키는 세 가지 방법은 무엇인가?
b. 접촉하지 않고도 대전하는 방법은 무엇인가?

21 번개란 무엇인가?

22 피뢰침의 기능은 무엇인가?

23 물체가 전기적으로 분극되었다는 뜻은 무엇인가?

24 대전체가 다른 물체를 분극시킬 때, 그 두 물체가 서로 당기는 힘을 받는 이유는?

25 전하 사이의 전기력은 중력에 비해 매우 크다. 우리는 보통 우리 주변에서 전기력을 느끼지는 못하지만, 중력은 느낄 수 있다. 왜 그런가?

26 전하 사이의 거리가 두 배로 멀어지면 전기력은 어떻게 되는가, 세 배로 멀어지면?

**27** 머리에서 빗으로 전자가 옮겨지면, 우리는 양으로 대전되는가, 음으로 대전되는가? 빗은 어떤가?

**28** 검전기는 간단한 장치이다. 나뭇가지처럼 둘로 갈라진 얇은 금박 종이를 병 속에 넣고, 그것에 금속공을 연결시킨 것이다. 금속공(−)에 대전체가 닿으면 가지가 펼쳐진다. 왜 그런가?

(검전기는 전하를 검출하는 데도 쓰지만 전하의 양을 측정하는 데도 쓴다. 금속공으로 전하가 많이 이동할수록 가지가 더 많이 벌어진다.)

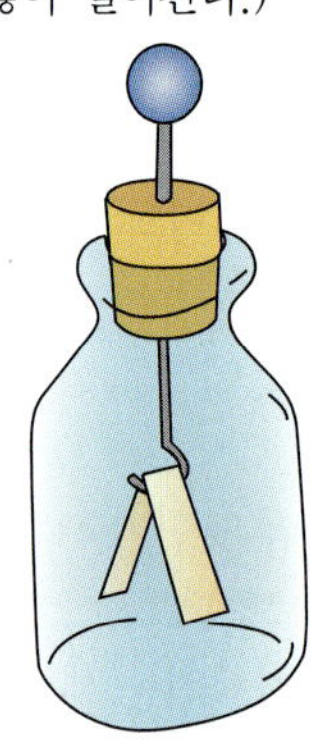

**29** (위 문제 28에서) 검전기의 가지를 벌어지게 하려면 대전체가 직접 닿아야만 하는가? 설명해 보자.

**30** 유리 막대를 건조한 플라스틱 가방에 문지르면 왜 가방이 정확히 같은 양만큼의 반대 전하를 갖는가?

**31** 전기의 도체가 열의 좋은 도체이기도 한 이유는 무엇인가?

**32** 전기적으로 중성인 물체가 대전체에 의해 끌릴 수 있는 이유를 무엇인가?

**33** 전자가 양전하이고 양성자가 음전하이면, 쿨롱 법칙은 달라지는가 아니면 같은가?

**34** 동전 하나에는 $5\times10^{21}$개의 자유 전자가 서로 밀치고 있다. 왜 전자들은 동전으로부터 튕겨져 나가지 않는가?

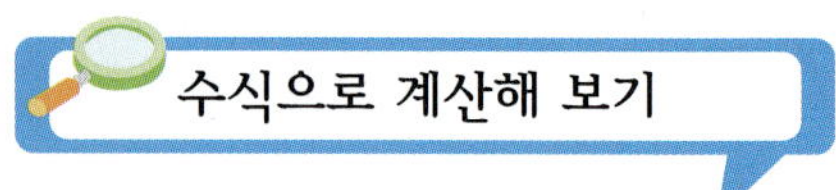


**1** 그림과 같은 전하 분포에서 전하 a와 b가 c에 작용하는 합력은 전하 a가 b에 작용하는 힘의 몇 배인가?

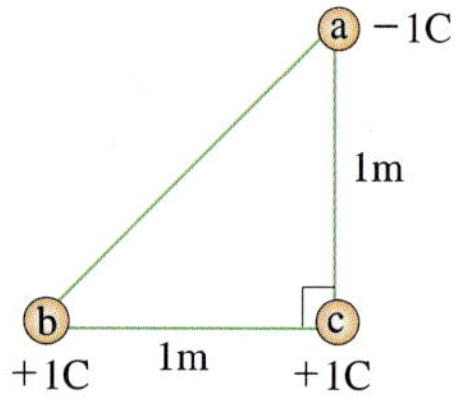


**2** 금속으로 만든 같은 크기의 구 A, B, C 가 있다. 구 A, B는 같은 양의 (+)전하로 대전되어 있고 구 C는 대전되어 있지 않았다. 구 B와 C를 잠깐 접촉시켰다가 뗀 후 그림과 같이 같은 거리 $r$ 떨어진 곳에 놓을 때 A가 받는 힘과 C가 받는 힘의 비는?

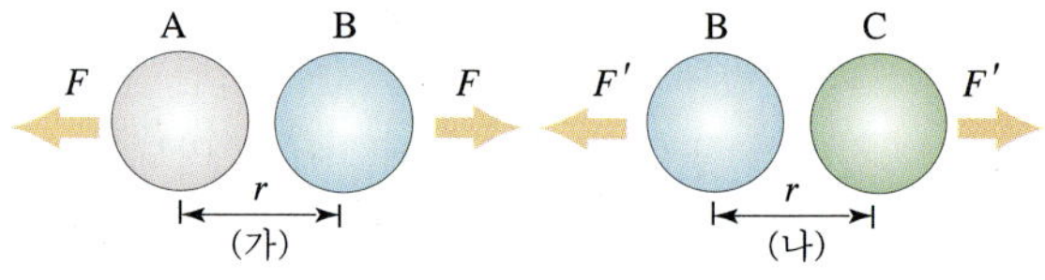


**3** 일정한 전기장이 있는 어느 공간에 질량이 $m$이고 전하량이 $+2e$인 $\alpha$입자를 놓았더니 가속도는 $a$였다. 만약 같은 위치에 질량이 $\frac{m}{4}$이고 전하량이 $e$인 양성자를 놓으면 가속도는 어떻게 되겠는가?

**4** 질량이 $1.67\times10^{-27}$kg이고 전하량이 $1.6\times10^{-19}$C인 두 양성자가 $3.8\times10^{-10}$m 떨어져 있다.

⊕ $3.8\times10^{-10}$m ⊕

a. 한 양성자가 받는 전기력을 구하라.
b. 한 양성자가 받는 중력을 구하라.
c. 양성자가 받는 전기력은 중력의 몇 배인가?

**5** 세 개의 전하 $q_1=1.0$nC, $q_2=-3.0$nC, $q_3=5.0$nC이 그림과 같이 직선 위에 고정되어 있다. $q_3$가 받는 힘의 크기와 방향을 구하여라.

$q_3$ ⊕ 2.0cm $q_1$ ⊕ 2.0cm $q_2$ ⊖

$(1\text{nC}=10^{-9}\text{C})$

**6** 1C의 전하 속에는 몇 개의 전자가 들어 있는가? 이 전자들의 총 질량은 몇 kg인가?

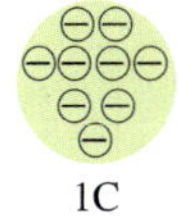
1C

**7** 전하량이 1C인 두 전하가 1km 떨어져 있을 때 밀치는 전기력은 몇 N인가? 이 힘은 몸무게 1000N(100kgf)인 사람 몇 명이 누르는 힘과 같은가?

**8** 구리 동전 2.0g 속에는 $2\times10^{22}$개의 구리 원자가 있다. 구리 원자 1개에는 29개의 전자가 있다면 이 구리 동전이 $+2\mu$C의 전하를 띠게 하기 위해서는 몇 %의 전자가 떨어져 나가야 하는가?

구리 2.0g

**9** 우라늄 원자핵은 양성자가 92개 있다. 만약 1개의 양성자가 우라늄 원자핵의 중심에서 $1\times10^{-11}$m 떨어진 곳을 지나간다면 그 때 받는 전기력의 크기는?

**10** 전하량이 $+3\mu$C인 4개의 점 전하가 한 변의 길이 40cm인 정사각형의 모서리에 있다. 전하 1개가 나머지 3개의 전하로부터 받는 힘의 크기를 구하라.

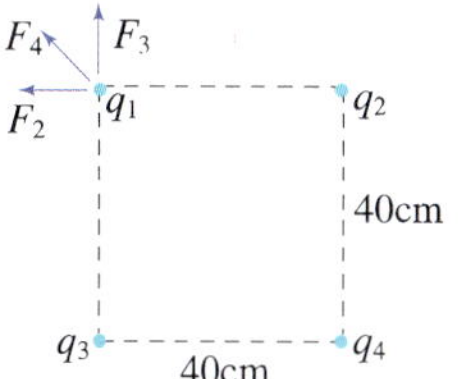


**11** 두 개의 같은 양전하 $q_1=q_2=2.0\mu$C가 제 3의 양전하 $Q=4.0\mu$C과 상호 전기력을 작용한다. $Q$에 작용하는 알짜힘의 크기와 방향을 구하라.

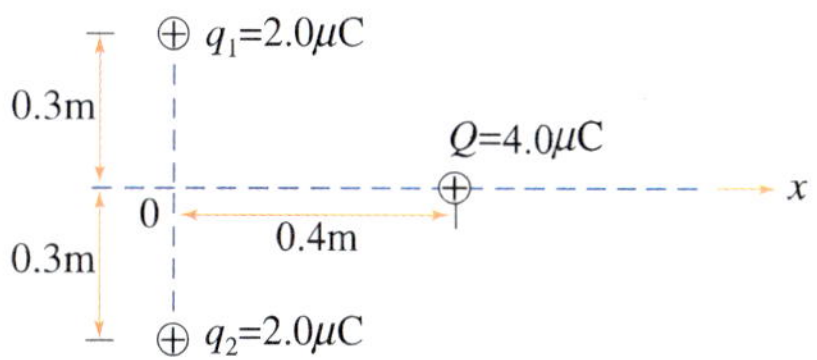


**12** 길이가 2m, 용수철 상수가 1000N/m인 용수철의 양 끝에 두 물체를 달아 수평면 상에 놓았다. 이 두 물체에 각각 같은 양의 전하 $Q$를 대전시켜 새로운 평형 상태를 이룰 때 용수철의 길이가 3m로 되었다. 전하량 $Q$는 얼마인가?(단, 모든 마찰은 무시하고 용수철은 절연되어 있으며, 쿨롱 상수는 $9\times10^9\text{N}\cdot\text{m}^2/\text{C}^2$이다.)

**13** 크기가 같은 두 도체구의 전하량이 각각 $4.0\times10^{-6}$C, $-1.6\times10^{-6}$C일 때, 이 둘을 접촉시킨 다음, 진공 중에서 1.2m의 거리를 떼어 놓으면 두 도체구의 전기량과 도체구 사이에 작용하는 전하력은 각각 얼마인가?

**14** 매우 가벼운 똑같은 모양의 금속구 A, B, C가 있다. 공 A와 공 B는 같은 전하량으로 대전되어 있다. 처음엔 대전되어 있지 않은 공 C를 공 B와 잠시 접촉시켰다가 떼어놓았다. 일직선상에서 A와 B, B와 C가 똑같은 거리만큼 떨어져 있게 하였다. A와 B 사이에 작용하는 힘은 B와 C 사이에 작용하는 힘의 몇 배인가?

**15** 어느 공간에 질량이 $M$이고 전하량이 $e$인 양성자를 놓았더니 가속도 $a$로 운동하기 시작하였다. 이 위치에 질량이 $4M$이고, 전하량이 $2e$인 $\alpha$입자를 놓으면 $\alpha$입자가 받게 될 가속도는?

**16** 철 이온의 핵은 반지름이 $4.0\times10^{-15}$m이며 26개의 양성자가 들어 있다. 거리가 $4.0\times10^{-15}$m 떨어진 두 양성자 사이에 작용하는 전기력은 몇 N인가?

**17** 점 전하 $q_1=26.0\mu$C과 $q_2=-47.0\mu$C 사이에 5.70 N의 전기력이 작용할 때 두 점 사이의 거리는 얼마인가?

**18** 동일한 두 대전 입자가 $3.2\times10^{-3}$m 만큼 떨어져 있다. 첫 번째 입자의 처음 가속도는 $7.0\text{m/s}^2$이고 질량은 $6.3\times10^{-7}$kg이다. 대전된 전하의 크기는 각각 얼마인가?

**19** 얼마나 많은 양전하를 지구와 달에 대전시키면, 중력에 의한 인력과 균형을 이루겠는가? (단, 지구질량은 $5.98\times10^{24}$kg, 달의 질량은 $7.36\times10^{22}$kg, 만유인력 상수는 $6.67\times10^{-11}\text{N}\cdot\text{m}^2/\text{kg}^2$, 쿨롱상수는 $9.0\times10^{9}\text{N}\cdot\text{m}^2/\text{C}^2$이다.)

**20** 전하 $Q$가 $q$와 $Q-q$로 나누어져 임의의 거리만큼 떨어져 있다. 두 입자 사이의 척력이 최대값을 가지려면 $q$는 어떻게 되는가? $Q$로 나타내어라.

**21** 수정실에 매달려 있는 가벼운 금속구에 양으로 대전된 막대를 가까이 하였더니 금속구는 대전된 막대 쪽으로 끌려왔다.

a. 금속구가 중성이더라도 대전된 막대에 끌려오는 이유는 무엇인지 설명하라.

b. 금속구의 대전여부를 알 수 있는 방법을 제시해 보라.

c. 마찰시킨 플라스틱 막대를 중성이며 부도체인 작은 종이조각이나 수돗물에 가까이 했을 때 이들이 끌려오는 이유를 설명하라.

d. 차 안에 있는 사람은 번개가 내리쳐도 안전하다. 그 이유는 무엇인지 설명해 보라.

e. 쿨롱의 법칙에 의하면 전기력은 두 전하량의 곱에 비례하고 전하 사이의 거리의 제곱에 반비례한다고 한다. 당시 전자와 같은 전기를 띤 입자조차 몰랐다고 한다. 전기력이 두 전하량의 곱에 비례한다는 것을 알기 위해서는 대전체가 갖고 있는 전하량을 알아야 하는데, 어떤 방법을 이용해서 전하량을 비교했을까?

**22** 질량이 $m$이고 대전된 전하량이 같은 두 입자가 전기력에 의해 $r$만큼 떨어져서 그림과 같이 길이 $l$인 실에 매달려 있다. 입자 하나가 가지는 전하량은? (단, 쿨롱의 비례 상수는 $k$이고 중력 가속도는 $g$이다.)

1. 20$\mu$C의 전하량을 갖는 3개의 양전하가 직선상에서 2m 간격으로 놓여있다.

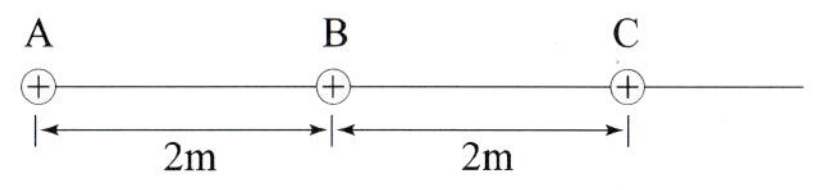


전하 C가 받는 힘의 크기와 방향은?

2. 보어의 원자모형에서 수소원자의 반지름을 $r = 5.29 \times 10^{-11}$m라고 하자. 전자가 받는 전기력의 크기와 전자의 공전속도를 구하시오.
3. 간격이 $a$ 만큼 떨어진 두 개의 양전하의 총전하량을 $q$라고 하자. 두 전하 사이에 작용하는 전기력이 최대가 되기 위해서 각각의 전하가 갖게 되어야 하는 전하량은?

# Chapter 12

# 전기장과 전위

자석 주위의 공간은 자석이 없을 때와는 전혀 다르다. 이런 공간에 클립을 가져가면 클립이 움직이는 것을 볼 수 있을 것이다. 또한 전하 주위의 공간도 전하가 없을 때와는 다르다. 반 데 그라프 발전기와 같이 대전된 정전 고압 발생 장치 근처를 지나가면 전하를 느낄 수 있다. 이때 몸에 나 있는 털들이 쭈뼛하게 서는데 가까이 갈수록 그 정도는 심해진다. 이와 같이 전하가 있는 주위의 공간을 전기장이라고 한다.

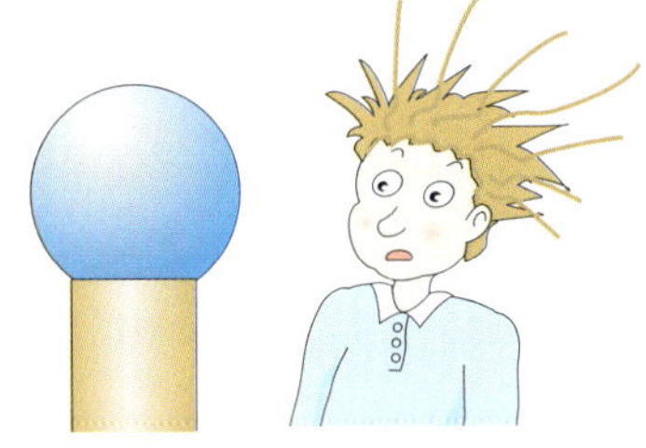

그림 12.1
대전된 반 데 그라프를 둘러싼 전기장을 느낄 수 있다.

## 12.1 전기장

물체 주위의 힘마당(역장)은 중력장이다. 공중으로 공을 던지면, 곡선을 그리며 날아간다. 앞에서 설명했듯이 이는 공과 지구가 상호 작용을 하기 때문이다. 그 둘 사이의 중력 중심이 아주 멀리 떨어져 있으므로 이러한 힘의 작용을 원격 작용이라고 한다.

접촉하지 않고도 서로에게 힘을 미칠 수 있다는 생각은 뉴턴과 많은 사람들을 당혹스럽게 하였다. 힘마당이라는 개념을 사용함으로써 이런 거리 문제를 해결할 수 있었다. 공은 항상 장과 접촉되어 있다. 따라서 공이 곡선을 그리며 날아가는 것은 공이 지구의 중력장과 상호 작용하기 때문이라고 말할 수 있다. 일반적으로 멀리 날아가고 있는 로켓이나 우주 탐사선들이 중력장을 만드는 지구나 다른 천체와 상호 작용하는 것이라기보다는 중력장과 상호 작용하는 것이라고 생각한다.

지구와 다른 물체 주위의 공간이 중력장으로 채워진 것처럼, 모든 전하 주위의 공간도 전기장–공간에 펼쳐진 기운의 일종–으로 채워져 있다. 그림 12.2에서처럼, 중력은 위성이 행성 주위의 일정한 궤도를 유지하게 하고, 전기력은 전자가 양성자 주위의 궤도를 유지하게 한다. 어느 경우나 물체 사이의 접촉은 없으며 힘은 먼 거리에서도 작용한다

(원격 작용). 이것을 장 개념으로 설명하면, 궤도를 도는 위성과 전자는 각각 행성과 양성자의 힘마당과 상호 작용하는 것이며 어느 곳에서나 장과 접촉해 있는 것이다. 즉, 전하가 서로에게 미치는 힘은 한 전하와 다른 전하가 만든 전기장과의 상호작용이라고 할 수 있다.

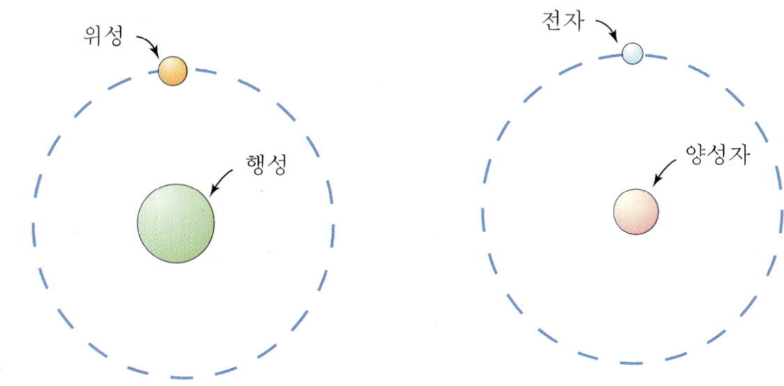


그림 12.2
위성과 전자는 모두 힘을 받는데, 둘다 힘마당에 있는 것이다.

전기장은 크기와 방향을 갖는다. 그 크기는 장 안에 위치한 전하가 받는 효과로 측정된다. 작은 양전하를 '시험 전하'로 하여 전기장에 놓아 두었다고 생각해 보자. 그 시험 전하가 가장 큰 힘을 받는 곳은 전기장의 세기가 가장 큰 곳이고, 시험 전하에 작용하는 힘이 약하면, 장의 크기는 작은 것이다.[1)]

어떤 점에서든 그 점에 위치한 작은 시험 양전하가 받는 전기력의 방향을 전기장의 방향이라고 한다. 따라서 장을 만드는 전하가 양이라면, 그 장의 방향은 그 전하로부터 밖으로 향한다. 전하가 음이라면 장의 방향은 그 전하쪽을 향한다(장을 만드는 전하와 가상의 시험 전하를 구별하여 생각할 수 있도록 해야 한다).

---

1) 전기장의 세기는 장 안에 놓인 작은 시험 전하가 받는 힘으로 측정한다. (시험 전하의 전하량은 아주 작아서 원래의 전하에 영향을 주지 않으며 그 전하에 의해 만들어지는 전기장도 영향을 주지 않는다고 가정한다.) 시험 전하 $q$가 공간의 어떤 점에서 받는 힘의 크기를 $F$라고 하면, 그 점에서 전기장의 세기는

$$E = \frac{F}{q}$$

## 12.2 전기력선

전기장은 크기와 방향을 모두 가지므로 벡터로 나타낼 수 있다. 그림 12.3 (a)에 있는 음으로 대전된 입자는 입자쪽으로 향하는 벡터로 둘러싸여 있다(만일 입자가 양으로 대전되었다면 벡터의 방향은 입자로부터 밖으로 향한다. 벡터의 방향은 항상 양으로 대전된 시험 전하가 받는 힘의 방향으로 정해진다). 장의 크기는 벡터의 길이로 나타낸다. 전기장은 벡터의 길이가 짧은 곳보다 긴 곳이 더 크다. 전기장을 모두 벡터로만 나타내려면 전하 주위 공간의 모든 점에 벡터를 표시해야만 한다. 그런 그림은 알아 볼 수도 없을 것이다. 전기장을 묘사하는 더 유용한 방법은 전기장선 또는 전기력선으로 나타내는 것이다(그림 12.3 (b)). 이 선들의 간격이 넓은 곳은 좁은 곳보다 장의 크기가 더 약한 곳이다. 고립 전하에서 그 선들은 무한히 뻗쳐 있고, 두 개 이상의 반대 극성을 가진 전하에서

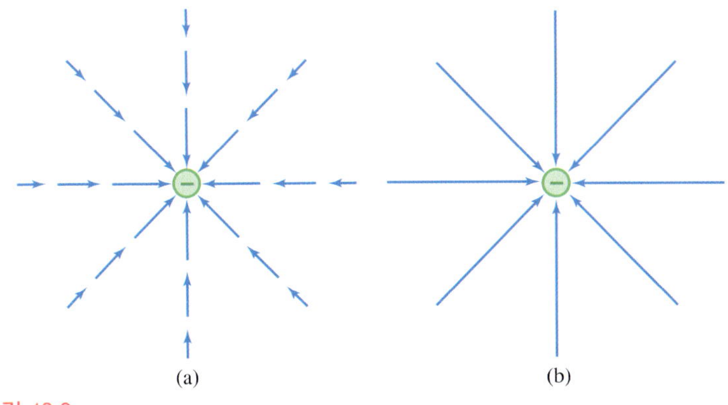


그림 12.3
음전하 주위의 전기장. (a) 벡터 표현 (b) 역선 표현

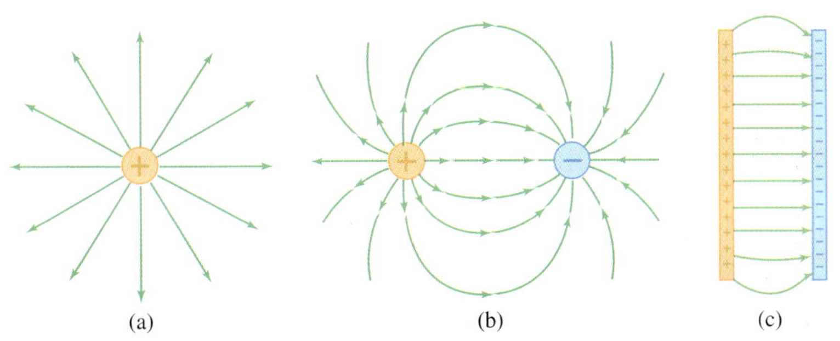


그림 12.4
몇 개의 전기장 분포 (a) 양전하 주위의 역선. (b) 부호가 반대이고 크기가 같은 전하 한 쌍이 만드는 역선 (c) 반대 극으로 대전된 두 개의 평행판 사이에 균일하게 형성된 역선

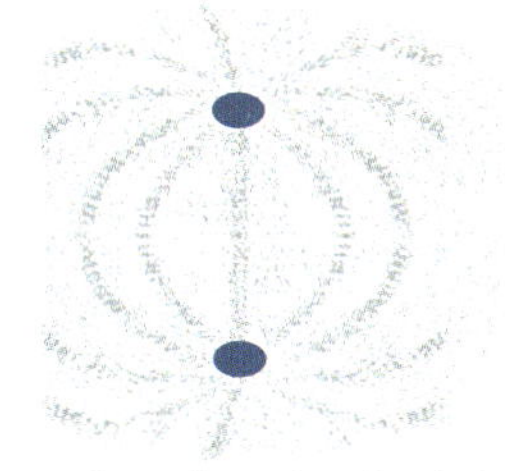

(a) 크기는 같고 부호가 반대인 점전하 주위의 전기장

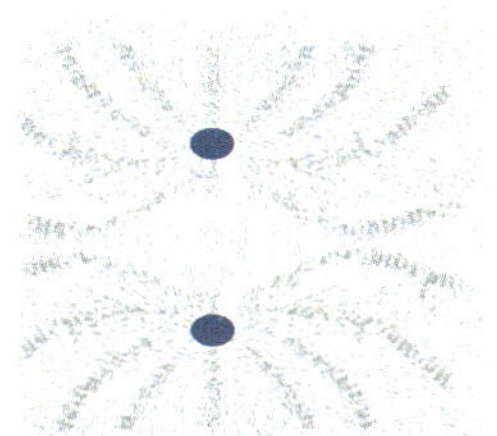

(b) 크기와 부호가 같은 점전하 주위의 전기장

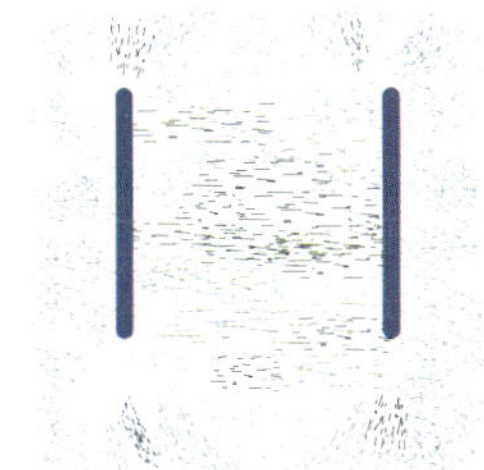

(c) 반대 부호로 대전된 두 도체판 주위의 전기장

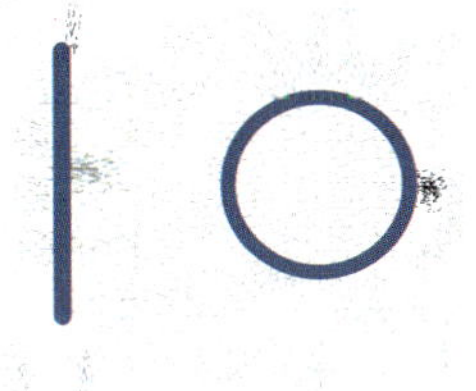

(d) 반대로 대전된 원통과 도체판 주위의 전기장

그림 12.5
대전된 도체를 기름 위에 놓고 실조각을 띄우면 전기장 모양을 볼 수 있다.

그 선들은 양전하에서 나와서 음전하로 들어간다. 그림 12.4에 전기장 분포가 나와 있다.

대전된 도체 주위의 기름 위에 실 조각들을 띄우면 전기장의 모양을 볼 수 있다. 실 조각의 끝 부분은 정전기 유도로 분극되면서 전기장을 따라 정렬하려는 경향이 있다. 이것은 마치 자기장 속에서 철조각들이 정렬하는 것과 비슷하다. 그림 12.5의 (a)와 (b)에서 점전하 한 쌍이 만드는 전기장의 특성을 볼 수 있다. (c)에서와 같이 반대 부호로 대전된 평행판은 판 사이에 거의 평행한 역선을 만든다. 두 판의 전기장이 결합하여 판 사이에 새로운 전기장이 형성된다. 판의 끝 부분을 제외하면, 판 사이의 전기장은 일정한 세기를 가진다. (d)에서 원통 내부의 실 조각들은 정렬하지 않는다는 것을 볼 수 있는데, 이는 도체 내부의 전기장이 0이라는 것을 보여준다. 도체는 외부의 전기장을 차폐시킨다.

고립된 점전하들 사이에 작용하는 힘에만 관심을 둔다면 전기장이라는 개념은 사용에 한계가 있다. 그러나 전하들은 표면에 넓게 분포하는 경우가 많으며, 또 전하는 움직이기도 한다. 이 운동은 전기장을 변화시킴으로써 이웃한 전하와 상호 작용하게 된다.

이 단원과 다음 단원에서 전기장이 에너지를 저장한다는 것을 알게 될 것이다.

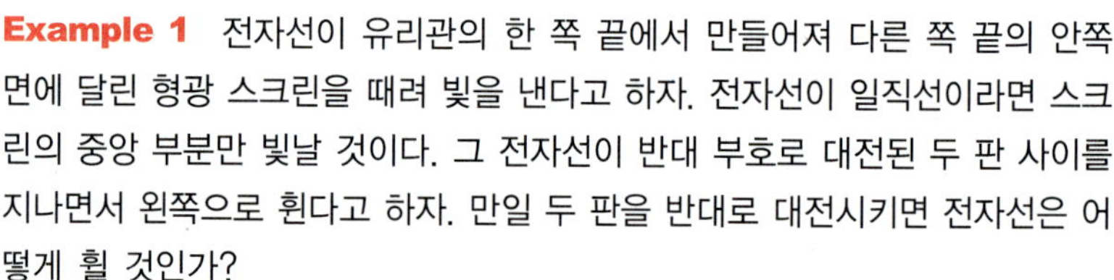

**Example 1** 전자선이 유리관의 한 쪽 끝에서 만들어져 다른 쪽 끝의 안쪽 면에 달린 형광 스크린을 때려 빛을 낸다고 하자. 전자선이 일직선이라면 스크린의 중앙 부분만 빛날 것이다. 그 전자선이 반대 부호로 대전된 두 판 사이를 지나면서 왼쪽으로 휜다고 하자. 만일 두 판을 반대로 대전시키면 전자선은 어떻게 휠 것인가?

풀이 판의 극이 바뀌면, 전기장은 반대가 될 것이고, 전자선은 오른쪽으로 휘게 될 것이다. 만일 장이 진동한다면, 전자선도 이리저리 휘게 될 것이다.

그림 12.6
번개로부터 오는 전자들은 외부 금속 표면에서 서로 밀며 골고루 퍼진다. 비록 전자들이 차 밖에 만드는 전기장은 매우 크지만 차 안의 전체 전기장은 0이 된다.

**Example 2** 그림 12.6은 자동차에 번개가 치는 극적인 장면을 보여주고 있다. 그러나 차 안에 있는 사람은 안전하다. 자동차에 번개가 칠 때 차 안의 사람이 감전되지 않는 이유는 무엇인가?

풀이 차 위로 쏟아져 들어온 전자들이 서로 반발하여 금속의 바깥쪽 표면으로 퍼져 나가다가, 결국 스파크가 일어나면서 차체로부터 땅속으로 방전되기 때문이다. 어떤 순간이라도 차 표면에 있는 전자들의 분포는 차 내부의 전기장을 0으로 만들도록 되어 있다. 이것은 모든 도체에서 일어나는 현상이다. 도체 안의 전하가 움직이지 않으면, 도체 내부의 전기장은 정확히 0이다.

정전기를 띠고 있는 닫힌 도체 내부의 공간에서 전기장은 0이다.

간단한 예로 그림 12.7과 같은 대전된 금속구를 생각해 보자. 서로 미는 힘을 작용하기 때문에 전자들끼리는 가능한 한 서로 멀리 떨어지게 된다. 그래서 전자들은 구 표면에 균일하게 분포한다. 시험 양전하를 정확히 구의 중심에 놓으면 아무런 힘도 받지 못할 것이다. 예를 들면 구의 왼쪽 부분에 있는 전자들이 시험 전하를 왼쪽으로 당기지만, 구의 오른쪽 부분에 있는 전자들은 시험 전하를 같은 크기의 힘으로 오른쪽으로 당긴다. 시험 전하에 미치는 알짜힘은 0이 될 것이다. 따라서 전기장도 역시 0이 된다. 재미있는 것은, 도체인 구 내부 어디서든지 전기장은 0이라는 것이다. 이것을 증명하려면, 약간의 기하학을 알아야 한다.

그림 12.7
대전된 구 내부에 위치한 시험 전하에 작용하는 힘은 0이다.

도체가 구모양이 아니라면, 전하 분포는 균일하지 않을 것이다. 예를 들어 정육면체라면, 전하의 대부분은 모서리에 몰린다. 놀라운 것은 면과 모서리의 전자 분포는 정육면체 안의 어디서나 전기장이 0이 되도록 이루어진다는 것이다. 다음과 같이 생각해 보자. 만일 도체 내부에 전기장이 있다면, 도체 내부의 자유 전자들은 움직이기 시작할 것이다. 얼마나 움직일까? 평형이 될 때까지, 즉 모든 전자들의 위치가 도체 내부의 전기장을 0으로 만들 때까지 움직일 것이다.

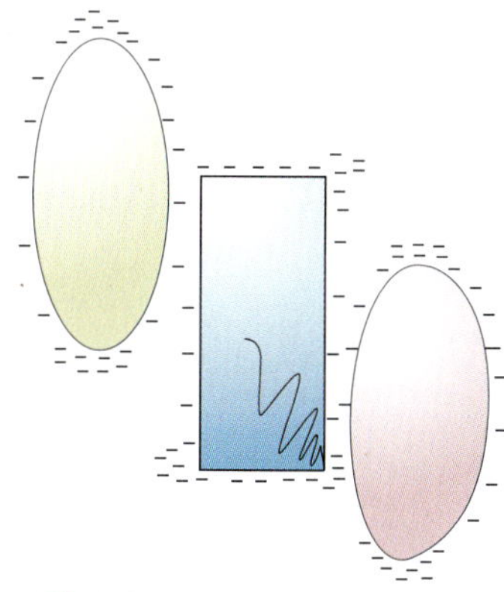

그림 12.8
정전하는 모든 도체 표면에 분포할 때 도체 내의 전기장이 0이 되도록 만든다.

중력을 차폐할 방법은 없는데, 그 이유는 중력은 인력만 작용하기 때문이다. 즉 인력을 상쇄할 척력이 없기 때문이다. 전기장을 차폐시키는 것은 간단하다. 차폐시키고자 하는 것을 도체 표면으로 둘러싸기만 하면 된다. 이렇게 하고 전기장 속에 넣어 보자. 그러면 도체 표면의 자유 전자들이 도체 표면에서 움직여 도체 내부의 전기장이 0이 되도록 만든다. 이것이 어떤 전자 부품을 금속 상자에 넣어 두거나, 어떤 통신선을 금속으로 감싸는 이유인데, 모두 외부의 전기 작용으로부터 차폐시키려는 것이다.

---

**Example** 전기장과는 달리 중력장은 차폐될 수 없다고 한다. 그러나 지구 중심에서의 중력장은 0이다. 이것은 중력장도 차폐될 수 있다는 뜻인가?

풀이 아니다. 중력은 행성 내부나 행성 사이에서 상쇄될 수 있지만, 질량의 배열이나 행성 하나에 의해 차폐될 수는 없다. 예를 들어 월식 때 지구가 태양과 달 사이 일직선상에 있지만 태양의 중력장이 차폐되는 것은 아니다. 아주 조금이라도 차폐 효과가 있다면 그것이 오랫동안 누적되어 다음 월식 기간에 영향을 줄 것이다. 차폐는 척력과 인력의 조합인데, 중력은 인력만 있다.

---

# 12.3 전기력에 의한 위치 에너지와 전위

## 1) 전기력에 의한 위치 에너지

단원 6에서 다룬 일과 위치 에너지의 관계를 생각해 보자. 힘이 작용하여 힘의 방향으로 물체를 이동시킬 때 '일한다'고 한다. 물체는 역장 안의 위치에 따라 다른 위치 에너지를 가진다. 예를 들어 우리가 물체를 들어올릴 때 작용하는 힘은 물체의 무게와 같다. 물체를 얼마간 이동시킬 때는 일을 하고 있는 것이다. 중력에 의한 위치 에너지를 증가시키고 있는 것이다. 들어올린 거리가 클수록, 중력에 의한 위치 에너지가 커지는 것이다. 일을 하는 것은 중력에 의한 위치 에너지를 증가시키는 것이다(그림 12.9).

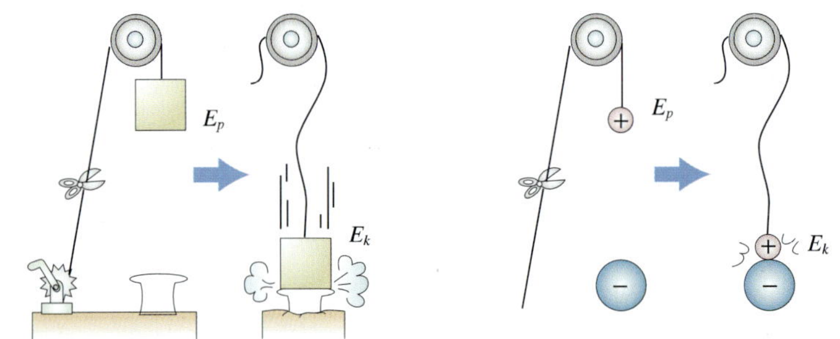


그림 12.9
(a) 지구 중력장에 대해 쇠메를 들어올리는 일을 한다. 쇠메가 들어올려지면 중력에 의한 위치 에너지를 갖는다.
쇠메를 놓으면, 이 에너지는 그 아래에 있는 말뚝에 전해진다.
(b) 비슷한 에너지 전환이 전기에서도 일어난다.

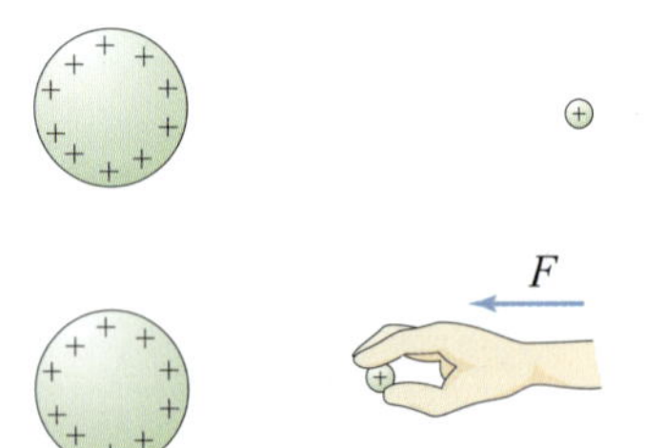


그림 12.10
작은 양전하를 양으로 대전된 구에 가까이 가져가면 작은 양전하는 더 큰 위치 에너지를 갖는데, 그 이유는 구에 가까이 가져가는데 일이 더 필요하기 때문이다.

이와 비슷하게 대전체는 전기장 안에서 위치에 따라 다른 위치 에너지를 가질 수 있다. 물체를 들어올리기 위해 지구의 중력장에 대해 일을 해준 것처럼, 대전체의 전기장에 대해 대전 입자를 이동시킬 때도 일이 필요하다.(이것을 시각화시키기는 어렵지만, 중력장이나 전기장에 대한 물리는 모두 같은 것이다.) 대전 입자의 전기 에너지는 또다른 어떤 대전체의 전기장에 대해 일을 할 때 증가된다.

그림 12.10(위)에서 보는 것처럼 양으로 대전된 구로부터 약간 떨어진 거리에 작은 양전하가 있다고 하자. 우리가 작은 양전하를 구 쪽으로 이동시키면 그림 12.10(아래)처럼 전기적 척력을 느끼며 일하게 될 것이다. 용수철을 압축시킬 때 하는 일처럼, 구의 전기장에 대해 이동시킬 때도 같은

일이 일어난다. 이 일은 전하가 얻은 에너지와 같다. 전하가 위치에 따라 얻게 되는 에너지를 전기력에 의한 위치 에너지 또는 전기에너지라고 한다. 만일 이 상태에서 전하를 놓아 주면 전하는 구로부터 멀어지면서 가속 운동하게 되고, 전기력에 의한 위치 에너지는 운동 에너지로 전환된다.

### 2) 전위

앞의 논의에서 두 개의 전하를 이동시키면 2배의 일을 하게 된다. 따라서 같은 위치에 두 개의 전하가 있으면 한 개의 전하가 있을 때보다 두 배의 전기 에너지를 갖는다. 전하가 세 개이면 3배의 전기 에너지를 갖게 되는 것이다.

전하들의 전체 전기 에너지를 생각하기보다는 단위 전하당 전기 에너지를 생각하는 것이 더 편리하다. 단위 전하당 전기 에너지는 전체 전기 에너지를 전체 전하량으로 나눈 것이다. 단위 전하당 전기 에너지는 전하량에 관계없이 같다. 예를 들면 어떤 특정한 점에서 10배의 단위 전하를 가진 물체는 단위 전하 하나가 가지는 에너지의 10배 에너지를 갖는다. 그러나 그 물체는 전하량도 10배이므로 단위 전하당 전기 에너지는 같다. 단위 전하당 전기 에너지를 전위라고 한다.

$$\text{전위} = \frac{\text{전기 에너지}}{\text{전하}}$$

SI 단위로 전위의 단위는 볼트(V)인데, 이것은 이탈리아 물리학자인 볼트(1745−1827)의 이름에서 딴 것이다. 전기 에너지의 단위는 줄(J)이고 전하의 단위는 쿨롱(C)이므로 전위의 단위는 다음과 같다.

$$1\text{V} = 1\text{J/C}$$

**Example** 그림 12.11에서처럼 대전된 구 근처에 있는 대전체보다 2배의 전하를 가진 물체를 놓으면, 그 물체는 2배의 전기 에너지를 갖는가? 또 전위는 같은가, 다른가?

풀이 전기 에너지는 2배가 되는데 그 이유는 그 위치까지 그 물체를 이동시키는데 필요한 에너지는 비교 물체에 비해 2배가 되기 때문이다. 그러나 전위는 전기 에너지를 전하량으로 나눈 값이므로 비교 물체와 같은 값을 갖는다.[2)]

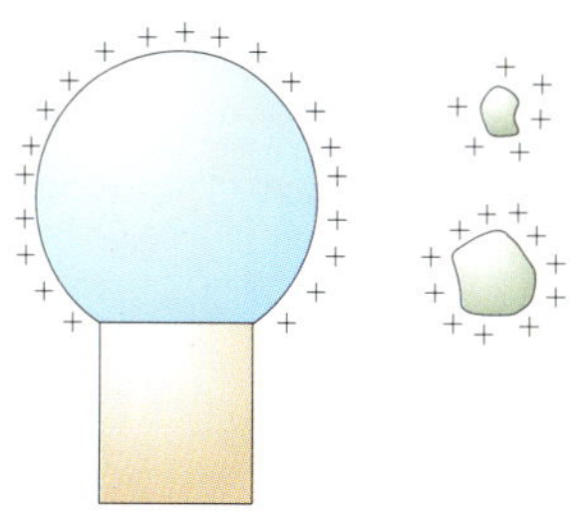

그림 12.11
돔 모양의 대전 물체가 만든 전기장 안에서 전하량이 큰 물체는 전하량이 작은 물체보다 더 큰 전기 에너지를 갖는다. 그러나 같은 위치에서의 전위는 둘 다 같다.

2) 전위는 전기 에너지와 다르다. 그 차이를 잘 알아두어야 앞으로 공부하는데 좋다.

그러므로 1V의 전위는 1C당 1J의 에너지이다. 1000V는 1C당 1000J의 에너지와 같다. 어떤 도체가 1000V의 전위를 가진다고 하면, 작은 전하를 매우 먼 곳에서부터 이동시켜 도체 위의 전하에 더하는 데 1C당 1000J의 에너지가 필요하다는 뜻이다.[3](작은 전하는 1C보다 훨씬 작기 때문에 필요한 에너지는 1000J보다 훨씬 더 작다. 예를 들면 도체에 $1.6 \times 10^{-19}$C의 전하를 가진 양성자 하나를 더하는 데는 $1.6 \times 10^{-19}$J에 불과하다.)

전위를 V로 나타내기 때문에 전압이라고 부르기도 한다. 이 책에서는 그냥 혼용해서 쓰기로 하자. 전위가 0인 곳이 정해지면 위치에 따른 전위가 결정되는데, 각 위치에 전하가 있건 없건 상관없다. 실제로 어떤 위치에 전하가 있건 없건 전기장의 각 점에 따라 전위가 결정되는 것이다.

그림 12.12
대전된 풍선의 전압은 크지만, 전하량이 작기 때문에 전기 에너지는 작다.

풍선을 머리에 문지르면 풍선은 음으로 대전되는데 수천 볼트나 된다. 풍선에 있는 전하가 1C이라면 수천 볼트의 전위인 풍선까지 1C의 전하를 가져오는 데 수천 줄의 에너지가 필요하다는 것이다. 그러나 1C은 엄청나게 큰 전하량이고, 머리에 문질러 풍선에 모을 수 있는 전하량은 백만 분의 1보다 작은 양이다. 따라서 대전된 풍선에 관계된 에너지는 아주 작아서 수천 분의 1 J 정도이다. 고전압은 전하량이 클 경우에만 큰 에너지를 갖게 된다. 이는 전위와 전기 에너지의 차이를 보여주는 것이다.

**더 알아보기** **반 데 그라프**

보통 실험실에서 고전압을 만드는 장치로는 반 데 그라프 발전기를 들 수 있다. 이것은 오래된 공상 과학 영화에 나오듯이 '사악한 과학자'가 흔히 사용하는 번개 장치이다. 반 데 그라프의 간단한 모형이 그림 12.13에 있다. 속이 빈 금속구를 원통형 절연 지지대로 받쳐 놓은 것이다. 지지대 안에서 모터에 의해 돌아가는 고무 벨트가 빗 모양의 금속 바늘들 옆을 빠르게 움직여 가는데, 그 바늘은 높은 전압을 유지하고 있다. 바늘의 끝부분에서 연속적으로 방전되는 전자들이 벨트에 저장되었다가 금속구로 실려간다. 전자들은 금속구 내부 표면에 부착된 금속 바늘들(집전 장치)의 뾰족한 점들(작은 피뢰침처럼 작용하는)에서 새어 나간다. 상호 반발력 때문에 전자들은 도체 구의 바깥쪽 표면으로 옮겨간다(모든 도체의 정전기는 바깥 표면에만 존재한다는 것을 기억하자). 안쪽 표면은 대전되지 않은 상태가 되고 벨트로부터 더 많은 전자들을 받을 수 있게 된다. 이 과정은 연속적으로 일어나고 매우 높은 – 수백 만 볼트까지 – 전위까지 만들 수 있다.

3) 전위가 0인 기준점은 어떤 전하로부터 무한히 멀리 떨어진 곳으로 정하는 것이 보통이다. 다음 장에서 논의할 전기에서는 지표면을 전위가 0인 기준점으로 잡는다.

반지름이 1m인 구로는 공기 중에서 방전하지 않고 3백만 볼트까지(3백만 볼트 정도 되면 공기 중에서 방전되기 때문에) 높일 수 있다.[4] 전압을 높이려면 구의 반지름을 크게 하든지, 아니면 고압 기체로 채워진 통 안에 이 장치를 집어넣든지 하면 된다. 반 데 그라프 발전기는 2천만 볼트까지의 전압을 만들 수 있다. 이런 장치는 대전 입자를 가속시켜 원자핵을 관통시키는 데 사용한다. 이것을 만질 때 머리카락이 서는 장면이 그림 12.14에 나와 있다.

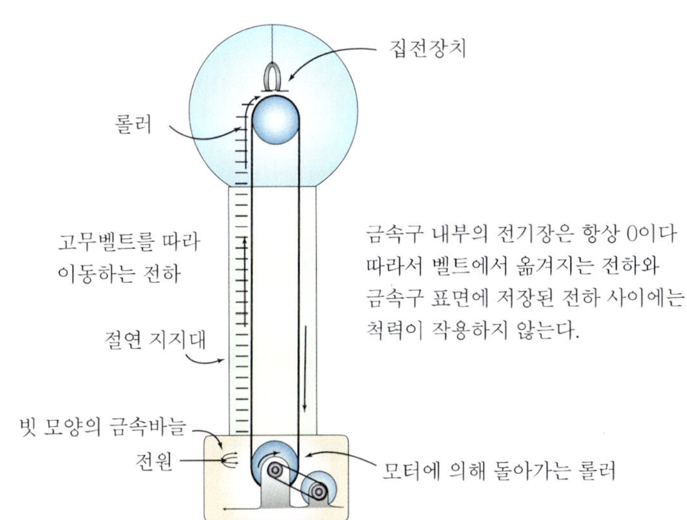


그림 12.13
반 데 그라프는 높은 전압을 만든다.

그림 12.14
머리카락이 서는 이유는 무엇인가?

4) 아크 방전이 일어나기 위한 전기장의 세기는 도체 구의 반지름에 정비례한다. 그래서 반 데 그라프의 거대한 반지름은 아크 방전하기 전까지 상당한 정도의 전하를 저장할 수 있는 데 비해, 피뢰침처럼 날카로운 것들은 쉽게 전하를 흘려 보낸다. 날카로운 점들을 반지름이 작은 구라고 볼 수 있다. 반지름이 클수록 방전이 일어나기 전까지 더 많은 전하를 모을 수 있다.

# 12.4 균일한 전기장에서 전하의 운동

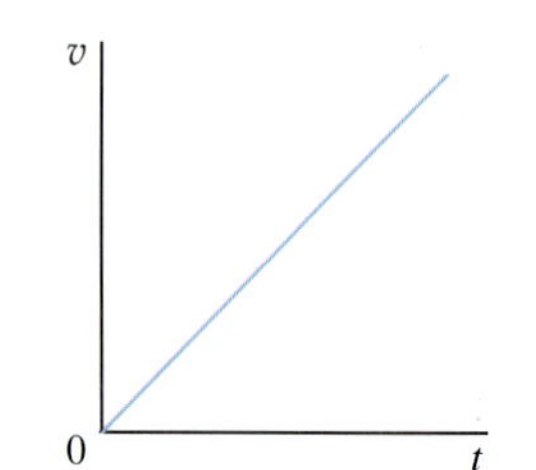


그림 12.15
만약 전하량 $q$인 대전 입자를 전기장이 $E$인 곳에 놓으면 그 입자는 크기가 $qE$인 힘을 계속 받으므로 등가속도 운동을 하게 되며 그 속도는 그림과 같이 변할 것이다.

균일한 전기장이란 전기장의 세기와 방향이 일정한 것을 말한다. 즉, 전기력선의 밀도가 균일하므로 전기장의 세기는 어디서나 같다.

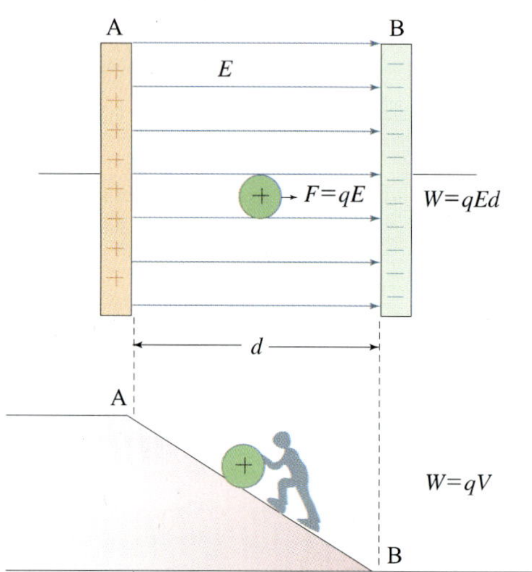


그림 12.16

균일한 전기장에서 전하량이 $+q$이고 질량이 $m$인 입자를 (+)극판에 놓으면 입자는 전기장으로부터 $qE$의 힘을 받으면서 (−)극판에 도달하게 된다. 이 때 입자의 운동에너지는 전기장이 입자에 한 일과 같다.

$$\frac{1}{2}mv^2 = qEd$$

즉 위의 식으로부터 전하 $q$가 반대편 판에 도착하기 직전의 속도를 구할 수 있는 것이다.

**더 알아보기 전기장과 전위의 관계 그래프**

다음과 같은 세 가지 경우에 전기장과 전위의 크기를 알아보자.
전기장은 전기력선을 그려서 밀도가 클수록 센 것이고, 전위는 (+) 전하가 많이 모인 곳에 가까운 곳일수록 높다.
먼저 평행판 축전기 사이에서 전기장의 세기는 균일하다. 전기력선을 그려보면 전기력선의 밀도가 비슷하게 됨을 알 수 있을 것이다. 전위는 (+)극판에서 (−)극판으로 가면서 일정한 비율로 작아진다.
만약 평행판 축전기 사이에 도체를 넣으면 그 도체 속의 자유 전자들은 (+)극 판 쪽으로 이동하여 도체판 내에서 전기장의 합을 0으로 만들어 버린다. 즉 외부 전기장과 내부 전기장이 합쳐져서 전기장은 0이 되는 것이다. 그러나 전기장은 0이 되더라도 전위는 도체판 속에서 같으며 0이 되지는 않는다.

도체구에 (+)전하를 대전시키면 구표면에 골고루 퍼져서 구 내부의 전기장은 0이 된다. 그리고 구로부터 멀어질수록 전기장이 점점 약해져서 결국에는 0이 될 것이다. 구 내부의 전위는 (+)로 유지되며 일정한 값을 갖는다.

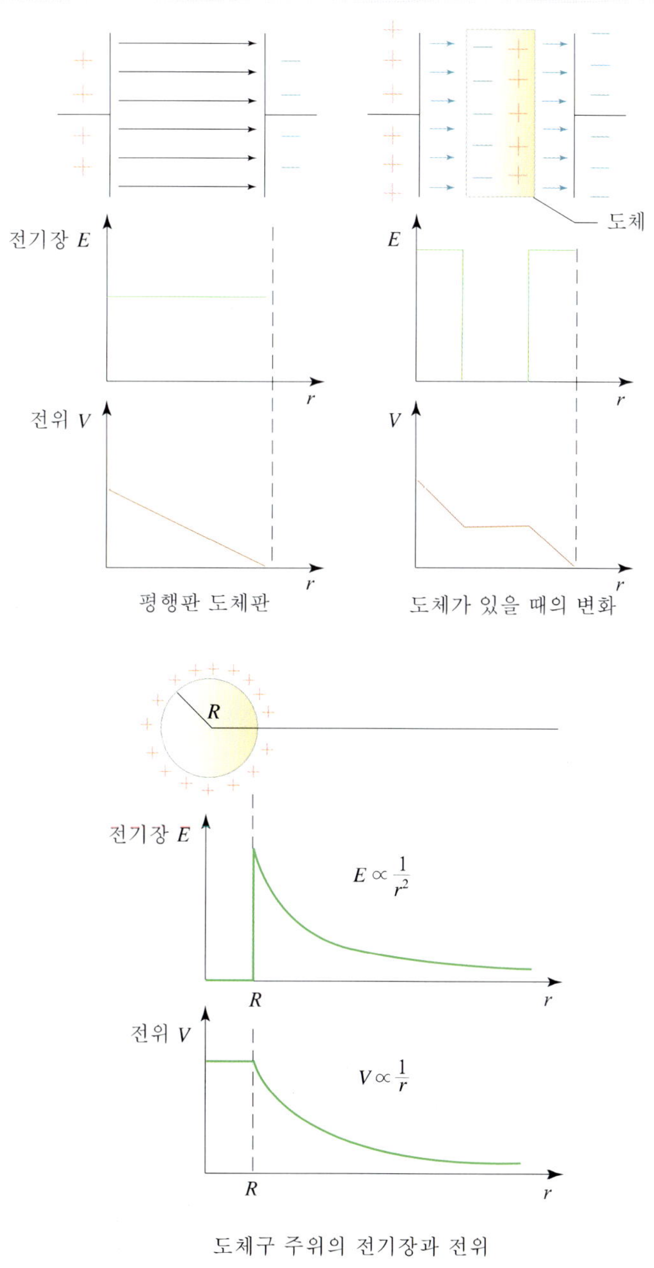


평행판 도체판

도체가 있을 때의 변화

도체구 주위의 전기장과 전위

**Example** 그림과 같이 균일한 전기장 속에 도체를 놓았다.

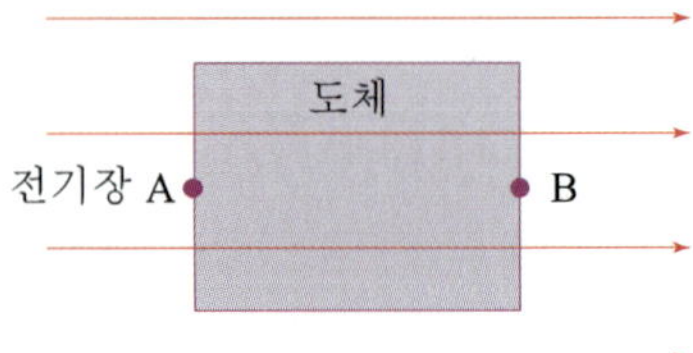


(1) 도체 속의 전자들은 A, B 중 어느 쪽으로 더 많이 몰려 있겠는가?

풀이 A의 왼쪽에 (+)전하가 있으므로 전자들은 A쪽으로 몰린다.

(2) 도체표면의 전하분포에 의하여 생긴 도체 속의 전기장의 방향은?

풀이 도체 속의 전자들이 A쪽에 많이 있으므로 (+)전하를 띤 B에서 (−)전하를 띤 A쪽으로 향한다.

(3) 도체의 외부 전기장과 도체 속 전하에 의한 전기장의 합성 전기장의 방향은?

풀이 외부 전기장과 도체 내부의 전하에 의한 전기장이 서로 상쇄되어 합성 전기장은 0이다.

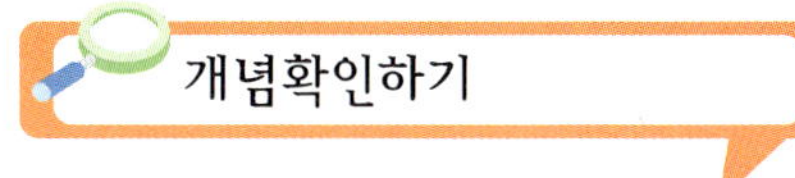


1 원격 작용이란 무엇인가?

2 장의 개념을 이해하면 원격 작용이라는 개념으로부터 벗어날 수 있다. 그 이유는?

3 중력장과 전기장의 비슷한 점은 무엇인가?

4 전기장은 왜 벡터량인가?

5 a. 전기력선이란 무엇인가?
b. 단위 양전하에 작용하는 힘의 방향과 전기력선의 방향을 비교하면 어떤가?

6 전기장의 세기는 전기력선으로 어떻게 나타낼 수 있는가?

7 어떤 지역에 있는 모든 점에서 전기장이 같은 세기를 가질 때 전기장은 어떻게 나타나는가?

8 차 안에 있는 사람은 번개가 차에 내리쳐도 안전하다. 그 이유는 무엇인가?

9 대전된 도체 안의 전기장의 크기는 얼마인가?

10 a. 중력을 차폐시킬 수 있는가?
b. 전기장을 차폐시킬 수 있는가?

11 물체에 해 준 일의 양과 위치 에너지의 관계는 무엇인가?

12 전기장 안에 있는 대전된 입자의 전기 에너지를 증가시키려면 어떻게 해야 하는가?

13 전기장 안에 있는 대전 입자가 전기장에 의해 운동하면 그 입자의 전기 에너지는 어떻게 될까?

14 전기 에너지와 전위의 차이를 설명하라.

15 전기장에 대해 더 큰 전하를 움직여 더 많은 일을 한다면, 전기 에너지는 증가하는데 전위는 증가하지 않는 이유가 무엇인가?

16 전기 에너지의 SI 단위는 J이다. 전위의 단위는 무엇인가?

17 전기 에너지를 측정하려면 어떤 위치에 전하가 있어야만 한다. 어떤 위치에서 전위를 측정하려면 거기에 전하가 꼭 있어야만 하는가?

18 전기 에너지가 비교적 작은데도 전위는 높을 수 있는가?

19 대전된 반 데 그라프의 구 표면 내부에 있는 전하량은 바깥 표면에 비해 어떠한가?

20 전기장은 중력장과 어떻게 다른가?

21 지표면에서 중력장 벡터는 지구 쪽을 향한다. 양성자의 전기장 벡터는 양성자로부터 바깥쪽을 향한다. 전기장 벡터 방향을 어떻게 설정하는지 설명하라.

22 대전된 평행판 축전기의 두 판 중간 지점에 전자와 양성자를 가만히 놓았을 때 두 입자의 가속도의 크기와 방향은 어떻게 될 것인가? 그 두 입자가 서로 끌리는 것을 무시하면 어느 쪽이 먼저 판에 도달하는가?

23 도체가 대전되었을 때 전하는 도체의 바깥 표면으로 이동한다. 그 이유는 무엇인가?

24 금속 캐비넷이 대전되었다고 하자. 캐비넷 모서리의 전하 분포와 캐비넷의 평평한 부분의 전하 분포가 어떻게 다른가?

**25** 전위가 두 배이면 전기 에너지도 두 배가 된다고 말하면 틀리는가?

**26** 풍선이 대전되면 전압이 매우 높은 데도 우리는 풍선 때문에 피해를 입지 않는다. 이것은 불꽃 놀이할 때 생기는 스파크에 의해 피해를 입지 않는 것과 비슷한가?

**27** 반 데 그라프에 손을 대면, 머리카락이 서는 이유는 무엇인가?

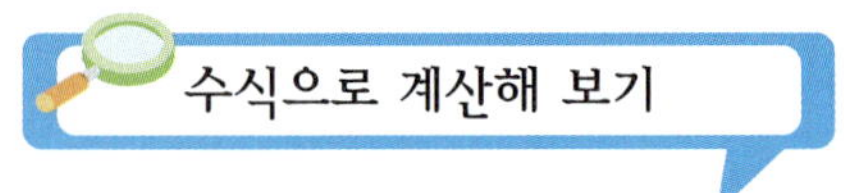


**1** 그림은 반지름이 $r$과 $2r$인 두 원판을 통과하는 전기력선을 나타낸 것이다. 원판 내의 점 A에서 전기장의 세기를 $E_A$, 점 B에서 전기장의 세기를 $E_B$라고 할 때 $E_A : E_B$는?(단, 각 원판을 통과하는 전기력선의 수는 같다.)

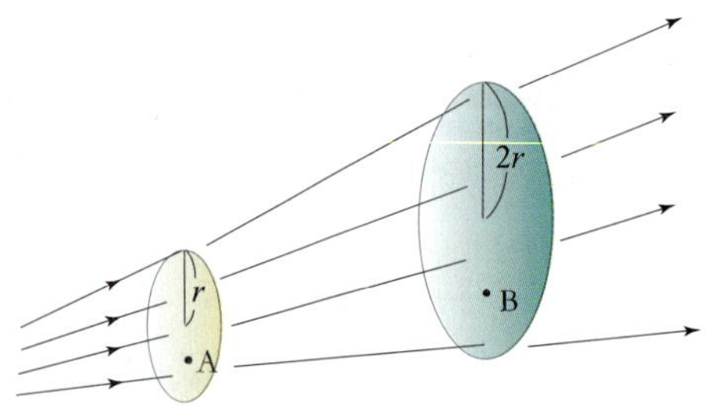


**2** a. 전기장 안에서 0.001C의 전하를 점 A에서 점 B로 이동시킬 때 12J의 일을 했다면 두 점 사이의 전위차는 얼마인가?

b. 점 B에서 전하를 가만히 놓았을 때 점 A로 되돌아오면서 얻는 운동 에너지는 얼마인가? 어떤 법칙을 이용했는가?

**3** 그림과 같이 균일한 전기장 $E$ 속에 전하량 $+q$이고, 질량 $m$인 대전 입자를 전기장과 반대 방향으로 초속도 $v_0$로 입사시켰다.

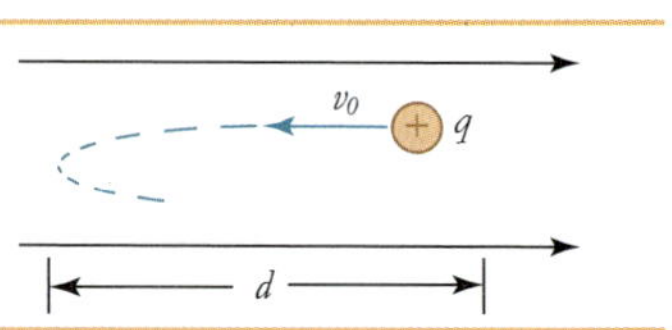


a. 전기장을 거슬러 갈 수 있는 최대 거리를 구하라.

b. 다시 제자리로 돌아오는데 걸리는 시간은?

**4** 반지름이 각각 $a$, $b\,(a<b)$인 두 도체구를 가는 도체선으로 연결하였고, 여기에 전하량 $Q$를 대전시켰다. 이때 반지름 $a$인 도체구에 모인 전하량을 $Q_1$, 단위 면적당 전하밀도를 $\sigma_1$이라고 하자. 또, 반지름 $b$인 도체구에 모인 전하량을 $Q_2$, 단위 면적당 전하밀도를 $\sigma_2$라고 하자. $\sigma_1$은 $\sigma_2$에 비해 몇 배나 더 큰가?

**5** 그림과 같이 두 평행판 사이에 30N/C의 균일한 전기장이 형성되어 있다. 평행판 B 위의 점 P에서 전하량은 0.4C이고 질량이 1g인 대전 입자를 속도 8m/s로 평행판 A를 향해 운동시켰다.

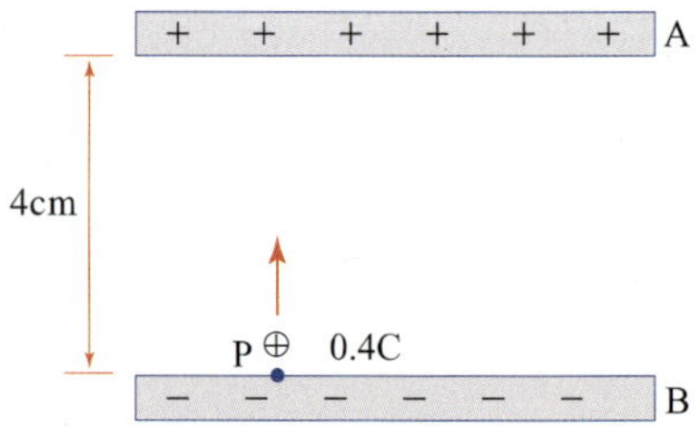


a. 이 대전 입자의 가속도는?

b. 이 대전 입자는 판 A에 도달할 수 있는가?

6 그림과 같이 거리 $d$인 평행한 두 극판 사이에 전하 $q$, 질량 $m$인 추를 매달고, 전압 $V$를 걸어주었더니 연직선과 $\theta$의 각을 이루었다. 이 추의 전하량 $q$를 구하라.

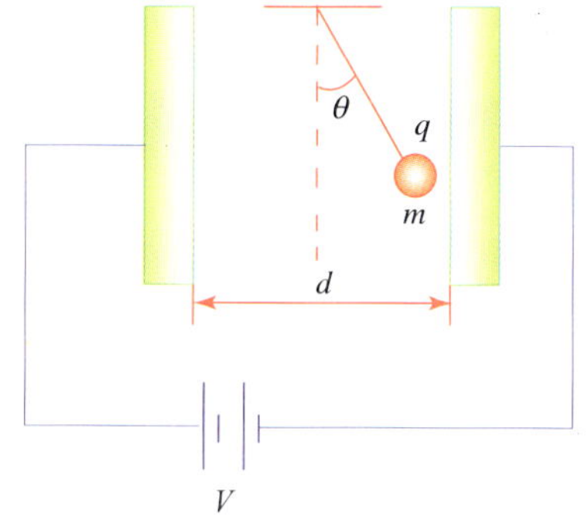


7 두 개의 평행판에 1000N/C의 전기장이 걸려 있다. 음극판 가까이에서 그림과 같이 $10^6$m/s의 속도로 전자를 입사시켰을 때 양극판에 부딪힌 곳까지의 거리 $d$를 구하라.
($e = 1.6\times10^{-19}$C, $m = 9.1\times10^{-31}$kg)

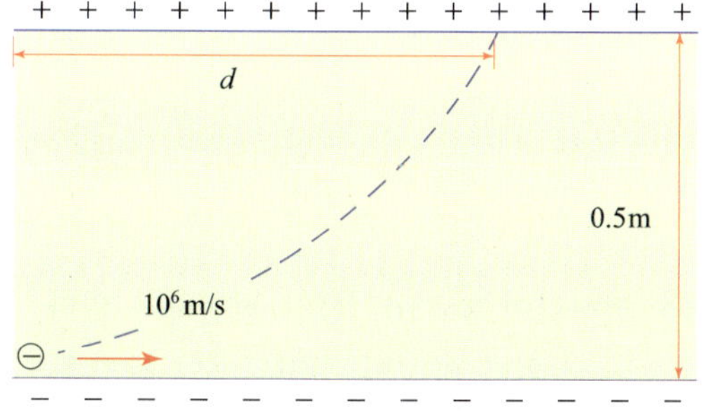


8 50cm 떨어진 곳에서 전기장의 세기가 2.0N/C가 되는 점전하의 전하량을 구하여라.

9 핵 반지름이 $6.64\times10^{-15}$m이고, 원자 번호 94인 플로토늄 원자가 있다. 핵 안에 양전하가 균일하게 분포한다고 가정할 때, 핵 표면에서 전기장의 크기와 방향을 구하여라.

10 두 개의 점전하 $q_1 = 2.1\times10^{-8}$C와 $q_2 = -4.0q_1$이 50cm 떨어져 있다. 두 전하를 잇는 일직선상에서 전기장이 0이 되는 곳의 위치를 구하여라.

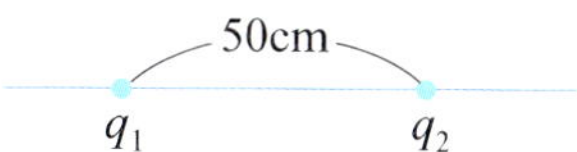


11 크기가 $2.0\times10^4$N/C인 균일한 전기장에서 전자를 가만히 놓아주었다. 전자의 가속도는?(단, 중력의 영향은 무시한다.)

12 대전된 구름이 지구 표면 가까이에 만든 전기장 안에 $-2.0\times10^{-9}$C의 전하를 놓았을 때, 아래 방향으로 $3.0\times10^{-6}$N의 전기력을 받았다. 전기장의 크기는 얼마인가?

13 전기장을 이용하여 양성자를 가속시키는 총에서 고속의 양성자 흐름이 만들어진다. 총의 전기장이 $2.0\times10^4$N/C일 때, 양성자의 가속도를 구하여라.

14 한 변이 0.6m인 정사각형의 꼭지점 A, B, C, D에 각각 $2.0\times10^{-6}$C, $2.0\times10^{-6}$C, $-2.0\times10^{-6}$C, $-2.0\times10^{-6}$C의 점전하가 놓여 있다. 정사각형의 중심에서의 전기장과 전위를 구하라.

15 진공 중에서 그림과 같이 무한히 넓고 수평인 두 평행도체판 사이에 질량 1g, 전하량 $9.8\times10^{-8}$C인 입자가 정지하고 있다. 대전된 두 도체 평면 사이의 간격을 10cm라고 할 때, 두 도체판 사이의 전위차는? (단, 중력가속도는 9.8m/s$^2$이다.)

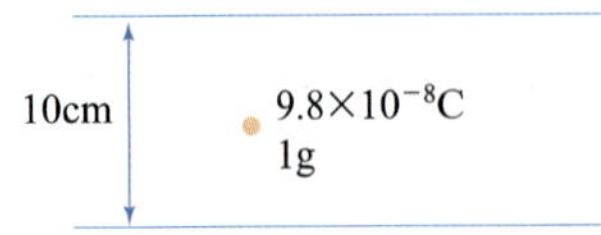


**16** 어떤 양전하 $q$가 있다. 이 양전하로부터 $r$, $2r$, $3r$ 떨어진 지점 A, B, C에서의 전위 $V_A$, $V_B$, $V_C$의 비 $V_A : V_B : V_C$는 어떻게 되는가?

**17** 질량 $m$, 전하량 $q$인 대전 입자가 전위차 $V$로 가속될 때 최종 속도는 얼마인가? (단, 처음속도는 0이다.)

**18** 반지름 $a$, 전하량 $q$로 대전된 도체구 내부의 전위를 구하라.

**19** 진공 속에서 4C과 $-9$C의 두 점전하가 2m 떨어진 두 점 A, B에 놓여 있다. 전기장의 세기가 0이 되는 점은 A로부터 얼마 떨어진 곳인가?

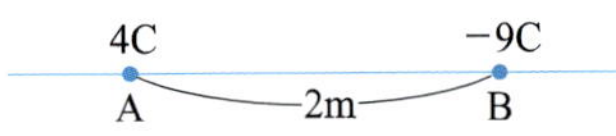


**20** 그림과 같이 두 개의 점전하 X, Y가 1.0m 떨어져 놓여 있다.
각각의 전하량은 $+2.0\times10^{-8}$C, $-2.0\times10^{-8}$C 이다.

a. A점의 전기장의 세기를 구하여라

b. B점의 전기장을 구하여라.

단. $k=9.0\times10^9\text{N}\cdot\text{m}^2/\text{C}^2$

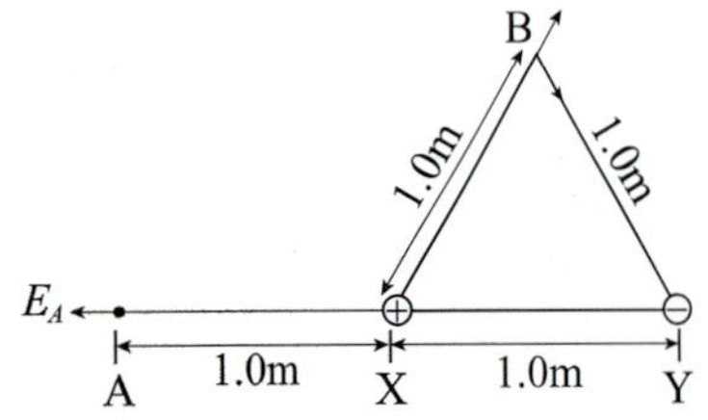


**21** 안쪽 반지름이 $R$, 바깥쪽 반지름이 $2R$인 속이 빈 도체구가 있다. 도체구의 중심에 점전하 $Q$가 있을 때 $0<r<R$, $R<r<2R$, $r>2R$인 곳에서의 전기장의 세기를 각각 구하여라.

**22** 전하량이 $+Q$인 2개의 점전하가 그림과 같이 $y$축 상에 놓여 있다. 전자의 질량이 $m$, 쿨롱의 비례 상수가 $k$일 때 다음 물음에 답하여라.

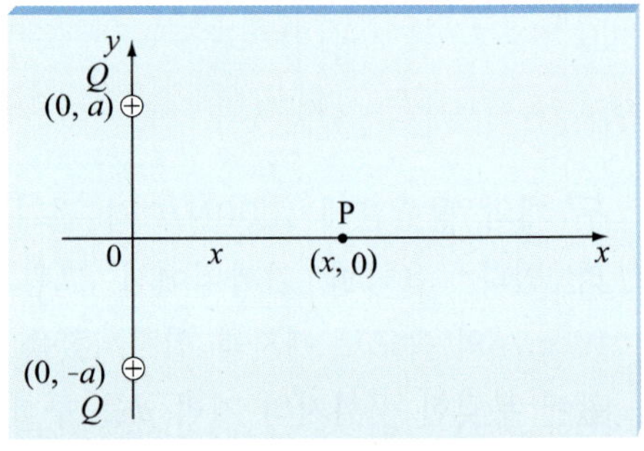


a. 전하 사이의 점 P에서의 전위를 구하여라.

b. 전자를 원점으로부터 정지된 상태에서 살짝 밀었을 때 $(0, \frac{a}{2})$인 점에 도달하는 순간의 속력은 얼마인가?

**23** 전하량이 $3\times10^{-8}$C인 점전하가 있다.

a. 전위가 60V인 등전위면의 반지름은 얼마인가? (단, $k=9\times10^9\text{N}\cdot\text{m}^2/\text{C}^2$이다.)

b. 전위가 60V인 등전위면으로부터 무한원까지 전자를 옮기는 데 필요한 일은 얼마인가?(전자의 전하량은 $1.6\times10^{-19}$C이다.)

### 한걸음 더

1. 그림과 같이 $+q$, $-q$의 전하가 간격 $a$만큼 떨어져 있다.
   a. 두 전하의 중간점 O에서 r만큼 떨어진 P점에서 전기장의 세기와 방향은?
   b. $r \gg a$인 경우 전기장의 세기는 쌍극자의 중심으로부터 떨어진 거리($r$)에 어떻게 관계되는가?

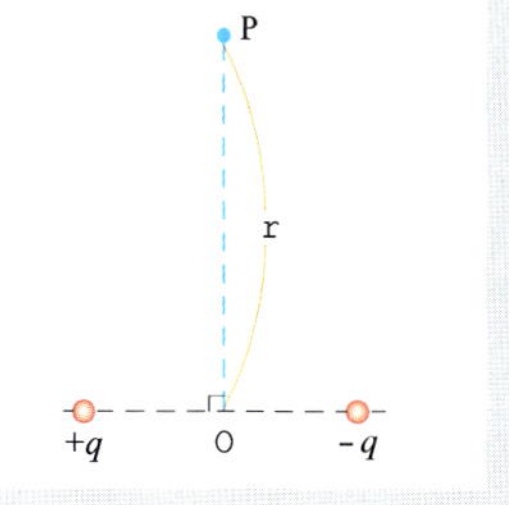


2. 전체 전하 $-8\mu C$인 도체구가 $+2\mu C$으로 대전된 도체 구각의 중심에 놓여 있다. 구각 바깥표면의 전하를 계산하면?

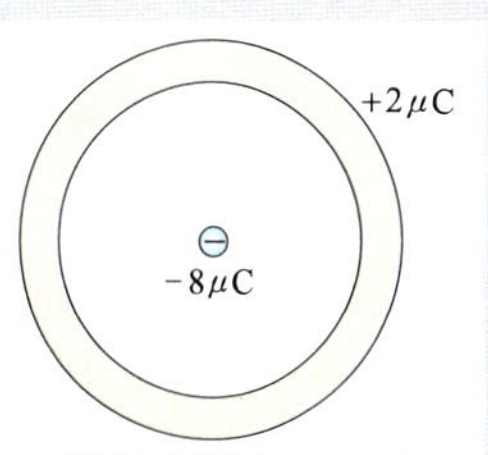

Chapter 13

# 축전기

번개는 구름과 지표면 사이에 만들어진 거대한 축전기에 의한 방전이라고 생각할 수 있다. 번개의 거대한 에너지는 어디에서 온 것일까? 전기를 모으고 방전하는 축전기에 대하여 알아보자.

## 13.1 축전기란 무엇인가?

전기 에너지는 축전기라고 부르는 전기부품에 저장할 수 있다. 축전기는 거의 모든 전기 회로에 쓰인다. 컴퓨터에서는 주로 ON-OFF 스위치와 같은 저용량 축전기를 사용한다. 컴퓨터 자판기의 각 키 밑에는 그런 축전기가 있다. 사진기의 플래시 안에 있는 축전기는 많은 양의 에너지를 천천히 저장해서 플래시를 터뜨릴 때는 한꺼번에 쓸 수 있도록 되어 있다. 그런가 하면 규모가 큰 것으로는 대용량 레이저 속에 있는 축전기로 엄청난 양의 에너지를 저장하고 있다.

가장 단순한 축전기는 두 장의 도체판을 약간 떨어뜨려 놓은 것이다. 그 두 판을 그림 13.1에서처럼 전지와 같은 전원에 연결시키면 전하가 한 쪽 판에서 다른 판으로 이동한다. 전지의 양극은 연결된 판으로부터 전자를 끌어 들여 음극을 통해 반대편 극판으로 이동시킨다. 축전기의 두 판은 크기는 같고 부호는 반대인 전하를 갖는다. 양극판은 전지의 양극에 음극판은 전지의 음극에 연결된다. 충전 과정은 축전기의 두 판 사이의 전위차가 전지의 두 극 사이의 전위차, 즉 전지 전압과 같을 때 완료된다. 저장되는 전하의 양은 전지의 전압이 클수록, 도체판의 면적이 클수록, 그리고 두 판 사이의 간격이 좁을수록 크다. 실제로 축전기의 판은 종이로 절연시킨 얇은 금속박으로 되어 있다. 이 종이 샌드위치를 잘 말아서 공간을 절약하고 원통 안에 집어넣어 놓은 실제 축전기의 예가 그림 13.2에 나와 있다.

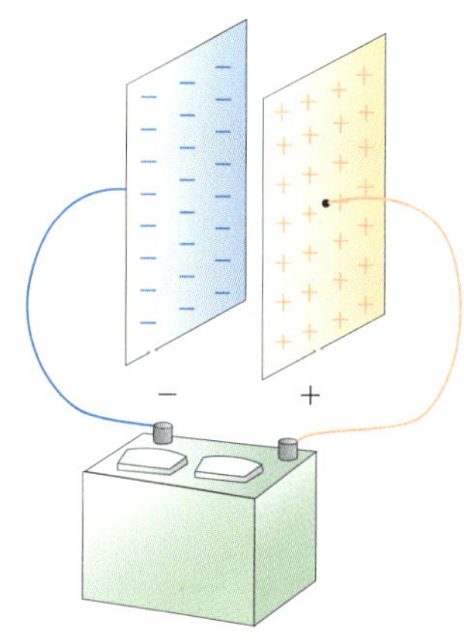


그림 13.1
축전기는 마주 보고 있는 평행한 두 장의 금속판으로 이루어져 있다. 전지를 연결하면 두 판은 같은 양이지만 반대 전하로 대전된다. 두 판 사이의 전압은 전지의 두 단자 사이의 전압과 같다.

그림 13.2
축전기의 예

대전된 축전기는 두 판 사이를 도체로 연결시키면 방전된다. 축전기의 방전이 우리 몸을 통해 일어나면 충격을 받을 수도 있다. 텔레비전의 전원공급 장치처럼 – 스위치를 껐다고 할지라도 – 고전압일 때 일어나는 방전은 치명적일 수도 있다. 이것이 그런 장비에 경고 표시가 있는 이유이다.

축전기 안에 저장된 에너지는 축전기를 충전시키는 데 한 일 때문에 생긴 것이다. 그 에너지는 두 판 사이에 전기장의 형태로 저장된다. 전기장은 에너지의 저장고이다. 다음 단원에서 우리는 에너지가 전기장에 의해 먼 거리까지 수송될 수 있으며, 때로는 전선을 통해 때로는 빈 공간을 통해 전달될 수 있음을 알게 될 것이다.

### 1) 번개의 에너지를 모으는 병 축전기

라이덴 병은 안과 밖이 금속 종이로 덮인 유리병이다. 나무로 된 뚜껑의 중앙에 금속 막대가 꽂혀 있고 쇠사슬을 거쳐 병의 안쪽 금속 종이와 연결되어 있다.

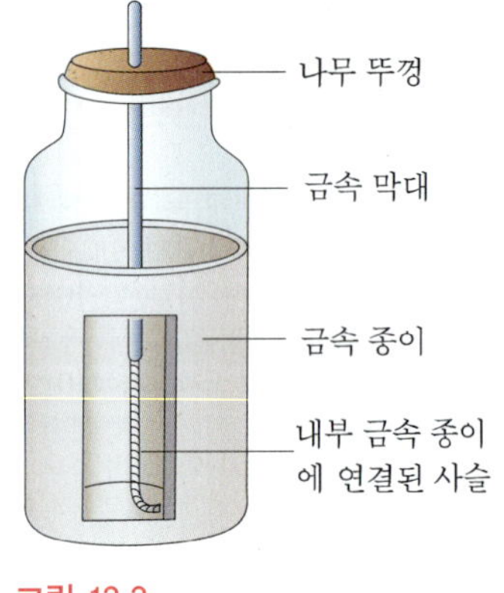

그림 13.3
라이덴 병

이 라이덴 병에 전기를 모으는 방법은 간단하다. 먼저 바깥 금속 종이를 지면에 접지시키고 뚜껑에 꽂혀 있는 금속 막대를 전하가 많은 곳에 가까이 가져가면 된다. 만약 금속 막대를 (−)전하가 많은 곳에 접촉시키면 안쪽 금속 종이는 (−)전하로 대전되고 바깥쪽 금속 종이에는 (+)전하가 유도된다. 즉 바깥쪽 금속 종이에서 지면으로 전자가 흘러가게 되는 것이다. 이 상태에서 접지선을 끊으면 라이덴 병에 전하를 저장한 것이 된다. 이렇게 충전된 라이덴병의 금속 막대를 손으로 잡으면 전하의 이동이 생겨 전기 충격을 받을 수도 있다. 이러한 라이덴 병을 축전기라고 한다.

그림 13.4
번개의 전기 모으기

1700년대 중반에 덴마크의 라이덴 대학에서 라이덴 병으로 충전과 방전 실험을 하던 사람들은 전기 충격으로 실신하거나 죽기도 하였다.

프랭클린은 번개가 치는 날에 연을 날려서 전기를 라이덴 병에 모았다. 그는 번개가 전기와 동일한 것이라는 것을 증명한 업적으로 영국의 과학 왕립학회의 회원이 되었다. 프랭클린의 실험은 대단히 위험하였다. 그는 운좋게도 다치지 않고 실험을 수행할 수 있었지만 그의 실험을 재현하고자 하는 몇몇 사람들은 번개를 맞아 죽었다. 오늘날 그의 가장 잘 알려진 업적 가운데 하나는 피뢰침의 발견이다. 대전체 가까이 금속구를 가져 감으로서 대전체의 전기를 방전시킬 수 있다. 지붕 위의 뾰족한 금속 막대가 도선으로 접지되면 천둥 구름의 전기를 재해 없이 방전시킬 수 있다. 이 피뢰침이 구름에서 방전된 전기를 땅밑까지 안전한 전기 통로를 제공하여 건물이나 사람을 보호할 수 있는 것이다.

### 2) 축전기의 용도

활시위나 용수철을 잡아 당길 때 활시위나 용수철에 탄성에너지를 저장할 수 있는 것처럼 축전기는 전기 에너지를 저장할 수 있는 장치이다. 사진기에 들어있는 축전기는 플래시가 터지는 짧은 순간에 많은 전기에너지를 방출할 수 있게 전기를 저장한 것이다. 건전지로 충전하는 데에는 시간이 조금 걸리기도 한다.

오늘날의 전자공학 시대에 축전기는 전기 에너지 저장고 이상의 용도로 사용되고 있다. 축전기[1)]는 라디오나 텔레비전 송수신 장치의 진동수를 맞추는 회로에 절대적인 요소이다. 또한 미세 축전기로 컴퓨터 기억장치를 만드는데 꼭 필요하다. 축전기에 저장된 전기에너지보다는 전기장의 유무가 바로 ON-OFF 정보로 주어지기 때문이다.

### 3) 축전기 충전시키기

축전기를 대전시키는 한 방법은 전지를 포함한 전기회로에 연결하는 것이다. 그림 13.5(a)와 같이 축전기를 전지에 연결하고 스위치를 닫으면 전자들은 축전기의 극판 $a$ 에서 극판 $b$ 로 이동하게 된다. 스위치 $s$ 를 열면 축전기는 전위차를 유지할 수 있게 되고 전하를 충전하였다고 한다.

---

1) 내전압은 축전기의 두 극판 사이에 방전되지 않고 견딜 수 있는 최대 전압으로서 유전체의 종류, 극판 거리 등에 따라 달라진다. 내전압보다 큰 전압을 걸면 폭발할 수 있으므로 축전기 사용시 내전압 확인이 필요하다.

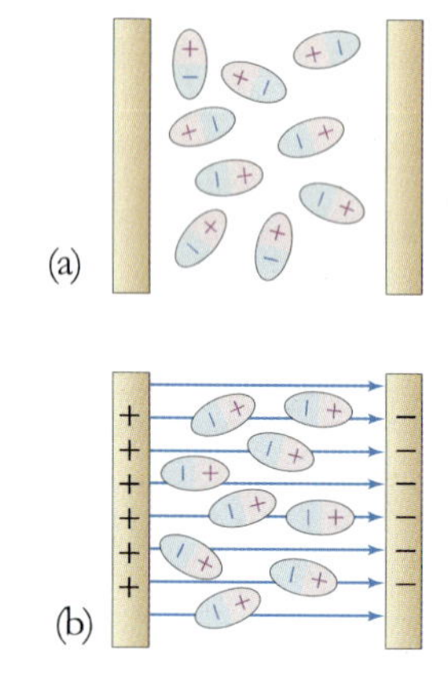


그림 13.6
전기장이 있으면 극판 사이의 유전체는 전기장 방향으로 배열한다.

### 4) 축전기 방전[2)]시키기

그림 13.5(b)와 같이 충전된 축전기의 두 극판을 도선으로 연결하면 전하는 도선을 통해 흘러가고 축전기에 대전된 전하는 줄어든다. 즉, 스위치 $s$ 를 열고, 스위치 $s'$를 닫으면 축전기는 방전된다.

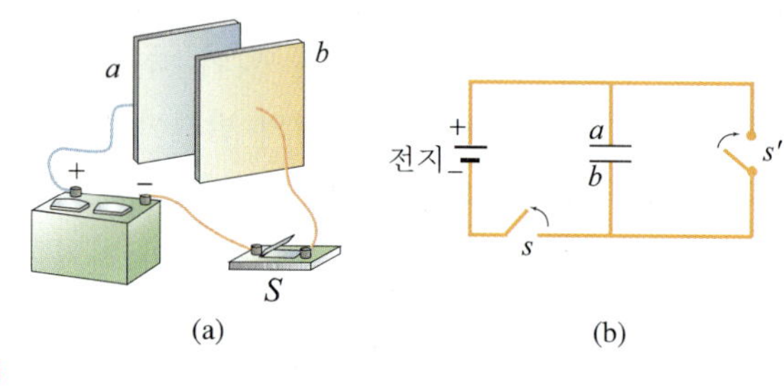


그림 13.5

## 13.2 전기용량

### 1) 평행판 축전기

일정한 통에 물을 부을 때 물의 양이 증가할수록 이에 비례해서 수위는 증가한다. 평행판 축전기의 극판 사이의 거리($d$)를 일정하게 유지한 후 전하량을 충전시킬 경우 충전된 전하량($Q$)에 비례하여 극판 사이의 전기장($E$)이 커지고 전기장이 커지므로 전위차(전압) 또한 비례하여 커진다.

두 판에 저장되는 전하량 $Q$는 판 사이의 전위차 $V$에 비례한다. 그러나 축전기에 충전할 수 있는 전하량에는 한계가 있다. 어떤 축전기의 충전 한계를 전기용량 $C$라고 하며, 전기용량 $C$는 $Q$에 비례하고 전위차 $V$에 반비례한다.

$$C = \frac{Q}{V}$$

전기 용량의 크기는 축전기의 기하학적인 모양과 도체판 사이의 절연물질의 성질에 따라 달라진다. 서로 반대로 대전된 두개의 평행판 축전

2) 방전 : 전기를 띤 물체가 전기를 잃는 현상. 축전기에 전하가 모여 충전되어 있던 것이 전하가 흘러 전위차와 전하가 0으로 되는 현상. 방전시 전하와 원자와의 충돌에 의해 많은 열이 발생하기도 한다.

기의 전기용량[3]은 판의 면적 $A$에 비례하고 두 판 사이의 거리 $d$에 반비례한다. 단, 두 판 사이에 들어있는 물질의 전기 유전율이 클수록 전기용량은 증가한다.

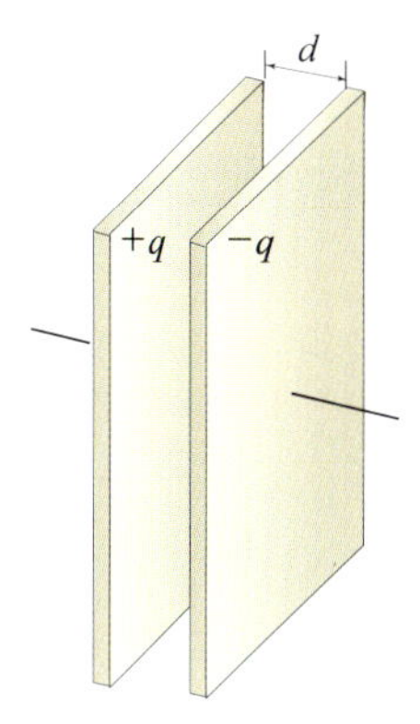


$$C = \varepsilon \frac{A}{d} \qquad \varepsilon : \text{유전율(비례상수)}$$

# 13.3 축전기의 연결

회로 내에 여러 개의 축전기들이 연결되어 있을 때 같은 용량을 가진 하나의 축전기로 대체할 수 있다. 이렇게 대체하면 회로를 단순화할 수 있으므로 편리할 때가 많다.

## 1) 직렬 연결

그림 13.7은 여러 개의 축전기를 직렬로 연결한 것이다. 전지의 전압은 전체 축전기의 양 끝에 걸리고 각각의 축전기는 같은 양의 전하들을 모을 수 있게 된다. 직렬 연결된  축전기들이 어떻게 같은 양의 전하로 대전되는지 살펴보자. 축전기 3에서 축전기 1로 향하는 대전 과정을 보자. 직렬 연결된 축전기에 전지를 연결하면, 축전기 3의 아래 극판에 전하 $-q$가 생성된다. 이 때 이 전하는 축전기 3의 위 극판의 음전하를 밀어내고, 밀려난 음전하는 축전기 2의 아래 극판으로 이동하여 다시금 축전기 2의 위 극판의 음전하를 밀어낸다. 결국 축전기 3의 아래 극판의 전하는 축전기 1의 위 극판에서 전지로 전하를 이동시키며, 축전기 1의 위 극판은 $+q$의 전하를 갖게 된다. 그림에서 점선 부분은 회로의 나머지 부분으로부터 고립되어 있다. 따라서 이 부분은 단지 전하를 재분배하는 역할만 한다.

따라서 직렬 연결된 축전기들을 동일한 총 전하 $q$와 동일한 전위차 $V$를 가지는 하나의 축전기로 대체할 수 있다. 이 때 합성 전기 용량은 직렬 연결된 축전기들 중 가장 작은 전기 용량의 값보다 항상 작다.

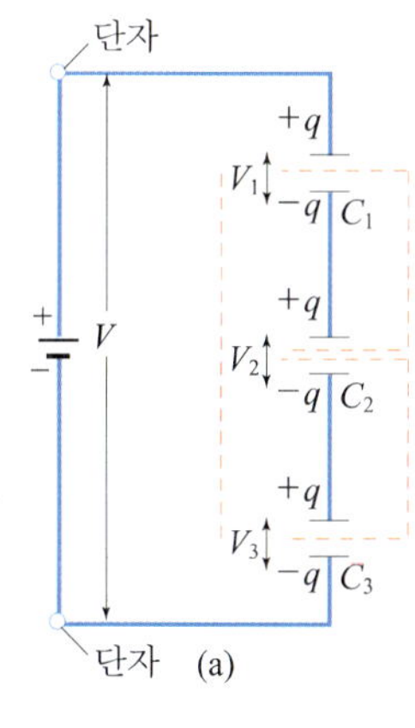


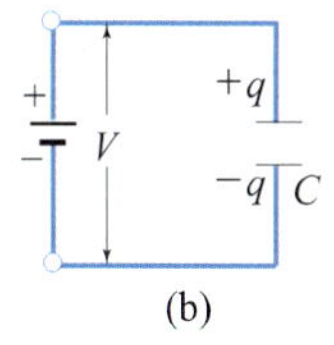


그림 13.7
합성 전기용량은 직렬 연결된 것 중 가장 작은 것보다 더 작다.

---

3) 축전기의 전기용량의 단위는 패럿(F)을 사용하며 1F은 1V의 전압으로 1C의 전하를 모을 수 있는 전기용량이다.

$$1\mu F = 10^{-6}F, \ 1pF = 10^{-12}F$$

축전기를 물통에 비유할 때, 물의 양은 전하량, 수위는 전위, 밑넓이는 축전기의 전기용량에 대응된다.

**더 알아보기** **직렬 연결한 축전기의 합성 전기용량 구하기**

축전기의 직렬 연결에서 각 축전기에 걸린 전압의 합은 건전지의 전압과 같다.

$$V = V_1 + V_2 + V_3$$

또 각 극판에 모인 전하량은 모두 같다.

$$Q_1 = Q_2 = Q_3 = Q$$

$$Q = CV,\ V = \frac{Q}{C}\ \text{이므로}$$

$$Q_1 = C_1V_1,\ V_1 = \frac{Q_1}{C_1} = \frac{Q}{C_1},$$

$$Q_2 = C_2V_2,\ V_2 = \frac{Q_2}{C_2} = \frac{Q}{C_2},$$

$$Q_3 = C_3V_3,\ V_3 = \frac{Q_3}{C_3} = \frac{Q}{C_3}\ \text{이고}$$

합성 전기용량은 다음과 같이 구할 수 있다.

$$V = \frac{Q}{C} = \frac{Q}{C_1} + \frac{Q}{C_2} + \frac{Q}{C_3}$$

$$\frac{1}{C} = \frac{1}{C_1} + \frac{1}{C_2} + \frac{1}{C_3}$$

직렬 연결을 하면 극판 사이의 거리가 멀어지는 효과가 있으므로 합성용량이 작아지는 것으로 생각할 수 있다.

## 2) 병렬 연결

그림 13.8은 전지와 세 개의 축전기가 병렬로 연결된 것을 보여준다. 전지의 단자들은 세 축전기의 극판에 직접 연결되어 있다. 따라서 각 축전기들은 같은 전위차를 갖게 되며, 총 전하량은 각각의 축전기에 모인 전하량의 합과 같게 된다. 병렬 연결에서 합성용량은 병렬 연결된 가장 큰 축전기의 전기용량보다도 더 크다.

병렬 연결을 하면 극판의 면적이 넓어지는 효과에 의해 합성용량이 커지는 것으로 생각할 수 있다.

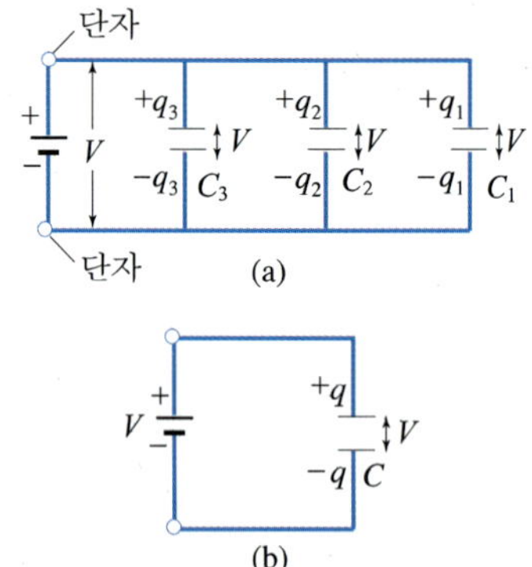


그림 13.8
축전기를 병렬로 연결하면 전기용량은 증가한다.

**더 알아보기** **병렬 연결한 축전기의 합성 전기용량 구하기**

병렬 연결에서 각 축전기에 걸린 전압은 건전지의 전압과 같다.

$$V = V_1 = V_2 = V_3$$

그리고 각 축전기에 저장되는 전하량의 합이 총 전하량이 된다.

$$Q = Q_1 + Q_2 + Q_3$$

전하량과 전기용량, 전압의 관계식을 각 축전기에 적용시켜 보면

$$Q = CV,\ Q_1 = C_1 V,\ Q_2 = C_2 V,\ \ Q_3 = C_3 V$$

전체에 저장되는 전하량 $Q$는

$Q = Q_1 + Q_2 + Q_3$이므로

$$Q = CV = C_1 V + C_2 V + C_3 V = (C_1 + C_2 + C_3) V$$

$$\therefore C = C_1 + C_2 + C_3$$

## 13.4 축전기에 저장된 전기 에너지

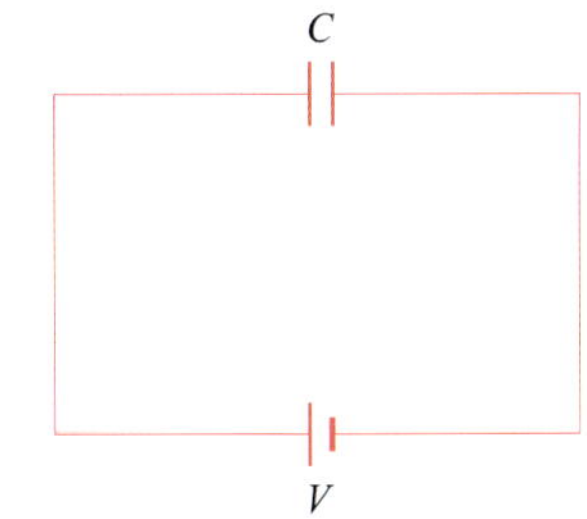


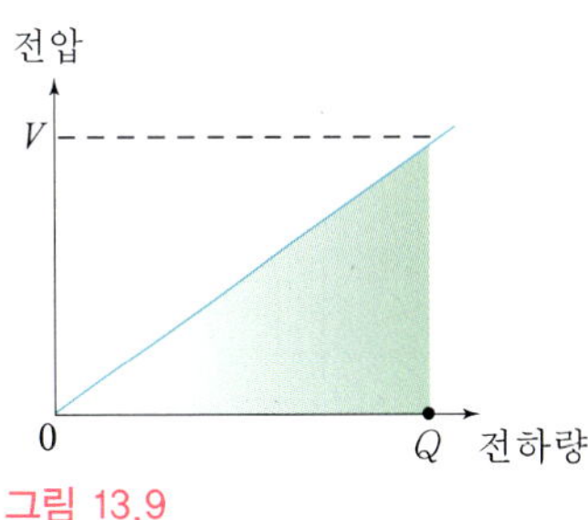


그림 13.9

축전기의 주된 역할은 에너지의 저장이다. 전하가 도체판에 이동할 때 판 사이의 전압 때문에 일이 필요하다. 더 많은 전하가 축적되면 될수록 전위차가 증가되어 전하를 증가시키기 위한 추가적인 일이 필요하게 된다.

전기용량이 $C$인 축전기에 전압이 $V$인 건전지를 연결하여 충전을 시작하면 그림과 같이 축전기 극판의 양단에 전하가 이동하여 대전이 된다. 이때, 전지가 해 준 일의 양이 곧 축전기의 에너지로 저장이 된다.

평행판 축전기에서 전압 $V$인 곳으로 전하 $Q$를 이동 시키는 데 필요한 일 $W$는 $QV$이다.

$$W = QV$$

그러나 축전기에서는 전하가 조금씩 이동하게 되고 이 때 전압은 조금씩 증가되며, 이때 한 일은 두 극 판 사이의 평균 전압 $\frac{V}{2}$에서 전하 $Q$를 이동하는데 한 일과 같다.

$$\text{즉 } W = \frac{1}{2} QV$$

>> 한 일은 전기 에너지로 저장된 에너지와 같다.

**더 알아보기** **축전기에 저장된 에너지**

전기용량 $C$인 축전기에 전압 $V$로 전하량이 $Q$가 될 때까지 충전한 축전기에 저장된 에너지를 다른 방법으로 알아보자.
처음 전하량 0에서부터 $Q$까지 충전하는데 필요한 일 $W$는

$$W = F_{전기력} \cdot d = (qE)d = qV$$

그런데 전위차 $V$가 시간에 따라 변하므로

$$W = \int_0^Q V dq = \int_0^Q \frac{q}{C} dq = \frac{1}{2}\frac{Q^2}{C}$$

가 된다.
$Q-V$ 그래프에서 면적이 일이므로 $\triangle OQV$의 면적을 구하면 축전기에 저장된 에너지를 구할 수 있게 된다.

$$W = \frac{1}{2}QV = \frac{1}{2}CV^2 = \frac{1}{2}\frac{Q^2}{C}$$

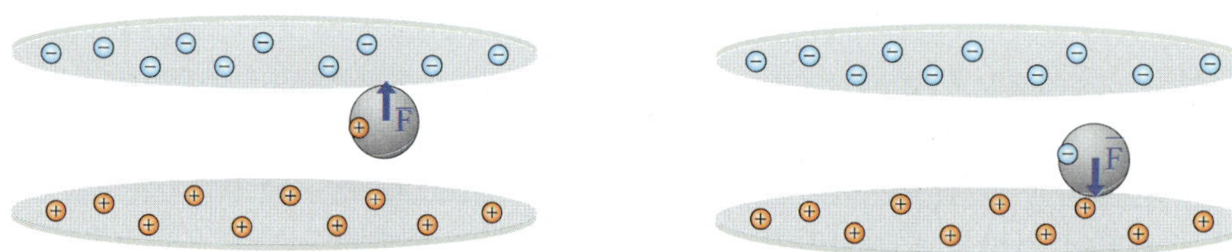


평행판 축전기에서의 가벼운 금속구의 전기진동 현상.
이 금속구가 왜 진동하게 되는지 이유를 생각할 수 있는가?

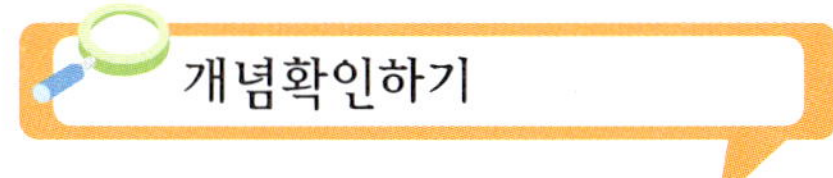


1 보통 축전기의 알짜 전하는 모두 같다. 얼마인가? 그 이유를 설명하라.

2 축전기에 축전되는 전하량을 결정하는 요소는 무엇인가?

3 축전기를 전지에 연결했을 때 (+)극에 연결된 도체판과 (−)극에 연결된 도체판의 크기가 다르면 각 도체판에 모이는 전하량은 달라지는가?

4 도체판 사이가 공기로 채워진 축전기에 전원을 연결하여 충전시킨 다음 전원을 끊었다. 도체판 사이에 유리판을 천천히 끼울 때 축전기는 유리판을 끌어당기는가? 밀어내는가?

5 축전기의 두판사이에 두께 $d$인 알루미늄박을 넣으면 축전기의 전기용량은 어떻게 변하겠는가?

6 $C_1 > C_2$인 두 축전기가 있다. 어떻게 하면 $C_2$가 $C_1$보다 더 많은 전하를 모을 수 있겠는가?

7 전기용량이 $C$인 축전기를 직렬로 여러 개 연결하면 합성 전기용량은 한 개일 때보다 감소한다. 그 이유는?

8 전기용량이 $C$인 축전기를 병렬로 연결하면 합성 전기용량은 증가한다. 그 이유는?

9 물의 유전율과 공기의 유전율 중 어느 것이 더 큰가?

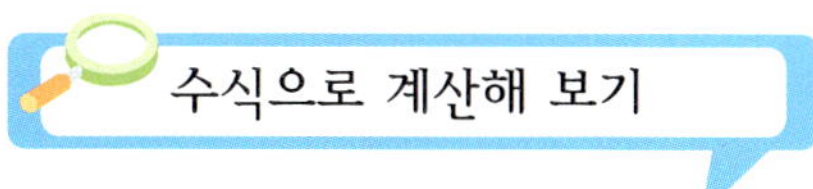


1 두 도체판 사이에 표와 같은 유전체를 삽입하여 평행판 축전기를 만들려고 한다. 최대 용량을 갖는 것은 어느 유전체를 삽입할 때인가?(단, 유전체와 도체판은 밀착되어 있다.)

| 유전체 | 비유전율 | 두 께 |
|---|---|---|
| 테프론 | 2 | 0.4 |
| 석영 | 3 | 0.8 |
| 유리 | 4 | 1.0 |
| 운모 | 5 | 1.2 |
| 도자기 | 6 | 1.3 |

2 세 축전기 $C_1$, $C_2$, $C_3$와 6V 전지를 그림과 같이 연결하였다. 축전기의 용량은 $C_1 = 2\text{F}$, $C_2 = C_3 = 0.5\text{F}$이다.

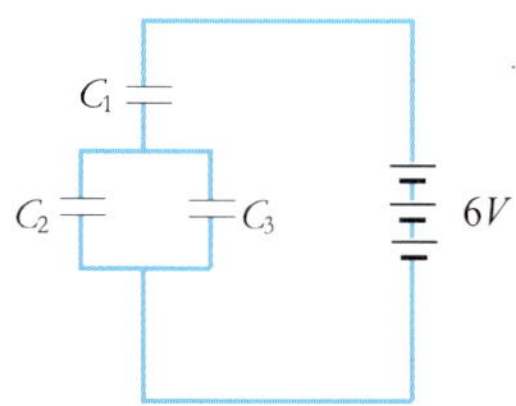


a. 각 축전기에 모인 전하량을 구하여라.
b. 각 축전기의 전위차를 구하여라.

3 그림과 같이 전압 $V$의 전지에 평행판 축전기를 연결하여 충전시켰다. 스위치를 열고 나서 극판의 간격을 2배로 할 때 다음의 물리량들은 어떻게 되겠는가?

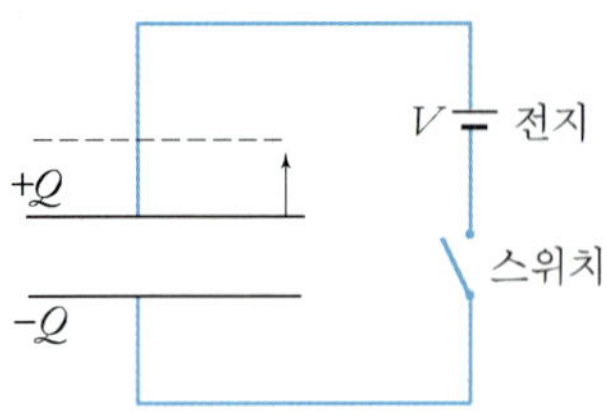


a. 축전기의 전기 용량
b. 축전기에 모인 전하량
c. 극판 사이의 전위차
d. 극판 사이의 전기장의 세기
e. 축전기에 있는 전기 에너지

4 평행한 두 도체판에 전압 $V$인 전원을 연결하였다. 전압을 $V$로 유지한 채로 도체판 사이의 간격을 두 배로 하였을 때 다음의 물리량은 어떻게 변하겠는가?

a. 축전기의 전기 용량
b. 축전기에 모인 전하량
c. 극판 사이의 전위차
d. 극판 사이의 전기장의 세기
e. 축전기에 있는 전기 에너지

5 그림과 같은 회로에서 초기에 축전기는 완전히 방전된 상태이다.

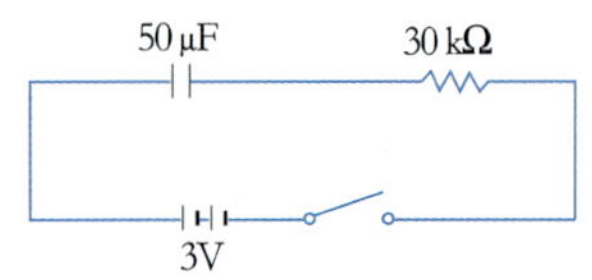


a. 스위치를 닫는 순간에 축전기 양 끝의 전위차는 얼마인가?
b. 스위치를 닫고 충분한 시간이 지난 후 축전기 양 끝의 전위차는 얼마인가?
c. 스위치를 닫는 순간에 저항체에 흐르는 전류의 세기는 얼마인가?
d. 스위치를 닫고 충분한 시간이 지난 후 전류의 세기는 어떻게 되는가?

6 전기용량이 25$\mu$F인 축전기 3개가 그림과 같이 연결되어 있다. 스위치를 연결하면 전류계를 통과하는 전하량은 얼마인가?(단, 처음에 각 축전기의 전하량은 0이다.)

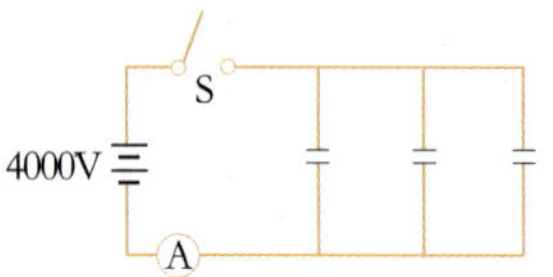


7 전하량 $e$, 질량 $m$인 전자가 그림과 같이 전기장의 세기 $E$인 균일한 전기장의 중앙으로 입사되고 있다. 전자가 폭 $a$, 길이 $L$인 도체판을 벗어나기 위한 최소 속도는 얼마인가?(단 중력의 영향은 무시한다.)

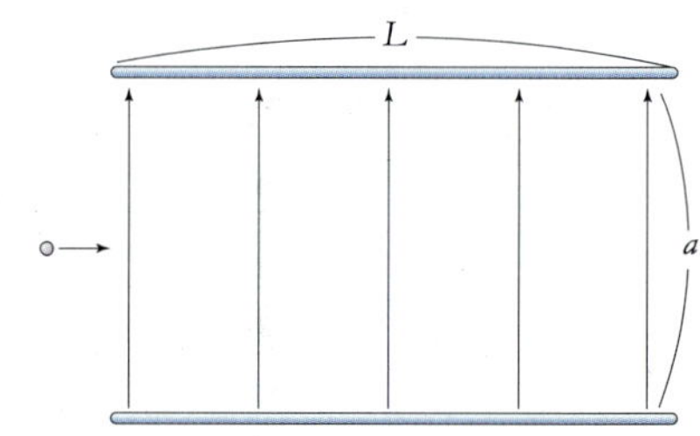


8 어떤 평행한 축전기의 극판은 반지름 8.2cm인 원판이며, 1.3mm의 간격으로 분리되어 있다. 전기용량을 계산하라.(단, 극판사이에 있는 물질의 유전율은 $8.85 \times 10^{-12}$F/m이다.)

9 넓이 1.0m$^2$의 평평한 금속판 두장을 가지고 평행판 축전기를 만들려고 한다. 전기용량이 1.0F이 되게 하려면 판 사이의 간격은 얼마로 하여야 할까?

10 110V가 걸린 축전기에 1.0C의 전하를 저장하기 위해서 전기 용량이 1.0$\mu$F인 축전기를 몇 개나 병렬로 연결해야 하는가?

11 판 간격이 1mm인 평행판 축전기의 전기용량이 1F이다. 이 때 판의 면적은 얼마인가?

**12** 가로 3cm 세로 4cm인 두 개의 판이 간격 2mm로 떨어져 구성된 평행판 축전기가 있다. 이 축전기를 60V 전지에 연결할 때 각 판에 충전된 전하량을 구하라.

**13** 대전되어 있지 않은 축전기에 $10^{12}$개의 전자들이 축전기의 한 쪽에서 다른 쪽으로 이동할 때, 축전기에 20V의 전위차가 유도된다고 한다. 이 축전기의 전기 용량은 얼마인가?

**14** $C_1 = 4\mu F$의 축전기가 20V의 전지에 연결되어 있다. 전지를 제거하고 대신 $C_2 = 6\mu F$의 축전기를 연결시켰다. 축전기들의 최종 전하량과 전압은 얼마인가?

**15** 그림과 같이 연결된 세 축전기의 합성 전기 용량이 $12.4\mu F$이였다. $C$의 크기는 얼마인가?

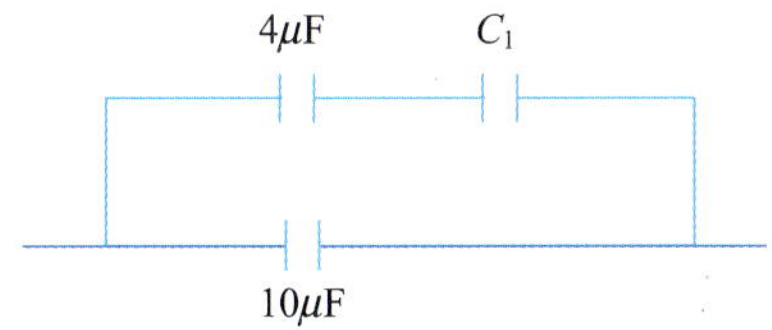


**16** $10\mu F$의 축전기가 네 개 있다. 합성 전기 용량이 $2.5\mu F$이 되게 하려면 어떻게 연결해야 하는가?

**17** 12V의 전압에 연결된 축전기에 100MeV의 에너지를 축적하려고 한다. 필요한 축전기의 전기 용량은 얼마인가?

**18** 전기용량이 50pF인 축전기의 두 판 사이에 운모판이 끼워져 있고, 판 사이의 거리는 0.1mm이다. 판의 면적은 얼마인가? (단, 운모판의 비유전율은 $6\epsilon$이다.)

**19** $C_1 = 20\mu F$의 고립된 축전기가 26V의 전위차를 가지고 있다. 처음에 대전되지 않은 축전기 $C_2$가 $C_1$과 연결될 때, 전위차가 16V로 되었다. $C_2$의 전기 용량을 구하라.

**20** 두 축전기 $2.0\mu F$과 $4.0\mu F$은 병렬로 연결되어 300V의 전위차가 걸려 있다. 축전기에 저장된 총 에너지는 몇 J인가?

**21** 전기용량이 각각 $C_1 = 2\mu F$, $C_2 = 3\mu F$, $C_3 = 5\mu F$ 인 3개의 축전기를 오른쪽 그림과 같이 연결하고 그 양단에 50V의 전원을 연결하였다.

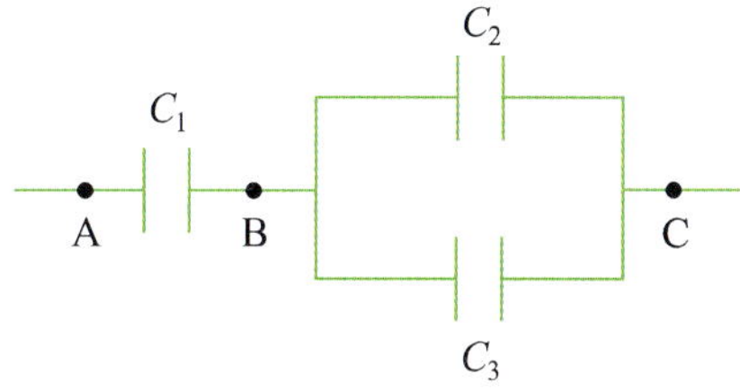


a. A, C 사이의 합성용량은 얼마인가?
b. 축전기 $C_1$에 걸리는 전압은 얼마인가?
c. 축전기 $C_2$에 축전되는 전하량은 얼마인가?

**22** 그림과 같이 반지름이 각각 10cm, 20cm인 도체구 A, B를 전압 $V$인 전지에 연결하였다. 각 축전기에 모인 전하량의 비는?

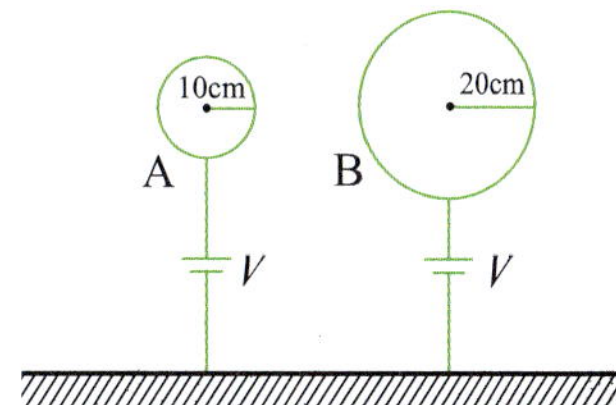


**23** 용량이 30μF인 평행판 축전기 A를 전압이 500V인 전원과 연결하였다. 충분한 시간이 지난 다음 전원을 끊고 용량이 같은 평행판 축전기 B를 축전기 A와 병렬로 연결했을 때 다음 물음에 답하여라.

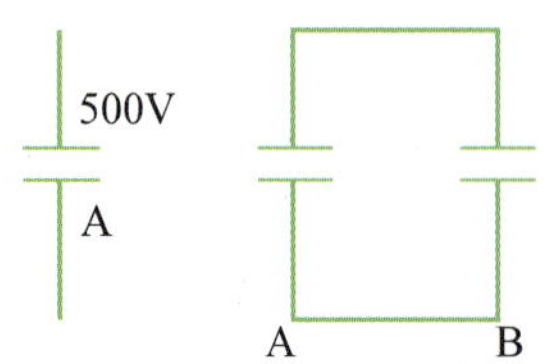


a. 전원에 연결했을 때 축전기 A에 모인 전하량은?

b. 축전기 A, B를 병렬로 연결했을 때 축전기 각각에 모인 전하량은?

c. 축전기 A, B를 병렬로 연결했을 때 감소한 에너지는?

d. 감소한 에너지는 어떻게 되었는가?

**24** 전기 용량이 $C$이고 도체판 사이가 진공상태인 평행판 축전기가 있다. 판 사이의 거리는 d이고 도체판 사이에 유전율이 $\epsilon_1$, $\epsilon_2$인 두 유전체를 집어넣었다. 두 도체판에 각각 $Q$, $-Q$의 전하량이 저장되어 있을 때 다음 물음에 답하여라. (단, 진공의 유전율은 $\epsilon$이다.)

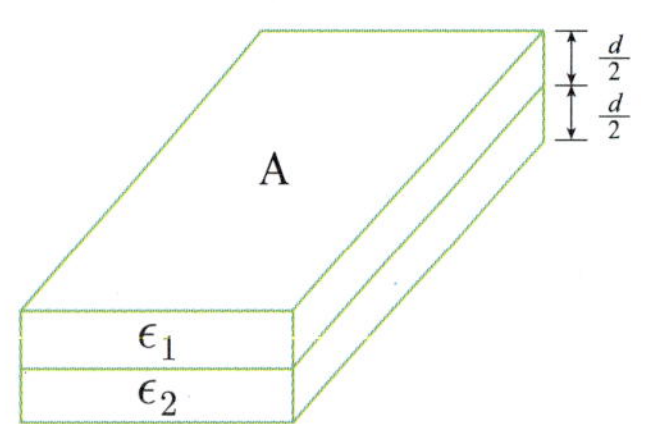


a. 유전체가 없을 때 판 사이의 전기장의 세기를 구하여라.

b. 유전체가 존재할 때 두 유전체 각각의 전기장의 세기를 구하여라.

c. 유전체가 존재할 때 축전기의 용량을 구하여라.

d. 유전체가 존재할 때 도체판 사이의 전위차를 구하여라.

**25** 그림과 같은 구 축전기가 있다.

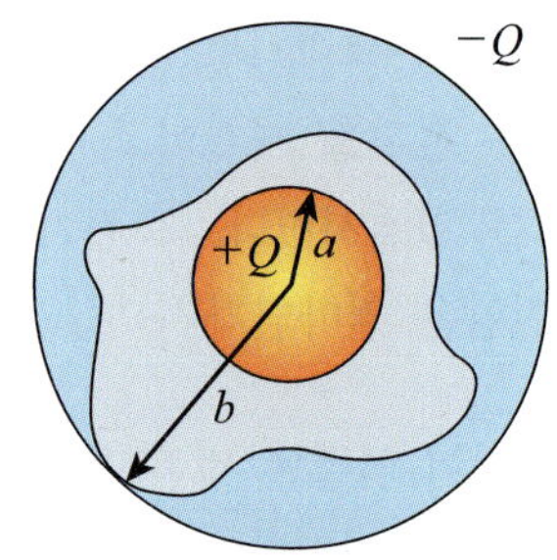


1) 구 축전기의 전기 용량을 구하라.

2) b → ∞일 때 구 축전기의 전기용량을 구하라.

**한걸음 더**

1. 그림과 같이 전기용량이 $C_1$ 및 $C_2$인 축전기가 병렬로 연결되어 있다. 축전기 $C_1$에 저장된 전하량은 $q$이다.
   a. 두 점 A, B 사이의 전위차는?
   b. 두 점 C, D 사이의 전위차는?
   c. 축전기 $C_2$에 저장된 전하량은?

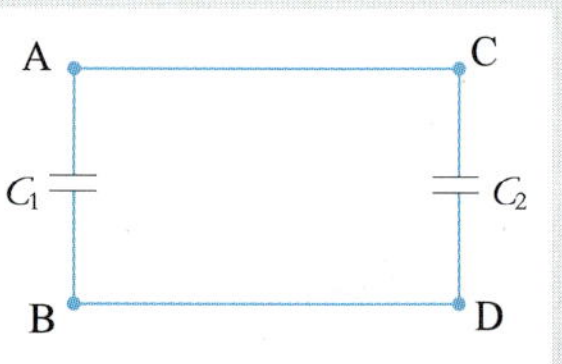


2. 평행판 축전기의 두 판 사이에 비유전율 $\epsilon = 3$인 절연체가 들어있고, 이때의 전기용량은 $6\mu F$이다. 이 축전기를 6V 전지에 연결하여 충전한 다음, 전지를 떼고 축전기 사이에 들어있는 절연체를 빼내었다.
   a. 절연체를 빼 내기 전 축전기에 저장된 전기에너지는?
   b. 절연체를 빼 낸 다음의 전기용량은?
   c. 절연체를 빼 낸 다음의 극판 사이의 전위차는?
   d. 절연체를 빼 내는데 필요한 에너지의 양은?

# Chapter 14

# 전 류

지금까지 정지해있는 전하에 대하여 알아보았다. 여기서는 움직이는 전하 즉 전류에 대하여 알아보자. 도체 내부에서도 전류가 흐르지만 도체 외부에서도 전류가 흐를 수 있다. 예를 들면 이온이 있는 물속에서도 전류가 흐를 수 있고 이온화된 분자가 있는 공기 중에서도 전류가 흐를 수 있다.

전류는 전기적 위치에너지가 높은 곳에서 낮은 곳으로 흐른다. 흔히 이 전기적 위치에너지의 차이를 전압이라고 한다. 실제로 물질 세계에서 전하의 이동은 주변에 있는 물질의 영향을 강하게 받는다. 이러한 영향은 전하의 이동(전류)을 방해하는 쪽으로 나타나는데, 이것을 저항이라고 한다. 따라서 전하의 이동(전류)은 이동의 원인에 해당하는 '전압', 이동을 방해하는 '저항'이라는 두 가지 요소에 의하여 결정된다.

## 14.1 전류

### 1) 전하의 흐름

도체 막대의 양 끝에 온도차가 있을 때 열의 흐름이 어떠했는지 상기해 보자. 열은 온도가 높은 곳에서 낮은 곳으로 이동한다. 도체 막대의 양 끝의 온도가 같아지면 열의 이동은 멈춘다. 이와 비슷하게, 도체 양 끝의 전위가 다르다면 전하는 한 쪽에서 다른 쪽으로 이동한다. 즉, 도체 양 끝에 전위차(또는 전압)가 있으면 전하는 이동한다. 전하의 이동은 도체 양 끝의 전위차가 없어질 때까지 계속된다. 전위차가 없으면, 도체를 통과하는 전하의 이동이 없다.

한 예로 전선의 한 끝은 땅에 연결되어 있고 다른 끝은 높은 전위로 대전된 반 데 그라프의 구에 연결되었다면, 전하는 전선을 타고 밀물처럼 이동한다. 그러나 그 이동은 금새 끝나는데, 그 이유는 반 데 그라프의 구의 전위가 곧 땅의 전위와 같아지기 때문이다.

도체 안에서 전하의 이동을 지속시키려면, 전하가 한 끝에서 다른 끝으로 이동하는 동안에도 전위차를 유지시킬 수 있어야 한다. 이 상황은 높은 곳에 있는 저수통에서 낮은 곳으로 물이 흐르는 것과 비슷하다(그림 14.1, 왼쪽). 수위의 차이가 있는 물은 파이프를 통해 흐르게 된다. 반 데 그라프와 땅을 전선으로 연결했을 때 전하가 이동하는 것처럼, 파이프 안에서의 물의 흐름은 양 끝의 압력차가 없을 때까지 이동한다. 그 이동을 유지하려면 수위의 차이를 유지시킬 펌프가 있어야 한다(그림 14.1, 오른쪽). 그러면 수압이 계속 일정한 차이를 유지하게 되고 물도 연속적으로 흐르게 된다. 같은 일이 전류에서도 일어난다.

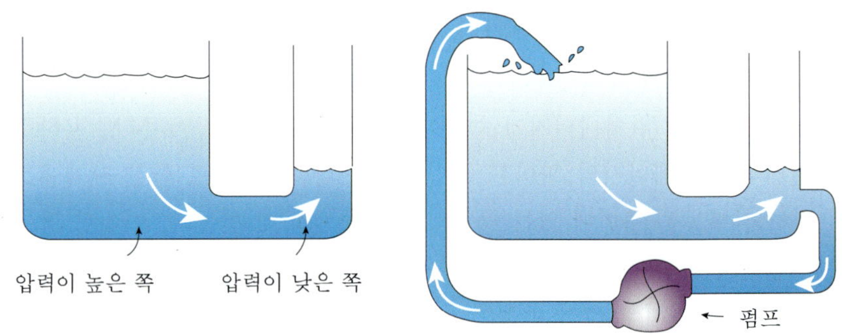


그림 14.1
(왼쪽) 물은 압력이 높은 쪽에서 낮은 쪽으로 흐른다. 그 흐름은 압력차가 없어지면 멈춘다.
(오른쪽) 저수통의 수위가 펌프에 의해 유지되면 물은 계속 흐른다.

## 2) 전류

전류는 전하의 이동이다. 고체 상태의 도체에서 자유 전자는 원자 사이를 자유롭게 움직여 다닌다. 한편, 양성자는 고정된 위치에 있는 원자핵 안에 속박되어 있다. 그러나 자동차의 배터리 안에 있는 전해질과 같은 유체에서는 전자뿐만 아니라 음이온과 양이온도 전하의 이동을 만들어 낸다.

전류는 암페어로 나타내고 SI 단위로는 A(암페어)로 표시한다. 1A는 매 초당 1C의 전하가 이동하는 전류의 세기이다.(전하의 표준 단위로 1C은 $6.25 \times 10^{18}$ 개의 전자가 가지는 전하량이라는 것을 상기하자.) 예를 들어 5A의 전류가 흐르는 전선에는, 전선의 어느 단면에서도 매초 5C의 전하가 지나가고 있는 것이다.

전류가 흐르는 전선의 알짜 전하가 0이라는 점에 유의하자. 전류가 흐르고 있을 때 전자들은 원자핵으로 구성된 원자 그물 사이를 무리지어 다닌다. 보통 조건에서는 전선 속의 전자의 수는 원자핵 속의 양성자의 수와 같다. 전자가 전선 속에서 흘러 다닐 때 한 쪽에서 들어가는 전자의 수는 반대 쪽 끝에서 나오는 전자의 수와 같다. 전선 속의 알짜 전하는 어느 순간이나 평균적으로 0인 것이 보통이다.

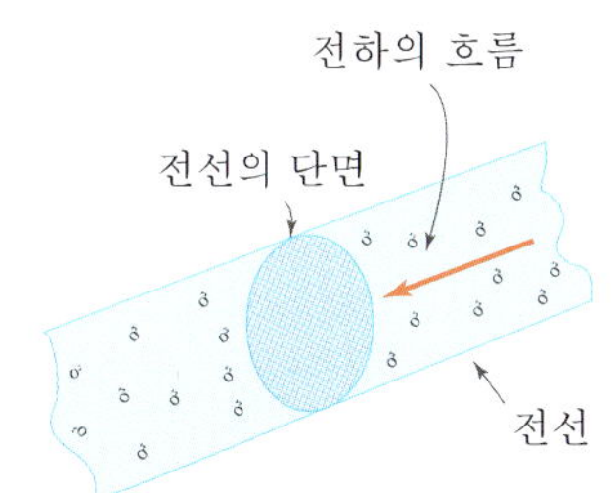


그림 14.2
어떤 단면을 통과하는 전하량이 매초 1C($6.25 \times 10^{18}$개의 전자)이면, 이때의 전류는 1A(암페어)이다.

## 14.2 전압(전위차)

전위차가 없으면 전하는 이동하지 않는다. 전류가 계속 흐르려면 전위차를 유지시켜 주는 '전기 펌프'가 있어야 한다. 전위차를 만드는 것을 전원이라고 한다. 금속구 하나를 양으로 대전시키고 다른 금속구는 음으로 대전시키면 그들 사이에 큰 전압이 생길 수 있다. 이러한 전원은 좋은 전기 펌프는 아닌데, 그 이유는 금속구 사이를 전선으로 연결하면, 전하가 금방 옮겨 가서 곧 전위가 같아지기 때문이다. 그러나 건전지나 자동차 배터리 또는 발전기는 전위차를 일정하게 유지시켜 전류를 안정적으로 흐르게 할 수 있다.

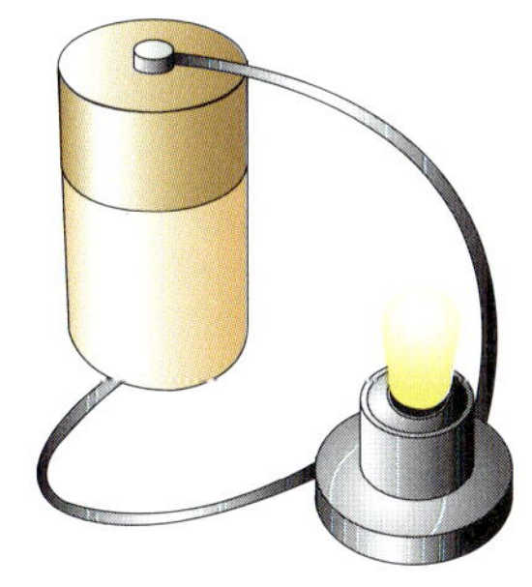

그림 14.3
1.5V 건전지의 두 극에 연결한 회로에서 1.5V의 전기적 압력을 얻을 수 있다.

건전지나 자동차 배터리 또는 발전기는 전하가 움직일 수 있도록 에너지를 공급한다. 건전지나 자동차 배터리에서는 전지 내부에서 화학반응에 의해 화학에너지가 전기에너지로 전환된다.[1] 발전기는 역학적 에너지를 전기에너지로 바꾸는 장치로, 단원 17에서 다룬다. 어떻게 만들어졌든 전지나 발전기의 단자에 연결하면 전기에너지를 얻을 수 있다. 단자 사이에서 전자들이 움직여 갈 때 단위 전하당(1C당) 전기에너지를 전압(가끔 기전력이라고도 한다)이라고 한다. 전압은 전기 회로의 단자 사이에서 전자를 움직이게 하는 '전기적 압력'이다.

전력 회사에서는 가정에 220V를 공급하기 위해 큰 전기 발전기를 쓴다. 콘센트의 두 구멍 사이에는 교류 전압이 평균 220V로 걸려 있다. 플러그를 콘센트에 꽂으면 평균 '압력' 220V가 플러그에 연결된 회로에 걸린다. 이것은 회로에서 흐르게 되는 전하 1C에 220J의 에너지가 공급된다는 것을 뜻한다.

1) 전지 안에서의 화학 반응은 이온화 경향에 의하여 일어난다.

가끔 회로에 걸리는 전압과 회로를 통해 흐르는 전하라는 두 개념을 혼동하는 경우가 있다. 이것을 구별하기 위해, 물이 든 긴 파이프를 생각해 보자. 물은 파이프 양 끝에 압력차가 있으면 흐른다. 물이 흐르는 것이지, 압력이 흐르는 것은 아니다. 비슷하게, 회로에 전압이 걸려 있기 때문에 전류가 흐르는 것이다. 회로에 전압이 흐른다는 말은 옳지 않은 것이다. 전압이 이동하는 것이 아니고 전하가 움직이는 것이다. 즉, 전압은 전류의 원인이 된다.

**Example 1** 고압선 위의 새는 왜 감전되지 않을까?

풀이 새의 두 발 사이에 걸린 전압이 거의 0이기 때문이다.

**Example 2** 회로의 A점에서 B점으로 전류가 흐른다.

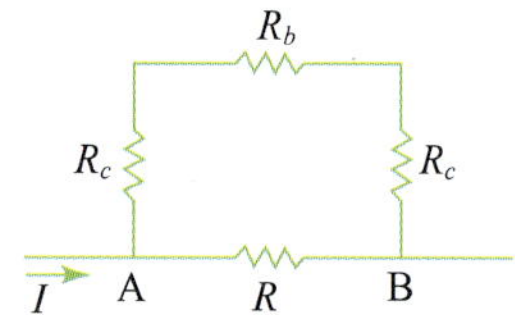


(1) $R_c$에 흐르는 전류의 세기 $i_c$ 와 $R$에 흐르는 전류의 세기 $i$ 를 구하라.
(2) $i_c \ll i$일 조건은?(단, $R_c \gg R_b$이다)

풀이 (1) $i_c = \dfrac{R}{R + R_b + 2R_c} I \qquad i = \dfrac{R_b + 2R_c}{R + R_b + 2R_c} I$

(2) $i_c \ll i$ 이므로 $R \ll R_b + 2R_c$, 또한 $R_c \gg R_b$ 이므로 $R_c \gg \dfrac{1}{2} R$ 이다.

## 14.3 전기 저항

회로에 흐르는 전류의 양은 전원이 공급하는 전압에 따라 다르다. 또 전류는 전하의 이동을 방해하는 도체의 전기 저항과도 관계가 있다. 이것은 파이프 속을 단위 시간 동안 통과하는 물의 양이 파이프 양 끝의 압력 차이와 파이프 자체의 저항에 달려있는 것과 비슷하다. 전선의 저항은 전선을 만드는 데 사용된 물질의 전도도와 전선의 굵기 및 길이에 따라 달라진다.

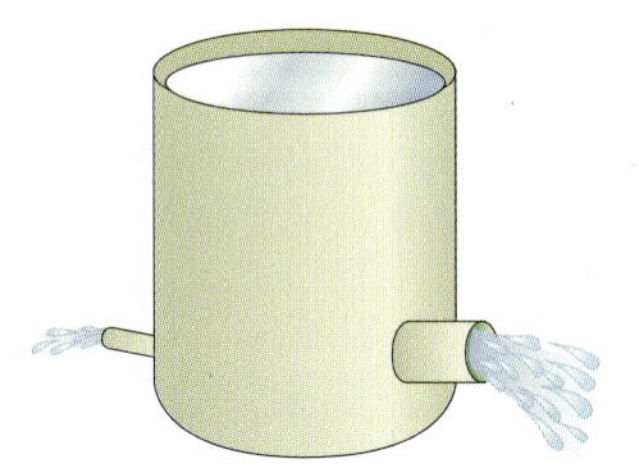

그림 14.4
주어진 압력에서 단면적이 큰 쪽이 작은 쪽보다 더 많은 물이 흐른다. 주어진 전압에서 전류는 단면적이 큰 전선에서 더 많이 흐른다.

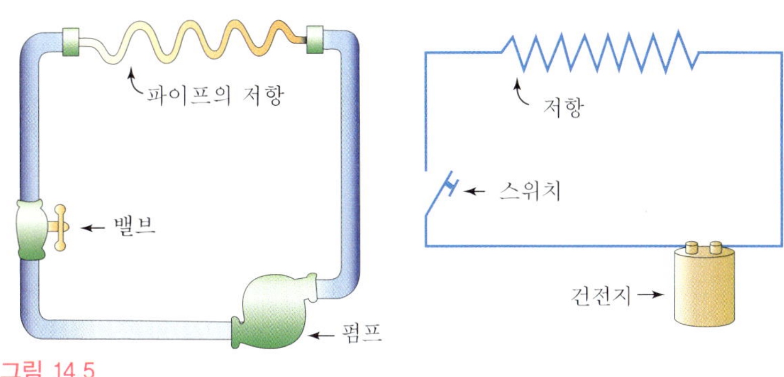


그림 14.5
단순한 수류 회로와 전기 회로의 비교

굵은 전선은 가는 전선보다 저항이 작으며, 긴 전선은 짧은 전선보다 저항이 크다. 더욱이, 전기 저항은 온도에 따라 변한다. 대부분의 물질에서 온도가 증가하면 도체 안의 원자가 활발하게 움직이므로 도체의 저항은 커진다.[2] 어떤 물질의 저항은 매우 낮은 온도에서 0이 된다. 이런 것을 초전도체라고 한다.

저항은 독일의 물리학자 옴의 이름을 따서 'Ω(옴)'이라는 단위로 측정한다. 그는 전선의 저항이 전류에 어떤 영향을 주는가를 연구하였다.

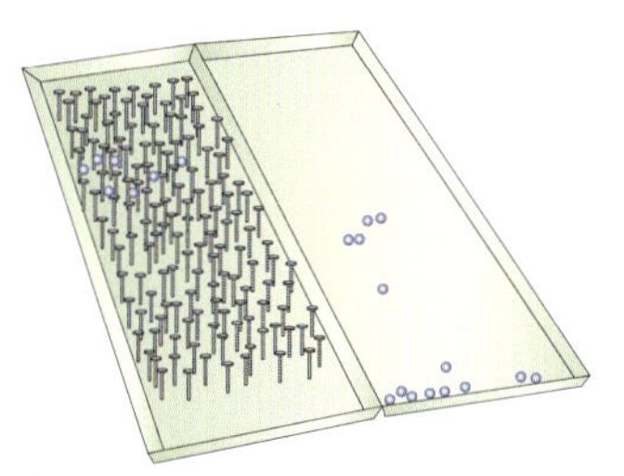
전기저항의 모형.
판에 박힌 못들은 원자핵을 구슬은 전자를 나타낸다.

# 14.4 옴의 법칙

## 1) 전류, 전압, 전기 저항의 관계

옴은 회로에 흐르는 전류가 회로에 걸린 전압에 정비례하며, 저항에 반비례한다는 것을 발견하였다. 즉,

$$\text{전류} = \frac{\text{전압}}{\text{저항}}$$

전압과 전류, 저항 사이의 이런 관계를 옴의 법칙이라고 한다.[3]

2) 탄소는 예외다. 높은 온도에서 전자들이 탄소 원자에 의해 진동하게 되어 전류가 증가하게 된다. 온도가 올라갈수록 탄소 저항은 감소한다. 탄소는 이런 성질이 있는 데다가 녹는점도 높아서 아크등에 사용된다.

3) 많은 책에서 전압을 $V$, 전류를 $I$, 저항을 $R$이라고 하여, $V = IR$ 또는 $I = \dfrac{V}{R}$로 나타낸다.

이것을 단위의 식으로 나타내면 다음과 같다.

$$1\text{A} = \frac{1\text{V}}{1\Omega}$$

따라서 저항이 일정한 회로에서는 전류와 전압은 비례한다. 즉 전압을 두 배로 하면 전류가 두 배가 된다는 뜻이다. 전압이 클수록 전류도 커진다. 그러나 회로에서 저항이 두 배로 되면 전류는 반으로 줄어든다. 저항이 클수록 전류는 감소한다. 이것이 옴의 법칙이다.

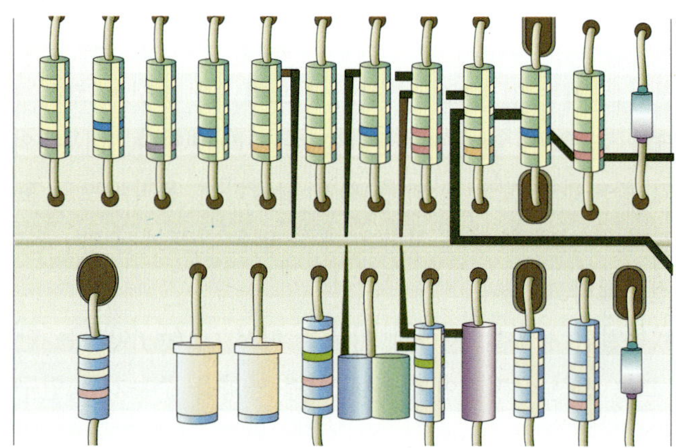

그림 14.6
여러 저항기. 띠의 색깔로 저항의 크기를 나타낸다.

저항이 1Ω인 회로에 1V를 걸어주면 1A가 흐른다. 이 회로에 12V를 걸어주면 12A의 전류가 흐른다.

보통 전선의 저항은 1Ω보다 훨씬 작은데, 전구의 저항은 100Ω정도이다. 전기 다리미나 토스터기의 저항은 15~20Ω 정도이다. 저항이 작으면 전류가 커지고 상당히 큰 열이 발생한다. 라디오나 텔레비전 수상기 같은 전기 장치 안에는 저항기라고 하는 회로 부품이 있어서 전류를 조절한다. 저항기의 저항은 몇 Ω에서부터 수백 만 Ω까지 다양하다.

---

**Example 1** 120V의 전압에서 12A의 전류가 흐르는 전기 제품의 저항은 얼마인가?

풀이 $\text{저항} = \frac{\text{전압}}{\text{전류}} = \frac{120\text{V}}{12\text{A}} = 10\Omega$

**Example 2** 저항이 100Ω 인 전구에 50V의 전압을 걸어주면 몇 A의 전류가 흐르는가?

풀이 전류는 0.5A이다.

$$전류 = \frac{전압}{저항} = \frac{50V}{100\Omega} = 0.5A$$

## 2) 전기적 충격

사람의 몸에 전기적 충격을 주는 것은 전류와 전압 중에서 어느 것일까? 충격 효과는 몸으로 전류가 흐르기 때문에 나타난다. 옴의 법칙으로부터 전류는 회로에 걸린 전압과 사람 몸의 저항에 따라 결정된다는 것을 알 수 있다.

사람 몸의 저항은 상태에 따라 다른데, 소금물에 젖었을 때 100Ω 정도에서부터 매우 건조할 때는 500,000Ω까지 이른다. 건전지의 두 극을 건조한 손가락으로 만질 때는 보통 100,000Ω정도의 저항으로 전류의 흐름을 방해한다. 이렇게 되면 12V나 24V정도로는 거의 느낌이 없다. 그러나 피부가 젖어 있으면 24V는 그렇게 안전하지는 않다. 표 14.1은 사람 몸에 끼치는 전류의 영향을 나타내 준다.

표 14.1 몸에 대한 전류의 효과

| 전류(A) | 효 과 |
|---|---|
| 0.001 | 느낄 수 있다. |
| 0.005 | 고통스럽다. |
| 0.010 | 무의식적으로 근육이 수축한다(경련). |
| 0.015 | 근육을 통제할 수 없다. |
| 0.070 | 심장을 통과하면 파열될 수 있고, 1초 이상 지속되면 죽을 수도 있다. |

**Example 1** 몸의 저항이 100,000Ω 이면, 12V 건전지의 두 극에 손이 닿을 경우 몸 안에 흐르는 전류는 얼마인가?

풀이 몸 안에 흐르는 전류는,

$$전류 = \frac{전압}{저항} = \frac{12V}{100,000\Omega} = 0.00012A$$로 몸에 전혀 해가 없다.

**Example 2** 몸이 매우 축축해서 몸의 저항이 1,000Ω 이라고 할 때 24V 건전지의 두 극에 몸이 닿으면 몸 안에 흐르는 전류는 얼마인가?

풀이 $\frac{24V}{1000\Omega} = 0.024A$로 위험한 수준의 전류가 흐른다.

그림 14.7
젖은 헤어 드라이기를 작동시키는 것은 손가락을 소켓에 찔러 넣는 것과 같다.

그림 14.8
새는 아무 해도 받지 않고 고압의 전선에 앉아 있을 수 있지만, 근처 전선에 닿아서는 안 된다. 왜 안 될까?

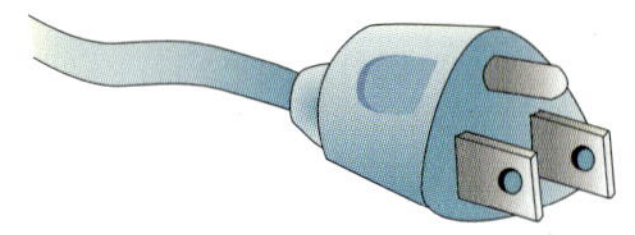

그림 14.9
세 번째 가지선은 전기 기구에서 땅으로 직접 연결되어 있다. 기구에 쌓이는 전하는 땅으로 흐른다.

매년 많은 사람들이 220V에 감전되어 죽는다. 우리가 땅을 딛고 서 있을 때 220V 가전 제품에 감전되면 우리 몸과 땅 사이에 '전기적 압력'이 생긴다. 신발 밑바닥은 보통 저항이 매우 크기 때문에 치명적인 해를 줄 정도의 전류는 흐르지 못할 것이다. 그러나 우리가 배수관을 통해 땅까지 연결되어 있는 젖은 욕조 안에 맨발로 서 있으면, 우리와 땅 사이의 저항은 매우 작다. 우리 몸의 전체 저항은 아주 작아져서 220V 전위차로도 우리 몸에 치명적인 전류가 흐를 수 있다.

헤어 드라이기와 같이 개폐 스위치가 달린 기구 주변에 물이 있으면 전류가 흘러 감전의 위험이 있다. 증류수는 좋은 절연체이지만, 보통 물 속에는 이온이 녹아 있어 저항이 매우 작다. 소금과 같은 물질들이 녹아서 이온이 된다. 피부에서 땀이 나서 얇은 층의 염분이 생기는데, 우리 몸이 젖으면 그것이 녹아 피부는 수백 Ω정도의 낮은 저항을 갖게 된다. 그러므로 목욕할 때 전기 기구를 다루는 것은 극히 위험하다.

고압 전선에 앉은 새를 본 적이 있을 것이다. 새 몸의 각 부분은 전선과 똑같은 높은 전위를 갖기 때문에 아무 이상이 없다. 새가 전기 충격을 받으려면 몸의 한 부분과 다른 부분 사이에 전위차가 있어야 한다. 대부분의 전류는 두 부분을 연결하는 저항이 가장 작은 통로를 따라 흐른다.

어떤 사람이 다리에서 떨어져 간신히 고압 전선을 잡고 버티고 있다고 하자. 몸의 일부가 전위가 다른 물체에 닿지만 않는다면 그 사람은 안전하다. 그 전선에 수천 V의 전압이 걸려 있고, 그 사람이 두 손으로 전선을 잡고 있더라도 한 손에서 다른 손으로 전류가 흐르지 않는다. 그 이유는 두 손 사이에 전위차가 거의 없기 때문이다. 그러나 만일 한 손을 뻗어 다른 전위의 전선을 만지면, 그땐 사망이다.

어떤 전기 기구의 표면이 근처에 있는 다른 장치의 표면과 전위차가 있을 때 가벼운 충격이 온다. 여러분이 전위가 다른 표면을 만지면, 여러분은 전류의 통로가 된다. 때때로 그 충격이 강할 때도 있다. 이것을 방지하기 위해 전기 장치의 바깥 부분에 접지선을 연결시키는데, 이것은 그림 14.9에 있는 것처럼 플러그의 세 가지선 중에서 세 번째인 둥근 가지선이다. 모든 플러그에 있는 접지선은 집의 접지 시스템에 연결되어 있다. 두 개의 평평한 가지선은 전류를 보내는 선들이다. 전선이 전기 기구의 표면에 닿아도 전류가 우리에게 충격을 주지 않고 직접 땅으로 가게 된다.

전기 충격의 효과는 우리 몸 속의 조직들에 지나치게 열을 가하거나 정상 신경 기능을 파괴시키는 것이다. 이것은 호흡을 관장하는 신경 중추를 망쳐 놓을 수도 있다. 전기 충격을 받은 사람을 구하려면 먼저 그 사람을 전원 공급 장치로부터 떼어내야 한다. 이때 구조자는 감전되지 않도록 나무 막대나 다른 절연체를 사용해야 한다. 그 다음에 인공 호흡을 시킨다.

**Example** 전기 충격은 무엇이 일으키는가? 전류 아니면 전압?

풀이 첫 번째 원인은 전압이지만, 피해를 주는 것은 전류이다.

## 14.5 직류와 교류

### 1) 직류와 교류의 정의

전류는 직류(DC) 아니면 교류(AC)인데, 직류는 항상 한 방향으로만 흐르는 전류를 뜻한다. 건전지는 두 극이 항상 같은 부호의 전하를 띠고 있으므로 회로에 직류가 흐르게 한다. 전자들이 회로를 통해 항상 같은 방향으로 운동하는데 이는 음극에서는 전자를 밀고, 양극에서는 끌어당기기 때문이다. 전류가 일정하게 흐르지 않아도 한 방향으로만 흐르면 직류이다.

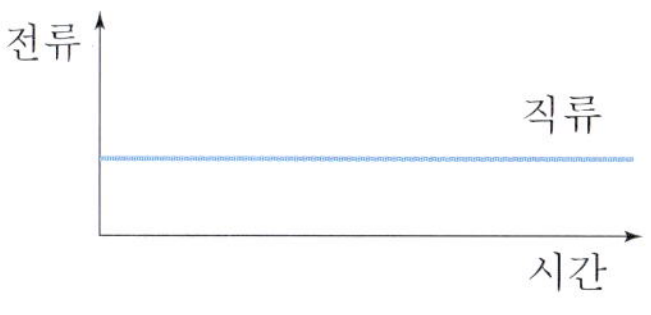


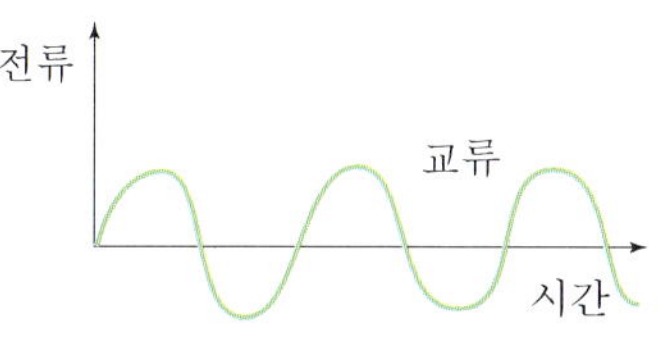


그림 14.10
직류는 시간에 따라 방향을 바꾸지 않는다. 교류는 주기를 가지고 진동한다.

교류는 흐름의 방향이 변하는 전류이다.[4] 회로에서 전자들은 처음에 한 방향으로 움직이다가, 곧 반대 방향으로 움직인다. 즉 고정점을 중심으로 왔다갔다 하는 것이다. 이것은 발전기나 다른 전원 장치에서 전압의 극이 바뀌기 때문에 일어난다. 한국이나 미국에서는 1초에 60번 바뀌는 전류를 가정으로 보낸다. 그러나 용도나 나라에 따라 25Hz나 30Hz 또는 50Hz를 쓰기도 한다.

북미의 교류전압은 보통 120Hz이다. 전기를 처음 쓰기 시작하던 시절에는 고압 때문에 전구의 필라멘트가 타버리곤 했다. 110V를 쓰게 된 것은 당시에 전구를 가스등처럼 밝게 하려고 한 관습 때문이다.

4) 플러스와 마이너스는 임의적인 것인데, 그 이유는 교류이기 때문에 수시로 바뀌기 때문이다. 중요한 것은 그 둘이 반대라는 것이다.

1900년 이전에 미국에 세워진 수백 개의 발전소에서는 110V(또는 115V나 120V) 전압을 표준으로 채택하였다. 유럽에서 전기가 널리 쓰이면서, 기술자들은 어떻게 하면 전구가 고압에서도 빨리 타버리지 않는가를 알아내었다. 전력 수송은 고압에서 효율적이므로 유럽에서는 220V를 채택하였다. 미국은 오늘날까지도 110V(오늘날은 공식적으로 120V)를 고수하고 있는데, 그 이유는 이미 설치해 놓은 설비가 110V 장비이기 때문이다.

우리나라에서는 처음 110V 교류를 사용하다가 전력 사용량이 증가하면서 220V 교류로 바꾸었다. 높은 전압을 사용하면 같은 전선으로 더 많은 전력을 수송할 수 있지만 감전의 위험은 증가한다.

교류는 쉽게 전압을 높일 수 있어 전선 속에서의 큰 열손실 없이 전기에너지를 먼 거리까지 수송할 수 있기 때문에 많이 사용된다. 이에 대한 자세한 내용은 단원 17에서 다룬다.

직류든 교류든 전류는 에너지를 한 장소에서 다른 장소로 조용하게, 편리하게 손쉽게 옮기는 데에 주로 이용된다.

## 2) 교류를 직류로 바꾸기

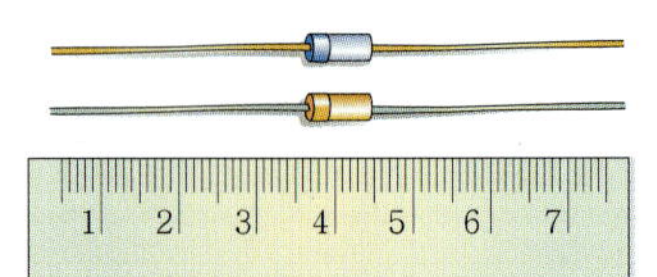

그림 14.11
다이오드

가정에서 쓰는 전류는 교류이다. 전자 계산기처럼 전지를 쓰는 제품에는 직류가 흐른다. 직류 변환기가 있으면 그런 제품에 전지를 사용할 필요가 없다. 직류 변환기에는 전압을 낮추는 변압기(단원 17)와 함께, 다이오드가 들어 있는데 다이오드는 전류를 한 방향으로만 흐르도록 밸브처럼 작동하는 작은 부품이다. 교류는 두 방향으로 진동하므로 한 주기의 반만 다이오드를 통과한다. 그 출력은 반 주기가 잘린 약간 거친 직류가 된다. 그렇게 덜거덕거리는 직류를 연속적인 전류로 만들려면 축전기를 사용하면 된다(그림 14.12).

앞 단원에서 축전기는 전하를 저장하는 데 사용한다고 하였다. 저수지에서 수위를 높이거나 낮추는 데 시간이 걸리는 것처럼, 전자를 축전기에서 떼어내거나 더하는 데도 시간이 걸린다. 따라서 축전기는 전류의 흐름을 변화시킬 때 시간 지연 효과를 낸다. 그것은 펄스 출력을 매끄럽게 만든다.

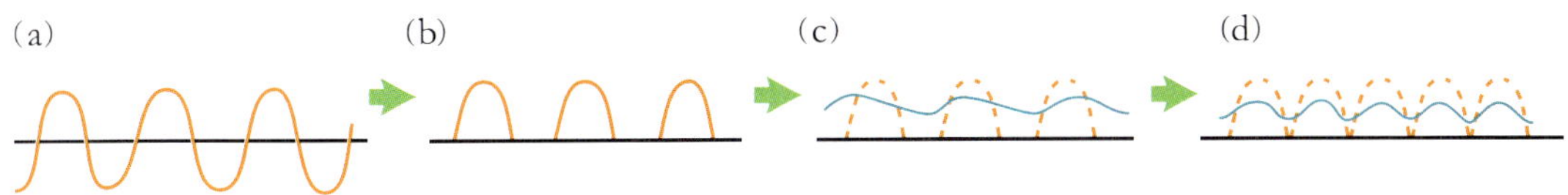


그림 14.12
(a) 교류를 다이오드에 입력시킨다. (b) 출력은 맥동하는 직류이다.
(c) 축전기의 충전과 방전을 통해 연속적이고 매끈한 전류를 만든다. (d) 실제로는 한 쌍의 다이오드를 써서 전류 출력의 시간 간격을 없앤다. 그 효과는 반 주기의 교류 부분을 없애는 것이 아니라 극을 바꾸어 사용하는 것이다.

# 14.6 전기 회로와 전자

## 1) 회로에서 전자의 속력

벽에 있는 스위치를 닫으면 회로가 연결되어 전구는 금새 빛을 내기 시작한다. 우리가 전화를 할 때 우리 목소리를 실은 전기 신호는 거의 무한한 속력으로 전선을 타고 전달되는 것 같다. 그 신호는 도체를 따라 거의 빛의 속력으로 전달된다. 그러나 그렇게 움직이는 것은 전자가 아니라 신호다.

상온에서 금속 도선 속에 있는 전자들은 열운동에 의해 시속 수백만 km의 평균 속력으로 움직인다. 이 운동은 제멋대로이므로 이것이 전류를 흐르게 하는 것은 아니다. 즉 어느 한 방향으로의 알짜 흐름이 없는 것이다. 전선에 전지나 발전기를 연결하면 전선 내부에 전기장이 생긴다. 이때 전기장은 거의 빛의 속력으로 회로를 통해 전달된다. 전자들은 모든 방향의 열운동을 계속하면서 동시에 전기장의 영향을 받아 조금씩 전선을 따라 이동한다.

도선은 전기장을 안내하는 역할을 한다(그림 14.13). 전선 밖의 공간에서

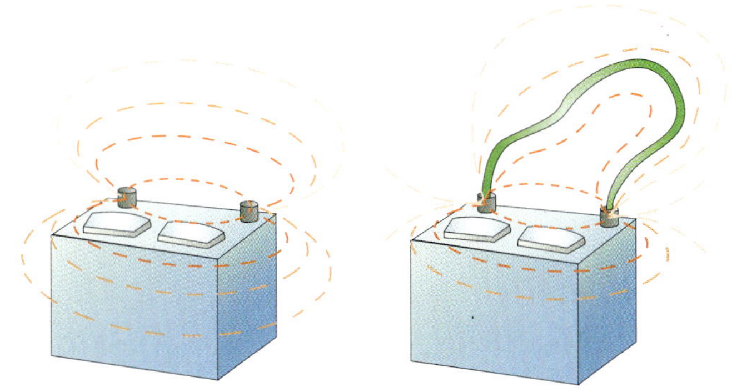

그림 14.13
전지 양 극 사이의 전기력선은 양 극을 연결하는 도체를 따라 생긴다.

전기장의 모양은 전선 안의 전하를 포함한 여러 전하의 위치에 의해 결정된다. 전선 안에서 전기장은 전선을 따라 형성된다. 전원이 그림 14.13처럼 직류이면 전기력선은 도체 안에서 한 방향을 유지한다.

전자는 전기력선과 나란한 방향의 전기장에 의해 가속된다. 전자들은 상당한 속력에 이르기 전에 금속 원자에 부딪쳐서 운동 에너지를 잃는다. 이것이 전류가 흐르는 도선이 뜨거워지는 이유이다. 이러한 충돌이 전자의 운동을 방해한다. 그래서 전선을 따라 흐르는 전자의 유동 속력은 지극히 작다. 자동차의 전기 시스템과 같은 전형적인 직류 회로에서 전자들의 평균 유동 속력은 초속 0.01cm 정도이다. 이런 속력의 비율로는 전선 안에서 전자들이 1m 이동하는 데 세 시간 정도가 걸린다.

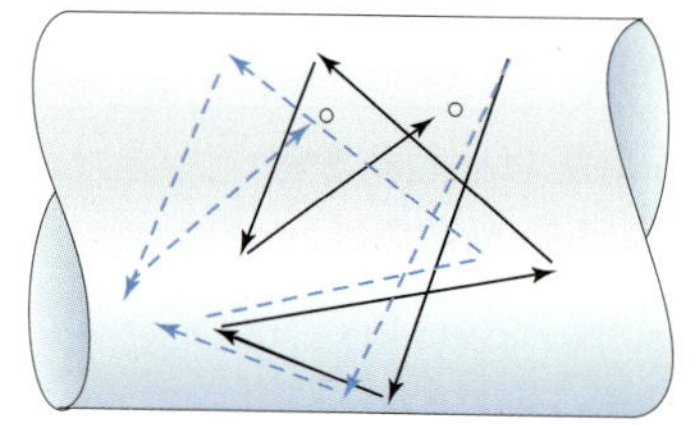

그림 14.14
실선은 도체 안에서 원자에 충돌하는 전자의 임의의 운동 경로를 나타낸 것이다. 순간 속력은 광속의 1/200 정도이다. 점선은 전기장이 걸렸을 때 이 경로가 어떻게 될 것인지를 약간 과장해서 그린 것이다. 전자는 왼쪽으로 달팽이 걸음보다 느린 평균 속력으로 표류해 간다.

교류에서는 어떤 방향으로도 전자들의 알짜 이동이 없다. 한 주기 동안에 한 방향으로 몇 밀리미터 이동하다가 곧 같은 거리만큼 반대로 움직이기 때문이다. 따라서 전자들은 이리저리 진동할 뿐이다. 우리가 친구와 전화를 통해 이야기할 때 거의 광속으로 전달되는 것은 진동 운동의 패턴이다. 전선 속에 있는 전자들은 전달되는 패턴에 맞춰 진동하는 것이다.

## 2) 회로 안에 있는 전자의 근원

우리는 가게에서 물이 차 있지 않은 고무 호스를 살 수 있다. 그러나 전자가 차 있지 않은 전선이라고 할 수 있는 '전자 파이프'를 살 수는 없다. 회로 안에 있는 전자의 근원은 도체 물질 그 자체이기 때문이다. 어떤 사람들은 집 벽에 붙은 콘센트를 전자가 나오는 출구로 생각한다. 그들은 전자가 발전소에서 흘러나와 송전선을 타고 집으로 흘러 들어온다고 생각하는데, 이런 생각은 옳지 않다. 가정에 들어오는 전류는 교류이다. 교류 회로에서 전자들은 전선을 통해 별로 이동하지 않는다. 단지 비교적 고정된 점 주위를 이리저리 진동할 뿐이다.

그림 14.15
전구 필라멘트 안에서 진동하고 있는 전자들은 전원에서 온 것이 아니다. 그들은 원래부터 필라멘트 안에 있었고, 전원은 다만 그들에게 에너지를 공급하는 것 뿐이다.

우리가 교류 콘센트에 전구를 꽂으면, 전구로 흘러 들어오는 것은 전자가 아니라 에너지이다. 에너지는 전기장에 의해 운반되고 전구 필라멘트 속에 이미 존재하는 전자들을 진동시키는 것이다. 전구에 220V를 가해주면 전기에너지가 진동하는 전하에 쓰여진다. 이 전기에너지의 대부분은 열로 나타나고 일부는 빛으로 나타난다. 전력 공사는 전자를 파는 것이 아니라 '에너지'를 파는 것이다.

따라서 우리가 교류 전류에 감전될 때 우리 몸에 흐르는 전류는 우리 몸 속에 있던 전자들에 의해서 만들어진 것이다. 전자들이 전선으로부터 와서 우리 몸을 통해 땅으로 이동하는 것이 아니다. 이동하는 것은 에너지이다. 에너지는 우리 몸 속에 있는 자유 전자를 진동하게 하는 것인데, 작은 진동은 따끔한 정도이지만 큰 진동은 치명적이다.

## 14.7 전 력

초전도체가 아니라면 회로 안에서 움직이는 전하는 에너지를 소모한다. 이 에너지는 회로에서 열로 전환되거나 모터를 돌리는 데 쓰인다. 전기에너지가 역학적 에너지나, 열, 빛과 같은 다른 형태의 에너지로 전환하는 비율을 전력이라고 한다. 전력은 전류 곱하기 전압이다.[5)]

$$\text{전력} = \text{전류} \times \text{전압}$$

만일 전압의 단위로 V를 사용하고 전류의 단위로 A를 사용하면 전력의 단위는 와트(W)가 된다. 그래서 단위 사이의 관계는 다음과 같다.

$$1\text{W} = (1\text{A}) \times (1\text{V})$$

110W 전구를 110V에 연결시키면 1A의 전류가 흐른다는 것을 알 수 있는데, 그것은 110W=(1A) × (110V)이기 때문이다. 55W 전구를 110V에 연결시키면 전구에는 0.5A의 전류가 흐른다.

1kW는 1000W이고, 1킬로와트시(kWh)는 1kW의 비율로 1시간 동안 소모하는 에너지의 양이다.[6)] 1kWh에 100원이라면, 100W 전구를 10시간 쓰면 100원이 드는데, 이것은 전기료가 매 시간당 10원 꼴이 되는 셈이다. 전기 다리미나 세탁기처럼 전류를 더 많이 끌어 들이는 제

---

5) 이 관계는 전류와 전압의 정의로부터 유도된다.

$$\begin{aligned}\text{전류} \times \text{전압} &= \frac{\text{전하}}{\text{시간}} \times \frac{\text{에너지}}{\text{전하}} \\ &= \frac{\text{에너지}}{\text{시간}} = \text{전력}\end{aligned}$$

6) 전력은 $\left(\frac{\text{에너지}}{\text{시간}}\right)$인데, 이를 달리 나타내면 에너지는 전력×시간이므로 킬로와트시로 나타낼 수 있다. 물리학자들은 에너지를 줄(J)로 나타내지만 전력 회사는 킬로와트시(kWh) 단위로 에너지를 판다. 이렇게 에너지 단위가 이중으로 되어 있어서 혼란이 올 수도 있을 것이다. 그래서 이런 단위들을 구별할 수 있도록 신경써서 공부해야 하는데, 쿨롱, 볼트, 옴, 암페어, 와트, 그리고 킬로와트시 같은 단위에 친숙해져야 한다. 이런 것들을 완벽히 공부해 두어야 고급 수준의 책들을 읽어 낼 수 있다. 전기를 이해하려면 상당한 시간과 노력이 필요하므로 참을성을 갖고 어려움을 극복해 보자.

* 와트시와 줄의 관계 1Wh=1J/s×3600s=3600J

품은 전력을 더 많이 사용하므로 같은 시간 동안 더 많은 돈을 지불해야 한다.

그림 14.16
이 전구에 표시된 전력과 전압은 60W 120V 이다. 전구에 흐르는 전류는 몇 A인가?
$\Rightarrow 60\text{W} = 120\text{V} \times I$
$I = \frac{60}{120}\text{A} = 0.5\text{A}$

**Example 1** 8V, 0.1A에서 작동하는 계산기에서 소모되는 전력은 얼마인가? 그것을 한 시간 사용하면 얼마의 에너지를 사용한 것인가?

풀이 전력＝전류×전압＝(0.1A)×(8V)＝0.8W, 한 시간 사용한 에너지＝전력×시간＝(0.8W)×(1h)＝0.8Wh＝0.0008kWh＝2880J이다.

**Example 2** 1200W 헤어 드라이기에 있는 퓨즈의 최대 전류가 15A라면, 이 헤어 드라이기를 120V 선에 연결하여 사용해도 되는가? 이 선에 두 대의 헤어 드라이기를 연결해서 사용해도 되겠는가?

풀이 헤어 드라이기 한 대는 이 선에 연결해도 된다. 왜냐하면 (15A) × (120V)＝1800W까지 가능하기 때문이다. 그러나 두 대의 헤어 드라이기를 작동하면 2400W가 되므로 전력이 모자라게 된다. 이것은 전류를 가지고도 생각해 볼 수 있다. 1W＝ (1A) × (1V)이므로, (1200W)/ (120V)＝10A이다. 그래서 헤어 드라이기 한 대는 허용 전류 안에서 사용할 수 있다. 그러나 두 대를 연결하면, 20A가 흐르게 되므로 허용 전류를 넘어 위험하게 된다.

**더 알아보기** **저항의 비교**

1. **비저항** : 도선의 전기저항 $R$는 도선의 길이 $l$ 에 비례하고 도선의 단면적 $S$에 반비례한다.

$$R = \rho \frac{l}{S}$$

여기서 비례상수 $\rho$는 물질의 종류에 따라 달라지는 값으로 비저항이라고 한다. 물질의 비저항은 길이 1m, 단면적 $1\text{m}^2$인 그 물질의 저항값이다.

예) 은의 비저항 $\rho = 1.62 \times 10^{-8}\,\Omega \cdot \text{m}$

텅스텐의 비저항 $\rho = 5.51 \times 10^{-8}\,\Omega \cdot \text{m}$

2. **온도에 의한 저항의 변화**

도체의 온도가 높아지면 0℃때 저항 값 $R_0$에 비해 저항값은 다음과 같이 달라진다.

$$R = R_0(1 + \alpha t)$$

여기서 $t$는 섭씨 온도이고 $\alpha$는 저항의 온도 계수이다.

문제〉 비저항이 $10^{-6}\,\Omega \cdot \text{m}$이고 반지름이 0.65mm인 저항선으로 2.0Ω의 저항체를 만들려고 한다. 필요한 저항선의 길이는 몇 m인가?

풀이 : $l = \frac{RS}{\rho} = \frac{(2.0\Omega)\pi(0.00065\text{m})^2}{10^{-6}\Omega \cdot \text{m}} \doteqdot 2.65\text{m}$

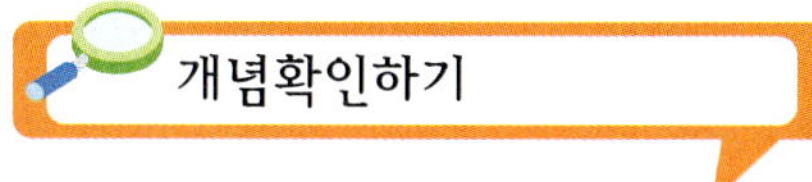


1 열이 흐르기 위해서는 어떤 조건이 필요한가? 전류가 흐르기 위해서는 어떤 조건이 필요한가?

2 전위란 무엇인가? 전위차란 무엇인가?

3 파이프 속의 물의 흐름을 유지하기 위해서는 어떤 조건이 필요한가? 전선 속에서의 전하의 흐름이 유지되기 위해서는 어떤 조건이 필요한가?

4 전류란?

5 1A란?

6 전압이란?

7 전압은 회로를 통해 흐르는 것인가 아니면 회로에 걸리는 것인가?

8 전기 저항이란?

9 짧고 굵은 전선과 길고 가는 전선 중에서 어느 쪽의 저항이 더 큰가?

10 옴의 법칙이란?

11 회로에 걸린 전압이 일정하고 저항이 두 배로 되면 전류는 어떻게 되는가?

12 회로의 저항이 일정할 때 전압이 반으로 줄면 전류는 어떻게 되는가?

13 몸이 젖으면 몸의 저항은 어떻게 되는가?

14 어떻게 새는 고압 전선에 앉아도 멀쩡한가?

15 직류와 교류를 구분하라. 어떤 것이 전지에서 만들어지는 것이고 어떤 것이 발전소에서 만들어지는 것인가?

16 다이오드는 교류를 직류로 만든다. 펄스 직류를 매끄러운 직류로 만드는 데 사용하는 부품은 무엇인가?

17 직류 변환기에서 다이오드와 축전기의 역할은 무엇인가?

18 전형적인 직류 회로에서 전자들의 유동 속력은 얼마인가? 전형적인 교류에서 유동 속력은?

19 전형적인 전기 회로에 흐르는 전자들은 어디에서 왔는가?

20 전력이란?

21 전력의 단위와 전기에너지의 단위는?

22 60W전구에 120V를 걸어주면 몇 A가 흐르는가?

23 다음과 같은 구절이 한 가전 제품에 써 있다면 옳은 것일까?

| [이 제품에는 아주 작은 대전 입자들이 시속 1000만km로 움직이고 있다.] |
|---|

24 A와 V는 같은 것을 측정하는 단위인가? 어떤 것이 흐름이고 어떤 것이 그 흐름을 만드는 것인가?

25 굵은 전선이 가는 전선보다 더 많은 전류를 흐르게 하는 이유는 무엇인가?

26 전기 히터를 작동시킬 때 전선 코드의 저항이 작아야 좋은 이유는 무엇인가?

27 220V에 연결된 전구에 흐르는 전류는 같은 전구를 110V에 연결했을 때와 비교하면 얼마나 더 많이 흐르겠는가?

28 전압과 저항을 두 배로 하면 전류는 어떻게 되는가? 둘 다 반으로 줄이면 전류는 어떻게 되는가?

29 자동차에 사용하는 둥근 전구에 흐르는 전류는 직류일까, 교류일까? 가정에서 사용하는 전구에는 어떨까?

30 60Hz 교류에서 전자는 1초에 얼마나 방향을 바꿀까?(60번이라고 말하지 말 것!)

31 120V용 40W의 전구와 120V용 60W의 전구가 있다. 어떤 전구의 저항이 더 큰가? 그 이유는?

## 수식으로 계산해 보기

1 10C의 전하가 5초 동안 흐르면 전류는 얼마인가?

2 35C의 전하가 $\frac{1}{1000}$초 동안 땅에 전달하는 번개의 전류는 얼마인가?

3 14Ω에 120V가 걸린 토스터기에 흐르는 전류는 얼마인가?

4 전기 난로에 240V가 걸리면 전열선에 흐르는 전류는 얼마인가? 작동 중인 온도에서의 전열선의 저항은 60Ω이다.

5 추운 날씨에 인기를 끄는 전기 양말에 들어있는 90Ω의 전열선이 9V 전지에 연결되어 있다. 이때 흐르는 전류는 얼마인가?

6 우리 손가락의 저항이 1200Ω일 때 6V 전지를 만지면 얼마의 전류가 흐르는가?

7 전구에 3V를 걸었더니 0.4A가 흘렀다면 그 전구 필라멘트의 저항은 얼마인가?

8 전지가 3C의 전하에 18J의 에너지를 공급한다면 전지의 전압은 얼마인가?

9 전력= 전류 × 전압이라는 식을 써서 1200W 헤어 드라이기에 120V를 연결했을 때 전류가 얼마나 흐르게 되는지를 계산하라. 그리고 나서 옴의 법칙을 써서 헤어 드라이기의 저항을 구하라.

10 전구에 표시된 와트 수는 전구의 본래 성질이 아니고 전구에 걸어주는 전압에 따라 달라지는 값이다. 40W 전구에 120V를 걸어주면 전류는 얼마가 흐르는가?

11 저항이 14Ω인 토스터기를 120V 콘센트에 꽂으면 소모되는 전력은 얼마인가?

12 1kWh에 100원의 전기료를 내야 한다. 5W 전기 시계를 계속해서 일 년 동안 사용하면 일 년 동안 내야 하는 전기료는 얼마인가?

13 500W의 전열기에 100V의 전원을 연결하였다. 이 전열기의 저항과 전열기에 흐르는 전류를 구하시오.

**14** 두 개의 같은 저항을 직렬로 연결한 전열기 A의 소비 전력을 $P_A$, 이 두 저항을 병렬로 연결한 전열기 B를 같은 전원에 연결했을 때의 소비 전력을 $P_B$라고 할 때 $P_A:P_B$는?

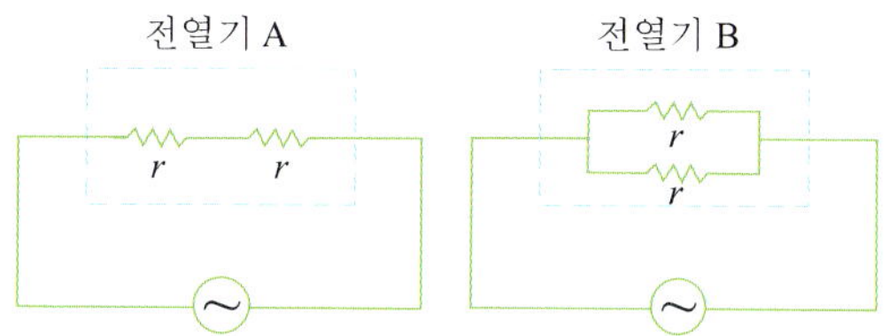


**15** 전기저항이 $R$인 도선 양단에 전압 $V$를 걸었다. 이때 $\frac{1}{2}$초 동안 도선의 단면을 통과하는 전자의 수는 얼마인가?(단, 전자의 전하량은 $e$이다.)

**16** 그림과 같은 전기회로에서 1분동안 도선의 단면을 통과한 전하량은 몇 C인가?

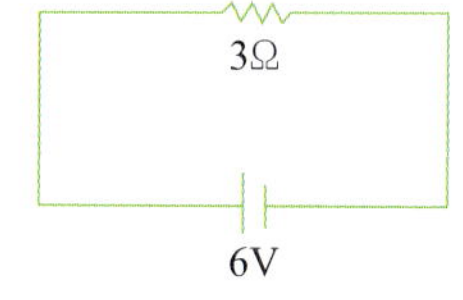


**17** 단면적이 $1.1 \times 10^{-7}$m$^2$인 구리선에 1.0A의 전류가 흐르고 있다. 전자의 유동속도 $v$를 구하라.(단, 구리의 단위 부피당 전자수는 $10^{29}$개/m$^3$, 전자 1개의 전하량은 $1.6 \times 10^{-19}$C이다.)

**18** 번개는 전압이 $10^9$V인 구름과 지면 사이에서 $10^{-2}$초 사이에 40C의 전하량이 방전된다고 한다. 구름과 지면 사이에 평균적으로 흐르는 전류의 세기는?

**19** 지름이 1.0mm, 길이가 2.0m인 도선의 저항은 50mΩ이다. 도선을 이루는 물질의 비저항은 얼마인가?

**20** 인간은 심장 가까이에 50mA의 작은 전류만 흘러도 치명적인 전기충격을 받게 된다. 작업 중인 전기 기사가 젖은 손으로 두 도선을 잡으면 몸으로 전류가 흐르게 된다. 만약 전기 기사의 인체 저항이 2000Ω이면, 치명적인 전압은 몇 V인가?

**한 걸음 더**

1. 구리의 비저항은 $1.68\times10^{-8}$Ω·m이고, 알루미늄의 비저항은 $2.65\times10^{-8}$Ω·m이다. 먼 거리를 연결하는 동력선의 재료로 구리보다 알루미늄이 유리한 까닭을 설명해 보자.
2. 번개가 칠 때 구름과 지면 사이에는 $5\times10^7$V의 전압이 걸리면서 대략 0.2초 동안 $10^8$J의 에너지가 이동한다.
   a. 지면으로 이동한 총전하량은?
   b. 번개가 치는 동안 전류의 세기는?
   c. 0.2초 동안 평균 전력은?

# Chapter 15

# 전기 회로

대부분의 사람들은 전기적 현상보다 역학적인 현상을 더 쉽게 이해하는 것 같다. 아마도 이것은 어릴 때 블록이나 역학의 원리에 따라 움직이는 장난감을 가지고 놀았던 경험이 많기 때문일 것이다. 그러나 전기적인 현상도 만지고 경험을 많이 하면 전기 회로도 더 잘 이해할 수 있을 것이다. 어떤 자동차의 배터리를 다른 자동차의 배터리로 충전시킬 때도 전기 회로를 알면 자신 있게 (+)와 (+) 단사를 연결하고 (−)와 (−)단자를 연결할 수 있을 것이다.

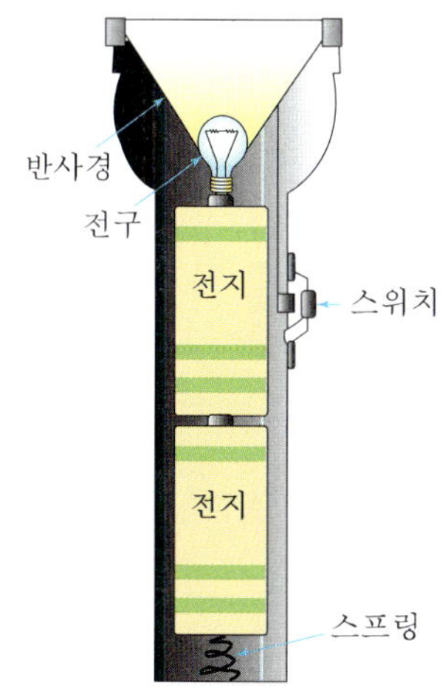


그림 15.1
플래시를 분해하여 보자.

## 15.1 전기 회로

### 1) 전구에 불켜기

그림 15.1처럼 플래시를 분해하여 보자. 주위에서 전선을 구할 수 없으면, 부엌에 있는 알루미늄 호일을 이용하여 전선 대용으로 사용해도 된다. 전지 하나를 전선으로 연결해서 불을 켜 보자.

전구에 불이 켜지는 경우와 불이 켜지지 않는 경우가 그림 15.2에 나와 있다. 중요한 점은 전지의 양극과 음극이 연결되는 통로, 즉 회로를 구성하는 것이다. 전자는 전지의 음극에서 나와서 전선을 통해 전구 내부의 필라멘트를 거쳐 다른 쪽 전선을 통해 전지의 양극으로 간다. 이렇게 해서 전류가 전지의 내부를 통해 흘러가는 회로가 완성된다.

회로 안에서 전류의 흐름은 파이프 안의 물의 흐름과 매우 비슷하다. 그림 15.2 (b)에서 보는 것처럼 전지는 펌프의 역할을 하며 전선은 파이프, 그리고 전구는 물의 흐름으로 작동하는 어떤 기구에 비유할 수 있다. 밸브가 열리고 펌프가 작동하면 파이프 속의 물은 바로 흐르기 시작한다.

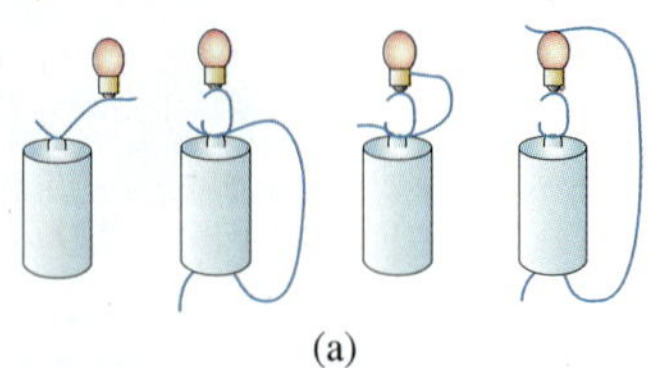


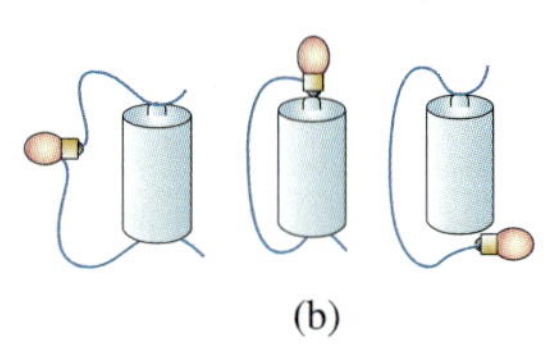


그림 15.2
(a) 전구에 불을 켤 수 없는 연결 (b) 전구에 불을 켤 수 있는 연결

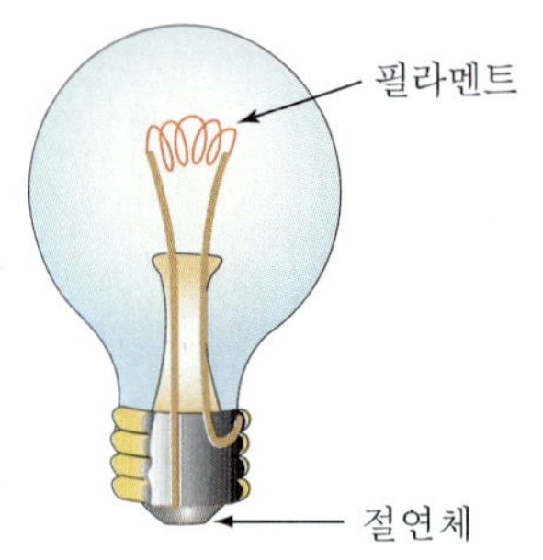


그림 15.3
전자는 전구에 쌓이지 않고 필라멘트를 통과해 이동한다.

마찬가지로 스위치를 켜서 완전한 회로를 만들면, 필라멘트와 전선 속에 있던 전자들은 회로를 통해 이동하기 시작한다. 물은 펌프를 통해 흐르고 전자는 전지를 통해 이동한다. 물이나 전자는 어느 것도 어느 한 장소에 압축되어 쌓이지 않고 연속적으로 회로를 따라 흐른다.

### 2) 전기 회로의 뜻

전류가 흐를 수 있는 통로를 회로라고 한다. 전자가 연속적으로 이동하려면 틈이 없는 완전한 회로가 있어야 한다. 스위치는 회로에 틈을 만드는 데 사용되며, 스위치를 열거나 닫음으로써 회로에 흐르는 전류를 차단하거나 계속 흐르게 할 수 있다.

대부분의 전기 회로에는 전기 에너지를 받아들이는 한 개 이상의 장치가 있다. 이런 장치들은 보통 직렬이나 병렬 중의 한 가지 방식으로 연결된다. 직렬로 연결되면 전지나 발전기, 또는 벽에 달린 콘센트의 두 단자 사이에 전류가 흐를 수 있는 통로는 하나뿐이다. 병렬로 연결되면 전류가 흐를 수 있는 통로가 여러 개 생긴다. 직렬과 병렬 연결은 각각 서로 다른 특성을 갖는다. 이 단원에서는 이 두 가지 종류의 연결을 다루기로 한다.

## 15.2 기전력

꼬마 전구가 달려 있는 간단한 전기회로를 생각해 보자. 전기회로에 전류가 흐르기 위하여서는 도선 상 두 지점 간에 전위차(전압)가 있어야 한다. 또한 전류가 일정하게 계속 흐르기 위해서는 일정한 전위차가 유지되어야 한다. 회로에 이러한 전위차를 유지하는 방법은 회로의 어딘가를 끊어서 전원을 연결하는 것이다.

이와 같이 회로에 전류를 흐르게 하는 능력을 기전력(emf, electro-motive force)이라고 한다.

기전력을 갖고 있는 대표적인 기구는 전지이다. 전지는 (+)극과 (−)극에서 일어나는 산화환원 반응의 결과로 양쪽 극에 전위차를 발생하게 한다. 따라서 전지의 기전력은 전지를 이루는 물질의 화학 반응속도에 관련되어 있다. 오래된 전지의 경우 전지내부의 화학반응 속도가 느려져서 (+)극과 (−)극 간의 전압이 낮아지게 된다.

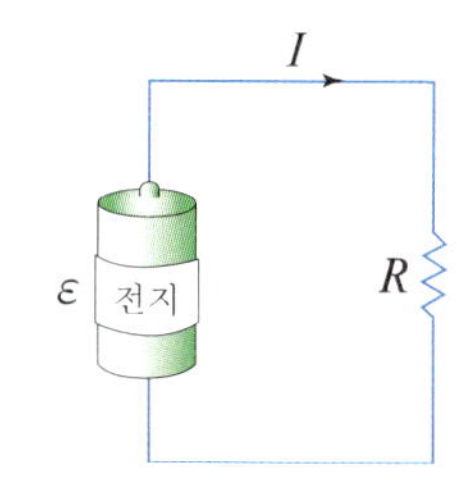


그림 15.4
가장 간단한 회로

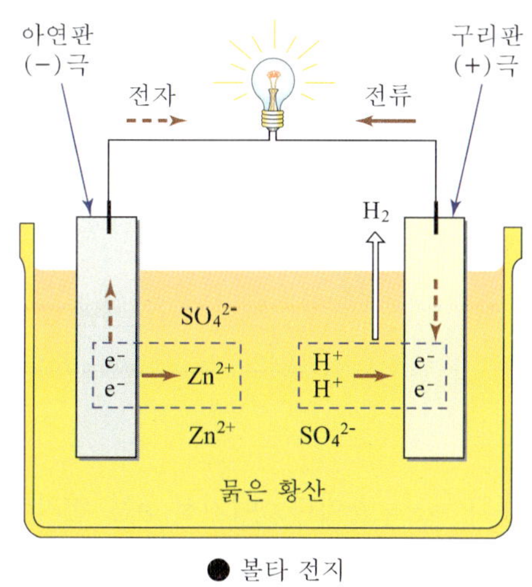


그림 15.5

기전력은 보통 $\varepsilon$로 나타내는데 단위는 전압의 단위와 같은 V(볼트)이다. 가끔 "력"이라는 말 때문에 힘이라는 생각을 하는 경우가 있는데, "력"을 사용한 것은 힘이어서가 아님을 분명히 알아야 한다. 단지 관습적으로 사용한 것이고, 기전력은 힘보다는 에너지라고 볼 수 있다. 즉, 기전력은 회로에 있는 전하를 전기력으로 이동시킬 수 있는 능력이다.

기전력을 갖는 기구는 건전지를 포함하여, 발전기, 태양전지, 연료전지, 신경계 … 등 헤아릴 수 없이 많다. 그 가운데 가장 대표적인 건전지의 기전력에 대하여 생각해 보자. 건전지는 일반적으로 (−)극인 아연판과 (+)극인 탄소 막대 사이의 전위차가 기전력이다. 근본적으로 화학반응에 의한 것으로 볼타전지처럼 분극현상이 발생할 수 밖에 없다. 보통의 건전지 내부에는 이러한 분극현상을 억제하는 물질인 이산화망간, 탄소가루, 염화암모늄 등의 물질이 들어 있다.

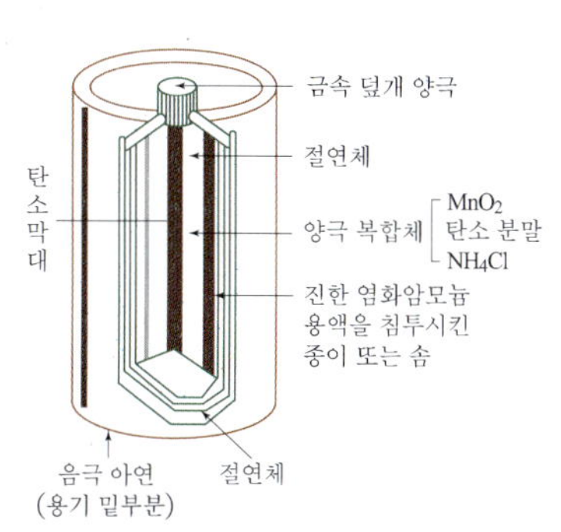


그림 15.6
건전지의 구조

건전지의 특성은 화학적인 능력인 기전력과 화학반응을 방해하는 요소, 통칭하여 내부저항으로 특징지을 수 있다. 특별한 경우 정밀한 회

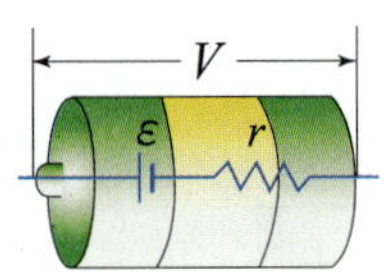

그림 15.7
실제 건전지의 등가회로

로에 전원을 연결하기 위해서는 전원의 기전력을 정밀하게 알아야 할 필요가 있다.(물론 거의 대부분의 회로는 사용할 수 있는 전원의 전압이 나와 있다.) 실제로 회로에서 측정할 수 있는 건전지 양극간의 전압을 단자전압이라고 한다. 이 단자 전압을 측정하면 건전지의 순수한 기전력을 결정할 수 있다. 전지의 기전력을 결정하려면 전지와 가변저항으로 이루어진 회로를 구성하여 옴의 법칙을 이용한다.

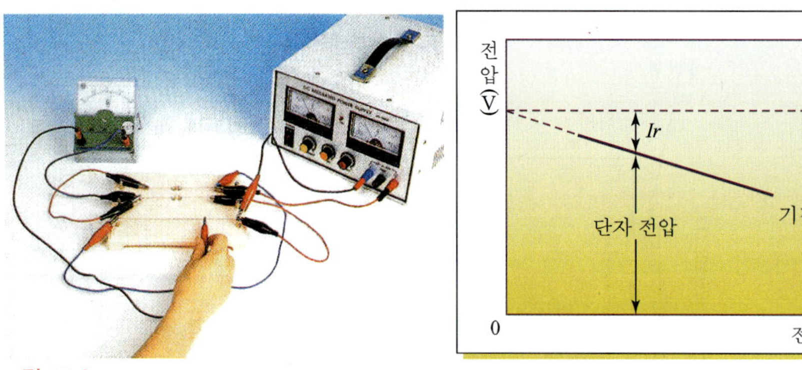

그림 15.8

전지의 단자전압 $V=\varepsilon-Ir$이다. 여기서 $\varepsilon$는 전지의 순수한 기전력이고, $r$은 전지의 내부 저항이며, $I$는 회로에 흐르는 전류이다. 위의 회로에서 가변저항을 변화시키면서 전지의 단자전압과 전류를 측정하여 그 관계를 그래프로 그리면 오른쪽과 같다. 이때 $I=0$일 때의 단자전압이 기전력에 해당하며 기울기는 내부저항 $r$이다. 실제로 $I=0$이려면 가변저항은 무한히 큰 값을 가져야 하는데, 이것은 불가능하다. 따라서 실험적으로 기전력은 유한한 $I$일 때 측정한 단자전압을 외삽한 결과이다.

## 15.3 저항과 전지의 연결

### 1) 직렬회로

그림 15.9는 전지에 직렬로 연결한 세 개의 전구를 보여주는 것이다. 이것이 간단한 직렬 회로의 예이다. 스위치를 닫는 것과 거의 동시에 세 전구에는 전류가 흐른다. 전자는 어느 전구에도 쌓이지 않고 각 전구를 통해 이동한다. 회로에 있는 모든 전자는 동시에 움직이기 시작한

다. 어떤 전자들은 전지의 음극으로부터 나오고, 어떤 전자들은 양극으로 움직여가며, 또 어떤 것들은 각 전구의 필라멘트를 통과한다. 결론적으로 전자들은 모두 회로를 따라 움직이는 것이다. 통로의 어느 한 곳이 끊기면 열린 회로가 되므로 전자의 이동은 멈춘다. 전구의 필라멘트가 타거나 스위치를 열기만 하면 회로가 끊어진다.

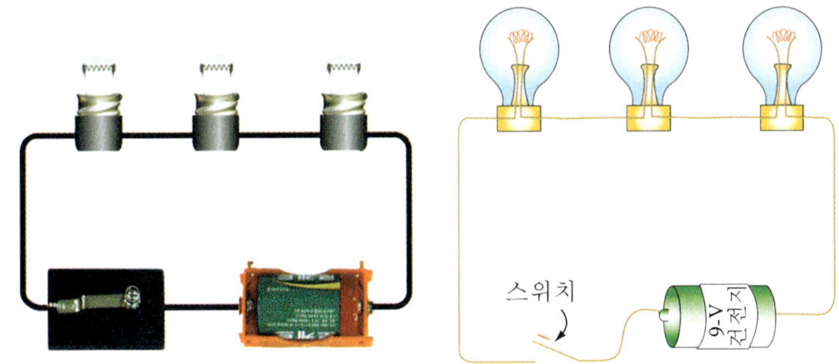


그림 15.9
간단한 직렬 회로. 9V의 전지가 3개의 전구와 스위치에 연결되어 있다.

그림 15.9의 회로에서 다음과 같은 직렬 연결 회로의 중요한 성질들을 알 수 있다.

1. 전류가 흐를 수 있는 통로는 하나뿐이다. 이것은 각 전구를 통과하는 전류가 똑같다는 것을 의미한다.
2. 전류는 첫 번째 소자뿐 아니라 두 번째, 세 번째 소자의 저항을 받으므로 회로 안의 전체 저항값은 회로를 따라 존재하는 각 저항들의 합이다.
3. 회로 전류는 전원에서 공급되는 전압을 회로의 전체 저항값으로 나눈 것과 같다. 이것이 옴의 법칙이다.
4. 옴의 법칙은 각 전구에 독립적으로도 적용된다. 각 전구 양단의 전압 강하, 또는 전위차는 전구의 저항에 비례한다. 이것은 작은 저항을 통과할 때보다 큰 저항을 통과할 때 단위 전하당 더 많은 에너지가 사용된다는 것을 의미한다.
5. 직렬 회로에 걸린 전체 전압은 각 전구에 걸리는 전압의 합이 전원의 공급 전압과 같도록 회로의 각 전구에 나뉘어 걸린다. 이것은 단위 전하를 전체 회로를 통해 이동시키는 데 필요한 에너지는 단위 전하를 회로의 각 소자를 통과시키는 데 사용되는 에너지들의 합과 같다는 사실로부터 알 수 있다.

**Example 1** 직렬 연결에서 한 전구가 타 버리면 다른 전구에는 전류가 흐르는가?

풀이 한 전구가 타 버리면 회로가 끊겨 전류가 흐르지 않게 된다. 모든 전구의 불이 꺼진다.

**Example 2** 직렬 회로에 전구를 더 연결시키면 각 전구의 밝기는 어떻게 되는가?

풀이 직렬 연결에서 전구를 하나 더 늘이면 전기 저항이 증가한다. 그러면 회로 전체의 전류가 감소되므로 각 전구의 밝기는 좀더 어두워진다. 에너지가 각 전구에 나뉘므로 각 전구에 걸리는 전압은 더 작아질 것이다.

직렬 연결의 단점은 회로의 소자 하나가 망가지면 전체 회로의 전류가 차단되어 회로 소자들 중의 어느 것도 작동하지 않게 되는 것이다. 저가의 크리스마스 트리용 전구들 가운데는 직렬로 연결된 것들이 있다. 전구 하나가 꺼졌을 때 어느 전구가 꺼졌는지 찾는 소동이 벌어진다.

대부분의 회로는 전기 기구를 서로 독립적으로 작동시키도록 연결되어 있다. 예를 들면 당신의 집에서 다른 전구나 전기 기구들에 영향을 주지 않는 상태에서 전구 하나를 끄거나 켤 수 있다. 이것은 이 장치들이 직렬이 아닌 병렬로 연결되어 있기 때문이다.

## 2) 병렬회로

그림 15.10은 똑같은 두 점 A, B 사이에 연결된 세 개의 전구를 보여주고 있다. 이것은 간단한 병렬 연결 회로의 예이다. 병렬로 연결된 전기 부품들은 회로의 똑같은 두 점에 연결되어 있다. 각각의 전구는 전지의 한 단자로부터 다른 단자쪽으로 이어지는 자신의 경로를 가짐에

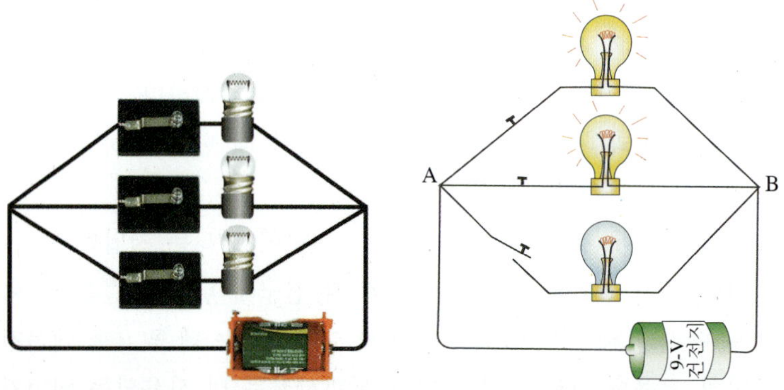


그림 15.10
단순한 병렬 회로. 9V 전지는 각 전구에 9V를 걸리게 한다.

주목하라. 전류가 흐르는 서로 다른 경로는 전구마다 하나씩 모두 세 개가 있는 셈이다. 직렬 연결 회로와는 달리 한 전구에 흐르는 전류는 다른 전구를 통과하지 않는다. 또 병렬 연결 회로에서는 전구 한 개나 두 개만 불이 켜지게 할 수도 있고, 세 개 모두 불이 켜지게 할 수도 있다. 어느 한 통로가 끊어지더라도 다른 통로로 계속 전류가 흐를 수 있다. 각 장치는 서로 독립적으로 작동한다.

그림 15.10에 있는 병렬 회로는 다음과 같은 특성이 있다.

1. 세 개의 전구가 회로의 똑같은 두 점 A, B에 연결되어 있다. 따라서 세 개의 전구에 걸린 전압은 같다.
2. 회로의 전체 전류는 병렬 연결된 도선들로 나뉘어 흐른다. 전류는 저항이 작은 전구를 통해서는 전류가 더 쉽게 통과한다. 그래서 각 도선에 흐르는 전류의 양은 전구의 저항에 반비례한다. 옴의 법칙이 각 전구에 각각 적용된다.
3. 회로의 전체 전류는 병렬로 연결된 도선에 흐르는 전류의 합과 같다.
4. 병렬로 연결된 도선의 수가 많을수록 회로의 전체 저항은 작아진다. 전체 저항은 회로의 어떤 두 점 사이를 연결하는 도선이 많을수록 감소한다. 이것은 회로의 전체 저항이 어떤 도선에 있는 저항 하나의 값보다 작다는 것을 의미한다.

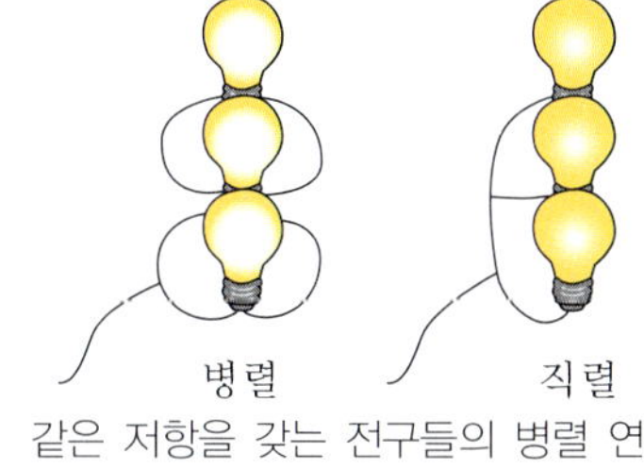

같은 저항을 갖는 전구들의 병렬 연결과 직렬 연결에서의 밝기

**Example 1** 병렬 회로에서 한 전구가 타 버리면 나머지 전구에는 전류가 흐르는가?

풀이 전구 하나가 타 버려도 다른 전구에는 영향이 없다. 각 도선에 흐르는 전류는, 저항과 전압이 달라지지 않았으므로 변하지 않는다. 회로의 전체 전류는 감소하는데 그것은 타 버린 전구에 흐르던 전류만큼 감소한 것이다. 그러나 다른 도선에 흐르는 전류는 변함이 없다.

**Example 2** 여러 개의 전구를 병렬로 연결한 회로에 추가로 전구 하나를 더 연결시키면 각 전구의 밝기는 어떻게 되는가?

풀이 각 전구의 밝기는 다른 전구를 병렬로 더 달아도(또는 떼어 내도) 변하지 않는다. 변하는 것은 전체 회로에서 전체 저항과 전체 전류(전지 속의 전류)이다(전지 속에는 내부 저항이 있지만 여기서는 무시한다). 전구를 하나 더 달면 전지의 단자 사이에 더 많은 통로가 생겨서 전체 저항을 작게 하는 것이다. 저항이 감소하면 전류가 증가하고 전구에 그만큼의 에너지가 더 공급된다. 비록 전체적으로 저항과 전류가 변하긴 했지만 회로의 각 도선에서는 변화가 없다.

## 15.4 전기 회로도

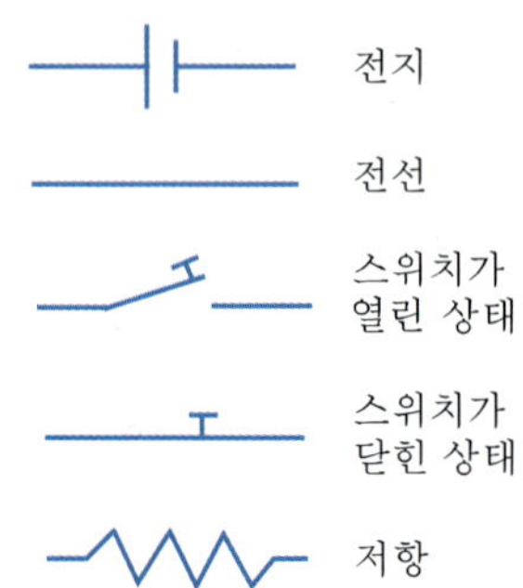


그림 15.11
전기 회로에 쓰이는 기호들

전기 회로는 흔히 회로도라고 하는 간단한 그림으로 나타낸다. 그림 15.11에서 보는 것처럼 특별한 회로 소자를 나타내기 위하여 기호를 사용한다. 저항은 지그재그선으로 나타내고 저항이 거의 없다고 볼 수 있는 전선은 직선으로 나타낸다. 전지는 짧고 긴 두 개의 평행한 직선으로 표시한다. 관습상 전지의 양극은 긴 선으로, 전지의 음극은 짧은 선으로 나타낸다. 가끔은 전지 두 개는 그런 선들 두 쌍으로, 전지 세 개는 그런 선들 세 쌍으로 나타낸다. 그림 15.12는 그림 15.9와 15.10의 회로도이다.

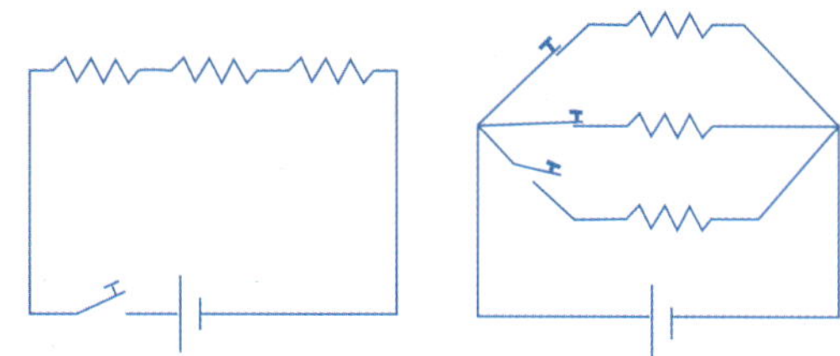

그림 15.12
세 개의 전구를 직렬로 연결한 경우(왼쪽)와 병렬로 연결한 경우(오른쪽)

### 복잡한 회로에서의 저항 연결

여러 개의 저항이 연결되어 있는 회로에서는 등가 저항(합성저항)을 구할 필요가 있는 경우가 있다. 등가 저항이란 전원이나 전지에 같은 부하를 주는 한 개의 저항값을 말한다. 등가 저항은 직렬 연결과 병렬 연결에서 저항을 더하는 규칙에 의해 구할 수 있다. 예를 들면 1Ω의 저항 두 개가 직렬로 연결된 경우, 등가 저항은 2Ω이다.

1Ω의 저항 두 개가 병렬로 연결된 경우, 등가 저항은 0.5Ω이다(병렬 연결을 하면 전류가 통할 수 있는 통로의 폭이 두 배가 되므로 저항이 작아지는 것이다. 이것은 강당에 꽉찬 사람들이 입구로 나가려고 할 때 문이 더 많으면 빠져나갈 때의 저항이 작아지는 것에 비유할 수 있다).

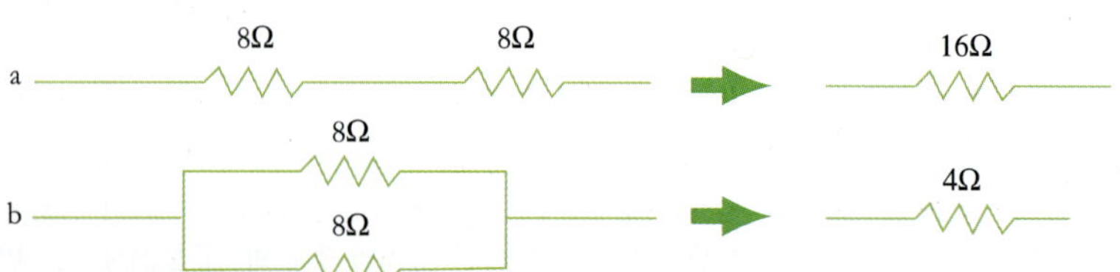


그림 15.13
(a) 8Ω의 저항 2개를 직렬로 연결하면 등가 저항은 16Ω이다.
(b) 8Ω의 저항 2개를 병렬로 연결하면 등가 저항은 4Ω이다.

그림 15.14는 8Ω저항 세 개를 혼합 연결한 것이다. 병렬 연결된 두 개의 저항은 4Ω의 저항 1개와 등가이다. 이것이 또 다른 8Ω의 저항과 직렬 연결되어 있으므로 전체 등가 저항은 12Ω이 된다. 만일 여기에 12V전지를 연결한다면 옴의 법칙으로부터 1A의 전류가 흐른다는 것을 알 수 있겠는가?(실제로는 이 값보다 작은데, 그 이유는 전지 안에 들어있는 저항 즉 전지의 내부 저항 때문이다.)

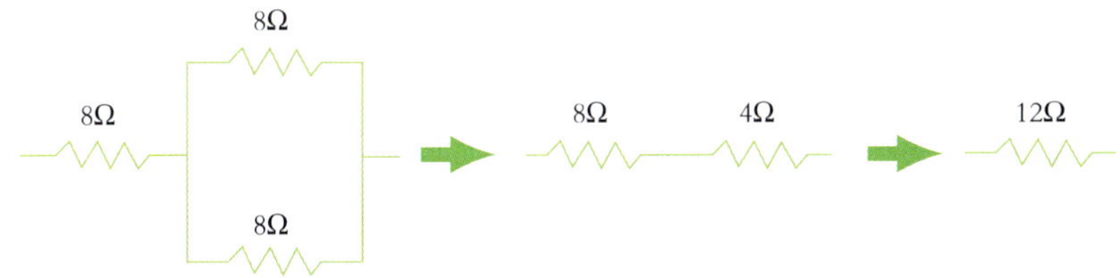


그림 15.14
회로의 등가저항은 저항을 차례로 더해서 구한다.

그림 15.15에 더 복잡한 연결을 등가 저항을 이용해서 차례로 분석해 놓았다. 이것은 일종의 게임과 같다. 직렬 연결된 저항은 더하고, 병렬 연결된 똑같은 저항은 반으로 나눈다.[1)]

그림의 맨 오른쪽에 남겨진 단 하나의 저항값이 복잡하게 연결된 회로의 등가 저항이다.

---

다음 질문에 대해 그림 15.15의 회로도를 보고 답하라.

**Example 1** 전지를 통해 흐르는 전류는 얼마인가?(전지의 내부 저항은 무시한다.)

풀이 전지에는 6A가 흐른다. 옴의 법칙에서 전류$=\frac{\text{전압}}{\text{저항}}=\frac{60\text{V}}{10\Omega}=6\text{A}$이다. 등가 저항은 회로도에서 10Ω이라고 계산되었다.

---

1) 저항이 같지 않은 경우에 병렬로 연결되면, 등가 저항은 다음과 같이 나타낸다. 등가 저항을 $R$이라 하면

$$\frac{1}{R}=\frac{1}{R_1}+\frac{1}{R_2}\text{, 즉 } R=\frac{R_1R_2}{R_1+R_2}\text{이다.}$$

'곱한 값을 더한 값으로 나눈다'는 이 규칙은 저항 두 개가 병렬로 연결된 경우에만 해당한다. 세 개 이상의 저항이 병렬로 되어 있을 때는 다음과 같이 일반적인 식을 쓴다.

$$\frac{1}{R}=\frac{1}{R_1}+\frac{1}{R_2}+\frac{1}{R_3}\cdots$$

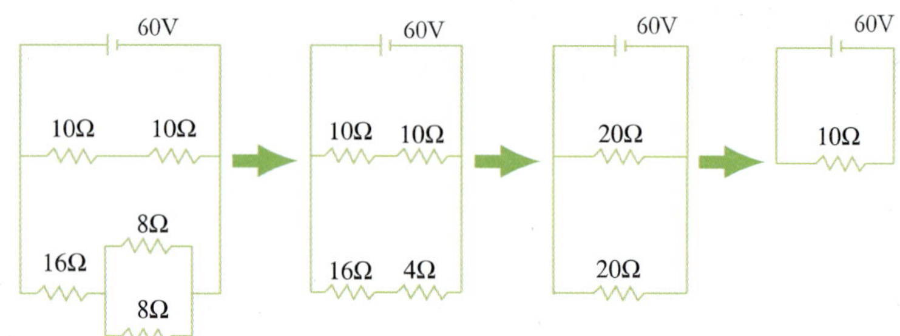


그림 15.15
여러 가지 부품으로 구성된 회로도. 회로의 등가 저항은 10Ω이다.(편의상 60V를 연결한 것인데, 보통 전지는 이보다는 작다.)

**Example 2** 처음 회로의 10Ω 저항에는 몇 A가 흐르는가?

풀이 전체 전류의 반인 3A가 흐른다. 그림의 세 번째 단계에서 양쪽 가지에 같은 저항이 병렬로 연결되어 있다는 것을 알 수 있다. 이것은 위쪽 가지와 아래쪽 가지로 같은 크기의 전류가 흐른다는 것을 의미한다.

**Example 3** 8Ω 저항에는 몇 A가 흐르는가?

풀이 한 쌍의 8Ω저항에 3A가 흐른다. 8Ω저항 2개가 병렬로 연결되어 있어서 전류가 반으로 나뉘므로 각각의 8Ω저항에는 1.5A가 흐른다.

**Example 4** 전지에서 공급되는 전력은 얼마인가?

풀이 전지는 360W를 공급한다. 전력=전류×전압=6A×60V=360W. 이 전력은 회로의 모든 저항에서 소모되는 값의 합과 같다.

## 15.5 전기의 안전

전기는 두 가닥의 전선으로 가정에 공급된다. 이 선들은 저항이 아주 작으며 벽의 콘센트에 연결되어 있다. 발전소의 발전기에 의해 110~220V 정도의 전압이 이 두 선에 걸린다. 플러그를 이용하여 이 두 선에 병렬로 연결되는 전기 제품이나 장치에도 이 전압이 걸린다.

이 선에 전기 기구를 더 많이 연결할수록 전류가 흐를 수 있는 더 많은 통로가 생긴다. 통로가 더 많아지면 어떻게 되는가? 그 답은 회로의 전체 저항이 작아진다는 것이다. 따라서 전선으로 더 큰 전류가 흐른다. 규격 이상의 전류가 전선에 흐르는 것을 과부하라고 한다. 그러면 전선의 피복을 녹일 정도로 과열되며 불이 나게 된다.

그림 15.16의 회로를 살펴보면 어떻게 과부하 상태가 되는가를 알 수 있다. 전선에는 8A를 쓰는 토스터기와 10A를 쓰는 전기 난로, 그리고 2A를 쓰는 전구가 연결되어 있다. 토스터기만 작동하고 있을 때 전체 전류는 8A이다. 여기에 전기 난로를 더 연결하면 전체 전류는 18A로 늘어난다. 전구까지 켜면 전선에 흐르는 전류는 20A가 된다. 전기 기구를 더 연결할수록 전류는 자꾸 증가한다.

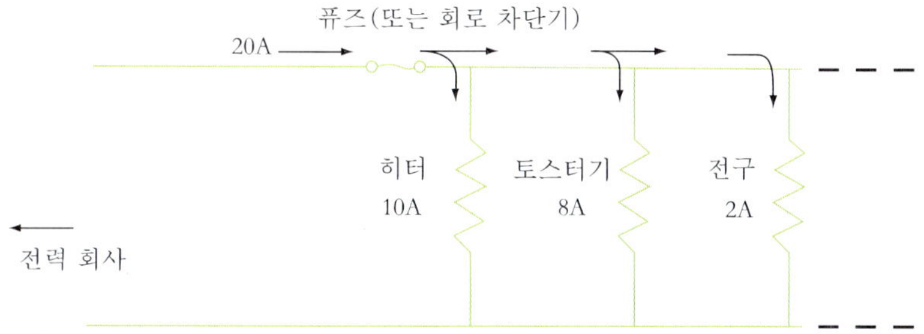


그림 15.16
가정용 전원 공급선에 전기 제품이 연결된 회로도

회로에 과부하가 걸리는 것을 막으려고 퓨즈를 전원 공급선에 직렬로 연결한다. 이렇게 하면 전체 회로 전류는 반드시 퓨즈를 통과하게 된다. 가는 금속끈이 연결된 그림 15.17과 같은 안전 퓨즈는 어떤 크기의 전류가 흐르면 열이 발생하여 녹아 버리고 말 것이다. 만일 퓨즈의 허용전류가 20A라면 20A까지는 통과시키는데 그 이상은 통과시키지 못한다. 전류가 20A가 넘으면 퓨즈가 녹아버려서 회로가 끊어지고 만다. 타 버린 퓨즈를 갈아 끼우기 전에 과부하의 원인을 알아내서 제거해야 한다. 가끔 전선을 싸고 있는 피복이 벗겨져서 전선끼리 직접 닿는 경우가 있다. 이것을 '합선'이라고 한다. 합선이 되면 위험할 정도로 큰 전류가 흐르는데, 그 이유는 전류가 회로에 있는 저항을 통과하지 않고 직접 합선된 부분으로 흘러 버리기 때문이다.

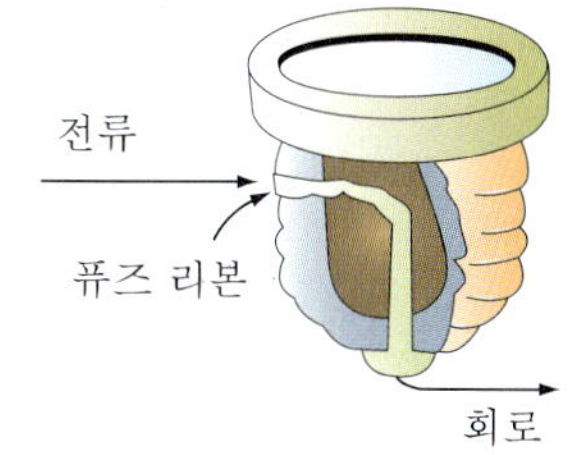


그림 15.17
안전퓨즈

자석이나 바이메탈로 스위치를 열게 되어 있는 '회로 차단기'로 회로를 보호할 수도 있다. 전력 회사에서는 발전기로 항상 돌아오는 전기의 통로인 전선을 보호하기 위해 회로 차단기를 사용한다. 현대식 건물에서는 퓨즈 대신 갈아 끼울 필요가 없는 회로 차단기를 쓴다. 문제를 해결하고 난 후 스위치를 닫기만 하면 된다.

**더 알아보기** **저항의 연결과 합성저항**

1. 저항의 직렬연결

그림과 같이 세 개의 저항 $R_1, R_2, R_3$를 차례로 연결할 때 합성저항이 $R_1+R_2+R_3$로 되는 과정을 알아보자.

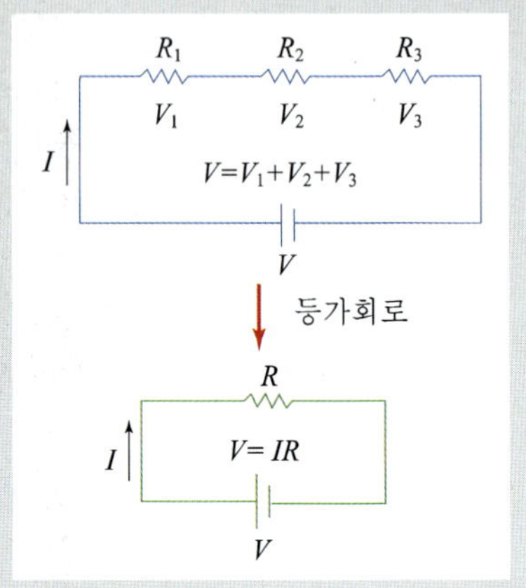


1) 각 저항에 흐르는 전류의 세기 $I$는 같다.

2) 각 저항에 걸리는 전압의 합은 전체 전압과 같다.

$$V=V_1+V_2+V_3$$

3) 각 저항은 옴의 법칙을 따른다.

$$V_1=IR_1, V_2=IR_2, V_3=IR_3$$
$$\therefore IR=IR_1+IR_2+IR_3$$
$$\therefore\ R=R_1+R_2+R_3$$

직렬 연결의 의미 : 저항의 길이가 점점 증가하여 전체 저항값이 증가한다.

2. 저항의 병렬연결

그림과 같이 세 개의 저항 $R_1, R_2, R_3$를 전압 $V$에 병렬로 연결할 때 합성 저항의 크기를 구해보자.

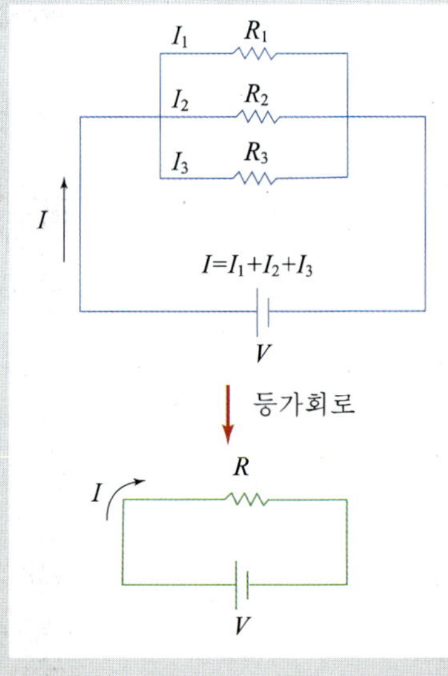


1) 각 저항에 걸리는 전압은 같다.

$$V=V_1=V_2=V_3$$

2) 각 저항에 흐르는 전류 $I_1$, $I_2$, $I_3$의 합은 회로에 흐르는 전체 전류와 같다.

$$I=I_1+I_2+I_3$$

3) 각 저항은 오옴의 법칙에 따른다.

$$V_1=I_1R_1 \quad V_2=I_2R_2 \quad V_3=I_3R_3$$
$$\therefore I=I_1+I_2+I_3 \Rightarrow \frac{V}{R}=\frac{V}{R_1}+\frac{V}{R_2}+\frac{V}{R_3}$$
$$\therefore \frac{1}{R}=\frac{1}{R_1}+\frac{1}{R_2}+\frac{1}{R_3}$$

병렬연결의 의미 : 저항의 전체 단면적이 증가하여 전체 저항값이 감소한다.

# 15.6 휘트스톤 브리지

물질의 전기저항 값은 물질의 양 끝에 직류전원을 연결하여 물질을 따라 흐르는 전류와 물질의 양끝에 걸린 전압을 측정하여 결정할 수 있다. 하지만 전류계와 전압계조차도 내부 저항을 갖고 있어서 물질의 정확한 저항값을 알아내는 데는 한계를 갖고 있다.

저항을 측정하는 보다 정확한 방법은 1843년 찰스 휘트스톤에 의하여 개발되었다. 휘트스톤은 브리지 형식으로 저항을 연결하여 물질의 전기저항을 정밀하게 측정하는 간단한 기기를 만들었다. 휘트스톤 브리지는 잘 알려진 3개의 정밀저항과 검류계를 이용하여 미지의 저항을 측정할 수 있는 기기이다. 이러한 휘트스톤 브리지에 대한 회로는 그림 15.18과 같다.

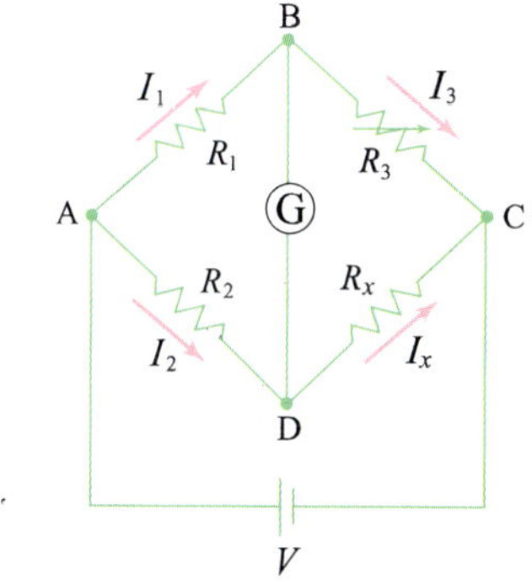

그림 15.18
휘트스톤 브리지

휘트스톤 브리지에서 $R_x$는 우리가 측정하고자 하는 미지의 저항이고, Ⓖ는 $\mu$A 수준의 전류를 측정할 수 있는 검류계이다. $R_x$를 C와 D 사이에 연결한 다음 가변저항 $R_3$를 변화시키면서 검류계의 눈금이 0이 되도록 한다. 이때, B점과 D점의 전위가 같아서 B점과 D점 사이에는 전류가 흐르지 않게 된다. 즉, B와 D가 서로 분리되어 있는 것과 마찬가지이다. 이제 회로에 키르히호프 제1법칙과 제2법칙을 적용하면

$$I_1 = I_3,\ I_2 = I_x$$
$$I_1R_1 = I_2R_2,\ I_3R_3 = I_xR_x$$

이다. 두 식을 결합하면 미지의 저항을 다음과 같이 구할 수 있다.

$$R_x = \frac{R_2R_3}{R_1}$$

이러한 방식으로 저항을 결정하는데 있어서 중요한 점은 3개의 저항을 정확하게 알고 있어야 하고, 또한 검류계의 능력이 우수해야한다는 점이다. 이러한 휘트스톤 브리지는 상당히 높은 정밀도를 가지고 있어서 백금 저항 온도계나 변형 게이지의 저항을 측정하는데 쓰이기도 한다.

## 개념확인하기

1 회로에 흐르는 모든 전자들은 전지에서 공급된 것인가?

2 전기 회로에 전류가 흐르려면 회로가 조금이라도 끊어지면 안 되는가?

3 직렬 회로와 병렬 회로의 차이점은 무엇인가?

4 세 개의 전구가 6V전지에 직렬로 연결되면, 각 전구에 걸리는 전압은 몇 V인가?

5 직렬 연결된 세 개의 전구 중에서 하나가 끊어지면 다른 두 전구에는 전류가 흐를까?

6 세 개의 전구가 6V전지에 병렬로 연결되면, 각 전구에 걸리는 전압은 몇 V인가?

7 병렬 연결된 세 개의 전구 중에서 하나가 끊어지면 다른 두 전구에는 전류가 흐를까?

8 같은 전지에 동일한 전구 세 개를 직렬로 연결한 경우와 병렬로 연결한 경우 중에서,
a. 각 전구에 흐르는 전류는 어느 쪽이 더 큰가?
b. 각 전구에 걸리는 전압은 어느 쪽이 더 큰가?

9 직렬 회로에 저항을 하나 더 직렬로 연결하면 전체 저항은 어떻게 되는가? 또 병렬 연결에서는 어떠한가?

10 8Ω 저항 2개를 직렬로 연결하면 등가 저항은 얼마인가? 병렬로 연결하면?

11 병렬 연결에서 저항을 하나 더 추가하면 전체 저항의 크기가 작아지는 이유는 무엇인가?

12 가정에 있는 전선이 과부하되었다는 것은 무슨 의미인가?

13 회로에서 퓨즈나 회로 차단기의 기능은 무엇인가?

14 한꺼번에 너무 많은 전기 기구를 사용할 때 퓨즈가 타 버리는 이유는 무엇인가?

15 합선이란 무엇인가?

16 우리는 어떤 전기 기구가 전기를 '소모한다'는 말을 흔히 듣는다. 전기 기구가 실제로 '소모하는' 것은 무엇이며, 그것은 무엇으로 변하는가?

17 송전선들 사이의 간격을 정할 때 새의 날개 길이를 생각해서 설치해야 하는 이유는 무엇인가?

18 왜 가전 제품들을 직렬로 연결하면 안 되는가?

19 전지에 전구를 직렬로 많이 연결할수록 각 전구의 밝기는 어떻게 될까?

20 전지 하나에 전구를 병렬로 많이 연결할수록 각 전구의 밝기는 어떻게 될까? 단, 전류 때문에 전지 내부에 열이 발생하는 효과는 무시한다.

21 아래 회로에서 전구의 저항이 모두 같다면 어느 것이 가장 밝을까? 어느 전구에 가장 큰 전류가 흐를까? 전구 A가 끊어진다면 어떻게 될까? 전구 C가 끊어진다면 어떻게 될까?

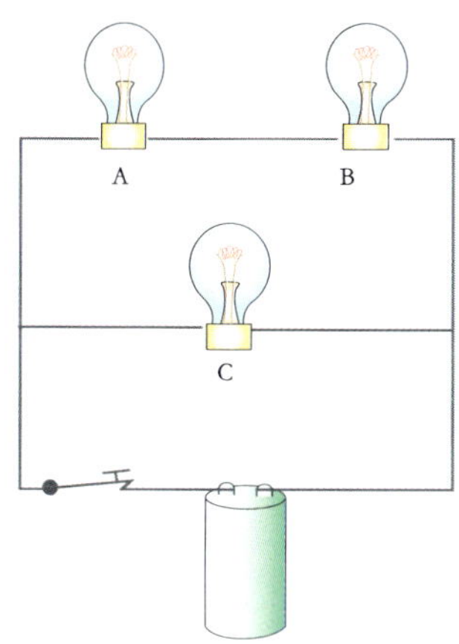


22 여러 개의 전구를 한 전지에 연결하려고 한다. 직렬과 병렬 중에서 어느 쪽이 더 밝을까? 어느 쪽의 전지가 더 빨리 소모될까?

23 3단계 전구는 두 개의 필라멘트를 써서 120V 전압에서 50W, 100W, 150W의 세 단계 밝기를 낼 수 있다. 필라멘트 한 개가 타 버리면 50W나 100W만 쓸 수 있게 된다. 필라멘트를 어떻게 연결했을까?

24 집으로 들어오는 전선에 흐르는 전류는 병렬로 연결한 가전 제품에 흐르는 전체 전류의 합과 같은가?

25 60W 전구와 100W 전구를 직렬로 연결한 회로가 있다. 어느 쪽 전구에 더 큰 전류가 흐르는가? 병렬로 연결한다면 어느 쪽에 더 큰 전류가 흐를까?

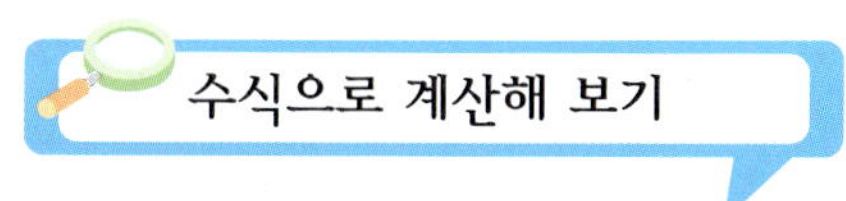


1 48V전지를 직렬로 연결된 30Ω저항 두 개에 연결했을 때 전지에 흐르는 전류는 얼마인가?

2 48V전지를 병렬로 연결된 30Ω저항 두 개에 연결했을 때 전지에 흐르는 전류는 얼마인가? 또 각각의 저항에 흐르는 전류는 얼마인가?

3 저항이 16Ω인 스피커와 저항이 8Ω인 스피커를 병렬로 앰프에 연결하였다. 스피커를 저항이라고 생각하여 두 스피커의 합성 저항을 구하라.

4 다음과 같이 저항을 혼합 연결하였다.

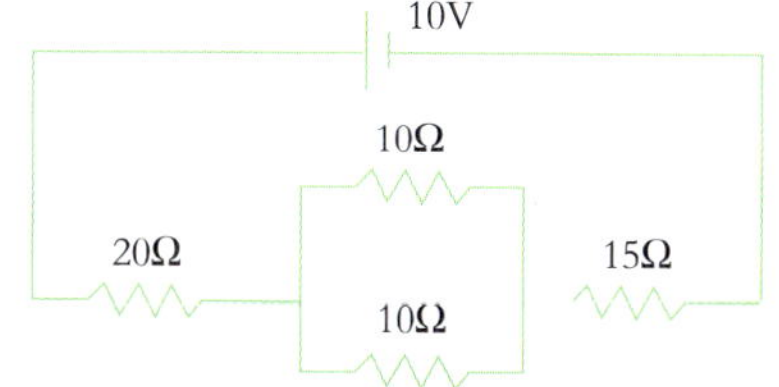


a. 병렬 연결된 부분의 합성 저항을 구하라.
b. 전체 저항의 합성 저항은 얼마인가?

5 4Ω저항 몇 개를 병렬로 연결해야 합성 저항이 0.5Ω이 되는가?

6 아래 그림에서 회로의 전지에 흐르는 전류는 얼마인가?

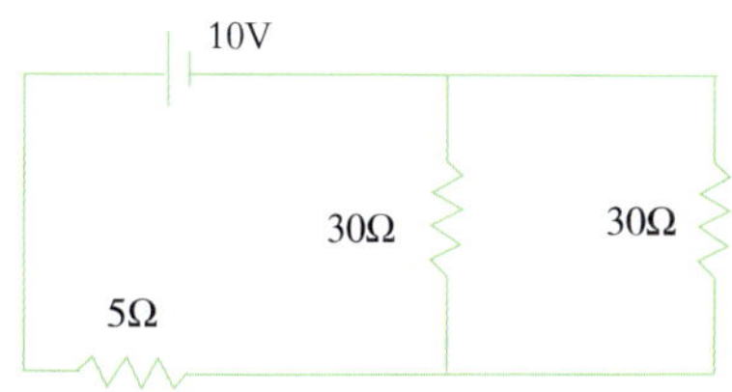


7 자동차 뒷 유리창에 설치된 성에 제거용 열선은 전선 여러 개가 병렬로 연결된 것이다. 각 저항이 6Ω인 네 개의 전선이 12V에 연결되어 있다고 하자.
a. 네 전선의 합성 저항은 몇 Ω인가?
b. 전체 전류는 얼마인가?

**8** 그림과 같은 회로에서 A, B는 저항이 균일한 도선이다.
검류계의 한쪽 단자를 AC : CB=2 : 3인 점 C에 접촉하였을 때 검류계에 흐르는 전류가 0이 되었다. 저항 $R_x$는 얼마인가?

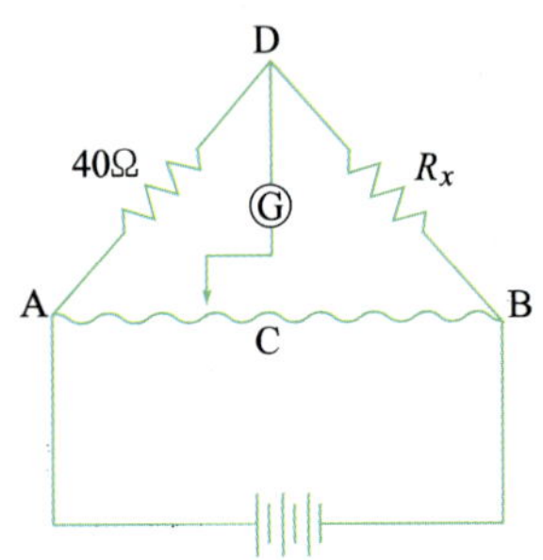


**9** 그림과 같은 회로에서 스위치 S를 열어 놓은 채로 P, Q 사이에 일정한 전압을 가하였더니 전류계가 2A를 가리켰다. 다음에는 스위치 S를 닫고 같은 전압을 가하였더니 전류계가 2.5A를 가리켰다. 저항 $R$은 얼마인가?

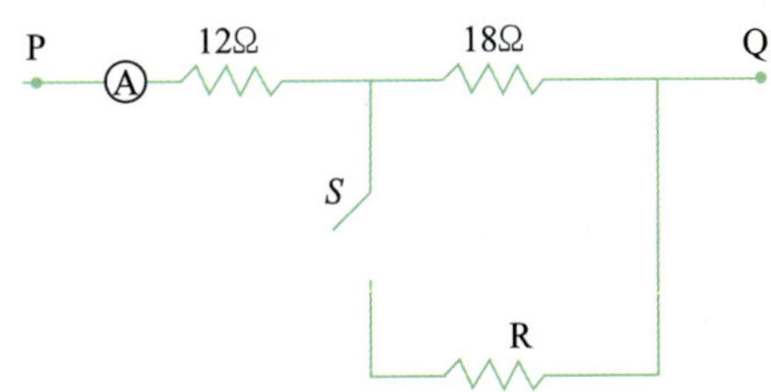


**10** 그림과 같은 회로에서 전류계 (A₂)에 1A의 전류가 흐른다면 전류계 (A₁)에는 몇 A의 전류가 흐르겠는가?

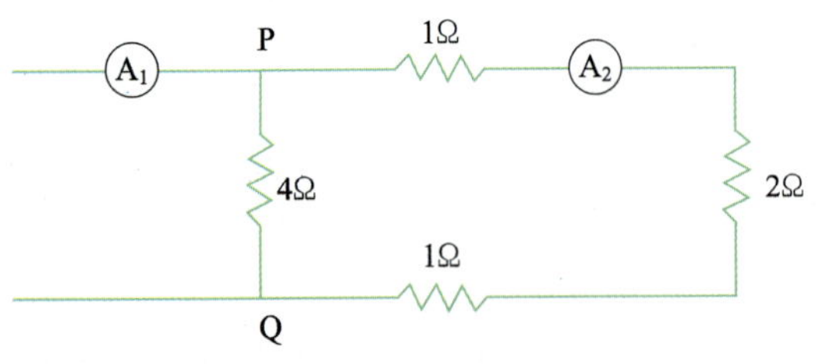


**11** 전열기를 쓰다가 파손되어 전열선을 $\frac{1}{10}$만큼 끊어내고 나머지 $\frac{9}{10}$의 길이를 사용하였다. 이때 발생하는 열량은 파손되기 전의 열량의 몇 배인가?

**12** 다음과 같은 전기 회로에서 열이 많이 나는 것부터 순서대로 나열하시오.

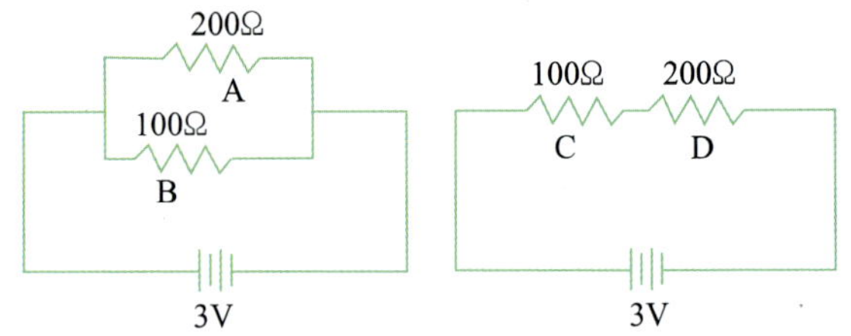


**13** 세 개의 저항 12Ω, 16Ω, 20Ω이 있다. 이 세 저항을 병렬로 연결하고, 여기에 다른 저항 1개를 직렬로 연결하여 합성 저항이 25Ω이 되게 하려고 한다. 다른 저항체의 저항값은 몇 Ω이어야 하겠는가?

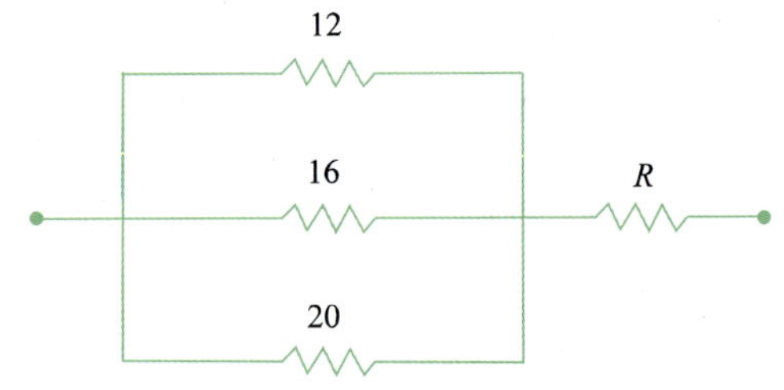


**14** 세 개의 저항 8Ω, 12Ω, 16Ω이 있다. 합성 저항이 8.89Ω이 되게 세 개의 저항을 연결하시오.

**15** 다음과 같은 전기 회로의 합성 저항을 구하라.

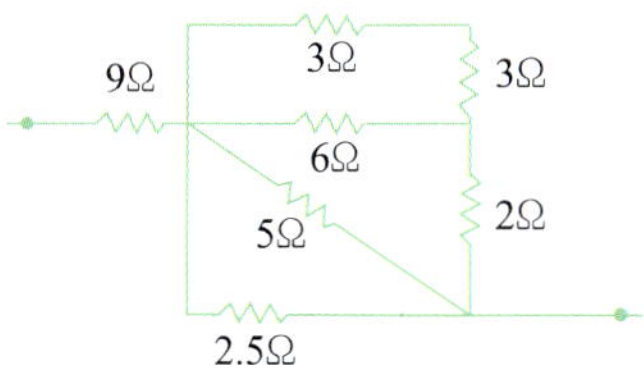


**16** 그림과 같은 회로에서 10Ω에 걸리는 전압은?

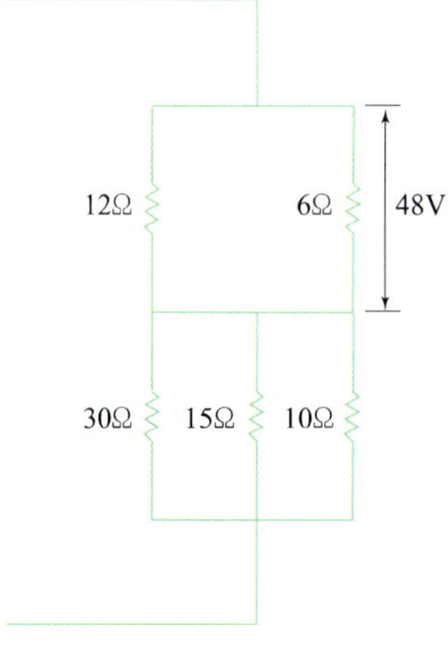


**17** 100V용 1000W의 토스터기 저항은?

**18** 120V용 40W, 60W, 75W 전구를 동시에 120V 전원에 병렬 연결하고 스위치를 닫았다. 합성 저항은?

**19** 그림과 같이 세 가지 밝기가 가능한 전구가 있다. $R_1 = 144\,\Omega$, $R_2 = 216\,\Omega$ 일때 전구에서 소비될 수 있는 세 가지 경우의 소비 전력을 모두 구하라.

**20** 전구의 밝기를 조절할 수 있는 가변 저항이 그림과 같이 연결되어 있다. $R_1 = 100\,\Omega$ 이고, 전구의 소비전력은 50W로 하려면 $R_2$의 저항은?

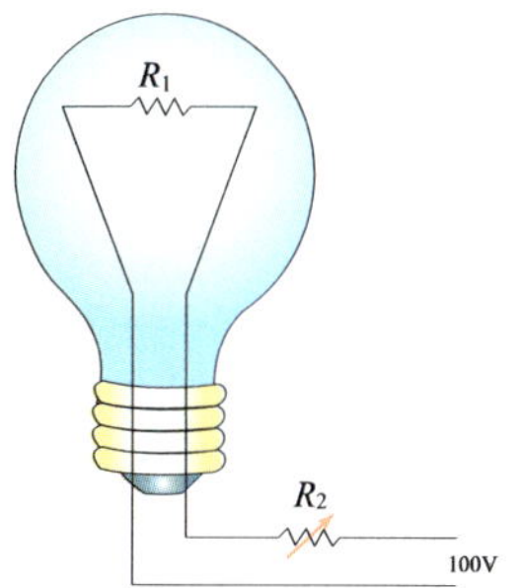


**21** 그림과 같은 회로를 보고 다음 물음에 답하여라.

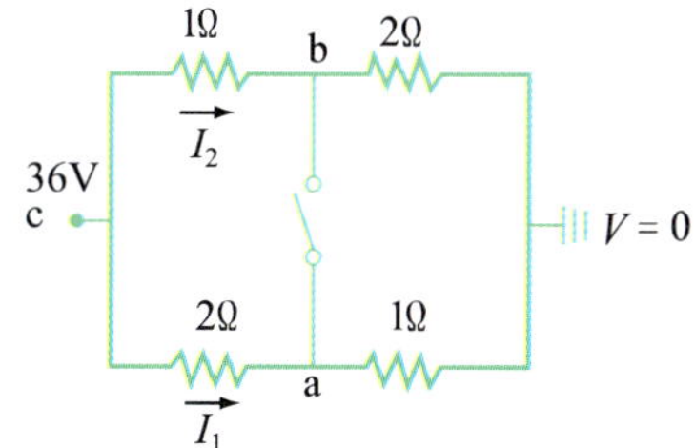


a. 스위치가 열려 있을 때 회로에 흐르는 전류 $I_1$, $I_2$를 구하여라.

b. 스위치가 열려 있을 때 전위차 $V_{ca}$, $V_{cb}$를 구하여라.

c. 스위치가 닫혀 있을 때 회로에 흐르는 전류 $I_1$, $I_2$를 구하여라.

d. 스위치가 닫혀 있을 때 전위차 $V_{ca}$, $V_{cb}$를 구하여라.

22 그림과 같은 회로에서 전류의 세기 $I_1$, $I_2$, $I_3$를 구하여라.

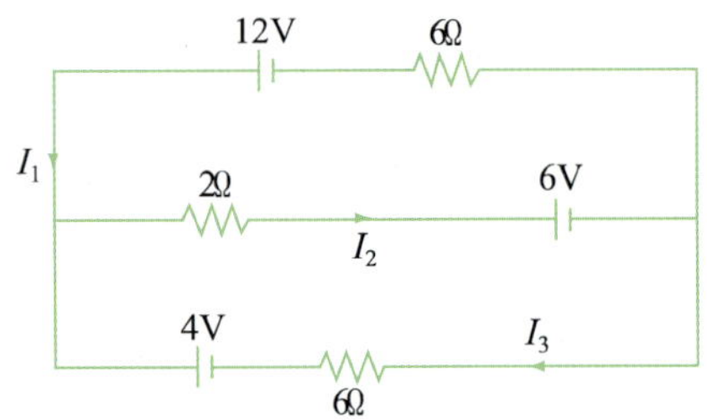


23 그림과 같은 회로에서 스위치를 닫고 충분한 시간이 지난 후 각 축전기에 걸린 전압과 충전된 전하량을 구하여라.

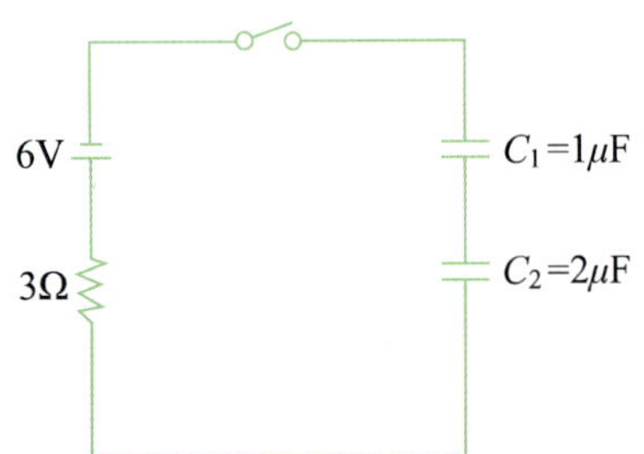


24 그림과 같이 연결된 회로에서 $\varepsilon_0$는 전지의 기전력이고 $r$는 전지의 내부 저항, $R$는 외부 저항이다. $R'$는 연결되지 않은 가변 저항이고 $r < R$일 때 다음 물음에 답하여라.

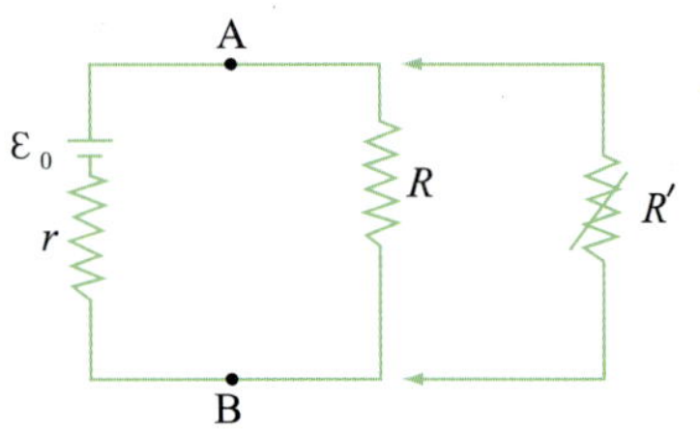


a. 회로에 흐르는 전류와 AB단자 사이의 전압은?

b. 이 회로가 소모하는 전력은?

c. 가변 저항을 그림처럼 연결하여 전지로부터 최대 전력을 얻을 수 있는 $R'$의 크기는?

한걸음 더

1. 휘트스톤브리지는 저항을 측정하는데 사용하는 편리한 회로이다. 그림의 회로에서 미지의 저항 $R_x$를 우리가 정밀한 값을 알고 있는 $R_1$, $R_2$, $R_3$를 이용하여 결정할 수 있다. 3개의 잘 알려진 저항 가운데 $R_3$를 가변저항으로 만들고, B와 D 사이의 전류계에 전류가 흐르지 않도록 $R_3$를 조정한다.

a. $R_x$를 $R_1$, $R_2$, $R_3$로 결정하시오.

b. $R_1 = 630\Omega$, $R_2 = 972\Omega$, $R_3 = 42.6\Omega$이라면 $R_x$ 값은 얼마인가?

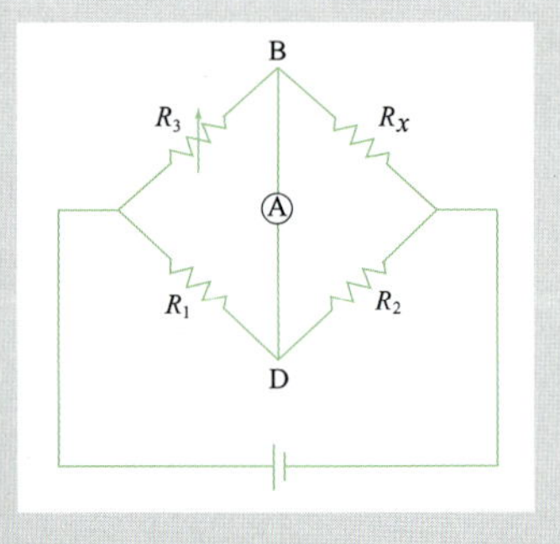


2. 저항값이 각각 15kΩ인 두 개의 저항 $R_1$, $R_2$로 그림과 같은 회로를 구성하였다. 기전력이 8.0V인 전원에 $R_1$과 $R_2$를 직렬 연결하고, 감도가 10,000Ω/V이고, 5V까지 측정가능한 전압계를 $R_1$에 병렬 연결하였다.

a. 전압계가 측정한 전압은?

b. 전압계에 의하여 발생한 오차는 몇 %인가?

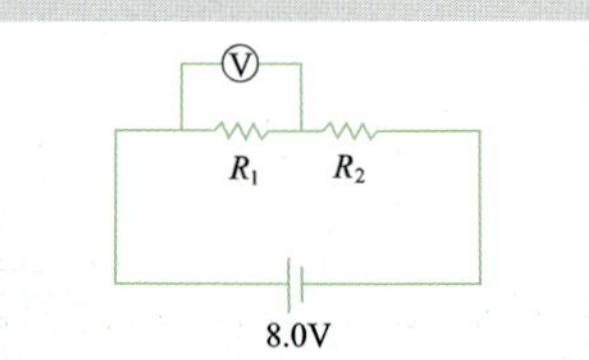

Chapter 16

# 자 기

자석 주위에는 자기장이 존재하고 자석을 흔들면 전기장이 생기는데, 인간은 적당한 자기장 속에서 살고 있다. 현대 문명의 대부분은 자석과 깊은 관련이 있다.

자석과 전류 주위에 생기는 자기장의 발견으로 전동기, 발전기, 라디오, 텔레비전, 컴퓨터 등을 만들 수 있게 되었다.

## 16.1 자기의 성질

### 1) 자극

그림 16.1
여러 가지 자석들

자석끼리는 서로 힘이 작용한다. 자석은 전하와 비슷한 성질이 있는데, 서로 접촉하지 않고도 밀고 당길 수 있다는 것이다. 또한 전하와 같이 그들끼리의 상호 작용의 세기는 두 자석이 떨어진 거리와 관련이 있다. 전하들 사이에는 전기력이 작용하는 반면, 자극이라고 불리는 영역들은 서로 자기력을 작용한다.

막대 자석의 중앙을 실로 매달아 걸면 나침반이 된다. 북쪽을 가리키는 쪽을 N극(north−seeking pole)이라고 하고 남쪽을 가리키는 쪽을 S극(south−seeking pole)이라고 한다. 모든 자석은 N극과 S극을 가진다. 단순한 막대 자석에서 이 두 극은 양쪽 끝 부분에 위치한다. 말굽 자석은 막대 자석을 휘어 놓은 것인데 그 극들도 자석의 끝 부분에 있다.

막대 자석의 N극을 다른 자석의 N극 가까이 가져 가면 서로 민다. S극끼리도 서로 민다. 그러나 반대 극을 서로 가까이 하면 서로 끌어당긴다.

>> 같은 극끼리는 밀고, 반대 극끼리는 당긴다.

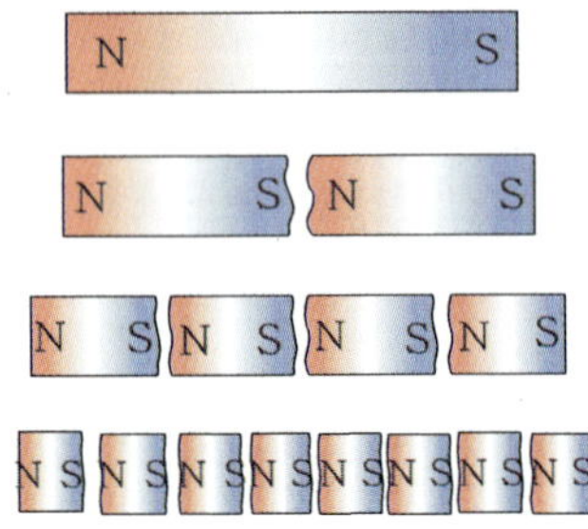


그림 16.2
자석을 둘로 나누면 두 개의 자석이 생긴다. 이것을 다시 반으로 나누면 N극과 S극을 가진 네 개의 자석이 생긴다. 이렇게 계속 나누어도 자석은 항상 쌍으로 존재한다.

자극은 어떤 점에서는 전하와 비슷하지만, 매우 중요한 차이점도 있다. 전하는 독립적으로 존재할 수 있지만, 자극은 그럴 수 없다. 음전기를 띠고 있는 전자와 양전기를 띠고 있는 양성자는 그 자체가 실제로 존재하는 입자이다. 전자들이 꼭 양성자를 따라 다닐 필요도 없으며, 그 반대도 마찬가지이다. 그러나 자석의 N극은 S극 없이는 존재할 수 없다. 자석의 N극과 S극은 동전의 양면과 같다.

자석을 반으로 쪼개면 그 반 쪽들은 각각 완전한 자석이 된다. 다시 그것들을 반으로 쪼개면 모두 네 개의 자석이 된다. 아무리 계속 쪼개나가도 한 개의 극을 가진 자석을 얻을 수는 없다. 쪼개진 자석의 크기가 원자 하나의 두께라고 하더라도, 그것도 여전히 두 개의 극을 가진다. 이것은 원자가 자석이라는 것을 의미한다.

---

**Example** 모든 자석은 반드시 N극과 S극을 모두 갖는가?

풀이 그렇다. 동전이 양 면을 갖는 것처럼 자석도 마찬가지로 양 극을 가진다.

---

## 2) 자기장

막대 자석 위에 종이 한 장을 올려 놓고 그 위에 철가루를 뿌려 보자. 철가루는 자석을 에워싸는 질서정연한 선 모양으로 늘어선다. 자기력이 작용하는 자석 주위의 공간을 자기장이라고 한다. 자기장의 모양은 자기력선으로 나타낸다. 자기력선은 N극에서 나와서 자석 주위를 돌아서 S극으로 들어간다.

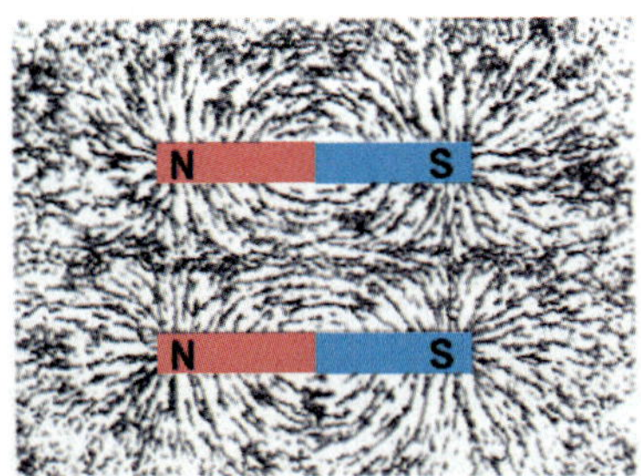


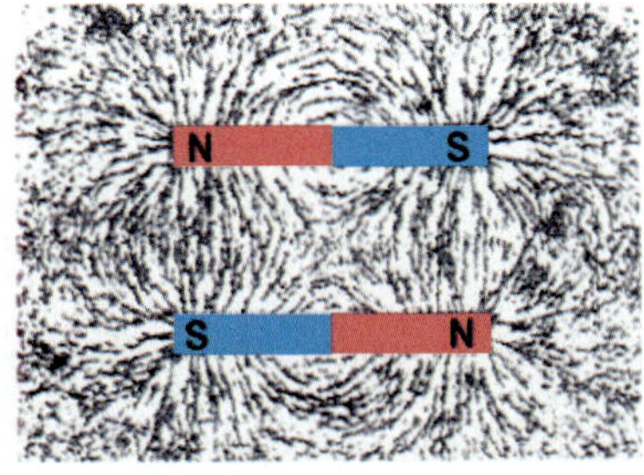


그림 16.3
한 쌍의 자석 주위에 만들어지는 자기장 모양. (왼쪽)같은 극이 서로 가까이 있을 때, (오른 쪽)반대 극이 서로 가까이 있을 때

자석 외부의 자기장의 방향은 N극에서 S극 쪽을 향한다. 자기력선이 촘촘한 곳이 자기장의 세기가 더 크다. 우리는 자기장의 세기가 극에서 가장 세다는 것을 안다. 자기장 안의 한 점에 다른 자석이나 나침반을 갖다 놓으면 그 극은 자기장을 따라 정렬하려는 성질이 있다.

### 3) 자기력선과 자기력선속

전하에 의한 전기장을 전기력선으로 나타내듯이 자기장도 자기력선에 의하여 표현할 수 있다. 자기력선은 자기장의 중요한 특성을 표현해야 하는데, 항상 닫힌 곡선이어야 하고, 겹치거나 끊어지거나 새로 생기거나 소멸하지 않아야 한다.

전기력선과 마찬가지로 자기력선의 경우도 밀도가 높으면 높을수록 그 세기가 강하다. 즉, 자기장의 세기는 자기력선의 밀도에 비례한다고 볼 수 있다. 또한 공간상 임의의 점에서 자기장의 방향은 그 점을 통과하는 자기력선에 접하는 방향이다. 그림 16.4는 우리 주변에서 흔하게 볼 수 있는 자기장을 자기력선으로 나타낸 것이다.

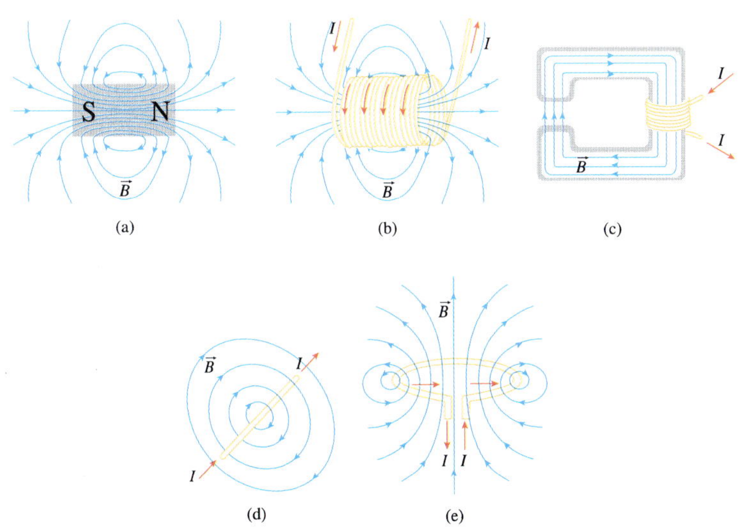


그림 16.4
(a)는 자석의 자기력선, (b)는 솔레노이드의 자기력선, (c)는 솔레노이드의 자기력선이 철심에 갇혀 있음, (d) 직선 전류 주위의 자기력선, (e) 원형 전류 주위의 자기력선

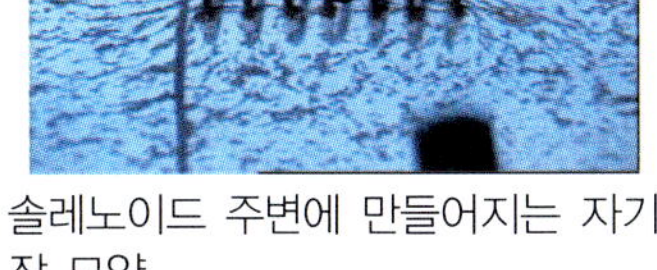

솔레노이드 주변에 만들어지는 자기장 모양

**더 알아보기** **자기력선속**

전기력선속과 마찬가지로 자기력선속이란 공간상의 어떤 표면을 수직으로 지나가는 자기장의 총량이다. 엄밀하지는 않지만 알기 쉽게 표현하자면 자기력선속이란 어떤 표면을 지나가는 자기력선의 총 수에 해당한다.

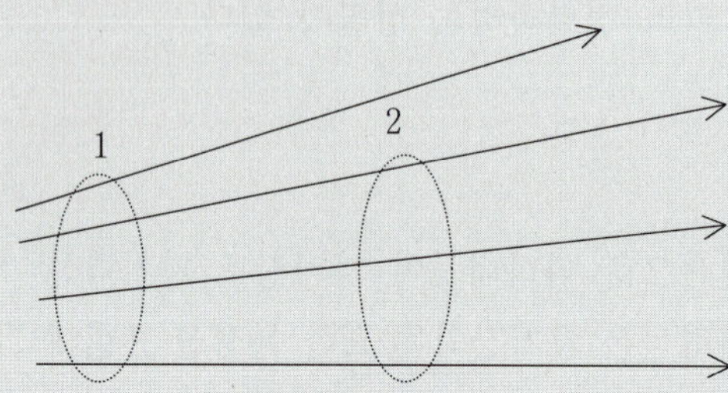


그림에서 볼 수 있듯이 1영역을 지나는 자기력선의 수는 2영역을 지나는 자기력선의 수보다 많다. 1영역에서 자기력선의 밀도가 2영역에서보다 크다고 볼 수 있다. 즉, 1영역의 자기장의 세기가 2영역에서보다 크다.[1] 이것을 좀 더 수학적으로 표현하면 다음과 같이 나타낼 수 있다. 점선 내의 영역 dA를 지나가는 자기력선속은

$$\Phi_B = \int \vec{B} \cdot \hat{n} dA$$

이다. $\Phi_B$는 점선 내 영역의 각 점에서 자기장의 면에 수직한 성분을 모두 더한 값이다.

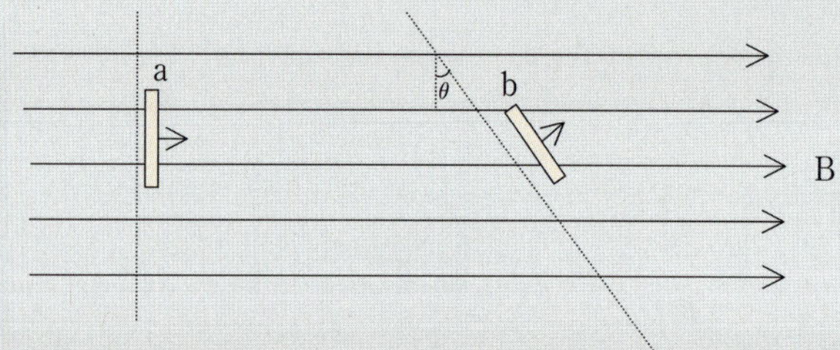


그림과 같이 균일한 자기장에서 점선으로 이루어진 두 단면을 통과하는 자속은 동일하다. 하지만 각 단면에서 단위면적당 자속을 비교해보면 a면의 자속이 b면의 자속보다 큼을 알 수 있다. a면과 b면의 면적을 S라고 하고 b면에 수직인 방향이 자속에 대해 $\theta$만큼 기울어졌다고 할 때 a면의 자속은 $BS$이고 b면의 자기력선속은 $BS\cos\theta$이다. 따라서 b를 수직으로 통과하는 자기장의 세기는 a를 수직으로 통과하는 자기장의 세기보다 $\cos\theta$만큼 약하다.

자기력선속의 단위는 SI단위계에서 웨버(Wb)를 쓰는데, 자속과 자기장의 세기(자속밀도)와의 관계는

$$\text{자기장의 세기} = \frac{\text{자속}}{\text{면적}}$$

이다. 따라서 자기장 세기의 단위 테슬라(T)는 $\text{Wb/m}^2$이다.

---

1) 이것을 좀 더 수학적으로 표현하면 다음과 같이 나타낼 수 있다. 점선 내의 영역 dA를 지나가는 자기력선속은

$$\Phi_B = \int \vec{B} \cdot dA$$

이다. $\Phi_B$는 점선 내 영역의 각 점에서 자기장의 면에 수직한 성분을 모두 더한 값이다.

**더 알아보기** **자연계에 존재하는 자기장**

그래프는 자연계에 존재하는 자기장의 세기와 자기장을 측정하는 기기의 성능을 로그-로그 척도로 나타낸 것이다. 가로축은 자기장 신호의 진동수를 의미하고, 세로축은 자기장의 세기를 테슬라(T)단위로 나타낸 것이다. 그래프에서 좌측 상단에 있는 지구자기장의 세기는 대략 $10^{-4}$ T 정도이다. 심자도(MCG)는 대략 $10^{-11} \sim 10^{-13}$ T 범위에 있고, 뇌자도(MEG)는 $10^{-12} \sim 10^{-14}$ T 범위에 있다. 이러한 자기장을 측정할 수 있는 센서로는 코일에 의한 유도 자기장 측정법, 홀(Hole) 센서, 플럭스 게이트(Flux gate), 초전도양자 간섭계(SQUID) 등이 있다. 홀센서는 대략 $\mu$T, 플럭스 게이트는 대략 0.1 nT, 초전도양자 간섭계는 대략 $10^{-14}$ T까지 측정이 가능하다.

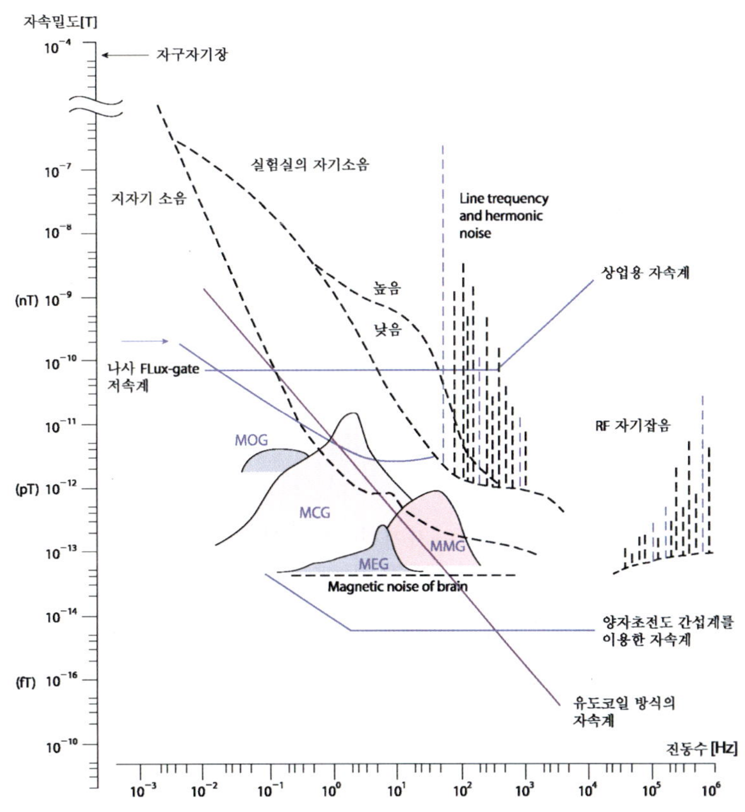


그림 16.5
여러 가지 자기장의 크기와 진동수의 분포

### 4) 자기장의 본질

자기는 전기와 밀접한 관계가 있다. 전하 주위에 전기장이 생기는 것처럼 그 전하가 움직이면 주위의 공간에는 자기장이 생긴다. 이것은 아인슈타인이 1905년에 그의 특수 상대성 이론에서 전하가 움직이면 전기장이 변하기 때문이라고 설명하였다. 더 자세한 내용은 생략하겠지만, 자기장은 전기장의 상대론적 부산물이라는 것만 언급해 두겠다. 운동하는 전하는 전기장은 물론 자기장과도 관계가 있다. 자기장은 전하의 운동 때문에 만들어진다.[2)]

그림 16.6
철가루처럼 나침반은 자기장에 맞춰 정렬한다.

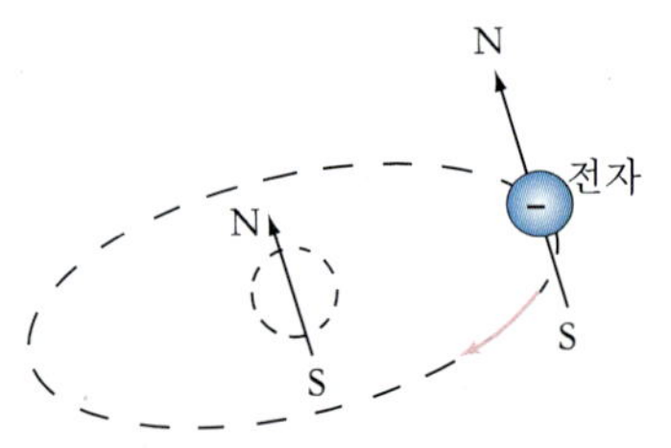


그림 16.7
원자 속에 들어 있는 전자의 궤도 운동과 스핀 운동은 자기장을 만든다. 이 장들은 원자의 자기장을 만드는데 보강 관계나 상쇄 관계로 결합한다. 합성된 장이 가장 큰 것은 철 원자이다.

보통의 막대 자석 안에는 전하의 운동이 어떻게 일어날까? 전체적으로 자석은 정지해 있지만 자석을 이루고 있는 원자에서는 전자가 원자핵 주위를 돌고 있다. 이렇게 움직이는 전하가 작은 전류를 이루어 자기장을 만들어내는 것이다. 더 중요한 요소는 전자가 스스로의 축을 중심으로 자전하는 스핀 운동을 한다는 것이다. 스핀 운동에 의해서도 자기장이 만들어진다. 대부분의 물질에서 스핀에 의한 자기장이 궤도 운동에 의한 자기장보다 더 크다.

스핀 운동하는 모든 전자는 작은 자석이다. 같은 방향으로 스핀 운동하는 한 쌍의 전자는 더 강한 자석이 된다. 그러나 반대 방향으로 스핀 운동하는 한 쌍의 전자는 서로 반대 효과를 보이므로 결국 그들이 만드는 자기장은 상쇄된다. 이것이 대부분의 물질이 자석이 아닌 이유이다. 대부분의 원자에서 여러 자기장은 서로 상쇄되는데, 그 이유는 전자의 스핀 방향이 서로 반대이기 때문이다. 그렇지만 철이나 니켈 또는 코발트 같은 물질에서는 자기장이 서로 완전히 상쇄되지 않는다. 철 원자는 스핀 자기장이 상쇄되지 않는 네 개의 전자를 가진다. 그러므로 철 원자 하나하나는 작은 자석이다. 약간 덜하기는 하지만 니켈이나 코발트 원자에도 같은 방식이 적용된다.[3)]

---

2) 운동이 상대적이기 때문에 자기장도 상대적이다. 예를 들면 전하가 당신 옆에서 운동하면 그 운동에 따른 자기장이 있다. 그러나 당신이 움직이는 전하와 같은 속도로 운동하면 상대 속도가 0이므로 자기장은 없다. 자기는 상대적인 것이다.

3) 대부분의 자석들은 철, 니켈, 코발트, 알루미늄을 여러 가지 비율로 섞어서 만든 합금으로 되어 있다. 이 속에서는 전자 스핀이 모든 자기적 성질을 주도한다. 드물게 가돌리움 같은 금속에서는 궤도 운동이 더 중요한 역할을 한다.

### 5) 자기 구역

철 원자 각각이 만드는 자기장은 아주 강하다. 그래서 인접한 철 원자들 사이의 상호 작용 때문에 철 원자들이 무리를 지어 서로 정렬하게 된다. 이렇게 정렬한 원자들의 집단을 자기 구역이라고 한다. 각 구역은 완전히 자화되어 있고 수백만 개의 정렬된 원자들로 이루어져 있다. 그 구역들은 극히 미세한(그림 16.8) 것으로 철 결정 하나에도 수많은 그런 구역들이 존재한다.

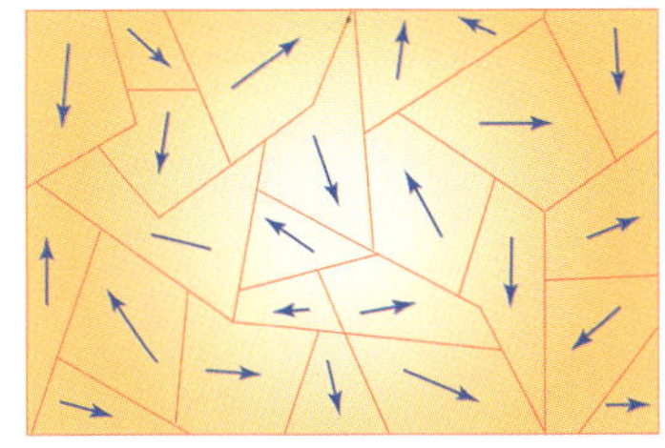

그림 16.8
철 결정 하나에 들어 있는 자기 구역을 미시적으로 본 것. 각 구역은 수백 만 개의 정렬된 철 원자로 이루어져 있다.

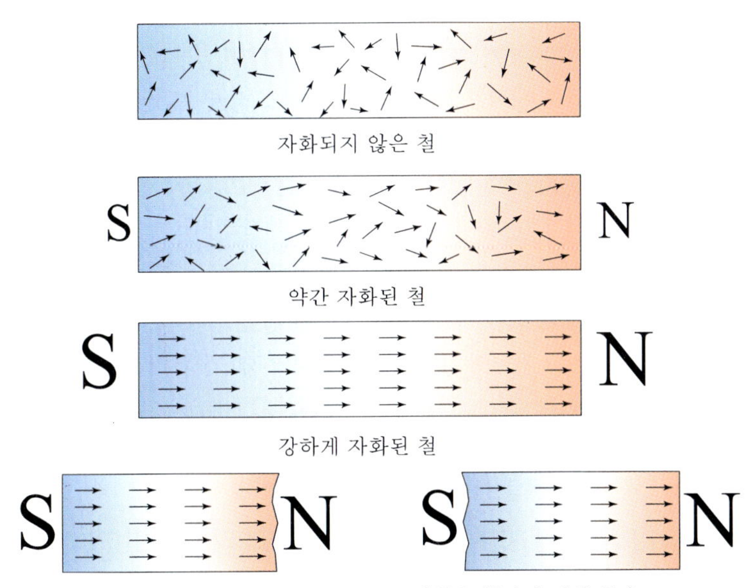


그림 16.9
자석이 두 조각으로 쪼개지면 그 조각들은 똑같이 강한 극을 유지한다.
단계적으로 자화되어 가는 철조각. 화살표는 구역을 나타내는데, 머리는 N극이고 꼬리는 S극이다. 이웃한 구역의 극들은 서로의 영향을 중성화시키고, 끝 부분의 효과만 남는다.

보통의 철 조각과 철 자석은 자기 구역의 정렬에서 차이가 난다. 보통의 쇠못에서는 구역들이 무질서하게 방향으로 배열되어 있다. 여기에 강한 자석을 가져가면 두 가지 효과가 생긴다. 하나는 자기장 방향으로 위치한 자기 구역의 크기가 커지는 것이다. 이때 정렬되지 않은 자기 구역의 크기는 줄어든다. 두 번째 효과는 자기 구역이 정렬하려고 회전을 하는 것이다. 자기 구역들이 정렬하는 것은 대전된 막대를 가까이 가져갈 때 전기 쌍극자가 정렬하는 것과 비슷하다. 쇠못을 자석으로부터 멀리하면 보통 열운동 때문에 못 속에 있던 거의 모든 자기 구역

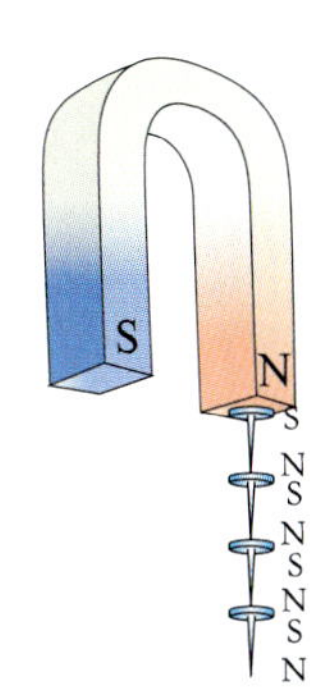


그림 16.10
쇠못은 유도 자석이 된다.

들이 무질서한 배열 상태로 돌아가게 된다.

영구 자석을 만들려면 철이나 어떤 철 합금 조각을 강한 자기장 안에 놓아두면 된다. 철 합금의 종류에 따라 다른데, 연철은 강철보다 자화시키기가 쉽다. 철을 가볍게 두들기면 단단한 자기 구역들이 더 쉽게 정렬할 수 있게 된다. 영구 자석을 만드는 또 다른 방법은 자석으로 철 조각을 문지르는 것이다. 문지르는 과정에서 철 속의 자기 구역이 정렬한다. 영구 자석을 떨어뜨리거나 가열하면 몇 개의 자기 구역들이 서로 밀고 당기면서 정렬이 흐트러지므로 자석이 약해진다.

**Example 1** 어떻게 자석은 자화되지 않은 철 조각을 끌어당기는가?

풀이 자화되지 않은 철 조각의 자기 구역은 영구 자석의 자기장에 의해 정렬되도록 유도된다. 빗에 달라붙는 종이 조각처럼 철 조각도 근처에 있는 강한 자석에 끌린다. 그러나 종이와는 달리 철조각은 밀어내지는 않는다. 그 이유는 무엇일까?

**Example 2** 그림 16.4에서 자석 위에 종이를 덮고 뿌린 철가루는 처음에는 자화되지 않았었다. 그러면 왜 그 철가루는 자석의 자기장을 따라 정렬하는가?

풀이 철가루 속의 자기 구역들이 정렬하므로 철가루들은 작은 나침반처럼 행동한다. 외부 자기장이 있을 때 '나침반'의 두 극은 서로 반대 방향으로 끌리므로 모든 철가루들은 정렬시키려는 방향의 토크를 받게 된다.

## 6) 지구 자기장

그림 16.11
지구는 자석이다

나침반이 북쪽을 가리키는 것은 지구 자체가 거대한 자석이기 때문이다. 나침반은 지구 자기장을 따라 정렬한다. 그러나 지구 자극은 지리상의 극과 일치하지 않을 뿐더러 가깝지도 않다. 예를 들면 북반구의 자극은 지리적 북극(진북)에서 1800km 떨어진 캐나다 북부의 허드슨 만 근처에 위치해 있다. 또 남반구의 자극은 오스트레일리아의 남부에 있다(그림 16.11). 즉 나침반이 가리키는 방향이 정확히 북쪽(진북)이 아님을 뜻한다. 나침반이 가리키는 방향과 진북과의 방위 차이를 자기 편각이라고 한다.

지구가 자석인 이유는 아직도 정확히 밝혀지지 않았다. 지구 자기장의 형상은 지구 중심 부근에 강력한 막대 자석이 있는 것처럼 생겼다. 그러나 지구는 막대 자석처럼 자화된 철 조각이 아니다. 지구는 너무 뜨거워서 원자들이 정렬하여 그대로 있을 수 없다.

지자기에 대한 좀더 나은 설명은 지각 밑에 용융된 부분에서 전류가 흐르기 때문이라는 것이다. 대부분의 지구 과학자들은 지구 안에서 고리 형태로 움직이고 있는 대전 입자들이 자기장을 만든다고 믿고 있다. 지구의 거대한 규모를 감안할 때, 지구 자기장을 설명하려면 움직이는 전하의 속도는 1초에 1mm보다 느리게 움직여야 한다.

지구의 핵에서 올라오는 열 때문에 생기는 대류 전류도 지자기의 또 다른 원인인 것으로 생각되고 있다(그림 16.12). 지구의 열은 핵 에너지의 방출 즉, 방사능 붕괴 때문에 생긴 것이다. 지구의 회전 효과와 결합하여 그런 대류 전류가 지자기를 만드는 것 같다. 더 완전한 설명은 미래의 연구 과제로 남아 있다.

그림 16.12
지구 내부의 용융 부분에서 생기는 대류 전류가 지구 자기장을 만든다.

## 16.2 전류와 자기장

움직이는 전하는 자기장을 만든다. 운동하는 수많은 전하들 – 전류 – 도 역시 자기장을 만든다. 전류가 흐르는 도선 주위의 자기장은 도선 주위에 놓인 여러 개의 나침반들이(그림 16.13) 정렬하는 모습을 보면 알 수 있다. 나침반들은 전류가 만든 자기장을 따라 정렬하는데, 그 모양은 도선을 중심으로 한 동심원 모양이다. 전류의 방향을 반대로 하면 나침반 바늘이 완전히 거꾸로 돌아서 자기장의 방향이 바뀐 것을 보여준다. 이것이 외르스테드가 학생들 앞에서 처음으로 보여준 현상이다.

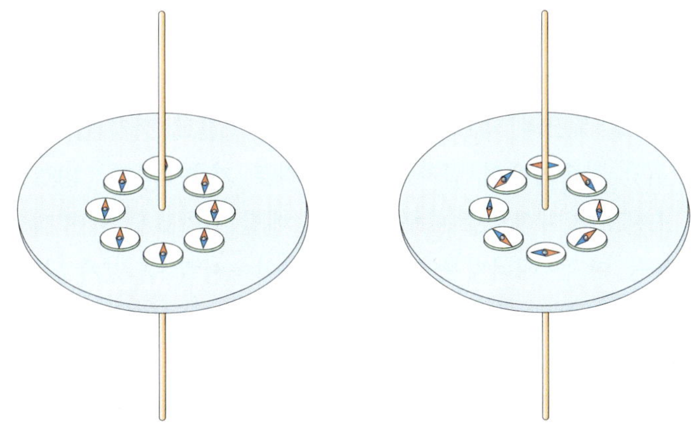

그림 16.13
(왼쪽) 전선에 전류가 흐르지 않으면 나침반은 지구 자기장에 의해 정렬된다.
(오른쪽) 전선에 전류가 흐르면 나침반은 전류에 의한 강한 자기장에 의해 정렬된다. 자기장은 전선 주위에 동심원으로 나타난다.

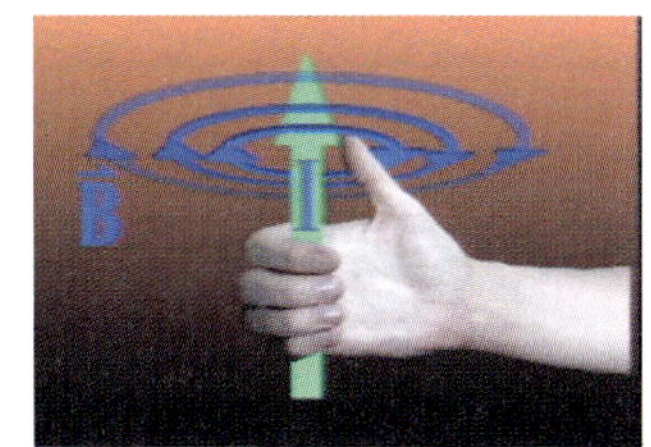


직선 전류가 만드는 자기장의 모습. 오른손 법칙이라고도 한다.

만일 전선을 구부려 고리 모양으로 만들면 자기력선은 전선에 고리들이 다발처럼 걸린 모양이 된다(그림 16.14). 전선을 고리 모양으로 또 감아서 처음 것과 포개 놓으면 이중 고리 안에 생기는 자기력선의 세기는 처음의 두 배가 될 것이다. 같은 길이에 감은 고리의 수가 늘어남에 따라 자기장의 세기가 커진다. 전선으로 많은 고리를 만들어 전류를 흐르게 하면 전자석이 된다.

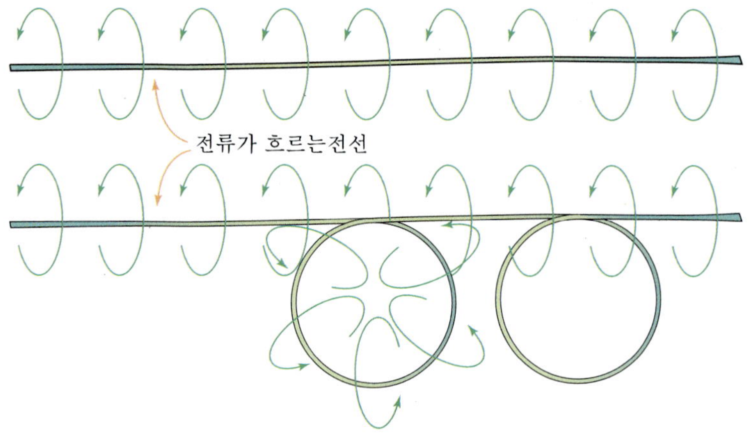


그림 16.14
전류가 흐르는 전선 주위의 자기력선은 전선을 고리로 감았을 때 집중된다

전자석의 코일 안에 철 막대를 넣는 경우도 있다. 철 안의 자기 구역들이 정렬하여 자기장의 세기를 증가시킨다. 어떤 한계를 넘으면, 철 안의 자기장이 '포화'되므로, 초전도 물질로 만들어지는 가장 센 전자석에는 철심을 사용하지 않는다.

초전도 전자석은 전력 소비 없이 무한히 센 강력한 자기장을 만들 수 있다. 시카고 부근의 페르미 연구소에서는 초전도 전자석으로 둘레가 약 6.5km인 가속기에서 입자를 고에너지로 가속시킨다. 1983년 보통 자석을 초전도 전자석으로 바꾸고 난 후 매달 전기료도 훨씬 작게 나오고 입자들을 더 큰 에너지를 가질 때까지 가속시킬 수 있게 되었다. 초전도 자석은 병원의 자기 공명 영상(MRI) 장치에서도 찾아 볼 수 있다. 또한 고속 전철에도 이용된다.

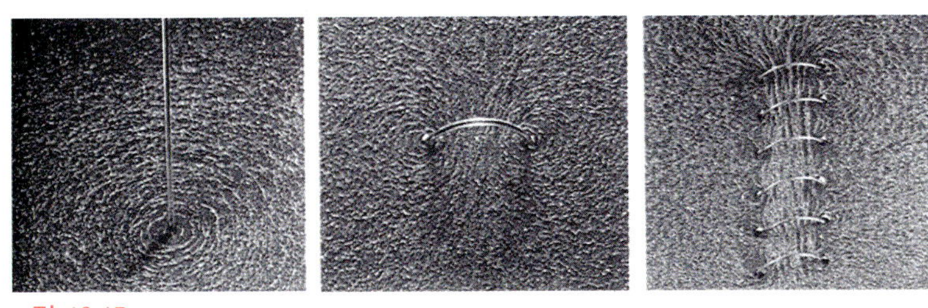
그림 16.15
철가루를 종이 위에 뿌리면 자기장의 모양이 나타난다.
(왼쪽) 전류가 흐르는 도선, (가운데) 고리 모양의 도선, (오른쪽) 코일

# 16.3 전류가 자기장에서 받는 힘

## 1) 전류가 자기장에서 받는 힘

자기장 속을 움직이는 대전 입자가 편향력을 받는다면, 자기장 속에서 흐르는 전류도 편향력을 받으리라고 생각할 수 있다. 대전 입자가 전선 속에 갇혀 있는 상태에서 편향력을 받는다면 전선도 역시 움직일 것이다(그림 16.16).

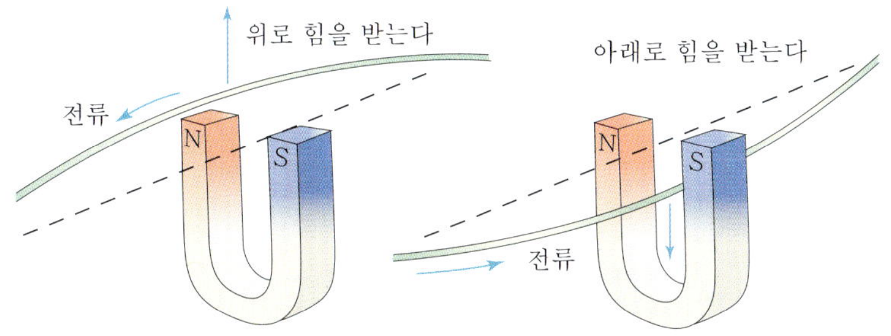

그림 16.16
전류가 흐르는 전선은 자기장 속에서 힘을 받는다(이것은 그림 16.15의 연장선에서 생각할 수 있다).

전선 속의 전류 방향이 반대가 되면, 힘의 방향도 반대가 된다. 전류가 자기력선에 수직일 때 힘은 최대가 된다. 힘의 방향은 자기력선의 방향도 아니고 전류의 방향도 아니다. 힘은 자기력선과 전류 모두에 수직이다.

전류가 흐르는 전선이 나침반을 편향시키는 것처럼 자석은 전류가 흐르는 전선을 편향시킨다. 두 경우는 똑같은 현상을 다른 효과로 나타낸 것이다. 자석이 전류가 흐르는 도선에 힘을 작용한다는 발견은 많은 흥

미를 불러 일으켰다. 그래서 곧 바로 사람들은 이 힘을 유용한 용도 — 매우 민감한 전기 계기, 큰 힘을 내는 전동기 등 — 에 이용하기 시작하였다.

---

**Example** 전류가 흐르는 전선이 자석에 힘을 작용한다면, 자석도 그 전선에 힘을 작용해야만 한다는 물리 법칙은 무엇인가?

풀이 뉴턴의 제 3 법칙이고, 이것은 모든 힘에 적용된다.

---

## 2) 운동하는 대전 입자에 작용하는 힘

정지해 있는 대전 입자는 자기장과 상호 작용하지 않는다. 그러나 대전 입자가 자기장 속에서 움직이면, 그 운동으로 인하여 자성을 띠게 된다. 따라서 대전된 입자는 편향력을 받는다.[4] 이 힘은 자기장에 수직으로 운동할 때 가장 크다. 다른 각도일 때 힘은 약해진다. 입자가 자기장과 나란한 방향으로 움직일 때 받는 힘은 0이다. 어느 경우든지 힘의 방향은 자기장의 방향과 대전 입자의 운동 방향에 항상 수직이다(그림 16.17). 그래서 전하는 자기장에 수직으로 운동할 때는 편향되고 자기장에 나란하게 운동할 때는 편향되지 않는다.

자석 속에서 음극선(전자선)의 휘어짐

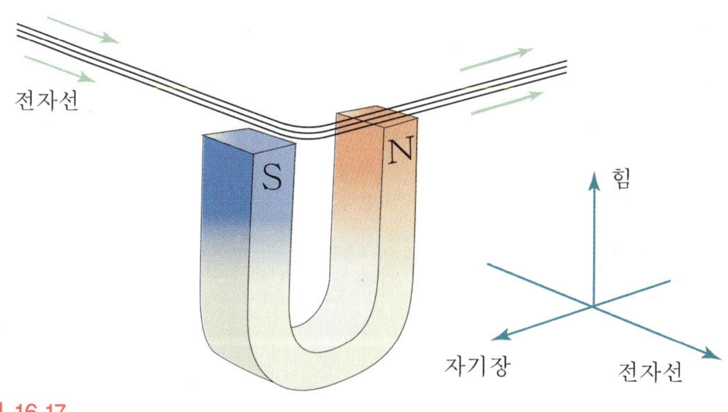


그림 16.17
전자선은 자기장에 의해 휜다.

이와 같은 편향력은 질량을 가진 물체들 사이에서 작용하는 중력이나

---

4) 전하량이 $q$ 인 입자가 자기장 $B$ 와 수직을 이루는 방향으로 운동하면 그 입자에 미치는 힘은 $F=qvB$ 이다. 만일 자기장과 수직을 이루지 않는 방향으로 운동할 때는 자기장과 수직을 이루는 성분의 속력을 곱하면 된다.

전하들 사이에서 작용하는 전기력이나 자극들 사이에서 작용하는 자기력 등의 힘과는 다르다. 운동하는 대전 입자가 받는 힘은 상호 작용하는 두 물체를 잇는 직선 방향이 아니라 자기장과 전자의 운동방향에 수직인 방향으로 작용한다.

대전 입자가 자기장에 의해 편향된다는 것은 정말로 멋진 일이다. 텔레비전은 이것을 이용하여 TV관의 안쪽에 전자들을 흩뿌려 화면을 만든 것이다. 자기장의 이런 효과는 아주 큰 규모에서도 나타난다. 외계로부터 날아온 대전 입자는 지구의 자기장에 의해 휘게 된다. 만일 그렇지 않다면 지구 표면으로 날아오는 우주선의 강도는 훨씬 더 셀 것이다(그림 16.18).

그림 16.18
지구 자기장은 우주에서 날아오는 수많은 대전 입자를 휘게 한다.

### 3) 자기력을 이용한 기구들

① 검류계

전류를 재는 가장 간단한 계기가 그림 16.19에 나와 있다. 이것은 절연 도선을 여러 번 고리처럼 감아 놓고 그 중앙에 자유롭게 회전할 수 있는 자침을 장치한 것이다. 전류가 코일을 따라 흐르면 각 고리가 자침에 영향을 미쳐서 매우 작은 전류라도 감지할 수 있게 한 것이다. 매우 민감한 전류 감지 장치를 검류계라고 한다.

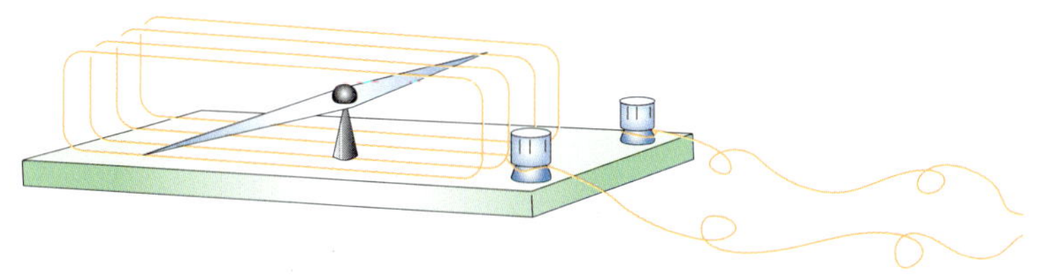

그림 16.19
매우 간단한 검류계

보다 일반적인 모양이 그림 16.20에 있다. 이것은 고리 모양의 전선을 더 많이 감았으므로 더 민감하다. 코일이 움직일 수 있도록 장치되었고 자석은 고정되어 있다. 코일은 용수철의 복원력을 이겨내고 돌아가는데, 전류가 많이 흐를수록 더 많이 회전한다.

검류계에 전류의 크기를 측정할 수 있도록 눈금을 매겨 놓은 것이 전류계이다. 그리고 검류계에 전압을 측정할 수 있도록 눈금을 매겨 놓은 것을 전압계라고 한다.

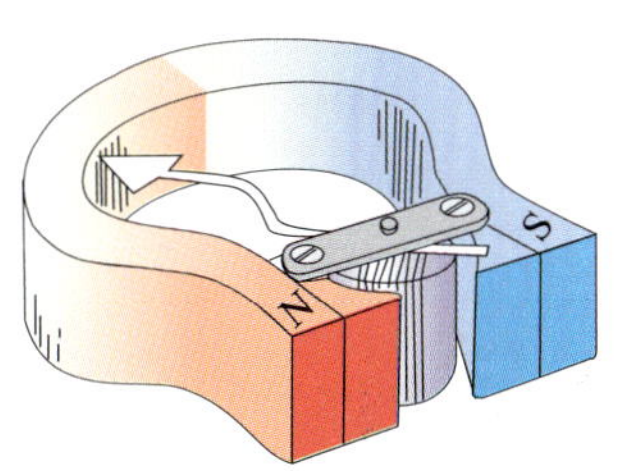


그림 16.20
보통의 검류계 모양

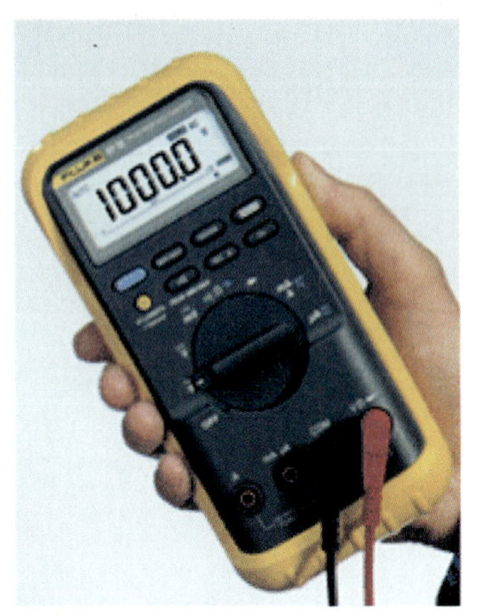


그림 16.21
멀티미터는 전류계와 전압계의 두 기능을 갖고 있다(이 도구의 저항은 전류계에서는 매우 작고 전압계에서는 매우 크게 만들어져 있다).

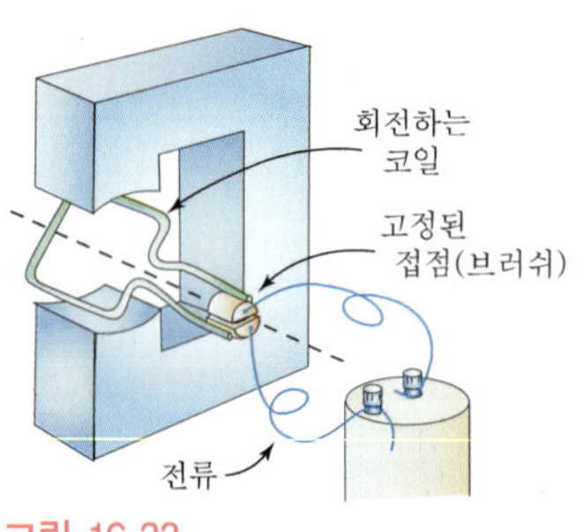


그림 16.22
간단한 직류 전동기

② 전동기

검류계의 형태를 약간 바꾸면 전동기가 된다. 중요한 차이점이라면 코일이 반 바퀴 돌 때마다 전류의 방향이 바뀌는 것이다. 반 바퀴 회전하도록 한 다음, 때 맞춰 전류의 방향이 바뀌면 그 다음 반 바퀴도 같은 방향으로 회전하도록 힘을 받게 되고 계속해서 이런 식으로 힘을 받아 연속적으로 회전을 하게 된다.

간단한 직류 전동기의 대략적인 모양이 그림 16.22에 나와 있다. 영구자석이 만드는 자기장 속에 사각형 고리 모양의 전선이 회전할 수 있도록 되어 있다. 전류가 고리를 통과할 때 고리의 윗 부분과 고리의 아랫부분에서 서로 반대 방향으로 흐른다. 검류계와 마찬가지로 고리의 윗부분이 왼쪽으로 힘을 받는다면, 고리의 아랫 부분은 오른쪽으로 힘을 받는다. 그러나 검류계와는 달리 축에 고정된 접점을 이용하여 반 바퀴 돌 때마다 전류의 방향이 바뀐다. 이 접점들과 붙었다 떨어졌다 하는 회로의 한 부분을  브러쉬라고 한다. 이런 식으로, 고리가 회전하더라도 고리에 흐르는 전류가 바뀌어 고리의 윗 부분과 아랫 부분에서 받는 힘의 방향이 바뀌지 않게 한다. 전류가 흐르기만 하면 회전은 계속된다.

직류용이든 교류용이든 큰 전동기에는 영구 자석 대신 전자석을 쓴다. 물론 고리의 수도 더 많다. 철로 된 실린더에 전선을 많이 감아 놓은 전기자를 이용하는데 여기에 전류를 흘리면 회전하게 된다.

전동기의 출현으로 지난 시대에 사람과 동물들이 해야 했던 수고를 전기 동력으로 대체하게 되었다. 전동기는 사람이 살아가는 방식을 크게 변화시켰다.

---

**Example** 검류계와 단순 직류 전동기의 비슷한 점이 무엇인가? 그 둘이 근본적으로 다른 점은 무엇인가?

풀이 검류계와 전동기는 자기장 속에 코일이 있다는 점이 비슷하다. 코일에 전류가 흐르면 전선에 미치는 힘 때문에 코일이 회전한다. 근본적인 차이점은 검류계에서는 최대로 회전해야 반 바퀴인데 비해, 전동기에서는 코일이 계속해서 회전한다는 것이다. 전동기의 전기자는 반바퀴 회전할 때마다 전류가 바뀌도록 되어 있다.

---

③ 전류계

그림과 같이 자기장 사이에 코일을 넣고, 코일에 전류를 흐르게 하면 코일은 전기력을 받아 회전하면서 코일의 중심 축에 연결된 바늘을 회전시킨다.

이때 코일의 중심 축에 붙어있는 나선형 용수철이 감기고 용수철의 탄성력과 코일의 회전력이 상쇄되면 바늘이 멈춘다.

코일의 회전각은 전류의 세기에 비례하므로 전류의 세기에 맞는 눈금을 정해 놓으면 미지의 전류값을 측정할 수 있다.

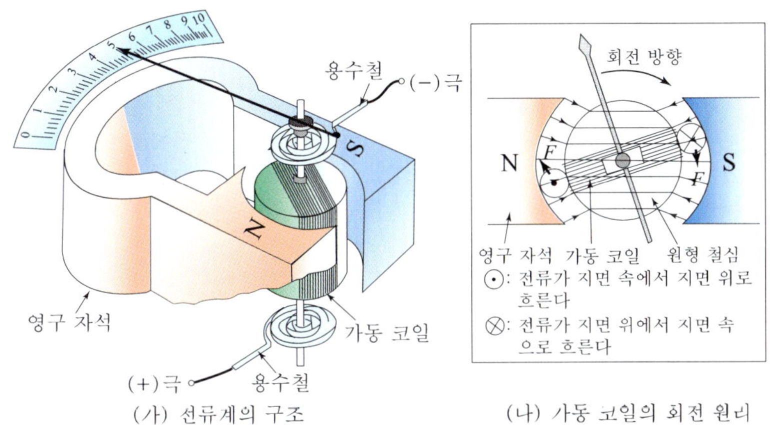


그림 16.23
전류계의 원리

④ 전압계

전압계는 전류계의 동작 원리와 같으며, 차이점은 저항값이 큰 저항을 가동 코일에 직렬로 연결한 것이다.

⑤ 질량 분석기

자기장 속으로 전하량이 같고 질량이 다른 동위원소를 대전된 상태로 입사 시키면 입자들이 전자기력을 받아 휘어지게 된다. 이 때 질량이 큰 입자는 큰 원을 그리게 되어 동위원소를 분리할 수 있다.

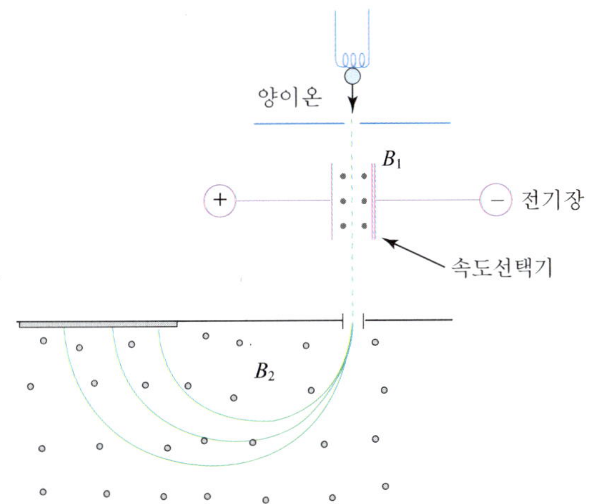


그림 16.24
질량분석기의 원리

## 더 알아보기 자기장 속에서 전류가 받는 힘

자기장에서 전류가 흐르는 도선은 힘을 받는다. 그 힘의 세기는 자기장의 세기, 전류의 세기, 자기장에 수직인 도선의 길이에 비례한다.

$$F = BIl\sin\theta \ (\theta : \text{자기장과 전류의 사이각})$$

$$F = BIl(\theta = 90°\text{일 때})$$

이 자기력의 방향을 찾는 방법에는 여러 가지가 있다.

1) 플레밍의 왼손 법칙으로 찾기

자기장 속에 전류가 흐르는 도선이 있으면 그 도선은 힘을 받는다. 왼손을 그림과 같이 집게 손가락은 자기장 방향, 가운데 손가락은 전류의 방향을 가리키게 하면 엄지는 도선이 받는 힘의 방향이 된다.

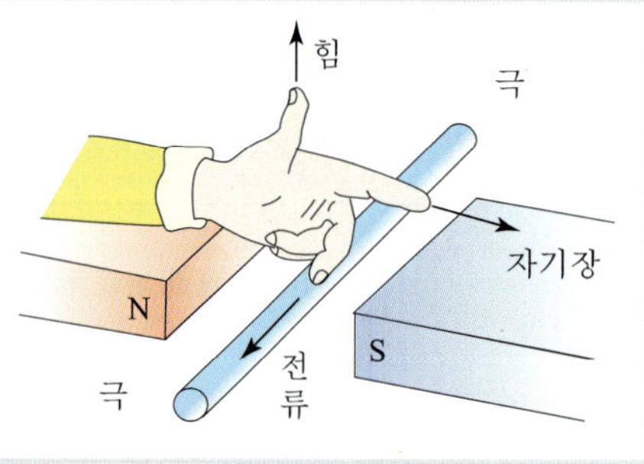


그림 16.23 플레밍의 왼손 법칙

2) 오른손으로 찾기

오른손을 이용하여 전류가 흐르는 도선이 받는 힘의 방향을 찾을 수도 있다. 오른손을 그림과 같이 펴서 네 손가락은 자기장의 방향을 가리키고, 엄지 손가락은 전류의 방향을 가리키게 하면 전자기력의 방향은 손바닥의 방향이다.

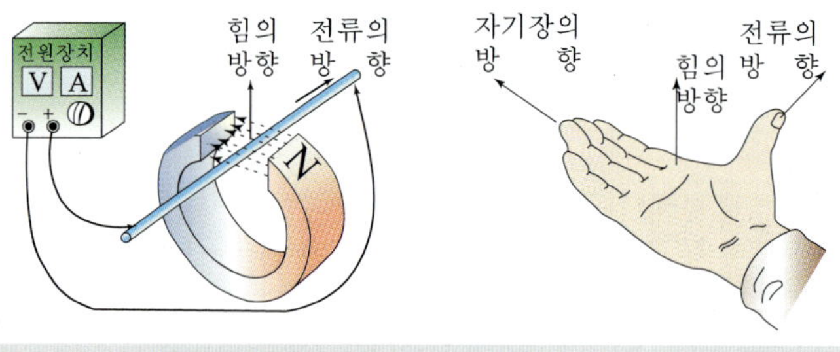


그림 16.24 오른손으로 전자기력의 방향찾기

## 더 알아보기 운동하는 전하에 작용하는 자기력

세기가 $B$인 일정한 자기장 속에서 자기장에 직각방향으로 직선전류가 흐를 때 길이 $l$인 도선에 작용하는 자기력은 $F=BIl$이다. 도선이 받는 힘은 도선을 흐르는 각각의 전하가 받는 힘을 모두 더한 것으로 도선에 작용하는 자기력으로부터 각 전하가 받는 힘을 계산할 수 있다.

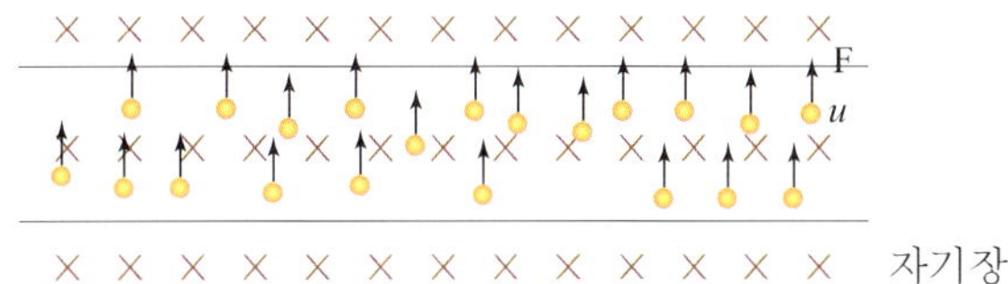


그림 16.25
지면으로 들어가는 자기장 속에서 (+) 전하가 오른쪽으로 이동할 때 각각의 전하는 위쪽방향(화살표)으로 힘을 받게 된다.

도선에 세기가 $I$인 전류가 흐른다면, 전류는 전하밀도 $n$, 각 전하의 속도 $v$, 도선의 단면적 $A$에 비례한다. 즉, $I=nqvA$이므로 자기력은

$$F=B\times nqvA\times l=n\times Al\times qvB=N\times qvB$$

이다. 여기서 $N$은 길이 $l$인 도선 속을 운동하는 전하의 총수이다. 따라서 한 개의 전하에 작용하는 힘의 크기는 $f=\dfrac{F}{N}=qvB$이다.

이와 같이 운동하는 전하가 받는 힘을 로렌츠 힘이라고 하는데, 힘의 작용방향은 플레밍 왼손법칙에 따르고, 힘의 크기는 $f=qvB$이다.

일정한 자기장 속에서 전하가 운동할 때 그림과 같이 전하는 운동방향과 자기장에 직각방향으로 일정한 크기의 로렌츠 힘을 받게 되어 원운동하게 된다.

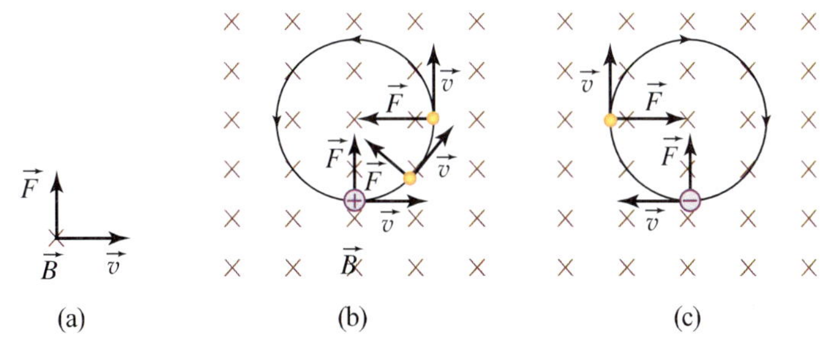


그림 16.26
(a) 종이면으로 들어가는 자기장 안에서 오른쪽으로 움직이는 양전하에 작용하는 힘 (b) 속도가 방향을 바꿈에 따라 자기력의 방향도 $\vec{v}$와 $\vec{B}$ 모두에 수직으로 유지되도록 방향을 바꾼다. 힘의 크기는 일정해서 입자는 원의 원호를 따라 움직인다. (c) 같은 자기장 안에서의 음전하의 운동

## 더 알아보기 로렌츠 힘

자기장 속에서 전류가 흐르는 도선은 전류와 자기장이 이루는 평면에 직각방향으로 힘을 받게 된다. 그런데 전류는 전하들의 운동이므로 도선이 받게 되는 힘은 전하 하나 하나가 받는 힘을 합한 결과이다.
그림은 도선에 자기장과 직각 방향으로 전류가 흐르는 것을 나타내는 것이다.

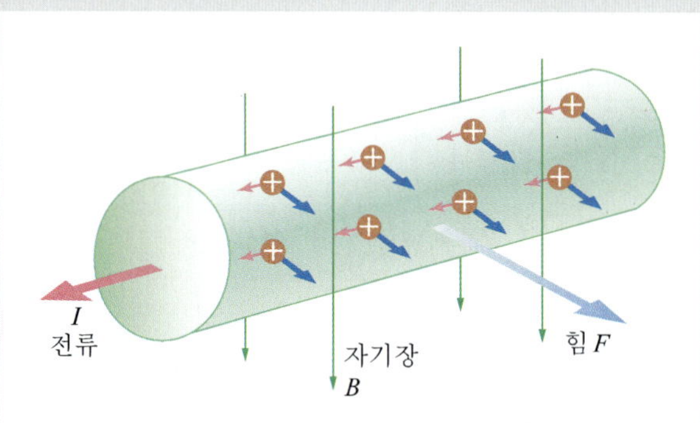


그림 16.27

도선에 작용하는 자기력은 플레밍 왼손법칙을 적용하면 그림과 같이 지면 앞으로 나오는 방향이다. 이 힘은 도선 속에서 운동하는 각각의 전하가 받는 힘을 모두 합한 것과 같아야 한다.

길이가 $l$인 도선의 단면을 $t$초 동안 $N$개의 전하가 통과할 때 전류의 크기를 $I=N\frac{q}{t}$라고 하자. 도선이 받는 힘의 크기는

$$F=IBl=N\frac{q}{t}Bl=NqB\frac{l}{t}=NqvB$$

이다. 이때 전하가 t초 동안 $l$만큼 이동하기 때문에 평균속도는 $v=\frac{l}{t}$이다.

따라서 1개의 전하가 받는 힘의 크기는 $F=qvB$이고, 힘의 작용방향은 플레밍의 왼손법칙에서 전류의 방향을 (+)전하의 속도방향이라고 대체하면 된다.

전하가 받는 로렌츠 힘 = 전하량 × 속도 × 자기장의 세기
$F=qvB$

이러한 로렌츠 힘을 이용하는 대표적인 실험기기 중의 하나는 입자가속기이다. 대통일장 이론과 같은 소립자 물리학의 주요 실험을 하기 위해서는 적어도 500GeV 에너지를 갖는 입자를 생성할 수 있는 가속기가 필요하다. 하지만 선형가속기로는 적어도 75km의 직선 가속구간이 필요한데, 사실상 불가능하다. 이러한 문제를 해결할 수 있는 방안 중의 하나는 자기장을 이용하여 입자를 원형 트랙 안에서 가속시키는 것이다. 이러한 대표적인 가속기가 싸이클로트론이다.
싸이클로트론은 운동하는 대전입자가 자기장에서 로렌츠 힘을 받아서(구심력) 원궤도를 그린다는 점을 이용한 것이다. 1929년 로렌스가 개발한 것으로 1930년에 처음으로 30keV까지 가속시킬 수 있었다. 이 가속기는 일정한 크기의 자기장이 존재하는 두 개의 반 원형 D라고 부르는 부분과 마주보는 두 개의 D 사이에 존재하는 전기장 영역으로 구성되어 있다.

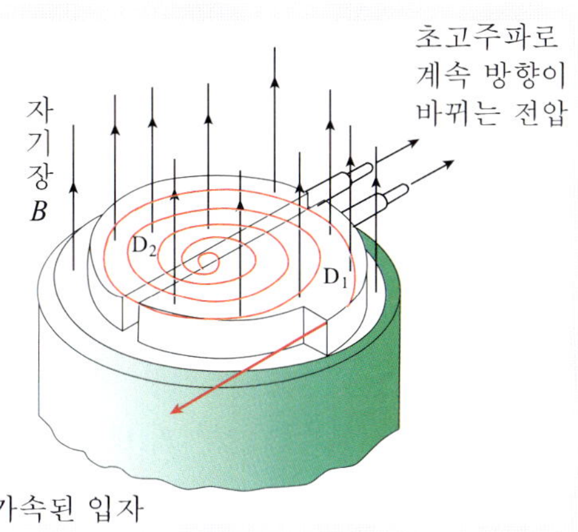


그림 16.28

D의 내부에서는 자기장에 의하여 입자가 원운동하게 되고, D 사이의 공간에서는 전기장에 의하여 전자의 속력이 가속되게 된다. 고주파 발진기를 이용하여 D로 들어간 입자가 돌아서 나오는 동안 전기장의 방향이 정반대로 바꾸어 준다. D에서 나온 입자는 다시 전기장에 의하여 가속되어 회전 반경이 증가하게 된다. 따라서 가속기 내부에서 입자의 속력이 증가하므로 회전반지름이 점점 증가하는 마치 나선궤도처럼 운동하게 된다. 하지만 특이한 점은 궤도반경과 속력이 달라지더라도 입자가 한 바퀴도는 데 걸리는 시간은 같다는 점이다.

운동법칙을 적용하면 $qvB=\frac{mv^2}{r}$ 이고, 회전반지름은 $r=\frac{mv}{qB}$ 이다. 따라서 회전주기는 $T=\frac{2\pi r}{v}=\frac{2\pi m}{qB}$ 이다. 이 원리에 따르면 고주파 발진기의 발진 주기가 입자의 회전주기와 일치해야함을 알 수 있다.

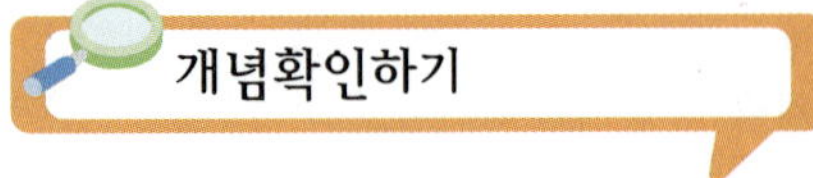


1 전하와 자극의 공통점은 무엇인가?

2 전하와 자극의 중요한 차이점은 무엇인가?

3 자기장이란 무엇이며, 그 근원은 무엇인가?

4 스핀 운동하는 전자들은 모두 작은 자석이다. 원자는 모두 스핀 운동하는 전자들로 이루어져 있는데도 모든 원자가 자석이 아닌 이유는 무엇인가?

5 철 원자는 모두 작은 자석인데, 철이 이렇게 특별한 이유는 무엇인가?

6 자기 구역이란 무엇인가?

7 어떤 철 조각은 자석처럼 행동하는데, 다른 철 조각은 그렇지 않은 이유는 무엇인가?

8 어떻게 철 조각을 자석으로 만들 수 있는가? 예를 들어 자석 근처에 클립을 가져가면 그것은 자석이 된다. 왜 그런가?

9 왜 자석을 떨어뜨리거나 열을 가하면 약해지는가?

10 전류가 흐르는 전선 근처의 자기장 모양은 어떠한가?

11 전류가 흐르는 전선을 휘어서 고리 모양을 만들면, 고리 바깥 쪽보다 고리 안 쪽의 자기장이 더 세지는가?

12 대전 입자가 자기력을 받지 않으려면 어떻게 해야 하는가?

13 전기장과 자기장이 있을 때 대전 입자에 작용하는 자기력의 방향은 전기력의 방향과 어떻게 다른가?

14 지구 자기장은 지구로 오는 우주선에 대해 어떤 역할을 하는가?

15 자기장 속에서 전류가 흐르는 전선이 받는 힘의 방향과 움직이는 전하가 받는 힘의 방향은 같은가?

16 힘, 자기장, 전류의 개념이 검류계와 어떤 관계가 있는가?

17 전동기의 자기장에 흐르는 전류가 주기적으로 방향을 바꾸어야 하는 이유는 무엇인가?

18 자기 편극이란 무엇인가?

19 대부분의 지구 물리학자들에 따르면, 지자기의 원인은 무엇인가?

20 지자기 역전이란 무엇이고 그 증거는 무엇인가?

21 정지한 전하 주변에 생기는 장은 어떤 것인가? 움직이는 전하 주변에는?

22 나무는 안 되는데, 철은 왜 자석으로 되는가?

23 강한 자석과 약한 자석이 서로 당긴다. 어느 자석이 더 강한 힘을 작용하는가?

24 철봉을 전류가 흐르는 전선 고리 안에 넣으면 자기장이 더 세지는 이유가 무엇인가?

25 사이클로트론은 대전 입자를 점점 더 크게 회전시키면서 고속으로 가속시키는 장치이다. 대전 입자는 전기장과 자기장의 영향을 둘다 받는다. 이 중의 하나는 입자의 속력을 증가시키고, 나머지 하나는 입자를 원운동시킨다. 각 장의 기능은 어떤 것인가?

26 자기장은 전자선을 휘게 만들지만 그들의 속력을 증가시키지는 못한다. 왜 그럴까?

27 대전 입자가 자기장 속에서 최대로 힘을 받으려면 자기장에 대해 어떤 방향으로 운동해야 하는가? 또 최소의 힘을 받으려면 어떻게 해야 하는가?

28 비둘기의 머리 속에는 뇌와 통하는 수많은 신경들과 연결된 여러 개의 자기 구역을 가진 자철광 자석이 있다. 이것은 비둘기가 비행할 때 어떤 도움을 주는가?(자성 물질은 벌의 배속에도 있다)

29 지자기 역전 과정에서 지자기가 0이 되었을 때, 지표면으로 날아오는 우주선의 세기는 어떠했겠는가?(화석에 의해 알려진 바에 의하면, 자기장의 보호가 없었던 시기에는 생명체의 변화가 크게 일어났을 것으로 생각되는데, 이것은 유명한 초파리의 유전 연구에서 밝혀진 대로 X선이 유전에 미치는 결과에서 추론할 수 있다.)

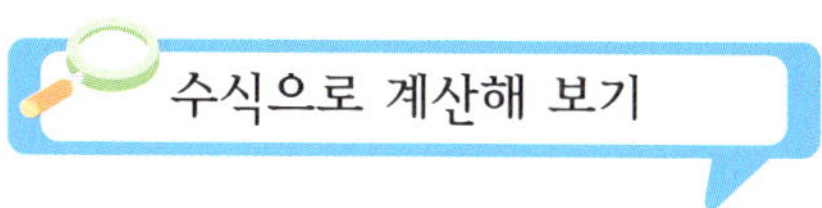


1 전류 2A가 흐르는 직선 도선으로부터 거리 5cm, 10cm, 15cm인 곳의 자기장 세기 $B_1$, $B_2$, $B_3$의 비를 구하여라.

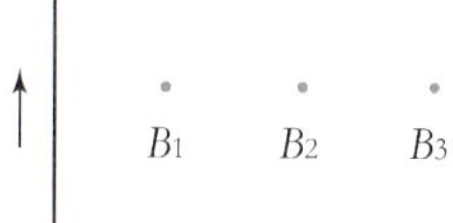


2 그림과 같이 $+y$방향의 균일한 자기장 $B$속을 $+x$방향으로 운동하는 대전 입자가 있다. 여기에 다시 전기장을 걸어 주어 대전 입자를 직진하게 하려고 한다.

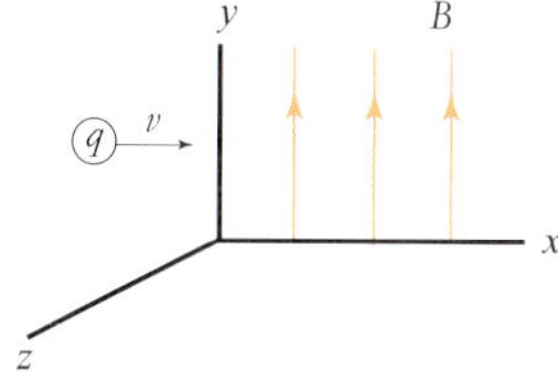


a. 대전 입자가 양전하일 때 가해주어야 할 전기장의 방향은?

b. 전하의 종류나 전하량이 다르면 직진 조건은 어떻게 변하는가?

c. 속도가 빨라지면 어떠한가?

3 전하량 $1.6\times10^{-19}$C, 질량 $9.1\times10^{-31}$kg인 전자가 자기장 $B=10^{-3}$T인 곳에서 원운동을 하고 있다. 이 전자의 1초당 회전수는 얼마나 될까?

4 그림에서 직선 도선에 흐르는 전류의 세기가 $I_1$, 직사각형 도선에 흐르는 전류의 세기가 $I_2$일 때 직선 도선이 받는 힘의 세기를 구하여라.

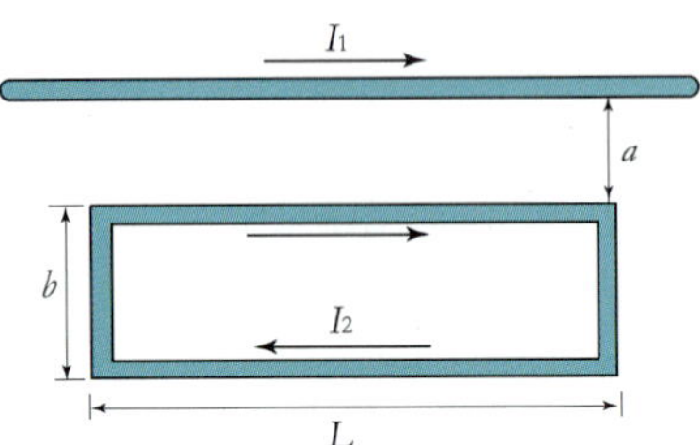


5 자기장의 세기가 $B$인 균일한 자기장이 지면에 수직한 방향으로 그림과 같이 놓여 있다. 운동에너지가 $E$인 양성자가 오른쪽에서 왼쪽으로 진행할 때 다음 물음에 답하여라(단, 양성자의 전하량은 $e$, 양성자의 질량은 $m$이다).

× × × × ×
× × ×←⊕×
× × × × ×

a. 양성자가 받는 힘의 방향과 크기를 구하라.

b. 양성자의 궤도 반지름과 주기는?

c. 양성자가 $\frac{1}{4}$회전했을 때 양성자의 운동 에너지는?

6 $x$축 위에 놓인 긴 직선 도선에 2A의 전류가 $x$축의 (+)방향으로 흐르고 있다. 이 도선으로부터 $y$축의 (+)방향으로 5cm 떨어진 점 P에서의 자기장 $B$의 세기와 방향을 구하라.

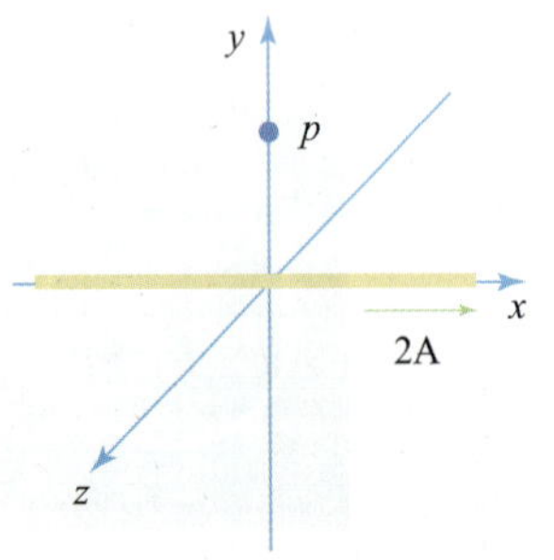


7 반지름 10cm인 원형도선에 3A의 전류가 흐를 때, 원형 전류의 중심에서의 자기장 $B$의 세기는 얼마인가?

8 반지름 2cm의 긴 솔레노이드 코일에 5A의 전류가 흐를 때 코일 내부의 자기장 세기는 얼마인가?(단, 솔레노이드의 길이는 50cm이고, 전체 감은 수는 500회이다.)

9 0.3 N/A·m의 균일한 자기장에 수직으로 놓인 도선에 2A의 전류가 흐르고 있다. 이 도선 50cm의 부분이 자기장 내에서 받는 힘의 크기를 구하라.

10 40cm의 거리 만큼 떨어진 두 개의 긴 평행한 도선에 각각 10A의 같은 전류가 같은 방향으로 흐르고 있다. 각각의 도선에 단위 길이당 작용하는 힘은 몇 N인가?

11 전류가 흐르는 긴 직선 도선으로부터 $r$만큼 떨어진 점에서 자기장의 세기가 $B$이다. 전류의 세기를 두 배로 하고 $2r$만큼 떨어진 거리에서 자기장의 세기는?

12 두 개의 긴 평형도선에 같은 세기의 전류 $I$가 같은 방향으로 흐르고 있다. 두 도선 사이의 거리가 1m이고, 한 도선에 작용하는 단위길이당 힘이 $32\times10^{-6}$N/m이면 전류 $I$의 세기는?

13 전하량이 $2e$인 이온이 자속밀도 1.2Wb/m$^2$ 속으로 수직하게 입사한다. 이온의 속도가 $2.5\times10^5$m/s일 때 이온에 작용하는 힘을 구하라.

**14** 질량 $9.1\times10^{-31}$kg, 전하량이 $-1.6\times10^{-19}$C인 전자가 자기장 4.5mT 속에서 반지름 2cm의 원을 만들고 있다. 이 전자의 속력은?

**15** 일정한 자기장내에서 $5.0\times10^{6}$m/s의 속력으로 수직 위 방향으로 움직이는 양성자에 미치는 힘은 $8.0\times10^{-14}$N으로 서쪽 방향이고, 북쪽 방향으로 수평으로 움직일 때는 힘을 받지 않는다. 이 영역에서 자기장의 크기와 방향은?

**16** 전자가 0.01T의 자기장에 수직인 평면에서 원운동하면서 속력 $2.0\times10^{7}$m/s로 움직인다. 반지름 $r$를 구하라.

**17** 건물의 벽 속에 있는 수직 도선에 직류 25A가 위쪽으로 흐른다. 이 도선에서 북쪽으로 10cm 떨어진 곳에서 자기장의 세기는 얼마인가?

**18** 10cm의 가는 솔레노이드에 도선이 400바퀴 감겨져 있고, 2.0A의 전류가 흐른다. 솔레노이드 내부의 자기장을 구하라.

**19** 원자의 질량이 12.0u인 탄소가 알 수 없는 다른 원소와 섞여 있다. 질량 분석기를 사용하였더니 탄소의 궤도 반지름은 22.4cm이고, 미지 원소의 궤도 반지름은 26.2cm였다. 미지의 원소는 무엇인가? (단, 두 원소의 전하는 같다.)

**20** 균일한 자기장 $B$에서 질량 $m$, 전하량 $q$인 대전 입자가 반지름 $r$인 등속 원운동을 하고 있다. 이 대전 입자의 운동 에너지를 구하라.

**21** 구름 속에서 물방울이 두 부분으로 나누어지면서 구름에 전하가 쌓이게 되는데, 양전기를 띤 부분은 대류에 의해 위로, 음전기를 띤 부분은 중력에 의해 아래쪽으로 내려오게 된다. 이때 구름의 아래 부분은 큰 음전위를 갖게 되어 구름에서 땅을 향해 번개가 내리치면서 음전하의 급격한 흐름이 일어나게 된다.

a. 번개는 지구 자기장에서 어느 방향으로 휘어지는가?

b. 자기장 내에서 운동하는 대전 입자가 받는 일에 대해 설명하라.

c. 운동하는 대전 입자가 전기장과 자기장에서 각각 받는 힘이 0이 될 수 있는지 설명하라.

d. 스핀운동을 하는 전자들은 모두 작은 자석이다. 원자는 모두 스핀 운동하는 전자를 갖고 있는데 모든 원자가 자석이 아닌 이유를 설명하라.

e. 우주에서 지구를 향해 날아오는 우주선이 가장 적은 지역과 그 이유를 설명하라.

**22** 사진은 톰슨의 $e/m$ 측정 장치의 일부를 나타내고 있다. 밝은 원형의 선은 전자의 운동 궤적이다. 이 전자가 있는 곳의 자속 밀도가 $1.0\times10^{-3}$T일 때, 전자가 1초에 원을 그리는 횟수는 얼마나 될까?
($e=1.6\times10^{-19}$C, $m=9.1\times10^{-31}$kg)

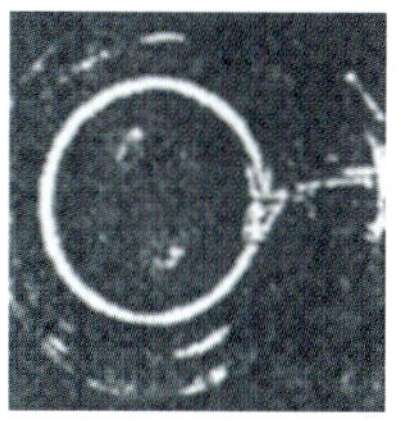

**23** 그림과 같은 반원형의 도선에 전류 $i$가 흐르고 있다. 반원형 도선의 중심 $P$에서의 자기장의 세기는 얼마인가?

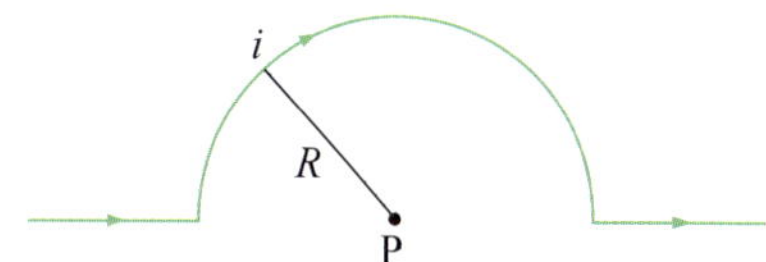

**24** 전하량 $e$, 진량 $m$인 전자를 균일한 자기장 $B$와 $\theta$의 각을 이루면서 속도 $v$로 입사시켰더니 전자는 나선 운동을 하였다. 전자가 처음 속도 $v$와 방향이 같아지는 데 걸리는 시간은 얼마인가? (단, $0 < \theta < 90°$)

**한 걸음 더**

1. 일상생활에서 흔히 사용하는 자석의 세기는 대략 300~500Gauss이다. 만일 여러분이 코일과 못으로 전자석을 만들어 자석 정도의 자기장의 발생시키려면 전자석을 어떻게 설계해야 할까? (단, $1\text{T}=10^4\text{Gauss}$이다.)
2. 그림과 같이 평행하지 않은 두 도선 사이에 작용하는 자기력을 찾고, 작용과 반작용 법칙과 어떤 관계가 있는지 설명하시오.

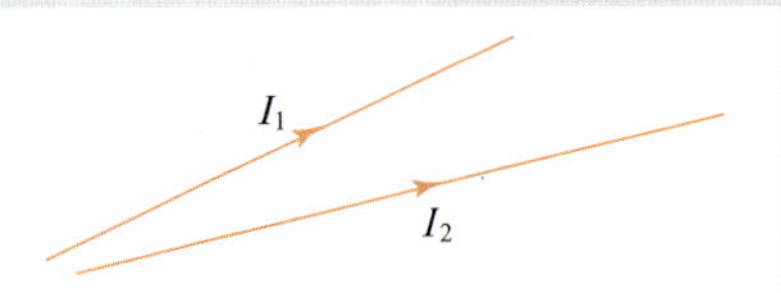


3. 균일한 자기장에서 속도 $v_0$인 전하가 자기력을 받아 원운동 하게 된다.

$v_0$

1) 전하가 받는 힘을 찾으시오.
2) 전하가 받는 힘의 반작용을 설명하시오.

# Chapter 17

# 전자기 유도

신용카드에 들어있는 여러가지 정보는 카드 뒤의 자기 테이프에 기록되어 있다. 카드가 판독기를 지나면 판독기 내의 회로 소자에 변화하는 자기장으로 인한 전류가 유도되어 정보를 알아낸다.

자기장과 전류의 상호 관계에 대한 발견은 물리학과 기술 발전에 일대 전환을 가져왔다. 이것은 엄청난 발견이며 배울 가치가 충분하다.

## 17.1 전자기 유도 현상

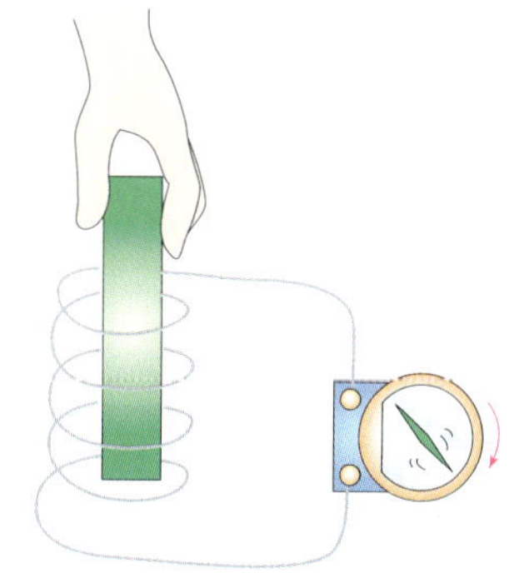

그림 17.1
자석을 코일 속에 집어 넣으면 코일 속에 전압이 유도되고 코일 속의 전하가 움직이게 된다.

패러데이와 헨리는 단지 전선 코일에 자석을 넣고 빼는 단순한 운동만 시켜도 전선 속에 전류가 만들어지는 것을 발견하였다(그림 17.1). 전지나 전원이 전혀 필요없고 오직 코일이나 전선 고리 안에서 자석이 움직이기만 하면 된다. 그들은 전선과 자기장이 상대적인 운동을 하면 전압이 유도된다는 것을 발견하였다.

전압을 만드는 것은 도체와 자기장의 상대적인 운동에 달려 있다. 자석의 자기장이 정지된 도체를 지나며 운동할 때나, 도체가 정지된 자기장을 통과하며 운동할 때나, 모두 도체에 전압이 유도된다(그림 17.2). 즉, 두 경우의 상대적인 운동이 같다면 그로 인해 나타나는 결과도 같다.

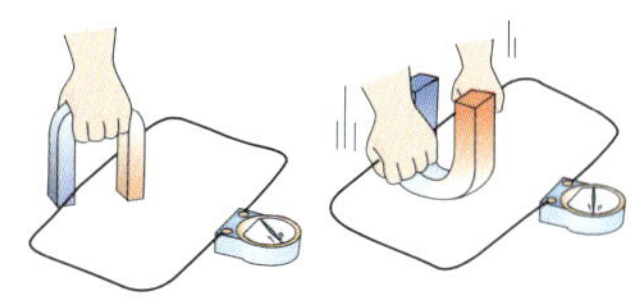

그림 17.2
자기장이 전선 근처에서 움직이거나, 전선이 자기장을 통과하면서 움직이거나, 두 경우 모두 전압이 유도된다.

유도되는 전압의 크기는 전선 속을 자기장이 얼마나 빨리 통과하는가에 따라 달라진다. 아주 천천히 움직이면 전압은 거의 만들어지지 않는다. 빨리 움직이면 큰 전압이 만들어진다.

자기장 속에 있는 코일에 감긴 전선 수가 많을수록 더 큰 전압이 유도되고 전선 속에서 흐르는 전류도 크다(그림 17.3). 두 배 많이 감긴 코일에 자석을 집어넣으면 유도되는 전압도 두 배가 되고, 열 배 많이 감긴 코일에 자석을 집어넣으면 유도되는 전압도 열 배가 된다.

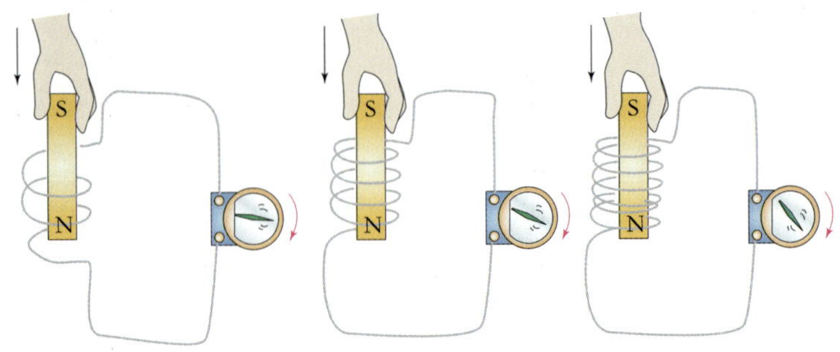


그림 17.3
자석을 두 배 많이 감긴 코일에 집어넣으면 두 배의 전압이 유도되고, 세 배 많이 감긴 코일에 집어넣으면 세 배의 전압이 유도된다.

그림 17.4
더 많이 감긴 코일에 자석을 밀어 넣기가 더 힘든데, 그 이유는 더 많은 전류가 유도되면 코일이 더 센 전자석이 되어 자석의 운동을 방해하기 때문이다.

단지 코일에 감긴 전선 수가 많아진다는 것만으로 우리가 얻게 되는 에너지도 커지게 되는가? 그렇지 않다. 에너지 보존 법칙은 역학에서만 적용되는 것이 아니라 자연 일반의 법칙이다. 이 법칙은 어디서나 성립한다. 그림 17.3과 17.4에 있는 실험에서, 우리가 자석에 주는 힘에 자석이 움직인 거리를 곱하면 우리가 해 준 일이 된다. 이 일은 코일이 연결된 회로에서 소모된 (또는 저장된) 에너지와 같은 양이다. 예를 들어 코일에 저항을 연결했을 때, 코일에 더 많은 전압이 유도된다는 것은 저항에 더 많은 전류가 흐른다는 것이고 그래서 에너지 소모도 더 크다는 것을 의미한다.

왜 더 많이 감긴 코일에 자석을 밀어 넣을 때 더 큰 힘이 필요한가? 그것은 코일의 자기 효과를 고려하면 된다. 많이 감긴 코일이 있을 때 코일에 더 많은 전류가 유도되고, 그 결과 코일은 더 센 전자석처럼 작용한다. 이렇게 되면 코일 속으로 운동하는 자석은 저항력을 받게 된다. 그래서 우리는 코일에 자석을 밀어 넣을 때 힘을 작용해야 한다. 더 많이 감긴 코일은 더 센 전자석이 되기 때문에 더 세게 외부 자석을 밀어내게 된다.[1)]

유도되는 전압의 크기는 자기장이 얼마나 빨리 변화하는가에 달려 있다. 자석이 코일 속으로 아주 느리게 움직여 들어가면 전압은 거의 발생하지 않는다. 빨리 움직이면 큰 전압이 발생한다.

---

1) 코일이 전기 회로처럼 연결되어 있지 않으면, 코일에 감긴 수가 얼마이든 자석을 코일에 밀어 넣는 데 하는 일은 0이다. 이렇게 되면 우리는 아무 것도 얻는 것이 없고 아무 일도 하지 않은 것이다. 그러면 에너지 전환도 없고 전류도 유도되지 않는다.

자석이 움직이든 코일이 움직이든 그것은 문제가 되지 않는다. 전압을 만드는 것은 코일과 자기장 사이의 상대적인 운동이다. 도체 주위의 자기장이 변하면 전압이 유도된다. 도체 주변에서 자기장을 변화시켰을 때 전압이 유도되는 현상을 전자기 유도라고 한다.

전자기 유도는 패러데이 법칙이라고 부르는 다음의 내용으로 요약될 수 있다.

>> 코일에 유도되는 전압은 감긴 전선수와 코일을 통과하는 자기장의 단위시간당 변화율에 비례한다.

전압은 위와 같은 방식으로 생기지만, 전류는 다르다. 전자기 유도에서 생산되는 전류의 양은 전압은 물론 코일의 저항과 회로에도 관계가 있다.[2] 예를 들어 고무 고리에 자석을 넣었다 뺐다 해 보고, 구리 고리에 같은 행동을 한다고 하자. 각 고리는 같은 수의 자기력선을 끊기 때문에 두 경우에 유도되는 전압은 같다. 그러나 두 경우에 흐르는 전류는 전혀 다르다. 구리에서는 많이 흐르는데 고무에서는 거의 흐르지 않는다. 고무 속에 있는 전자들은 구리 속의 전자들과 똑같은 전기장을 느끼지만 원자에 강하게 속박되어 있으므로 구리에서처럼 그렇게 자유롭게 운동하지 못하는 것이다.

---

**Example** 그림 17.4에 있는 것처럼 저항에 연결된 코일에 우리가 자석을 밀어 넣을 때, 우리는 저항력을 받게 된다. 코일에 감긴 전선수가 많을수록 우리가 받는 저항력이 더 커지는 이유는 무엇일까?

풀이 더 많이 감긴 코일에서 유도되는 전압이 더 크므로 더 많은 일이 필요한 것이다. 이것을 이런 식으로 생각해 보자. 두 자석(영구 자석이든 전자석이든)의 자기장이 겹쳐지면 두 자석은 밀치는 힘을 받거나 당기는 힘을 받는다. 두 장 중의 하나가 다른 것의 운동에 의해서 유도된다면, 그 두 장은 항상 서로 밀치는 힘만을 작용한다. 이것이 우리가 받게 되는 저항력을 만드는 것이다. 코일에 감긴 전선수가 많아서 더 많은 전류가 유도되어 자기장이 더 크게 유도되는 것이므로 운동을 방해하는 힘이 더 커지는 것이다.

---

2) 전류는 코일의 리액턴스에 의존한다. 리액턴스는 저항과 비슷한데 교류 회로에서 중요하다. 리액턴스는 코일에 감긴 전선 수와 교류 전원의 진동수와 관계가 있는 양이다.

## 17.2 도선에 생기는 유도 기전력

패러데이는 일차 코일 주위에 감은 이차 코일에서의 전류를 조사하는 과정에서 중요한 발견을 하였다. 하나의 코일은 전지에 연결되었고 다른 하나의 코일은 검류계만 연결하였다. 첫번째 코일에 센 전류를 흐르게 하였지만 이차 코일에서는 전류를 감지하지 못하였다. 그러나 패러데이는 첫 번째 코일의 스위치를 열거나 닫을 때 이차 코일에 전류가 흐른다는 것을 알아내었다. 이 때 스위치를 닫을 때 이차 코일에 흐르는 전류의 방향은 스위치를 열 때 이차 코일에 유도되는  전류의 방향과는 반대임을 알게 되었다. 그는 실험을 더 많이 하여 이차 코일에 유도되는 전류는 일차 코일의 전류 크기에 의존하지 않고 일차 코일에 흐르는 전류의 단위시간당 변화율에 비례함을 알아내었다.

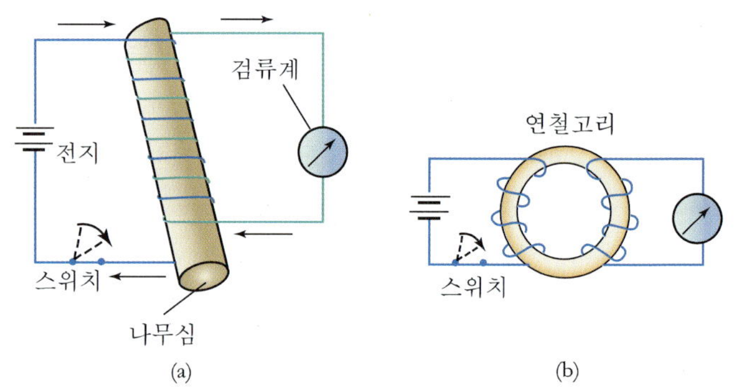


그림 17.5
패러데이 실험의 개략도 두 개의 분리된 코일 가운데 하나는 전지에 연결되어 있다. 첫 번째 코일에서 전류의 변화가 있을 때 두 번째 코일에 전류가 발생한다. (b) 효과를 높이기 위해 패러데이가 연철고리에 감은 코일

이차 코일에 흐르는 전류를 유도 전류라고 하고 이차 코일에 전류를 흐르게 하는 전압을 유도 기전력이라고 한다.

유도 전류에 의하여 생기는 자기장은 일차 코일이 만드는 자기장의 변화를 방해하는 방향으로 생긴다. 자연에는 항상 처음 상태를 유지하려는 관성이 있는 것이다.

그림 17.6과 같이 일차 코일 대신에 자석을 이차 코일 근처에서 움직일 때에도 유도 기전력은 발생한다. 이것을 이용하여 발전소를 세워 엄청난 전기 에너지를 공급하는 것이다.

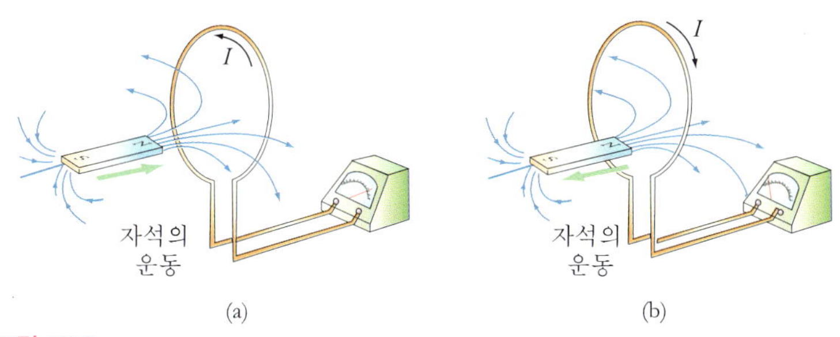


그림 17.6
(a) 코일을 향해 자석을 움직이면 코일에 전류가 발생되고, 이 전류는 검류계에 의해 감지된다. (b) 코일로부터 자석이 멀어지면 반대 방향으로 전류가 발생한다.(자극의 배치는 (a)와 (b)에서 동일하다.

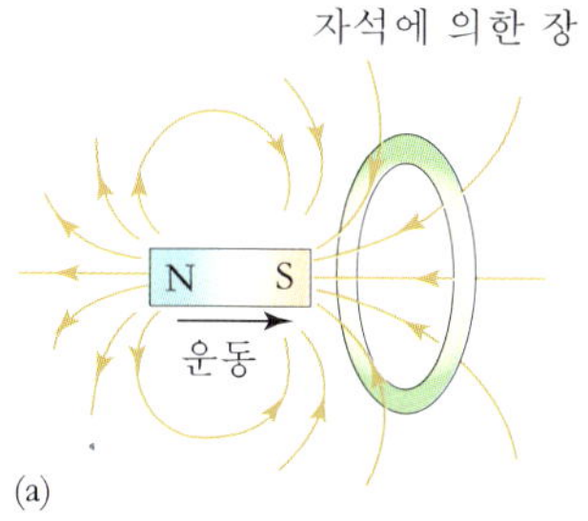


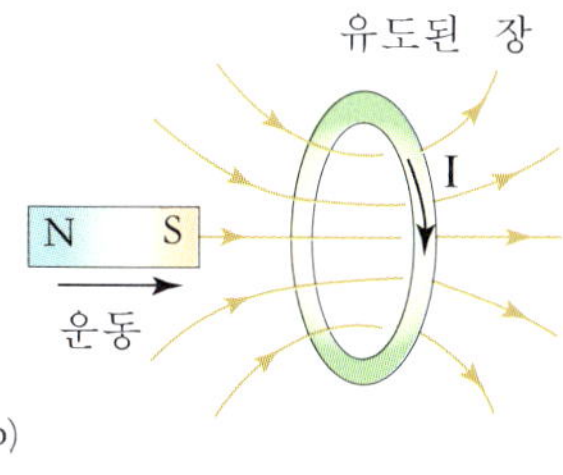


그림 17.7
(a) 코일을 향하는 자석의 운동은 코일에 전류를 유도한다. S극을 고리에 가까이 할 때 고리를 지나는 자속은 증가한다. (b) 렌츠의 법칙에 의해 유도 전류는 자기력선속의 증가를 방해하는 방향으로 흐른다.

유도 기전력을 얻는 또 한가지 방법은 그림 17.8과 같이 ㄷ자형 도선을 자기장 속에 넣고 그 위에서 막대형 도선을 움직이는 것이다. 균일한 자기장 $B$에 수직인 ㄷ자형 도선 위에서 미끄러지는 길이 $l$ 인 도체 막대의 속력이 $v$일 때 유도 기전력 $E$는 자기장 $B$의 크기에 비례하고, 미끄러지는 도체 막대의 길이 $l$에도 비례하며, 막대의 속력 $v$에도 비례한다.

$$E = Blv$$

**더 알아보기** **움직이는 도선에 생기는 유도기전력**

그림과 같이 자기장 $B$속에 놓인 길이 $l$인 도선 $cd$를 속도 $v$로 움직여서 $\Delta t$초 후 $c'd'$로 이동시켰다고 하자 $abcd$를 한번 감은 코일이라면 $dd'$의 길이는 $v\Delta t$이므로 코일을 통과한 자속은 $cdd'c'$의 넓이 $(v\Delta t \cdot l)$을 지난 것 만큼 증가한 것이 된다.

$\Delta t$초 동안 $\Delta\phi$는 $\Delta\phi = B\Delta S = Bv\Delta tl$ 만큼 증가하므로 패러데이 법칙에서 유도 기전력 $E$는 다음과 같이 된다.

$$E = -\frac{\Delta\phi}{\Delta t} = -\frac{Blv \cdot \Delta t}{\Delta t} = -Blv$$

여기서 (−)는 $E$의 방향이 자속의 변화를 방해하는 방향으로 생긴다는 것을 의미한다.

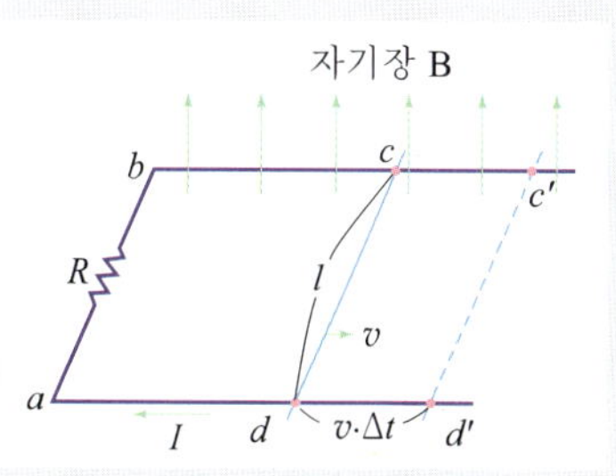


(운동하는 도선의 유도 기전력)

또한, 회로의 저항을 $R$이라 하면 시계방향으로 흐르는 유도전류 $I$는 $I = \frac{E}{R} = \frac{Blv}{R}$가 된다.

이때 도선에 흐르는 전류 $I$ 때문에 도선은 $F = BIl$의 힘을 $v$와 반대 방향으로 받는다. 따라서 이 도선을 계속 운동시키려면 $BIl$의 힘을 오른쪽으로 계속 가해주어야 한다.

# 17.3 자체 유도와 상호 유도

## 1) 자체 유도

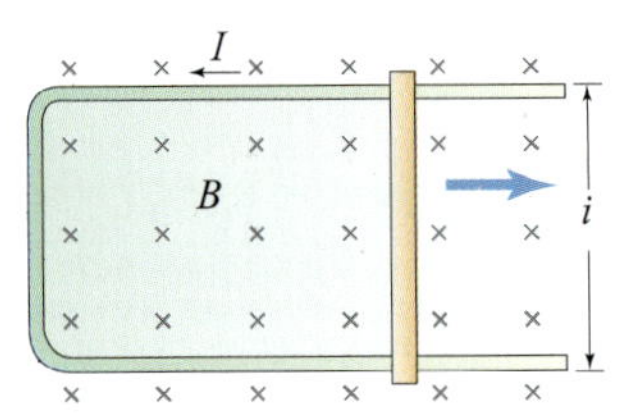


그림 17.8
자기장 $B$에 수직인 U자형 도체를 따라 미끄러지는 도체 막대, 도체 고리의 면적이 바뀌어 기전력(전압)이 유도된다. ×표는 고리의 면 속으로 향하는 자기장을 나타낸다.

전기 회로에 있는 코일로 전류가 흐르면 코일 속에는 자기장이 생긴다. 만약 코일에 흐르는 전류가 변한다면 코일에는 전류의 변화를 방해하는 코일 자체의 유도 기전력이 생긴다. 물론 전류가 변하지 않으면 코일은 단순한 도선이며 저항값은 0이다. 그러나 직류 전원 장치의 스위치를 열거나 닫을 때와 같은 갑작스런 전류의 변화가 있으면 자체 유도 기전력을 만들어 전류의 변화를 방해한다. 교류는 전류가 계속 변하므로 코일은 전류의 흐름을 계속 방해한다. 이 때 코일의 방해는 교류의 진동 주기가 클수록 크고 코일을 많이 감은 것일수록 크다.

이 자체 유도 현상으로 코일은 저항 역할을 하여 갑자기 변하는 전류의 변화를 막아주기도 한다.

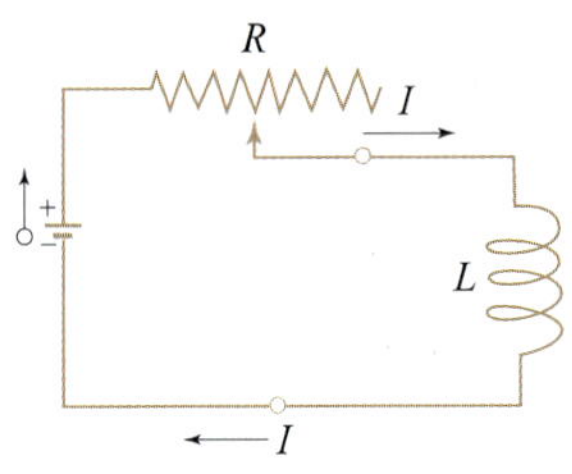


그림 17.9
만일 가변저항기의 접촉점을 바꾸어 코일에 흐르는 전류가 변하면 자체유도 기전력 $E_L$이 생긴다.

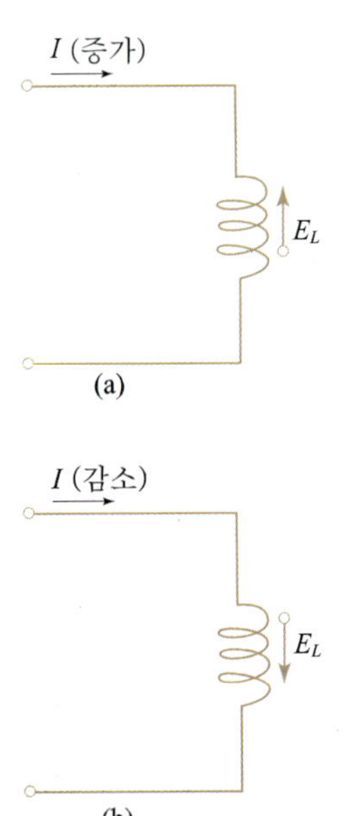


그림 17.10
(a) 전류 $I$가 증가하면 자체유도 기전력 $E_L$이 전류의 증가를 방해하는 방향으로 생긴다. (b) 전류 $I$가 감소하면 자체유도 기전력 $E_L$이 전류의 감소를 방해하는 방향으로 생긴다.

## 2) 상호 유도와 변압기

그림 17.11에서와 같이 마주보고 있는 한 쌍의 코일이 있다고 하자. 하나는 전지에 연결되어 있고 다른 하나는 검류계에 연결되어 있다. 전원에 연결된 코일을 일차 코일(입력 코일)이라고 하고 다른 쪽을 이차 코일(출력 코일)이라고 한다. 일차 코일의 스위치를 닫아서 전류가 흐르면, 두 코일 사이에 연결하는 도선이 없는데도 이차 코일에 전류가 흐르게 된다. 그러나 이차 코일에 흐르는 전류는 일시적으로 나타날 뿐이다. 잠시 후 일차 스위치를 열면 다시 이차 코일에 일시적으로 전류가 다시 흐르는데 방향은 반대이다.

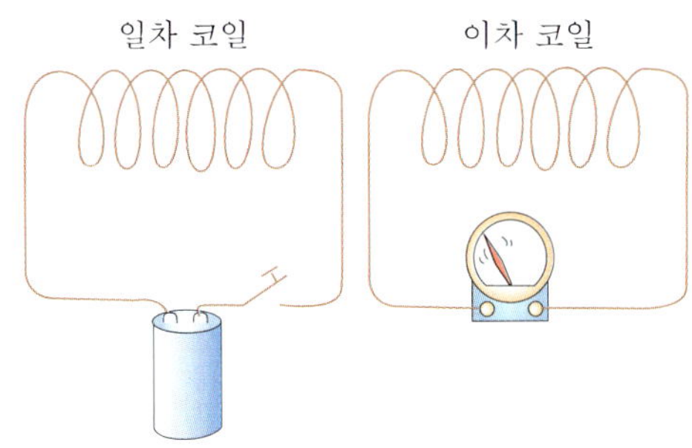


그림 17.11
일차 코일의 스위치를 열거나 닫을 때, 이차 코일에 전압이 유도된다.

이것은 일차 코일에서 만들어진 자기장이 이차 코일까지 미치기 때문이다. 일차 코일의 자기장이 변하면 그것을 이차 코일이 감지한다. 패러데이 법칙에 의해 이차 코일의 자기장의 변화는 이차 코일에 전압을 만든다.

그림 17.13처럼 배열해 놓고 일차 코일과 이차 코일 안에 철심을 넣으면 철심의 자기 구역이 정렬하기 때문에 일차 코일 안의 자기장의 세기가 강해진다. 자기장이 철심에 집중되어 이차 코일까지 미치고 이차 코일은 더 큰 자기장의 변화를 겪는다. 이렇게 해 놓고 일차 코일의 스위치를 열거나 닫으면 검류계에는 더 큰 전류가 흐른다.

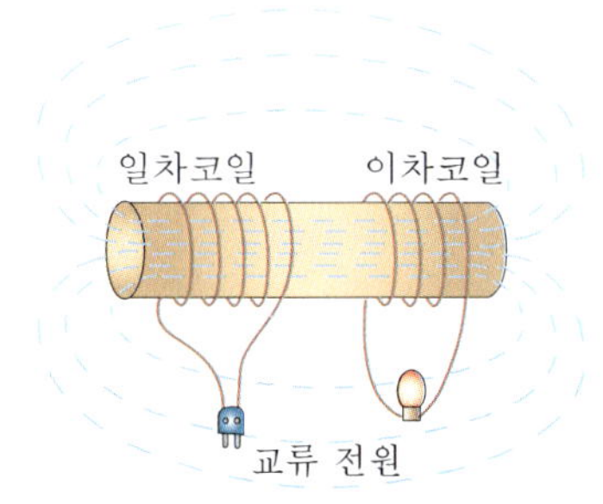


그림 17.12
간단한 변압기 배열

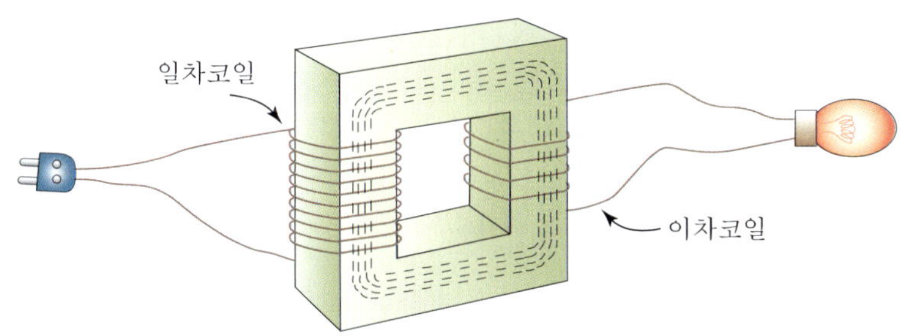


그림 17.13
철심은 변화하는 자기력선을 유도하게 되는데, 이것이 더 효율적인 변압기이다.

자기장을 만들기 위해 스위치를 여닫는 대신, 일차 코일의 전원으로 교류를 사용한다고 가정하자. 그러면 일차 코일(그리고 이차 코일)에서 자기장이 변하는 비율은 교류의 진동수와 같다. 이것이 변압기이다(그림 17.12).

보다 효율적인 장치가 그림 17.13에 나와 있다. 여기서는 철심이 완전한 고리로 되어 있어서 이차 코일까지 자기력선이 그대로 전달된다. 일차 코일 안에 있는 자기력선들은 모두 이차 코일을 통과하게 된다.

**Example** 그림 17.11에서 일차 코일의 스위치를 열거나 닫을 때 이차 코일의 검류계에는 전류가 나타난다. 그러나 스위치를 닫고 있는 동안에는 전류가 나타나지 않는다. 그 이유는?

풀이 스위치가 닫힌 상태로 계속 있으면, 일차 코일에는 일정한 전류가 흐르므로 코일 주위의 자기장도 일정하다. 이러한 일정한 자기장이 이차 코일 속을 통과한다. 그러나 자기장이 변하지 않는다면 전자기 유도는 일어나지 않는다.

변압기로 전압을 높일 수도 있고 낮출 수도 있다. 어떻게 그렇게 되는지를 보기 위해 그림 17.14를 보자. 일차 코일에는 1V 교류 전원에 연결된 한 가닥의 고리가 있고, 이차 코일도 한 가닥의 고리로 된 경우를 생각해 보자. 이때는 이차 코일에 1V가 유도된다.

철심에 또 다른 고리를 감으면 변압기는 두 번째 이차 코일을 가진 셈이 되며 (b), 여기에도 같은 자기장 변화가 생긴다. 그래서 1V가 유도된다. 이차 코일을 떨어뜨려 놓지 않고 연결시켜 놓을 수도 있는데 (c), 그러면 1V+1V=2V가 유도된다. 이것은 일차 코일보다 두 배 많이 감긴 이차 코일에는 2V가 유도된다는 것을 의미한다. 그래서 일차 코일에 비해 두 배 많이 감으면 그만큼 유도되는 전압도 크다.

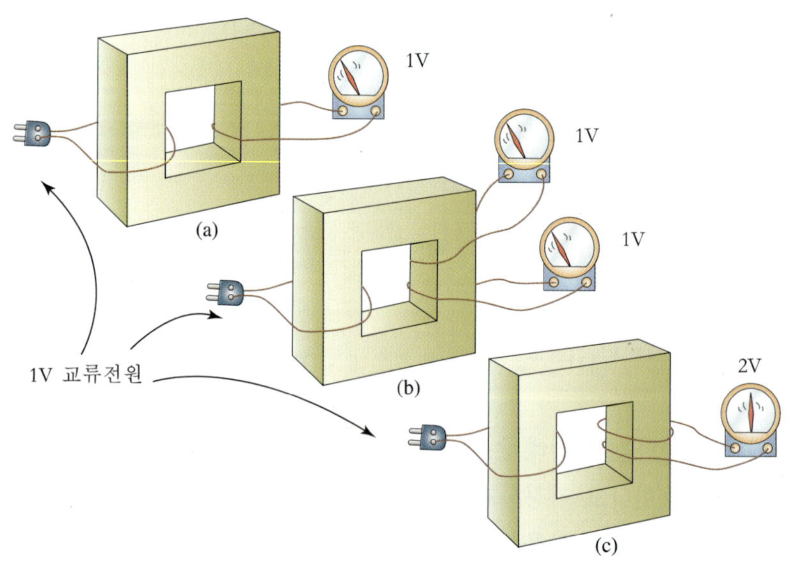


그림 17.14

(a) 이차 코일에 유도되는 1V는 일차 코일의 전압과 같은 값이다.

(b) 추가된 이차 코일에도 1V가 유도되는데 그 이유는 일차 코일에서 일어나는 자기장 변화가 똑같이 전달되기 때문이다.

(c) 이차 코일에서 한 번 감은 경우보다 두 번 감은 경우, 2배만큼 큰 전압이 만들어진다.

이차 코일을 일차 코일에 비해 세 배 감으면 세 배의 전압이 유도된다. 이차 코일을 백 배 감으면 백 배의 전압이 유도된다. 일차 코일에 비해 이차 코일의 감은 수를 더 많게 하면 승압 변압기가 된다. 승압 전압으로 네온 사인의 불을 밝히거나 텔레비전 수상기 화면을 조절한다.

이차 코일이 일차 코일보다 더 적게 감겼으면 이차 코일에서 생산되는 교류 전압은 일차 코일에 비해 작다. 이것을 강압이라고 한다. 이차 코일이 일차 코일에 비해 반만큼 감겨 있으면 전압도 반만큼 유도된다. 강압된 전압은 장난감 기차를 안전하게 조작하는 데 쓰인다.

일차 코일과 이차 코일의 감은 수의 상대적인 비율에 따라, 주어진 교류 전압에서 전기 에너지가 일차 코일에 들어갔다가 이차 코일로 나오면서 전압이 커지거나 작아진다.

일차 전압과 이차 전압의 관계는 감은 수의 상대적인 비율에 따라 달라진다.

$$\frac{\text{일차 전압}}{\text{일차 코일의 감은 수}} = \frac{\text{이차 전압}}{\text{이차 코일의 감은 수}}$$

전압을 승압시키는 변압기에서는 공짜로 뭔가를 얻은 것 같다는 생각을 하는 사람도 있을 것이다. 그러나 그렇지 않은 이유는, 이 경우에도 에너지는 보존되기 때문이다. 변압기는 실제로 에너지를 한 코일에서 다른 코일로 전달한다. 에너지가 전달되는 비율을 전력이라고 한다. 이차 코일에서 사용되는 전력 만큼 일차 코일에서 전력이 공급된다. 에너지가 보존되므로 이차 코일에서 사용하는 전력만큼만 일차 코일에서 공급하는 것이다. 철심에서 발생하는 약간의 열 손실을 무시한다고 하면 다음과 같은 식이 성립한다.

일차 코일로 들어간 전력 = 이차 코일로 나가는 전력

전력은 전압 곱하기 전류이므로,

$$(\text{전압} \times \text{전류})_{\text{일차코일}} = (\text{전압} \times \text{전류})_{\text{이차코일}}$$ 이다.

이차 코일의 전압이 일차 코일에서보다 더 크다면, 이차 코일의 전류는 더 작게 된다. 그 역도 성립한다. 이차 코일의 전압이 일차 코일에서보다 더 작다면, 이차 코일의 전류는 더 크게 된다. 변압기를 이용하면 전압을 올리거나 내리는 일이 쉽기 때문에 대부분의 전력 공급은 직류보다 교류로 이루어진다.

**전력 수송에서 변압기의 이용**
전압을 변화시키기가 쉽기 때문에 오늘날 거의 모든 전기 에너지는 교류 형태로 공급된다. 전력은 매우 먼 거리까지 고전압이면서 낮은 전류로 수송되는데, 그렇지 않으면 전선에서 발생하는 열 때문에 에너지 손실이 크기 때문이다. 전력은 발전소에서 도시까지 약 120,000V로 수송되며, 마지막으로 강압되어 가정으로 들어갈 때는 220V가 된다.
에너지는 전자기 유도에 의해 한 전선 계에서 다른 전선 계로 전달된다. 이와 같은 원리로 전선이 없이도 에너지를 라디오 송신기에서 수 km 떨어진 라디오 수신기로 전달하는 현상을 설명할 수 있으며, 태양에서 진동하는 전자의 에너지가 지구까지 전달되는 것을 설명할 수 있다. 전자기 유도 효과는 아주 멀리까지 미친다.

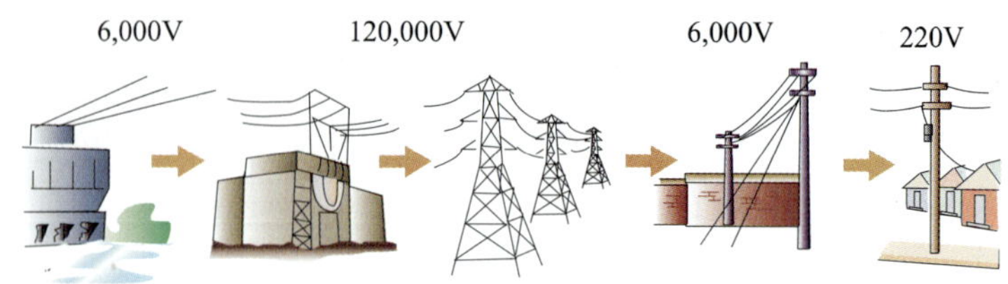


그림 17.15
전력 수송

다음 질문은 일차 코일은 100회 감고 이차 코일은 200회 감은 변압기에 관한 문제이다.

**Example 1** 100V 전압이 일차 코일에 걸리면, 이차 코일에는 몇 V걸리는가?

풀이 (100 V)/(100번) = (?V)/(200번) 에서 ? = 200 V이다.

**Example 2** 이차 코일을 저항이 50Ω 인 투영기에 연결시켰다. 앞 질문의 답을 200V라고 가정하면, 이차 코일의 회로에 흐르는 전류는 얼마인가?

풀이 옴의 법칙에서 (200 V)/(50 Ω) = 4A

**Example 3** 이차 코일에서 전력은 얼마인가?

풀이 전력 = (200 V) × (4 A) = 800 W

**Example 4** 일차 코일에서 전력은 얼마인가?

풀이 에너지 보존 법칙에 의해 일차 코일의 전력은 800 W로 같다.

**Example 5** 일차 코일에 흐르는 전류는 얼마인가?

풀이 전력 = 800W = (100V) × (?A)에서 ? = 8A이다. (이차 코일에서는 일차 코일보다 전압은 올라가고 전류는 내려갔다.)

**Example 6** 전압은 승압되었고, 전류는 줄어들었다. 옴의 법칙에 의하면, 전압이 증가하면 전류도 증가한다. 변압기에서는 옴의 법칙이 성립하지 않는가?

풀이 옴의 법칙은 여전히 성립한다. 옴의 법칙에 따라 이차 코일에 걸린 전압을 이차 회로의 저항으로 나누면 이차 회로에 흐르는 전류가 된다. 일차 회로에 흐르는 전류에 비해 이차 회로에 흐르는 전류는 작다.

# 17.4 교류의 발생

## 1) 발전기와 교류

자석의 한 끝을 코일 안으로 넣었다 뺄 때 유도되는 전압의 방향이 바뀐다. 코일 내부의 자기장 세기가 증가할 때(자석이 안으로 들어가고 있을 때) 코일 속에 유도되는 전압의 방향과 자기장의 세기가 감소할 때(자석이 밖으로 빠져나가고 있을 때) 유도되는 전압의 방향은 반대이다. 자기장 변화의 진동수가 클수록 유도되는 전압도 크다. 유도되는 교류 전압의 진동수는 코일 안의 자기장 변화의 진동수와 같다.

자석을 움직이는 것보다는 코일을 움직이는 것이 더 실용적이다. 정지된 자기장 안에서 코일을 회전시키기만 하면 된다(그림 17.16). 이런 역할을 하는 것을 발전기라고 한다. 이것은 전동기와 반대인데, 전동기는 전기 에너지를 역학적 에너지로 바꾸는 반면에, 발전기는 역학적 에너지를 전기 에너지로 바꾼다.

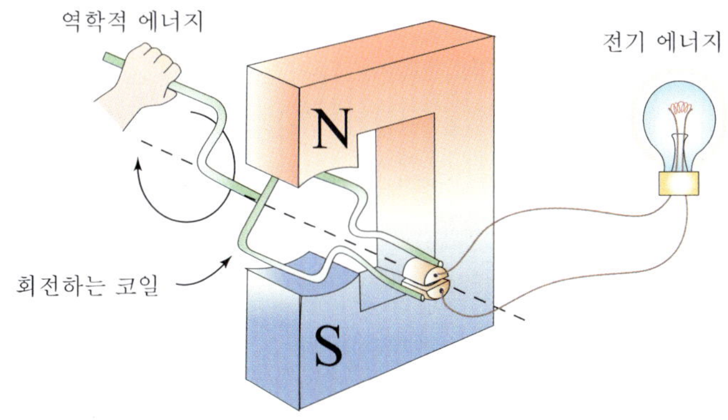


그림 17.16
간단한 발전기. 자기장 속에서 코일을 회전시키면 전압이 유도된다.

고리 모양의 전선이 자기장 안에서 회전하면, 그림 17.17처럼 고리 안의 자기력선의 수가 변하게 된다. (a)에서 고리 안에 가장 많은 자기력선이 통과한다. 고리가 회전하면 (b)처럼 고리 안을 통과하는 자기력선의 수가 작아진다. (c)에서는 하나도 없다. 회전이 계속되면서 (d)처럼 다시 자기력선의 수가 증가하다가 반 바퀴 돌고나서는 (e)에서 다시 최대가 된다. 회전함에 따라 고리 안을 통과하는 자기력선의 수는 일정한 주기로 변하게 된다.

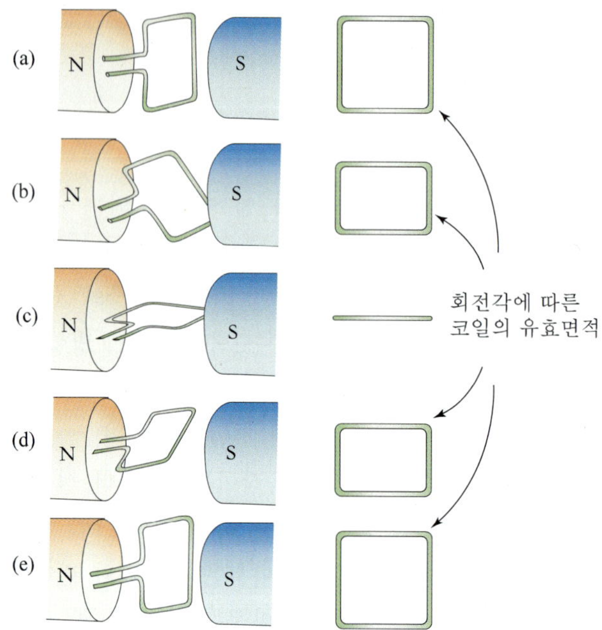


그림 17.17
고리가 회전함에 따라 고리를 통과하는 자기력선의 수가 변한다. (a)에서 최대가 되고 (c)에서 최소가 되었다가 (e)에서 다시 최대가 된다.

발전기에 의해 유도된 전압의 방향이 주기적으로 바뀌므로 생산되는 전류는 교류이다. 교류는 크기와 방향이 주기적으로 변한다(그림 17.18). 한국과 미국의 표준 전류는 1초에 60번 방향이 변하는 60Hz의 진동수를 갖는 교류이다.

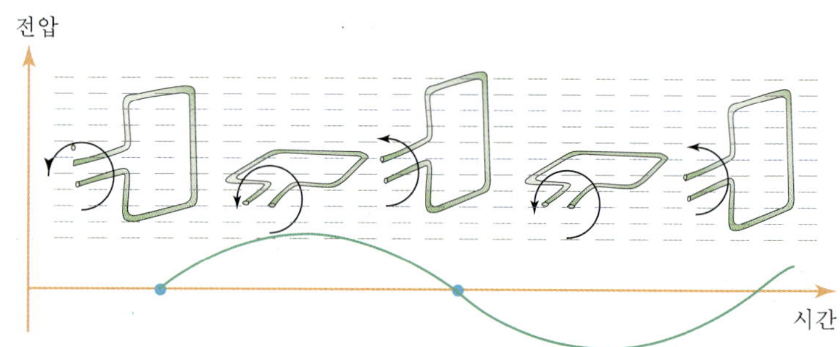


그림 17.18
고리가 회전함에 따라 유도되는 전압의 크기와 방향이 바뀐다. 고리가 완전히 한 바퀴 돌면 전압(그리고 전류)도 완전히 일주한다.

발전소에서 사용하는 발전기는 여기서 논의한 모형보다는 훨씬 더 복잡하다. 수많은 전선을 감은 거대한 코일 안에 철심이 있는데, 그것은 전동기의 전기자와 흡사한 것이다. 그 전기자는 강력한 전자석이 만드는 매우 강한 자기장 속에서 회전한다. 전기자는 터빈이라고 하는 회전 날개의 부품과 연결되어 있다. 바람이나 떨어지는 물을 이용하여 터빈을 돌릴 수도 있지만, 상업용 발전기는 증기를 이용한다. 보통 화석 연료나 핵 연료를 증기의 에너지원으로 사용한다.

발전기를 작동시키는 데 어떤 종류의 에너지원이 필요한지를 강조해 두는 것은 중요하다. 보통 연료가 되는 에너지원으로부터 일정 비율의 에너지가 터빈을 돌리는 역학적 에너지로 전환되고 발전기는 이 에너지의 대부분을 전기 에너지로 바꾼다. 생산된 전기는 이 에너지를 멀리까지 수송한다. 어떤 사람들은 전기가 에너지원이라고 생각한다. 그러나 전기는 또 다른 에너지원이 있어야만 하는 에너지의 한 형태이다.[3)]

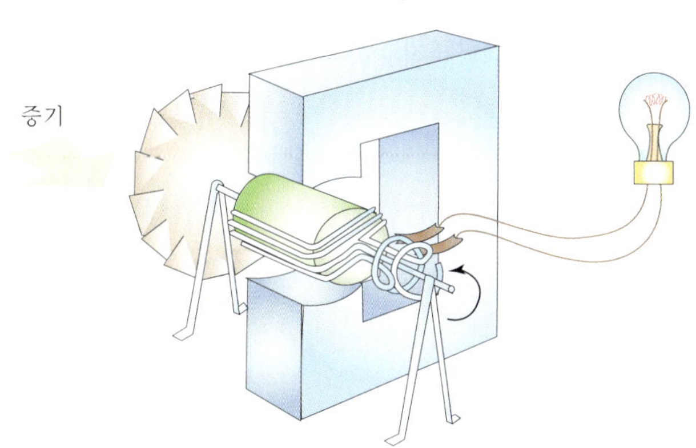


그림 17.19
증기로 터빈을 돌리는데, 터빈은 발전기의 전기자에 연결되어 있다

## 2) 전동기와 발전기의 비교

단원 16에서 어떻게 전류가 자기장에 의해 편향되는지를 논의하였으며 주로 전동기의 작동에 역점을 두었다. 이 발견은 패러데이와 헨리가 전자기 유도(이것은 발전기의 작동 원리)를 발견하기 10년 전에 이루어졌다. 그러나 이 두 개의 발견은 하나의 똑같은 사실로부터 나온 것이다. 즉 전하가 자기장에서 운동할 때는 자기장의 방향과 전하의 운동 방향에 수직인 방향으로 힘을 받는다는 것이다. 그림 17.20을 보자. 전선이 편향되는 현상을 전동기 효과라고 하고 전자기 유도를 발전기 효

3) 역학적 에너지는 100% 전기 에너지로 바꿀 수 있지만, 열역학 법칙 때문에 열을 역학적 에너지나 전기 에너지로 바꿀 때는 훨씬 더 비효율적이다. 전형적인 열 발전소에서 연료 에너지의 35~40%가 전기 에너지로 바뀐다.

과라고 한다. 이 효과들은 그림에 요약되어 있다. 두 효과가 어떤 연관이 있는지 알 수 있는가?

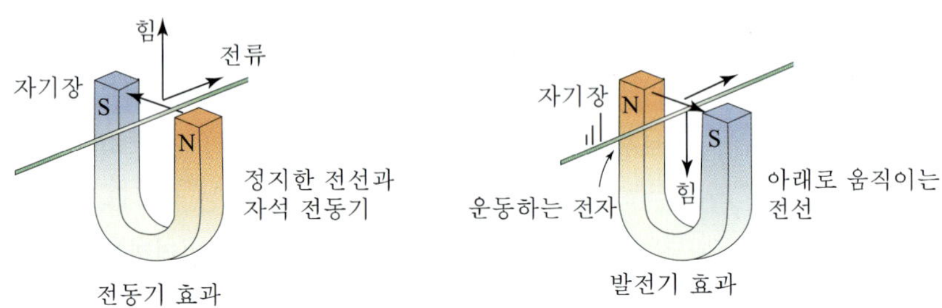


그림 17.20
(왼쪽) 전동기 효과. 전류가 오른쪽으로 흐르면 전자에 위쪽으로 향하는 힘이 작용한다. 전자들이 위로 흐를 수 없으므로 전선은 전자를 따라 위로 당겨진다.
(오른쪽) 발전기 효과. 처음에 전류가 흐르지 않는 전선이 아래쪽으로 움직이면, 전선 속에 있는 전자들이 전자들의 운동 방향과 수직을 이루는 방향으로 편향력을 받는다. 이 방향으로 전자가 흐를 수 있는 경로가 있으므로 전자들이 이 경로를 따라 흐르게 된다. 이것이 유도 전류이다(전류 방향은 관습적으로 양전하가 운동하는 방향이다).

**더 알아보기** **교류회로**

① 저항 $R$만 있는 교류회로

저항 $R$만 있는 교류회로에 저항 $R$에 $V = V_0 \sin\omega t$인 교류 전압을 가하면, 흐르는 전류는 $I$는

$$I = \frac{V}{R} = \frac{V_0 \sin\omega t}{R} = I_0 \sin\omega t$$

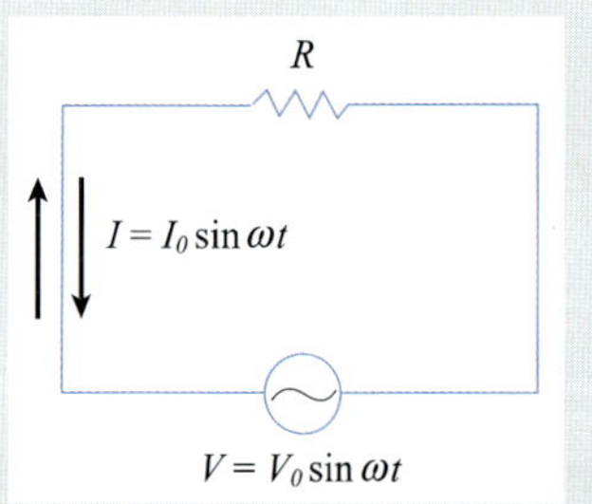


그림 17.21
저항만 있는 교류 회로

② 코일만 있는 회로

코일을 직류 회로에 연결하면 저항이 0이므로 매우 큰 전류가 흐르게 되어 위험하다. 그러나 교류 회로에 연결하면 주파수에 따라 저항의 크기가 달라지고 일정한 전류가 흐른다. 주파수가 클수록 자기장의 변화가 심하게 되어 저항이 증가한다.

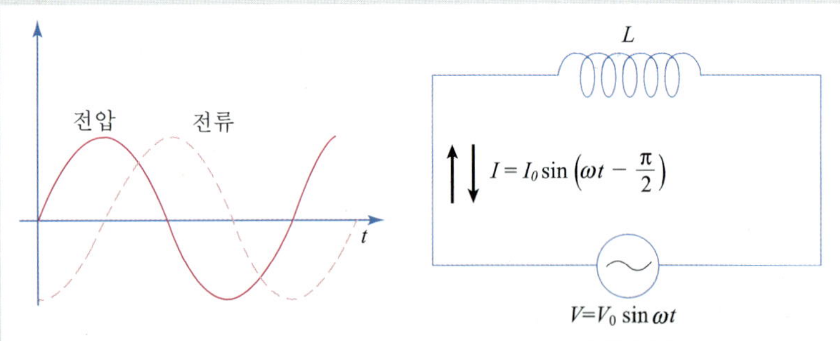


그림 17.22
코일만 있는 교류 회로

코일의 저항을 유도 리액턴스라고 하며 크기는 $\omega L = 2\pi f L$이다.
여기서 $f$는 주파수, $L$은 자체유도계수이다.

③ 축전기만 있는 회로

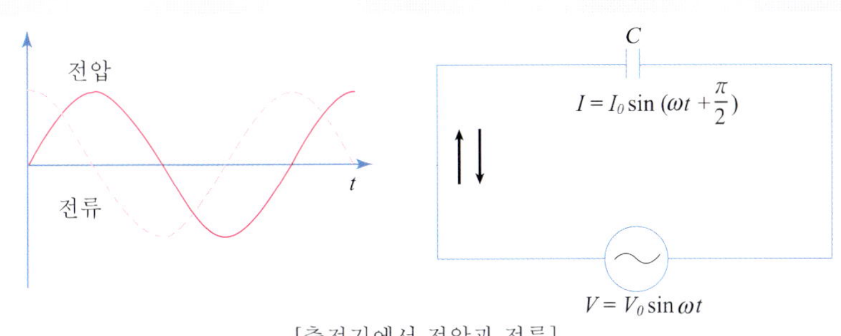


[축전기에서 전압과 전류]

그림 17.23
축전기만 있는 교류 회로

축전기가 있는 회로에 직류를 연결하면 충전되는 동안 잠시 흐르고, 충전이 완료되면 전류는 흐르지 않는다. 그러나 교류전원에 축전기를 연결하면 전압의 방향이 주기적으로 바뀌므로, 충전, 방전이 교대로 일어나면서 회로에는 계속 전류가 흐른다. 이때 축전기의 저항은 주파수가 클수록 작아진다. 축전기의 저항을 용량 리액턴스라고 하며 그 크기는 $\frac{1}{\omega C} = \frac{1}{2\pi f C}$이다.

# 17.5 전자기파

## 1) 전기장과 자기장 유도

지금까지 전압과 전류 생산 과정에서의 전자기 유도에 대하여 논의했다. 실제로 전자기 유도 현상에 대한 근본적인 논의는 전기장을 유도하는 관점에서 접근한다. 이 전기장이 전압과 전류를 만든다. 전자기 유도는 전선이나 어떤 물질 즉 매질이 없어도 발생한다. 보다 일반적인 방식으로 패러데이 법칙을 서술하면 다음과 같다.

>> 자기장이 시간에 따라 변하는 공간에서는 전기장이 생긴다. 이때 생기는 전기장의 크기는 자기장의 단위시간당 변화율에 비례한다. 전기장의 방향은 변화하는 자기장에 대해 수직이다.

전기장이 만들어지는 곳에 전하가 있다면 그 전하는 힘을 받을 것이다. 전선 속에 있는 전하에 대해, 이 힘이 작용하여 전류를 만들거나 그 전선을 밀어낸다. 진공 중에 있는 전하에 대해 이 힘은 전하를 가속시켜 고속으로 운동하게 한다.

여기에는 패러데이 법칙과 대응되는 두 번째 효과가 있다. 이것은 전기장과 자기장이 상호 작용한다는 점만 빼 놓고는 패러데이 법칙과 비슷한 법칙이다. 이 한 쌍의 법칙에 의해 밝혀진 전기장과 자기장 사이의 대칭성은 자연의 수많은 아름다운 대칭성 중의 하나이다. 패러데이 법칙과 한 짝이 되는 법칙이 1860년에 영국의 물리학자 맥스웰에 의해 발견되었다.

>> 자기장은 전기장이 시간에 따라 변하는 공간에서 만들어진다. 만들어지는 자기장의 크기는 전기장의 단위 시간당 변화율에 비례한다. 만들어지는 자기장의 방향은 변화하는 전기장에 수직이다.

이 진술은 물리에서 가장 중요한 명제들이다. 이것들은 전자기파를 이해하는 기초가 된다.

## 2) 전기진동

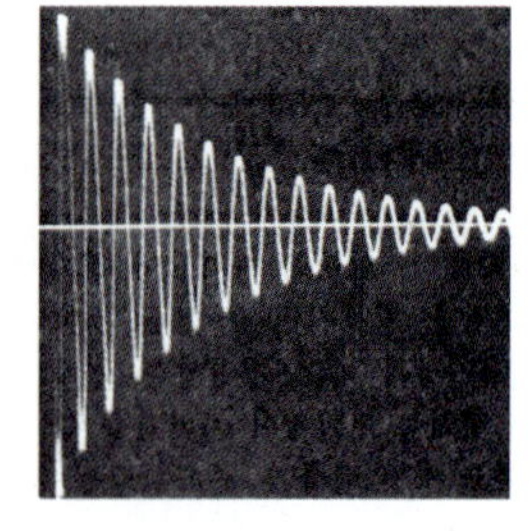

그림 17.24
저항이 있는 회로의 전기 진동 현상

그림 17.25와 같은 *RC*회로에서 스위치를 열면 전하가 이동하여 전기 에너지가 열에너지로 전환되면서 전류는 점점 약해져 0이 된다.

그러나 코일이 연결된 그림 17.26과 LC 회로에서 스위치를 열면 코일에 의한 역기전력 때문에 전류는 서서히 증가한다. 충전된 전하가 모두 방전된 후에도 코일에 의한 자체유도 기전력 때문에 반대 방향으로 전류가 흘러 역으로 충전된다. 이와 같이 LC 회로에서 충전과 방전이 반복되면서 전류가 흐르는 것을 전기진동이라 하고 이때 흐르는 전류를 진동 전류라고 한다.

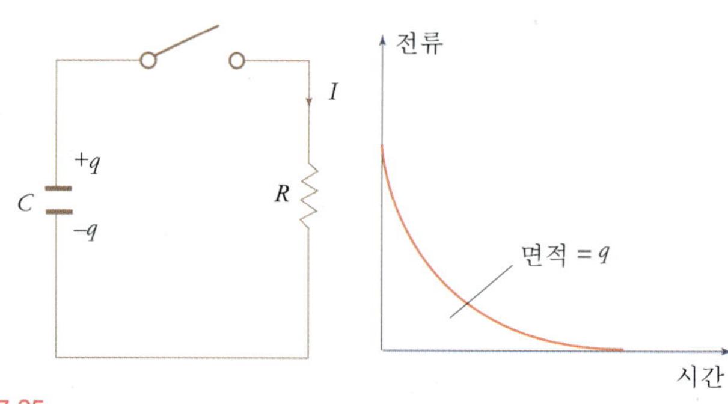


그림 17.25
*RC* 회로

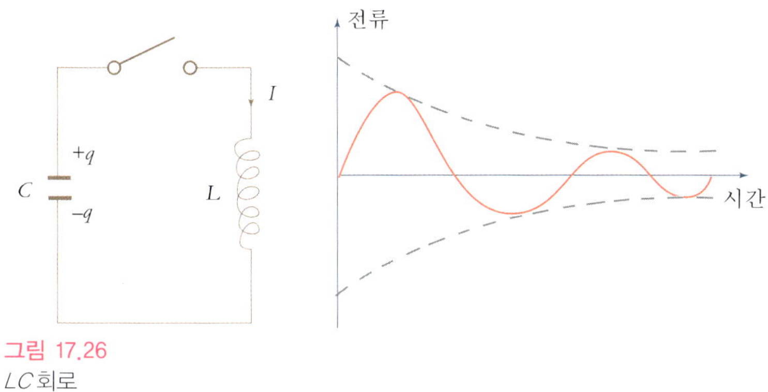

그림 17.26
$LC$ 회로

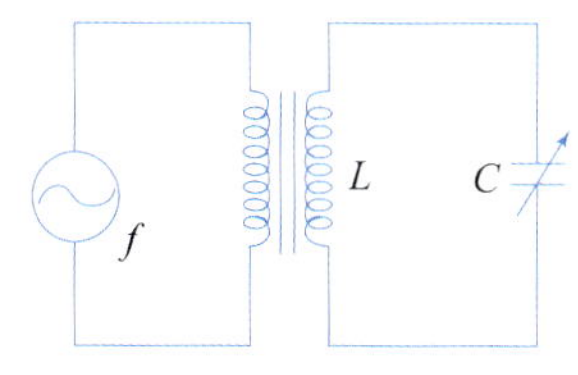

그림 17.27
공진주파수 찾기

이론적으로 코일에 의한 열손실이 없다면 진동전류는 계속 진동하겠지만 실제로는 저항이 있으므로 그림 17.24와 같이 진폭이 조금씩 감소하여 전류가 흐르지 않게 된다.

### 더 알아보기 공진 주파수

코일과 축전기가 연결된 회로에 교류를 흐르게 하면 다음의 조건에서 저항(임피던스)이 최소가 되고 최대의 전류가 흐르게 된다.

$$2\pi f L - \frac{1}{2\pi f C} = 0$$

따라서 코일과 축전기의 크기를 적절히 변화시키면 특정한 주파수의 교류나 전파를 선택할 수 있다.

이 때의 공진 주파수 $f$는 $f = \dfrac{1}{2\pi\sqrt{LC}}$이며 특정한 방송국의 주파수를 찾을 때에도 이 방법을 사용한다.

**Example** 자체 유도 계수가 0.4$\mu$H인 코일과 전기용량이 0.05$\mu$C인 축전기를 직렬로 연결한 교류회로에서 최대 전류를 흐르게 하는 주파수를 구하라.

풀이 $f = \dfrac{1}{2\pi\sqrt{LC}} = \dfrac{1}{2\pi\sqrt{0.4\times10^{-6}\times0.05\times10^{-6}}}$

$\fallingdotseq 10^6\,\text{Hz}$

### 3) 전자기파

그림 17.28
대전된 물체를 앞뒤로 흔들면 전자기파를 만들 수 있다.

막대를 고요한 물 속에 담갔다 뺐다 하면 수면파가 만들어진다. 비슷하게 대전된 막대를 허공에서 앞 뒤로 흔들어 주면 공간에 전자기파가 만들어진다. 이것이 흔들리는 전하를 전류로 생각할 수 있는 이유이다. 전류를 둘러싼 것은 무엇인가? 그 답은 자기장이다. 변화하는 전류를 둘러싼 것은 무엇인가? 그것은 변화하는 자기장이다. 변화하는 자기장에 대해 우리가 아는 것은 무엇인가? 그것은 패러데이 법칙에 따라 변화하는 전기장을 만든다는 것이다. 변화하는 전기장에 대해 우리가 아는 것은 무엇인가? 패러데이 법칙과 한 짝이 되는 맥스웰의 법칙에 따라 변화하는 전기장은 변화하는 자기장을 만든다는 것이다.

전자기파는 서로를 재생산하는 진동하는 전기장과 자기장으로 이루어져 있다. 전자기파가 진행할 때는 어떤 매질도 필요하지 않다. 진동하는 장이 진동하는 전하로부터 퍼져나간다. 전자기파의 어느 곳이든 전기장은 자기장에 수직이며, 둘다 진행 방향에 수직이다(그림 17.29).

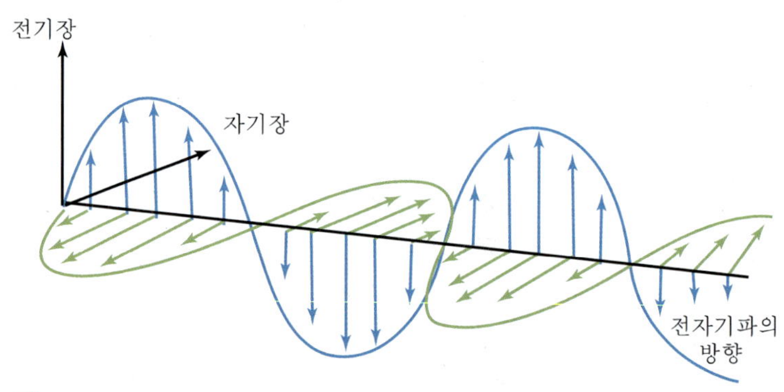


그림 17.29
전자기파의 전기장과 자기장은 서로 수직이다.

전자기파는 얼마나 빨리 움직이는가? 이것은 매우 흥미있는 문제이며 물리학사적으로도 매우 중요한 물음이다. 만일 당신이 야구공이나 자동차나 로케트, 어떤 행성이 얼마나 빨리 움직이는가를 묻는다면, 그 물음에 대한 답은 하나가 아니다. 그것은 운동이 어떻게 시작되었고 어떤 힘이 작용하는가에 따라 다르다. 그러나 전자기파에 있어서는 전자기파의 진동수, 파장, 세기가 얼마가 되었든 오직 하나의 속력 – 광속만이 존재한다.

전기장과 자기장의 진행 속력이 일정하다는 것을 알아낸 사람은 맥스웰이다. 이것을 이해하기 위해서는 두 가지 장이 파동으로서 진행할 때에는 서로 완벽한 균형을 이룬다는 것을 알아야 한다. 전자기파는 계속적으로 스스로 재보강된다. 변화하는 전기장이 자기장을 유도하고, 변화하는 자기장은 전기장을 다시 유도한다. 맥스웰 방정식에 의하면 오직 하나의 속력만이 이 조화로운 장들의 균형을 유지시킬 수 있다. 만일 전자기파가 빛의 속력보다 느리게 전파된다고 가정하면, 그 장들은 급속히 사라질 것이다. 그래서 전기장은 더 약한 자기장을 유도하게 되고 이것은 다시 훨씬 약한 전기장을 유도하게 될 것이다. 이번에는 전자기파가 빛의 속력보다 빠르게 전파된다고 가정하면, 장들은 점점 더 크기가 커져서 에너지 보존에 위배된다. 그러나 어떤 임계 속력에서는 에너지의 손실이나 증가없이 상호 유도가 무한히 계속된다.

전자기 유도 방정식을 통해 맥스웰은 이 임계 속력이 초속 30만km라는 것을 계산하였다. 이 계산을 하기 위해서 맥스웰은 단지 전기장과 자기장에 관한 실험으로 결정된 상수를 이용하였을 뿐이다. 그는 이 계산에서 빛의 속력을 사용하지 않았다. 오히려 계산을 통해 빛의 속력을 발견한 것이다!

맥스웰은 우주의 가장 위대한 불가사의 중의 하나인 빛의 본질에 대한 답을 발견하였다는 것을 금새 알아차렸다. 전하가 1초에 $4.3 \times 10^{14}$에서 $7 \times 10^{14}$번 진동하게 되면 그때 발생하는 전자기파는 눈의 망막 속에 있는 '전기 안테나'를 자극한다. 빛이란 단순히 이런 정도의 진동수를 가진 전자기파일 뿐이다! 이 진동수의 낮은 쪽 부분은 빨강으로 나타나고, 높은 쪽은 보라로 나타난다. 맥스웰은 어떤 진동수의 전자기파도 빛의 속력으로 진행한다는 사실을 깨달았다.

맥스웰의 발견이 이루어진 그날 저녁에 그는 훗날에 그와 결혼한 한 여인과 함께 데이트를 하고 있었다. 정원을 거닐면서 별들의 신비와 아름다움에 대해 논하고 있었다. 맥스웰은 그녀에게 이 세상에서 별빛의 정체가 진정 무엇인지를 알고 있는 유일한 사람과 걷고 있는 심정이 어떠냐고 물었다. 그 말은 사실이었다. 그 당시에 맥스웰은 어떤 종류의 빛이든 서로 연속적으로 재창조되는 전기장과 자기장의 파동으로 수송되는 에너지라는 것을 아는 유일한 사람이었다.

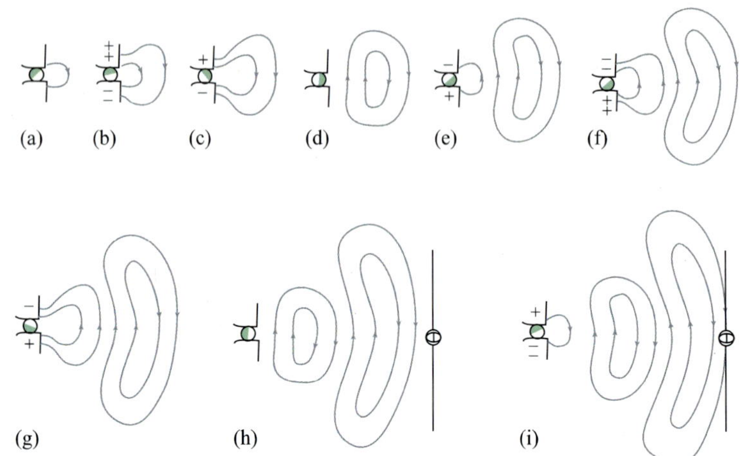


그림 17.30
송신 안테나에 의한 전자기파 방출과 수신 안테나에 의한 수신. 회전 장치가 안테나의 윗부분과 아랫부분을 양이나 음으로 대전시킨다.
(a)에서 (i)까지 연속적인 장면을 보면 안테나에서 전하가 위 아래로 가속 운동을 하면서 전자기파를 방출하는 것을 볼 수 있다. 샘플로 몇 개의 전기력선을 그렸는데, 자기력선은 전기력선에 수직으로 종이 안이나 밖으로 연장된다. (h)와 (i)에서 파동이 수신 안테나에 입사하면, 그 속에 있는 전하가 장의 변화에 따라 진동하게 된다.

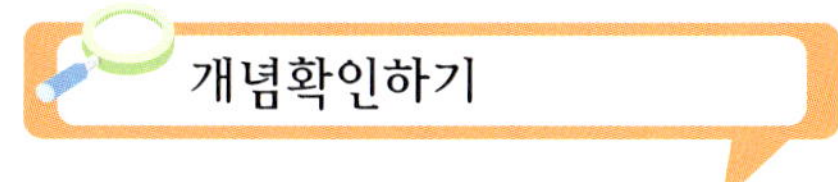


1 패러데이와 헨리는 무엇을 발견하였는가?

2 어떻게 자석으로 전선에서 전압을 유도할 수 있는가?

3 고리를 더 많이 감은 고리에 저항을 연결하고 그곳에 자석을 넣을 때 더 힘이 드는 이유는 무엇일까?

4 전자기 유도에서는 전압과 마찬가지로 전류도 유도된다. 패러데이 법칙은 왜 유도 전류라는 말보다 유도 전압이라는 말로 서술하는가?

5 변화하는 자기장의 진동수는 그에 의해 유도되는 교류 전압의 진동수와 같은가?

6 발전기란 무엇이고, 전동기와 어떻게 다른가?

7 발전기의 회전하는 코일에서 유도되는 전압은 왜 교류인가?

8 발전기의 코일은 전압과 전류를 유도하기 위해 회전시켜야만 한다. 어떻게 회전시키는가?

9 전동기는 세 가지 요소로 나눌 수 있다: 자기장, 움직이는 전하, 그리고 자기력. 그렇다면 발전기의 세 가지 요소는 무엇인가?

10 일차 코일의 전압 변화는 물리적인 접촉없이 이차 코일에 전달될 수 있는가?

11 일차 코일과 이차 코일 속을 모두 통과하여 연결된 철심이 전자기 유도를 강화시키는 이유는 무엇일까?

12 변압기에 의하여 전압, 전류 그리고 에너지 중에서 변하는 것은 무엇인가?

13 승압 변압기는 전압, 전류, 에너지 중에서 어느 것을 상승시키는가?

14 일차 코일과 이차 코일에 감긴 전선 고리의 상대적인 수가 어떻게 전압을 상승시키거나 하강시키는가?

15 이차 코일의 감은 수가 일차 코일의 감은 수에 비해 10배이고, 일차 코일에 걸리는 입력 전압이 6V이면 이차 코일에 유도되는 전압은 얼마인가?

16 a. 변압기에서 일차 코일의 전력은 이차 코일의 전력에 비해 어떠한가?

b. 일차 코일의 전압과 전류의 곱은 이차 코일의 전압과 전류의 곱에 비해 어떠한가?

17 먼 거리까지 전력을 수송하는 데 고전압이 유리한 이유는 무엇인가?

18 전압과 전류의 개념에서 바탕을 두고 있는 근원적인 양은 무엇인가?

19 장을 사용하여 설명한 패러데이 법칙과 그 법칙의 동류라고 할 수 있는 맥스웰 법칙을 구분하여 설명하라. 두 법칙은 어떤 의미에서 대칭적인가?

20 전자기파의 진동수가 큰 것과 작은 것 중 어느 것이 속력이 빠른가?

21 가시광선이란 무엇인가?

22 전기 기타의 픽업은 영구 자석 둘레에 코일이 감겨 있다. 영구 자석은 근처의 기타 줄에 자

기장을 유도한다. 줄이 튕겨지면 줄은 코일 위에서 진동하고 그에 따라 코일 속을 통과하는 자기장이 변화한다. 줄의 리드미컬한 진동과 같은 진동으로 코일 속의 자기장이 변화하고, 그것은 다시 코일 속에 같은 리듬의 전압을 유도한다. 이 전압이 스피커로 보내지고 증폭되면 음악을 들을 수 있게 된다! 왜 이런 종류의 픽업을 나일론 실로 만들지 않는가?

**23** 어떤 자전거는 자전거 바퀴가 돌면 발전이 되는 장치가 있다. 이 발전기로 자전거의 전구를 밝힐 수 있다. 만일 발전기에 연결된 전구를 끄고 가면 훨씬 수월하게 자전거를 탈 수 있는가? 이유를 설명하라.

**24** 부분적으로 다르게 자화된 산화철로 코팅된 플라스틱 테이프가 작은 코일 근처를 지날 때 이 코일에는 어떤 일이 발생할까? 이것은 무엇에 응용될까?

**25** 자화된 자기 테이프가 붙어있는 플라스틱 카드를 작은 코일 근처로 통과시키면 코일에 반응이 일어난다. 이것을 응용할 수 있는 것은 무엇일까?

**26** 강철로 만든 자동차가 도로 표면에 파묻은 폐쇄된 전선 고리 위를 지날 때, 그 고리 안의 자기장이 변하는가? 이것으로 전류 펄스가 생기는가?(이에 대한 응용은 무엇일까?)

**27** 고리 안에 전압이 유도되지 않을 정도로 도체 고리를 자기장 속으로 통과시킬 수 있는가?

**28** 변압기를 쓰려면 왜 교류 전압을 사용해야만 하는가?

**29** 변압기의 효율을 높이면 에너지를 증가시킬 수 있는가? 이에 대해 설명하라.

**30** 연료없이 전기를 만들려면, 전동기로 발전기를 돌리고 발전기는 전기를 만들어 변압기로 승압시킨다. 승압된 전기로 전동기를 다시 돌리는 데 쓰고 나머지는 전기 제품에 쓴다. 이 구도는 어디가 잘못된 것일까?

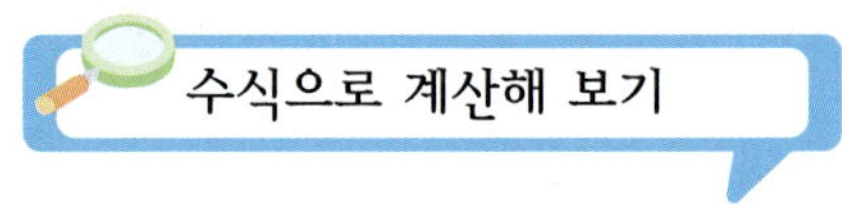


**1** 어떤 변압기는 9V를 입력 전압으로 하면 출력 전압이 36V가 되도록 한다. 입력을 12V로 하면 출력 전압은 얼마인가?

**2** 휴대용 카세트 테이프는 12V를 사용했을 때 제대로 작동한다. 어떤 변압기는 120V를 전원으로 사용하여 이 카세트 테이프를 쓸 수 있게 만들어졌다. 이 변압기의 일차 코일이 500번 감겼다면 이차 코일에는 얼마나 감겼겠는가?

**3** 모형 전기 기차는 낮은 전압에서 작동한다. 변압기의 일차 코일은 400번 감겼고, 이차 코일은 40번 감겼다면, 일차 코일에 120V를 걸어 주었을 때 기차에는 얼마의 전압이 걸리는가?

4 한변이 2m인 정사각형의 고리가 그림과 같이 그 면적의 반이 수직방향의 균일한 자기장 속에 놓여있다. 고리에는 20V의 전압이 전지에 의해 걸려있고 지면속으로 들어가는 자기장이 초당 0.87T 씩 감소하고 있다. 자기장 변화에 의한 유도 기전력은 몇 V인가?

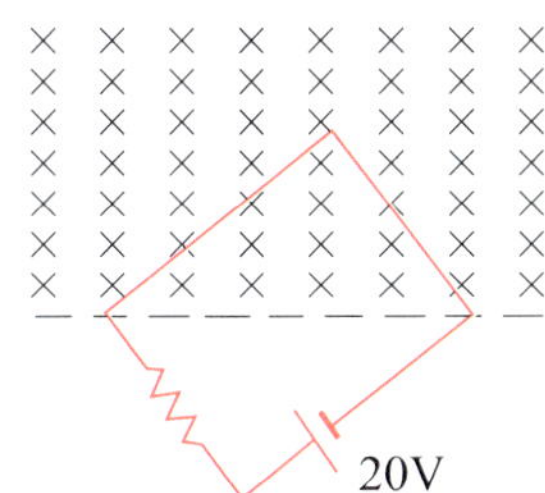


5 단면적 $3 \times 10^{-3}m^2$, 감은 수 40회인 코일이 있다. 이 면에 직각인 자기장이 0.5초 동안에 8T에서 6T로 변했다. 코일에 유도되는 기전력은?

6 균일한 자기장 $B$에 수직하게 ㄷ자형 도선을 놓고 길이 1m인 구리막대를 20m/s의 속력으로 끌어당기고 있다. 이때 자기장의 크기는 0.3T이고, 구리 막대의 위치에 관계없이 회로 전체의 저항은 10Ω이다. 기전력과 20m/s의 일정한 속력으로 끌기위한 힘의 크기를 구하라.

7 단면적이 $4 \times 10^{-3}m^2$, 감은수가 200회인 코일이 자기장에 수직으로 놓여있다. 자기장이 0.5초 동안에 10T에서 7T로 변하였다면 코일에 유도되는 기전력은 몇 V인가?

8 자기장이 $2 \times 10^{-2}Wb/m^2$인 균일한 자기장 속을 자기장에 수직으로 5m/s로 운동하는 길이 0.4m인 도선이 있다. 도선의 전기 저항이 0.2Ω이면 이 도선을 움직이는데 필요한 힘은 몇 N인가?

9 그림과 같이 지면 속으로 들어가는 3T인 균일한 자기장 속에 저항 6Ω이 있는 폭 20cm인 ㄷ자형 도선이 놓여 있다. 그 위에서 도선 PQ를 속력 2m/s로 운동시킬 때 6Ω 저항에서 매초당 발생하는 열량은?

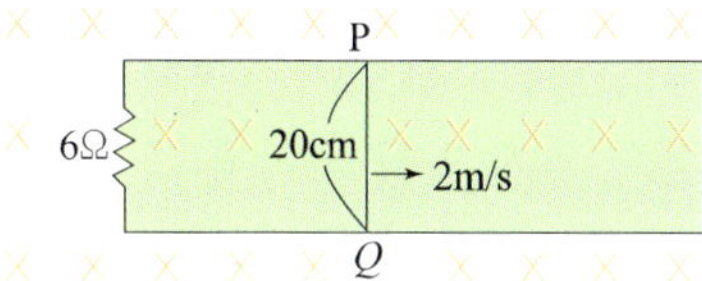


10 코일에 흐르는 전류가 $\frac{1}{20}$초 사이에 10A에서 0으로 되었다. 이때 코일에 유도된 기전력이 1000V이면 코일의 자체 유도 계수는 몇 H인가?

11 1차 코일에 흐르는 전류가 0.01초 사이에 2A에서 1A로 변할 때 2차 코일에 20V의 기전력이 유도된다면 이 두 코일의 상호 유도 계수는 얼마인가?

12 자기장 속에서 회전하는 ㅁ자형 코일이 있다. 이 코일 속으로 통과하는 자속이 $\Phi = \Phi_o \sin 2\pi ft$로 변할 때, 코일에 발생하는 교류 전압의 최대값은?

13 $4 \times 10^{-7}$F인 축전기와 $4 \times 10^{-3}$H의 코일로 만들어진 전기 진동 회로가 있다. 이 진동 회로에서 발생하는 전자기파의 주파수는 몇 Hz인가?

14 그림과 같이 사각형 도선 abcd가 균일한 자기장 $B$와 수직을 이루며 낙하하고 있다. 사각형 도선의 전체 저항은 $R$이고, 중력 가속도는 $g$이며 공기의 저항은 무시한다. 도선 ab와 ad에 유도되는 기전력의 크기는?

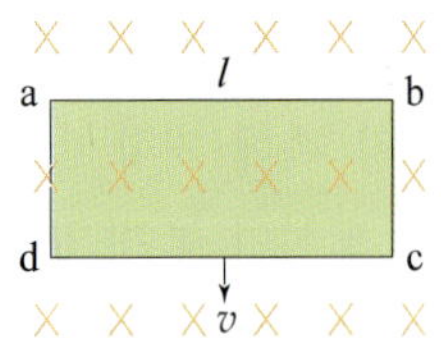


**15** 날개의 길이가 40m인 비행기가 동쪽으로 250m/s의 속력으로 수평하게 날고 있다. 비행기의 날개 양끝 사이에 생기는 유도 기전력은 몇 V인가? (단, 이 지점에서 지구의 자기장 B는 남에서 북으로 $3\times10^{-5}$T이다.)

**16** 상호 유도 계수가 0.5H인 두개의 코일이 있다. 1차 코일에 흐르는 전류 $I$가 시간에 따라 변하면서 2차 코일에 그림과 같은 기전력이 나타났다. 1차 코일에 흐르는 전류의 최대값은 몇 A인가? (단, 1차 코일의 처음 전류 세기는 0이다.)

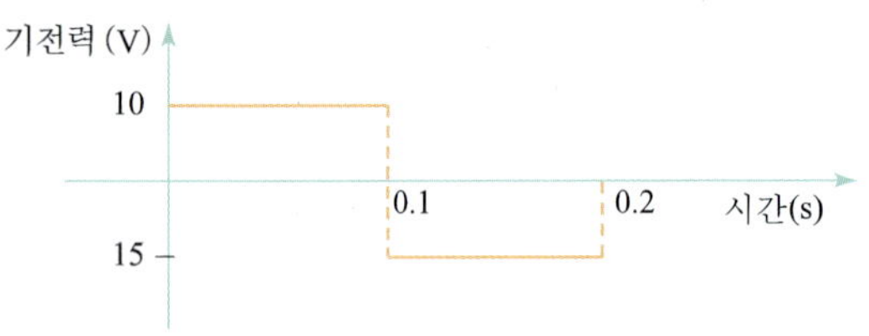


**17** 그림과 같이 직류와 교류 양용 전류계와 코일을 직렬로 연결한 회로가 있다. 여기에 교류 100V를 가하였더니 전류계는 20A를 가리켰고, 직류 100V를 가했더니 전류계는 25A를 가리켰다. 코일의 저항 $R$과 유도 리액턴스 $X_L$을 구하라.

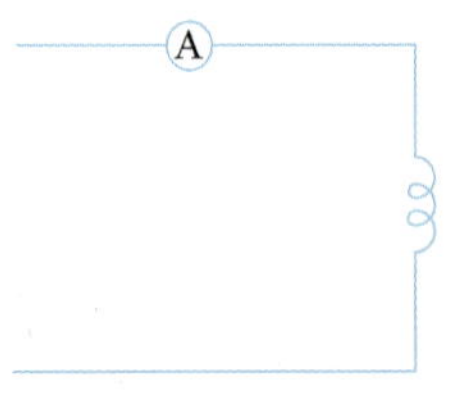


**18** 그림의 P, R 단자에 100V의 교류 전압을 가할 때 0.2Ω 저항에서 매초 발생하는 열 에너지는? (단, 변압기의 상호 유도에서 열 손실은 없다.)

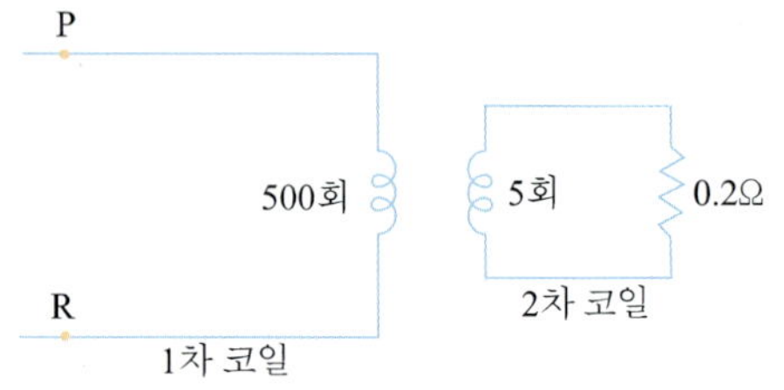


**19** 그림과 같은 회로에서 $R_g=10{,}000\,\Omega$, $R=1\,\Omega$이다. $R$에 최대 전력을 공급하기 위해서는 변압기에 감긴 코일의 비 $\dfrac{n_R}{n_g}$을 얼마로 하여야 하는가?

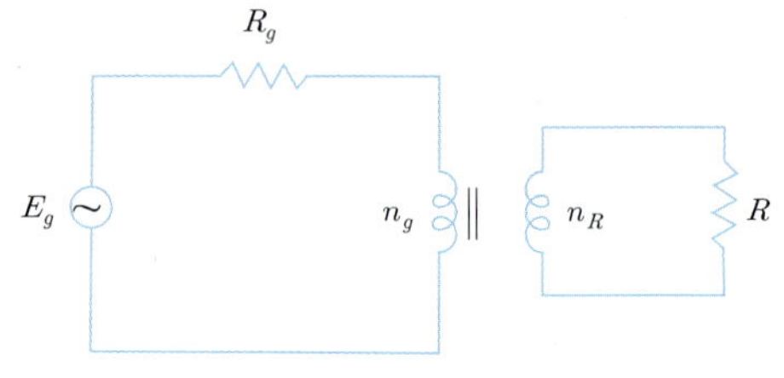


**20** 길이 80cm인 막대가 0.3T인 균일한 자기장 속에서 막대의 한 끝점을 축으로 회전하고 있다. 회전 주기가 5Hz일 때 막대 양끝의 전위차를 구하라.

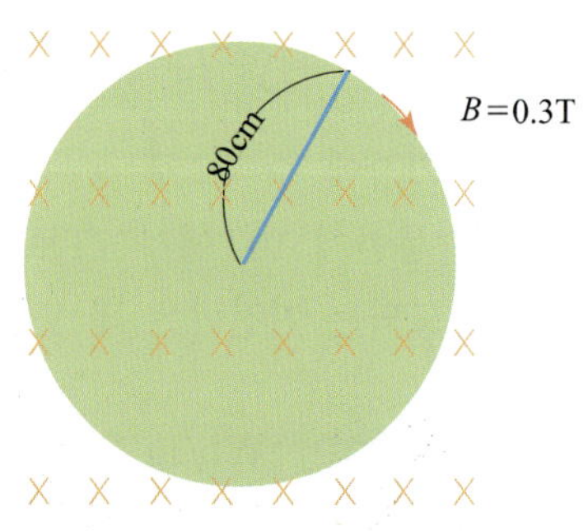

**21** 그림과 같이 경사진 금속 레일 위에서 금속 막대가 미끄러져 내려온다. 모든 마찰은 무시하고 레일의 길이가 충분히 길다고 가정할 때 다음 물음에 답하라.

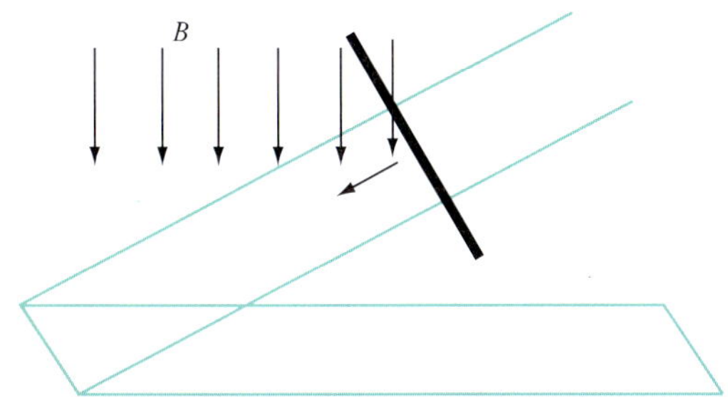


a. 자기장의 방향이 연직 아래 방향일 때 금속 막대에 흐르는 전류의 세기와 금속 막대의 운동 상태에 대해 설명하라.

b. 금속 막대에 흐르는 전류를 에너지 관점에서 설명하라.

c. 장(場 : field)의 개념을 이용하여 패러데이의 법칙과 맥스웰의 법칙을 비교 설명하라. 또 유도되는 전기장이나 자기장의 방향을 설명하라.

d. 전기진동 현상을 에너지 관점에서 역학적인 진동과 비교하고, 전류나 질량 등과 같은 물리량에 서로 대응하는 물리량을 찾아보라.

e. 전자기파는 어느 경우에 발생하는지 설명하고 전기장의 세기가 약해지는 곳에서 전파속도는 어떻게 되겠는가?

**22** 그림과 같이 지면 앞쪽으로 향하고 있는 균일한 자기장($B$) 내의 길이 $l$인 ㄷ형 도선 위에서 금속 막대 PQ를 $v$의 속도로 운동시킬 때 다음 물음에 답하라.

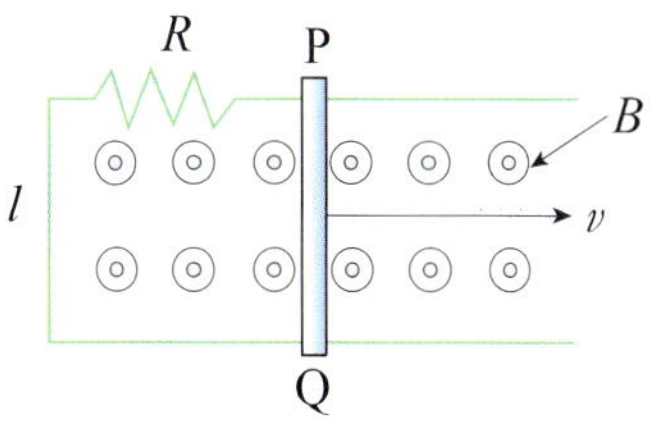


a. 시간 $t$ 동안 자속의 변화량은?

b. 회로에 흐르는 전류의 세기는?

c. 저항 $R$에서 소비되는 전력은?

d. 도선 PQ를 이동시킬 때 자기장에 의한 저항력은?

e. 이 때 일률은? 또 c의 전력과 비교하면 어떠한가?

f. 도선 PQ 속의 자유전자($e$)는 어느 방향으로 힘을 받는가? 또 그 힘의 크기는 얼마인가?

g. 도선 PQ 속의 전기장의 세기는?

h. 도선 PQ 사이의 전위차는 얼마인가? P, Q 중 어느 곳의 전위가 더 높은가?

**23** 그림과 같은 교류 회로에서 $R=100\Omega$, $C=10\mu F$, $L=10H$, $V=100V$, $\omega=100rad/s$이다. 다음 물음에 답하라.

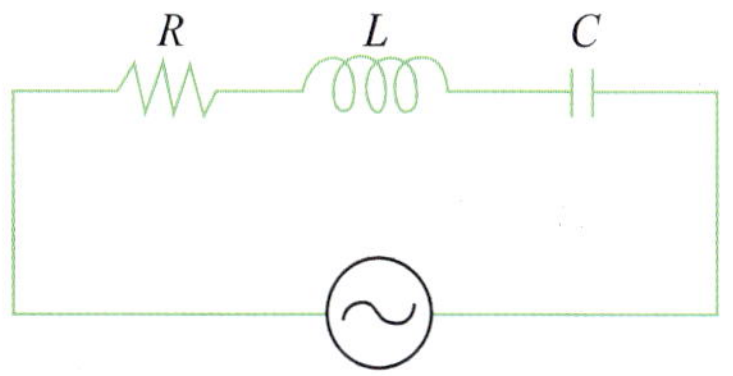


a. 코일의 유도리액턴스는 얼마인가?

b. 축전기의 용량리액턴스는 얼마인가?

c. 이 회로의 임피던스는 얼마인가?

d. 이 회로에 흐르는 전류는 얼마인가?

**24** 그림과 같이 $3\Omega$의 저항과 유도 리액턴스가 $4\Omega$인 코일이 실효값 10V인 교류 전원에 연결되어 있다. 이 회로의 소비 전력은 몇 W인가?

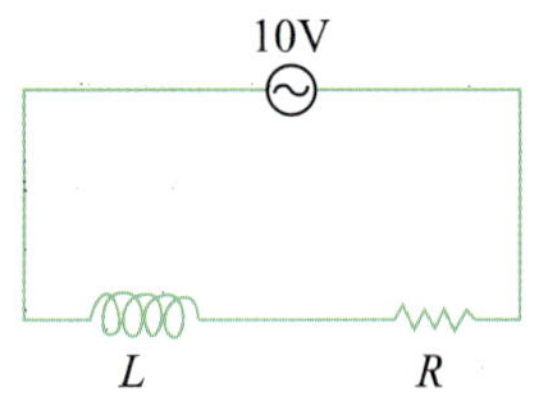


**25** 그림과 같은 회로에서 스위치를 1의 위치에 충분한 시간 두었다가 2의 위치로 옮겼다. 회로에는 진동하는 전류가 나타나는데 그 진동수는 얼마인가?

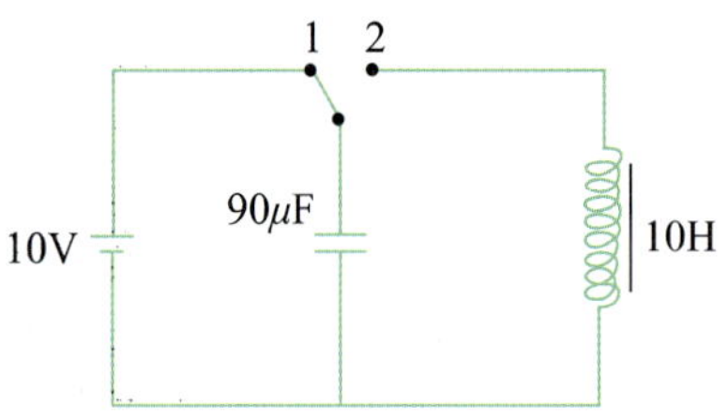


**26** 그림과 같은 회로에서 스위치 S를 a에 연결하였다가 충분한 시간이 지난 후 b에 연결하였다.

a. 단자 c와 d를 오실로스코프에 연결하였을 때 cd 사이에 나타나는 전압의 파형은? (단, 오실로스코프의 내부 저항은 무한히 크다.)

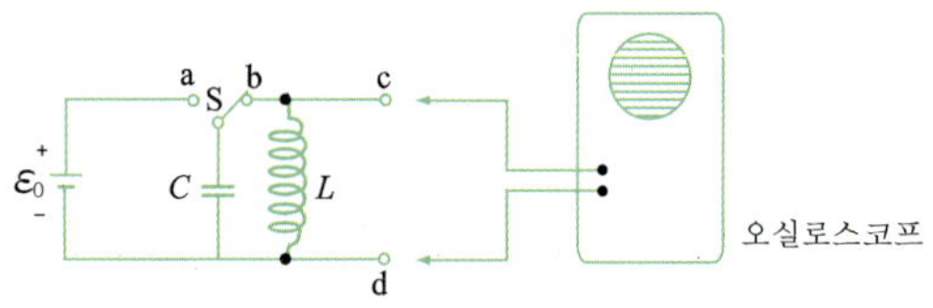


b. a에서 나타나는 파형의 주기는?

c. 축전기에 저장된 최대 전하량은?

d. 회로에 흐르는 최대 전류는?

e. 축전기에 저장된 전하량이 최대값의 $\frac{1}{2}$일 때 전기장에 저장된 에너지와 자기장에 저장된 에너지와의 비는?

f. 전기장에 저장된 에너지와 자기장에 저장된 에너지가 각각 최대값의 $\frac{1}{2}$일 때 오실로스코프에 나타난 전압의 크기는?

g. 회로에 흐르는 진동 전류의 진동수를 크게 하려면 어떻게 해야 하는가?

**27** 길이가 $L$, 질량이 $M$, 저항이 $R$인 금속 막대가 저항과 마찰을 무시할 수 있는 레일 위에서 그림과 같이 미끄러져 내려온다. 레일은 수평면과 $\alpha$의 각을 이루고 있으며 균일한 자기장 $B$가 연직 위로 향하고 있다. (단, 중력 가속도는 $g$이다.)

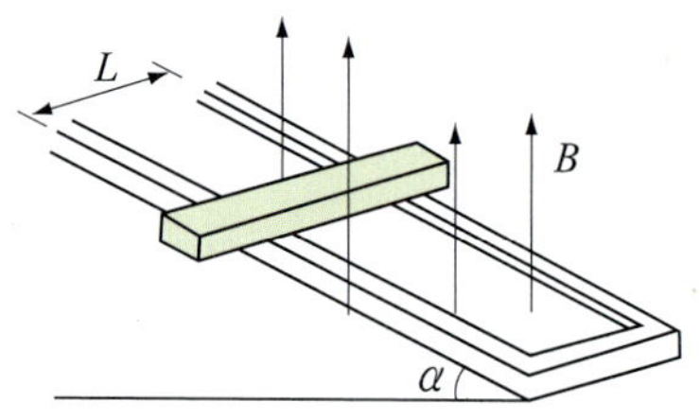


a. 금속 막대가 등속도로 운동할 때 흐르는 전류의 세기와 막대의 속도를 구하여라.

b. a의 경우 에너지 보존 법칙이 성립함을 증명하여라.

c. 자기장 $B$가 연직 아래로 향하는 경우 어떤 변화가 있는가?

**28** 그림과 같이 $N$번 감은 직사각형의 코일에 자속이 $\Phi_1$에서 $\Phi_2$로 변했다면 이 때, 저항 $R$를 통과한 전하량을 구하여라. 또 감은 수가 $n$, 반지름이 $r$, 길이가 $L$인 솔레노이드에 흐르는 전류가 $\frac{dI}{dt}=\alpha$ 로 변하고 있다면 저항 $R$에 흐르는 전류의 세기는 얼마인가? (단, $a \ll L$이다.)

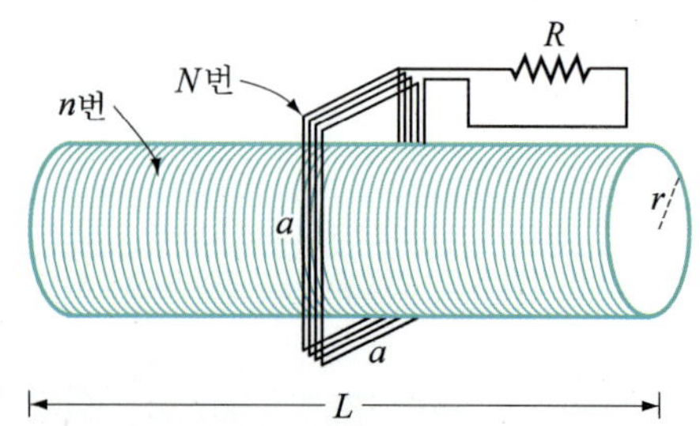

**한걸음 더**

1. 세기가 대략 0.5Gauss(지구 자기장의 세기) 정도인 미지의 자기장을 코일을 이용하여 측정하려고 한다. 코일로 센서를 제작하는데 있어서 고려할 점을 설명하시오. (단, $1\text{T}=10^4$Gauss이다.)

2. $LC$ 공진회로에서 코일에 걸린 전압과 전류의 시간적인 변화를 구하시오.
(단, 회로의 스위치를 닫는 순간을 $t=0$라고 한다.)

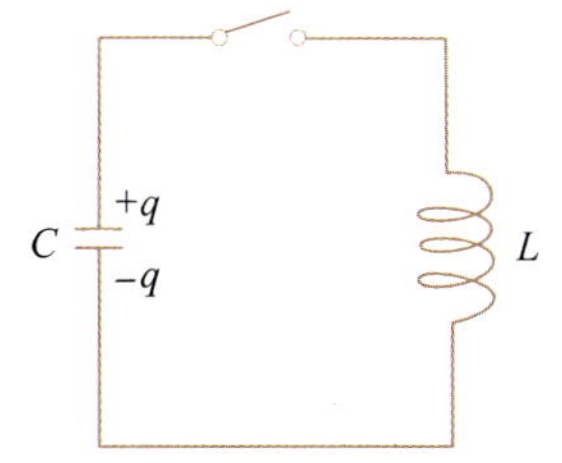

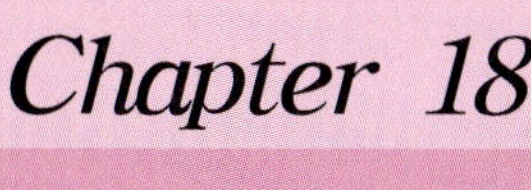

# 파 동

1995년 1월 17일 일본 간사이지방 효고현 남부의 고베시 지역에서 일어났던 '한신 대지진'은 진도 7.2로 일본의 지진관측사상 최대의 파괴력을 지닌 대지진이다. 이 지진에 의한 피해상황은 사망자 5249명, 부상자 2만 6804명, 이재민 약 20만 명에 이르고 물적 피해규모는 14조 1000억엔(미화 약 14000억 달러)에 이른 것으로 추정하였다. 지진이 일어나면 건물과 시설이 파괴되는 이유는 무엇일까?

## 18.1 파동의 발생과 종류

우리 주변의 물체들은 크고 작게 흔들리고 있다. 원자처럼 너무 작아서 볼 수 없는 것들조차도 계속해서 진동하며 움직이고 있다. 물체가 하나의 점을 중심으로 흔들리는 것을 진동이라 한다. 진동은 한 순간에 존재할 수 없고 앞뒤로 움직이는 시간이 필요하다. 종을 쳐 보라.

파동의 발생

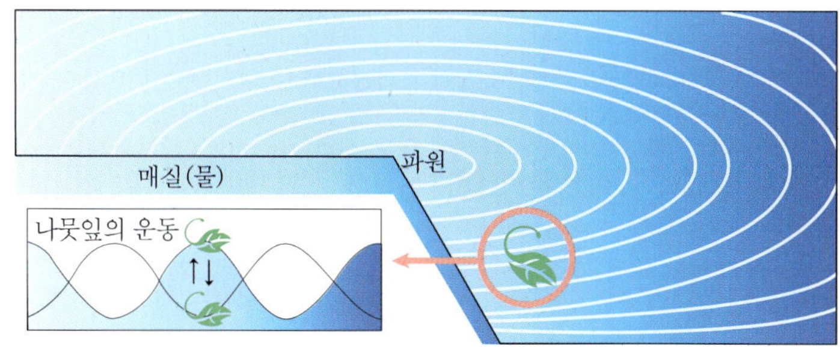


종의 진동은 얼마동안 계속되다가 소멸되는데 이러한 진동 상태가 물질(매질)을 따라 퍼져나가는 것을 파동이라 한다. 파동은 한 장소에 존재할 수가 없고 한 장소에서 다른 장소로 퍼져나가야 한다. 잔잔한 연못에 돌멩이를 떨어뜨리거나 빗방울이 떨어지면 그 곳을 중심으로 물결이 사방으로 퍼져나간다. 또 기타줄이나 용수철의 한쪽 끝을 잡고 아래 위로 흔들어 주면 이로 인해 발생한 교란이 기타줄이나 용수철을 따라 전파되거나 진동에 의해 생긴 소리가 공기를 통해 퍼져나간다. 공간의 한 곳에서 어떻게 교란을 일으키느냐에 따라 여러 가지 파동이 만들어진다. 물 속에 떨어진 돌멩이, 진동하는 용수철이나 기타줄 등과 같이 교란이나 진동을 일으키는 물체를 파원이라 하며 물, 용수철, 공기 등과 같이 교란을 전달하는 물질을 매질이라 한다.

그림 18.1 가)와 같이 용수철의 한 끝을 위아래로 흔들어서 파동을 만들어 보자. 이 경우 용수철의 진동(화살표로 표시됨)은 파동이 진행하는 방향과 수직이 된다. 이처럼 파동의 진행 방향과 매질(여기서는 용수철)의 진동 방향이 수직일 때 이러한 파동을 횡파라 한다. 현악기의 줄을 잡아당길 때 생기는 파동이나 액체 표면에서 생기는 파동은 횡파이다. 전파나 빛과 같은 전자기파 역시 횡파이다.

그림 18.1 나)와 같이 용수철을 앞뒤로 흔들어 파동을 만들면 횡파와는 다른 형태의 파동이 만들어진다. 이 경우 용수철의 진동은 파동이 진행하는 방향과 나란하다. 이처럼 파동의 진행방향과 매질의 진동방향이 나란할 때 이러한 파동을 종파라고 한다. 물체의 진동이 공기 중으로 퍼져나가는 음파나 지진파의 $P$ 파는 종파이다.

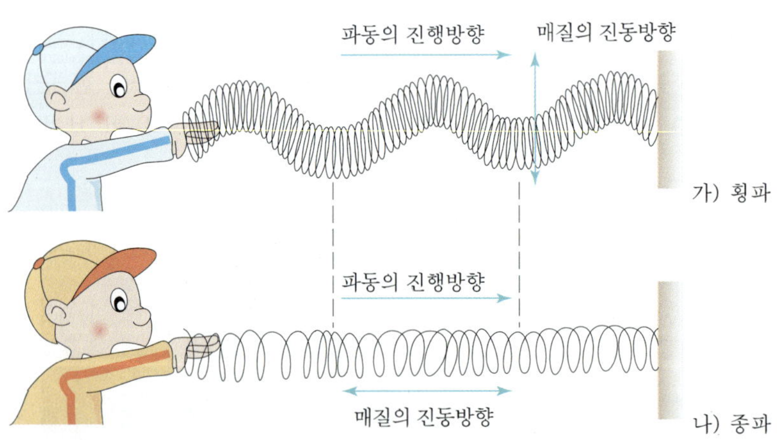


그림 18.1
용수철을 위아래로 흔들면 횡파가 만들어지고 앞뒤로 흔들면 종파가 만들어진다.

**Example** 그림과 같이 오른쪽으로 진행하는 횡파가 있다. 점 A, B에서 매질의 진동 방향은 각각 어느 쪽인가?

풀이 매우 짧은 시간이 경과한 후 파동의 모양을 그려 보면 점 A에 있던 매질은 위쪽으로, 점 B에 있던 매질은 아래쪽으로 진동하는 것을 알 수 있다.

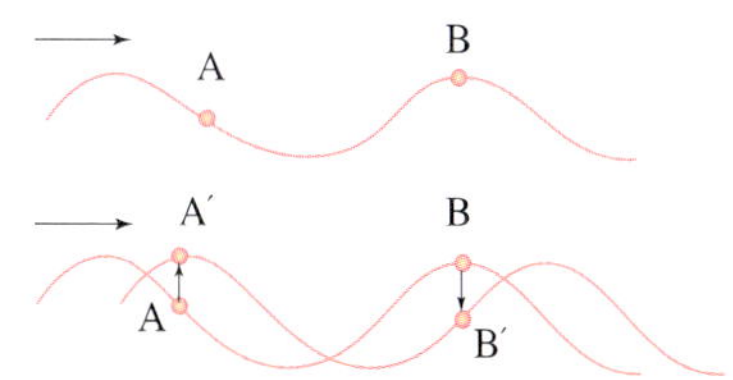


## 18.2 파동과 에너지

우리 주변에 있는 대부분의 정보는 우리에게 파동의 형태로 전달된다. 소리는 파동의 형태로 우리 귀에 도달하는 에너지이고, 빛은 소리와는 다른 파동의 형태(전자기파)로 우리 눈에 도달하는 에너지이다. 라디오나 TV에 도달하는 신호 역시 전자기파의 형태로 전달되고 있다. 에너지가 파동의 형태로 전달될 때, 파원과 수신자 사이에서 물질의 이동은 전혀 없다. 줄의 한 끝을 흔들고 있으면, 규칙적인 진동이 줄을 따라 이동하게 된다. 진동이 줄을 따라 수평 방향으로 계속 이동해 가는 동안 줄의 각 부분은 위아래로 움직이게 된다. 사실 줄을 따라 이동해 가는 것은 진동이지 줄 자체는 아니다. 또한 방의 한 구석에 있는 어떤 사람이 나에게 말을 한다고 할 때, 소리는 하나의 파동의 되어 방을 가로질러 공기 중으로 전달될 것이다. 그러나 이때 바람이 불 때와는 달리 공기 분자들은 방을 가로질러 이동해 오지 않는다. 공기도 앞에서 보았던 줄이나 물처럼 파동 에너지를 전달해 주는 매개체(매질)이다. 진동원(파원)으로부터 수신자에게 전달되는 것은 매질을 따라 진동이 전달되는 것이지, 매질 자체가 이동하여 전달되는 것은 아니다.

잔잔한 연못에 돌을 떨어뜨려 보면, 그림 18.2와 같이 원형의 물결파가 만들어져 사방으로 퍼져 나갈 것이다. 이때 이동하는 것은 파동이지 물 자체는 아니다. 왜냐하면 돌은 물을 아래쪽으로 밀어내게 되는데 이때 물은 반발하여 원래의 수면 상태로 되돌아오기 때문이다. 용수철에 매달린 물체가 상하로 진동하는 것처럼 이 물은 다시 물의 표면을 누르면서 다시 물결치게 되고 이와 같은 물의 상하운동의 결과 돌이 떨어진 곳으로부터 파동이 퍼져나가게 된다. 이 과정을 에너지 관점에서 살펴보자. 처음에 물을 아래쪽으로 밀어낼 때 돌이 한 일은 두 가지 형태의 에너지로 전환된다. 하나는 물기둥이 계속적으로 상하 운동시키는데 필요한 에너지이고 다른 하나는 원의 형태로 파동이 퍼져나가면서 전달

그림 18.2
잔잔한 연못에 물방울을 떨어뜨리면 원형의 물결파가 생긴다.

되는 에너지이다. 물결파의 반지름이 증가하면 원주의 길이도 커지게 되므로 원주의 단위 길이당 전달되는 에너지는 점차 작아지게 된다. 결국 퍼져나가는 파동을 따라 상하 운동을 하는데 이용할 수 있는 에너지도 점차 감소하게 되므로 물결파의 높이나 진폭도 점차 줄어들게 되어 마침내 물결파는 사라지게 된다.

**Example** 잔잔한 연못에 돌을 떨어뜨리면 연못의 표면에 원형의 물결파가 만들어진다. 물의 표면에 전달되는 물결파의 에너지는 파원으로부터의 거리와 어떤 관계가 있는지 설명하라.

풀이 파원으로부터 거리 $r_1$인 원형의 물결파에 단위 길이당 전달되는 에너지를 $E_1$이라 하고, 파원으로부터 거리 $r_2$인 원형의 물결파에 단위 길이 당 전달되는 에너지를 $E_2$라 하면 파원에서 전달되는 총에너지는 같으므로 $E_1 \cdot 2\pi r_1 = E_2 \cdot 2\pi r_2$에서 $\frac{E_1}{E_2} = \frac{r_2}{r_1}$이 된다. 따라서 물의 표면에 단위 길이당 전달되는 에너지는 거리에 반비례한다.

## 18.3 파동의 전파와 속력

일반적으로 파동운동은 그림 18.3과 같은 사인곡선으로 나타난다. 수면파에서 볼 수 있듯이 파동이 높이 올라간 부분을 마루, 움푹 들어간 부분을 골이라 한다. $x$축은 매질의 진동 중심을 나타낸다. 진폭은 진동 중심으로부터 파동의 마루 또는 골까지의 거리를 말한다. 따라서 진폭은 진동 중심(평형점)으로부터의 최대 변위와 같고 파동의 파장은 한 마루에서 이웃한 마루까지의 거리이며 파동의 한 부분에서 모양이 같은 이웃한 부분까지의 거리와 같다.(위상이 같은 이웃한 두 점 사이의 거리를 말한다. 여기서 위상이란 진동하는 매질의 상태를 나타낸다).

진동이 얼마나 자주 일어나는가는 진동수(또는 주파수)라는 물리량으로 나타낸다. 단진자나 용수철에 매달린 물체의 진동수는 단위 시간 동안에 몇 번이나 왕복 운동을 했는가를 나타낸다. 진동수의 단위는 헤르츠(Hz)인데, 이는 1886년 전파(전자기파)를 실험적으로 확인한 헤르츠(Heinrich Hertz)의 이름을 따서 명명한 것이다. 1회/s 는 1Hz, 2회/s 는 2Hz, …이다. 높은 진동수는 kHz(=$10^3$Hz), MHz(=$10^6$Hz) 또는 GHz(=$10^9$Hz) 등으로 나타낸다.

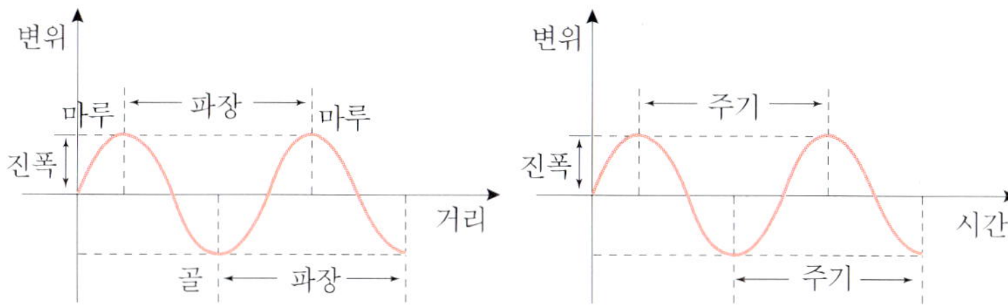


그림 18.3
변위-거리 그래프에서 마루와 마루사이의 거리는 파장을 나타낸다.

파동의 근원은 진동하는 어떤 물체인데, 진동하는 물체 자신의 진동수와 그것이 만들어내는 파동의 진동수는 같다. 진동하는 물체의 진동수를 알면 주기를 계산할 수 있고, 반대로 주기를 알면 진동수를 계산할 수 있다. 예를 들어 어떤 진자가 1초에 2번 진동한다고 하자. 이 진자의 진동수는 2Hz이고, 1회 진동하는 데 걸리는 시간 즉 주기는 1/2 초가 된다. 또 진동수가 3Hz이면, 주기는 1/3 초기 된다. 아래의 식과 같이 주기와 진동수는 서로 역수 관계에 있다.

$$\text{진동수} = \frac{1}{\text{주기}} \quad \text{또는} \quad \text{주기} = \frac{1}{\text{진동수}}$$

파동의 전파 속력은 파동을 전달해 주는 매질에 따라 다르다. 예를 들면 소리(음파)는 공기 중에서 330~350m/s(온도에 따라 달라짐)의 속력으로 진행하지만, 물 속에서는 4배 정도 빠르게 진행한다. 매질이 무엇이든지 간에, 파동의 전파 속력, 진동수, 파장은 서로 관련이 있다. 그림 18.4과 같은 수면파를 생각해 보라. 수면 상에 고정된 한 점을 기준으로 파동이 진행하는 모습을 관찰한다고 하자. 매초마다 지나가는 마루의 수(진동수)와 마루와 마루 사이의 거리(파장)를 알아낸다면 우리는 특정한 마루가 매초당 이동해 가는 수평거리를 계산할 수 있을 것이다.

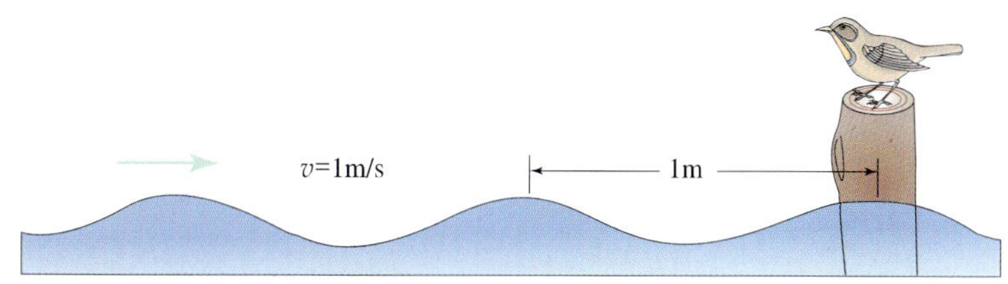


그림 18.4
파장이 1m이고 1초에 한 파장이 막대를 지나간다면 파동의 속력은 1m/s이다.

예를 들어 매초마다 2개의 마루가 지나가고 파장이 3m라면, 파동은 매초당 $2\times 3$m를 진행하게 된다. 따라서 파동의 속력은 6m/s이다. 일반적으로 파동의 속력은 다음과 같이 나타낸다.

$$\text{파동의 속력}=\text{진동수}\times\text{파장, 즉 } v=f\lambda$$

여기서 $v$는 파동의 속력, $f$는 진동수, $\lambda$는 파장이다. 이 식은 수면파, 음파, 전파, 광파(빛)에 상관없이 모든 파동에 적용된다.

---

**Example** 물결파가 매초 2번씩 오르락내리락 하고, 마루와 마루 사이의 거리가 1.5m라면 이 물결파의 진동수, 파장, 속력은 얼마인가?

풀이 진동수=2Hz, 파장=1.5m, 속력=진동수 ×파장=2Hz ×1.5m=3m/s이다.

---

**더 알아보기 진행파**

원점 O에서 단진동하는 매질의 변위를 시각 $t$일 때의 사인 함수로 나타내면 다음과 같다.

$$y=A\sin\left(\frac{2\pi t}{T}\right)=A\sin\omega t$$

여기서 $A$는 진폭, $T$는 주기, $\omega$는 각속도를 나타낸다. 그림과 같이 파동이 $+x$축 방향으로 $v$의 속력으로 전달된다면 원점 O로부터 거리 $x$만큼 떨어진 곳에 있는 점 P까지 전달되는데 필요한 시간은 $\frac{x}{v}$이다. 따라서 시각 $t$일 때 점 P의 변위는 그 시각보다 $\frac{x}{v}$만큼 앞선 시각일 때의 원점의 변위와 같으므로 파동의 식은 다음과 같은 일반식으로 나타낼 수 있다.

$$y=A\sin\frac{2\pi}{T}\left(t-\frac{x}{v}\right)=A\sin\left(\omega t-\frac{2\pi x}{\lambda}\right)=A\sin(\omega t-kx)$$

여기서 $k$는 파수를 의미한다. 또한 $-x$축 방향으로 $v$의 속력으로 전달되는 파동의 식은 다음과 같다.

$$y=A\sin\frac{2\pi}{T}\left(t+\frac{x}{v}\right)=A\sin\left(\omega t+\frac{2\pi x}{\lambda}\right)=A\sin(\omega t+kx)$$

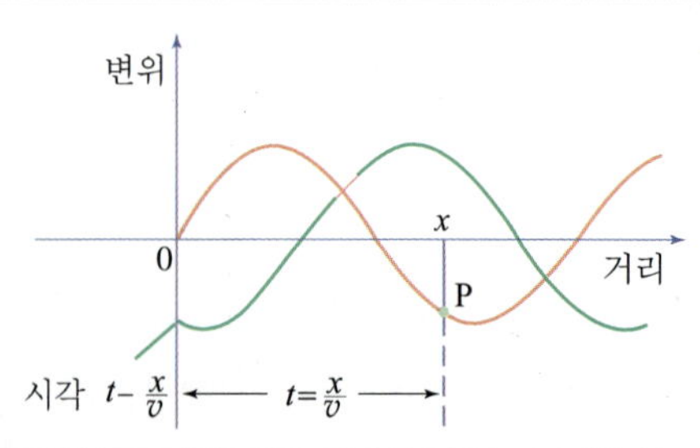

## 18.4 파동의 반사와 굴절

파동이 두 매질의 경계면에 닿으면 원래 매질로 일부 또는 전부가 되돌아오는데 이것이 반사이다. 예를 들어 그림 18.6 (가)와 같이 줄의 한 끝을 벽에 고정시키고 줄을 따라 펄스를 만들어 보내면 벽에서 반사된 파동의 모양은 처음 모양이 뒤집힌 형태가 된다. 이와같이 반사되는 파동의 모양이 뒤바뀌는 매질의 경계면을 고정단이라 하고 이런 반사를 고정단 반사라고 한다. 또 그림 18.6 (나)와 같이 줄의 한 끝을 자유롭게 움직일 수 있는 고리에 연결하고 펄스를 전달시키면 파동의 모양이 바뀌지 않고 그대로 반사되어 나오는 것을 볼 수 있다. 이와 같이 파동의 모양이 변하지 않고 반사되는 경계면을 자유단이라 하고 이런 반사를 자유단 반사라고 한다.

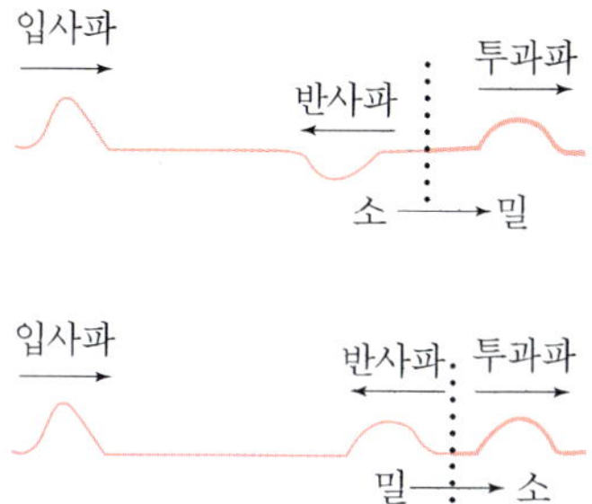


그림 18.5
소→밀 반사의 경우 반사파는 위상이 180° 바뀌지만 밀→소 반사의 경우 반사파의 위상은 변하지 않는다. 어느 경우든 투과파의 경우에는 위상이 변하지 않는다.

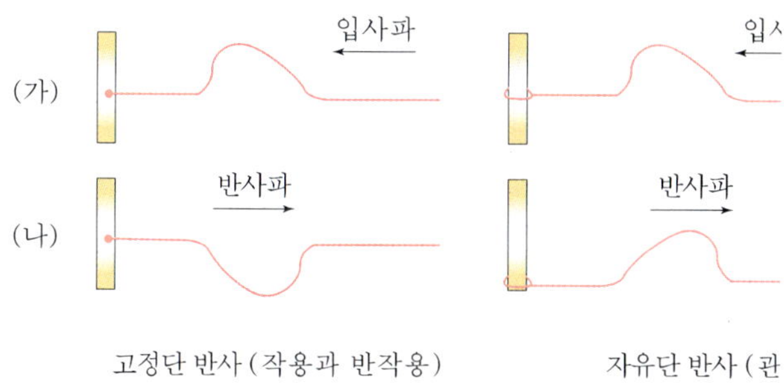


그림 18.6
줄이 고정된 경우 반사파의 모양은 처음 상태의 모양과 반대모양이 되지만 줄이 자유로운 경우 반사파의 모양은 처음 상태와 같다.

1차원에서 반사된 파동은 단순히 입사된 방향과 반대 방향으로 되돌아간다. 마루 바닥에 공을 가만히 떨어뜨리면 되튀어 똑바로 위로 올라온다. 2차원에서는 상황이 약간 다르다. 공을 마루에 비스듬히 던지면, 공은 떨어질 때와 똑같은 각도를 유지한 채 되튀어 나간다. 빛도 이와 같다. 입사파와 반사파는 직선으로 잘 표현된다. 입사 광선과 반사 광선은 그림 18.7처럼 법선 즉, 표면에 수직인 직선에 대해 같은 각도를 이룬다. 법선과 입사 광선이 이루는 각도를 입사각이라고 하고, 법선과 반사 광선이 이루는 각도를 반사각이라고 한다. 이때 입사각과 반사각은 항상 같다. 즉,

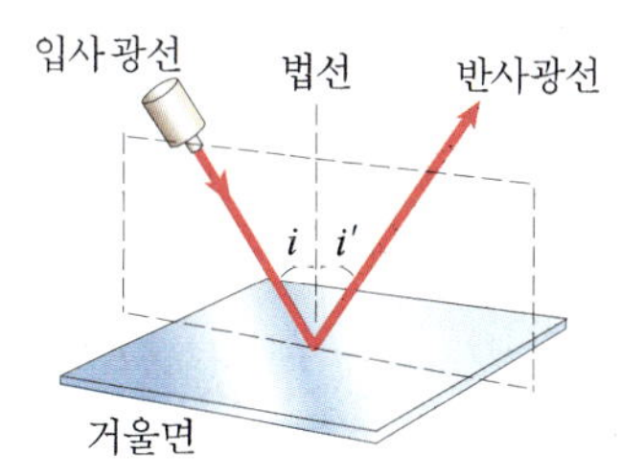


그림 18.7
입사각과 반사각은 항상 같다.

$$입사각(i) = 반사각(i')$$

의 관계가 성립하는데, 이를 반사의 법칙이라고 한다. 입사 광선과 법선, 반사 광선은 같은 평면에 있다. 반사의 법칙은 부분 반사하거나 완전 반사하거나 모두 적용된다.

장난감 자동차에서 뒷바퀴를 떼어 약간 경사진 아스팔트를 따라 굴려 보고, 또 잔디밭에서도 굴려 보자. 풀잎과 바퀴가 엉켜서 잔디밭에서는 훨씬 느리게 굴러간다. 그림 18.8에서처럼 바퀴를 아스팔트에서 잔디밭쪽으로 어떤 각도로 굴리면 바퀴의 진행 방향이 바뀐다. 바퀴축과 바퀴의 방향은 그림에 나온 것과 같다. 잔디밭에 먼저 닿는 바퀴는 먼저 속력이 줄게 되고 다른 바퀴는 아스팔트를 달리고 있으므로 속력이 줄지 않는다. 따라서 바퀴축은 회전하게 되고 법선(잔디밭과 아스팔트의 경계면에 수직으로 세워진 점선)쪽으로 휘어진다. 바퀴는 속력이 줄어든 채 잔디밭을 직선으로 굴러가게 된다.

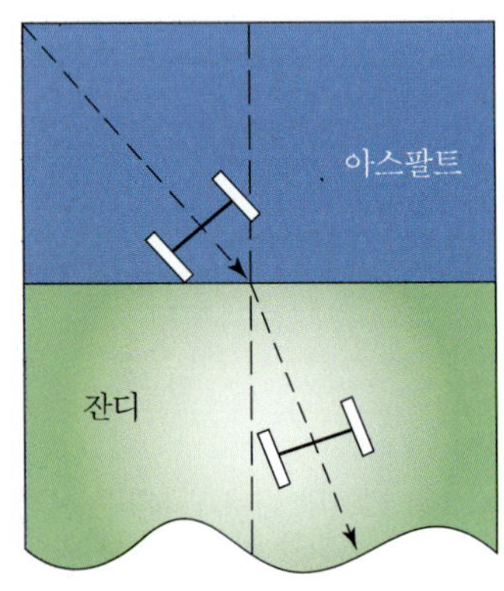


그림 18.8
한 바퀴가 다른 바퀴보다 느리게 굴러가면 바퀴의 진행 방향이 바뀐다.

수면파도 각 파의 한 부분이 다른 부분보다 느리거나 빨라질 때 휘어진다. 이것이 굴절이다. 수면파는 깊은 물에서는 빠르고 얕은 물에서는 느리다. 그림 18.9에서처럼 마루(밝은 선)는 사진의 오른쪽 끝으로 움직인다. 수면파는 깊은 물에서 얕은 물 쪽으로 비스듬한 경계면을 넘어서고 있다. 경계면에서 파동의 속력과 방향은 급격히 변한다. 파동은 얕은 물에서 더 느려지기 때문에 마루와 마루 사이의 간격이 줄어든다. 주의깊게 관찰하면 경계면에서 파동의 굴절과 더불어 반사되는 파동을 볼 수 있을 것이다.

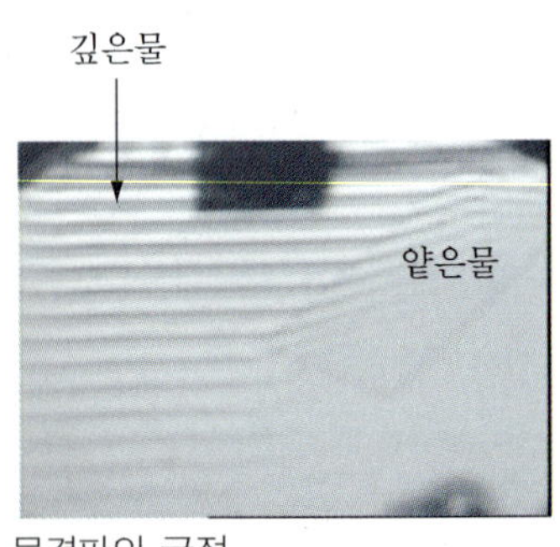


물결파의 굴절

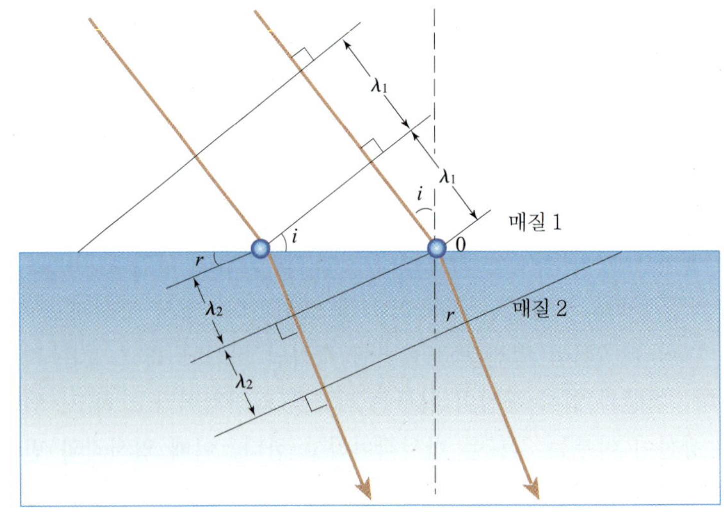


그림 18.9
매질1에서보다 매질2에서 파동의 속력이 느려져 파동의 굴절이 일어난다.

그림 18.9에서 보는 것처럼 마루의 위치를 직선으로 그려 보면 편리하다. 그런 직선을 파면이라고 한다. 파면에 있는 모든 점에서, 파동은 파면과 수직을 이루며 움직여간다. 따라서 파동의 진행 방향은 파면에 수직인 화살표로 나타낸다. 그림과 같이 매질 1에서 파장 $\lambda_1$, 속도 $v_1$인 파동이 입사하여 매질 2로 굴절될 때 파장 $\lambda_2$, 속도 $v_2$ 가 되었다면, 입사각과 굴절각 및 이들의 관계는 다음과 같다.

$$n_{12} = \frac{v_1}{v_2} = \frac{\lambda_1}{\lambda_2} = \frac{\sin i}{\sin r} = \frac{n_2}{n_1}$$

매질 1에서 입사각 $i$를 $\theta_1$으로, 매질 2에서 굴절각 $r$를 $\theta_2$로 바꾸어 생각하고, 위 식에 적용시키면 $n_1\sin\theta_1 = n_2\sin\theta_2$의 관계가 성립하는데 이를 스넬의 법칙이라 한다. 빛이 굴절률이 더 큰(더욱 밀한) 매질로 입사하면 굴절각이 작아지며 빛의 속력은 느려진다.

**Example** 반사와 굴절의 차이를 간단히 설명하라.

풀이 반사는 같은 매질에서 파동이 이동하는 것이고, 굴절은 한 매질에서 다른 매질로 파동이 이동하는 것이다.

## 18.5 파동의 간섭

바위와 같은 물체들은 다른 물체와 같은 공간에 동시에 존재할 수 없다. 그러나 진동이나 파동의 경우는 같은 공간에 동시에 여러 개가 함께 존재할 수 있다. 두 개의 돌을 물에 동시에 떨어뜨린 경우, 각각에 의해 만들어진 파동은 서로 중첩되어 간섭 무늬를 만든다. 간섭 현상에서 중첩된 파동은 커지거나 작아지거나 또 없어질 수도 있다.

한 파동의 마루가 다른 파동의 마루와 중첩될 때 각 파동의 효과는 서로 더해진다. 이 경우에 진폭이 커진다. 이런 간섭을 보강 간섭이라 한다(그림 18.10 위). 반면에 한 파동의 마루가 다른 파동의 골과 만나면 각 파동의 효과는 감소된다. 즉 한 파동의 높은 부분이 다른 파동의 낮은 부분을 채우게 되어 진폭은 0이 된다. 이런 간섭을 소멸 간섭 또는 상쇄 간섭이라 한다(그림 18.10 아래).

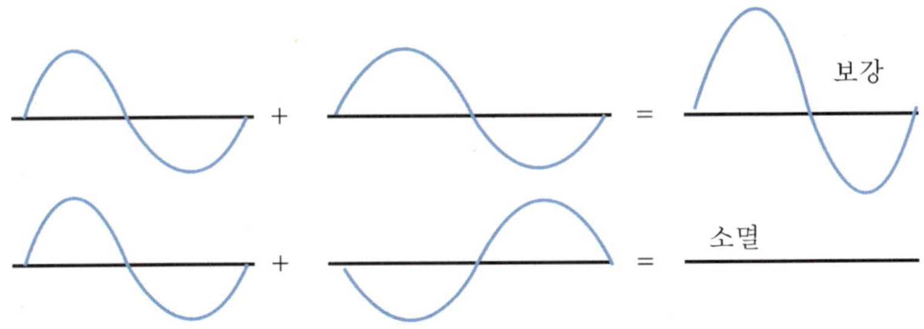


그림 18.10

파동의 간섭 현상은 수면파에서 가장 잘 볼 수 있다. 그림 18.11(오른쪽)은 두 개의 진동체가 수면에 닿으면서 생긴 수면파에 의해 만들어진 간섭 무늬이다. 회색의 '살'무늬 부분은 두 파동의 마루와 골이 만나 진폭이 0이 된 곳이다. 이 부분은 두 파원에서 진행해 온 두 파동이 '일치하지 않는' 곳이다. 이런 경우 두 파동의 '위상은 반대'라고 말한다. 어두운 줄 무늬와 밝은 줄무늬 부분은 두 파동의 마루와 마루, 골과 골이 만나 겹쳐진 부분이다. 이 부분은 진행해 온 두 파동이 '일치하는' 곳이다. 이런 경우 두 파동의 '위상은 같다'라고 말한다.

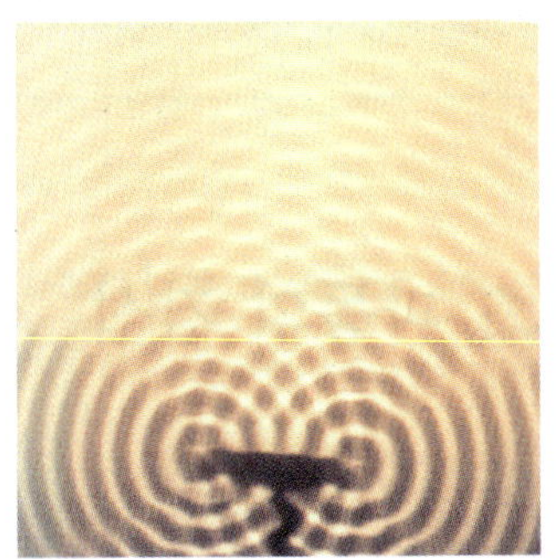

그림 18.11
두개의 수면파가 중첩되면 간섭 무늬가 생긴다.

이중 슬릿을 통한 물결파의 간섭무늬

간섭 무늬는 그림 18.12와 같이 두 장의 투명한 종이에 인쇄된 동심원들을 겹쳐도 만들어진다. 두 장의 투명한 종이의 중심을 약간 어긋나게 겹쳐보면, 소위 무아레 무늬라 불리는 무늬가 생기는데 이 무늬는 수면파(또는 모든 파동)의 간섭 무늬와 유사하다. 두 장의 투명한 종이 중 한 장을 약간만 움직여도 눈에 띄게 다른 무늬를 얻을 수 있다.

간섭 현상은 수면파, 음파, 광파 등 파동만이 가지는 특성이다.

두 파동이 간섭을 일으킬 때 임의의 한 점의 진폭은 두 파원으로부터의 경로차와 두 파원의 위상차에 의해 결정된다. 이때 두 파원의 위상차가 일정하게 유지될 때에만 일정한 간섭 무늬를 볼 수 있다.

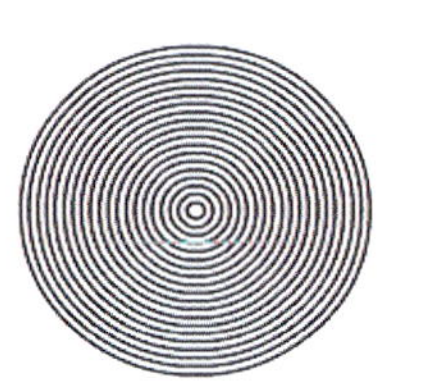
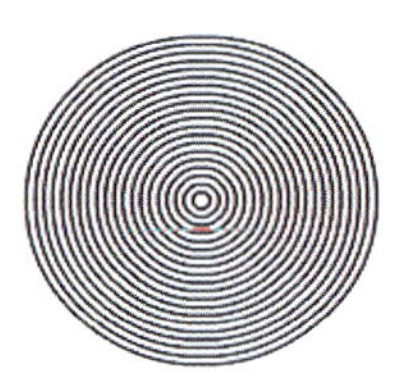
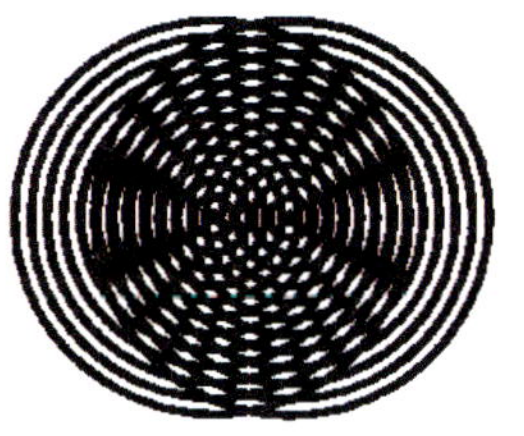

그림 18.12
원형격자에 의한 무아레 무늬

그림 18.13
방사선 무늬에 의한 무아레 무늬

**더 알아보기 파동에너지**

파동을 에너지의 흐름으로 볼 때 탄성체의 매질을 따라 전달되는 에너지의 양은 다음과 같이 진폭(A)과 진동수($f$)의 함수로 나타낼 수 있다.

$$E=\frac{1}{2}kA^2=\frac{1}{2}m\omega^2A^2=\frac{1}{2}m(2\pi f)^2A^2$$

이므로 $E\propto f^2A^2$이 된다.
따라서 두 파동의 세기가 같을 때 소멸간섭하는 지점에 도달하는 파동에너지는 0이고, 보강간섭하는 지점에 도달하는 파동에너지는 간섭을 일으키기 전의 4배가 된다.

그림 18.4와 같이 위상이 같은 두 파원에서 발생한 두 파동이 보강간섭을 일으키는 지점은 경로차가 반파장의 짝수배가 되는 곳이며, 소멸간섭을 일으키는 지점은 경로차가 반파장의 홀수배가 되는 곳이다. 따라서 두 파원의 위상이 같을 때 간섭 조건은 다음과 같다.

$$\text{보강간섭 : 경로차} = S_1P \sim S_2P=\frac{\lambda}{2}(2m)$$

$$\text{소멸간섭 : 경로차} = S_1Q \sim S_2Q=\frac{\lambda}{2}(2m+1)$$

여기서 $m=0, 1, 2, 3, \cdots$

만일 두 파원의 위상이 반대일 때 위의 간섭 조건은 반대가 된다.

그림 18.14에서 ★표시가 된 부분은 항상 마루와 골이 중첩되어 상쇄되므로 진동하지 않는데, 진동하지 않는 마디를 연결한 선을 마디선이라고 한다.

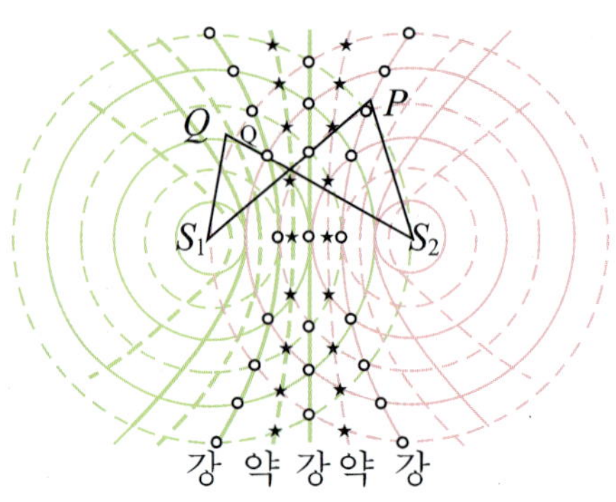


그림 18.14
두 점 파원에 의한 간섭무늬와 마디선

---

**Example** 보강간섭과 소멸간섭은 어떻게 다른가?

풀이 보강간섭은 서로 변위가 더해져서 합성파의 진폭이 2배가 되는 경우이고, 소멸간섭은 합성파의 진폭이 0이 되는 경우를 말한다.

---

## 18.6 정상파

한 끝을 벽에 고정시키고 다른 한 끝을 위아래로 흔들어주면 줄에 파동이 만들어진다. 그런데 벽은 흔들리지 않으므로 진행하던 파동은 벽에서 반사되어 다시 줄을 따라 되돌아오게 된다. 이때 다시 적절하게 줄을 흔들어주면 입사파(방금 만들어진 파동)와 반사파(벽에서 반사된 파동)가 만나 정상파를 만들게 된다. 정상파의 경우 마디라 불리는 줄의 특정한 부분은 정지해 있게 된다.

흥미롭게도 줄의 마디 부분에 손가락을 갖다 대도 줄의 진동을 느끼지 못한다. 그러나 다른 부분에 손을 대면 줄의 진동을 곧 느끼게 된다. 정상파에서 진폭이 가장 큰 부분을 배라 한다. 배는 마디와 마디의 중간 부분에 생긴다. 정상파는 간섭에 의해 생긴다. 진폭과 파장이 같은 두 파동이 서로 반대 방향으로 진행하다가 정상파가 생기는 경우, 마디 부분은 두 파동의 위상이 서로 반대가 되는 곳이다. 마디는 항상 소멸 간섭이 일어나는 곳이다(그림 18.15). 진동수를 다르게 하면서 줄을 흔들어 주면 다양한 정상파를 만들 수 있다. 가장 간단한 정상파는 그림 18.15의 맨 위에 있는 그림처럼 한 구간(마디와 마디 사이 또는 배와 배 사이)으로 이루어진 것이다. 정상파는 퉁기거나 활로 켜는 현악기의 줄에서 만들어진다. 또 콜라병의 주둥이를 입에 대고 불때나 파이프 오르간을 연주할 때, 병과 파이프 속에도 정상파가 생긴다. 정상파는 횡파의 형태로도 생기고, 종파의 형태로도 생긴다.

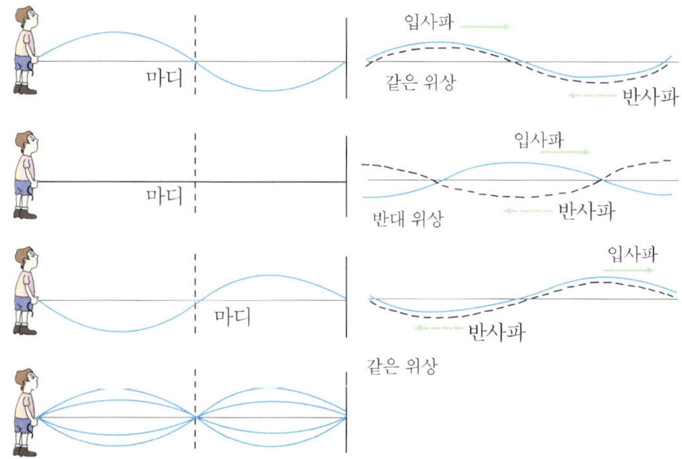


그림 18.15
서로 반대방향으로 진행하는 입사파와 반사파가 중첩하여 정상파를 만든다. 마디 부분은 진동하지 않는다.

정상파는 파동에너지가 운동에너지와 탄성에너지의 형태로 매질의 특정 부분에 머물러 있는 현상으로 볼 수 있으며, 매질 내에서 입사파와 반사파가 중첩되어 만들어지는 정상파는 고정단에서는 마디가 나타나고, 자유단에서는 배가 나타난다. 그림 18.16 (가)는 줄에서 나타나는 정상파를 나타낸 것이다.

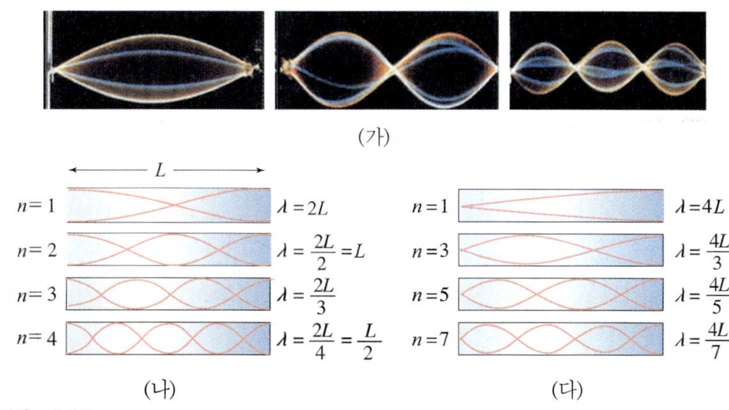


그림 18.16
(가) 줄에서 생기는 정상파
(나) 양끝이 열린 관에서 생기는 정상파 (다) 한쪽 끝이 닫힌 관에서 생기는 정상파

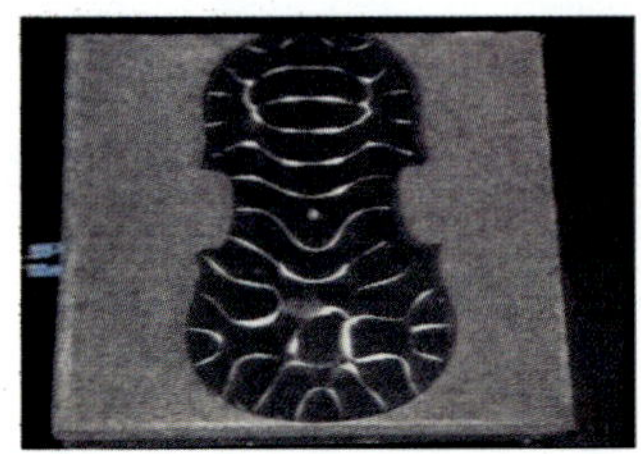
바이올린 통 모양의 판에서 생기는 정상파. 가는 모래를 이용하여 가시화하였다.

그림 18.16에서 줄이나 관의 길이가 길어지면 음파의 파장이 길어지므로 진동수는 작아진다. 즉, 줄이 길어지거나 관이 길어지면 낮은 음이 발생하게 되고 반대로 줄이 짧아지거나 관이 짧아지면 진동수가 커지므로 높은 음이 발생한다.

**Example** 한 파동이 다른 파동을 상쇄시켜 진폭이 0인 합성파를 만들 수 있는가?

풀이 가능하다. 이런 경우를 소멸간섭이라고 한다. 예를 들어 정상파의 마디 부분은 소멸간섭에 의해 진폭이 0이 되는 곳이다.

## 18.7 파동의 회절

17세기 후반 네덜란드의 수학자이자 과학자인 크리스찬 호이겐스는 파동에 관한 매우 재미있는 생각을 발표하였다. 호이겐스는 하나의 점 파원에서 퍼져나가는 광파는 아주 작은 2차 파면이 중첩되어 진행해 나가는 것이며, 파면 위의 모든 점들은 2차 파동의 새로운 점파원이 된다고 생각하였다. 그림 18.17은 이것을 보여주고 있다. 즉, 파면들은 더 작은 파면으로부터 만들어진 것이다. 이를 호이겐스의 원리라고 한다.

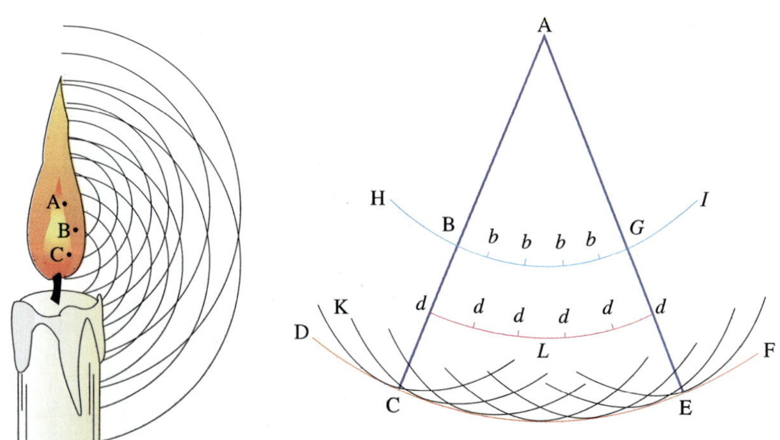


그림 18.17
이 그림은 호이겐스의 저서인 「빛에 관한 논문」에서 발췌한 것이다. A에서 나온 빛은 (왼쪽) 파면으로 발전되고, 파면 위의 모든 점들은(오른 쪽) 마치 새로운 파원인 것처럼 적용한다. b, b, b, b에서 시작된 2차 파면은 새로운 파면(d, d, d, d)을 만든다. d, d, d, d에서 시작된 2차 파면은 또 새로운 파면 (DCEF)을 만든다.

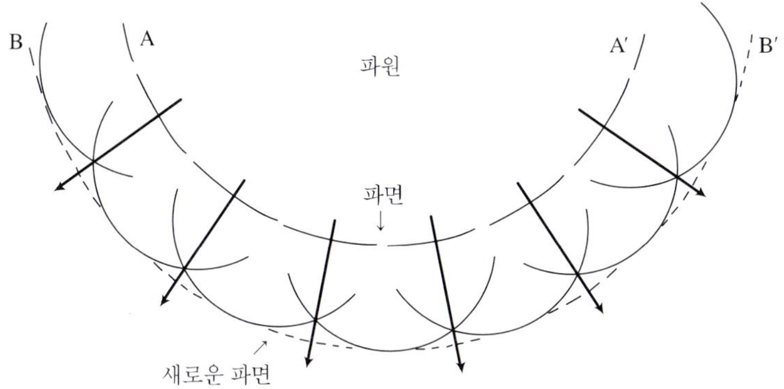


그림 18.18
구면파에 적용된 호이겐스 원리

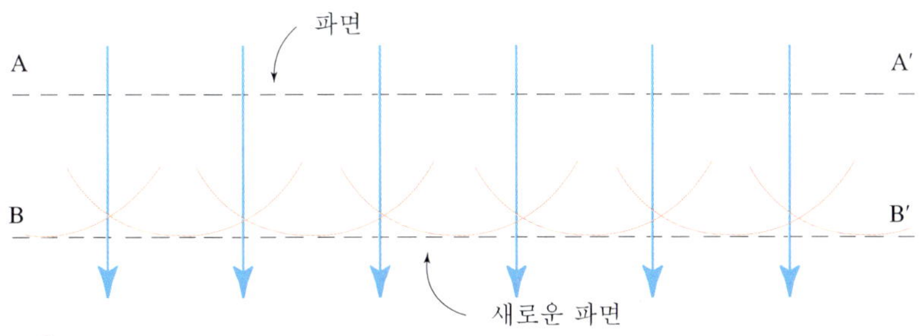


그림 18.19
평면파에 적용된 호이겐스 원리

그림 18.18에 있는 구면파의 파면을 보자. 파면 AA′ 위에 있는 각 점들은 그 점들이 각각의 새로운 구면파의 파원이 되어 퍼져나가 새로운 파면을 형성한다. 그림에는 무한히 많은 작은 파면 중에 몇 개만 그려 놓았다. 새로운 파면 BB′은 AA′으로부터 무한히 많은 수의 작은 파동들을 중첩시켜 그것들을 에워싼 매끄러운 곡선으로 생각할 수 있다. 파면이 퍼져 나가면서 휘어진 곡면이 점차 완만해진다. 파원으로부터 아주 멀리 퍼져나갈수록 파면은 평면의 형태가 된다. 좋은 예는 태양에서 오는 평면파이다. 그림 18.19는 호이겐스 원리를 이용하여(작은 파동들이 만든) 평면파를 그린 것이다(2차원적으로 그리면 평면은 직선이 된다).

반사와 굴절의 법칙을 호이겐스 원리로 설명한 것이 그림 18.20에 나와 있다. 물결파를 좁은 틈으로 통과시키면 호이겐스 원리를 관찰할 수 있다. 직선 파면을 가진 파동을 만들려면 막대자를 가지고 물에서 아래위로 계속해서 넣었다 빼냈다 하면 된다(그림 18.21). 반듯하고 긴 자를 사용하면 직선 파면이 잘 만들어진다. 직선 파면이 장애물 사이의 틈을 지날 때 재미있는 파동 모양이 생긴다.

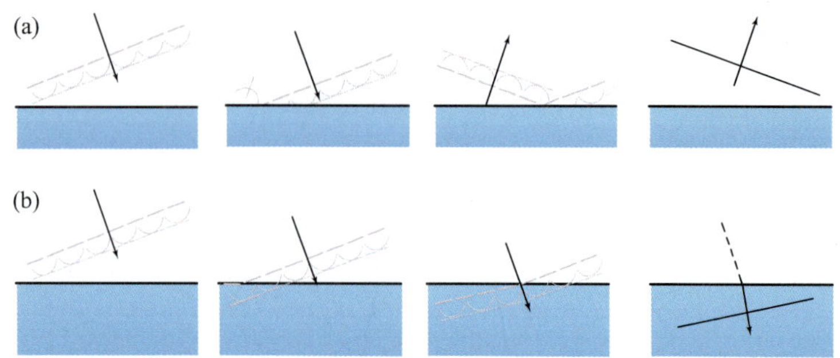


그림 18.20
반사(a)와 굴절(b)에 적용된 호이겐스 원리

틈이 넓으면, 직선 파면은 아무런 변화없이 통과해 나가는데 예외적으로 모서리 부근에서는 호이겐스 원리에 따라 파면이 휘어져 장애물의 뒷부분까지 도달하게 된다. 틈이 좁으면, 더 적은 양의 파동이 통과하게 되고 장애물의 뒷부분에 도달하는 비율은 더 커진다. 틈이 파장에 비해 작으면, 파동의 모든 부분이 새로운 파면의 점파원이 된다는 호이겐스 원리가 확실하게 나타난다. 파동이 좁은 틈으로 들어갈 때 틈바구니에서 물결치는 파동이, 틈 바깥으로 빠져나가서 부채꼴 모양으로 퍼지는 구면파의 점파원이 된다는 것을 쉽게 볼 수 있다. 그림 18.21에 있는 그림은 진동하는 막대에 의해 만들어지는 물결파이다. 통과하는 틈이 좁을수록 파동이 부채꼴 모양으로 퍼지는 정도가 더 심하다는 것을 알 수 있다.

그림 18.21
물탱크 안에서 평면파를 만들고 장애물 사이의 작은 구멍을 통과할 때 어떤 모양이 생기는지 관찰하자.

**이와같이 장애물의 뒷부분으로 파동이 휘어지는 현상을 회절이라고 한다.** 그림 18.22의 사진에서는 크기가 다른 틈을 통과하는 직선 형태의 물결파(파면이 직선 또는 평면인 파동을 평면파라 한다)를 볼 수 있다. 파장에 비해 틈이 넓으면 휘어지는 정도가 작다. 틈이 좁아질수록 파동이 퍼져나가는 정도가 커진다. 또한 회절은 파동의 파장이 길수록 잘 일어난다. 더 자세한 내용은 단원 21의 빛의 회절에서 다루기로 한다.

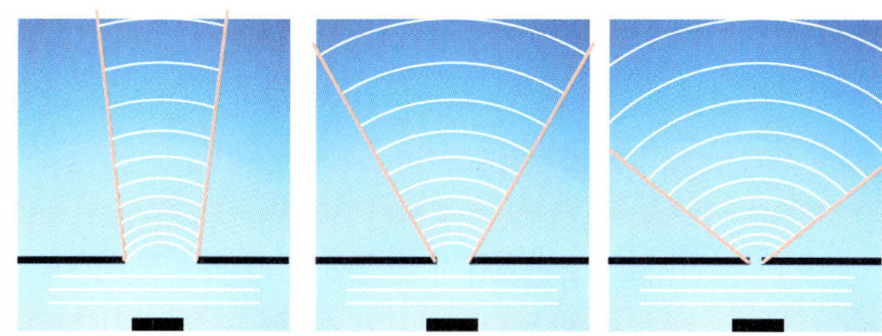

그림 18.22
크기가 다른 틈을 통과하는 평면파, 틈이 좁을수록 가장자리에서 파동은 더 많이 휘어진다.

---

**Example** 높은 진동수의 소리와 낮은 진동수의 소리가 길모퉁이 뒤에 숨어 있는 사람에게 전파되고 있다. 어느 쪽이 더 잘 들리는가?

풀이 파동의 속력은 진동수와 파장의 곱이므로 진동수가 작을수록 파장은 길다. 회절은 파장이 긴 파동일수록 잘 일어나므로 파장이 긴 낮은 진동수의 소리가 더 잘 들린다.

---

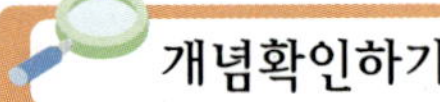

## 개념확인하기

1 파동에 있어서 주기와 진동수는 어떻게 다른가? 이들은 어떤 관계가 있는가?

2 파동이 전파될 때 매질은 파동과 함께 전파되는가? 설명하라.

3 횡파와 종파는 어떻게 다른가?

4 파동은 한 주기 동안 몇 파장의 거리를 진행하는가?

5 한 파동이 1초에 두 번씩 위아래로 진동하고, 또 1초에 20m씩 이동해 간다면 이 파동의 진동수와 속력은 각각 얼마인가?

6 간섭 현상은 몇 가지 파동에서만 나타나는 성질인가, 아니면 모든 파동에서 나타나는 성질인가?

7 한 파동이 다른 파동을 상쇄시켜 진폭이 0인 합성파를 만들 수 있는가?

8 일상 생활에서 회절은 전자기파(빛)보다는 음파(소리)에서 더 분명히 나타난다. 그 이유는 무엇인가?

9 정상파는 어떻게 만들어지는가?

10 파동은 구멍을 통과한 후 퍼져나간다. 파동의 퍼짐이 뚜렷하게 나타나는 것은 구멍이 좁을 때인가, 넓을 때인가? 이렇게 퍼지는 것을 무엇이라고 하는가?

## 수식으로 계산해 보기

1 한 사람이 항구의 다리 위에서 해파를 관찰하고 있다. 30초 동안에 10개의 해파가 지나가고, 마루와 마루 사이의 간격이 5m라면 이 해파의 주기, 진동수, 파장 그리고 속력은 각각 얼마인가?

2 점파원에서 발생한 구면파가 공간으로 전달되고 있다. 점파원 둘레의 반지름이 다른 두 동원심원을 고려할 때 반지름이 작은 동심원에 전달되는 총에너지와 파동의 세기는 반지름이 큰 동심원과 비교했을 때 어떠한지 설명하라.

3 파동이 고정단과 자유단에서 반사될 때 반사된 파동의 위상은 어떻게 되는지 설명하라.

4 매질 1에서 매질 2로 입사각 60°로 파동을 입사시켰더니 굴절각이 30°였다. 매질 1에 대한 매질 2의 굴절률은 얼마인가? 또 매질 1에서의 파동의 속도가 $10\sqrt{3}$ m/s라면 매질 2에서 파동의 속도는 얼마인가?

5 잔잔한 연못에 종이배를 띄웠다. 조약돌을 던져 물결파를 만들어 이 종이배 쪽으로 전파시켰더니 어느 순간 종이배가 물결파의 마루에 있었다.

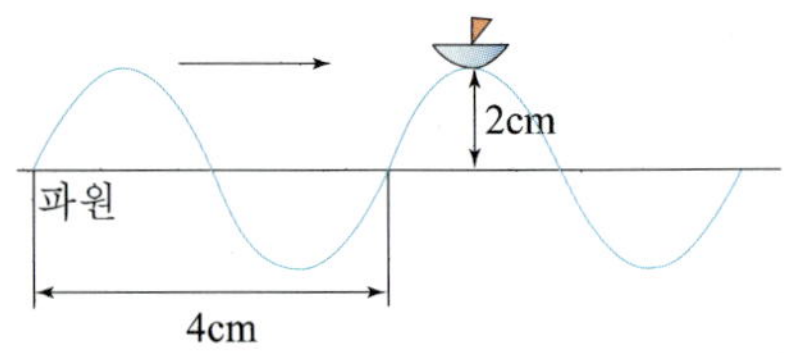


이 물결파의 파장이 4cm이고, 진폭이 2cm, 오른쪽으로 1cm/s의 속력으로 전파되고 있다고 할 때, 2초 후 이 종이배의 위치는 현 위치에서 어느 쪽으로 얼마만큼 이동할까?

6 그림과 같이 양끝이 고정된 줄에 의해 만들어진 정상파가 있다. 이 파동의 파장은 얼마인가?

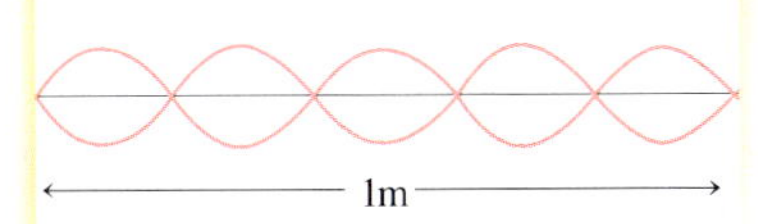


7 $y_1 = A\sin 2\pi\left(\frac{x}{\lambda} + \frac{t}{T}\right)$, $y_2 = A\sin 2\pi\left(\frac{x}{\lambda} - \frac{t}{T}\right)$인 두 파동이 서로 반대 방향으로 진행하다가 중첩되었다. 이웃하는 마디 사이의 거리는 얼마인가?

8 다음 그림과 같이 물결통의 두 점파원 A, B에서 진폭 2cm, 파장 3cm 인 물결파가 6Hz의 진동수로 같은 위상으로 발생하고 있다. A에서 18cm, B에서 15cm 떨어진 P점에 발생하는 물결파의 진폭과 진동수는 각각 얼마인가?

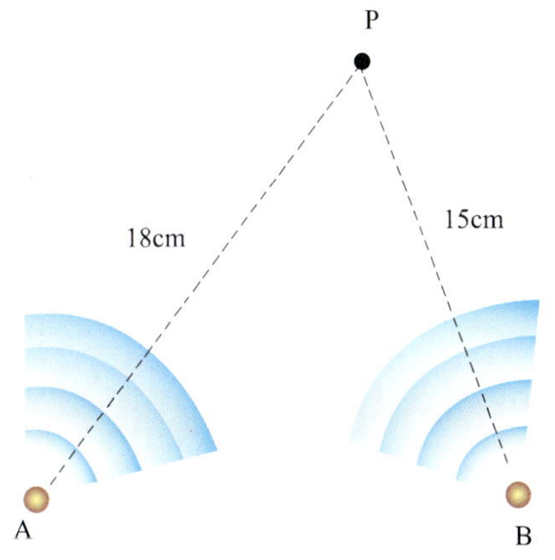


9 줄의 길이가 60cm인 첼로의 가장 오른쪽 줄을 켰을 때 440Hz의 음이 발생했다. 같은 줄을 사용하여 550Hz의 음을 연주하려면 줄의 길이가 얼마인 곳에 손가락으로 눌러야하겠는가?

10 길이가 1.5m인 줄의 한쪽 끝은 진동체에 연결하고 다른 쪽 끝은 벽에 고정시켰다. 진동체의 진동수를 10Hz로 하였을 때 줄이 다음 그림과 같은 정상파를 만들었다.

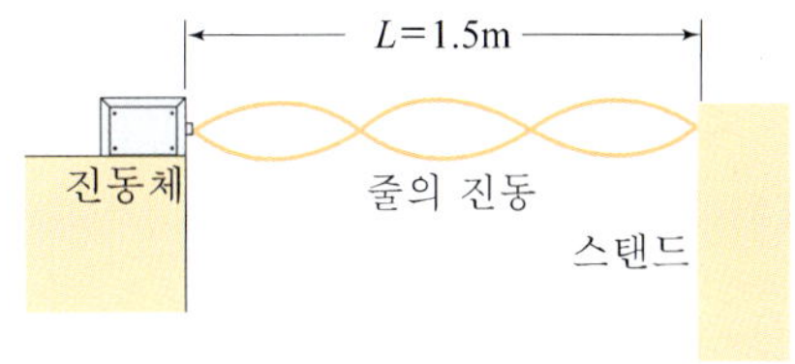


줄을 따라 진행하는 파동의 속력은 얼마인가?

11 진동수 4Hz인 파원에서 발생한 파동이 0.8m/s의 속력으로 진행하고 있다면 이 파동의 파장은 몇 m인가?

12 길이 60cm인 기타 줄을 튕겼을 때 생길 수 있는 정상파 중에서 가장 긴 파장은 얼마인가?

13 그림은 줄에 리본을 묶어 고정시킨 후, 1초를 주기로 흔들었을 때, 진행하는 파동을 나타낸 것이다.

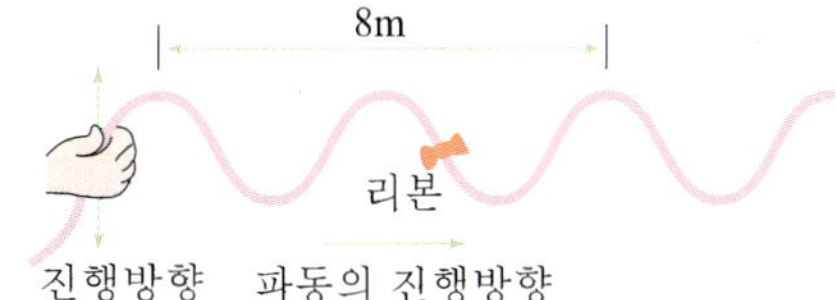


이 파동의 파장과 속력은 각각 얼마인가?

**14** 그림은 오른쪽으로 진행하는 파동을 나타낸 것이다. 실선 모양의 파동이 0.1초 동안 2 m 이동하여 점선의 모양으로 되었다.

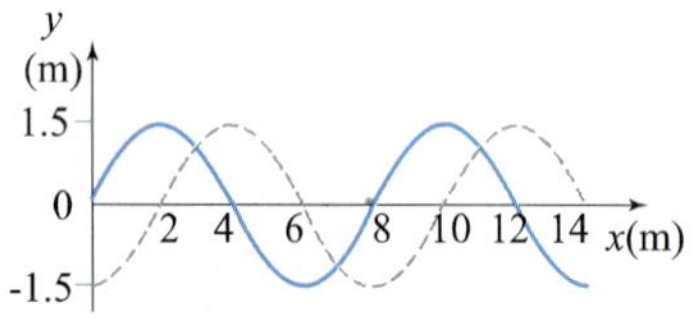


이 파동의 주기와 속도는 각각 얼마인가?

**15** 다음 그림과 같이 수면파 투영 장치에 유리판을 놓고 유리판 위까지 물이 올라오도록 물을 채웠다. 평면파 발생 장치를 이용하여 주기가 일정한 수면파를 발생시켰더니 파면이 경계면과 이루는 각이 45°와 30°가 되었다.

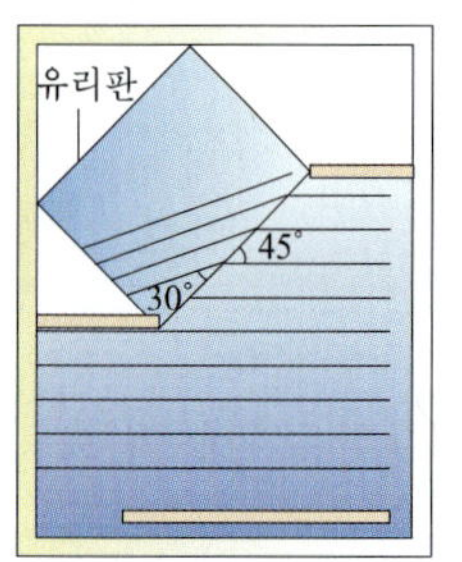


평면과 발생 장치

이 파동의 굴절률은 얼마인가?

**16** 위 문제에서 깊은 곳과 얕은 곳의 파장의 비, 파동의 속도비, 진동수의 비는 각각 얼마인가?

**17** 그림은 물결파가 매질 I에서 매질 II로 진행할 때의 파의 진행방향을 표시한 것이다. 매질 I과 매질 II에서의 물결파의 속도비는 얼마인가?

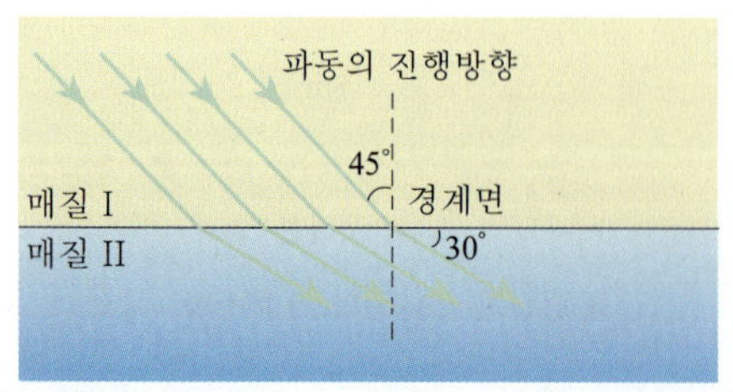


**18** 잔잔한 물 표면에서 반사면으로부터 10cm 떨어진 지점에서 물결파를 발생시켰더니 물결파는 5cm/s의 속도로 퍼져나갔다.

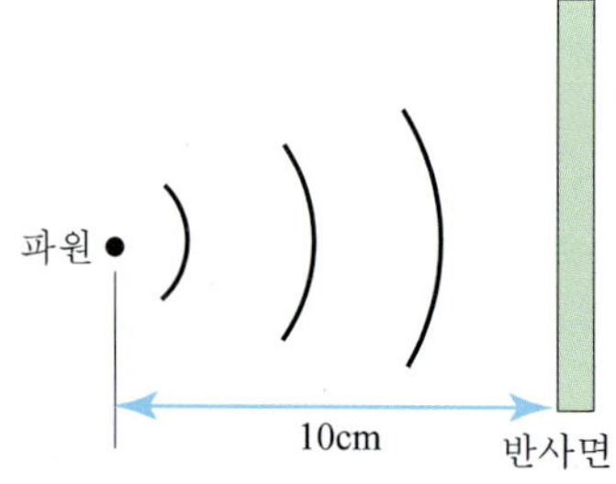


파원에서 발생하여 4초가 지난 후에 나타나는 반사파의 곡률 반지름은? (곡률반지름이란 원호가 이루는 원의 반지름을 의미한다.)

**19** 물결통 실험 장치에서 평면파 발생 장치를 진동시켰더니 다음 그림과 같이 평면파가 발생되어 진행하다가 슬릿을 통과한 후 회절하였다. 만일 평면파 발생 장치의 진동수를 보다 크게 하면 수면파의 파장, 속력, 회절 현상은 각각 어떻게 될까?

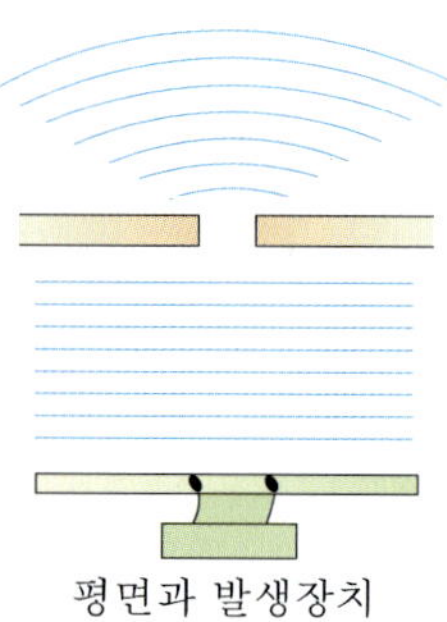

평면과 발생장치

**20** 두 점파원 $S_1$, $S_2$는 진폭과 파장이 같은 파동을 동일한 위상으로 발생시킨다. 파원 $S_1$으로부터 12m, 파원 $S_2$로부터 15m 떨어진 점에서 상쇄간섭이 일어나는 경우, 이 파동의 파장은 얼마인가?

**21** 그림은 일정한 진폭으로 진행하는 파의 모양이다. 어느 순간에 실선의 상태에 있던 파동이 0.5초 후에 점선과 같이 되었다.

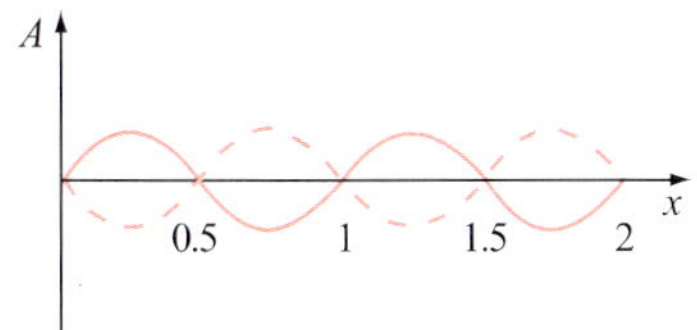


a. 이 파동의 파장은?

b. 이 파동의 주기는?

c. 점 A가 1초 동안에 진동하는 횟수는?

**22** 줄을 통해 전달되는 파동의 식이 다음과 같다. 이 파동의 진폭, 파장, 진동수, 주기, 파동의 속력을 구하여라. 여기서 모든 길이의 단위는 cm이다.

$y = 2\sin 2\pi(200t - 0.5x)$

**23** 두 점파원 $S_1$, $S_2$에서 똑같은 물결파가 같은 위상으로 발생되고 있다. 그림에서 실선과 점선은 각각 어느 순간의 마루와 골을 나타낸다. 다음 물음에 답하라.

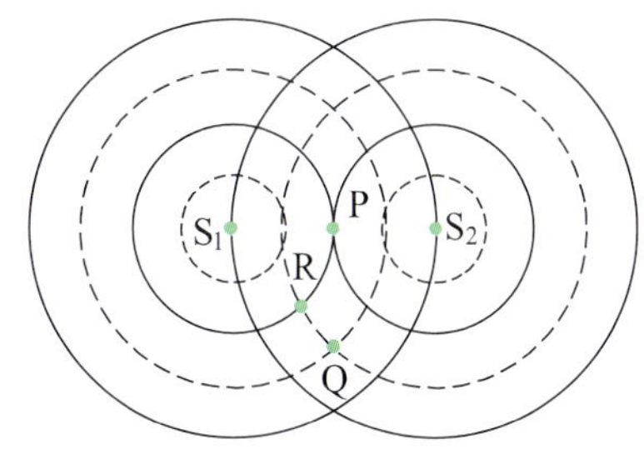


a. P, Q, R점에서 각각 어떤 간섭이 일어나는가?

b. P점과 Q점의 위상차는 얼마인가?

**24** $y$축상에 서로 4m 떨어진 두 송출기 $S_1$, $S_2$에서 파장이 똑같이 1m인 전자기파가 같은 위상으로 방출되고 있다. 전자기파 검출기를 $S_2$에서 $x$축을 따라 이동시킬 때 두 번째로 전자기파가 세게 감지되는 위치를 구하여라.

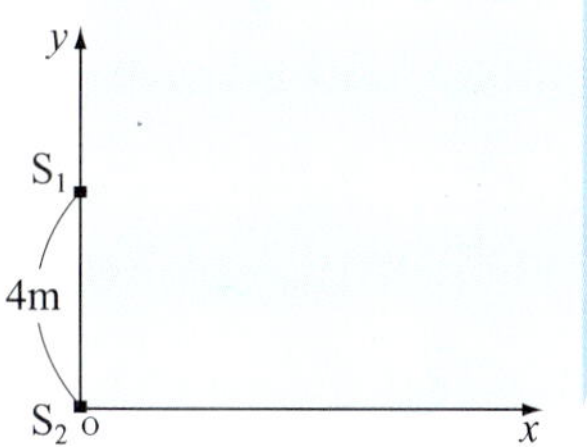

## 한 걸음 더

1. 물결파의 속력은 수심의 제곱근에 비례한다. 그림은 사각형 물통에서 수면파의 진행을 나타낸 것이다.

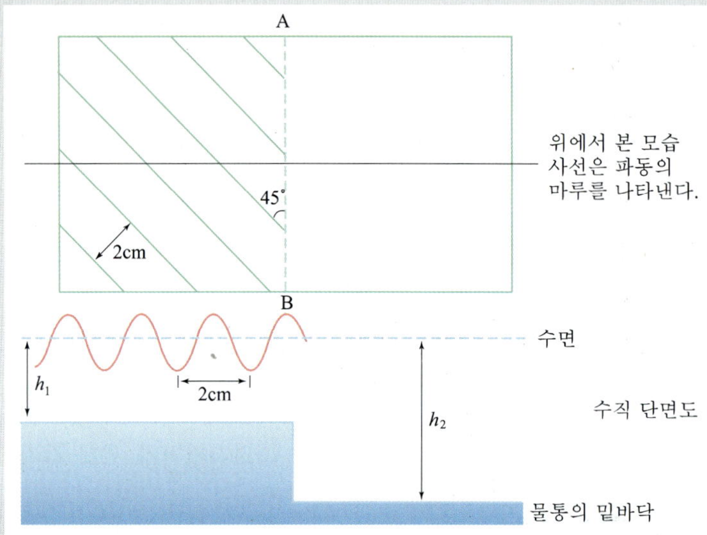


점선 AB를 경계로 수심이 $h_1$에서 $h_2$로 달라지고, 수면파는 경계선에 대해 45°로 입사하고 있다.(단, $h_2 = 1.69h_1$이다)

a. AB 오른쪽 영역에서 파장은 왼쪽 영역의 몇 배인가?

b. AB 오른쪽 영역에서 파동의 진행방향은?

2. 기주공명장치의 입구에서 미지의 진동수로 진동하는 소리굽쇠가 있다. 수면의 깊이가 입구에서 9.0cm에 오게 될 때 첫 번째 공명현상이 나타났다.

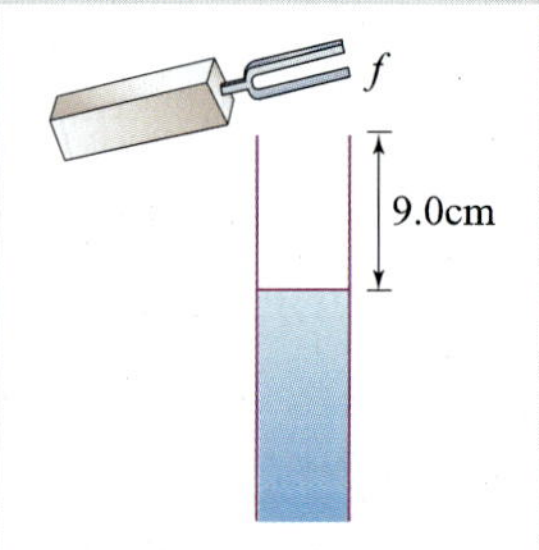


a. 소리굽쇠의 진동수는 얼마인가?

b. 수면을 점점 아래쪽으로 이동시키면 어느 순간 다시 소리굽쇠가 공명하게 된다. 이때 수면의 깊이는 입구에서 얼마나 떨어져 있는가?

3. 한 개 줄에서의 두 파동은 다음의 파동함수로 표현된다.

$$\begin{cases} y_1 = 4.0\cos(4.0x - 1.6t) \\ y_2 = 4.0\sin(5.0x - 2.0t) \end{cases}$$

여기서 $y$와 $x$는 cm 단위이고, $t$ 단위는 초이다.

두 파동이 중첩되어 $y = y_1 + y_2$로 나타날 때, $x = 2.0$cm, $t = 1.0$초에서의 파동의 크기 $y$는 얼마인가?

# Chapter 19

# 소 리

박쥐는 시각이 퇴화되어 눈으로 물체를 볼 수 없다. 그러나 초음파를 이용하여 장애물을 피해 비행하기도 하고 먹이를 찾아내기도 한다. 박쥐의 콧구멍에서 방출된 초음파는 나방에 반사되어 박쥐의 귀로 돌아오는데, 박쥐와 나방의 운동에 의해 박쥐의 귀로 들어오는 초음파의 진동수는 박쥐가 방출한 초음파의 진동수와 달라지게 된다. 이 차이를 이용하여 박쥐는 나빙의 위치와 상대속력을 알아내어 나방을 잡아먹는다.

## 19.1 소리의 근원과 전파

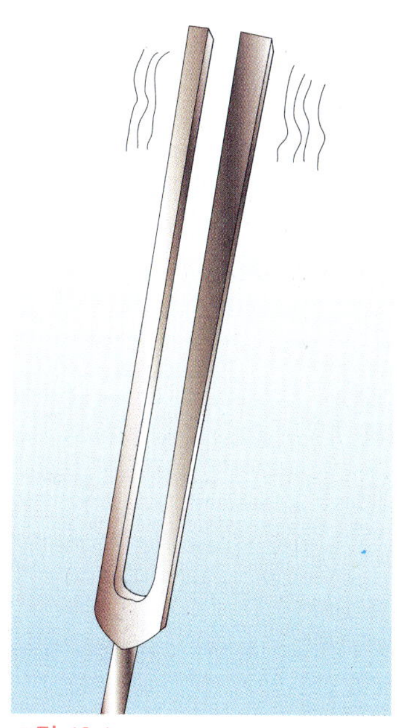

그림 19.1
모든 소리의 근원은 진동이다.

모든 소리는 물체의 진동에 의해 만들어진다. 피아노, 바이올린, 기타 등의 경우에는 현의 진동에 의해 소리가 만들어지지만, 섹스폰의 경우에는 리드의 진동에 의해 소리가 만들어진다. 또 플루트의 경우에는 입을 대고 부는 지점에서 공기 기둥이 진동하면서 소리를 내게 된다. 목소리는 성대의 떨림에 의해 만들어진다.

이들 모두 본래의 진동이 현악기의 음판 또는 리드 악기나 관악기의 공기 기둥 그리고 가수의 목과 입 안의 공기 등과 같은 더 크거나 무거운 어떤 물체를 진동시키게 된다. 이러한 진동체는 다시 주변의 매질(주로 공기)을 통해 종파의 형태로 진동을 전달하게 된다. 일반적으로 음파의 진동수는 진동원의 진동수와 같다. 예를 들어 440Hz로 진동하는 현에 의한 음파의 진동수는 440Hz이다.

음조란 우리가 듣게 되는 소리의 진동수에 관한 주관적인 느낌을 말한다. 피콜로에서 나는 소리처럼 높은 음조를 갖는 소리는 높은 진동수를 가지며, 해상에 짙은 안개가 끼었을 때 배의 경적 소리는 낮은 음조와 낮은 진동수를 갖는다. 젊은 사람들은 보통 진동수가 20~20,000Hz인 소리를 들을 수 있다. 나이가 들면서 청력이 약해지는데 특히 높은 음의 소리를 잘 듣지 못하게 된다. 20Hz 이하의 소리를 초저주파라 부르며, 20,000Hz이상의 소리를 초음파라 부른다. 우리는 초저주파나 초음파를 들을 수 없다. 그러나 동물에 따라서는 우리는 들을 수 없는 초저주파나 초음파를 사용한다. 예를 들어 코끼리는 초저주파를 들을 수 있으며, 박쥐는 초음파를 이용하여 장애물을 피해 날아다닌다.

손뼉을 치면 모든 방향으로 퍼져나가는 하나의 파동이 만들어진다. 이 파동은 용수철을 진동시키는 것처럼 공기를 진동시키게 된다. 이때 공기 분자들은 퍼져나가는 파동의 운동 방향과 나란하게 앞뒤로 움직이게 된다. 이 과정을 확실히 이해하기 위해 그림 19.2와 같은 긴 방을 생각해 보자. 오른쪽 벽에는 열려 있는 창문에 커튼이 드리워져 있고, 왼쪽 벽에는 여닫을 수 있는 문이 있다.

그림 19.2
(위) 문을 열었을 때 밀한 상태의 공기 분자들이 방을 가로질러 이동해 간다.
(아래) 문을 닫았을 때 소한 상태의 공기 분자들이 방을 가로질러 이동해 간다.

왼쪽 벽에 있는 문을 빠르게 열면(위쪽 그림), 문은 바로 옆에 있는 공기 분자들을 밀어내게 되고 또 옆의 분자들은 다시 그 옆의 분자들을 밀게 된다. 이런 식으로 계속 진행하여 마치 용수철의 압축된 부분이 용수철을 따라 진행하는 것처럼 마침내 공기 분자들은 커튼을 밖으로 펄럭이게 만든다. 공기의 압축이 문으로부터 커튼까지 이동한 것이다. 이와 같이 압축된 공기 분자들을 밀한 상태에 있다고 말한다. 왼쪽 벽에 있는 문을 순간적으로 닫으면 문 가까이에 있는 공기 분자들이 문 밖으로 밀려나게 된다. 따라서 문 근처의 공기 압력이 낮아지게 된다. 이때 바로 옆의 공기 분자들은 압력이 낮은 곳으로 몰려들게 되고 다시 그 곳의 공기 압력이 낮아지게 된다. 이와 같이 압력이 낮은 상태의 공기 분자들을 소한 상태에 있다고 말한다. 다시 문으로부터 더 멀리 떨어져 있는 분자들이 소한 곳으로 몰려들게 되어 결과적으로 공기의 소한 상태가 커튼까지 이동하게 된다. 이는 커튼이 문 안쪽으로 펄럭이게 될 때 확실히 알 수 있다. 이번에는 소한 상태가 커튼까지 이동한 것이다.

모든 파동과 마찬가지로 방을 이동해 가는 것은 매질이 아니라 펄스(한 순간의 파동)이다. 두 경우 모두 펄스가 창문 쪽에서 커튼을 향해 이동한 것이다. 이는 창문이 열리거나 닫힌 후에 커튼이 움직이는 것으로 알 수 있다. 창문을 주기적으로 열고 닫는다면 주기적으로 밀한 상태와 소한 상태(소밀파)가 전달되어 커튼이 앞뒤로 흔들리게 된다.

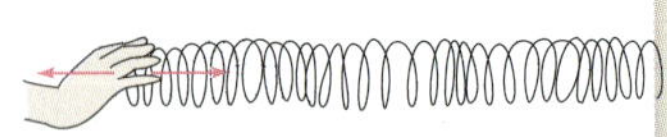

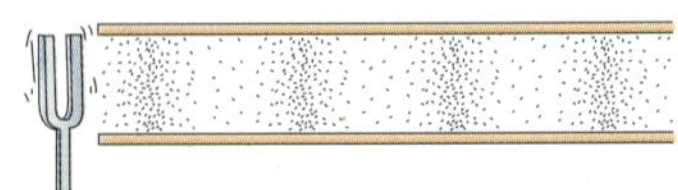

그림 19.3
(위) 용수철의 밀한 부분이 용수철을 따라 진행한다.
(아래) 소리굽쇠에 의해 생긴 소밀파가 관을 따라 진행한다.

그림 19.3은 늘어난 용수철을 앞뒤로 밀었을 때와 관을 따라 전달되는 음파를 나타낸 것이다. 용수철을 앞뒤로 밀면 소밀파가 전달되듯이, 관의 한쪽 끝에 소리를 진동하는 소리굽쇠를 가져가면 공기분자들의 소밀상태가 관을 따라 전달된다. 이것은 마치 탁구공으로 가득찬 방 안에

서 라켓을 앞뒤로 움직이는 것과 같다. 진동원(파원)이 진동함에 따라 밀한 부분과 소한 부분이 만들어지게 된다.

**Example** 음의 높이는 진동수와 어떤 관련이 있는가? 또 초저주파와 초음파는 어떻게 다른가?

풀이 진동수가 커질수록 음은 높아진다. 대략 20Hz 이하의 소리를 초저주파라 하고 20,000Hz 이상의 소리를 초음파라 한다.

## 19.2 음파의 매질과 속력

우리가 듣는 대부분의 소리는 공기를 통해 전달되는 것이다. 그러나 소리는 고체나 액체 속에서도 전달된다. 인디언들은 땅에다 귀를 대고 땅을 통해 전달되는 말발굽소리를 듣곤 했다. 그러면 공기를 통해 전달되는 소리보다 먼저 들을 수 있다. 더 실제적인 예로 금속 울타리에 귀를 대고 다른 사람으로 하여금 멀리서 울타리를 탁탁 치게 해 보자. 이때 소리는 공기에 의해 전달되는 것보다 더 크고 빠르게 전달된다.

물 속에서 돌멩이 두 개를 서로 부딪쳐 보면 그 소리를 아주 또렷하게 들을 수 있다. 모터 보트가 운행되고 있는 곳의 근처에서 수영을 할 경우, 물 밖에서 듣는 모터소리보다 물 속에서 듣는 모터 소리가 훨씬 크게 들린다. 또한 싱크로나이즈 선수들은 물 속을 통해 들려오는 음악에 맞춰 수중발레를 한다. 고체와 액체는 공기보다 소리를 훨씬 잘 전달해주는 물질이다. 그러면 진공 중에서도 소리가 전달될까? 그렇지 않다. 진공 중에서는 소리가 전달되지 않는다. 그러므로 여러분이 진공에 있다면 여러분의 친구를 목소리로 부를 수 없다. 소리가 전파되려면 매질이 있어야 한다. 즉 밀하고 소한 상태가 만들어질 수 있는 물질이 있어야만 한다. 진동은 계속될는지 모르지만 매질이 없이는 소리는 전달되지 않는다.

소리의 속력은 매질에 따라 다르다. 일반적으로 소리는 기체보다는 액체나 고체에서 더 빠르게 전달된다. 공기의 온도가 높아질 때에도 음속은 빨라지는데, 그것은 따뜻한 공기 중에서는 분자들이 더 빠르게 운동하므로 음파가 전달되는 데 걸리는 시간이 짧아지게 되기 때문이다. 공기 중에서 소리의 속력은 다음과 같은 식으로 나타낼 수 있다.

$$v_t = 331 + 0.6t \ (v_t : t℃에서\ 소리의\ 속력)$$

온도가 0℃인 건조한 공기 중에서 음속은 약 330m/s(1,200km/h) 이며, 0℃ 이상에서 온도가 1℃ 올라갈 때마다 음속은 약 0.6m/s씩 빨라진다. 따라서 실내 온도에 해당하는 20℃에서의 음속은 340m/s 정도가 된다. 음속은 매우 빠른 것 같지만 빛의 속도의 백만분의 일에 불과하다. 음속과 광속의 이러한 차이는 번갯불을 본 뒤 천둥소리를 들을 때까지 시간이 걸리는 것을 설명해 준다.

한 물질 내에서의 음속은 물질의 밀도는 물론 물질의 탄성과도 관계가 있다. 탄성은 물질에 힘이 가해지는 경우 이 힘 때문에 변형되고, 또 이 힘이 사라지면 원래의 상태로 되돌아오는 성질이다. 쇠의 경우는 탄성이 매우 크지만, 퍼티와 같은 접합제는 비탄성체이다. 탄성체는 원자들이 비교적 조밀하게 분포하고 있어서 서로의 운동에 빠르게 반응하므로 탄성체를 통해 에너지가 전달될 때는 에너지 손실이 아주 작다. 소리는 공기 중에서보다 쇠에서 15배나 빠르게 전달된다. 물에서는 약 4배 정도 빠르게 전달된다.

---

**Example** 번갯불을 본 지 3초 만에 천둥 소리를 들었다면 번개가 친 곳까지의 거리는 얼마인가?

풀이 공기 중에서의 음속을 340m/s라 하면 거리는 340m/s × 3s = 1,020m가 된다. 빛이 도달하는데 걸리는 시간은 무시할 수 있기 때문에 번개를 친 곳까지의 거리는 대략 1km 정도 된다. 만일 번개불을 본 뒤 천둥이 곧바로 울린다면 번개가 생긴 곳이 매우 가까운 곳이므로 낮은 곳으로 피하는 것이 좋다.

---

## 19.3 소리의 반사와 굴절

메아리는 반사된 소리이다. 표면으로부터 반사되는 소리 에너지의 비율은 표면이 단단하고 매끈할 때 더 크고, 표면이 부드럽고 불규칙적일 때 더 작다. 반사되지 않은 소리 에너지는 흡수되거나 투과한다. 소리는 방 안의 모든 표면 – 벽, 천장, 마루, 가구, 사람들 – 으로부터 반사된다. 사무실이나 공장, 강당과 같은 건물의 실내 장식을 디자인하는 사람들은 표면의 반사 성질을 이해해야만 한다. 이런 성질을 연구하는 분야를 음향학이라고 한다.

방이나 강당, 또는 연주회장의 벽에서 소리를 너무 잘 반사시키면 소리가 변질된다. 이것은 소위 반향이라고 하는 다중 반사 때문이다. 그러나 반사 표면이 흡수체이면 반사되는 소리의 양이 줄어들어 소리가 활력을 잃고 둔탁해진다. 샤워할 때 노래하면 소리가 유난히 크게 들리는 것을 경험해 보았겠지만, 방안에서는 소리가 잘 반사되기 때문에 활력이 넘치는 소리가 방안을 가득 채우게 된다. 강당이나 연주회장을 설계할 때는 반향과 흡수를 잘 고려해야 한다. 소리가 청중을 향해 반사되도록 반사가 잘 되는 표면을 보통 무대 위와 뒤에 설치한다. 소리와 빛은 둘 다 반사의 법칙을 따르므로, 어떤 특정한 악기가 표면에 비치도록 반사체를 설치하면, 청중은 반사체에 비친 악기의 모습을 볼 수 있을 뿐만 아니라 그 소리까지도 잘 들을 수 있게 된다. 악기에서 나는 소리는 빛의 경로를 따라 반사체에 도달한 후 다시 반사되어 청중에게 전달된다.

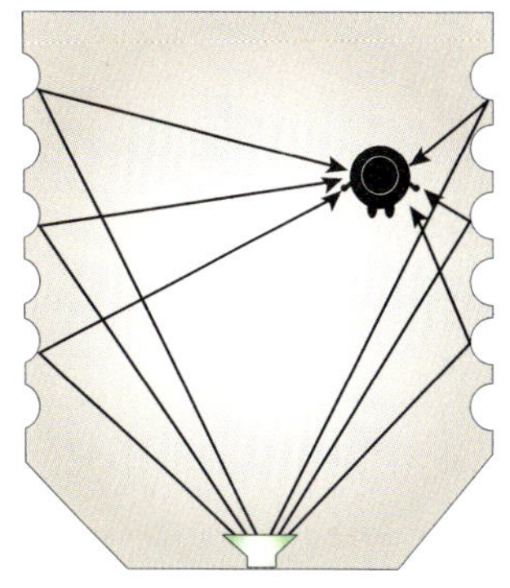

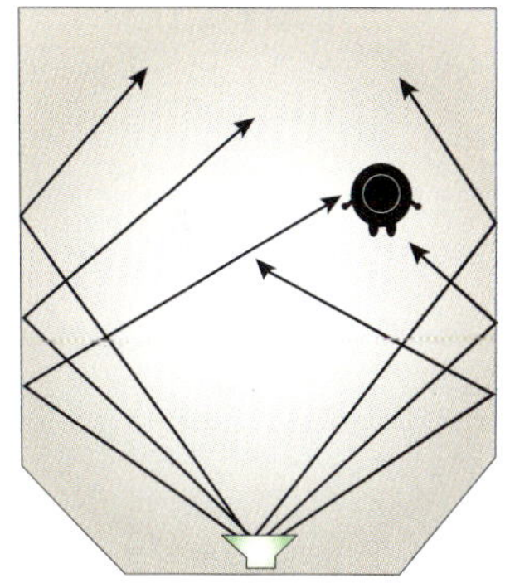

그림 19.4
(위) 홈이난 벽에서 난반사에 의해 여러 군데에서 반사된 음을 듣는다. (아래) 평편한 벽의 한 부분에서 오는 강한 반사음을 듣는다.

그림 19.5
세종문화회관. 콘서트홀의 내부는 소리의 반사와 흡수를 고려하여 설계되어 있다.

음파는 파면의 각 부분들이 다른 속력으로 진행할 때 굴절된다. 이런 현상은 고르지 않은 바람이 불거나, 소리가 온도가 다른 공기층을 통과할 때 일어난다. 예를 들면 무더운 날, 지면 근처의 공기는 상공의 공기보다 훨씬 따뜻하다. 소리는 따뜻한 공기에서 더 빨리 이동하기 때문에 지면 근처에서는 소리의 속력이 더 빨라진다. 굴절은 급격하지 않고 점진적으로 일어난다(그림 19.6).

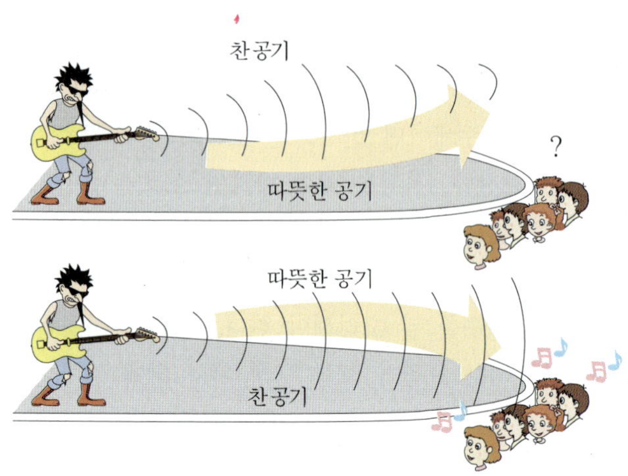


그림 19.6
소리의 파면은 온도가 고르지 않은 공기층에서 휘어진다.

따라서 음파는 따뜻한 지면에서 상공으로 휘어져 올라가므로 소리가 잘 전달되지 않는다. 차가운 날씨나 밤에는 지면 근처의 공기층이 상공의 공기보다 더 차가우므로, 지면 근처에서는 소리의 속력이 느려진다. 상공에서의 소리 속력이 더 빠르므로 소리는 지면 쪽으로 휘어지게 된다. 이렇게 되면 소리는 훨씬 더 먼 곳까지 전달된다.

---

**Example** '낮말은 새가 듣고 밤말은 쥐가 듣는다.'라는 속담의 소리의 굴절을 이용하여 설명하여 보라.

풀이 낮에는 지면의 공기가 따뜻하므로 소리가 위쪽으로 굴절되어 나무 위의 새가 잘 들을 수 있고, 밤에는 지면의 공기보다 상층의 공기가 따뜻하므로 소리가 아래쪽으로 굴절하여 쥐가 잘 들을 수 있다. 보통 낮에 도로의 소음이 아파트의 고층에서 더 큰 것도 소리의 굴절로 설명할 수 있다.

---

## 19.4 소리의 세기와 고유진동수

소리의 세기는 음파의 진폭의 제곱에 비례한다. 소리의 세기는 객관적인 기준으로 측정된 값이므로 보통 그림 19.7의 오실로스코프나 컴퓨터를 이용하여 측정한다. 반면에 소리의 크기는 뇌에서 느끼는 생리적인 감각이다. 따라서 사람마다 다르다. 소리의 크기는 주관적인 것이지만 소리의 세기와 관계가 있다. 비록 주관적인 차이지만 소리의 크기는 세기의 상용 로그 값에 비례한다. 소리의 크기의 단위로 데시벨(dB)을 사용하며 이는 전화의 발명자인 벨(Alexander Graham Bell)의 이름을 딴 것이다. 표 19.1에는 몇 가지 음원과 그 음의 크기가 나열되어 있다.

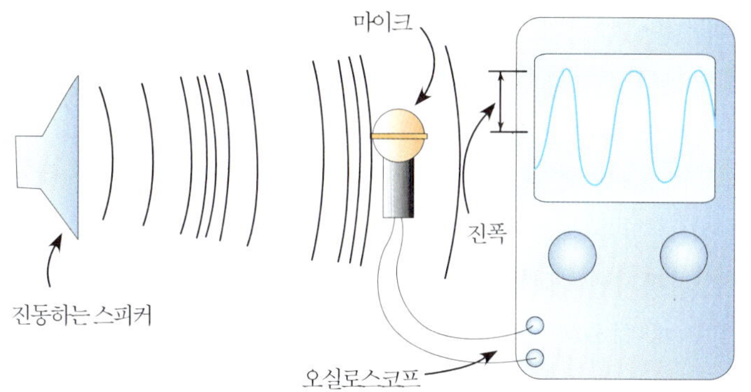


그림 19.7
왼쪽에 있는 스피커는 원추형 모형의 종이로 만들어졌으며, 전기적 신호와 리듬에 맞춰 진동하게 된다. 여기서 만들어진 소리는 마이크에 동일한 진동을 일으킨다. 이 진동은 오실로스코프의 화면에 나타난다. 화면에 나타난 파형은 소리에 관한 정보를 알려준다.

표 19.1

| 음 원 | 크기(dB) |
|---|---|
| 제트 엔진(0m 떨어진 곳) | 140 |
| 고통의 한계 | 120 |
| 큰소리의 록 음악 | 115 |
| 지하철 | 100 |
| 공장의 소음 | 90 |
| 교통이 복잡한 도로 | 70 |
| 일상적인 대화 | 60 |
| 도서관 | 40 |
| 근거리에서의 속삭임 | 20 |
| 보통의 숨소리 | 10 |
| 들을 수 있는 한계 | 0 |

## 더 알아보기 소리의 크기

사람이 느끼는 소리의 크기는 소리의 세기(음파의 세기)의 로그값에 비례하며 다음과 같은 식으로 나타낼 수 있다.

$$\text{소리의 크기 : } \beta = 10\log\frac{I}{I_0}[\text{dB}]$$

여기서 $I$는 측정된 소리의 세기이며, $I_0$는 기준값으로 사람이 들을 수 있는 최소의 세기로 $I_0 = 10^{-12}\text{W/m}^2$이다. 음파의 세기는 파동에 의해서 전달되는 단위 면적당 단위시간당 에너지로 정의된다. 따라서 파동의 세기 단위로는 $\text{W/m}^2$를 사용한다.

예를 들어 측정된 어떤 소리의 세기가 $I_0$와 같다면 위의 식으로부터 소리의 크기는 0dB 임을 알 수 있다.

$$I = I_0 \quad\rightarrow\quad \beta = 10\log\frac{I_0}{I_0}[\text{dB}] = 0$$

그러므로 정상적인 귀로 들을 수 있는 소리의 한계(0dB)에서 시작하여 10dB씩 증가하는 경우 소리의 세기는 0dB의 소리의 세기보다 10배씩 증가한다. 즉, 20dB의 세기는 10dB의 2배가 아니라 $10^2$인 100배이고, 30dB은 10dB의 $10^3$인 1000배이다. 또한 고통을 느끼는 소리의 크기는 120dB이다. 인간이 들을 수 있는 가장 작은 소리보다 고통을 느끼는 소리의 세기는 무려 $10^{12}$배이다.

그림 19.8
기타의 통은 공명에 의해 기타소리를 풍부하게 한다.

쇠막대와 야구 방망이를 바닥에 떨어뜨려 보면, 분명히 다른 소리가 난다. 이는 두 물체가 바닥에 부딪쳤을 때 각각 다른 진동을 하기 때문이다. 탄성체를 교란시킨 경우에 탄성체는 자신의 고유한 진동수로 떨게 되는데, 이 때문에 모든 탄성체는 자기만의 독특한 소리를 내게 된다. 물체의 고유 진동수는 탄성이나 물체의 모양과 같은 요소들에 의해 결정된다. 종이나 소리굽쇠는 물체 고유의 진동수로 진동한다. 흥미롭게도 행성에서 원자에 이르기까지 거의 모든 물체들은 탄성을 가지고 있으며 적어도 하나 또는 그 이상의 고유 진동수를 갖고 있다. 고유 진동수에서는 최소한의 에너지로 강제 진동시킬 수 있으며, 또 최소의 에너지로 이 진동을 지속시킬 수 있다.

강제로 진동시킨 어떤 물체의 진동수(주파수)가 그 물체의 고유 진동수와 같을 때 진폭은 엄청나게 커진다. 이러한 현상을 공명이라 한다. 즉 공명이란 다시 소리가 난다는 것을 의미한다. 어떤 물체가 공명하기 위해서는 진동이 일어날 수 있는 시작점까지 잡아당길 수 있는 힘과 진동을 유지시키기 위한 충분한 에너지가 필요하다. 공명을 설명하기에 적당한 예로 그네 타기를 들 수 있다. 그네를 밀어줄 때 그네를 미는 힘도 중요하나 그네의 진동주기에 잘 맞춰 힘을 주어야 한다. 즉, 그네의 고유진동수에 맞춰 힘을 가하면 그네의 진폭이 커져 신나게 그네를 탈 수 있는데, 이것도 일종의 공명현상이다.

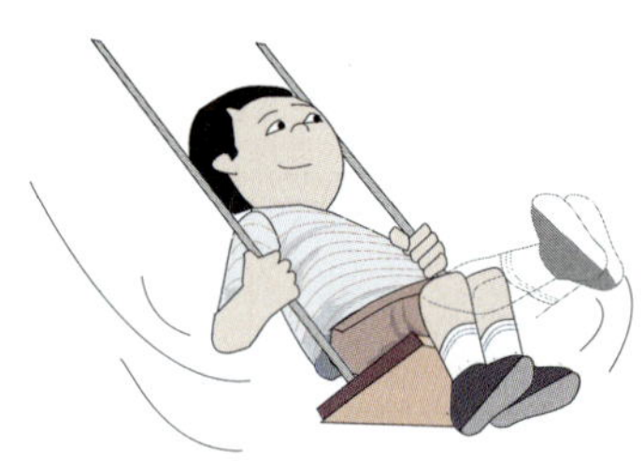

그림 19.9
그네를 탈 때 그네의 고유 진동수에 잘 맞추어 힘을 주면, 그네의 진동폭이 커지게 된다.

고유 진동수가 같은 두 개의 소리굽쇠를 마주보게 하고 한쪽을 진동시키면 다른 쪽의 소리굽쇠가 진동하는 공명현상이 일어나지만 두 소리굽쇠의 고유 진동수가 다르다면 이러한 현상은 일어나지 않는다. 공명현상은 라디오에서 방송국을 선택하는 것에도 이용된다. 즉, 방송선택 손잡이를 돌려 라디오 회로의 고유 주파수를 조절하면 특정한 방송국의 주파수와 공명이 되어 그 방송만을 들을 수 있다. 공명은 파동운동에만 국한되지 않는다. 고유 진동수로 진동하는 물체에 계속 충격을 가하는 경우에도 공명이 일어난다. 1831년 영국의 보병부대가 나무다리를 지나게 되었는데 우연히 다리의 고유 진동수에 맞추어 행진하는 바람에 뜻하지 않게 다리가 무너진 일이 있다. 그 이후로는 부대가 다리를 건널 때에는 서로 '발을 맞추지 않고' 건너는 것이 통례이다. 공명의 가장 극적인 사건은 미국 워싱턴주에서 일어난 타코마 다리의 붕괴사고이다(그림 19.10).

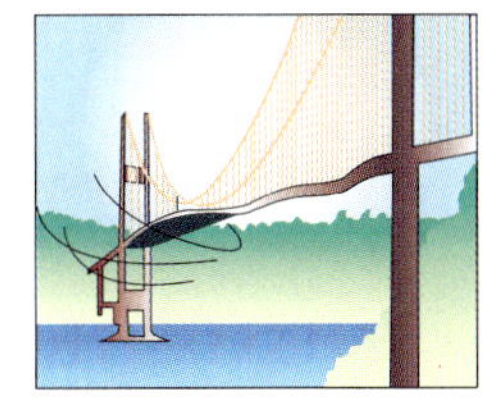
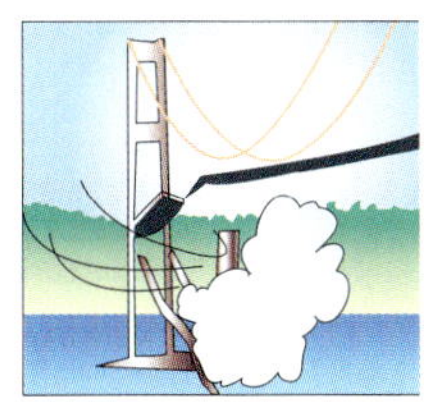

그림 19.10
1940년, 완공된 지 4개월 밖에 안된 미국 워싱턴 주의 타코마 협교가 시속 60km 정도의 바람 때문에 붕괴되고 말았다. 비교적 약한 태풍 정도인 이 바람은 다리와 공명을 일으켜 몇 시간만에 다리를 출렁거리게 만들었고 마침내 붕괴시키고 말았다.

**Example** 가까이에서 속삭이는 소리는 가청 한계의 소리보다 얼마나 셀까? 또 보통의 숨소리보다는 얼마나 셀까?

풀이 표에서 가까이에서 속삭이는 소리는 가청 한계의 소리보다 20dB 차이가 나므로 소리의 세기는 100배 세다. 또 보통의 숨소리는 10dB 차이가 나므로 소리의 세기는 10배 세다.

## 19.5 소리의 간섭

음파도 다른 파동과 마찬가지로 간섭을 일으킬 수 있다. 파동의 간섭은 이미 앞에서 다룬 바 있다. 횡파의 간섭과 종파의 간섭은 그림 19.11에서 비교 설명하고 있다. 두 경우 모두, 마루와 마루가 만나면 보강 간섭을 일으켜 진폭이 두 배로 된다. 또 마루와 골이 만나면 소멸 간섭을 일으켜 진폭이 0으로 된다. 간섭은 횡파나 종파에 관계없이 일어난다.

간섭은 소리의 크기에 영향을 미친다. 여러분이 두 개의 스피커로부터 같은 거리에 있고 두 스피커는 같은 진동수의 동일한 음파를 발생시키고 있다면, 두 음파가 더해져서 여러분은 큰 소리를 듣게 된다(그림 19.12 위). 이는 각 음파의 밀한 부분과 소한 부분이 같은 위상으로 여러분에게 도달하기 때문이다. 두 스피커로부터의 거리 차이가 반파장되는 곳으로 약간 이동하면, 그 곳에는 한 스피커의 밀한 부분이 도달할 때 다른 스피커로부터는 소한 부분이 도달한다. 이것은 마치 한 수면파의 마루가 다른 수면파의 골을 채우는 것과 같다 – 소멸 간섭.(그러나 스피커에서 여러 종류의 주파수를 가진 음파를 방출한다면 모두가 소멸 간섭을 일으키는 것은 아니다.)

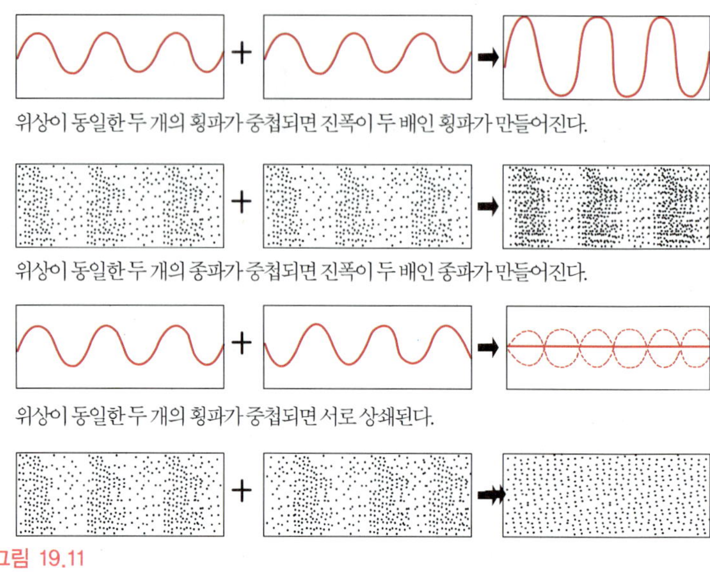


**그림 19.11**
횡파와 종파의 간섭

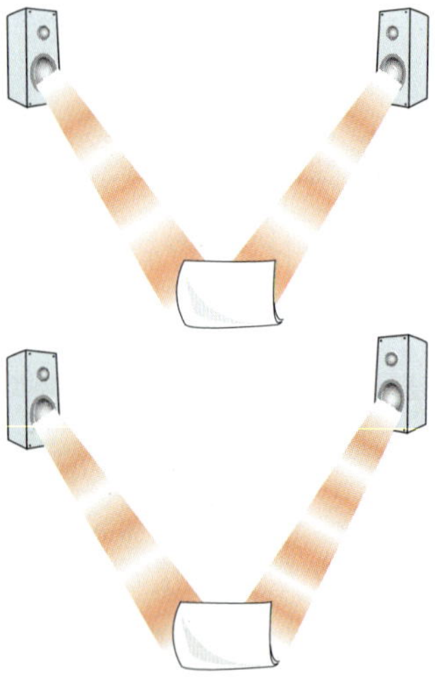

**그림 19.12** 음파의 간섭
(위) 위상이 같은 두 파동이 도달한다.
(아래) 위상이 반대인 두 파동이 도달한다.

보통 음파의 소멸 간섭은 문제가 되지 않는다. 왜냐 하면 많은 양의 반사음이 소멸 간섭에 의해 상쇄된 부분을 채워주기 때문이다. 그럼에도 불구하고 잘못 설계된 극장이나 체육관에는 '난청 지역'이 존재한다. 이것은 벽에서 반사되어 나온 음파가 직접 도달하는 음파와 간섭을 일으켜 음파의 진폭을 작게 만들기 때문이다. 난청 지역에서는 머리를 몇 cm만 움직여 보아도 소리의 크기가 많이 달라진다는 것을 느낄 수 있다.

음파의 소멸 간섭은 소음 방지 기술에 있어서 유용하게 이용된다. 요즈음엔 수동식 굴착기처럼 소음이 큰 장치에 마이크로폰을 장착해서 사용하기도 한다. 이 마이크로폰은 굴착기의 소리를 전자칩으로 보내고 전자칩은 입력된 소리와 똑같은 파형의 음파를 만들어낸다. 그리고 복제된 음파는 다시 굴착기 작업자의 이어폰으로 보내진다. 굴착기로부터 오는 밀한 부분(또한 소한 부분)은 똑같이 복제되어 이어폰에 보내진 음파의 소한 부분(또는 밀한 부분)과 간섭을 일으키므로 굴착기의 소음이 없어진다. 소음제거용 이어폰은 조종사들에게는 이미 보편화된 장치이다. 또 한 예로 전자식 머플러는 큰 스피커를 이용하여 소음방지용 음을 만들어내는데 이를 이용하면 소음의 약 95%를 제거할 수 있다.

진동수가 약간 다른 두 음파가 동시에 발생하는 경우, 재미있고 특이한 간섭 현상이 일어난다. 즉 합쳐진 음파(소리)의 세기가 반복적으로 커졌다 작아졌다 하는 변화가 생긴다. 이렇게 소리의 세기가 주기적으로 변하게 되는 현상을 맥놀이라 한다.

진동수가 약간 다른 소리굽쇠를 동시에 진동시켰을 때 역시 맥놀이가 생길 수 있다. 한 소리굽쇠가 다른 소리굽쇠와는 다른 진동수로 진동하고 있기 때문에, 두 소리굽쇠에서 발생하는 소리는 한 순간에는 위상이 같았다가 곧 달라지게 되고 또 시간이 지나면 같은 위상으로 변하게 된다. 밀한 부분의 두 소리가 합성될 때 우리 귀는 가장 큰 소리를 듣게 된다. 또 두 소리의 위상이 반대가 되어 밀한 부분과 소한 부분이 겹쳐질 때 가장 작은 소리를 듣게 된다. 따라서 우리는 맥놀이 때문에 떨리는듯한 소리(트레몰로 효과)를 듣게 된다.

진동수가 $f_1$, $f_2$인 소리가 동시에 방출되었을 때 생기는 맥놀이 진동수는 $|f_1 - f_2|$이다.

$$\text{맥놀이 진동수 } f = |f_1 - f_2|$$

맥놀이를 이용하면 기타줄을 쉽게 맞출 수 있는데, 한쪽 줄의 장력을 조절하여 진동수가 비슷하면 두 줄을 동시에 튕기면 맥놀이가 생긴다. 이때 두 줄의 진동수 차이가 적어질수록 맥놀이 진동수가 감소하며, 두 줄의 진동수가 완전히 같으면 맥놀이 현상은 생기지 않는다.

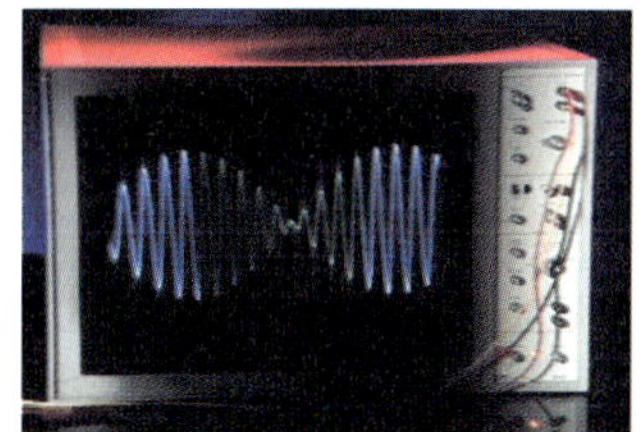
맥놀이가 일어나는 장면. 전기신호로 변환하여 나타낸 것이다.

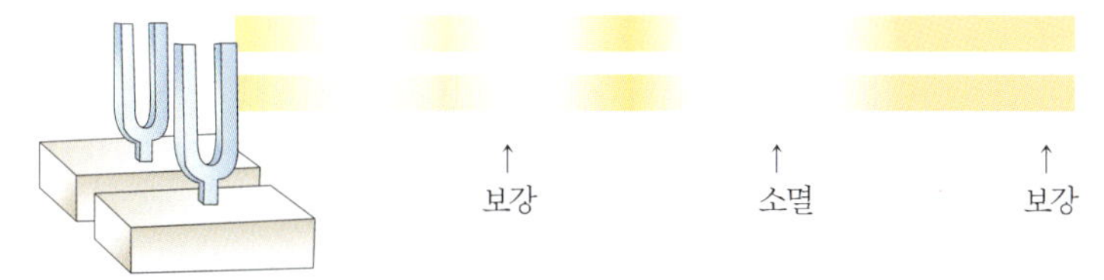

그림 19.13
진동수가 약간 다른 두 음파가 간섭을 일으키면 맥놀이가 생긴다.

---

**Example** 262Hz의 소리굽쇠와 266Hz의 소리굽쇠를 동시에 진동시킬 때 생기는 맥놀이수는? 또 262Hz의 소리굽쇠와 272Hz의 소리굽쇠를 동시에 진동시킬 때 생기는 맥놀이수는?

풀이 266Hz－262Hz＝ 4Hz. 4Hz의 맥놀이가 생긴다. 귀에 들리는 평균 음높이는 264Hz가 될 것이다. 또 262Hz와 272Hz 사이에서는 10Hz의 맥놀이가 생긴다. 이때 평균 음높이는 267Hz이다. 보통 10Hz이상의 맥놀이는 너무 빨라서 우리 귀로는 들을 수 없다.

---

## 19.6 도플러 효과

그림 19.14와 같이 고요한 연못 한가운데에 정지해 있는 벌레가 다리를 위아래로 움직이고 있는 모습을 생각해 보자. 벌레는 어느 곳으로도 이동하지 않고 제자리에서 단지 다리만을 움직이고 있다고 가정하자. 그러면 다리의 움직임으로 인해 수면파가 만들어지고 이때 마루들은 동심원을 이루게 된다. 동심원을 이루게 되는 것은 파동의 속력이 모든 방향으로 같기 때문이다. 벌레가 일정한 진동수로 다리를 움직이고 있다면 마루와 마루 사이의 거리(파장)는 일정하게 된다. 또 A점을 통과하는 마루(파)의 수는 B점을 지나는 마루의 수와 같게 된다. 이것은 파동의 진동수가 A점이나 B점 또는 벌레 주위의 어느 곳에서나 똑같이 측정된다는 것을 의미한다. 즉 파동의 진동수와 벌레가 움직이는 진동수는 같다. 이번에는 벌레가 파동의 속력보다는 느리지만 물 위를 일정한 속력으로 이동한다고 하자. 그렇게 되면 벌레는 자신이 발생시킨 마루를 뒤쫓아가게 된다. 이때 파동의 모양은 동심원이 아니다. 가장 바깥쪽 원은 벌레가 그 원의 중심에 있었을 때 만들어졌다. 이 원보다 조금 작은 원도 벌레가 그 원의 중심에 있었을 때 만들어진 것이다. 다른 원들도 마찬가지다. 그런데 원들의 중심은 벌레가 헤엄쳐가는 방향으로 이동하고 있다. 벌레는 똑같은 진동수를 유지하고 있지만 B점에 있는 관측자는 더 자주 마루를 만나게 된다. 즉 B점의 관측자는 높은 진동수를 느끼게 될 것이다. 이것은 일련의 마루들이 벌레가 B쪽으로 이동하기 전보다 더 짧은 거리를 진행하기 때문이다.

반면에 A점에 있는 관측자는 벌레가 B쪽으로 이동하기 때문에 일련의 마루들이 더 먼 거리를 진행하게 되어(마루들이 도달하는 데 시간이

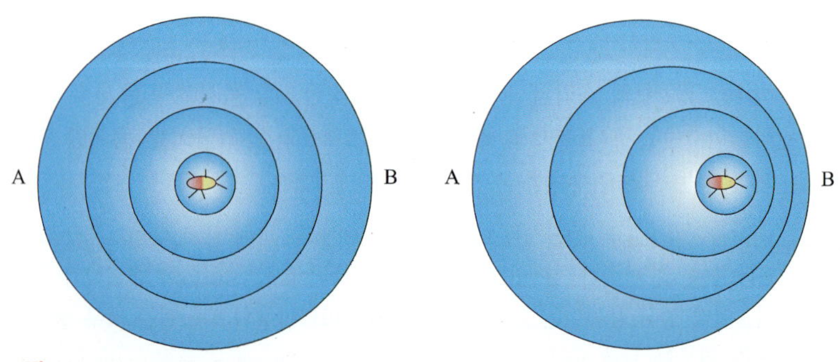


그림 19.14
물 위에 정지한 채 떠있는 벌레가 만들어내는 물결파와 벌레가 A에서 B를 향해 움직일 때 생기는 물결파의 모양

더 길어짐) 낮은 진동수를 느끼게 된다. 벌레가 A점과 반대 방향으로 이동하기 때문에 나중에 생긴 파동(마루)이 A점까지 오려면 더 먼 거리를 진행해야 되는 것이다. 이처럼 파원(또는 관측자)의 이동 때문에 생기는 진동수의 변화를 도플러 효과(오스트리아의 과학자 Christian Doppler의 이름에서 따옴)라 부른다. 파원(또는 관측자)의 속력이 클수록 도플러 효과는 더욱 커진다.

자동차가 경적 소리를 내면서 우리 옆을 지나갈 때, 그 경적 소리의 변화를 뚜렷하게 느낄 수 있는 것은 도플러 효과 때문이다. 자동차가 우리를 향해 다가올 때는 자동차가 정지해 있을 때보다 더 높은 음의 경적 소리를 듣게 된다(진동수가 클수록 음의 높이는 높아진다).이것은 음파의 마루들이 우리를 더 많이 통과하기 때문에 일어난다. 반대로 차가 우리를 지나 멀어져갈 때는 더 낮은 음의 소리를 듣게 되는데, 이것은 음파의 마루들이 우리를 더 적게 통과하기 때문이다(그림 19.15).

그림 19.15
음원이 우리를 향해 다가올 때는 음의 높이가 높아지고, 멀어져갈 때는 음의 높이가 낮아진다.

**더 알아보기** **도플러 효과**

진동수 $f$인 소리를 내는 음원이 $v$의 속도로 운동하면서 관측자를 향해 다가오는 경우, 음원에서 발생한 소리가 관측자에게 $t$초만에 도달했다면 새로운 음원의 위치와 관측자 사이의 거리는 $Vt-vt$이다. 음원은 매초 당 $f$개의 파를 만들어내므로 새로운 음원과 관측자 사이에는 $ft$개의 파가 존재한다. 따라서 새로운 파장 $\lambda=\frac{Vt-vt}{vt}=\frac{V-v}{v}$ 이므로 관측자가 듣는 소리의 진동수는 $V=f'\lambda'$에서 $f'=f\frac{V}{V-v}$가 된다. 또 음원이 v의 속도로 운동하면서 관측자로부터 멀어지는 경우에는 위와 반대의 효과를 가져오므로 관측자가 듣는 소리의 진동수는 $f'=f\frac{V}{V+v}$가 된다.

관측자가 $u$의 속도로 운동하면서 음원을 향해 다가가는 경우, 소리의 파장은 변함이 없고 소리의 속도가 빨라지는 효과를 가져온다. 따라서 $V'=V+u$이고 $V'=f'\lambda$이므로 관측자가 듣는 소리의 진동수는 $f'=f\frac{V+u}{V}$가 된다. 또 관측자가 $u$의 속도로 운동하면서 음원으로부터 멀어지는 경우, 소리의 파장은 변함이 없고 소리의 속도가 느려지는 효과를 가져온다. 따라서 $V'=V-u$이고 $V'=f'\lambda$이므로 관측자가 듣는 소리의 진동수는 $f'=f\frac{V-u}{V}$가 된다. 위의 네 경우를 종합하면 다음과 같이 한 식으로 표현할 수 있다.

$$f'=f\left(\frac{V\pm u}{V\pm v}\right)$$ ($f$ : 음원의 진동수, $V$ : 소리의 속력, $u$ : 관측자의 속력, $v$ : 음원의 속력)

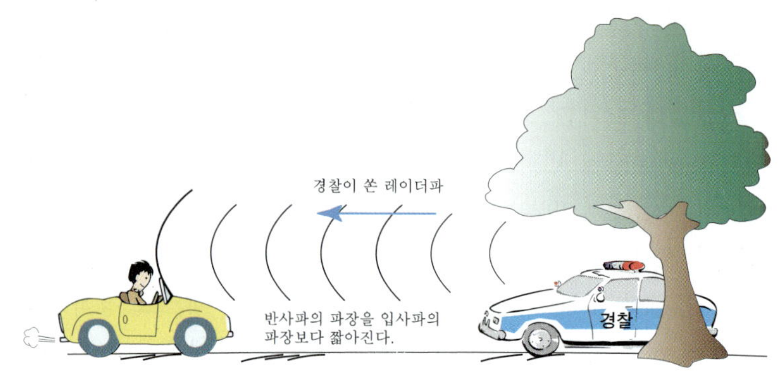


그림 19.16
경찰은 레이더파의 도플러 효과를 이용하여 자동차의 속력을 측정한다.

경찰은 레이더파의 도플러 효과를 이용하여 고속도로를 달리는 자동차의 속력을 측정한다. 레이더파는 전자기파의 일종으로 진동수가 빛보다는 작고 전파보다는 크다. 경찰은 레이더파를 달리는 차에 쏘아 되돌아오게 하고 레이더 장치에 장착된 컴퓨터는 안테나에서 발사될 때의 진동수와 되돌아온 진동수를 비교하여 차의 상대 속력을 계산해 낸다(그림 19.16).

도플러 효과는 빛의 경우에도 나타난다. 광원이 접근해 오면 관측되는 진동수가 커지고, 멀어지면 관측되는 진동수가 작아진다. 이때 진동수가 커지는 것을 청색 이동이라 하는데, 이것은 빛의 스펙트럼이 진동수가 큰(파장이 짧은) 청색쪽으로 나타나기 때문이다. 또 진동수가 작아지는 것을 적색 이동이라 하는데, 이것은 빛의 스펙트럼이 진동수가 작은(파장이 긴) 적색쪽으로 나타나기 때문이다. 예를 들어 멀리 있는 은하계의 별들이 방출하는 빛들이 적색 이동을 일으키는 경우가 있다. 천문학자들은 적색 이동을 이용하여 그 별들의 후퇴속도를 계산할 수 있다. 빠르게 자전하는 별의 경우, 자전하는 동안 한 번은 우리를 향해 운동하면서 빛을 방출하기 때문에 청색 이동을, 다른 한 번은 우리로부터 멀어지는 방향으로 운동하면서 빛을 방출하기 때문에 적색 이동을 일으킨다. 이를 이용하면 별의 자전 속도를 계산할 수 있게 된다.

**Example** 관찰자나 음원이 서로 직각 방향으로 운동한다면 도플러 효과는 어떻게 되는가? 또 관찰자가 음원을 중심으로 등속 원운동할 때나 음원이 관찰자를 중심으로 원운동할 때 관찰자가 듣는 소리의 진동수는 어떻게 변할까?

풀이 직각방향으로 움직이면 음원으로부터 멀어지므로 진동수가 줄어든다. 등속원운동하는 경우에는 거리가 변하지 않으므로 도플러효과는 없다.

## 개념확인하기

1 소리의 진동수가 증가할 때 파장은 증가하는가, 감소하는가? 예를 들어 설명하라.

2 공기 중에서의 음속을 물 속에서와 강철 속에서의 음속과 비교해 보라.

3 빛은 진공 속을 통과한다. 이는 우리가 태양과 달을 볼 수 있다는 사실로 증명할 수 있다. 그렇다면 소리도 진공 속을 통과할 수 있는가?

4 강제 진동과 공명은 어떤 관련이 있는가?

5 한 음파가 다른 음파를 상쇄시킬 수 있는가?

6 녹음기의 S/N(signal-to-noise)이 50dB이라고 하는 경우 이는 음악을 재생시킬 때 그 세기가 기계적인 잡음 등의 소음보다 50dB만큼 크다는 것을 의미한다. 그렇다면 음악의 세기는 소음의 몇 배나 되는가?

7 메아리가 원래 소리보다 작은 이유는 무엇인가?

8 유리컵에 물을 채우면서 숟가락으로 유리컵을 계속 두드리면 소리의 높이는 어떻게 달라지는가?

9 음파가 공기 중의 한 점을 지나 퍼져나간다고 할 때, 이 점에서 공기의 압력은 어떻게 변하는가?

10 파원이 관측자를 향해 접근할 때 관측자가 측정하는 진동수가 증가하는가, 아니면 파동의 속력이 증가하는가, 아니면 둘 다 증가하는가?

## 수식으로 계산해 보기

1 음파는 약 340m/s의 속력으로 전파된다. 20Hz의 진동수를 가진 소리의 파장은 얼마인가?

2 소리굽쇠가 1회 진동하는 동안 소리굽쇠로부터 방출되는 음파의 진행거리는 어떻게 되겠는가?

3 두 개의 전등에서 방출되는 빛이나 두 개의 바이올린에서 나오는 소리의 간섭 효과를 거의 관찰할 수 없는 이유는 무엇인가?

4 300Hz의 진동수를 갖는 피아노의 소리가 15℃의 방에서 그 방보다 온도가 낮은 방 밖으로 흘러나가고 있다. 이 때 방 안과 방 밖에서 소리의 파장의 차가 2cm라면 방 밖의 온도는? 단, 온도가 t℃일 때 소리의 속도는 331+0.6t(m/s)이다.

5 기체 속에서의 음속은 $v=\sqrt{\dfrac{\gamma \cdot P}{d}}$로 주어진다. 여기서 $P$는 압력, $\gamma$는 기체의 비열비, $d$는 밀도이다. 지금 온도를 일정하게 유지하고 압력을 1기압에서 0.8기압으로 줄이면 음속은 어떻게 되겠는가?

6 같은 상태로 진동하는 두 소리굽쇠에서 파장이 1m인 두 음파가 발생하고 있다. 두 소리굽쇠 사이의 거리가 3m일 때 두 소리굽쇠 사이에서 간섭에 의해 소리가 약해지는 점을 모두 구하라.

7 같은 음원에 연결된 두 개의 똑같은 스피커를 통해 소리가 전달되고 있다. 두 스피커 사이의 거리는 3m, 하나의 스피커로부터 관측자

의 거리가 4m일 때 관측자가 듣게 되는 소리의 세기가 최소였다면 스피커에서 나오는 소리의 파장은 얼마인가?

**8** 정지해 있는 어떤 관찰자에게 60dB의 두 소음이 동시에 도달하고 있다. 관찰자가 느끼는 소음의 크기는 대략 몇 dB인가? 단, 관찰자가 느끼는 소리의 세기는 두 소리의 대수합과 같다고 가정한다.

**9** 20m/s로 움직이는 트럭과 반대방향으로 경찰차가 40m/s로 움직이고 있고 경찰차의 사이렌 소리는 1000Hz 이라고 하자. 경찰차가 트럭으로 접근할 때와 경찰차가 트럭을 지난 후, 트럭의 운전자는 어떤 진동수의 사이렌 소리를 듣게 되는가?

**10** 동해 먼 바다에 진동수 30kHz의 초음파 장치를 갖춘 배가 정지한 상태로 떠 있다. 배로부터 10m/s의 속도로 멀어져 가는 고래를 향하여 초음파를 보냈을 때 이 배에서 수신하는 초음파의 진동수는 얼마인가? 단, 물에서 소리의 속도는 1490m/s이다.

**11** 바다 속의 표적물을 탐지하려고 음파를 발사하여 18초 후 반향음을 들었다. 표적물까지의 거리는? 단, 물 속에서의 음파의 속력은 1400m/s이다.

**12** 절벽에서 돌을 20m 아래 있는 강물을 향해 자유낙하시켰다. 돌이 강물에 떨어지는 소리가 들리는데 걸리는 시간은? 단, 중력가속도 $g=10\text{m/s}^2$이고, 소리의 속력은 340m/s이다.

**13** 300Hz의 진동수의 소리가 5℃의 방에서 10℃의 실외로 나갔다. 파장은 몇 cm 길어지는가?

**14** 진동수가 400Hz인 소리굽쇠 A와 이것보다 높은 소리를 내는 소리굽쇠 B가 있다. 이 두 소리굽쇠를 함께 진동시켰더니 1분 동안 120번의 맥놀이를 들을 수 있었다. 소리굽쇠 B의 진동수는?

**15** 철수는 두 스피커로부터 각각 거리 $d$, $D(d < D)$만큼 떨어진 곳에 위치하고 있다. 스피커에서 나오는 음파의 위상이 같고 전파속도가 $v$ 일 때 성수가 있는 곳에서 보강간섭을 일으키기 위한 음파의 진동수는?

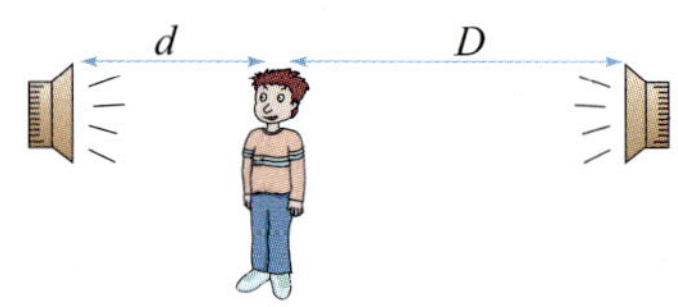


**16** 음원 S로부터 나온 소리가 경로 SAR과 B를 변화시킬 수 있는 경로 SBR로 나뉘어진다. R에서 소리를 들을 때 어느 순간 조용해졌다. 또 관 B를 움직이니 커졌다가 다시 작아졌다. 그 동안 B가 움직인 거리는?(단, 소리의 속력은 340m/s, 진동수는 680Hz이다.)

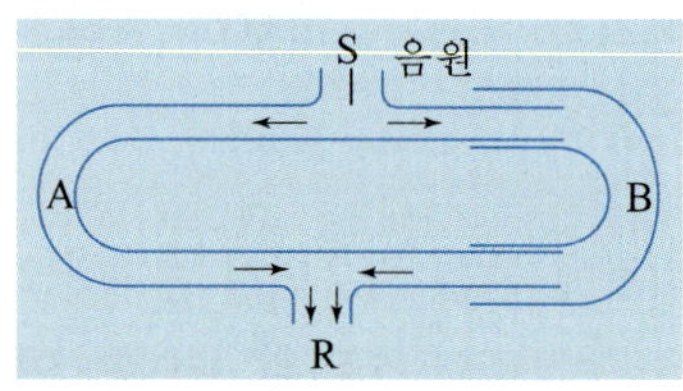


**17** 한쪽 끝이 막혀있는 어떤 파이프 오른간의 기본진동수가 150Hz일때 파이프의 길이는 얼마인가?

**18** 철수는 진동수 680Hz인 소리굽쇠를 진동시킨 후 길이가 각각 0.5m, 1m인 개관과 폐관을 가까이 가져가 보았다. 철수가 공명음을 듣는 경우를 〈보기〉에서 모두 고르면? (단, 음속은 340m/s이다.)

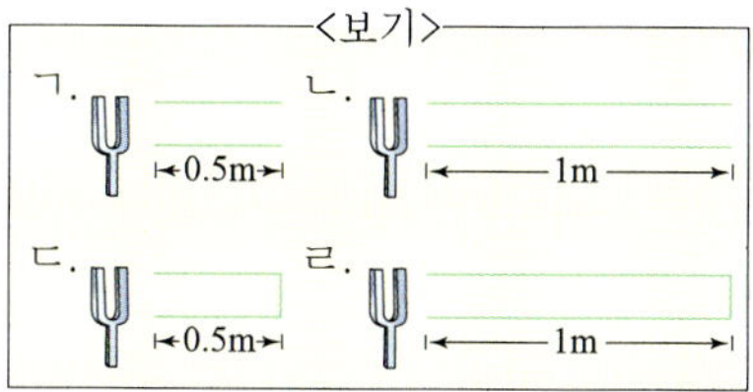


**19** 진동수 640Hz의 기적을 울리면서 90km/h의 속력으로 달리는 기차가 있다. 이 기차가 서 있는 사람에게 접근할 때와 멀어질 때, 이 사람에게 들리는 소리의 진동수 차이는 몇 Hz인가?

**20** 진동수가 400Hz인 기적을 울리면서 다가오는 선박의 기적소리가 정지하고 있는 관측자에게 425Hz로 들렸다면 이 선박의 속력은? 단, 소리의 속력은 340m/s이다.

**21** 빛은 진공 속을 통과한다. 이는 우리가 태양과 달을 볼 수 있다는 사실로 증명할 수 있다. 그렇다면 소리도 진공 속을 통과할 수 있는지 알아보려고 한다.

a. 소리가 진공 속을 통과할 수 있을까? 통과할 수 없다면 그 이유는 무엇일까?

b. 헬륨 가스를 흡입하고 소리를 내면 '도널드 덕'과 같은 이상한 소리가 난다. 그 이유는 무엇일까? 소리의 높이와 세기는 어떤 물리량과 관계가 있을까?

c. 요즘엔 수동식 굴착기처럼 소음이 큰 장치에 마이크로폰을 장착해서 소음을 방지하기도 한다. 어떤 원리를 이용하는 것인지 설명하라.

**22** 그림과 같이 유리관 속에 물을 넣고 물의 높이를 조절할 수 있게 하였다. 유리관 입구에 진동수가 500Hz인 소리굽쇠를 진동시켜서 유리관 입구에 가까이 가져간 후 물의 높이를 변화시키면서 소리가 크게 들리는 위치(공명이 일어나는 위치)를 찾았더니 다음과 같았다.

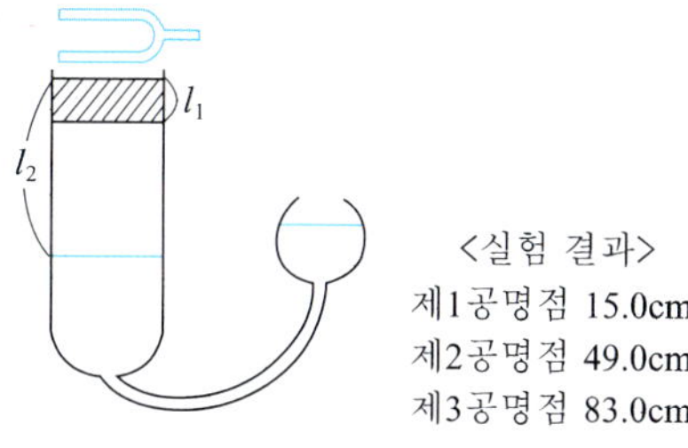


a. 관 속에서 생길 수 있는 여러 정상파의 모양을 그려라.

b. 이 실험에서 구한 음파의 속력은?

**23** 진동수가 182Hz인 두 개의 똑같은 음원이 있다. 이들은 각각 $v_A$, $v_B$의 등속도로 운동하는 자동차 A, B에 실려져 있다. 자동차 A에 타고 있는 사람이 1초에 두 번의 맥놀이 현상이 일어남을 관측하였다. 자동차 A의 속력은 $v_A = 18$m/s로 B보다 빠르며 음속은 360m/s라 할 때 다음 물음에 답하시오.

a. 자동차 A에 탄 사람이 듣는 자동차 B에 실린 음원의 진동수는?

b. 자동차 B의 속력 $v_B$는?

## 한걸음 더

1. 번개가 친 후 8초 후에 천둥소리가 들렸다. 이때 공기의 온도는 15℃이다.
   a. 이때 소리의 속력은 얼마인가?
   b. 번개는 얼마나 떨어진 곳에서 발생하는가?

2. 전투기가 음속 322m/s 인 고도를 비행하고 있을 때 충격파가 퍼져나가는 모습을 나타낸 것이다.

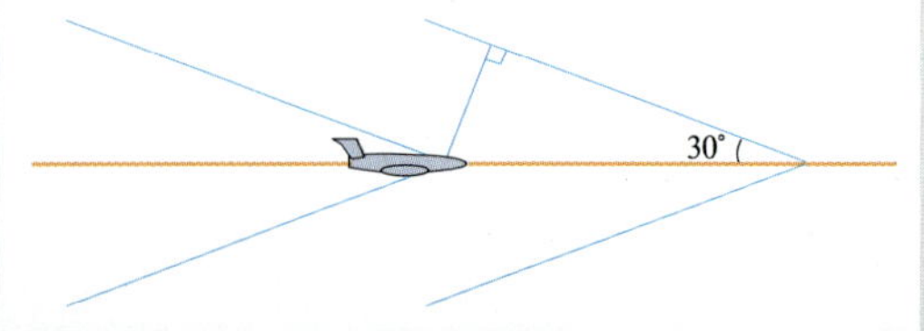


전투기의 속력은 음속의 몇 배인가?

# 빛( I )

갈릴레이가 망원경을 통해 달 표면의 분화구를 관찰한 이래 망원경은 우주를 이해하는 도구로 사용되어 왔다. 미국 항공 우주국(NASA)은 1990년 우주 왕복선 디스커버리호에 실려 지구 궤도에 진입한 이래 우주의 신비한 모습을 보여준 허블 망원경을 퇴역시킬 방침이라고 최근 밝혔다. NASA는 허블 망원경을 대신해 우주 관측 연구를 담당할 제임스 웹 우주 망원경을 2011년 발사할 예정이라고 한다. 태양을 포함하여 우주로부터 날아오는 빛은 생명의 은인이자 우주의 비밀을 밝혀주는 열쇠이기도 하다.

## 20.1 빛의 본성

빛은 수천 년간 연구되어 왔다. 고대 그리스의 몇몇 철학자들은 빛이 눈 속으로 들어와 시각을 자극하는 작은 입자들로 이루어져 있다고 생각했다. 소크라테스나 플라톤을 포함한 다른 철학자들은 눈에서 방출되는 어떤 흐르는 물질이나 가느다란 섬유와 같은 것이 물체에 닿기 때문에 그 물체가 보이는 것이라고 생각했다. 이러한 견해는 유클리드의 지지를 받았다. 그는 방에 떨어진 바늘에 우리의 시선이 닿기 전까지는 바늘을 볼 수 없는 이유가 무엇인가라는 질문을 받았을 때 앞의 견해를 바탕으로 그 이유를 설명하였다.

뉴턴 시대 이전이나 그 이후에도, 많은 철학자나 과학자들은 빛이 입자로 구성되어 있다고 생각하였다. 그러나 고대 그리스 철학자 엠페도클레스는 빛은 파동으로 전파된다고 가르쳤었다. 또한 뉴턴과 동시대의 사람인 네덜란드의 호이겐스 역시 빛이 파동이라고 주장하였다.

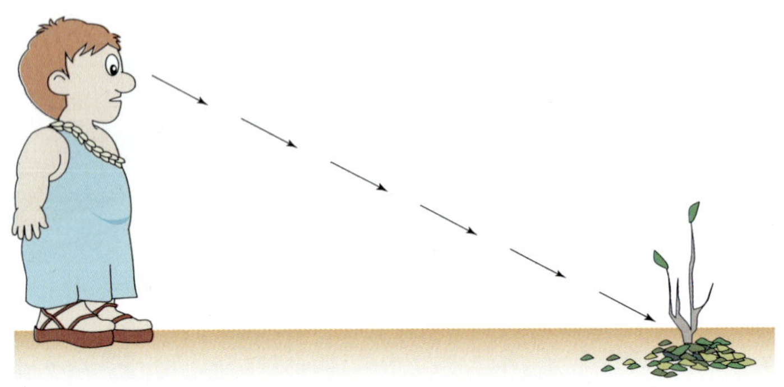

그림 20.1
옛날 사람들은 물체에서 나온 빛이 우리의 눈에 들어오기 때문이 아니라, 눈에서 나온 빛이 물체에 닿기 때문에 보이는 것이라고 믿었다

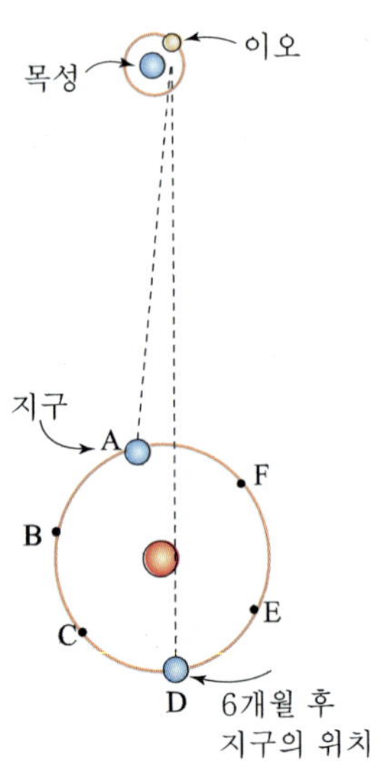


그림 20.2
빛의 속력을 측정한 뢰머의 방법. 목성의 위성인 이오에서 나오는 빛은 A점에서 D점으로 이동할 때에는 평균시간보다 길어지고 D점에서 F점으로 갈때는 평균시간보다 짧아진다. 이를 이용하여 뢰머는 빛의 속력을 측정하였다.

입자설은 빛이 파동처럼 퍼져 나가는 것이 아니라 직진한다는 사실 때문에 지지를 받았다. 한편 호이겐스는 특별한 환경에서는 빛이 넓게 퍼져 나간다는 증거를 제시하였다. 나중에 다른 과학자들에 의하여 파동설을 뒷받침할 수 있는 더 많은 증거들이 발견되었는데, 그 결과 파동설은 19세기에 공인된 과학 이론으로 받아들여졌다.

그런데 아인슈타인은 1905년에 광전효과를 설명하는 하나의 이론을 발표하였다. 이 이론에 따르면 빛은 입자로 구성되어 있다는 것이다. 이 입자는 질량은 없으며 전자기 에너지가 모여있는 덩어리로서 후에 광자라 불리게 되었다. 오늘날 과학자들은 빛이 입자성과 파동성을 동시에 갖고 있다는 사실에 동의하고 있다.

17C 후반까지는 빛의 속력이 유한한지 무한히 빠른지를 몰랐다. 갈릴레이는 어느 정도 떨어진 거리에서 거울로 빛을 반사시켜 이 때 걸린 시간을 측정하려는 시도를 한 바가 있다. 그러나 그 시간이 너무도 짧았기 때문에 한 번도 측정하지 못하였다. 다른 사람들은 더 먼 거리에서 실험을 하려고 하였다. 즉 어떤 산의 정상에서 한 사람이 랜턴을 켜서 빛을 보내면 반대편 산의 정상에서 이 빛을 받은 사람이 다시 빛을 보내, 그 소요 시간을 측정하려고 하였다. 그러나 이들도 역시 자신들이 빛에 반응하는 시간만 잴 수 있을 뿐이었다.

빛이 유한한 속력으로 이동한다는 사실을 처음으로 보여준 것은 1675년경 덴마크의 천문학자 뢰머에 의해서였다. 뢰머는 그림 20.2와 같이 지구가 목성에 가장 가까이 있을 때와 가장 멀리 있을 때까지 목성 주위를 도는 위성의 공전 주기가 22분 정도 길게 관측되었음을 발견하고 이는 빛이 지구의 공전궤도 지름을 지나는 시간과 같다는 것을 밝혔다.

몇 년 후 호이겐스는 지구의 공전 궤도 반지름이 $1.5 \times 10^{11}$m 라는 것을 알아내고 뢰머의 데이터를 이용하여 빛의 속력이 약 $2.3 \times 10^{8}$m/s 임을 계산하였다. 이것은 그 당시의 측정 장비가 열악함에도 불구하고 비교적 정확하게 측정되었음을 알려준다. 1905년 마이켈슨은 그림 20.3과 같은 장치를 고안하여 빛의 속도를 아주 정밀하게 측정할 수 있었다. 마이켈슨이 측정한 빛의 속도는 299,920km/s 으로, 대략 300,000km/s $= 3 \times 10^{8}$m/s에 해당하며 이 업적으로 1907년 노벨 물리학상을 받았다.

**Example** 빛이 일년 동안 진행하는 거리를 km로 환산하면 얼마나 될까?

풀이 빛의 속도는 $c = 3 \times 10^8$m/s = 300,000km/s로 항상 일정하다. 빛이 진행하는 거리는

$$d = \left(\frac{300{,}000\text{km}}{1\text{초}}\right) \times (1\text{년}) \times \left(\frac{365\text{일}}{1\text{년}}\right) \times \left(\frac{24\text{시간}}{1\text{일}}\right) \times \left(\frac{3{,}600\text{초}}{1\text{시간}}\right) = 9.5 \times 10^{12}\text{km}$$

가 되며, 이를 1광년이라 한다.

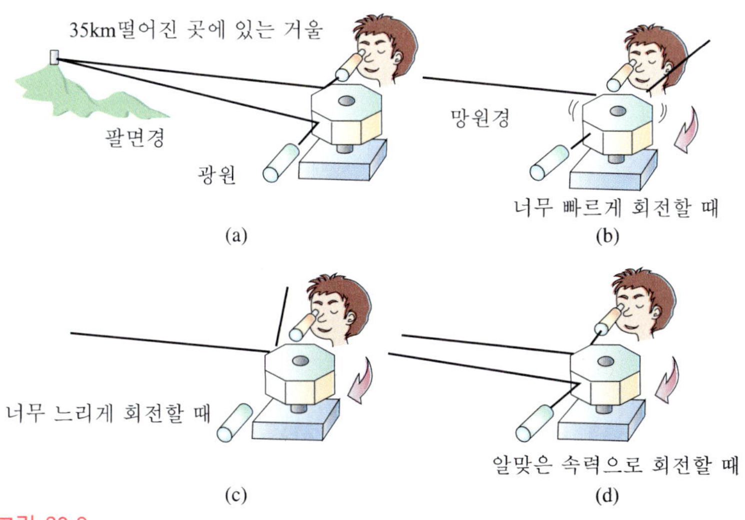


그림 20.3
빛의 속력을 측정하기 위하여 마이켈슨이 사용한 실험 장치. 빛은 거울이 정지해 있을 때, 반사된 빛이 망원경의 대안렌즈에 도달한다(a). 반사된 빛은 거울이 너무 빠르게 회전하거나(b), 느리게 회전할 때(c), 대안렌즈에 도달하지 못한다. 딱 알맞은 속력으로 회전하고 있을 때(d) 빛은 대안렌즈에 도달한다.

## 20.2 빛의 반사와 굴절

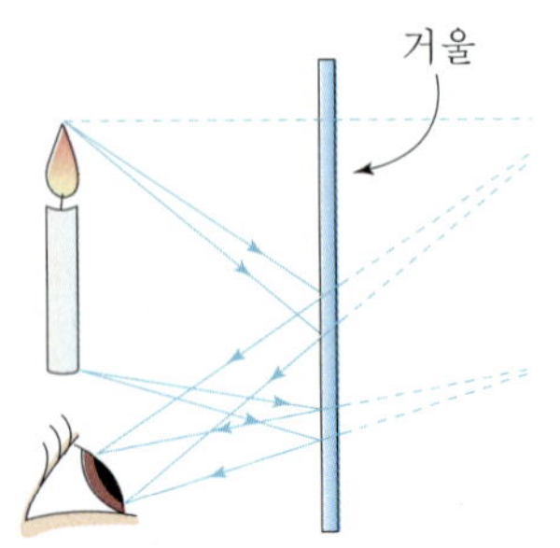


그림 20.4
허상은 평면 거울 뒤에 만들어지고 반사 광선(점선)을 연장했을 때 수렴하는 곳에 맺힌다.

빛은 파동과 같이 진공이나 균일한 물질 내에서는 직진하지만, 두 물질의 경계면에 도달하면 반사하거나 굴절한다. 우리가 어떤 물체를 볼 수 있는 것은 물체에서 반사된 빛이 눈에 들어오기 때문인데, 거울이나 렌즈에서 우리의 모습이 비치는 것도 빛이 거울이나 렌즈의 경계면에서 반사나 굴절을 하기 때문이다.

평면 거울 앞에 있는 촛불을 생각해 보자. 광선은 거울 표면으로부터 모든 방향으로 반사된다. 광선의 수는 무한하며, 각각의 광선은 반사 법칙을 따른다. 그림 20.4는 촛불 끝에서 나오는 광선 중에서 두 개만을 선택하여 광선이 거울에서 우리 눈으로 반사되는 것을 보인 것이다. 광선들은 촛불 끝에서 발산하며 거울로부터 반사되어 나올 때도 발산한다는 점에 유의하자. 이 발산하는 광선들은 거울 뒤에 있는 한 점으로부터 나오는 것처럼 보인다. 그래서 우리는 거울에 있는 촛불의 상을 보게 된다(실제로는 거울 뒤에 있다). 이 상을 허상이라고 하는데 그 이유는 빛이 정말로 거기서 나오는 것이 아니기 때문이다.

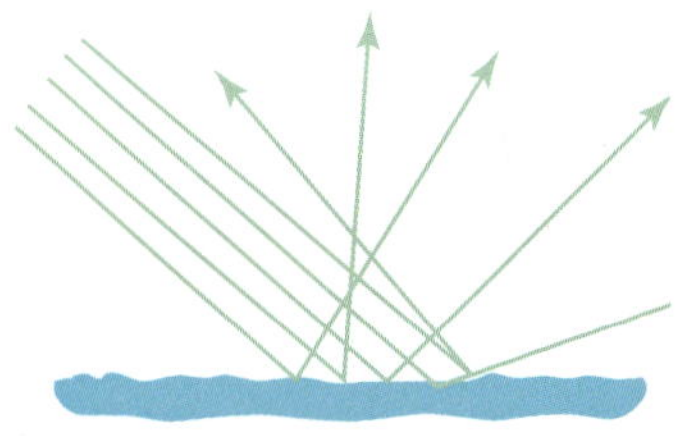

그림 20.5
난반사는 거친 표면에서 일어난다

우리 눈으로는 물체와 허상의 차이를 거의 느낄 수 없다. 그 이유는 거울에서 반사되어 우리 눈으로 들어오는 빛은 거울이 없고 물체가 그 뒤에 정말로 있는 것처럼 우리 눈으로 들어오기 때문이다. 거울에서 상까지의 거리는 물체에서 거울까지의 거리와 같다. 또한 상과 물체의 크기도 같다. 평면 거울에서 보는 상은 물체와 크기도 같고 거울로부터 떨어진 거리도 같다. 빛이 거친 표면에 입사하면 여러 방향으로 반사된다. 이것이 난반사이다(그림 20.5). 비록 각각의 광선은 반사의 법칙을 따르지만, 각각의 입사 광선이 서로 다른 각도로 입사하기 때문에 여러 방향으로 반사하게 되는 것이다.

연못이나 수영장 물은 모두 실제보다 얕아 보인다. 물이 담긴 컵 속에 연필을 넣으면 굽어보이고, 뜨거운 난로 위에는 아지랭이가 생기고, 별들은 반짝거린다. 이런 현상들은 빛이 한 매질에서 다른 매질로 들어갈 때 빛의 속력이 변하기 때문에 일어난다. 같은 매질이라도 온도가 달라서 밀도가 변하면 역시 빛의 진행 방향이 꺾인다. 이것을 빛의 굴절이라고 한다.

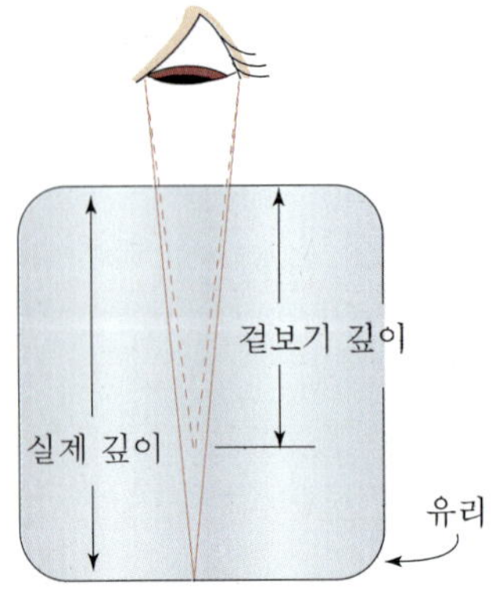


그림 20.6
굴절 때문에 유리 조각의 겉보기 깊이는 실제 깊이보다 얕다.

그림 20.7
거북이는 실제 있는 곳보다 더 가깝게 있는 것처럼 보인다.

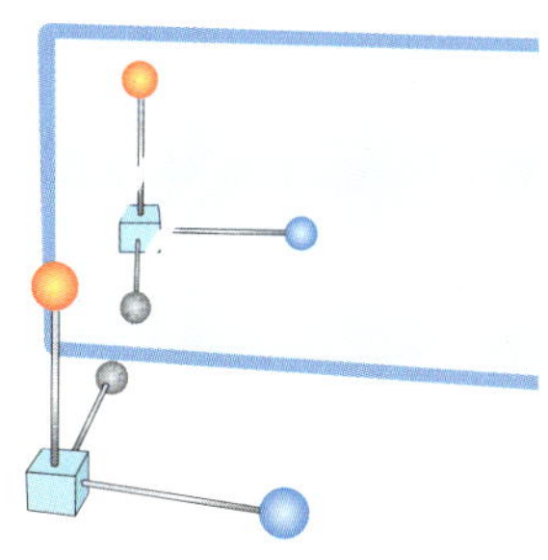

거울에서의 반사.
좌우가 바뀐다고 생각하기 쉬우나 실제로는 전후가 바뀌는 것이다.

그림 20.6에서 보는 것처럼 두꺼운 창유리를 위에서 내려다 보면 실제 두께의 ⅔ 정도로 보인다(편의상 눈동자의 지름을 크게 그렸다). 이와 마찬가지로 연못의 깊이도 실제 깊이의 $\frac{3}{4}$정도로 보인다. 강가에서 거북이를 보면 거북이는 실제 있는 곳보다 더 떠올라 보인다(그림 20.7)

욕조에 물을 채운 다음 방수가 되는 전등을 가지고 욕조 속으로 들어가 보자. 그리고 목욕탕 안의 불을 끄자. 전등 불빛을 위로 향하게 하고 그 다음에 천천히 불빛을 기울이면서 물 밖으로 나가는 불빛의 세기와 수면에서 반사되어 다시 욕조 바닥 쪽으로 되돌아오는 빛의 세기를 잘 살펴보자.

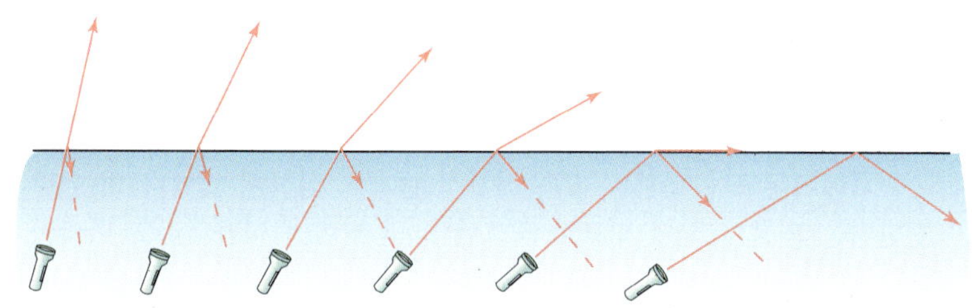

그림 20.8
임계각보다 작은 각으로 입사한 빛이 물 밖으로 나올 때는 부분 반사하고 부분 굴절한다. 임계각(오른쪽에서 두 번째 그림)에서 굴절하는 빛은 물 표면을 따라 진행한다. 임계각보다 큰 각(맨 오른쪽)에서는 전반사가 일어난다.

임계각이라고 하는 어떤 특정한 각도에서 불빛은 물 밖으로 전혀 나오지 않는다는 것을 알 수 있다. 불빛을 수면에 나란하게 기울일수록 물 밖으로 나오는 불빛의 세기는 작아지다가 0이 된다. 전등이 기울어지다가 임계각(법선과 48°)을 넘으면, 불빛은 더 이상 물 밖으로 나오지 않고 전부 반사된다. 이것을 전반사라고 한다. 수면 밖으로 나오는 유일한 빛은 욕조 바닥에서 난반사된 것이다. 이 과정은 그림 20.8에 나와 있다. 굴절된 빛과 반사된 빛의 비율은 실선으로 된 화살표의 상대적인 길이로 나타내었다. 수면 아래로 반사된 빛은 반사의 법칙을 따른다. 즉 입사각과 반사각은 같다.

**더 알아보기** **전반사**

굴절률이 큰 물질 1에서 굴절률이 작은 물질 2로 빛이 입사할 때, 아래 그림과 같이 굴절각 $r$는 입사각 $i$ 보다 크다. 입사각 $i$가 커짐에 따라 굴절각 $r$도 커지다가 $r$가 90° 가 되며 임계각보다 큰 입사각의 빛은 모두 반사한다.

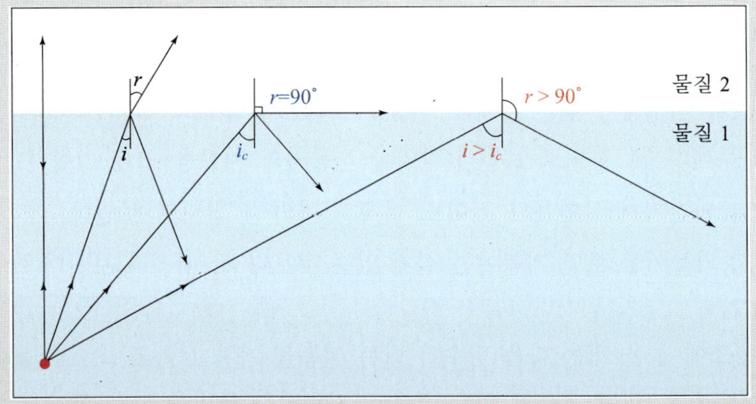


이 현상을 전반사라 하고, 굴절각이 90° 가 되는 입사각 $i_c$를 전반사의 임계각이라 한다. 임계각으로 입사하는 빛에 대해서는

$$\frac{\sin i_c}{\sin 90°} = \frac{n_2}{n_1} \quad \text{또는} \quad \sin i_c = \frac{n_2}{n_1}$$

가 되며, 물질 1의 굴절률이 $n$이고 물질 2가 공기이면

$$\sin i_c = \frac{n_2}{n_1} = \frac{1}{n} \quad \text{또는} \quad i_c = \sin^{-1}\left(\frac{1}{n}\right)$$

가 된다. 위의 식에서 볼 수 있는 바와 같이 임계각은 물질의 굴절률이 클수록 작아진다.

다이아몬드는 굴절률이 매우 크기 때문에 다이아몬드에 입사된 빛은 전반사 현상이 심하게 일어나 빛이 다이아몬드 안에서 빠져 나오지 못하고 전반사를 되풀이 하게 되므로 조그만 양의 빛이 들어가더라도 반짝이게 되는 것이다.

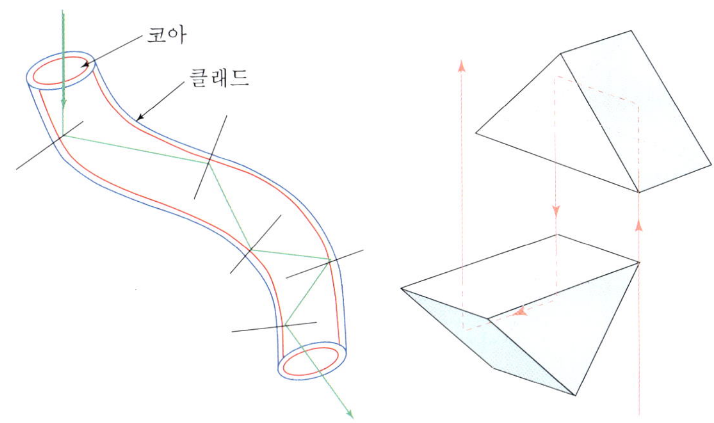


그림 20.9
광섬유와 전반사 프리즘에서의 전반사

유리의 임계각은 유리의 종류에 따라 다르지만 43°정도이다. 유리 안에서 법선에 대해 각이 43°보다 큰 각으로 입사하는 빛은 전반사된다. 예를 들면 그림 20.9에서 보는 것처럼 유리 프리즘 안에 있는 광선들은 뒷 표면에 45°로 만나므로 전반사된다.

전반사의 진가는 광섬유에서 나타난다. 이 투명한 섬유는 빛을 한 쪽에서 다른 쪽으로 보낸다. 금속관 속을 총알이 튕기며 나아가듯이, 빛은 광섬유 속을 전반사하면서 이동한다. 광섬유는 접근하기 어려운 곳까지 빛을 전달해 준다. 기계를 제작하는 사람들은 광섬유를 이용하여 엔진의 내부를 조사하고, 내과 의사들은 환자의 몸 안을 살펴본다. 빛은 광섬유를 따라 내려가 필요한 부분을 비추고 반사되어 되돌아와서 정보를 알린다.

광섬유는 통신에서도 중요하다. 많은 도시에서 주요 전화국들 사이에 수천 회선의 동시 전화 신호를 운반하는데 굵고, 부피도 크고 비싼 구리선 대신에 가는 유리 섬유를 이용하고 있다. 해저 케이블도 광섬유로 대체되고 있다. 낮은 진동수를 가진 전류보다는 높은 진동수를 가진 가시광선을 이용하면 보다 많은 정보를 전달할 수 있다. 통신 기술에 쓰였던 전기 회로와 마이크로파 대신에 광섬유를 사용하는 일이 점점 더 늘고 있다.

**Example 1** 반사의 법칙은 곡면 거울에서도 성립하는가? 또 반사의 법칙은 난반사에서도 성립하는가?

풀이 곡면 거울에서는 반사면에 수직인 선(법선)이 서로 평행하지 않을 뿐 항상 성립한다. 또 난반사에서도 반사 광선이 서로 평행하지 않을 뿐 항상 성립한다.

**Example 2** 빛의 속력이 공기와 물에서 같다면, 빛이 공기 중에서 물 속으로 들어갈 때 굴절되는가?

풀이 굴절되지 않는다. 굴절은 파동의 속력이 다를 때만 생긴다.

## 20.3 거울과 렌즈

거울이 곡면이라면 상의 크기와 거리가 물체의 실체와 다르다. 그림 20.10에서 보는 것처럼 거울 표면의 모든 점에서 입사각과 반사각이 같다. 평면 거울과는 달리 곡면 거울에서는 표면 위의 각 점에서 법선들이(점선으로 나타낸 것) 나란하지 않다. 따라서 볼록 거울에 의해 만들어지는 허상은 실물보다 더 작고 더 가깝게 맺힌다. 또 물체가 오목 거울에 가깝게 있을 때 만들어지는 허상은 실물보다 더 크고 더 멀리 맺힌다.

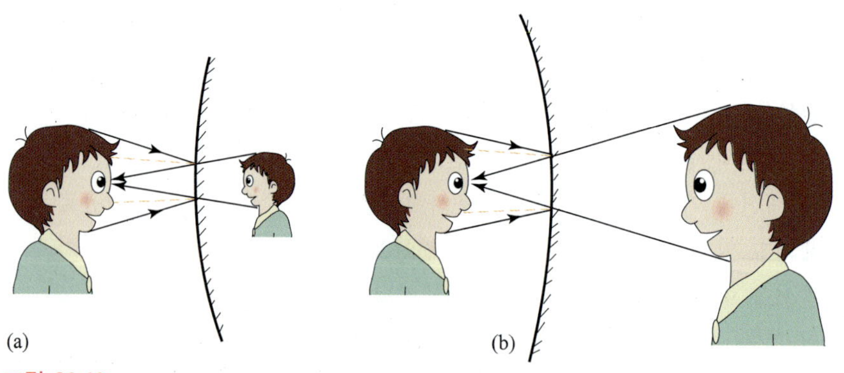


그림 20.10
(a) 볼록 거울에 의해 만들어지는 허상은 실물보다 더 작고 더 가까운 곳에 맺힌다.
(b) 물체가 오목 거울에 가까이 있을 때 만들어지는 허상은 실물보다 더 크고 더 멀리 맺힌다. 어떤 경우든 각각의 광선에 대해 반사의 법칙은 성립한다.

**더 알아보기** **거울의 공식**

구면 거울에서 상의 작도는 다음과 같은 규칙에 따라 이루어진다.

* 구면거울의 상의 작도
  1) 거울축에 평행한 광선은 반사 후 초점을 지난다.
  2) 초점을 향하는 광선은 반사 후 거울축에 평행하다.
  3) 구심을 지나는 광선은 반사 후 온 길을 되돌아간다.
  4) 거울 중심을 지나는 광선은 반사 후 축에 대해 같은 각을 이루고 반사한다.

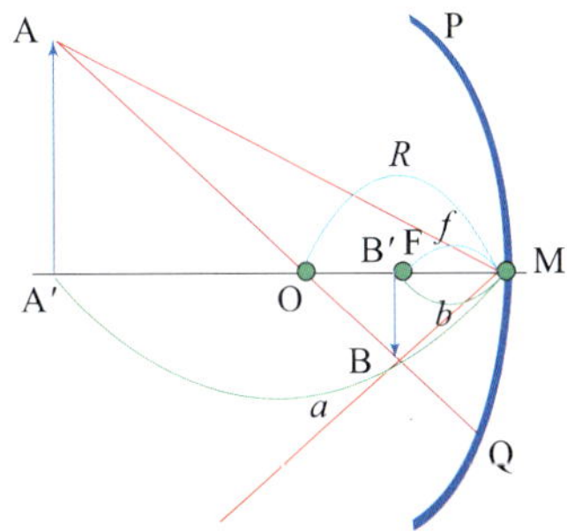


그림 20.11
구면거울에서의 빛의 경로

이 규칙을 적용하면 거울에서 물체 사이의 거리, 상의 거리, 초점 거리는 거울의 식에 의해 결정된다. 위의 그림에서

$$\triangle AMA' \propto \triangle BMB' \quad \triangle AOA' \propto \triangle BOB'$$

$$\frac{BB'}{AA'} = \frac{B'M}{A'M} = \frac{b}{a} \qquad \frac{BB'}{AA'} = \frac{B'O}{A'O} = \frac{R-b}{a-R} = \frac{b}{a}$$

$\therefore \frac{1}{a} + \frac{1}{b} = \frac{2}{R}$ ($a$가 $\infty$일 때, $b$가 초점거리 $\rightarrow f = \frac{R}{2}$)

$\therefore \frac{1}{a} + \frac{1}{b} = \frac{1}{f}$, 이를 거울의 공식이라고 한다. 이때 상의 배율은 $m = \frac{BB'}{AA'} = \frac{b}{a}$이다.

이때 $a$, $b$, $f$의 부호는 다음과 같은 규칙을 따른다.

$a\begin{cases}(+): \text{실물체} \\ (-): \text{허물체}\end{cases}$ $b\begin{cases}(+): \text{실상} \\ (-): \text{허상}\end{cases}$ $f\begin{cases}(+): \text{실초점(오목거울)} \\ (-): \text{허초점(볼록거울)}\end{cases}$

$m\begin{cases}(+): \text{도립상(축의 위부분에 맺힌상)} \\ (-): \text{정립상(축의 아래에 맺힌상)}\end{cases}$

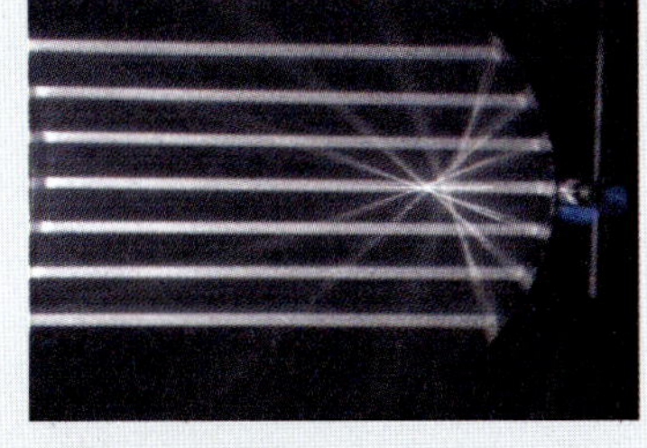

오목거울의 상

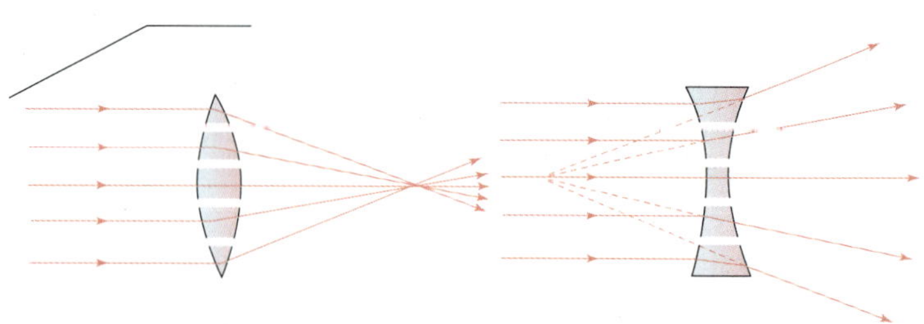

그림 20.12
볼록렌즈는 빛을 한 점으로 모으고(왼쪽) 오목렌즈는 빛이 한 점에서 나온 것처럼 퍼뜨리는 (오른쪽) 역할을 한다.

유리 조각을 적당한 모양으로 깎으면 평행 광선들을 모아 하나의 상을 만들 수 있다. 이런 유리 조각을 렌즈라고 한다. 렌즈가 왜 그런 모양이어야 하는가를 이해하기 위해 그림 20.12에서 보는 것처럼 렌즈가 수많은 삼각형 프리즘으로 이루어져 있다고 생각해 보자.

### 더 알아보기 렌즈의 공식

렌즈에서 상의 작도는 아래와 같은 규칙에 의해 행해진다.

1) 렌즈의 축에 평행한 광선은 초점을 지난다.
2) 렌즈의 중심을 지나는 광선은 직진한다.
3) 초점을 향하는 광선은 광축에 평행하다.

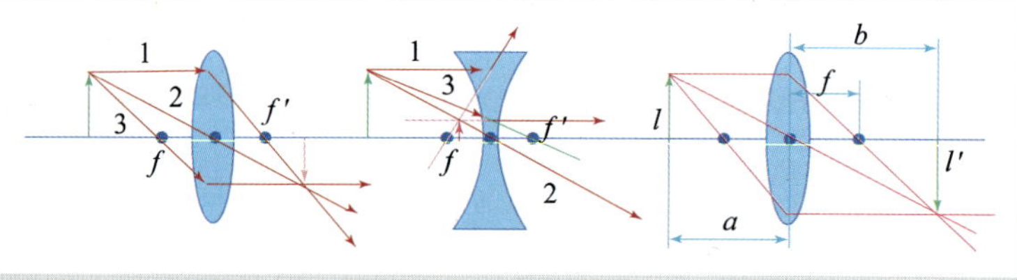


그림 20.13
렌즈에서의 빛의 경로

또한 렌즈의 의한 상의 배율과 거리사이에는 아래와 같은 공식이 성립한다.

배율 : $m = \dfrac{l'}{l} = \dfrac{b}{a}$

렌즈의 공식 : $\dfrac{f}{a-f} = \dfrac{a}{b} \;\Rightarrow\; \dfrac{1}{a} + \dfrac{1}{b} = \dfrac{1}{f}$

이때 $a, b, f$의 부호는 아래와 같은 규칙을 따른다.

$a\begin{cases}(+):\text{실물체}\\(-):\text{허물체}\end{cases}$ $b\begin{cases}(+):\text{실상}\\(-):\text{허상}\end{cases}$ $f\begin{cases}(+):\text{볼록렌즈}\\(-):\text{오목렌즈}\end{cases}$

프리즘들을 잘 배열하면 평행하게 입사하는 광선들을 모두 한 점에 수렴(또는 발산)시킬 수 있다. 그림의 왼쪽에 있는 배열은 중간 부분이 더 두꺼운데, 이는 빛을 한 점으로 수렴시킨다. 오른쪽의 배열은 중간 부분이 더 얇은데 그것은 빛을 발산시킨다. 양쪽 모두 바깥쪽 프리즘에 의한 광선의 굴절이 가장 뚜렷한 데 그 이유는 두 개의 굴절면 사이의 각이 가장 크기 때문이다. 중간에 있는 프리즘에서는 굴절이 일어나지 않는데 그 이유는 빛이 프리즘면에 수직으로 입사하기 때문이다. 물론 실제 렌즈는 프리즘으로 이루어져 있지는 않으며 보통 구형의 일부를 딴 모양을 하고 있다.

육안으로 보면 멀리 떨어진 물체는 상대적으로 작은 시각(視角 : 물체의 양쪽 끝으로부터 눈에 이르는 두 직선이 이르는 각)으로 보인다(그림 20.14(a)). 더 가까이 가서 그 물체를 보면 더 큰 시각으로 보인다(그림 20.14(b)). 시각이 커지면 더 상세히 볼 수 있다. 렌즈를 쓰면 렌즈를 쓰지 않을 때보다 더 크게 볼 수 있을 뿐더러 더 상세히 볼 수 있다. 확대경은 시각을 넓혀서 보다 상세히 볼 수 있게 해 주는 볼록 렌즈이다.

그림 20.14
(a) 멀리 떨어진 물체는 작은 시각으로 보인다.
(b) 같은 물체라도 큰 시각으로 보이면 더욱 자세히 보인다.

확대경을 쓸 때는 그 확대경을 물체쪽으로 가까이 가져가서 보아야 한다. 이것은 확대경으로 확대해서 보려면 물체를 렌즈의 초점과 렌즈 사이에 놓아야 하기 때문이다. 확대된 상은 렌즈로부터 물체보다 더 멀리 떨어져 있으며 정립상이다. 상이 생기는 위치에 스크린을 갖다 놓아도 상이 스크린에 맺히지 않는데 그 이유는 빛이 실제로 상이 생기는 위치에 모이는 것이 아니기 때문이다. 물체가 볼록 렌즈의 초점으로부터 충분히 멀리 떨어져 있으면 물체로부터 오는 빛은 수렴하여 스크린 위에 맺힌다(그림 20.15). 이와 같이 수렴하는 빛에 의해서 생기는 상을 실상이라고 한다. 하나의 볼록 렌즈에 의해 생기는 실상은 도립상이다(거꾸로 선 상이다). 볼록 렌즈는 스크린에 비추는 영화나 슬라이드 또는 카메라에 실상을 맺게 할 때 사용한다.

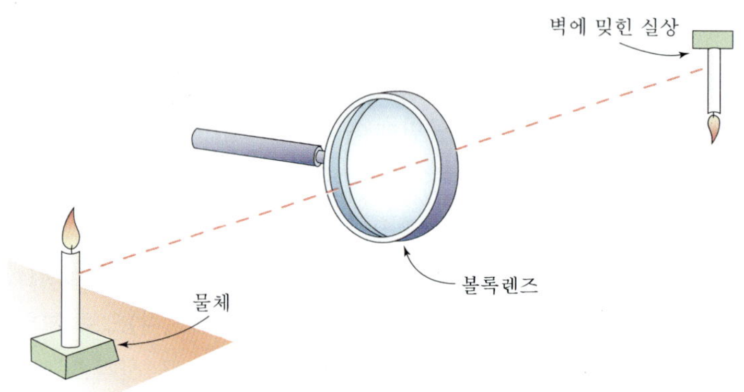


그림 20.15
볼록 렌즈는 확대경으로 사용되어 가까이 있는 물체의 허상을 만든다. 상은 물체보다 렌즈로부터 더 멀리 떨어져 보이고 더 커 보인다.

오목 렌즈 하나로 만들어지는 상은 항상 허상이고 정립상이며, 물체보다 작다. 이것은 물체가 멀리 떨어져 있건 가까이 있건 관계가 없다. 오목 렌즈는 카메라의 파인더에 흔히 쓰인다. 파인더를 통해 물체를 보면, 사진과 거의 같은 비율의 허상이 똑바로(정립) 보인다.

---

**Example** 허상과 실상의 차이는 무엇인가?

풀이 실상은 빛이 모여 생기는 상이므로 스크린에 맺히지만, 허상은 스크린에 맺히지 않는다.

---

## 20.4 여러 가지 광학기구

안경은 13세기 후반 이탈리아에서 발명된 것으로 추정된다. 두 개의 렌즈를 하나는 앞에 다른 하나는 뒤에 놓고 보는 망원경은 300년 후에나 발명되었다. 오늘날 렌즈는 많은 광학 기구에 쓰인다. 카메라나 망원경(그리고 쌍안경), 복합 현미경 그리고 투영기 등이 대표적이다.

## 카메라

카메라는 렌즈와 어둠 상자 속의 필름으로 이루어져 있다. 카메라는 보통 렌즈가 앞뒤로 움직여 렌즈와 필름 사이의 거리를 조정할 수 있게 되어 있다. 렌즈는 필름에 도립 실상을 만든다. 그림 20.16은 한 개의 렌즈로 이루어진 카메라이다. 실제로 대부분의 카메라에는 수차(收差)라고 부르는 상의 일그러짐을 줄이기 위해 복합 렌즈를 사용한다.

필름에 도달하는 빛의 양은 셔터와 조리개로 조절한다. 셔터는 필름이 빛에 노출되는 시간을 조절한다. 조리개는 필름에 들어오는 빛의 양을 사진기의 구멍 크기를 조절함으로써 제어한다. 구멍의 크기를 변화시킴으로써 어느 순간에 필름에 도달하는 빛의 양을 조절한다.

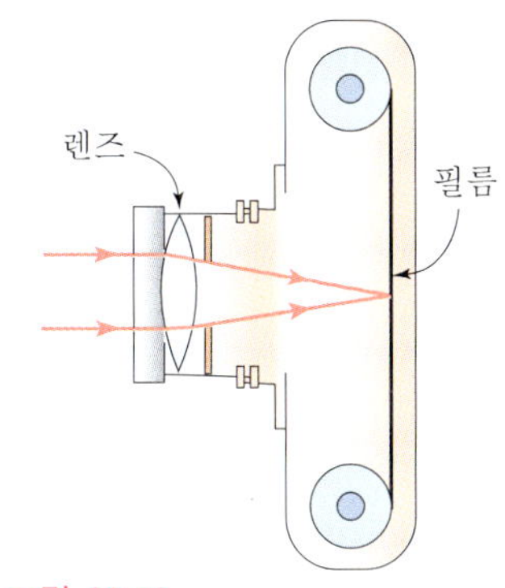

그림 20.16
카메라의 구조

## 망원경

단순 망원경은 멀리 떨어져 있는 물체의 실상을 맺게 하는 데 한 개의 렌즈를 사용한다. 이 실상이 우리 눈에 보이는 것이 아니라 확대경으로 사용하는 다른 렌즈에 의해 만들어지는 상을 보는 것이다. 이 두 번째 렌즈를 접안 렌즈라고 하며, 첫 번째 렌즈에 의해 만들어진 상이 이 접안 렌즈의 초점 거리 안쪽에 맺히도록 위치시킨다. 즉 접안 렌즈는 실상을 확대시켜 허상을 만든다. 우리가 망원경을 통해 보는 것은 실상의 허상이다.

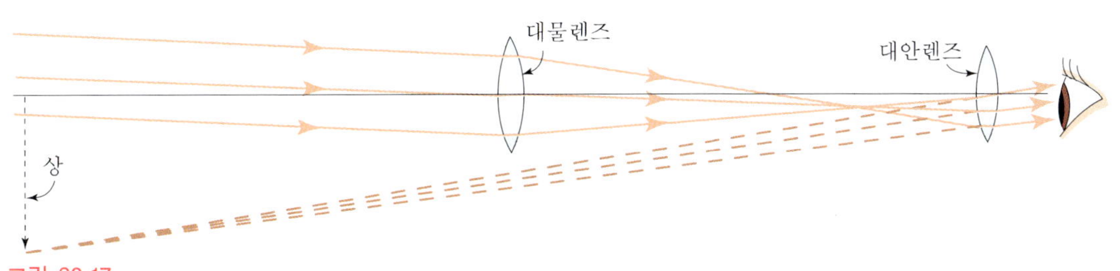

그림 20.17
천제 망원경의 렌즈의 배열

그림 20.17은 천체 망원경이다. 상은 도립이므로 달의 모습은 거꾸로 뒤집혀진 상태로 인쇄된다. 세 번째 렌즈 또는 한 쌍의 반사 프리즘을 가진 망원경은 지상에서 사용하는 것인데 이때 만들어지는 상은 정립이다. 이렇게 한 쌍의 프리즘과 두 개의 렌즈를 통과하면 정립상이 되는데 이런 구조를 가진 것을 쌍안경이라고 한다(그림 20.18).

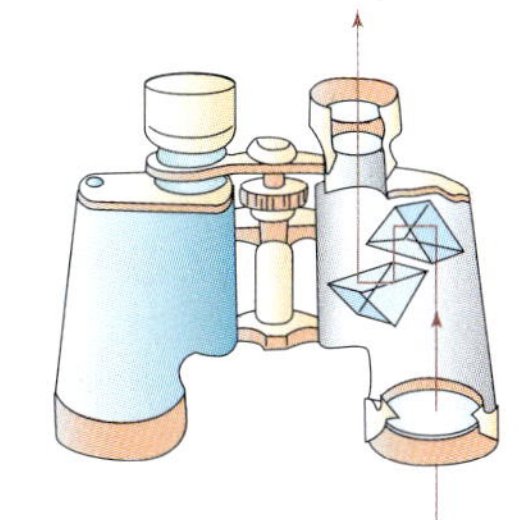
그림 20.18
쌍안경에서 프리즘의 배열

어떤 렌즈도 입사하는 빛을 100% 투과시킬 수 없기 때문에, 천문학자들은 세 번째 렌즈나 프리즘을 사용하여 약간 어두운 정립상을 얻는 것보다 더 밝은 도립상을 얻는 편을 택한다. 멀리 떨어진 풍경을 감상하거나 스포츠 경기를 관람하려면 밝은 상보다는 정립상을 얻는 편이 나으므로 세 번째 렌즈나 프리즘을 사용한다.

## 복합 현미경

복합 현미경은 그림 20.19에서 보는 것처럼 초점 거리가 짧은 두 개의 볼록 렌즈를 사용한다. 첫 번째 렌즈는 대물 렌즈라고 하는데, 가까이 있는 물체의 실상을 만든다. 상은 물체보다 렌즈로부터 멀리 떨어져 있으므로 확대된다. 두 번째 렌즈는 접안 렌즈라고 하며, 첫 번째 렌즈가 만든 상을 확대된 허상으로 만든다. 이렇게 이미 한 번 확대된 상을 다시 확대시켜 보는 것이기 때문에 복합 현미경이라고 한다.

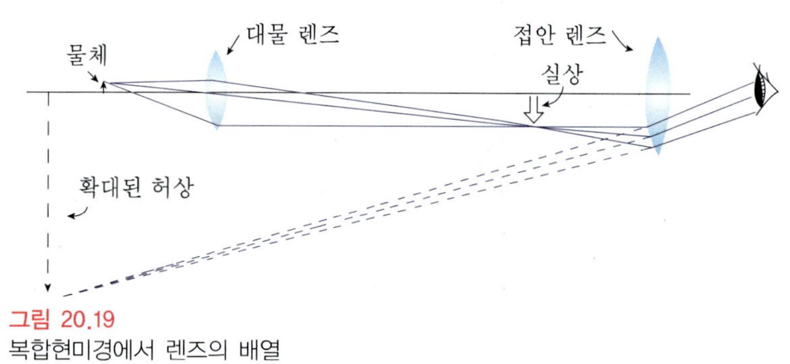

그림 20.19
복합현미경에서 렌즈의 배열

## 눈

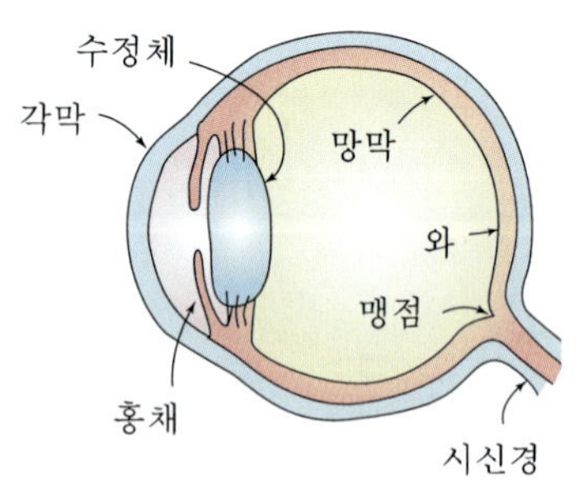

그림 20.20
사람의 눈

여러 면에서 눈은 카메라와 비슷하다. 눈에 들어오는 빛의 양은 홍채에서 조절하는데, 홍채는 눈동자를 둘러싼 색깔있는 부분이다. 빛은 각막이라고 하는 투명한 물질을 지나 눈동자와 수정체를 통과해서 눈 뒤쪽에 있는 망막에 도달하는데, 망막은 섬유층으로 되어 있으며 빛에 매우 민감하다. 망막의 각 부분들은 서로 다른 각도에서 오는 빛을 받는다. 망막은 고르지 않다. 이 곳에서는 가장 분명하게 볼 수 있고 시력의 중심을 이루는 조그만 부분이 있다. 이 점을 와(窩, fovea)라고 한다. 눈 가장자리보다 이곳에서 훨씬 더 자세히 볼 수 있다. 카메라나 눈에서 만들어지는 상은 도립이고, 이 상은 두 경우 모두 보정이 된다. 카메라 필름의 경우는 단순히 돌려서 보면 된다. 우리 눈의 망막에 맺힌 상은 뒤집어 보도록 우리 뇌는 학습되어 있다!

카메라와 사람 눈 사이의 주된 차이점은 초점을 맞추는 데 있다. 카메라에서는 렌즈와 필름 사이의 거리를 조절함으로써 초점을 맞춘다. 사람의 눈에서는 눈의 바깥 쪽에 있는 투명한 막인 각막에서 거의 다 초점을 맞춘다. 망막 위에 맺힌 상의 초점을 조절하는 일은 수정체의 두께와 모양을 변화시킴으로써 수정체의 초점 거리를 조정하는 방식으로 이루어진다. 이것을 초점조절(accommodation)이라고 하며 수정체를 둘러싼 모양체의 근육에 의해 이루어진다.

## 20.5 눈과 렌즈의 결합

정상적인 눈을 가진 사람은 무한 거리(원점)에서부터 25cm(근점; 보통의 경우 근점은 나이가 들면 멀어진다)사이에 있는 물체를 분명히 보기 위해 눈을 조정할 수 있다.

원시안은 망막의 뒤쪽에 상을 맺는다(그림 20.21). 안구의 길이가 매우 짧다. 원시안인 사람은 초점을 맞추려면 사물을 25cm보다 더 멀리 놓아야 한다. 이것은 눈의 수렴 효과를 증가시킴으로써 교정된다.
볼록 렌즈나 콘택트 렌즈를 쓰면 된다. 볼록 렌즈는 눈으로 들어가는 광선들을 수렴시켜 망막 뒤에 맺던 상을 정확히 망막 위에 맺게 한다.

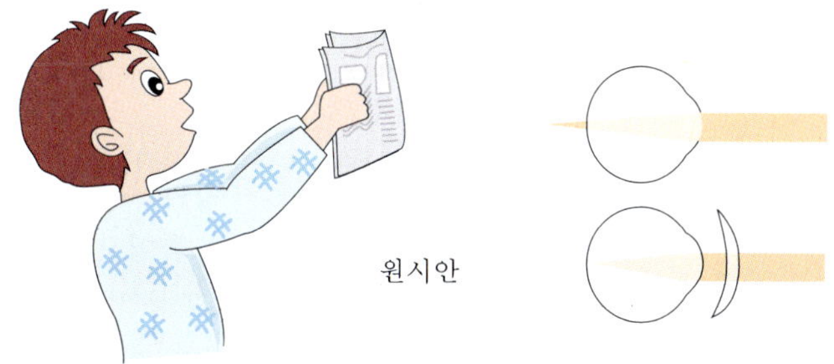


그림 20.21
원시안의 안구 길이는 매우 짧다. 볼록 렌즈가 상을 더 가깝게 이동시켜 망막에 맺게 한다.

근시안인 사람은 가까이 있는 물체만 뚜렷이 볼 수 있고 멀리 떨어진 물체는 잘 보지 못하는데, 그 이유는 수정체나 망막 사이에 초점이 맞춰져서 망막 앞에 상이 맺히기 때문이다(그림 20.22). 안구의 길이가 매우 길다. 이것을 교정하려면 오목 렌즈를 써서 물체로부터 오는 광선들을 발산시켜 망막 앞에 맺히던 상을 정확히 망막 위에 맺히게 해야 한다.

그림 20.22
근시안의 안구 길이는 매우 길다. 오목 렌즈가 상을 더 멀리 이동시켜 망막에 맺게 한다.

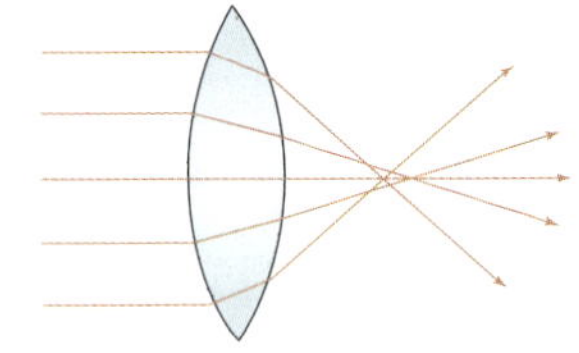

그림 20.23
구면수차

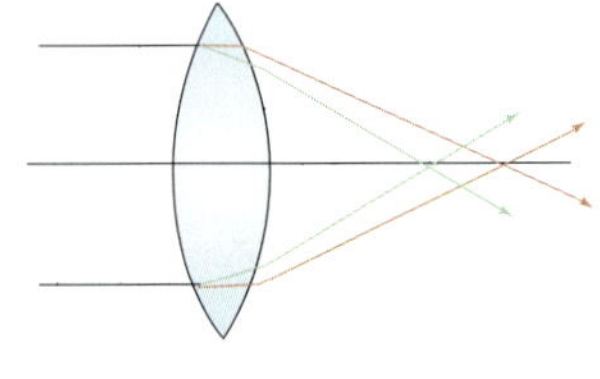

그림 20.24
색수차

난시안은, 가운데가 튀어나온 통처럼, 각막이 일그러진 것이다. 이런 결함 때문에 눈은 선명한 상을 맺지 못한다. 교정법은 일그러진 부분을 보정할 수 있도록 원통형 렌즈를 쓴다.

어떤 렌즈도 완전한 상을 만들지 못한다. 상의 뒤틀림을 수차라고 한다. 적절한 방법으로 렌즈를 결합하면 수차를 최소화 할 수 있다. 이런 이유로 대부분의 광학 기구는 복합 렌즈를 쓰는데 이는 여러 개의 렌즈로 이루어져 있다.

구면 수차는 렌즈의 가장자리를 지나는 빛과 렌즈의 중심 부분을 지나는 빛의 초점이 약간 다르기 때문에 생긴다(그림 20.23). 이것을 교정하려면 카메라에서 조리개를 쓰는 것처럼 렌즈의 가장자리를 가리면 된다. 좋은 광학기구의 경우 구면 수차는 렌즈의 결합을 통해 교정된다.

색수차는 색깔에 따라 빛의 속력이 다르고, 속력이 다르면 굴절률도 달라지기 때문에 발생한다. 단순 렌즈(예를 들어 한 개의 프리즘)에서 빨간 빛과 파란 빛이 굴절하는 정도가 다른데, 그 결과 두 빛은 같은 위치에 모이지 못한다. 다른 종류의 단순 렌즈를 결합한 색지움 렌즈를 이용하여 이 결함을 교정할 수 있다.

눈의 경우에는 눈동자가 가장 작을 때 가장 뚜렷이 보이는데, 그 이유는 눈의 중심 부분을 통과하는 빛만이 눈 안으로 들어오기 때문이다. 이때가 구면 수차와 색수차가 가장 작을 때이다. 또한 빛이 렌즈의 중심 부분에서 가장 작게 굴절하므로 선명한 상을 맺기 위한 초점 조절을 조금만 해도 된다.

---

**Example** 색수차는 렌즈를 통과할 때만 일어나고, 거울에서 반사할 때는 일어나지 않는 이유는 무엇인가?

풀이 투명한 물체에서 다른 진동수의 빛은 다른 속력으로 진행하고, 그 결과 다른 각도로 굴절하는데 이 때문에 색수차가 일어난다. 한편, 빛이 반사하는 각도는 빛의 진동수와 아무 관계가 없으므로 색깔에 관계없이 반사는 똑같이 일어난다. 반사할 때는 색수차가 발생하지 않기 때문에 망원경에는 렌즈보다 거울이 더 많이 쓰인다.

---

## 개념확인하기

1 광자란 무엇이며, 광자는 파동설과 입자설 중에서 어느 개념과 잘 어울리는가?

2 매끈한 금속이 어떻게 거울 역할을 할 수 있을까?

3 반사의 법칙은 곡면거울이나 난반사에서도 성립하는가?

4 반사와 굴절의 차이는 무엇인가?

5 빛의 속력이 공기와 물에서 같다면, 빛이 공기중에서 물 속으로 들어갈 때 굴절되는가?

6 당신이 물 속에 있는 친구의 얼굴을 볼 수 있다면 그 친구도 역시 당신을 볼 수 있을까?

7 신기루는 반사에 의한 것인가, 굴절에 의한 것인가? 설명하라.

8 대기 굴절에 의해 낮의 길이는 길어지는가, 짧아지는가?

9 트럭 중에는 트럭 뒤에 "당신이 내 백미러를 볼 수 없으면 나도 당신을 볼 수 없어요" 라고 쓰인 표시를 하고 다니는 경우가 있다. 이 속에는 어떤 물리가 있는가?

10 건조한 도로와 젖은 도로에서의 반사가 어떻게 다른지 비교하고 비오는 밤에 도로를 주행하는 것이 왜 어려운지 설명하라.

11 강가에서 작살을 가지고 물고기를 잡으려고 한다면 눈에 보이는 물고기에 직접 겨누어야 하는가, 아니면 그 위나 아래 쪽을 겨누어야 하는가? 레이저로 물고기를 잡는다고 할 때는 어디를 겨누어야 하는가?

12 허상과 실상의 차이는 무엇인가?

13 어떤 상이 정말로 실상이라는 것을 보이려면 어떻게 해야 하는가?

14 빛이 공기 안과 유리 안에서 같은 속력을 가진다면, 망원경과 현미경은 물체를 확대시킬 수 있는가?

15 물 속에서 단순 확대경으로 보자. 확대율이 증가하는가, 감소하는가? 이유도 설명하라.

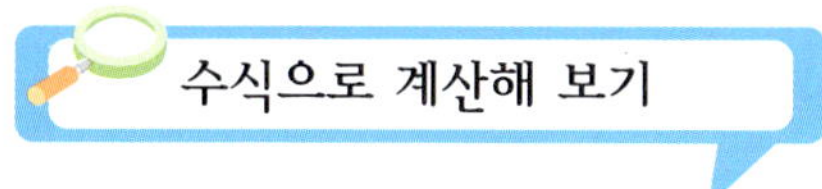

## 수식으로 계산해 보기

1 빛이 1광년의 거리를 진행하는 데 걸리는 시간은 얼마일까? 또 1광년은 대략 몇 km인가?

2 마이켈슨의 장치에서 대안렌즈 쪽으로 거울에서 반사한 빛이 들어오고 있다. 팔면경의 회전 속력을 2배로 한다면 대안렌즈에 여전히 빛이 보이겠는가? 팔면경을 2.1배의 속도로 회전시키면 어떨까? 설명하라.

3 마이켈슨 장치에서 거울면이 8개가 아니라 6개였다고 하자. 이 장치로 빛의 속도를 측정하려면 거울의 회전 속도를 어떻게 변화시켜야 했을까?

4 당신이 거울 쪽으로 1m/s의 속력으로 걸어간다고 하자. 당신과 당신의 상은 서로 얼마의 속력으로 다가가는가?

**5** 평면 거울 속에 있는 당신 상을 사진 찍으려고 한다. 지금 당신이 거울 앞 2m 위치에 있다면 카메라 초점은 몇 미터에 맞추어야 하는가?

**6** 초점거리 20cm인 오목거울 앞 60cm의 위치에 길이 3cm의 물체를 놓을 때 생기는 상의 위치와 크기, 모양을 설명하시오.

**7** 볼록거울 앞 10cm인 곳에 물체를 놓았더니 $\frac{1}{2}$ 크기의 허상이 생겼다. 이 볼록거울의 초점거리는?

**8** 어떤 물체의 상이 오목거울의 중심으로부터 30cm 인 곳에 맺어졌다. 물체의 길이는 10cm 이고 상의 길이는 5cm 였다면 이 거울의 초점거리는?

**9** 유리로부터 다이아몬드 속으로 가는 빛에 대한 상대굴절률이 1.60이다. 유리의 절대굴절률이 1.50이면 다이아몬드의 절대굴절률은?

**10** 초점거리 24cm인 볼록렌즈로부터 거리 6cm 되는 광축 상의 한 점에 어떤 물체를 놓았다. 이 때 생기는 상의 위치와 모양을 설명하시오.

**11** 그림과 같이 물통에 깊이 12cm 되게 물을 넣고 두께 6cm인 유리판을 덮었다. 물과 유리의 굴절률이 각각 4/3, 3/2일 때 바닥의 겉보기 깊이는?

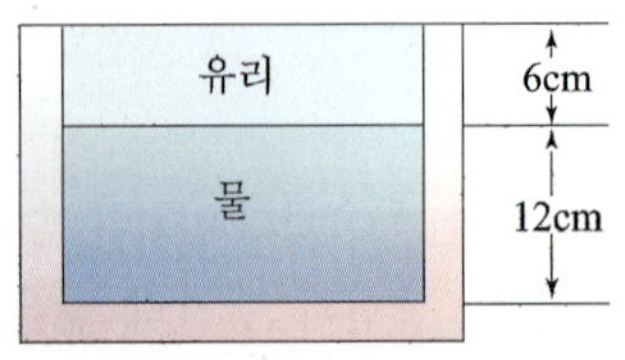


**12** 다음은 어떤 물질에서 공기 중으로 레이저를 비추었을 때 빛이 지나가는 경로를 나타낸 것이다.

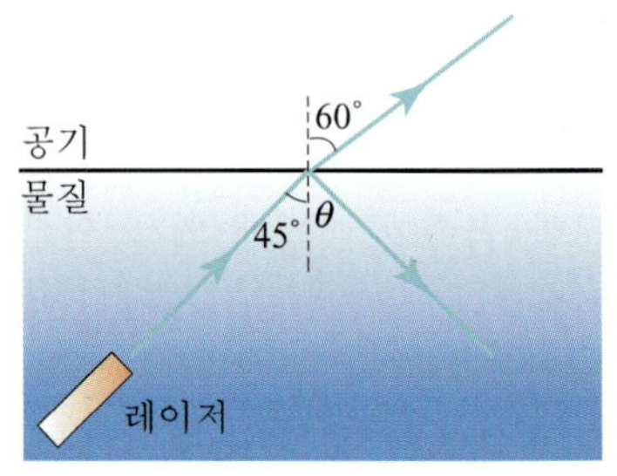


θ 의 크기와 물질의 굴절률을 구하시오.

**13** 다음은 어떤 매질에서 공기 중으로 레이저를 비추었을 때 빛이 지나가는 경로를 나타낸 것이다.

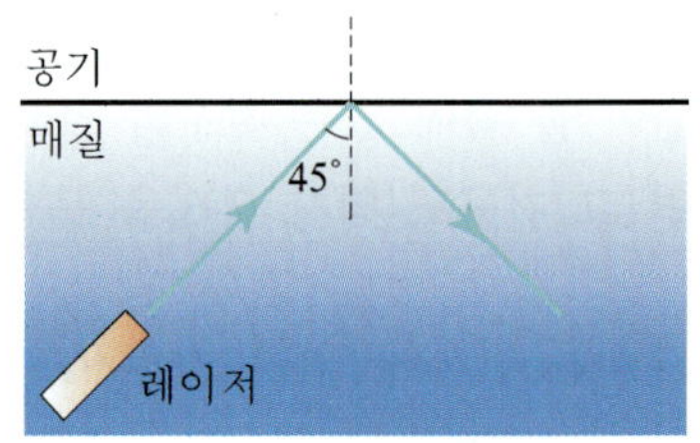


위의 그림으로부터 매질의 굴절률의 크기에 대해 설명하시오.

**14** 다음 그림은 어떤 액체가 들어있는 반원형 물통의 중심에 레이저 빛을 통과시켰을 때의 경로를 나타낸 것이다. 이 액체의 굴절률은?

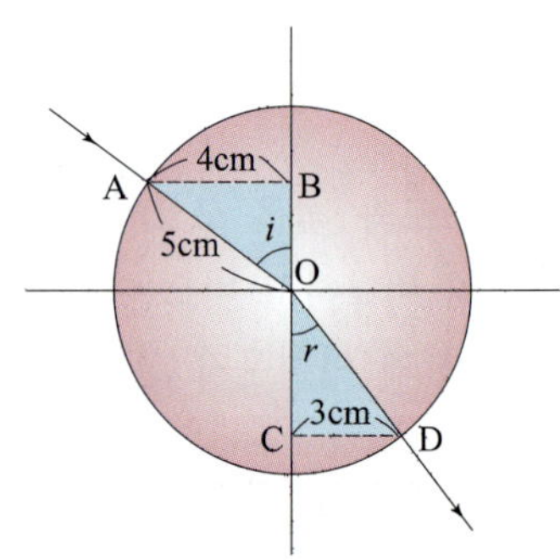

**15** 그림과 같이 세 종류의 매질 1, 2, 3 이 경계면을 이루고 있다. 매질2에 있는 광원에서 매질 3쪽으로 빛을 입사시켰더니 경계면에서 전반사된 후에 매질 1으로 굴절되었다.

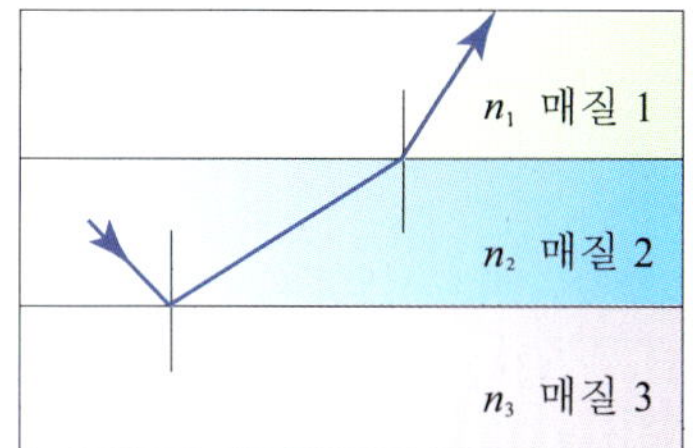


각 매질의 굴절률 $n_1$, $n_2$, $n_3$ 의 크기를 부등호와 등호를 사용하여 비교하시오.

**16** 굴절률이 5/3인 투명한 액체에서 깊이가 5m인 곳에 점광원이 있다. 이 점광원으로부터 빛이 액체 밖으로 빠져 나오지 못하게 하려면 반지름이 얼마 이상인 원판으로 뚜껑을 덮어야 할까?

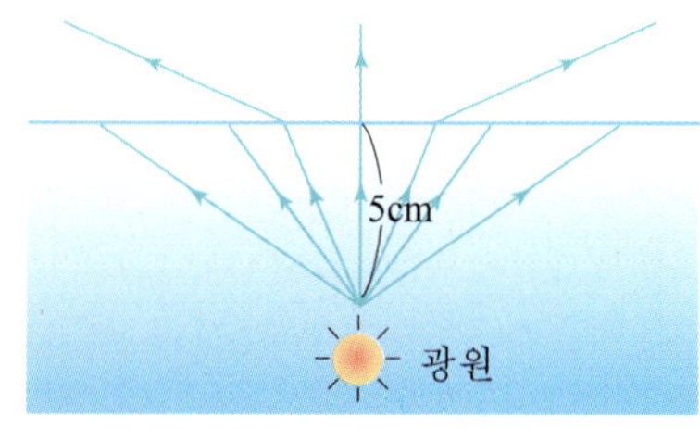


**17** 초점거리가 50cm인 볼록렌즈 A 와 초점거리가 25cm인 오목렌즈 B가 그림과 같이 25cm 떨어진 상태에 있다. 렌즈 A를 향해 평행광선을 입사시키고 렌즈 B를 렌즈 A 쪽으로 천천히 이동시키면 렌즈 B를 통과한 광선은 어떻게 되는지 설명하시오.

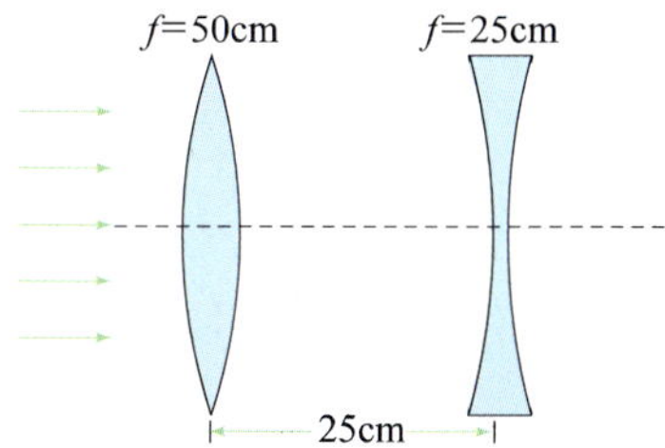


**18** 초점거리가 20cm인 볼록렌즈와 초점거리가 60cm인 오목렌즈를 그림과 같이 배열하고 볼록렌즈 앞 30cm 되는 곳에 물체를 놓았다. 이 때 상의 최종적인 위치와 배율은 얼마인가?

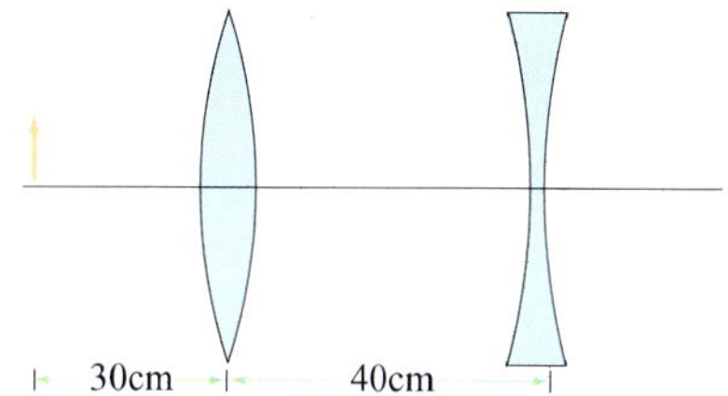


**19** 보통의 현미경의 경우 경통 거리는 약 18cm이다. 대물렌즈의 초점거리가 1.5cm이고 대안렌즈의 초섬거리가 2.0cm일 때 대불렌즈와 대안렌즈의 배율, 현미경의 배율은 각각 얼마인가?

**20** 명시거리가 15cm인 사람은 어떤 안경을 써야 하는가?

**21** 두 개의 평면 거울 A, B 가 90°의 각을 이루고 있다. 그림과 같이 빛이 거울 A와 30°를 이루면서 입사했다. 이 빛이 거울 A에서 반사된 후 다시 거울 B에서 반사될 때 반사 광선이 거울 B와 이루는 각 $\theta$의 크기는?

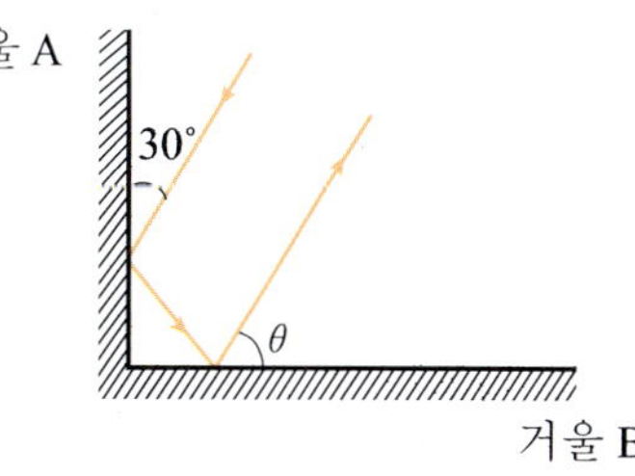


**22** 금속으로 된 물탱크의 한 쪽 구석에 어떤 물체가 놓여 있다. 눈이 물탱크의 꼭대기와 같은 높이에 있을 때 이 물체는 보이지 않는다. 그러나 이 물탱크에 투명한 액체를 채웠더니

물체를 겨우 볼 수가 있었다. 물탱크의 크기가 그림과 같을 때 이 액체의 굴절률은?

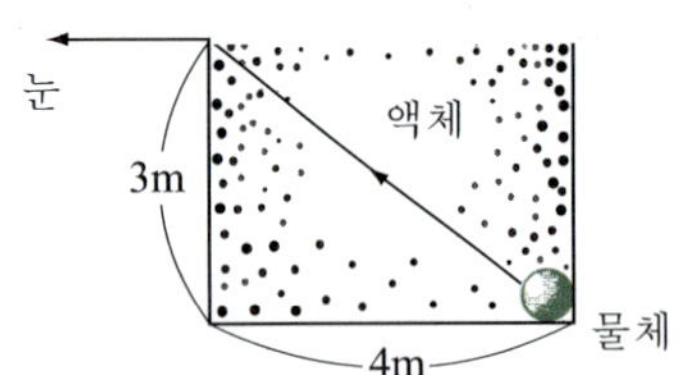


**23** 깊이가 32cm인 물통에 깊이가 20cm 되게 물을 붓고 그 위에 물과 섞이지 않고 위로 뜨는 투명한 액체를 12cm 부었다. 물의 굴절률이 $\frac{4}{3}$, 투명한 액체의 굴절률을 $\frac{3}{2}$이라 할 때

a. 바닥의 겉보기 깊이는?

b. 겉보기 깊이가 22cm로 보이려면 두 액체를 각각 얼마의 깊이로 부어야 하겠는가?

**24** 그림과 같이 직각 이등변 프리즘에 수직으로 입사한 빛을 프리즘 내에서 전반사시키려 할 때 프리즘 굴절률의 최소값을 구하여라.

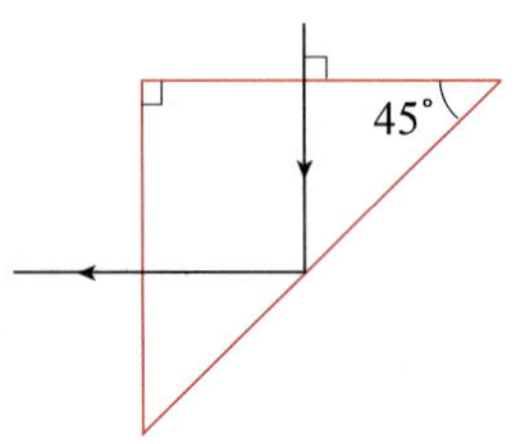


**25** 평면경에서 10cm 되는 곳에서 작은 물체가 있다. 만약 거울에서 30cm 떨어진 곳에서 평면 거울에 비친 물체의 상을 들여다본다면 눈은 몇 cm 거리에 초점을 맞추어야 하겠는가?

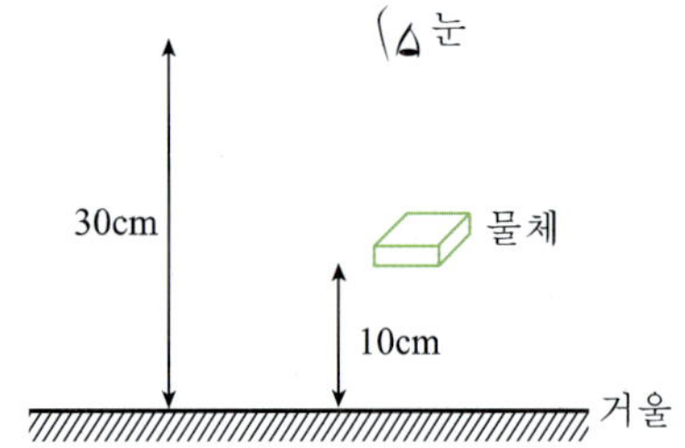

## 한걸음 더

1. 키가 $L$인 사람이 평면거울을 통해 자신의 전신을 보려고 한다. 거울은 얼마나 길어야 할까?

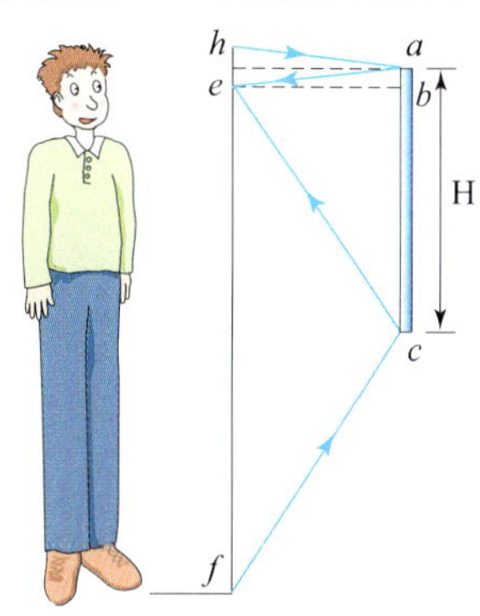


2. 초점거리가 10cm와 20cm인 두 개의 볼록렌즈가 20cm 떨어져 있다.

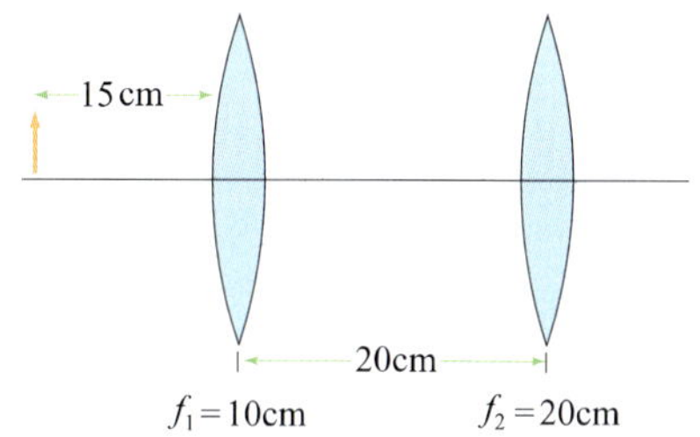


물체가 초점거리 10cm인 렌즈 앞 15cm 되는 곳에 있을 때 다음 물음에 답하시오.

a. 상의 최종 위치는?

b. 배율은 얼마인가?

3. 레이저 광선이 꼭지각이 $\alpha$인 이등변 삼각형 모양의 프리즘 표면에 입사각 $\theta_1$으로 입사한다. 이때 프리즘의 굴절률은 1보다 크다.

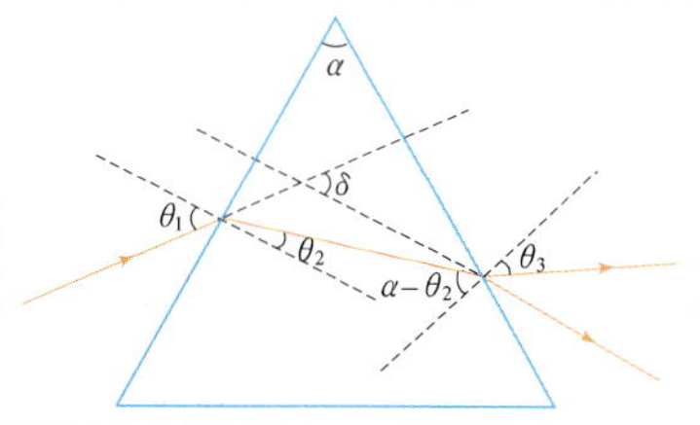


a. 프리즘에 의하여 굴절된 광선 방향과 입사된 광선의 방향의 차이 $\delta$의 최소값을 구하시오.

b. 만일 $\alpha$가 상당히 작은 각이라면 $\delta \cong (n-1)\alpha$임을 보이시오.

# Chapter 21

# 빛(Ⅱ)

철사로 만든 작은 고리에 비눗물을 묻혀 수직으로 세우면 여러가지 색깔의 띠를 관찰할 수 있다. 이러한 현상은 비누막의 두께가 변하면서 반사된 빛이 파장에 따라 소멸되거나 보강되어 생기는 현상으로 빛의 간섭이라고 한다. 빛의 간섭은 비온 날 물 위에 떠있는 기름방울에서도 관찰할 수 있다. 그러나 비온 뒤 하늘에서 나타나는 무지개는 이와는 또 다른 원리로 만들어진다. 우리의 눈을 즐겁게 하는 여러 가지 색깔의 비밀에 대해 알아보자.

## 21.1 빛의 분산

물질 내에서 빛의 속력이 얼마나 느려지는가는 매질과 빛의 진동수에 달려 있다. 어떤 매질에서 진동하는 전자의 고유 진동수에 가까운 진동수의 빛일수록 그 매질에서 느리게 진행한다. 이것은 그 매질에서 흡수와 방출이라는 과정을 통해 더 많은 상호 작용을 겪어야 하기 때문이다. 대부분의 투명한 매질에서의 고유 진동수 또는 공진 주파수는 자외선 영역이기 때문에 가시 광선 중에서도 높은 진동수의 빛이 낮은 진동수의 빛보다도 더 느리게 진행한다. 보통 유리에서는 보라색 빛은 빨간색 빛보다 1%정도 느리다. 보라와 빨강 사이의 색깔들은 그 중간 정도의 속력으로 진행한다. 투명한 매질에서 다른 진동수의 빛이 다른 속력으로 전파하기 때문에, 그 빛들은 다르게 굴절할 것이고 다른 각도로 휘게 된다. 이와같이 빛이 진동수에 따라 배열되면서 색깔이 분리되어 나타나는 현상을 분산이라고 한다.

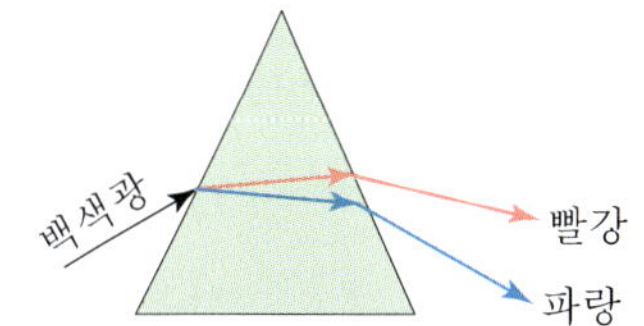


그림 21.1
프리즘을 통과하면서 생기는 빛의 분산

흥미있는 분산의 예로 무지개를 들 수 있다. 무지개를 보려면 하늘 한 쪽에 태양이 빛나고 있어야 하고 그 반대 쪽 하늘에는 비로 인해 생긴 물방울이나 구름 속의 물방울들이 있어야 한다. 그리고 태양을 등지고 서면 무지개를 볼 수 있다. 비행기를 타고 충분히 높이 올라가서 보면 무지개는 완전히 원을 이루고 있다. 땅이 가로막고 있지 않다면 무지개는 모두 완전한 원이다. 물방울에 의해서 빛이 어떻게 분산되는지를 이해하려면, 그림 21.2처럼 하나하나의 구형 물방울에서 어떤 일이 일어나는지 생각해 보아야 한다. 태양 광선을 따라서 물방울의 윗 표면으로 들어간다고 생각하자. 여기서 빛의 일부는 반사하고(그림에는 나타내지 않았음) 나머지는 물방울 속으로 굴절되어 들어간다. 이 첫 번째 굴절에서 빛이 분산되어 여러 가지 색깔의 무늬가 나타난다.

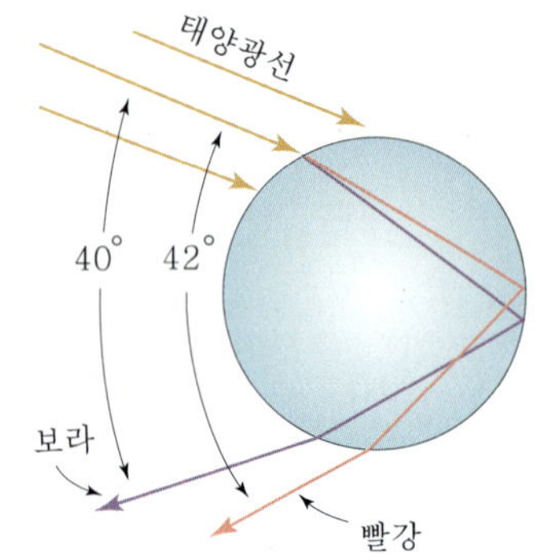

그림 21.2
한 개의 물방울에서 태양 광선이 분산되어 무지개가 생기는 모양

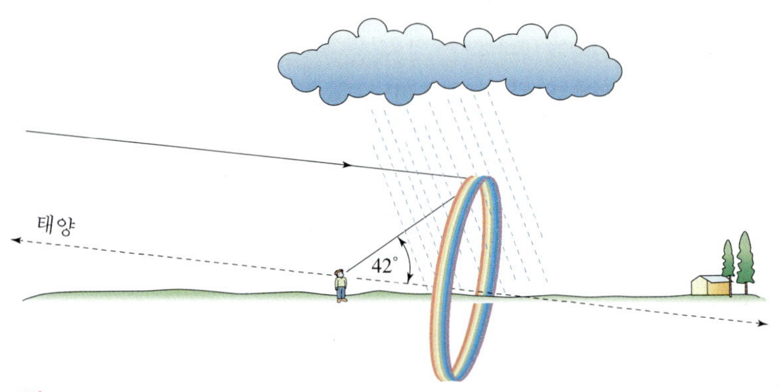

그림 21.3
무지개는 태양 반대편 하늘의 일부에서 생기고 태양에서부터 관찰자까지를 잇는 가상의 선을 연장하면 그것을 중심으로 둥글게 만들어진다.

광선이 물방울의 반대쪽 부분에 닿아서 일부는 굴절되어 밖으로 빠져나가고(이것도 나타내지 않았음) 일부는 반사되어 물방울 속으로 되돌아온다. 물방울의 아래쪽 표면에 도착한 광선의 일부는 공기 중으로 굴절된다. 두 번째 굴절은 프리즘에서의 굴절과 비슷한데, 프리즘에서는 두 번째 표면의 굴절에서는 첫 번째 표면을 통해 이미 만들어진 분산이 더욱 확대되어 나타난다. 두 번 굴절되고 한 번 반사된 빛은 작은 영역의 각도에 집중되어 나타난다.

각각의 물방울들은 모든 색깔의 무늬가 나타나도록 빛을 분산시킨다. 그러나 관찰자는 특정한 위치에서 하나의 물방울로부터 하나의 색깔만을 보게 된다(그림 21.4). 만일 어떤 하나의 물방울로부터 나온 보라색 빛이 우리 눈에 들어오면 같은 물방울에서 나온 빨간빛은 우리 눈 아래쪽을 비추게 된다. 빨간빛을 보려면 하늘에 더 높이 떠 있는 물방울을 봐야 한다. **물방울로 입사하는 태양 광선과 분산된 빛이 이루는 각도가 42°인 곳에서 빨간색이 보인다. 태양 광선과 분산된 빛이 이루는 각도가 40°일 때 보라색이 보인다.**

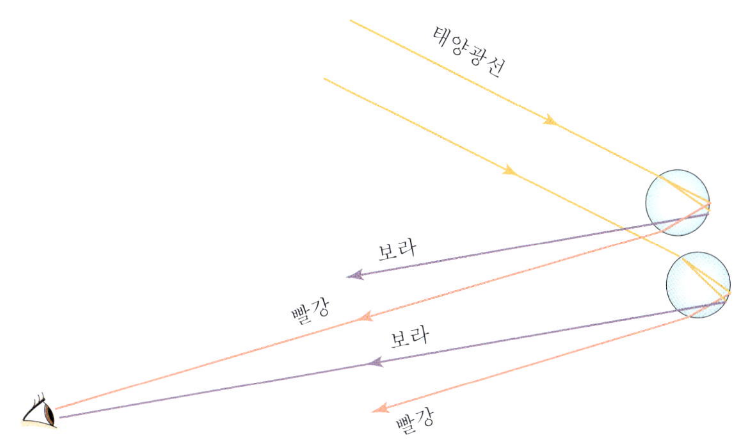


그림 21.4
태양 광선이 두 개의 물방울로 들어가서 분산되어 나오는 모양. 관찰자는 위쪽 물방울에서 빨강을 보고 아래쪽 물방울에서 보라를 본다. 수많은 물방울에서 같은 현상이 일어나 전체 스펙트럼을 이룬다.

분산된 다른 색깔의 빛도 각도는 약간 차이가 있지만 비슷한 원호를 따라 나타난다. 각 색깔의 원호들이 어우러져 우리에게 익숙한 무지개로 보이는 것이다. 무지개를 만들어 내는 빗방울을 바라보는 나의 원뿔 시야는 내 옆에 있는 사람의 것과는 다르다. 그래서 한 친구가 "저 멋진 무지개 좀 봐"라고 말할 때 당신은 "나도 좀 보게 옆으로 비켜봐"라고 말할 수 있다. 모든 사람들은 저마다의 무지개를 보는 것이다. 우리가 움직이면 무지개도 함께 움직인다. 이것은 우리가 결코 무지개의 옆으로 접근할 수 없다는 것을 의미한다. 가끔 두 번째 무지개가 첫 번째 무지개 주위에 더 큰 각도의 원호를 그리며 나타나는데 모양은 더 크고 색깔들의 순서는 반대이다. 두 번째 무지개도 비슷한 경우에 만들어지는데 물방울 속에서 두 번 반사하여 만들어진다(그림 21.5). 두 번째 반사가 일어날 때 빛의 일부는 굴절되어 물방울 밖으로 나가버리므로 두 번째 무지개는 훨씬 희미하다.

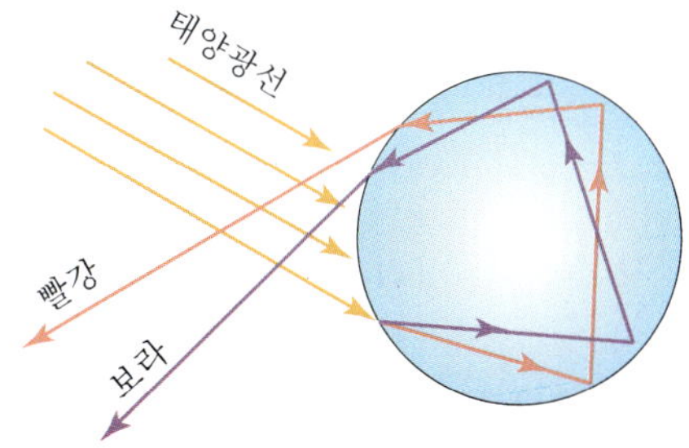


그림 21.5
물방울에서 이중 반사하여 두 번째 무지개를 만든다.

**Example** 하늘에서 무지개를 볼 수 있는 조건은 무엇인가?

풀이 하늘에 물방울이 떠 있는 상황에서 태양을 등지고 서 있을 때 무지개를 볼 수 있다.

## 21.2 빛과 스펙트럼

그림 21.6
뉴턴은 태양 광선을 유리 프리즘으로 통과시켜 스펙트럼을 만들었다.

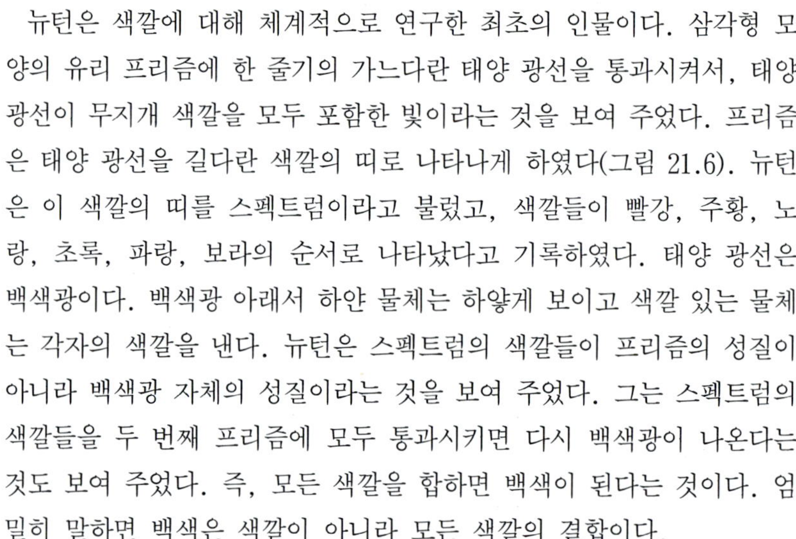

뉴턴은 색깔에 대해 체계적으로 연구한 최초의 인물이다. 삼각형 모양의 유리 프리즘에 한 줄기의 가느다란 태양 광선을 통과시켜서, 태양 광선이 무지개 색깔을 모두 포함한 빛이라는 것을 보여 주었다. 프리즘은 태양 광선을 길다란 색깔의 띠로 나타나게 하였다(그림 21.6). 뉴턴은 이 색깔의 띠를 스펙트럼이라고 불렀고, 색깔들이 빨강, 주황, 노랑, 초록, 파랑, 보라의 순서로 나타났다고 기록하였다. 태양 광선은 백색광이다. 백색광 아래서 하얀 물체는 하얗게 보이고 색깔 있는 물체는 각자의 색깔을 낸다. 뉴턴은 스펙트럼의 색깔들이 프리즘의 성질이 아니라 백색광 자체의 성질이라는 것을 보여 주었다. 그는 스펙트럼의 색깔들을 두 번째 프리즘에 모두 통과시키면 다시 백색광이 나온다는 것도 보여 주었다. 즉, 모든 색깔을 합하면 백색이 된다는 것이다. 엄밀히 말하면 백색은 색깔이 아니라 모든 색깔의 결합이다.

그림 21.7
왼쪽의 사각형은 모든 색깔의 빛을 반사시킨다. 이것은 태양 광선 아래에서는 하얗다. 파란 빛을 비추면 파랗다. 오른쪽 사각형은 모든 색깔의 빛을 흡수한다. 태양 광선 아래에서는 흰 사각형보다 따뜻하다.

검은 색은 색깔이 아니라 빛이 없는 상태라고 할 수 있다. 물체가 잘 흡수하므로 아주 검게 보인다. 검은 융단도 좋은 흡수체이다. 그러나 윤이 나는 표면도 어떤 조건에서는 검게 보일 수도 있다. 예를 들면 매우 반짝이는 면도날은 검지 않지만 면도날을 수십 수백 개 쌓아 놓고 면도날 끝 부분을 보면 아주 검게 보인다. 촘촘하게 붙은 면도날 틈으로 들어온 빛들 중 대부분은 여러 번의 반사를 거듭하여 흡수되거나 갇혀서 빠져나가지 못하게 된다.

우리가 볼 수 있는 검은 물체는 그 물체로 들어오는 모든 빛을 흡수하지는 못한다. 왜냐하면 표면에서 항상 약간의 빛을 반사하기 때문이다. 그렇지 않으면 우리가 볼 수 없을 것이다.

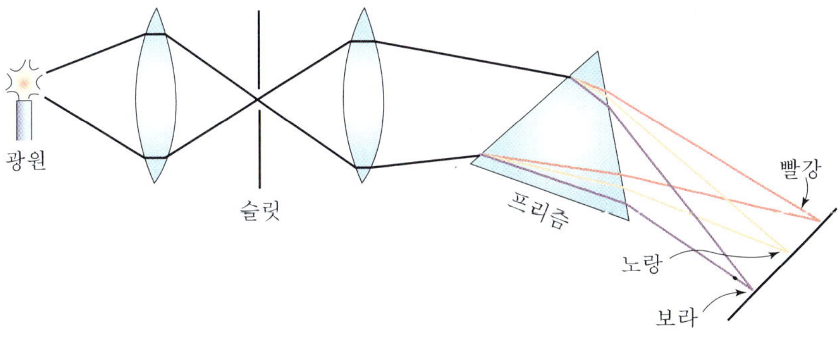


그림 21.8
아주 선명한 스펙트럼은 백색 광선을 얇은 슬릿과 두 개의 렌즈, 그리고 한 개의 프리즘을 통과시켜서 얻는다.

모든 원소는 빛을 방출할 때 자신의 고유한 색깔을 낸다. 만일 원자들 사이의 간격이 서로 멀리 떨어져 있어서 원자들의 진동이 이웃하는 원자들에 의해 방해받지 않으면 그들의 진짜 색깔이 방출된다. 이것은 기체 상태에서 원자들이 빛을 방출하게 될 때 발생한다.(전구의 필라멘트처럼 원자들이 밀집한 고체 상태에서는 원자들의 고유색들이 겹쳐져 나와서 윤곽이 뚜렷하지 않은 연속 스펙트럼이 된다.) 예를 들면 네온 가스는 밝은 빨간 빛을 방출하고, 수은 증기는 푸른 빛이 감도는 보라를 내고, 헬륨은 핑크 빛을 낸다.

백열하는 원소로부터 나오는 빛을 분광기를 통해 분석해 보면 색깔이다양한 진동수를 가진 빛들이 혼합된 것임을 알 수 있다(그림 21.9). 한 원소의 스펙트럼은 연속적인 색의 띠가 아니라 그림 21.9 처럼 일련의 선들로 이루어져 있다. 각각의 선들은 독특한 빛의 진동수에 대응한다. 이런 스펙트럼을 선 스펙트럼이라고 한다. 분광기에서 보는 스펙트럼 선들은 빛이 통과한 슬릿의 상이다. 각각의 색깔 선들이 연속 스펙트럼에서 색깔들이 나타나는 위치와 같은 곳에 나타난다는 것에 주목하자.

그림 21.9
(위에서 아래로) 백열 전구의 연속 스펙트럼과 세 가지 원소(수소, 나트륨, 수은)의 선 스펙트럼

각각의 원소들이 내는 빛들은 저마다 독특한 스펙트럼 선의 패턴을 만든다. 그 이유는 각 원소에 따라 전자들의 배열이 다르고 그에 따라 한 에너지 준위에서 다른 에너지 준위로 전이할 때 나오는 빛의 진동수가 달라지기 때문이다. 기체 상태에 있는 원자에서 방출된 빛의 진동수들은 원소의 '지문'이라고 할 수 있다. 물리학자들은 원자 스펙트럼의 연구를 통해 원자 구조에 대해 더 많은 정보를 얻는다. 보통 물질이나 태양, 멀리 떨어진 은하들의 원자 구성도 스펙트럼 분석을 통해 알 수 있다. 우주에서 두 번째 많은 원소인 헬륨도 태양 광선의 스펙트럼 분석을 통해 발견되었다.

**Example** 스펙트럼의 색깔 순서를 나열해 보라.

풀이 빨강, 주황, 노랑, 초록, 파랑, 보라

# 21.3 빛과 색깔

우리 주변에 있는 물체들의 색깔은 대부분 물체가 빛을 반사하기 때문에 나타난다. 대부분의 물체들은 어떤 진동수의 빛만 흡수하고 나머지는 반사시킨다. 만일 어떤 물체가 가시 광선의 진동수를 가진 거의 모든 빛을 흡수하고 빨강만 반사한다면 그 물체는 빨갛게 보인다. 만일 흰 종이처럼 가시광선의 진동수를 가진 모든 빛을 반사한다면 그것은 들어오는 빛과 같은 색깔이 될 것이다. 물체가 들어오는 모든 빛을 흡수한다면 그것은 아무것도 반사하지 않는 것이며 따라서 그 물체는 검게 보인다.

백색광이 꽃에 비춰질 때 어떤 진동수의 빛은 꽃 속의 세포에서 흡수되고 어떤 빛은 반사된다. 클로로필을 가진 세포는 입사하는 대부분의 진동수의 빛은 흡수하고 초록색 부분만 반사하므로 초록색으로 보인다. 한편, 빨간 장미의 꽃잎은 빨강만 주로 반사하고 상대적으로 파랑은 덜 반사한다. 아주 재미있는 것은 수선화같은 노란 꽃들의 꽃잎은 노랑과 함께 빨강과 초록을 반사한다는 것이다. 노란 수선화는 폭넓은 진동수의 빛을 반사한다. 대부분의 물체들이 반사하는 색깔들은 단일한 진동수를 가진 것이 아니라 넓은 범위의 진동수의 빛들이 결합된 것이다. 예를 들면, 노랑이라는 것은 파랑이나 보라를 제외한 여러 색깔들이 혼합된 것일 수도 있고, 또는 빨강과 초록의 합으로 만들어질 수도 있다.

물체는 주위를 밝게 비추는 불빛(광원) 속에 존재하는 진동수의 빛만을 반사시킬 수 있다는 점에 유의해야 한다. 색깔 있는 물체가 어떻게 보이는가는 사용된 빛(광원)이 어떤 것이냐에 달려 있다. 촛불은 높은 진동수가 거의 없는 빛을 낸다. 그것은 노르스름한 빛을 띤다. 촛불 아래서는 모두 노르스름하게 보인다. 백열전구는 가시광선의 진동수를 가진 빛을 모두 방출하지만 낮은 진동수의 빛이 더 풍부하며 붉은 색이 강하게 나타난다. 형광등은 높은 진동수의 빛이 더 풍부하며 푸른색이 강하게 나타난다. 약간 붉은 빛을 띠는 천의 경우 형광등 불빛 아래에서보다 백열전구 아래에서 빨강이 더 두드러진다. 태양빛 아래에서의 색깔은 이런 등불 아래에서의 색깔과는 사뭇 다르게 나타난다(그림 21.10). 물체의 색깔 구분은 태양빛 아래에서 아주 쉽게 할 수 있지만 광원의 종류에 따라 물체의 색깔이 다르게 감지될 수 있다는 점에 유의해야 한다.

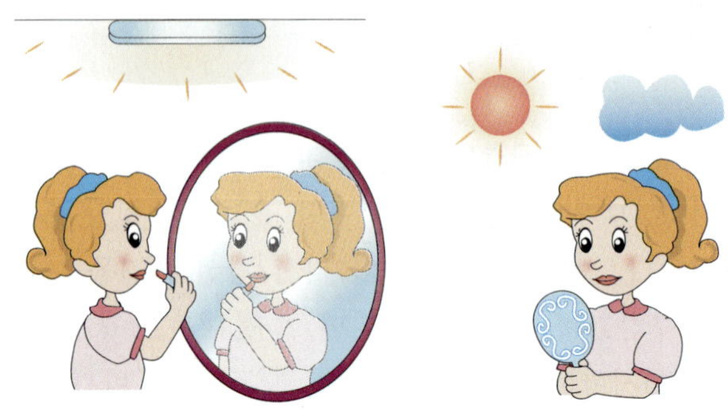

그림 21.10
입술의 색깔은 형광등에서보다 태양 빛에서 더 붉게 보인다.

투명한 물체의 색깔은 그것이 통과시키는 빛의 색깔에 달려 있다. 빨간 유리는 백색을 이루는 모든 색깔을 흡수하고 빨간색 빛만 통과시키기 때문에 빨갛게 보인다. 이와 마찬가지로, 파란 유리는 주로 파란색 빛만 통과시키고 나머지 색깔은 흡수하기 때문에 파랗다.

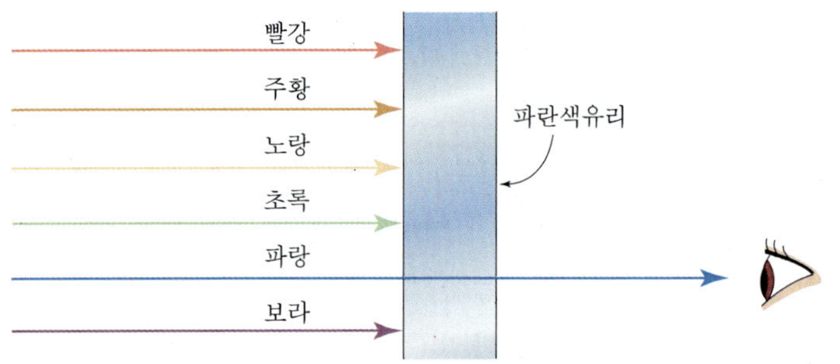


그림 21.11
파란 유리는 파란 빛의 진동수에 해당하는 에너지만 통과시킨다.

유리 속에서 선택적으로 색광을 흡수하는 물질을 색소 또는 안료라고 한다. 원자 수준에서 보면 안료 원자 속에 있는 전자들이 어떤 특정한 진동수의 빛을 선택적으로 흡수하는 것이다. 다른 진동수의 빛은 유리 속에 있는 원자에서 원자로 재방출을 거듭하게 된다. 흡수된 빛의 에너지는 원자들의 운동 에너지를 증가시키고 그리하여 유리는 따뜻해진다. 보통 창유리는 색깔이 없는데 그 이유는 모든 가시광선의 진동수를 다 통과시키기 때문이다.

**Example 1** 빨간 빛을 빨간 장미에 비출 때, 꽃잎보다 가지가 더 따뜻해지는 이유는 무엇인가?

풀이 꽃잎은 빛을 반사시키므로 빨갛게 보인다. 반면에 가지는 빨간 빛을 흡수하므로 따뜻해진다.

**Example 2** 초록 빛을 빨간 장미에 비출 때 꽃잎이 검게 보이는 이유는 무엇인가?

풀이 꽃잎은 초록 빛을 흡수한다. 장미에 비추는 빛은 초록뿐이므로 그리고 초록은 장미가 반사시킬 수 있는 빨강을 가지고 있지 않으므로 장미는 어떤 색깔도 내지 않아서 검게 보인다.

## 21.4 빛의 혼합

가시 영역의 진동수에 해당하는 빛이 혼합되면 흰색이 된다. 재미있는 것은, 흰색은 빨강, 초록, 그리고 파랑 빛의 조합만으로도 만들어진다는 것이다. 빨강, 초록, 그리고 파랑 빛을 같은 밝기로 스크린에 비추면 그림 21.13처럼 희게 나타난다. 빨강과 초록 빛을 겹쳐 비추면 스크린에는 노랗게 나타난다. 빨강과 파랑만을 비추면 자홍색이 만들어진다. 초록과 파랑 빛만을 비추면 청록색이 된다.

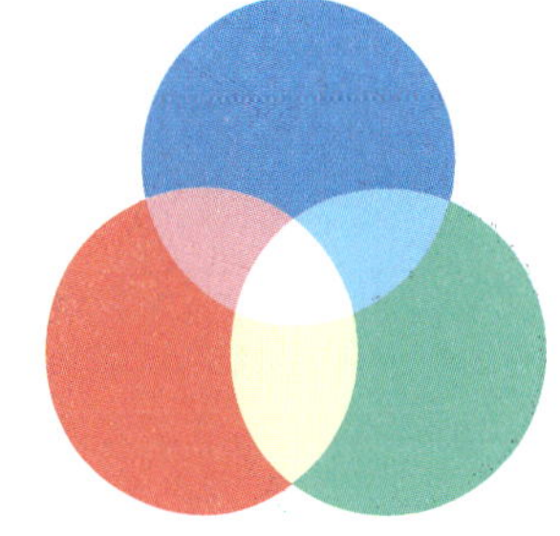

그림 21.12
빨간 빛, 초록 빛, 파란 빛을 똑같은 밝기로 하얀 스크린에 비추면 부분적으로 겹쳐지는 부분은 다른 색깔이 나타난다. 모두 겹쳐지는 부분은 백색이 된다.

이것을 이해하기 위해 백색광을 세 영역으로 나누어 보자 ; 낮은 진동수인 빨강, 중간 진동수인 초록, 높은 진동수인 파랑(그림 21.12). 낮은 진동수와 중간 진동수를 섞으면 인간의 눈에는 노랑으로 보인다. 중간 진동수와 높은 진동수를 섞으면 청록색으로 보인다. 낮은 진동수와 높은 진동수를 섞으면 자홍색이 된다.

사실, 거의 모든 색깔들은 세 가지 색광을 적당한 비율의 밝기로 섞어 주면 다 만들어 낼 수 있다. 이 놀라운 현상은 사람의 눈이 작용하는 방식 때문에 나타난다. 세 가지 색들이 꼭 빨강, 초록, 파랑이 아니어도 관계없다. 그러나 이 세 가지 색깔을 섞었을 때 가장 많은 가짓수의 다른 색깔들을 만들 수 있다. 그래서 빨강, 초록, 그리고 파랑을 빛의 3원색(additive primary colors)이라고 한다.

빛의 3원색의 합성

컬러 텔레비전은 사람의 눈이 세 가지 색깔의 조합들을 여러 가지 다른 색깔들로 볼 수 있는 능력이 있기 때문에 가능하다. 컬러 텔레비전의 브라운관에 나타난 그림을 자세히 들여다보면 그것은 작은 점들의 집합으로 되어 있고, 그 점들은 1mm보다 작은 간격의 십자형 배열로 되어 있음을 알 수 있다. 텔레비전을 켜면 화면에 나타난 점들이 일부는 빨간 점, 일부는 초록 점, 일부는 파란 점들이다. 약간 떨어져서 보면 이 세 가지 색깔들이 서로 혼합하여 흰색을 포함한 다양한 색깔들을 만들어 냄을 알 수 있다.

빛의 삼원색 중에서 두 개만을 섞으면 어떻게 될까?

빨강 + 초록 = 노랑, 빨강 + 파랑 = 자홍, 파랑 + 초록 = 청록

자, 이제 그림 21.13을 보면서 조금만 생각해 보면 위에서 얻은 세 가지 색깔에 어떤 빛을 섞어야 백색을 얻을 수 있는지 알 수 있을 것이다.

노랑 + 파랑 = 흰색, 자홍 + 초록 = 흰색, 청록 + 빨강 = 흰색

두 가지 색을 섞어서 흰색을 만들 때, 그 둘을 보색이라고 한다. 예를 들면, 노랑은 결국 빨강과 초록의 조합이기 때문에. 노랑과 파랑은 보색 관계에 있다. 빨강, 초록, 파랑 빛을 함께 모으면 흰색이 된다. 같은 논리로 자홍과 초록은 보색이며, 청록과 빨강은 보색이다. 모든 빛깔은 보색을 가지고 있어서 그것과 섞어 주면 흰색이 된다.

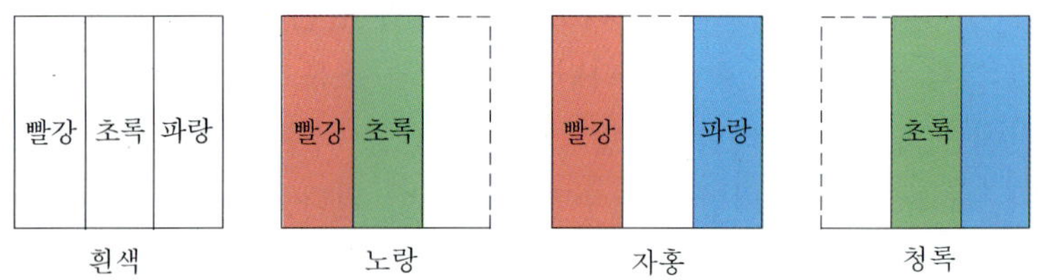


그림 21.13
백색 광선의 낮은 진동수, 중간 진동수, 높은 진동수 부분은 빨강, 초록, 그리고 파랑이다. 사람 눈에는 빨강 + 초록 = 노랑 ; 빨강 + 파랑 = 자홍 ; 초록 + 파랑 = 청록으로 보인다.

이번에는 백색광에서 어떤 색깔을 빼 보자. 그때 남는 색깔은 뺀 색깔의 보색이다. 물체에 입사한 빛이 모두 반사하는 것이 아니고 일부는 흡수된다. 흡수된 부분은 입사한 빛에서 빠진 부분이라고 할 수 있다. 예를 들면 백색광을 빨간 빛만 흡수하는 색소에 비출 때 그 빛은 반사되어 청록색이 된다. 파란 빛을 흡수하는 색소는 노랑이 된다. 마찬가지로 노란 빛을 흡수하는 색소는 파랑색을 띤다. 백색광으로부터 어떤 색깔을 빼면 그 보색이 남는다.

---

**Example 1** 빨간 빛과 파란 빛을 섞으면 어떤 색깔로 보이는가?

**Example 2** 백색광에서 노란 빛을 빼면 어떤 색깔로 보이는가?

풀이 1. 자홍, 2. 파랑

---

# 21.5 빛의 산란

어떤 특정한 진동수의 소리가 비슷한 진동수의 소리굽쇠로 나아간다면 소리굽쇠는 진동을 시작하고, 여러 방향으로 그 소리를 다시 재방출한다. 소리굽쇠는 소리를 산란시킨다. 비슷한 과정은 서로 멀리 떨어져 있는 분자들이나 그보다 더 큰 알갱이들에(예를 들어 대기 속에) 의한 빛의 산란에서도 일어난다.

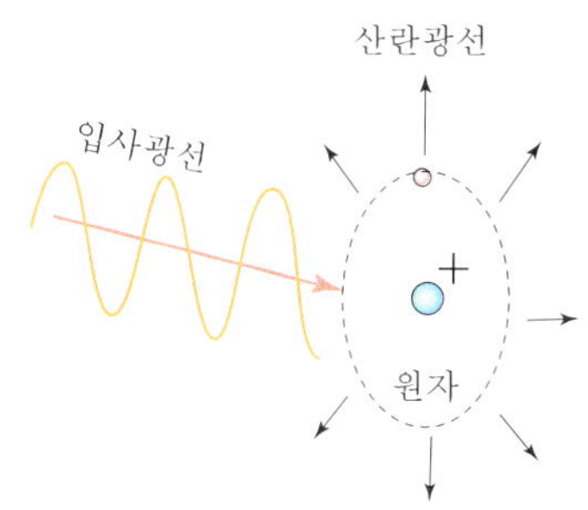


그림 21.14
한 줄기의 빛이 원자에 부딪치면 원자 속의 전자들이 순간적으로 더 큰 궤도로 이동한다. 전자들이 더욱 강렬하게 진동하면서 빛이 사방으로 재방출된다. 빛이 산란된다.

원자들이나 분자들은 조그마한 광학적 소리굽쇠와 비슷한 형태로 입사하는 빛을 재방출한다. 매우 작은 입자들도 같은 일을 한다. 입자가 작을수록 더 높은 진동수의 빛이 산란된다. 이것은 작은 종이 울릴 때가 큰 종이 울릴 때보다 더 높은 음이 나는 것과 비슷하다. 대기를 이루고 있는 질소와 산소 분자들 그리고 작은 입자들은 태양 광선에 의해 에너지를 받으면 높은 진동수로 '울리는데' 이것들은 작은 종들과 유사하다. 종으로부터 나오는 소리와 같이 재방출되는 빛은 모든 방향으로 보내진다. 이것이 산란이다.

그림 21.15
하늘이 파란 이유는 작은 입자들이 높은 진동수의 빛을 산란시키기 때문이다. 관찰자와 멀리 떨어진 산 사이의 '파란' 하늘 때문에 산이 푸르스름하게 보인다.

태양으로부터 오는 자외선의 대부분은 대기 상층에 있는 오존층에서 흡수된다. 대기를 통과하여 들어오는 일부 자외선은 대기 입자들과 분자들에 의해 산란된다. 가시 광선 중에서 보라색 빛은 대부분 산란되고 파랑, 초록, 노랑, 주황, 그리고 빨강 순으로 산란된다. 빨간 빛은 보라 빛의 십 분의 일밖에 산란되지 않는다. 비록 보라 빛이 파란 빛보다 더 잘 산란되지만 우리 눈은 보라 빛에 별로 민감하지가 않다. 우리 눈이 파란 빛에 보다 더 민감하므로 우리는 하늘이 파랗다고 느끼는 것이다.

그림 21.16
구름이 이루고 있는 물방울의 크기는 매우 다양하다. 따라서 여러 가지의 색깔들이 모두 산란되어 구름이 하얗게 보이는 것이다.

하늘이 파란 정도는 장소나 조건에 따라 다르다. 먼지 입자들이나 질소와 산소보다 더 큰 다른 입자들이 많은 곳에서는 진동수가 낮은 빛이 더 잘 산란된다. 그러면 하늘은 덜 파래져서 희뿌옇게 나타난다. 그러나 소나기가 내리고 난 후 입자들이 씻겨 내려갔을 때 하늘은 짙푸르게 된다. 대기의 상층으로 올라갈수록 대기 중에는 빛을 산란시킬 공기 분자들이 적어진다. 그래서 하늘은 더 어둡다. 공기 분자들이 없는 달 같은 곳에서는 하늘이 검다.

여러 가지 크기의 물방울들 – 그들 중에는 미세한 크기의 것도 있다 – 이 모여 구름이 된다. 크기가 다른 물방울들은 진동수가 서로 다른 빛들을 산란시킨다: 큰 물방울은 낮은 진동수의 빛을, 작은 물방울은 높은 진동수의 빛을 산란시킨다. 그 결과로 흰 구름이 된다. 하나의 작은 물방울 속에 있는 전자들은 보조를 맞추어 함께 진동하기 때문에 같은 수의 전자들이 제각기 진동할 때보다 더 큰 에너지를 산란시키게 된다. 그래서 구름이 밝은 것이다.

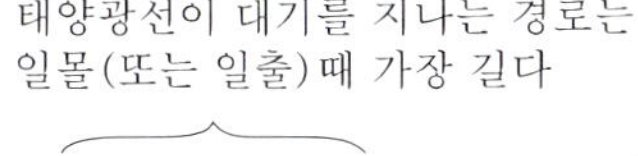


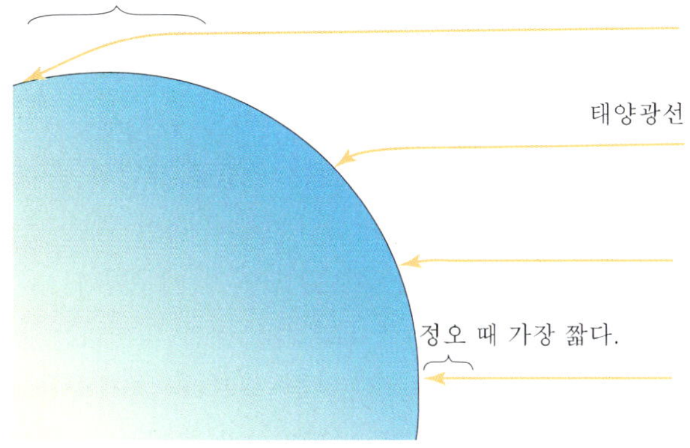


그림 21.17
태양 광선이 대기를 지나는 경로는 정오보다 일몰 때 더 길다. 결과적으로 정오보다 일몰 때 파란 빛이 더 많이 산란되어 흩어진다. 태양 광선이 지상에 닿을 때는 낮은 진동수의 빛만 남아 일몰의 하늘이 붉게 보이는 것이다.

낮은 진동수의 빛은 질소나 산소에 의해 거의 산란되지 않는다. 그러므로 빨강, 주황, 그리고 노랑은 보라와 파랑보다 훨씬 더 쉽게 대기 속으로 전달된다. 산란이 가장 안 되는 빨간 빛은 물질과의 상호작용 없이 다른 어떤 빛들보다도 더 많이 대기 속을 통과하여 나아갈 수 있다. 그러므로 빛이 두터운 대기 속을 통과할 때 낮은 진동수의 빛은 투과하지만 높은 진동수의 빛은 산란된다. 태양 광선이 우리에게 도달하기 위해 통과하는 경로는 낮보다는 새벽녘이나 해질 무렵에 더 길다.

한낮에는 태양 광선이 지표면에 도달하기 위해 통과하는 대기의 양이 최소가 된다(그림 21.17). 그러므로 상대적으로 적은 양의 빛만이 산란된다. 날이 저물고 해가 서산으로 질수록 대기 속을 통과해 오는 경로는 더 길어지고 태양 광선의 파란 부분이 더 많이 산란된다. 지표면에 도달하는 파란 빛은 더욱 더 적어진다. 태양은 점차 더 붉게 보이고 노랑을 거쳐 주황이 되었다가 일몰 때는 완전히 붉게 보이게 된다.(이 진행은 새벽과 정오 사이에서는 반대로 이루어진다.)

**Example** 구름은 왜 하얀가? 또 저녁놀은 왜 붉은가?

풀이 구름이 하얀 이유는 구름을 구성하고 있는 물방울들의 크기가 다양하므로 작고 큰 진동수의 빛을 모두 잘 산란시키기 때문이다. 또 저녁놀이 붉은 이유는 빛이 통과하는 대기의 경로가 길어져서 비교적 산란이 잘 안되는 작은 진동수의 빛 즉 빨간 계통의 빛만을 보기 때문이다.

# 21.6 빛의 회절

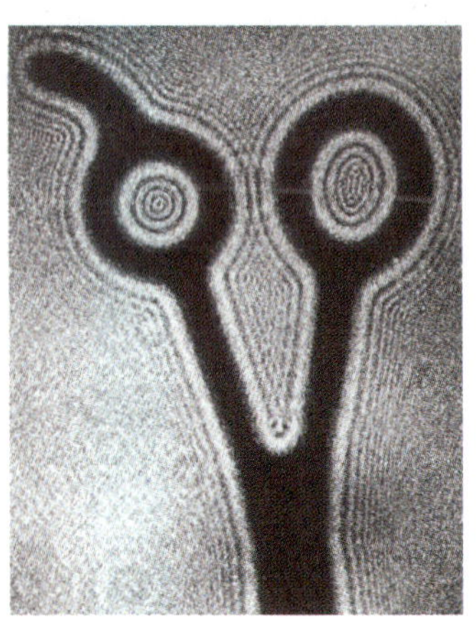

**그림 21.18**
가위 주변의 회절 무늬는 레이저 광선에 의해 뚜렷하게 나타난다. 백색광을 사용한다면 이 무늬들은 여러 색깔의 무늬로 나타날 것이다.

회절 현상은 빛을 포함한 모든 파동에서 나타난다. 빛이 파장에 비해 큰 구멍을 통과할 때는 비교적 선명한 그림자가 생긴다(그림 21.19). 예를 들면 빛이 불투명한 물체에 있는 면도날 크기의 틈과 같은, 작은 구멍을 지날 때는 그림자가 희미하다. 왜냐 하면 좁은 틈을 통과하는 물결파와 같이 빛도 부채꼴 모양으로 퍼지기 때문이다. 회절은 구멍이나 좁은 틈(슬릿)을 통해 빛이 퍼져나갈 때만 일어나는 것은 아니다. 회절은 모든 그림자에서 어느 정도씩은 생긴다. 자세히 조사해 보면 아주 선명한 그림자라고 하더라도 가장자리가 흐릿하다. 단색광일 때 그림 21.19에서 보는 것처럼 회절은 그림자의 가장자리에 회절 무늬를 만든다. 백색광에서는 회절 무늬들이 서로 혼합되어 그림자의 가장자리에 흐릿한 부분이 만들어진다.

회절의 정도는 그림자를 만드는 장애물의 크기에 비해 파장의 크기가 어떠하냐에 달려 있다(그림 21.20). 장애물에 비해 파장이 길면 회절은 크게 일어난다. 긴 파장의 빛은 그림자를 없애는 데 효과적이다. 이것은 경적 소리를 낮은 진동수의 음파로 쓰는 이유와 같다. 즉 구석구석까지 잘 들리게 하려는 것이다. 이와 마찬가지 이유로 라디오파를 표준 AM 방송 주파수로 쓴다. 라디오파들은 그것들이 지나면서 만나는 대부분의 물체보다 길이가 긴 파장을 가지고 있다. 긴 파들은 그들 앞에 있는 작은 빌딩의 방해를 받지 않는다. 그 파들은 빌딩 주위로 쉽게 휘어지기 때문에 짧은 파들보다 훨씬 멀리까지 나아간다.

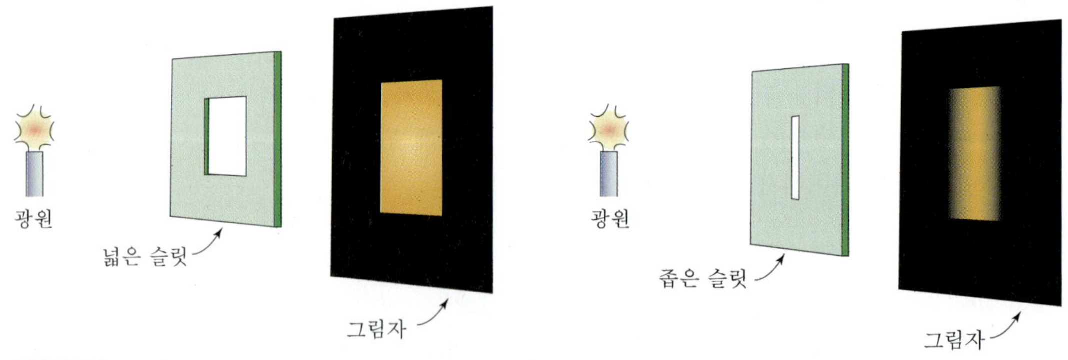


**그림 21.19**
구멍이 빛의 파장에 비해서 크면 가장자리가 약간 희미하지만 전체적으로는 선명한 그림자를 만든다. 구멍이 아주 작으면 회절 때문에 그림자가 전체적으로 희미하다.

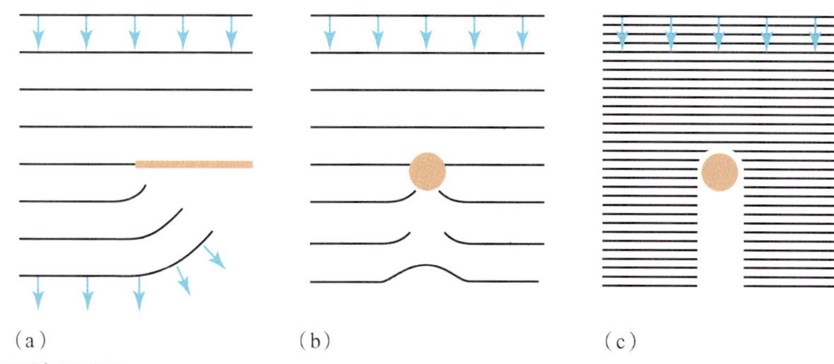


그림 21.20
(a) 파동이 그림자 지역으로 퍼져나간다. (b) 파장이 물체의 크기와 비슷하면, 그림자는 사라진다. (c) 파장이 물체보다 작으면, 선명한 그림자가 생긴다.

FM 라디오파는 파장이 짧아서 AM 라디오파처럼 빌딩을 잘 돌아나가지 못하므로 협곡이나 빌딩이 많은 도심에서는 수신이 잘 안 된다. 마찬가지로 산악 지방에서는 AM은 잘 들리지만 FM은 잘 안 들린다. 역시 전자기파인 TV파도 FM파와 상당히 비슷하다. TV안테나는 옥상 위에 올려 놓아야 TV가 잘 나온다. FM과 TV송신은 회절이 잘 안되며 AM은 언덕이나 빌딩에서 회절되어 멀리까지 전달된다. 회절이 좋을 때도 있다.

현미경으로 아주 작은 물체를 보려고 할 때 회절은 별로 달갑지 않은 현상이다. 물체의 크기가 빛의 파장과 같은 크기이면 물체의 상은 회절 때문에 희미해진다. 물체가 빛의 파장보다 더 작다면, 형체도 안 보인다. 상 전체가 회절 때문에 사라지는 것이다. 현미경 제작을 아무리 완벽하게 해도 근원적으로 회절을 극복할 수는 없다.

이 문제를 최소화시키기 위해서 과학자들은 작은 물체에 더 짧은 파장의 빛을 비춘다. 그런데 전자빔이 파동성을 가진다는 사실이 알려졌다. 이 파장은 가시 광선의 파장보다 훨씬 더 짧다. 전자빔을 작은 물체에 비추어 사용하는 현미경을 전자 현미경이라고 한다. 전자 현미경의 회절 한계는 광학 현미경보다 훨씬 더 작다.

**Example** 광학 현미경에서 작은 물체를 관찰하는데 파란 불빛을 사용하는 이유는?

풀이 파란 빛은 다른 빛보다 상대적으로 파장이 짧아서 회절이 덜 일어나기 때문이다.

## 21.7 이중 슬릿에 의한 빛의 간섭

1801년에 물리학자이자 의사였던 토마스 영은 그를 유명하게 한 실험을 하였다. 영은 가까이 있는 두 개의 작은 구멍에 단색광을 통과시키면 구멍 뒤에 있는 스크린에 밝고 어두운 무늬가 생기는 것을 발견하였다. 그는 밝은 무늬는 두 개의 파원으로부터 출발한 빛의 마루와 마루가 겹쳐서 이루어진 부분(보강 간섭)이라는 것을 알았다. 이와 비슷하게 어두운 무늬는 마루와 골이 겹친(상쇄 간섭) 것이라고 생각하였다. 영은 호이겐스가 일찍이 제안했던 대로 빛의 파동적인 성질을 확실히 보여준 것이다.

오늘날 영의 실험은 구멍 대신 간격이 작은 두 개의 슬릿을 사용하는데, 그 무늬는 직선형태로 나타난다. 나트륨등은 좋은 단색 광원이고, 레이저는 더 좋은 광원이다. 그림 21.21은 영의 실험 장치이며 이중슬릿을 통과한 빛은 스크린에 간섭무늬를 나타낸다.

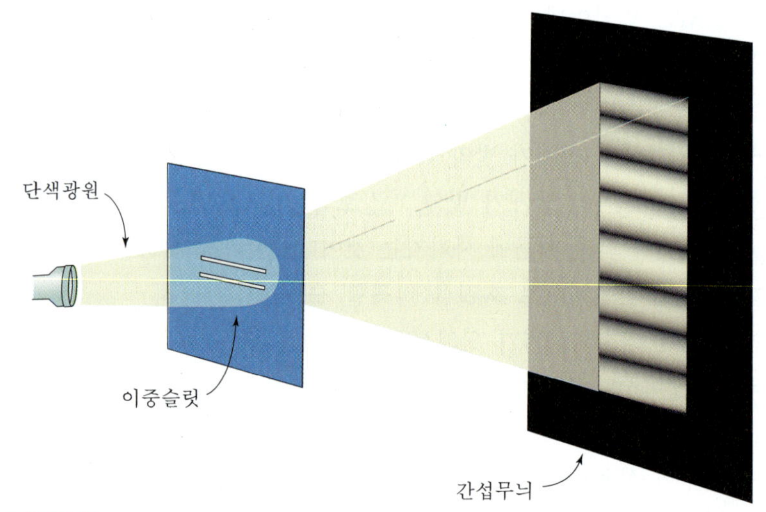


**그림 21.21**
가까이 있는 두 개의 슬릿을 통과한 단색광이 회절하고 있다. 빛들의 위상이 일치하여 스크린에 도달하면 그 곳은 밝게 빛나 보인다. 위상이 반대인 빛들이 스크린에 도달하면 그 곳은 어둡게 보인다.

그림 21.22는 일련의 밝고 어두운 선들이 슬릿에서 스크린까지의 거리 차이 때문에 생기는 것임을 보여준다. 밝은 무늬는 두 슬릿에서 오는 파들의 위상이 같을 때 생긴다. 어두운 부분은 위상이 반대일 때 생긴다.

영의 실험에서 단일 슬릿의 역할은 이중 슬릿을 통과하는 빛의 위상차를 일정하게 유지하기 위한 것이며 단일 슬릿이 이중 슬릿의 중앙에 위치할 때 이중 슬릿을 통과한 빛의 위상이 일치하게 된다.

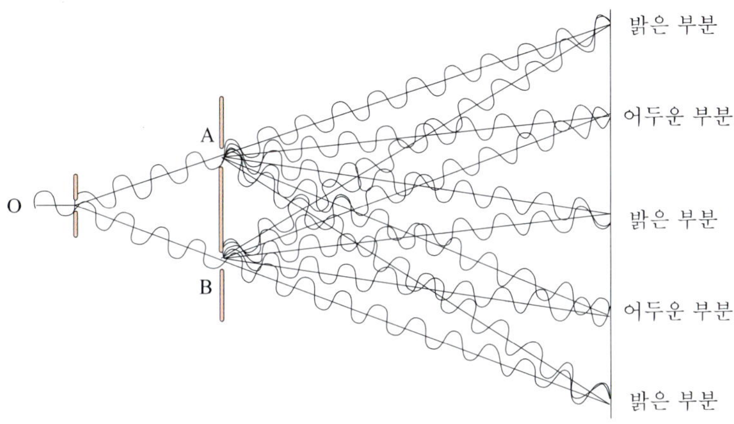


그림 21.22
O로부터 나온 빛이 슬릿 A와 B를 거쳐 오른쪽에 있는 스크린에 간섭 무늬를 만든다.

**더 알아보기** **영의 이중슬릿 실험**

두 슬릿을 통과한 빛은 스크린 위에서 간섭을 일으켜 명암무늬를 만든다. 이때 두 빛이 같은 위상으로 만나면 보강되어 밝은 무늬를 만들고, 반대위상으로 만나면 상쇄되어 어두운 무늬를 만든다. 이 실험에서 단일 슬릿의 역할은 이중 슬릿을 통과하는 빛의 위상차를 일정하게 유지하기 위한 것이다.

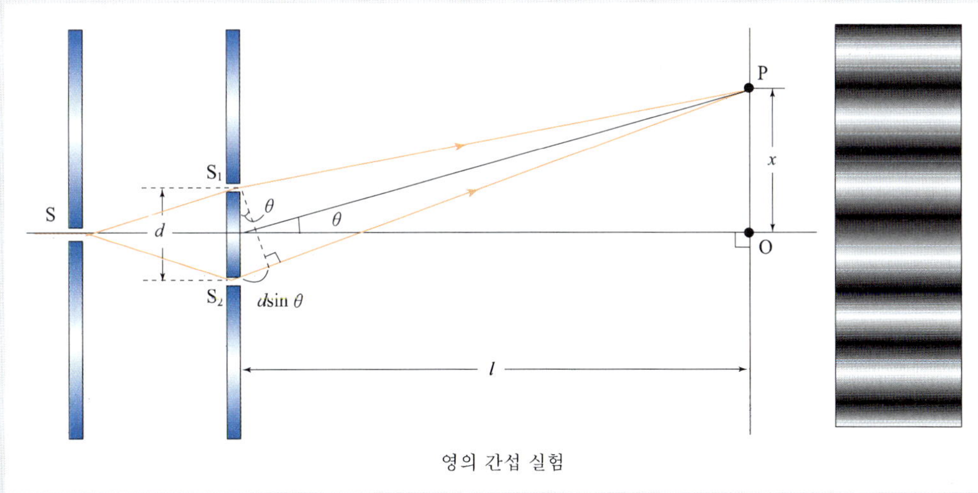


그림 21.23
1801년 영(Young)은 이중슬릿의 실험을 통해 빛이 파동임을 입증하였다.

P점에 도달한 두 빛의 경로차(광로차)는 다음과 같다.

$\therefore \Delta = S_1P \sim S_2P = d\sin\theta \approx \frac{dx}{l}$ ($\theta$가 작을 때)

위의 그림에서 광로차가 반파장의 짝수배인 곳은 보강간섭에 의해 밝은 무늬가 생긴다.

$\therefore \Delta = |S_1P - S_2P| = d\sin\theta = \frac{dx}{l} = \frac{\lambda}{2}(2m),\ (m = 0, 1, 2, 3....)$

반대로 광로차가 반파장의 홀수배인 곳은 소멸간섭에 의해 어두운 무늬가 생긴다.

$\therefore \Delta = |S_1P - S_2P| = d\sin\theta = \frac{dx}{l} = \frac{\lambda}{2}(2m+1),\ (m = 0, 1, 2, 3....)$

이때 간섭 무늬 간격($\Delta x$)은 $\Delta x = \frac{l\lambda}{d}$이다. 즉, 간섭무늬 간격은 파장 $\lambda$가 길수록, 슬릿 사이의 간격 $d$가 좁을수록, 슬릿과 스크린 사이의 거리 $l$이 클수록 커진다.

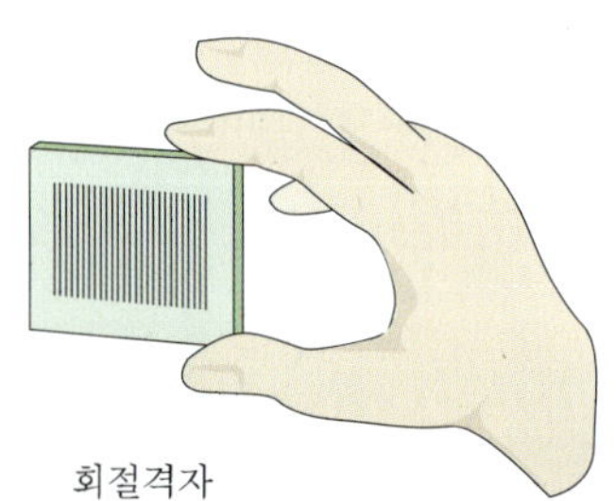

회절격자

그림 21.24
회절 격자는 여러 개의 슬릿이나 틈에서 빛이 회절되어 간섭함으로써 빛을 여러 색깔로 분리시킨다. 회절 격자는 분광계 속에 있는 프리즘으로 사용하기도 한다.

그림 21.25
컴팩트 디스크 표면에 깔린 작은 홈들의 층이 멋진 회절 무늬를 만든다.

간섭 무늬는 이중 슬릿에서만 만들어지는 것은 아니다. 수많은 슬릿이 나란하게 촘촘히 붙어 있는 것을 회절 격자라 한다. 분광계는 빛을 분산시켜 색깔을 분리시키는 데 프리즘보다는 회절 격자를 많이 사용한다. 프리즘이 빛의 색깔을 굴절에 의해 분리시키는 데 비해, 회절 격자는 회절과 간섭에 의해 색깔을 분리시킨다.

여자들의 보석 장식이나 자동차의 범퍼에 부착된 스티커와 같은 반사체는 흔히 볼 수 있는 회절 격자이다. 이런 물체들은 작은 홈들이 나 있어서 빛을 회절시켜 밝게 빛나는 스펙트럼을 만든다. 오디오 컴팩트 디스크에 있는 작은 홈들은 고음질의 소리를 내기도 하지만 빛을 회절시켜 화려한 색깔을 만들기도 한다. 그러나 이런 고급 기술이 출현하기 전에도 새의 깃털은 자연이 만들어 낸 회절 격자였고, 오팔의 화려한 색깔은 회절 격자로 작용하는 작은 실리카의 층으로부터 나온다.

**Example** 영의 실험에서 단색광을 사용하는 것이 왜 중요한가?

풀이 파장이 다른 빛들이 슬릿에서 동시에 회절된다면, 한 파장의 빛이 만든 어두운 무늬에 다른 파장의 빛이 만든 밝은 무늬가 겹쳐질 수 있어서 무늬의 구별이 어렵게 된다.

## 21.8 얇은 막에 의한 간섭

간섭 무늬는 아주 가까이 있는 두 면으로부터 빛이 반사하여 만들어 질수 있다. 그림 21.27에서 보는 것처럼 단색광을 두 개의 유리판에 비추면, 어둡고 밝은 띠를 볼 수 있다. 이런 띠가 만들어지는 까닭은 유리판 사이에 있는 공기의 윗부분과 아랫부분에서 반사한 파동들이 서로 간섭하기 때문이다. 이것은 그림 21.27에 나와 있다. 반사광은 두 개의 다른 경로를 거쳐 눈으로 온다. 아래쪽에 있는 유리판에서 반사되어 오는 빛이 조금 더 멀리 갔다가 눈으로 온다. 위쪽에서 반사된 빛과 아래 쪽에서 반사된 빛의 위상이 반 파장 만큼 차이가 나면 상쇄 간섭이 일어나서 어두운 무늬가 만들어진다. 바로 옆에는 위상 차이가 한 파장만큼 차이가 나서 보강 간섭을 일으키므로 밝은 무늬가 나타날 것이다.

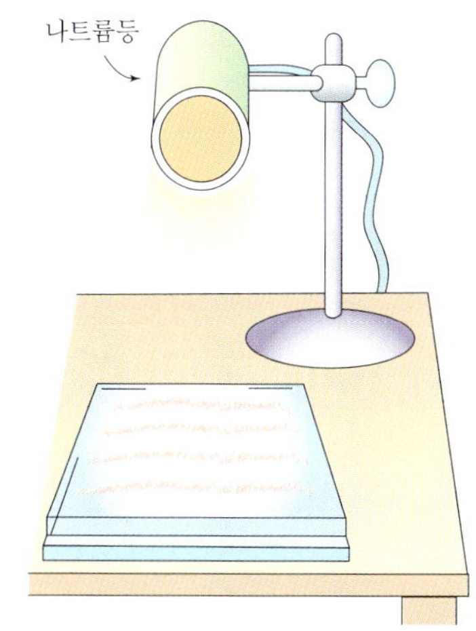


그림 21.26
두 장의 유리판을 쐐기 모양으로 벌린 다음 그 사이를 공기로 채우고 단색광을 비추면 간섭 무늬가 만들어진다.

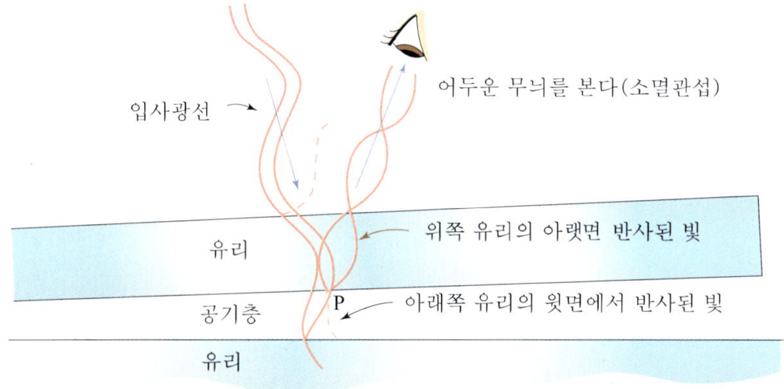


그림 21.27
공기층의 윗면과 아랫면에서 반사하여 보강 간섭과 상쇄 간섭이 생긴다.

비누 방울이나 축축한 도로 위에 떨어진 기름으로부터 아름다운 여러 색깔의 무늬를 볼 수 있다. 또한 새의 깃털에서도 새가 움직일 때마다 색깔이 변하는 것을 볼 수 있다. 이 모든 색깔들은 얇은 막에서 여러 색깔의 빛이 간섭을 일으켜서 만들어지는 것이다. 비누방울같은 얇은 막은 간격이 아주 좁은 두 개의 표면을 가지고 있다. 한 표면에서 나온 빛은 다른 표면에서 나온 빛에 의해 상쇄될 수 있다. 예를 들면 막의 어떤 곳은 그 두께가 파란 빛에 대해 상쇄 간섭을 일으키기에 가장 알맞을 것이다. 만일 그 막에 백색광을 비추면 그 막에 반사되어 우리 눈에 들어오는 빛에는 파란 빛이 없다. 백색광에서 파란 빛이 빠지면 어떻게 될까? 그 답은 '보색이 나타난다'는 것이며 파랑의 보색은 노랑이다. 그래서 파란 빛이 없이 노랗게 보일 것이다. 또한 막의 두꺼운 부분에서 초록이 상쇄되면 비누막의 색은 자홍 빛을 띤다. 다른 색깔들이 나타나는 것은 두께가 다른 여러 부분들에서 그 색깔들의 보색이 상쇄되기 때문이다.

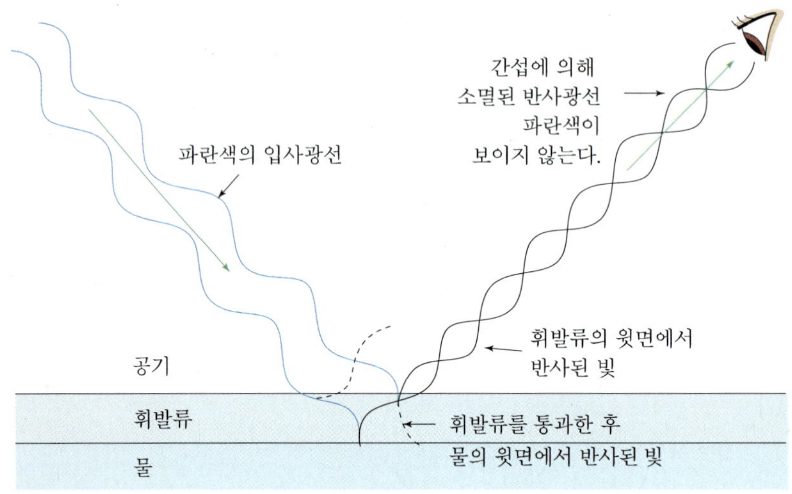


그림 21.28
얇은 기름막의 두께가 적당하면 기름 윗 표면에서 반사되는 빛과 기름 아래표면에서 반사되는 빛이 상쇄 간섭을 일으킨다.

## 더 알아보기 얇은 막에 의한 간섭조건

비온 뒤 물 위에 떠있는 기름막은 여러 색으로 아름다운 무늬를 만들어낸다. 이것은 기름의 얇은 막의 윗면과 아랫면에서 반사한 빛의 간섭에 의한 현상이다.

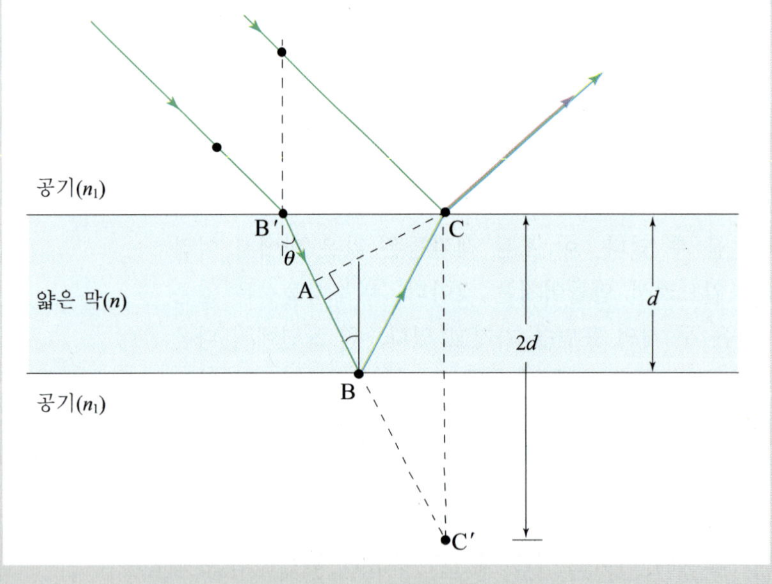


그림 21.29
얇은 막에서의 간섭

그림 21.29에서 막의 위면과 아래면에서 반사된 빛의 경로차(광로차)는 아래와 같다.
광로차 $\Delta = \overline{AB} + \overline{BC} = \overline{AC'} = 2nd\cos\theta$

C의 경우 자유단 반사이나 D의 경우 고정단 반사가 일어나므로 위상이 $\frac{\lambda}{2}$만큼 바뀌는 것을 고려하면 광로차가 반파장의 짝수일 때 어두운 무늬가 생기고, 광로차가 반파장의 홀수일 때 밝은 무늬가 생긴다.

* 밝은무늬 : $2nd\cos\theta = \frac{\lambda}{2}(2m+1)(m=0, 1, 2, 3, \cdots)$
* 어두운 무늬 : $2nd\cos\theta = \frac{\lambda}{2}(2m)(m=1, 2, 3, \cdots)$

**Example** 평평한 유리판 위에 렌즈를 올려 놓았을 때 보이는 밝고 어두운 무늬는 왜 생기는 것인가?

풀이 평평한 유리에서 반사된 빛과 렌즈의 아랫면에서 반사된 빛이 간섭을 일으키기 때문이다.

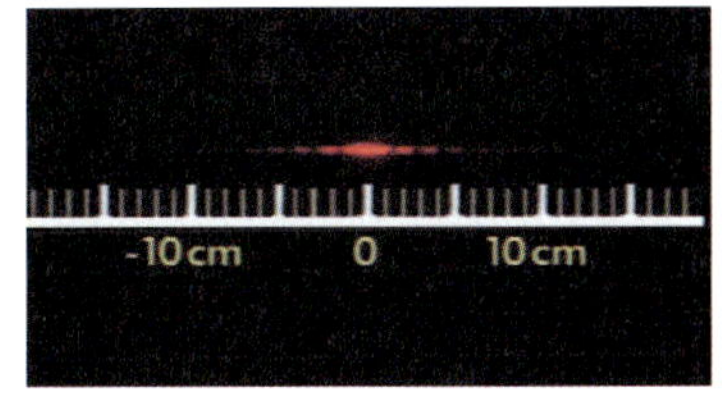

(a) 단일 슬릿에 의한 회절 무늬

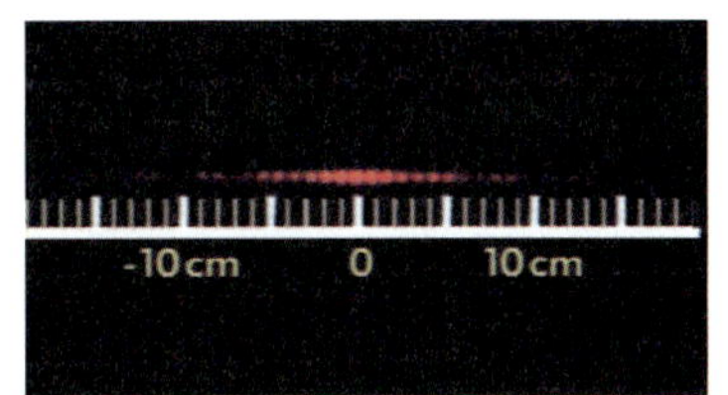

(b) 2중 슬릿에 의한 간섭 무늬

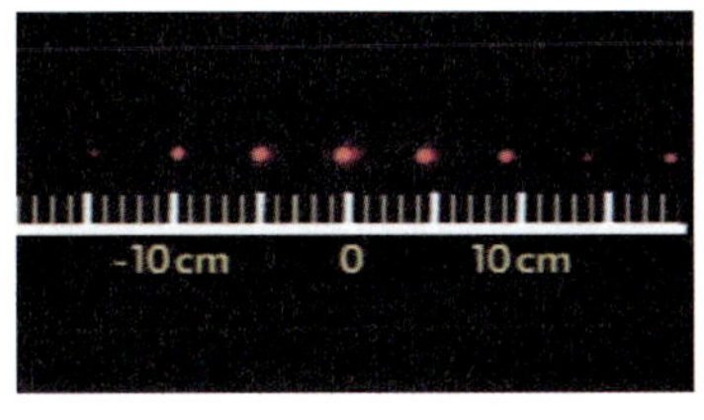

(c) 회절 격자에 의한 무늬

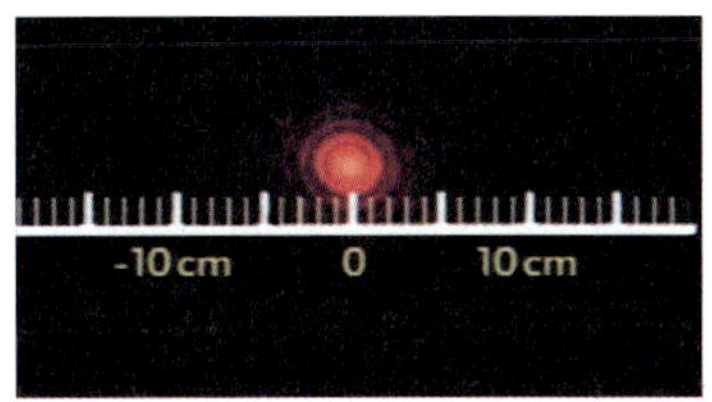

(b) 작은 구멍에 의한 회절 무늬

다양한 광학 슬릿에 의한 회절과 간섭무늬
각 그림을 보고 입사한 레이저 빛의 파장을 계산할 수 있는가?

## 개념확인하기

1 투명한 물체에서 파란 빛이 빨간 빛보다 더 크게 굴절하는 이유는 무엇인가?

2 비행기에서 보는 무지개는 완전한 원이다. 비행기의 그림자는 원의 어느 위치에 생기는지 설명하라.

3 전구의 필라멘트는 텅스텐으로 만들어진다. 이것이 백열할 때는 연속스펙트럼을 낸다. 그러나 텅스텐 기체가 백열하게 되면, 그때 나오는 스펙트럼은 불연속적인 색깔의 혼합이 된다. 왜 이렇게 다른 스펙트럼이 만들어지는가?

4 원자 스펙트럼은 왜 원자의 지문이라고 하는가?

5 빨강과 녹색이 색깔이듯이 검정과 하양도 색깔이라고 할 수 있는가?

6 형광등 불빛만 있는 옷가게에서 어떤 고객은 옷을 문간으로 가져가서 살펴보곤 한다. 이것은 그럴만한 이유가 있는가?

7 연극 중에 연기자의 노란 옷을 스포트라이트 조명으로 검게 보이게 하려면 어떻게 해야 하겠는가?

8 물방울 같이 비교적 큰 입자들은 산란보다는 흡수를 잘 한다. 이 사실로부터 비구름이 어둡게 보이는 이유가 무엇인지 설명하라.

9 안개나 분필 가루, 또는 공기 중의 먼지 등이 없더라도 레이저 광선을 볼 수 있는가?

10 회절은 현미경에서 상을 보는데 도움이 되는가, 방해가 되는가?

11 변두리 지역에서 VHF영역의 방송이 UHF영역의 방송보다 시청이 잘 되는 이유는 무엇인가?

12 영의 실험에서 밝고 어두운 무늬가 나타나는 이유는 무엇인가?

13 단색광이 한 쌍의 좁은 슬릿에 비춰지면 간섭무늬가 벽에 나타난다. 빨간 빛에 대한 간섭무늬의 간격은 파란 빛에 대해서보다 어떠한가?

14 평평한 유리판 위에 렌즈를 올려 놓았을 때 보이는 밝고 어두운 무늬는 왜 생기는 것인가?

15 무대 위에 빨간 빛과 녹색 빛이 겹치는 부분에 한 연기자가 서 있다. 이 조명에서 하얀 옷을 입었다면 무슨 색으로 보일까? 또 무대 바닥에 생기는 이 연기자의 그림자의 색깔은 무엇일까?

16 장미에 빨간 빛을 비추어 보자. 꽃잎의 온도보다 가지의 온도가 더 높이 올라가는 이유는 무엇인가?

## 수식으로 계산해 보기

1 비누 방울의 두께가 간섭에 의해 노란 색을 상쇄시키기에 알맞다. 거기에 백색광을 비추면 무슨 색깔이 보일까?

2 얇은 막에서의 간섭 형태를 보면, 색깔들이 완전한 원을 이루고 있다는 것을 알 수 있다. 이들 원들이 지도에 그려진 등고선과 비슷한 점은 무엇인가?

**3** 콤팩디스크(CD)의 표면에서 반사된 빛들을 보면 여러 가지 색깔로 나타난다. 또한 나타나는 색깔이 광원과 눈의 위치에 따라 다르게 나타나는데 그 이유를 설명하라.

**4** 영의 실험에서 슬릿 사이의 간격이 $d$, 슬릿으로부터 스크린까지의 거리가 $D$, 빛의 파장이 $\lambda$일 때 스크린에 나타나는 단위길이당 밝은 무늬의 수는 몇 개인가?

**5** 2장의 유리판 사이의 얇은 공기층에 의한 간섭 실험에서 공기 중의 빛의 파장이 480nm 라면 유리판이 서로 접촉해 있는 곳으로부터 6번째 어두운 무늬와 12번째 어두운 무늬가 나타닌 곳의 공기층의 두께의 차는 얼마인가?

**6** 영의 실험에서 슬릿 하나를 필터로 씌워 다른 슬릿을 통과하는 빛의 세기의 $\frac{1}{2}$만 통과하도록 하였다. 스크린에 나타난 밝은 무늬와 어두운 무늬는 각각 어떤 변화를 일으키겠는가?

**7** 유리에서 반사되는 빛을 없애기 위해 굴절률이 4/3인 투명한 막으로 코팅을 하였다. 유리의 굴절률이 1.5이고 빛의 파장이 600nm라면 막의 최소 두께는 얼마인가?

**8** 다음 그림은 영의 이중슬릿에의한 간섭 실험을 나타낸 것이다. 그림에서 스크린 옆에 그린 곡선은 스크린에 나타난 명암무늬의 강도를 나타낸 것이다. 이 실험에서 사용한 빛의 파장은 $6 \times 10^{-7}$m, 이중슬릿 사이의 간격 $d$ = 0.1mm, 이중슬릿에서 스크린 사이의 거리 $L$ =2m, P점은 중앙점 O로부터 두 번째 어두운 무늬가 나타난 지점이다.

O에서 P점 사이의 거리는 얼마일까?

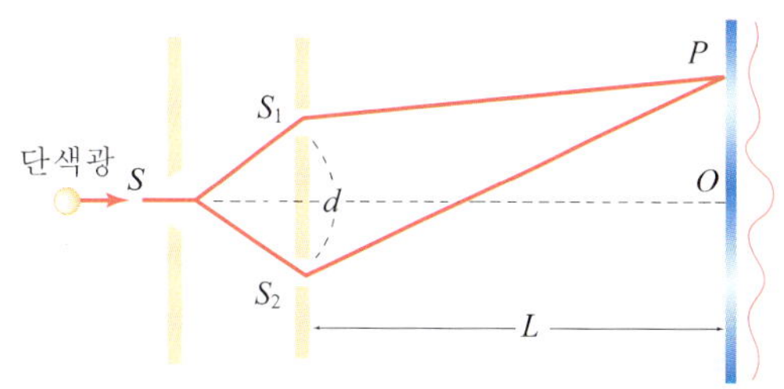


**9** 그림과 같이 레이저에서 나오는 빛을 이중슬릿에 비추었더니 스크린 위에 표시된 A, B 사이에 3개의 밝은 점이 나타났다.

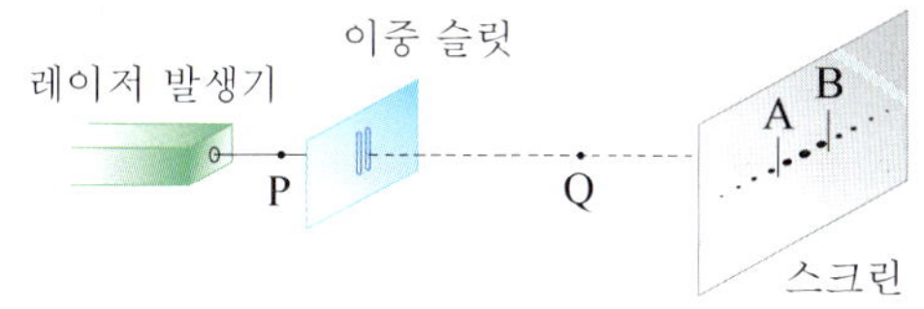


실험 조건을 아래와 같이 변화시키면 A B 사이에 밝은 점의 개수는 각각 어떻게 될까?

a. 레이저 발생기를 이중슬릿에 가까이 가져간다.

b. 이중슬릿을 Q 쪽으로 이동시킨다.

c. 이중슬릿의 간격을 더 좁은 것으로 교체한다.

**10** 단일 슬릿에 빛을 비추었더니 스크린에 그래프와 같은 무늬가 생겼다. 여기서 $I$는 밝기, $y$는 중심 O로부터의 거리이며, $I_0$와 $D$는 각각 가장 밝은 무늬의 밝기와 폭을 나타낸다. 동일한 조건에서 슬릿의 폭을 더 좁은 단일 슬릿으로 교체하면 그래프는 어떻게 변할까?

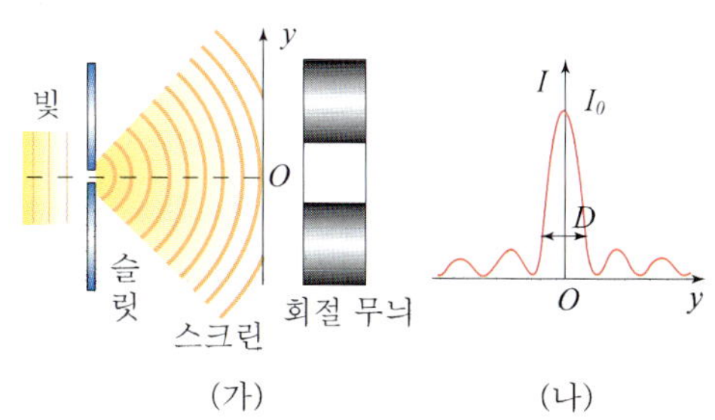


(가) (나)

**11** 폭이 0.1mm인 단일슬릿에 파장이 600nm인 단색광을 비추었다. 슬릿으로부터 40cm 떨어진 스크린에 생긴 회절무늬를 관찰할 때 중앙의 밝은 무늬로부터 세 번째 밝은 무늬까지의 거리는 얼마인가?

**12** 파장이 $4\times10^{-7}$m인 빛으로 영의 실험을 하였더니 간섭 무늬의 간격이 2mm이었다. 다른 빛의 같은 실험을 하였더니 무늬간격이 3mm이었다면 이 빛의 파장은 얼마인가?

**13** 단색광을 이용하여 영의 이중슬릿 실험을 실시하면 밝고 어두운 무늬가 생긴다. 단색광 대신 백색광을 이용하여 영의 이중슬릿 실험을 실시하면 어떤 결과가 생기는지를 설명하시오.

**14** 그림 (가)와 같이 파장이 $6\times10^{-7}$m인 적색광을 간격이 0.2mm인 단일슬릿을 통과시켜 스크린에 나타난 무늬의 사진을 찍었더니 그림 (나)와 같았다.

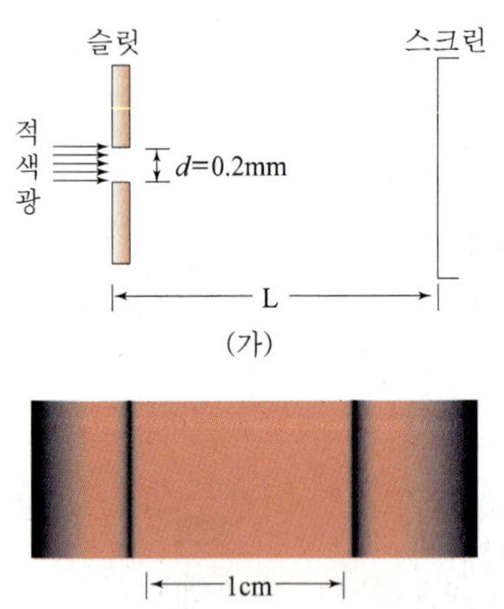

(가)

(나)

그림 (나)에서 어두운 무늬 사이의 간격을 측정하였더니 1cm였다고 할 때 슬릿과 스크린 사이의 거리를 구하시오.

**15** 파장이 $\lambda$인 단색광이 다음 그림과 같이 세 슬릿에서 동일한 위상으로 출발한 후 거의 평행하게 진행하여 멀리 한점에 모였다. 이웃한 단색광 사이의 경로차가 반파장 $\left(\frac{\lambda}{2}\right)$이고, 만난 점에서 각각의 진폭이 $A$일때 합성파의 진폭은?

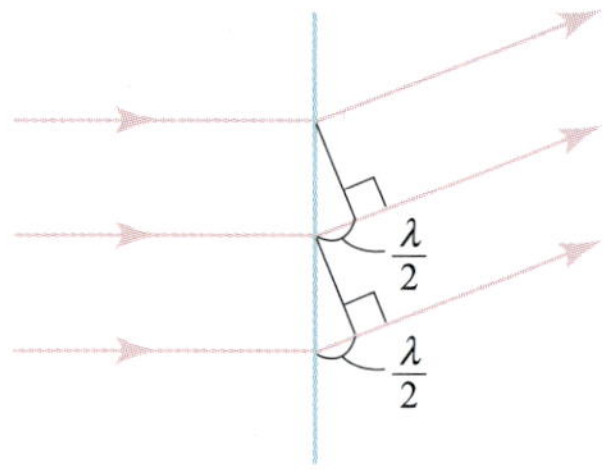


**16** 그림 (가), (나), (다)는 단일슬릿을 통과하는 빛의 회절하는 모양을 나타낸 것이다. 슬릿의 양 끝을 통과하는 빛의 경로차가 각각 $\lambda$, $\frac{3}{2}\lambda$, $\frac{5}{2}\lambda$이다. 위에서 빛이 스크린에 도착했을 때의 밝기를 등호 혹은 부등호를 이용하여 비교하시오.

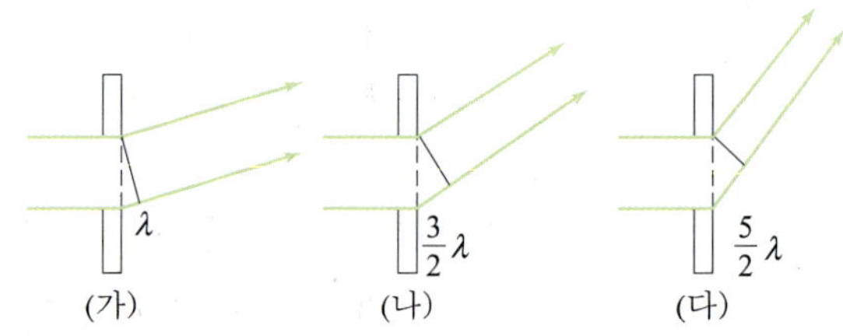


**17** 길이 10cm인 두 장의 평평한 유리가 그림과 같이 한쪽 끝은 붙어있고 다른 쪽 끝은 지름이 0.01mm인 머리카락이 끼워져 있다. 파장이 400nm인 단색광을 유리판에 비추었을 때 유리판에 나타나는 밝은 무늬의 수는?

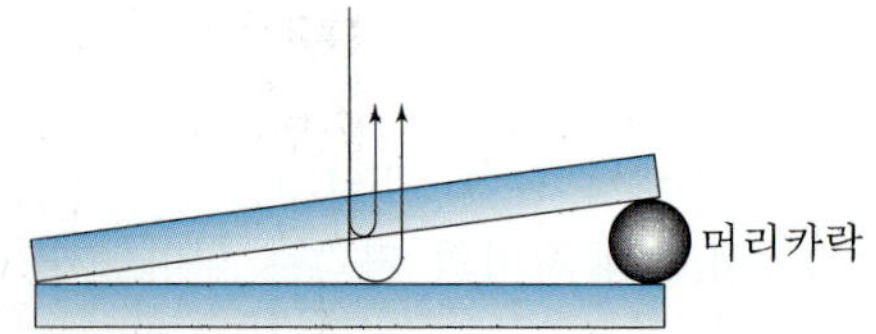

**18** 반지름이 1.5m인 평볼록렌즈가 그림과 같이 평평한 유리판위에 놓여있다. 파장이 600nm인 단색광을 유리판에 수직으로 입사하였더니 동심원의 무늬가 생겼다. 동심원의 중심에서 세 번째 밝은 무늬까지의 거리는 얼마인가?

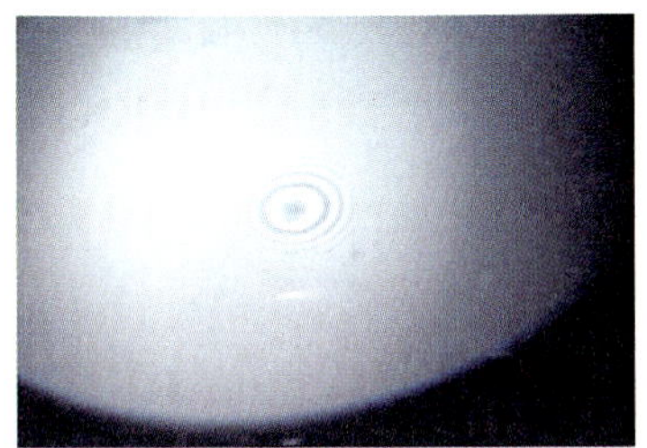

뉴턴링에 의한 간섭무늬

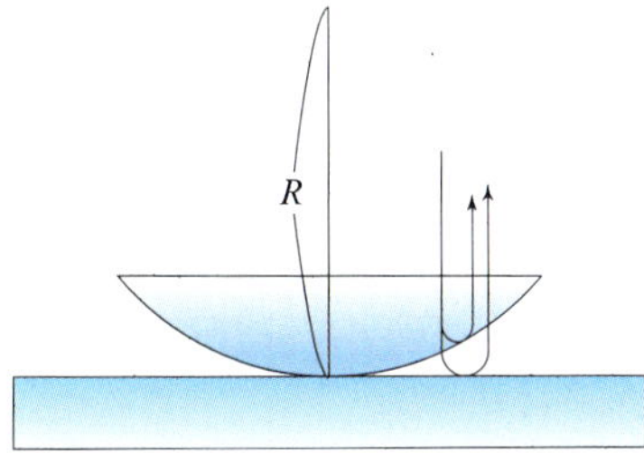


**19** 렌즈의 표면은 굴절률이 1.38인 투명한 $MgF_2$로 코팅되어 있다. 파장이 550nm인 빛이 코딩 막 속에 수직으로 입사했을 때 반사가 최소가 되려면 코팅 막의 두께는 최소 얼마이어야 하는가?(단, 유리의 굴절률은 1.5이다.)

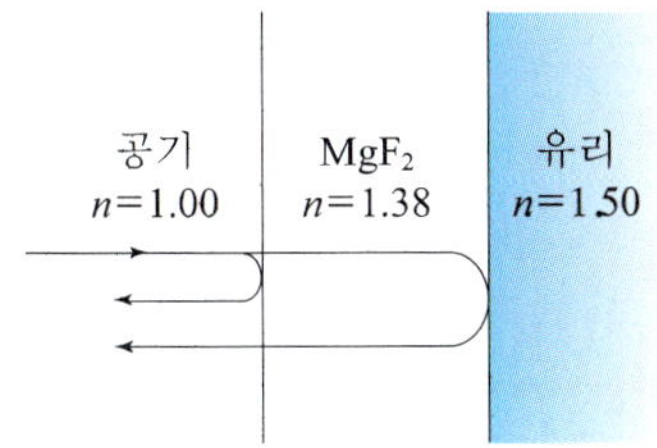


**20** 그림과 같이 투명한 플라스틱 속에 원형의 공기방울이 갇혀있다. 플라스틱에서 공기 방울 속으로 빛이 들어갈 때의 경로는?

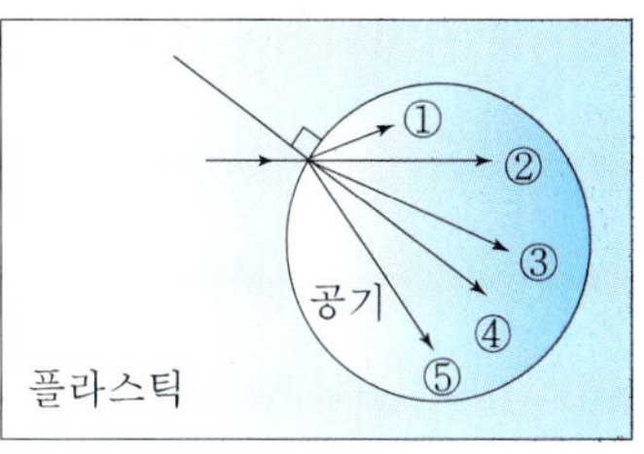


**21** 직각 프리즘에 수직으로 들어온 빛이 그림과 같이 분산되어 나왔다.
굴절률이 가장 큰 빛의 굴절률은 굴절률이 가장 작은 빛의 굴절률의 몇 배인가?

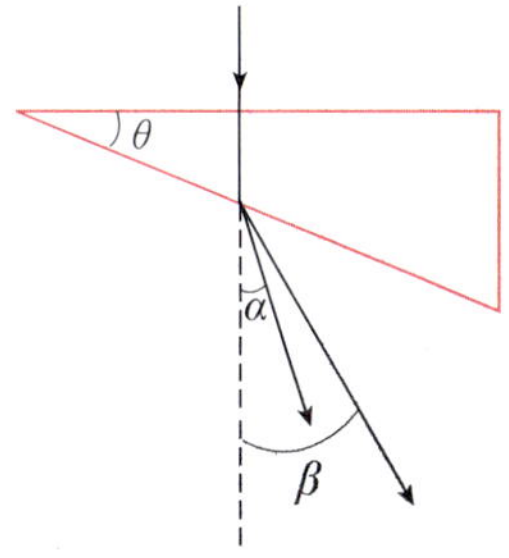


**22** 그림에서 1차 무지개의 편향각 $\delta = \pi + 2i - 4r$임을 증명하고 $\delta$의 최소값을 구하라. 단, 물의 굴절률은 $\frac{4}{3}$이다

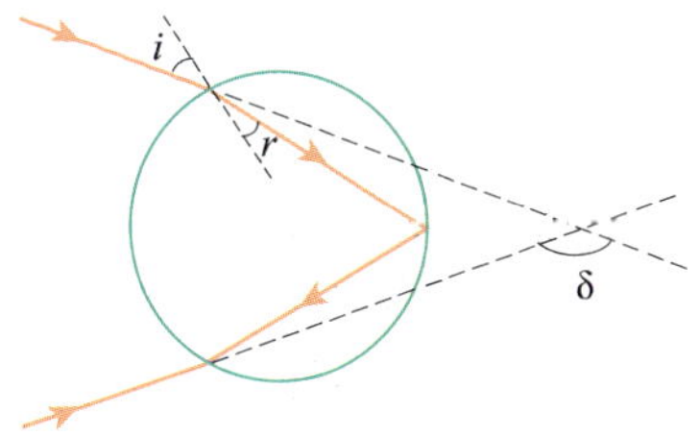

(a) 마이켈슨 – 몰리 간섭계

(b) 간섭무늬

마이겔슨 – 몰리의 간섭계.
서로 다른 경로에 의한 두 빛의 간성을 이용하여 미세거리, 매질의 굴절률 등을 잰다.

## 한걸음 더

1. 그림과 같은 바이켈슨간섭계는 직각을 이루는 두 개의 거울에 의하여 반사된 빛이 눈으로 들어올 때 나타나는 경로차에 의한 간섭무늬를 이용한 것이다.
   만일 움직임이 가능한 거울을 0.015mm 움직였을 때 50개의 간섭무늬가 지나가는 것이 측정되었다면, 사용된 빛의 파장은 얼마이겠는가?

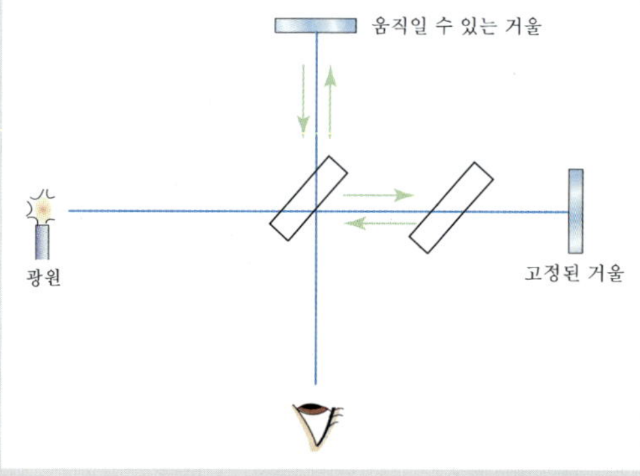


2. 파장이 0.1nm인 X선을 크리스탈의 특정면에 입사시켰다. 입사각을 0°에서 점점 증가시켜 30°가 될 때 첫 번째 강한 극대점이 나타났다.
   a. 크리스탈 면 사이의 간격은 얼마인가?
   b. 다른 극대점이 나타나는 각도를 결정하시오.
3. 영(Young)의 실험의 역사적 의의를 논술하시오.

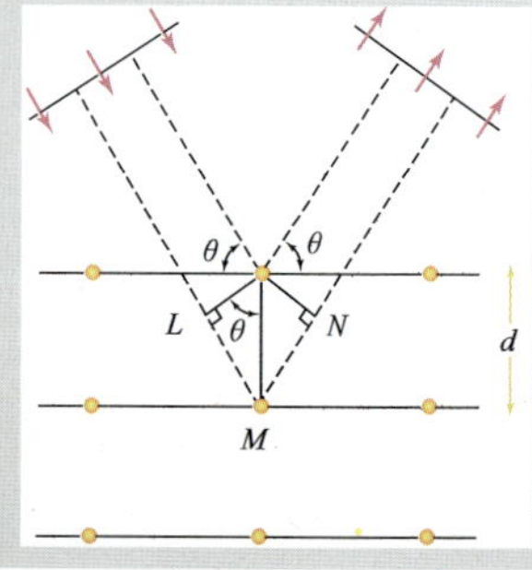

# Chapter 22

# 빛과 물질의 이중성

빛이 파동인가 입자인가 하는 논란은 역사적으로 끊임없이 계속되어 왔다. 입자설이 지배적이던 1802년 영국의 과학자인 토마스 영은 이중 슬릿 실험을 통해 빛이 파동적 성질을 갖고 있음을 보였고, 19C 말 맥스웰에 의하여 빛의 파동 방정식이 수립되어 빛의 파동성이 의심할 여지없는 진실처럼 보였다. 그러나 20세기에 들어서 광전효과와 콤프턴 효과는 빛이 입자적으로 행동한다고 가정할 때 쉽게 설명되는 실험이었다. 과연 빛은 입자일까, 아니면 파동일까, 아니면 또 다른 무엇일까? 이러한 물음에 명쾌하게 대답하기는 쉽지 않을 것이다. 현대 물리학은 빛이 입자성과 파동성을 동시에 지녔다고 정의한다.

이러한 빛의 이중성은 인간의 물질에 대한 이해를 한 단계 더 심화시키는 바탕이 되었다. 빛에 대한 이중성이 확립된 후, 이러한 철학을 물질까지 확대할 수 있었고 마침내 드브로이에 의해 물질의 이중성에 관한 아이디어에 나오게 되었다. 즉, 입자라는 고정관념을 갖게 하는 "전자"가 파동적 성질을 갖고 있다는 것이다. 위 사진은 전자의 파동성을 이용한 고해상도의 현미경인 전자현미경으로 파리의 눈 부분을 촬영한 것이다. 전자의 이중성은 양자물리학의 탄생에 있어서 결정적인 역할을 한다.

## 22.1 광전 효과

아인슈타인은 빛을 전자기 에너지가 집중된 덩어리로 보았다. 아인슈타인의 생각은 이것보다 몇 년전 독일의 물리학자 막스 플랑크가 제안하였던 "원자는 연속적으로 빛을 방출하거나 흡수하지 않고, 양자－플랑크가 처음 사용한 용어－라고 하는 작은 덩어리 형태로 빛을 방출하

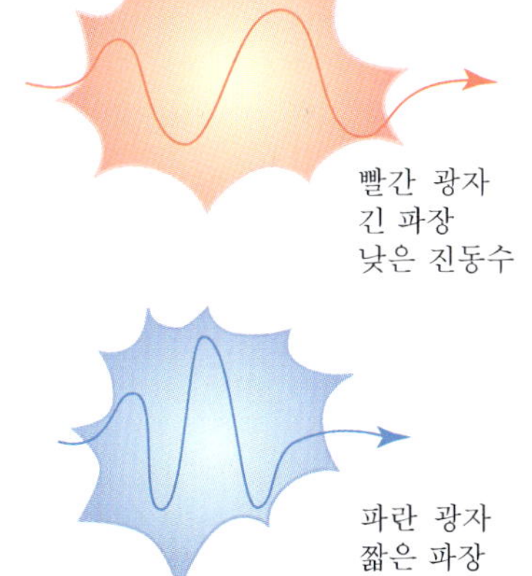


그림 22.1
광자 한 개의 에너지는 빛의 진동수에
비례한다.

거나 흡수한다"라는 생각에 기초를 두고 있다. 플랑크는 빛이 맥스웰의 제안과 같이 존재할 때는 연속적인 파동이지만, 흡수나 방출이 일어날 때는 양자 덩어리의 형태를 가진다고 생각하였다. 한걸음 더 나아가 아인슈타인은 빛 자체가 운동량을 갖는 양자들로 이루어진 것이라고 제안하였다. 이 양자를 오늘날 광자라고 한다.

아인슈타인의 광량자설을 요약하면 진동수 $f$ 인 빛의 에너지는 $E=hf$ 이고, 운동량은 $p=\dfrac{E}{c}=\dfrac{hf}{c}$ 이다.

진동수 $f$ 인 빛의 에너지와 운동량은 $hf$ 와 $\dfrac{h}{\lambda}$ 의 정수배라는 것이다. 여기서 $h$ 는 플랑크 상수이고, $c$ 는 빛의 속도, $\lambda$ 는 빛의 파장이다. 이와 같은 아인슈타인의 광량자설 속에 이미 빛의 이중성이 잘 나타나 있다. 운동량 $p$ 는 입자에서만 정의되는 물리량이고, $\lambda$ 는 파동에서만 나타나는 물리량이다. 따라서 $p=\dfrac{h}{\lambda}$ 는 빛이 입자와 파동이라는 두가지 모습을 띠고 있음을 넌지시 보여주는 관계식이라고 하겠다.

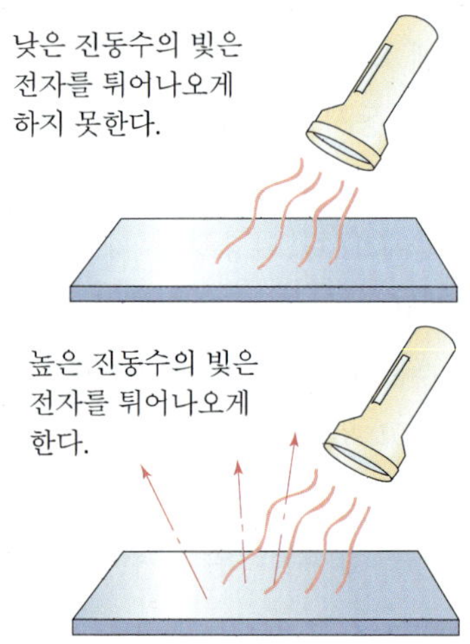


그림 22.2
광전효과는 빛의 진동수에 달려 있다.

**광전효과란 어떤 금속에 빛을 쪼여줄 때 전자가 튀어나오는 현상을 말한다. 이 금속들을 광민감성 – 빛에 민감한 성질 – 을 가졌다고 한다. 이 효과는 전자 눈이나 사진사의 광 계측기 또는 영화의 사운드 트랙에서 음을 재생시키는 데 쓰인다.**

많은 과학자들은 광전효과에서 진동수가 큰 빛은 약하게 비추어도 금속 표면으로부터 전자를 튀어나오게 할 수 있으나, 작은 진동수의 빛은 아무리 밝게 비추어도 전자를 튀어나오지 않음을 발견하였다. 밝은 빛이 어두운 빛보다 에너지가 더 큰데도, 희미한 푸른 빛이나 보라 빛은 전자를 튀어나오게 하지만 밝은 빨간 빛은 그럴 수 없다는 것은 이상한 일이었다.

아인슈타인은 빛을 광자라고 생각하여 광전효과를 설명하였다. 금속 표면에서 하나의 광자는 한 원자에 전부 흡수되든가 아니면 전혀 흡수되지 않는 경우만 있다. 금속으로부터 방출되는 각각의 전자는 오직 하나의 광자만을 완전히 흡수한다. 이것은 금속을 때리는 광자의 수는 특정 전자 하나가 튀어나오느냐 그렇지 않은가와 아무런 관계가 없다는 것을 뜻한다. 광자 하나의 에너지가 너무 작으면, 빛의 밝기 또는 세기가 아무리 커도 소용없다는 것이다. 결정적인 요인은 빛의 진동수 또는 색깔이다. 파란 빛이나 보라빛 광자들은 조금만 있어도 전자 몇 개를 방출시킬 수 있지만 빨간 빛이나 주황빛 광자들은 떼로 몰려와도 전자 한 개도 튀어나오게 할 수 없다. 오직 진동수가 큰 광자만이 전자를 떼어낼 만큼 충분한 에너지를 가지고 있다.

파동은 넓은 파면을 가지고 있으며 파동의 에너지는 이 파면을 따라 퍼져 있다. 파도가 바닷가의 조약돌을 때려 뭍으로 올려보내기 위해 파도 전체의 에너지가 조약돌에 집중되는 일이 일어날리 만무한 것처럼 금속 표면으로부터 하나의 전자를 튀어나오게 하기 위해 전체 빛 에너지가 하나의 전자에 집중되는 일은 일어나지 않을 것이다.

광전효과는 빛이 광자들과 같은 입자들의 흐름으로써 물질과 상호 작용한다는 것을 시사한다. 광선에서 광자의 수는 전체 광선의 밝기를 지배하는 반면에 빛의 진동수는 광자 하나하나의 에너지를 지배한다. 빛은 파동처럼 진행하며 입자의 흐름처럼 물질과 상호 작용한다.

광전효과에 대한 아인슈타인의 설명은 1923년 미국의 물리학자 콤프턴에 의하여 검증되었다. 아인슈타인의 빛에 대한 새로운 해석은 세계를 혁명적으로 바꿀 수 있는 폭발력을 지녔고, 그것을 인정받아(상대성 이론이 아니라) 노벨상을 받게 된다.

---

**Example** 파란 빛을 어떤 금속에 비추었더니 금속 표면으로부터 전자가 방출되었다. 반면에 빨간 빛은 전자가 방출되지 않았다면 그 이유는 무엇인가?

풀이 파란 빛은 빨간 빛에 비해 광자 하나의 에너지가 크기 때문이다.

---

## 더 알아보기 광전효과

아인슈타인은 플랑크가 열복사 현상을 설명하며 제안한 에너지의 양자의 개념을 광전효과에 도입하여 빛은 연속적인 파동이 아니라 광자라고 불리는 불연속적인 에너지의 입자의 흐름이며, 진동수 $f$ 인 광자가 가지는 에너지 $E$는 $E=hf$이고, 운동량은 $p=\dfrac{h}{\lambda}$ 라고 설명하였는데, 이를 광(량)자설이라고 한다. 여기서 $h$는 플랑크 상수이다. 다음은 광(량)자설로 광전효과를 설명한 것이다.

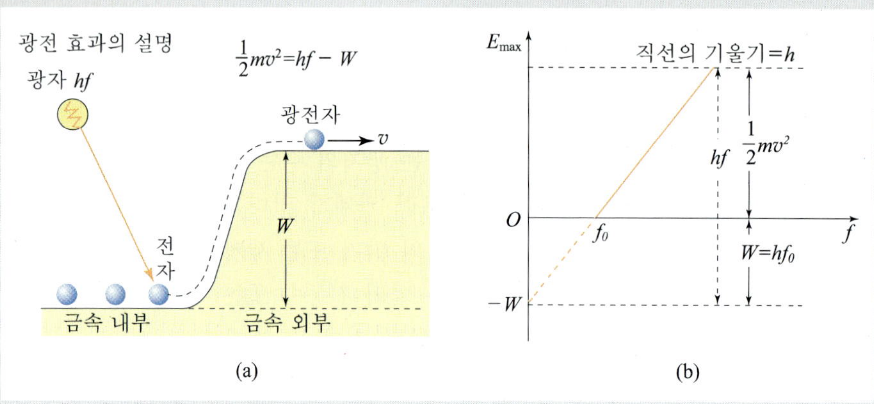


그림 22.3
(a) 광량자설에 의한 광전효과의 설명 (b) 진동수와 최대운동에너지의 관계

그림 22.3에서와 같이 진동수 $f$ 인 빛을 금속 내부에 있는 전자에 쪼이면 광자는 전자와 충돌하여 에너지를 모두 전자에게 준다. 이때 전자에 주어지는 에너지($hf$)가 금속의 일함수 $W$ 보다 크면 전자는 즉시 방출되고, 광전자의 최대운동에너지는 다음과 같다.

최대운동에너지 : $E_{max}=\dfrac{1}{2}mv^2=hf-W=hf-hf_0=eV_0$($e$ : 전자의 전하량, $V_0$ : 정지전압)

이때, 전자를 금속에서 떼어내는데 필요한 최소 에너지를 일함수라고 하며, 일함수의 크기는 물질의 종류에 따라 다르다.

일함수 : $W=hf_0=\dfrac{hc}{\lambda_0}$

($f_0$ : 한계진동수, $\lambda_0$ : 한계파장, 빛의 속력 $c=f_0\lambda_0$)

만일 광자의 에너지가 일함수보다 작은 경우에는 빛의 세기가 아무리 강하더라도 광전자는 방출되지 않고, 반대로 광자의 에너지가 일함수보다 큰 경우에는 빛의 세기가 아무리 약하더라도 광전자는 즉시 방출된다. 광전자가 방출되는 경우, 광자 1개에 광전자 1개가 방출되므로 광전자의 수는 빛의 세기에 비례한다.

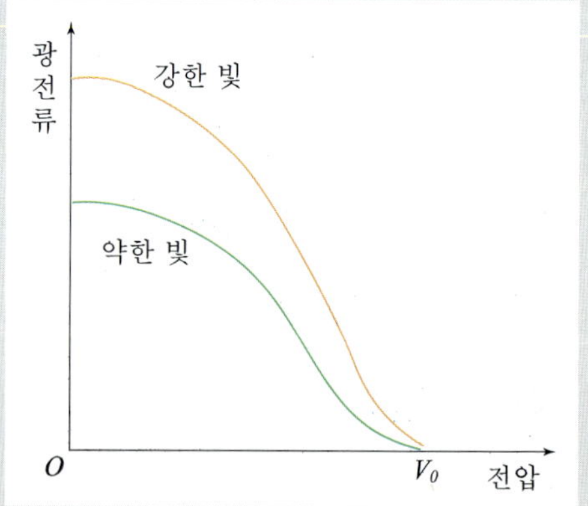


그림 22.4
빛의 세기와 광전류의 세기

## 22.2 콤프턴 효과

콤프턴은 대학원 학생 시절, 파장이 짧은 X선을 탄소로 된 물질에 쪼여 X선의 산란에 대한 연구를 하고 있었다. 당시 콤프턴은 X선이 물질에서 산란될 때 맥스웰의 전자기파 이론에 일치하게 파장의 변화가 없이 예측한 각도로 산란되는 것을 확인할 수 있었다. 그러나 실험을 하면서 그가 전혀 이해하기 어려운 결과도 함께 얻었는데, 그것은 산란시킨 일부의 X선이 이론적으로 예상한 각도와 다른 각도로 산란되며 파장도 함께 변한다는 것이었다. 그 때까지의 어떤 이론도 이 실험 사실을 설명해 줄 수 없었다.

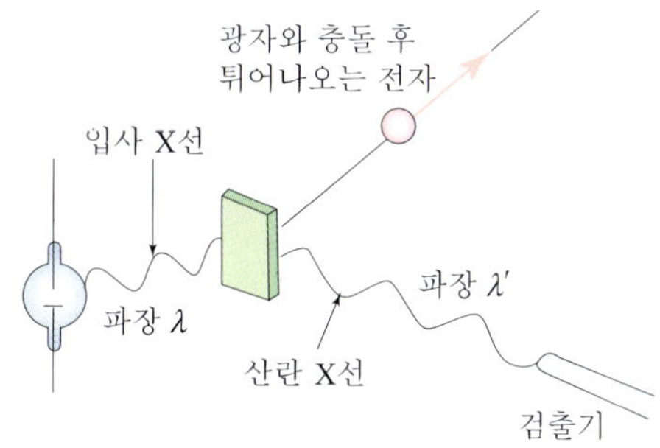


그림 22.5
콤프턴 효과

그 후 10년이 지난 1923년, 콤프턴은 아인슈타인의 광량자설을 적용하여 산란 후 파장이 변하는 X선은 입자처럼 행동하는 것이라는 설명하였다. 즉 당구공들이 서로 충돌할 때처럼 입자인 X선 광자가 전자와 충돌하는 것이며, 뉴턴 역학에서 입자끼리의 충돌처럼 X선 광자가 전자와 충돌하여 그 에너지와 운동량이 변한다는 것이었다. 이 계산을 하는데 필요한 것은 단지 X선 광자와 전자가 투과할 수 없는 입자라는 사실만 인정하면 되었다.

**Example** 콤프턴 효과에서 정지해 있는 전자가 충돌 후 최대 운동에너지를 얻으려면 광자는 충돌 후 어느 방향으로 진행할 때인가?

풀이 운동량 보존의 법칙을 이용하면 광자와 충돌 후 전자의 운동량은 광자의 운동량의 변화량과 같으므로 전자의 속력은 광자의 운동량의 변화량이 최대일 때 가장 크다. 따라서 광자가 정면 충돌 후 되돌아올 때이다.

**더 알아보기** **콤프턴 효과**

그림 22.6은 X 선이 전자와의 충돌 후 파장이 길어지는 콤프턴 효과를 설명하기 위한 그림이다. 특수상대론적으로 광자의 운동량은 $p=\dfrac{h}{\lambda}$이므로 운동량 보존법칙과 에너지 보존 법칙을 이용하면 다음과 같이 X선의 파장 변화를 구할 수 있다.

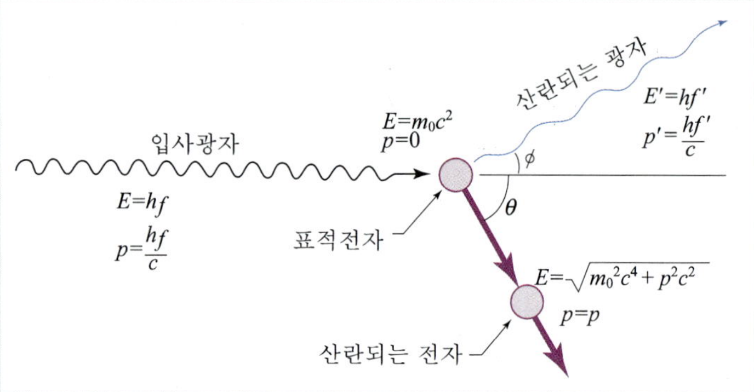

그림 22.6
X선을 전자와 충돌시키면 파장이 길어지며, 파장의 길어짐은 충돌의 분석을 통해 설명할 수 있다.

위의 충돌 과정에 에너지 보존 법칙을 적용하면

$$hf = hf' + \frac{1}{2}mv^2 \text{ 또는 } h\frac{c}{\lambda} = h\frac{c}{\lambda'} + \frac{1}{2}mv^2$$

운동량 보존 법칙을 적용하면

$$\frac{hf}{c} = \frac{hf'}{c}\cos\phi + mv\cos\theta \quad \text{수평성분}$$

$$0 = \frac{hf'}{c}\sin\phi - mv\sin\theta \quad \text{수직성분}$$

위의 세 식을 정리하면 $\lambda' - \lambda = \dfrac{h}{m_0c}(1-\cos\varphi)$가 된다. 여기서 $m_0$는 전자의 정지질량을 나타낸다. 이 식으로 계산한 전자의 운동 에너지는 실험에서 얻은 결과와 일치하므로 파동의 성질만 가지고 있는 것으로 알려진 X선이나 빛이 운동량을 가지고 있음을 보임으로써 빛이 입자성을 갖는다는 것을 다시 한번 확인시킨 것이다.

## 22.3 물질파

파동이 입자의 성질을 가진다면 입자는 파동의 성질을 가질 수 없을까? 프랑스 물리학자 드 브로이는 그가 아직 학생이던 1924년에 이 의문을 제기하였다. 이 의문에 대해 답하는 내용으로 그는 박사 학위를 받았으며, 훗날 이것으로 노벨 물리학상도 받았다.

드 브로이는 모든 물체는 파동성을 가진 것으로 볼 수 있다고 제안하였다. 모든 입자들은 – 전자, 양성자, 원자, 총알, 그리고 사람까지도 그 입자의 운동량과 다음과 같은 관계식으로 표현되는 파장을 가진다.

$$\text{파장} = \frac{h}{\text{운동량}}$$

여기서도 역시 $h$ 는 플랑크 상수이다. 입자의 파장을 드브로이 파장이라고 한다. 질량이 크고 보통 속력을 가진 입자는 파장이 너무 짧아서 종래의 방법으로는 검출할 수가 없다. 거시적인 세계에서는 물질파의 파장이 대단히 작으므로 파동성을 무시할 수 있으나, 원자 내부에서 운동하는 전자와 같은 입자들의 파동성은 무시할 수 없다. 전자와 같이 작은 입자가 움직일 때는 감지할 수 있을 정도의 파장을 가진다. 이것은 가시광선의 파장보다는 짧지만 눈에 띌 정도의 회절을 일으키기에는 충분하다. 재미있게도 전자선은 광선처럼 행동한다. 그것은 회절도 일으키며 빛과 같은 조건에서 간섭도 일으킨다(그림 22.7). 데이비슨과 거머는 1927년 그림과 같은 전자선의 회절실험을 통해 입자의 파동성을 확인해 주었다.

전자 현미경은 전자의 파동성을 실제적으로 이용한 장치이다. 보통 전자선의 파장은 가시 광선의 파장보다 수천 배로 짧아서 광학 현미경으로는 식별이 어려운 것도 전자 현미경으로는 자세히 살필 수 있다.

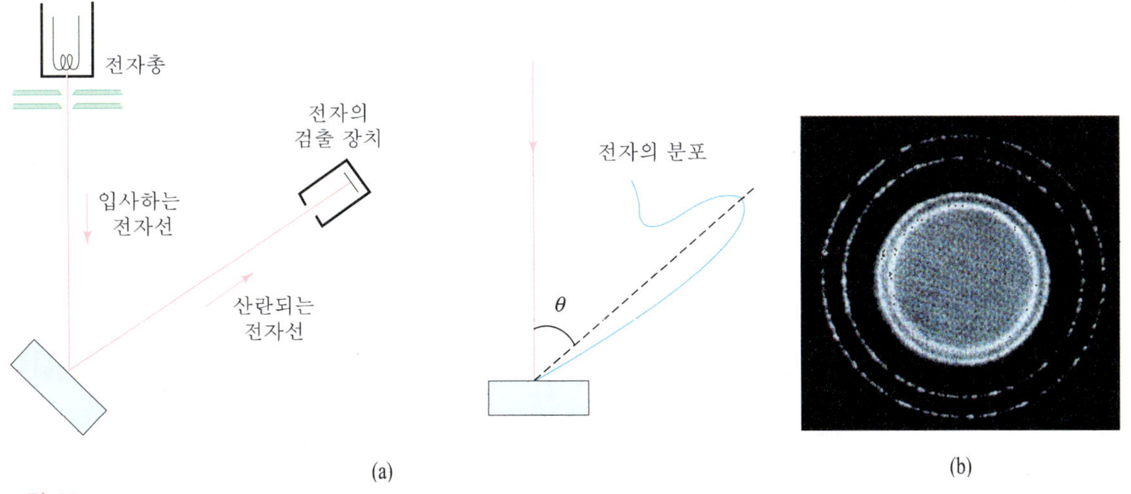


그림 22.7
(a) 데이비슨과 거머의 실험장치와 전자선에 의한 회절
(b) 톰슨에 의한 전자선의 회절 무늬

**더 알아보기**

질량 $m$, 전하량 $q$인 입자가 전압 $V$로 가속되어 속도 $v$로 운동할 때, 이 입자의 드브로이 파장 $\lambda$는 다음과 같다.

$$\lambda = \frac{h}{mv} = \frac{h}{p} = \frac{h}{\sqrt{2mE_k}} = \frac{h}{\sqrt{2mqV}}$$

여기서 $p$는 입자의 운동량, $h$는 플랑크 상수이다.

**Example** 하나의 전자선 속에 있는 전자들은 속력이 큰 것도 있고 작은 것도 있다. 어떤 전자의 물질파 파장이 더 긴가?

풀이 물질파 파장은 입자의 운동량에 반비례한다. 전자의 질량은 모두 같으므로 속력이 작은 즉 운동량이 작은 전자가 더 긴 파장을 갖는다.

## 22.4 양자물리학과 카오스 이론

물리학자들이 원자에 대해 연구를 계속하면서 확신하게 된 사실은, 야구공이나 행성처럼 큰 물체(거시 세계)에 대해서는 잘 맞는 뉴턴 법칙을 원자와 같은 미시 세계에서 일어나는 일에는 단순하게 적용할 수 없다는 것이다. 거시 세계에서 일어나는 운동을 연구하는 것을 역학 또는 고전 역학이라고 하듯이 미시 세계를 연구하는 학문을 양자 역학이라고 한다. 나아가 미시 세계를 보다 일반적으로 연구하는 분야를 양자 물리학이라고 한다.

거시 세계에서는 주의 깊게 측정하기만 하면 어떤 확실함이 보장되는 데 비해, 원자 영역에서의 측정은 근본적인 불확실성이 존재한다. 물질의 온도, 어떤 결정의 진동수, 소리나 빛의 속도 등과 같이 거시적인 양을 재는 데 있어서는 실제적으로 실험자가 측정할 수 있는 정확도의 한계가 없다. 그러나 매우 짧은 수명을 가진 입자의 질량이나 전자의 위치와 운동량 등을 재는 원자 수준의 측정은 완전히 다르다. 이런 영역에서 어떤 양을 측정할 때 나타나는 불확실성의 정도는 측정하고자 하는 양의 크기와 거의 비슷하다. 양자 역학의 구조는 많은 사람들이 받아들이기 어려워하는 개념인 확률에 기초하고 있다. 아인슈타인조차도 이것을 받아들이지 못했으며 이에 대한 심정을 다음과 같은 말로 표현하였다. "신이 우주를 상대로 주사위 놀이를 한다는 것을 믿을 수 없다."

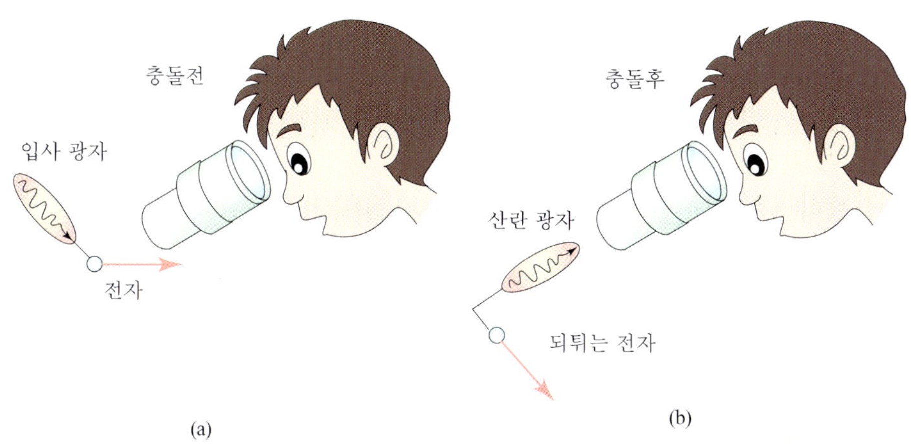


그림 22.8
강력한 망원경으로 전자를 관찰하는 사고 실험. (a) 전자가 광자와 충돌할 때와 (b) 광자와의 충돌 후 전자가 되튀어지는 것을 볼 수 있다.

여러분이 물리를 더 많이 공부하면 언젠가는 양자 물리학을 공부하게 될 것이다. 그때 여러분은 원자수준에서 상호 작용은 확실성의 법칙이 아니라 확률의 법칙의 지배를 받는다는 것을 알게 될 것이다. 과학자들과 철학자들은 아직도 양자 역학의 진정한 의미에 대해 생각하고 있다.

카오스라고 부르는 혼돈 현상은 물리뿐만 아니라 생태학, 기상학, 화학, 경제학 등 여러 분야에서 자주 접할 수 있는 보편적인 자연 현상이다. 이 혼돈 현상에 대하여 그나마 정성적인 이해가 가능해진 것은 컴퓨터의 발달에 의한 계산능력이 크게 향상된 20세기 후반에 와서이다. 혼돈에 대한 연구가 진척됨에 따라 혼돈 현상이 복잡한 시스템에서 일어나는 현상이 아니라 매우 단순한 계에서도 얼마든지 일어날 수 있다는 놀라운 사실을 알게 되었다.

혼돈 현상에 대한 탐구가 중요한 이유는 두 가지로 볼 수 있다. 첫째는 대부분의 자연 현상은 비선형적이라는 것이다. 하지만 기존의 물리학은 선형적인 동력학으로 근사하여 문제를 해결하였다. 그런데 혼돈현상에 대한 탐구는 더 중요한 정보를 내포할 수도 있는 비선형특성에 관하여 본격적으로 탐구할 수 있는 길을 열었다는 점이다. 둘째는 비선형 동력학방정식에 의해 기술되는 자연 현상을 설명하는데 있어서 매우 중요한 힌트를 주기 때문이다. 예를 들어, 유체역학에서 정상류가 어떤 과정을 통해 난류에 이르게 되는지에 관하여 고전 물리학은 그 답을 찾지 못하였다. 하지만 혼돈의 개념을 도입하면 난류에 이르는 정성적인 설명이 가능해진다.

1887년 스웨덴의 국왕 오스카 2세는 태양계의 안전성에 대한 수학적인 증명에 2500크라운의 상금을 걸었다. 일반적으로 어떤 계의 안정성은 작은 교란에도 계가 크게 변하지 않음을 의미한다. 이 문제는 수학자 푸앙카레(Poincare)에 의하여 해결되었던 바, 푸앙카레는 만유인력의 작용하에 있는 3체 문제를 푸는 과정에서 비선형 동력학이 매우 복잡한 거동을 나타낼 수 있음을 보였고, 이를 이해하기 위한 중요한 아이디어를 도입했다.

이와 별도로 20세기 후반 발달한 컴퓨터를 통해 지루한 수치계산과 계산결과의 시각화에 성공하였고, 비선형 동력학 방정식의 복잡한 거동을 이해하는데 결정적인 수단이 되었다.

초기조건에 대한 민감성은 비선형 동력학 방정식의 가장 중요한 특성이다. 대부분의 선형계에서는 비슷한 두 가지 상태는 시간이 지나도 비슷한 상태로 남아있게 된다. 하지만 비선형계에서는 아무리 작은 차이라도 시간이 지나면 그 차이가 매우 크게 증가하여 두 상태에 있어서 어떤 유사성도 찾을 수 없게 된다. 그림은 초기조건에 대한 민감성을 그림으로 나타낸 것이다. 여기서 점은 입자의 상태를 나타낸 것이다.

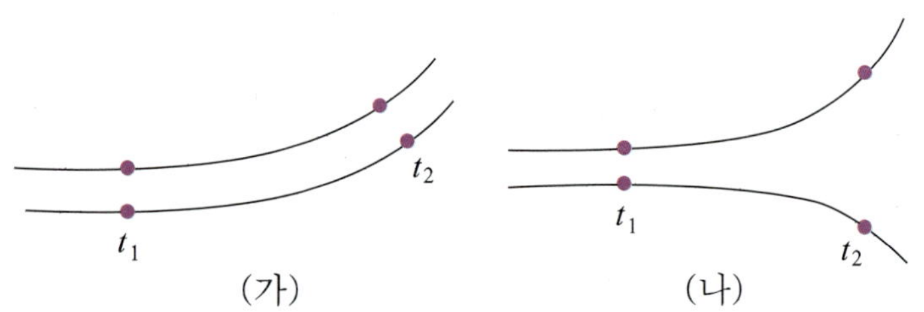


그림 22.9
(가)는 선형계에서 나타나는 동력학적인 현상으로 초기조건의 차이가 결과에 영향을 주기 못함을 나타낸 것이고, (나)는 비선형계에서의 동력학적인 현상을 나타낸 것으로 초기조건의 차이로 결과가 크게 영향받고 있음을 보여주는 것이다.

초기 조건에 대한 민감성은 측정에 포함된 불확실성이란 단지 평균하여 사라지는 것이 아니고 물리계에 결정적인 영향을 줄 수 있다는 것을 단적으로 보여준다. 이것이 바로 초기 조건에 대한 민감성이다.

1962년 기상학자 로렌츠는 대기의 대류를 이해하기 위한 간단한 동력학 모형을 세우고, 그 운동 궤적을 $x$, $y$, $z$ 3차원에 공간에 표시하였다. 그림 22.10은 로렌츠 나비로 알려진 그림이다. 그림에서 나비의 날개처럼 보이는 부분을 끌개(attracter)라고 하는데, 끌개란 공간상 임의의 점에서 출발해도 상당한 시간이 경과하면 그 점은 나비의 날개 위의 어떤 곳에 도달하기 때문에 붙은 이름이다.

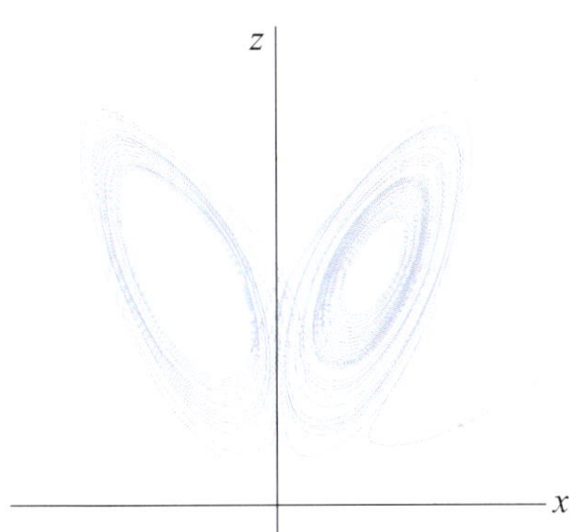


그림 22.10
로렌츠의 나비. 날씨를 나타내는 3차원 구조의 궤적을 2차원 평면에 정사영시킨 그림

이러한 로렌츠 끌개 부근에서 매우 가까운 임의의 두 점을 선택하여 충분한 시간이 경과한 다음 도달하는 위치를 조사하면, 기대와 완전히 다르게 두 점은 각각 엉뚱한 곳에서 발견할 것이다. 이것을 보고 로렌츠는 유명한 "중국 양쯔강 변을 나는 나비 한 마리가 날개 짓을 하면 지구 반대편의 뉴욕시에는 폭풍이 몰아칠 수도 있다."라는 비유적 표현을 남겼다.

이 끌개의 수학적인 구조는 프랙탈이다. 끌개의 어떤 영역을 계속 확대하여 보아도 거의 유사한 구조가 반복한다. 이러한 특성은 초기 조건에 민감한 동력학적인 특성을 지닌 대부분의 시스템에(카오스) 보편적으로 나타난다. 따라서 카오스는 초기 조건에 대한 민감성과 끌개에 프랙탈이라는 두가지 중요한 특성을 갖고 있다.

양자 물리학은 근원적으로 불확정성 원리에 그 기반을 두고 있다. 불확정성 원리는 물질의 운동량과 위치, 에너지와 시간을 동시에 규정할 수 있는 정밀도의 한계를 나타낸다. 이것은 자연을 인식하는 혹은 자연이 내재하고 있는 원천적인 불확실성으로 혼돈현상의 그것과는 완전히 다른 것이다. 혼돈 현상은 단지 초기 조건을 규정하는 행위에 있어서 피할 수 없는 오차가 수반될 수 밖에 없고, 그 오차의 결과로 장기 예측이 힘들다는 것을 말하는 것일 뿐이다. 카오스에서는 엄밀한 초기조건을 줄 수만 있다면 동력학 방정식에 의하여 아무리 시간이 경과하여도 상태를 정밀하게 결정할 수 있다. 본질적으로 고전적인 카오스는 뉴턴역학적인 결정론적인 기반을 갖고 있는 분야인데 비해, 양자 역학에서는 초기 조건 그것 자체를 무한의 정밀도로 줄 수 없음을 불확정성 원리가 규정하고 있다. 따라서 두 분야는 유사한 것 같아 보이지만 완전한 엉뚱한 이론적 기반을 갖는 이론인 것이다.

## 개념확인하기

1 양자란 무엇인지 예를 들어 설명하라. 또 빛의 양자를 무엇이라 부르는가?

2 빨간 빛과 파란 빛 중에서 광자 하나당 더 큰 에너지를 갖는 것은 어느 쪽인가?

3 매우 밝은 빨간 빛은 어두운 파란 빛보다 훨씬 큰 에너지를 갖는다. 그런데 파란 빛은 광전효과를 일으키지만 빨간 빛은 그렇게 하지 못하는 이유는 무엇인가?

4 X선 대신 가시광선을 사용하는 경우 콤프턴 효과를 관찰할 수 없는 이유는?

5 전자선의 회절은 입자 모형을 지지하는가 아니면 파동 모형을 지지하는가?

6 우리는 일상 생활에서 움직이는 물체의 파장을 알 수 없다. 그 이유는 무엇인가?

7 입자의 속력이 증가할수록, 그에 상응하는 물질파의 파장은 증가하는가, 감소하는가?

8 양자 역학이란 무엇인가?

9 원자 속의 전자의 운동량과 위치를 정확하게 잴 수 있는가?

10 양자화되어 있는 물리량의 예를 몇 가지만 들어라.

## 수식으로 계산해 보기

1 크기가 무시될 수 있는 작은 광원에서 출력이 $P$ [W]인 빛이 방출되고 있고, 광원으로부터 $R$ [m] 떨어진 곳에 한 학생이 서 있다. 학생의 눈의 반지름 $r$ [m]이면 매초당 학생의 눈에 입사되는 광자의 수는 몇 개인가? 단, 방출되는 빛의 파장은 $\lambda$, 빛의 속력은 $c$, 플랑크 상수는 $h$이다.

2 광자의 에너지가 6.2eV인 빛을 알루미늄 표면에 비추었다. 알루미늄에서 전자를 방출하는데 필요한 에너지가 4.2eV라면 이 전자에 대한 정지 전압은 얼마인가?

3 입자가 운동할 때 물질파를 형성하기 위해서 입자는 꼭 전기를 띠고 있어야 하는지 설명하라.

4 진동수 $\nu$ 인 광자가 물질 내부의 전자와 충돌하였다. 전자가 얻은 운동에너지가 $E$ 일 때 광자의 진동수의 변화량과 전자의 물질파 파장은 각각 얼마인가? 단, 플랑크 상수는 $h$, 전자의 질량은 $m$ 이다.

5 원자로에서는 핵반응에 의해 중성자들이 다량으로 만들어진다. 중성자가 어떤 온도에서 열적인 평형 상태를 이루면, 중성자의 에너지는 기체 분자의 평균적인 운동에너지와 같게 된다. 평형 상태의 온도가 실내 온도인 중성자를 열중성자라 한다. 실내 온도를 절대 온도 $T$ 라 하면 실내 온도에서 사용된 열중성자의 드브로이 파장은 얼마인가? 단, 플랑크 상수는 $h$, 볼츠만 상수는 $k$, 중성자의 질량은 $m$ 이다.

**6** 파장이 $\lambda$인 빛이 전자에 의해 산란된 후 파장이 $3\lambda$로 되었다. 전자의 운동에너지는 얼마인가? 단, 빛의 속력은 $c$, 플랑크 상수는 $h$이다.

**7** 그림과 같이 거리 $d$ 만큼 떨어져 있는 두 평행한 금속판에 일정한 전압 $V$가 걸려 있다. 정지 상태에 있던 전자가 두 금속판 사이의 균일한 전기장에 의해 왼쪽 금속판에서 오른쪽 금속판을 향해 움직인다. 왼쪽 금속판에서 거리 $x$ 인 점을 통과할 때 전자의 드브로이 파장을 구하라. 단, 플랑크 상수는 $h$, 전자의 질량은 $m$, 전자의 전하량은 $e$ 이다.

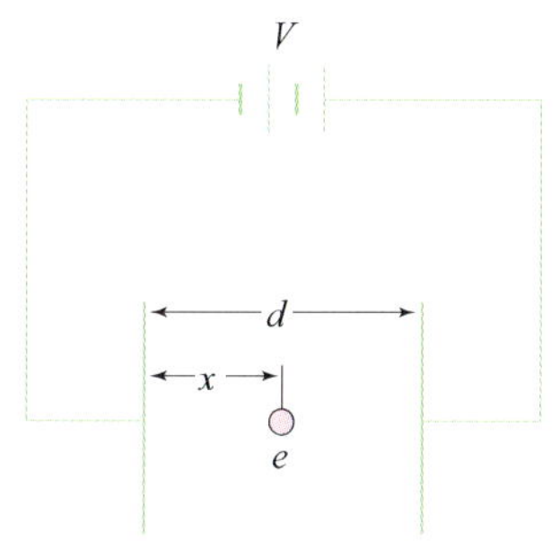


※ 어떤 금속에 파장이 $3\times10^{-7}$m보다 짧은 빛을 비추었을 때에만 광전자가 방출되었다. 이 금속에 파장이 $2\times10^{-7}$m인 빛을 비출 때 다음 물음에 답하시오. 단, 플랑크 상수 $h=6.6\times10^{-34}$J·s이고, 광속 $c=3\times10^{8}$ m/s이다. [8-9]

**8** 이 금속의 한계진동수와 이 금속의 일함수는?

**9** 광자의 에너지와 광전자의 최대운동에너지는?

**10** 다음 표는 광전효과의 실험 결과 얻은 네 금속의 한계진동수와 일함수의 값을 나타낸 것이다.

| 물 질 | 한계진동수($\times10^{14}$ Hz) | 일함수(eV) |
|---|---|---|
| 구 리 | 11.75 | 4.80 |
| 아 연 | 10.42 | 4.31 |
| 나트륨 | 5.51 | 2.28 |
| 세 슘 | 4.60 | 1.91 |

파장이 $3\times10^{-7}$m인 빛을 비추었을 때 광전자가 방출되는 금속은?

**11** 진동수가 $20\times10^{14}$Hz인 빛을 네 금속의 표면에 비추었을 때 금속에서 튀어나오는 전자의 운동에너지가 가장 큰 금속은 어느 것인가? 또 그 때의 운동에너지는 몇 J인가?

**12** 그림 (가)는 광전효과 실험장치이고, (나)는 이 장치로 얻은 실험결과를 나타낸 것이다.

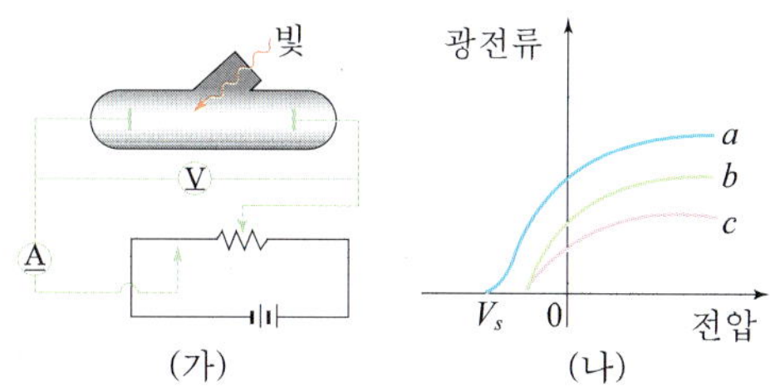

(가) (나)

이 실험에서 $a$, $b$, $c$의 빛의 파장과 빛의 세기를 등호 혹은 부등호를 이용하여 비교하시오.

※ 파장이 0.01nm인 X선이 전자와 정면으로 충돌하여 입사방향과 정반대 방향으로 반사되어 나갔다. 다음 물음에 답하시오. [13-14]

**13** X선의 파장의 변화량은 얼마인가?

**14** X선이 전자에 준 에너지는 얼마인가?

**15** 100V의 전위차에 의해 가속된 전자의 물질파 파장은?

**16** 2mm 떨어진 평행한 두 금속판에 20V의 전압을 걸어서 균일한 전기장을 만들었다. 이 전기장 속에서 전자가 정지상태에서 출발하여 가속될 때, 전자가 금속판에 충돌하는데 걸린 시간과 충돌순간 속력을 구하시오. (단, 전자의 질량은 $9.0\times10^{-31}$kg이고 전자의 전하량은 $-1.6\times10^{-19}$C이다.)

**17** 위의 문제에서 전자의 충돌에 의한 금속판에서 발생하는 전자기파의 최소 파장을 구하시오.

**18** 출력이 13.2W이며 진동수가 $2\times10^{15}$Hz인 빛을 내는 레이저 광원이 있다. 이 레이저 광원이 1초 동안 내는 광량자의 수는 몇 개인가?

**19** 파장이 $\lambda$인 광자가 그림과 같이 정지해 있는 질량 $m$인 전자에 부딪쳐 90°의 각도로 튕겨나간다. 입사한 광자의 파장은 $2.5\times10^{-11}$m일 때, 산란된 광자의 파장은 얼마인가? 단, 광자와 전자는 탄성충돌이고, 전자의 질량은 $10^{-30}$kg, 플랑크상수는 $6\times10^{-34}$J · S로 계산한다.

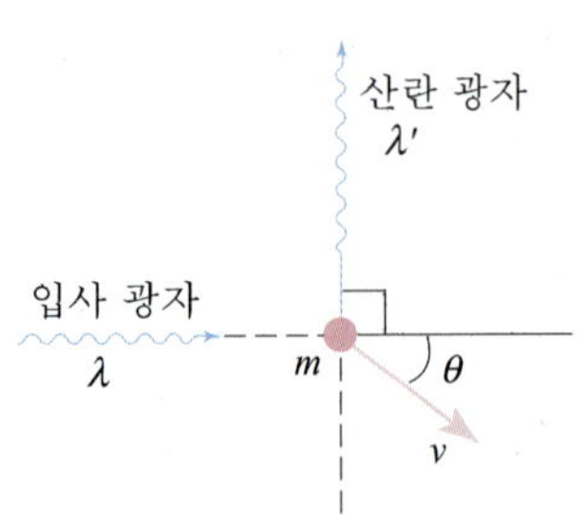


**20** 19번 문제의 충돌과정에서 광자의 에너지는 몇 % 감소하는가?

**21** 지구 둘레를 도는 인공 위성에는 보조 동력원으로 태양 전지판이 설치되어 있다. 이 태양 전지판은 태양 광선에 대하여 항상 수직인 상태를 유지하도록 되어 있다. 면적이 1㎡인 태양 전지판에 2kW의 태양 광선이 비추어지고 있다. 파장이 6600Å인 단색광이 태양 전지판에 비추어진다고 했을 때 1초당 태양 전지판에 도달하는 광량자의 개수는 대략 몇 개인가? (단, 플랑크 상수는 $6.6\times10^{-34}$J · s이고 빛의 속도는 $3\times10^{8}$m/s이다.)

**22** 파장이 0.1Å인 X선이 전자와 정면 충돌하며 입사 방향과 정반대 방향으로 반사되어 나갔다.

a. X선 파장의 변화량을 구하여라.

b. X선 에너지의 변화량을 구하여라.

c. X선이 전자에 준 에너지를 구하여라

**23** 그림과 같이 $d$ 만큼 떨어져 있는 두 평행한 금속판에 일정한 전압 $V$가 걸려 있다. 왼쪽 금속판에서 정지해 있던 전자가 두 금속판 사이에서 균일한 전기장에 의하여 오른쪽 금속판을 향하여 움직인다. 왼쪽 금속판에서 $x$ 거리에 있는 점을 통과할 때의 전자의 드브로이파 파장을 $h$, $d$, $v$, $x$, $e$, $m$ 의 함수로 구하여라. 여기서 $h$ 는 플랑크 상수, $m$ 은 전자의 질량, $e$ 는 전자의 전하량이다.

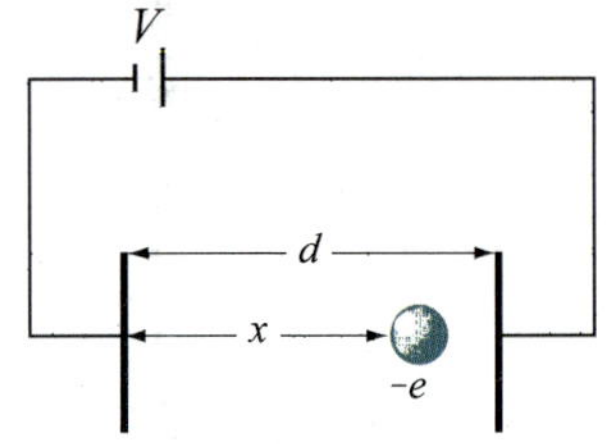


**24** X선관 내에서 전자가 2900V의 전위차에 의해서 가속되고 있다. 단, 플랑크 상수는 $6.6\times10^{-34}$J · s, 전자의 질량은 $9.1\times10^{-31}$kg, 전자의 전하량은 $1.6\times10^{-19}$C이다.

a. 이 경우 전자가 양극에 도달할 때의 최대 속도는 몇 m/s인가?

b. 이 전자선의 드브로이 파장은 몇 Å인가?

c. 이 때 발생하는 X선의 파장은 얼마인가?

한걸음 더

## 하이젠베르그의 불확정성원리

불확정성 원리는 위치 대 운동량과 시간 대 에너지간의 불확정성으로 구성되어 있다. 위치(시간)와 운동량(에너지)의 불확정성이란 미시세계에서 물질의 위치(시간)와 운동량(에너지)을 동시에 엄밀하게 측정할 수 없음을 말한다.

다음 식에서 $\Delta x$는 위치의 불확정성을 나타내고, $\Delta p$는 운동량의 불확정성을 나타내며, $\hbar = \frac{h}{2\pi}$로 플랑크 상수를 나타낸다. 만일 전자의 위치를 명확하게 측정하면 $\Delta x = 0$이 되어 운동량의 변화량은 $\Delta p \to \infty$가 된다.

위치 · 운동량의 불확정성 : $\Delta x \cdot \Delta p \geq \frac{\hbar}{2}$

단일슬릿에 전자를 쏘는 경우, 슬릿을 통과한 전자는 스크린에 전자의 회절무늬가 나타난다. 이 문제에서 전자의 위치에 있어서 불확정도를 나타내는 $\Delta x = \frac{a}{2}$이며, 운동량의 불확정도를 나타내는 $\Delta p = p\sin\theta$이다.

따라서, $\Delta x \cdot \Delta p \geq \frac{a}{2}p\sin\theta \sim \frac{h}{2\lambda}a\sin\theta$이고, 극대가 나타날 조건 $a\sin\theta \geq \frac{\lambda}{2}$이므로 $\Delta x \cdot \Delta p \geq \frac{h}{4}$가 되어 불확정성 원리가 성립함을 알 수 있다.

하이젠베르크는 전자의 위치를 정밀하게 결정하기 위해선 파장이 짧은 빛(감마선)을 사용하는 현미경의 분해능으로부터 불확정성 원리가 성립함을 보였다.

[그림 1(a)]는 구경이 $d$인 현미경의 대물렌즈 아래에 $l$ 만큼 떨어진 지점의 분해능을 나타낸 것이다. 렌즈가 구별할 수 있는 최소의 거리를 나타내는 분해능은 $\sin\theta \sim \theta = \frac{1.22\lambda}{d}$이고, 따라서 공간적인 불확정성은 $\Delta x = l\theta \sim \frac{l\lambda}{d}$이다. [그림 1(b)]는 감마선을 사용하여 입자의 위치를 결정하는 현미경을 나타낸 것으로 운동량의 불확정성을 계산할 수 있다. 현미경에 의해 나타나는 상은 렌즈 안으로 들어온 빛에 의한 것이므로 감마선의 운동량의 변화량은 최소한 $\Delta p \geq 2p\sin\theta \sim p\theta$이다. 따라서 $\Delta p \sim \frac{h}{\lambda}\frac{d}{l}$이고, $\Delta x \cdot \Delta p \sim h$이다.

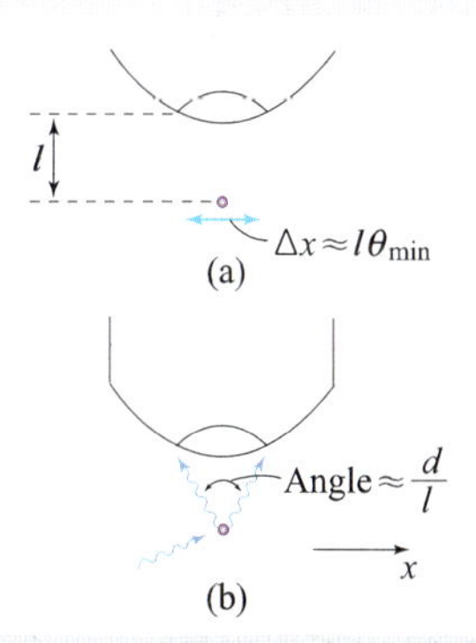

[그림 1] 감마선 현미경

불확정성원리의 또 다른 경우는 시간과 에너지의 불확정성이다. 즉, 시간과 에너지를 동시에 엄밀하게 결정할 수 없다는 것이다. 이를 식으로 나타내면

$\Delta t \cdot \Delta E \geq \hbar$

이다.

[그림 2]는 불확정성원리를 반박하려는 아인슈타인과 추종자들이 고안해 낸 시간과 에너지의 불확정성을 반박하기 위한 장치이다. 상자 안에 광자들이 가득 차있고 특수상대성이론의 결과인 $E = mc^2$에 의하여 복사에너지량의 변화량을 저울의 눈금을 읽어서 알 수 있다.

셔터는 일정한 시간동안만 열릴 수 있도록 시계 장치와 연결되어 있다. 따라서 셔터가 열리는 시간과 에너지 량의 변화를 모두 엄밀하게 결정할 수 있다는 것이다. 이에 대해 하이젠베르크와 보어는 다음날 회의에서 아인슈타인의 일반상대론의 결론을 이용하여 아인슈타인이 자기모순에 빠졌음을 지적하였다. 즉, 셔터가 열려 광자가 빠져나가는 동안 상자 내부의 에너지 분포가 달라지므로 시공간이 변하게 되어 시간의 불확정도가 얼마나 되는지 정확하게 알기 어렵다는 것이다.

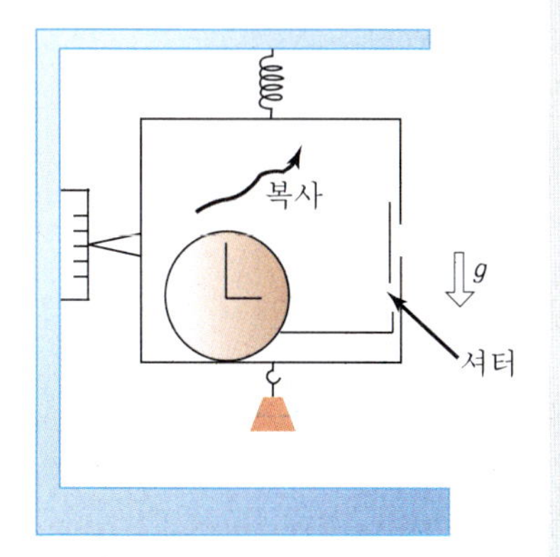

[그림 2] 불확정성 원리를 공격하기 위한 아인슈타인의 시도

# Chapter 23

# 원자모형

원자의 내부 구조가 어떻게 생겼는지 아무도 모른다. 그것은 우리들 인간의 눈으로 원자 안을 볼 수 있는 방법이 없기 때문이다. 우리는 원자 속의 세상에서 일어나는 현상을 시각적으로 나타내기 위해서 모형을 만든다. 모형의 가치는 진실성보다는 유용성에 있다. 모형은 우리가 눈에 떠올리기 힘든 과정을 이해하는 데 도움을 준다. 가치있는 원자 모형은 빛의 모형과 부합되어야 하는데, 그 이유는 우리가 원자에 대해 아는 대부분의 정보는 원자 내부에서 방출되는 빛과 입자들로부터 얻는 것이기 때문이다. 대부분의 빛은 원자 안의 전자의 운동 때문에 발생한다.

## 23.1 원자모형

19세기 중반에 하이델베르크 대학의 화학자와 물리학자는, 개개의 사람들이 그들만의 지문을 갖고 있듯이 개개의 원자들도 그들 고유의 에너지에 해당하는 빛을 방출 또는 흡수한다는 것을 증명하기 위해 서로 협력했었다. 그들은 처음으로 간단한 프리즘을 이용하여 태양과 먼 곳에 있는 다른 별들도 어떤 원자들로 구성되어 있는지 분석할 수 있었으며, 이렇게 해서(그림 23.1), 그들은 전에 지구상에서는 확인할 수 없었던 많은 원소들의 존재를 발견하게 되었다.

물질에 관한 현대 원자 이론은 19세기초 영국의 화학자 존 돌턴에 의해 시작되었는데, 기체와 액체를 혼합하는 방법을 연구하면서, 물질을 구성하는 가장 작은 입자들은 간단한 수적인 비로 표현될 수 있는 비례관계로 결합되어야만 한다고 주장했으며 이런 방식으로 그는 2000년 전 모든 물질은 볼 수도 쪼갤 수도 없는 원자라는 입자들로 이루어져 있다고 가정했던 고대 그리이스의 그 유명한 데모크리토스의 완전히 추론적인 사고를 받아들였다.

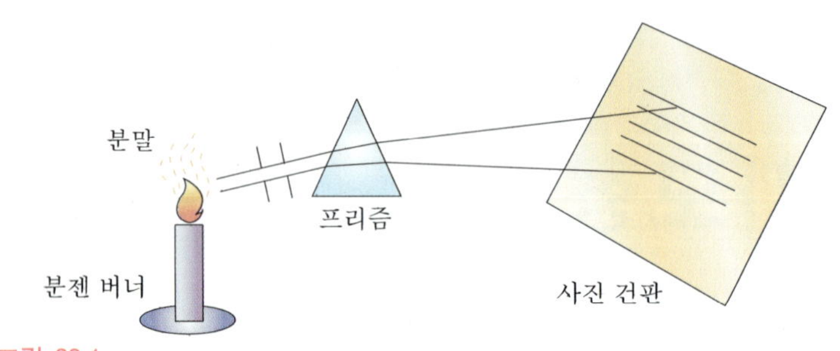


그림 23.1
프리즘을 이용한 원소분석

물리학자들이 원자에 관해 알고자 했던 지난 100여년 동안 모든 물질의 생성 근원인 원자들의 존재를 명확히 지적해 주는 화학적 지식 체계가 증대되고 있었는데, 전자를 발견한 J.J. 톰슨은 개개의 원자들은 양전기를 띤 젤리 모양의 작은 구에 전자들이 박혀있는 형태를 띠고 있다고 제안했다. 젤리는 하나의 원자 덩어리로 설명되었고, 전자들은 젤리 안에서 진동하면서 에너지를 얻을 수 있다고 설명했다. 이런 방법으로, 그는 원자들이 에너지를 흡수할 수 있고 후에 에너지를 재방출할 수 있는 이유를 설명하였다. 톰슨의 원자모형은 원자 속에 전자가 들어있으면서도 원자가 전기적으로 중성이라는 것을 설명할 수 있어서 주목을 받았으나 러더퍼드의 $\alpha$입자 산란 실험에 의해 옳은 원자 모형이 아님이 밝혀졌다.

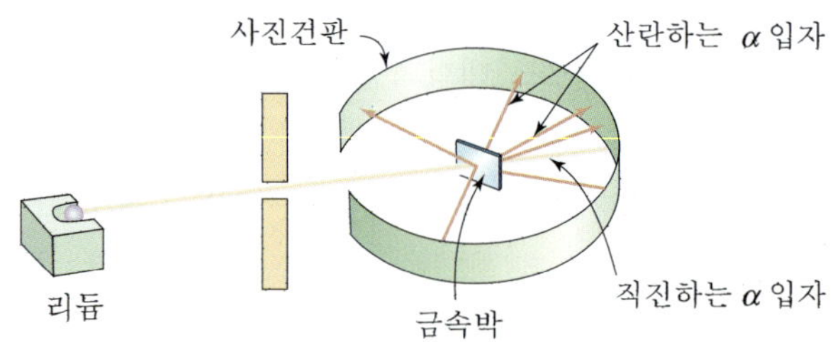


그림 23.2
러더퍼드의 $\alpha$ 입자 산란실험

톰슨과 함께 연구에 참여했던 러더퍼드는 1908년 방사능 물질에서 방출된 어떤 $\alpha$선이 양전기를 띤 헬륨 원자라는 사실을 발견한 공로로 노벨상을 수여 받았다. 2년 후, 그는 $\alpha$선($\alpha$입자)이 물질과 어떤 상호작용을 일으키는가를 연구하기 위해 그림과 같이 $\alpha$선을 얇은 금속박에 충돌시켜 금속의 원자와 충돌한 이 $\alpha$입자가 산란되는 방향을 관찰하였다. 이 실험에서 금속박의 앞쪽에 평행한 슬릿을 위치시켜 특정한 방향의 $\alpha$입자들만 금속박에 도달하게 하여 $\alpha$입자들을 금속박의 특정한 곳에만 충돌시킬 수 있었다. 그런데 관측된 결과들을 설명할 수 있는 유일한 방법은 각 금속 원자들은 양전기를 띤 작은 원자핵과 원자핵을 둘러싸고 있는 음전기를 띤 전자들로 이루어져 있다고 가정하는 것이었다. 그러나 이 원자핵의 크기는 추정된 금 원자 전체 크기의 만분의 일보다 더 작아야만 했는데, 이들의 상대적인 크기를 비교해 보기 위해 완두콩을 원자핵이라 생각하면 이에 상응한 원자의 반지름은 축구장의 3배만한 크기가 된다. 따라서 금속 내에 이웃한 원자들의 핵 사이에는 원자수준에서는 엄청나게 큰 공간이 존재하게 된다. 러더퍼드는 위의 실험 결과로부터 음전기를 띤 전자들이 원자핵의 양전기와 균형을 이루면서, 원자핵 주위의 적당히 큰 궤도들을 따라 행성들이 태양 주위를 원운동하는 것과 같은 방식의 운동을 한다고 가정하고 그림 23.3과 같은 원자모형을 제시하였다. 그러나 러더퍼드의 행성 모델은 당시에 알려져 있던 두 가지 중대한 실험적인 사실을 설명하지 못하여 문제점이 제기되었다.

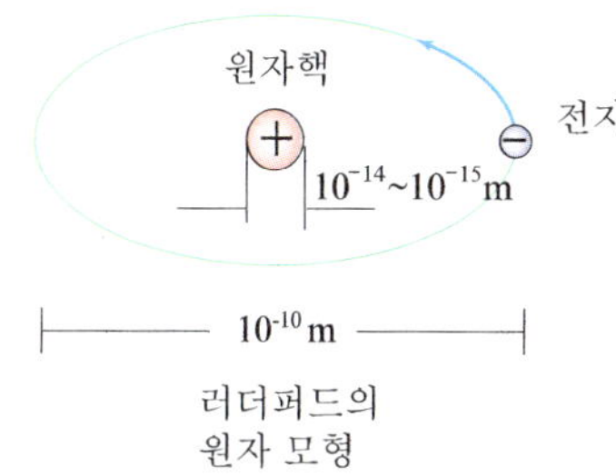


그림 23.3
원자핵의 크기는 전자궤도에 비해 대략 $\frac{1}{100000}$ 정도이다. 그러므로 물질의 대부분은 텅 빈 공간이다.

**Example 1** 러더퍼드가 얇은 금박에 $\alpha$ 입자들을 충돌시키는 실험으로부터 발견한 것은 무엇인가?

풀이 $\alpha$입자들 중 극히 일부가 매우 큰 각으로 산란되었다. 이것은 원자핵의 존재를 암시하였다.

**Example 2** 전체 원자의 질량에 비해 원자핵의 질량은 어떠한가?

풀이 원자의 거의 모든 질량은 원자핵 안에 있다.

## 23.2 보어의 원자모형

1912년 보어는 러더퍼드의 연구실에서 원자의 행성 모델이 갖고 있는 결점들과 그 증거를 확인하게 되었다. 가장 간단한 원자인 수소를 생각해 보면, 수소는 전하량이 $+e$인 양전기를 가진 원자핵과 그 주위를 도는 전하량 $-e$인 전자 1개로 구성되어 있는데, 수소는 매우 간단한 원자지만 수소 원자에 적당히 에너지를 가하게 되면 여러 종류의 특유한 선스펙트럼을 방출할 수가 있다. 이것은 원운동하는 전자의 에너지 상태가 1개 이상이라는 것을 의미하는데, 이 모든 것이 맥스웰의 이론과

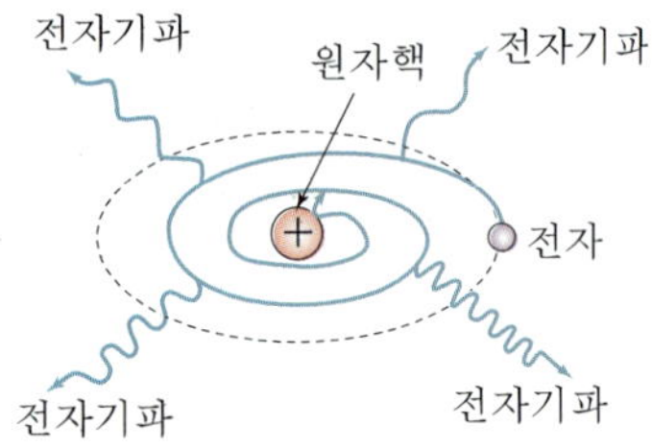


그림 23.4
에너지를 잃은 전자의 운동 : 전자가 가속도 운동을 할 때 전자기파를 방출함으로 에너지를 잃고 궤도 반경이 감소하여 핵에 끌려 들어간다.

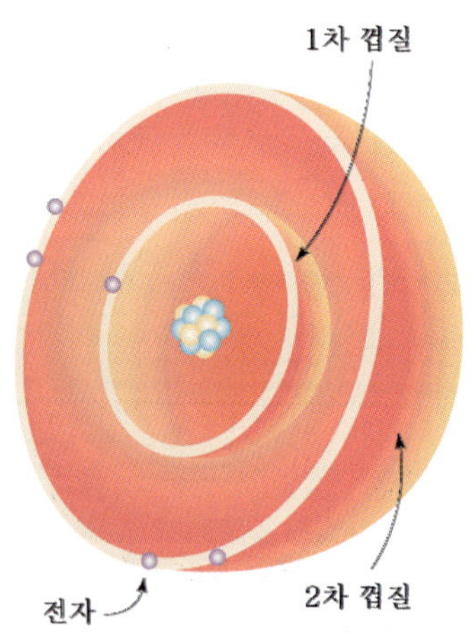


그림 23.5
보어의 원자모형

전체적으로 맞지 않았다. 보어는 실험적 사실에 잘못된 점이 없고, 또 당시의 원자 이론도 실험적 사실을 설명할 수 없다는 것 말고는 잘못된 점이 없었기 때문에 그는 두 가지 간단한 가설에 기초를 둔 수소 원자 모형을 발전시켰다. 첫번째 가설은, 수소 원자 내의 전자는 에너지를 방출하지 않고 여러 개의 궤도 중 하나의 궤도에서 원자핵을 중심으로 원운동할 수 있다고 생각했으며 전자는 하나밖에 없지만 에너지를 전혀 방출하지 않고 원운동할 수 있는 여러 개의 궤도가 존재한다는 것이었다. 보어는 이들 궤도에 1, 2, 3, … 이라 번호를 매기고 이 정수에 주양자수라는 이름을 붙였다. 이 정수 $n$의 값들과 관련된 궤도들은 모든 수소 원자에 대해 똑같이 적용되었고, 그들은 확실히 안정된 궤도였기 때문에 보어는 이들을 정상상태라 불렀다.

보어가 제안한 두 번째 가설은 궤도 운동하는 전자의 각운동량과 관련된 것인데, 선운동량을 가진 물체가 직선 궤도를 따라 운동하려는 성질을 갖고 있듯이, 곡선을 따라 운동하는 물체도 똑같은 방식으로 곡선 궤도를 따라 운동하려는 각운동량을 갖고 있다. 보어는 여기서 하나의 가설을 제시했는데, 그것은 각각의 원궤도를 도는 전자의 각운동량은 플랑크 상수 $h$를 $2\pi$로 나눈 값의 배수가 된다는 것이다. 쿨롱이 이미 대전 입자의 에너지는 다른 대전 입자 사이의 거리에 반비례하므로 그들이 멀어지면 멀어질수록 그들의 상호에너지는 낮아지게 된다.

보어의 이 가설들은 25년 전에 이미 발머가 발견했던 실험적 사실과 아주 잘 들어맞는다. 발머는 실험적으로 관찰한 들뜬 상태의 수소 원자가 방출하는 스펙트럼선의 진동수들이 작은 수들의 제곱식을 포함한 간단한 공식과 서로 관련되어 있다고 추론해 냈었다. 또한 보어는 광전효과에서 광자의 에너지는 광자의 진동수에 플랑크 상수를 곱한 양과 같다는 아인슈타인의 발견과 플랑크 자신이 $hf$($h$ : 플랑크 상수, $f$ : 진동수)의 정수배인 에너지만이 흡수될 수 있다고 가설을 세웠었던 것에 기초를 두었다.

**더 알아보기** **보어의 원자모형**

양성자 주위를 도는 전자의 경우에도 똑같이 적용시켜 수소 원자에 허용된 궤도 반지름이 주양자수 $n$의 제곱에 비례하여 증가한다고 생각했다. 결국 일련의 궤도 반지름은 $n$의 제곱에 비례하여 증가하지만 전자의 에너지는 감소하게 된다. 이를 식으로 나타내면 다음과 같다.

$mv_n r_n = \frac{nh}{2\pi}$, 여기서 $m$은 전자의 질량, $v_n$는 전자의 속력, $r_n$는 전자의 궤도 반지름, $n$는 양자수, $h$는 플랑크 상수를 나타낸다.

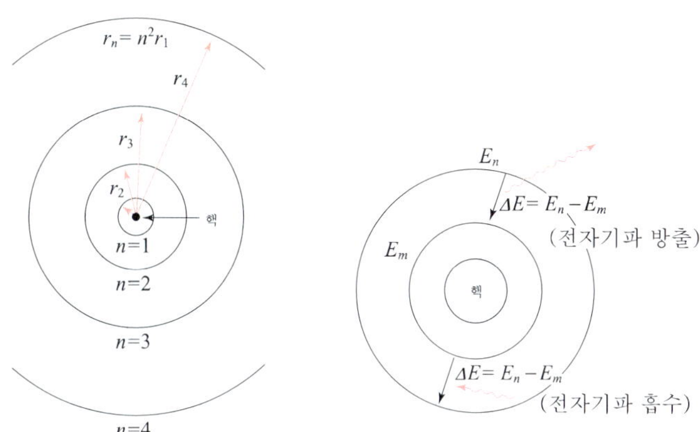


그림 23.6
원자의 에너지 준위

보어의 수소 원자 모형은 1885년에 발머가 발견한 수식과 일치하면서 실험적으로 관측된 선스펙트럼과 정확히 들어맞았다. 수소의 하나밖에 없는 전자는 보어가 정한 안정된 궤도들 중의 하나를 차지하고 있어야 되고, 전자의 에너지는 그 궤도의 특성이므로 각 궤도와 관련된 특정한 에너지는 수소의 전자만이 가질 수 있는 유일한 에너지가 되는 것이다. 따라서 수소의 전자가 에너지를 얻거나 잃으면, 주어진 궤도에서 다른 궤도로 이동해야만 한다. 이것은 전자가 오직 허용된 궤도 사이의 에너지 차만큼만 얻거나 잃을 수 있고 다른 양은 존재하지 않는다는 것이다. 그리고 이것 때문에 원자에는 허용되는 에너지와 허용되지 않는 에너지값이 생기게 된다.

보어는 플랑크의 양자화된 에너지 상태가 양자화된 원궤도에 해당된다는 것을 보여주었으며, 수소 원자의 에너지 상태를 계산할 수 있었다. 또 발머의 식으로부터 전자의 각운동량은 $h/2\pi$의 정수배가 된다고 가정하였다.

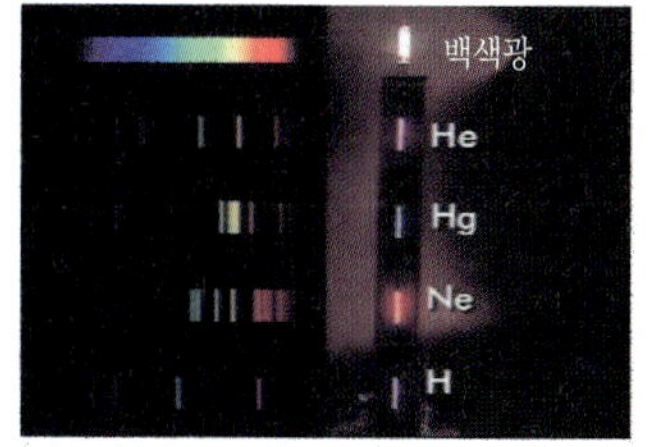


몇 가지 원자들의 선 스펙트럼

보어의 이론에 의하면 원자핵으로부터 멀리 떨어진 궤도를 돌고 있는 전자는 원자핵에 가까운 궤도를 돌고 있는 전자보다 에너지 상태가 높으므로, 에너지 상태가 높은 궤도에서 낮은 궤도로 전자가 전이할 때 두 궤도의 에너지 상태의 차이에 해당하는 빛(전자기파)이 방출된다고 생각하였다.

$$E_n - E_m = \Delta E = hf \text{ 에서 } f = \frac{\Delta E}{h} = \frac{E_n - E_m}{h},$$

$$c = f\lambda \text{ 이므로 } \lambda = \frac{hc}{\Delta E} = \frac{hc}{E_n - E_m}$$

(여기서 $c$는 빛의 속력, $\lambda$는 빛의 파장이다)가 된다. 즉 방출된 빛의 에너지 $\Delta E = hf$이다. 여기서 $\Delta E$는 두 궤도의 에너지 상태의 차이이고, $f$는 방출되는 빛의 진동수이다. 그런데 고전 물리의 개념에서 보면 가속 운동을 하는 전자는 전자기파를 방출한다. 따라서 원자핵 주위를 도는 전자는 가속 운동을 하므로 계속적으로 전자기파에 의한 에너지를 방출하여 마침내 원자핵과 충돌하게 된다. 그러나 보어는 대담하게 고전물리를 부정하고 원자핵 주위를 도는 전자는 전자기파를 방출하지 않고 반드시 에너지 상태(에너지준위)가 높은 궤도에서 낮은 궤도로 전이할 때만 가능하다고 주장했다.

**Example** 원자 내에 불연속적인 에너지 준위가 존재한다는 사실은 무엇을 통해 알 수 있는가?

풀이 에너지 준위가 연속적이라면 기체에서 방출되는 빛의 스펙트럼은 연속적이어야 한다. 그러나 들뜬 상태의 기체에서 불연속적인 선스펙트럼이 방출되었다.

**더 알아보기** **수소원자 모형**

그림 23.7과 같이 수소 원자핵인 양성자 주위의 전자가 안정된 상태로 등속 원운동을 한다면 다음과 같은 두 가지 조건을 만족시켜야 한다.

양자 조건 $mv_n r_n = \dfrac{nh}{2\pi}$

구심력 = 핵과 전자사이의 전기력 $m\dfrac{v_n^2}{r_n} = k\dfrac{e^2}{r_n^2}$

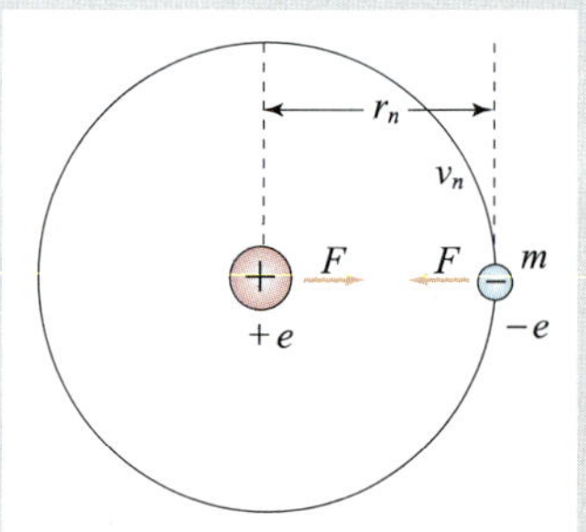

그림 23.7
보어의 원자궤도

위의 두 조건을 이용하면 전자의 속력은 양자수에 반비례하며, 궤도반지름은 양자수의 제곱에 비례한다.

$$v_n = \frac{2\pi k e^2}{nh} \propto \frac{1}{n}, \quad r_n = \frac{n^2 h^2}{4\pi^2 m k e^2} \propto n^2$$

$n=1$인 상태에서 전자의 궤도 반지름 $r_1$은 약 0.53 Å 인데 이를 보어의 반지름이라 한다. 또한 정상 상태에서 전자가 가지는 총 에너지 $E_n$는 다음과 같다.

$$E_n = E_k + E_p = \frac{1}{2}mv_n^2 - k\frac{e^2}{r_n} = \frac{1}{2}k\frac{e^2}{r_n} - k\frac{e^2}{r_n} = -\frac{1}{2}k\frac{e^2}{r_n}$$

$$= -\frac{2\pi^2 m k^2 e^4}{n^2 h^2} = -\frac{13.6}{n^2}\,[\text{eV}]$$

## 23.3 원자의 상대적인 크기

보어 원자 모형에서 전자 궤도의 반지름은 원자핵 속의 전하 크기에 의해 결정된다. 예를 들면, 수소 원자 속에 양전하를 띠는 한 개의 양성자는, 특정한 궤도 반지름에 있는 음전하를 띠는 전자 한 개를 가진다. 핵 속에 양성자가 두 개 있으면 전기력이 두 배가 되므로 궤도 전자는 앞의 궤도보다 반지름이 반으로 줄고 더 단단하게 묶여 있을 것이라고 생각할 수 있다. 그러나 이것은 꼭 이대로는 되지 않는데, 그 이유는 두 배가 된 핵 속의 양전하는 두 번째 전자를 끌어당기고 첫 번째 전자의 음전하는 양으로 대전된 원자핵의 효과를 감소시키기 때문이다. 이 추가된 전자 때문에 원자는 전기적으로 중성이 된다. 이러한 원자는 수소가 아니라 헬륨이다. 두 개의 전자는 헬륨의 궤도 특성을 보인다. 핵 속에 양성자를 하나 더 추가하면 핵은 전자들을 보다 더 가까이 끌어들이고 두 번째 궤도 속에 세 번째 진자를 갖는다. 이것은 원자 번호가 3인 리튬 원자이다. 우리는 이런 과정을 계속할 수 있는데, 원자핵 속의 양전하를 증가시키면서 그에 따라 전자도 추가시켜서 더 많은 궤도를 만드는 식으로 원자 번호를 100번까지 확장시키고 그 다음 인공 방사성 원소까지 연장시킬 수도 있다.

핵의 전하가 증가하고 추가되는 전자가 바깥쪽에 많이 증가할수록 보다 안쪽에 있는 궤도의 크기가 작아지는데, 그 이유는 핵에 의한 전기

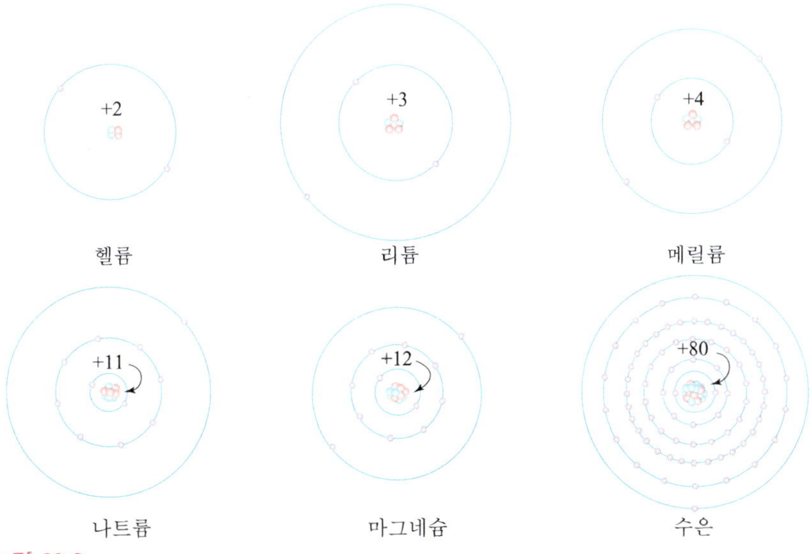


그림 23.8
몇 개의 가볍고 무거운 원자들에 대한 궤도 모형이 근사적인 축척으로 나와 있다. 무거운 원자들이 가벼운 원자들보다 그렇게 크지 않음에 주목하라.

적인 인력이 증가하기 때문이다. 이것은 무거운 원자가 가벼운 원자보다 크기가 훨씬 더 크지는 않다는 뜻이다. 예를 들어 우라늄 원자는 수소에 비해 238배 더 무거운데, 우라늄 원자의 반지름은 수소 원자에 비해 겨우 3배 정도 클 뿐이다. 그림 23.8에 있는 도식은 거의 같은 비율로 나타낸 것이다.

각 원소는 그 원소의 독특한 전자 궤도 배열을 갖는다. 예를 들면 모든 나트륨 원자의 궤도 반지름은 서로 같지만 다른 원소의 원자의 궤도 반지름과는 다르다. 자연 상태에서 92가지의 원소들이 존재한다는 것을 고려할 때 92개의 서로 다른 특징적인 패턴, 또는 궤도들이 존재한다는 것을 알게 될 것이다. 각 원소마다 다른 패턴이 있다. 보어의 원자 모형을 이용하여 원소의 원자 스펙트럼의 신비를 벗겼다. 그 모형으로 전자가 외각 궤도에서 가장 안쪽의 궤도로 전이할 때 방출되는 X선도 설명하였다. 보어는 나중에 실험적으로 확인된 X선의 진동수를 예측할 수 있었다. 그는 수소 원자의 이온화 에너지 – 원자로부터 전자를 완전히 떼어내는 데 필요한 에너지 – 를 계산하였다. 이것 역시 실험을 통해 확인되었다. 보어 모형은 원소의 일반적인 화학적 성질을 설명하였으며 미지 원소(하프늄)의 성질을 예측하여 훗날 발견될 수 있게 하였다.

---

**Example** 가장 무거운 원소는 가장 가벼운 원소보다 별로 크지 않다. 그 이유는 무엇인가?

풀이 원자핵 내부의 전하가 증가해서 전자를 더욱 강하게 끌어당기기 때문이다.

---

## 23.4 양자화된 에너지 준위와 물질파

드 브로이의 물질파 모형은 전자의 회절 현상을 설명해 줄 뿐만 아니라 원자의 세계를 더 깊이 이해할 수 있게 해 주었다. 닐스 보어에 의해 개발된 원자의 태양계 모형은 원소의 원자 스펙트럼을 설명하는 데 유용하였다. 그것은 원소들이 어떤 특정한 진동수의 빛만을 내는 이유를 설명할 수 있었다. 전자가 핵 주위의 다른 궤도에 있을 때는 에너지의 크기도 다르다. 에너지의 관점에서 보면 전자가 다른 궤도에 있을 때는 다른 에너지 준위 상태에 있다고 말한다. 보통 상태에서 한 원자 속에 있는 전자들은 가장 낮은 에너지 준위부터 차지한다.

전자는 여러 가지 방법으로 더 높은 에너지 준위로 전이할 수 있다. 이런 현상은 네온사인 같은 기체 방전관에서 일어난다. 전류는 기체의 전자들을 더 높은 에너지 준위로 밀어 올린다. 전자들이 다시 낮은 에너지 준위로 내려올 때 광자들이 방출된다. 광자 하나의 에너지는 원자 속의 에너지 준위의 차이와 같다. 한 원소가 만드는 스펙트럼선의 특성은 그 원소 원자의 특징적인 에너지 준위 사이를 전자가 전이함으로써 나타나는 것이다. 물리학자들은 스펙트럼을 조사함으로써 원자 속의 여러 가지 에너지 준위를 알아낼 수 있다. 이것은 원자 물리학의 위대한 성과이다.

그렇지만 원자에 대한 이 모형이 가졌던 어려움 중의 하나는 전자들이 원자 속에서 어떤 특정한 에너지 준위만을 차지하는 이유 – 즉, 원자핵으로부터 띄엄띄엄 떨어져 있는 이유 – 가 무엇인지를 설명해야 하는 것이었다. 이것은 전자를 태양 주위를 도는 행성처럼 원자핵 주위를 도는 입자로 생각하지 않고, 전자를 파동으로 생각함으로써 해결되었다. 오늘날은 전자를 입자라기보다 파동으로 생각하는 편이다.

드 브로이의 물질파 이론에 따르면, 한 전자(전자의 물질파)가 그리는 궤도가 존재할 수 있는 경우는 위상이 맞게 닫힐 때이다. 이런 식으로 각 주기마다 보강되도록 이루어지는 것인데, 이것은 마치 악기의 현에서 연속적으로 반사하여 생기는 정상파와 비슷하다. 이런 관점에서 전자는 원자 속 어느 곳인가에 있는 입자처럼 보는 것보다는 전자의 질량과 전하가 원자핵 주위의 정상파 속에 퍼져있는 것으로 보아야 한다. 전자의 물질파의 파장은 궤도 둘레에 꼭 맞아야 한다(그림 23.9). 이 모형에 따르면 제일 안 쪽에 있는 궤도의 둘레는 물질파의 한 파장과 같은 길이여야 한다. 두 번째 궤도는 파장의 두 배이고 세 번째 궤도는 세 배이고, 이런 식으로 계속된다(그림 23.10). 이것은 클립으로 된 고리 목걸이와 비슷하다. 목걸이의 크기가 얼마이든 그것의 둘레는 클립

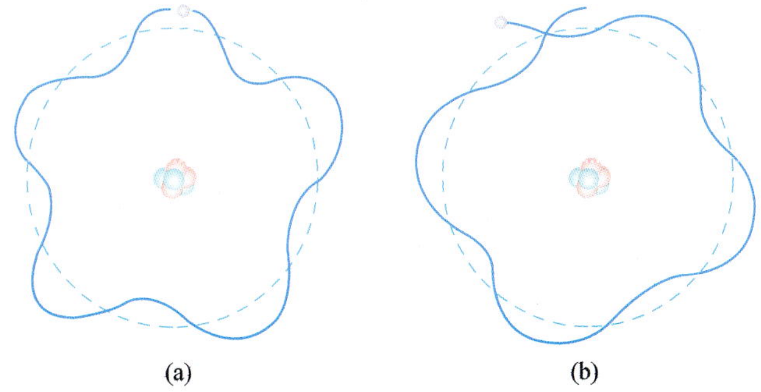


그림 23.9
드 브로이가 원자 안에 불연속적인 에너지 상태가 존재함을 설명하는 내용.
(a) 궤도의 둘레가 파장의 정수 배일 때만 궤도 전자가 정상파를 이룬다.
(b) 위상이 맞지 않아 닫히지 않으면 상쇄 간섭이 일어난다.

한 개의 길이의 정수 배가 된다. 전자 궤도의 둘레가 불연속적이기 때문에 궤도 반지름이나 에너지 준위도 역시 불연속적인 값을 갖는다.

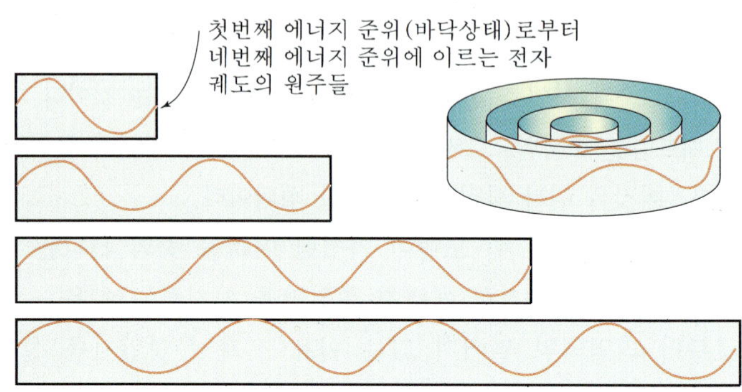


그림 23.10
전자의 운동 상태는 전자의 물질파가 자체로 보강되는 방식에 의해 만들어진다는 것을 보여주는 간단한 설명이다. 이 그림에서는 물질파가 핵 주위에서 원 운동하는 것만 나타내었다. 궤도 둘레가 물질파 파장의 정수배인데, 여러 가지 원소에 따라 다르게 나타난다(또한 그 원소들 내부에 다른 궤도에 따라서도 다르게 된다.) 이 결과는 이산적인(띠엄띠엄 떨어진)에너지 준위로 나타나고 각 원소의 특징이 된다. 실제 원자에서는 정상파의 형태가 평면의 원형이 아니라 구형과 타원형이다.(실제로 각 상태마다 파장은 다르다.)

이런 설명으로 전자가 궤도 운동을 할 때 광자를 방출하면서 에너지를 잃게 되기 때문에 궤도가 점점 나선 운동을 하며 원자핵 쪽으로 떨어지게 된다는 파국적인 결론을 막을 수 있게 되었다. 각각의 전자 궤도가 정상파로 묘사되면, 가장 작은 궤도의 둘레는 물질파의 한 파장보다 작아서는 안 된다. 즉 원형 정상파 (또는 타원형) 파장의 몇 분의 일 파장을 가질 수는 없다는 것이다. 보어의 양자조건을 변형한 드브로이의 양자조건은 다음과 같다.

$$mv_n r_n = \frac{nh}{2\pi} \rightarrow 2\pi r_n = \frac{nh}{mv_n} = n\lambda_n$$

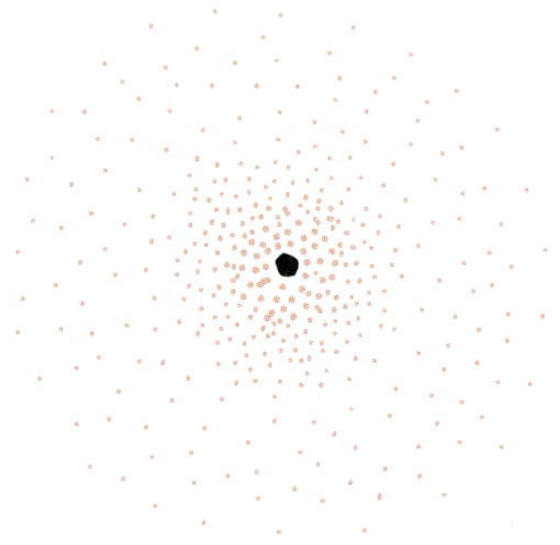

보다 더 현대적인 원자 모형에서는 전자의 물질파가 원자핵 주위를 도는 것이 아니라, 핵으로부터 멀어지거나 가까워지고 들어오고 나가는 형태를 갖는다. 전자의 물질파는 3차원에 걸쳐 퍼져 있다. 이것이 그림 23.11에서 본 전자 구름 모형이다.

그림 23.11
전자 구름 모형

**Example** 전자 에너지 준위의 불연속성을 설명하는데는 전자의 입자성이나 전자의 파동성 중에서 어느 쪽이 더 유리한가? 또 그 이유는 무엇인가?

풀이 전자의 파동성. 그 이유는 오직 어떤 정상파 형태만 허용되기 때문이다.

## 개념확인하기

1 원자에서 방출하는 광자의 에너지는 그 원자의 에너지 준위의 차이와 같은가?

2 전자가 원자 안에서 불연속적인 에너지 준위를 갖는다는 것은 무슨 뜻인가?

3 전자가 갖는 에너지 준위의 불연속성을 설명하는데 전자의 입자성과 파동성 중에서 어느 쪽이 더 유리한가? 그 이유는 무엇인가?

4 파동의 간섭은 원자 안에서 전자의 에너지 준위와 어떤 관계가 있는가?

5 수소 원자 모형에서 정상상태에 있는 물질파의 파장, 전자의 속력, 궤도 반지름은 양자수와 어떤 관련이 있는지 설명하라.

6 보어의 수소 원자모형에서 전자의 위치에너지는 음의 값을 가지며, 그 크기가 운동에너지보다 큰 것은 어떤 물리적 의미를 갖는가?

7 빛이 연속적인 양으로 나오는 것이 아니라 구별되는 덩어리 또는 양자로 방출된다는 아이디어는 어떠한 현상을 설명하기위하여 제기되었는가?

8 헬륨원자는 수소보다 전자가 하나 많다. 화학적 성질이 다른 이유는 무엇 때문인가?

9 원자의 두 에너지 준위 사이를 전자가 전이함으로써 방출되는 광자의 에너지는 실제로 두 에너지 준위 차이보다 작다. 그 이유는?

10 러더퍼드의 $\alpha$선 산란 실험을 통해 알게 된 사실은 무엇인가?

## 수식으로 계산해 보기

1 수소 원자에서 바닥 상태의 에너지 준위는 $-13.6\text{eV}$이다. 여기서 음(−)의 부호가 물리적으로 의미하는 것이 무엇인지 설명하라.

2 $n=2$인 궤도에 전자가 있을 때 수소 원자가 이온화되기 위한 에너지는 얼마인가?

※ 전자 1개를 잃어버린 헬륨 이온은 핵의 전하량이 수소 원자핵의 2배인 것을 제외하고는 수소원자가 유사한 점이 많다. 다음 물음에 답하시오. [3−5]

3 헬륨 이온의 에너지 준위는 수소 원자의 몇 배인가?

4 리드베리 상수의 값은 어떻게 변하는가?

5 양자수 $n$인 헬륨 이온의 궤도 반지름은 수소 원자의 몇 배인가?

※ 길이가 $L$인 상자 안에 질량이 $m$인 전자가 운동하고 있다. 이 전자는 충돌에 의한 에너지 손실이 없으며 직선상을 따라 운동한다고 가정하고 다음 물음에 답하시오. [6−8]

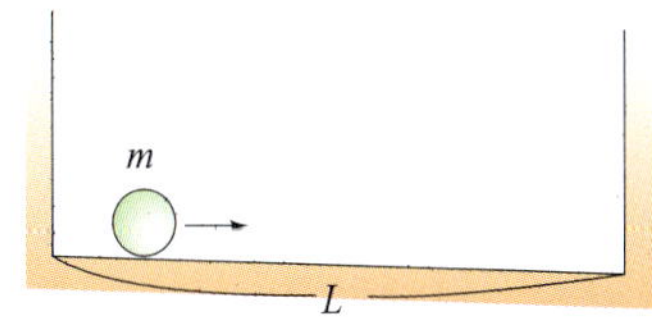


6 전자가 가질 수 있는 물질파의 파장은 얼마인가?

7 전자가 가질 수 있는 에너지 준위는?

**8** 전자가 기본진동에서 2배 진동으로 진동하기 위한 에너지는 얼마인가?

**9** 어떤 물체의 물질파가 그림(A)와 같이 정상파를 이룰 때의 속력을 $v_A$, 그림 (B)와 같은 정상파를 이룰 때의 속력을 $v_B$라고 할 때 $v_A : v_B$는?

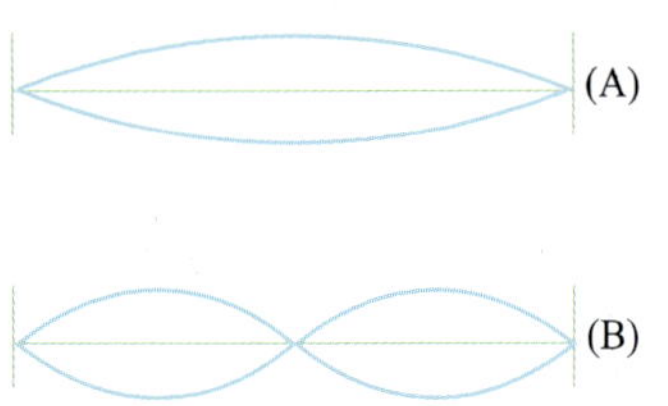


**10** 질량 $1.7\times10^{-27}$kg인 어떤 입자의 물질파가 반지름 $1.05\times10^{-10}$m인 원둘레에서 정상파를 이루고 있다. 이 입자의 최소운동에너지는?

※ 수소 원자의 전자가 어떤 궤도에서 에너지가 1.89eV만큼 낮은 궤도로 전이했다. 물음에 답하시오. [11–12]

**11** 이 전이에서 방출된 광자의 진동수는 얼마인가? (플랑크 상수 $h = 4.14\times10^{-15}$eV·s)

**12** 방출된 광자의 파장은 얼마인가?

**13** 수소원자에서 전자가 $m = 3$인 궤도에서 $n = 1$인 궤도로 전이할 때 스펙트럼선의 파장을 구하라. 이 빛은 맨눈으로 볼 수 있는가? 설명하라.

※ 다음 그림과 같은 에너지 준위 모형에서 스펙트럼선의 발머 계열은 모두 $n = 2$인 에너지 준위로의 전이에 관련된다. 그리고 자외선 영역의 라이만 계열은 모두 $n = 1$인 에너지 준위로의 전이에 관련된다. 두 전하의 극성이 반대이므로 에너지는 모두 음이다. 다음 물음에 답하시오. [14–17]

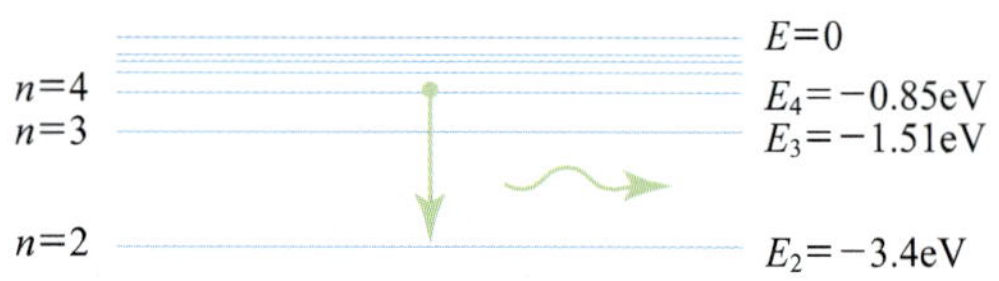


**14** 발머 계열의 어떤 전이가 가장 주파수가 작은 (가장 파장이 긴) 광자를 방출하는 전이인가?

**15** 14번의 전이에 관련된 두 준위의 에너지 차이는 몇 J인가?

**16** 이 전이에서 방출되는 광자의 주파수와 파장은 얼마인가?

**17** 라이만 계열에서의 가장 파장이 긴 광자의 주파수와 파장을 구하라.

**18** 7.7MeV의 에너지를 가진 $\alpha$ 입자가 금의 원자핵에 가까이 접근했을 때의 거리를 구하여라. 단, 금의 원자 번호는 79이고 $\alpha$ 입자의 전하량은 $+2e$이다.

※ 평면상에서 질량 $m$인 입자가 반지름 $r$인 원운동을 하고 있다. 구심력은 원점으로부터 거리 $r$에 비례하는 $F = kr$($k$는 상수)의 힘을 받고 있고, 이 입자의 물질파는 정상파를 이룬다고 할 때 다음 물음에 답하시오. [19–20]

**19** 이 입자의 원운동 궤도 반지름은? (플랑크 상수는 $h$이다.)

**20** 에너지 준위 $E$는 얼마인가?

**21** 수소 원자는 전자와 양성자로 이루어져 있다. 전자는 양성자 주위를 원궤도를 그리면서 돌고 있다.

a. 이 때 최소 회전 반경 $a_0$가 $a_0 = \dfrac{h^2}{4\pi^2 mke^2}$ 이고, 그 회전 속도 $v$가 $v = \dfrac{2\pi re^2}{h}$ 임을 보여라(여기서 $h$ : 프랑크 상수, $m$ : 전자의 질량, $e$ : 전자의 전하량, $k$ : 쿨롱 법칙의 비례 상수).

b. 이 때 회전하는 전자에 의한 전류의 세기는 얼마인가?
($a_0 = 5.3 \times 10^{-11}$m, $v = 2.2 \times 10^6$m/s를 이용하여라.)

c. 회전하는 전자의 운동으로부터 양성자 위치에 생기는 자기장의 크기는 얼마인가?
(자기장의 세기는 전류와 거리의 함수이고 이 때 비례 상수는 $6.3 \times 10^{-7}$N/A$^2$이다.)

**22** 매우 강한 자기장에서 수직으로 움직이는 전자가 원운동을 하고 있다. 균일한 자기장의 세기를 $B$, 전자의 질량을 $m$, 전자의 전하량을 $-e$, 그리고 플랑크 상수를 $h$라 하고 전자의 속력은 매우 느려서 상대론적 효과는 무시할 수 있을 때 다음 물음에 답하여라.

a. 전자의 회전 반경을 $r$라 할 때 전자의 드브로이 파장을 $h$, $r$, $e$, $B$로 표현하여라.

b. 보어(Bohr)의 양자 조건을 이용하여 가능한 최소의 회전 반경을 $h$, $e$, $B$의 함수로 나타내어라.

c. 이 때 전자의 운동 에너지를 $h$, $e$, $m$, $B$의 함수로 나타내어라

d. 보어의 양자 조건을 이용하지 않고 고전적인 전자가 이론을 적용한다면 모든 전자의 회전 반경은 시간이 지남에 따라 결국 0이 된다. 그 이유를 설명하여라.

**23** 수소 원자에서 전자가 반지름 $5 \times 10^{-11}$m인 원궤도를 돌고 있다. 이 전자의 드브로이 파장이 원궤도의 길이와 같다. 다음 물음에 답하여라.
(단, 전자의 질량은 $10^{-30}$kg, 플랑크 상수는 $6 \times 10^{-34}$J·s, 1J$= 5 \times 10^{18}$eV, 원주율 $\pi = 3$으로 계산한다.)

a. 전자의 운동량은 몇 kg·m/s인가?

b. 전자의 운동 에너지는 몇 eV인가?

한걸음 더

## 터널링 효과

양자 물리에서 터널링 효과란 위치에너지 장벽을 뚫고 입자가 존재할 수 있는 확률을 갖는 현상을 의미한다.

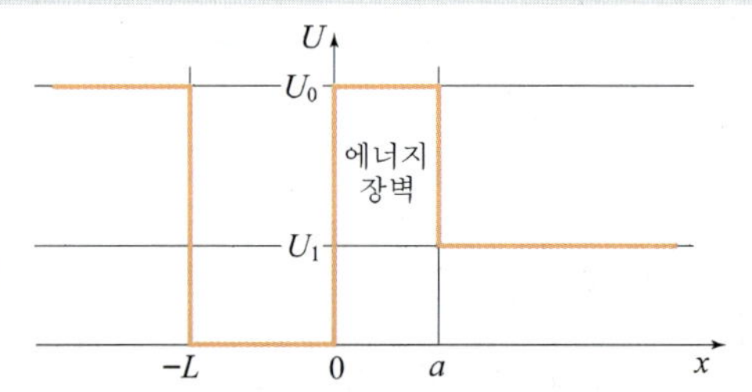


[그림 1] 사각형 형식의 위치에너지 우물에서 입자의 운동

[그림 1]과 같은 직각 우물 형태의 위치에너지를 생각해보자. 고전 역학적으로 입자의 에너지가 $E< U_0$이면, 입자의 입자는 오직 $-L<x<0$이나 $x>a$에 존재할 수 밖에 없다.

이에 비해 양자 물리학에서는 입자의 에너지가 $U_1<E<U_0$인 경우, 상자 외부에서도 입자가 발견될 확률이 존재하는데, 이것은 입자의 운동범위가 $-L<x<0$에만 한정되지 않고, $x>a$인 영역에서도 발견될 유한한 확률이 있음을 의미하는 것이다. 각 영역에서 입자의 파동함수는 [그림 2]와 같다.

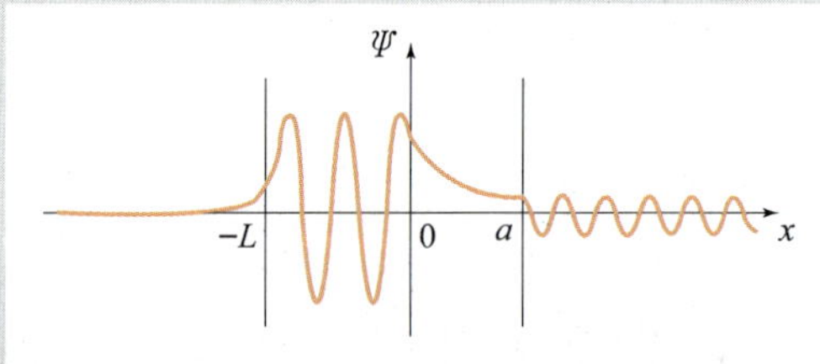


[그림 2] 양자 우물 안과 밖에서 파동함수의 진폭. 진폭이 작을수록 입자가 발견될 확률이 작다.

$-L<x<0$사이에서 위치에너지 장벽에 맞게 존재하는 파동함수는 $0<x<a$사이에서 진폭이 지수함수적으로 감소하다가 $x>a$인 영역에서 진폭이 줄어든 상태로 존재하게 된다. 여기서 진폭의 제곱은 발견될 확률을 의미하는 것으로 장벽의 두께가 두꺼울수록 외부에서 발견될 확률이 급격하게 감소한다. 비교적 두께가 큰 장벽에 의한 터널링 확률은 $P\propto e^{-2ka}$로 장벽의 두께 $a$가 클수록 급격하게 터널링 확률이 감소한다.

터널링 효과는 양자물리학의 가장 본질적인 측면을 보여주는 현상이다. 이 원리를 이용한 대표적인 기기인 주사터널링현미경(STM), 초전도양자간섭기(SQUID) 등은 오래 전에 실용화 되었다.

# Chapter 24

# 원자핵과 방사능

사진의 윗부분은 원자력 발전소에 임시 저장되어 있는 방사성폐기물이다. 원자력발전은 우리나라 전체 전력의 절반가량을 담당하고 있는데, 발전과정에서 나오는 폐기물을 영구적으로 저장할 방사성 폐기물 처리장을 건설해야 한다. 폐기장 후보지역의 많은 주민들은 방사성 폐기물의 안정성에 의문을 갖고 있어 반대가 심하다.(사진의 아랫부분은 폐기장 건실반대 촛불집회장면이다.) 방사성 원소란 무엇이며 얼마만큼 위험한가를 알기 위해서는 원자핵의 구조에 대한 이해가 필요하다.

## 24.1 원자핵

원자는 원자핵과 원자핵을 둘러싸고 있는 전자로 구성된다. 그러면 원자의 크기에 비해 원자핵은 어느 정도의 크기를 가질까? 탄소를 예로 들면, 탄소 원자 1개의 지름을 따라 약 30,000개의 탄소 원자핵을 일렬로 늘어놓을 수 있다. 이는 원자의 크기를 축구 경기장만 하다고 가정할 때 원자핵의 크기는 경기장에 떨어진 빵부스러기 정도에 불과하다. 이처럼 원자핵은 매우 작지만 과학자들의 노력으로 그 구조에 대해 많은 것을 알게 되었다. 원자핵은 핵자라 불리는 입자들로 구성된다. 핵자 중에서 전하를 띤 것을 양성자라 하며, 전기적으로 중성인 것을 중성자라 한다. 중성자와 양성자의 질량은 거의 비슷하다(중성자가 약간 더 큼). 이러한 핵자의 질량은 전자 질량의 약 2,000 배에 이르므로 원자의 질량은 핵자, 즉 양성자와 중성자의 질량을 합한 것과 같다고 할 수 있다.

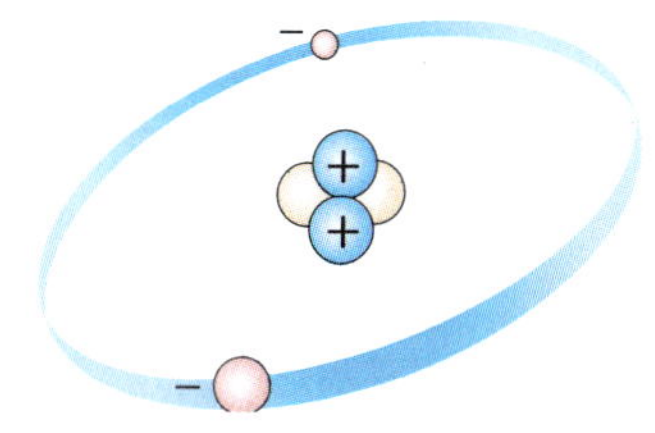

그림 24.1
원자핵 주위를 돌고 있는 전자의 수는 원자핵속에 있는 양성자의 수와 같다.

원자핵 속의 양성자는 양전하를 띠며 핵의 밖에 위치한 전자는 음전하를 띠고 있다. 따라서 양성자는 전자에 전기적 인력을 작용하며 이로 인해 전자는 핵 주위를 따라 궤도 운동을 하게 된다. 1개의 양성자와 1

개의 전자가 갖는 전하량은 정확히 같으나 그 부호는 반대이다. 따라서 전기적으로 중성 상태에 있는 원자의 경우 원자핵 내의 양성자의 수와 원자핵 밖에 있는 전자의 수는 서로 같다. 원자핵 속에 있는 양성자의 수가 원자의 화학적 성질을 결정하는데 이는 원자핵의 전하량이 전자가 가질 수 있는 궤도의 구조를 결정해 주기 때문이다. 원자핵 속의 중성자의 수는 전자의 궤도 구조에 직접적인 영향을 주지 않으며, 따라서 원자의 화학적 성질에도 영향을 미치지 않는다.

중성자의 주요한 기능은 핵자들을 묶어주는 접착제의 역할을 한다는 것이다. 핵자들은 강력(강한 상호작용력이라 부르기도 함)이라고 하는 핵력에 의해 묶여 있다. 핵력은 오직 매우 짧은 거리에서만 강하게 작용한다(그림 24.2). 전하들 사이의 전기력은 거리가 멀어짐에 따라 그 크기가 제곱에 반비례하여 감소하는 데 비해, 핵력은 거리가 멀어짐에 따라 훨씬 더 큰 비율로 감소한다. 두 개의 핵자가 핵자 지름의 몇 배 정도만 떨어져 있어도 그들이 작용하는 핵력은 거의 0이 된다. 이는 핵자들이 강력에 의해 서로 묶이려면 매우 좁은 공간 속에 갇혀 있어야 함을 뜻한다. 따라서 원자핵은 핵자들의 결합으로 형성되므로 그 크기가 매우 작을 수밖에 없는 것이다.

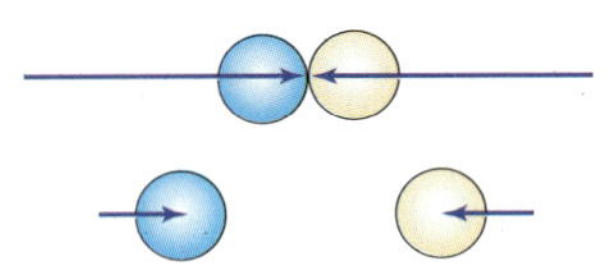

그림 24.2
강력은 매우 짧은 거리 내에서만 작용하는 힘이다. 두 핵자가 서로 접촉할 정도로 가까이 있으면 매우 큰 강력이 작용한다. 그러나 두 핵자가 지름의 몇 배 정도만 떨어져도 강력의 크기는 거의 0이다.

양자 역학에 의하면 좁은 공간에 밀집해 있는 입자들은 큰 운동 에너지를 가지며 서로 흩어져 멀어지려는 경향이 있다. 그래서 비록 핵력이 강하지만 한 쌍의 중성자를 겨우 붙여 놓을 정도이다. 전기적으로 반발하는 한 쌍의 양성자에 대해서는 핵력으로 그들을 묶어 놓을 정도로 강하지는 못하다. 그러나 중성자가 있으면 강력이 상대적으로 전기적 반발력보다 커지게 된다(왜냐하면 중성자는 전하를 갖지 않기 때문이다).

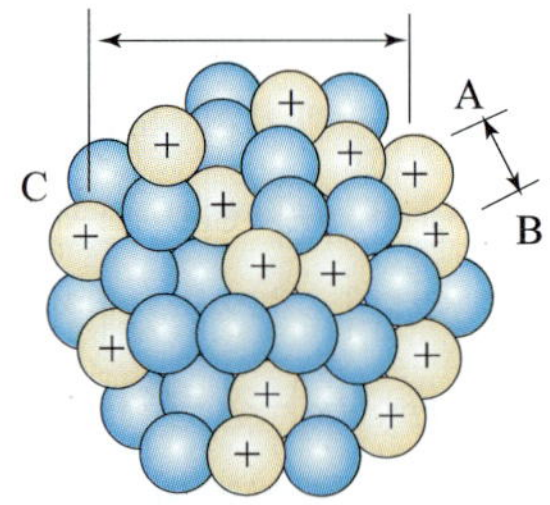


그림 24.3
인접한 양성자 A, B 사이에는 강력이 작용하지만 상대적으로 멀리 떨어진 A, C 사이에는 강력이 작용하지 않는다. 그러나 전기력은 강력보다 작용 범위가 넓다. 따라서 A와 B 사이는 물론 A와 C 사이에도 전기적 척력이 작용한다. 무거운 원자핵은 위와 같이 양성자들이 전기적 척력으로 상호 반발하므로 불안정하다.

따라서 중성자가 있으면 핵력이 커져서 양성자가 흩어지려는 것을 막을 수 있다. 그러므로, 원자핵 속에 들어있는 양성자가 많을수록 양성자를 묶어 둘 중성자도 그만큼 많이 있어야 할 것이다. 가벼운 원소의 원자핵은 보통 양성자의 수만큼 중성자를 갖지만, 무거운 원소의 경우에는 양성자보다 더 많은 수의 중성자를 갖는다. 예를 들면 정상적인 납의 원자핵은 양성자 82개와 중성자 126개(양성자 수의 약 1.5배)로 구성된다. 그러나 양성자의 수가 83개를 넘으면 중성자가 많이 있어도 안정된 원자핵을 형성할 수 없다(즉, 원자 번호가 83보다 큰 원소의 원자핵은 불안정하다)

**Example** 원자핵에서 전기력은 핵자들을 결합시키는 힘인가, 반발하게 하는 힘인가? 또 강한 핵력은 어떤 입자 사이에 작용하는 힘인가?

풀이 핵 내부에는 양전기를 띤 양성자들만 있으므로 이때 전기력은 핵자들을 반발하게 하는 힘이며, 강한 핵력은 양성자와 중성자 사이에 작용하는 힘이다.

## 24.2 방사능

안정된 원자핵은 몇 개나 존재할 수 있을까? 이에 대한 답은 먼저 중성자가 갖는 불안정성을 이해할 때 얻어질 수 있다. 단독으로 존재하는 1개의 중성자는 스스로 붕괴하여 1개의 양성자와 1개의 전자를 생성한다(이 과정에서 반중성미자도 생성되지만 이에 대해서는 다루지 않겠다). 어느 핵자와도 결합하지 않은 채 홀로 존재하는 중성자가 100개 있다면, 자발적 붕괴로 인해 11분 후에는 그 수가 50개로 줄어든다. 위의 중성자처럼 붕괴하거나 혹은 그와 비슷한 방법으로 붕괴하는 입자를 방사성 입자 또는 방사성 원소라 한다. 단독으로 존재하는 중성자는 방사성 입자이다.

방사성 원소의 붕괴 과정에 적용되는 물리 법칙은 질량 – 에너지 등가 원리이다. 방사성 원소의 자발적 붕괴가 일어나면 붕괴 전 질량보다 붕괴 후에 생성된 물질들의 질량의 합은 반드시 작아지게 되어 있다. 중성자의 붕괴로 생성된 양성자와 전자(그리고 반중성미자)의 질량의 합은 붕괴 전 중성자의 질량보다 작다. 즉, 중성자가 붕괴하면 붕괴 전보다 질량이 감소하는 것이다. 질량이 증가하는 자발적 붕괴란 존재하지 않는다. 한 예로 양성자가 자발적으로 붕괴하여 중성자를 생성하는 반응은 불가능하며, 이러한 반응이 가능하려면 반드시 외부에서 에너지가 공급되어야만 한다.

비스무트(원자 번호 83)보다 무거운 원소들은 모두 이런 저런 방법으로 붕괴한다. 따라서 그런 원소들을 방사성 원소라고 부른다. 방사성 원소의 원자는 서로 다른 3종류의 방사선을 방출하며, 각 방사선은 그리스 문자의 알파벳을 이용하여 $\alpha$(알파), $\beta$(베타), $\gamma$(감마)선이라고 구별하여 부른다. $\alpha$선은 양전하를 띠고, $\beta$선은 음전하를 띠고 있으나 $\gamma$선은 전하를 띠지 않는다. 따라서 전기장이나 자기장을 이용하면 이 3종류의 방사선을 각각 분리해 낼 수 있다(그림 24.4)

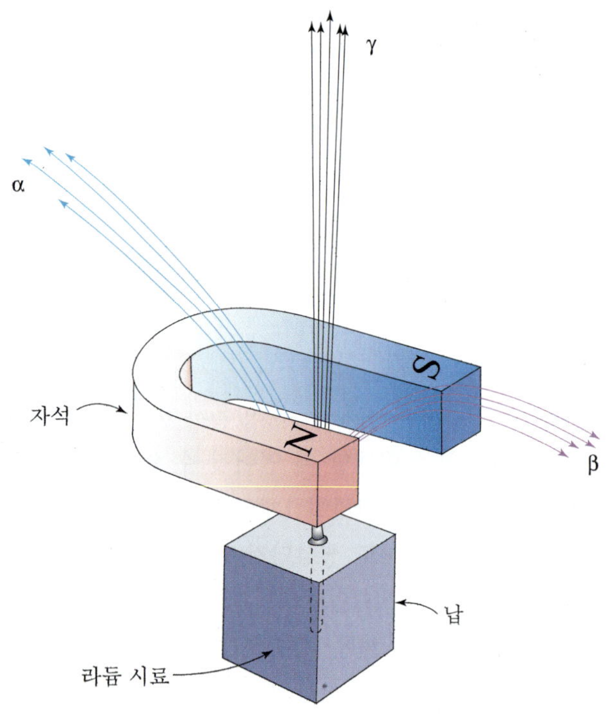


그림 24.4
자기장 속에서 $\alpha$선 $\beta$선 $\gamma$선이 갈라지는 모습. 방사선은 구멍 뚫은 납 속에 집어 넣은 라듐시료에서 나온다.

$\alpha$선은 중성자 2개와 양성자 2개로 구성된 입자 즉, 헬륨 원자핵의 흐름이다. 따라서 헬륨 원자핵을 $\alpha$ 입자라고도 한다(그림 24.5).

$\beta$선은 전자의 흐름이다. 전자는 중성자가 양성자로 전환될 때 원자핵으로부터 방출된다. 이 경우 전자가 중성자 내부에 갇혀 있다가 나온 것처럼 생각하기 쉬운데 사실은 그렇지 않다. 단단한 바위의 표면을 망

치로 내리칠 때 튀는 불꽃을 생각해 보자. 원래 바위 속에 있던 불꽃이 밖으로 나오는 것일까? 이와 비슷하게 전자는 중성자 속에 있다가 방출되는 것이 아니라 바위 표면에서 튀는 불꽃처럼 어떤 상호 작용의 결과로 생성되는 것이다.

$\gamma$ 선은 질량이 없는 에너지의 흐름이다. $\gamma$ 선은 가시 광선처럼 전자기 복사의 광자로 가시 광선보다 훨씬 더 큰 진동수와 에너지를 갖는다. 가시 광선은 원자 내의 전자가 어느 한 궤도에서 그보다 에너지 준위가 낮은 궤도로 전이할 때 방출된다. 이와 비슷한 일을 원자핵 내에서 핵자들이 할 때 $\gamma$ 선이 방출된다. 그런데 $\gamma$ 선은 고에너지의 광자이므로 $\gamma$ 선이 방출되려면 발생한 핵에너지 준위의 변화량이 매우 커야만 한다

방사성 원소가 방출하는 $\alpha$, $\beta$, $\gamma$ 선의 물질 투과력은 서로 큰 차이가 있는데 $\alpha$ 선의 투과력이 가장 약하다. $\alpha$ 선의 경우 두꺼운 종이 한 장이나 얇은 종이 몇 장만으로도 그 진행을 간단히 막을 수 있다. $\beta$선은 종이는 투과하나 알루미늄 호일 몇 장을 겹쳐 놓으면 투과하지 못한다. $\gamma$ 선은 투과력이 매우 강하므로 이를 막으려면 납이나 아주 두꺼운 차단막이 필요하다.

$\alpha$ 입자(=헬륨 원자핵)의 흐름 즉 $\alpha$ 선을 차단하기 쉬운 것은 첫째 $\alpha$ 입자의 운동 속도가 비교적 느리다는 것이고, 둘째는 양전하를 띠는 관계로 그 진행시 물질 분자를 만나면 상호 작용을 하기 때문이다. 이 상호 작용의 결과로 물질 분자로부터 양이온이나 음이온이 생성되며, 이 과정에서 $\alpha$ 입자는 에너지를 잃어 그 속도가 느려진다. $\alpha$ 입자가 비교적 밀도가 작은 공기 중으로 방출되는 경우라도 진행 가능 거리는 수 cm에 불과하며, 곧 전자를 포획하여 중성의 헬륨 원자가 되어버린다.

$\beta$ 입자는 $\alpha$ 입자보다 훨씬 빠르고 음전하를 띠며 공기 중에서도 훨씬 더 멀리 날아간다. 대부분의 $\beta$ 입자(=전자)는 물질 원자 내의 전자들과 충돌하는 과정에서 에너지를 잃는다. 그러나 이 때 전자와의 정면 충돌로 에너지를 한꺼번에 잃어버리는 경우는 드물고, 전자와 서로 비스듬히 충돌하는 과정을 반복하면서 에너지를 서서히 잃어간다. 이로 인해 $\beta$ 입자의 운동 속도는 점차 느려져 나중에는 열운동 속도만을 갖게 된다. 이와 같이 감속된 $\beta$ 입자는 결국 물질 원자에 포획되어 기존의 다른 전자들과 마찬가지로 그 원자의 한 구성 성분이 되어버린다.

$\gamma$ 선은 전하를 띠지 않아 방사선 중에서 투과력이 가장 크다. 그리고 $\gamma$ 선은 전기력을 받아 어느 쪽으로 끌리거나 그 진로가 휘는 일이 없다. 따라서 $\gamma$ 선 광자는 원자 내의 전자나 핵과의 정면 충돌을 통해서

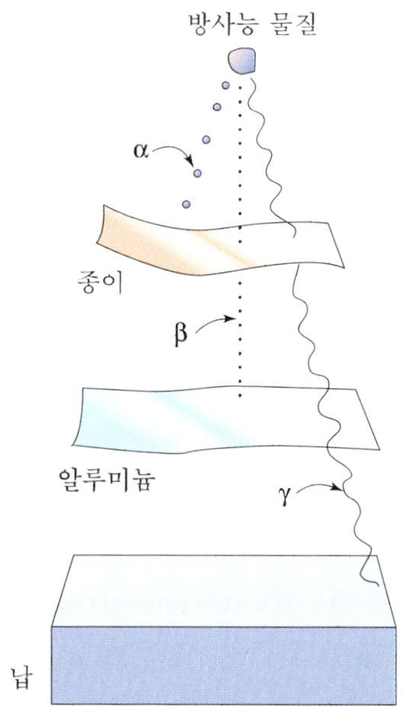


그림 24.5
$\alpha$ 입자는 몇 장의 종이로도 막을 수 있다. $\beta$입자는 알루미늄 호일 몇 장 정도로 막을 수 있지만 $\gamma$선은 두꺼운 납이라야 막을 수 있다.

만 물질과 상호 작용을 한다. 이 경우 전하를 띤 입자와는 달리 $\gamma$ 선 광자는 단 한 번의 충돌로 물질에 흡수될 수 있다. 납과 같이 밀도가 큰 물질은 전자의 밀도 또한 크기 때문에 $\gamma$ 선을 잘 흡수한다.

**Example** 알파, 베타, 감마라는 세 개의 방사성 과자가 있다고 하자. 단, 알파는 $\alpha$선, 베타는 $\beta$선, 감마는 $\gamma$선을 방출한다. 세 과자 중 하나는 먹고, 또 하나는 손에 쥐고, 나머지는 주머니에 넣어야 한다고 하자. 이 때 우리 몸이 방사선에 노출되어 입는 피해를 최소화하려면 각각 어느 것을 먹고, 쥐고 또 주머니에 넣어야 하는가?

풀이 가장 좋은 방법은 물론 세 과자로부터 아예 멀리 피하는 것이다. 그러나 그럴 수 없다면 알파는 손에 쥐고, 베타는 주머니에 넣고, 감마를 먹어야 할 것이다. 알파의 방사선은 손의 피부가 막아 주고, 베타의 방사선은 옷이 막아 줄 것이다. 그러나 감마의 방사선은 손에 쥐든, 주머니에 넣든, 먹든 우리 몸을 투과한다. 따라서 위의 어떤 경우라도 감마선의 위험으로부터 안전할 수 없다 (실제로 방사성 물질이 우리 근처에 있으면 몸을 보호할 수 있도록 적절한 안전 장치를 사용해야 한다).

## 24.3 동위원소

중성 원자라면 원자핵 속에 들어있는 양성자의 수와 원자핵 주위를 도는 전자의 수가 같다. 양성자의 수와 전자의 수가 같지 않을 때 원자는 전하를 띠게 되며 그러한 원자를 이온이라고 한다. 즉, 이온화된 원자란 양성자수와 전자의 수가 다른 원자를 뜻하는 것이다. 그러나, 원자핵 속에 들어 있는 중성자의 수는 원자가 갖는 전자의 수와 아무런 관계가 없다. 이것은 중성자의 수는 원자의 화학적 성질과 무관함을 뜻한다. 수소 원자를 생각해 보자. 보통의 수소 원자는 그 원자핵이 양성자 하나로 되어 있다. 그러나 드물지만 원자핵의 형태가 이와 다른 수소 원자도 있다. 수소 원자의 원자핵은 다음과 같은 세 종류가 존재한다. 첫째 단일 양성자로 된 것, 둘째 양성자 1개와 중성자 1개로 구성된 것, 셋째 양성자 1개와 중성자 2개로 구성된 것이다. 이러한 각각의 원자핵으로 구성되는 원소를 수소의 동위 원소라 한다. 한 원소의 동위 원소들이 갖는 화학적 성질은 모두 같다. 이것은 궤도 전자들이 원자핵 속의 양성자가 띠는 양전하의 영향만을 받을 뿐, 중성자의 영향은 받지 않기 때문이다. 수소의 동위 원소들은 각각 $^{1}_{1}\mathrm{H}$, $^{2}_{1}\mathrm{H}$, $^{3}_{1}\mathrm{H}$ 로 구별하여 나타낸다.

여기서 아래에 쓴 숫자는 원자 번호(=양성자의 수)이고, 위에 쓴 숫자는 원자의 질량수(=핵자의 총수)이다.

$^{238}_{92}\mathrm{U}$은 우라늄의 흔한 방사성 동위 원소로 우라늄의 또 다른 방사성 동위 원소인 $^{235}_{92}\mathrm{U}$보다 붕괴 속도가 느리다. 우라늄을 원자핵이 92개의 양성자를 갖는 원소라 정의하자. 그러면 우라늄의 동위 원소들이란 원자핵 속의 양성자는 92개로 서로 같지만 중성자의 수는 서로 달리하는 원소들이라고 말할 수 있다.

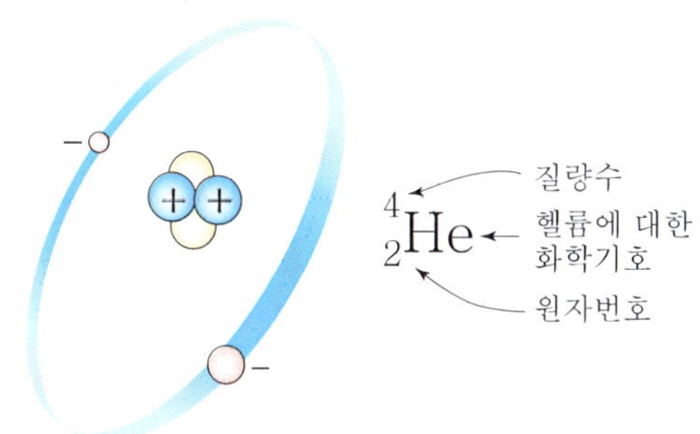


그림 24.6
원자 번호는 핵 속의 양성자수를 가리키며, 원자의 질량수는 핵자의 총수(=양성자수+중성자수)와 같다.

모든 원소들의 방사성 동위 원소들은 중성자나 다른 입자들의 포격을 받아 만들어진 것이다. 이런 동위 원소들은 값이 싸며, 과학 연구나 산업 현장에서 매우 유용하게 이용된다. 농업 연구자들은 약간의 방사성 동위 원소를 비료에 섞어 성장하는 식물에게 준다. 이렇게 하면 식물이 자랄 때 식물이 섭취하는 비료의 양을 방사능 측정기로 쉽게 알아낼 수 있다. 이런 측정 결과로 연구자들은 농부들에게 적당한 비료의 양이 얼마인지 말해 줄 수 있게 되는 것이다. 이런 용도로 사용하는 방사성 동위 원소를 방사성 추적자라고 한다(그림 24.7).

추적자를 이용하면 소화 과정이나 몸 속에서 약품이 어떻게 움직이는지에 관한 의학적인 정보도 알 수 있다. 이 경우 우선 약간의 방사성 동위 원소를 포함한 음식을 환자에게 먹인다. 그런 다음 방사능 검출기를 이용하면 체내에서 움직이는 추적자의 경로를 알아낼 수 있다. 같은 방법으로 몸 속의 피의 순환을 연구하기도 한다.

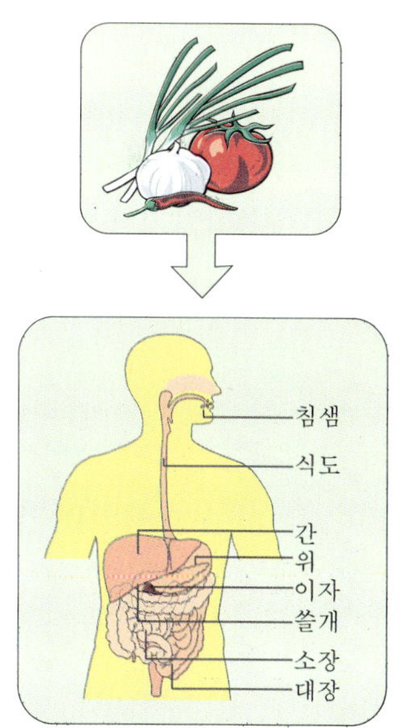


그림 24.7
방사선 동위 원소는 식물에서의 비료의 작용과 동물의 소화 과정 등을 연구할 때 쓰인다.

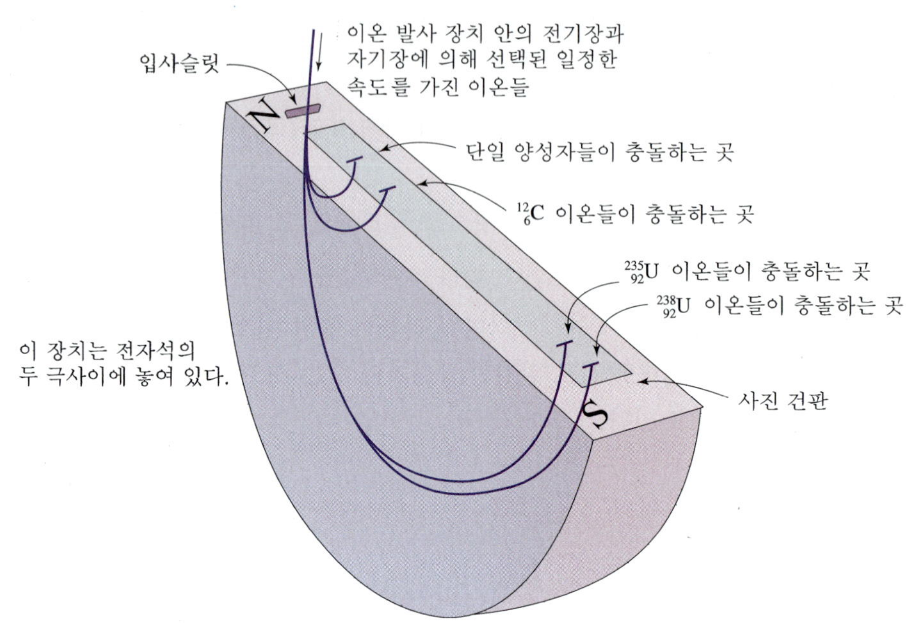


**그림 24.8**
질량 분석기. 일정한 속력의 이온들이 반원통 안으로 들어가면 거기서 전자기력을 받아 반원형으로 휘게 된다. 관성 때문에 무거운 이온들이 그리는 반지름은 크고 가벼운 이온들이 그리는 반지름은 작다. 이 반지름은 이온의 질량에 정비례한다.

기술자들은 자동차 엔진의 실린더 벽에 방사성 물질을 투입시키므로써 엔진 마모가 심한 부분을 알아낸다. 엔진이 작동하면 피스톤이 실린더 벽을 긁게 된다. 마모되는 방사성 금속의 작은 입자들은 윤활유 속으로 떨어지는데, 이를 방사능 검출기로 측정하면 그 양을 알 수 있다. 이 실험은 다른 기름을 써서 되풀이한다. 이런 식으로 하면 그 엔진에는 어떤 기름을 써야 수명이 오래 가는지를 결정할 수 있다.

여러 원소의 동위 원소의 이온 질량은 질량 분석기로 정확하게 측정할 수 있다(그림 24.8). 이 중요한 장치는 자기장을 이용하여 이온들을 편향시켜 원호를 만들게 한다. 그 장치로 들어가는 이온들의 속력은 모두 같다. 이온의 관성(질량)이 클수록 자기 편향에 저항하는 정도가 크므로 원호의 반지름이 크게 된다. 무거운 이온들은 큰 원호를, 가벼운 이온들은 작은 원호를 그리게 되므로 이것으로 핵자 질량을 비교할 수 있다.

---

**Example** 베릴륨의 원자핵($^{8}_{4}Be$)은 방사성 붕괴를 통해 두 개의 서로 같은 원자핵으로 나뉜다. 이 때 생성된 두 원자핵의 원자 번호와 질량수는 각각 베릴륨 원자핵이 갖는 값의 1/2이다. 베릴륨의 붕괴로 생성된 원자핵은 무엇일까? 또, 베릴륨이 알파 붕괴를 한다고 말하는 이유는 무엇일까?

풀이 베릴륨이 분열해서 반분되면 중성자 2개와 양성자 2개를 가진 원자핵이 2개가 된다. 이것은 헬륨 원자핵($^{4}_{2}He$) 또는 $\alpha$ 입자라고 한다. 그래서 이 반응은 $\alpha$ 붕괴라고 한다.

## 24.4 반감기

방사성 동위 원소들은 각각 서로 다른 붕괴 속도를 갖는다. 방사성 원소들의 붕괴 속도는 반감기라 부르는 시간의 길이를 이용하여 비교하고 나타낸다. 반감기란 방사성 원소가 붕괴로 인해 그 양이 처음 양의 1/2로 줄어드는데까지 걸리는 시간을 말한다. 방사성 원소의 처음 양을 $N_o$, 반감기를 $T$, 흐른 시간을 $t$ 라 할 때 남은 양 $N$은 $N = N_0\left(\frac{1}{2}\right)^{\frac{t}{T}}$ 이 된다.

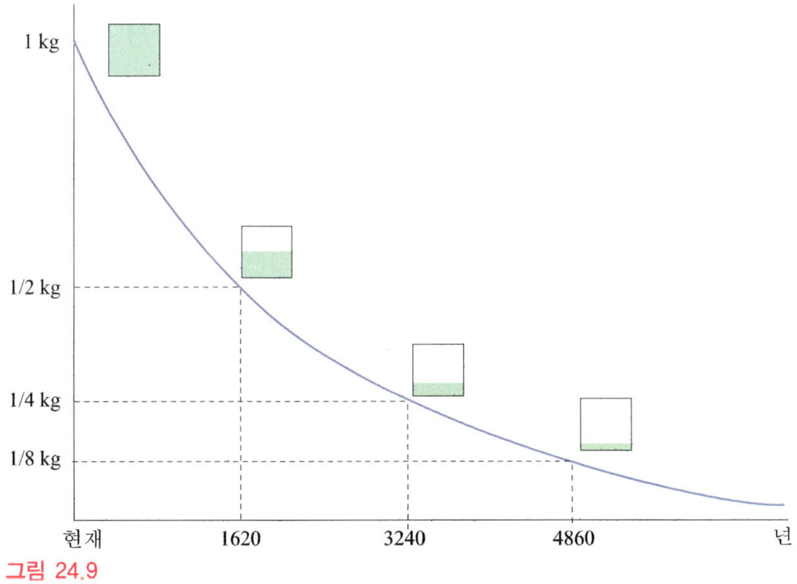


그림 24.9
1620년이 지날 때마다 라듐의 양은 반으로 준다.

백만분의 일초 보다 짧은 반감기를 갖는 방사성 원소가 있는가 하면, $^{238}_{92}U$처럼 반감기가 45억년이 되는 것도 있다. 방사성 원소의 동위 원소들은 저마다 다른 반감기를 가진다. 어떤 방사성 원소가 갖는 반감기는 항상 일정하며 외부 환경의 영향을 받지 않는다. 압력이 높거나 낮거나, 온도가 높거나 낮거나, 전기장이나 자기장이 강하게 걸리든 아니든, 심지어 격렬한 화학 반응이 일어나더라도 방사성 원소의 붕괴 속도는 변하지 않는다. 이런 정도의 변화는 원자 깊숙이 자리한 원자핵에게 영향을 주기에는 아주 미약한 것이다.

지구 대기의 상층부는 지구 저 멀리에서 날아오는 우주선 – 주로 고에너지의 양성자 – 의 포격을 끊임없이 받는다. 이 때문에 대기 상층부의 많은 원자들이 변환된다. 양성자, 중성자 그리고 다른 입자들이 대기에서 산란된다. 대부분의 양성자는 대기 상공에서 떠다니는 전자를 잡아 수소가 되지만 중성자는 전하를 띠지 않아 전기적으로 물질과 상호작용하지 않으므로 보다 멀리까지 나아간다. 이윽고 대기의 하층부에 도달한 중성자는 공기 중의 원자핵과 충돌하게 된다. 이때 중성자가 질소 원자핵에 잡히면 다음과 같은 반응이 일어난다.

$$^{14}_{7}\mathrm{N} + ^{1}_{0}n \rightarrow ^{14}_{6}\mathrm{C} + ^{1}_{1}\mathrm{H}$$

이 반응에서 $^{14}$N 원자핵은 중성자($^{1}_{0}n$)와 충돌하면 $^{14}$C와 수소가 만들어진다. 지구상에 존재하는 대부분의 탄소는 안정한 $^{12}$C이다. $^{12}$C는 공기 중에서 주로 이산화탄소의 형태로 존재한다. 우주선 폭격 때문에 대기 중에 있는 탄소는 백만분의 1 정도가 $^{14}$C로 존재한다. $^{14}$C는 $^{12}$C와 마찬가지로 산소와 결합하여 이산화탄소를 이루며 식물에 의해 흡수된다. 이것은 모든 식물이 아주 조금이지만 방사성 탄소인 $^{14}$C를 체내에 가지고 있다는 것을 의미한다. $^{14}$C는 $\beta$붕괴 과정을 거쳐 다시 질소로 된다. 살아있는 식물들은 이산화탄소를 끊임없이 취하게 되므로 체내의 $^{14}$C와 $^{12}$C의 비율은 늘 일정하게 유지된다. 식물이나 동물이 죽으면 방사성 탄소를 재공급할 수 없게 된다. 그러면 그때부터 $^{14}$C가 차지하는 비율이 감소하기 시작한다. 생물체가 죽은지 오래 될수록 남아있는 $^{14}$C의 비율은 그만큼 작아지게 된다. $^{14}$C의 반감기는 5730년이다. 이것은 5730년이 지나면 현재 식물이나 사람 몸 속에 존재하는 $^{14}$C 원자들의 절반이 붕괴하여 다른 원소로 변한다는 뜻이다. 남아있는 $^{14}$C 원자들은 그 다음 5730년 후에는 4분의 1이 될 것이다.

---

**Example** 양은 같은데 반감기가 다른 두 방사성 물질이 있다고 하자. 방사능 검출기로 측정하면 어느 쪽이 방사능 수치가 더 크게 나오겠는가?

풀이 반감기가 짧은 물질이 더 활발하게 붕괴하므로 더 높은 방사능 수치를 나타낸다.

---

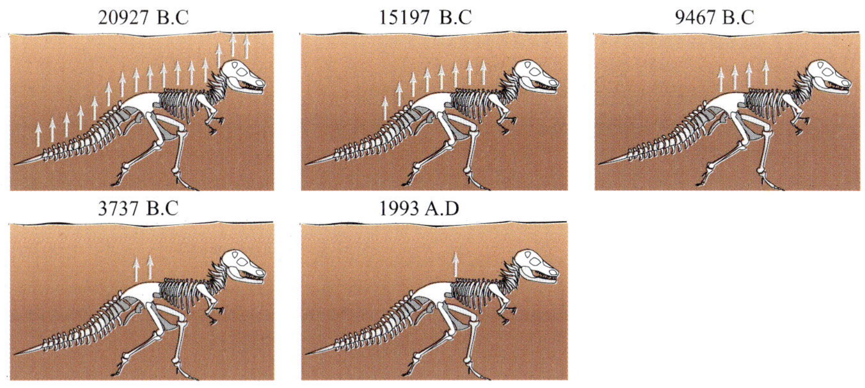

그림 24.10
뼈속에 있는 방사성 탄소는 매 5730년마다 반씩 줄어든다.

## 24.5 원자핵의 변환

어떤 원자핵이 $\alpha$ 입자나 $\beta$ 입자를 방출하면 다른 원소로 변한다. 한 원소가 다른 원소로 변하는 것을 변환 또는 붕괴라고 한다. 예를 들어 보통의 우라늄을 생각해 보자. 우라늄 원자핵은 92개의 양성자를 갖는다. $\alpha$ 입자가 하나 방출되면 우라늄 원자핵은 양성자 두 개와 중성자 두 개가 감소하게 된다. 이것은 방출되는 $\alpha$ 입자가 양성자 두 개와 중성자 두 개로 구성되어 있기 때문이다. 남은 90개의 양성자와 144개의 중성자로 이루어진 원자핵은 다른 원소의 원자핵이며 그 원소는 토륨이다. 이 반응은 다음과 같이 나타낼 수 있다.

$$^{238}_{92}\mathrm{U} \rightarrow {}^{234}_{90}\mathrm{Th} + {}^{4}_{2}\mathrm{He}$$

위 반응에서 화살표는 $^{238}_{92}\mathrm{U}$이 다른 원소로 변하는 것을 나타내기 위해 쓰였다. 위와 같은 변환이 일어날 때 에너지는 세 가지 형태로 방출된다. 감마선 복사, $\alpha$ 입자의 운동 에너지, 그리고 토륨 원자의 운동 에너지이다. 그러나 핵 방정식에서는 질량수(238=234+4)와 원자 번호(92=90+2)가 보존된다.

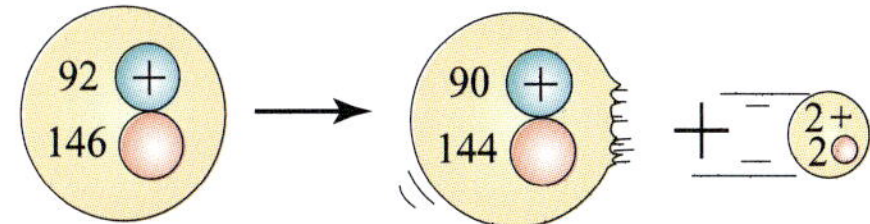

그림 24.11
우라늄의 자연변환

$^{238}_{92}$U 붕괴의 예에서 보듯이 어떤 원자핵이 $\alpha$입자 하나를 방출하면 질량수는 4, 원자번호는 2가 감소한다. 그 결과로 생긴 원소는 주기율표에서 변환 전 원소로부터 두 칸 앞쪽에 위치한다. 원자가 $\beta$입자를 방출하면 핵자를 잃는 것이 아니므로 질량수는 변함이 없고 원자 번호만 1 증가한다. 이때 만들어지는 원소는 주기율표에서 한 칸 뒤에서 찾으면 된다. 이렇게 방사성 원소의 붕괴는 주기율표에서 앞뒤로 옮겨 다니며 생각하면 된다. 방사성 원자핵은 $\alpha$입자나 $\beta$입자와 함께 $\gamma$선도 방출한다. $\gamma$선 방출은 질량수나 원자 번호에 영향을 주지 않는다.

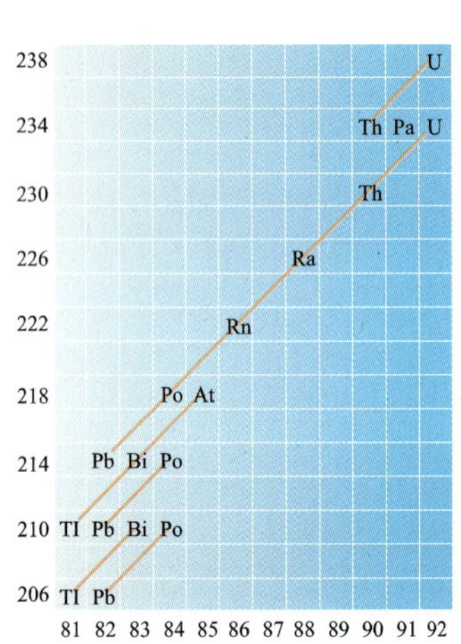


그림 24.12
$^{238}$U은 일련의 $\alpha$ 붕괴와 $\beta$ 붕괴를 통해서 $^{206}$Pb이 된다.

붕괴 과정의 각 단계가 그림 24.12에 나와 있는데, 전체 계열을 구성하는 각각의 원자핵은 불꽃 모양의 테두리 안에 표시되어 있다. 수직 열은 원자핵의 원자 번호를 나타내고 수평 열은 질량수를 나타낸다. 대각선 화살표는 $\alpha$붕괴를 나타내고 오른쪽으로 이동하는 화살표는 $\beta$붕괴를 나타낸다. 여기서 몇몇의 원자핵은 $\alpha$붕괴도 할 수 있고 $\beta$붕괴도 할 수 있다는 사실에 유의하자. 이것은 자연에서 일어나는 여러 방사성 붕괴 계열 중의 하나이다.

1919년 영국의 물리학자 러더퍼드는 인공적으로 원소를 변환시키는데 최초로 성공하였다. 그는 밀봉한 용기 속에 방사성 광물과 질소를 함께 넣고, 방사성 광물이 방출하는 $\alpha$입자가 질소의 원자핵과 충돌하도록 하였다. 그 결과 처음에는 없던 산소와 수소가 미량이나마 생성된 것을 확인할 수 있었다. 러더퍼드는 핵 반응식으로 산소와 수소가 생기는 과정을 설명하였다.

$$^{14}_{7}\mathrm{N} + ^{4}_{2}\mathrm{He} \rightarrow ^{17}_{8}\mathrm{O} + ^{1}_{1}\mathrm{H}$$

위와 같은 러더퍼드의 실험 이후에 많은 핵 반응 실험이 잇따랐다. 처음에는 러더퍼드처럼 천연 방사선을 이용하여 실험하였지만 나중에는 가속기를 이용하여 보다 강력한 입자들(양성자, 중양성자, $\alpha$ 입자)을 사용하게 되었다. 인공 변환은 오늘날의 연구자들에게는 흔한 것이다.

---

다음의 핵 반응식을 완성하라.

**Example 1** $^{238}_{92}\mathrm{U} \rightarrow ^{234}_{?}\mathrm{Th} + ^{?}_{2}\mathrm{He}$

**Example 2** $^{14}_{7}\mathrm{N} + ^{1}_{0}? \rightarrow ^{14}_{6}\mathrm{C} + ^{?}_{?}?$

풀이 1. $^{238}_{92}\mathrm{U} \rightarrow ^{234}_{90}\mathrm{Th} + ^{4}_{2}\mathrm{He}$ 2. $^{14}_{7}\mathrm{N} + ^{1}_{0}n \rightarrow ^{14}_{6}\mathrm{C} + ^{1}_{1}\mathrm{H}$

---

## 24.6 핵분열과 원자로

생물을 공부한 사람이면 생체 조직이 세포 분열에 의해 자란다는 것을 안다. 살아있는 세포가 반으로 갈라지는 것을 분열이라고 한다. 비슷한 방식으로 원자핵이 갈라지는 것을 핵분열이라고 한다.

핵분열은 핵 속에서 강한 핵력이라는 인력과 전기력이라는 척력이 이루는 미묘한 균형과 관계가 있다. 모든 원자핵에서 강한 핵력이 우세하다. 그러나 우라늄에서 핵력이 우세한 정도는 미세하다. 우라늄 핵이 길쭉한 모양으로 늘어나면(그림 24.13), 전기력 때문에 더욱 더 길쭉해진다. 어떤 한계 이상으로 길쭉해지면 전기력이 강한 핵력보다 커지게 되어 원자핵은 분열한다. 이것이 핵분열이다. 우라늄이 흡수한 중성자가 공급하는 에너지는 원자핵을 그림처럼 길쭉하게 만든다. 결과적으로 이렇게 하여 일어나는 분열 과정을 통해 여러 가지 다른 조합의 더 작은 원자핵들로 나뉠 수 있다. 그 전형적인 예는 다음과 같다.

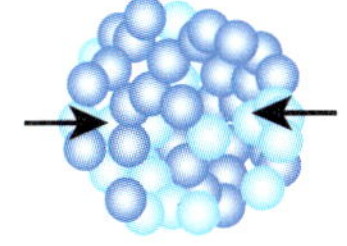


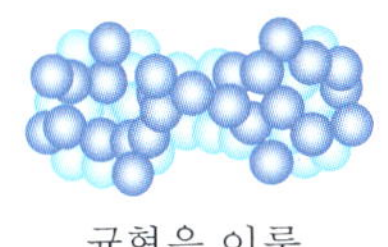


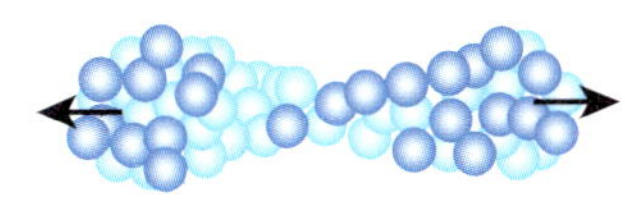


그림 24.13
핵이 변형되어 분열될 때는 전기적 척력이 인력으로 작용하는 핵력보다 크다.

$$^{235}_{92}\mathrm{U} + {}^{1}_{0}\mathrm{n} \rightarrow {}^{91}_{36}\mathrm{Kr} + {}^{142}_{56}\mathrm{Ba} + 3({}^{1}_{0}n)$$

$^{235}_{92}\mathrm{U}$ 원자 하나가 분열하면서 방출하는 에너지는 엄청난 것으로 TNT분자 하나가 폭발할 때 방출하는 에너지의 700만배 정도이다. 이 에너지는 주로 분열에 의해 생성된 작은 원자핵들의 운동 에너지로, 일부는 방출되는 중성자들의 에너지로, 나머지는 $\gamma$ 선의 에너지로 나타난다.

하나의 중성자가 우라늄 원자의 분열을 일으키면, 분열할 때 세 개의 중성자가 나온다는 사실에 주목하라. 대부분의 핵분열 반응에서 두 세 개의 중성자가 만들어진다. 이렇게 만들어진 두 세 개의 중성자들은 차례로 다시 두 세 개의 우라늄 원자핵들에 각각 흡수되어 핵분열을 일으킨다. 그 결과 네 개 또는 아홉 개의 중성자가 만들어진다. 각각의 중성자가 모두 하나씩의 원자핵을 분열시킨다면 이 반응의 다음 단계에서는 중성자가 8개 또는 27개가 만들어진다. 이것이 연쇄 반응이다(그림 24.14).

연쇄 반응은 왜 천연 우라늄 광산에서는 일어나지 않는 것일까? 모든 우라늄 원자들이 쉽게 분열한다면 아마 그렇게 될 것이다. 분열은 주로 희소한 우라늄 동위원소인 $^{235}_{92}\mathrm{U}$에서만 일어나는데, $^{235}_{92}\mathrm{U}$의 존재 비율은 전체 우라늄 중에서 0.7% 정도이다. $^{235}_{92}\mathrm{U}$은 중성자를 흡수해도 분열하지 않는다. 그래서 연쇄 반응은 중성자 흡수체인 $^{235}_{92}\mathrm{U}$에 의해 끝나 버리게 된다. 천연 우라늄 광석에서 연쇄 반응이 자발적으로 일어나는 경우는 거의 없다.

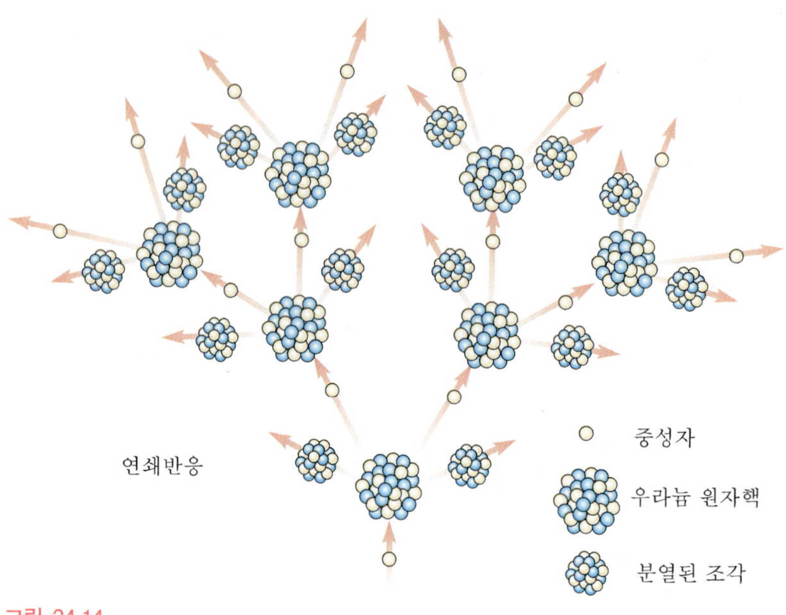


그림 24.14
연쇄반응

쥐덫을 이용한 연쇄반응의 모형.

연쇄 반응이 야구공 크기의 순수한 우라늄 $^{235}_{92}U$에서 일어나면 엄청난 폭발이 일어난다. 그러나 연쇄 반응이 더 작은 우라늄 조각에서 시작되면 폭발이 일어나지 않는다. 왜 그럴까? 분열에 의해 방출된 중성자가 다른 우라늄 원자핵을 만나서 또 다른 핵분열을 촉발시키기 전까지는 어떤 평균 거리를 이동하기 때문이다. 우라늄 조각이 너무 작으면, 중성자는 다른 원자핵을 만나기 전에 우라늄 조각 표면 밖으로 빠져나가기 쉽다. 평균적으로 한 번 분열에서 방출된 중성자들 중에 다음번 핵분열을 촉발시키는 작용을 하는 중성자의 수가 한 개 이하가 되면 연쇄 반응은 중단되고 만다. 더 큰 조각에서는 중성자가 표면에 닿기 전에 물질 속을 더 먼거리까지 이동할 수 있다. 그래서 평균적으로 매번의 분열 사건에서 나오는 중성자들 중에 한 개 이상이 더 많은 분열을 촉발시킬 수 있다(그림 24.15). 이와 같은 연쇄 반응에서는 막대한 에너지가 방출된다. 임계 질량이란 평균적으로 매번 분열할 때마다 적어도 하나의 또 다른 분열 사건을 일으킬 수 있는 질량을 말한다. 임계 질량보다 질량이 작을 때는 연쇄 반응이 사라진다. 임계 질량보다 질량이 클 때에는 연쇄 반응이 폭발적으로 일어난다.

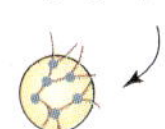


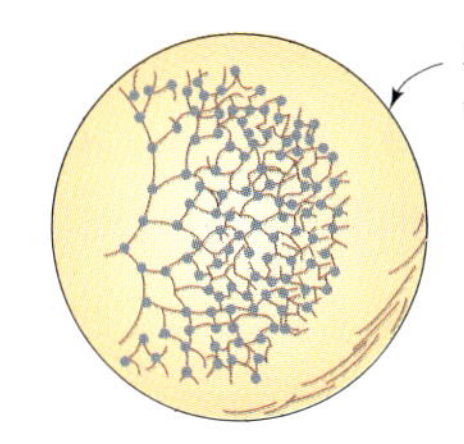


그림 24.15
약간 과장해서 그린 그림이다. 순수한 $^{235}U$ 조각의 양이 작으면 연쇄 반응이 소멸되는데 그 이유는 중성자가 너무 쉽게 표면 밖으로 빠져나가기 때문이다. 우라늄 조각이 크면 연쇄 반응이 일어나는데 그 이유는 중성자가 표면 밖으로 빠져나가기 전에 또다른 핵의 분열을 촉발시킬 수 있기 때문이다.

우라늄을 폭탄에 이용하는 것보다는 발전에 이용하는 것이 더 좋다. 원자로는 단순히 핵 용광로라고 할 수 있는데 여기서 물을 끓여서 증기로 만들어 터빈으로 보내는 것이다(그림 24.16). 화석 연료를 쓰는 경우와 다른 점은 사용하는 연료의 양이다. 야구공 크기보다 작은 우라늄 1kg으로 석탄 연료 30트럭 분량의 에너지를 생신한다.

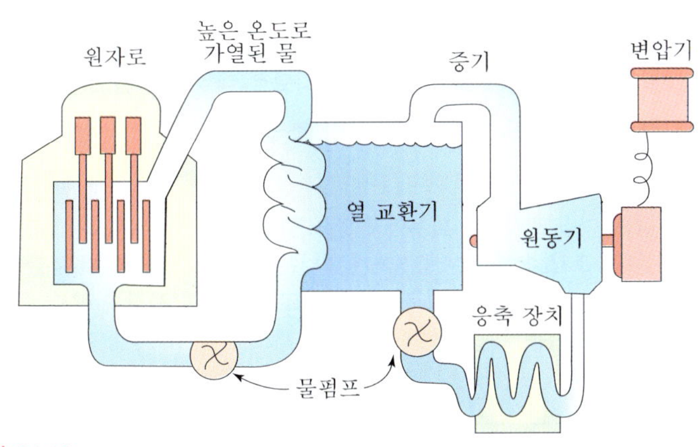


그림 24.16
핵발전소

원자로는 세 가지 주요 부분으로 이루어진다. 중성자의 속력을 줄이는 감속제와 연결된 핵연료 부분, 제어봉, 그리고 원자로에서 발전기까지 열을 보내는데 사용되는 물이다. 핵연료는 우라늄인데, 분열 가능한 $^{235}_{92}U$는 3%정도이다. 감속제는 순수한 탄소인 흑연인데 물을 쓸 수도 있다. $^{235}_{92}U$가 $^{238}_{92}U$에 비해 아주 작은 양이므로 핵폭탄처럼 폭발할 염려는 없다. 원자로에 넣었다 뺐다 하는 제어봉은 중성자의 수를 조절한다. 제어봉은 카드뮴 금속이나 붕소를 사용하는데 쉽게 중성자를 흡수한다. 핵연료 주변의 가열된 물은 고압을 유지하여 끓지 못하게 한다.

이 물은 보다 낮은 압력을 유지하는 이웃한 냉각수에 열을 전달하여 보통의 발전기를 작동하게 한다. 이렇게 물을 이용한 두 개의 냉각 시스템이 따로 있어서 방사능이 터빈까지 도달할 수 없다.

핵발전에서 가장 큰 문제점은 핵 폐기물이다. 가벼운 원자핵은 중성자수와 양성자수가 같을 때 가장 안정하며, 중성자수가 양성자수보다 많을 때 더욱 안정하다는 사실을 기억하라. 그래서 우라늄에는 양성자수보다 중성자수가 훨씬 더 많다. 예를 들면 $^{235}_{92}\mathrm{U}$에는 중성자가 143개, 양성자가 92개이다. 우라늄이 분열하면 무게가 비슷한 두 원자핵으로 쪼개지는데 이때 생성된 원자핵의 양성자 대 중성자의 비는 이와 무게가 비슷한 안정된 원자핵보다 더 크다. 따라서 핵분열 후에 생성된 원자핵들은 '중성자가 풍부하다'고 말한다. 이들은 방사성 원소이며 대부분은 매우 짧은 반감기를 가지지만 그 중의 일부는 반감기가 수천 년 되는 것도 있다. 이들 핵 폐기물을 안전하게 보관하려면 특별한 저장통과 저장과정이 필요한데 앞으로 이에 대한 기술이 더 개발되어야 한다.

---

**Example** 우라늄($^{235}_{92}\mathrm{U}$) 3kg이 작은 조각으로 나누어져 있으면 임계 질량 이하이지만 공 모양으로 하나로 결합시켜 놓으면 임계 질량 이상이 된다. 그 이유를 설명하라.

풀이 우라늄이 여러 조각으로 나누어져 있으면 연쇄 반응이 유지되지 않는데, 그 이유는 각 조각 속에 있는 중성자가 지나는 평균 이동거리가 너무 짧아 쉽게 표면 밖으로 빠져나가기 때문이다. 하나로 결합하면 물질 안에서 중성자는 비교적 긴 거리를 이동해야 하므로 표면 밖으로 빠져나가기 전에 분열을 촉발시키게 된다.

---

## 24.7 질량 에너지 등가원리

질량 – 에너지 등가원리를 알면 핵반응에서 엄청난 에너지가 방출되는 이유를 정확히 알 수 있다. 질량과 에너지가 본질적으로 같다는 것을 상기할 때 둘의 관계는 동전의 양면과 같다. 질량은 엄청난 용량의 배터리와 같은 것이다. 질량은 엄청난 에너지를 저장하고 있다가 질량이 감소하면서 그 에너지를 방출한다.

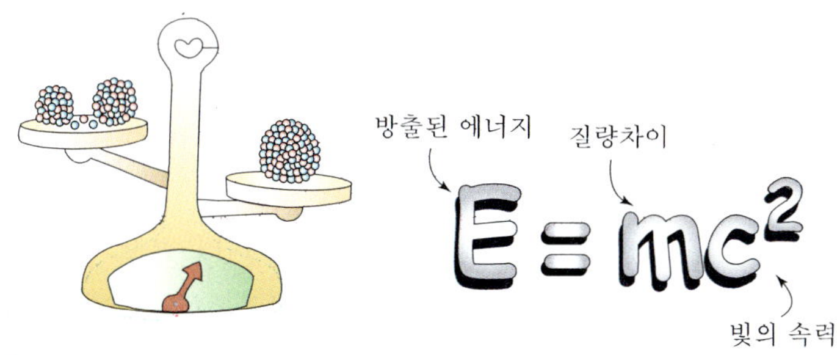


그림 24.17
핵 하나의 질량은 핵자들 질량의 합과 같지 않다. 무거운 핵이 분열하여 생기는 보다 가벼운 원자핵들(중성미자를 포함하여)의 질량 합은 분열하기 전에 핵의 질량보다 작다. 왜 이런 질량차가 생기는가?

당신이 238개의 벽돌로 담을 쌓았다면 담의 질량은 벽돌 하나 하나의 질량을 모두 더한 것과 같다. $^{238}_{92}U$원자핵의 질량은 그것을 이루고 있는 핵자들 모두의 질량을 합한 것과 같을까? 답은 '아니다'이다. 이를 이해하려면 핵으로부터 모든 핵자들을 떼어내는 데 필요한 일을 생각해야 한다. 에너지로 전환되는 일은 힘과 거리의 곱으로 나타낸다. 이제 우리가 $^{238}_{92}U$ 원자핵 속으로 들어간다고 하자. 거기서 하나의 핵자를 떼어내려면 핵력보다 약간 더 큰 힘으로 잡아당겨야 한다. 그것은 상당한 일을 필요로 한다. 계속해서 238개의 핵자들을 모두 떼어낸다. 즉 238개의 핵자로 이루어진 하나의 정지된 핵에서 238개의 핵자들을 따로 따로 분리시켜 정지 상태로 있게 하였다. 이때 한 일은 '질량' 에너지로 전환된다. 분리된 핵자들의 질량 합은 원래 핵의 질량보다 크다. 그 여분의 질량에 광속의 제곱을 곱한 양이 '질량' 에너지 값이다. 이를 요약하면 다음과 같은 식으로 나타난다. 질량이 $m_1$, $m_2$인 두 원자핵이 질량 $m$인 원자핵으로 결합될 때 질량 결손은 $\Delta m = m_1 + m_2 - m$이며 결합 에너지는 $E = \Delta mc^2 = (m_1 + m_2 - m)c^2$ 이다. 즉 $E = \Delta mc^2$ 이다.

이 질량 변화를 이해하는 한 가지 방법은 원자핵 안에 있는 핵자 하나의 질량은 핵 바깥에 고립되어 존재하는 핵자 하나의 질량보다 작다는 것이다. 얼마나 작은가는 핵의 종류에 따라 달라진다. 질량 차이는 핵의 결합 에너지와 관련되어 있다. 우라늄에서 질량 차이는 0.7%이다. 우라늄에서 0.7% 감소된 핵자 질량은 핵의 결합 에너지를 나타내는데 이것은 원자를 분해시키는 데 필요한 에너지이다.

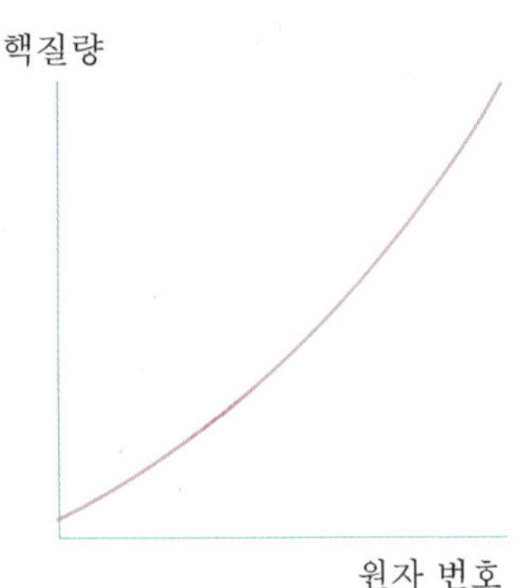


그림 24.18
그래프에서 원자 번호가 클수록 핵 질량이 커지는 것을 볼 수 있다. 곡선이 약간 과장되었다.

표준 원자핵은 $^{12}_{6}$C인데 탄소 원자핵의 질량은 12.000 00u이다. 여기서 1u는 원자질량단위로 1u= $^{12}_{6}$C 원자의 질량 $\times \frac{1}{12} = \frac{12\times10^{-3}\text{kg}}{6.02\times10^{23}} \times \frac{1}{12} =$ $1.66\times10^{-27}$kg이다. 이 단위로 핵 바깥의 양성자의 질량은 1.00728u이고 중성자는 1.00866u이며 전자는 0.00055u이다. 탄소 원자를 이루는 것들은 양성자 6개, 중성자 6개, 그리고 전자 6개인데 이것들의 질량을 모두 합하면 12.0989u이다. 이 질량은 $^{12}_{6}$C원자의 질량보다 0.8% 큰 것이다. 그 차이는 $^{12}_{6}$C 원자핵의 결합 에너지를 나타낸다. 결합 에너지는 철의 원자핵이 가장 크다는 것을 간단히 살펴보게 될 것이다.

수소에서 우라늄까지 원소들의 핵 질량을 나타낸 그래프가 그림 24.18이다. 예상대로 그래프는 원자 번호가 증가함에 따라 위로 향한다. 원자 번호가 증가할수록 원소들의 질량은 더욱 커진다. 기울기는 약간 곡선을 그리는데 그 이유는 무거운 원자일수록 더 많은 중성자가 있기 때문이다.

보다 중요한 그래프는 수소에서 우라늄까지 핵자 하나당 질량을 나타낸 그래프이다(그림 24.19). 핵자 하나의 질량을 계산하려면 핵 질량을 핵자수로 나누면 된다. (어떤 교실에 있는 학생 전체의 질량을 학생수로 나누면 학생 한 명의 평균 질량이 나온다.) 그래프가 나타내는 것은 각 원자핵 속에 있는 핵자들의 평균 질량이다. 양성자는 수소핵 속에 있을 때 가장 큰 질량을 가진다. 이때 양성자 질량에는 결합 에너지가

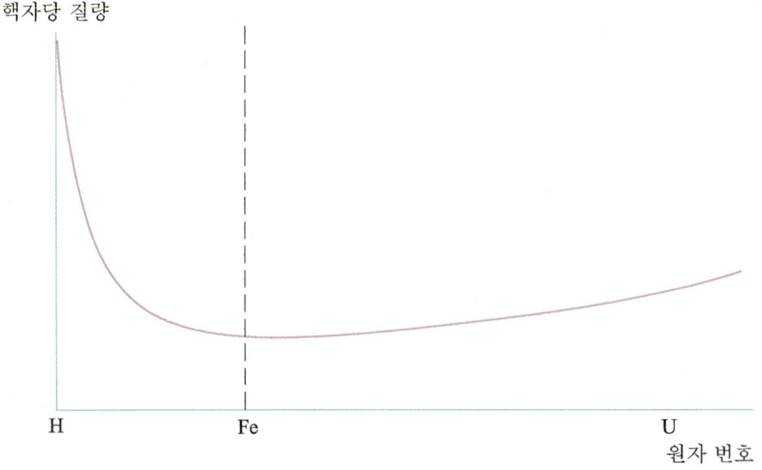


그림 24.19
그래프는 핵자당 질량은 모든 핵들에 대해서 일정하지 않다는 것을 보여준다. 그것은 가장 가벼운 핵이 가장 크고 철이 가장 작으며 무거운 핵은 중간 정도이다.

들어있지 않다. 양성자는 아무 것에도 묶여 있지 않은 것이다. 수소보다 원자번호가 커지면, 즉 원자핵의 질량이 수소보다 더 커질수록 그 속의 핵자들의 질량은 더욱 작아진다. 그래프에서 가장 아래쪽에 위치한 점은 철 원자를 나타낸다. 이것은 철 원자핵에서 핵자들을 때어내는 일은 다른 원자핵에서 핵자들을 떼어내는 것보다 더 힘들다는 것을 의미한다. 철은 다른 원자보다 핵자들을 더 세게 잡고 있다는 것이다. 철보다 더 큰 원자 번호에서는 핵자당 질량이 증가한다. 철보다 가벼운 원소나 무거운 원소에서는 핵자당 결합 에너지가 철보다 작다.

그래프로부터 우라늄 핵이 더 낮은 원자 번호의 핵들로 쪼개질 때 왜 에너지가 방출되는지 알 수 있다. 우라늄 핵이 두 개로 쪼개지면 분열 파편의 핵자당 질량은 그래프에서 수소와 우라늄의 반 정도에 위치한다. 분열 파편의 핵자당 질량이 우라늄의 핵자당 질량보다 작게 된다는 점에 유의하자. 이렇게 감소된 질량에 광속의 제곱을 곱한 양이 우라늄 분자 하나가 분열할 때 방출하는 에너시이다.

핵자당 질량은 수소가 가장 크고 원자 번호에 따라 급격히 감소하여 철에서 가장 작고 다시 점차적으로 증가해서 우라늄까지 계속된다. 철은 에너지 곡선의 바닥에 있으며 이것은 핵자당 결합 에너지가 가장 큰 것을 나타낸다. 핵이 철로 변하는 모든 전환에서 에너지가 방출된다. 무거운 핵자들은 분열하여 철 쪽으로 간다. 문제는 분열된 원자핵들이 방사성 원소라는 것인데, 이것은 이 원소들이 보통 원소보다 중성자가 많기 때문이다.

**Example** 원자가 분열할 때 핵에너지가 방출된다고 하였다. 그런데 원자들이 결합할 때도 에너지가 방출된다. 이것은 모순인가? 어떻게 반대 과정인데도 에너지가 방출되는가?

풀이 핵자당 질량이 감소하는 핵 반응에서만 에너지가 방출된다. 수소처럼 가벼운 핵들은 융합하여 무거운 핵이 되면서 질량을 잃고 에너지를 방출한다. 우라늄처럼 무거운 핵은 기벼운 원소로 분열하면시 질량을 잃고 에니지를 방출한다.

## 24.8 핵융합

그림 24.18의 그래프에서 에너지 곡선이 가장 급하게 기울어진 부분은 수소에서 철까지이다. 이때 가벼운 핵들이 분열하지 않고 융합하는

과정에서 에너지가 얻어진다. 이 과정이 핵융합인데 핵분열과 반대이다. 무거운 핵들이 분열할 때 핵이 쪼개지면서 에너지가 방출되는 것처럼 가벼운 핵들이 융합할 때도 에너지가 방출된다. 융합에 의해 생기는 핵들의 전체 질량은 융합에 참여하는 핵들의 질량 합보다 작다(그림 24.20).

원자핵들은 양으로 대전되어 있다. 융합이 일어나려면 전기적 반발력을 이겨내기 위해 매우 큰 속력으로 충돌해야 한다. 그렇게 되려면 태양이나 다른 별들의 중심 온도 정도로 온도를 높여야 그런 속력이 된다. 고온에 의해 발생하는 핵융합을 열핵융합이라고 하는데 말하자면 고온으로 핵들을 용접시키는 것이다. 태양 중심부에서는 수소 6억 5천 7백만 톤이 헬륨 6억 5천 3백만 톤으로 매초 전환하고 있다. 잃어버린 4백만 톤의 질량은 에너지로 방출된다. 그런 반응은 문자 그대로 핵이 타는 것이다.

열핵융합은 보통 화학적인 연소와 비슷하다. 화학적인 연소이든 핵연소이든 높은 온도로 반응을 시작해서 그 반응에 의해 방출되는 에너지로 다시 그 반응에 필요한 에너지를 충당한다는 점이 유사한 것이다. 화학 반응의 결과로 원자들이 단단히 묶여 분자가 된다. 핵반응에서는 보다 단단한 핵이 되는 것이다. 화학반응과 핵반응의 차이점은 본질적으로 규모의 차이이다.

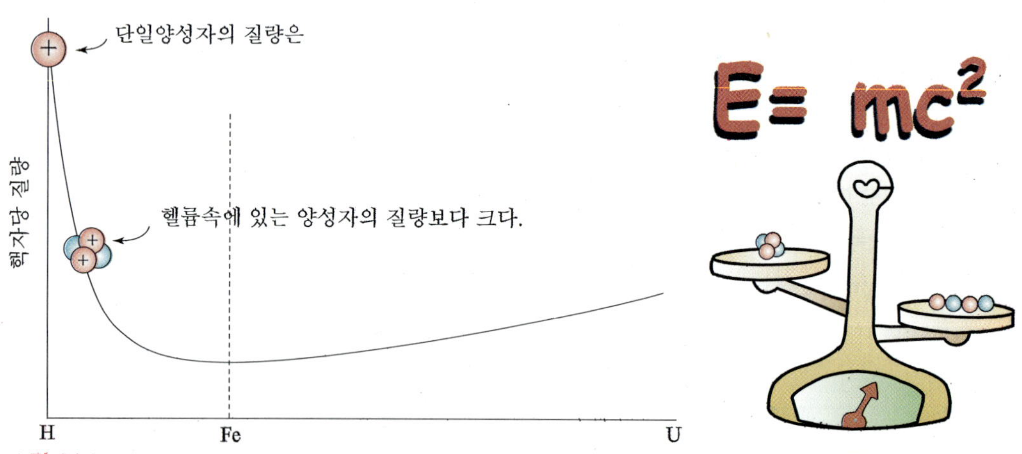


그림 24.20
(왼쪽) 단일 양성자의 질량은 헬륨원자 핵속의 핵자당 질량보다 크다. 양성자들이 융합하여 헬륨이 될 때 질량이 감소하면서 에너지를 방출한다.
(오른쪽) 두 개의 양성자와 두 개의 중성자의 전체 질량은 결합하여 헬륨원자핵이 되었을 때보다 크다.

## 개념확인하기

1 원자핵에 양성자가 하나 더해지면 원자의 원자번호와 원자질량은 어떻게 변하는가? 중성자가 하나 더해지면 어떻게 되는가? 원소의 화학적 성질을 변하게 하는 것은 무엇인가?

2 어떤 원소의 여러 동위원소가 갖는 공통점은 무엇인가? 도 서로 다른 점은 무엇인가?

3 죽은지 오래된 생물의 뼈와 갓 죽은 생물의 뼈의 질량이 같을 때 죽은 지 오래된 생물의 뼈에서 $^{14}C$가 더 많은 이유는 무엇인가?

4 하나의 점으로 된 물체에서 방출되는 방사는 역제곱의 법칙을 따른다. 점으로 된 물체로부터 1m 떨어진 곳에서 가이거 계수기로 방사능을 측정하였더니 분당 100번을 셀 수 있었다. 그러면 2m 떨어진 곳과 3m 떨어진 곳에서는 몇 번을 셀 수 있는가?

5 우리가 일반적으로 방사능 노출에 위험하다고 말할 때 $\alpha$, $\beta$, $\gamma$선 중에서 어느 방사선을 염두에 두고 말하는가?

6 방사성 물질은 왜 항상 그 주변보다 온도가 높은가? 왜 지구 중심은 그렇게 뜨거운가?

7 핵 분열에서 중성자의 역할은 무엇인가?

8 동위 원소 이온의 상대적인 질량을 측정하는데 사용되는 장치는 무엇인가?

9 가벼운 원자핵들이 융합하여 무거운 원자핵으로 될 때 잃어버린 질량은 어떻게 되는가?

10 분열이나 융합 과정에서 방출되는 에너지는 어디에서 만들어지는 것일까?

11 연쇄 반응은 왜 우라늄 광산에서 일어나지 않는가?

12 철이 분열하거나 융합할 때는 왜 에너지가 방출되지 않는가?

13 핵융합 원자로가 핵분열 원자로처럼 현실화되지 못하고 있는 이유는 무엇인가?

14 지표면에 플루토늄 광산이 없는 이유는 무엇인가?

15 금에서 에너지가 방출된다면 그것은 융합에 의해서인가, 분열에 의해서인가? 탄소와 철에서는 어떠한가?

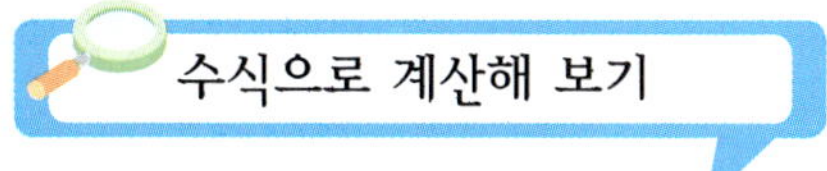

## 수식으로 계산해 보기

※ 다음의 핵 반응식에서 [ ]을 채우시오. [1-4]

1 토륨-232는 알파붕괴 한다.

$$^{232}_{90}\mathrm{Th} \Rightarrow [\ ] + \alpha$$

2 요오드-131은 베타붕괴를 한다.

$$^{131}_{53}\mathrm{I} \Rightarrow [\quad] + {}^{0}_{-1}e + {}^{0}_{0}\gamma$$

3 중성자로에서 우라늄-235를 핵분열시켜 주석-130과 네 개의 중성자가 방출되었다.

$$^{1}_{0}n + {}^{235}_{92}\mathrm{U} \Rightarrow [\ ] + {}^{130}_{50}\mathrm{Su} + 4{}^{1}_{0}n$$

**4** 두 개의 중수소 핵이 핵융합 한다.

$$^2_1H + ^2_1H \Rightarrow [\ \ ] + ^1_0n$$

※ 반감기가 2시간인 8000개의 방사선 원자가 있다. 물음에 답하시오. [5-6]

**5** 4시간 후에는 몇 개가 남는가?

**6** 8시간 후에는 몇 개가 남는가?

※ 다음 그림은 어떤 방사성 원소의 붕괴곡선이다. 물음에 답하시오. [7-8]

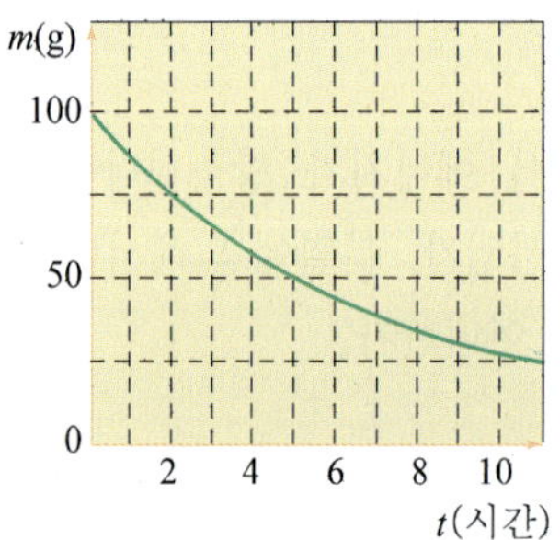


**7** 이 원소의 반감기는?

**8** 이 원소가 처음에 200g 이었다면 15시간이 경과한 후에는 몇 g이 남겠는가?

※ 우라늄이나 토륨은 지각에서 발견되는 방사선 핵종이다. 이 핵종이 붕괴하면 우라늄이나 토륨보다 훨씬 더 반감기가 짧은 새로운 딸핵들이 생긴다. 연속적인 $\alpha$와 $\beta$ 붕괴를 통해 안정된 납으로 바뀐다. 다음은 토륨-232의 붕괴과정을 나타낸 것이다. Th ⇒ Ra ⇒ Ac ⇒ Th ⇒ Ra ⇒ Rn ⇒ Po ⇒ Pb 다음 물음에 답하시오.

**9** 각 붕괴가 $\alpha$인지 $\beta$인지 밝혀라.

**10** 첫 세 단계의 반응식을 적어라.

**11** 우라늄 $^{238}_{92}U$은 여러번의 $\alpha$붕괴와 $\beta$ 붕괴 과정을 거쳐 납 $^{206}_{82}Pb$이 되었다. 우라늄이 납이 되는 과정에서 몇 번의 $\alpha$ 붕괴와 $\beta$붕괴가 일어났는가?

※ $^2_1H + ^2_1H \Rightarrow ^3_2He + ^1_0n$ 핵융합 반응에서 핵자들의 질량이 다음과 같이 주어진다.

$^2_1H$ : 2.014102u $^3_2He$ : 3.016029u

$^1_0n$ : 1.008665u

다음 물음에 답하시오. [12-13]

**12** 이 반응에서 반응물과 생성물의 질량 차이 $\Delta m$을 구하여라.

**13** 이 질량 차이를 에너지로 변환시키면 얼마인가?

**14** 원자로에서는 연쇄반응의 속도를 제어하기 위해서 카드뮴(Cd)막대를 사용한다. 그 이유를 설명하시오.

※ 자기장 $B$가 걸려있는 윌슨안개 상자에서 방사선의 비적이 그림과 같이 나타났다. 자기장의 방향은 지면의 앞면에서 뒷면으로 향하고 반경 $r_1 : r_2 = 20 : 1$일 때 다음 물음에 답하시오.

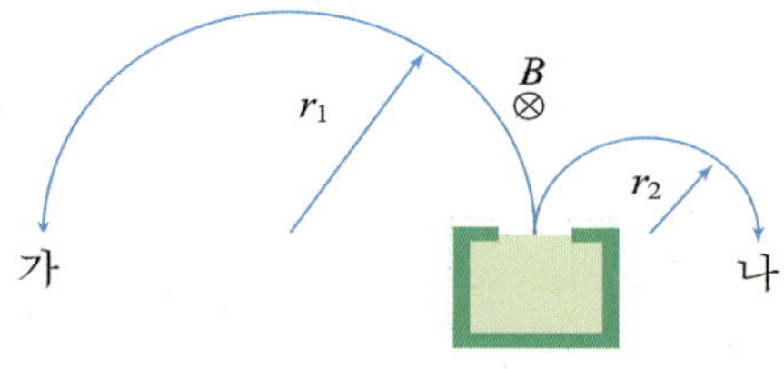


**15** 가, 나 중에서 $\alpha$선은 어느 것인가? 그 이유는 무엇인가?

**16** $\alpha$선의 속도가 $4\times10^6$m/s 이면 $\beta$선의 속력은 얼마인가? (단, 양성자의 질량은 전자 질량의 2000배라고 한다.)

**17** 전하를 띠지 않은 입자를 양성자에 정면충돌 시켰더니 양성자가 $3.3\times10^7$m/s 의 속력으로 튀어 나갔다. 이번에는 같은 입자를 같은 속력으로 질소원자핵에 충돌시켰더니 질소원자핵이 $0.44\times10^7$m/s 의 속력으로 튀어나갔다. 이 입자의 질량은? 또 이 입자의 정체는 무엇인가?

※ 입자와 반입자의 관계에 있는 전자와 양전자가 충돌하여 소멸하면서 에너지가 아주 큰 두 개의 $\gamma$선을 방출하였다. 전자와 양전자의 질량이 $9.1\times10^{-31}$kg이라고 할때 다음 물음에 답하시오. [18-19]

**18** 방출되는 $\gamma$ 선의 에너지는 얼마인가?

**19** 방출되는 $\gamma$ 선의 파장은 얼마인가?

**20** 우라늄 핵이 두 조각이 아니라 세 조각의 거의 같은 크기로 분열된다면 방출되는 에너지는 더 클까, 작을까? 핵자당 결합에너지의 그림을 참고하여 설명하라.

**21** 질량이 $2.6\times10^{-26}$kg이고 전하량이 $1.6\times10^{-19}$인 이온이 그림과 같이 자기장과 전기장이 수직으로 걸려 있는 속도 선택기에 자기장과 전기장에 수직인 방향으로 입사한 후 직진하였다. 전기장의 세기가 4.0kV/m이고 자기장의 세기가 0.1T일 때 다음 물음에 답하여라.

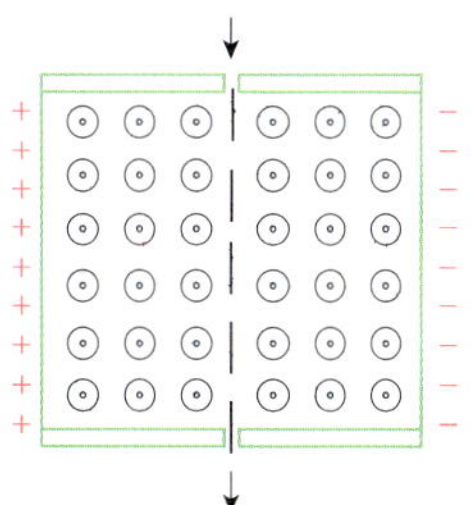

a. 이 이온의 속력은 몇 m/s인가?

b. 속도 선택기를 통과한 후 세기가 0.05T인 균일한 자기장에 수직으로 입사했다면 이 이온이 그리는 원의 반지름은 몇 m인가?

**22** 상대성 이론에 의하면 운동하는 물체의 질량은 정지해 있는 물체의 질량보다 크다. 정지 질량이 $m_0$인 어떤 입자를 가속시켜서 질량이 정지 질량의 2배가 되게 하려고 한다.

a. 이 입자의 속력은?

b. 이 입자에 공급한 에너지는?

**23** 입자와 반입자의 관계에 있는 전자와 양전자가 충돌하여 소멸하면서 에너지가 아주 큰 두 개의 $\gamma$선을 방출하였다. (단, 전자와 양전자는 질량이 다같이 $9.1\times10^{-31}$kg이다.)

a. 이 때 방출되는 $\gamma$선의 에너지는 얼마인가?

b. 이 $\gamma$선의 파장은?

**24** 다음과 같은 핵반응에서 18MeV의 에너지가 운동 에너지의 형태로 방출된다. 반응 후 핵자당 평균 운동 에너지는?

$^2_1\text{H} + ^3_1\text{H} \rightarrow ^4_2\text{He} + ^1_0\text{n}$

# 해설 및 해답

chapter 1 개념확인하기

1 순간 속력은 어느 한 순간의 속력으로 아주 짧은 시간 동안의 평균 속력이다. 평균 속력은 주어진 시간 동안 어떤 일정한 속력으로 운동했다고 볼 수 있는 속력으로 중간의 속력의 변화를 고려하지 않은 값이다.

2 순간 속력

3 속력은 방향을 포함하지 않으나, 속도는 방향을 포함한다.

4 속력은 일정하지만 방향이 변할 수 있기 때문에, 속도가 일정하다고 말할 수 없다.

5 속도

6 속도가 변하지 않기 때문에 가속도는 0 이다.

7 가속도는 속도를 시간으로 나눈 양이므로, 속도에서 시간이 한 번 나오고 시간으로 나눌 때 또 한번 나온다.

8 일정한 속력으로 운동하는 물체는 속력은 일정하면서 방향이 변할 수 있기 때문에 가속 운동 중일 수 있다. 그러나 일정한 속도로 운동하는 물체의 가속도는 0 이므로, 가속 운동 중일 수 없다.

9 중력만을 받으며 낙하하는 운동

10 지표면 근처에서 중력을 받으며 운동하는 물체의 가속도는 중력가속도로 그 크기는 항상 $9.8\text{m/s}^2$ (또는 $10\text{m/s}^2$)로 일정하다.

11 매초당 속력의 변화량은 가속도이므로, 연직 위로 던진 공이 운동하는 동안 공의 가속도는 올라가는 동안이나 내려오는 동안에 항상 $9.8\text{m/s}^2$ (또는 $10\text{m/s}^2$)로 일정하다.

12 올라가는 동안 매초당 속력의 감소량과 내려오는 동안 매초당 속력의 증가량이 같으므로, 올라갈 때와 내려올 때 걸리는 시간은 같다.

13 최고점에서의 순간 속력 : 0, 최고점에서 공의 가속도는 $g=9.8\text{m/s}^2$이다.

14 가속도

수식으로 계산해 보기

1 평균 속력은 이동거리를 걸린 시간으로 나눈 값이므로 $v=\frac{s}{t}=\frac{140\text{m}}{5\text{s}}=28\,\text{m/s}$

2 평균 가속도는 1초동안 속도의 변화량이므로 $a=\frac{\Delta v}{t}=\frac{100\,\text{km/h}}{10\text{s}}=10\,\text{km/h}\cdot\text{s}$

3 가속도는 1초동안 속도의 변화량이므로, 시간 $t$ 동안 속도의 변화량은 가속도에 시간을 곱한 것과 같다. $v=at=2\text{m/s}^2\times10\text{s}=20\text{m/s}$

4 속력이 10 m/s가 될 때까지 걸린 시간 $t=\frac{v}{g}=\frac{10\text{m/s}}{10\text{m/s}^2}=1\text{s}$ 이므로, 낙하한 거리는 $s=\frac{1}{2}gt^2=\frac{1}{2}\times10\times1^2=5\text{m}$ 이다(자유낙하는 등가속도 운동이므로 평균속도는 처음속도와 나중속도를 더한 값을 2로 나눈 값인 5m/s 이다. 따라서 이동거리는 평균속도×시간 = 5m/s×1s = 5m이다).

5 $s=\frac{1}{2}gt^2=\frac{1}{2}\times10\times5^2=125\text{m}$, $s=\frac{1}{2}gt^2=\frac{1}{2}\times10\times6^2=180\text{m}$
('이동거리 = 평균속도×시간'을 이용하면 25m/s × 5s = 125m, 30m/s × 6s = 180m)

6 $v=gt=10\times5=50\text{ m/s}$, $v=gt=10\times6=60\text{ m/s}$

7 순간 속력 : $v=gt=10\text{m/s}^2\times6\text{s}=60\text{m/s}$,
평균 속력 : $\bar{v}=\frac{0+v}{2}=\frac{0+60}{2}=30\text{ m/s}$,
낙하 거리 : $s=\frac{1}{2}gt^2=\frac{1}{2}\times10\times6^2=180\text{ m}$

8 a. 6초만에 되돌아오려면 최고점에 도달하는 시간은 3초가 되어야 한다. 3초일 때 최고점에서 속도가 0이 되므로, $v=v_0+gt$에서 연직 위로 던지는 공의 속도 $v_0$를 구하면 $0=v_0-10\times3$, $v_0=30\text{ m/s}$이다.
b. $s=v_0t-\frac{1}{2}gt^2=30\times3-\frac{1}{2}\times10\times3^2=45\text{m}$

9 체공 시간은 0.75m 낙하하는 데 걸리는 시간의 2배이므로,
$2t=2\sqrt{\frac{2s}{g}}=2\sqrt{\frac{2\times0.75}{10}}=0.77\text{s}$ ( $\because$ $s=\frac{1}{2}gt^2$에서 낙하시간 $t=\sqrt{\frac{2s}{g}}$ )

10 $v^2-v_0^2=-2gs$ 에서 최고점에서의 속력 $v=0$이라 놓으면,
$0-5^2=-2\times10\times s$ 에서 최고점까지의 높이 $s=1.25\text{ m}$ 이다.

11 a. 최고점에서 속도는 0이므로, $v=v_0-gt$, $0=10-10t$에서 최고점까지 올라가는데 걸리는 시간 $t=1s$ 이다.
b. 최고점에서 땅에 떨어지는 데 걸리는 시간은 4초이므로, 최고점에서 떨어진 곳까지의 높이 $s=\frac{1}{2}gt^2=\frac{1}{2}\times10\times4^2=80\text{m}$ 이다.
c. 옥상에서 최고점까지 1초 동안 올라가는 거리는 $s=v_0t-\frac{1}{2}gt^2=10\times1-\frac{1}{2}\times10\times1^2=5\text{m}$ 이고 최고점에서 떨어진 곳까지의 높이는 80m이므로, 건물의 높이는 75m이다.

12 연직 위로 던진 물체가 최고점에서 다시 내려오는 운동은 자유 낙하 운동과 같으므로, 높이 15m를 지날 때의 속력은 5m를 자유 낙하할 때의 속력과 같다. 5m를 자유낙하하는데 걸리는 시간은 1초이므로, $v = gt = 10 \times 1 = 10\ \mathrm{m/s}$ 이다.

13 물체가 낙하한 후 1, 2, 3 초가 지났을 때의 속도, 낙하거리, 가속도를 구하면

$v_1 = gt = 10 \times 1 = 10(\mathrm{m/s})$, $s_1 = \frac{1}{2}gt^2 = \frac{1}{2} \times 10 \times 1^2 = 5(\mathrm{m})$,

$a_1 = g = 10(\mathrm{m/s^2})$

$v_2 = gt = 10 \times 2 = 20(\mathrm{m/s})$, $s_2 = \frac{1}{2}gt^2 = \frac{1}{2}10 \times 2^2 = 20(\mathrm{m})$,

$a_2 = g = 10(\mathrm{m/s^2})$

$v_3 = gt = 10 \times 3 = 30(\mathrm{m/s})$, $s_3 = \frac{1}{2}gt^2 = \frac{1}{2} \times 10 \times 3^2 = 45(\mathrm{m})$,

$a_3 = g = 10(\mathrm{m/s^2})$

∴ 매초당 속도의 비 $v_1 : v_2 : v_3 = 10:20:30 = 1:2:3$

매초당 낙하 거리를 구하면

$s_{0\sim1} = 5\mathrm{m}$, $s_{1\sim2} = 20\mathrm{m} - 5\mathrm{m} = 15\mathrm{m}$, $s_{2\sim3} = 45 - 20 = 25\mathrm{m}$

∴ 매초당 낙하 거리의 비 $s_{0\sim1} : s_{1\sim2} : s_{2\sim3} = 5:15:25 = 1:3:5$

∴ 매초당 가속도의 비 $a_1 : a_2 : a_3 = 10:10:10 = 1:1:1$

14 가속도가 일정한 직선 운동이므로 $v = v_0 + at, s = v_0 t + \frac{1}{2}at^2$에서

$v_1 = 10 + 10 \times 1 = 20(\mathrm{m/s})$, $s_1 = 10 \times 1 + \frac{1}{2} \times 10 \times 1^2 = 15(\mathrm{m})$

$v_2 = 10 + 10 \times 2 = 30(\mathrm{m/s})$, $s_2 = 10 \times 2 + \frac{1}{2} \times 10 \times 2^2 = 40(\mathrm{m})$

$v_3 = 10 + 10 \times 3 = 40(\mathrm{m/s})$, $s_3 = 10 \times 3 + \frac{1}{2} \times 10 \times 3^2 = 75(\mathrm{m})$

그래프로 그려 보면 아래와 같고, 물체의 낙하 속도는 자유 낙하한 경우보다 시간에 관계없이 10m/s만큼 빠르나, 낙하 거리는 시간에 따라 10m, 20m, 30m … 씩 증가한다.

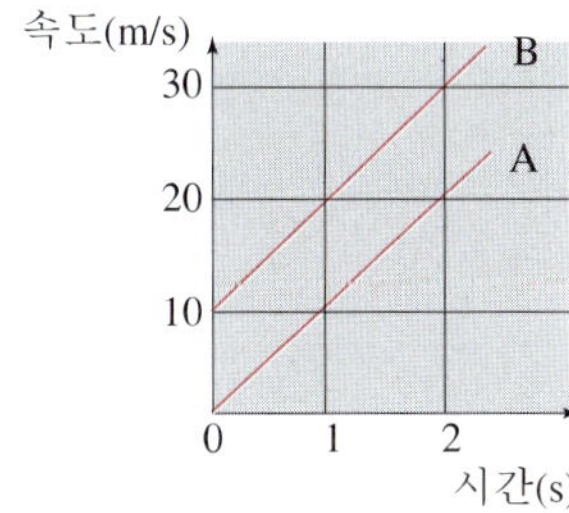


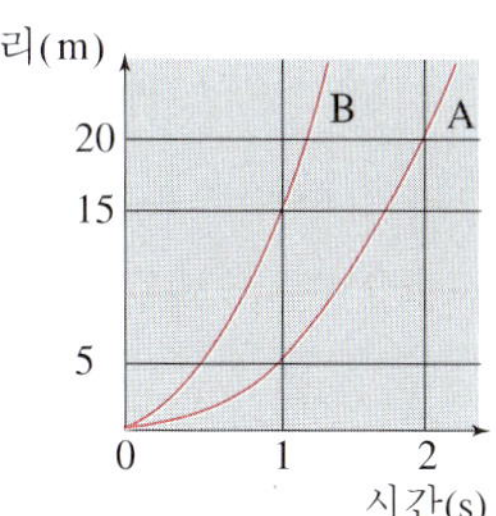


A : 자유 낙하 운동, B: 연직 하방으로 10m/s로 던진 물체의 운동

15 $v^2 - v_0^2 = 2gs$에서 $70^2 - 30^2 = 2 \times 10 \times s$, $s = 200\ \mathrm{m}$ 이다.

16 4초 동안 자유 낙하하는 물체가 아래로 이동한 거리 $s = \frac{1}{2}gt^2 = \frac{1}{2} \times 10 \times 4^2 = 80\mathrm{m}$이다.

연직 상방으로 던져 올린 물체가 이동한 거리 $s=v_0t-\frac{1}{2}gt^2=10\times4-\frac{1}{2}\times10\times4^2=-40\text{m}$이다. 여기서 -40m는 던져 올린 지점 아래로 40m라는 의미이므로, 두 물체 사이의 거리는 40m이다.

17 사람의 반응시간은 자가 낙하한 거리 $d=\frac{1}{2}gt^2$으로 측정할 수 있다.

즉 $t=\sqrt{\frac{2d}{g}}$으로 구한다.

18 반응시간은 운전자가 장애물을 발견한 후 브레이크를 밟는 순간까지 걸리는 시간을 말하며 이 동안 자동차는 거의 등속도 운동을 한다. 속력-시간 그래프에서 그래프 아래의 면적은 이동거리를 나타내므로 이를 이용하여 계산하면(시속을 초속으로 나타내면 72km/h = 20m/s, $20t+\frac{1}{2}\cdot20\cdot(3.5-t)=40$에서 $t=0.5\text{s}$이다.

19 자유낙하하는 물체가 지면에 도달하는 시간은 $t=\sqrt{\frac{2H}{g}}$이다. 나뭇가지 위로 떨어지는 물방울은 $\frac{H}{n+1}$의 거리를 $n$+1회 자유낙하하므로 $t'=(n+1)\sqrt{\frac{2(\frac{H}{n+1})}{g}}=\sqrt{\frac{2(n+1)H}{g}}$이다. 따라서 시간 차이는 $(\sqrt{n+1}-1)\sqrt{\frac{2H}{g}}$이다.

20 a. 배가 최단 거리로 건너기 위해서는 왼쪽 그림과 같이 뱃머리를 비스듬히 강의 위쪽을 향했을 때 배의 속도와 강물의 속도를 합성하면 배는 강물이 흐르는 방향과 수직하게 된다.

$v=\sqrt{4^2-3^2}=\sqrt{7}(\text{m/s})$

b. 배가 최단 시간에 건너가려면 오른쪽 그림과 같이 강물이 흐르는 방향과 수직한 성분의 속도가 가장 커야 하므로 뱃머리를 강물이 흐르는 방향과 수직한 방향으로 향해야 한다.

$v=\sqrt{3^2+4^2}=5(\text{m/s})$

21 평균 가속도 $\vec{a}=\frac{\vec{v_2}-\vec{v_1}}{t_2-t_1}=\frac{\Delta\vec{v}}{\Delta t}=\frac{\text{속도의 변화량}}{\text{시간의 변화량}}$이다.

속도의 변화량을 벡터적으로 계산하면(벡터의 뺄셈은 덧셈으로 계산한다.)

$\Delta v=\sqrt{20^2+20^2+2\cdot20\cdot20\cdot\cos120^\circ}=20(\text{m/s})$이다.

$\therefore$ 평균 가속도$=\frac{20}{4}=5(\text{m/s}^2)$

**다른풀이**

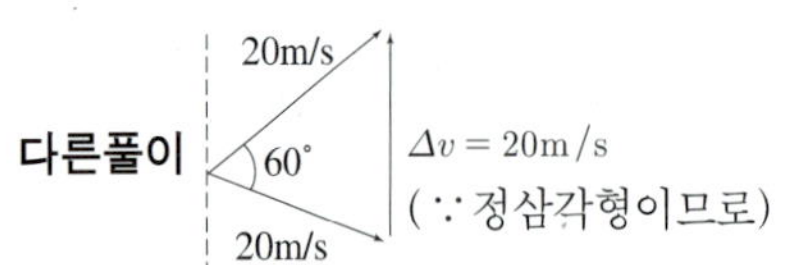

22

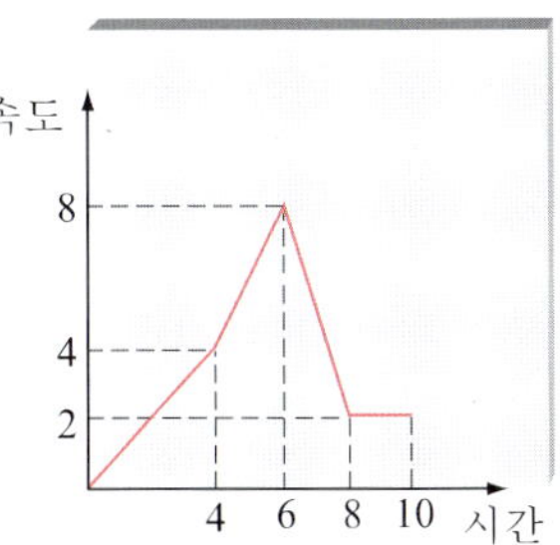


23 줄의 총 길이는 일정하므로 물체의 속도는 빗변 길이의 변화율과 같다.

빗변의 길이 $s=\sqrt{h^2+x^2}$, $v=\dfrac{ds}{dt}=\dfrac{ds}{dx}\cdot\dfrac{dx}{dt}=\dfrac{x}{\sqrt{h^2+x^2}}\cdot v_0$,

$$a=\frac{dv}{dt}=\frac{h^2v_0^2}{(h^2+x^2)^{\frac{3}{2}}}$$

## 한걸음 더

1 $H=\dfrac{v_0^2}{2g}$ 을 이용하여 물체가 상승하는 높이를 구하려면 중력가속도가 일정하다는 전제조건이 필요하다. 이 경우 로켓의 속도가 빨라서 지구의 중력장을 탈출할 수 있으므로 지표근처의 공식을 써서 계산할 수 없다.

2 속력은 시간 - 가속도의 그래프에서 면적에 해당한다.

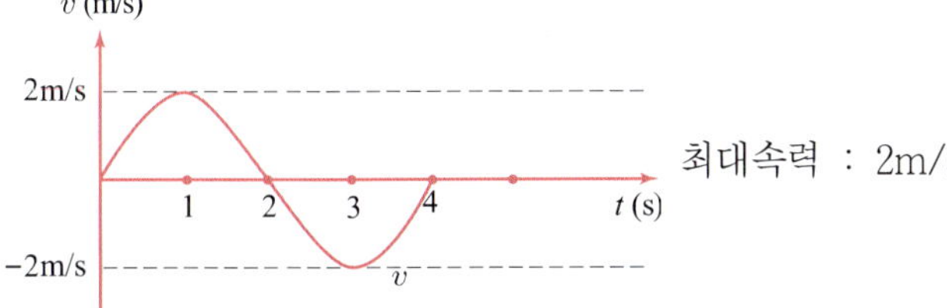


3

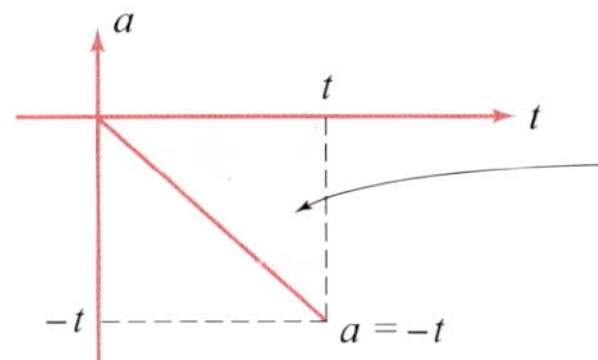


속도의 변화량 $=\dfrac{1}{2}t^2=10$

$\therefore\ t=\sqrt{20}\,(\mathrm{s})$

$$v-v_o=\int_0^t a\,dt=-\frac{1}{2}t^2$$

$$v(t)=v_0-\frac{1}{2}t^2=10-\frac{1}{2}t^2$$

$$S=\int_0^t v\,dt=10t-\frac{1}{6}t^3=10\sqrt{20}-\frac{20}{6}\sqrt{20}=\frac{20}{3}\sqrt{20}\ (\mathrm{m})$$

chapter 2

## 개념확인하기

1 더 작다. 원래 벡터 크기를 $A$라고 하면 수평 성분은 $A\cos 45° = 0.707A$이고 연직 성분은 $A\sin 45° = 0.707A$이므로, 원래 크기의 0.707배가 된다.

2 수평방향으로는 작용하는 힘이 없고, 연직 방향으로만 중력이 작용하기 때문이다.

3 둘 다 중력의 영향을 받는다는 점에서 차이점이 없다고 할 수 있으며, 다만 포사체의 연직 성분의 운동은 연직상방운동과 같고, 초속도 0인 낙하운동은 자유낙하 운동과 같다.

4 수평방향으로 던진 물체의 연직성분의 운동은 자유낙하와 같으므로 둘 다 동시에 지면에 도달한다.

5 a. $s = \frac{1}{2}gt^2 = \frac{1}{2} \times 10 \times 1^2 = 5\text{m}$

b. 관계가 없다. 발사 각도 또는 발사 속도와 관계없이 중력 때문에 아래로 떨어지는 거리는 $s = \frac{1}{2}gt^2$이다.

6 올라간 높이는 연직 성분에 의해 결정되므로 새총을 연직 위로 쏘면 가장 높은 곳에 도달한다. 45°의 각도로 쏘았을 때 수평도달거리는 최대가 된다.

7 왼쪽 그림과 같이 매달려 있을 때는 두 줄의 장력의 합이 500N이므로 각각의 줄의 장력은 250N이므로 끊어지지 않는다. 오른쪽 그림과 같이 매달려 있을 때 줄의 장력은 몸무게인 500N과 같으므로 줄은 끊어진다.

8 c는 역기를 한 팔로 지탱하고 있으므로 팔에 작용하는 힘은 역기 무게와 같고, a는 역기를 두 팔로 지탱하고 있으므로 팔에 작용하는 힘은 역기 무게의 절반과 같다. 따라서 팔에 작용하는 힘이 가장 작은 경우 : a, 가장 큰 경우 c

9 연직 방향으로 작용하는 쇠공의 무게와 쇠사슬의 장력이 항상 같아야 하므로 양쪽으로 잡아당기는 쇠사슬의 장력은 쇠사슬 사이의 각도가 증가할수록 커지고, 일직선에 가까워지면 장력이 무한대가 되기 때문이다.

10 있다. (강물의 속도와 사람의 속도를 두변으로 하여 평행사변형을 그려보면, 강물의 속도와 사람의 속도의 합을 나타내는 대각선이 두 변보다 긴 것을 알 수 있다.)

11 종단 속력, 공기 저항을 받고 있으며 종단 속력에 도달했을 때 공기 저항력과 중력은 같다.

## 수식으로 계산해 보기

1 서로 같은 방향일 때 가장 크므로 최대값은 $4 + 5 = 9$, 서로 반대 방향일 때 가장 작으므로 최소값은 $5 - 4 = 1$

2 피타고라스 정리를 이용하면 $\sqrt{4^2 + 3^2} = 5$이며, 빗변의 크기와 같다.

3 자동차가 달릴 때 창문에 나타나는 줄무늬는 수직으로 떨어지는 비의 속도와 수평방향으로 운동하는 자동차의 속도가 합해진 결과이다(자동차에 대한 정지한 비의 상대속도는 자동차의 속도와 크기가 같고 방향이 반대이다.). 이 때 줄무늬가 창문에 45° 경사지게 줄무늬를 만들었다면, 자동차의 속력과 비의 속력은 같다.

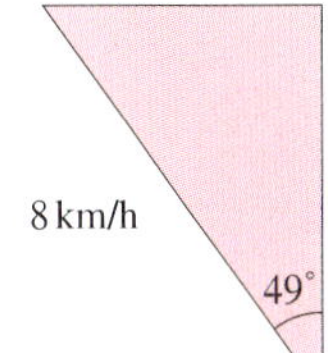


4 a. 배의 속도와 강물의 속도가 더해지므로 $\sqrt{8^2+6^2}=10\,\text{km/h}$의 속력으로 오른쪽으로 기울어져 진행한다.
b. 배의 최대 속력이 8km/h이라면, 약 49°의 상류 방향으로 뱃머리를 기울인다. 빠르기는 $\sqrt{8^2-6^2}=2\sqrt{7}\,\text{km/h}$

5 초속도 $v=141\,\text{m/s}=100\sqrt{2}\,\text{m/s}$ 는 수평 방향의 속도 성분 $v_x$와 연직 방향의 속도 성분 $v_y$ 로 이루어진 평행사변형의 대각선과 같다. 이 때 $v_x$와 $v_y$의 크기는 같으므로, $v_x : v_y : v = 1 : 1 : \sqrt{2}$ 의 관계가 있다. 최고점에서의 속도는 수평방향의 속도 성분만 있으므로, 최고점에서의 속력 $v_x$는 100m/s이다.

6 초속도의 수평성분$= 20\text{m/s} \times \cos 53^\circ = 20\text{m/s} \times \dfrac{3}{5} = 12\text{m/s}$

초속도의 연직성분$= 20\text{m/s} \times \sin 53^\circ = 20\text{m/s} \times \dfrac{4}{5} = 16\text{m/s}$

운동하는 동안 변하지 않는 성분은 초속도의 수평성분이고, 체공 시간을 결정하는 것은 초속도의 연직 성분이다.

7 45m를 자유 낙하하는 시간 동안 15m를 수평 방향으로 이동해야 한다.

$t=\sqrt{\dfrac{2s}{g}}=\sqrt{\dfrac{2\times 45}{10}}=3\text{s}, \quad v=\dfrac{15\text{m}}{3\text{s}}=5\text{m/s}$

8 고무총알이 수평으로 0.5초 이동하는 동안 자유 낙하하는 거리 $s=\dfrac{1}{2}gt^2=1.25\text{m}$이므로, 고무총알은 목표물의 1.25m 아래쪽에 맞게된다. 따라서 목표물을 제대로 맞추려면 목표물보다 1.25m 높은 곳을 겨누고 고무총알을 발사한다.

9 20m의 거리를 자유 낙하하는 시간 동안 공이 60m를 수평방향으로 날아가야 한다.

즉 $t=\sqrt{\dfrac{2s}{g}}=\sqrt{\dfrac{2\times 20}{10}}=2\text{s}$ 동안 60m를 날아가야 하므로, 수평방향으로 던지는 공의 속력은 $\dfrac{60\text{m}}{2\text{s}}=30\text{m/s}$가 되어야 한다.

10 화물이 125m를 자유 낙하하는 시간 $t=\sqrt{\dfrac{2s}{g}}=\sqrt{\dfrac{2\times 125}{10}}=5\text{s}$ 동안에 50m/s의 속도로 수평방향으로 이동하므로, 화물은 자동차로부터 떨어진 거리는 50m/s×5s=250m이다.

11 지면과 이루는 각 $\theta$가 클수록 연직 방향의 속도 성분이 커지므로 물체가 공중에 머무는 시간이 길어지고 최고점에 도달하는 높이는 높아진다. 물체의 수평 도달 거리는 각도가 45°가 될 때까지 증가하다가 45°보다 커지게 되면 다시 감소한다.

**12** a. 수평 방향으로는 등속 운동을 하므로 $R=v_0t=120\times 9=1080(\text{m})$

b. 폭탄이 바닥에 충돌할 때 속도의 $x$, $y$ 성분은 각각

$v_x=v_0=120\text{m/s}, v_y=gt=10\text{m/s}^2\times 9\text{s}=90\text{m/s}$

∴ 폭탄이 바닥에 충돌할 때의 속도

$v=\sqrt{v_x^2+v_y^2}=\sqrt{120^2+90^2}=150(\text{m/s})$

**13** a. $v_y=v_0\sin\theta-gt=0$에서 최고점 도달 시간은 $t_H=\dfrac{v_0\sin\theta}{g}=\dfrac{40\times 0.5}{10}=2\text{s}$, 최고점에서 $v_y=0$이므로, 최고점에서의 속도 $v=v_x=v_0\cos\theta=40\times\dfrac{\sqrt{3}}{2}=20\sqrt{3}\,\text{m/s}$

b. 최고점에 도달하는 데 걸리는 시간이 2초이므로, 2초 후 물체의 $y$ 성분을 구하면 된다.

$H=v_0\sin\theta t-\dfrac{1}{2}gt^2=40\times\dfrac{1}{2}\times 2-\dfrac{1}{2}\times 10\times 2^2=20\text{m}$

또는 $H=\dfrac{(v_0\sin\theta)^2}{2g}=\dfrac{\left(40\times\dfrac{1}{2}\right)^2}{2\times 10}=20\text{m}$

c. 물체가 수평 방향으로 4초 동안 $v_0\cos\theta$의 속력으로 등속도 운동을 하므로

$R=v_0\cos\theta t=40\times\dfrac{\sqrt{3}}{2}\times 4=80\sqrt{3}\,\text{m}$

d. $v_x=v_0\cos\theta=40\times\dfrac{\sqrt{3}}{2}=20\sqrt{3}\,\text{m/s}$

$v_y=v_0\sin\theta-gt=40\times\dfrac{1}{2}-10\times 4=-20\text{m/s}$

$\therefore\ v=\sqrt{v_x^2+v_y^2}=\sqrt{(20\sqrt{3})^2+(-20)^2}=40\text{m/s}$

즉, 물체가 바닥에 충돌할 때의 속력은 물체를 던져올릴 때의 속력과 같다.

**14** a. 연직 위쪽을 +로 하면, 점 O를 기준으로 하여 점 A의 위치 $y=-30\text{m}$이고, 초속도 $v_0$의 $y$ 성분

$v_{0y}=v_0\sin 30^\circ=\dfrac{1}{2}v_0$ 이므로

$y=v_{0y}t-\dfrac{1}{2}gt^2=\dfrac{1}{2}v_0\times 4-\dfrac{1}{2}\times 10\times 4^2=2v_0-80=-30$

∴ 초속도 $v_0=25\text{m/s}$이다.

b. 수평 방향으로는 등속도 운동을 하므로

$\overline{\text{AB}}=v_0\cos 30^\circ t=25\times\dfrac{\sqrt{3}}{2}\times 4=50\sqrt{3}=85\text{m}$

c. 최고점에서 $v_y=0$이므로

$v_y=v_0\sin 30^\circ-gt=25\times\dfrac{1}{2}-10\times t=0$에서 최고점 도달 시간

$t_H=1.25$초이다.

**15** a. 점 B의 물체가 땅에 떨어지는 데 걸리는 시간

$t=\sqrt{\dfrac{2h}{g}}$ 이므로 $v_0\cos\theta\cdot t\geq s$에서

$v_0 \geq \dfrac{s}{\cos\theta \cdot t} = \dfrac{s}{\cos\theta}\sqrt{\dfrac{g}{2h}}$

b. 두 물체가 충돌할 때 점 B의 물체가 자유 낙하한 거리와 점 A의 물체의 높이의 합은 $h$ 이므로

$(v_0\sin\theta \cdot t - \frac{1}{2}gt^2) + (\frac{1}{2}gt^2) = h \cdots$ ①

점 A의 물체는 $t$ 초 동안 $s$ 만큼 수평이동하므로

$v_0\cos\theta \cdot t = s \cdots$ ②

① ÷ ②식에서 $\tan\theta = \frac{h}{s}$ 인 각으로 점 A의 물체를 발사하면서 동시에 점 B의 물체를 자유 낙하시키면 $v_0$ 의 크기에 관계없이 두 물체는 항상 충돌한다.

16 수평방향으로는 등속도운동이므로 P점을 통과하는 순간 시각은 $t_0 = \frac{1}{4}\frac{R}{v_0\cos\theta}$ 이고, 수평도달거리는

$R = \frac{v_0^2}{g}\sin 2\theta$ 이다. $\vec{v} = v_0\cos\theta\,\hat{i} + (v_0\sin\theta - \frac{gR}{4v_0\cos\theta})\hat{k}$,

따라서 속도는 $v = \sqrt{v_x^2 + v_y^2} = \sqrt{(v_0\sin\theta)^2 + (v_0\cos\theta - \frac{gR}{4v_0\cos\theta})^2}$ 이고

높이는 $y(t_0) = v_0\sin\theta t_0 - \frac{1}{2}gt_0^2 = \frac{1}{4}R\tan\theta - \frac{1}{32}g(\frac{R}{v_0\cos\theta})^2$ 이다.

17 a. 지상 5m에서 물체를 수평방향으로 초속 8km로 던지면 1초 후에 수평거리 8km인 지점에서 도달했을 때 5m 낙하하게 되는데, 지구 표면이 5m 휘어져 있으므로 물체는 지구 표면으로부터 다시 5m 높이에 있게 된다. 따라서 물체는 지구 표면이 휘어진 정도와 일치하는 원운동을 하게 된다.

b. 지구 표면과 나란한 곡선 경로를 따라 비행기가 날아가고 있으므로 비행기의 방향 즉 속도가 계속적으로 변하는 원운동을 한다.

c. 수직인 경우 - 최고점, 나란한 경우 - 없다. 속도의 수평성분이 0이어야 속도의 방향이 수직이 되어 가속도의 방향과 나란하게 되는데, 속도의 수평성분은 항상 일정하므로 속도의 방향은 수직 방향이 될 수 없다.

d. 수평도달거리는 초속도와 뛰는 각도와 관계가 있으므로 얼마나 높이 뛰는가와 관계가 있다.

e. 최고점에서 내려올 때는 일치하고, 올라갈 때는 일치하지 않는다. 일반적으로 영희의 생각이 옳다.

18 a. 공이 1초 동안 수평 방향으로 10m 이동했고 수평 방향으로는 등속도 운동이므로 4초 동안 이동한 거리는 40m이다.

b. 공이 지면에 도달하는 데 걸리는 시간은 최고점에 도달하는 데 걸리는 시간의 2배와 같으므로 최고점에 도달하는 데 걸리는 시간은 2초이다. 막대의 높이는 최고점 높이에서 1초 동안 자유 낙하한 거리를 뺀 값과 같다.

$h = \frac{1}{2}g(2^2 - 1^2) = \frac{1}{2} \cdot 10 \cdot (2^2 - 1^2) = 15(\text{m})$

19 a.

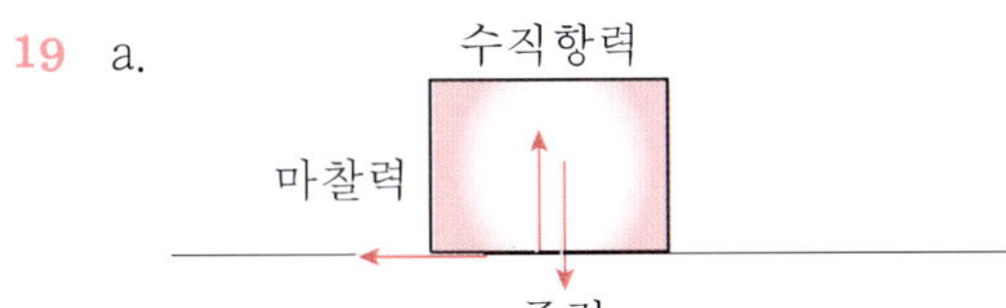

b. 지면에서 볼 때 가방은 마찰력만을 받으며 운동하고 있으므로

$f = \mu mg = ma, \quad a = \mu g = 1(\text{m/s}^2)$

c. 자동차에서 보면 가방은 자동차의 반대 방향으로 $4\text{m/s}^2$의 가속도로 등가속도 운동을 하므로

$2 = \frac{1}{2} \cdot 4t^2, \quad t = 1(\text{s})$

d. 가방의 위치 변화는 가방이 자동차에서 떨어지기 전까지 가방이 운동한 거리($s_1$)와 가방이 자동차에서 떨어진 후 수평방향으로 운동한 거리($s_2$)의 합과 같다. 이때 가방이 자동차에서 떨어지기 전까지 가방은 마찰력만을 받으면서 운동을 한다.

$s = s_1 + s_2 = \frac{1}{2}at_1^2 + vt_2 = \frac{1}{2} \cdot 1 \cdot 1^2 + 1 \cdot \sqrt{\frac{2\times 2}{10}} = 0.5 + \sqrt{0.4}\,(\text{m})$

20 a. 수평 방향으로는 등속도 운동을 하므로 $\frac{D}{v}$

b. 점 Q에 도달하는 걸린 시간이 $\frac{D}{v}$이므로 초속도의 연직성분은 $\frac{D}{v}g$이고 높이는 $H = \frac{v_y^2}{2g} = \frac{D^2}{2v^2}g$ 이다.

c. 원숭이가 바나나를 잡을 때 원숭이가 자유낙하한 거리와 바나나의 높이의 합은 $H$이므로

$$h = H - \frac{1}{2}gt^2 = \frac{D^2 g}{2v^2} - \frac{1}{2}g\left(\frac{L-D}{v}\right)^2$$

$$= \frac{D^2 g}{2v^2} - \frac{g}{2v^2}(L^2 - 2LD + D^2) = \frac{2LD - L^2}{2v^2}g$$

d. 외력이 작용하지 않으면 운동량은 항상 보존되므로

$x$성분 : $mv = (M+m)v_x' \qquad \therefore \; v_x' = \frac{mv}{M+m}$,

$y$성분 : $v_y' = v_y = \frac{L-D}{v}g$

속도 $= \sqrt{v_x'^2 + v_y'^2} = \sqrt{(\frac{mv}{M+m})^2 + (\frac{L-D}{v}g)^2}$

e. 상승 시간과 하강 시간은 같으므로 $t = \frac{2D}{v}$이고, 수평방향으로 등속도 운동을 하므로 수평도달거리는 $R = L + v_x'\left(\frac{2D}{v} - \frac{L}{v}\right) = L + \frac{m(2D-L)}{M+m}$ 이다.

한걸음 더

1

①

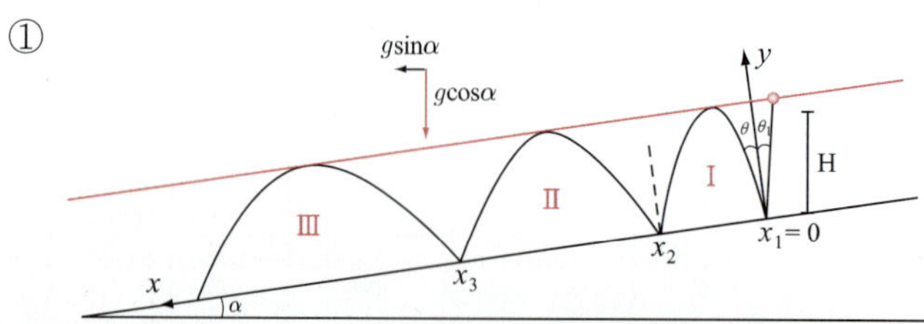

$t_o = \sqrt{\dfrac{2h}{g}}$ , $v_1 = \sqrt{2gH}$

②

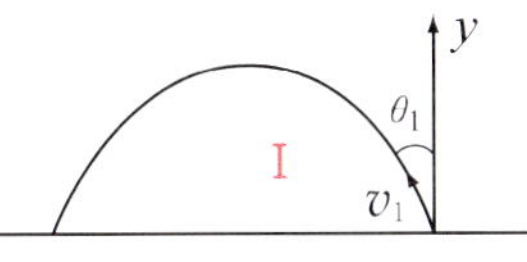


구간 Ⅰ) $v_{xo} = v_1 \sin\theta_1 \quad v_{yo} = v_1 \cos\theta_1 ,\ \theta_1 = \alpha$

$$x = v_1 \sin\alpha t + \frac{1}{2}(g\sin\alpha)t^2 \qquad ①$$

$$y = v_1 \cos\alpha t - \frac{1}{2}(g\cos\alpha)t^2 \qquad ②$$

$x_2$를 구하기 위해 $y=0 \Rightarrow t_2 = \dfrac{2v_1\cos\alpha}{g\cos\alpha} = \dfrac{2v_1}{g}$ 을 $x$에 대입하면

$$x_2 \equiv x = v_1 \sin\alpha \frac{2v_1}{g} + \frac{1}{2}(g\sin\alpha)\frac{(2v_1)^2}{g^2} = \frac{4v_1^2\sin\alpha}{g}$$

①, ②에서

$v_x = v_1 \sin\alpha + g\sin\alpha \cdot t$

$v_y = v_1 \cos\alpha - g\cos\alpha \cdot t$

$v_x(t_2) = v_1\sin\alpha + 2v_1\sin\alpha = 3v_1\sin\alpha$

$v_y(t_2) = v_1\cos\alpha - 2v_1\cos\alpha = 3v_1\cos\alpha$

구간 Ⅱ) $v_{xo} = 3v_1\sin\alpha$

$v_{yo} = v_1\cos\alpha$

$$x = 3v_1\sin\alpha\ t + \frac{1}{2}(g\sin\alpha)t^2$$

$$y = v_1\cos\alpha\ \ t - \frac{1}{2}(g\cos\alpha)t^2$$

$t_3 = \dfrac{2v_1}{g}$ 를 $x$에 대입하면

$$x_3 = 3v_1\sin\alpha\frac{2v_1}{g} + \frac{1}{2}(g\sin\alpha)\frac{4v_1^2}{g^2} = \frac{6v_1^2\sin\alpha}{g} + \frac{2v_1^2\sin\alpha}{g} = \frac{8v_1^2\sin\alpha}{g}$$

$v_x = 3v_1\sin\alpha + g\sin\alpha\ t$

$v_y = v_1\cos\alpha - g\cos\alpha\, t$

$v_x\ = 3v_1\sin\alpha + 2v_1\sin\alpha = 5v_1\sin\alpha$

$v_y = -v_1\cos\alpha$

구간 Ⅲ) $t_4 = \dfrac{2v_1}{g}$, $x_4 = \dfrac{2v_1^2\sin\alpha}{g}$

$v_x(t_4) = 7v_1\sin\alpha$

$v_y(t_4) = -v_1\cos\alpha$, …

따라서 운동시간은

$$t_N = t_0 + t_2 + t_3 + \cdot\cdot\cdot\ t_N = \sqrt{\frac{2+1}{g}} + \frac{2v_1}{g}\times(n-1) = \sqrt{\frac{2+1}{g}}(2n-1)$$

또한 이동한 거리는

$$x_N = x_2 + x_3 + x_4 + \cdot\cdot\cdot + x_n$$
$$= \frac{v_1^2 \sin\alpha}{g}(1\cdot 2+2+3\cdot 2+2+5\cdot 2+2+\cdot\cdot\cdot+(2n-3)\cdot 2+2$$
$$= \frac{v_1^2 \sin\alpha}{g}\left(\frac{(1+(2n-3))(n-1)}{2}\cdot 2+(n-1)2\right)$$
$$= \frac{v_1^2 \sin\alpha}{g}\{2n(n-1)\} = 4H\sin\alpha\{n(n-1)\}$$

2 a. 입자의 가속도 : $a = 4\times 10^{13}\mathrm{m/s^2}$

가장 가까이 접근하는 시간을 구하는 방법은 중력장에서 위로 던진 물체가 최고점에 도달하는 시간을 구하는 것과 같다.

$$t_1 = \frac{v_0}{a} = \frac{6\times 10^6 \sin 45^\circ}{4\times 10^{13}} = \frac{1.5}{\sqrt{2}}\times 10^{-7}\mathrm{s} = 7.5\sqrt{2}\times 10^{-8}\mathrm{s}$$

b. $h = \dfrac{(v_0 \sin 45)^2}{2a} = \dfrac{v_0^2}{4a} = \dfrac{36\times 10^{12}}{4\times 4\times 10^{13}} = 0.225\mathrm{m}$

c. $R = \dfrac{v_0^2 \sin(2\times 45^\circ)}{a} = \dfrac{(6\times 10^6)^2}{4\times 10^{13}} = 0.9\mathrm{m}$

## chapter 3 개념확인하기

1 마찰 때문이다.

2 정지한 물체와 운동하는 물체, 둘 다 적용된다.

3 필요없다.

4 다르다. 코끼리의 관성은 쥐에 비해 훨씬 크므로 충격의 세기도 훨씬 크다.

5 똑같이 발밑에 떨어진다.

6 베개의 수평 방향의 속력이 비행기의 속력과 같으므로 베개가 비행기의 뒤쪽에 떨어지지 않고 발밑에 떨어진다. 지면에 대한 베개의 속력은 600km/h이다. 비행기 안에서 사람에 대한 베개의 속력은 0이다.

7 가속도는 단위 시간 동안의 속력의 변화량이다($a = \Delta v/t$). 가속도는 물체에 힘이 작용할 때 생긴다 ($a = F/m$).

8 가속도는 알짜힘에 비례하고, 질량에 반비례하므로 2배, $\frac{1}{2}$배

9 100N, 0, 0

10 중력이 2배가 되더라도, 작용한 힘에 대한 질량의 비가 같으므로$\left(g=\frac{F}{m}\right)$.

11 100N

12 무게가 클수록 공기저항이 무게와 같아지는 시간이 길어서, 그 동안 더 큰 속도가 될 때까지 가속되어 종단속력이 커진다. 몸의 자세를 변화시킨다.

13 아래방향으로 25N, 아래방향으로 10N, 0

14 마루

15 통나무위를 걸어갈 때 통나무에 뒤쪽으로 힘을 가하기 때문

16 같은 힘을 받을 때 지구의 질량이 너무 커서 가속도가 작기 때문이다.

17 같다. 총의 가속도는 총알의 가속도보다 작다. 총과 총알사이에 작용하는 힘의 크기가 같을 때, 총의 질량이 총알의 질량보다 크기 때문에 총의 가속도는 총알의 가속도보다 작다$\left(a=\frac{F}{m}\right)$.

18 깃털이 사람에게 200N의 힘을 가할 수 없기 때문

## 수식으로 계산해 보기

1 무게는 지구가 물체는 끄는 중력과 같으며 $W=mg=50\text{kg}\times 9.8\text{m/s}^2=490\text{N}$

2 마찰이 없다면 공은 관성으로 인하여 정지해 있다고 할 수 있으며, 짐차에서 공을 보면 공은 뒤쪽으로 움직이는 것으로 보인다.

3 a. 천천히 잡아당기면 잡아당기는 힘과 공의 무게가 위쪽 실에 전달되므로 위쪽 실의 장력이 더 크며, 따라서 위쪽 실이 먼저 끊어진다. 실의 장력과 관계있으므로 질량보다는 무게가 물리적으로 중요하다.
b. 갑자기 잡아당기면 위쪽 실에 힘이 전달되기 전에 아래쪽 실에 큰 힘이 작용하므로, 아래쪽 실이 먼저 끊어진다. 여기에서는 공의 관성과 관계있으므로 무게보다는 질량이 물리적으로 중요하다.

4 자루의 아래 부분을 잡을 때, 망치의 머리 부분이 계속 아래 방향으로 운동하려는 관성으로 인하여 머리 부분이 효과적으로 조여진다.

5 지구에서의 질량은 $\frac{500\text{N}}{9.8\text{m/s}^2}\approx 51\text{kg}$, 목성에서의 무게는 $51\text{kg}\times 26\text{m/s}^2=1326\text{N}$이다.

6 $a=\frac{F}{m}=\frac{500\text{N}}{2000\text{kg}}=0.25\text{m/s}^2$

7 a. $a=\frac{F}{m}=\frac{20\text{N}}{2\text{kg}}=10\text{m/s}^2$
b. $a=\frac{F}{m}=\frac{(20\text{N}-4\text{N})}{2\text{kg}}=8\text{m/s}^2$

8 공중에 있는 물체는 항상 중력을 받고 있으므로 물체의 가속도는 $a=\frac{F}{m}=\frac{mg}{m}=g$ 이므로 0이 아니다.

9 질량이 감소하므로 가속도가 증가한다.

10 중력과 반대 방향으로 작용하는 공기의 저항력이 점점 커지므로, 알짜힘은 감소한다. 가속도는 알짜힘에 비례하므로, 가속도도 감소한다.

11 종단 속력에 도달할 때까지 가속도가 점점 감소하므로 처음 1초 동안의 얻은 속력의 증가량이 더 크다. 종단 속도에 도달할 때까지 속도는 점점 증가하므로, 8초와 9초 사이의 낙하 거리가 더 크다.

12 $F=mg=10\text{kg}\times9.8\text{m/s}^2=98\text{N}$,
두 물체의 가속도$=\frac{\text{알짜힘}}{\text{전체 질량}}=\frac{98\text{N}}{(10+10)\text{kg}}=4.9\text{m/s}^2$

13 가속도$=\frac{\text{알짜힘}}{\text{전체 질량}}=\frac{1\text{kg}\times g}{101\text{kg}}=\frac{1}{101}g$,
가속도$=\frac{\text{알짜힘}}{\text{전체 질량}}=\frac{100\text{kg}\times g}{101\text{kg}}=\frac{100}{101}g$,
실험대 위에 있는 물체의 질량이 줄에 매달린 물체의 질량에 비해 매우 작으면 가속도는 $g$에 가까워지므로, 최대가속도는 $g$이다.

14 힘과 가속도의 법칙을 이용하면 $5\text{N}=\left(\frac{5}{8}+\frac{5}{24}\right)\cdot \text{a}$ 이므로 $\text{a}=6\text{m/s}^2$

15 힘과 가속도의 법칙에서 힘은 알짜힘을 의미하며 $F=ma$ 에서
$28\text{N}-8\text{N}=4\text{kg}\cdot \text{a}$ 에서 $\text{a}=5\text{m/s}^2$

16 공중에 떠 있는 물체에는 항상 중력이 작용하므로 $F-mg=ma=mg$에서
$F=2mg$

17 작용 반작용의 법칙에 따라 세면대를 아래로 밀면 세면대는 몸을 위로 밀게 되므로 몸무게가 더 작아진다. 세면대를 위로 밀면 세면대는 몸을 아래로 밀게 되므로 몸무게가 더 커진다.

18 한쪽의 50N의 추 대신 손으로 줄을 잡고 있다면 용수철의 눈금이 50N을 가리키므로, 한쪽에 50N의 추를 매달아도 용수철의 눈금은 50N을 가리킨다. 이때 용수철의 눈금이 줄에 작용하는 장력이 된다.

19 왼쪽에서 말이 줄을 당기는 힘이나 나무가 줄을 당기는 힘이 모두 같으므로, 줄의 장력은 변함이 없다. 말 두 마리가 오른쪽으로 줄을 잡아당기면, 나무도 2배의 힘으로 줄을 당기므로 줄의 장력도 2배가 된다.

20 두 물체의 가속도 $a=\frac{F}{m}=\frac{20\text{N}}{(6+4)\text{kg}}=2\text{m/s}^2$이다. A에 작용하는 알짜힘 $F_A=m_A\times a=6\text{kg}\times2\text{m/s}^2=12\text{N}$은 B로부터 받는 힘이므로, A와 B사이에 작용하는 힘은 12N이다.

21 두 물체 A, B가 지면에 닿을 때까지 이동한 거리를 각각 $s$, $h$, 빗변의 경사각을 $\theta$라 하면 $h=s\sin\theta$이다. 또 물체 A, B의 가속도는 각각 $a_A=g\sin\theta$, $a_B=g$이므로, $s=\frac{1}{2}a_At_A{}^2=\frac{1}{2}g\sin\theta t_A{}^2$

$h = s\sin\theta = \frac{1}{2}gt_B{}^2$에서 $t_A = \sqrt{\frac{2s}{g\sin\theta}}$, $t_B = \sqrt{\frac{2s\sin\theta}{g}}$

$\therefore$ $t_A > t_B$이다.

$2a_A s = 2g\sin\theta s = v_A^2$, $2a_B h = 2gs\sin\theta = v_B^2$

$\therefore$ $v_A = v_B$이다.

22 각 나무 도막은 정지해 있으므로 각각 힘의 평형 상태에 있으므로 나무도막 A, B, C가 받는 힘의 합은 각각 0이다. 또, 나무 도막 C가 B를 받치는 힘(항력)은 나무 도막 A, B의 무게의 합(9N)과 같다.

23 두 물체는 같은 가속도로 함께 움직인다. 또, 두 물체 A, B에 작용하는 힘은 중력밖에 없으며, 도르래에 의해 두 힘은 서로 반대쪽으로 작용하므로

$m_B g - m_A g = (m_B + m_A)a$ 에서

$a = \frac{(m_B - m_A)g}{m_A + m_B} = \frac{(3-2)\times 10}{2+3} = 2\text{m/s}^2$

24 힘과 가속도의 법칙을 이용하면 $mg\sin\theta - f = ma$에서 $f = m(g\sin\theta - a)$

25 $T = 2a$, $10 - T = 3a$에서 $T = 4$N이므로 늘어난 길이는 0.04m이다.

26 물체의 무게는 세 도르래의 줄에 걸린 장력의 합과 같으므로

$14\text{N} = P + 2P + 4P = 7P$ $\therefore P = 2\text{N}$, $T = 8P$이므로 $T = 16$ N

27 a. 물체가 움직이려면 최대정지마찰력보다 더 큰 힘을 수평방향으로 작용해야 하는데, 물체를 수직으로 누르는 힘은 물체의 무게와 수직으로 누르는 힘 $F\sin\theta$를 더 한 값이므로 수직항력은 $N = Mg + F\sin\theta$이다.

$F\cos\theta = f = \mu N = \mu(F\sin\theta + Mg)$ $\quad\therefore F = \frac{\mu Mg}{\cos\theta - \mu\sin\theta}$

b. $\cos\theta - \mu\sin\theta = 0$인 경우 어떤 힘 $F$에 대해서도 성립하지 않는다.

$\cot\theta = \mu$ $(\theta = \cot^{-1}\mu)$

28 a. $m_1$인 물체에 작용하는 힘은 360N이외에 반대방향으로 마찰력과 $m_2$인 물체가 미는 힘이 작용하므로 $360 - f - f'' = m_1 a$ 이며, $m_2$인 물체에는 $m_1$인 물체가 미는 힘만 받게 되므로 $f = m_2 a$ 가 된다. 두 식을 연립하여 풀면

$f'' = \mu N = \mu(m_1 g + f') = \mu(m_1 g + m_2 g)$ ($m_2$가 정지해 있으므로 물체에 작용하는 중력이 마찰력이 된다. 즉 $f' = m_2 g$이다.)이고, $a = 27(\text{m/s}^2)$이다.

b. $f = m_2 a = 54(\text{N})$

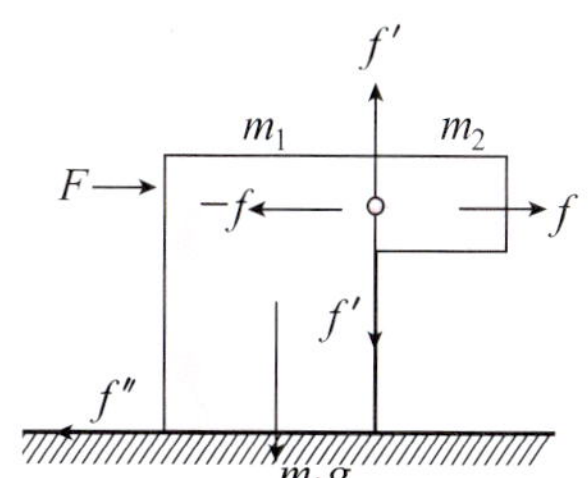


c. $m_2$가 미끄러져 내려오는 순간,

$f'' = \mu m_1 g$, $f' = \mu f = \mu m_2 a' = m_2 g$

이다. $a' = \frac{g}{\mu} = 20(\text{m/s}^2)$이므로

$F - f - f'' = F - m_2 a - \mu(m_1 + m_2)g = m_1 a'$ 에서

$F = (m_1 + m_2)a + \mu(m_1 + m_2)g = 276(\text{N})$

**29** a. $5g-T=5a$, $T-1g=1\cdot a$에서 $a=\frac{20}{3}(\mathrm{m/s^2})$, $T=\frac{50}{3}(\mathrm{N})$

용수철 저울의 무게 $=2T=\frac{100}{3}(\mathrm{N})$

b. (관성력 참조) $2T'=60\mathrm{N}$이므로 $T'=30\mathrm{N}$이고, $5g'-30=5\cdot a$, $30-1\cdot g'=1\cdot a$에서 $g'=18\mathrm{m/s^2}$이다.

$g'=g+a'$이므로 $a'=8\mathrm{m/s^2}$이다.

**30** a. $F=ma$ 를 쓰면 $\lambda yg=M\frac{d^2y}{dt^2}$, 여기서 선밀도 $\lambda$는 $\frac{M}{L}$이다. 두 식에서 $a=\frac{d^2y}{dt^2}=\frac{g}{L}y$

b. a의 결과에서 좌변을 변형하면 $a=\frac{dv}{dt}=\frac{dv}{dy}\cdot\frac{dy}{dt}=\frac{dv}{dy}\cdot v$

대입해서 정리하면 $vdv=\frac{g}{L}ydy$

양변을 적분하면 $\int_0^v vdv=\frac{g}{L}\int_{y_0}^{L}ydy$ 이므로 $v=\sqrt{\frac{g}{L}(L^2-y_0^2)}$

### 한걸음 더

**1** a. $a=\frac{m_2-m_1(0.5+0.1\sqrt{3})}{m_1+m_2}g=\frac{15-\sqrt{3}}{30}g\simeq 4.3\mathrm{m/s^2}$

b. $s=\frac{1}{2}at^2$을 이용하면 $t=\sqrt{\frac{2S}{a}}=\sqrt{\frac{2}{4.3}}\simeq 0.68$초

**2** a. 오른쪽 그림과 같이 줄에 걸리는 장력을 각각 $T$, $T'$이라 하고, 또 C의 가속도를 $a$, 움직 도르래에 대한 B의 가속도를 $a'$이라고 하면

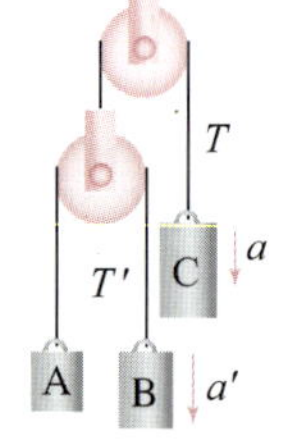


물체 C에 대하여 $3g-T=3a$ … ①

물체 B에 대하여 $2g-T'=2(a'-a)$

$\therefore\ T'=2g-2(a'-a)$ … ②

물체 A에 대하여 $T'-g=a+a'$

$\therefore\ T'=g+(a+a')$ … ③

한편, 그림에서 $T=2T'$이므로

식 ②, ③에서 $T$를 구하면

$T=2T'=2g-2(a'-a)+g+(a+a')$

$3g-a'+3a$ … ④

식 ④를 식 ①에 대입하면 $3g-3g+a'-3a=3a$ $\therefore\ a'=6a$ … ⑤

또한, 식 ②, ③에서 $T'$을 소거하면 $2g-2(a'-a)=g+(a+a')$ $\therefore\ g=3a'-a$ … ⑥

식 ⑤, ⑥을 연립하여 풀면 $a=\frac{1}{17}g=\frac{9.9}{17}\fallingdotseq 0.58\ (\mathrm{m/s^2})$ $a'=6a=6\times 0.58\fallingdotseq 3.5\ (\mathrm{m/s^2})$

b. $a$, $a'$을 식 ④에 대입하면 $T=3g-a'+3a=3g-\frac{6}{17g}+\frac{3}{17}g=\frac{48}{17}g=\frac{48\times 9.9}{17}\fallingdotseq 28\ (\mathrm{N})$

$T'=\frac{1}{2}T\fallingdotseq 24\ (\mathrm{N})$

3 a. 빗면을 민 힘을 $F$, A에 작용한 힘을 $f$, 가속도를 $a$ 라고 하면

$F=(M+m)a$, $f=ma$에서

$$f=m\frac{F}{(M+m)} \quad \cdots ①$$

그림에서 $\tan\theta=\dfrac{f}{mg}$ $\cdots$ ②

위의 식 ①, ②에서

$$mg\tan\theta=m\frac{F}{(M+m)} \quad \therefore\ F=(M+m)g\tan\theta$$

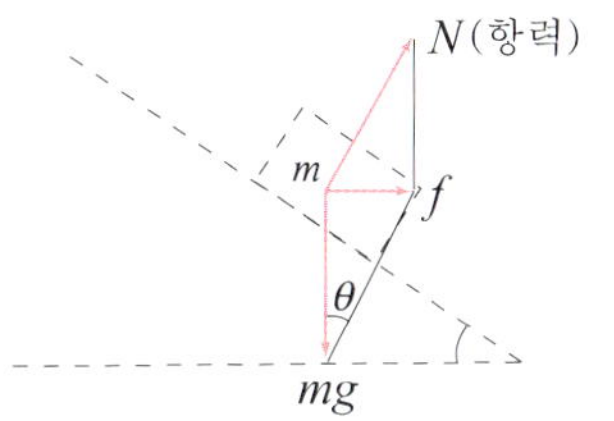


2) $F=(M+m)a=(M+m)g\tan\theta$ 에서 $a=g\tan\theta$

chapter 4

## 개념확인하기

1 일반적으로 관성의 크기는 질량으로 나타내며, 운동하는 물체의 관성은 질량과 속도의 곱인 운동량으로 나타낸다.

2 a. 트럭

b. 스케이트 보드, 운동량은 질량과 속도의 곱이므로 정지해 있는 트럭의 운동량은 0이다.

3 충격력 = 힘, 충격량 = 힘 × 시간

4 충격량은 작용한 힘과 힘을 준 시간의 곱이므로, 시간이 길어지면 충격량은 증가한다.

5 충격량은 운동량의 변화량과 같다.

6 a. 2배

b. 2배

7 충격력을 감소시킨다.

8 a. 경험한다.

b. 경험한다.

c. 경험한다.

d. 충격량은 운동량의 변화량과 같다. 한쪽 방향의 운동량을 (+)라 하면, 반대 방향의 운동량은 (−)이므로 날아오는 공을 잡았다가 다시 던질 때 운동량의 변화량이 가장 크다.

9 되튈 때가 운동량의 변화량이 더 크므로, 충격량도 더 크다.

10 총알이 발사되기 전의 운동량이 0이므로, 총알이 발사된 후에 총알의 운동량과 크기가 같고 방향이 반대인 운동량이 총에 전달되어야 알짜운동량이 0이다.

11 탄성충돌: 충돌전후의 운동량과 운동에너지가 보존되는 충돌

비탄성충돌: 충돌후 한덩어리가 되는 충돌로 운동량은 보존되나 운동에너지는 보존되지 않는 충돌

12 운동량 보존 법칙에 따라 충돌 후 질량이 2배가 되었으므로 속도는 충돌 전보다 반으로 감소하게 된다. $mv = 2mv'$에서 $v' = 2\text{km/h}$이다.

13 외력이 작용하지 않으면 충돌 전후에 운동량은 항상 보존된다.

14 충돌 시간을 길게 하여 충격력을 감소시킨다.

15 실탄의 질량이 공포탄보다 더 크므로 실탄의 경우 더 많이 반동하게 된다.

16 물체를 던진 방향과 반대 방향으로 반동하게 되므로 원의 반지름이 증가한다.

17 탄성충돌로 보았을 때 운동량 보존법칙을 이용하면 전자는 양성자에 비해 상대적으로 질량이 작다고 할 수 있다.

### 수식으로 계산해 보기

1 a. $p = mv = 8\text{kg} \times 2\text{m/s} = 16\text{kg} \cdot \text{m/s}$
b. $Ft = \Delta p = 16\text{kg} \cdot \text{m/s}$에서 $t = 0.5\text{s}$이므로 $F = 32\text{N}$
c. 작용 반작용의 법칙에 따라 볼링공과 베개 사이에 작용하는 힘의 크기는 32 N으로 서로 같다.

2 a. $p = mv = 200\ \text{kg} \cdot \text{m/s}$
b. $Ft = \triangle p = 200\ \text{kg} \cdot \text{m/s}$에서 $t = 3\ \text{s}$이므로 $F \fallingdotseq 66.7\ \text{N}$

3 a. $Ft = 25\ \text{N} \cdot \text{s}$ b. $Ft = \Delta p = 25\text{kg} \cdot \text{m/s}$
c. $\Delta p = mv = 25\text{kg} \cdot \text{m/s}$에서 $m = 2\text{kg}$이므로 $v = 12.5\text{m/s}$

4 a. 운동량 보존 법칙을 이용하면 $2\text{kg} \times 3\text{m/s} = (2\text{kg} + 2\text{kg})\,v$에서 $v = 1.5\ \text{m/s}$
b. $2\text{kg} \times 3\text{m/s} = (4\text{kg} + 2\text{kg})v'$에서 $v' = 1\text{m/s}$

5 a. 용수철의 경우 볼링공이 되튀어 나오므로 볼링공의 운동량의 변화량은 베개보다 더 크다. 충격량은 운동량의 변화량과 같으므로 용수철의 경우 충격량이 더 크다.
b. 충격량은 작용한 힘과 힘을 준 시간의 곱이므로 시간이 같다면 용수철에 충돌하는 볼링공의 경우 충격량이 2배므로 충격력이 2배가 된다.

6 중력이라는 외력이 작용해서 운동량이 증가되는 것이므로 운동량 보존법칙에 위배되지 않는다. 운동량 보존법칙은 외력이 0일 때 항상 성립한다.

7 a. 작용 반작용의 법칙에 따라 맞다.
b. 힘(충격력)이 같고 힘을 받은 시간이 같으므로, 충격량도 같다.
c. 파리와 버스의 질량이 다르므로 틀리다.
d. 충격량은 운동량의 변화량과 같으므로 맞다.

8 a. $F\Delta t = m\Delta v = 1000\text{kg} \times 20\text{m/s} = 20000\text{N} \cdot \text{s}$
b. 충돌 시간을 알 수 없으므로 충격력은 알 수 없다.

9 $F\Delta t = m\Delta v$, $F = \dfrac{1000\text{kg} \times 20\text{m/s}}{10\text{s}} = 2000\text{N}$

10 $m_{디} = 4m_{화}$, $m_{디} \times 5\text{km/h} = (m_{디} + m_{화}) \times v = (m_{디} + \frac{1}{4}m_{디}) \times v$에서

$v = 4\text{km/h}$

11 $5\text{kg} \times 1\text{m/s} = (5+1)\text{kg} \times v$, $v = \frac{5}{6}\text{m/s}$,

$5\text{kg} \times 1\text{m/s} + 1\text{kg} \times (-4\text{m/s}) = (5+1)\text{kg} \times v$, $v = \frac{1}{6}\text{m/s}$

12 슈퍼맨의 질량을 $m$이라 할 때, 소행성의 질량은 $1000m$. 소행성의 운동 방향을 (−)로 하면
$0 = 1000m \times (-100\text{m/s}) + mv$이므로 $v = 100000\text{m/s}$

13 a. $Ft = \Delta p = 0.15\text{kg} \times (-30\text{m/s} - 40\text{m/s}) = -10.5\text{N} \cdot \text{s}$
b. $t = 0.1s$ 이므로 $F = 105\text{N}$

14 $\Delta p = \sqrt{(mv)^2 + (mv)^2 + 2 \cdot mv \cdot mv \cos 120°} = mv$

15 a. 분열 전 물체의 운동량 $p = mv = 4 \times 5 = 20\text{kg} \cdot \text{m/s}$
b. 파편 a는 자유 낙하하므로 분열시 파편 A의 운동량은 0이다.
c. 운동량 보존에 의해 $mv = m_A v_A + m_B v_B = 0 + 2 \times v_B - 20$ 에서 $v_B = 10\text{m/s}$이다.

16 파편 B의 운동 방향이 점선($x$축)과 이루는 각을 $\theta$라 하고 $x$, $y$ 축으로 운동량을 분해하면 $x$방향 : $2mv = mv\cos 60° + mv_B \cos\theta$, $y$방향 : $0 = mv\sin 60° - mv_B \sin\theta$

$v_B \cos\theta = \frac{3}{2}v$, $v_B \sin\theta = \frac{\sqrt{3}}{2}v$이므로 양변을 제곱하여 더하면

$v_B = \sqrt{3}v$, $\theta = 30°$임을 알 수 있다.
따라서 파편 B의 운동량의 크기는 $\sqrt{3}mv$ 이다.

17 a. 반발계수 $e = 0$인 경우 두 물체는 함께 운동하므로
$0.3 \times 8 + 0.5 \times 4 = 0.8 \times V = 4.4$에서 $V = v_A = v_B = 5.5\text{ m/s}$
b. 반발 계수 $e = 0.6$일 때 운동량 보존의 법칙에서 $0.3 \times 8 + 0.5 \times 4 = 0.3 \times v_A + 0.5 \times v_B$이므로
$3v_A + 5v_B = 44$ ⋯ ①

$e = \frac{v_B - v_A}{8-4} = 0.6$에서 $v_B - v_A = 2.4$ ⋯ ②

식 ①, ②에서 $v_A = 4\text{m/s}$, $v_B = 6.4\text{m/s}$
c. 반발 계수 $e = 1$ 일 때 $0.3 \times 8 + 0.5 \times 4 = 0.3 \times v_A + 0.5 \times v_B$에서
$3v_A + 5v_B = 44$ ⋯ ①

$e = \frac{v_B - v_A}{8-4} = 1$에서 $v_B - v_A = 4$ ⋯ ②

식 ①, ②에서 $v_A = 3\text{m/s}$, $v_B = 7\text{m/s}$

18 a. 힘과 시간과의 그래프에서 면적이 충격량이므로 $\frac{1}{2} \cdot 4 \cdot 10 = 20(\text{N} \cdot \text{s})$이다.

b. 충격량은 운동량의 변화량이므로 $\Delta mv = mv - 0 = 20\text{N} \cdot \text{s}$에서
$v = 4\text{m/s}$이다.

**19** $x$성분 : $4v=3v_x$, $v_x=\frac{4}{3}v$, $y$성분 : $0=3v+3v_y$, $v_y=-v$

$$v=\sqrt{v_x^2+v_y^2}=\sqrt{\left(\frac{4}{3}v\right)^2+v^2}=\frac{5}{3}v$$

**20** a. $mv_0=(M+m)v \quad \therefore v=\frac{mv_0}{M+m}$

b. 나무 토막이 받은 충격량은 나무토막의 운동량의 변화량과 같으므로

$$f\Delta t=\Delta p=Mv-0=\frac{Mmv_0}{M+m}$$

**21** a. $mv=mv_1+Mv_2$, $e=-\frac{v_1-v_2}{v}$에서 $v_1=\frac{(m-eM)v}{m+M}$, $v_2=\frac{m(1+e)v}{m+M}$

b. $v_1<0 \quad m-eM<0 \quad \therefore m<eM$

c. $F\Delta t=\Delta p=m(v_1-v) \;=m\left(\frac{m-eM-m-M}{m+M}\right)v=-\frac{Mm(e+1)}{m+M}v$

**22** 두 물체가 자유낙하하여 지면에 도달하는 순간 질량 $M$인 물체가 지면에 되튕기고 다시 질량 $m$인 작은 구슬과 충돌한다고 생각한다.

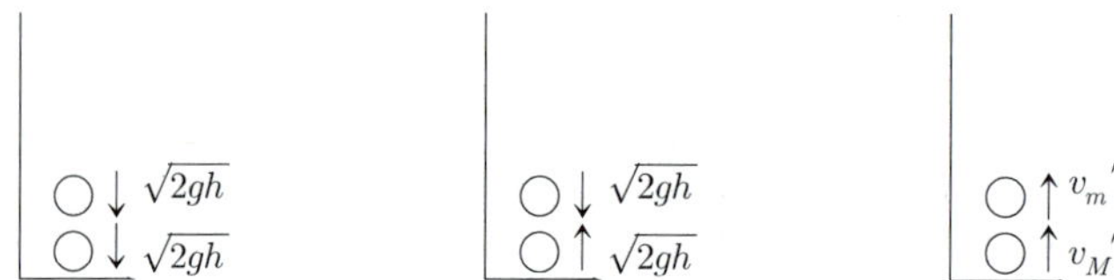


운동량 보존 법칙에서

$m(-\sqrt{2gh})+M\sqrt{2gh}=mv_m'+Mv_M'$, $mv_m'+Mv_M'=(M-m)\sqrt{2gh}$ ⋯ ①

탄성충돌에서

$e=-\frac{v_m'-v_M'}{v_m-v_M}=-\frac{v_m'-v_M'}{(-\sqrt{2gh})-\sqrt{2gh}}=1$, $v'_m-v'_M=2\sqrt{2gh}$ ⋯ ②

①$+M\times$②에서 $\quad v_m'=\frac{3M-m}{m-M}\sqrt{2gh}$,

①$-m\times$②에서 $\quad v_M'=\frac{3M-m}{m-M}\sqrt{2gh}$.

a. $M=3m$이면 $v_m'=2\sqrt{2gh}$, $v_M'=0$이므로 최고높이 $H=\frac{v_m'^2}{2g}=\frac{4\times 2gh}{2g}=4h$

b. $M\gg m$이면 $v_m'=3\sqrt{2gh}$, $v_m'=\sqrt{2gh}$이므로 이때 최고 높이 $H'=\frac{v_m'^2}{2g}=9h$

### 한걸음 더

1 a. 충돌 후 아래쪽 공이 정지한 경우가 최대 에너지 전이가 일어나는 경우임

$(m_2-m_1)v=m_1v,\ \frac{1}{2}(m_1+m_2)v^2=\frac{1}{2}m_1v'^2$

$\therefore\ v'=2v,\ \frac{m_1}{m_2}=\frac{1}{3}$

b. $m_2 \gg m_1$ 인 경우, 충돌 후 $m_2$ 운동량의 변화는 거의 없고, 완전 탄성충돌한다.

$2v=u-v\ \therefore\ u=3v$

c. $n=3\ \ 4v=u-3v\ \ \therefore u=7v$

$n=4\ \ 4v=u-7v\ \ \therefore u=15v$

$n$인 경우 $v(n)=(2^n-1)u$

2 a. 운동량 보존법칙 : $mv=-mv'+MV$, 반발계수 : $e=\frac{V+v'}{v}$

$v'=\frac{Me-m}{M+m}v,\ V=\frac{m(1+e)}{M+m}v$

공이 되돌아 나오는데 걸리는 시간 $t=\frac{l}{v}+\frac{l}{v'+V}=\frac{l}{v}\left(1+\frac{1}{e}\right)$

b. 공이 입구로 나올 때까지 상자가 이동한 거리

$S=Vt'=\frac{m(1+e)}{M+m}v\cdot\frac{i}{ve}=\frac{ml}{M+m}\left(1+\frac{1}{e}\right)$

3 a. 운동량 보존법칙 적용

$3\times6=3V_A+V_B$

완전 탄성충돌 : $1=\frac{V_B-V_A}{6}$

두 관계식으로부터 $V_A=3\,\mathrm{m/s}$, $V_B=9\,\mathrm{m/s}$이다.

B와 C의 충돌에서 $1\times9=v_B'+3v_C$ … ①

$1=\frac{v_C-v_B'}{9}$ … ②

두 관계식 ①, ②를 연립하여 풀면 $v_B'=-4.5\,\mathrm{m/s}$, $v_C=4.5\,\mathrm{m/s}$

b. A와 B의 두 번째 충돌에서 $3\times3-4.5=3V_A''+V_B''$ … ①

$1=\frac{V_B''-V_A''}{3-(-4.5)}$ … ②

두 관계식 ①, ②를 연립하여 풀면 $V_B''=6.75\,\mathrm{m/s}$

## 개념확인하기

1 선속력은 단위 시간당 이동거리이며, 각속력은 단위 시간당 이동한 각도이다.

2 선속력은 $v = r\omega$이므로 궤도 반지름이 일정할 때 각속력에 비례하여 변한다.

3 선속력은 $v = r\omega$이므로 각속력이 일정할 때 궤도 반지름에 비례하여 변한다.

4 직경이 큰 쪽의 선속력이 더 크기 때문에 직경이 작은 쪽으로 원운동을 하게 된다.

5 원운동을 하기 위해서는 원의 중심 방향으로 구심력이 작용해야 한다.

6 물체가 원운동하려면 항상 원의 중심방향으로 구심력 역할을 하는 힘이 작용해야 한다.

7 세탁물은 세탁기 안에서 원운동하고 있으므로 세탁기 안쪽의 중심 방향으로 힘을 받고 있다.

8 무당벌레가 깡통에 가하는 힘, 깡통이 무당벌레에 가하는 힘

9 뉴턴의 운동법칙이 성립하기 위한 가상적인 힘이므로 힘의 근원은 없다. 힘의 근원이 없으므로 작용 반작용을 확인할 수 없으며 반작용의 힘이 없다.

10 등속 원운동이므로 $F = ma = mr\omega^2$에서 $r$이 더 큰 바깥쪽 두 바퀴가 더 큰 힘을 받는다.

11 $mg = mr\omega^2$, $g = r\omega^2$ 회전반지름이 일정할 때, 인공 중력의 크기는 각속력의 제곱에 비례한다.

12 $g = r\omega^2$에서 각속도가 일정할 때, 인공 중력은 회전반지름에 비례한다.

13 $g = r\omega^2$에서 회전반지름(크기)을 더 크게 하면, 작은 각속력으로 인공 중력을 만들 수 있기 때문에

14 $T = 2\pi\sqrt{\dfrac{l}{g}}$ 에서 엘리베이터가 위로 올라가며 속력이 일정하게 증가할 때는 $g$가 커지므로, 주기는 짧아진다. 아래로 내려가면서 속력이 일정하게 증가하고 있을 때는 $g$가 작아지므로 주기가 길어진다.

15 상호 작용의 한 부분이 아니기 때문

## 수식으로 계산해 보기

1 관성에 의해 원의 접선 방향으로 날아간다.

2 a. $v = r\omega = r2\pi f$ 에서 $f$가 2배이므로 선속력은 2배가 된다.
b. $v = r\omega$에서 $r$이 2배가 되므로 선속력은 2배가 된다.
c. $v = r\omega = r2\pi f$ 에서 $r$과 $f$가 각각 2배가 되므로 선속력은 4배가 된다.

3 반지름이 큰 쪽에서 작은 쪽을 향해 원운동하게 되므로 궤도를 수정하지 못하고 레일을 벗어난다.

4 지구 모든 곳의 각속력이 일정하므로 회전축으로부터 가장 멀리 있는 적도 지방의 선속력이 가장 크며, 우리나라에서는 적도에 가장 가까운 마라도의 선속력이 가장 크다.

5 원궤도의 중심방향으로 구심력이 작용하지 않으면 원운동을 할 수 없으므로, 구심력이 작용한다.

6 비행기가 선회할 때 양력이 구심력 역할을 하듯이 독수리의 경우 날개에 부딪히는 공기에 의한 양력이 구심력 역할을 한다.

7 수직항력과 중력의 합력이 구심력 역할을 하므로 원운동을 할 수 있다.

8 구심력은 원운동하는 물체의 운동 방향에 수직으로 작용하므로 물리적으로 일을 하지 않는다(일은 물체에 작용하는 힘과 힘의 방향으로 이동한 거리의 곱이다).

9 지구의 경우 원심력이 바닥을 누르는 힘의 방향과 반대 방향으로 작용하기 때문, 즉 원심력이 중력과 반대방향으로 작용하기 때문이다. 그러나 우주 정류장의 경우 원심력이 바닥을 누르는 힘의 방향(인공 중력의 방향)으로 작용하기 때문이다.

10 케이블을 연결하여 회전시키면서 원심력에 의한 인공중력을 만든다.

11 각속도 $\omega=\frac{2\pi}{T}=\frac{2\pi}{0.2\text{s}}=10\pi/\text{s}$ 이므로 속도의 최대값은
$v=Aw=0.1\times10\pi=\pi(\text{m/s})$. 복원력은 물체의 변위가 최대일 때 가장 크므로
$F=m\omega^2A=0.5\times(10\pi)^2\times0.1=5\pi^2\fallingdotseq49\text{N}$

12 a. $\omega=\frac{2\pi}{T}$ 이므로 주기가 작은 금성의 회전속력이 더 크다.

b. $v=r\omega=\frac{2\pi r}{T}$ 에서 화성은 $r$ 이 2배, $T$가 3배이므로 금성의 선속력이 더 크다.

13 a. $v=r\omega=r2\pi f=10\text{km}\times2\times3.14\times10\text{Hz}=628\text{km/s}$ b. 1,256 km/s

14 $a=r\omega^2$에서 각속도가 같을 때 가속도는 원의 중심으로부터의 거리에 비례하므로 0.5g가 된다. 우주 정류장의 반지름이 클수록 머리와 발 사이의 중력차가 작아진다.

15 $a=r\omega^2$에서 각속도가 같으므로 가속도는 반지름에 비례한다. 따라서 중력차는 $\frac{h}{R}=\frac{1}{100}$이므로 $R=100h$(사람의 키)

16 a. $T=\frac{2\pi}{\omega}=$ 약 2초

b. $a=r\omega^2=2\times3^2=18\text{m/s}^2$

17 $F=\frac{mv^2}{r}$에서 속력이 2배가 되면 구심력은 4배가 된다. 바퀴와 지면 사이의 마찰력이 구심력 역할을 한다.

18 단진자의 주기는 $T=2\pi\sqrt{\frac{l}{g}}=\frac{1}{f}$는 진동수 f와 역수 관계이므로 길이의 제곱근에 반비례한다.
$8\times\frac{7}{4}=14$회 이다.

19 a. 용수철이 늘어난 길이는 0.4m이고, 탄성력은 $F=kx$ 이므로 $k=\frac{mg}{x}=$ 100N/m.

b. $T=2\pi\sqrt{\frac{m}{k}}=2\pi\sqrt{\frac{4}{100}}=0.4\pi$(초)이다.

**20** a. 접선 방향의 가속도는 점점 감소하다가 0이 된다.
b. 복원력은 변위에 비례하므로 복원력이 최대인 곳은 A이다.

**21** 원의 중심 방향으로 구심력역할을 하는 힘은 $mg-N=\frac{mv^2}{R}$이며, 무중력 상태에서는 $N=0$이므로

$g=\frac{GM}{R^2}=\frac{G\rho V}{R^2}=\frac{v^2}{R}$이 된다.

$M=\rho\frac{4}{3}\pi R^2$ 이므로 $R=\sqrt{\frac{3v^2}{4\pi\rho G}}=\sqrt{\frac{3}{\pi\rho G}}$

**22** a. $T=2\pi\sqrt{\frac{m}{k}}$ 이므로 질량이 작을수록 주기는 감소한다.
b. 최하점에 도달하면서 줄어든 중력에 의한 위치에너지와 늘어난 탄성에너지의 합은 0이다.
$-mg(l+\Delta l)+\frac{1}{2}k(\Delta l)^2=0$
c. 최고점에서 최하점까지의 거리는 진폭의 2배이므로 한 주기 동안 이동한 거리는 4A가 된다.

**23** a. 연직에 대해서 내려오는 방향의 반대쪽으로 $\theta$만큼 기울어진 곳(관성력과 중력의 합이 장력과 평형을 이루는 지점이다.) 즉 비탈면에 수직이다.
b. 단진자가 평형점에서 비탈면에 수직인 방향으로 $mg\cos\theta$인 힘을 받으므로 즉 $g'=g\cos\theta$이므로 주기는 증가한다. 수평면에서 단진자의 주기가 $T=2\pi\sqrt{\frac{l}{g}}$ 인 것과 비교하면 쉽게 이해할 수 있다.
c. 평형점을 중심으로 원운동한다고 할 수 있으므로 알짜힘의 방향이 원의 중심방향이다. 따라서 가속도의 방향도 연직 위 방향이다.
진폭을 θ이라고 했을 때 에너지 보존을 이용하면 $\frac{1}{2}mv^2=mgl(1-\cos\theta)$이다. 따라서 가속도의 크기는 $a=\frac{v^2}{r}=\frac{v^2}{l}=2g(1-\cos\theta)$

**24** 중력과 반대 방향으로 관성력을 받으므로 물체가 받는 알짜힘은 $mg-\frac{3}{4}mg=\frac{1}{4}mg$이므로 물체의 가속도는 $\frac{1}{4}g$이다. 따라서 낙하거리가 $s$일 때 낙하시간은 $s=\frac{1}{2}at^2$에서 $t=\sqrt{\frac{2s}{a}}$ 이므로 낙하시간은 가속도의 제곱근에 반비례한다. 가속도가 중력가속도의 $\frac{1}{4}$ 배이므로 낙하시간은 2배가 된다.

**25** 중력과 관성력의 합력이 줄의 장력과 평형을 이루고 있으므로 $\frac{ma}{mg}=\tan\theta$가 된다. $a=g$이므로 tan 값은 1이다.

**26** 오른쪽 용수철을 압축시키려면 왼쪽 용수철도 동시에 늘어나야 하므로 두 용수철을 병렬로 연결한 것과 같은 효과가 나타난다. 두 용수철의 합성 용수철 상수는 $k'=k+k=2k$이다.
a. 물체가 받는 최대 힘은 $2kA$이므로 $2kA=ma$에서 $a=\frac{2kA}{m}$이다.
b. 용수철 상수가 $2k$인 용수철에 질량 $m$인 물체가 매달려 진동하므로 주기는 $T=2\pi\sqrt{\frac{m}{2k}}$ 이다.
용수철 진자의 주기는 진동하는 물체의 질량과 물체에 작용하는 탄성력을 정확히 알면 쉽게 구할 수 있다.

27 오른쪽에서 진동할 때에는 길이 $L$인 단진자가 진동하는 것이고 왼쪽에서 진동할 때에는 길이 $\frac{L}{2}$인 단진자가 진동하는 것이므로 $T=\frac{T_1}{2}+\frac{T_2}{2}=\pi\left(\sqrt{\frac{L}{g}}+\sqrt{\frac{L}{2g}}\right)$이 된다.

28 a. $T\sin\theta=m\frac{v^2}{l\sin\theta}$, $T\cos\theta=mg$에서 장력 $T=\frac{mg}{\cos\theta}$

b. $g\tan\theta=\frac{v^2}{l\sin\theta}$에서 $v^2=gl\tan\theta\sin\theta$이므로 $v=\sqrt{gl\sin\theta\tan\theta}$

c. 주기 $T'=\frac{2\pi r}{v}=\frac{2\pi l\sin\theta}{\sqrt{gl\sin\theta\tan\theta}}=2\pi\sqrt{\frac{l\cos\theta}{g}}$

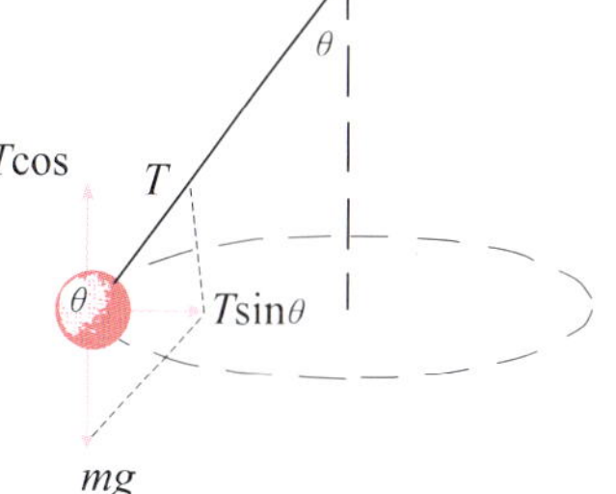


29 a. A는 물체가 장력과 중력에 의해 위쪽으로 가속도 운동을 한다고 생각한다.

$T-mg=ma$이므로 $T=m(g+a)$

b. B는 물체에 장력, 중력, 관성력이 작용하여 평형 상태를 이루고 있다고 생각한다.

$T=m(g+a)$

c. $F=m(g+a)=ma$에서 가속도 $a'=g+a$이므로

$h=\frac{1}{2}(g+a)t^2$, $t=\sqrt{\frac{2h}{a+g}}$

## 한걸음 더

1

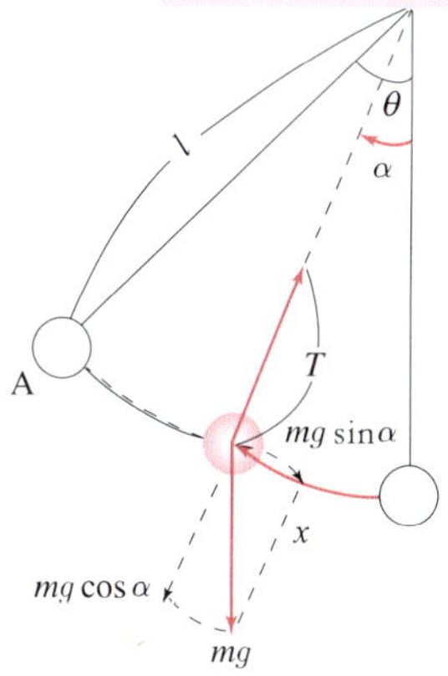


a. 각도 $\alpha$일때

$r$ 방향식 : $T-mg\cos\alpha=ma_c=ml\omega^2=ml\dot{\alpha}^2$ ··· ①

$\theta$ 방향식 : $ma_x=-mg\sin\alpha$ ··· ②

$x=l\alpha$, $v_x=l\dot{\alpha}$, $a_x=l\ddot{\alpha}$ ··· ③

b. ②, ③에서 $ma_x=ml\ddot{\alpha}=-mg\sin\alpha$

양변에 $\dot{\alpha}$를 곱하면

$ml\dot{\alpha}\ddot{\alpha}+\dot{\alpha}mg\sin\alpha=0$

$ml\frac{\dot{\alpha}^2}{2}-mg(\cos\alpha)=E=-mg\cos\theta$

$ml\dot{\alpha}^2=2mg(\cos\alpha-\cos\theta)$ … ④

④를 ①에 넣으면

$T=mg\cos\alpha+ml\dot{\alpha}^2=mg\cos\alpha+2mg(\cos\alpha-\cos\theta)=mg(3\cos\alpha-2\cos\theta)$

$B$지점에서 각도는 $\alpha=0^\circ$ 이므로 $T=mg(3-2\cos\theta)$

c. $B$지점에서 $a_c$는 존재 그러나 $a_x=-g\sin0^\circ=0$이므로

$B$지점의 가속도는 $a_c=l\dot{\alpha}^2=2g(\cos\alpha-\cos\theta)$ ④식 이용

$\alpha=0^\circ$ 일 때 $a_c=2g(1-\cos\theta)$

2 a. $kl=M(2l)\omega^2$, $\omega=\sqrt{\frac{k}{2M}}$

b. $v=2l\cdot\omega=2l\sqrt{\frac{k}{2M}}$

chapter 6

## 개념확인하기

1 $W=Fs=mgh=10\text{kg}\times10\text{m/s}^2\times2\text{m}=200\text{J}$, $W=mgh=5\text{kg}\times10\text{m/s}^2\times4\text{m}=200\text{J}$, 둘 다 같다.

2 $W=Fs=10\text{N}\times10\text{m}=100\text{J}$

3 $P=\frac{W}{t}=\frac{100\text{J}}{0.5\text{s}}=200\text{W}$, $P=\frac{W}{t}=\frac{100\text{J}}{1\text{s}}=100\text{W}$

4 위치 에너지가 증가하므로 나중에 운동 에너지도 증가한다.

5 운동에너지($E_k=\frac{1}{2}mv^2$)가 같다면 질량이 작은 쥐의 속력이 더 빠르다.

6 공기의 저항이나 마찰이 없다면 역학적 에너지는 항상 보존되므로 근일점에서 가장 빠르고 원일점에서 가장 느리다.

7 운동량을 갖고 있는 물체는 운동 에너지를 가지고 있지만, 위치에너지만 가지고 있고 운동에너지가 0인 경우는 운동량이 0이다.

8 지구의 중력은 달보다 약 6배 크다. 따라서 중력에 의한 위치에너지의 변화량도 지구가 더 크다.

9 공급된 에너지와 우라늄에 저장되었던 에너지가 함께 방출된 것이라고 할 수 있다.

10 일률은 단위시간 동안 한 일이므로 일률이 2배이면 같은 에너지를 공급하는데 걸린 시간이 $\frac{1}{2}$배로 짧아진다. 따라서 5초만에 시속 100km로 달릴 수 있다.

### 수식으로 계산해 보기

1 $W=F\cdot s=20\text{N}\times 3.5\text{m}=70\text{J}$

2 $W=F\cdot s=500\text{N}\times 2.2\text{m}=1{,}100\text{J}=E_p$, $P=\dfrac{W}{t}=\dfrac{1100\text{J}}{2s}=550\text{W}$

3 $E_p=mgh=90\text{N}\times 3\text{m}=270\text{J}$, 270J
$E_p=mgh=54\text{N}\times 5\text{m}=270\text{J}$, 270J

4 속력이 2배이면 운동에너지는 4배이다. 운동에너지가 4배이면 할 수 있는 일도 4배이다. 마찰력은 일정하므로 20m의 4배인 80m를 미끄러지게 된다.

5 $\Delta E_p=mgh=8\times 10^6\text{kg}\times 10\text{m/s}^2\times 50\text{m}=4\times 10^9\text{J}$, $P=\dfrac{W}{t}=4\times 10^9\text{W}$

6 a. $E_k=\dfrac{1}{2}mv^2=24\text{J}$
b. 속력이 2배가 되면 운동에너지는 4배가 된다. 96J

7 물체에 해 준 일만큼 에너지를 얻게 된다. $W=\Delta E$. 이 에너지의 변화가 수평면 상에서는 운동에너지의 변화를 가져오고, 중력장에서는 중력에 의한 위치에너지의 변화를 가져온다. 100J, 200J

8 운동에너지는 $\dfrac{1}{2}mv^2$이므로 속력의 제곱에 비례한다. 8,000J, 18,000J

9 공기 저항이나 마찰을 무시한다면 역학적 에너지는 항상 보존되므로 50J이다.

10 위치에너지가 운동에너지로 전환되므로 $E_p=mgh=E_k=\dfrac{1}{2}mv^2$에서 운동에너지는 4배, 속력은 2배가 된다.

11 문제에서 주어진 힘들과 물체의 운동 방향이 이루는 각을 알면 한 일을 구할 수 있다.
a. $W_{\text{한철}}=F_{\text{한철}}\times s=20\text{N}\times 2\text{m}=40\text{J}$
b. $W_{\text{마찰력}}=F_{\text{마찰력}}\times s\times\cos 180°=-5\text{N}\times 2\text{m}=-10\text{N}\cdot\text{m}=-10\text{J}$
c. $W_{\text{항력}}=F_{\text{항력}}\times s\times\cos 90°=0$

12 힘과 거리의 관계 그래프에서 힘이 한 일은 그래프 아랫부분의 넓이와 같다. 따라서 한일 $W$는 다음과 같이 구할 수 있다.

$W=10\times 2+\dfrac{1}{2}\times 10\times 2+\dfrac{1}{2}\times(-5)\times 2=25\text{J}$

이때 주의해야 할 점은 6m~8m 구간에서 힘이 운동 방향과 반대 방향으로 작용하고 있다는 것이다. 이 때 하는 일은 음(−)의 값을 가진다.

13 $\text{일률}=\dfrac{\text{일}}{\text{시간}}=\dfrac{mgh}{t}=\dfrac{30\times 10\times 5}{60}=25\text{W}$

14 $W=Fs\cos\theta=10\text{N}\times 5\text{m}\times\cos\theta=25\text{J}$, $\theta=60°$

**15** $1\text{g/cm}^3 = 1000\text{kg/m}^3$, $P = \dfrac{mgh}{t} = \dfrac{1000\text{kg} \times 10\text{m/s}^2 \times 1\text{m}}{1\text{s}} = 10000\text{W}$, $P_{발전기} = 0.5P = 5000\text{W}$

**16** 운동에너지가 변한만큼 일을 받았으므로 $\dfrac{1}{2} \times 2 \times (30^2 - 20^2) = 500\text{J}$

**17** a. 물체에 해준 일 만큼 운동 에너지가 증가하므로 증가한 운동 에너지는 다음과 같다.

$E_k = Fs = 60\text{N} \times 7\text{m} = 420\text{J}$

b. 이 물체가 가지는 운동 에너지는 처음 운동 에너지와 증가한 운동 에너지의 합이므로 $\dfrac{1}{2} \times 10 \times 4^2 + 420 = 500\text{J}$이다. 따라서 이 물체가 7m 지점을 통과하는 순간의 속력은

$\dfrac{1}{2} \times 10 \times v^2 = 500 \quad \therefore v = 10\text{m/s}$

**18** 먼저 $F = kx$에서 용수철 상수 $k$를 구해야 한다. 용수철의 탄성력은 물체의 무게와 같으므로 $10\text{N} = k \times 0.025\text{m} \Rightarrow k = 400\text{N/m}$ 임을 알 수 있다. 따라서 용수철에 저장된 에너지 $E_p$는 다음과 같다.

$E_p = \dfrac{1}{2}kx^2 = \dfrac{1}{2} \times 400 \times 0.05^2 = 0.5\text{J}$

**19** 무한히 먼 곳을 위치 에너지의 기준점으로 정했을 때 지표면에서의 위치 에너지는 $-G\dfrac{Mm}{R}$이고, 지표면으로부터 $R$의 높이 (지구 중심으로부터의 거리는 $2R$)에 있는 물체의 위치 에너지는 $-G\dfrac{Mm}{2R}$이므로 두 지점의 위치 에너지의 차를 구하면 된다.

$\therefore -G\dfrac{Mm}{2R} - \left(-G\dfrac{Mm}{R}\right) = \dfrac{GMm}{2R}$

**20** $E_p = mgh$이므로 위치에너지는 거리에 비례하여 증가했다가 감소하고, 역학적에너지는 항상 보존되므로 운동에너지는 거리에 비례하여 감소했다가 증가한다.

d, b, a

**21** A점과 B점의 역학적 에너지의 차이가 손실된 에너지이다.

$mgh - \dfrac{1}{2}mv^2 = 1 \times 10 \times 1 - \dfrac{1}{2} \times 1 \times 3^2 = 5.5\text{J}$

**22** a. C점에서의 운동 에너지는 A점과 C점의 위치 에너지의 차로 구할 수 있다.

$E_k = 1 \times 10 \times 10 - 1 \times 10 \times 8$에서 $E_k = 20\text{J}$이다.

b. 역학적 에너지는 보존되므로 D점에서의 속력을 구할 수 있다.

$1 \times 10 \times 10 = \dfrac{1}{2} \times 1 \times v^2 + 1 \times 10 \times 5$에서$\left(mgh + \dfrac{1}{2}mv^2 = 일정\right)$

$v = 10\text{m/s}$이다.

**23** 용수철에 물체를 매달았을 때 중력과 탄성력이 평형을 이루므로 $mg = kx$에서 용수철 상수 $k$를 구하면 $k = \dfrac{mg}{x} = \dfrac{1 \times 10}{0.02} = 500\text{N/m}$이다. 역학적 에너지 보존 법칙에 의해 탄성 에너지와 위치 에너지가 같으므로 $\dfrac{1}{2}kx^2 = mgh$에서 최고점의 높이를 구하면 $\dfrac{1}{2} \times 500 \times 0.2^2 = 2 \times 10 \times h$에서 $h = 0.5\text{m}$

**24** a. 공의 질량을 $m$이라 할 때 공이 궤도에서 이탈하지 않고 1회전하기 위해서는 원궤도의 최고점 B에서 공에 작용하는 원심력이 공의 무게보다 커야 하므로

원심력 $m\frac{v^2}{R} \geqq mg \rightarrow v^2 \geqq gR$

공이 낙하하는 높이를 $h$라 하면 역학적 에너지 보존에 의해

$mgh = 2mgR + \frac{1}{2}mv^2 = \frac{5}{2}mgR$이므로

$\therefore\ h \geqq \frac{5}{2}R$

b. 공이 회전하는 경우에는 회전 운동 에너지를 가지므로 점 A를 통과할 때의 속도는 미끄러지는 경우보다 굴러 내려오는 경우가 더 느려진다.

**25** a. 추는 추의 무게와 용수철에 의한 탄성력이 평형을 이루는 곳에서 정지하므로 $F = mg = kL$에서 용수철의 늘어난 길이 $L = \frac{mg}{k}$

b. 용수철에 저장된 탄성 에너지 $E_p = \frac{1}{2}kL^2 = \frac{m^2g^2}{2k}$

c. 용수철이 늘어나지 않은 상태를 위치 에너지의 기준으로 하면 손을 갑자기 치우는 순간의 역학적 에너지는 $mgh + \frac{1}{2}mv^2 + \frac{1}{2}kx^2 = 0$이다. 용수철이 최대로 늘어난 순간 추의 속도는 0이므로, 역학적 에너지 보존에 의해 $(-mgL') + 0 + \frac{1}{2}kL'^2 = 0$에서 $L' = \frac{2mg}{k} = 2L$ 이 된다.

d. $-mgx + \frac{1}{2}mv^2 + \frac{1}{2}kx^2 = 0$에서 $k = \frac{mg}{L}$를 대입하면 추의 운동 에너지는

$\frac{1}{2}mv^2 = mgx - \frac{1}{2}kx^2 = mgx - \frac{mgx^2}{2L}$를 $= -\frac{mg}{2L}\{(x-L)^2 - L^2\}$에서 $x = L$일 때 운동 에너지

$E_k = \frac{1}{2}mv^2 = \frac{mgL}{2}$로 최대임을 알 수 있다. 따라서 추의 최대 속력 $v = \sqrt{gL} = g\sqrt{\frac{m}{k}}$ 이다.

**26** a. 충돌할 때 진자 A의 속도 $v_A$는 $\frac{1}{2}mv_A^2 = mgh$에서 $v_A = \sqrt{2gh}$ 이다.

충돌 후 두 진자의 속도를 $v_A{}'$, $v_B{}'$이라 하면, 운동량 보존에 의해 $mv_A = mv_A{}' + mv_B{}'$에서 $v_A{}' = v_A - v_B{}'$ 진자 B는 $h/2$만큼 올라갔으므로 $v_B{}' = \sqrt{gh}$ 이다.

$\therefore\ v_A{}' = v_A - v_B{}' = \sqrt{2gh} - \sqrt{gh} = (\sqrt{2} - 1)\sqrt{gh}$

따라서, 충돌 후 진자 A가 올라가는 높이는 $h_A = \frac{v_A{}'^2}{2g} = \frac{3 - 2\sqrt{2}}{2}h$

b. 충돌 전후 두 진자의 위치 에너지의 차이가 손실된 역학적 에너지이므로

$\Delta E = mgh - (mgh_A + mgh_B) = mgh - \left\{mgh\left(\frac{3-2\sqrt{2}}{2}\right) + mg\frac{h}{2}\right\} = (\sqrt{2} - 1)mgh$

c. 단진자의 주기는 진폭에 관계없으므로 두 진자는 원래의 위치에서 다시 충돌한다.

### 한걸음 더

1 a. A에서 $\dfrac{mv_A^2}{l}=mg$(장력이 0이므로 중력만이 구심력이 된다.)

C를 위치에너지 기준으로 잡을 때

$E_A=\dfrac{1}{2}mv_A^2+mg\times 2l=\dfrac{5}{2}mgl$, $E_B=\dfrac{1}{2}mV_B^2+mgl=E_A$

$\dfrac{1}{2}mV_B^2=\dfrac{3}{2}mgl$, $\therefore\ V_B=\sqrt{3gl}$

b. $E_C=\dfrac{1}{2}mV_C^2=\dfrac{5}{2}mgl \rightarrow mV_C^2=5mgl$, $V_C=\sqrt{5gl}$

$\dfrac{mV_C^2}{l}=T-mg$, $T=mg+\dfrac{mV_C^2}{l}=6mg$

2 a. $\left.\begin{array}{l} ma=F-f \\ Ma=f \end{array}\right\}\ a=\dfrac{F}{M+m}$

$f=kx=\dfrac{M}{M+m}F$, $\therefore\ x=\dfrac{M}{M+m}\dfrac{F}{k}$

b. $E=\dfrac{1}{2}kx^2=\dfrac{1}{2}\left(\dfrac{M}{M+m}\right)^2\dfrac{F^2}{k}$

## chapter 7 개념확인하기

1 같은 종류의 힘이라고 생각했으며, 이를 통해 중력을 보편화한 만유인력의 법칙을 발견하게 되었다.

2 같은 종류의 힘이 작용하여 사과와 달이 낙하하게된다는 사실을 비교하였다.

3 행성들이 접선 방향의 속도를 가지므로, 태양 주위를 돌게 된다.

4 만유인력은 아주 약한 힘이다.

5 우리 몸과 지구의 질량, 두 질량 중심 사이의 거리

6 거리의 제곱에 반비례한다(역제곱의 법칙).

7 중력

8 행성 사이의 만유 인력

9 무게는 물체에 작용하는 중력의 크기이다. 중력은 지구 중심으로부터의 거리의 제곱에 반비례하므로, 거리가 5배, 10배는 곳에서 무게는 $\dfrac{1}{25}$배, $\dfrac{1}{100}$배가 된다.

10 질량

11 둘 다 옳다.

12 중력장의 세기는 약 9.8 N/kg = 9.8 $m/s^2$이므로 중력가속도와 같다.

13 지구의 밀도가 균일하다고 가정할 때 지구 내부를 향할수록 중심으로부터의 거리에 비례하여 무게가 감소하며 지구 상공에서는 지구 중심으로부터의 거리의 제곱에 반비례하여 감소한다.
**답** : 지표면

14 지구 중심에 있는 물체가 받는 중력이 0이므로 중력장의 세기 역시 0이다.

15 외부에서 어떤 힘도 작용하지 않으므로 무게는 변하지 않는다. 관성력의 영향을 받아 무게가 변한다.

16 중력은 만유인력과 같으므로 만유인력 상수 $G$, 행성의 질량 $M$과 반지름 $R\left(g=\frac{GM}{R^2}\right)$에 의해 결정된다.

17 중력장의 세기는 거리의 제곱에 반비례하므로, 감소한다.

18 무게와 같은 힘으로 바닥을 누르게 되므로 떠받치는 힘은 누르는 힘에 대한 반작용으로 무게와 같은 크기를 갖는다.

19 중력가속도 $g=10\text{m/s}^2$이라면, 중력에 의해 1초 동안 수직으로 낙하한 거리는 두 경우 모두 $s=\frac{1}{2}gt^2=5\text{m}$이다.

20 중력이 인공위성의 운동 방향에 항상 수직으로 작용하기 때문에, 인공 위성의 속력을 변화시키지 않는다(운동 방향으로 작용하는 힘의 성분이 없으면 속력이 변하지 않는다.)

21 케플러의 제3법칙에 의하면 행성의 공전주기의 제곱은 타원궤도의 긴 반지름의 세제곱에 비례한다. 마찬가지로 인공 위성의 궤도 반지름이 커지면 인공 위성의 주기는 증가한다.

22 인공 위성의 속력이 최대인 곳은 근일점이며, 인공 위성의 속력이 최소인 곳은 원일점이다.

23 원궤도의 경우 중력이 항상 운동 방향에 수직으로 작용하기 때문에, 운동 방향으로 작용하는 힘이 없어서 일을 하지 않는다. 그러나 타원 궤도의 경우 운동 방향으로 작용하는 중력의 성분이 있으므로 일을 한다.

24 운동방향으로 작용하는 중력의 성분이 있기 때문에

25 우주선과 같은 크기의 속력으로 우주선의 진행 방향과  반대 방향으로 물체를 던지면, 물체의 접선 방향의 속도가 0이므로 지상으로 떨어진다.

26 지표면 근처에서는 로켓이 상당히 무겁다. 따라서 지표면 가까이에서 1단계 엔진은 로켓에 큰 힘을 가하게 된다.

## 수식으로 계산해 보기

1 $F = G\dfrac{mM}{R^2} = 6.67\times10^{-11}\times\dfrac{1\times(6\times10^{24})}{(6.4\times10^6)^2} \fallingdotseq 9.77\text{N}$

2 $F = G\dfrac{mM}{R^2} = 6.67\times10^{-11}\times\dfrac{1\times(6\times10^{24})}{(2\times6.4\times10^6)^2} \fallingdotseq 2.44\text{N}$

3 $F = G\dfrac{mM}{R^2} = 6.67\times10^{-11}\times\dfrac{(7.4\times10^{22})\times(6\times10^{24})}{(3.8\times10^8)^2} \fallingdotseq 2\times10^{20}\text{N}$

4 3번에서 지구와 달 사이에 작용하는 인력의 크기는 $2\times10^{20}$N이다. 단위 면적당 힘=(지구와 달 사이에 작용하는 힘)/(케이블의 단면적) $=\dfrac{2\times10^{20}}{\pi r^2}=$ $5\times10^8\text{N/m}^2$이므로, 케이블의 지름 $2r=714{,}000\text{m}$이다.

5 지구에서의 중력 가속도 $g = G\dfrac{M}{R^2}$이라면 화성에서의 중력가속도

$g' = G\dfrac{0.11M}{(0.53R)^2} \fallingdotseq 0.39g$이다. 따라서, 화성에서의 질량 1kg의 무게 $mg' = 1\times0.39\times9.8 \fallingdotseq 3.8\text{N}$이다.

6 $g = G\dfrac{M}{R^2} = 6.67\times10^{-11}\times\dfrac{6\times10^{24}}{(6.38\times10^6+2\times10^5)^2} = 9.24\ \text{N/kg}$,

$\dfrac{9.24}{9.8}\times100 = 94\%$

7 질량 $M$인 지구 중심으로부터 거리 $r$인 지점에서 돌고 있는 인공 위성의 속력 $v=\sqrt{\dfrac{GM}{r}}$ 이므로, 인공 위성의 속력은 인공 위성의 질량과 관계없다. 지구 중심으로부터의 거리의 제곱근에 반비례하므로 인공 위성의 속력은 지표면으로부터의 거리와 관계가 있다. 또 인공 위성의 속력은 지구의 질량의 제곱근에 비례하므로 지구의 질량과 관계가 있다.

8 지구의 중력이 더 커지므로 탈출 속력이 더 커야 한다.

9 a. 중력(만유 인력)은 거리의 제곱에 반비례하므로 A점에서 최대가 된다.
b. 운동에너지가 최대인 A점에서 속력도 최대가 된다.
c. A
d. 속도가 A점에서 최대이므로 운동량도 A점에서 최대가 된다.
e. 운동 에너지는 A점에서 최대가 된다.
f. 위치에너지는 지구로부터의 거리가 가장 먼 C점에서 최대가 된다.
g. 인공 위성의 총에너지는 위치 에너지와 운동에너지의 합으로 항상 일정하다.
h. 가속도는 힘에 비례하므로 중력이 가장 큰 A점에서 최대가 된다.

10 케플러의 제 3법칙에 의하면 행성의 공전주기의 제곱은 공전궤도 반지름의 세제곱에 비례하므로, $T' = \sqrt{(4R)^3} = 8\sqrt{R^3} = 8T$이 된다. 따라서 지구의 공전 주기는 8배가 된다.

11 a. 높이 $h$인 곳에서의 중력 가속도

$$g_h = \frac{GM}{r^2} = \frac{GM}{(R+h)^2} = \frac{GM}{(2R)^2} = \frac{1}{4}\frac{GM}{R^2} = \frac{1}{4}g \fallingdotseq 2.5\text{m/s}^2$$

b. 달의 질량과 반지름을 각각 $m, r'$라 하면 지구의 중력 가속도 $g = 9.8\text{m/s}^2$이므로, 달표면에서의 중력 가속도

$$g' = \frac{Gm}{r'^2} = \frac{G\times\frac{1}{81}M}{\left(\frac{4}{11}R\right)^2} = \frac{121}{729}\times\frac{GM}{R^2} \fallingdotseq \frac{1}{6}g \fallingdotseq 1.6\text{m/s}^2$$

12 a. $F = G\frac{Mm}{r^2} = m\frac{v^2}{r}$에서 $v = \sqrt{\frac{GM}{r}}$이므로

$$v_A : v_B = \sqrt{\frac{GM}{1}} : \sqrt{\frac{GM}{4}} = 2 : 1$$

b. 케플러 제 3법칙에 의해 $T_A^2 : T_B^2 = r_A^3 : r_B^3 = 1^3 : 4^3 = 1 : 64$이므로

$$T_A : T_B = 1 : 8$$

13 지표면으로부터 지구 반경만큼 올라간 곳은 지구 중심으로부터 거리가 지구 반경의 2배가 되는 곳이다. 중력은 거리의 제곱에 반비례하므로, 이 곳에서 몸무게는 $\frac{1}{4}$배가 된다. 따라서 $100\text{kg}\times 9.8\times\frac{1}{4} = 245\text{N}$이다.

14 지표면에서의 중력 가속도 $g = \frac{GM}{R^2}$일때, 천체 표면에서의 중력 가속도는

$$g' = \frac{G\times 6M}{(2R)} = \frac{3}{2}\frac{GM}{R^2} = \frac{3}{2}g$$

15 ① $F = G\frac{Mm}{r^2}$이므로 지구와의 중력은 감소한다.

② $F = G\frac{Mm}{r^2} = m\frac{v^2}{r} \rightarrow v = \sqrt{\frac{GM}{r}}$ 이므로 궤도반지름이 클수록 감소한다.

③ $F = G\frac{Mm}{r^2} = mr\omega^2 \rightarrow \omega = \sqrt{\frac{GM}{r^3}}$ 이므로 궤도 반지름이 클수록 감소한다.

④ $F = G\frac{Mm}{r^2} = ma \rightarrow a = \frac{GM}{r^2}$이므로 궤도 반지름이 클수록 감소한다.

⑤ 인공위성의 공전주기는 케플러 제 3법칙에 의해 $T^2 \propto r^3$ 이므로 궤도 반지름이 클수록 공전 주기가 길어진다.

16 구의 중심에 질량 $M$이 모여 있는 상태로 취급해 주면 된다. 만유인력은 $F = \frac{GMm}{d^2}$이다. (질량 $m$인 물체가 $d < r$인 곳에 있을 때 만유인력은 0이다.)

17 인공위성의 주기 $T = \frac{2\pi(R+h)}{v} = \frac{2\pi}{\sqrt{GM}}(R+h)^{\frac{3}{2}}$에서 $GM$의 값이 변함이 없으므로 인공위성의 주기 역시 변함이 없다.

**18** 무한히 떨어져 있을 때 두 물체의 운동 에너지와 만유 인력에 의한 위치 에너지의 합은 0이다. 따라서 역학적 에너지 보존에 의해 $d$만큼 떨어져 있을 때 두 물체의 속도를 각각 $V, v$라 하면

$\frac{1}{2}MV^2+\frac{1}{2}mv^2-G\frac{Mm}{d}=0$ … ①

또, 운동량 보존에 의해 $MV-mv=0$이므로 두 물체의 운동량은 크기가 항상 같고 방향은 반대이다. 두 물체의 운동량 $P=MV=mv$ … ②

①식에서 $\frac{P^2}{2M}+\frac{P^2}{2m}=G\frac{Mm}{d}$ → $P=Mm\sqrt{\frac{2G}{d(M+m)}}$ 이므로

②식에서 $V=\frac{P}{M}=m\sqrt{\frac{2G}{d(M+m)}}$, $v=\frac{P}{m}=M\sqrt{\frac{2G}{d(M+m)}}$

두 물체 사이의 상대속도는 $v'=V+v=\sqrt{\frac{2G(M+m)}{d}}$ 이다.

**19** $dF=\left[\frac{Gm\lambda gdl}{(R^2+b^2)}\right]\cos\theta$, 여기서 $\cos\theta=\frac{b}{(R^2+b^2)^{\frac{1}{2}}}$, $\int dl=2\pi R$ 이므로 $F=\frac{GmMb}{(R^2+b^2)^{\frac{3}{2}}}$이 된다.

## 한걸음 더

**1** a. $E_{PA}=-\frac{GMm}{R}$, $E_{PB}=-\frac{GMm}{2R}$

b. 역학적에너지 보존법칙을 적용하면

$\frac{1}{2}mv_0^2-\frac{GMm}{R}=\frac{1}{2}mv^2-\frac{GMm}{2R}$, ∴ $v^2=v_0^2-\frac{GM}{R}$

$v=\sqrt{v_0^2-\frac{GM}{R}}$

**2** a. $E=\frac{1}{2}mv^2-\frac{GMm}{R+h}$, $\frac{mv^2}{R+h}=\frac{GMm}{(R+h)^2}$ 따라서 $E=-\frac{GMm}{2(R+h)}$

b. $\frac{mv^2}{R+h}=\frac{GMm}{(R+h)^2}$, $v=\sqrt{\frac{GM}{R+h}}$

**3** 은하의 질량 : $M$, 태양의 질량 : $m$, 태양의 공전속도 : $v=\frac{2\pi r}{T}$

$\frac{mv^2}{r}=\frac{GMm}{r^2}$, ∴ $M=\frac{v^2}{G}r=\frac{4\pi^2}{GT^2}r^3$

$$M=\frac{4\pi^2\times(3\times10^4\times9.5\times10^{15})^3}{6.67\times10^{-11}\times(2\times10^8\times3.15\times10^7)^2}=\frac{4\pi^2(3\times9.5)^3\times10^{57}}{6.67\times4\times(3.15)^2\times10^{19}}$$

$$=\frac{4\pi^2\times(28.5)^3}{6.67\times(6.3)^2}\times10^{38}\text{kg}=\frac{9.07\times10^5}{2.64\times10^2}\times10^{38}$$

$$=3.44\times10^{41}\text{ kg}=1.72\times10^{11}\mathcal{M}_\odot$$

$\mathcal{M}_\odot$ : 태양의 질량

## 개념확인하기

1 배트 전체에 질량이 고루 분포하지 않고 배트의 한 끝에 더 많은 질량이 분포하기 때문

2 CG

3 변함없이 포물선을 그린다.

4 CG가 받침면 위에 있기 때문에

5 힘은 물체의 속도를 변화시키고, 토크는 물체의 회전 상태를 변화시킨다.

6 받침점으로부터 지레의 팔에 수직 성분의 힘이 작용하는 곳까지의 거리

7 지레의 팔에 수직일 때

8 알짜힘과 알짜토크가 0일 때 물체는 평형을 이루었다고 말한다. 따라서 두 토크의 크기는 같다.

9 회전하는 물체는 계속 회전하려는 경향(성질)이 있다.

10 질량과 회전축으로부터의 거리

11 무게 중심과 일직선이 되는 곳

12 자유낙하하는 물체의 경우 물체의 질량과 관계없이 똑같은 가속도로 낙하하듯이 구루는 공의 경우 '단위 질량당 저항'이 같으므로 가속도가 같다.

13 공보다 원판의 회전관성이 더 작기 때문에 가속도는 더 크다.

14 선운동량 : 직선 운동하는 물체의 관성 $mv$, 각운동량 : 회전하는 물체의 관성 $Iw$

15 외부에서 토크가 작용하지 않거나, 작용하는 토크의 합이 0일 때

16 각운동량은 회전관성과 각속력의 곱이므로 회전 관성이 반으로 줄면 각속력은 2배가 된다.

17 외부에서 작용하는 토크가 없으므로 변함이 없다. 자세를 바꾸면 회전 관성이 변하므로 각속력은 변한다.

## 수식으로 계산해 보기

1 손가락은 항상 CG에서 만난다. 무게 중심에서 힘의 평형을 이룬다. 무게 분포가 클수록 수직항력이 크므로 마찰력이 크다. 막대자의 질량 분포가 균일하다면 50cm 되는 지점에서 두 손가락은 만난다.

2 액체, 위치 에너지의 대부분이 병진 운동 에너지로 변하기 때문

3 a. $50\text{N} \times 0.2\text{m} = 10\text{N} \cdot \text{m}$
b. $50\text{N} \times 0.5\text{m} = 25\text{N} \cdot \text{m}$

4 a. 반시계방향을 (+)로 하면 소녀의 토크는300N × 3m = 900N · m, 시소의 경우 토크의 평형을 이루고 있으므로 0

b. 소년의 토크는 소녀의 토크와 크기는 같고 방향이 반대이므로 600N × x = 900N · m, x = 1.5m

c. 소년이 1.5m 되는 곳에 앉아있을 때 소녀는 2m 되는 곳

5 두 경우 모두 토크를 크게 하기 위해서는 각각 긴 것과 두꺼운 것을 사용하는 것이 좋다.

6 토크의 방향이 시계방향이므로 오른쪽으로 가속된다. 토크의 방향이 반시계방향이므로 왼쪽으로 가속된다. 알짜 토크가 0이 되는 지점에서 실패는 구르지 않고 미끄러지게 된다.

7 미터자의 질량 중심이 50cm되는 곳에 있으므로 토크의 평형을 이용하여 계산하면 미터자의 질량은 1kg이다.

8 각운동량은 보존되므로 회전관성이 1/3배이면 각속력은 3배가 된다. 따라서 6회전이다.

9 $I = mr^2 = (1000\text{kg}) \times (450\text{m})^2 =$ 약 $2 \times 10^8 \text{kg} \cdot \text{m}^2$, 계의 회전 관성은 두 배이므로 $4 \times 10^8 \text{kg} \cdot \text{m}^2$

10 서로 붙은 후에 질량중심은 큰 퍽의 중심으로부터

$y = \dfrac{0 + 80\text{g}(4+6)\text{cm}}{(120+80)\text{g}} = 4\text{cm}$ 만큼 떨어져 있다.

$L = r_1 m_1 v_1 + r_2 m_2 v_2 = 0 + (0.06\text{m})(0.08\text{kg})(1.5\text{m/s})$

$= 7.20 \times 10^{-3} \text{kg} \cdot \text{m}^2/\text{s}$ 이다.

질량중심을 축으로 한 관성모멘트는 $I = \dfrac{1}{2} m_1 r_1^2 + m_1 d_1^2 + \dfrac{1}{2} m_2 r_2^2 + m_2 d_2^2$

$= \dfrac{1}{2}(0.12\text{kg})(0.06\text{m})^2 + (0.12\text{kg})(0.04\text{m})^2 + \dfrac{1}{2}(0.08\text{kg})(0.04\text{m})^2 + (0.08\text{kg})(0.06\text{m})^2$

$= 7.6 \times 10^{-4} \text{kg} \cdot \text{m}^2$

각운동량은 $L = I\omega$를 만족 하므로

$\omega = \dfrac{L}{I} = \dfrac{7.20 \times 10^{-3} \text{kg} \cdot \text{m}^2/\text{s}}{7.6 \times 10^{-4} \text{kg} \cdot \text{m}^2} = 9.47 \text{rad/s}$

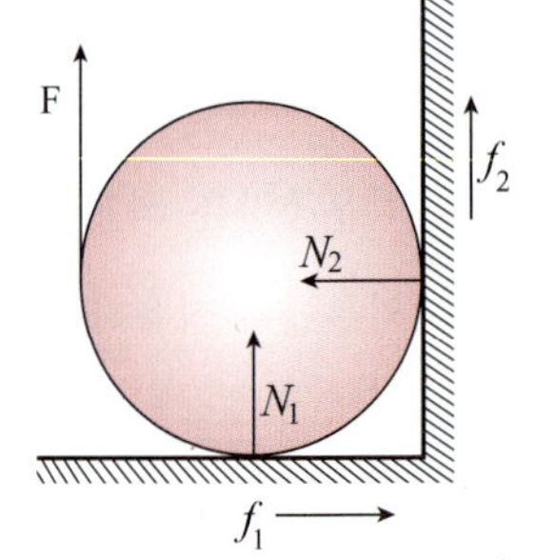


11 $f_1 = N_2 = \mu N_1$, $f_2 = \mu N_2$, $F + N_1 + f_2 = W$ ··· (1)

회전하지 않아야 하므로 토크=0에서 $F = f_1 + f_2$ ··· (2)

마찰 계수 $\mu$가 $\dfrac{1}{2}$이므로 $f_1 = \dfrac{N_1}{2}$, $f_2 = \dfrac{N_2}{2} = \dfrac{N_1}{4}$

(1)에서 $F + N_1 + \dfrac{N_1}{4} = W$, $F + \dfrac{5}{4} N_1 = W$ ··· (3)

(2)에서 $F = \dfrac{N_1}{2} + \dfrac{N_1}{4} = \dfrac{3}{4} N_1$

(3)에서 $F + \dfrac{5}{4}\left(\dfrac{4}{3}F\right) = W$ 이므로 $F = \dfrac{3}{8} W$

12 질량 중심의 좌표를 원점으로 하면, $0 = \dfrac{Mr_2 - mr_1}{M+m}$ 이므로 $Mr_2 = mr_1$이다.

두 물체에 구심력 역할을 하는 힘은 만유인력이므로

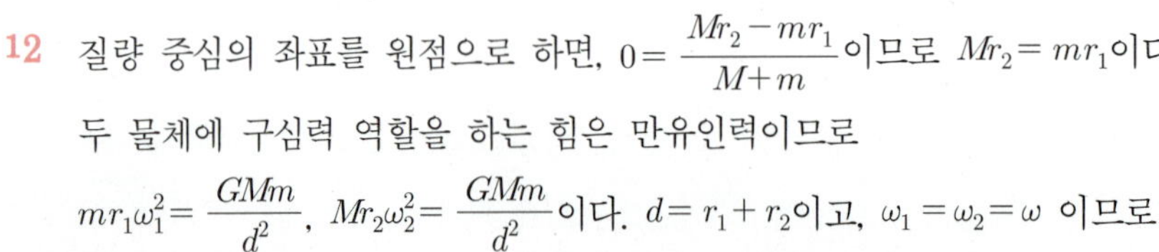

$mr_1\omega_1^2 = \dfrac{GMm}{d^2}$, $Mr_2\omega_2^2 = \dfrac{GMm}{d^2}$ 이다. $d = r_1 + r_2$이고, $\omega_1 = \omega_2 = \omega$ 이므로

$(r_1+r_2)\omega^2=\dfrac{(M+m)G}{d^2}$이 된다. $T=\dfrac{2\pi}{\omega}$이므로 $T^2=\dfrac{4\pi^2 d^3}{G(M+m)}$이다.

13 $\tau=I\alpha$, $\dfrac{d^2\theta}{dt^2}=-\alpha$를 이용하면 $\tau=-MgL\sin\theta+kxh\cos\theta=-I\dfrac{d^2\theta}{dt^2}$ 이 된다. $\theta$가 아주 작을 때에는 $\sin\theta\approx\theta$이고, $\cos\theta\approx 1$, $x\approx s\approx h\theta$이다.

따라서 $\dfrac{d^2\theta}{dt^2}=-\left(\dfrac{MgL+kh^2}{I}\right)\theta=-\omega^2\theta$이므로 $f=\dfrac{1}{2\pi}\sqrt{\dfrac{MgL+kh^2}{ML^2}}$ 이다.

## 한걸음 더

1 벽돌의 선밀도를 $\lambda$라고 하자.

- 위쪽 벽돌의 평형 : $\lambda a_1 g\cdot\dfrac{a_1}{2}=\lambda(L-a_1)g\cdot\dfrac{L-a_1}{2}$ $\quad\therefore\ a_1=\dfrac{L}{2}$
- 아래쪽 벽돌의 평형

$$\lambda a_2 g\cdot\frac{a_2}{2}+\lambda(a_1+a_2)g\cdot\frac{a_1+a_2}{2}=\lambda L-a_2 g\cdot\frac{l-a_2}{2}+\lambda L-(a_1+a_2)g\cdot\frac{L-(a_1+a_2)}{2}$$

$$\therefore -2La_2-2L(a_1+a_2)+2L^2=0$$

$$\therefore a_2=\frac{L}{4}$$

2 원판과 어린이를 합쳐 계라고 하자. 어린이가 원판에 타기 직전 원판에 정지해 있었으므로 계의 총 각운동량은 어린이의 각운동량인 $\dfrac{M}{4}vR$ 이다.

아이가 원판에 탄 후 각속도 $w$ 로 회전한다면 그 때 계의 각운동량은 $\left(\dfrac{M}{4}R^2+I\right)w$이다. 여기서 원판의 관성능률은 $I=\dfrac{M}{2}R^2$이다.

각운동량보존법칙으로부터 $\dfrac{M}{4}vR=\left(\dfrac{M}{4}R^2+\dfrac{M}{2}R^2\right)w$이다. $\therefore\ w=\dfrac{v}{3R}$

3 경사면 바닥을 위치에너지=0로 택하자. 처음 공은 정지해 있으므로 그 때 공의 에너지는 위치에너지뿐으로 $Mgh$이다. 이 공이 바닥에 오면 위치에너지는 0이 되고 운동에너지만 남는다. 이 때 공의 질량중심의 속도를 $V$라고 하고 공의 회전 각속도를 $w$ 라고 하면 운동에너지는 $T=\dfrac{1}{2}MV^2+\dfrac{1}{2}Iw^2$

여기서 $I$는 공의 관성능률로 $I=\dfrac{2}{5}MR^2$이다. 한편 공이 미끄럼 없이 구르기만 하므로 구름 조건으로부터 $V=Rw$가 된다. 따라서 에너지 보존법칙을 쓰면

$$Mgh=\frac{1}{2}MV^2+\frac{1}{2}Iw^2$$

$$\therefore\ Mgh=\frac{1}{2}MV^2+\frac{1}{2}\times\frac{2}{5}MV^2$$

$$\therefore\ V=\sqrt{\frac{10}{7}gh}$$

chapter 9

## 개념확인하기

1 종이나 나무에 비해 금속의 열전도성이 커 많은 열이 이동하기 때문이다.

2 절연체인 공기를 많이 포함하고 있기 때문이다.

3 아니다. 손에서 눈으로 열이 이동하기 때문이다.

4 비열의 차이에 의해 낮에는 육지의 온도가 높아서 공기가 상승하고, 밤에는 반대가 된다.

5 물질 내부에서 분자들의 충돌에 의해 열이 전달되는 전도현상과 가장 유사하다.

6 빈의 법칙에 따라 열원의 온도가 높을수록 복사하는 파장은 짧아진다

7 물체가 빛을 반사하지 않고 모두 흡수하기 때문이다

8 동공으로 입사한 빛은 흡수되어 빠져나오는 빛이 없기 때문이다.

9 복사에너지가 큰 검은색 포트가 빨리 식는다.

10 어두운 색의 천이 열을 더 많이 흡수하므로

11 물체가 타기 위해서는 발화점보다 온도가 높아야 한다. 물을 담은 비닐의 경우 물이 열을 흡수하므로 비닐의 온도는 물이 수증기로 모두 변할 때까지 100℃ 이상 올라가지 않으며, 비닐의 발화점은 100℃보다 높다.

12 금속은 열전도율이 커서 열을 빠르게 전달하므로 화상을 입는다.

13 대류가 없기 때문에 연소할 때 발생한 $CO_2$가 산소의 공급을 차단한다.

14 ②, 완전히 꺼놓는 것이 연료를 절약한다.

## 수식으로 계산해 보기

1 25 : 100 = 15°S : $x$°C → $x$ = 60°C, $T$ = 333K

2 열평형 온도를 $t$°C 라고 하면 열량보존의 법칙으로부터 물이 잃은 열량과 알루미늄 그릇이 얻은 열량은 같으므로 다음과 같은 식이 성립한다.
$1\times 0.2\times(100-t) = 0.2\times 1\times(t-20)$, $t$ = 60°C

3 −10°C 의 얼음을 100°C 의 수증기로 만들려면 다음의 단계가 필요하며 각각의 단계에서 필요한 열량을 구하여 합하면 된다.
−10°C 얼음→ 0°얼음 → 0°C 물 →100°C 물→ 100°C 수증기
필요한 열량 = 0.5 × 2 × 10 + 2 × 80 + 1 × 2 × 100 + 2 × 540 = 1450kcal

4 $Q = kA\dfrac{(T_1 - T_2)}{l}t$ 에서 넓이를 $A/2$, 두께를 $2l$ 이므로

$$Q' = k\frac{A}{2}\frac{(T_1 - T_2)}{2l}t = \frac{1}{4}kA\frac{(T_1 - T_2)}{l}t = \frac{1}{4}Q$$

5 별의 반지름을 $r$ 이라고 할때 별의 표면적은 $4\pi r^2$이므로 두 별의 표면적비는 4 : 1 이고, 온도 비는 1:2 이므로 두 별에서 방출되는 복사에너지의 비는 슈테판-볼츠만의 법칙에 따라 $4\times 1^4 : 1\times 2^4 = 1:4$ 이다.

6 온도를 높이면 액체뿐만 아니라 유리 그릇의 부피도 팽창한다. 단지 유리그릇에 비해 액체가 더 많이 팽창하여 넘치게 된다. 그러므로 실제 액체가 팽창한 정도는 $5\text{cm}^3$ 보다 많다.

7 온도가 증가함에 따라 유리막대와 아연막대가 같은 양만큼 늘어나게 되므로 다음 관계가 성립한다.
$\Delta l_{유리} = \Delta l_{아연}$, $\alpha_{유리}\times l_{0유리}\times\Delta t = \alpha_{아연}\times l_{0아연}\times\Delta t$
$9\times 10^{-5}\times 30 = 30\times 10^{-5}\times l_{0아연}$, $l_{0아연} = 9\text{ cm}$

8 A와 B는 3분 동안 같은 열량을 받았으므로 (A가 얻은 열량) = (B가 얻은 열량)
$0.5\times 200\times(60-20) = c\times 500\times(40-20)$, c = 0.4 kcal/kg℃

9 부피 팽창 계수는 $3\alpha$이므로 늘어난 부피는 다음과 같다.
$\Delta V = 3\alpha V(40-10) = 90\alpha L^3$

10 위치 에너지 감소량 → 전력량 → 열량의 변환이므로 위치 에너지 감소량은 열량이다.
$mgh = J\cdot cm\Delta t$ 에서 $\Delta t = \dfrac{gh}{Jc} = \dfrac{10\times 100}{4\times 1000} = 0.25°\text{C}$

11 A, B, D, C

12 $Q = k\dfrac{A(T_1 - T_2)}{l}$에서 $Q\propto\dfrac{k}{l} = \dfrac{0.8}{32} = \dfrac{0.13}{l}$ $\therefore l = 5.2\text{cm}$

13 겉보기 팽창은 실제 팽창에서 용기의 팽창을 뺀 값과 같으므로 $V_0(\beta - 3\alpha)\Delta t$이다.

14 $1\text{kg}\times 1\text{kcal/kg℃}\times(100-t) = 0.5\text{kg}\times 0.1\text{kcal/kg℃}\times(t-20) \rightarrow t \fallingdotseq 96℃$

15 $0.5\times 4200\times(t-20) = 0.3\times 400\times(100-t) + 0.2\times 450\times(100-t)$
$\therefore t = 27.27(℃)$

16 같은 열량을 공급했을 때 온도가 잘 올라가는 물질의 비열이 더 작다.
비열 A 〈 B, 융해점 A 〈 B, 융해열 A 〉 B

17 $d_0 V_0 = dV = dV_0(1 + 3\alpha\Delta t) \rightarrow \alpha = \dfrac{d_0 - d}{3d\,\Delta t}$

18 열용량이 작을수록 같은 열량을 공급했을 때 온도 변화가 더 크다.
납, 구리, 철, 알루미늄

19 a. $\Delta t = l_0\alpha\Delta t = 10\text{m}\times 17\times 10^{-6}/\text{K}\times 50\text{K} = 8.5\times 10^{-3}\text{m} = 8.5\text{mm}$
b. 각 변의 길이가 $l$인 정육면체의 부피 $V = l^3$이므로
$V = l^3 = l_0^3(1+\alpha\Delta t)^3 = l_0^3\ \{1 + 3\alpha\Delta t + 3\alpha^2(\Delta t)^2 + \alpha^3(\Delta t)^3\}$ 에서
선팽창 계수 $\alpha$는 1보다 매우 작은 값이므로 $\alpha^2, \alpha^3$은 0에 가깝다.

$\therefore V = V_0(1+3\alpha\Delta t) = V_0(1+\beta\Delta t) \rightarrow \beta \fallingdotseq 3\alpha$

c. 열팽창 계수는 기체 〉 액체 〉 고체의 순으로, 고체의 열팽창 정도가 가장 작다.

**20** a. 전도는 물질 자체가 이동하는 것이 아니고 접촉면 분자들의 충돌에 의한 열의 이동이므로 분자들 사이의 거리가 가까운 고체에서 열전도가 잘 된다. 기체의 경우에는 그 반대가 된다.

b. 금속은 자유 전자를 많이 포함하므로 이들의 이동에 의해 열이 쉽게 전도된다. 따라서 전기적 양도체는 열의 양도체가 된다.

c. $Q = kA\dfrac{T_1 - T_2}{l}t = 0.12\text{J/m}\cdot\text{s}\cdot℃ \times \dfrac{10\text{m}^2 \times 30℃}{0.05\text{m}} \times 1\text{s} = 720\text{J}$

**21** a. 반지름을 r라고 할 때 구의 표면적은 $4\pi r^2$이므로 두 별의 표면적의 비는 4:1이고, 온도의 비는 1:2이므로 두 별에서 방출되는 복사 에너지의 비 $E_A : E_B$는 슈테판-볼츠만의 법칙에 의해 $E_A : E_B = 4\times 1^4 : 1\times 2^4 = 1:4$이다. 따라서 크기가 작은 별 B에서 4배의 복사 에너지가 방출된다.

b. 두 별에서 복사되는 전자기파 중에서 에너지 강도가 가장 큰 빛의 파장은 절대 온도에 반비례하므로 2:1이다. 즉, 온도가 $\frac{1}{2}$배 낮은 별 A에서 가장 강도가 센 빛의 파장은 별 B보다 2배 길어진다.

**22** $L_1 = r_1\theta = L_0(1+\alpha_1\Delta T)$, $L_2 = r_2\theta = L_0(1+\alpha_2\Delta T)$

두 식을 빼면 $(r_1 - r_2)\theta = L_0(\alpha_1 - \alpha_2)\Delta T$ 이므로 $\theta = \dfrac{L_0(\alpha_1 - \alpha_2)\Delta T}{(r_1 - r_2)}$

**23** $\dfrac{dQ}{dt} = k(2\pi rL)(\dfrac{dT}{dr}) \rightarrow \dfrac{dQ}{dt}\cdot\dfrac{dr}{r} = (2\pi kL)\cdot dT$

$\rightarrow \dfrac{dQ}{dt}\cdot\int\dfrac{dr}{r} = (2\pi kL)\cdot\int dT$

$\therefore \dfrac{dQ}{dt} = \dfrac{2\pi kL(T_b - T_a)}{\ln\dfrac{b}{a}}$

**24** 단위 시간당 전도되는 열은 $\dfrac{dQ}{dt} = \dfrac{kA(0-(-T))}{y}$

단위 시간당 생성되는 얼음의 질량은 $\dfrac{dm}{dt} = \dfrac{dQ}{dt}\cdot\dfrac{1}{L}$이므로 두께 변화율은

$\dfrac{dy}{dt} = \dfrac{dV}{dt}\cdot\dfrac{1}{A} = \dfrac{1}{\rho}\dfrac{dm}{dt}\cdot\dfrac{1}{A} = \dfrac{1}{\rho}(\dfrac{dQ}{dt}\cdot\dfrac{1}{L})\cdot\dfrac{1}{A} = \dfrac{kT}{L\rho y}$

### 한걸음 더

**1** $\Delta L = L_0\,\alpha\,\Delta t = 10^3\text{m} \times 1.17\times 10^{-5}/℃ \times 40℃ = 4.68\times 10^{-1}\text{m}$

$h = \sqrt{\left(\dfrac{L_0 + \Delta L}{2}\right)^2 - \left(\dfrac{L_0}{2}\right)^2} = \sqrt{\dfrac{L_0\,\Delta L}{2} + \dfrac{(\Delta L)^2}{4}} \simeq \sqrt{\dfrac{L_0 \times \Delta L}{2}}$

$= \sqrt{2.34\times 10^2} = 1.53\times 10 \simeq 15.3\text{m}$

**2** 현재 측정된 절대온도 0K은 약 -273.16℃로 알려져 있다.

고전적으로는 이 온도에서 모든 물질은 운동에너지는 잃어서 완전히 정지해야 한다. 하지만 이와 같은 극저온에서는 양자적 원리가 강하게 나타나는데 특히 불확정성 원리인 $\Delta x \cdot \Delta p \gtrsim \frac{\hbar}{2}$에 따르면 절대로 정지상태의 물질이 존재할 수 없음을 알게 된다. 또한 이 불확정성에 의한 에너지는 ∞가 되어 유한한 일로 그 에너지를 제거할 수 없다. 그러므로 물질을 냉각하여 절대온도 0K인 상태를 만들 수 없는 것이다.

3 접촉면을 통하여 에너지는 고온에서 저온으로 이동한다.

$$K_1 \frac{T_1 - T}{L_1} = K_2 \frac{T - T_2}{L_2}$$

$$\therefore T = \frac{K_1 L_2 T_1 + K_2 L_1 T_2}{K_1 L_2 + K_2 L_1}$$

chapter 10 개념확인하기

1 열역학 제 1법칙에 따라 계가 외부로부터 일을 받으면 받은 일의 양만큼 내부에너지는 증가하고, 계가 외부에 일을 하면 한 일만큼 내부에너지는 감소한다

2 공기의 압축 즉 단열압축에 의한 내부에너지의 증가, 피스톤의 마찰에 의한 열의 발생

3 상승하는 공기는 단열 팽창을 하면서 외부에 일을 하므로 열역학 제1법칙에 따라 냉각된다.

4 아니다. 이상적인 열기관의 열효율은 고열원과 저열원의 온도차에 의해서 결정된다.

5 순간적으로 낮아졌다가 다시 올라간다. 냉장고의 작동과정에서 전기에너지의 일부가 계속하여 열에너지로 바뀌기 때문에 열역학 제1법칙에 따라 방안의 온도는 올라간다.

6 자연 현상은 계의 엔트로피가 증가하는 방향으로 일어나는데, 이를 열역학 제2법칙이라고 한다.

7 열역학 제1, 2법칙의 전제조건을 만족하고 있다면 예외가 없다.

8 $$\text{효율} = \frac{T_{\text{고온}} - T_{\text{저온}}}{T_{\text{고온}}} = \frac{800\text{K} - 300\text{K}}{800\text{K}} = 0.63$$

9 열의 출입이 없더라도 외부에 일을 하거나 일을 받으면 내부에너지가 변하므로 온도가 변한다.

10 열에너지 흡수, 일부 일로 변환, 남은 열에너지 방출

11 열역학 제2법칙에 위배되므로 완전히 바꿀 수 없다. 바꿀 수 있다.

12 여전히 에너지의 총량은 보존 되었으므로 열역학 제1법칙에는 위배되지 않는다. 그러나 온도가 낮은 물체로부터 온도가 높은 물체로 열이 이동한 경우이므로 열역학 제2법칙에 위배된다.

## 수식으로 계산해 보기

1 10℃는 283K이다. 온도를 두 배가 되게 하려면 566K가 되게 하여야 한다. 즉 293℃이 되어야 한다.

2 이상적인 열효율 = 0.63; 실제 열효율 = 0.5

3 a. $PV=nRT$ 에서 절대온도는 $PV$에 비례하므로

$T_C = 4T_A = 1200K = 927℃$

b. 온도가 증가하는 구간인 A → B, B → C구간에서 내부에너지가 증가한다.

c. 온도가 감소하는 구간인 D → A구간에서 내부에너지는 감소한다.

d. A → B(내부에너지만 증가한다.), B → C(내부에너지가 증가하면서 외부에 일을 한다., C → D(내부에너지는 변함이 없지만 외부에 일을 한다.)

e. D → A(내부에너지가 감소한다.)

f. B → C → D

g. 기체가 외부에 한 일의 양

4 $W = P\Delta V = nR\Delta T = nR,\ \Delta U = \frac{3}{2}nR\Delta T = \frac{3}{2}nR,\ Q = \Delta U + W = \frac{5}{2}nR$

$Q : \Delta U : W = 5 : 3 : 2$

5 $PV = nRT$에서 $10^5 \times 10^{-2} = nR \times 303 \rightarrow nR = \frac{1000}{303}$

$W = P\Delta V = nR\Delta T = \frac{1000}{303} \times 70 = 231J$

6 없다. 부력은 항상 회전축의 방향으로 작용하므로 물체를 회전시킬 수 없고, 중력은 물통 속이나 안쪽이나 같은 크기이므로 역시 코르크를 회전시킬 수 없다.

7 $U_A = \frac{3}{2}nRT_A = \frac{3}{2}P_1V_1,\ U_B = \frac{3}{2}nRT_B = \frac{3}{2}P_2V_1$

$\therefore \Delta U = U_B - U_A = \frac{3}{2}(P_2 - P_1)V_1$

8 $Q = \Delta U + P_2\Delta V = \frac{3}{2}P_2\Delta V + P_2\Delta V = \frac{5}{2}P_2\Delta V = \frac{5}{2}P_2(V_2 - V_1)$

9 보일의 법칙에 의하여 $200 \times 1 = 1 \times V$

$V = 200m^3$

10 $V_1 = 4L$, $V_2 = 1L$

$P_1 = 1$기압, $P_2 = \frac{V}{V_2} \times P_1 = \frac{4}{1} \times 1 = 4$(기압)

11 $U = \frac{3}{2}nkT = \frac{3}{2} \times 2 \times 8.3 \times 300 = 7470(J)$

12 $PV = nRT$에서 기체의 부피는 절대온도에 비례한다. 절대온도가 2배가 되면 부피가 2배가 되어 밀도는 $\frac{1}{2}$로 줄어듬

13 a. $E_k = \frac{3}{2}kT$이므로 운동에너지는 절대온도에 비례하므로 통 A의 $E_k$는 통B의 $E_k$의 2배

b. $PV = nRT$ 이므로 $P_a : P_b = n_a T_a : n_b T_b = 4:1$

$\therefore \frac{P_a}{P_b} = 4$

14 a. $W = P\Delta V = 10^5 \times 2 \times 10^{-3} \times 0.1 = 20\text{J}$

b. $Q = \Delta U + P\Delta V$ , $420 = \Delta U + 20$, $\Delta U = 400\text{J}$

15 최대열효율$(e) = \frac{T_1 - T_2}{T_1} \times 100$에서 $T_1 = 570℃ = 843\text{K}$, $T_2 = 95℃ = 388\text{K}$

$\Rightarrow e = \frac{843 - 368}{843} \times 100 = 56\%$

16 힘 = 압력 × 면적 $= 10^5\text{N/m}^2 \times 0.04\text{m}^2 = 4 \times 10^3\text{N}$

저항에서 발생한 열량 $Q = \frac{V^2}{R}t = \frac{(100)^2}{10} \times 6$초 $= 6 \times 10^3\text{J}$

일 = 힘 × 거리 $= 4 \times 10^3\text{N} \times 0.5\text{m} = 2 \times 10^3\text{J}$

$\Delta U = Q - P\Delta V = 6 \times 10^3 - 2 \times 10^3 = 4 \times 10^3(\text{J})$

17 열효율 $= \frac{W}{Q} = \frac{2 \times 10^3\text{J}}{6 \times 10^3\text{J}} = \frac{1}{3} =$ 약 33%

18 에너지 등분배 법칙에 따라 회전 운동의 자유도가 2($x$축, $y$축을 중심으로 한 회전) 이므로 이원자 분자로 된 기체의 내부 에너지는 다음과 같다.

$U$ = 병진 운동 에너지 + 회전 운동 에너지 $= 3 \times \frac{1}{2}nRT + 2 \times \frac{1}{2}nRT = \frac{5}{2}nRT$

19 저항에서 매초 발생하는 열 $Q = \frac{V^2}{R} = \frac{20^2}{8} = 5(\text{J})$, 정압 비열을 $c_p$라 할 때

$Q = nc_p\Delta T = n \times 28 \times 0.5 = 5$에서 기체의 몰수는 $n = \frac{5}{14}\text{mol}$,

기체가 매초 외부에 하는 일은 $W = P\Delta V = nR\Delta T = \frac{5}{14} \times 8.3 \times 0.5 = 1.48(\text{J})$

∴ 기체의 일률은 1.48W이다.

20 a. 기체의 부피 $V = Sx$이므로 $x = \frac{V}{S}$

b. 보일-샤를의 법칙에서 피스톤이 $l$만큼 이동했을 때의 부피는 $V = Sl$이므로

$\frac{1 \times V}{273} = \frac{1 \times (V + Sl)}{T} \rightarrow T = 273 + \frac{273Sl}{V}(\text{K}) = \frac{273Sl}{V}(℃)$

c. 그 동안 기체가 흡수한 열량은 $Q = C\Delta T = C \times \frac{273Sl}{V} = \frac{273CSl}{V}$

21 a. 기체의 부피 $V = Sd = 300 \times 40 = 1.2 \times 10^4\text{cm}^3 = 1.2 \times 10^{-2}\text{m}^3$

이상 기체 상태 방정식에서 기체의 몰수

$n = \frac{PV}{RT} = \frac{1.0 \times 10^5 \times 1.2 \times 10^{-2}}{8.3 \times 273} = 0.53(\text{mol})$

기체 내부 에너지 $U=\frac{3}{2}nRT=\frac{3}{2}\times\frac{PV}{RT}\times RT=\frac{3}{2}PV=\frac{3}{2}\times1200=1800(\mathrm{J})$

b. ① 정적 변화이므로 $Q=\Delta U=\frac{3}{2}nR\Delta T=210\mathrm{J}$에서

$\Delta T=32\mathrm{K}$ $\therefore T'=273+32=305(\mathrm{K})$

$\frac{P}{T}=\frac{P'}{T'}$에서 $P'=\frac{T'}{T}P=\frac{305\mathrm{K}}{273K}\times1$기압 $=1.1$기압

② 등온 변화이므로 보일의 법칙에 의해

1.1기압 $\times 40\mathrm{cm}=1$기압 $\times d' \rightarrow d'=44\mathrm{cm}$

이 과정에서 기체는 열을 얻어 외부에 일을 하였다.

③ 기체가 다시 원래의 상태 A로 돌아가므로 기체의 온도는 다시 0℃가 된다. 따라서 온도 변화량 $\Delta T=-32\mathrm{K}$이다. 기체의 정압 비열은 $\frac{5}{2}R$이므로 기체가 잃은 열량은

$Q=nc_p\Delta T=0.53\times2.5\times8.3\times(-32)=-352(\mathrm{J})$

C→A 과정에서 기체는 약 352J의 열을 외부로 방출하였다.

④ 기체가 한 순환 과정 동안 외부에 한 일은 도형 ABC 내부의 면적이다.

22 열기관의 효율 $e=\frac{W}{Q}=\frac{W'}{Q'+W'}$에서 $eQ'+eW'=W'$이므로

$eQ'=(1-e)W'$. 따라서, 냉동 기관의 효율은 $e'=\frac{Q'}{W'}=\frac{1-e}{e}$이다.

한걸음 더

1 지구 형성 초기 온도를 6000K 정도라고 잡자.
수소분자의 열운동에 의한 평균속력은

$$v_{H_2}=\sqrt{\frac{3kT}{m_{H_2}}}=\sqrt{\frac{3\times1.38\times10^{-23}\times6000}{2\times1.67\times10^{-27}}}$$

$\simeq 3.52\times10^4\mathrm{m/s}\simeq35.2\mathrm{km/s}$

이므로, 지구의 탈출속력 11.2km/s 보다 훨씬 빠르다.
따라서 거의 대부분의 수소분자들은 지구형성초기에 지구 중력장을 탈출했다고 볼 수 있다.

2 카르노 순환과정의 열효율 $e$의 작동재료를 이상기체로 하는 경우에 계산할 수 있다. 이 계산을 하기 위해, 먼저 두 등온 과정에서 열 흐름의 양의 비는

$Q_H=W_{ab}=nRT_H\ln\frac{V_b}{V_a}$이고, 이와 비슷하게

$Q_C=W_{cd}=nRT_C\ln\frac{V_d}{V_c}=-nRT_C\ln\frac{V_c}{V_d}$

이다. $V_d$는 $V_c$보다 작으므로 $Q_C$는 음수이다($Q_C=-|Q_C|$).
온도 $T_C$에서 등온 압축동안 열은 기체로부터 나온다.

두 양의 비는 즉, $\dfrac{Q_C}{Q_H} = -\left(\dfrac{T_C}{T_H}\right)\dfrac{\ln\left(\dfrac{V_c}{V_d}\right)}{\ln\left(\dfrac{V_b}{V_a}\right)}$

두 개의 단열과정에서 $T_H V_b^{\gamma-1} = T_C V_c^{\gamma-1}$, $T_H V_a^{\gamma-1} = T_C V_d^{\gamma-1}$

둘째 식으로 첫째 식을 나누면, $\dfrac{V_b^{\gamma-1}}{V_a^{\gamma-1}} = \dfrac{V_c^{\gamma-1}}{V_d^{\gamma-1}}$ 즉, $\dfrac{V_b}{V_a} = \dfrac{V_c}{V_d}$

따라서 $\dfrac{Q_C}{Q_H} = -\dfrac{T_C}{T_H}$ 또는 $\dfrac{|Q_C|}{|Q_H|} = \dfrac{T_C}{T_H}$ (카르노 기관의 열전달)

$T_C$ 에서 방출된 열과 $T_H$ 에서 흡수한 열의 비는 $\dfrac{T_C}{T_H}$ 이다.

카르노 기관의 효율은 $e = 1 - \dfrac{T_C}{T_H} = \dfrac{T_H - T_C}{T_H}$ (카르노 기관의 효율)이다.

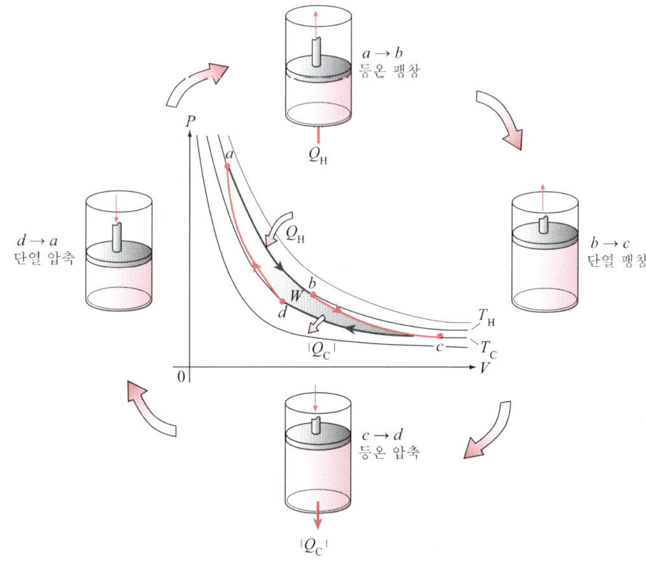

chapter 11

## 개념확인하기

1 전기력이다. 중력은 인력만 있다.

2 전하

3 부호는 반대이고 크기는 같다.

4 그렇다 모든 전자는 같다.

5 양성자가 더 무겁다. 약 1800배 이상 더 무겁다.

6 숫자는 같다. 따라서 알짜 전하는 0이다.

7 a. 서로 밀친다.
b. 서로 당긴다.

8 음이온은 여분의 전자가 있는 것이고 양이온은 전자가 부족한 것이다.

9 a. 음으로 대전된다.
b. 양으로 대전된다.

10 창조되지도 않고 소멸하지도 않으며 옮겨갈 뿐이다.

11 a. 둘다 그 크기가 서로 떨어진 거리의 제곱에 반비례한다.
b. 쿨롱의 법칙은 전하와 관련이 있고, 중력의 법칙은 질량과 관련이 있다. 또 쿨롱의 법칙에 의한 힘은 반발력과 인력이 모두 존재한다.

12 쿨롱이다.

13 전기력이 상대적으로 매우 크다는 뜻이다.

14 천체같은 거시적인 물체는 알짜 전하가 0이어서 전기력이 거의 작용하지 않으며, 중력은 인력만 있으므로 반발력에 의해 힘이 감소되는 일이 없고 천체의 질량이 매우 크기 때문이다.

15 가까이 있는 두 전하 사이에 작용하는 전기력이 상대적으로 매우 크기 때문이다.

16 도체에는 자유롭게 움직일 수 있는 자유 전자들이 있다. 절연체에는 자유전자들이 없다.

17 a. 자유 전자가 있기 때문이다.
b. 자유 전자가 없기 때문이다. 전자들은 모두 원자핵 주위를 돌고 있으며 핵에서 멀리 벗어날 수 없다.

18 도체와 절연체의 중간 물질이다. 실리콘 반도체의 경우 불순물이 전혀 없는 경우 절연체이지만 불순물이 미량 들어가면 도체에 가까운 성질로 변한다.

19 임계온도 이하에서 저항이 0인 도체이다.

20 a. 접촉, 마찰, 유도에 의한 방법이 있다.
b. 정전기 유도에 의한 방법이다.

21 전하들이 구름과 땅 사이에서 방전되는 현상이다.

22 일시에 방전하지 못하도록 미리 전하를 땅으로 이동시킨다. 또한 전하가 도선을 통해 이동하도록 유도한다.

23 한쪽에는 음으로, 다른 쪽에는 양으로 대전된 상태이다.

24 반대 전하로 대전된 쪽이 더 가깝기 때문이다.

25 전기력은 밀고 당기는 힘이 상쇄되지만 중력은 당기는 힘 밖에 없기 때문이다.

26 $\frac{1}{4}$, $\frac{1}{9}$로 작아진다. 역제곱의 법칙에 따라 작아진다.

27 우리는 양으로 대전되고 빗은 음으로 대전된다.

28 금속박(가지)도 (−) 부호로 대전되어 서로 밀친다.

29 꼭 직접 닿지 않아도 된다. 정전기 유도에 의하여 가지는 전하를 띨 수 있다.

30 전자들이 단순히 한 쪽에서 다른 쪽으로 이동한 것이기 때문이다.

31 두 현상에 자유전자가 관련되어 있기 때문이다.

32 전하가 유도되어 같은 부호의 전하보다 반대 부호의 전하가 더 가깝기 때문이다.

33 같다. 같은 부호의 전하끼리는 밀치고 다른 부호의 전하끼리는 당긴다.

34 전자들을 끌어당기는 양성자가 있기 때문이다.

## 수식으로 계산해 보기

1 a, b에 의한 합력은 $F-\sqrt{2(k\frac{1\times1}{1^2})^2}-\sqrt{2}k$ 이고,

a, b 사이의 힘은 $F'=k\frac{1\times1}{\sqrt{2}^2}=\frac{k}{2}$이다. 따라서 $F: F'=\sqrt{2}k:\frac{k}{2}=2\sqrt{2}:1$

2 접촉시키면 전하량은 반으로 줄어든다. A, B의 전하량을 각각 $q$라고 하면 A가 받는 힘은 $F_A=k\frac{q\cdot q}{r^2}$, B와 C를 접촉시키면 전하량은 각각 $\frac{q}{2}$로 된다. 따라서

$F_C=k\frac{q/2\cdot q/2}{r^2}=\frac{1}{4}k\frac{q^2}{r^2}$, $\therefore F_A: F_C=1:\frac{1}{4}=4:1$

3 가속도는 작용하는 힘에 비례하고 질량에 반비례한다. 작용 힘은 전하량의 곱에 비례하므로 양성자가 받는 힘은 반으로 줄어들지만 질량이 $\frac{1}{4}$이므로 가속도는 두 배로 된다.

4
a. $F_e=k\frac{q_1q_2}{r^2}=9\times10^9\frac{(1.6\times10^{-19})^2}{(3.8\times10^{-10})^2}=1.59\times10^{-9}(\mathrm{N})$

b. $F_g=G\frac{m_1m_2}{r^2}=6.67\times10^{-11}\frac{(1.67\times10^{-27})^2}{(3.8\times10^{-10})^2}=1.29\times10^{-45}(\mathrm{N})$

c. $F_e$는 $F_g$보다 $1.23\times10^{36}$ 배 더 크다. $\frac{F_e}{F_g}=1.23\times10^{36}$

5 $q_1$이 $q_3$에 가하는 힘

$F_{13}=9\times10^9\frac{(1.0\times10^{-9})\times(5.0\times10^{-9})}{(0.02)^2}=1.13\times10^{-4}(\mathrm{N})$, (왼쪽 방향)

$q_2$가 $q_3$에 가하는 힘

$F_{23}=9\times10^9\frac{(3.0\times10^{-9})(5.0\times10^{-9})}{(0.04)^2}=8.4\times16^{-5}(\mathrm{N})$, (오른쪽 방향)

$q_3$ 와 $q_1$ 사이에는 척력이 작용하고, $q_3$ 와 $q_2$ 사이에는 인력이 작용하므로 합력은
$F = F_{13} - F_{23} = 2.9 \times 10^{-5}\text{N}$(왼쪽방향)

**6** $n = \dfrac{1.0\text{C}}{1.6 \times 10^{-19}\text{C}} = 6.25 \times 10^{18}$개

$M = n \cdot m_e = 6.25 \times 10^{18}$개 $\times 9.11 \times 10^{-31}$kg/개 $= 5.6 \times 10^{-12}$kg

**7** $F_e = k\dfrac{q \cdot q}{r^2} = 9.0 \times 10^9 \dfrac{1.0^2}{(1000)^2} = 9.0 \times 10^3(\text{N})$

이 힘은 몸무게 1000N인 사람 9명이 누르는 힘과 같다.

**8** 동전에 있는 총전자수 : $29 \times 2 \times 10^{22} = 5.8 \times 10^{23}$(개)

떼어내야 할 전자수 : $\dfrac{2 \times 10^{-6}\text{C}}{1.6 \times 10^{-19}\text{C}} = 1.25 \times 10^{13}$(개)

$\therefore \dfrac{1.25 \times 10^{13}}{(5.8 \times 10^{23})} \times 100 = 2.16 \times 10^{-9}(\%)$

따라서 처음 구리동전에 있는 총 전자수의 $2.16 \times 10^{-9}\%$를 떼어내면 $+2\mu\text{C}$의 전하를 띠게 할 수 있다.

**9** $F = k\dfrac{q_1 q_2}{r^2} = 9 \times 10^9 \dfrac{92 \times 1.6 \times 10^{-19} \times 1.6 \times 10^{-19}}{(1 \times 10^{-11})^2} = 2.1 \times 10^{-4}\text{N}$

**10** $F_2 = F_3 = 9 \times 10^9 \dfrac{(3 \times 10^6)^2}{(0.40)^2} = 0.51\text{N}$, $F_4 = 9 \times 10^9 \dfrac{(3 \times 10^6)^2}{(0.40 \times \sqrt{2})^2} = 0.25\text{N}$

$\therefore$ 합력 $= 2 \times 0.51 \times \dfrac{1}{\sqrt{2}} + 0.25 = 0.97(\text{N})$

**11** $q_1$에 의해 $Q$가 받는 힘

$F_{1Q} = (9.0 \times 10^9\text{N} \cdot \text{m}^2/\text{C}^2)\dfrac{(4.0 \times 10^{-6}\text{C})(2.0 \times 10^{-6}\text{C})}{(0.50\text{m})^2} = 0.29\text{N}$

이 힘의 $x$방향 성분은 $0.29\text{N}\dfrac{0.4}{0.5} = 0.23\text{N}$

$y$방향 성분은 $-0.29\text{N}\dfrac{0.3}{0.5} = -0.17\text{N}$

$q_2$에 의한 힘과 $q_1$에 의한 힘을 더하면 $x$방향 성분만 남게 된다.
$\therefore F_x = 0.46\text{N}$, $F_y = 0$ (오른쪽)

**12** 3m 떨어진 두 대전체의 전기력과 1m 늘어났을 때 탄성력이 평형을 이루고 있다.

$k\dfrac{Q^2}{r^2} = k'x$, $\dfrac{9 \times 10^9 \times Q^2}{3^2} = 1000 \times 1$ $\quad \therefore Q = 10^{-3}\text{C}$

**13** 접촉시켰다가 떼어내면 $(4 - 1.6) \times 10^{-6} \times \dfrac{1}{2}$C씩 대전된다.

$F = \dfrac{(1.2 \times 10^{-6})^2}{(1.2)^2} \times 9 \times 10^9 = 9 \times 10^{-3}$N이므로 $1.2 \times 10^{-6}$C으로 대전되고,

$9 \times 10^{-3}$N의 반발력이 작용한다.

**14** A의 전하량을 $Q$ 라고 하면 B와 C의 전하량은 $\frac{Q}{2}$이다.

$$F_{\mathrm{AB}} = k\frac{Q\times\frac{Q}{2}}{r^2},\quad F_{\mathrm{BC}} = k\frac{\frac{Q}{2}\times\frac{Q}{2}}{r^2}$$

$$\therefore F_{\mathrm{AB}} = 2F_{\mathrm{BC}}$$

**15** 임의의 전하 $Q$ 와 거리 $r$ 만큼 떨어져 있을 때 가속도 $a$이었다면

$$Ma = k\frac{e\cdot Q}{r^2}$$

$a$입자는 $4M\cdot a' = k\frac{2e\cdot Q}{r^2}$에서 $a' = \frac{1}{2}a$

**16** $F = k\frac{e^2}{r^2} = \frac{(9.0\times 10^9\mathrm{N\cdot m^2/C^2})(1.60\times 10^{-19}\mathrm{C})^2}{(4.0\times 10^{-15}\mathrm{m})^2} = 14\mathrm{N}$

**17** $F = k\frac{q_1 q_2}{r^2}$

$$r = \sqrt{\frac{kq_1 q_2}{F}} = \sqrt{\frac{(9.0\times 10^9\mathrm{N\cdot m^2/C^2})(26.0\times 10^{-6}\mathrm{C})(47.0\times 10^{-6}\mathrm{C})}{5.70\mathrm{N}}}$$

$= 1.39\mathrm{m}$

**18** $F = k\frac{q^2}{r^2} = ma$이므로

$$q = r\sqrt{\frac{ma}{k}} = (3.2\times 10^{-3}\mathrm{m})\sqrt{\frac{(6.3\times 10^{-7}\mathrm{kg})(7.0\mathrm{m/s^2})}{9.0\times 10^9\mathrm{N\cdot m^2/c^2}}}$$

$= 7.1\times 10^{-11}\mathrm{C}$

**19** $k\frac{q^2}{r^2} = G\frac{M\cdot m}{r^2}$에서

$$q = \sqrt{\frac{GM\cdot m}{k}}$$

$$= \sqrt{\frac{(6.67\times 10^{-11}\mathrm{N\cdot m^2/kg^2})(5.98\times 10^{24}\mathrm{kg})(7.36\times 10^{22}\mathrm{kg})}{9.0\times 10^9\mathrm{N\cdot m^2/C^2}}} = 5.7\times 10^{13}\mathrm{C}$$

**20** $F = k\frac{q(Q-q)}{r^2}$ 이때 $k$, $r$은 상수이므로 $q(Q-q)$의 최대값을 구하여 $q$ 값을 안다.

$f(q) = -q^2 + Qq$ 이것을 그래프로 그려보면 알 수 있다.

$q = \frac{Q}{2}$일 때 최대값 $\frac{Q^2}{4}$이다.

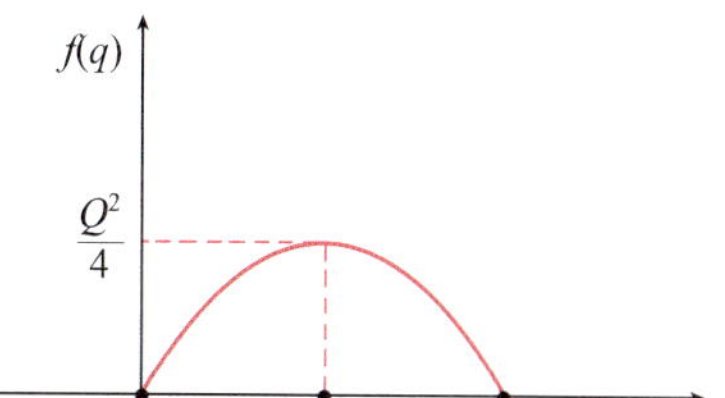


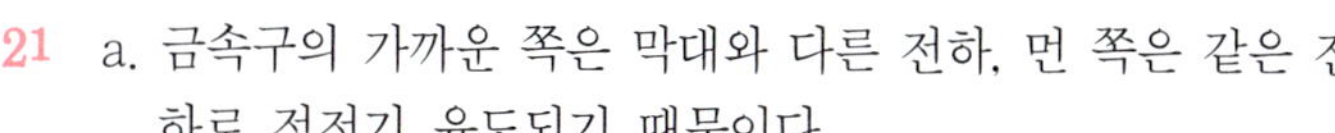

**21** a. 금속구의 가까운 쪽은 막대와 다른 전하, 먼 쪽은 같은 전하로 정전기 유도되기 때문이다.

b. 중성인 금속구를 접촉시킨 후 척력이 작용하면 대전되어 있었던 것. 아무 힘도 작용하지 않으면 중성.

c. 유전 분극 현상

d. 차 안은 도체 내부이므로 그 안은 항상 전위차가 0으로 유지된다. 번개는 차 바깥으로만 흐른다.

e. 대전된 금속구와 같은 크기의 중성의 금속구를 접촉시키면 두 금속구는 대전된 금속구의 전하량을 절반씩 공유하게 된다. 이 금속구를 다시 중성의 금속구에 접촉시키면 처음보다 $\frac{1}{4}$의 전하량을 공유하게 된다. 이런 방식으로 전하량의 관계를 알아냈다.

**22** 그림에서 $\frac{kQ^2}{r^2}=mg\tan\theta$ 이므로 $Q=\sqrt{\frac{mgr^2\tan\theta}{k}}=\sqrt{\frac{mgr^2\cdot\frac{r}{2}}{k\sqrt{l^2-\left(\frac{r}{2}\right)^2}}}$

한걸음 더

**1** $F_C=F_{A\to C}+F_{B\to C}$

$$=\frac{9\times10^9\times(2\times10^{-15}\text{C})^2}{4^2}+\frac{9\times10^9\times(2\times10^{-5})^2}{2^2}$$

$=0.225\text{N}+0.9\text{N}=1.125\text{N}$의 힘이 C 오른쪽으로 작용한다.

**2** 전자에 작용하는 전자력은

$$F=\frac{9\times10^9\times(1.6\times10^{-19})^2}{(5.29\times10^{-11})^2}=8.23\times10^{-8}\text{N}$$

이다. 이 전기력이 구심력 역할을 하므로

$$\frac{mv^2}{r}=F$$

$$v=\sqrt{\frac{F\cdot r}{m}}=\sqrt{\frac{8.23\times10^{-8}\times5.29\times10^{-11}}{9.1\times10^{-31}}}=2.18\times10^6\text{m/s}$$

전자의 공전 속도는 $v=2.18\times10^6\text{m/s}$ 이다.

+e
F
−e
5.29X10⁻¹¹m

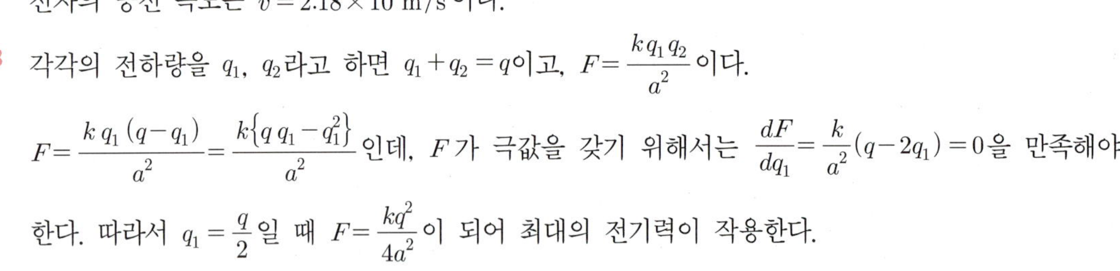

**3** 각각의 전하량을 $q_1$, $q_2$라고 하면 $q_1+q_2=q$이고, $F=\frac{kq_1q_2}{a^2}$이다.

$F=\frac{kq_1(q-q_1)}{a^2}=\frac{k\{qq_1-q_1^2\}}{a^2}$인데, $F$가 극값을 갖기 위해서는 $\frac{dF}{dq_1}=\frac{k}{a^2}(q-2q_1)=0$을 만족해야 한다. 따라서 $q_1=\frac{q}{2}$일 때 $F=\frac{kq^2}{4a^2}$이 되어 최대의 전기력이 작용한다.

chapter 12

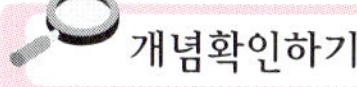

개념확인하기

1 공간적으로 먼 거리에서 일어나는 상호 작용이라는 뜻이다.

2 떨어져 잇는 두 물체나 떨어져 있는 두 전하가 아닌 물체와 중력장 또는 전하와 전기장이 실제로 접촉한다는 개념이기 때문이다.

3 둘 다 힘을 작용시키는 것이 비슷하다. 또 거리의 제곱에 반비례하여 약해지는 것도 비슷하다.

4 크기와 방향을 가지기 때문이다.

5 a. 전하가 전기력을 받아 움직여 나아가는 길을 나타내는 선 즉 전기장을 나타내는 선이라고 할 수 있다.
b. 같다. 엄밀하게 말하면 전기력선의 한 점에 그은 접선의 방향과 같다.

6 전기력선의 밀도로 나타낼 수 있다. 전기력선들이 조밀할수록 전기장은 세다.

7 평행하면서 간격이 일정한 선들로 나타난다.

8 차 안의 전기장은 0으로 유지되기 때문이다. 전기장이 0이면 전하의 이동은 없다.

9 0이다. 내부 전기장은 서로 상쇄되어 0이 된다.

10 a. 인력만 존재하므로 차폐시킬 수 없다.
b. 인력뿐만 아니라 척력도 존재하므로 차폐시킬 수 있다.

11 해준 일의 양은 위치 에너지의 차이로 나타난다.

12 전기장에 대하여 일을 하면 된다.

13 운동 에너지로 바뀐다.

14 전위는 전기 에너지를 전하로 나눈 값이다. 즉 전위는 단위 양전하가 가진 전기 에너지이다.
$\text{전위} = \frac{\text{전기에너지}}{\text{전하}}$

15 전위는 단위 양전하를 움직일 때 전기장에 대하여 해 준 일로 정의하기 때문이다.

16 볼트(J/C = V)이다.

17 아니다. 단위 양전하가 그 자리에 있는 것으로 생각만 해주면 된다.

18 어떤 물체보다 높이는 낮더라도 질량이 더 크면 중력에 의한 위치에너지가 더 클 수 있다. 이와 마찬가지로 전하는 작아서 전기에너지는 작더라도 전위는 높을 수 있다.

19 내부에는 전하가 없고 모두 바깥쪽으로 밀려 나간다.

20 전하에 작용하고 양전하와 음전하가 있으며 서로 상쇄될 수 있다.

21 단위 양전하가 받는 힘의 방향으로 정한다.

22 전자가 더 크게 가속되며 가속도의 방향은 서로 반대이다. 전자가 먼저 도달한다.

23 서로 밀어내기 때문이다.

24 전체적으로 전기적 힘의 균형을 이루려면 평평한 곳보다 뾰족한 부분에 집중된다.

25 전하량이 같은 것을 사용하면 옳은 말이다.

26 비슷하다. 단위 전하당 전기 에너지는 크지만 전체 전기 에너지는 크지 않기 때문이다.

27 같은 부호의 전하로 대전되어 서로 밀기 때문이다.

## 수식으로 계산해 보기

1 각 원판을 지나는 전기력선의 수는 일정하다. 원판의 넓이 비는 1:4이므로 전기장의 비는 4:1이 된다. 전기장의 세기는 전기력선의 밀도에 비례한다.

2 a. $W=qV$에서 $V=\dfrac{W}{q}=\dfrac{12\text{J}}{0.001\text{C}}=12000\text{V}$

b. 감소한 위치 에너지만큼 운동에너지를 얻게 되므로 12J이다. 에너지 보존 법칙으로 설명할 수 있다.

3 a. 갖고 있는 운동에너지만큼 전기장의 방향과 반대 방향으로 거슬러 갈 수 있는 일을 할 수 있으므로 $E_k=\dfrac{1}{2}mv_o^2=W=Fd=qEd$에서 $d=\dfrac{mv_0^2}{2qE}$이다.

b. 충격량=운동량 변화량 이므로 $F\cdot t=mv_0-(-mv_0)$ $\therefore t=\dfrac{2mv_0}{qE}$

4 끝이 뾰족한 곳에 더 빽빽하게 전하가 모이므로 반지름이 작은 구의 표면에 더 밀도가 큰 전하 분포를 만든다.

$V=\dfrac{kQ_1}{a}=\dfrac{kQ_2}{b}$, $Q_1=4\pi a^2\sigma_1$, $Q_2=4\pi b^2\sigma_2$라고 할 때 $Q=Q_1+Q_2$이며, 도체선으로 연결하면 두 구의 전위가 같아질 때까지 전하가 이동하므로

$V=k\dfrac{4\pi a^2\sigma_1}{a}=k\dfrac{4\pi b^2\sigma_2}{b}$이다. $\therefore a\sigma_1=b\sigma_2$ 즉, $\sigma_1$은 $\sigma_2$의 $\dfrac{b}{a}$배이다.

5 a. 대전체에 작용하는 힘은 $qE$이므로 $F=0.4\times30=12(\text{N})$

$12\text{N}=10^{-3}\text{kg}\times a$이므로 $a=1.2\times10^4\ \text{m/s}^2$이다.

b. 대전체의 처음 운동 에너지는 $\dfrac{1}{2}mv^2=\dfrac{1}{2}\times10^{-3}\times8^2$

$\dfrac{1}{2}\times10^{-3}\times8^2=Fd=qEd=0.4\times30\times d$에서 $d=2.67\times10^{-3}\text{m}=2.67\text{mm}$이다. 따라서 판 A에 도착하기 전에 판 B로 되돌아간다.

6 $qE=mg\cdot\tan\theta$이므로 $q\dfrac{V}{d}=mg\tan\theta$이다. $\therefore q=\dfrac{mgd\tan\theta}{V}$

7 $ma = eE$에서 $a = \frac{eE}{m} = \frac{1.6 \times 10^{-19}\text{C} \times 10^3\text{N/C}}{9.1 \times 10^{-31}\text{kg}} = 1.76 \times 10^{14}\text{m/s}^2$

이러한 가속도로 0.5m 가는데 걸린 시간은 $y = v_0 t + \frac{1}{2}at^2$에서

$0.5\text{m} = \frac{1}{2} \times 1.76 \times 10^{14}\text{m/s}^2 \times t^2$이다. $\therefore t = 7.5 \times 10^{-8}\text{s}$

수평방향으로 속도 $10^6$m/s, 시간 $7.5 \times 10^{-8}$s 동안 날아간 거리는

$d = (10^6\text{m/s}) \times (7.5 \times 10^{-8}\text{s}) = 7.5\text{cm}$

8 $E = k\frac{q}{r^2}$에서 $q = \frac{Er^2}{k} = \frac{(0.50\text{m})^2(2.0\text{N/C})}{9.0 \times 10^9\text{N} \cdot \text{m}^2/\text{C}^2} = 5.6 \times 10^{-11}\text{C}$

9 구의 중심에 핵의 양전하가 모두 모여 있다고 볼 수 있다.

$E = k\frac{Ze}{R^2} = 9.0 \times 10^9\text{N} \cdot \text{m}^2/\text{C}^2 \frac{94(1.6 \times 10^{-19}\text{C})}{(6.64 \times 10^{-15}\text{m})^2} = 3.07 \times 10^{21}\text{N/C}$

10 두 전하 사이와 $q_2$쪽에는 전기장이 0인 곳이 없다. 그림처럼 $q_1$의 오른쪽에 전기장이 0인 곳이 있을 것이다.

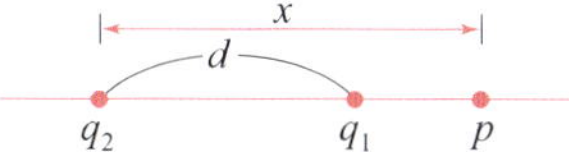


$k\frac{q_2}{x^2} = k\frac{q_1}{(x-d)^2}$에서 $x$를 구하면 $x = 100\text{cm}$ 즉 $q_1$의 오른쪽 50m 인 지점이다.

11 $a = \frac{F}{m} = \frac{eE}{m} = \frac{(1.60 \times 10^{-19}\text{C})(2.00 \times 10^4\text{N/C})}{9.11 \times 10^{-31}\text{kg}} = 3.51 \times 10^{15}\text{m/s}^2$

12 $E = \frac{F}{q}$에서 $E = \frac{3.0 \times 10^{-6}\text{N}}{2.0 \times 10^{-9}\text{C}} = 1.5 \times 10^3\text{N/C}$

13 $a = \frac{F}{m} = \frac{qE}{m} = \frac{(1.67 \times 10^{-19}\text{C})(2.00 \times 10^4\text{N/C})}{1.67 \times 10^{-27}\text{kg}} = 1.92 \times 10^{12}\text{m/s}^2$

14 각 전하에 의한 전기장을 구하여 더한다. 전기장 합은 벡터로 구한다.

$E = k\frac{q}{r^2}$에서 $E = 2\sqrt{2} \times 10^5\text{N/C}$

전위는 스칼라량이므로 각 전하에 의한 전위를 단순히 더한다.

$V = k\frac{q}{r}$에서 $V_A = k\frac{q_A}{r_A}$, $V_B = k\frac{q_B}{r_B}$, $V_C = k\frac{q_C}{r_C}$, $V_D = k\frac{q_D}{r_D}$

양전하에 의한 전위와 음전하에 의한 전위가 같으므로 합하면 0이 된다.

15 $mg = qE$, $E = \frac{V}{d}$이므로 $mg = q\frac{V}{d}$에서 $V = \frac{mgd}{q} = \frac{10^{-3} \times 9.8 \times 10^{-1}}{9.8 \times 10^{-8}} = 10^4(\text{V})$

16 전위 $V = k\frac{q}{r}$이므로 $V_A : V_B : V_C = k\frac{q}{r} : k\frac{q}{2r} : k\frac{q}{3r} = 6 : 3 : 2$

**17** 한 일은 운동 에너지이므로 $qV=\frac{1}{2}mv^2$이다. $\therefore v=\sqrt{\frac{2qV}{m}}$

**18** 전위는 무한히 먼 곳에서 그 곳까지 +1C의 전하를 옮겨오는데 필요한 일과 같다. 따라서 전위는 도체구 내부의 어디에서나 $k\frac{q}{a}$값을 가진다.

**19** $\frac{4}{x^2}=\frac{9}{(2+x)^2}$에서 $x=4,\ -\frac{4}{5}$ 여기서 $-\frac{4}{5}$는 A와 B 사이의 점이 되므로 답이 될 수 없다.

**20** a. 점전하 X에 의한 A점의 전기장

$$=k\frac{Q}{r^2}=\frac{9.0\times10^9\times2.0\times10^{-8}}{1.0^2}=1.8\times10^2(\mathrm{N/C})\,(\text{왼쪽})$$

Y에 의한 A점의 전기장$=0.45\times10^2(\mathrm{N/C})$(오른쪽), 합성 전기장은 $E_A=135(\mathrm{N/C})$(왼쪽)

b. $E_B=E_X\cos60°+E_Y\cos60°=E_X(\because E_X=E_Y$이고, $\cos60°=\frac{1}{2})$

$$=\frac{9.0\times10^9\times2\times10^{-8}}{1.0^2}\mathrm{N/C}=1.8\times10^2\mathrm{N/C}\,(\text{오른쪽})$$

**21** 도체 내부는 등전위이므로 전기장의 세기는 0이다.

$\therefore E=0(R<r<2R)$

도체구의 $r<R$인 공간은 중심의 점전하 $+Q$에 의한 전기장이 존재한다.

$\therefore E=\frac{kQ}{r^2}(0<r<R)$

도체구의 밖은, 즉 $r>2R$인 곳은 중심에 놓인 점전하 $Q$에 의한 전기장이다.

$\therefore E=\frac{kQ}{r^2}(r>2R)$

**22** a. $V_p=\frac{kQ}{\sqrt{x^2+a^2}}+\frac{kQ}{\sqrt{x^2+a^2}}=\frac{2kQ}{\sqrt{x^2+a^2}}$

b. $V_{\text{원점}}=\frac{2kQ}{a}$, $V_{(0,\frac{a}{2})}=\frac{kQ}{\frac{a}{2}}+\frac{kQ}{\frac{3}{2}a}=\frac{8}{3}\frac{kQ}{a}$,

$\Delta W=q\Delta V=-e\left(2-\frac{8}{3}\right)\frac{kQ}{a}=\frac{2keQ}{3a}=\frac{1}{2}mv^2\ \therefore\ V=\sqrt{\frac{4keQ}{3ma}}$

**23** a. $60\mathrm{V}=\frac{(9\times10^9)\times(3\times10^{-8}C)}{r}$이므로 $r=\frac{(9\times10^9)\times(3\times10^{-8}C)}{60}=4.5(\mathrm{m})$

b. $W=QV=1.6\times10^{-19}\mathrm{C}\times60\mathrm{V}=9.6\times10^{-18}\mathrm{J}$

## 한걸음 더

1 a. $\overrightarrow{E_1} = \dfrac{kq\left(\dfrac{a}{2}\hat{i}+r\hat{k}\right)}{\left(r^2+\dfrac{a^2}{4}\right)^{3/2}}$, $\overrightarrow{E_2} = \dfrac{kq\left(-\dfrac{a}{2}\hat{i}+r\hat{k}\right)}{\left(r^2+\dfrac{a^2}{4}\right)^{3/2}}$

$\vec{E} = \overrightarrow{E_1} + \overrightarrow{E_2} = \dfrac{kqa\hat{i}}{\left(r^2+\dfrac{a^2}{4}\right)^{3/2}}$

b. $r \gg a$인 경우

$\left(r^2+\dfrac{a^2}{4}\right)^{3/2} = r^3\left(1+\dfrac{a^2}{4r^2}\right)^{3/2} \simeq r^3$이다. 따라서 $E = \dfrac{kqa}{r^3}$이다.

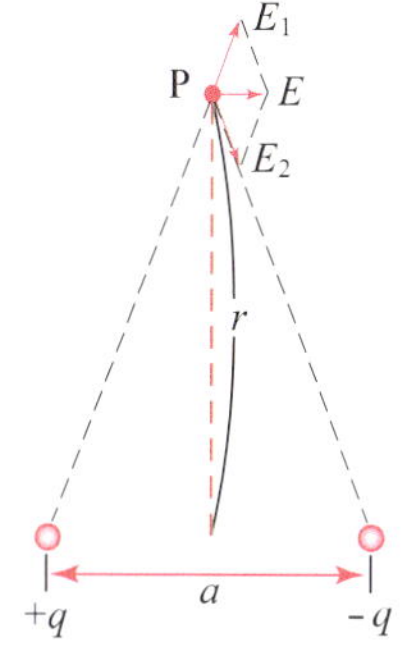


2 구각의 안쪽면에 $+8\mu C$이 유도되고, 구각 전체 전하량이 $+2\mu C$이므로 구각의 바깥껍질에 $-6\mu C$이 유도된다.

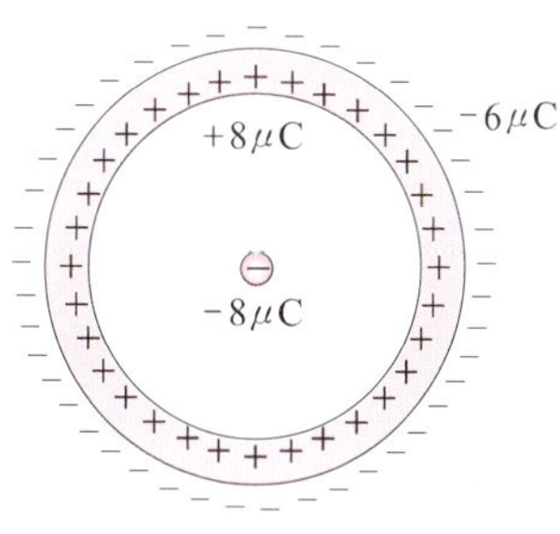


chapter 13

## 개념확인하기

1 알짜 전하는 0이다. 두 판의 전하량은 같고 부호만 반대로 대전되기 때문이다.

2 전위차, 극판 사이의 간격, 극판의 마주보는 면적, 극판을 둘러싸고 있는 절연체의 유전율

3 전하를 이동시켜서 충전시키는 것이 축전기이므로 (+)와 (−)의 충전 전하량은 항상 같게 된다.

4 유리판의 유전율은 공기의 유전율보다 크므로 축전기의 전기 용량은 증가한다. 축전기에 저장된 에너지 $E$는 $\dfrac{1}{2}\dfrac{Q^2}{C}$이다. 이때 전하량 $Q$는 일정하고 축전기의 전기용량 $C$는 증가하였으므로 에너지는 작아진다. 따라서 유리판에 (−)의 일을 해주어야 하므로 끌어당기게 된다.

5 전기 용량이 증가한다. 왜냐하면 알루미늄박이 축전기의 두 판사이를 좁게 하기 때문이다. 알루미늄박은 도체이므로 두께 $d$만큼 축전기의 두 판 사이가 가까워진 것과 같다.

6 더 높은 전압을 연결시킨다. $Q=CV$이므로 전압이 높으면 $Q$가 증가한다.

7 축전기의 도체판의 넓이는 변화가 없고 축전기의 두 판 사이의 거리가 증가한 것과 같기 때문이다. 즉, $C=\epsilon\dfrac{S}{d}$에서 $d$가 증가한 것이다.

8 축전기의 도체판 넓이가 증가한 것과 같기 때문이다.

즉, $C=\epsilon\frac{S}{d}$에서 $S$가 증가한 것이다.

9 물의 유전율이 크다. 대전체를 가까이 하면 물이 더 잘 끌려온다.
즉 물은 극성분자이므로 유전분극이 더 잘 일어난다.

### 수식으로 계산해 보기

1 평행판 축전기의 전기 용량은 $C=\epsilon\frac{S}{d}$이므로 각 축전기의 용량의 비는 $\frac{2}{0.4}:\frac{3}{0.8}:\frac{4}{1.0}:\frac{5}{1.2}:\frac{6}{1.3}$이다. 따라서 테프론이 가장 큰 전기 용량을 만든다.

2 $C_2$와 $C_3$의 합성 용량은 0.5F + 0.5F = 1F이다. 따라서 또 이 2F과 1F이 직렬로 연결되어 있으므로 전체 용량 $C$는 $\frac{1}{2}+\frac{1}{1}=\frac{3}{2}=\frac{1}{C}$에서 구할 수 있다. $C=\frac{2}{3}$, 전체 충전 용량은 $Q=CV$에서 $Q=\frac{2}{3}\times 6=4$

a. $C_1$에 모인 전하량도 4C이다. $C_2$와 $C_3$에 모인 전하량의 합은 4C이고 $C_2$와 $C_3$에 걸린 전압이 같으므로 각각 2C씩 모인다.

b. $C_1$의 경우 $Q=CV$에서 $4=2V$이므로 전압은 $2V$이다. $C_2$와 $C_3$에는 $4V$의 전압이 걸린다.

3 a. 판 사이의 거리가 두 배로 증가하였으므로 축전기의 전기 용량은 반으로 준다.

b. 전하들이 다른 곳으로 가지 않았으므로 축전기에 모인 전하량은 변하지 않는다.

c. 전기 용량은 반으로 줄고 전하량은 불변이므로 극판 사이의 전위차는 두 배로 된다. $V=\frac{Q}{C}$

d. 극판 사이의 전기장의 세기는 $\frac{V}{d}$이므로 변하지 않는다.

e. 축전기에 있는 전기 에너지는 $\frac{Q^2}{2C}$에서 $Q$는 불변, $C$는 $\frac{1}{2}$배이므로 전기 에너지는 두 배로 된다. 극판 사이를 벌리기 위해 한 일이 에너지로 저장된다고 할 수 있다.

4 a. 간격이 두 배로 되었으므로 전기 용량은 반으로 준다.

b. 전기 용량이 반으로 줄고 전압은 그대로이므로 전하량은 반으로 준다.

c. 전압은 그대로 유지된다.

d. 극판 사이의 전기장의 세기는 $\frac{V}{d}$이므로 반으로 줄어든다.

e. $E=\frac{1}{2}CV^2$이므로 반으로 줄어든다.($C$는 $\frac{1}{2}$로 줄고 $V$는 불변이기 때문이다.)

5 a. 축전기는 처음엔 전류를 방해하지 않으므로 양 끝의 전위차는 0이다.

b. 전하가 모여 −3V의 전위차를 만들어 전류를 흐르지 못하게 한다.

c. 옴의 법칙에 의해 0.1mA이다.

d. 축전기에 모인 전하들에 의하여 전류는 흐르지 못한다.

6 각각 전기용량이 25 μF인 축전기에 전압 4000V로 충전시키면 $Q=CV=25\times10^{-6}\times4000=0.1\text{C}$의 전하가 충전된다. 이러한 축전기 세 개가 충전된 전하량의 합은 0.3C이다.
또는 축전기 세 개를 병렬로 연결하면 축전기의 합성 전기용량은 75 μF이 되고 여기에 4000V의 전압을 걸면 0.3C의 전하가 충전된다.

7 수직방향의 가속도는 $\frac{eE}{m}$이고, 거리 $L$을 수평속도 $v$로 지나가는 시간은 $\frac{L}{v}$이다. 따라서 축전기의 오른쪽 끝점을 통과할 때의 최소 속도는 다음과 같이 구한다. 수직 거리 $\frac{a}{2}$를 등가속도 $\frac{eE}{m}$로 시간 $\frac{L}{v}$동안 지나야 하므로 $\frac{a}{2}=\frac{1}{2}\frac{eE}{m}\left(\frac{L}{v}\right)^2$ 따라서 속도는 $v=L\sqrt{\frac{eE}{ma}}$ 이다.

8 $C=\epsilon\frac{S}{d}=\epsilon\frac{\pi R^2}{d}$
$=\frac{(8.85\times10^{-12}\text{F/m})\pi(8.2\times10^{-2}\text{m})^2}{1.3\times10^{-3}\text{m}}=1.4\times10^{-10}\text{F}$

9 $C-\epsilon\frac{S}{d}$에서 $d=\frac{S\epsilon}{C}=\frac{(1.00\text{m}^2)(8.85\times10^{-12}\text{F/m})}{1.00\text{F}}-8.85\times10^{-12}\text{m}$
이 간격은 원자의 지름 $10^{-10}$m보다도 작은 거리이므로 이러한 축전기는 실제로 만들 수 없을 것이다.

10 $Q=NCV$이므로 $N=\frac{Q}{CV}=\frac{1.00\text{C}}{(1.00\times10^{-6}\text{F})(110\text{V})}=9090$개

11 $S=\frac{Cd}{\epsilon}=\frac{(1\text{F})(10^{-3}\text{m})}{8.85\times10^{-12}}\text{F/m}=1.13\times10^{8}\text{m}^2$

12 $C=\frac{\epsilon S}{d}=\frac{(8.85\times10^{-12}\text{F/m})(1.2\times10^{-3}\text{m}^2)}{2\times10^{-3}\text{m}}=5.31\times10^{-12}\text{F}$
$Q=CV$이므로 $Q=(5.3\times10^{-12}F)(60V)=3.19\times10^{-10}C$

13 $C=\frac{Q}{V}=\frac{1.6\times10^{-19}\times10^{12}\text{c}}{20\text{V}}=8\times10^{-9}\text{F}$

14 $Q_1=C_1V_1=4\mu\text{F}\times20\text{V}=80\mu\text{C}$
$Q_1'+Q_2'=80\mu\text{C}$
전압은 같으므로 $\frac{Q_1'}{C_1}=\frac{Q_2'}{C_2}$
$\therefore\ Q_1'=32\mu C,\ Q_2'=48\mu C$
전압 $V=\frac{Q_1'}{C_1}=8(\text{V})$

15 $12.4=10+\left(\frac{1}{4}+\frac{1}{C_1}\right)^{-1}$에서 $C_1=6\mu F$

16 직렬로 연결하면 된다.
$\frac{1}{2.5}=\frac{1}{10}+\frac{1}{10}+\frac{1}{10}+\frac{1}{10}$

**17** $\frac{1}{2}CV^2 = 1.6\times10^{-11}$ $\quad\therefore\ C = 0.22\times10^{-12}F$

**18** $C = 6\epsilon\frac{S}{d}$에서 $S = 0.94\,\text{cm}^2$

**19** $Q_1' + Q_2' = 520\mu\text{C}$

$\frac{Q_1'}{C_1} = \frac{Q_2'}{C_2} = 16$에서 $Q_1' = 320\mu\text{C}$, $Q_2' = 200\mu\text{C}$

$\therefore\ C_2 = \frac{Q_2'}{16} = 12.5\mu\text{F}$

**20** $U = \frac{1}{2}(C_1 + C_2)V^2 = \frac{1}{2}(2.0\times10^{-6}\text{F} + 4.0\times10^{-6}\text{F})(300\text{V})^2 = 0.27\text{J}$

**21** a. 합성용량을 $C'$라 하면 $\frac{1}{C'} = \frac{1}{2\mu\text{F}} + \frac{1}{8\mu\text{F}}$에서 $C' = 1.6\mu\text{F}$이다.

b. 직렬연결에서 각 축전기에 모인 전하량이 같으므로 전압은 용량에 반비례한다. 40V

c. $Q = CV = 3\mu\text{F}\times10\text{V} = 3\times10^{-5}\text{C}$

**22** 축전기에 모인 전하량은 전압과 전기용량의 곱이므로 A에 모인 전하량 : B에 모인 전하량 = (A의 전기용량×전압) : (B의 전기용량×전압) = A의 반지름 : B의 반지름 = 1 : 2 ($V = \frac{kQ}{r}$이므로 $Q \propto r$이다.)

**23** a. $Q = CV = 30\times10^{-6}(\text{F})\times500(\text{V}) = 1.5\times10^{-2}\text{C}$

b. 두 축전기에 모인 전하량의 합은 Q와 같다. 또 용량도 같으므로, 두 축전기에 모인 전하량도 $\frac{Q}{2}$로 같다. $\therefore \frac{Q}{2} = 7.5\times10^{-3}\text{C}$

c. 연결 전 에너지 $E = \frac{1}{2}\frac{Q^2}{C}$, 연결 후 에너지

$$E' = \frac{1}{2}\frac{\left(\frac{Q}{2}\right)^2}{C} + \frac{1}{2}\frac{\left(\frac{Q}{2}\right)^2}{C} = \frac{1}{2}\left(\frac{Q^2}{2C}\right)$$

감소한 에너지 $\Delta E = \frac{1}{4}\left(\frac{Q^2}{C}\right) = \frac{1}{4}\times\frac{(1.5\times10^{-2})^2}{3\times10^{-5}} = 1.875(\text{J})$

d. A에서 B로 전하가 이동할 때 줄열로 변하였다.

**24** a. $E = \frac{V}{d} = \frac{Q}{dC}$

b. $E_1 = \frac{V_1}{\frac{d}{2}} = \frac{2Q}{dC_1} = \frac{\epsilon_0 Q}{\epsilon_1 dC}$, $E_2 = \frac{\epsilon_0 Q}{\epsilon_2 dC}$

c. $\frac{1}{C'} = \frac{1}{C_1} + \frac{1}{C_2} = \frac{\epsilon_0}{2\epsilon_1 C} + \frac{\epsilon_0}{2\epsilon_2 C} = \frac{\epsilon_0}{2C}\left(\frac{1}{\epsilon_1} + \frac{1}{\epsilon_2}\right)$이므로

$\therefore C' = \frac{2C}{\epsilon_0}\frac{\epsilon_1\epsilon_2}{\epsilon_1 + \epsilon_2}$

d. $V' = \dfrac{Q}{C'} = \dfrac{\epsilon_0 Q}{2C}\left(\dfrac{1}{\epsilon_1} + \dfrac{1}{\epsilon_2}\right)$

25 a. 축전기의 중심을 중심으로 하고 반지름이 $r$인 구의 표면을 가우스 면으로 잡는다.

$\oint \mathrm{E} \cdot d\mathrm{A} = \dfrac{q_{in}}{\epsilon_0}$, $E(4\pi r^2) = \dfrac{Q}{\epsilon_0}$, $E = \dfrac{Q}{4\pi\epsilon_0 r^2}$

$V_b - V_a = -\int_a^b \mathrm{E} \cdot d\mathrm{s}$

$V_b - V_a = -\int_a^b \dfrac{Q}{4\pi\epsilon_0 r^2} \cdot dr = -\dfrac{Q}{4\pi\epsilon_0}\left[-\dfrac{1}{r}\right]\Big|_a^b = -\dfrac{Q}{4\pi\epsilon_0}\left(\dfrac{b-a}{ab}\right)$

$V_a - V_b = \dfrac{Q}{4\pi\epsilon_0}\left(\dfrac{b-a}{ab}\right)$이므로 $C = \dfrac{Q}{V_a - V_b} = 4\pi\epsilon_0 \dfrac{ab}{b-a}$

b. $b \to \infty$ 일 때 $b - a \to b$, $C \to 4\pi\epsilon_0 a$가 된다. $\therefore C = 4\pi\epsilon_0 a$

## 한걸음 더

1 a b. $C_1$과 $C_2$가 병렬이므로 A, B와 C, D의 전위차는 같다.

$q = CV$에서 $V_{AB} = V_{CD} = \dfrac{q}{C_1}$이다.

c. $Q = CV = C_2 \dfrac{q}{C_1} = \dfrac{C_2}{C_1} q$이다.

2 a. $W = \dfrac{1}{2}CV^2 = \dfrac{1}{2} \times 6 \times 10^{-6} \times 6^2 = 1.08 \times 10^{-4}\mathrm{J}$

b. $C = \dfrac{\epsilon S}{d} = k\dfrac{\epsilon_0 S}{d}$에서 $C \propto \epsilon_r$이므로 절연체를 빼내면 전기 용량은 $\dfrac{1}{\epsilon_r}$로 줄어든다. 따라서 절연체를 빼낸 후의 전기용량 $C'$은 $C' = \dfrac{1}{3}C = 2\mu\mathrm{F}$

c. 절연체를 빼기 전에 축전기에 저장된 전하량 $Q$는

$Q = CV = 6 \times 10^{-6} \times 6 = 3.6 \times 10^{-5}(\mathrm{C})$

충전한 다음에 전지를 떼었으므로 이 전하량은 일정하게 보존된다. 따라서 절연체를 빼낸 후의 전위차 $V'$은

$V' = \dfrac{Q}{C'} = \dfrac{3.6 \times 10^{-5}}{2 \times 10^{-6}} = 18\mathrm{V}$

d. 절연체를 뺀 후 축전기에 저장되는 전기 에너지 $W'$은

$W' = \dfrac{1}{2}QV' = \dfrac{1}{2} \times 3.6 \times 10^{-5} \times 18 = 3.24 \times 10^{-4}\mathrm{J}$

이다. 절연체를 빼 낸 후의 전기 에너지가 더 많으므로 그 차이만큼 일을 해 주어야 한다. 따라서 필요한 에너지의 양 $\Delta W$는

$\Delta W = W' - W = 3.24 \times 10^{-4} - 1.08 \times 10^{-4} = 2.16 \times 10^{-4}\mathrm{J}$

chapter 14 개념확인하기

1 열이란 고온에서 저온으로 이동하는 에너지의 흐름이므로 온도차가 있어야 한다. 전류는 전하의 흐름인데, 단위 전하가 갖는 전기적인 위치에너지의의 차이 즉 전압(또는 전위차)이 있어야 한다.

2 전위는 단위 전하당 위치 에너지이고, 전위차는 단위 전하에 대한 위치 에너지의 차이이다. 전위 $=\frac{E_p}{q}$, 전위차 $=\frac{\Delta E_p}{q}$

3 압력 차이. 전위 차이

4 전하의 흐름이다.

5 1초당 1C의 전하가 이동하는 것이다.

6 전류를 흐르게 하는 전기적 압력 즉 단위 전하가 갖는 전기적인 위치에너지의의 차이이다.

7 전류는 회로를 통해 흐르는 것이며 전압은 회로에 걸리는 것이다.

8 전하의 흐름을 방해하는 요소이다.

9 저항은 길이가 길수록 단면적이 작을수록 저항이 크므로 길고 가는 전선의 저항이 더 크다.

10 회로에 흐르는 전류의 세기는 걸린 전압에 비례하며, 이때 비례상수의 역수를 저항이라 한다. 전류 $=\frac{\text{전압}}{\text{저항}}\left(I=\frac{V}{R}\right)$

11 옴의 법칙에 따라 전류는 반으로 된다.

12 옴의 법칙에 따라 전류는 반으로 된다.

13 젖은 피부는 저항이 작아진다.

14 새의 두 발 사이의 전선 저항이 작기 때문에 전선에 걸린 전압(=새에 걸린 전압)이 매우 작기 때문에 새의 몸에는 전류가 거의 흐르지 않는다.

15 전지는 직류를, 발전기는 교류를 만든다.

16 축전기는 충전과 방전을 되풀이하면서 펄스 직류를 매끄러운 직류로 만들어준다.

17 다이오드는 교류를 직류로 만들고 축전기는 그 교류의 진폭을 일정하게 만든다.

18 직류에서는 1cm/s 정도이고, 교류에서는 0이다.

19 도체 내부의 자유전자이다.

20 단위 시간당 전기가 하는 일이다. 즉 전기적 일률이다.

21 W와 kW는 전력의 단위이고, Wh와 kWh는 전기 에너지의 단위이다.

22 $P=VI$이므로 $I=\frac{P}{V}=\frac{60\text{W}}{120\text{V}}=0.5\text{A}$

23 이리 저리 움직이는 전자는 시속 천만 킬로미터로 움직일 수 있다. 그러나 이러한 전자의 속력 때문에 위험한 것은 아니다. 전압이 걸리고 전자들이 한쪽으로 흘러갈 때 위험하다.

24 A는 전류를 측정하는 단위이고, V는 전압을 측정하는 단위이다. A가 흐름이고 V는 그 흐름을 만드는 것이다.

25 굵은 전선의 저항이 더 작기 때문이다. 단위 면적당 더 많은 전자들이 움직일 수 있다.

26 전선 코드의 저항이 작아야 열손실이 작다.

27 전압이 크면 전류도 비례하여 많이 흐른다. 즉 220V에 연결했을 때 두 배의 전류가 흐른다.

28 변화 없다.

29 자동차 전구에는 직류가 흐르고 가정의 전구에는 교류가 흐른다.

30 사인 함수의 경우 한 주기 동안 2번 방향이 변하므로 1초에 60회 진동하는 동안 120번 바뀐다.

31 40W 전구의 저항이 더 크다. 전압과 전류의 곱이 전력이므로 40W 전구에 더 작은 전류가 흐른다. 같은 전압이 걸리고, 더 작은 전류가 흐른다는 것은 저항이 더 크다는 뜻이다.

### 수식으로 계산해 보기

1 전류는 1초당 흘러가는 전하량이므로 $\frac{10\text{C}}{5\text{s}}=2\text{A}$

2 전류는 1초당 흘러가는 전하량이므로 $\frac{35\text{C}}{0.001\text{s}}=35000\text{A}$

3 옴의 법칙에서 $I=\frac{V}{R}=\frac{120\text{V}}{14\Omega}=8.6\text{A}$

4 옴의 법칙에서 $I=\frac{V}{R}=\frac{240\text{V}}{60\Omega}=4\text{A}$

5 옴의 법칙에서 $I=\frac{V}{R}=\frac{9\text{V}}{90\Omega}=0.1\text{A}$

6 옴의 법칙에서 $I=\frac{V}{R}=\frac{6\text{V}}{1200\Omega}=0.005\text{A}$

7 옴의 법칙에서 $R=\frac{V}{I}=\frac{3.0\text{V}}{0.4\text{A}}=7.5\Omega$

8 $W=qV$ 에서 $V=\frac{W}{q}=\frac{18\text{J}}{3\text{C}}=6\text{V}$

9 $I=\frac{1200\text{W}}{120\text{V}}=10\text{A}$, $R=\frac{V}{I}=12\Omega$

10 $I=\frac{P}{V}=\frac{40\text{W}}{120\text{V}}=\frac{1}{3}\text{A}$

11 $P=\frac{V^2}{R}=\frac{120^2}{14}=1030\text{W}$

12 일년 동안 사용한 전기량은 $24\times365\times5\text{W}$이다.
$24\times365\times5\text{W}=43800\text{W}=43.8\text{kWh}$
따라서 전기료는 $43.8\text{kWh}\times\frac{100\text{원}}{1\text{kWh}}=4380\text{원}$

13 $P=\frac{V^2}{R}$에서 $R=\frac{V^2}{P}=\frac{(100\,V)^2}{500\,W}=20\,\Omega$, 또 $I=\frac{P}{V}$에서 $I=\frac{500\,W}{100\,V}=5A$

14 $P_A=\frac{V^2}{2r}$, $P_B=\frac{V^2}{r/2}$ $\therefore P_A:P_B=\frac{V^2}{2r}:\frac{V^2}{r/2}=1:4$

15 $I=\frac{V}{R}=\frac{q}{t}=\frac{Ne}{t}$ $\therefore N=\frac{Vt}{eR}$

16 $I=\frac{V}{R}=\frac{6\text{V}}{3\Omega}=2\text{A}$, $q=2\times60=120(\text{C})$

17 $I=\frac{q}{t}=\frac{nSel}{t}=nSev$ ($n$ : 전자밀도, $S$ : 단면적)
$\therefore v=\frac{I}{nSe}=\frac{1.0A}{10^{29}\times1.1\times10^{-7}\times1.6\times10^{-19}}\fallingdotseq 6\times10^{-4}(\text{m/s})$

18 $I=\frac{Q}{t}=\frac{40\text{C}}{10^{-2}\text{s}}=4000\,\text{A}$

19 $R=\rho\frac{l}{S}$에서 $\rho=\frac{RS}{l}=\frac{50\times10^{-3}\Omega\times\pi\times(0.5\times10^{-3}\text{m})^2}{2.0\text{m}}=2.0\times10^{-6}\Omega\cdot\text{m}$

20 $V=IR=(50\times10^{-3}\text{A})\times(2000\,\Omega)=100\text{V}$

## 한걸음 더

1 구리의 밀도$=8.96\text{g/cm}^3$, 알루미늄의 밀도$=2.7\,\text{g/cm}^3$으로 구리가 알루미늄보다 약 3.3배 밀도가 크다.
구리와 알루미늄은 같은 양을 사용하여 같은 길이의 동력선을 만들었을 때 각 동력선의 단면적은
$A_{\text{Cu}}=\frac{m}{d_{\text{Cu}}\cdot l}$, $A_{\text{Al}}=\frac{m}{d_{\text{Al}}\cdot l}$ 이어서
알루미늄의 단면적의 구리보다 3.3보다 크다. 따라서 전기저항은
$R_{\text{Cu}}=\rho_{\text{Cu}}\frac{i}{A_{\text{Cu}}}=\rho_{\text{Cu}}\frac{d_{\text{Cu}}l^2}{m}$, $R_{\text{Al}}=\rho_{\text{Al}}\frac{i}{A_{\text{Al}}}=\rho_{\text{Al}}\frac{d_{\text{Al}}l^2}{m}$
이다. $\rho_{\text{Cu}}\,d_{\text{Cu}}>\rho_{\text{Al}}\,d_{\text{Al}}$이므로 같은 양을 사용했을 때 구리보다 알루미늄 동력선의 저항이 낮다.

2 a. $W=qV$이므로 $q=\frac{W}{V}=\frac{10^9\text{J}}{5\times10^7\text{V}}=20\,\text{C}$

b. $I=\dfrac{Q}{\Delta t}=\dfrac{20\text{C}}{0.2\text{s}}=100\text{A}$

c. $P=IV=100\text{A}\times5\times10^7\text{V}=5\times10^9\text{W}$

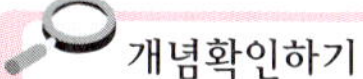

chapter 15 개념확인하기

1 아니다. 회로와 전지에 있던 전자들이다.

2 회로가 끊어져서 틈이 있으면 더 이상 전자가 이동할 수 없으므로 전류의 흐름이 끊긴다.

3 직렬은 단일 통로이고, 병렬은 다중 통로가 있는 것이다.

4 세 개의 전구에 걸린 전압의 합이 6V이므로 각 전구에 걸린 전압은 2V이다.

5 전류가 흐르지 않는다.

6 병렬연결의 경우 각 전구에 걸린 전압이 같으므로 세 전구 모두 6V가 걸린다.

7 다른 전구에는 여전히 전류가 흐른다.

8 a. 세 전구를 직렬로 연결한 경우 저항이 3배가 되므로 병렬의 경우 직렬보다 3배의 전류가 흐른다.

b. 세 전구를 직렬로 연결한 경우 각 전구의 걸린 전압은 전지 전압의 $\dfrac{1}{3}$이고 병렬의 경우 각 전구에 걸린 전압은 전지 전압과 같다.

9 직렬에서는 증가하고, 병렬에서는 감소한다.

10 직렬에서는 16Ω이고, 병렬에서는 4Ω이다.

11 전자가 흐를 수 있는 통로가 하나 더 생기기 때문이다.

12 허용 전류보다 많은 전류가 흐른다는 뜻이다. 전선도 약간의 저항이 있으므로 열이 발생하고 녹을 수도 있다.

13 과전류가 흐르면 스스로 녹아서 끊어져 전류를 차단시키는 기능을 한다.

14 전류가 너무 많이 흐르기 때문이다.

15 두 전선들이 접촉되어 연결되어 전류가 흐르는 회로의 전체 저항값이 너무 작아 큰 전류가 흐르는 것이다.

16 전기를 만드는 연료 또는 에너지를 만드는 원천이 소모되었다는 뜻이고, 이것은 보통 열로 변한다.

17 새의 날개가 두 전선에 동시에 닿으면 새에게 높은 전압이 걸리므로 감전사할 수 있기 때문이다.

18 가전제품에 걸리는 전압이 일정해야 하기 때문이다. 직렬연결하면 사용하는 가전 제품의 수에 따라 다른 전압이 걸리고 흐르는 전류의 세기도 변하므로 곤란할 것이다.

19 전류는 감소하고 밝기는 흐려진다.

20 각 전구에 흐르는 전류는 변하지 않고 밝기도 변하지 않는다.

21 C가 가장 밝고 전류도 가장 많이 흐른다. C만 켜진다. A, B는 그대로 켜진 채 있다.

22 병렬이 더 밝고 더 빨리 소모된다.

23 50W, 100W의 필라멘트 두 개를 병렬로 연결한 것이다. 둘 다 켜면 150W의 밝기를 낼 수 있다.

24 같다. 각각의 가전제품에 흐르는 전류의 합과 같다.

25 직렬에서는 같고, 병렬에서는 100W에 더 많은 전류가 흐른다.

**수식으로 계산해 보기**

1 합성 저항은 60Ω이므로 $I=\frac{V}{R}=\frac{48\text{V}}{60\Omega}=0.8\text{A}$

2 합성 저항은 15Ω이므로 전지에 흐르는 전류 $I=\frac{V}{R}=\frac{48\text{V}}{15\Omega}=3.2\text{A}$ 각 각의 저항에는 3.2A의 반인 1.6A가 흐른다.

3 $\frac{1}{\frac{1}{R_1}+\frac{1}{R_2}}=\frac{1}{\frac{1}{8}+\frac{1}{16}}=5.3\,\Omega$

4 a. 두 개의 10Ω이 병렬로 연결되면 합성 저항은 5Ω이다.
b. 전체 합성 저항은 20+5+15 이므로 40Ω이다.

5 같은 저항을 병렬로 2개 연결하면 $\frac{1}{2}$, 3개 연결하면 $\frac{1}{3}$이 된다. 따라서 $\frac{1}{8}$이 되었으므로 병렬로 8개를 연결한 것이다.

6 합성 저항은 20Ω이므로 $I=\frac{10\text{V}}{20\Omega}=0.5\text{A}$이다.

7 a. 같은 저항을 병렬로 4개 연결했으므로 6Ω의 $\frac{1}{4}$이므로 1.5Ω이다.

b. $I=\frac{12\text{V}}{1.5\Omega}=8\text{A}$

8 A와 D, A와 C 사이의 전압이 같아야 한다. 또 C와 B, D와 B 사이의 전압도 같아야 Ⓖ에 전류가 흐르지 않을 것이다.

$40\times R_{BC}=R_x\times R_{AC}$, 그런데 $R_{AC}:R_{BC}=2:3$이므로 $R_x=40\times\frac{R_{BC}}{R_{AC}}=60(\Omega)$

9 스위치 $S$를 열었을 때 $V=IR=2A\times(12+18)\Omega=60V$,
또, $S$를 닫았을 때 $PQ$사이의 저항은

$R'=12+\frac{1}{\frac{1}{18}+\frac{1}{R}}=12+\frac{18R}{18+R}$

$60 = 2.5 \times \left(12 + \frac{18R}{18+R}\right)$이므로 $\therefore R = 36\Omega$

10 $V_{PQ} = (1+2+1) \times 1 = 4$에서 PQ 사이에 4V의 전압이 걸리므로 4Ω의 저항에는 1A의 전류가 흐르게 된다. 따라서 $A_1$에는 2A의 전류가 흐르게 된다.

11 저항은 길이에 비례하므로 파손된 후 연결한 저항선은 처음 저항의 $\frac{9}{10}$배의 저항값을 가진다.
$P = \frac{V^2}{R}$에서 $V$는 일정하므로 $P$는 $R$에 반비례한다. $\therefore \frac{10}{9}$배

12 $P_A = \frac{3^2}{200}$, $P_B = \frac{3^2}{100}$, $P_C = I^2R = \left(\frac{3}{300}\right)^2 \times 100$, $P_D = \left(\frac{3}{300}\right)^2 \times 200$
$\therefore P_B > P_A > P_D > P_C$

13 $\frac{1}{x} = \frac{1}{12} + \frac{1}{16} + \frac{1}{20}$에서 $x = 5.11\Omega$
$R + 5.11 = 25$, $\therefore R = 19.89\Omega$

14 식릴로 연결하면 서항이 8.89보나 너 크세 된나.
따라서 그림과 같이 병렬로 연결하여야 한다.

15 병렬 연결은 저항이 감소하고, 직렬 연결은 저항이 증가한다.
$\frac{1}{6} + \frac{1}{6} = \frac{1}{3}$, $\frac{1}{5} + \frac{1}{5} = \frac{1}{2.5}$, $\frac{1}{2.5} + \frac{1}{2.5} = \frac{1}{1.25}$
$\therefore\ 9 + 1.25 = 10.25(\Omega)$

16 30Ω, 15Ω, 10Ω의 합성저항은 5Ω이다.
$\frac{1}{30} + \frac{1}{15} + \frac{1}{10} = \frac{1}{5}$
6Ω 저항에는 8A, 12Ω의 저항에는 4A의 전류가 흐르므로 30Ω, 15Ω, 10Ω의 세 저항에 흐르는 전류는 12A일 것이다. $\therefore\ 12 \times 5 = 60(\text{V})$
10Ω저항에도 60V의 전압이 걸린다.

17 $P = \frac{V^2}{R}$, $R = \frac{V^2}{P} = \frac{(100\text{V})^2}{1000\text{W}} = 10\Omega$

18 $\frac{120^2}{40} = 360$, $\frac{120^2}{60} = 240$, $\frac{120^2}{75} = 192$
$\therefore \frac{1}{R} = \frac{1}{360} + \frac{1}{240} + \frac{1}{192}$
$\therefore\ R = 82\Omega$

19 $P_1 = \frac{V^2}{R_1} = \frac{120^2}{144} = 100(\text{W})$, $P_2 = \frac{120^2}{216} = 67(\text{W})$, $P_3 = \frac{120^2}{144+216} = 40(\text{W})$

20 $R = \frac{V^2}{P} = \frac{100^2}{50} = 200$, $\therefore\ 100 + R_2 = 200(\Omega)$, $\therefore\ R_2 = 100\Omega$

21 a. $I_1 = I_2 = 12\text{A}$

b. $V_{ca} = 12A \times 2\Omega = 24V$, $V_{cb} = 12A \times 1\Omega = 12V$

c. $V_{ca} = V_{cb} = 18V$, $I_1 = \frac{18V}{2\Omega} = 9A$, $I_2 = \frac{18V}{1\Omega} = 18A$

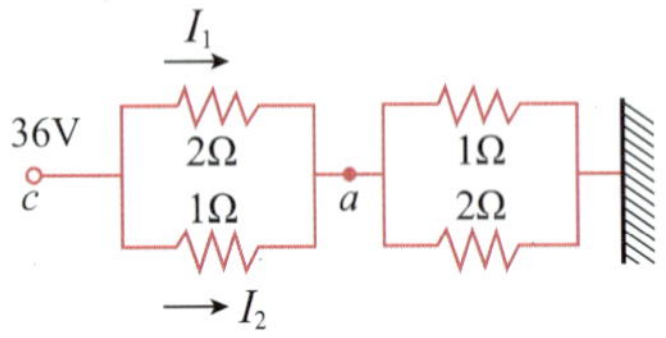

$I_1$
36V 2Ω 1Ω
c 1Ω a 2Ω
$I_2$

d. $V_{ca} = V_{cb} = 18V$

**22** $12-6=6I_1+2I_2$ … ①, $12-4=6I_1-6I_3$ … ②, $I_2=I_1+I_3$ … ③

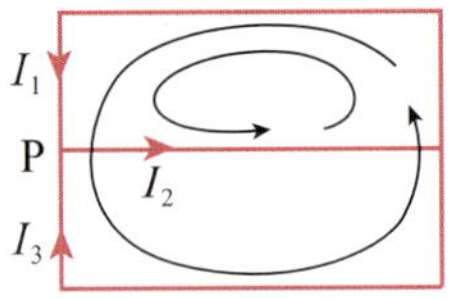

$I_1$
P
$I_2$
$I_3$

①, ②, ③식을 연립하여 풀면 $I_1 = \frac{13}{15}A$, $I_2 = \frac{2}{5}A$, $I_3 = -\frac{7}{15}A$

**23** 직렬 연결된 두 축전기에 모인 전하량은 같다.

$Q = C_1 V_1 = C_2 V_2 \quad \therefore V_1 : V_2 = \frac{1}{C_1} : \frac{1}{C_2} = 2 : 1$

또 $V_1 + V_2 = 6$이므로 $V_1 = 4V$, $V_2 = 2V$, $Q = C_1 V_1 = 1 \times 10^{-6} \times 4 = 4 \times 10^{-6}(C)$

**24** a. $I = \frac{\varepsilon_0}{R+r}$, $V = IR = \frac{R}{R+r}\varepsilon_0$

b. $P = VI = \frac{R}{(R+r)^2}\varepsilon_0^2$

c. 전지로부터 최대 전력을 얻기 위해서는 외부저항과 내부 저항의 크기가 같아야 한다.

$\frac{1}{r} = \frac{1}{R} + \frac{1}{R'} \rightarrow R' = \frac{Rr}{R-r}$

### 한걸음 더

**1** a. $R_x \cdot R_1 = R_2 \cdot R_3$에서 $R_x = \frac{R_2 \cdot R_3}{R_1}$

b. $R_x = \frac{972 \times 42.6}{630} = 65.7\Omega$

**2** a. 전압계의 내부저항 $= 5V \times 10{,}000(\Omega/V) = 50k\Omega$

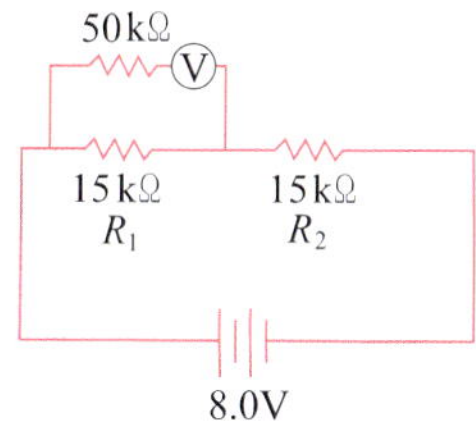


전압계의 연결에 의한 총저항

$\frac{1}{R} = \frac{1}{50\text{k}\Omega} + \frac{1}{15\text{k}\Omega} = \frac{13}{150\text{k}\Omega}$, $R = \frac{150\text{k}\Omega}{13} = 11.5\text{k}\Omega$

따라서 $R_{tot} = 11.5\text{k}\Omega + 15\text{k}\Omega = 26.5\text{k}\Omega$이다.

회로에 흐르는 전류 $I = \frac{8\text{V}}{265\text{k}\Omega} \simeq 3.0 \times 10^{-4}\text{A} = 0.30\text{mA}$

$R_1$에 의한 전압강하$= 3.0 \times 10^{-4} \times 11.5\text{k}\Omega = 3.5\text{V}$

$R_2$에 의한 전압강하$= 4.5\text{V}$

b. 전압계가 없을 때는 4.0V가 걸리나 전압계가 병렬로 연결되면 3.5V로 떨어진다. 이것은 전압계가 무한대(∞)의 저항을 갖지 못함으로서 발생하는 것으로 오차율은 $\frac{0.5}{4.0} \times 100\% = 12.5\%$이다.

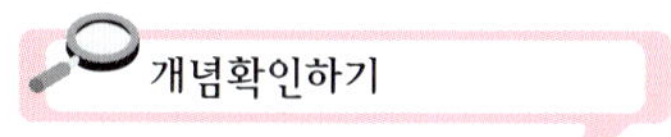


1 둘 다 인력과 척력이 있다는 것이다.

2 전하는 양(+)전하 또는 음(-)전하 각각 독립적으로 존재할 수 있지만 자극은 항상 쌍으로 존재한다. 전하는 정지해 있어도 전기장이 생길 수 있지만 자극은 전하의 운동에 의하여 생긴다.

3 자석 주변의 공간을 변화시키며 자기장의 근원은 움직이는 전하이다.

4 모든 전자들의 전자 스핀이 같은 방향을 가지고 있지 않기 때문이다. 서로 다른 전자 스핀들은 상쇄되어 0이 된다.

5 철의 전자가 만드는 자기장은 완전히 상쇄되지 않기 때문이다.

6 정렬한 철의 원자 영역이다.

7 어떤 것은 자기 영역이 정렬해 있고 다른 것은 정렬해 있지 않기 때문이다.

8 철의 자기 영역이 외부의 자기장에 의해 정렬되고 그 상태가 오래 지속되기 때문이다.

9 정렬된 자기 영역이 깨지기 때문이다.

10 전선을 중심으로 동심원 모양으로 된다.

11 자기장의 방향이 같게 되어서 겹쳐지기 때문이다.

12 자기력선에 나란하게 움직이면 된다. 또는 대전 입자가 정지해 있으면 자기력을 받지 않는다.

13 자기력은 자기장에 수직으로 작용하고 전기력은 전기장에 나란하게 작용한다.

14 지구로 오는 대전 입자들의 운동 경로를 편향시킨다. 주로 북극이나 남극으로 이동시킨다.

15 움직이는 전하가 양전하이면 같다.

16 검류계 속에는 코일과 자석이 있다. 코일에 흐르는 전류에 작용하는 자기력이 코일을 움직이게 한다.

17 같은 방향으로 힘을 가해주어 계속 회전시켜야 하기 때문이다.

18 자북극과 위도상의 북극과의 차이이다.

19 지구 내부에 있는 액체 상태의 물질 부분에서 흐르는 전류 때문이라고 생각한다.

20 지구 자기장의 극이 바뀌는 현상이며 그 증거는 지층 연구를 통해 찾을 수 있다.

21 전기장이다. 움직이는 전하에 의해서는 전기장과 자기장이 동시에 만들어 진다.

22 철은 자기 영역이 있지만 나무는 없다.

23 뉴턴 제 3 법칙에 의하여 받는 힘의 크기는 같다.

24 철 속에서 정렬한 자기 영역이 자기장의 세기를 더해 주기 때문이다.

25 전기장은 속력을 증가시키고 자기장은 원운동하게 한다. 자기장은 운동 방향에 항상 수직으로 작용하므로 전하에 대해 한 일이 없으므로 속력은 변화시키지 못한다.

26 전자기력의 방향을 생각하라.
자기장에 의한 힘은 전자의 운동 방향에 항상 수직으로 작용하기 때문이다. 즉 운동 방향을 변화시킬 수는 있지만 속력의 크기를 변화시키지는 못한다.

27 자기력이 최대인 경우는 대전 입자의 운동 방향이 자기장 방향에 수직인 경우이고, 자기력이 최소인 경우는 운동 방향이 자기장에 나란할 때이다.

28 지구 자기장의 방향을 감지할 수 있다.

29 자기장이 0일 때 지구의 지표면에 도달하는 우주선의 양이 증가한다.

### 수식으로 계산해 보기

1 직선 전류에 의한 자기장의 비는 거리에 반비례하므로

$$B_1 : B_2 : B_3 = \frac{1}{5} : \frac{1}{10} : \frac{1}{15} = 6 : 3 : 2$$

2 a. 대전 입자에 작용하는 자기력의 방향은 $+z$방향이다. 따라서 전기력이 $-z$방향이 될 수 있도록 하여야 한다. 대전 입자의 종류가 양전하이므로 전기장이 $-z$방향이면 된다.
b. 장의 세기와 방향은 전하량의 종류, 크기와는 무관하고 속도에만 관계된다.
c. 속도가 빨라지면 전기력은 변화가 없다. 속도가 빨라지면 자기력만 증가하게 되므로 $+z$방향으로 휘어지게 된다.

3 구심력은 전자기력이므로 $m\frac{v^2}{r}=Bqv$

주기는 $\frac{2\pi r}{v}$이므로 진동수는 $\frac{v}{2\pi r}$이다.

따라서 1초당 회전수인 진동수는 $\frac{v}{2\pi r}=\frac{qB}{2\pi m}=2.8\times10^7$Hz이다.

4 $F_{인력}-F_{척력}=2\times10^{-7}\frac{I_1I_2}{a}L-2\times10^{-7}\frac{I_1I_2}{a+b}L$

이것을 간단히 하면 $F_{인력}-F_{척력}=2\times10^{-7}(\frac{1}{a}-\frac{1}{a+b})I_1I_2L$

5 a. 힘의 방향은 아래쪽 방향이다. 운동 에너지가 $E$인 양성자의 속력은 $\sqrt{\frac{2E}{m}}$이므로 힘의 크기는 $eB\sqrt{\frac{2E}{m}}$이다.

b. 구심력은 전자기력이므로 $eB\sqrt{\frac{2E}{m}}=\frac{2E}{R}$이다. 여기서 궤도 반지름 $R$은 $\frac{\sqrt{2mE}}{eB}$이다. 또한 주기는 $\frac{2\pi R}{v}=\frac{2\pi m}{eB}$이다.

c. 양성자가 자기장으로부터 받는 힘은 항상 운동 방향에 수직이므로 운동에너지가 증가하지 않는다. 즉 운동 에너지는 $E$로 일정하다.

6 $B=2\times10^{-7}\frac{I}{r}=2\times10^{-7}\frac{2}{5\times10^{-2}}=8\times10^{-6}$(T), 방향은 $+Z$축 방향이 된다.

7 $B=2\pi\times10^{-7}\frac{I}{r}=2\pi\times10^{-7}\frac{3}{0.1}=1.9\times10^{-5}$(T)

8 단위 길이당 감은 수 $n=\frac{N}{L}=\frac{500}{0.5}=1000$(회/m)

$B=4\pi\times10^{-7}\times n\times I=4\pi\times10^{-7}\times1000\times5=6.28\times10^{-3}$(T)

9 $F=BIl=(0.3\text{N/A}\cdot\text{m})\times(2A)\times(0.5\text{m})=0.3\text{N}$

10 $F=BIl$, $B=k\frac{I}{r}$에서 한 도선이 만든 자기장 $B$는 $B=2\times10^{-7}\frac{10}{0.4}$이다.

$\therefore F=2\times10^{-7}\frac{10}{0.4}\times10\times1=5\times10^{-5}$(N)

11 $B=k\frac{I}{r}$, $B'=k\frac{2I}{2r}=k\frac{I}{r}=B$

12 $F=BIl=2\times10^{-7}\frac{I}{1}I\times1=32\times10^{-7}$(N), $\therefore I=4$A

13 $F=Bqv=1.2\times2\times1.6\times10^{-19}\times2.5\times10^5=9.6\times10^{-14}$(N)

14 $m\frac{v^2}{r}=Bqv$에서 $v=\frac{Bqr}{m}$

$v=\dfrac{Bqr}{m}=\dfrac{4.5\times 10^{-3}\times 1.6\times 10^{-19}\times 2\times 10^{-2}}{9.1\times 10^{-31}}=1.58\times 10^{7}(\text{m/s})$

**15** 자기장은 북쪽 방향이고, 그 크기는 $B=\dfrac{F}{qv}=\dfrac{8.0\times 10^{-14}\text{N}}{(1.6\times 10^{-19}\text{C})(5.0\times 10^{6}\text{m/s})}=0.10\text{T}$

**16** $F=Bqv=m\dfrac{v^2}{r}$

$r=\dfrac{mv}{Bq}=\dfrac{(9.1\times 10^{-31}\text{kg})(2.0\times 10^{7}\text{m/s})}{(1.6\times 10^{-19}\text{C})(0.01\text{T})}=1.1\times 10^{-2}\text{m}$

**17** $B=k\dfrac{I}{r}=2\times 10^{-7}\dfrac{25}{0.1}=5\times 10^{-5}\ T$

**18** $n=\dfrac{400\text{회}}{0.10m}=4.0\times 10^{3}\text{회/m}$

$B=4\pi\times 10^{-7}\times 4\times 10^{3}\times 2=1.0\times 10^{-2}\ T$

**19** 질량 분석기에서 반지름은 질량에 비례하므로 $\dfrac{m_x}{m_C}=\dfrac{26.2}{22.4}=1.17$

$\therefore m_x=1.17\times m_C=1.17\times 12.0\text{u}=14.0\text{u}$, 따라서 질소이다.

**20** $Bqv=m\dfrac{v^2}{r}$에서 $v=\dfrac{Bqr}{m}$, $E=\dfrac{1}{2}mv^2=\dfrac{1}{2}m\left(\dfrac{Bqr}{m}\right)^2=\dfrac{B^2q^2r^2}{2m}$

**21** a. 지구 자기장은 남쪽에서 북쪽으로 걸려 있고 번개는 음전하의 흐름이므로 서쪽으로 휜다.
b. 항상 운동하는 방향에 수직인 힘을 받으므로 받는 일이 0이다.
c. 없다. 자기장에 나란한 운동일 경우
d. 서로 다른 방향으로 스핀이 정렬하여 서로 상쇄되기 때문이다.
e. 우주선 : 우주에서 날아오는 전기를 띤 입자
적도. 우주선이 지구 자기장 안으로 들어오면 편향되기 때문이다.

**22** 원운동의 주기 $T=2\pi\dfrac{m}{qB}$이므로

1초에 회전수$=\dfrac{1}{T}=\dfrac{qB}{2\pi m}=\dfrac{(1.6\times 10^{19}\text{C})(1.0\times 10^{-3}\text{T})}{2\times 3.14\times 9.1\times 10^{-31}\text{kg}}=2.8\times 10^{7}$번

**23** 직선도선부분은 $P$점에 자기장을 생성시키지 못한다. 반원 부분이 만드는 자기장은 원형 전류가 만드는 자기장의 $\dfrac{1}{2}$배이다. $B=k'\dfrac{i}{R}\times\dfrac{1}{2}=\pi\times 10^{-7}\times\dfrac{i}{R}$

**24** 원운동의 주기를 구한다. $T=\dfrac{2\pi r}{v\sin\theta}=\dfrac{2\pi m}{qB}$

한걸음 더

1 솔레노이드 자기장의 세기는 $B=4\pi\times10^{-7}nI$이다.
전자석에 5A의 전류를 흘린다면 $B=20\pi\times10^{-7}n$이고, 못의 길이를 10cm로 잡으면 $B=200\pi\times10^{-7}N$이다.

$$B=300\text{Gauss}=3\times10^{-2}(\text{T})=2\pi\times10^{-5}N,\ N=\frac{3\times10^{-2}}{2\pi\times10^{-5}}\sim 5\times10^{2}\text{회}$$

∴ 10cm 길이의 못에 총 500~1000회 정도 에나멜선을 감고, 도선에 5A 정도의 전류가 흐르도록 회로를 구성해야 한다.

2

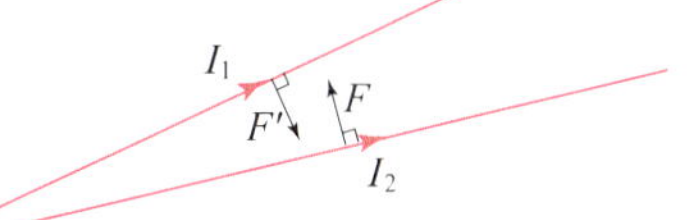


$F=F'$이지만 방향은 정반대가 아니다.
즉, 자기력이 작용하는 방향은 전류와 자기장이 이루는 평면에 수직이다.
따라서 뉴턴 제3법칙(작용과 반작용)에서 작용과 반작용에 정반대방향이라는 조건은 자기력의 경우 적용할 수 없다.

3 a. 전하는 $F=qV_oB$의 로렌츠 힘을 회전의 중심방향으로 받는다.

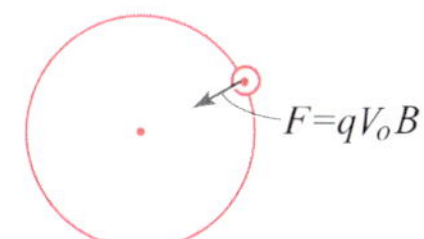


b. $F=qV_oB$는 자기장이 전하에 작용하는 힘이다.
이에 대한 반작용은 전하가 자기장에 작용하는 힘으로 전하의 운동에 의하여 자기장의 공간적 분포가 달라지게 되는 효과로 나타난다.

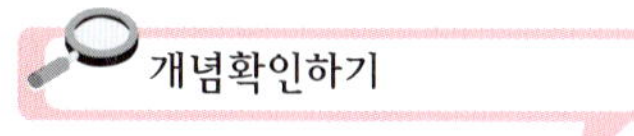

개념확인하기

1 코일 주위에서 자석을 흔들거나 이웃하는 코일에 흐르는 전류의 세기가 변할 때 코일에 전류가 흐른다는 것

2 코일 속으로 자석을 넣었다 뺐다 하며 운동시킨다. 또는 강한 자석을 회전 시킨다.

3 코일은 더 강한 전자석이 되어 더 세게 밀어 내기 때문이다.

4 전압은 회로에 연결된 저항에 관계없이 일정한 값이다. 그러나 전류는 회로에 연결된 저항에 따라 값이 달라지므로 수치를 정하기 어렵다.

5 자기장이 변하는 만큼 유도 전기장도 변하기 때문에 진동수는 둘 다 같다.

6 전동기는 전기를 사용하여 일을 하는 것이고, 발전기는 일을 해서 전기를 만드는 것이다.

7 자기장이 증가했다가 감소하는 것을 되풀이하기 때문에 유도 전압도 되풀이하여 변하기 때문이다.

8 여러 가지 에너지를 사용하여 회전시킨다. 예를 들면 석유, 바람, 물의 위치 에너지, 원자력 에너지 등을 사용한다.

9 전동기는 전기를 사용하여 일을 하는 것이고, 발전기는 일을 해서 전기를 만드는 것이므로 세 가지 요소는 동일하다.

10 일차 코일의 자기장을 변화시키면 이차 코일에 전압 변화를 만들 수 있다.

11 자기력선을 유도하고 자기 영역을 정렬시킨다.

12 전압과 전류는 변하지만 에너지는 변하지 않는다. 에너지 보존 법칙이 성립한다.

13 전압

14 이차 코일을 더 많이 감아서 전압을 높인다.

15 변압기에서 코일의 감은수와 전압은 서로 비례하므로 60V이다.

16 a. 에너지는 전환될 뿐 항상 보존되므로 같다.
b. 에너지 손실이 없다면 같다.

17 낮은 전류로 전력 수송을 하게 되므로 전선에서의 에너지 손실이 적다.

18 전기적인 위치에너지의 차이인 전압과 전기적인 힘이 작용하는 공간에서의 전하의 이동 즉 전류는 전기장에 근원을 두고 있다고 할 수 있다.

19 패러데이 법칙은 전기장의 유도이고 맥스웰의 법칙은 자기장의 유도이다.

20 속력은 같다. 빛의 속도이다.

21 파장이 400nm에서 700nm인 전자기파이다.

22 나일론 줄에는 자유 전자가 거의 없기 때문이다.

23 발전기에 연결된 전구를 끄면 훨씬 수월하다. 전구의 빛 에너지 공급을 하지 않아도 되기 때문이다.

24 부분에 따라 변하는 유도 전압이 생긴다. 이에 대한 응용으로 테이프 레코더가 있다.

25 신용 카드 검색기가 있다.

26 그렇다. 교통 신호등을 조정한다.

27 코일을 통해 자기력선의 수가 변하지 않게 움직일 때만 가능하다.

28 교류는 전자기 유도에 필요한 전압 변화가 있기 때문이다.

29 그럴 수 없다. 에너지 보존 법칙에 어긋난다.

30 에너지 보존 법칙에 어긋난다.

## 수식으로 계산해 보기

1 일차 전압의 4배로 승압할 수 있다. 즉 출력 전압은 48V이다.

2 50번. $\frac{120\text{V}}{500\text{번}} = \frac{12\text{V}}{N_2}$에서 $N_2 = 50$번

3 12볼트. $\frac{120\text{V}}{400\text{번}} = \frac{V_2}{40\text{번}}$에서 $V_2 = 12\text{V}$

4 자기장변화에 의한 유도기전력은 $-\frac{\Delta(BA)}{\Delta t} = -\frac{0.87 \times 2T \cdot \text{m}^2}{1s} = -1.74\text{V}$

5 $E = -N\frac{\Delta\phi}{\Delta t} = -40\frac{3\times 10^{-3}(6-8)}{0.5} = 0.48(\text{V})$

6 $E = Blv = 0.3\text{N/A}\cdot\text{m} \times 1\text{m} \times 20\text{m/s} = 6\text{V}$, $F = \frac{P}{v} = \frac{I^2R}{v} = \frac{3.6\text{W}}{20\text{m/s}} = 0.18\text{N}$

7 $E = -N\frac{dI}{dt} = -200 \times 4 \times 10^{-3}\frac{(7-10)}{0.5} = 4.5(\text{V})$

8 기전력 $E = Blv = 2\times 10^{-2} \times 0.4 \times 5 = 4\times 10^{-2}(\text{V})$

전류 $I = \frac{E}{R} = \frac{4\times 10^{-2}}{0.2} = 2\times 10^{-1}(\text{A})$

힘 $F = BIl = 2\times 10^{-2} \times 2\times 10^{-1} \times 0.4 = 1.6\times 10^{-3}(\text{N})$

9 $P = \frac{V^2}{R} = \frac{(Blv)^2}{6} = \frac{(3\times 0.2\times 2)^2}{6} = 0.24(\text{W})$

10 $E = -L\frac{\Delta I}{\Delta t}$, $1000 = -L\frac{(0-10)}{0.05}$, $L = 5(\text{H})$

11 $E = -M\frac{\Delta I}{\Delta t}$, $20 = -M\frac{(1-2)}{0.01}$, $M = 0.2(\text{H})$

12 유도 기전력 $E = -N\frac{\Delta\Phi}{\Delta t} = -\frac{d(\Phi_o \sin 2\pi ft)}{dt} = -2\pi f\Phi_o \cos 2\pi ft$

이것의 최대값은 $2\pi f\Phi_o$이다.

13 $f_o = \frac{1}{2\pi\sqrt{LC}} = \frac{1}{2\pi\sqrt{4\times 10^{-3} \times 4\times 10^{-7}}} = \frac{5}{4\pi}\times 10^4(\text{Hz})$

14 도선 $ab$ : $E = Blv$, 도선 $ad$ : $E = B\times 0\times v = 0$, $l$은 ab도선의 길이이다.

15 $E = Blv = 3\times 10^{-5} \times 40 \times 250 = 0.3(\text{V})$

16 $E = -L\frac{dI}{dt}$ 1차 코일에 흐르는 전류의 변화를 그래프로 그려보면 다음과 같다. 즉 0.1초때 2A가 최대값이다.

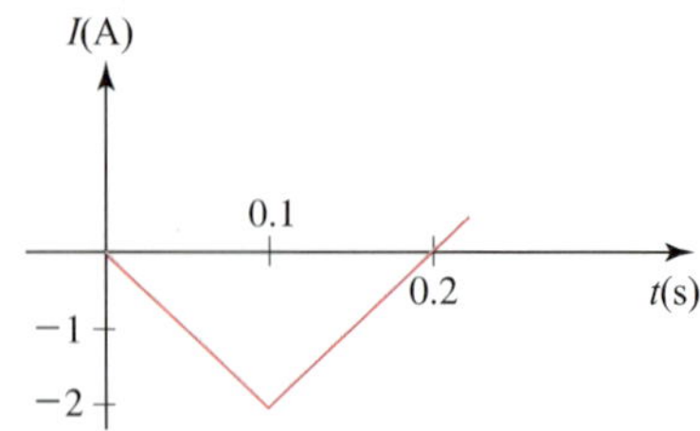


**17** 저항 $R$과 리액턴스 $X_L$에 의한 합성 저항은 5Ω이고 저항 $R$은 4Ω이다.

$5=\sqrt{4^2+X_L^2}$ $\therefore\ X_L=3\,\Omega$

**18** $W=I^2Rt$, 2차 코일에 걸리는 전압은 $500 : 5 = 100 : V_2$에서 $V_2=1\text{V}$

$\therefore\ W=\left(\frac{1}{0.2}\right)^2\times 0.2\times 1=5\text{J}$

**19** 2차 코일에 생기는 기전력을 $E_R$이라고 하면 $\frac{E_g}{E_R}=\frac{n_g}{n_R}$

최대 전력이면 1차, 2차의 전력은 같다. $\frac{E_g^2}{R_g}=\frac{E_R^2}{R}$

$\therefore\ \frac{R}{R_g}=\left(\frac{E_R}{E_g}\right)^2,\ \frac{n_R}{n_g}=\sqrt{\frac{R}{R_g}}=\frac{1}{100}$

**20** $E=-N\frac{\Delta\Phi}{\Delta t}=0.3\frac{\pi(0.8)^2}{0.20}=3.0(\text{V})$

**21** a. 금속막대의 속도는 속도의 증가량이 점점 감소하면서 종단 속도에 이른다. 유도기전력은 속도에 비례하므로 전류는 속도에 비례해서 흐른다.

b. 막대의 감소한 위치에너지는 전기에너지로 변환되어 전류가 흐르게 된다. 전류가 흐르게 되면 저항에서 전기에너지는 열에너지로 방출된다.

c. 패러데이의 법칙 – 변하는 자기장은 전기장 유도

맥스웰의 법칙 – 변하는 전기장은 자기장 유도

d. 용수철에 매달린 추와 대응된다.

운동에너지 $\frac{1}{2}mv^2$ – 자기에너지 $\frac{1}{2}LI^2$,

질량 $m$ – 자체유도계수 $L$, 속도 $v$ – 전류 $I$,

위치에너지 $\frac{1}{2}kx^2$ – 전기에너지 $\frac{1}{2}\frac{q^2}{C}$

용수철 상수 $k$ – 전기용량 역수 $\frac{1}{C}$,

변위 $x$ – 전하량 $q$

e. 전하가 가속도 운동을 할 때, 전기장의 세기는 전자기파에 영향을 미치지 않는다.

**22** 패러데이 법칙을 이용하면 유도기전력은 $Blv$ 이다.

a. $Blvt$, b. $\frac{Blv}{R}$, c. $P=VI=\frac{(Blv)^2}{R}$, d. $F=BIl=\frac{B^2l^2v}{R}$, e. $P=Fv=\frac{(Blv)^2}{R}$ 같다.

f. P방향, $Bev$, g. $F=Bev$ 와 $F=eE$에서 $E=Bv$, h. $Blv$, P

23 a. $X_L = \omega L = 1000\Omega$

b. $X_C = \dfrac{1}{\omega C} = 1000\Omega$

c. $Z = \sqrt{R^2+(X_L - X_C)^2} = 100\Omega$

d. $I = \dfrac{V}{Z} = 1\text{A}$

24 이 회로의 임피던스 $Z=\sqrt{R^2+X_L{}^2}=\sqrt{3^2+4^2}=5\Omega$, 회로 전류의 세기는 $I=\dfrac{V}{Z}=\dfrac{10\text{V}}{5\Omega}=2\text{A}$이다.

코일에서는 소비 전력이 없고 저항에서만 전력을 소비한다.

$\therefore P=I^2R=(2\text{A})^2\times 3\Omega=12\text{W}$

25 진동 회로의 주파수는

$$f_o=\frac{1}{2\pi\sqrt{LC}}=\frac{1}{2\pi\sqrt{10\times 90\times 10^{-6}}}=\frac{100}{6\times 3.14}=5.3(\text{Hz})$$

26 a. $\mathcal{E}=\mathcal{E}_0\cos(2\pi ft)$, $f_o=\dfrac{1}{2\pi\sqrt{LC}}$

b. LC 진동 회로의 주기 $T=2\pi\sqrt{LC}$

c. $C\mathcal{E}_0$

d. $\dfrac{1}{2}C\mathcal{E}_0^2=\dfrac{1}{2}LI^2$(전기장 에너지가 모두 자기장 에너지로 바뀔 때 최대 전류가 흐른다.)

$I_{\max}=\sqrt{\dfrac{C}{L}}\,\mathcal{E}_0$

e. 1 : 3

f. $\mathcal{E}=\dfrac{\mathcal{E}_0}{\sqrt{2}}$

g. $LC$를 감소시킨다.

27 a. $Mg\sin\alpha=BIL\cos\alpha$, $I=\dfrac{Mg}{BL}tan\alpha=\dfrac{\epsilon}{R}=\dfrac{BLv\cos\alpha}{R}$

$v=\dfrac{MgR\sin\alpha}{B^2L^2\cos^2\alpha}$ $\Phi=BLS\cos\alpha$, $\epsilon=BLv\cos\alpha$

b. $F\cdot v=Mg\sin\alpha\cdot v=BIL\cos\alpha\cdot\ v=\epsilon I=\dfrac{\epsilon^2}{R}$

c. 전류의 방향만 변한다.

28 a. $q=i\Delta t=\dfrac{\epsilon}{R}\Delta t=\dfrac{1}{R}N\dfrac{\Delta\Phi}{\Delta t}\cdot\Delta t=\dfrac{N(\Phi_2-\Phi_1)}{R}$

b. 솔레노이드의 자기장 비례 상수는 $4\pi\times 10^{-7}=\mu_0$이다.

$\Phi=\mu_0\dfrac{n}{L}I\pi r^2$, $\epsilon=N\dfrac{d\Phi}{dt}=N\dfrac{n}{L}\mu_0\dfrac{dI}{dt}\pi r^2=\dfrac{Nn\mu_0}{L}\alpha\pi r^2$이므로 $I=\dfrac{\epsilon}{R}=\dfrac{Nn\mu_0\alpha\pi r^2}{RL}$

### 한걸음 더

1 패러데이 법칙을 응용하여 자기장을 측정한다.

$$\mathcal{E} = N\frac{d\Phi}{dt} = N \cdot A\frac{dB}{dt}$$

$N$ : 코일의 총감은 수, $A$ : 코일의 단면적

① 코일의 총감은 수와 코일의 단면적이 클수록 신호를 더 크게 측정할 수 있다.
② 지구자기장은 시간적 변동이 매우 작으므로 지구자기장에 의한 효과는 미미하다.
③ 미지의 자기장이 시간적으로 빠르게 변화할수록 측정하기가 쉽다.
④ 미지의 자기장이 시간적으로 변동이 없는 경우 다른 방식으로 측정해야 한다.

2 $\frac{Q}{C} = -L\frac{di}{dt}$, $i = \frac{dQ}{dt}$이므로 $\frac{d^2Q}{dt^2} + \frac{1}{LC}Q = 0$이다.

$Q(t) = q\cos\omega t$, $\omega = \sqrt{\frac{1}{LC}}$,

$q$ : 스위치를 닫기 전 축전기의 전하량,

회로에 흐르는 전류는 축전기 · 전하량 감소와 반대이므로 $i(t) = -\frac{dQ}{dt} = q\omega\sin\omega t$이다.

따라서 $V_L = -L\frac{di}{dt} = -Lq\omega^2\cos\omega t = -\frac{q}{C}\cos\omega t$이다.

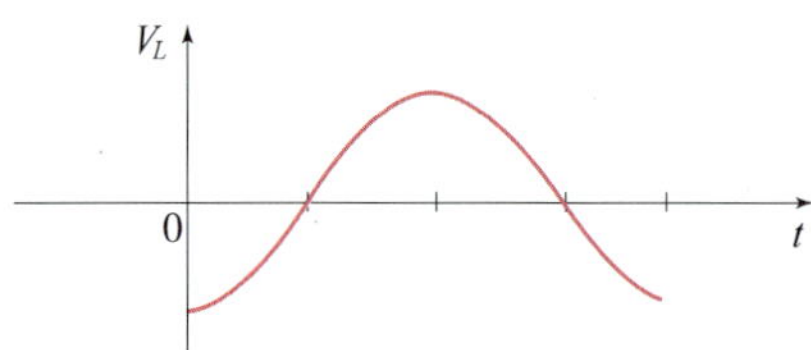


chapter 18

### 개념확인하기

1 주기는 매질이 1회 왕복하는데 걸린 시간이며, 진동수는 1초동안 얼마나 자주 왕복하는가를 나타내고, 이들은 역수관계에 있다. 파동은 한 주기동안 한 파장의 거리를 진행한다.

2 아니다. 진동상태만 전파되고 매질은 이동하지 않는다.

3 횡파는 파동의 진행방향과 매질의 진동방향이 서로 수직이고, 종파는 파동의 진행방향과 매질의 진동방향이 서로 나란하다.

4 한 파장($\lambda$)

5 2Hz, $v = f\lambda = 20\text{m/s}$

6 모든 파동에서 일어난다. 회절과 간섭 현상은 파동성을 검증하는 수단이 된다.

7 한 파동의 마루와 다른 파동의 골, 또는 한 파동의 골과 다른 파동의 마루가 만나면 상쇄 간섭을 하여 진폭이 0이 합성파가 만들어진다.

8 전자기파에 비해 음파의 파장이 길어 간섭이나 회절현상이 더 분명하게 나타난다.

9 서로 반대방향으로 진행하는 똑같은 두 파동이 중첩될 때 만들어진다(일반적으로 줄이나 관 내부에서 입사파와 반사파가 만날 때 정상파가 만들어진다.).

10 구멍(틈)이 좁을수록 퍼짐(휘어지는 정도)이 뚜렷하며, 이런 현상을 회절이라고 한다.

**수식으로 계산해 보기**

1 3초; $\frac{1}{3}$Hz; 5m;

$v = f\lambda = (\frac{1}{3}\text{Hz})(5\text{m}) = 1.67\text{m/s}$

2 구면파의 반지름이 커지면 평면파에 가까워진다. 구면파의 경우 에너지는 거리의 제곱에 반비례하여 줄어들지만 평면파의 경우에는 변하지 않는다.

3 반사파는 자유단의 경우 그대로이나, 고정단의 경우 180°만큼 바뀐다.

4 $n_{12} = \frac{\sin i}{\sin r} = \frac{\sin 60°}{\sin 30°} = \sqrt{3}$

$v_2 = \frac{v_1}{n} = 10\frac{\sqrt{3}}{\sqrt{3}} = 10\text{m/s}$

5 $v = f\lambda$에서 $f = \frac{v}{\lambda} = \frac{1}{4}$이므로 파동의 주기 $T = 4$초이다. 2초는 주기의 $\frac{1}{2}$이므로 2초 후 파동은 반 파장만큼 오른쪽으로 이동하므로 배는 파동의 골에 위치하게 되어 현재보다 아래쪽으로 4cm 만큼 내려가고 좌우로는 이동하지 않는다.

6 배와 배, 마디와 마디 사이의 거리가 반 파장이다. 반 파장이 5개의 거리가 1m이므로 파장은 0.4m이다.

7 파장이 λ인 두 파동이 중첩되었으므로 마디와 마디 사이의 거리는 반 파장에 해당하는 $\frac{\lambda}{2}$이다.

8 A에서 발생한 파동의 경로는 18cm 이고 B에서 발생한 파동의 경로는 15cm 이므로 경로차는 18−15=3cm 이다. 또 경로차가 반파장의 짝수배이므로 P점은 보강간섭이 일어나며 진폭이 4cm로 진동한다. 진동수는 파원의 진동수와 같은 6Hz이다.

9 줄에서의 정상파 조건 식 $f_n = \frac{v}{\lambda_n} = \frac{n}{2l}v$ 에서 기본 진동이라면 $n = 1$이고, 파동의 속도 $v$는 일정하므로 $v = 2lf \rightarrow 2 \times 60 \times 440 = 2 \times l \times 550 \rightarrow l = 48\text{cm}$
즉, 줄의 길이는 48cm로 조절해야 한다.

10 파동은 파장의 1.5배이므로 파장은 1m 이므로 파동의 속력은 다음과 같다.
$v = f\lambda = 10 \times 1 = 10\text{m/s}$

11 $f = 4\text{Hz}$, $v = 0.8\text{m/s}$
$v = \frac{\lambda}{T} = f\lambda$에서 $\lambda = \frac{v}{f} = \frac{0.8\text{m}}{4\text{Hz}} = 0.2\text{m}$

12 $l = 60\text{cm}$, $l = \frac{\lambda}{2}$, $\lambda = 2l = 2 \times 60\text{cm} = 120\text{cm} = 1.2\text{m}$

13 두 파장이 8m이므로 파장은 4m이다. 또 주기가 1초이므로 속력은 4m/s이다.

14 진폭 1.5m, 파장 8m, 주기 0.4초, 진동수 2.5Hz, 속도 20m/s 이다.

15 입사각은 45°, 굴절각은 30°이므로 굴절률 $n = \frac{\sin 45°}{\sin 30°} = \sqrt{2}$ 이다.

16 $\sqrt{2} : 1$, $\sqrt{2} : 1$ , $1:1$
$\frac{\sin i}{\sin r} = \frac{v_1}{v_2} = \frac{\lambda_1}{\lambda_2} = n_{12}$(일정), 그러나 진동수는 일정하다.

17 굴절률 $n = \frac{v_1}{v_2} = \frac{\sin 45°}{\sin 60°} = \sqrt{\frac{2}{3}}$ 이므로 $v_1 : v_2 = \sqrt{2} : \sqrt{3}$

18 물결파는 4초 동안 20cm 만큼 진행하므로 물결파의 곡률반지름은 20cm 이다.
반사면에서 반사되더라도 곡률반지름은 변하지 않는다.

19 파장, 속력, 회절현상은 각각 감소, 일정, 감소한다.
수면파의 속력은 물의 깊이에 따라 달라지며 진동수와 무관하다. $v = f\lambda$에서 $f$ 가 증가하면 $\lambda$는 감소한다. 또 회전현상은 파장이 길수록 크게 나타나는데 파장이 짧아지므로 회절현상은 약해진다.

20 경로차 $\Delta = 3m = \frac{\lambda}{2}(2m+1)$에서 $\lambda = \frac{6}{2m+1}(m = 0,1,2,3...)$

21 a. 마루에서 이웃한 마루까지의 거리가 파장이므로 파장은 1m이다.
b. 파동 위에 매질이 한 번 진동하는 데 걸리는 시간이 주기이다. 그런데 이 파동이 실선의 상태에서 점선의 상태로 0.5m의 거리를 가는 데 0.5초가 걸렸고 그 동안에 A 상태에 있던 매질은 최하로 내려갔으며, 다시 올라오는 데 걸리는 시간도 0.5초. 그러므로 한 번 진동하는 데 걸린 시간은 1초이다.
c. 주기와 진동수는 역수의 관계에 있다. $f = \frac{1}{T} = 1\text{Hz}$

22 일반적인 파동 방정식 $y = A\sin 2\pi(\frac{t}{T} - \frac{x}{\lambda})$의 형태로 위 식을 변형하면
$y = 2\sin 2\pi(200t - 0.5x) = 2\sin 2\pi\left(\frac{t}{1/200} - \frac{x}{2}\right)$
그러므로 $A = 2\text{cm}$, $T = 1/200$초, $f = 200\text{Hz}$, $\lambda = 2\text{cm}$, $v = \frac{\lambda}{T} = f\lambda = 4\text{m/s}$

23 a. P, Q점은 두 파원으로부터 경로차가 0인 점이므로 보강 간섭을 하고, R점은 경로차가 반 파장인 점이므로 상쇄 간섭을 한다. 따라서 P, Q점은 진폭이 2배, R점은 진폭이 0이다.
b. 이웃하는 마루와 골이므로 위상차는 180°이다.

24 경로차 : $S_1P - S_2P = \frac{\lambda}{2} \times 2m$ : 보강 간섭

$\sqrt{x^2+4^2} - x = \frac{1}{2} \times 2 \times 2$에서 $x$를 구하면 $x = 3\text{m}$

## 한걸음 더

1 a. $\frac{\lambda_L}{\lambda_R} = \frac{v_o}{1.3v_o} \Rightarrow \lambda_R = 1.3\lambda_L = 2.6\text{cm}$

b. $\frac{\sin 45^\circ}{\sin r} = \frac{v_o}{1.3v_o} \quad \sin r = \frac{1.3}{\sqrt{2}}$

2 a. $\frac{\lambda}{4} = 0.09\text{m} \quad \lambda = 0.36\text{m}$

$f = \frac{v}{\lambda} = \frac{343\text{m/s}}{0.36\text{m}} = 953\text{Hz}$

b. $L = \frac{3}{4}\lambda = \frac{3}{4} \times 0.36 = 0.27\text{m}$

c. $y(2.0, 1.0) = 4.0 \times \{\cos(6.4\text{rad}) + \sin(8\text{rad})\}$

## chapter 19 개념확인하기

1 동일한 매질에서 파동의 전파속도는 일정하므로 진동수가 증가하면 파장은 감소한다. 피아노의 음계에서 높은 음일수록 진동수는 크고 파장은 짧다.

2 소리는 분자들의 충돌에 의해 파동이 전파되므로 기체보다는 액체에서, 액체보다는 고체에서 더 빠르다. 따라서 공기보다 물에서 더 빠르고, 강철 내부에서는 훨씬 더 빠르다

3 소리는 매질을 필요로 하므로 진공을 통과할 수 없다. 즉, 달에서 아무리 큰 폭발이 있더라도 지구에서는 들을 수 없다.

4 공명이란 고유진동수에서 최소의 에너지로 강제진동시키는 경우이다.

5 그렇다. 소멸(상쇄)간섭이 일어나도록 하면 된다.

6 $10^5$배, 또는 100,000배

7 진행과정과 반사과정에서 넓게 퍼지기 때문이다. 반사과정에서 에너지의 흡수도 한 요인이 될 수 있다.

8 물이 채워짐에 따라 물체가 크기가 커지는 효과를 가져오므로 고유진동수가 작아지면서 소리의 높이는 낮아진다.

9 소리는 탄성에 의해 전달되는 소밀파이므로 압력은 증가했다가 감소한다.

10 파동의 속력은 일정하고 도플러효과에 의해 진동수는 증가한다.

## 수식으로 계산해 보기

1 $\lambda = \frac{v}{f} = (340\text{m/s})/(20/\text{s}) = 17\text{m}.$

2 모든 파동은 한 주기 동안 또는 매질이 1회 진동하는 동안 한 파장($\lambda$)의 거리를 진행한다.

3 전등이나 바이올린에서 방출하는 빛과 소리는 위상차가 일정하지 않고, 단색광 또는 단파장의 소리가 아니기 때문이다.

4 $\Delta v = v_1 - v_2 = (331 + 0.6 \times 15) - (331 + 0.6 \times t) = 0.6(15 - t) = f(\lambda_1 - \lambda_2) = 300 \times \frac{2}{100} = 6$에서

$t = 5℃$

5 압력이 1기압에서 0.8기압으로 줄면 밀도도 그만큼 줄어들게 되어 속력은 변하지 않는다. 그러나 온도가 증가하면 밀도의 감소에 의해 음속이 증가한다.

6 두 소리굽쇠의 중앙 부분은 보강 간섭을 일으키는 지점이다. 중앙으로부터 좌우로 첫 번째 상쇄 간섭을 하는 지점은 $\frac{\lambda}{4}$에 해당하는 0.25m 떨어진 곳이며, 두 번째, 세 번째 상쇄 간섭을 하는 지점은 첫 번째 상쇄간섭 지점으로부터 각각 $\frac{\lambda}{2}$에 해당하는 곳이므로 중앙으로부터 0.75m, 1.25m 떨어지는 지점이 된다. 중앙으로부터 소리굽쇠까지 좌우 1.5m 떨어져 있으므로 소리가 약해지는 지점 즉 상쇄 간섭하는 곳은 모두 6곳이 된다.

7 두 스피커로부터 소리의 경로차는 1m 이므로 $\frac{\lambda}{2} = 1,\ \lambda = 2\text{m}$

8 소리의 세기가 2배이면 3dB 만큼의 소리가 커진다. 즉, 63dB

9 경찰차가 접근하는 경우

$$f' = f_0\left(\frac{V + v_o}{V - v_s}\right) = 1000 \times \left(\frac{340 + 40}{340 - 20}\right) = 1190\text{Hz}$$

경찰차가 트럭을 지나친 후

$$f' = f_0\left(\frac{V - v_o}{V + v_s}\right) = 1000 \times \left(\frac{340 - 40}{340 + 20}\right) = 833\text{Hz}$$

즉, 경찰차가 접근할때는 1190Hz의 소리가 들리다가 지나친 후에는 833Hz의 소리가 들린다.

10 $f' = f_0 \frac{V}{V + v_s} = 30000 \frac{1490}{1490 + 10} = 29.8\text{kHz}$

11 $s=vt=1400\times 9=12.6(\text{km})$

12 돌이 자유낙하하는데 걸리는 시간 $t_1=\sqrt{2\times \frac{20}{10}}=2\text{s}$

소리가 전달되는데 걸리는 시간 $t_2=\frac{20}{340}=0.06\text{s}$

소리를 듣는데 걸린 시간=2.06초

13 $v=331+0.6t$에서 334m/s에서 337m/s로 증가 $\frac{\lambda_1}{\lambda_2}=\frac{v_1}{v_2}$에서 $\lambda_2=\frac{v_2}{v_1}\lambda_1$, $\lambda=\frac{v}{f}$를 이용하면 늘어난 길이는 1cm 이다.

14 맥놀이 진동수 $f=|f_1-f_2|$이므로 $f_2=400+2=402\text{Hz}$

15 $\Delta=D-d=m\lambda$(단, $m$ 은 자연수), $v=f\lambda$ 이용하여 정리한다.

$f=\frac{mv}{D-d}$(단, $m$ 은 자연수)

16 $\Delta=2\times$ (B가 움직인 거리) $=\lambda=0.5\text{m}$이므로 B가 움직인 거리는 0.25m

17 $v=f\lambda$에서 $300=150\lambda$, $\lambda=2\text{m}$

폐관의 경우 $\frac{2n-1}{4}\lambda=L$이므로 $L=0.5\text{m}$

18 $v=f\lambda\rightarrow\lambda=\frac{v}{f}=\frac{680}{340}=2\text{m}$

개관에서의 정상파 조건 $l=\frac{\lambda}{2}n \quad (n=1,2,3...)$과 폐관의 정상파 조건 $l=\frac{\lambda}{4}(2n-1),(n=1,2,3...)$에 대입하면 ㄴ, ㄷ만 가능하다.

19 다가올 때와 멀어질 때의 진동수는 각각

$f_1=\frac{340}{340-25}\times 640=691\text{Hz}$, $f_2=\frac{340}{340+25}\times 640=596\text{Hz}$

진동수의 차이는 95Hz 이다.

20 $425=\frac{340}{340-v}\times 400$에서 $v=20\text{m/s}$

21 a. 통과할 수 없다. 소리는 매질이 필요한 파동이다.
b. 헬륨기체의 분자량이 작아서 속도가 빨라지므로 진동수가 커진다.
높이 – 진동수, 세기 – 진폭
c. 위상이 반대인 파를 발생시켜 상쇄간섭시킨다.

22 a. 유리관의 열린 끝은 자유단에 해당하므로 배이고 수면 부분은 고정단에 해당하므로 마디가 된다.
b. 위 자료에서 $\frac{\lambda}{2}$=34cm이므로 $\lambda$=68cm이고 $v=f\lambda$에서

$v=500\times 0.68 = 340(\text{m/s})$

**23** a. 진동수의 차이만큼 맥놀이 현상이 일어난다.

$2 = 182 - f \rightarrow f = 180\text{Hz}$

b. 관측자와 음원이 다 움직이고 있으므로

$$f' = \frac{V \pm u}{V \pm v} f = \frac{V - v_A}{V - v_B} f = \frac{360 - 18}{360 - v_B} \times 182 = 180$$

에서 $v_B = 14.2\text{m/s}$

## 한걸음 더

**1** a. $v = (331 + 0.606t) = (331 + 0.606 \times 15) = 340.09\text{m/s}$

b. $S = 340.09 \times 8 = 2720.72\text{m}$

**2** 2배

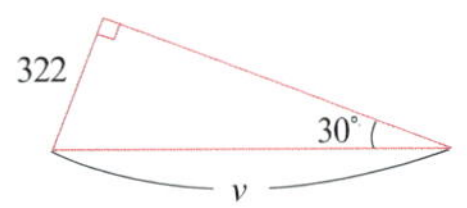


$\frac{322}{v} = \sin 30^\circ \quad \therefore v = 2 \times 322 = 644\text{m/s}$, 마하2의 속력이라 부른다.

chapter 20

## 개념확인하기

**1** 빛은 불연속적인 에너지 알갱이의 모임이며 이 에너지 알갱이(양자)를 광자라 하며, 광자는 입자설에 어울리는 개념이다.

**2** 매끈한 금속은 거의 모든 색깔의 빛을 반사시키기 때문이다.

**3** 반사의 법칙은 곡면거울은 물론 난반사에서도 성립한다. 단지 법선이 평행하지 않을 뿐이다.

**4** 반사는 원래의 매질로 되돌아오는 현상이며, 굴절은 한 매질에서 다른 매질로 빛(파동)이 진행하다가 경계면에서 진행방향이 변하는 현상이다.

**5** 굴절되지 않을 것이다. 굴절은 파동의 속력이 다를 때만 생긴다.

**6** 그렇다. 광선은 왔던 길을 따라 되돌아온다. 거울을 통해서 볼 때 자신은 들키지 않고 상대방을 볼 수는 없다.

**7** 공기의 밀도차 때문에 균일하지 않은 매질을 통과하면서 빛의 진행방향이 변하게 되는 굴절 현상이다.(반사처럼 보일 뿐이다.)

**8** 약 8분 정도 길어진다.

**9** 빛은 왔던 경로를 따라 되돌아온다.

10 건조한 도로는 난반사를 하고 젖은 도로는 거울처럼 정반사를 한다. 비오는 밤에는 도로가 거울처럼 빛을 반사시키기 때문에 물체를 구분하기가 힘들다.

11 작살은 더 아래쪽을 겨누어야 한다. 그러나 레이저로 할 때는 눈에 보이는 대로 겨누어야 하는데 그 이유는 레이저 빛은 눈에 보이는 광선과 같은 경로를 따라 가기 때문이다.

12 실상은 실제로 스크린에 맺히지만 허상은 스크린에 맺히지 않는다.

13 스크린에 상이 맺히는지 본다.

14 그럴 수 없다. 굴절이 일어나지 않기 때문이다.

15 감소한다. 굴절률의 차이가 작아지기 때문이다.

### 수식으로 계산해 보기

1 빛이 1년동안 진행한 거리를 1광년이라 한다. $3\times10^8\times365\times86400$ = 약 10조(km)

2 그렇다. 다음 거울면에 알맞은 위치에 온다.
아니다. 거울이 알맞은 방향을 가리키지 못한다.

3 더 빠르다. 그래서 빛이 왕복하는 동안 $\frac{1}{6}$회전을 하여야 한다.

4 상도 사람을 향해 1m/s의 속력으로 다가오므로 상대속도는 2m/s이다.

5 물체와 거울, 거울과 상까지의 거리는 항상 같으므로 4m에 초점을 맞추어야 한다.

6 $\frac{1}{a}+\frac{1}{b}=\frac{1}{f}$에서 $\frac{1}{60}+\frac{1}{b}=\frac{1}{20}$이므로 $b=30\text{cm}$이다. 따라서 거울 앞 30cm인 곳에 1.5cm의 도립실상이 생긴다.

7 $\frac{1}{a}+\frac{1}{b}=\frac{1}{f}$과 $m=\frac{b}{a}=\frac{1}{2}$(배)에서 $\frac{1}{10}-\frac{1}{5}=\frac{1}{f}$이므로 $f$ = -10cm이다. 따라서 10cm이다.

8 $\frac{1}{60}+\frac{1}{30}=\frac{1}{f}$과 $m=\frac{b}{a}=\frac{1}{2}$에서 $f$ = 20cm이다.

9 $n_{23}=\frac{n_3}{n_2}$에서 $1.60=\frac{n_3}{1.50}$이므로 $n_3=2.40$

10 $\frac{1}{a}+\frac{1}{b}=\frac{1}{f}$에서 $\frac{1}{6}+\frac{1}{b}=\frac{1}{24}$이므로 렌즈로부터 물체와 같은 쪽 8cm 되는 곳에 정립허상이 생긴다.

11 $h=\frac{h_1}{n_1}+\frac{h_2}{n_2}=12\times\frac{3}{4}+6\times\frac{2}{3}=13\text{cm}$

12 45°, 굴절률 $n=\frac{\sin45°}{\sin60°}=\sqrt{\frac{3}{2}}$

13 매질의 굴절률은 $\sqrt{2}$ 보다 크다. 그림에서 임계각은 45° 보다 작으므로

$\frac{1}{n} = \sin i_c < \sin 45° = \sqrt{2} \rightarrow n > \sqrt{2}$

14 $n = \frac{\sin i}{\sin r} = \frac{AB}{CD} = \frac{4}{3}$

15 $n_1 > n_2 > n_3$
전반사가 일어나는 것으로부터 $n_2 > n_3$, 굴절각이 입사각보다 작은 것으로부터 $n_1 > n_2$ 임을 알 수 있다.

16 $\sin\theta_c = \frac{r}{\sqrt{r^2+5^2}} = \frac{1}{n} = \frac{3}{5}$, $r = \frac{15}{4}(\mathrm{m})$

17 평행광선에서 발산광선으로 변한다.

18 오목렌즈의 오른쪽 30cm, 배율 3배
볼록렌즈에 의한 상은 볼록렌즈의 오른쪽 60cm 되는 곳에 생기며 배율은 2배이다.
이 상이 오목렌즈의 오른쪽 20cm 되는 곳에 허광원으로 생기므로
$\frac{1}{-20} + \frac{1}{b} = \frac{1}{-60}$, $b = 30\mathrm{cm}$, 배율 $= \frac{3}{2}$
그러므로 최종적인 배율은 $2 \times \frac{3}{2} = 3$배 이다.

19 대물렌즈의 배율 $\frac{L}{f_0} = \frac{18}{1.5} = 12$배
대안렌즈의 배율 $\frac{25}{f_e} = \frac{25}{2.0} = 12.5$배
현미경의 배율 $\frac{L \times D}{f_0 f_e} = \frac{18 \times 25}{2.0 \times 1.5} = 150$배

20 초점거리가 37.5cm인 오목렌즈
정상적인 사람의 명시거리는 25cm이므로 25cm에 있는 물체를 15cm인 곳에 정립허상을 만들 수 있는 렌즈가 필요하다.
$\frac{1}{25} + \frac{1}{-15} = \frac{1}{f}$에서 $f = -37.5\mathrm{cm}$
즉, 초점거리가 37.5cm인 오목렌즈를 사용해야 한다.

21 그림에서 반사의 법칙을 적용해 보면 60°가 된다.

22 $n = \frac{\sin\theta_1}{\sin\theta_2} = \frac{1}{\left(\frac{4}{5}\right)} = \frac{5}{4} = 1.25$

23 a. 겉보기 깊이 $= \frac{\text{실제 깊이}}{\text{굴절률}}$에서 겉보기 깊이 $= \frac{20\mathrm{cm}}{4/3} + \frac{12\mathrm{cm}}{3/2} = 23\mathrm{cm}$
b. 물의 깊이를 $x$, 투명한 액체의 부피를 $y$라 할 때
$x + y = 32$, $\frac{x}{4/3} + \frac{y}{3/2} = 22$에서 $x = 8\mathrm{cm}$, $y = 24\mathrm{cm}$

24 전반사가 일어나려면 입사각이 임계각보다는 커야 하므로 $45° \geq i_c \rightarrow \sin 45° \geq \sin i_c = \frac{1}{n}$

$\therefore \frac{1}{\sqrt{2}} \geq \frac{1}{n} \rightarrow n \geq \sqrt{2}$

25 물체의 상이 평면거울 아래쪽 10cm되는 곳에 생기고, 눈은 물체의 상을 보아야 하므로 물체의 상에 눈의 초점을 맞추어야 한다. 눈에서 물체의 상까지의 거리가 (10cm + 30cm) = 40cm되는 곳에 눈의 초점을 맞추어야 한다.

한걸음 더

1 그림으로부터 $ab = \frac{1}{2}he$, $bc = \frac{1}{2}ef$이므로 거울의 최소길이를 H라고 하면

$H = ab + bc = \frac{1}{2}(he + ef) = \frac{1}{2}ef = \frac{1}{2}L$

2 a. $\frac{1}{15} + \frac{1}{b_1} = \frac{1}{10}$ $\quad b_1 = 30\text{cm}$

$-\frac{1}{10} + \frac{1}{b_2} = \frac{1}{20}$ $\quad b_2 = \frac{20}{3}\text{cm}$ (두번째 렌즈 오른쪽)

b. 첫 번째 렌즈에 의한 배율 $m_1 = \frac{30}{15} = 2$

두 번째 렌즈에 의한 배율 $m_2 = \frac{\frac{20}{3}}{10} = \frac{2}{3}$

전체 배율 $= m_1 \times m_2 = \frac{4}{3}$

3 a. 기하광학의 원리에 의해 $\theta_1 = \theta_3$일 때 $\delta$가 최소이다. 프리즘의 굴절률을 $n$이라고 하면

$n = \frac{\sin\theta_1}{\sin\theta_2}$, $n = \frac{\sin\theta_3}{\sin(\alpha - \theta_2)}$이다.

$\theta_1 = \theta_3$이므로, $\theta_2 = \alpha - \theta_2$이고, 따라서 $\theta_2 = \frac{\alpha}{2}$이다.

$\delta_{\min} = \theta_1 + \theta_3 - \alpha$이므로 $\theta_1$ or $\theta_3 = \frac{\delta_{\min} + \alpha}{2}$

따라서 $\sin\frac{\alpha + \delta_{\min}}{2} = n\sin\frac{\alpha}{2}$이다.

b. $\frac{\alpha + \delta\min}{2} \simeq n \times \frac{\alpha}{2}$ $\quad \therefore \delta\min \simeq (n-1)\alpha$

chapter 21

## 개념확인하기

1 파란 빛은 빨간 빛보다 투명 물체와 더 많이 상호작용하므로 속력이 더 느려져서 더 크게 굴절하게 된다.

2 사람이 비행기 안에서 무지개를 바라볼 때 빛이 사람의 등 뒤에서 비춰지므로 원형 무지개의 가운데 지점에 그림자가 생긴다.

3 기체와 같이 원자가 떨어져 있으면 원자 고유의 불연속적인 스펙트럼을 나오지만, 필라멘트와 같이 원자들이 밀집한 고체 상태에서 원자 고유색이 겹쳐져 연속스펙트럼이 만들어진다.

4 원소들은 원소가 갖는 고유한 파장의 선 스펙트럼을 만들기 때문이다.

5 아니다. 검정은 가시광선이 없는 상태이고 하양은 모든 가시광선의 색깔 모두가 있는 상태이다.

6 그렇다. 형광등보다는 태양빛이 더 풍부한 색깔을 나타내 주기 때문이다.

7 노란색의 보색에 해당하는 파란 빛으로 조명한다.

8 비구름을 이루는 물방울 입자가 크기 때문이다.

9 볼 수 없다. 빛이 작은 입자에 의해 산란되어야 볼 수 있다.

10 상을 흐리게 해서 방해가 된다.

11 VHF가 파장이 더 길어서 회절이 잘 일어나기 때문이다.

12 빛이 서로 간섭하여 보강되거나 상쇄되기 때문이다.

13 빨간색의 파장이 파란색보다 길어서 회절 현상이 더 잘 일어난다. 따라서 더 빨간 빛이 만드는 간섭 무늬 간격이 더 크다.

14 렌즈 내부에서 반사된 빛과 유리면에서 반사한 빛이 렌즈와 공기를 거치면서 서로 간섭 현상을 일으키기 때문이다.

15 노란색, 그림자의 색은 초록, 빨강, 검정이다.

16 가지는 빨강을 흡수하고 꽃잎은 빨강을 반사하기 때문이다.

## 수식으로 계산해 보기

1 노랑이 상쇄되었으므로 노랑의 보색인 파랑이 보인다.

2 각각의 색깔이 막의 두께를 나타낸다.

3 각도에 따라 경로차가 달라지기 때문이다.

4 영의 실험에서 밝은 무늬간격은 $\frac{\lambda D}{d}$이므로 단위길이당 무늬의 개수는 $\frac{d}{\lambda D}$ 이다.

5 $2d = m\lambda$ 를 만족할 때 어두운 무늬가 생긴다.

$d_2 - d_1 = \frac{\lambda}{2}(12-6) = 3 \times 480 \times 10^{-9} = 1.440 \times 10^{-6}\text{m}$

6 빛의 세기는 진폭과 관계가 있는데 한 슬릿에 필터를 씌우면 두 빛의 세기가 다르므로 두 빛의 진폭 역시 다르다. 또한 보강 간섭을 일으킨 밝은 무늬의 진폭은 2배가 아니며, 상쇄 간섭을 일으킨 어두운 무늬 역시 진폭이 0이 아니다. 따라서 밝은 무늬와 어두운 무늬의 명암 차이가 작아진다고 할 수 있다.

7 $d = \frac{\lambda}{4n} = \frac{600 \times 10^{-9}}{4 \times 4/3} = 1.125 \times 10^{-7}\text{m}$

8 경로차 $\Delta = |S_1P - S_2P| = \frac{dx}{L} = \frac{\lambda}{2}(2m+1)$, $(m = 0,\ 1,\ 2,\ 3,\ \cdots)$에서 두 번째 어두운 곳이므로 경로차는 $\Delta = \frac{\lambda}{2} \times 3 = \frac{6 \times 10^{-7}}{2} \times 3 = 9 \times 10^{-7}\text{m}$이다. 또 $\frac{dx}{L} = \frac{\lambda}{2} \times 3$ 에서

$x = \frac{3\lambda}{2}\frac{L}{d} = \frac{3}{2} \times 6 \times 10^{-7} \times \frac{2}{1} \times 10^{-4} = 1.8 \times 10^{-2}\text{m}$

9 이중슬릿에 의한 무늬 간격의 식 $\Delta x = \frac{l\lambda}{d}$에서 슬릿과 스크린 사이의 거리를 좁히거나 슬릿 폭을 넓게 하거나 레이저의 파장을 짧은 것을 사용하면 무늬간격이 좁아져 AB 사이의 밝은 점은 더 많아진다.

a. 레이저 장치를 옮기는 것은 간섭무늬에 아무런 영향을 주지 않는다.

b. 이중슬릿을 $Q$점을 향해 옮기면 무늬 간격이 좁아지므로 AB 사이에 더 많은 밝은 점이 생긴다.

c. 이중슬릿 사이의 간격을 좁히면 무늬간격이 넓어진다.

10 폭은 넓어지고 빛의 강도는 약해진다.

슬릿의 폭이 좁아지면 회절이 더 잘 일어나므로 무늬의 폭 D는 넓어지고 $I_0$는 작아진다. 이때, 슬릿 폭이 좁아지면 더 넓게 회절이 일어나므로 빛의 강도는 약해진다.

11 $\Delta = d\sin\theta \fallingdotseq \frac{dx}{L} = \frac{\lambda}{2}(2m-1)$에서 $m=3$을 대입하면 $x = 6\text{mm}$

12 $\Delta x = \frac{l\lambda}{d}$, $\Delta x \propto \lambda$ 이므로 $4 \times 10^{-7}\text{m} : 2\text{mm} = \lambda : 3\text{mm}$, $\lambda = 600\text{nm}$

13 중앙에서부터 바깥쪽으로 파랑에서 빨강색의 스펙트럼이 반복적으로 나타난다.

간섭무늬 간격은 $\Delta x = \frac{L\lambda}{d}$이므로 중앙에서 가까운 곳에는 파장이 작은 파랑색의 무늬가 생기고 멀어질수록 빨강색의 무늬가 생긴다.

14 $\Delta x = \frac{\lambda L}{d} \rightarrow L = \Delta x \frac{d}{\lambda} = 1 \times 10^{-2} \times \frac{2 \times 10^{-4}}{5 \times 10^{-7}} = 4\text{m}$

15 이웃한 두 슬릿을 통과한 두 빛이 만나면 경로차가 $\frac{\lambda}{2}$이므로 상쇄간섭하고, 나머지 슬릿을 통과한 빛만 남게 되므로 진폭은 A가 된다.

16 단일슬릿에 빛의 경로차가 반파장의 짝수배이면 어두운 무늬, 홀수배이면 밝은 무늬를 나타낸다. 또한 경로차가 홀수배이라도 경로차가 작을수록 슬릿으로부터 스크린까지의 거리가 더 가까운 위치에 있으므로 더 밝다. 따라서 밝기의 순서는 나 〉 다 〉가 이다.

17 무늬간격 $\Delta x = \dfrac{L\lambda}{2h}$ 이므로 무늬의 수는 $\dfrac{L}{\Delta x} = \dfrac{2h}{\lambda} = 50$개

18 뉴턴링의 중앙에서 밝은 무늬까지의 거리는 $x = \sqrt{2Rd}$, $2d = \dfrac{\lambda}{2}(2m-1)$ 에서 $m=3$을 대입하면 $x = 1.5\text{mm}$ 이다.

19 상쇄간섭의 조건 $2nd = \dfrac{\lambda}{2}(2m+1)$에서 막의 두께는 $d = \dfrac{\lambda}{4n}(2m+1)$이므로 $m=0$일 때 최소 두께이므로 $d = \dfrac{\lambda}{4n} = 1\times 10^{-7}\text{m}$

20 ①, 플라스틱의 굴절률이 더 크므로 굴절각이 입사각보다 크다.

21 원래 진행 방향과 $\alpha, \beta$의 각만큼 굴절한 빛의 굴절률은 그림에서

$$n_\alpha = \frac{\sin(\alpha+\theta)}{\sin\theta},\ n_\beta = \frac{\sin(\beta+\theta)}{\sin\theta} \quad \therefore \frac{n_\beta}{n_\alpha} = \frac{\sin(\beta+\theta)}{\sin(\alpha+\theta)}$$

22

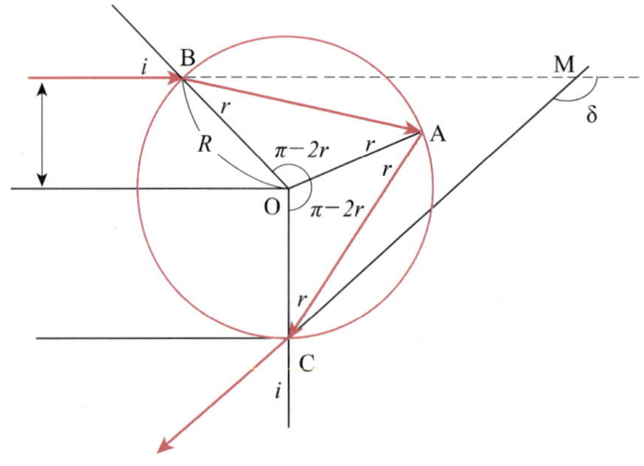


$\angle BOC = 4r$, $\angle MBO = \angle MCO = i$

$\delta = \angle MBC + \angle MCB = \angle MBO + \angle OBC + \angle OCB + \angle MCO$

$= i + (\pi - 4r) + i = \pi + 2i - 4r$

$\delta$의 최소값을 구하기 위해서 $\dfrac{d\delta}{di} = 0$을 취하면 $\dfrac{d\delta}{di} = 2 - 4\dfrac{dr}{di} = 0$에서 $\dfrac{dr}{di} = \dfrac{1}{2}$

스넬의 법칙에서 $\sin r = \dfrac{\sin i}{n}$이고, 양변을 $i$에 관해 미분하면 $\cos r\dfrac{dr}{di} = \dfrac{\cos i}{n}$, $\cos r = \dfrac{2\cos i}{n}$

양변을 제곱한 후 $\sin^2 r + \cos^2 r = 1$을 이용하면 $r$을 소거 할 수 있다.

$\dfrac{4\cos^2 i}{n^2} + \dfrac{\sin^2 i}{n^2} = 1$, 또 $\cos^2 i = 1 - \sin^2 i$을 대입하면 $\sin i = \sqrt{\dfrac{4-n^2}{3}}$

$\sin r = \sqrt{\dfrac{4-n^2}{3n^2}}$, $n = \dfrac{4}{3}$을 대입하면 $i = 59.4°$, $r = 40.2°$이고

$\delta = \pi + 2i - 4r = 138°$

### 한걸음 더

1 거울이 $\frac{1}{2}$파장 이동하면 경로차는 한 파장이다.

$\frac{1}{2}\lambda = \frac{0.015 \times 10^{-3}\mathrm{m}}{50}$, $\therefore \lambda = 6.00 \times 10^{-7}\mathrm{m}$

2 a. 브래그 방정식 $2d\sin\theta = m\lambda$를 이용한다.

$d = \frac{m\lambda}{2\sin\theta} = \frac{1 \times 0.1\mathrm{nm}}{2\sin 30^\circ} = 0.1\mathrm{nm}$

b. $\sin\theta = \frac{m\lambda}{2d} = \frac{m \times 0.1}{2 \times 0.1} = \frac{m}{2}$

$m=1$만 가능하므로 다른 각도에서 극대점은 없다.

chapter 22

### 개념확인하기

1 알갱이 단위로 전자의 전하, 광자 등이 있다. 빛의 양자를 광자(광량자)라고 한다.

2 파란 빛. 광자의 에너지 $\mathrm{E} = hf$이고 파란 빛이 진동수가 더 크다.

3 광자 수는 많으나 광자 하나하나의 에너지는 충분히 크지 않기 때문이다.

4 가시광선의 운동량이 너무 작기 때문이다.

5 파동모형, 회절은 파동에서만 나타나는 현상이다.

6 파장이 너무 짧기 때문이다.

7 짧아진다. $\lambda = \frac{h}{mv}$이므로 $v$가 증가하면 파장은 감소한다.

8 양자화된 미시 세계의 운동을 연구하는 학문.

9 자연 세계에 존재하는 근본적인 불확적성 때문에 동시에 정확히 잴 수 없다.

10 전하량, 광자의 에너지, 정상파의 파장.

### 수식으로 계산해 보기

1 $p = \frac{nE}{t}$에서 초당 방출되는 광자의 수는 $n = \frac{p}{E} = \frac{p}{hf}$

전체 방출되는 광자 수(n) : 눈으로 들어오는 광자의 수 (n') $= 4\pi R^2 : \pi r^2$

$n' = \frac{r^2}{4R^2}n = \frac{r^2}{4R^2}\frac{p\lambda}{hc}$

2 $E_k = hf - hf_0 = 6.2 - 4.2 = 2.0\text{eV}$이므로 정지전압은 2V이다.

3 반드시 전기를 띨 필요가 없다.

4 $h\nu - h\nu' = E$ 이므로 $\Delta\nu = \dfrac{E}{h}$, $\lambda = \dfrac{hc}{E}$

5 $\dfrac{1}{2}mv^2 = \dfrac{3}{2}kT$에서 $v = \sqrt{\dfrac{3kT}{m}}$ 이므로

$\lambda = \dfrac{h}{mv} = \dfrac{h}{m}\sqrt{\dfrac{m}{3kT}} = \dfrac{h}{\sqrt{3kmT}}$

6 운동 에너지가 보존되어야 하므로 다음 식이 성립한다.

$\dfrac{hc}{\lambda} = \dfrac{hc}{3}\lambda + E$이다. 따라서 $E = \dfrac{2hc}{3\lambda}$

7 $x$ 위치에서 전위차 $V' = \dfrac{Vx}{d}$이므로 $\dfrac{1}{2}mv^2 = eV' = \dfrac{eVx}{d}$

$\lambda = \dfrac{h}{mv} = h\sqrt{\dfrac{d}{2meVx}}$

8 한계진동수 $f_0 = \dfrac{c}{\lambda} = \dfrac{3\times10^8}{3\times10^{-7}} = 1\times10^{15}\text{Hz}$

일함수 $W = hf_0 = (6.6\times10^{-34}\text{J}\cdot\text{s})\times(1\times10^{15}\text{s}^{-1}) = 6.6\times10^{-19}\text{J}$

9 광자의 에너지 $E = hf = \dfrac{hc}{\lambda} = 6.6\times10^{-34}\times\dfrac{3\times10^8}{2\times10^{-7}} = 9.9\times10^{-19}\text{J}$

최대운동에너지 $E_{max} = hf - W = 9.9\times10^{-19} - 6.6\times10^{-19} = 3.3\times10^{-19}\text{J}$

10 파장이 $3\times10^{-7}\text{m}$이면 진동수는 $1\times10^{15}\text{Hz}$ 이므로 나트륨과 세슘에서만 광전자가 방출된다.

11 세슘, $E_{max} = hf - hf_0 = 6.6\times10^{-34}\times(20-4.6)\times10^{14} = 8.9\times10^{-18}\text{J}$

12 빛의 파장은 a 〈 b = c 이고, 빛의 세기는 a 〉 b 〉 c 이다.

13 $\Delta\lambda = \lambda' - \lambda = \dfrac{2h}{mc} = 4.8\times10^{-12}\text{m}$

14 $X$선이 전자에 준 에너지 = 충돌 전후 $X$선의 에너지 변화량

$\Delta E = \dfrac{hc}{\lambda} - \dfrac{hc}{\lambda'} = 6.5\times10^{-14}\text{J} = 41\text{keV}$

15 $\lambda = \dfrac{h}{mv} = \dfrac{h}{\sqrt{2meV}} = 1.2\times10^{-10}\text{m}$

16 $v = 2.7\times10^6\text{m/s}$, $t = 1.5\times10^{-9}\text{s}$

$\dfrac{1}{2}mv^2 = eV$에 각 값을 대입하면 $v = 2.7\times10^6\text{m/s}$

$t = \dfrac{d}{\bar{v}} = \dfrac{2d}{v} = 1.5\times10^{-9}\text{s}$

**17** 전자의 운동에너지가 전자기파로 전환되므로

$eV = \frac{1}{2}mv^2 = hf = \frac{hc}{\lambda}$ 에서 $\lambda = \frac{hc}{eV} = 6.2 \times 10^{-8}\text{m}$

**18** $P = \frac{nE}{t}$ 에서 $n = \frac{P}{E} = \frac{P}{hf} = 10^{19}$개/초

**19** $\lambda' = \lambda + \frac{h}{mc} = 2.7 \times 10^{-11}\text{m}$

**20** $\Delta E = hc(\frac{1}{\lambda} - \frac{1}{\lambda'}) = \frac{hc}{\lambda\lambda'}\Delta\lambda$, $\frac{\Delta E}{E} = \frac{\Delta\lambda}{\lambda'} = \frac{0.2}{2.7} = 0.074 = 7.4\%$

**21** 빛 알갱이 하나의 에너지를 구하면

$E = h\nu = \frac{hc}{\lambda} = \frac{6.6 \times 10^{-34} \times 3 \times 10^8}{6600 \times 10^{-10}} = 3 \times 10^{-19}(\text{J})$

태양 전지판에는 1초당 2000J의 에너지가 도달하므로 빛 알갱이의 총수는

$\frac{2000}{3 \times 10^{-19}} = 6.7 \times 10^{21}$ (개)

**22** a. 충돌 전 X선의 파장을 $\lambda$, 충돌 후 X선의 파장을 $\lambda'$이라 할 때 파장의 변화량은

$\Delta\lambda = \lambda' - \lambda = \frac{2h}{mc} = \frac{2 \times 6.63 \times 10^{-34}}{9.1 \times 10^{-31} \times 3 \times 10^8} = 4.8 \times 10^{-12}(\text{m})$

b. 충돌 전 X선의 에너지는

$E = h\nu = \frac{hc}{\lambda} = \frac{6.63 \times 10^{-34} \times 3 \times 10^8}{0.1 \times 10^{-10}} = 1.99 \times 10^{-14}(\text{J}) = 1.24 \times 10^5(\text{eV})$

충돌 후 X선의 파장은 $1.48 \times 10^{-11}\text{m}$이므로 에너지는

$E = \frac{6.63 \times 10^{-34} \times 3 \times 10^8}{1.48 \times 10^{-11}} = 1.34 \times 10^{-14}(\text{J}) = 8.4 \times 10^4(\text{eV})$

그러므로 줄어든 에너지는 $-40\text{keV}$

c. X선의 줄어든 에너지는 전자의 운동 에너지로 전달되었으므로 $+40\text{keV}$

**23** 평행판 사이에서의 전기장의 세기는 $E = \frac{V}{d}$이고 전기장 속에서 전자가 받는 힘은 $F = qE = e\left(\frac{V}{d}\right) = ma$이고, 가속도는 $a = \frac{eV}{md}$, $v^2 - v_0^2 = 2aS$에서 처음 속도는 0이고 이동거리가 $x$이므로 $v^2 = 2\left(\frac{eV}{md}\right)x \rightarrow v = \sqrt{\frac{2eVx}{md}}$, 따라서 물질파의 파장은 $\lambda = \frac{h}{mv} = \frac{h}{m\sqrt{\frac{2eVx}{md}}} = h\sqrt{\frac{d}{2meVx}}$

**24** a. $\frac{1}{2}mv^2 = qV$에서

$v = \sqrt{\frac{2qV}{m}} = \sqrt{\frac{2 \times 1.6 \times 10^{-19} \times 2900}{9.1 \times 10^{-31}}} = 3.2 \times 10^7\text{m/s}$

b. $\lambda = \frac{h}{mv}$ 에서 $\lambda = \frac{6.6 \times 10^{-34}}{9.1 \times 10^{-31} \times 3.2 \times 10^7} = 0.23 \times 10^{-11}(\text{m}) = 0.023\text{Å}$

ㄷ. $qV = \frac{1}{2}mv^2 = h\nu = \frac{hc}{\lambda}$에서

$$\lambda = \frac{hc}{qV} = \frac{6.6\times10^{-34}\times3\times10^{8}}{1.6\times10^{-19}\times2900} \fallingdotseq 4.27\times10^{-9}(\mathrm{m})$$

chapter 23

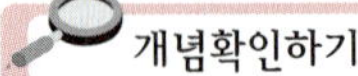

개념확인하기

1 에너지 보존 법칙에 따라 같다(엄밀한 의미에서 운동량 보존 법칙을 고려하면 실제로는 에너지 준위의 차보다 작다고 할 수 있다.).

2 어떤 특정한 에너지를 가진 궤도에만 존재할 수 있다는 뜻이다.

3 파동 모형이다. 그 이유는 오직 어떤 정상파 형태만 허용된다는 것이므로

4 허용된 궤도에서는 보강 간섭이 일어난다.

5 물질파의 파장은 양자수에 비례하고($2\pi r_n = 2\pi n^2 r_1 = n\lambda$에서 $\lambda_n \propto n$), 속력은 양자수에 반비례$\left(v_n = \frac{2\pi ke^2}{nh} \propto \frac{1}{n}\right)$, 반지름은 양자수의 제곱에 비례한다$\left(r_n = \frac{n^2h^2}{4\pi^2mke^2} \propto n^2\right)$.

6 전자는 원자핵에 속박되어 있다.

7 플랑크가 흑체복사 현상을 설명하기 위한 시도였다.

8 헬륨은 두 전자가 안정된 전자궤도를 채우고 있어 다른 원자의 전자와 상호작용을 할 수 없기 때문이다.

9 운동량 보존의 법칙에 의해 원자는 광자의 방향과 반대방향으로 운동하므로 원자의 운동에너지만큼의 차이가 생긴다.

10 원자 질량의 대부분을 차지하며 양전하의 집합체인 원자핵의 존재

수식으로 계산해 보기

1 전자는 원자핵에 속박되어 있다.

2 $E_n = \frac{13.6}{n^2}$eV이므로 $n=2$일 때의 에너지 $E_2 = -\frac{13.6}{4} = -3.4$eV, 즉 3.4eV의 에너지가 필요하다.

3 수소에너지 준위 $E_n = -\frac{2\pi^2k^2me^4}{h^2}\frac{1}{n^2}$

헬륨이온의 에너지 준위 $E_n = -\frac{8\pi^2k^2me^4}{h^2}\frac{1}{n^2}$(구심력 역할을 하는 전기력이 수소 원자의 2배가 되어 수소 원자모형과 동일한 방법으로 계산하면 전체적으로 에너지 준위는 4배가 된다.).

4 3번과 마찬가지로 보어의 원자모형에서 진동수 조건을 이용하면 리드베리 상수의 값은 수소 원자보다 4배 커진다.

5 $\frac{1}{2}$배

6 $\frac{n\lambda}{2}=L=\frac{nh}{2mv}$ 이므로 $\lambda=\frac{2L}{n}$

7 $E=\frac{1}{2}mv^2=\frac{n^2h^2}{8mL^2}$

8 $\Delta E=E_2-E_1=\frac{3h^2}{8mL^2}$

9 그림에서 $\lambda_A:\lambda_B=1:2$,

$v=\frac{h}{m\lambda}$ 이므로 $v_A:v_B=\lambda_B:\lambda_A=1:2$

10 정상파 조건 : $2\pi r=\frac{nh}{mv}$ 에서 $mv=\frac{nh}{2\pi r}$

$E=\frac{1}{2}mv^2=\frac{1}{2m}\left(\frac{nh}{2\pi r}\right)^2 \fallingdotseq 3\times10^{-22}\text{J}$

11 방출된 광자의 에너지는 에너지 궤도 준위의 차와 같다. 즉, 광자의 에너지는 1.89eV이다.

$v=\frac{E}{h}=\frac{1.89}{4.14\times10^{-15}}=4.565\times10^{14}(\text{Hz})$

12 $\lambda=\frac{c}{f}=\frac{3\times10^8\text{m/s}}{4.565\times10^{14}\text{Hz}}=6.572\times10^{-7}\text{m}$

13 $\frac{1}{\lambda}=R\left(\frac{1}{1^2}-\frac{1}{3^2}\right)$, $\lambda=1.1098\times10^{-8}\text{m}$. 11nm로 짧은 파장이 되어 볼 수 없다. 가시광선 영역은 350nm~800nm이다.

14 $n=3\rightarrow n=2$ 인 전이가 가장 에너지차가 적다.

15 $-1.51\text{eV}-(-3.4\text{eV})=1.89\text{eV}$

16 $f=\frac{E}{h}=\frac{1.89\times1.6\times10^{-19}\text{J}}{6.626\times10^{-34}\text{J}\cdot\text{s}}=4.564\times10^{14}\text{Hz}$,

$\lambda=\frac{c}{f}=\frac{3\times10^8\text{m/s}}{4.565\times10^{14}\text{Hz}}=6.572\times10^{-7}\text{m}$

17 $n=2\rightarrow n=1$인 전이가 에너지차가 가장 작다. $-3.4\text{eV}-(-13.6\text{eV})=10.2\text{eV}$

$f=\frac{E}{h}=\frac{10.2\times1.6\times10^{-19}\text{J}}{6.626\times10^{-34}\text{J}\cdot\text{s}}=2.463\times10^{15}\text{Hz}$,

$\lambda=\frac{c}{f}=\frac{3\times10^8\text{m/s}}{2.463\times10^{15}\text{Hz}}=1.218\times10^{-7}\text{m}$

18 $\alpha$입자의 운동에너지가 모두 위치에너지로 변한 순간의 거리를 구하면 된다.

$k\dfrac{Ze \times 2e}{r_0} = E$ 에서 $r_0 = \dfrac{2kZe^2}{E} = 3 \times 10^{-14}\text{m}$

19 $F = kr = \dfrac{mv^2}{r}$, $\lambda = \dfrac{h}{mv} = \dfrac{2\pi r}{n}$ 에서 $v$을 소거하면 $r = \sqrt{\dfrac{nh}{2\pi}}\left(\dfrac{1}{mk}\right)^{\frac{1}{4}}$

20 $E = \dfrac{1}{2}mv^2 + \dfrac{1}{2}kr^2 = kr^2 = mv^2 = \dfrac{nh}{2\pi}\sqrt{\dfrac{k}{m}}$

21 a. 핵 주위를 전자가 원운동할 때 구심력이 전기력이므로 $k\dfrac{e^2}{a_0^2} = \dfrac{mv^2}{a_0} \cdots$①

양자조건 $2\pi a_0 = n\lambda = \dfrac{h}{mv}$ ⋯ ②, 식 ①과 ②에서

$v = \dfrac{2\pi ke^2}{h}$, $a_0 = \dfrac{h^2}{4\pi^2 kme^2}$

b. 전자가 원운동할 때 주기는 $T = \dfrac{2\pi a_0}{v}$, 원궤도 상의 어느 한 점은 $T$시간 동안에 전자가 한 번 지나가므로 전류의 세기는

$i = \dfrac{e}{T} = \dfrac{e}{\dfrac{2\pi a_0}{v}} = \dfrac{ev}{2\pi a_0} = \dfrac{1.6 \times 10^{-19} \times 2.2 \times 10^6}{2\pi \times 5.3 \times 10^{-11}} = 1.1 \times 10^{-3}(\text{A})$

이 때 전자의 회전 방향과 전류의 방향이 반대임을 유의할 것

C. 원형 전류가 흘러갈 중심에서의 자기장의 세기는 $B = k\dfrac{I}{r}$이므로

$B = 6.3 \times 10^{-7}\dfrac{1.1 \times 10^{-3}}{5.3 \times 10^{-11}} = 13(\text{N/A} \cdot \text{m})$

22 a. 로렌츠 힘이 구심력 역할을 하므로 $evB = \dfrac{mv^2}{r} \rightarrow mv = Ber$에서 드브로이 파장은

$\lambda = \dfrac{h}{mv} = \dfrac{h}{Ber}$

b. 보어의 양자 조건에서 $2\pi r_n = n\lambda = n\dfrac{h}{Ber_n}$, 여기서 $r_n^2 = \dfrac{nh}{2\pi Be}$

$n = 1$에서 궤도 반경이 최소이므로 $r_1 = \sqrt{\dfrac{h}{2\pi Be}}$

c. 운동 에너지

$E_k = \dfrac{1}{2}mv^2 = \dfrac{(mv)^2}{2m} = \dfrac{(Ber)^2}{2m} = \dfrac{B^2e^2r^2}{2m} = \dfrac{B^2e^2}{2m} \cdot \dfrac{h}{2\pi Be} = \dfrac{Beh}{4\pi m}$

d. 전자기 이론에 의하면 전자가 가속도 운동을 한다면 전자기파를 방출하여 에너지가 감소하여야 한다. 등속원운동도 방향이 계속 변하는 가속도 운동이므로 핵 주위를 원운동하는 전자는 전자기파를 방출하여 에너지를 잃고 핵과 충돌해야 한다.

23 a. $\lambda = 2\pi r$과 $\lambda = \dfrac{h}{mv}$ 에서

$$mv = \frac{h}{\lambda} = \frac{h}{2\pi r} = \frac{6\times10^{-34}}{2\times3\times5\times10^{-11}} = 2\times10^{-24}(\mathrm{kg\cdot\ m/s})$$

b. $E_k = \frac{1}{2}mv^2 = \frac{(mv)^2}{2m} = \frac{(2\times10^{-24})^2}{2\times10^{-30}}(\mathrm{J}) = \frac{(2\times10^{-24})^2}{2\times10^{-30}}\times5\times10^{18}(\mathrm{eV}) = 10(\mathrm{eV})$

chapter 24

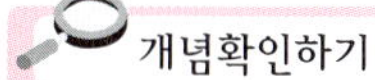

## 개념확인하기

1 둘다 하나씩 증가한다. 중성자가 하나 증가하면 질량수만 하나 증가한다. 양성자(또는 전자수)가 화학적 성질을 결정한다.

2 양성자 수가 같으므로 화학적 성질이 같다. 중성자 수와 질량 수가 다르다.

3 오래된 뼈 속의 $^{14}$C는 대체되지 않고 붕괴만 하기 때문이다.

4 25번/분, 11번/분

5 감마선

6 방사성 붕괴 과정에서 에너지가 방출되기 때문이다.

7 중성자를 흡수하면서 분열이 시작된다.

8 질량 분석기

9 생성된 입자의 운동 에너지로 된다.

10 질량결손

11 $^{238}$U은 분열하지 않고 여분의 중성자만 흡수한다.

12 어느 쪽 반응이 일어나도 생성물이 더 큰 질량을 가지므로.

13 아직 핵융합온도를 견딜만한 장치(용기)가 없다.

14 반감기가 너무 짧으므로.

15 금 : 핵분열, 탄소 : 핵융합, 철은 어느 쪽도 되지 않는다.

## 수식으로 계산해 보기

1 토륨 원자핵에서 α붕괴를 했으므로 질량수는 4감소, 원자번호는 2감소한 $^{228}_{88}$Ra 원자핵이 된다(핵반응식에서는 반응 전후에 질량수, 원자번호가 보존된다.).

2 베타붕괴에서는 원자번호가 하나 증가하므로 54인 Xe가 되므로 다음과 같은 핵반응식으로 표현된다. $^{131}_{53}\mathrm{I} \Rightarrow {}^{131}_{54}\mathrm{Xe} + {}^{0}_{-1}e + {}^{0}_{0}\gamma$

3 원자질량은 102이어야 하고, 원자번호는 42가 되어야한다.
$^{1}_{0}n + ^{235}_{92}\mathrm{U} \Rightarrow ^{102}_{42}\mathrm{Mo} + ^{130}_{50}\mathrm{Sn} + 4^{1}_{0}n$

4 원자질량 3, 원자번호 2인 헬륨이 되어야 한다.
$^{2}_{1}\mathrm{H} + ^{2}_{1}\mathrm{H} \Rightarrow ^{3}_{2}\mathrm{He} + ^{1}_{0}n$

5 반감기의 2배가 되는 시간이 지났으므로 처음 원자수의 $\frac{1}{4}$인 2000개만 남는다.

6 반감기의 4배가 되는 시간이 지났으므로 처음 원자수의 $\frac{1}{16}$인 500개만 남는다.

7 처음 양의 반으로 되는 데 걸리는 시간이 반감기이므로 그래프에서 5시간임을 알 수 있다.

8 $N = N_0\left(\frac{1}{2}\right)^{\frac{t}{T}} = 200\left(\frac{1}{2}\right)^{\frac{15}{5}} = 25\mathrm{g}$

9 $\mathrm{Th} \underset{\alpha\text{붕괴}}{\Rightarrow} \mathrm{Ra} \underset{\beta\text{붕괴}}{\Rightarrow} \mathrm{Ac} \underset{\beta\text{붕괴}}{\Rightarrow} \mathrm{Th} \underset{\alpha\text{붕괴}}{\Rightarrow} \mathrm{Ra} \underset{\alpha\text{붕괴}}{\Rightarrow} \mathrm{Rn} \underset{\alpha\text{붕괴}}{\Rightarrow} \mathrm{Po} \underset{\alpha\text{붕괴}}{\Rightarrow} \mathrm{Pb}$

10 $^{232}_{90}\mathrm{TH} \Rightarrow ^{228}_{88}\mathrm{Ra} + ^{4}_{2}\mathrm{He}$
$^{228}_{88}\mathrm{Ra} \Rightarrow ^{228}_{89}\mathrm{Ac} + ^{0}_{-1}e$
$^{228}_{89}\mathrm{Ac} \Rightarrow ^{228}_{90}\mathrm{Th} + ^{0}_{-1}e$

11 α붕괴횟수를 $x$, $\beta$ 붕괴 횟수를 $y$라고 하면
$238 - 4x = 206$, $92 - 2x + y = 82$의 식이 성립한다.
$x = 8$, $y = 3$ 즉, $\alpha$붕괴횟수 8회, $\beta$붕괴 6회가 일어난다.

12 반응 전 : 4.028204u 반응 후 : 4.024694u
질량차이 $\Delta m$ : 0.003506u

13 $1\mathrm{u} = 1.661 \times 10^{-27}\mathrm{kg}$
질량결손$= 5.582 \times 10^{-30}\mathrm{kg}$ 환산에너지$= 5.024 \times 10^{-13}\mathrm{J}$

14 중성자의 수를 조절하기 위해서이다.

15 가. $\alpha$선은 (+)전하를 띠고 있으므로 반시계방향으로 회전한다.

16 $r = \frac{mv}{Bq}$에서 $r_1 : r_2 = \frac{4 \times 2000m \times 4 \times 10^6}{B \times 2q} : \frac{mv}{Bq}$
$v = 8 \times 10^8\mathrm{m/s}$

17 운동량보존과 에너지 보존의 법칙을 적용한 식 $V = \frac{2m}{(m+M)}v$ 에 양성자의 질량을 1, 질소원자핵의 질량을 14로 대입하여 정리하면 $m = 1$임을 알 수 있으므로 이 입자는 중성자이다.

18 방출되는 총에너지 $= 2mc^2 = 1.64 \times 10^{-13}\mathrm{J}$

19 $\lambda = \frac{hc}{E} = 2.4 \times 10^{-12}\mathrm{m}$

20 질량 결손이 더 커지게 되므로 더 많은 에너지가 방출된다.

21 속도 선택기 속에서 이온이 직진하였으므로 전기장과 자기장에 의해서 이온이 받는 힘의 크기가 같다. $qvB=qE$

a. 여기서 속력 $v$는 $v=\frac{E}{B}=\frac{4.0\times10^3}{0.10}=4.0\times10^4\text{m/s}$

b. 원운동할 때 구심력은 $qvB$이므로

$qvB=\frac{mv^2}{r}$에서 $r=\frac{mv}{qB}=\frac{(2.6\times10^{-26})\times(4\times10^4)}{0.05\times1.6\times10^{-19}}=0.13(\text{m})$

22 a. $m=\frac{m_0}{\sqrt{1-(v/c)^2}}\rightarrow2=\frac{1}{\sqrt{1-(v/c)^2}}\rightarrow1-(\frac{v}{c})^2=\frac{1}{4}\rightarrow\frac{v}{c}=\sqrt{\frac{3}{4}}$

그러므로 $v=\frac{\sqrt{3}}{2}c$

b. 처음 이 입자의 에너지는 $E_{처}=m_0c^2$, 가속된 후 이 입자의 에너지는 $E_{나}=mc^2=2m_0c^2$
그러므로 증가된 에너지는 $\Delta E=2m_0c^2-m_0c^2=m_0c^2$

23 a. 방출되는 총에너지는 $2mc^2=2\times(9.1\times10^{-31})\times(3\times10^8)^2=1.64\times10^{-13}(\text{J})$
그러므로 $\gamma$선 하나가 가지는 에너지는 $8.2\times10^{-14}(\text{J})$

b. $E=h\nu=\frac{hc}{\lambda}$에서 $\lambda=\frac{hc}{E}=\frac{6.63\times10^{-34}\times3\times10^8}{8.2\times10^{-14}}=2.4\times10^{-12}(\text{m})$

24 $\frac{18\text{MeV}}{\text{핵자 수}}=\frac{18\text{MeV}}{5}=3.6\text{MeV}$

# 찾아보기

# 물리학 길라잡이

2009년 1월 10일 1판 1쇄 인쇄
2009년 1월 20일 1판 1쇄 발행
2013년 9월 10일 1판 2쇄 발행

**저 자** 소광섭 · 남철주 · 신학수 · 조봉제 · 홍경희 · 김덕헌 · 정현민

**발행인** 연 규 산

**발행처** 청범출판사

**등 록** 1991년 8월 13일 No. 5-282

**주 소** 서울시 노원구 공릉1동 598-7

**전 화** 02-971-5385

**팩 스** 02-977-8967

**ISBN** 978-89-88247-51-8 03420